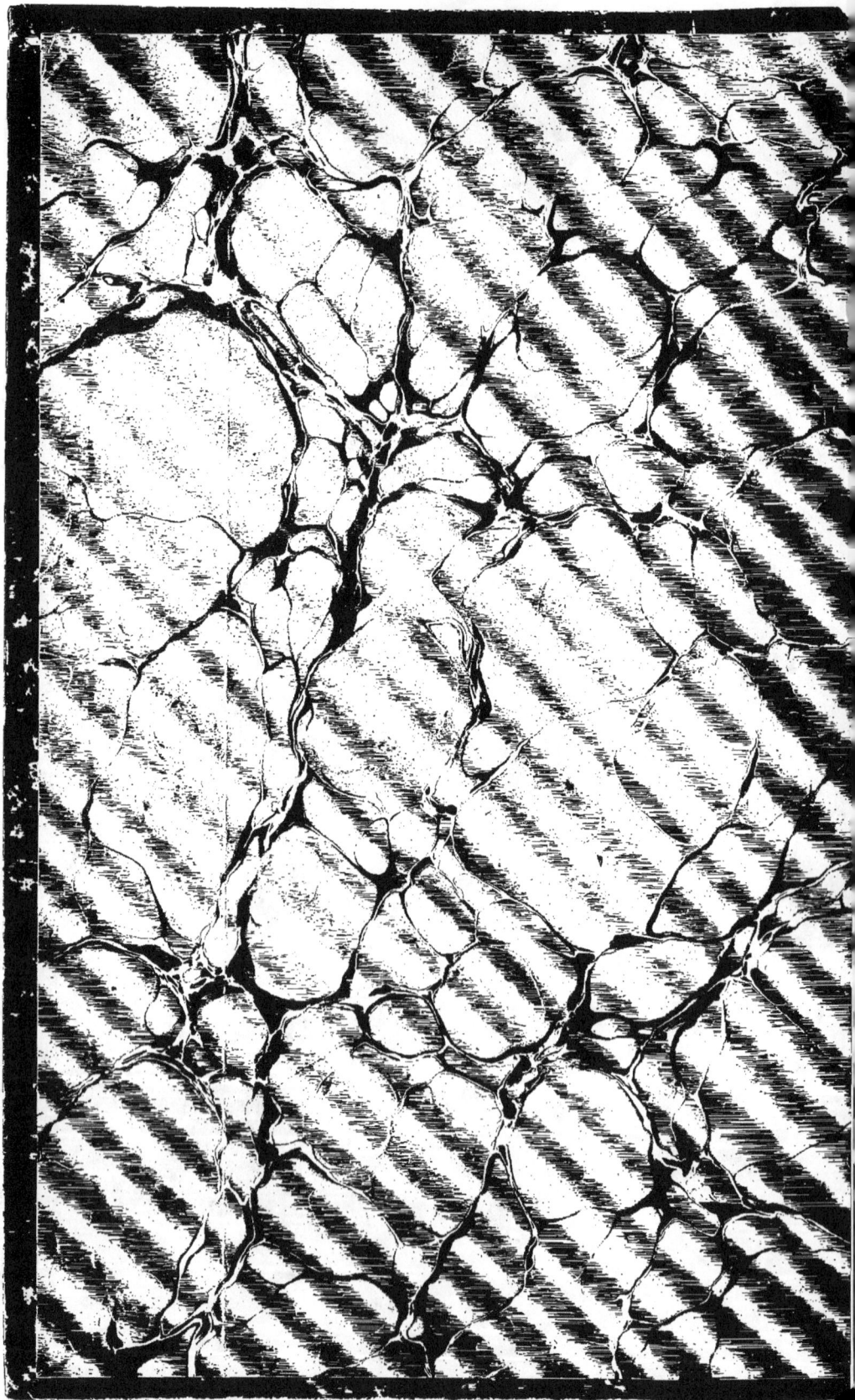

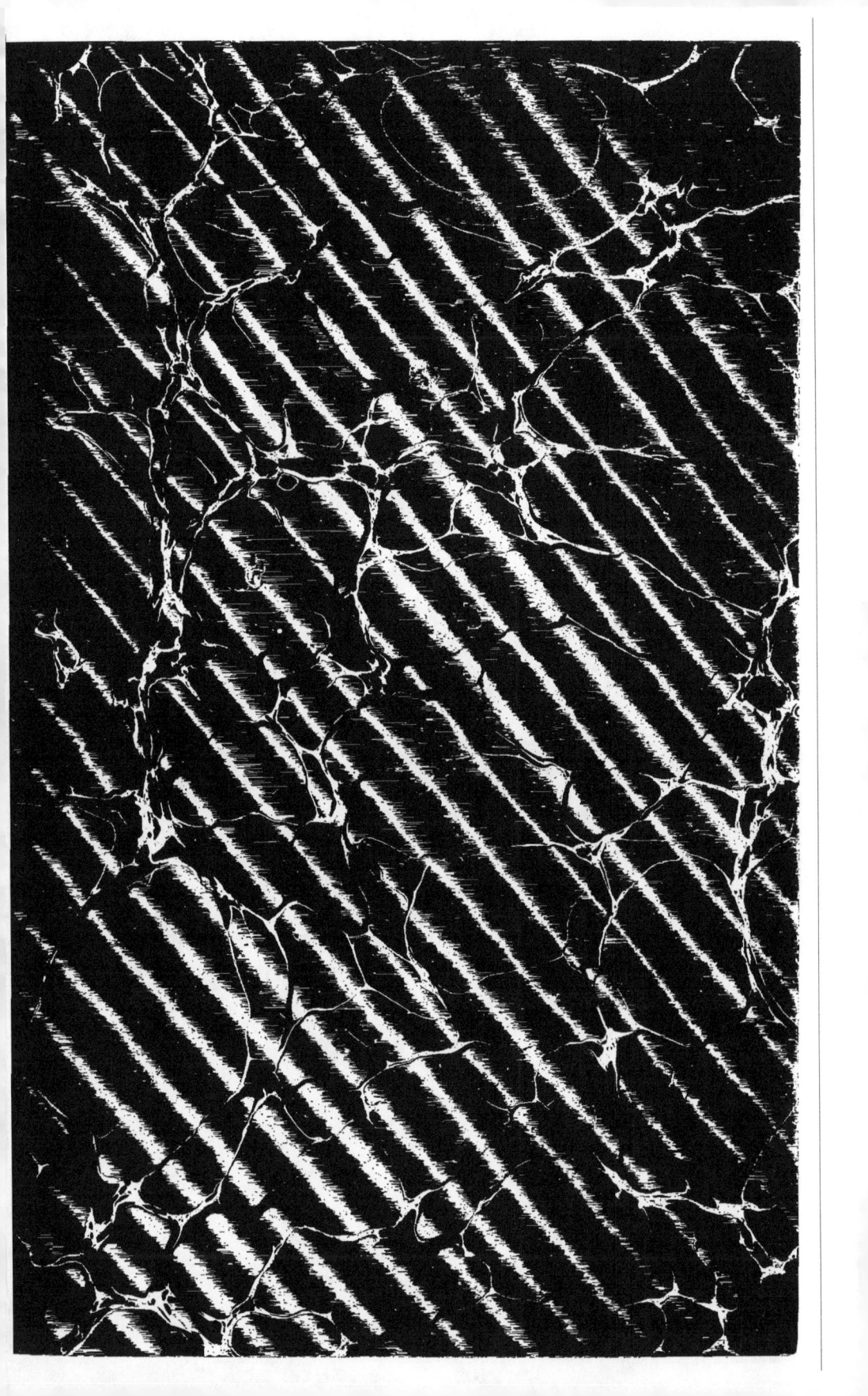

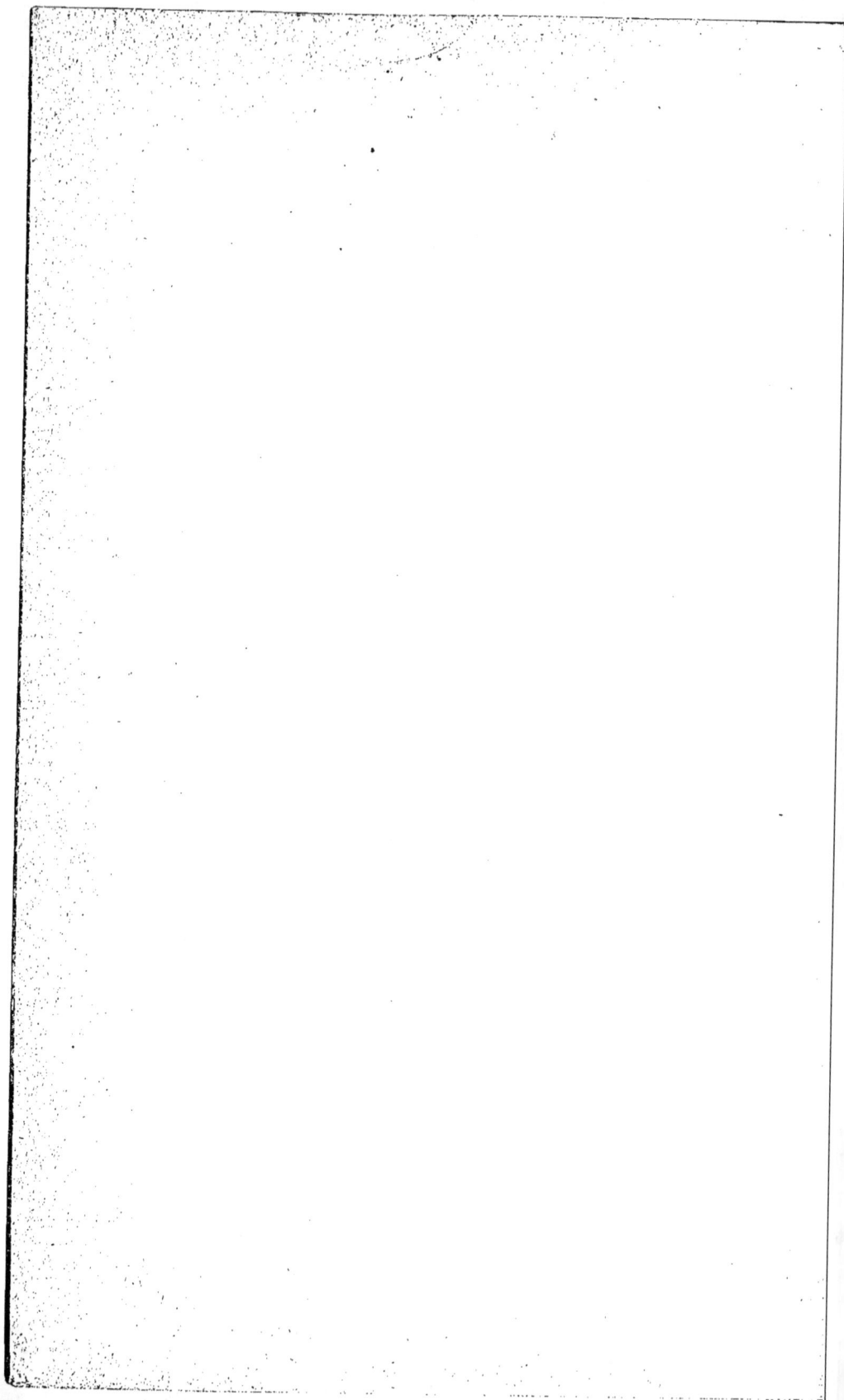

OEUVRES RÉUNIES

DE

CUVIER et LACÉPÈDE

CONTENANT

Le Complément de Buffon à l'Histoire des Mammifères et des Oiseaux
l'histoire des Cétacés, Batraciens, Serpents et Poissons

SUPPLÉMENT AUX OEUVRES COMPLÈTES DE BUFFON

Annotées par M. FLOURENS

Secrétaire perpétuel de l'Académie des sciences, membre de l'Académie française
Professeur au Muséum d'histoire naturelle, etc.

50 PLANCHES, 125 SUJETS COLORIÉS AVEC LE PLUS GRAND SOIN

TOME PREMIER

MAMMIFÈRES — OISEAUX — CÉTACÉS

PARIS

GARNIER FRÈRES, LIBRAIRES-ÉDITEURS
6, RUE DES SAINTS-PÈRES, 6

ŒUVRES

DE

CUVIER ET LACÉPÈDE

———

TOME PREMIER

Travies del.   Guyard sc

Travies del.   Fournier sc

1. TRAGOPAN NÉPAUL (Tragopan Satyrus)
2. LOPHOPHORE RESPLANDISSANT (Lophophorus impeyanus)

(d'après le RÈGNE ANIMAL de Cuvier, édition V. Masson)

Garnier frères, Éditeurs.

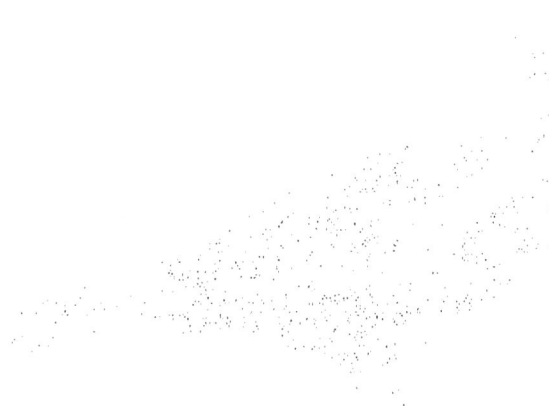

ŒUVRES

DE

CUVIER et LACÉPÈDE

CONTENANT

 LE COMPLÉMENT DE BUFFON A L'HISTOIRE DES MAMMIFÈRES
ET DES OISEAUX

L'HISTOIRE DES CÉTACÉS, BATRACIENS
SERPENTS ET POISSONS

Illustrés de **50** planches, environ **125** sujets coloriés avec le plus grand soin

D'APRÈS LE *RÈGNE ANIMAL DE CUVIER*, ÉDITION V. MASSON

SUPPLÉMENT aux ŒUVRES COMPLÈTES de BUFFON

Annotées par M. FLOURENS

SECRÉTAIRE DE L'ACADÉMIE DES SCIENCES, MEMBRE DE L'ACADÉMIE FRANÇAISE
PROFESSEUR AU MUSÉUM D'HISTOIRE NATURELLE, ETC.

TOME PREMIER

PARIS

GARNIER FRÈRES, LIBRAIRES-ÉDITEURS

6, RUE DES SAINTS-PÈRES, 6

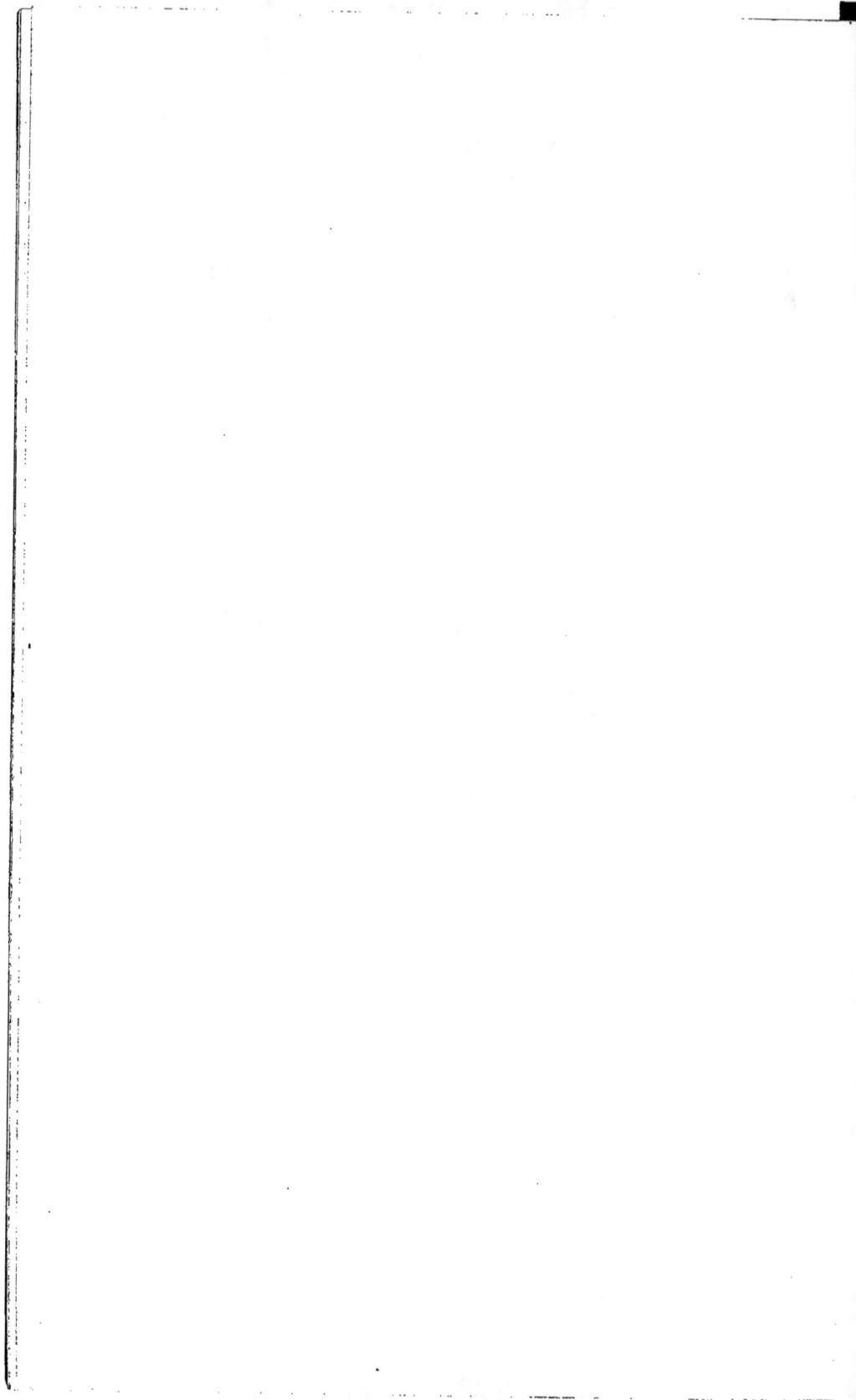

CUVIER

AVERTISSEMENT

RELATIF AUX MAMMIFÈRES

Ce volume de *Supplément à l'Histoire naturelle, générale et particulière de Buffon* est loin de faire connaître tout ce que la science des quadrupèdes a acquis depuis 1789, époque où parurent les dernières publications de Buffon sur ce sujet. Un seul volume ne pouvait contenir toutes les découvertes qui se sont faites dans cette partie de l'histoire naturelle, pendant l'intervalle qui s'est écoulé depuis cette dernière publication jusqu'à ce jour; le nombre des quadrupèdes connus de Buffon était plus de moitié moindre que le nombre de ceux que l'on connaît aujourd'hui; l'histoire des espèces qu'il a décrites s'est de beaucoup enrichie; des méthodes nouvelles ont pris naissance; des vues moins systématiques, sinon plus élevées, ont, en un grand nombre de points, prévalu sur les siennes, tellement que, pour compléter l'*Histoire naturelle des Quadrupèdes*, trois volumes, au moins, seraient indispensables.

Dans cette situation, et m'étant fait un devoir de ne pas m'écarter du plan de mon auteur, j'ai dû borner mon travail à quelques discours généraux qui se rapportent à des sujets que Buffon a traités lui-même, et à l'histoire des espèces nouvelles qui appartiennent à quelques-uns de ces groupes génériques qu'il a, en quelque sorte, formés sans le vouloir. Encore ai-je cru devoir, dans plusieurs cas, me borner à n'indiquer que les espèces qui ont servi de types à quelques-uns des groupes nouvellement formés, tels, par exemple, que les genres entre lesquels les chauves-souris ont été partagées.

C'est aussi plutôt dans la vue de faire connaître la physionomie de ces groupes génériques, que dans celle de faire connaître les espèces, que les figures de plusieurs des planches ont été choisies.

Au milieu de toutes ces difficultés, condamné, d'une part, à ne donner qu'un travail incomplet, et sentant, d'autre part, le besoin de le compléter, j'ai dû conserver l'espoir de terminer une tâche que je n'avais entreprise que parce que j'étais pénétré de son utilité, et qu'elle avait été l'objet de mes principales études. Je n'ai pu revenir que sur un très petit nombre des Discours généraux de Buffon, et cependant c'est là que cet illustre auteur a répandu beaucoup d'idées qui auraient besoin d'être ou rectifiées ou complétées; tels sont les Discours sur les animaux sauvages, sur les animaux carnassiers, sur ceux des divers continents, sur les mulets, sur la dégénération des animaux, etc., etc. Il serait également nécessaire, pour lire aujourd'hui cet auteur avec fruit, de rectifier les discours moins généraux que les précédents, et qui ne se rapportent qu'à certaines familles, comme ceux où il traite des moufettes, des cerfs, des gazelles, des singes, des sapajous, etc., etc. Enfin, si mes additions se rapportent plus ou moins aux vingt-deux volumes in-4° qui composent l'*Histoire générale et particulière des Quadrupèdes*, cependant elles n'embrassent, à peu près complètement, que les neuf ou dix premiers, de sorte qu'un examen suivi des douze ou treize autres resterait à publier.

C'est ce travail que je pourrai continuer dans un ou deux volumes de nouveaux suppléments, si celui que je présente aujourd'hui au public inspire assez d'intérêt pour faire désirer les suivants.

DISCOURS PRÉLIMINAIRE

Lorsque Buffon entreprit son histoire générale et particulière des quadrupèdes, et qu'il en détermina le plan ; lorsqu'il détermina l'ordre suivant lequel il présenterait l'histoire de ces animaux et la méthode qu'il suivrait dans leur description, cette partie importante de l'histoire naturelle naissait à peine et ne reposait encore que sur des documents incomplets et d'imparfaites observations.

Gesner, Aldrovande, Jonston, ouvrant la carrière et fidèles à leur mission, avaient laborieusement compilé les travaux de leurs prédécesseurs anciens et modernes, naturalistes, philosophes, poètes ou voyageurs, et cette pénible compilation n'avait pu enfanter qu'un assemblage arbitraire, qu'un mélange indigeste de tout ce qui avait été écrit jusque-là dans tous les genres d'ouvrages et par les hommes de toute espèce ; c'est qu'à l'époque de ces savants écrivains les vérités relatives à l'histoire naturelle, cachées dans les ouvrages des anciens ou dans les récits des voyageurs, ne pouvaient être saisies ; pour en avoir l'intelligence il fallait toutes les ressources de l'histoire naturelle elle-même, c'est-à-dire d'une science dont les premiers germes paraissaient à peine.

Rai et Linnæus, qui vinrent après, riches de la succession de leurs devanciers et de la science qu'ils avaient eux-mêmes acquise, firent un choix parmi ces documents divers amassés jusqu'à eux sans ordre ni méthode ; ils en exposèrent les résultats dans des classifications ingénieuses, fondées sur des ressemblances empiriques, et donnèrent ainsi à la science ses premiers fondements. Mais le génie lui-même ne peut suppléer les faits ; aussi Linnæus, ne connaissant encore qu'imparfaitement l'organisation des animaux, ne put apercevoir entre eux que des rapports incomplets ou superficiels ; de la sorte il fut conduit à porter dans ses classifications, mais non pas à son insu, des vices qui devaient tôt ou tard les faire combattre et en amener la fin.

Buffon sentit à la fois l'inexactitude et l'insuffisance des faits en histoire naturelle, le peu de fondement des rapports qui avaient été perçus entre eux et l'imperfection des arrangements qui en étaient résultés ; et comme il avait reconnu et établi par tout ce que la raison peut donner de force à un homme de génie, que les faits seuls font la base de la science de la nature, il rejeta la plupart de ces rapports et les classifications qui reposaient sur eux, et travailla à recueillir des faits nouveaux et à épurer ceux que la science possédait déjà.

Cependant ces faits, ces descriptions de quadrupèdes, ne pouvaient être exposés sans ordre ; une méthode quelconque devait présider à leur arrangement, soit pour éviter des répétitions inutiles, soit pour rendre la comparaison de ces animaux entre eux plus facile, et faire juger avec moins de peine de leur degré de ressemblance. Buffon, trop frappé de ce qu'avaient d'irrationnel et d'arbitraire les essais de Linnæus, et surtout trop peu avancé dans la connaissance de la nature intime des animaux, ne sentit point d'abord que cette comparaison ne pouvait encore porter que sur des apparences extérieures, que ce vice résultait non point des hommes, mais de l'état nécessairement imparfait de la science, et repoussant toute classification empirique, sans pouvoir en établir une sur les organes, il fonda la sienne sur les rapports plus ou moins accidentels qui se sont établis entre les quadrupèdes et l'homme : en conséquence, il commença par les animaux domestiques ; vinrent ensuite ceux qui, en Europe, font l'objet de la chasse, puis ceux qui vivent près des habitations. Ce principe ne pouvait guère le conduire au delà ; mais, tout en suivant cette méthode, il rendait tacitement hommage à celle qu'il croyait devoir combattre, car il décrit toujours à la suite les unes des autres les espèces des genres naturels : les chiens, les martes, les rats, et même les campagnols et les loirs ; et, dès qu'il arrive aux quadrupèdes étrangers, ne trouvant plus d'appui dans son principe de classification, nous le voyons revenir forcément à la méthode de Linnæus, c'est-à-dire rapprocher l'une de l'autre les histoires des quadrupèdes qui lui paraissent le plus se ressembler ; il décrit successivement toutes les espèces de grands chats, ne sépare point la civette du zibeth, et celle-ci de la genette ; il rassemble les édentés, réunit les sarrigues, etc. ; et dans les derniers volumes il finit par admettre entièrement le principe de cette méthode, et forme des genres qu'il distingue au moyen de caractères organiques extérieurs. Ce sont même encore ceux qu'il a donnés aux singes et aux sapajous qui servent dans les classifications modernes à distinguer les quadrumanes de l'Ancien Monde de ceux du Nouveau.

On peut justement s'étonner que Buffon, l'auteur du Discours sur la manière d'étudier l'histoire naturelle[1], et qui a si bien fait connaître les principes de cette science, ne se soit pas occupé sérieusement de la ressemblance que l'observation, même superficielle, des quadrupèdes fait si aisément reconnaître entre eux ; et qu'il n'ait pas, comme tous les naturalistes de cette époque, admis les classes et les genres qui résultaient, de son propre aveu,

1. T. 1er, in-4°, p. 1.

du rapprochement dans des groupes distincts des individus les plus semblables. Mais, outre la répugnance qu'il paraît avoir eue pour toute espèce d'empirisme, lui-même nous fait connaître la raison qui le détourna de cette voie, naturelle à toutes les sciences avant qu'elles se soient élevées jusqu'à des lois générales, voie où il était entré d'abord : c'est l'idée que la nature marche par gradations inconnues, qu'elle passe d'une espèce à une autre, et souvent d'un genre à un autre genre, par des nuances imperceptibles, et que par conséquent elle ne peut se prêter à ces divisions de classes, de genres, d'espèces, qui constituent les systèmes, les arrangements, les méthodes, en histoire naturelle. On pourrait peut-être ajouter à cette cause l'idée où il fut d'abord que le nombre des espèces de quadrupèdes ne s'élevait pas au delà de deux cents.

Sans doute il n'aurait pas été plus difficile à Buffon d'admettre que les premiers essais d'arrangements méthodiques ne pouvaient être parfaits, que l'hypothèse qui lui faisait rejeter toute méthode fondée sur des ressemblances extérieures ; l'une et l'autre de ces idées reposant sur les mêmes fondements, sur les mêmes observations, de sorte que celle du passage insensible d'une espèce de quadrupèdes à une autre, n'aurait pas dû paraître plus vraie à ses yeux que celle d'une division des quadrupèdes en espèces, en genres et en classes ; car ces observations, pour la plupart incomplètes, laissent à l'arbitraire un aussi vaste champ dans la première de ces idées que dans la seconde. Mais Buffon en donnant à son hypothèse, dès son entrée dans la carrière, la préférence sur les classifications d'après des ressemblances empiriques, nous découvre le penchant qui le dominera dans le cours de ses travaux, malgré le principe que lui-même rappelle dans tous ses ouvrages : que l'observation des êtres, que les faits qu'ils présentent, sont les seuls fondements de toutes les vérités de l'histoire naturelle.

L'erreur où Buffon se laissa entraîner et l'influence fâcheuse qu'elle eut, en le conduisant à proposer les hypothèses les moins admissibles, est un exemple frappant du danger qu'il y a dans les sciences naturelles à ne pas marcher constamment appuyé sur des faits exactement observés ; mais elle est encore un exemple de l'aveuglement qui en résulte et qui nous fait souvent méconnaître toute l'étendue d'une vérité, toute la fécondité de nos propres découvertes. Une des vérités les plus remarquables reconnues par Buffon, c'est l'influence qu'exercent la délicatesse et le degré de développement de chaque organe sur la nature des animaux : or cette vérité renferme manifestement celle de la subordination des caractères, qui sert aujourd'hui de base à la zoologie, et fait la différence de l'époque scientifique qu'elle caractérise, à l'époque empirique qui ne reposait que sur l'observation superficielle des êtres. En effet, dès le moment qu'il était reconnu que la nature des êtres dépend du degré de développement de chacun de leurs organes, on était conduit à faire entrer dans leur comparaison, dans l'établissement de leurs rapports, non seulement la ressemblance des organes, mais encore la part que ces organes prennent à l'existence, ou, en d'autres termes, leur degré de développement : toutefois pour faire de ce principe une telle application il aurait fallu qu'il se fût rencontré dans l'esprit avec la recherche des rapports naturels ; ce qui ne pouvait être pour Buffon dont l'hypothèse sur la fusion des espèces et des genres, les uns dans les autres, éloignait de lui jusqu'à l'idée de ces recherches.

Depuis que Buffon a publié son histoire générale et particulière, l'histoire naturelle a éprouvé un changement complet, et son système de classification, comme celui de Linnæus, a dû être abandonné ; dès que le nombre des êtres s'est accru, dès que les observations se sont multipliées, l'un pas plus que l'autre n'a pu les embrasser ; et ces faits nouveaux, tout en manifestant l'insuffisance des méthodes empiriques, ont fini par donner naissance a des principes rationnels de classifications, fondés sur la nature et l'influence des organes dans chaque système animal.

C'est de cette époque que cette science a perdu son caractère d'empirisme, relativement aux classifications ; l'arbitraire en a été exclu, et si l'empirisme y est encore admis, ce n'est que comme moyen de contrôle : la similitude des organes internes et de leurs relations amenant toujours, sous ce double rapport, une ressemblance intime des organes externes.

Il serait impossible de s'écarter aujourd'hui librement de la méthode naturelle en traitant de l'histoire des quadrupèdes ou des oiseaux, et je m'y soumettrais si je ne devais pas avant tout suivre l'auteur illustre au travail duquel j'attache un supplément.

Lorsqu'on lit ou qu'on étudie l'histoire des quadrupèdes de Buffon, l'esprit n'est point entraîné dans cette voie des méthodes qui conduit à reconnaître les rapports naturels des êtres : il reste entièrement étranger à cette idée ; ce qui le frappe, le préoccupe, l'excite à la méditation, c'est l'image vivante de ces êtres, c'est la part qu'ils prennent à l'économie générale, ce sont leurs rapports avec l'homme et leur influence sur le développement de son espèce. Faire passer l'esprit de ces tableaux magnifiques à des vues d'une autre nature, et sans analogie avec eux, serait le blesser sans fruit, en le jetant dans une confusion dont il ne pourrait se tirer sans peine ; ce serait unir à l'édifice de l'architecture la plus majestueuse des constructions d'un autre style, où le soin des détails l'emporterait, comme l'emportent dans le premier les soins de l'ensemble et de l'effet général.

La difficulté ne consiste donc pas à déterminer le système qu'on doit adopter, pour présenter, dans un supplément à l'histoire générale et particulière, les principales acquisitions de l'histoire naturelle, en quadrupèdes, depuis que les ouvrages de Buffon ont paru ; ce système, facile à suivre, sera le sien. Seulement je ferai ce qu'il a fait souvent, mais surtout en traitant des animaux étrangers, je réunirai à la suite l'un de l'autre les animaux qui se ressemblent le plus. La véritable difficulté, pour se mettre en harmonie avec lui, consisterait à élever ses pensées à la hauteur des siennes et à les

exprimer comme il a su le faire, et c'est une ressemblance à laquelle il ne
m'est pas donné d'atteindre.

Dans l'impossibilité de porter mon travail à ce haut degré de mérite, et
pour ne pas le réduire à de sèches descriptions de formes ou de couleurs,
je m'appliquerai à rappeler les vérités que, relativement à chacun des animaux dont j'exposerai l'histoire, la science a acquises depuis Buffon, et qui
se trouvent opposées à celles qu'il avait cru reconnaître ; j'en montrerai ensuite les conséquences, et par là je rendrai peut-être plus fructueuse la lecture d'un ouvrage dont la partie scientifique dut rester imparfaite, et qui ne
pouvait déchoir dans l'estime des hommes qu'en perdant de son utilité.

C'est surtout dans ses discours généraux que Buffon a été livré à l'influence de sa puissante imagination ; c'est là, principalement, qu'il s'est plu
à développer librement ses pensées ; et, ne parvenant point à s'expliquer le
monde par les faits connus, à se créer un monde explicable par ces faits.
C'est pourquoi, avant de m'occuper des animaux en particulier, je dois
m'arrêter sur les idées principales qui s'y rapportent, et qui sont exposées
dans ces discours : quelques-unes d'entre elles, confirmées par le temps,
ont une autorité que rien désormais n'affaiblira ; mais d'autres ont dû
perdre, par l'acquisition de faits nouveaux, une partie du charme que cet
illustre écrivain sut leur attacher et qu'il y trouva lui-même.

Le plan que Buffon s'était tracé embrassait notre globe entier : son origine, sa nature et ses productions. Après avoir expliqué théoriquement la
manière dont cette planète a été produite et dont la terre a été formée, et
avoir traité des parties qui la composent, des continents et des mers qui en
partagent la surface, des phénomènes physiques qui s'y manifestent, ainsi
que dans l'atmosphère, il passe à la considération particulière des êtres qui
s'y observent, c'est-à-dire des minéraux, des végétaux et des animaux,
et c'est l'histoire naturelle de ces derniers qui fixe d'abord son attention
d'une manière générale. Rien, en effet, n'était plus propre à exciter les méditations de son génie que les grands phénomènes que les êtres animés
nous présentent. Ceux dont il traite et que l'on doit considérer comme les
causes de la conservation des espèces, dans le règne végétal comme dans le
règne animal, sont ceux de la génération et du développement. Ces deux
phénomènes, il les explique au moyen d'une hypothèse qui, malgré l'intime
union de toutes ses parties, n'a pu se soutenir. Il suppose d'abord, en se
fondant sur de légitimes inductions, qu'une force analogue à celle de la pesanteur, et qui, comme toutes les forces qui agissent dans l'intérieur de la
matière, n'est pas de nature à être perçue, préside à la génération et au développement des êtres vivants ; il suppose ensuite que l'univers est rempli
de molécules inorganiques et de molécules organisées, et que ces dernières
sont attirées au moyen de la force dont il vient d'être question, par les parties des êtres organisés qui sont de même nature qu'elles. Ce phénomène
général s'opère différemment suivant que les êtres où il a lieu sont des vé-

gétaux ou des animaux ; et pour nous en tenir à ces derniers, c'est au moyen des aliments qu'il se produit : chaque partie du corps animal est un moule, qui attire et s'assimile les molécules organiques qui ressemblent aux siennes, à celles qui le composent ; et toutes les molécules inorganiques sont expulsées par les voies préparées à cette fin. Tant que l'animal se développe, les molécules organiques sont employées à cet effet ; mais dès que son accroissement est terminé, elles sont renvoyées dans les organes génitaux où elles forment la liqueur séminale en se réunissant les unes aux autres, de manière à constituer en petit un moule qui ne demandera plus qu'à se développer lui-même pour devenir ou présenter un autre animal, et c'est dans l'acte de la génération qu'il recevra cette faculté de développement, par le mélange nécessaire de la liqueur séminale mâle et de la liqueur séminale femelle. Il est inutile que je fasse voir tout ce qu'il y a d'arbitraire dans cette explication de l'accroissement et de la génération des animaux, et l'on peut être étonné que l'homme qui pensait que « tout édifice bâti sur des idées abstraites est un temple élevé à l'erreur [1] » ait pu l'imaginer et le soutenir. Cependant, au milieu des suppositions de Buffon, se trouve une idée fondamentale qui paraît réunir aujourd'hui la plupart des esprits, c'est que les germes des êtres qui se reproduisent se forment entièrement en eux par le fait de la vie, et ne s'y trouvent pas tout formés ; c'est là le système de l'épigénèse. A l'époque de Buffon, l'opinion opposée, celle de l'évolution, était dominante, et elle conduisait à cette singulière conséquence que la première femelle ou le premier mâle contenait les germes de toutes les races animales ; car on était divisé sur le premier point : les uns pensant que les germes étaient produits par un sexe, et les autres par le sexe contraire. Buffon s'est attaché à démontrer le peu de fondement de ce système de l'évolution, et il a contribué puissamment à l'affaiblir. Quant à l'origine des germes, s'ils sont dus aux mâles ou aux femelles, ou aux deux sexes à la fois, c'est une question sur laquelle les savants sont encore partagés ; il paraîtrait cependant que l'opinion de Buffon a conservé peu de partisans, et qu'on penche assez généralement à croire que le germe est produit par les femelles, et qu'il ne reçoit des mâles que la tendance au développement, que le degré de vie dont ce phénomène serait l'effet, le germe étant placé dans des conditions convenables. Après les phénomènes qui embrassent la reproduction des animaux, Buffon considère la formation et le développement du fœtus ; il rapporte tous les faits connus de son temps, et leur nombre depuis lors s'est fort peu augmenté. Ses idées sur la manière dont le fœtus est nourri dans le sein de sa mère ont également été rejetées ; et quoique l'on ne puisse pas démontrer, par les moyens ordinaires, la communication des vaisseaux de la matrice avec ceux du placenta, il n'en est pas moins admis que c'est par une communication de ces vaisseaux, ou

1. T. II, in-4°, p. 77.

du moins par le sang que les uns communiquent aux autres, que le fœtus reçoit sa nourriture. C'est à ce petit nombre de phénomènes généraux que Buffon borne ses considérations sur les fonctions de la vie animale, et il en faut sans doute attribuer la cause au point de vue particulier sous lequel il envisageait l'histoire naturelle. En considérant cette science d'un point de vue plus général, sinon plus élevé, il aurait senti que les phénomènes de la circulation, de la respiration, de la nutrition, etc., n'entrent pas moins que celui de la reproduction dans la connaissance des animaux, et n'avaient pas moins besoin que celui-ci d'être expliqués. Quoi qu'il en soit, les fonctions communes à tous les êtres animés, celles de la génération et du développement étant connues, il passe à des objets particuliers et commence par l'histoire naturelle de l'espèce humaine. Le tableau général qu'il en présente, sa comparaison de l'homme avec les animaux, ses vues sur les causes de la supériorité qu'il a sur eux, sa peinture des traits caractéristiques de l'enfance, de la puberté, de l'âge viril, de la vieillesse et de la mort, sa description et son analyse des sens, sont des modèles au-dessus de tout éloge et qui devraient encore être donnés en exemple, même quand les faits de la science ne seraient plus conformes à ceux de son temps, tant la puissance de la raison s'y trouve en harmonie avec les charmes du langage ; non pas que des suppositions plus ou moins arbitraires, des idées plus ou moins hypothétiques, des principes d'une physique trop cartésienne, ne s'y trouvent encore ; mais, outre que leur critique me conduirait bien au delà des bornes où je dois me renfermer, j'ose à peine avouer qu'on peut apercevoir quelques taches au milieu de tant de beautés, et qu'un autre sentiment que celui de l'admiration peut naître à la vue de ces majestueux tableaux, où la pompe de l'expression ne nuit jamais à la vérité des images, où les faits les plus communs s'ennoblissent par l'élévation des idées qui les embrassent.

A la suite de ces traits généraux sur l'homme, communs à tous les individus de l'espèce, Buffon traite des variétés de l'espèce humaine.

L'étude de l'homme sous ce rapport est sans contredit une des plus difficiles. De tous les êtres de la nature, c'est lui qui a reçu les facultés les plus nombreuses, et qui, par conséquent, est susceptible des modifications les plus variées ; il est non seulement soumis aux influences des causes atmosphériques et à celles qui résident dans le sol, mais les aliments de toute nature dont il se nourrit, son industrie, ses mœurs, ses usages, modifient aussi son développement en lui faisant éprouver leurs effets, sur sa couleur, ses formes et ses proportions, et sur la direction de ses qualités morales ; c'est même sous ces trois ordres de phénomènes que peuvent, en dernière analyse, se classer peut-être toutes les différences qui sont appréciables entre les hommes ; et c'est à ces causes, auxquelles nous sommes sans cesse assujettis, que Buffon s'est arrêté. Mais, que d'autres notions auraient été indispensables pour traiter cette question comme elle méritait de l'être ! et d'ailleurs, que connaissons-nous même aujourd'hui d'exact, relativement à l'action de ces causes sur le corps animal? Qui a étudié sous ce rapport l'effet des phénomènes météorologiques, des aliments et des mœurs? Personne! A l'époque où Buffon traçait d'ailleurs si ingénieusement le tableau des cinq variétés qu'il reconnaissait dans l'espèce humaine: la Japone, la tartare, la caucasique, la nègre et l'américaine, les éléments de la science de l'homme n'existaient encore qu'incomplètement, car ils étaient presque tout entiers dans les récits des voyageurs qui, pour la plupart, alors, n'avaient pu visiter que d'une manière superficielle les peuples dont ils parlent. Aussi fut-il obligé d'en négliger de fondamentaux, tels que la forme et les proportions des diverses parties du crâne, l'histoire civile et politique, les religions, les langues, etc., sources de rapports nombreux et fidèles, bien supérieurs à ceux qui peuvent être tirés des causes obscures auxquelles il s'était arrêté, et dont les effets sur notre développement physique et moral peuvent être encore longtemps hypothétiques. Depuis ce premier essai de Buffon sur l'histoire naturelle de l'espèce humaine, de nombreuses tentatives ont été faites dans ce même but; et autant ceux qui se sont restreints à des recherches particulières méritent d'éloges par les connaissances positives qui en sont résultées, autant paraissent inutiles les travaux anticipés qui ont eu pour objet l'ensemble de cette histoire. En général, elle a été envisagée sous un point de vue nouveau. Buffon ne vit que des variations d'une seule espèce dans les diversités de couleurs, de formes et de mœurs, sous lesquelles se présentaient à lui les peuples qui couvrent la terre. Aujourd'hui les traits caractéristiques des races principales qui s'observent parmi les hommes sont considérés comme des caractères d'espèces, et la sévérité du langage de la science l'exigeait ainsi; car, toutes les fois qu'il n'est pas établi par l'observation qu'une modification, ou plutôt qu'une particularité organique n'est point l'effet d'une des causes à l'influence desquelles nous sommes soumis, elle est regardée comme originelle et spécifique: or, l'observation n'a rien découvert qui permette de penser qu'un Européen pourrait, sous des influences quelconques, devenir un nègre ou un Américain, passer de la race à laquelle il appartient à une autre race. Ce point de vue nouveau qui, à quelques égards, aurait pu répugner au sentiment ou aux devoirs religieux de Buffon, n'aurait plus cet effet, aujourd'hui que l'idée d'espèce a perdu le caractère absolu qu'elle avait précédemment; aussi plusieurs auteurs ont-ils pu avec quelques fondements, multiplier les espèces d'hommes plus que Buffon n'avait fait les variétés; mais ce que je dois faire remarquer, c'est que les recherches historiques et philologiques, qui étaient entièrement restées étrangères à notre auteur, sont venues confirmer ses idées sur les intimes rapports qui existent entre les Indiens, les Perses et les Européens, et que son opinion sur l'origine asiatique des Américains se trouve aujourd'hui appuyée par un grand nombre d'observations nouvelles de natures diverses.

L'espèce humaine étant celle que nous pouvons le mieux étudier, est celle aussi que nous sommes censés devoir le mieux connaître; et comme toutes nos idées viennent de comparaison, c'est en comparant les animaux à l'homme que nous acquérons sur leur nature les notions les plus exactes. Aussi ce n'est qu'à la suite de ses recherches sur l'espèce humaine que Buffon traite de la nature des animaux, et c'est en commençant ce discours[1], un des plus remarquables qu'on puisse citer en histoire naturelle, que cet illustre auteur considère les organes relativement à la part qu'ils prennent à l'existence des êtres qu'ils constituent, et jette à son insu dans le champ de la science les premiers germes de cette riche moisson, qu'un demi-siècle après d'autres mains que les siennes surent féconder et cueillir. Toujours occupé de cette grande idée que l'homme doit être l'objet de toute science, et à montrer la distance infinie qui le sépare des animaux, il passe superficiellement sur la comparaison des différences extérieures pour s'attacher à celle des actions et de leurs causes ; et en effet, c'est dans ces causes que résident les différences essentielles des êtres animés, car toutes les facultés qu'ils ont reçues, tous les organes dont ils sont doués, leur sont subordonnés et n'en paraissent être que les conséquences. On sait qu'en ce point Buffon adopte l'hypothèse de Descartes, qui consiste à considérer toutes les actions des animaux comme étant purement mécaniques, et comme l'effet de leur système nerveux et de leur cerveau modifiés ou par les corps extérieurs agissant sur les organes des sens, ou par leur propre corps agissant immédiatement sur les nerfs. — Si Buffon reconnaît des sensations, des sentiments, des desseins, des passions, aux animaux pourvus de sens, ce n'est pas qu'au fond et logiquement parlant son système différât de celui de Descartes ; pour l'un comme pour l'autre, les animaux n'étaient que des machines qui, ayant Dieu pour auteur, étaient plus parfaites que celles de l'homme.

Les changements que Buffon crut introduire dans l'hypothèse qu'il adoptait ne sont en grande partie que nominales, et à cet égard, Descartes fut plus conséquent que lui ; en effet, ne voir dans le phénomène de la sensation que des ébranlements de matière conservés plus ou moins longtemps, et nier les sensations, par comparaison avec celles de l'homme, c'est exactement la même chose. A la vérité, Buffon, en distinguant dans l'homme la sensation proprement dite de la perception, ne reconnaît d'intelligence que dans celle-ci ; mais en ce point encore la supériorité est à Descartes, car quelque pénétration que mette Buffon dans l'analyse des plus simples sensations, il ne parvient à ramener ces phénomènes aux lois de la matière que par hypothèse et laisse à l'hypothèse contraire toute la force qu'elle a reçue des développements d'un raisonnement sévère. Enfin, Buffon est conduit à nier les instincts des animaux, son hypothèse étant impuissante à les expliquer.

Ces idées sur la nature des actions des animaux ont, d'une part, trouvé tant d'adversaires et de si faibles partisans, ont été combattues par de si puis-

1. T. IV, in-4°, p. 1; édit. Pillot, t. XIII, p. 255.

santes raisons, et ont même si fortement répugné au sens commun, que je
ne puis en tenter un nouvel examen ; d'un autre côté, la critique qu'elles ont
éprouvée a été quelquefois si exagérée, et même si aveugle, qu'en méconnaissant ce qu'elles pouvaient avoir de vrai, en leur refusant tout fondement, on
est tombé dans une exagération contraire, et l'animal n'a plus été semblable
à une machine, il est devenu semblable à l'homme. J'ai donc bien moins à
examiner les erreurs où Buffon a pu tomber, que les vérités qu'il a défendues
et qu'on se refuse peut-être encore aujourd'hui à reconnaître.

   Ce qui conduisit Buffon à l'étrange idée que les animaux étaient des machines est l'obligation où il crut être de déterminer la nature de la substance dont les facultés qui président à leurs actions sont les attributs ; sans
cette obligation que les circonstances, au milieu desquelles il se trouvait, lui
imposèrent peut-être, il aurait repoussé cette supposition arbitraire de molécules, qui, mises en mouvement par les corps extérieurs, causent des sensations, lesquelles étant suivies d'attrait ou de répugnance, font agir les membres
par le mouvement d'autres molécules, de manière à rapprocher ou à éloigner
l'animal de ces corps ; il se serait borné à l'analyse et à la comparaison des
faits, et par là, reconnaissant la spontanéité des actes de l'intelligence, il
n'aurait point attribué ces actes à la réflexion, qui serait ainsi restée, comme
il le pensait, le caractère exclusif de l'espèce humaine. Cette idée qui fera
dans tous les temps un des fondements principaux de la science des actions
de l'homme, et qui distinguera toujours sa nature de celle des animaux ;
cette idée qu'Aristote proclamait déjà trois siècles avant Jésus-Christ, Buffon
en reconnaît en effet la vérité, et de l'application qu'il en fait, jaillissent ces
éclairs brillants, qui, se réfléchissant sur ce qui les entoure, semblent en faire
éclater aussi la lumière.

   Ainsi, adoptant encore une idée d'Aristote, il distingue avec toute raison
la mémoire irréfléchie des animaux qu'il désigne par le nom de réminiscence de la mémoire réfléchie qui n'appartient qu'à l'homme ; et en reconnaissant à cette réminiscence, à cette faculté qu'a le cerveau de conserver plus
ou moins longtemps la trace des ébranlements causés par les sensations, il
aperçoit dans les associations qui en résultent la source la plus féconde des
actions des animaux et de leurs actions les plus remarquables. C'est en effet
dans ces deux facultés du souvenir et de l'association des souvenirs, que réside peut-être la cause de toutes les actions contingentes, quelquefois si com-
pliquées, dont les animaux nous rendent les témoins. Si Condillac moins prévenu eût pu apprécier cette partie de l'hypothèse de Buffon, il aurait rendu
plus de justice au discours sur la nature des animaux et se serait épargné,
sinon le soin de le combattre dans son traité des animaux, celui du moins de
proposer une hypothèse nouvelle bien moins propre que la première à donner de justes idées sur les questions qui font l'objet de l'une et de l'autre. Malgré les erreurs qu'il contient, le discours qui nous occupe devra toujours être
proposé en exemple, et pour les vérités qu'il met en lumière, et pour l'art avec

lequel les erreurs et les vérités sont liées l'une à l'autre et se défendent mutuellement ; car si dans ce discours Buffon viole les lois de la science, en présentant une hypothèse pour une théorie, il ne viole jamais celles du raisonnement ; sa logique, toujours sévère et vigoureuse, ne s'embarrasse pas plus dans l'explication des détails que dans celle des faits les plus généraux ; toujours un, toujours conséquent à ses principes, nous ne le voyons jamais recourir à ces subterfuges, à ces faux-fuyants, à ces subtilités trompeuses, qui, dans ces sortes de créations, sont la ressource ordinaire des esprits qui ont plus d'activité que de force, plus d'imagination que de jugement ; aussi en les lisant, après avoir admis comme vrais les faits sur lesquels il s'appuie, on ne peut pas plus se défendre de la persuasion la plus entière, que de l'admiration la plus sincère et la plus légitime.

Il était impossible qu'admettant ces idées de l'influence des causes extérieures sur le développement organique et intellectuel de l'homme, Buffon n'en fît pas l'application aux animaux, et qu'il ne considérât pas quels effets ceux-ci devaient avoir éprouvés des causes qui sont de nature à agir sur eux, ou dont ils ont pu ressentir l'influence. C'est en effet ce qu'il a fait dans son discours sur la dégénération des animaux [1]. Ces causes auxquelles, suivant leur nature, les animaux sont plus ou moins soumis, il les trouve dans la température du climat, dans la qualité de la nourriture et dans les maux de l'esclavage. Après avoir de nouveau jeté un coup d'œil sur les races humaines, il recherche celles que la domesticité a produites chez les animaux qui nous sont soumis et celles, beaucoup moins nombreuses, qui se rencontrent parmi les animaux sauvages. Ce qu'il dit sur ce dernier point, quoique borné à un très petit nombre d'espèces doit être lu avec défiance. Buffon ne connaissait point assez les caractères distinctifs des animaux pour traiter un tel sujet ; aussi le voyons-nous considérer comme appartenant à la même espèce des animaux qui diffèrent par des parties organiques d'un ordre bien supérieur à celles qui caractérisent les races. Pour lui, le sanglier commun et le phacochœre ne forment que des variétés d'une seule espèce, et il en est de même du daim et du cerf de Virginie, des lièvres de tous les pays, des éléphants d'Asie et d'Afrique, des rhinocéros, etc. A la suite de cette première erreur, il était bien difficile que Buffon ne se laissât pas entraîner à sa pente naturelle, et qu'il vît autre chose que des variétés d'un nombre borné d'espèces dans les espèces nombreuses des genres naturels, et c'est en effet cette hypothèse qu'avait principalement pour but le discours qui nous occupe. Excepté neuf espèces qui se trouvaient entièrement isolées, toutes les autres, au nombre d'environ deux cents, n'étaient à ses yeux que des branches de quinze souches principales, que des membres de quinze familles, lesquelles s'étaient ainsi modifiées par les causes que nous avons rapportées plus haut, et par le mélange de ces familles entre elles. Depuis, cette hypothèse a été portée

1. T. XIV, in-4°, p. 311 ; édit. Pillot. t. XVIII, p. 255.

jusqu'à ses extrêmes limites, et poussée jusqu'à la dernière de ces conséquences par des auteurs modernes. Ainsi tous les animaux proviendraient
d'un germe qui, s'étant développé sous des influences et dans des circonstances diverses, aurait produit les espèces qui peuplent la terre. Malheureusement aucun fait jusqu'à présent ne vient à l'appui de ces suppositions, et
bien loin qu'on ait jamais vu une seule espèce d'un genre de quadrupèdes
se modifier de manière à se rapprocher des espèces d'un autre genre, plus
qu'elle n'est rapprochée des espèces du sien ; tous les changements qu'ont
éprouvés ceux de ces animaux qui ont été soumis à l'action des causes les
plus nombreuses et les plus puissantes se bornent à une augmentation ou à
une diminution dans la taille, ou dans les proportions de quelques parties,
à quelques-unes des qualités du pelage, etc., c'est-à-dire que ces changements n'ont jamais atteint que des organes d'un ordre secondaire, ceux précisément où sont attachés les caractères des variétés.

En l'histoire naturelle, et en général dans toutes les sciences d'observation, aucune vérité n'étant absolue, on peut toujours apprécier les fondements d'une proposition par les faits sur lesquels elle s'appuie, et déterminer
le degré de confiance qu'elle mérite ; mais quelquefois on aperçoit une vérité
générale dans un nombre de faits très bornés ; alors cette vérité se confirme
par les faits subséquents. C'est ce qui n'est point arrivé pour l'hypothèse que
nous venons d'exposer, mais c'est ce qui a lieu pour une autre proposition
générale de Buffon, qu'on pouvait dire anticipée, et qui a été confirmée par
toutes les observations qui sont venues se joindre à celles dont il avait pu
disposer. Je veux parler de la distribution des quadrupèdes sur la terre. Il
était important de savoir si ceux de l'ancien monde étaient les mêmes que
ceux du nouveau, à cause des conséquences qui pouvaient s'en déduire ; et
quoique Buffon ne connût qu'un cinquième des quadrupèdes que l'on connaît aujourd'hui, il a établi cette vérité : qu'aucune des espèces de l'ancien
monde ne devait se rencontrer dans les parties intertropicales et méridionales
du nouveau ; que les régions septentrionales de ces deux mondes seules
avaient des espèces qui leur étaient communes, parce qu'elles communiquaient sans cesse entre elles au moyen des glaces ou des îles nombreuses
et rapprochées qui leur sont intermédiaires ; qu'aucun moyen de communication n'existant entre l'Afrique ou l'Asie méridionale et le Brésil ou le
Pérou, les espèces entièrement abandonnées aux influences diverses qui ten-
daient à les modifier ne pouvaient conserver les caractères des espèces qui
avaient une origine commune avec elles. Car Buffon ne pensait point que
ces animaux fussent originairement différents. S'ils ne se ressemblaient pas,
c'est que l'Amérique, nouvellement formée, exerçait sur les animaux qui
avaient pu y vivre, avant la révolution qui la sépara des parties de l'ancien
monde, vis-à-vis desquelles elle se trouve, une action qui avait surtout eu
pour effet d'en diminuer la force et de les amoindrir. Cette dernière conséquence de ses recherches sur les animaux américains s'est trouvée sans fon-

dement, comme le principe sur lequel elle reposait, et il en a été de même de son idée que les quadrupèdes du Nouveau-Monde étaient sans aucune comparaison proportionnellement moins nombreux que ceux des autres parties de la terre. Mais jusqu'à présent rien n'a infirmé ce fait, que les animaux de l'Amérique méridionale diffèrent de ceux qui se trouvent en Afrique et en Asie sous les mêmes parallèles.

Je viens de remplir la première des tâches que j'avais dû m'imposer, celle d'examiner les discours généraux de Buffon sur les quadrupèdes, et quoiqu'elle ait eu plutôt pour objet de restreindre ses idées que de les étendre, je ne cesse pas un instant pour cela d'admirer cette intelligence féconde et cette raison puissante qui le portèrent à ces créations où l'on ne sait ce que l'on doit admirer le plus, de la richesse et de la variété des détails ou de l'étendue et de l'harmonie des rapports.

En effet, comment l'esprit de l'homme, concevant l'infini, se condamnerait-il à ne jamais sortir des bornes tracées par ce petit nombre de faits qu'il a pu percevoir, et à l'aide desquels il est parvenu à dévoiler quelques-unes des lois de la nature? Que sont ces faits et ces lois, comparés aux faits qu'elle renferme et aux lois qui la régissent? Que paraîtront surtout et ces faits et ces lois, si nous considérons que l'éternité est son partage, et que nos observations, par rapport à elle, datent de l'instant qui vient de naître! Pour la pensée qui peut embrasser l'existence du monde dont l'imagination est forcée de reculer indéfiniment l'origine et d'éloigner sans terme la fin, ce que nous connaissons de la nature et de ses lois n'est rien, ou peut-être sont-ce les lois de quelques parties d'un phénomène passager, d'un mode accidentel et transitoire, dont les traces disparaîtront sous l'action de lois plus générales et plus puissantes, dont notre vue bornée ne peut saisir les effets, mais que peut-être notre intelligence pourrait concevoir.

Honorons donc les hommes qui, sans désobéir aux règles sévères de la raison, cherchent comme Buffon à étendre l'empire de leur intelligence sur la nature, au delà des bornes marquées par leurs sens; et cependant, il faut le dire et le répéter, ce n'est que par les sens qu'il nous est donné de connaître véritablement cette nature, et de croire à ce que nous en connaissons; ce sont eux seuls qui, pour nous, en circonscrivent l'étendue.

Sans doute ces limites sont étroites, comparées à celles que peut embrasser la suprême puissance, aux limites véritables de la nature; mais le champ laissé à nos investigations peut encore suffire à nos forces et à notre orgueil: entre les mondes qui remplissent l'espace et dont nous sommes parvenus à déterminer les mouvements, et les infiniment petits que nos instruments ont su atteindre, l'intervalle est grand; et, à en juger par les résultats de nos recherches, par ce que nous avons acquis de connaissances, depuis que l'esprit humain s'exerce sur les phénomènes qui l'environnent et sur leur cause, bien des siècles pourront s'écouler encore avant que le champ de nos observations soit parcouru. Que dis-je? chaque point de ce champ

qui, pour nous, est un but que nous n'apercevons encore que de loin, s'éloi-
gnera à mesure que nous en approcherons, et si l'homme n'est pas un être
passager, si son espèce est destinée à résister aux forces qui doivent agir
dans le monde qu'elle habite, comme elle résiste à celles qui agissent aujour-
d'hui, ses observations, s'accumulant de siècle en siècle, pourront même la
conduire à la connaissance de ces lois qui, tout à l'heure, nous semblaient
dépasser sa sphère, comme elles surpassent l'intelligence de chacun des
individus dont elle se compose.

LES ANIMAUX DOMESTIQUES [1]

Buffon ne considère la domesticité des animaux que comme un effet de la puissance de l'homme et de sa supériorité intellectuelle sur eux. « L'homme, dit-il, change l'état naturel des animaux en les forçant à lui obéir et en les faisant servir à son usage. » C'est là, pour lui, la seule origine de cet état si remarquable dans lequel les animaux semblent être soumis à des lois arbitraires et à une puissance plus forte que leur nature. C'est une erreur que nous ne pouvons nous dispenser de combattre, et dans son principe et dans ses conséquences, en montrant que la domesticité est un effet de l'instinct sociable. Nous établirons donc d'abord l'existence de cet instinct et des modifications qu'il nous présente, et nous en montrerons ensuite le résultat dans l'association des animaux avec l'homme.

Lorsque Buffon disait que s'il n'existait point d'animaux la nature de l'homme serait encore plus incompréhensible, il était loin d'apercevoir toute l'étendue et toute la vérité de cette pensée. L'animal n'était pour lui, ou pour parler, je crois, plus exactement, n'était dans son système qu'une machine organisée, aux mouvements de laquelle aucune intelligence ne présidait d'une manière immédiate. Ce n'était donc que par les organes et leur mécanisme que l'homme et la brute étaient comparables, et la structure de notre corps pouvait seule tirer quelque lumière de l'étude détaillée de l'animal. C'était l'idée de Descartes, à quelques exceptions près, plus apparentes que réelles; et, à n'en juger que par les faits, il faut convenir que ceux qui lui servent de fondement sont plus importants et peut-être plus nombreux que ceux sur lesquels se fonde l'idée contraire; car la nature est bien plus libérale d'instinct que d'intelligence.

Ainsi, quoique l'une et l'autre manquent de vérité, les disciples de Descartes ont défendu la doctrine de leur maître avec une grande supériorité comparativement aux défenseurs de la doctrine opposée. Buffon, et Condillac, qui a soutenu contre ce grand naturaliste l'opinion ancienne et commune, que les animaux ont les mêmes facultés que l'homme, mais à un moindre degré, sont aujourd'hui chez nous les représentants de ces deux doctrines; et quoique je n'admette pas plus l'une que l'autre, je ne puis me défendre de reconnaître autant de profondeur et d'exactitude dans ce que dit le premier, que de légèreté et d'arbitraire dans ce que dit le second. C'est que l'objet principal de Buffon était la nature, et que le système de Buffon était l'objet principal de Condillac.

---

1. Tome II, page 367. Ces vues sur la domesticité font l'objet de deux mémoires publiés parmi ceux du Muséum d'histoire naturelle.

Buffon, dans son discours sur la nature des animaux, a à peine effleuré la question qui doit nous occuper, et Condillac ne pouvait pas être conduit à la traiter ; elle lui paraissait toute résolue sans doute, dans ce qu'il y avait d'agréable et d'utile pour les animaux à se réunir et à former des troupes plus ou moins nombreuses ; et les exemples tirés de faits mal observés ne lui manquaient sûrement pas pour prouver la vérité de ses principes. Ces faits ne devaient pas être moins puissants pour Buffon, qui n'attribuait les sociétés des animaux les mieux organisés qu'à des convenances et des rapports physiques ; mais ce qui est à remarquer, comme témoignage de l'exactitude des observations de cet homme célèbre, et peut-être même de la justesse de ses idées, sinon de son système, c'est qu'il répartit les animaux sociables dans les trois classes entre lesquelles ils se partagent en effet, quand on les considère relativement aux causes de leurs actions, quoique les caractères qu'il donne à chacune d'elles soient inadmissibles.

Depuis longtemps on a reconnu que la sociabilité de l'homme est l'effet d'un penchant, d'un besoin naturel qui le porte invinciblement à se rapprocher de son semblable, indépendamment de toute modification antérieure, de toute réflexion, de toute connaissance. C'est une sorte d'instinct qui le maîtrise, et que les peuplades les plus sauvages manifestent avec autant de force que les nations les plus civilisées. L'idée que l'homme de la nature vit solitaire n'a jamais été le résultat de l'observation ; elle n'a pu naître que des jeux d'une imagination fantastique, ou de quelques hypothèses dont elle a été la conséquence, mais dont de meilleures méthodes scientifiques nous délivreront sans doute pour jamais.

Ce sentiment instinctif n'est pas moins la cause de la sociabilité des animaux que celle de la sociabilité de l'espèce humaine ; il est primitif pour eux comme pour nous. Tout démontre, en effet, qu'il n'est ni un phénomène intellectuel ni un produit de l'habitude ; nous n'en trouvons pas la moindre trace chez les animaux qui occupent le même rang dans l'ordre de l'intelligence que ceux qui nous le montrent au plus haut degré ; il semble même que les exemples les plus nombreux et les plus remarquables ne se montrent que chez les animaux des dernières classes, chez les insectes ; et les preuves qu'il n'est point un fait d'habitude ne sont pas moins démonstratives. S'il résultait de l'éducation, de l'influence des parents sur les enfants, cette cause agissant de la même manière chez tous les animaux dont le développement et la durée de l'existence sont semblables, nous verrions les ours, qui soignent leurs petits pendant tout autant de temps que les chiens, et avec la même tendresse et la même sollicitude, nous le montrer avec la même force que ceux-ci ; et les ours sont cependant des animaux essentiellement solitaires. Au reste, nous avons des preuves directes que, sur ce point, l'influence des habitudes ne prévaut jamais sur celle de la nature, que l'instinct de la sociabilité subsiste même quand il n'a point été exercé, et qu'il disparaît malgré l'exercice chez ceux qui ne sont point destinés à un état permanent de sociabilité. En effet, on s'attache toujours très facilement et très vivement par des soins les mammifères sociables, élevés dans l'isolement et loin de toutes les causes qui auraient pu faire naître en eux le penchant à la sociabilité. C'est une observation que j'ai souvent faite à la Ménagerie du Roi, sur les animaux sauvages qu'elle reçoit ; et je l'ai constatée à dessein en élevant des chiens avec des loups très féroces et de la même manière qu'eux. Dans ce cas, le penchant à la sociabilité reparaissait chez les chiens, pour ainsi dire, dès que l'animal avait recouvré sa liberté. D'un autre côté, les jeunes cerfs, qui, dans les premières années de leur vie, forment de véritables troupes et vivent en société, se séparent pour ne plus se réunir et pour passer le reste de leurs jours dans la solitude, aussitôt qu'ils ont atteint l'âge de la puberté. C'est-à-dire que l'habitude, comme l'instinct, se sont également effacés en eux, que l'une n'a pu se conserver sans l'autre.

Quelques auteurs n'ayant vu le caractère de la sociabilité que dans les services que les membres de l'association se rendent mutuellement, et même que dans le partage, entre tous ses membres, des différents travaux que demandent les divers besoins de la société, n'ont point voulu regarder les réunions naturelles d'animaux comme de véritables sociétés. C'était l'idée de l'auteur des lettres du physicien de Nuremberg sur les animaux, de Leroi, qui aurait pu faire faire de si grands progrès à cette branche des sciences, si, au lieu de juger les faits qu'il observait d'après l'hypothèse de Condillac, il avait jugé cette hypothèse d'après les intéressantes observations que sa longue expérience lui avait procurées. « Il ne suffit pas, dit-il, que des animaux vivent rassemblés pour qu'ils aient une société proprement dite et féconde en progrès. Ceux mêmes qui paraissent se réunir par une sorte d'attraits et goûter quelque plaisir à vivre les uns près des autres n'ont point la condition essentielle de la société, s'ils ne sont pas organisés de manière à se servir réciproquement pour les besoins journaliers de la vie. C'est l'échange de secours qui établit les rapports, qui constitue la société proprement dite. Il faut que ces rapports soient fondés sur différentes fonctions qui concourent au bien commun et dont le partage rende à chacun des individus la vie plus favorable, aille à l'épargne du temps, et produise par conséquent du loisir pour tous, etc. » Ainsi c'était dans les sociétés civilisées, dans les effets mêmes les plus artificiels et les plus compliqués, que cet auteur cherchait le caractère fondamental de la sociabilité ! Que pouvait-il donc penser de ces peuplades vraiment sauvages, dont tous les travaux, ayant pour objet des besoins naturels, ne présentent rien de ces échanges de secours, de ces partages d'industrie qui lui paraissent essentiels à toute société ? Comment n'a-t-il pas vu, par l'histoire de tous les peuples, que ce n'est que progressivement et à mesure que la raison éclaire les hommes, que les besoins différents de ceux qui nous sont immédiatement donnés par la nature, naissent et s'étendent ? Mais que pour des services mutuels s'établissent, il faut que des services particuliers aient été rendus, et pour cela, qu'une cause quelconque ait tenu rapprochés les hommes jusqu'à ce qu'ils ne soient plus étrangers l'un à l'autre ; ce qui nous ramène au sentiment primitif de la sociabilité.

Pour retrouver les traces de ce sentiment dans les sociétés civilisées, il faut en séparer les caractères nombreux et variés que nous y avons introduits par l'exercice des facultés exclusives qui nous appartiennent ; car il n'est pas un de nos besoins naturels, si ce n'est celui qui nous porte à vivre réunis, qui n'ait dû faire quelques sacrifices à la raison, que l'on retrouve toujours comme le caractère dominant de l'espèce humaine, parce qu'en effet, c'est par elle seule que nous nous distinguons essentiellement des animaux ; aussi est-ce par elle que notre société se distingue des leurs. Dans tout ce qui n'y a pas été introduit par la raison nous sommes de véritables animaux ; et nous redescendons au rang de ces êtres inférieurs toutes les fois que nous voulons nous soustraire à l'empire que la nature l'a chargée d'exercer sur nous. Ce serait un sujet de recherche bien curieux que celui du degré d'autorité que nous avons laissé prendre à cette faculté dans les nombreuses espèces de sociétés que forme l'espèce humaine.

Mais la sociabilité des animaux est pour nous beaucoup moins importante par sa cause que par ses effets. La cause de ce phénomène est primitive ; or à moins qu'on ne remonte à la source de ces sortes de causes, elles restent pour nous des puissances cachées, des forces occultes qui nous font subir passivement leurs lois ; et malheureusement la plupart d'entre elles ont leur source fort au delà des limites actuelles de nos connaissances en psychologie. Leurs effets, au contraire, se manifestent à l'observation et se soumettent à l'expérience ; nous pouvons en faire un objet de recherche, et c'est surtout par les effets de l'instinct sociable que la nature de l'homme me paraît pouvoir tirer quelques lumières de la nature des animaux, car ceux-ci nous présentent ces effets dans un état de simplicité qu'ils n'ont pas chez l'homme, où, comme nous l'avons dit, ils sont constamment compliqués de l'influence de sa raison et de sa liberté.

Aussi ne faut-il pas s'étonner si plusieurs philosophes n'ont vu dans ces effets que des actes libres de la volonté, et, par suite, dans l'association des hommes, que le résultat d'un choix raisonné, d'un jugement indépendant. Il est cependant inévitable que les effets immédiats d'une cause nécessaire soient nécessaires eux-mêmes ; et si la sociabilité de l'homme est primitivement instinctive, ses conséquences directes sont indépendantes de toute autre cause ; ce sont donc ces conséquences elles-mêmes que les animaux doivent nous faire connaître. C'est ainsi que l'anatomie comparée tire des faits que lui présentent les organes les moins compliqués l'analyse de ceux qui le sont davantage.

Nous voyons dans la conduite d'une foule d'animaux ce que sont les associations fondées sur un besoin purement passager, sur des appétits qui disparaissent dès qu'ils sont satisfaits. Tant que les mâles et les femelles sont portés à se rechercher mutuellement, ils vivent, en général, dans une assez grande union. La femelle affectionne cordialement ses petits et défend leur vie au péril de la sienne dès le moment qu'elle les a mis au monde; cette affection dure aussi longtemps que ses mamelles peuvent les nourrir, et les petits rendent à leur mère une partie de l'attachement qu'elle leur porte, tant qu'ils ont besoin d'elle pour pourvoir à leurs besoins; mais aussitôt que l'époque du rut est passée, aussitôt que les mamelles cessent de sécréter le lait, que les petits se procurent eux-mêmes leur nourriture, tout attachement s'éteint, toute tendance à l'union cesse; ces animaux se séparent, s'éloignent peu à peu l'un de l'autre et finissent par vivre dans l'isolement le plus complet. Alors le peu d'habitudes sociales qui avaient été contractées s'efface, tout devient individuel, chacun se suffit à soi-même; les besoins des uns ne sont plus que des obstacles à ce que les autres satisfassent les leurs; et ces obstacles amènent l'inimitié et la guerre, état habituel, vis-à-vis de leurs semblables, de tous les animaux qui vivent solitaires. Pour ceux-ci, la force est la première loi; c'est elle qui, dans leur intérêt, règle tout: le plus faible s'éloigne du plus fort et meurt de besoin s'il ne trouve pas, à son tour, un plus faible à chasser, ou une nouvelle solitude à habiter. C'est cet ordre de choses que nous présentent toutes ces espèces de la famille des chats, toutes celles de la famille des martes, les hyènes, les ours, etc.; et c'est celui que nous présenteront toujours les animaux qui n'ont d'autres besoins que ceux dont l'objet immédiat est la conservation des individus ou des espèces, car ces sortes de besoins sont manifestement ennemis de la sociabilité, bien loin d'en être la cause, comme quelques-uns l'ont prétendu.

L'exemple que nous venons de tracer est celui de l'insociabilité la plus complète; mais la nature ne passe pas sans intermédiaires à l'état opposé. Le penchant à la sociabilité peut être plus ou moins puissant, plus ou moins modifié par d'autres. Nous trouvons, en quelque sorte, les premières traces de ce sentiment dans l'espèce d'association qui se conserve même hors du temps des amours, entre le loup et la louve. Ces animaux paraissent être attachés l'un à l'autre pendant toute leur vie, sans que cependant leur union soit intime aux époques de l'année où ils n'ont plus que les besoins de leur conservation individuelle. Alors ils vont seuls, ne s'occupent que d'eux-mêmes, et si quelquefois on les trouve réunis, agissant de concert, c'est plutôt le hasard que le penchant qui les rassemble. On conçoit que les effets d'une telle association sont presque nuls: aussi les loups paraissent-ils supporter sans peine l'isolement le plus complet.

Les chevreuils nous présentent un exemple différent, où la sociabilité se montre déjà plus forte, mais non pas encore dans toute son étendue. Chez ces animaux, le sentiment qui les rapproche est intime et profond; une fois qu'un mâle et une femelle sont unis, ils ne se séparent plus: ils partagent la même retraite, se nourrissent dans les mêmes pâturages, courent les mêmes chances de bonheur ou d'infortune, et si l'un périt, l'autre ne survit guère qu'autant qu'il rencontre un chevreuil également solitaire et d'un sexe différent du sien. Mais l'affection de ces animaux l'un pour l'autre est exclusive ; ils sont pour leurs petits ce que les animaux solitaires sont pour les leurs : ils s'en séparent dès qu'ils ne sont plus nécessaires à leur conservation.

Dans cette union, l'influence mutuelle des deux individus est encore extrêmement bornée : il n'y a entre eux ni rivalité, ni supériorité, ni infériorité ; ils font, si je puis ainsi dire, un tout parfaitement harmonique; et ce n'est que pour les autres qu'ils sont plusieurs.

Il n'en est plus de même chez les animaux où la sociabilité subsiste, quoique les intérêts individuels diffèrent. C'est alors que ce sentiment se montre dans toute son étendue et avec toute son influence, et qu'il peut être comparé à celui qui détermine les sociétés humaines : il ne se borne plus à rapprocher deux individus, à maintenir l'union dans une famille ; il tient rassemblées des familles nombreuses et conserve la paix entre des centaines d'individus de tout sexe et de tout âge. C'est au milieu de leur troupe même que ces animaux naissent; c'est au milieu d'elle qu'ils se forment, et c'est sous son influence qu'ils prennent, à chaque époque de leur vie, la manière d'être qui peut à la fois satisfaire ses besoins et les leurs.

Dès qu'ils ne se nourrissent plus exclusivement de lait, dès qu'ils commencent à marcher et à sortir de la bauge sous la conduite de leur mère, ils apprennent à connaître les lieux qu'ils habitent, ceux où ils trouveront de la nourriture et les autres individus de la troupe. Les rapports de ceux-ci entre eux sont déterminés par les circonstances qui ont participé à leur développement, à leur éducation ; et ce sont ces rapports, joints aux causes dont ils dérivent, qui détermineront à leur tour ceux des jeunes dont nous suivons la vie. Or il ne s'agit pas pour eux de combattre pour établir leur supériorité, ni de fuir pour se soustraire à la force; d'une part, ils sont trop faibles, et de l'autre ils sont retenus par l'instinct social. Il faut donc que leur nouvelle existence se mette en harmonie avec les anciennes. Tout ce qui tendrait à nuire à ces existences établies en troublerait le concert, et les plus faibles seraient sacrifiés par la nature des choses. Que peuvent donc faire, dans une telle situation, de jeunes animaux, si ce n'est de céder à la nécessité, ou d'y échapper par la ruse ? C'est, en effet, le spectacle que nous présentent les jeunes mammifères au milieu de leur troupe; ils ont bientôt appris ce qui leur est permis et ce qui leur est défendu, ou plutôt ce qui est, ou non, possible pour eux. Si ce sont des carnassiers, lorsque la harde tombe sur une proie, chaque individu y participe en raison des rapports d'autorité où il se trouve vis-à-vis des autres; aussi nos jeunes animaux ne pourront manger de cette proie que ce qui en sera resté, ou ce qu'ils en auront dérobé par adresse. Ils essayeront d'abord de surprendre quelques morceaux avec lesquels ils pourront fuir, ou de se glisser derrière les autres, sauf à éviter les coups que ceux-ci pourraient leur porter. De la sorte, ils se nourrissent largement si la proie est abondante, ou ils souffrent et périssent même si elle est rare. Par cet exercice de l'autorité sur la faiblesse, l'obéissance des jeunes s'établit et pénètre jusque dans leur intime conviction, jusque dans l'espèce particulière de conscience que produit l'habitude.

Cependant ces animaux avancent en âge et se développent; leurs forces s'accroissent : toutes choses égales, ils ne l'emporteraient pas dans un combat sur ceux qui ne les ont précédés que d'une ou de deux années; mais ils sont plus agiles, plus vigoureux que les animaux qui ont passé leur première jeunesse; et si la force devait décider des droits, ces derniers seraient obligés de leur céder les leurs. C'est ce qui n'arrive point dans le cours ordinaire de la société : les rapports établis par l'usage se conservent ; et si la société est sous la conduite d'un chef, c'est le plus âgé qui a le plus de pouvoir. L'autorité qu'il a commencé à exercer par la force, il la conserve par l'habitude d'obéissance que les autres ont eu le temps de contracter. Cette autorité est devenue une sorte de force morale, où il entre autant de confiance que de crainte, et contre laquelle aucun individu ne peut conséquemment être porté à s'élever. La supériorité reconnue n'est plus attaquée; ce ne sont que les supériorités ou les égalités qui tendent à s'établir qui éprouvent des résistances jusqu'à ce qu'elles soient acquises, et elles ne tardent point à l'être dans tous les cas où il ne s'agit que de partage; il suffit pour cela d'une égalité approchante de force, aidée de l'influence de la sociabilité et de l'habitude d'une vie commune, car les animaux sauvages ne combattent que poussés par les plus violentes passions; et excepté le cas où ils auraient à défendre leur vie ou la possession de leurs femelles, et celles-ci l'existence de leurs petits, ils n'en éprouvent point de semblables. Quant aux supériorités, elles ne s'établissent et ne se reconnaissent que quand le partage n'est plus possible et que la possession doit être entière; alors des luttes commencent : ordinairement l'amour les provoque; et c'est presque toujours la femelle, par la préférence qu'elle accorde au plus vigoureux d'entre les jeunes qu'elle reconnaît avec une rare perspicacité, qui porte celui-ci à surmonter l'espèce de contrainte et d'obéissance à laquelle le temps l'avait façonné, et à occuper la place à laquelle il a droit. On pourrait donc aisément concevoir une société d'animaux où l'ancienneté seule ferait la force de l'autorité. Pour qu'un tel état de choses s'établît, il suffirait qu'aucun sentiment ne fût porté jusqu'à la passion, et c'est ce qui a lieu peut-être dans ces troupes d'animaux herbivores qui vivent au milieu des riches prairies de ces contrées sauvages dont l'homme ne s'est point encore rendu le maître. Leur nourriture, toujours abondante, ne devient jamais pour eux un sujet de rivalité, et s'ils peuvent satisfaire les besoins de l'amour comme ceux de la faim, leur vie s'écoule nécessairement dans la plus profonde paix. Le contraire pourrait également avoir lieu si la force des intérêts individuels l'emportait sur l'instinct de la sociabilité : tel est l'effet d'une extrême rareté d'aliments ; et si cet état dure, les sociétés se dissolvent et s'anéantissent.

Jusqu'à présent, j'ai supposé tous les individus d'une troupe doués du même naturel, soumis aux mêmes besoins, aux mêmes penchants, et mus conséquemment par le même degré de puissance. Cependant tous les individus d'une même espèce ne se ressemblent pas à ce point : les uns ont des passions plus violentes ou des besoins plus impérieux que les autres ; celui-ci est d'un naturel doux et paisible; celui-là est timide ; un troisième peut être hardi ou colère, hargneux ou obstiné, et alors l'ordre naturel est interverti : ce n'est plus l'ancien exercice du pouvoir qui le légitime ; chacun prend la place que son caractère lui donne : les méchants l'emportent sur les bons, ou plutôt les forts sur les faibles; car chez des êtres dépourvus de liberté, et dont les actions ne peuvent conséquemment avoir aucune moralité, tout ce qui porte à la domination est de la force, et à la soumission de la faiblesse. Mais une fois que ces causes accidentelles ont produit leurs effets, l'influence de la sociabilité renaît, l'ordre se rétablit. Les nouveaux venus s'habituent à obéir à ceux qu'ils trouvent investis du commandement jusqu'à ce qu'il y en ait de plus nouveaux qu'eux, ou qu'ils soient les plus anciens de l'association.

Cet instinct de sociabilité ne se montre pas seulement par les affections qui s'établissent entre les individus dont la société se compose, il se manifeste encore par l'éloignement et par le sentiment de haine qui l'accompagne pour tout individu inconnu. Aussi deux troupes ne se rapprochent jamais volontairement, et si elles sont forcées de le faire, il en résulte de violents combats : les mâles s'en prennent aux mâles ; les femelles attaquent les femelles; et si un seul individu étranger, et surtout d'une autre espèce, vient à être jeté par le hasard au milieu de l'une d'elles, il ne peut guère échapper à la mort que par une prompte fuite.

De là résulte que le territoire occupé par une troupe sur lequel elle cherche sa proie, si elle se compose d'animaux carnassiers, ou qui lui fournit des pâturages, si elle est formée d'herbivores, est en quelque sorte inviolable pour les troupes voisines : il devient comme la propriété de celle qui l'habite; aucune autre, dans les temps ordinaires, n'en franchit les limites ; des dangers pressants, une grande famine, en exaltant dans chaque individu le sentiment de sa conservation, pourraient seuls faire changer cet ordre naturel, ondé lui-même sur cet amour de la vie auquel tous les autres sentiments cèdent chez les êtres dépourvus de raison. Au reste, et pour le dire en passant, cette espèce de droit de propriété, ainsi que ses effets, ne se manifestent pas seulement dans l'état de sociabilité, on les retrouve aussi chez les animaux solitaires: il n'en est aucun qui ne regarde comme à soi le lieu où il a établi sa demeure, la retraite qu'il s'est préparée, ainsi que la circonscription où il cherche et trouve sa nourriture. Le lion ne souffre point un autre lion dans son voisinage. Jamais deux loups, à moins qu'ils ne soient errants, comme ils le sont pour la plupart dans les pays où on leur fait continuellement une chasse à mort; jamais deux loups, dis-je, ne se ren-

contrent dans le même canton ; et il en est de même des oiseaux de proie :
l'aigle, de son aire, étend sa domination sur l'espace immense qu'embrassent son vol et son regard.

L'état de choses que nous venons d'exposer est celui que nous présentera
toute société d'animaux, abstraction faite de ses caractères spécifiques, c'est-
à-dire des instincts, des penchants, des facultés, qui la distingue des autres ;
car chaque troupe nous présentera des caractères qui lui appartiendront exclusivement et qui modifieront d'une manière quelconque celui de la sociabilité. Ainsi, dans toutes les sociétés où l'un des besoins naturels est sujet à
s'exalter, les causes de discorde deviennent fréquentes, et il en naît l'expérience des forces : c'est pourquoi dans les sociétés formées par les animaux
carnassiers, chez lesquels les besoins de la faim peuvent être portés au plus
haut degré, l'autorité est bien plus sujette à changer que dans les sociétés
d'herbivores ; il en est de même pour les oiseaux chez lesquels les besoins et
les rivalités de l'amour sont toujours poussés jusqu'à la fureur. D'un autre
côté, des penchants particuliers, des instincts spéciaux, et surtout une grande
intelligence, peuvent renforcer et perfectionner l'instinct de la sociabilité.
Plusieurs animaux joignent au besoin de se réunir celui de se défendre mutuellement : ici ils se creusent de vastes retraites, là ils élèvent de solides habitations; et c'est certainement à l'instinct de la sociabilité, porté au plus
haut point, et uni quelquefois à une intelligence remarquable, que nous
devons les animaux domestiques. C'est ce qui nous reste à établir.

La soumission absolue que nous exigeons des animaux domestiques, l'espèce de tyrannie avec laquelle nous les gouvernons, nous ont fait croire qu'ils
nous obéissent en véritables esclaves ; qu'il nous suffit de la supériorité que
nous avons sur eux pour les contraindre à renoncer à leur penchant naturel d'indépendance, à se ployer à notre volonté, à ceux de nos besoins auxquels leur organisation, leur intelligence ou leur instinct les rendent propres
et nous permettent de les employer. Nous concevons cependant que si le
chien est devenu si bon chasseur par nos soins, c'est qu'il l'était naturellement, et que nous n'avons fait que développer une de ces qualités originelles
et nous reconnaissons qu'il en est à peu près de même pour toutes les qualités diverses que nous recherchons dans nos animaux domestiques. Mais la
domesticité elle-même, quant à la soumission que nous obtenons de ces
animaux, c'est à nous seuls que nous nous l'attribuons ; nous en sommes la
cause exclusive ; nous leur avons commandé l'obéissance, comme nous les
avons contraints à la captivité. La source de notre erreur est que, jugeant sur
de simples apparences, nous avons confondu deux idées essentiellement distinctes, la domesticité et l'esclavage; nous n'avons vu aucune différence
entre la soumission de l'animal et celle de l'homme ; et du sacrifice
que l'homme esclave se trouvait forcé de nous faire, nous avons pensé que
l'animal domestique nous faisait un sacrifice équivalent. Cependant ces deux
situations n'ont rien de semblable ; la distance entre l'animal domestique et

I.   4

l'homme esclave est infinie : elle est la même que celle qui sépare la volonté simple de la liberté.

L'animal en domesticité, ainsi que celui qui vit au milieu des bois, fait usage de ses facultés dans les limites marquées par sa situation ; comme il n'est jamais sollicité à agir que par des causes extérieures et par ses besoins, par ses instincts, dès que sa volonté se conforme aux nécessités qui l'environnent, il n'en sacrifie rien ; car la volonté consiste dans la faculté d'agir spontanément suivant tous les besoins qu'on sent et par lesquels on est naturellement sollicité, mais qu'on ne connaît pas. Cet animal n'est donc point au fond dans une situation différente de celle où il serait livré à lui-même ; il vit en société sans contrainte de la part de l'homme, et il a un chef à la volonté duquel il se conforme dans certaines limites, parce que sa troupe aurait eu un chef, et que cette volonté est une des conditions les plus fortes de celles qui agissent sur lui. Il n'y a rien là qui ne soit conforme à ses penchants : ce sont ses besoins qu'il satisfait ; nous ne voyons point qu'il en éprouve d'autres, et c'est l'état où il serait dans la plus parfaite liberté ; seulement son chef est un maître qui a sur lui un pouvoir immense, et qui en abuse souvent ; mais souvent aussi ce maître emploie sa puissance à développer les qualités naturelles de l'animal, et sous ce rapport celui-ci s'est véritablement amélioré ; il a acquis une perfection qu'il n'aurait jamais pu atteindre dans un autre état sous d'autres influences. Quelle différence entre cet animal et l'homme esclave, qui n'est pas seulement sociable, qui n'a pas seulement la faculté du vouloir, mais qui de plus est un être libre ; qui ne se borne pas à se conformer spontanément à sa situation, par l'influence aveugle qu'elle exerçait sur lui ; mais qui peut la connaître, la juger, en apprécier les conséquences et en sentir le poids ! Et cependant cette liberté qui peut lui faire envisager sa situation, lui montrer tout ce qu'elle a de pénible, il voit qu'elle est enchaînée, qu'il ne peut en faire usage, qu'il faut qu'il agisse sans elle, qu'il descende conséquemment au-dessous de lui, qu'il se dégrade au niveau de la brute, qu'il s'abaisse même au-dessous d'elle ; car l'animal, satisfaisant tous les besoins qu'il éprouve, est nécessairement en harmonie avec la nature, avec les circonstances au milieu desquelles il est placé, tandis que l'homme qui ne satisfait point les siens, qui est forcé de renoncer au plus important de tous, est loin d'être dans ce cas ; il est dans l'ordre moral ce qu'est un être mutilé ou un monstre dans l'ordre physique.

Sans doute la liberté de l'homme, qui au fond réside dans sa pensée, ne peut être contrainte, et en ce sens l'homme, réduit aux fonctions de bête de somme, pourrait n'être point esclave. Mais la pensée qui ne s'exerce pas cesse bientôt d'être active : or pourquoi s'exercerait la pensée d'un homme qui ne peut y conformer ses actions ? et si malgré son état d'abjection, elle conservait quelque activité, sur quoi s'exercerait-elle ? Le caractère et les mœurs des esclaves de tous les siècles sont là pour répondre.

Nous serions dans l'impossibilité de remonter à la source des différences fondamentales qui existent entre l'animal domestique et l'homme esclave, que la différence des ressources auxquelles nous sommes obligés d'avoir recours pour soumettre les animaux et pour soumettre les hommes serait suffisante pour nous faire présumer que des êtres qu'on ne parvient à maîtriser que par des moyens tout à fait opposés ne se ressemblent pas plus après qu'avant leur soumission, et qu'une distance considérable doit séparer l'esclavage de la domesticité.

En effet, l'homme ne peut être réduit et maintenu en esclavage que par la force, car il est du caractère de la liberté de n'obéir qu'à elle-même : la volonté au contraire n'existant que dans les besoins et ne se manifestant que par eux, l'animal ne peut être amené à la domesticité que par la séduction, c'est-à-dire qu'autant qu'on agit sur ses besoins, soit pour les satisfaire, soit pour les affaiblir.

Ainsi une première vérité, c'est que la violence serait sans efficacité pour disposer un animal non domestique à l'obéissance. N'étant point naturellement porté à se rapprocher de nous qui ne sommes pas de son espèce, il nous fuirait, s'il était libre, au premier sentiment de crainte que nous lui ferions éprouver, ou nous prendrait en aversion s'il était captif. Nous ne parvenons à l'attirer et à le rendre familier que par la confiance : et les bienfaits seuls sont propres à la faire naître. C'est donc par eux que doivent commencer toutes les tentatives entreprises dans la vue d'amener un animal à la domesticité.

Les bons traitements contribuent surtout à développer l'instinct de la sociabilité et à affaiblir proportionnellement tous penchants qui seraient en opposition avec lui. C'est pourquoi il ne fut jamais d'asservissement plus sûr, pour les animaux, que celui qu'on obtient par le bien-être qu'on leur fait éprouver.

Nos moyens de bons traitements sont variés, et l'effet de chacun d'eux diffère, suivant les animaux sur lesquels on les fait agir, de sorte que le choix n'est point indifférent et qu'ils doivent être appropriés au but qu'on se propose.

Satisfaire les besoins naturels des animaux serait un moyen qui, avec le temps, pourrait amener leur soumission, surtout en l'appliquant à des animaux très jeunes ; l'habitude de recevoir constamment leur nourriture de notre main, en les familiarisant avec nous, nous les attacherait ; mais à moins d'un très long emploi de ce moyen, les liens qu'ils formeraient seraient légers : le bien que de cette manière un animal aurait reçu de nous, il se le serait procuré lui-même, s'il eût pu agir conformément à sa disposition naturelle. Aussi retournerait-il peut-être à son indépendance primitive dès que nous voudrions le ployer à un service quelconque ; car il y trouverait plus qu'il ne recevrait de nous, la faculté de s'abandonner à toutes ses impressions. Il ne suffirait donc pas vraisemblablement de satisfaire les besoins des animaux pour les captiver, il faut davantage ; et c'est en effet en exaltant leurs besoins ou en en faisant naître de nouveaux que nous sommes parvenus à nous les attacher et à leur rendre, pour ainsi dire, la société de l'homme nécessaire.

La faim est un des moyens les plus puissants de ceux qui sont à notre disposition pour captiver les animaux ; et comme l'étendue d'un bienfait est toujours en proportion du besoin qu'on en éprouve, la reconnaissance de l'animal est d'autant plus vive et plus profonde que la nourriture que vous lui avez donnée lui devenait plus nécessaire. Il est applicable à tous les mammifères, sans exception ; et si d'un côté il peut faire naître un sentiment affectueux, de l'autre il produit un affaiblissement physique qui réagit sur la volonté pour l'affaiblir elle-même. C'est par lui que commence ordinairement l'éducation des chevaux qui ont passé leurs premières années dans une entière indépendance. Après s'en être rendu maître, on ne leur donne qu'une petite quantité d'aliments, et à de rares intervalles ; et c'est assez pour qu'ils se familiarisent à ceux qui les soignent, et prennent pour eux une certaine affection que ceux-ci peuvent faire tourner au profit de leur autorité.

Si l'on ajoute à l'influence de la faim celle d'une nourriture choisie, l'empire du bienfait peut s'accroître considérablement, et il arrive à un point étonnant si, par une nourriture artificielle, on parvient à flatter beaucoup plus le goût des animaux qu'on ne le ferait avec la nourriture la meilleure, mais que la nature leur aurait destinée. En effet, c'est principalement au moyen de véritables friandises, et surtout du sucre, qu'on parvient à maîtriser les animaux herbivores que nous voyons soumettre à ces exercices extraordinaires, dont nos cirques nous rendent quelquefois les témoins.

Cette nourriture recherchée, ces friandises, agissent immédiatement sur la volonté de l'animal ; pour obtenir l'effet qu'on en désire, la faim et l'affaiblissement physiques ne leur sont point nécessaires, et l'affection qu'obtient par elles celui qui les accorde, est due tout entière au plaisir que l'animal éprouve ; mais ce plaisir dépend d'un besoin naturel, et tous les plaisirs que les animaux peuvent ressentir n'ont pas, s'il m'est permis de le dire, une origine aussi sensuelle.

Il en est un que nous avons transformé en besoin pour quelques-uns de nos animaux domestiques, qui semble être tout à fait artificiel et ne paraît s'adresser spécialement à aucun sens : c'est celui des caresses. Je crois qu'aucun animal sauvage n'en demande aux autres individus de son espèce : même chez nos animaux domestiques, nous voyons les petits joyeux à l'approche de leur mère ; le mâle et la femelle contents de se revoir, les individus habitués de vivre ensemble se bien accueillir lorsqu'ils se retrouvent ; mais ces sentiments ne s'expriment jamais de part et d'autre qu'avec beaucoup de modération, et on ne voit que dans peu de cas qu'ils soient accompagnés de caresses réciproques. Ce genre de témoignage, où les jouissances qu'on reçoit se doublent par celles qu'on accorde, appartient peut-être exclusivement à l'homme : c'est de lui seul que les animaux en ont acquis le besoin ; aussi c'est pour lui seul qu'ils l'éprouvent, c'est avec lui seul qu'ils le satisfont ; et comme le besoin de la faim peut acquérir de la force lorsque la nourriture augmente la sensualité, de même l'influence des caresses peut s'étendre lorsqu'elles flattent particulièrement les sens. C'est ainsi que les sons adoucis de la voix ajoutent aux émotions causées par le toucher, et que celles-ci s'accroissent par l'attouchement des mamelles.

Tous les animaux domestiques ne sont pas, à beaucoup près, également accessibles à l'influence des caresses, comme ils le sont à l'influence de la nourriture, chaque fois que la faim les presse. Les ruminants paraissent y être peu sensibles ; le cheval, au contraire, semble les goûter pour elles seules, et il en est de même de beaucoup de pachydermes, et surtout des éléphants. Le chat n'y est point indifférent ; on dirait même quelquefois qu'il met de la passion à les rechercher. Mais c'est sans contredit sur le chien qu'elles produisent les effets les plus marqués ; et, ce qui mérite attention, c'est que toutes les espèces du genre que j'ai pu observer partageaient avec lui cette disposition. La Ménagerie du Roi a possédé une louve sur laquelle les caresses de la main et de la voix produisaient un effet si puissant, qu'elle semblait éprouver un véritable délire, et sa joie ne s'exprimait pas avec moins de vivacité par ses cris que par ses mouvements. Un chacal du Sénégal était exactement dans le même cas ; et un renard commun en était si fort ému qu'on fut obligé de s'abstenir à son égard de tous témoignages de ce genre, par la crainte qu'ils n'amenassent pour lui un résultat fâcheux ; mais je dois ajouter que ces trois animaux étaient des individus femelles.

Je ne sais si je dois mettre les chants, les airs cadencés, au nombre des besoins artificiels à l'aide desquels la volonté des animaux se captive. On sait que les chameliers en font usage pour ralentir ou accélérer la marche des animaux qu'ils conduisent ; mais n'est-ce pas un simple signe auquel l'allure de ces animaux est associée, comme le son de la trompette en est un pour les chevaux qui, par lui, sont avertis que la carrière est ouverte et qu'ils vont y être lancés ? Je serais tenté de le croire, ne connaissant aucun fait qui puisse donner une idée contraire ; car ce qu'on a dit de la musique sur les éléphants a été vu avec quelques préventions, du moins ce que j'ai observé me le persuade tout à fait. Cependant il serait curieux de rechercher sur quel fondement cette association repose, quels sont les rapports des sons avec l'ouïe des mammifères, eux dont la voix est si peu variée et si peu harmonieuse.

Il ne suffit cependant pas que les moyens de captation précèdent toujours les actes de docilité qu'on demande aux animaux, il faut encore qu'ils leur succèdent : la contrainte employée à propos ne reste pas étrangère à ces actes, et elle pourrait nuire si elle était trop prolongée. Des caresses ou des friandises font à l'instant cesser cet effet : le calme et la confiance renaissent et viennent affaiblir, sinon effacer, les traces de la crainte.

Une fois que la confiance est obtenue, que la familiarité est établie, une fois que, par les bons traitements, l'habitude a rendu la société de l'homme indispensable à l'animal, notre autorité peut se faire sentir, nous pouvons employer la contrainte et appliquer des châtiments; mais nos moyens de corrections sont bornés, ils se réduisent à des coups accompagnés de précautions nécessaires pour que les animaux ne puissent fuir, et ils ne produisent qu'un seul effet, qui consiste à transformer le sentiment dont il est nécessaire de réprimer la manifestation en celui de la crainte. Par l'association qui en résulte, le premier de ces sentiments s'affaiblit, et quelquefois même finit par se détruire jusque dans son germe. Mais l'emploi de la force ne doit jamais être sans limite : son excès produit deux effets contraires, il intimide ou révolte. La crainte, en effet, peut être portée au point de troubler toutes les autres facultés. Un cheval naturellement timide, corrigé imprudemment, et tout entier à son effroi, n'aperçoit plus même le gouffre où il se précipite avec son cavalier; et l'épagneul, si propre à la chasse par son intelligence, si docile à la voix de son maître, n'est plus qu'un animal indécis, emporté ou tremblant, lorsqu'une sévérité outre mesure a présidé à son éducation. Quant à la résistance, elle commence toujours de la part de l'animal, au point où notre autorité sort des bornes que le temps et l'habitude avaient fixées à son obéissance. Ces bornes varient pour chaque espèce et pour chaque individu; et dès qu'elles sont dépassées, l'instinct de la conservation se réveille, et en même temps la volonté se manifeste avec toute sa force et toute son indépendance. Aussi voyons-nous souvent nos animaux domestiques, et le chien lui-même, se révolter contre les mauvais traitements et exercer sur ceux qui les leur infligent les plus cruelles vengeances. Les individus mêmes que nous regardons comme vicieux, et que nous nommons rétifs, ne se distinguent au fond de ceux qui ont de la douceur et de la docilité, que par des penchants plus impérieux, que souvent, il est vrai, aucun moyen ne peut captiver; mais que souvent aussi un meilleur emploi de ceux dont on fait communément usage parviendrait à affaiblir.

Je ne rapporterai pas les exemples nombreux de vengeances exercées par les animaux domestiques, et particulièrement par les chevaux, sur ceux qui les avaient maltraités; la haine que ces animaux ressentaient pour ces maîtres cruels, et le temps durant lequel ce sentiment s'est conservé en eux avec toute sa violence primitive. Ces exemples sont nombreux et connus; et quoiqu'ils aient dû faire concevoir que la brutalité était un moyen peu propre à obtenir l'obéissance, ils ont été sans fruits, et les animaux sont encore traités par nous comme si nous avions autre chose à soumettre en eux que leur volonté.

Les bienfaits, de notre part, sont donc indispensables pour amener les animaux à l'obéissance; comme nous ne sommes pas de leur espèce, ils n'éprouvent pas naturellement d'affection pour nous, et nous ne pouvons pas d'abord agir sur eux par la contrainte; mais il n'en doit pas être de même de la part des individus vers lesquels ces animaux sont attirés par leur instinct, qui sont de la même espèce, auxquels un lien puissant tend à les unir, et pour qui la contrainte exercée par leurs semblables est un état naturel, une condition possible de leur existence.

Dès leurs premiers rapprochements, ces animaux sont vis-à-vis l'un l'autre dans la situation des animaux domestiques vis-à-vis des hommes, après que ceux-ci sont devenus nécessaires pour eux, les ont séduits et captivés, c'est-à-dire que les uns peuvent immédiatement employer la force pour soumettre les autres. Ce sont encore les éléphants, qui, par la manière dont on les rend domestiques, nous fournissent un exemple de cette vérité.

Les éléphants domestiques, obéissant à l'homme qui les conduit, sont vis-à-vis d'un éléphant sauvage, dans ce cas d'éloignement et d'hostilité de tout individu d'une troupe vis-à-vis des individus d'une autre troupe ; tandis que l'éléphant solitaire est invinciblement porté, par son instinct, à se rapprocher des autres individus de son espèce et à se soumettre à eux dans certaines limites.

Des éléphants, comme tous les autres animaux sociables, pourront donc employer immédiatement la force pour en soumettre d'autres; et en effet, c'est ce qui arrive dans la manière dont les éléphants sauvages sont amenés à la domesticité.

Des individus domestiques, ordinairement femelles, sont conduits dans le voisinage des lieux où se sont établis des individus sauvages : si dans leur troupe il s'en trouve un qui soit forcé de se tenir à l'écart, et même de vivre solitaire, ou parce qu'étant mâle il en est dans la troupe de plus forts que lui, ou par toute autre cause, poussé par son penchant naturel, il ne tarde pas à découvrir les mêmes individus domestiques et à s'en approcher. Les maîtres de ceux-ci, qui ne sont point éloignés, accourent, chargent de cordes l'éléphant étranger, protégés par ceux qui leur appartiennent, lesquels, à la moindre résistance du nouveau venu, le frappent à coups de trompe ou de défenses, et le contraignent à se laisser entraîner.

Les châtiments infligés par les individus domestiques à l'individu sauvage, joints aux bons traitements qu'il reçoit d'ailleurs, amènent bientôt la fin de sa captivité, c'est-à-dire le moment où sa volonté se conforme à sa nouvelle situation, où ses besoins sont d'accord avec les commandements de son maître, et où il se soumet aux différents travaux auxquels on l'applique, travaux que l'habitude ne tarde pas à rendre faciles ; car on assure qu'il ne faut que quelques mois pour transformer un éléphant sauvage en éléphant domestique.

Tant que les animaux sont à un certain degré susceptibles d'affection et de crainte, tant qu'ils peuvent s'attacher à ceux qui leur font du bien et redouter ceux qui les punissent, il suffit de développer, d'accroître en eux ces sentiments, pour affaiblir ceux qui leur seraient contraires et donner un autre objet, une autre direction à leur volonté : c'est ce que nous avons obtenu par l'application des moyens qui viennent de faire le sujet de nos recherches et de nos considérations. Mais il arrive, ou par la nature des individus, ou par la nature des espèces, que l'énergie de certains penchants acquiert une telle force qu'aucun autre sentiment ne peut la surmonter, et sous l'empire de laquelle aucun autre sentiment même ne peut naître. Pour ces animaux, il ne suffirait plus de bons traitements ou de corrections ; ni les uns ni les autres n'agiraient efficacement ; ils ne seraient même que des causes nouvelles d'exercices pour la volonté, et au lieu de l'affaiblir ils l'exalteraient. Il est donc indispensable, pour les animaux qui éprouvent un besoin si impérieux d'indépendance, de commencer par agir immédiatement sur leur volonté, d'amortir leur emportement pour les rendre capables de crainte ou de reconnaissance ; et pour cela on a eu l'heureuse idée de les soumettre à une veille forcée ou à la castration.

D'après tout ce qu'on rapporte, il paraît que le premier de ces moyens, la veille forcée, est de toutes les modifications qu'un animal peut éprouver, sans qu'on le mutile, celle qui est la plus propre à affaiblir sa volonté et à le disposer à l'obéissance, surtout lorsqu'on lui associe avec prudence les bienfaits et les châtiments ; car alors les sentiments affectueux éprouvent moins de résistance, s'enracinent plus vite et plus profondément ; et la crainte, par la même raison, agit avec plus de promptitude et plus de force.

Les moyens qu'on peut employer pour suspendre le sommeil consistent dans des coups de fouet appliqués plus ou moins vivement, ou dans un bruit retentissant, comme celui du tambour ou de la trompette, qu'on varie pour éviter l'effet de l'uniformité, mais surtout dans la nourriture rendue pressante par la faim ; et, parmi les observations auxquelles ces différents procédés donnent lieu, il en est une sur laquelle il ne sera pas sans intérêt de s'arrêter ici un moment, quoiqu'elle ne résulte pas exclusivement du cas particulier que nous examinons, et qu'elle se présente dans un grand nombre d'autres circonstances. Elle nous fait voir que tous les animaux ne savent pas rapporter à leur cause les modifications qu'ils éprouvent par l'intermède des sons, toutes les fois que certaines relations particulières n'existent pas entre eux et ces causes.

Qu'un étalon ou un taureau indocile se sente frappé, il ne se méprendra point sur la cause de sa douleur ; c'est à la personne qui a dirigé les coups qu'il s'en prendra immédiatement, même quand il aurait été frappé par un projectile, comme le sanglier qui se jette sur le chasseur dont la balle l'a blessé. Je n'examine pas si l'expérience entre pour quelque chose dans leur action : ce qui est certain, c'est que, quelque expérience qu'aient ces animaux du bruit qui les fait souffrir, ils ne savent jamais en rapporter la cause à l'instrument qui le produit, ni à la personne qui emploie cet instrument ; ils souffrent passivement, comme s'ils éprouvaient un malaise intérieur ; la cause comme le siège de leur malaise est en eux ; et cependant ils discernent très exactement la direction du bruit. Dès qu'ils sont frappés d'un son, leur tête et leurs oreilles se dirigent sans la moindre hésitation vers le point d'où il part ; il est même des animaux chez lesquels cette action est instinctive et précède toute expérience, et relativement aux sensations, je pourrais ajouter que le taureau agit à la vue d'une étoffe rouge, comme à l'impression des coups; la cause de la modification qu'il éprouve est, dans un cas comme dans l'autre, entièrement hors de lui : ce qui nous montre de plus, que si le cheval et le taureau ne rapportent pas le son à l'instrument qui le produit, c'est moins encore à cause de l'intermédiaire qui les sépare de cet instrument qu'à cause de la nature particulière des sensations de l'ouïe.

Les moyens précédents sont applicables à tous les animaux et à tous les sexes, quoiqu'ils ne produisent pas chez tous le même résultat. Celui de la castration ne s'applique qu'aux individus mâles, et il n'est absolument nécessaire que pour certains ruminants, et principalement pour le taureau. Presque tous les besoins non satisfaits, surtout quand ils ont pour objet de réparer les forces, la faim, le sommeil, sont accompagnés d'un affaiblissement physique. Il en est un au contraire qui semble les accroître dans la proportion des obstacles qui s'opposent à ce qu'il se satisfasse : c'est l'amour. Aussi ne pouvant exercer sur lui aucun empire immédiat, nous mutilons les animaux qui en éprouvent trop fortement les effets, en retranchant les organes où il a sa principale source.

En effet, le taureau, le bélier, etc., ne se soumettent véritablement à l'homme qu'après leur mutilation ; car l'influence des liqueurs spermatiques s'étend chez eux, comme, au reste, chez tous les autres animaux, bien au delà des saisons où les besoins de l'amour se font sentir. A aucune époque de la vie, ces animaux n'ont la docilité que la domesticité demande ; tandis que le bœuf, le mouton ont toujours été donnés pour des modèles de patience et de soumission. Il résulte de là que les taureaux et les béliers ne sont utiles qu'à la propagation, et que, dans la race, ce n'est que la femelle qui est domestique.

Cette opération n'est point nécessaire pour les chevaux, quoique ceux qui l'ont éprouvée soient généralement plus traitables que les autres. Par elle le chien perd toute vigueur et toute activité ; et cet effet paraît être commun à tous les carnassiers ; car les chats domestiques sont, à cet égard, tout à fait dans le cas des chiens.

C'est, comme on voit, par des besoins sur lesquels nous pouvons exercer quelque influence, qu'il dépend de nous de diriger, de développer ou de détruire, que nous parvenons à apprivoiser les animaux, et même à les captiver entièrement, et, vu le petit nombre de ceux dont nous avons su profiter, il est permis de penser que, dans la pratique, nous n'avons point encore épuisé cette source de moyens de séduction, et que d'autres pourraient venir à notre aide, si jamais de nouvelles espèces à rendre domestiques, ou de nouveaux secours à demander à celles qui le sont, en faisaient sentir la nécessité et nous portaient à les rechercher. Néanmoins, malgré ce petit nombre, on concevra aisément qu'en les appliquant à des animaux de nature très différente, on doit en obtenir des résultats très variés. En effet, il n'y a presque aucune comparaison à établir à cet égard entre le chien et le buffle. Autant l'un est attaché, soumis, reconnaissant, fidèle, dévoué, autant l'autre est dépourvu de sentiments bienveillants et affectueux, et de toute docilité, et entre ces deux extrêmes viennent se placer l'éléphant, le cochon, le cheval, l'âne, le dromadaire, le chameau, le lamas, le renne, le bouc, le bélier et le taureau, qui tous pourraient se caractériser par les qualités qu'ont développées en eux les influences auxquelles nous les avons soumis ; mais ce sujet m'entraînerait fort au delà des limites que je dois me prescrire dans un simple mémoire.

Jusqu'à présent, je me suis borné à faire connaître les effets généraux que produisent sur les animaux domestiques les différents moyens que nous venons d'envisager. Il ne sera pas inutile de jeter un coup d'œil rapide sur ceux qu'ils font éprouver aux animaux sauvages, car la comparaison qui en résultera nous aidera peut-être à remonter jusqu'au premier fondement de la domesticité.

Les singes, c'est-à-dire les quadrumanes de l'ancien monde, qui réunissent au degré d'intelligence le plus étendu chez les animaux, l'organisation la plus favorable au déploiement de toutes les qualités, qui sont portés à se réunir les uns avec les autres, à former des troupes nombreuses, paraissent avoir les conditions les plus favorables pour recevoir l'influence de nos moyens d'apprivoisement ; et cependant jamais singe adulte mâle ne s'est soumis à l'homme, quelque bon traitement qu'il en ait reçu. J'entends parler des guenons, des macaques et des cynocéphales ; car, pour les orangs, les gibbons et les semnopithèques, ce sont des animaux trop peu connus pour qu'il ait été possible, jusqu'à présent, de les soumettre à aucune expérience. Quant aux premiers, leurs sensations sont si vives, leurs inductions si promptes, leur défiance naturelle si grande, et tous leurs sentiments si violents, qu'on ne peut, par aucun moyen, les circonscrire dans un ordre de condition quelconque, et les habituer à une situation déterminée. Rien ne saurait calmer leurs besoins, lesquels changent avec toutes les modifications qu'ils éprouvent, et, pour ainsi dire, avec tous les mouvements qui se font autour d'eux, d'où résulte que jamais on n'a pu compter sur un bon sentiment de leur part : au moment où ils vous donnent les témoignages les plus affectueux, ils peuvent être prêts à vous déchirer ; et il n'y a point là de trahison : tous leurs défauts tiennent à leur excessive mobilité.

Il paraît cependant que par la violence, et en les tenant continuellement à la gêne, on parvient à les ployer à certains exercices. C'est ainsi que les insulaires de Sumatra réussissent à dresser les maimons (*macacus nemestrinus*, Linn.) à monter sur les arbres au commandement et à en cueillir les fruits ; mais nous ne trouvons là que des éducations individuelles, et où est nécessairement la force n'est point encore la domesticité.

C'est encore ainsi que nous voyons quelques-uns de ces animaux, et principalement le magot (*macacus inuus*), apprendre à obéir à son maître, et faire ces sauts adroits et précis, à exécuter ces danses hardies que son organisation et sa dextérité naturelle lui rendent faciles, et qui nous étonnent souvent. Cependant ces animaux sont si exclusivement soumis à la force, que dès qu'ils peuvent s'échapper ils fuient pour ne plus reparaître, s'ils sont dans des contrées dont ils puissent s'accommoder, et qui soient propres à les faire vivre.

On parviendrait mieux à captiver les quadrumanes d'Amérique à queue pendante, tels que les atèles, les sapajous, qui, à une grande intelligence et à l'instinct social, peuvent joindre une extrême douceur et un vif besoin de caresses et d'affection. Quant aux lémuriens, on rencontrerait tant de difficultés, et on trouverait si peu d'avantages à les séduire, à cause de leur caractère indocile et craintif, qu'on aurait reconnu l'inutilité d'en faire l'essai si on l'eût tenté. Et on peut en dire autant des insectivores qui auraient encore le désavantage d'une intelligence très bornée et d'une organisation de membres peu favorables.

Les carnassiers, tels que les lions, les panthères, les martes, les civettes, les loups, les ours, etc., etc., toutes espèces qui vivent solitaires, sont très accessibles aux bienfaits et peu susceptibles de crainte. En liberté, ils s'éloignent des dangers; captifs, la violence les révolte et semble surtout porter le trouble dans leur intelligence : c'est la colère, la fureur qui alors s'emparent d'eux. Mais satisfaites leurs besoins lorsqu'ils les ressentent vivement ; qu'ils n'éprouvent de votre part que de la bonté; qu'aucun son de votre voix, aucun de vos mouvements ne soient menaçants, et bientôt vous verrez ces terribles animaux s'approcher de vous avec confiance, vous montrer le contentement qu'ils éprouvent à vous voir, et vous donner les témoignages les moins équivoques de leur affection. Cent fois l'apparente douceur d'un singe a été suivie d'un acte de brutalité ; presque jamais les signes extérieurs d'un carnassier n'ont été trompeurs ; s'il est disposé à nuire, tout dans son geste et son regard l'annoncera, et il en sera de même si c'est un bon sentiment qui l'anime.

Aussi a-t-on vu souvent des lions, des panthères, des tigres apprivoisés, qu'on attelait même, et qui obéissaient avec beaucoup de docilité à leurs conducteurs. On a vu des loups dressés pour la chasse, suivre fidèlement la meute à laquelle ils appartenaient. On sait à quels exercices se ploient les ours; mais on n'a pu habituer ces animaux à l'obéissance. Si nous avons pu les façonner à un travail quelconque, nous ne sommes point parvenus à nous les associer véritablement, et cependant quels services les hommes n'auraient-ils pas tirés des lions ou des ours, s'ils eussent pu les employer comme ils sont parvenus à employer le chien!

Les phoques, tous animaux sociables et doués d'une rare intelligence, sont peut-être de tous les carnassiers ceux qui éprouveraient les plus profondes modifications de nos bons traitements, et qui se plieraient avec le plus de facilité à ce que nous leur demanderions.

Les rongeurs, c'est-à-dire les castors, les marmottes, les écureuils, les loirs, les lièvres, etc., semblent n'être doués que de la faculté de sentir, si peu leur intelligence est active. Ils s'éloignent de ce qui leur cause de la douleur et non de ce qui leur est agréable : ce qui fait qu'on parvient à les habituer à certains états et même à certains exercices ; mais ils ne distinguent que bien imparfaitement ces causes ; elles paraissent n'exister pour eux que quand elles agissent, et ne former que peu d'association dans leur mémoire. Aussi le rongeur auquel vous avez fait le plus de bien ne vous distingue point individuellement et ne témoigne rien de plus en votre présence que ce qu'il témoignerait à la vue de toute autre personne, et cela est également vrai pour ceux qui vivent en société et pour ceux qui vivent solitaires.

Si nous passons aux tapirs, aux pécaris, au daman, aux zèbres, etc., en un mot aux pachydermes et aux solipèdes, nous trouvons des animaux vivant en troupes que la douleur peut rendre craintifs, et les bienfaits reconnaissants ; qui distinguent ceux qui les soignent, et s'y attachent quelquefois très vivement.

Il paraît qu'il en est, jusqu'à un certain point, de même des ruminants, mais principalement des femelles ; car pour les mâles, sans aucune exception, je crois, ils ont une brutalité que les mauvais traitements exaltent, et que les bons n'adoucissent point.

Nous apprenons donc par les faits qui viennent de faire l'objet de nos considérations, quelle est l'influence qu'exercent sur les animaux les divers moyens que nous avons imaginés pour les ployer et les attacher à notre service ; mais ils ne nous enseignent rien sur les dispositions qui sont nécessaires pour que la domesticité naisse de cette influence. Car nous avons vu que plusieurs animaux reçoivent cette influence comme les animaux domestiques, sans pour cela devenir domestiques.

Si notre action s'était bornée aux individus, s'il eût fallu sur chaque génération recommencer le même travail pour nous les associer, nous n'aurions point eu, à proprement parler, d'animaux domestiques ; du moins la domesticité n'aurait point été ce qu'elle est réellement, et son influence sur notre civilisation n'aurait pas eu les résultats que les observateurs les plus sages ont dû lui reconnaître ; heureusement cette action se trouve liée à un des phénomènes les plus importants et les plus généraux de la nature animale, et les modifications que nous avons fait éprouver aux premiers animaux que nous avons réduits en domesticité n'ont point été perdues pour ceux qui leur ont dû l'existence, et qui leur ont succédé.

C'est un fait universellement reconnu que les petits animaux ont une très grande ressemblance avec les individus qui leur ont donné la vie. Ce fait est aussi manifeste pour l'espèce humaine que pour toute autre, et il n'est pas moins vrai pour les qualités morales et intellectuelles que pour les qualités physiques : or les qualités distinctives des animaux d'une même espèce, celles qui influent le plus sur leur existence particulière, qui constituent leur individualité, sont celles qui ont été développées par l'exercice, et dont l'exercice a été provoqué par les circonstances au milieu desquelles ces animaux ont vécu. Il en résulte que les qualités transmissibles par les animaux à leurs petits, celles qui font que les uns ont une ressemblance particulière avec les autres, sont de nature à naître de circonstances fortuites, et conséquemment qu'il nous est donné de modifier les animaux et leur descendance ou leur race, dans les limites entre lesquelles nous pouvons maîtriser les circonstances qui sont propres à agir sur eux.

Ce que ce raisonnement établit, l'observation des animaux domestiques le confirme pleinement. C'est nous qui les avons formés, et il n'est aucune de leur race qui n'ait ses qualités distinctes, qualités qui font rechercher telle race de préférence à telle autre, suivant l'usage auquel on la destine, et qui sont constamment transmises par la génération, tant que des circonstances, opposées à celles qui les ont occasionnées, ne viennent pas détruire les effets de celles-ci. C'est par là qu'on a appris à conserver les races dans leur pureté, ou à obtenir, par leur mélange, des races de qualités nouvelles et intermédiaires à celles qui se sont unies ; mais tous ces faits sont tellement connus que je regarde comme superflu d'en rappeler particulièrement quelques-uns.

Il ne sera cependant pas inutile de faire remarquer que les races les plus domestiques, les plus attachées à l'homme, sont celles qui ont éprouvé de sa part l'action du plus grand nombre des moyens dont nous l'avons vu faire usage pour se les attacher. Ainsi l'espèce du chien, sur laquelle les caresses ont tant d'influence, sans distinction de sexes, est sans contredit la plus domestique de toutes, tandis que celle du bœuf, dont les femelles seules éprouvent notre influence, et sur laquelle nous n'avons guère pu agir pour nous l'attacher que par la nourriture, est certainement celle qui nous appartient le moins. D'ailleurs cette différence entre le chien et le bœuf doit être encore accrue par la différence de fécondité de ces deux espèces ; en effet, le chien dans un temps égal soumet à notre influence un beaucoup plus grand nombre de générations que le bœuf. Nous ignorons quelles dispositions avait le chien à son origine, pour s'attacher à l'homme et le servir, et par conséquent pour que l'homme pût l'amener au point de soumission où il est parvenu ; mais tout porte à croire qu'elles étaient nombreuses, et à la promptitude avec laquelle l'éléphant devient domestique, on a droit de penser que si notre action pouvait s'exercer sur un certain nombre de ses générations, il deviendrait, comme le chien, un de nos animaux les plus soumis et les plus affectueux, d'autant que tous les moyens propres à rendre les animaux domestiques sont propres à le modifier. Malheureusement on n'a mis aucun soin à le faire reproduire ; on se contente des individus apprivoisés dans les contrées où ses services sont devenus nécessaires. Cette transmission des modifications individuelles par la génération ne donne point encore cependant de base à la domesticité, quoiqu'elle lui soit indispensable. C'est un phénomène général qui a été observé sur les animaux les plus sauvages comme sur les animaux les plus soumis. Cherchons donc, maintenant que nous connaissons les animaux qui se sont associés à nous et ceux qui n'y sont point associés, quelle est la disposition commune aux uns, étrangère aux autres, qu'on pourrait regarder comme essentielle à la domesticité ; car, sans une disposition particulière qui vienne seconder nos efforts et empêcher que notre empire sur les animaux ne soit qu'accidentel et passager, il est impossible de concevoir comment nous serions parvenus à rendre domestiques des animaux, si tous eussent ressemblé au loup, au renard, à l'hyène, qui cherchent constamment la solitude et fuient jusqu'à la présence de leurs semblables. Peut-être qu'à force de persévérance et d'efforts on parviendrait à former parmi ces animaux des races familiarisées jusqu'à un certain point avec l'homme, qui prendraient l'habitude de son voisinage, qui s'en feraient même un besoin par les avantages qu'elles y trouveraient, comme on l'a fait pour le chat qui vit au milieu de nous ; mais de là à la domesticité l'intervalle est immense. D'ailleurs, pour tendre à un but il faut le connaître ; et comment les premiers hommes qui se sont associé les animaux l'auraient-ils connu ? Et l'eussent-ils conçu hypothétiquement, leur patience n'aurait-elle pas dû s'épuiser en vains efforts, à cause des innombrables essais qu'ils auraient dû faire, et du grand nombre de générations sur lesquelles ils auraient dû agir, pour n'arriver qu'à des résultats imparfaits ? Ainsi plus on examine la question, plus il reste démontré qu'une grande intelligence, qu'une grande douceur de caractère, la crainte des châtiments ou la reconnaissance des bienfaits, sont insuffisantes pour que des animaux deviennent domestiques ; qu'une disposition particulière est indispensable pour que des animaux se soumettent, s'attachent à l'espèce humaine et se fassent un besoin de sa protection.

Cette disposition ne peut être que l'instinct de la sociabilité porté à un très haut degré, et accompagné de qualités propres à en favoriser l'influence et le développement ; car tous les animaux ne sont pas susceptibles de devenir domestiques ; mais tous nos animaux domestiques, qui sont connus dans leur état de nature, que leur espèce y soit en partie restée, ou que quelques-unes de leurs races y soient rentrées accidentellement, forment des troupes plus ou moins nombreuses ; tandis qu'aucune espèce solitaire, quelque facile qu'elle soit à apprivoiser, n'a donné des races domestiques. En effet, il suffit d'étudier cette disposition pour voir que la domesticité n'en est qu'une simple modification.

Lorsque, par nos bienfaits, nous nous sommes attaché des individus d'une espèce sociable, nous avons développé à notre profit, nous avons dirigé vers nous le penchant qui les portait à se rapprocher de leurs semblables. L'habitude de vivre près de nous est devenue pour eux un besoin d'autant plus puissant, qu'il est fondé sur la nature ; et le mouton que nous avons élevé est porté à nous suivre, comme il serait porté à suivre le troupeau au milieu duquel il serait né ; mais notre intelligence supérieure détruit bientôt toute égalité entre les animaux et nous, et c'est notre volonté qui règle la leur, comme l'étalon qui, par sa supériorité, s'est fait chef de la harde qu'il conduit, entraîne à sa suite tous les individus dont cette harde se compose. Il n'y a aucune résistance tant que chaque individu peut agir conformément aux besoins qui le sollicitent ; elle commence dès que cette situation change. C'est pourquoi l'obéissance des animaux n'est pas plus absolue pour nous que pour leurs chefs naturels ; et si notre autorité est plus grande que celle de ceux-ci, c'est que nos moyens de séduction sont plus grands que les leurs, et que nous sommes parvenus à restreindre de beaucoup les besoins qui, hors de l'état domestique, auraient excité la volonté des animaux que nous nous sommes associés. Les individus qui ont passé de main en main, qui ont eu plusieurs maîtres, et chez lesquels par là se sont affaiblies, sinon effacées, la plupart des dispositions naturelles, paraissent avoir pour tous les hommes la même docilité. Ils sont soumis à l'espèce humaine entière. Cet état de choses ne peut pas être pour les animaux non domestiques ; mais l'analogie se retrouve quand nous considérons les individus, soit isolés, soit en troupes, qui n'ont jamais eu qu'un maître : c'est lui seul qu'ils reconnaissent pour chef, c'est à lui seul qu'ils obéissent ; toute autre personne serait méconnue et traitée même en ennemie par les espèces qui n'appartiennent point à des races sur lesquelles la domesticité a exercé toute son action, c'est-à-dire comme serait traité, dans une troupe sauvage, un individu qui s'y présenterait pour la première fois. L'éléphant ne se laisse conduire que par le cornac qu'il a adopté, le chien lui-même, élevé dans la solitude avec son maître, est menaçant pour tous les autres hommes ; et chacun sait combien il est dangereux de se trouver au milieu des troupeaux de vaches, dans les pâturages peu fréquentés, quand elles n'ont pas à leur tête le vacher qui les conduit.

Tout nous persuade donc qu'autrefois les hommes n'ont été, pour les animaux domestiques, comme ils ne sont encore aujourd'hui, que des membres de la société que ces animaux forment entre eux, et qu'ils ne se distinguent pour ceux-ci, dans l'association, que par l'autorité qu'ils ont su prendre à l'aide de leur supériorité d'intelligence.

Ainsi tout animal sociable, qui reconnaît l'homme pour membre et pour chef de sa troupe, est un animal domestique. On pourrait même dire que dès qu'un tel animal reconnaît l'homme pour membre de son association, il est domestique, l'homme ne pouvant pas entrer dans une semblable société sans en devenir le chef.

Si actuellement nous voulions appliquer les principes que nous venons d'établir, aux animaux sauvages, qui sont de nature à y être soumis, nous verrions qu'il en est encore plusieurs qui pourraient devenir domestiques, si nous éprouvions la nécessité d'augmenter le nombre de ceux que nous possédons déjà.

Quoique les singes aient les qualités les plus précieuses pour des animaux domestiques, l'instinct sociable et l'intelligence, la violence et la mobilité de leur caractère les rendent absolument incapables de toute soumission et les excluent conséquemment du nombre des animaux que nous nous pourrions associer; la même exclusion doit être donnée aux quadrumanes américains, aux makis et aux insectivores; car, fussent-ils sociables et susceptibles de domesticité, leur faiblesse les rendrait inutiles.

Les phoques seraient peut-être, de tous les carnassiers avec les chiens, les plus propres à s'attacher à nous et à nous servir; et l'on peut s'étonner que les peuples pêcheurs ne les aient pas dressés à la pêche comme les peuples chasseurs ont dressé le chien à la chasse.

Je passe sans m'arrêter sur les didelphes, les rongeurs et les édentés; la faiblesse de leur corps et leur intelligence bornée les mettraient dans l'impossibilité de s'associer utilement à nos besoins. Mais presque tous les pachydermes qui ne sont point encore domestiques seraient propres à le devenir; et l'on doit surtout regretter que les tapirs, si en effet ils vivent en troupes, soient encore à l'état sauvage. Beaucoup plus grands et beaucoup plus dociles que le sanglier, ils donneraient des races domestiques non moins précieuses que celle du cochon, et dont les qualités seraient sûrement différentes, car la nature des tapirs, malgré plusieurs points de ressemblance, s'éloigne beaucoup de celle du sanglier. Cependant les tapirs, qui n'ont que de faibles moyens de défense, se détruisent surtout en Amérique, où les espèces propres à cette contrée sont très recherchées à cause de la bonté de leur chair. Or, pour peu que l'Amérique méridionale continue à se peupler, ces espèces disparaîtront de dessus la terre.

Toutes les espèces de solipèdes ne deviendraient pas moins domestiques que le cheval ou l'âne; et l'éducation du zèbre, du couagga, du daw, de l'hémiaunus, serait une industrie utile à la société et lucrative pour ceux qui s'en occuperaient.

Presque tous les ruminants vivent en troupes, aussi la plupart des espèces de cette nombreuse famille seraient de nature à devenir domestiques. Il en est une surtout, et peut-être même deux, qui le sont à demi, et qu'on doit regretter de ne point voir au nombre des nôtres, car elles auraient deux qualités bien précieuses, elles nous serviraient de bêtes de somme et nous fourniraient des toisons d'une grande finesse : c'est l'alpaca et la vigogne. Ces animaux sont du double plus grands que nos plus grandes races de moutons; les qualités de leur pelage sont très différentes de celles de la laine proprement dite, et l'on pourrait en faire des étoffes qui partageraient ces qualités et donneraient incontestablement naissance à une nouvelle branche d'industrie.

Je bornerai ici mes considérations sur la domesticité. Mon but était de montrer son véritable caractère, ainsi que les rapports des animaux domestiques avec l'homme. Elle repose sur le penchant qu'ont les animaux à vivre

1 LE DZIGTAI .... 2 LE DAW ....

réunis en troupes et à s'attacher les uns aux autres; aussi ne l'obtenons-nous
que par la séduction et principalement en exaltant les besoins et en les satisfaisant; mais nous ne produirions que des individus domestiques, et point
de races, sans le concours d'une des lois les plus générales de la vie, la
transmission des modifications organiques ou intellectuelles par la génération. Ici se montre à nous un des phénomènes les plus étonnants de la nature; la transformation d'une modification fortuite en une forme durable,
d'un besoin passager en un penchant fondamental, d'une habitude accidentelle en un instinct. Ce sujet mériterait assurément de fixer l'attention des
observateurs les plus rigoureux et les méditations des penseurs les plus profonds.

LE DZIGTAI[1]

Buffon n'a point connu cette espèce de cheval; il n'en parle que d'après
une lettre de George Forster[2]. Longtemps auparavant, Gmelin[3], dans son
voyage en Sibérie, en avait dit quelques mots en rappelant Messerschmith[4],
qui la nommait *mulus dauricus fœcundus*. C'est Pallas qui le premier en a
donné une description et une histoire suffisantes pour la faire distinguer des
autres espèces de chevaux[5], mais il ignorait qu'elle fût domestique. M. A.
Duvaucel[6] nous a fait connaître ce fait important; il nous a appris que le
dzigtai se trouve à l'état sauvage dans les contrées voisines de l'Himalaya,
qu'il y a été soumis, et que dans les provinces d'Oude et au Népaul une de
ses races est employée comme celle de l'âne, à tous les travaux auxquels ses
forces et sa taille le rendent propre.

Ces renseignements nouveaux infirment l'idée que, d'après Pallas, on
s'était faite du dzigtai. Ce célèbre voyageur, qui l'avait trouvé dans la Mon-
golie, ne l'y avait connu qu'à l'état sauvage, et les rapports qu'il avait recueillis le représentaient comme une espèce très farouche qui n'avait encore
pu être apprivoisée. Il paraît au contraire que le dzigtai est susceptible de
soumission et d'attachement pour l'homme; et c'est ce qu'on aurait pu conclure de ses analogies avec les espèces de chevaux domestiques, et de l'instinct qui le porte à vivre réuni en troupes.

1. Pallas le nomme *Dziggtai*, qui signifie en tartare mongous, *oreilles longues; gourekhar*,
en persan, *âne-cheval. Equus hemionus*, PALL.
2. *Supp.*, t. VI, p. 37. George Forster avait voyagé en Sibérie; mais il ne paraît connaître
le dzigtai que par ce que Pallas en avait publié.
3. Gmelin publia son voyage de 1751 à 1752.
4. Messerschmith n'a parlé du dzigtai que dans ses journaux qui n'ont point été publiés,
mais que Gmelin et Pallas ont eu entre les mains.
5. Pallas parle de cet animal dans trois ouvrages différents : 1° dans son voyage dans les
différentes provinces de Russie, qui parut de 1771 à 1776; 2° dans les Mémoires de l'Académie de
Saint-Pétersbourg, t. XIX, 1775, où il en donne la figure; 3° dans ses nouveaux Essais sur le
Nord qui furent publiés de 1781 à 1796.
6. *Histoire naturelle des mammifères.*

I.   6

Il est en effet certain, comme nous l'avons montré plus haut, que tous les animaux qui vivent en troupes sont susceptibles de domesticité, et la ressemblance organique et instinctive de tous les chevaux ne permet pas de douter qu'une fois soumise, toute espèce de cheval ne soit propre à être associée à nos travaux et à unir ses forces aux nôtres.

Les Mongols sans doute ne se sont pas appliqués à soumettre cette espèce, parce que le chameau et le cheval suffisent à tous leurs besoins, et que le dzigtai leur serait sans utilité en ce que, ne valant pas le cheval, il ne pourrait que le suppléer imparfaitement. Les Indiens, dont l'industrie et les besoins sont plus variés que ne peuvent l'être ceux d'un peuple nomade, ont su tirer parti des qualités propres à cette espèce, et qui se rapprochent de celles de l'âne ; aussi paraissent-ils l'employer principalement comme bête de somme.

Le dzigtai est de la taille d'un cheval de grandeur moyenne, et il a les formes et les proportions générales de l'âne par sa tête lourde, ses longues oreilles, et sa queue garnie de crins à l'extrémité seulement ; ses sabots se rapprochent de ceux du cheval. Toutes les parties supérieures de sa robe sont d'un bai très clair, et les parties inférieures blanches ; les parties nues, comme le tour des lèvres et des narines, les parties génitales, sont d'un noir violâtre. La face interne des oreilles est noire, et il en est de même de la crinière qui est droite et relevée ; mais la base des crins qui la composent est blanche ; une ligne noire se continue le long de l'épine depuis l'épaule jusqu'à la queue qui se termine par une grande mèche de crins noirs.

Tout le pelage en été est lisse et brillant, mais il est épais et frisé en hiver, et sa couleur dans cette saison paraît plus foncée ; ce qui s'observe chez tous les chevaux sauvages des pays froids, et même chez beaucoup de chevaux domestiques.

Ces animaux vivent en troupes qui ne s'élèvent guère au delà de vingt-cinq à trente individus, et chacune de ces troupes, composées de femelles ou de jeunes poulains, ont un mâle à leur tête qui les dirige, veille à leur sûreté et les défend courageusement contre toute espèce d'ennemis.

L'état de ces troupes d'animaux sauvages, les relations qui s'établissent entre les individus qui les composent, la cause qui les maintient réunis, offrent aux recherches et à l'observation un des sujets les plus intéressants. La société se présente là dans un état de simplicité que ne nous offrent point les sociétés humaines ; elle y est soumise au plus petit nombre d'influences, ses effets se manifestent d'une manière immédiate, et sous ce rapport elle conduirait peut-être à résoudre une foule de questions que l'état social de l'homme a laissées jusqu'ici insolubles à cause de son extrême complication. Il est du moins certain que dans ces sociétés d'animaux on remarque une sorte de soumission des intérêts individuels aux intérêts de tous, à leur union ; une sorte de sentiment de devoir qui porte chaque membre de l'association à s'abstenir, à limiter son indépendance et à ne point user de ses forces, comme il le ferait s'il vivait pour lui seul. Mais parviendra-t-on jamais à s'établir au milieu de ces troupes de chevaux sauvages pour les étudier, eux qui fuient la présence de l'homme, et ne se plaisent que dans ces vastes solitudes des parties centrales de l'Asie, où ils trouvent à la fois une nourriture abondante et une sécurité complète? Non, sans doute ; mais les troupes, comme les individus, peuvent être domestiques, et celles-ci peut-être présenteraient, sous le rapport de la sociabilité, les mêmes résultats que les premières.

LE DAW

A l'époque où Buffon traçait si noblement l'histoire du cheval, on croyait, et l'on croit encore assez communément aujourd'hui, qu'en sortant des mains de la nature, les animaux réunissaient toutes les perfections de leur espèce, et qu'ils dégénèrent sous l'influence de l'homme. « La nature est plus belle que l'art, dit ce grand écrivain....., aussi les chevaux sauvages sont-ils beaucoup plus forts, plus légers, plus nerveux que la plupart des chevaux domestiques ; ils ont ce que donne la nature, la force, la noblesse ; les autres n'ont que ce que l'art peut donner, l'adresse et l'agrément[1]. »

Ainsi la constance de l'homme dans ses efforts pour la formation des animaux domestiques n'aurait eu d'autres résultats que l'affaiblissement des qualités de leurs races primitives, et ce ne serait que par les mêmes sacrifices qu'on parviendrait à soumettre un animal à l'espèce humaine, et à l'associer aux autres animaux qui secondent et partagent son industrie.

Heureusement il n'en est point ainsi, et le daw, appartenant au genre du cheval, et annonçant toutes les dispositions qui conviennent à un animal domestique, pourra obtenir, sous l'influence de l'homme, comme l'espèce du cheval, non seulement plus d'agrément et d'adresse, mais encore plus de noblesse et de force.

Pour faire admettre que l'animal, en sortant des mains de la nature, réunit toutes les perfections de son espèce, il faudrait montrer que, livré à lui-même, il se développe toujours sous les influences les plus favorables. Or c'est ce qui serait contraire à toutes les observations.

Les facultés d'un animal sont toujours relatives aux circonstances qui agissent sur lui, à l'influence qu'elles ont sur l'exercice de ses organes, et ces circonstances sont de nature diverse : les unes contribuent à l'accroissement des forces, les autres font que les mouvements deviennent plus prompts et plus faciles ; celles-ci tendent à donner de la beauté aux formes, de l'élégance aux proportions, celles-là à faire acquérir de la finesse à l'intelligence ou de la douceur au caractère, etc. Or un concours naturel de circonstances propres à agir favorablement sur tous les systèmes d'organes d'un animal n'existe nulle part, et aucune race ne peut y être naturellement soumise ;

1. T. IV, in-4°, p. 171 et 176. Édit. Garnier, t. II, p. 370.

aucune race, conséquemment, dans son état de nature, ne peut nous présenter le développement parfait de toutes les qualités de son espèce. Si au contraire l'art était parvenu à déterminer les causes qui agissent sur chaque
système d'organe, la nature et la puissance de leur action, leur influence mutuelle, etc., et si ces causes lui étaient soumises, il pourrait en faire une application convenable à ses vues, et obtenir ainsi le développement dans un
animal des qualités dont il a besoin; et dans un cheval, la force, la noblesse,
l'adresse, l'agrément, la docilité, en un mot, toutes les qualités qui ne s'excluent point.

Ces qualités sont en effet loin de nous être présentées par les chevaux
sauvages, car il résulte de l'unanimité des témoignages que ces animaux
n'ont qu'une taille médiocre, que leur proportion manque d'élégance, que
leur tête est lourde, que leur vigueur et leur agilité ne peuvent être comparées à celles de nos belles races de chevaux domestiques; tandis qu'au contraire ces races qui sont le produit de l'art se trouvent dépouillées des défauts des races sauvages ou primitives, et enrichies de qualités nouvelles,
dues tout entières à l'intelligence humaine.

Rejetons donc comme une erreur cette idée que les animaux, en sortant
des mains de la nature, réunissent leurs qualités les plus parfaites, et que si
l'art en obtient d'autres, ce n'est qu'aux dépens des premières; reconnaissons
en général que les qualités qui se développent naturellement chez un animal ne sont relatives qu'à ses dispositions organiques et aux influences
nécessairement bornées et souvent accidentelles qui ont agi sur lui pendant
son développement, tandis que celles qui se manifestent sous l'influence de
l'homme résultent de causes nombreuses et choisies parmi celles qui se
présentent naturellement à nous, comme parmi celles dont notre industrie a
reconnu et calculé les effets; enfin, ne craignons point de voir perdre à
l'espèce du daw les belles qualités qui le distinguent, en travaillant à le tirer de son état sauvage et à l'associer à nos autres animaux domestiques.

Cette espèce avait été vue, et l'on en avait donné la figure longtemps
avant qu'on eût appris à la distinguer des autres espèces de chevaux sauvages
du cap de Bonne-Espérance, qui, comme on sait, sont remarquables par
leur vêtement peint de bandes ou de rubans d'un brun plus ou moins foncé
sur un fond blanchâtre. C'est vraisemblablement un daw qu'Edwards a fait
représenter dans ses glanures, pl. 223, sous le nom de zèbre femelle, et qui
a été copié sous le même nom par Buffon (Supp., t. III, pl. 4), puis par
Shaw le naturaliste (t. II, 2e part., 218); et sans doute nous confondrions
encore aujourd'hui ces deux espèces si M. Burchel n'en avait pas donné les
caractères distinctifs, ou si nous n'avions pas eu nous-mêmes le daw en notre
possession; car leurs différences pouvaient n'être point considérées comme
spécifiques dans une espèce connue jusque-là par un aussi petit nombre
d'individus que celle du zèbre. Quoi qu'il en soit, ces animaux, malgré les
nombreuses ressemblances qu'ils ont entre eux, paraissent se distinguer par

des caractères constants, et dans un genre aussi naturel que celui des chevaux, ces caractères ne peuvent appartenir qu'à des modifications organiques d'un ordre très inférieur. En effet, le daw est d'une taille un peu moindre que celle du zèbre ; sa hauteur au garrot est de trois pieds quatre à six pouces, ses autres proportions sont généralement celles d'un beau cheval de cette taille ; il n'en diffère guère que par une tête un peu lourde, des oreilles un peu longues, sans toutefois égaler celles du zèbre, et par sa queue, qui, au lieu d'être couverte de crins dès sa base, est semblable à celle de l'âne ; il se rapproche encore de cette dernière espèce, en ce qu'il n'a cette partie cornée qu'on nomme châtaigne, qu'aux jambes de devant. C'est dans les couleurs et leur distribution que sont les caractères les plus marqués.

Aux parties supérieures du corps le fond du pelage est isabelle, il est blanc aux parties inférieures, et les premières sont peintes de rubans noirs et bruns, qui font de la robe de cet animal une des plus belles de celles que les mammifères nous présentent. Ces rubans, étroits sur le chanfrein, y forment sept à huit losanges, inscrits les uns dans les autres, et à peu près un même nombre de chevrons brisés orne les côtés du museau et des joues ; des rubans plus larges que les premiers et au nombre de huit descendent parallèlement de la partie supérieure à la partie inférieure du cou, et, s'étendant dans la crinière qui est droite, la partagent alternativement par des raies blanches et brunes ; le ruban qui descend de l'épaule sur le bras se divise en deux à sa partie inférieure, et embrasse dans cette division trois ou quatre petites lignes pliées en forme de chevrons brisés ; trois rubans transverses viennent après celui de l'épaule, et quatre autres, les plus larges de tous, descendent obliquement de la ligne moyenne du dos sur les flancs, en se portant d'arrière en avant, et entre eux s'en trouvent de plus étroits et de moins foncés qui leur sont parallèles. Une ligne noire qui naît au garrot s'étend uniformément le long du dos jusqu'à la queue, et une ligne semblable, naissant entre les jambes de devant, se prolonge le long de la poitrine et du ventre jusqu'aux mamelles ; les cuisses, les jambes, le poitrail et le ventre sont sans bandes transversales ; la queue est blanche, le museau est violâtre ; les oreilles sont blanches et terminées en dehors par une tache noire.

Ces traits sont plus particulièrement ceux de la femelle ; mais le mâle n'en diffère qu'en ce que les rubans sont plus larges, qu'il n'en a point d'intermédiaires plus pâles, et que les rubans obliques des parties postérieures descendent plus bas sur la cuisse.

Ces animaux arrivèrent très jeunes à la Ménagerie du Roi. Les testicules chez le mâle n'étaient point encore apparents ; mais bientôt ils se montrèrent comme ceux du cheval, et dès lors les besoins de l'amour se manifestèrent, l'accouplement eut assez fréquemment lieu. Ce ne fut cependant que deux ans plus tard que la femelle devint féconde et qu'elle conçut. Il est probable que la gestation a été d'une année ; elle a mis au monde un petit mâle qui ne

différait qu'en peu de points de ses parents. Après trois semaines de naissance, il avait trente pouces au garrot avec toutes les proportions relatives
d'un poulain de son âge. Sa robe était formée de bandes brunes sur un fond
isabelle; mais, au lieu de poils lisses formant un pelage uni et brillant, il
avait des poils longs, mats et non couchés, de sorte qu'il paraissait plus hérissé que sa mère. Sa lèvre inférieure était en outre garnie de poils noirs
qui y formaient une sorte de moustache. Du reste, il avait à sa naissance
tous les caractères de son espèce; et il était né comme les poulains, ayant les
sens ouverts, et les organes du mouvement suffisamment développés pour
qu'il pût s'en servir.

LE GYALL ou JUNGLY-GAU

Dans un examen critique de tout ce qui avait été dit par les anciens et
par les modernes des différentes espèces de bœufs, Buffon a été conduit à n'en
reconnaître que deux : le buffle auquel il rapporte tout ce qui concerne les
buffles d'Italie, des Indes et de l'Afrique, et l'aurochs qu'il ne distingue point
de l'urus des anciens, et qu'il regarde comme la souche du bœuf domestique et du zébu. Le bison de Pline et celui d'Amérique ne sont pour lui
qu'une des variétés de l'aurochs[1], caractérisée par une bosse sur les épaules,
comme le zébu est, par le même caractère, une sous-variété du bœuf domestique. Il ne connaissait pas le bœuf musqué.

Depuis Buffon, les observations s'étant multipliées, on a dû admettre
d'autres idées que les siennes sur les bœufs qui lui étaient connus, et c'est
à mon frère que nous les devons[2]. Les buffles d'Italie, ceux du midi de
l'Afrique, et peut-être ceux des Indes, appartiennent à des espèces différentes; l'aurochs et le bison des anciens ne semblent point différer spécifiquement; l'urus paraît être la souche détruite de toutes les races de bœufs
domestiques; le bison de l'Amérique septentrionale constitue une espèce
distincte, et il en est de même du bœuf musqué des mêmes contrées; plusieurs autres espèces ont en outre été découvertes, et celle du gyall est de
ce nombre; c'est une des espèces qui se rapprochent le plus de celle de
notre bœuf commun, en ce que l'une et l'autre ont des races domestiques.

Nos premières notions sur le gyall sont dues à M. Lambert, qui, en 1804,
en donna une histoire abrégée dans le VII⁰ volume des *Transactions linnéennes*,
l'ayant vu vivant à Londres en 1802. M. A. Duvaucel, en 1822, nous en
envoya des figures et une description, ayant chassé cet animal dans les

---

1. Dans son discours sur les animaux de l'ancien continent, Buffon commençait à changer
d'avis sur la nature du bison; car il dit (t. IX, in-4°, p. 64) que cet animal diffère peut-être
assez du bœuf d'Europe pour qu'on puisse le considérer comme faisant une espèce à part, et,
pour en avoir la confirmation, il voudrait qu'on essayât si ce bœuf peut produire avec la vache
domestique.

2. *Recherches sur les ossements fossiles*, t. IV.

contrées voisines des montagnes du Sylhet, où il se trouve à l'état sauvage ; c'est tout ce que l'on connaît encore sur cet animal, qui paraîtrait cependant mériter une étude particulière, d'abord pour établir exactement les différences qui le distinguent du bœuf domestique en Europe, et ensuite quels sont les services qu'on en tire et en quoi ces services diffèrent de ceux que nous tirons des races que nous avons soumises.

De grandes analogies paraissent exister entre le gyall et nos bœufs domestiques ; et ceux-ci doivent nous faire supposer dans leur souche la plus grande de toutes les dispositions à la domesticité ; car c'est plutôt encore à cette cause qu'à toute autre qu'on doit attribuer la disparition de leurs races sauvages ; or, d'après le rapport de M. Duvaucel, le gyall pris sauvage, pourvu qu'il soit jeune, se soumet et s'attache à l'homme au bout de très peu de temps. N'ayant point vu cette espèce de bœuf, je n'en puis parler d'après mes propres observations ; c'est pourquoi je me bornerai à donner un extrait de la lettre que m'écrivait M. A. Duvaucel, en m'envoyant la figure d'un mâle et d'une femelle. J'ajouterai ensuite un extrait de ce que rapporte M. Lambert de plus important, c'est-à-dire la lettre de M. Fleming.

« Je vous envoie, dit M. Duvaucel, deux figures de mes jungly-gaus, qui, sans avoir toute la fidélité des premières, peuvent néanmoins les remplacer, en cas de perte, d'une manière satisfaisante ; par compensation, je vais y joindre une description plus complète avec une tête de l'animal lui-même que j'ai rapportée du Sylhet.

« Comme ces bœufs ne diffèrent pas essentiellement des bœufs ordinaires, j'ai cru pendant longtemps qu'ils pouvaient provenir de la même souche, et je trouvais moins d'inconvénient à les considérer ainsi que de simples variétés, que de les donner comme espèce particulière ; mais alors je n'avais vu que quelques individus vivant à la ménagerie de Barrakpour ; depuis, j'en ai poursuivi moi-même au pied des montagnes du Sylhet, dans le kida ou chasse aux éléphants, et les renseignements que j'ai recueillis en divers lieux m'ont appris que ces bœufs étaient aussi communs et presque aussi répandus que les buffles.

« Le jungly-gau, avec une tête fort petite et un corps aussi gros que celui des plus fortes espèces, est néanmoins porté sur des jambes faibles et basses ; disproportion assez sensible pour frapper l'œil le moins exercé ; ses cornes, dirigées de côté, sont implantées aux bouts de la crête occipitale et séparées par un espace d'autant plus petit que l'animal est plus vieux. D'abord, dans le plan du front, puis légèrement inclinées en avant, elles se reportent un peu en arrière et forment un double croissant également ouvert dans tous les individus du même âge et du même sexe. Ces cornes sont un peu comprimées à leur base, rondes sur le reste, et d'autant plus lisses que l'animal est plus vieux.

« La loupe que portent la plupart des bœufs de l'Inde se réduit dans celui-ci à une légère proéminence graisseuse qui s'étend jusqu'au milieu du dos. Toute cette partie est couverte d'un poil grisâtre et laineux, plus long que tous les autres, et qui règne également sur la nuque, l'occiput et le front; le reste du pelage est noir, à l'exception des jambes qui sont blanches jusqu'aux genoux; à tous les âges, comme dans tous les individus, la queue est terminée en bouquet; et dans les mâles de deux à trois ans, de longues soies noires garnissent le bas du cou. La femelle diffère par la taille et par les cornes qui restent toujours fort petites, et même par la forme de la tête, qui, au lieu d'être busquée comme celle du mâle, semble au contraire un peu concave, à cause du relèvement du mufle; elle est aussi d'un noir moins foncé; le grisâtre du haut des épaules s'étend jusque sur les côtés; le bout de la mâchoire inférieure est blanc.

« Cet animal semble plus farouche que le buffle, car il ne s'avance pas comme lui dans les lieux habités; mais, quoique sa physionomie soit aussi très féroce, il est plus facile à dompter, puisqu'en peu de mois il devient domestique, tandis que ceux-là ne le sont jamais complètement. Son lait passe pour plus abondant et plus substantiel que celui des autres bestiaux. »

Je vais compléter, par la lettre de M. Fleming à M. Lambert, tout ce qui a été dit sur le gyall. Le premier avait reçu les renseignements qu'elle contient de M. Macrae, résident à Chittagong.

« Le gyall est une espèce de vache particulière aux montagnes qui forment la limite orientale de la province de Chittagong, où on la trouve dans les bois à l'état sauvage; et elle est aussi élevée comme animal domestique par les Kookies ou Lunclas, habitants de ces montagnes. Elle se plaît à vivre dans le plus épais des jongles, se nourrissant des jeunes pousses des taillis. On ne la rencontre jamais dans les plaines, à moins qu'elle n'y soit amenée. Ceux d'entre eux qui ont été pris par quelques habitants de Chittagong ont toujours préféré brouter les arbres des collines adjacentes que de paître dans l'herbe des plaines.

« Cette espèce a un aspect pesant, quoique sa forme indique la force et l'activité; elle se rapproche beaucoup de la forme du buffle sauvage : la tête est plantée comme celle des buffles, et l'animal la porte de la même manière, le nez en avant; mais, dans la coupe de la tête, il diffère beaucoup à la fois et du buffle et du bœuf; la tête du gyall étant beaucoup plus courte, du sommet de la tête au bout du nez, mais plus large entre les deux cornes que chez les deux autres espèces. Le garrot et les épaules sont proportionnellement plus élevés dans le gyall; sa queue est petite et descend rarement au delà de la courbure du jarret. Sa couleur est, en général, brune, variant d'une teinte claire à une plus foncée. Quelquefois le devant de la tête est blanc, ainsi que les jambes et le ventre. Le poil du ventre est constamment plus clair que celui du dos et des flancs. Le veau est d'une couleur rouge foncé, qui passe par degrés au brun à mesure qu'il avance en âge.

« La femelle reçoit le mâle à trois ans : elle porte onze mois; mais elle ne reçoit plus le mâle que deux ans après. De sorte qu'elle ne produit qu'un veau dans trois ans. Un si grand intervalle entre chaque portée doit tendre à rendre l'espèce rare. La femelle du gyall ne donne pas beaucoup de lait ; mais celui qu'elle donne est aussi riche en crème qu'aucun autre. Le veau tette pendant huit ou neuf mois, jusqu'à ce qu'il soit capable de se suffire à lui-même. Les gyalls vivent de quinze à vingt ans.

« Les Kookies ont une manière très simple de prendre les gyalls sauvages : la voici. Quand ils en ont découvert une troupe dans les jongles, ils préparent un certain nombre de boules, du volume d'une tête humaine et composées de sel et d'une espèce particulière de terre ; puis ils conduisent leurs gyalls apprivoisés vers les premiers ; les deux troupes se rencontrent bientôt, se mêlent l'une à l'autre, les mâles d'une troupe s'attachant de préférence aux femelles de l'autre. Alors les Kookies répandent leurs boules dans les parties des jongles où ils supposent que la troupe passe de préférence, et ils observent ses mouvements. Les gyalls, attirés par l'aspect et par l'odeur de cet appât, y appliquent leur langue ; et, lorsqu'ils ont senti le goût du sel et la terre particulière dont il se compose, ils n'abandonnent plus cet endroit que toutes les boules n'aient été épuisées. Mais les Kookies ont eu le soin d'en préparer de nouvelles ; et, pour éviter qu'elles soient si rapidement détruites, ils mêlent du coton avec la terre et ce sel. Tout cela continue environ un mois et demi, temps pendant lequel les gyalls apprivoisés et les sauvages, toujours réunis, lèchent ensemble ces boules qui les séduisent ; le Kookie, un jour ou deux après que ces animaux se trouvent ainsi rassemblés, se montre à une distance assez grande pour ne pas effaroucher les individus sauvages ; il s'approche par degrés, tant qu'enfin sa vue leur est devenue si familière, qu'il peut s'avancer pour caresser ses gyalls apprivoisés sans faire fuir ceux qui ne le sont pas. Bientôt il les touche aussi de la main, leur fait des caresses, en même temps qu'il leur donne en abondance de ces boules à lécher ; et ainsi dans le court espace de temps que j'ai cité, il est en état de les entraîner avec ceux qu'il a apprivoisés vers son parrah ou village, sans le moindre emploi de la force ; dès lors, ces gyalls s'attachent si vivement au parrah, que lorsque les Kookies émigrent d'une place à une autre, ils sont toujours dans la nécessité de mettre le feu dans les huttes qu'ils abandonnent, car les gyalls y retourneraient de leur nouvelle demeure si les anciennes restaient debout. La nouvelle et la pleine lune sont les époques où les Kookies commencent, en général, cette opération, de prendre des gyalls sauvages, parce qu'ils ont remarqué que c'est alors que les deux sexes sont le plus enclins à s'associer. »

M. le major général Hardwicke, à qui l'histoire naturelle de l'Inde doit tant de découvertes, pense[1] qu'il y a un gyall ou gayal sauvage que les naturels nomment *Asseel gayal*, c'est-à-dire vrai gayal ; et un domestique que les mêmes naturels nomment *Gobbah*, ou gayal de village. Le premier serait un

1. *Zoological Journal*, nᵒ 10, p. 231.

animal intraitable, qui ne quitte jamais les montagnes, ne se mêle point au gobbah et ne peut être pris en vie. J'ai lieu de penser non seulement d'après la lettre qui précède, mais encore d'après la nature des animaux en général, que le caractère intraitable que M. Hardwicke attribue à son assell gayal est exagéré; cependant son expérience donne à son opinion tant d'autorité qu'il reste encore à décider si ses deux gayals forment en effet deux espèces distinctes, quoique M. Colebrooke, qui, un des premiers, a parlé du gayal [1], ne le pense pas.

LE GOUR

On ne connaît encore que très imparfaitement cette nouvelle espèce de bœuf, qui, comme la précédente, est originaire des montagnes du nord et du nord-est du Bengale. On n'a encore publié que la figure de ses cornes, et c'est à M. le major général Hardwicke qu'on doit cette publication, faite d'après un dessin qu'il a reçu de M. le major Roughsedge. Tout ce qu'on possède de son histoire se trouve publié par M. Stewart Traill, dans le journal philosophique d'Édimbourg [2]; nous allons en donner un extrait.

« Le gour se rencontre dans plusieurs parties montagneuses de l'Inde centrale, mais surtout sur le Myn-Pât, haute montagne isolée, terminée en plateau et située dans la province de Sergojah. Ce plateau a environ trente-six milles de longueur, sur vingt-quatre ou vingt-cinq milles de largeur à son milieu; et il paraît être élevé de deux mille pieds au-dessus des plaines environnantes. Les flancs de la montagne sont très escarpés et couverts de jungles épaisses, où les gours se réfugient lorsqu'on les inquiète. Le sommet présente un mélange de bois et de plaines ouvertes. Il y avait autrefois vingt-cinq villages sur le Myn-Pât, mais le grand nombre des animaux de proie que nourrit cette montagne les a fait abandonner. Néanmoins le gour y a conservé sa demeure, et les Indiens assurent que le tigre lui-même n'est pas sûr de la victoire avec un gour bien adulte. Le buffle sauvage abonde dans les plaines qui sont au pied de la montagne; mais, au dire des naturels, il redoute si fort le gour, qu'il s'aventure bien rarement dans les régions que celui-ci habite; toutefois dans les forêts où vit ce dernier on rencontre des cerfs-cochons, des porcs-épics, etc.

« Suivant la manière de chasser des Indiens, les jungles furent battues par des naturels en grand nombre, et les chasseurs européens, bien armés, se placèrent dans les endroits où les troupes chassées devaient passer. Plusieurs gours furent blessés; l'un d'eux, frappé et poursuivi, tomba après avoir reçu six ou sept balles; un autre, qui se sentit blessé, se retourna sur son assaillant, secoua sa tête et fut heureusement percé d'une balle au moment où il s'élançait contre l'aventureux chasseur.

1. *Recherches antiques*, vol. VIII.
2. N° 22, octobre 1804.

« La taille du gour est son caractère le plus frappant. Par malheur on ne prit pas note des dimensions de ceux qui furent tués dans cette partie de chasse ; mais les mesures suivantes [1] , prises sur un gour tué dans une autre occasion, et qui n'était pas tout à fait adulte, donneront une idée de la grandeur de cet animal.

« Le capitaine Rogers m'a assuré que plusieurs des gours tués sur le Myn-Pât surpassaient de beaucoup les dimensions que je donne ici.

« La forme du gour n'est pas aussi allongée que celle de l'arny. Son dos est fortement arqué, de manière à former une courbe uniforme depuis le nez jusqu'à l'origine de la queue, lorsque l'animal est en repos. Cette apparence est due en partie à la forme courbée du nez et du front, mais bien plus encore à une saillie remarquable d'une épaisseur médiocre, qui s'élève de six ou sept pouces au-dessus de la ligne du dos, depuis la dernière vertèbre cervicale jusqu'au delà du milieu des vertèbres dorsales, point auquel elle se perd graduellement dans le contour ordinaire du dos. Ce caractère provient d'un allongement extraordinaire des apophyses épineuses de la colonne vertébrale : il était parfaitement remarquable dans les gours de tout âge, quoiqu'ils fussent chargés de graisse ; et il n'a aucune ressemblance avec la bosse que l'on rencontre sur plusieurs des bêtes à cornes domestiques dans l'Inde. Il y a sans contredit de la ressemblance avec la saillie que l'on décrit dans le gayal ; mais on peut, dit-on, distinguer le gour de celui-ci, par le caractère remarquable de l'absence complète du fanon. Ni le mâle ni la femelle du gour, à quelque âge qu'on les observe, ne présentent la moindre trace de cet appendice, que l'on rencontre dans toutes les espèces connues de ce genre.

« La couleur du gour est un noir brunâtre très foncé, s'approchant beaucoup du noir bleuâtre, excepté une touffe de poils frisés d'un blanc sale située entre les cornes, et des anneaux de la même couleur au-dessus des sabots. Le poil est très court et très lisse, et il offre un peu l'aspect huileux de la peau d'un veau marin.

« Le caractère de la tête diffère peu de celui du taureau domestique, excepté que le profil de la face est plus arqué, le frontal plus fort et saillant ; les cornes sont courtes, épaisses à leur base, fortement recourbées à leur sommet, un peu comprimées sur une face et rugueuses dans l'état naturel. Elles sont cependant susceptibles d'un beau poli lorsqu'elles sont d'une couleur grise avec des sommets noirs. Une paire de ces cornes me donne pour chacune d'elles un pied onze pouces d'étendue le long du bord convexe, un pied du centre de la base au sommet en droite ligne, et un pied dans leur plus grande circonférence ; mais comme elles sont coupées et polies, elles ont perdu une partie de leur longueur et de leur épaisseur. Elles sont formées d'une substance très dense, ainsi que l'indique leur poids. L'œil est

---

1. Hauteur au garrot............................... 5 pieds anglais 11 pouces 3/4.
Hauteur du garrot au sternum...................... 3   6
Longueur du nez à l'extrémité de la queue........... 11   11   3/4.

plus petit que dans le bœuf domestique, il est d'une couleur bleu clair, et la saillie du sourcil lui donne une expression sauvage, quoique moins farouche que celle de l'arny.

« Les membres du gour tiennent plus de ceux du cerf qu'aucune autre espèce du genre bœuf. C'est ce que l'on voit surtout dans l'angle aigu que forment le tibia et le tarse, et dans la finesse de la partie inférieure des jambes; elles donnent l'idée cependant d'une grande vigueur unie à la légèreté; la forme du sabot est également plus allongée, plus élégante, et annonce plus de force que celle du bœuf, et le pied tout entier paraît avoir plus de flexibilité. L'extrémité de la queue est garnie de poils.

« On n'a pas entendu le gour pousser aucun cri avant d'être blessé; mais alors il faisait entendre un court mugissement qu'imitent assez bien les syllabes ugh-ugh.

« Les naturels apprirent à l'un des chasseurs que le gour ne vit pas à l'état de captivité, même quand il est pris très jeune; le veau languit bientôt et meurt. La période de gestation est de douze mois, et les femelles mettent bas d'ordinaire au mois d'août. Elles donnent une grande quantité de lait, que les Indiens disent être quelquefois si riche qu'il cause la mort du veau qui s'en nourrit. Le jeune mâle de première année est appelé par les naturels purorah; la jeune femelle est nommée pareeah, et gourin lorsqu'elle est adulte.

« Les gours se réunissent en troupes, ordinairement composées de dix à vingt individus. Leur nombre est si grand sur le Myn-Pât, que dans un jour les chasseurs calculèrent qu'il n'en avait pas passé moins de quatre-vingts dans les endroits où ils s'étaient placés.

« Les gours se nourrissent des feuilles et des jeunes pousses des arbres et des buissons; ils paissent aussi sur le bord des ruisseaux. Durant la saison froide, ils demeurent cachés dans les forêts; mais, dans les temps chauds, ils descendent dans les vallées ou paissent dans les plaines qu'on rencontre sur le Myn-Pât. Ils ne paraissent pas avoir le goût de se rouler dans les terres bourbeuses et marécageuses; et c'est une habitude que leur peau lisse ne permet pas de leur supposer. »

LE BISON D'AMÉRIQUE

Les règles sur lesquelles les naturalistes se fondent pour la distinction des quadrupèdes en espèces sont loin d'avoir le degré de certitude qu'il serait à désirer qu'elles eussent et que demanderaient plusieurs des propositions générales qui servent de base à cette partie importante de la science des animaux. Pour peu qu'on n'admette pas les mêmes règles (et c'est ce qui ne peut manquer d'avoir lieu dans l'état actuel de nos connaissances en histoire naturelle), ce qui est espèce pour les uns ne l'est pas pour les autres, et ce que ceux-là regardent comme fixe, invariable, nécessaire, n'est plus regardé par ceux-ci que comme accidentel et contingent. C'est parce que Buffon avait admis en principe que tous les animaux s'unissant par l'accouplement donnaient naissance à des produits féconds, appartenant à la même espèce, qu'il fut conduit à ne voir entre le bœuf domestique et le bison d'Amérique que de simples différences de races d'une même espèce, produites par les circonstances fortuites sous l'influence desquelles leur développement s'était opéré. En effet, la vache et le bison produisent ensemble, et, quoiqu'il ne soit pas constaté que le produit de ces deux animaux soit fécond, on peut l'admettre par analogie.

Cependant il est bien établi aujourd'hui que la fécondité n'est pas une preuve de l'identité spécifique des individus qui ont donné naissance à ceux qui manifestent cette faculté. On a seulement reconnu que, chez les mulets, la force génératrice est faible et ne se soutient pas au delà des premières générations. Si Buffon avait eu connaissance de ce fait, non seulement il aurait eu d'autres idées sur le bison d'Amérique, mais il aurait modifié plusieurs de ses doctrines fondamentales, et la nécessité de les établir sur des bases solides l'aurait indubitablement engagé dans des recherches qu'il négligea, et qui, de nos jours, ont conduit les naturalistes à des idées différentes et peut-être un peu plus précises sur les caractères distinctifs des espèces parmi les quadrupèdes en général, et, en particulier, parmi les espèces du genre du bœuf.

Dans l'obligation d'établir le degré de ressemblance qui existe entre les bœufs dont les débris nombreux se trouvent à l'état fossile dans le sein de la terre et ceux qui vivent aujourd'hui sur la surface du globe, mon frère s'est livré à ces recherches, et il a reconnu dans les formes de la tête et dans les rapports de ses diverses parties un caractère qui ne s'altère point et qui distingue constamment le bœuf domestique, de quelque race qu'il soit, du bison américain. Ainsi le bison a le front bombé, plus large que long, et l'attache de ses cornes est au-dessous de la crête occipitale, tandis que le bœuf a le front plat, plus long que large, et ses cornes sont placées aux deux extrémités de la ligne saillante qui sépare le front de l'occiput. Par là, le bison se rapprocherait de l'aurochs ; mais celui-ci est beaucoup plus haut sur jambes que le premier, et il a une paire de côtes de plus. Le bison d'Amérique constitue donc une espèce de bœuf distincte de toutes les autres ; seulement, comme il appartient à un genre très naturel, les ressemblances qu'il a avec les autres bœufs l'emportent de beaucoup sur les différences qui l'en distinguent, et qui ne peuvent être senties que par une comparaison minutieuse des organes. Quelques autres faits auraient pu conduire depuis longtemps les naturalistes à soupçonner que le bison et la vache n'avaient point été destinés par la nature à produire ensemble ; car on savait que les vaches qui ont conçu par suite de leur union avec le bison ne peuvent que très rarement mettre leur petit au monde, et qu'elles périssent fréquemment dans le travail de la mise bas. C'est une expérience qui s'est malheureusement renouvelée deux fois sous mes yeux. Il ne fut point difficile d'unir une vache avec le beau bison que possède la Ménagerie du Roi ; la seule précaution qu'on prit fut de les tenir d'abord à côté l'un de l'autre, de manière qu'ils se voyaient de très près, mais ne pouvaient se toucher. Au bout de trois ou quatre jours, ils furent réunis dans la même enceinte; la meilleure intelligence s'établit entre eux, et bientôt l'accouplement se fit ; mais il n'eut lieu que la nuit ; circonstance qui s'observe communément chez les animaux sauvages et qui paraît avoir pour cause un instinct spécial de conservation dans un acte où tous les sens et toutes les forces sont concentrés vers un seul et même objet.

Le bison mâle frappe, au premier aspect, par son air farouche, sa grosse tête et ses larges épaules, qui paraissent encore plus volumineuses par la hauteur de son garrot et l'épaisse crinière qui garnit toute la partie antérieure de son corps ; en effet, son cou, le dessus de la tête, le dessous de la mâchoire inférieure, la partie supérieure de ses jambes de devant, sont revêtus de poils épais et frisés qui forment une longue barbe au menton. Les parties postérieures ne sont revêtues que par un poil court et lisse, ce qui les fait paraître hors de proportion avec celles de devant ; les membres sont courts, mais épais ; et la queue, terminée par une mèche de poils, descend jusqu'aux jarrets. Les cornes sont rondes, fortes, mais courtes ; et la couleur générale est d'un brun foncé un peu plus clair dans les parties où le pelage est lisse et brillant. La longueur de cet animal, de la base des cornes à l'origine de la queue, est de six pieds et demi environ; la queue a dix-huit à vingt pouces; et sa hauteur, au garrot, est de cinq pieds; il n'en a que quatre à la croupe. C'est un animal farouche et grossier, contre lequel il faut être toujours en défiance, et qui ne peut être dominé que par la force ; la crainte paraît être le seul sentiment que l'homme puisse lui faire éprouver.

La femelle a tous les traits moins saillants que ceux du mâle ; elle est plus petite, sa tête est moins volumineuse, son cou est plus long, son garrot plus bas, ses jambes sont plus minces, et les poils de toutes les parties antérieures de son corps moins touffus et moins épais ; mais ses couleurs sont absolument les mêmes.

Comme toutes les femelles, elle était plus douce que son mâle ; elle connaissait ceux qui la nourrissaient et manifestait même quelque attachement pour eux.

On eut besoin de quelques précautions pour la réunir au bison, à cause de la brutalité de celui-ci ; mais, au bout de quelques jours, ils vécurent familièrement ; bientôt on reconnut qu'elle avait conçu, et en mars 1825, c'est-à-dire dix mois après son rapprochement du mâle, elle mit bas un jeune mâle qu'elle a toujours soigné très affectueusement.

Ce jeune bison avait, en naissant, la taille des veaux ordinaires de trois ou quatre jours, et, comme ceux-ci, immédiatement après être né, il fit

usage de ses sens et de ses membres, comme si l'expérience le lui eût enseigné. Un pelage frisé et assez épais, d'un roux uniforme, le revêtait entièrement, excepté que quelques poils noirs se voyaient le long du cou, derrière
les jambes de devant et au bout de la queue. Ce pelage ne reste d'un roux
pur que deux à trois mois ; car, dès le quatrième, le jeune animal avait les
couleurs brunes de sa mère. Depuis, ce jeune bison s'est développé, et, sous
l'influence des soins qu'on a eus de lui, de la nourriture abondante et choisie
qu'il a reçue, il a acquis une taille qui surpasse celle de son père ; mais,
malgré les bons traitements qui lui ont été prodigués, la douceur dont on a
continuellement usé envers lui, il n'a presque encore rien perdu du caractère farouche et brutal de sa race : sans les plus grandes précautions ses
gardiens en deviendraient inévitablement les victimes.

Cette espèce de bœuf se rencontre très abondamment dans toutes les
parties de l'Amérique septentrionale, où les effets de la civilisation ne se
sont point encore fait sentir, où la nature domine exclusivement ; mais ils
ne paraissent pas s'élever au delà du soixante-deuxième degré ; on en rencontre des troupes formées de plusieurs centaines d'individus de tout âge et
de tout sexe ; et ils font une des principales nourritures des peuplades
sauvages, qui trouvent aussi dans la fourrure et dans la peau épaisse de ces
animaux des moyens de satisfaire à plusieurs de leurs besoins.

LA BREBIS

Lorsque Buffon commença son histoire générale et particulière, il
n'avait encore qu'une connaissance assez bornée des animaux, et l'expérience qu'il acquérait à mesure qu'il avançait dans son travail, modifiant ses
idées, nous le voyons rectifier dans un volume ses propositions des volumes
précédents ; aussi, pour connaître sa dernière pensée sur un sujet quelconque, il est nécessaire d'examiner ce qu'il en dit dans tout le cours de son
ouvrage. Son histoire naturelle de la brebis en est un exemple. Dans le cinquième volume [1], il en parle comme d'une espèce qui ne peut subsister que
sous la protection de l'homme et dont la race primitive n'existe plus, l'état
de domesticité étant devenu le partage de l'espèce entière ; et, comme il se
borne à désigner sous le nom de brebis commune ou domestique celle dont
il donne la description, il en résulte qu'on ignore de quelle variété il entend
parler, et qu'excepté ce qui est commun à toutes les variétés de cette riche
espèce, la plupart des détails où il entre sont sans objet pour nous. Cette
omission, Buffon ne l'a point réparée ; mais en traitant du mouflon il change
d'opinion sur la souche de la brebis, et voit dans cette espèce sauvage du
mouflon l'origine de toutes nos races de moutons dont il s'occupe alors, et

1. Édition Garnier, t. II, p. 444.

dont il fait une classification d'après quelques-unes des modifications qu'elles présentent et qu'il attribue à l'influence du climat. La race du nord a plusieurs cornes et sa laine est rude et grossière; celle qui habite les climats doux, comme l'Espagne et la Perse, a une laine fine qui se change en un poil rude dans les pays chauds. Il ajoute la brebis à grosse queue dont la laine est fine ou rude suivant qu'elle reçoit l'influence des climats tempérés ou des climats très chauds; celle dont les cornes sont droites et courbées en vis, et enfin la brebis du Sénégal qui est couverte de poils courts et grossiers et a de longues jambes. Ces changements résultaient d'une amélioration réelle dans les idées particulières; ils étaient fondés sur une connaissance de faits plus nombreux; mais ces faits ne donnaient pas encore lieu à des idées générales plus vraies; et il ne paraît pas qu'à cet égard Buffon ait apporté plus tard aucun changement à ses vues; car s'il parle encore des brebis dans ses Suppléments, ce n'est que pour confirmer ce qu'il en avait dit auparavant.

Aujourd'hui les naturalistes admettent trois ou quatre espèces de moutons sauvages ou de mouflons, et chacune de ces espèces pourrait à un titre égal être regardée comme la souche de nos races de moutons domestiques; ainsi les doutes n'ont fait que s'accroître depuis que Buffon, qui n'admettait qu'une espèce sauvage de moutons, le mouflon de Corse, a exprimé ses conjectures sur ce point. D'un autre côté, aucune observation, aucune expérience directes n'autorisent à attribuer à l'influence du climat les modifications diverses que les nombreuses races de moutons nous présentent; et l'on ne comprend pas pourquoi Buffon restreint à cette seule influence des effets si différents, lorsque nous le voyons, dans son discours sur la dégénération des animaux, fixer plusieurs autres causes aux variations des quadrupèdes en général.

Quoi qu'il en soit, admettre, comme principe de classification des races, les causes des caractères organiques qui les distinguent les unes des autres, c'est s'égarer dans un dédale inextricable; c'est vouloir tirer la lumière des ténèbres, c'est chercher à fonder des vérités de faits sur des conjectures hypothétiques. Sans doute, on ne peut attribuer la diversité de ces caractères qu'à des causes matérielles parmi lesquelles la nature du climat entre pour beaucoup; mais ces causes, qui n'ont pas même encore été reconnues, ont pu agir en nombre plus ou moins grand, simultanément ou successivement, en combinant de manières diverses leur action et en se modifiant l'une l'autre; enfin tout cela s'opérerait loin de nous et sous l'influence d'une durée que nous n'avons encore aucun moyen de faire entrer, comme élément, dans nos recherches sur ces matières. Ces difficultés insurmontables ont fait recourir à un autre principe pour établir les rapports des variétés des animaux entre elles, et il a été puisé dans les modifications organiques qui leur sont propres, de telle sorte qu'admettant un type, une souche primitive, les variétés s'en éloignent graduellement, et d'autant plus qu'elles en diffèrent davantage, que leurs différences sont plus profondes et résultent de modifications d'organes plus importants. Par cette méthode les rapports qu'on obtient sont vrais : les animaux sur lesquels ont agi un moindre nombre de causes, ou des causes plus faibles, restent à la place qui leur appartient, c'est-à-dire auprès de la race qui nous présente les caractères de l'espèce dans leur plus grande pureté ; viennent ensuite ceux qui ont éprouvé l'effet de causes plus nombreuses ou plus actives, et enfin ceux qui ressemblent le moins à la race primitive et sur lesquels conséquemment les causes les plus puissantes et les plus variées ont porté leur action. Ce principe n'a point encore été appliqué à la classification des races ou des variétés de l'espèce du mouton, et nous ne sommes point dans le cas de le faire ; car, pour cet effet, il faudrait qu'on eût décrit ces races dans un autre esprit qu'on ne l'a fait. C'est sous le point de vue économique, un des plus importants sans doute, qu'on les a envisagées, excepté dans le cas où elles offraient des particularités remarquables dans la configuration de quelques-unes de leurs parties ; ainsi on nous a fait connaître leur taille, la forme de leurs cornes, mais surtout leur vêtement, la nature de leur pelage. Or, quoique ces traits aient aussi de l'importance en histoire naturelle, les proportions des diverses parties du corps, la forme des os, leurs rapports, et surtout les résultats que présentent ceux qui sont réunis dans la structure de la tête, sont plus importants encore, et ce sont précisément ces détails qu'on nous a laissé ignorer. Cependant, après les races du chien, celles du mouton nous présenteraient peut-être les plus curieuses observations ; car c'est une des espèces qui paraît avoir subi les modifications les plus nombreuses. Outre ce que Buffon dit de la brebis commune, dans laquelle il paraît comprendre toutes les brebis des parties tempérées de l'Europe, il parle encore des moutons à grosse queue qui se trouvent en Barbarie et au cap de Bonne-Espérance, en Arabie, en Perse, en Tartarie, les uns couverts de poils, les autres de laine ; des moutons à longues jambes nommés *adimain* ou *morvan*, originaires des parties moyennes de l'Afrique et revêtus de poils grossiers ; des moutons d'Islande, petits et à plusieurs cornes ; des moutons de Valachie à cornes élevées, tordues en vis, et couverts d'une toison épaisse, moutons auxquels doivent se rapporter ceux de Crète dont Buffon parle également. Mais que sont ces cinq races en comparaison de celles qui doivent exister, si nous en jugeons seulement par le nombre qu'on en distingue en France, en ne considérant guère pour cela que la nature de leur laine ? L'établissement des rapports qui existent entre les diverses races de moutons est donc un travail qui reste tout entier à faire. Celui de Buffon sur ce sujet n'est qu'un essai qui repose sur un principe obscur, et nous ne possédons pas les éléments nécessaires à l'application du principe plus vrai que nous avons exposé plus haut. Ce sont, par conséquent, ces éléments surtout qu'il importe de recueillir, de rassembler ; c'est pourquoi nous entrerons dans quelques détails sur une race que Buffon a méconnue, quoiqu'il eût fait usage des renseignements qui s'y rapportaient, et qui est remarquable par les toisons qu'on en tire, les seules qui entrent dans le commerce des pelleteries recherchées; c'est la race que l'on désigne communément par le nom de *mouton d'Astracan.*

LE MOUTON D'ASTRACAN

Buffon regarde tout ce que la plupart des voyageurs disent de ce mouton comme étant relatif à une variété de race de la brebis commune, qui, en Perse, et particulièrement dans le Khorasan, se revêtirait d'une laine plus fine encore que celle du mérinos. Le fait est que le mouton d'Astracan appartient à la race à grosse queue, dont il forme une variété. Sa taille est moyenne, les béliers ont de seize à dix-huit pouces de hauteur au garrot, et leurs proportions sont à peu près celles de nos moutons de Beauce. Son chanfrein n'est point arqué, et ses cornes, petites, sont renversées sur les côtés de la tête au-dessus des oreilles. Tous les adultes sont revêtus d'une toison grossière, composée d'une laine lisse ou peu ondulée, d'un blanc grisâtre ou d'un brun noir; mais, en écartant les mèches de cette toison, on voit que près de la peau la toison de la variété grise est d'un gris très agréable, formée par un mélange de poils blancs et de poils noirs. C'est de ce mélange pur que se forme la toison frisée des agneaux au moment de leur naissance, et c'est cette toison seule qui donne la pelleterie recherchée que l'on connaît plus particulièrement sous le nom d'astracan, parce que c'est en cette ville que s'en fait plus spécialement le commerce avec l'Europe. En effet, les agneaux de cette race sont en naissant couverts de très petites mèches de laine très frisées et si serrées les unes contre les autres, qu'elles forment une toison épaisse et en même temps très légère. Peu de jours après ces mèches se défrisent, s'allongent, se décolorent, et bientôt on n'en aperçoit plus aucune trace. Les agneaux, avant que de naître, ont une toison plus belle encore; c'est pourquoi on est dans l'usage de tuer les brebis avant la mise bas, lorsqu'on veut avoir ce genre de pelleterie dans toute sa beauté.

La Ménagerie du Roi a possédé un petit troupeau de ces moutons, qu'elle devait à M. le duc de Richelieu, et qui venait directement d'Astracan.

Il paraît que cette race est très répandue en Tartarie et en Perse.

LA CHÈVRE

Buffon, par ce nom, désigne l'espèce à laquelle appartiennent les chèvres domestiques; mais, pour connaître exactement sa pensée, il est nécessaire de lire son histoire naturelle du bouquetin, où il discute les rapports de cet animal avec le chamois et les diverses variétés de nos chèvres domestiques, et où il est conduit à cette étrange conclusion que le bouquetin est la tige mâle de la chèvre, et que le chamois en est la tige femelle. C'est, comme on voit, une des conséquences de cette hypothèse sur la dégénération des animaux dont nous avons montré la faiblesse dans notre discours préliminaire.

Pour rendre probable une hypothèse en histoire naturelle, il faut des faits ou des analogies ; et où la démonstration ne peut être admise, il faut au moins que l'induction supplée : or ici tout est arbitraire. Pour montrer que les chèvres tirent leur origine du mélange du bouquetin avec le chamois, il aurait été nécessaire qu'on eût la preuve de ce mélange et qu'on en connût le produit ; et c'est ce qui n'est pas même encore aujourd'hui ; il n'y a point d'exemple de l'accouplement du bouquetin et du chamois, ni par conséquent du métis, auquel ils donneraient naissance. Buffon cependant avait un indispensable besoin de ce fait ; sans lui, toute conclusion devenait impossible, et l'hypothèse dans ce cas particulier restait sans fondement. Mais que ne peut une raison puissante, dominée par une forte conviction, pour s'abuser elle-même et convaincre les autres de ce qui la séduit et lui paraît vrai ? Buffon crut donc trouver ce fait dans une observation rapportée par Linnæus, de deux animaux de la taille du bouc, l'un ayant les cornes recourbées dès leur base et appliquées contre la tête, l'autre les ayant droites et recourbées seulement à leur pointe, qui, malgré ces différences et d'autres encore dans le pelage, avaient produit ensemble. Linnæus ajoutait que ces animaux étaient originaires d'Amérique ; et comme Buffon ne pouvait reconnaître dans le nouveau monde de ruminants à cornes creuses que des chèvres domestiques importées d'Europe ou d'Afrique, il repousse l'idée que le premier de ces animaux fût d'Amérique, il le croit d'origine africaine et regarde le second comme notre chamois dégénéré à la Jamaïque, se fondant sur une assertion de Browne qui dit vaguement qu'on trouve dans cette île la chèvre commune, le chamois et le bouquetin ; assertion légère, que rien depuis n'a confirmée, et qui, excepté pour la chèvre commune, est reconnue fausse aujourd'hui.

Loin de moi la pensée de faire envisager Buffon sous un point de vue défavorable, en le montrant livré à une idée hypothétique et s'égarant dans le vaste champ des suppositions ; mais je n'ai pas cru sans utilité de rapporter un exemple frappant des dangers que l'on court lorsqu'on s'avance dans la carrière des sciences, sans s'appuyer sur des faits solidement établis, même quand on croirait avoir l'étendue et la force d'esprit de l'auteur illustre dont nous analysons quelques-uns des travaux.

Tout ce qu'on a dit sur l'origine des variétés de la chèvre domestique ne l'a point fait connaître. Lorsqu'on n'admettait de bouc sauvage que le bouquetin des Alpes, il était naturel de la lui attribuer. Mais quand Pallas eut publié la description de l'égagre, espèce de bouc naturel aux parties centrales de l'Asie, on crut devoir aussi lui rapporter cette origine, et de nouveaux doutes ont dû naître depuis que le bouquetin sauvage de la haute Égypte est venu se présenter comme une troisième espèce dans le genre des deux précédentes. Nous croyons donc inutile de nous arrêter sur cette question, non qu'elle ne soit fort importante, mais parce que la science ne possède pas les éléments nécessaires à sa solution.

Ce qui doit surtout faire rechercher la connaissance des variétés de nos animaux domestiques, c'est qu'elle nous donne une mesure des modifications dont leur organisation est susceptible ; et comme Buffon n'a bien fait connaître que quelques-unes de ces variétés, nous en décrirons trois sur lesquelles il n'a pu avoir que de vagues notions, et dont on avait même négligé de décrire les caractères les plus remarquables : c'est la chèvre de la haute Égypte, celle du Népaul et celle de Cachemire.

LA CHÈVRE DE LA HAUTE ÉGYPTE

Les naturalistes ont jusqu'à présent confondu dans une seule variété toutes les chèvres à très longues oreilles, et Buffon, suivant en ce point ses prédécesseurs, les désigne avec eux sous les noms de chèvres de Syrie, ou de chèvres mambrines. Ces chèvres cependant appartiennent à des variétés différentes, et depuis longtemps on aurait pu le reconnaître ; car Gesner donne une fort bonne figure[1] de la variété qui nous est venue de la haute Égypte, sous le nom de *capris indicis*, et Aldrovande en donne une autre également bonne[2] de celle qui paraît originaire de l'Inde, et qui nous a été envoyée du Népaul. En effet, ces chèvres présentent des caractères qui ne permettent pas de les réunir dans une même race.

Jusqu'à présent on n'avait guère eu d'autres caractères pour séparer les chèvres des moutons, que la concavité du chanfrein et la barbe des uns, et la convexité de cette partie de la tête et le menton imberbe des autres. Aujourd'hui ces moyens de distinction n'existent plus. La chèvre de la haute Égypte a le chanfrein plus arqué qu'aucun mouton, et elle est tout à fait dépourvue de barbe. Aussi en voyant ses hautes jambes on la prendrait d'abord pour un de ces moutons dont Buffon parle sous le nom de morvan ; et si on ne reconnaissait pas dans le mâle un bouc à son odeur, il ne serait plus possible de décider à quel genre cette race de chèvre appartient. Cependant, en recourant à d'autres caractères, l'espèce de la chèvre reste distincte de celle du mouton. Dans la première, la queue très courte est relevée, tandis qu'elle est plus longue et reste pendante dans la seconde ; les organes génitaux diffèrent aussi. Excepté la forme de la tête, c'est-à-dire la courbure de son chanfrein séparée par une dépression au point où les os du

---

1. Lib. 1, p. 1097.
2. *De Quad. bisul.*, lib. 1, p. 768.

nez s'unissent à ceux du front, et le prolongement de la mâchoire inférieure, l'espèce de chèvre de la haute Égypte n'a rien de remarquable. Le mâle qu'a possédé la Ménagerie du Roi était couvert d'un poil soyeux, long, et d'un brun fauve, jaunâtre sur les cuisses, et il n'avait qu'une très petite quantité de poils laineux. Ses oreilles étaient fort grandes, et l'on trouvait sur son cou les deux pendeloques charnues que l'on voit aussi chez quelques races de moutons. Il n'avait point de cornes ; mais quelques individus de cette race en ont de petites renversées sur le côté de la tête. La femelle, plus petite que le mâle et à jambes moins élevées, avait une teinte plus claire que lui, et ses mamelles volumineuses et descendant jusqu'à terre gênaient sa marche ; elles étaient suspendues à un pédicule très long, et lorsqu'elles étaient pleines, elles ressemblaient à deux sphères accolées l'une à l'autre. La voix du bouc était singulière et assez semblable à une vieille voix humaine, chevrotant faiblement. La femelle donnait un lait très abondant, et sa docilité comme celle du bouc annonçait l'ancienneté de la soumission de sa race à l'espèce humaine.

LA CHÈVRE DU NÉPAUL

Cette race de chèvre a à peu près la forme de tête de celle de la haute Égypte, seulement aucune dépression n'interrompt la courbure de son chanfrein, et sa mâchoire inférieure ne dépasse pas la supérieure.

Cette chèvre se distingue encore, principalement chez la femelle, par la hauteur de ses membres et la légèreté de ses formes, qui la rapprochent de quelques espèces d'antilopes. Sa conque auditive est arrivée peut-être au dernier degré de développement ; car elle traîne à terre lorsque l'animal paît, et alors celle d'un côté se réunissant à celle de l'autre, la tête de l'animal s'en trouve entièrement cachée, et ses yeux en sont couverts. Les cornes sont droites, un peu divergentes et tordues en vis. Tous les individus de cette jolie race que j'ai vus étaient couverts de poils soyeux, brillants, de médiocre longueur et de couleurs foncées ; plusieurs chèvres étaient noires, ou d'un beau gris argenté avec les oreilles blanches.

LA CHÈVRE DE CACHEMIRE

Depuis l'époque déjà fort ancienne où des relations de commerce se sont établies entre l'Europe et la Perse ou les Indes, nous connaissions, quoique nous n'en fissions point usage, ces pièces d'étoffes nommées châles, qui se fabriquent principalement dans la province de Cachemire, et qui servent surtout en Orient, ou de manteau pour les femmes ou de turban. Depuis plusieurs années ces châles sont devenus en Europe d'un usage commun ;

la laine avec laquelle ils se fabriquent fait même chez nous aujourd'hui un
objet de commerce assez considérable, et qui y a donné naissance à une industrie nouvelle. Longtemps nous avons ignoré l'origine de cette laine : les
uns l'attribuaient à une race de chèvres exclusivement propres aux régions
du Thibet, les autres à une race de moutons du même pays, et cette diversité d'opinions venait des différences qui se trouvent sur ce sujet dans les
récits des voyageurs[1]. Buffon n'a point eu occasion d'examiner cette question qui, au reste, n'aurait pu exercer que sa critique; car aucune observation exacte et précise sur cette matière n'était alors venue à la connaissance
des naturalistes. Depuis quelques années toutes les incertitudes à cet égard
sont levées : cette matière est la laine ou le duvet d'une race de chèvres ;
plusieurs individus de cette race ont été envoyés en Europe, et la Ménagerie
du Roi en a possédé un bouc né à Calcutta de parents qui venaient immédiatement du Cachemire. Il paraît d'ailleurs certain que cette race se trouve
dans toute la Tartarie. Si l'on eût fait une étude plus approfondie des poils,
la question de l'origine de la matière des châles aurait pu être décidée sans
avoir recours à la race qui la produit ; on aurait su que la laine des moutons
et le duvet des chèvres n'ont point la même contexture, et que les châles
sont exclusivement formés de ce dernier. Toutes les races de chèvres, à
l'exception peut-être de celle d'Angora, sont pourvues de ce duvet, qui recouvre immédiatement la peau, et se trouve caché sous les poils qui forment
le vêtement extérieur de l'animal. Chez nos races communes ce duvet paraît
n'avoir ni la longueur, ni l'élasticité de celui des chèvres du Thibet, et être
moins propre que le leur à la fabrication des étoffes, ce qui peut être attribué en grande partie à la différence des climats; car il est bien reconnu que
les contrées froides et sèches favorisent le développement de la partie laineuse du pelage de certains animaux. Nous apprenons même par M. le docteur Geran[2], que la chèvre à duvet se trouve dans le Thibet à plus de
14,000 pieds anglais au-dessus du niveau de la mer. D'autres causes sans
doute y concourent encore, car il serait difficile de n'attribuer qu'au climat
le développement extraordinaire de cette partie laineuse dans plusieurs
races de moutons, et dans les plus précieuses pour nous. La toison de ces
animaux n'est en effet formée que de la portion du pelage qui recouvre
immédiatement la peau dans les races plus ou moins rapprochées de l'état
sauvage, et qui sont en outre revêtues de véritables poils. Ceux-ci n'exis-

1. Mais ce qu'ils ont de particulier et de considérable et qui attire le trafic et l'argent dans
leur pays, est cette prodigieuse quantité de châles qu'ils y travaillent..... les uns de laine du
pays qui est plus fine et plus délicate que celle d'Espagne; les autres d'une laine ou plutôt d'un
poil qu'on appelle touz qui se prend sur la poitrine d'une espèce de chèvre sauvage du grand
Thibet; ceux-ci sont bien plus chers à proportion que les autres; aussi n'y a-t-il point de castor
qui soit si molet et si délicat. (*Bernier, Voyage au royaume de Cachemire.*)
M. Bogle, qui fut envoyé en 1774 au Thibet, assure dans ses notes que cette laine vient d'un
mouton à large queue. (*Trans. philosop.*, t. LXVII.)
2. *Gazette de Calcutta.*

tent qu'en très petites quantités chez nos moutons à laine où on les désigne sous le nom de jars. Le mérinos, le mouton de Barbarie, plusieurs races de nos provinces n'ont plus de poils proprement dits ; leur vêtement ne se compose que du duvet qui, chez les moutons en général, a pris plus particulièrement le nom de laine.

La chèvre de Cachemire est d'une taille moyenne ; ses oreilles sont plus ou moins longues et couchées ; ses cornes, généralement droites, sont tordues en vis ; quelques individus cependant les ont recourbées en arrière ; son chanfrein n'est point arqué, ses poils sont longs et lisses, et son duvet est abondant surtout en hiver. Cette race produit des individus bruns, gris et blancs ; mais ce sont ces derniers qui sont les plus recherchés, parce que la couleur de leur duvet est plus pure. Le bouc que nous avons possédé avait deux pieds de hauteur au garrot, et la longueur de son corps était de deux pieds dix pouces ; sa tête et son cou étaient noirs, et le reste de son pelage était blanc ; il était donc d'une taille un peu plus petite que celle de notre bouc commun ; mais il avait à peu près le même naturel.

LE CHIEN

Dans notre discours préliminaire, et en traitant de la brebis, nous avons rappelé les principes d'après lesquels Buffon établissait les rapports des races de nos quadrupèdes domestiques ; et en montrant leur insuffisance et l'incertitude des résultats qu'ils donnaient, nous avons exposé ceux que, depuis, on a été conduit à adopter. Ce n'est encore que sur les races du chien que l'application en a été faite ; mais la classification qui en a été la conséquence a été admise sans contestation. En effet, cette classification ne résulte que de l'application de la méthode naturelle, et cette méthode dans ce cas particulier a conduit à séparer d'abord toutes les espèces de modifications qui nous sont offertes par les chiens domestiques, à les ranger ensuite suivant l'importance de l'organe qui les présente et suivant la leur propre, puis à réunir dans un même groupe les individus qui présentent les mêmes modifications du plus important organe, et enfin à subdiviser ces groupes suivant les modifications moins importantes des organes moins importants eux-mêmes. Or les chiens sont susceptibles de modifications dans différentes parties de la tête, quelques-uns dans les membres et dans certaines parties extérieures des sens ; c'est donc d'après ces trois ordres de modifications que leurs rapports ont été établis, qu'ils ont été classés. Les modifications de la tête qui produisent un plus grand ou un moindre développement de la boîte cérébrale, et qui augmentent ou diminuent par conséquent la capacité du cerveau, ont dû être placées au premier rang, ainsi que celles qui en sont la conséquence, et qu'on n'en peut séparer, comme l'allongement ou le raccourcissement du museau qui influent

eux-mêmes sur l'étendue du goût ou de l'odorat ; sont venues ensuite les modifications des sens, à l'exception de celles qui résultent des modifications
du cerveau, lesquelles consistent dans des narines plus ou moins ouvertes,
dans une conque externe de l'oreille plus ou moins allongée ou pendante,
et dans des poils plus ou moins longs, plus ou moins épais, et plus ou moins
frisés ; enfin les modifications des membres sont placées au dernier rang,
parce qu'elles sont bornées au développement plus ou moins grand d'un
cinquième doigt aux pieds de derrière, et d'une queue plus ou moins
longue ; développement qui ne change rien à la nature de l'animal et ne le
force à modifier aucune de ses actions, aucun de ses mouvements. Ces distinctions ont eu pour résultat de former parmi les races de chiens quatre
groupes principaux : 1° les mâtins, dont le cerveau a une étendue moyenne,
où se trouvent les chiens les plus près de l'état de nature, et qui renferme
notre chien mâtin, le chien de la Nouvelle-Hollande, et tous les chiens qui
se rapprochent de l'état sauvage ou qui y sont rentrés tout à fait. Ce sont,
en général, des animaux fins, rusés, assez peu dociles et dont l'éducation ne
peut recevoir un grand développement ; 2° les lévriers, qui, avec une capacité cérébrale semblable à celle des mâtins, ont un museau beaucoup plus
allongé que le leur, et sont presque entièrement privés de sinus frontaux ;
ce groupe rassemble les lévriers de toutes les races grandes et petites ; 3° les
épagneuls, dont la capacité cérébrale surpasse de beaucoup celle de toutes
les autres races, c'est-à-dire les épagneuls proprement dits, les barbets, les
braques, les chiens-loups, les chiens de Terre-Neuve, des Pyrénées, etc., etc.,
races douées d'une intelligence remarquable et d'une docilité qui permet
d'étendre leur éducation ; aussi est-ce parmi ces races que se forment les
meilleurs chiens de chasse ; 4° enfin les dogues, dont la capacité cérébrale
est la plus étroite, et dont la grosse tête ne résulte que du grand développement des sinus frontaux. C'est à ce groupe qu'appartiennent les dogues proprement dits, les dogues de forte race, les doguins, tous remarquables par
leur peu d'intelligence. Les noms que nous venons d'indiquer et la connaissance que chacun a des chiens suffisent pour montrer par quels caractères ces quatre groupes généraux se subdivisent. Les mâtins ne diffèrent
guère que par la taille et des oreilles plus ou moins redressées. Les lévriers
sont très grands ou très petits ; les uns sont couverts d'un poil ras, les autres
d'un poil très long, et ils ont une faculté plus ou moins grande de redresser
la conque de leur oreille. Les épagneuls proprement dits ont des poils longs
et lisses; les barbets, des poils frisés; les braques, des poils courts, etc., etc.;
enfin, l'on a des dogues très grands et d'autres plus petits, les uns ont le
mufle simple, les autres divisé par un sillon longitudinal, etc. Ces caractères généraux doivent suffire ici, Buffon ayant donné une histoire très
étendue de ces différentes races de chiens à laquelle nous n'avons rien à
ajouter. Notre tâche ne pouvait avoir pour objet que de rectifier la classification qu'il en avait faite. Cependant, comme les principes nouveaux repo-

sent sur la connaissance d'une race de chien que Buffon n'avait pu observer, de celle qui peut nous donner l'idée la plus exacte de ce qu'était l'espèce du chien avant son entière soumission à l'espèce humaine, c'est-à-dire de celle qui appartient au peuple le plus grossier de la terre, nous terminerons ce que nous avons à dire des chiens par quelques détails sur les caractères de cette race que la Ménagerie du Roi a possédée pendant plusieurs années, et qui est celle des habitants de la Nouvelle-Hollande, et la description de deux autres races que Buffon n'a point connues, celle de Terre-Neuve et celle des Esquimaux, qui appartiennent à la famille des épagneuls.

LE CHIEN DE LA NOUVELLE-HOLLANDE[1]

Le chien dont il s'agit ici était semblable à ceux qui sont figurés dans les voyages de Philipp et de With. Sa taille approchait de celle du chien de berger, son pelage était fort épais et sa queue très touffue ; ses poils, comme ceux de tous les animaux qui sont exposés à une grande variation de température, étaient de deux sortes : les uns soyeux et les autres laineux ; ceux-ci, courts et fins, étaient gris ; les premiers, longs et grossiers, formaient la couleur de l'animal, dont la partie supérieure de la tête, du cou, du dos et de la queue étaient d'un fauve foncé, tandis que le reste du cou et la poitrine étaient d'un fauve pâle; toute la partie inférieure du corps, la face interne des cuisses et des jambes et le museau étaient blanchâtres. Sa physionomie approchait de celle du mâtin, mais son museau était plus fin; du reste, il avait tous les caractères organiques qui sont propres aux chiens diurnes, sans aucune exception.

C'était un animal très agile et très actif, lorsqu'il avait des besoins à satisfaire ; dans le cas contraire, il dormait d'un sommeil tranquille et profond. Sa force musculaire surpassait de beaucoup celle de nos chiens domestiques de même taille. Lorsqu'il agissait, sa queue était étendue ou relevée ; et quand il était attentif, il la tenait basse et pendante. Il courait la tête haute ; et ses oreilles, droites et toujours dirigées en avant, caractérisaient bien son audace. Ses sens paraissaient être d'une finesse extrême ; mais ce qui étonnera peut-être, c'est qu'il ne savait pas naturellement nager : ayant été jeté à l'eau, il s'est débattu et n'a fait aucun des mouvements qui auraient pu le maintenir facilement à la surface.

Ce chien, qui était femelle, avait environ dix-huit mois lorsqu'il arriva en Europe. Il vivait en liberté dans le vaisseau où il était embarqué ; et malgré les corrections qu'on lui infligeait, ainsi qu'à un jeune mâle mort des suites d'un châtiment trop rude, il n'a cessé de dérober à bord tout ce qui convenait à son appétit.

1. Les détails contenus dans cet article ont paru en partie, accompagnés d'observations sur les facultés physiques des animaux, dans le tome XI, p. 458, des *Annales du Muséum d'histoire naturelle*.

I. 9

L'expérience n'ayant pu lui donner le sentiment de ses forces, relativement à ce qui l'environnait, il se serait exposé chaque jour à perdre la vie s'il
eût pu se livrer à son aveugle et courageuse ardeur. Non seulement il attaquait, sans la moindre hésitation, les chiens de la plus forte taille ; mais nous
l'avons vu plusieurs fois, dans les premiers temps de son séjour à notre ménagerie, se jeter en grondant sur les grilles au travers desquelles il apercevait
un lion, une panthère ou un ours, surtout quand ceux-ci avaient l'air de le
menacer. Cette témérité féroce paraît, au reste, n'avoir pas été seulement
l'effet de l'inexpérience, mais avoir tenu au naturel de sa race. Le rédacteur
du voyage de Philipp rapporte qu'un de ces chiens qui était en Angleterre
se jetait sur tous les animaux, et qu'un jour il attaqua un âne qu'il aurait
tué si l'on n'était venu à son secours. La présence de l'homme ne l'intimi-
dait même point, quoiqu'il eût plus d'une fois ressenti la supériorité de son
maître ; il se jetait sur la personne qui lui déplaisait, et principalement sur
les enfants sans aucun motif apparent ; ce qui semble confirmer ce que dit
Wathintinch de la haine de ces chiens pour les Anglais lorsque ceux-ci dé-
barquèrent au port Jackson. Si cet animal se laissait conduire par le gardien
qui le nourrissait et le soignait, ce n'était qu'en laisse ; il ne lui obéissait
point, était sourd à sa voix, et le châtiment l'étonnait et le révoltait. Il affec-
tionnait particulièrement celui qui le faisait jouir le plus souvent de la
liberté ; il le distinguait de loin, témoignait son espérance et sa joie par ses
sauts, l'appelait en poussant un petit cri doux et plaintif, et aussitôt que la
porte de sa cage était ouverte, il s'élançait, faisait rapidement le tour de son
enclos comme pour le reconnaître, et revenait à son maître lui donner quelques marques d'attachement, qui consistaient à sauter vivement à ses côtés
et à lui lécher les mains. Ce penchant à une affection particulière s'accorde
avec ce que les voyageurs assurent de la fidélité exclusive du chien de la
Nouvelle-Hollande pour ses maîtres. Mais si cet animal donnait quelques
caresses, ce n'était que par une sorte de reconnaissance, et non point pour
en obtenir d'autres ; il souffrait volontiers celles qu'on lui faisait et ne les
recherchait point ; ses jeux étaient sans gaieté, il marquait sa colère par
trois ou quatre aboiements confus ; mais, excepté ce cas, il était très silen-
cieux. Bien différent de nos chiens domestiques, celui-ci n'avait point le sentiment de ce qui ne lui appartenait point et ne respectait rien de ce qu'il lui
convenait de s'approprier ; il se jetait avec fureur sur la volaille et semblait
ne s'être jamais reposé que sur lui-même du soin de se nourrir ; comme on
aurait déjà pu le conclure d'un passage de Barrington, qui porte que, quelques soins que l'on se donne pour apprivoiser cette race de chien, on ne
peut l'empêcher de se jeter sur les moutons, les cochons, la volaille.

Il appartenait sans doute au peuple le plus pauvre et le moins indus-
trieux de la terre de posséder le chien le plus enclin à la rapine. Cependant
le sauvage de la Nouvelle-Hollande s'en fait accompagner à la chasse, et l'un
et l'autre alors nous offrent bien le tableau où Buffon peint l'homme et le

chien s'entr'aidant pour la première fois, poursuivant de concert la proie qui doit les nourrir, et la partageant ensemble après l'avoir atteinte.

Ce que notre animal mangeait le plus volontiers, c'était de la viande crue et fraîche; il a constamment refusé le poisson, mais non pas le pain; il goûtait avec plaisir aux matières sucrées, et dès qu'il était repu il cherchait à enfouir les restes de son repas.

Son rut ne s'est montré qu'une fois chaque année et en été, ce qui correspond à l'hiver de la Nouvelle-Hollande, et fait rentrer le rut de ces chiens dans la règle à laquelle nous avons cru apercevoir qu'il était soumis chez les mammifères carnassiers en général. Chaque fois que cet état s'est manifesté, on a cherché à l'accoupler avec un chien qui s'en rapprochât par les formes et les couleurs; l'union a eu lieu, mais non pas la conception : ce qui confirme la difficulté qu'on a généralement à faire produire deux races très éloignées l'une de l'autre.

La manière dont ce chien a vécu ne lui a, pour ainsi dire, permis d'acquérir aucune expérience, aucun développement intellectuel. Les châtiments l'auraient rendu plus docile; avec des soins particuliers, ses qualités naturelles se seraient accrues; il aurait, en quelque sorte, dans d'autres circonstances, étendu son éducation; et, relativement à nous, il se serait perfectionné, comme il arrive à tous les individus de sa race qui vivent aujourd'hui librement dans les colonies anglaises de la Nouvelle-Hollande. Au lieu de ce perfectionnement que nos chiens domestiques nous montrent assez, il nous a fait connaître les caractères propres de sa race, tels qu'elle les a reçus de l'influence et du degré de civilisation des hommes qui se la sont associée. Or ces hommes sont de tous les hommes connus les plus brutes et les plus grossiers, ceux qui sont restés le plus près de la nature, qui se sont créé le moins de besoins, et dont les qualités intellectuelles et morales ont acquis le moins de développement. Nous pouvons donc considérer avec raison le chien qui leur est soumis comme celui qui est aussi le plus près de l'état sauvage, qui a le moins été modifié, et qui nous présente le plus fidèlement les caractères de son espèce, laquelle, comme on sait, n'a point encore été reconnue dans l'état de pure nature. C'est aussi cette race de chien que nous avons pris pour type de l'espèce dans l'essai de classification des chiens domestiques que nous avons publié dans le dix-huitième volume des *Annales du Muséum d'histoire naturelle des mammifères*. De toutes les races dont nous avons parlé jusqu'à présent, c'est celle des Esquimaux qui devait ressembler le plus à celle de la Nouvelle-Hollande; elle appartient au pays le plus sauvage et le plus ingrat de la terre, à une contrée où les hommes ne peuvent former que de petites sociétés, semblables à des hordes de sauvages. quoiqu'ils soient loin de l'être eux-mêmes, où les besoins de l'industrie sont renfermés dans les plus étroites limites, où la pêche seule peut procurer les moyens de subsistance, et où conséquemment ces animaux, ne pouvant être employés à la chasse, sont devenus pour les habitants de ces tristes contrées de véritables bêtes de somme, tout en conservant une grande indépendance au milieu des solitudes glacées qui les environnent.

En effet, nous allons voir que le chien des Esquimaux se rapproche déjà des chiens de berger par l'étendue des organes cérébraux, et qu'il ressemble tout à fait à ceux de la Nouvelle-Hollande par le besoin de la liberté, le sentiment de ses forces, le désir de se livrer sans entraves à l'exercice de sa volonté, ou, pour parler plus exactement, à l'impulsion de ses besoins.

L'un et l'autre n'avaient point l'aboiement net et distinct de nos chiens domestiques, tous deux s'attachaient vivement à leur maître ; mais l'un conservait envers les hommes qui lui étaient étrangers, et les animaux, une férocité que l'autre ne manifestait point.

Ces rapprochements entre les dispositions, le naturel de races de chiens appartenant à des peuples différents, par leur situation, et les degrés de civilisation qu'ils ont atteints, pourraient s'étendre bien davantage, si c'était ici le lieu de le faire. Nous trouverions en elles des différences correspondantes à celles qui distinguent ces peuples ; les unes pourraient même être des indices assez sûrs des autres ; et nous ne serions point surpris si quelque jour nous voyions des historiens s'aider, à défaut de monuments historiques, de l'état de domesticité des animaux pour dévoiler les mœurs des peuples sauvages qui se les seraient associés.

LE CHIEN DE TERRE-NEUVE

Il n'est peut-être aucune race de chien domestique qui ne soit propre à nous donner la preuve d'un des phénomènes les plus remarquables de la nature, celui des instincts artificiels, des dispositions instinctives dues à l'influence de l'éducation, résultant, comme effets, des habitudes ; mais il en est peu qui puisse le faire aussi manifestement que le chien de Terre-Neuve. Quoique toutes nos races de grands chiens aillent volontairement à l'eau, la recherchent même lorsqu'ils sont fatigués par la chaleur, ils l'évitent, en général, dans toute autre circonstance ; et les très petites races la fuient constamment. Le chien de Terre-Neuve, au contraire, semble s'être fait un besoin de cet élément ; il le recherche en tout temps et en toute saison, s'y jette avec joie, ne paraît en sortir qu'à regret, et aucune éducation n'est nécessaire pour développer en lui ce goût passionné. Il est donc évident que cette disposition lui est devenue naturelle et a jeté en lui de profondes racines ; il l'est de plus qu'on ne peut en trouver l'origine dans son essence, car cette race appartient incontestablement à l'espèce du chien domestique ; cette modification dans les penchants naturels a été accompagnée d'une modification dans les organes, essentiellement liée à la première : c'est l'élargissement de la membrane qui lie entre eux les doigts de toutes les races de l'espèce du chien ; il résulte de ce changement que le chien de

Terre-Neuve, en écartant ses doigts, peut frapper l'eau avec plus de puissance et se mouvoir dans ce liquide plus facilement que les chiens chez lesquels cette membrane est restée étroite. Cette race appartient à la famille des épagneuls, et le grand développement de son intelligence a été sans doute une des conditions qui ont favorisé l'acquisition du penchant qui le distingue, par la facilité qu'elle a donnée à ces animaux de se prêter à l'éducation qu'ils ont reçue ou de la part des circonstances où ils se sont trouvés, ou, plus vraisemblablement, de la part de l'homme. A cette qualité précieuse se joignent toutes celles qui caractérisent les épagneuls, l'agilité, le courage, la docilité, l'attachement. Aussi les services nombreux qu'ils ont rendus en arrachant à la mort des malheureux prêts à périr dans les eaux leur ont mérité une réputation qui ne peut point leur être disputée, et qui ne fera que s'étendre à mesure qu'ils seront plus généralement connus; bien différents, en cela, de ces races de chiens dont un engouement passager a fait tout le prix, et dont on a oublié jusqu'au nom dès qu'a été dissipé le caprice qui leur avait donné de la vogue. Plusieurs autres races approchent de celle-ci par leur goût pour l'eau, et il est certain que, soumise à une éducation convenable, elles seraient devenues ce qu'est celle de Terre-Neuve; comme aussi cette race précieuse pourrait perdre, privée d'exercices, les qualités qui la distinguent; car tout ce qui peut s'acquérir par l'éducation peut aussi se perdre.

La taille de ce chien est celle du grand épagneul, et il en a les proportions. Son vêtement se compose de poils épais et de médiocre longueur, qui sont blancs, noirs, ou fauves, le plus souvent répandus par grandes taches Ses oreilles sont entièrement tombantes, et il ne porte pas en courant la queue relevée, mais à la manière des loups et des renards; quelques individus ont un cinquième doigt aux pieds de derrière, mais en rudiment.

Il est certain que cette race pourrait être dressée à la chasse, et qu'elle rendrait les mêmes services que le chien-loup pour la garde des troupeaux; mais sa destination est d'habiter le bord de nos rivières industrieuses, afin d'être toujours prêts à voler au secours des malheureux en danger de périr dans les flots.

LE CHIEN DES ESQUIMAUX

Le chien des habitants de la Nouvelle-Hollande, grossier comme eux, appartient à la race la moins perfectionnée, la plus voisine de l'état sauvage; et son caractère d'indépendance et de férocité est dans un accord parfait avec son développement organique et l'état social de ses maîtres. Le chien des Esquimaux, qu'on aurait pu croire fort rapproché, par son organisation, du premier, vu l'état misérable du peuple auquel il appartient et qui l'a formé, et les contrées sauvages qu'il habite, se rapproche, au contraire, sous ce rapport, de la race qui s'est le plus modifiée sous l'influence de la civilisation. Ce chien a en effet de très grandes analogies avec le chien-loup et le chien de berger, qui, comme on sait, appartiennent à la race des épagneuls; mais les épagneuls ne sont pas moins remarquables par leur soumission à leur maître, par leur extrême docilité, que par le grand développement de leurs parties cérébrales et de leur intelligence. Le chien des Esquimaux leur ressemble encore par ces deux derniers caractères : il a de la douceur, sa volonté ne se révolte jamais contre celle du maître qui le nourrit; mais il ne sait ce que c'est que cette obéissance qui cède au premier signe, qu'un mot réveille, et qui semble être toujours plutôt accompagnée d'un sentiment de joie que d'un sentiment de peine. Lorsqu'un désir l'entraîne, rien ne peut l'en détourner. ni la voix qu'il connaît le mieux, douce ou menaçante, ni le souvenir des corrections qu'il a reçues, ni la prudence, si naturelle à ces animaux; il en poursuit l'objet jusqu'à ce qu'il l'ait atteint, ou qu'un obstacle invincible se trouve interposé entre cet objet et lui. Cependant si son maître parvient à l'atteindre et à le saisir, il ne fait aucune résistance, et il se soumet à la contrainte qu'il éprouve, comme on se résigne à un obstacle matériel. Il est peu sensible aux caresses, et sa joie ne se manifeste jamais plus vivement que quand on le rend à la liberté; il aime la volaille et la poursuit impitoyablement, quelque châtiment qu'on lui ait fait éprouver pour le forcer à renoncer à ce penchant. Le poisson est aussi une nourriture qu'il recherche. A la vue d'une personne étrangère dans le lieu qu'il habite, il menace, mais n'aboie pas; aussi ferait-il un mauvais chien de garde. On ne peut attribuer les caractères de ce chien qu'aux influences auxquelles sa race a été soumise, et qui nous sont révélées par l'explication même qu'elles donnent de ces caractères; et ces influences résident dans l'état social du peuple auquel cette race appartient et dans la nature des contrées que ce peuple habite. En effet, ce chien appartient aux Groënlandais, qui, quoique de race lapone. ne sont point, à beaucoup près, des sauvages dans le sens de ce mot, lorsqu'on l'applique, par exemple, aux naturels de la Nouvelle-Hollande. C'est un peuple doux, religieux, hospitalier, qui se construit des huttes commodes, se couvre de bons vêtements, se fabrique d'excellentes armes et de bons instruments de pêche, qui, en un mot, a porté son perfectionnement aussi loin qu'il lui était permis de le faire sur une terre constamment couverte de neige ou durcie par la gelée, et ce peuple n'a pu associer à ses travaux que le chien et le renne. Or le chien, fidèle compagnon, suivant son maître dans toutes les conditions d'une existence très variée, a dû naturellement être obligé à un exercice continuel de son intelligence; de là, ce grand développement de toutes ses parties cérébrales; d'un autre côté, quoique les Esquimaux vivent en société, il paraît que la liberté individuelle a conservé chez eux toute l'étendue dont elle est susceptible hors d'un entier isolement, et que leurs codes, ou plutôt leurs usages, n'exigent d'elle presque aucun sacrifice. Au milieu d'une telle indépendance, il est naturel que le chien en ait conservé ou acquis une grande lui-même, et que ses maîtres, lui reconnaissant la faculté de pourvoir à ses besoins, lui en aient peut-être exclusivement abandonné le soin, d'autant plus que, possédant un très grand nombre de ces animaux, ils auraient été obligés, pour les nourrir, à des peines plus grandes que celles qu'exige leur propre conservation.

Cette race est de taille moyenne. Sa hauteur, aux épaules, est d'un pied et quelques pouces; elle porte les oreilles droites, et la queue fortement relevée. Les couleurs de son pelage sont le noir et le blanc par grandes taches où le noir domine souvent, et sa nature est presque entièrement laineuse; les poils soyeux y sont en très petite quantité, et les laineux y forment un duvet si épais, s'y sont développés avec tant d'abondance, qu'aucune trace de froid ou d'humidité ne peut pénétrer jusqu'à la peau. C'est ainsi que la nature trouve dans les causes mêmes qu'elle veut combattre la source des secours dont elle a besoin.

LES LOUPS

Les naturalistes comprennent aujourd'hui sous le nom générique de *loup* tous les animaux qui ont des dents semblables à celles du loup commun, ou du chien, et dont la pupille conserve toujours la forme circulaire, par opposition aux renards, qui, avec des dents semblables aussi à celles du loup, ont des yeux dont la pupille est allongée comme celle du chat domestique. Les premiers voient en plein jour mieux que de nuit; les seconds, au contraire, voient mieux la nuit que le jour; et ces animaux, se ressemblant par tous les autres organes, sont réunis sous le nom commun de *chiens*.

Buffon a parlé de cinq espèces de loup : d'abord du chien [1] et de ses variétés ; il a fait connaître le naturel de celles-ci, avec beaucoup de vérité ; et nous venons de montrer les rapports qu'elles ont les unes avec les autres. Ensuite il a traité du loup commun [2], du loup noir [3], du chacal [4], de l'adive [5], de l'alco, du chien crabier, du loup du Mexique et de celui des Malouines.

Ce que Buffon dit de la nature du loup est exact à quelques exagérations près. Ainsi ces animaux ne se mangent point les uns les autres, comme il le rapporte ; la gestation n'est chez eux, comme chez les chiens, que de deux mois environ ; et s'il ne put en apprivoiser complètement, on ne doit l'attribuer qu'aux individus sur lesquels ses expériences ont été faites ; car depuis on a souvent eu des loups apprivoisés, et la Ménagerie du Roi en a possédé qui l'étaient complètement; plusieurs louves même ont vécu en

1. Tome V, in-4°, p. 185. — Édit. Garnier, t. II, p. 474 et suiv.
2. Tomes VII, XV, in-4°, et *Suppl.* III. — Édit. Garnier, t. II, p. 572.
3. Tome IX, in-4°. — Édit. Garnier, t. III, p. 101.
4. Tome XIII et *Suppl.* III, in-4°. — Édit. Garnier, t. III, p. 479.
5. Tome XIII, *Suppl.* III, pl. 16, in-4°. — Édit. Garnier, t. III, p. 479; t. IV, p. 319; t. IV, p. 350 et p. 321.

liberté avec des chiens dont elles avaient pris toutes les habitudes, et avec lesquels elles s'accouplaient et produisaient. Sur ce dernier point, Buffon a longtemps pensé que l'antipathie du loup et du chien était telle que ces animaux ne pouvaient produire ensemble ; mais plus tard, il est revenu de cette prévention par des expériences auxquelles il prit part ; il a fait connaître les métis qui avaient été le résultat de leur union, et les produits de ces métis entre eux pendant quatre générations[1] : son but était de voir si ces animaux, qui tenaient du chien et du loup, resteraient intermédiaires entre ces deux espèces, ou reviendraient à l'une des deux ; mais les expériences ne furent point continuées assez longtemps, et le dernier des métis qui fit le sujet de ses observations paraissait encore tenir des deux souches de sa race.

Le premier loup noir dont parle Buffon[2] était originaire du Canada, car il n'est pas sûr qu'il se soit agi réellement de loup lorsqu'il dit, en traitant du loup commun, que, dans les pays du nord, on en trouve de tout blancs et de tout noirs ; mais il apprit ensuite qu'on rencontre des loups noirs en France, dans les portées du loup commun, et c'est en effet ce qui s'est confirmé depuis : la Ménagerie du Roi a élevé des louveteaux noirs, qui avaient été pris dans leur nid avec des louveteaux communs. Il est donc probable que ce loup noir du Canada appartenait à une des espèces de l'Amérique septentrionale. D'autres auteurs depuis Buffon parlent aussi de loups noirs découverts dans ce pays ; mais ils ne mettent pas en question si cette couleur était celle de l'espèce ; et d'ailleurs, la solution de cette question en demandait une autre, qu'il n'est pas même encore possible d'obtenir aujourd'hui, c'est-à-dire quelles sont les espèces de loup de l'Amérique du Nord ? Tout porte à penser qu'il y en a plusieurs ; les voyageurs qui ont parcouru cette contrée en ont vu, ceux qui se sont dirigés au nord comme ceux qui se sont portés à l'ouest, et les caractères qu'ils leur donnent ne se ressemblent pas. Nous éviterons de nous livrer ici à l'examen critique de ce qui a été rapporté sur ces animaux, parce qu'il ne nous conduirait qu'à des doutes ; mais nous pensons que ces différentes espèces de loup, qui se rapprochent de celui d'Europe par leur pelage, peuvent produire accidentellement, comme lui, des individus noirs; l'induction la plus légitime nous y autorise et nous porte à conclure que ceux qui ont formé du loup noir une espèce particulière, comme Erxleben et Gmelin, en la composant d'observations faites en Europe, en Asie et en Amérique, ont créé une espèce artificielle qui n'existe pas dans la nature : du moins rien aujourd'hui n'en établit la preuve.

Nous ferons la même observation sur le chacal de Buffon et sur son adive : ces deux espèces sont artificielles ; il les a composées de tous les rapports faits par les voyageurs sur les animaux auxquels ils donnent l'un ou l'autre de ces noms, quelles que soient les parties de l'ancien monde qu'ils

---

1. *Supp.* VII, in-4°, p. 161. — Édit. Pillot, t. XIV, p. 293 et suiv.
2. Tome IX, in-4°. — Édit. Pillot, t. XV, p. 51.

aient visitées ; or, depuis que des observations plus exactes ont été faites par des voyageurs plus instruits, il est bien établi que ces loups de taille moyenne, à pelage d'un brun plus ou moins fauve ou grisâtre, comme le chacal, qui se trouvent peut-être dans toutes les parties de l'Asie et de l'Afrique, dans les régions montueuses comme dans les plaines, sous l'équateur comme dans les zones tempérées, appartiennent à des espèces différentes, qui paraissent être nombreuses, et dont il est impossible d'assigner avec précision les caractères. Pour parvenir à ce but, les naturalistes devront recueillir fidèlement les notions qui auront ces animaux pour objet, et la confusion qui règne encore pour eux entre ceux-ci se dissipera à mesure que de nouvelles notions leur seront acquises. Les observations faites jusqu'à ce jour sur les animaux qui ont pu être confondus dans l'espèce du chacal me paraissent se rapporter : 1° au chacal de l'Inde, qui se rencontre sans doute dans toutes les parties méridionales du continent asiatique ; 2° au chacal de Perse, qui est le même peut-être que celui du Caucase, des parties méridionales de la Russie, de l'Asie mineure, etc. ; 3° au chacal de Barbarie, lequel s'étendrait plus au midi, si celui du Sénégal n'en diffère pas ; enfin à ceux que M. Ruppel nomme *variegatus*, *pallidus* et *famelicus*, découverts par lui dans ses voyages en Égypte et en Arabie.

Ce que dit Buffon de l'adive résulte de plus de suppositions encore que ce qu'il dit du chacal. Il paraît que ce nom d'adive, qui en arabe signifie loup, s'emploie comme nom générique, dans l'usage commun des différents peuples qui parlent cette langue, et qu'il a dû par conséquent être donné à des espèces différentes, plus ou moins voisines du loup, comme l'est le chacal ; Buffon ayant lu, ainsi qu'il nous l'apprend lui-même, dans quelques-unes de nos Chroniques de France, que du temps de Charles IX beaucoup de dames de la cour avaient des adives au lieu de petits chiens, est conduit à conjecturer d'abord que l'adive, ressemblant à tous égards au chacal, pouvait être une race domestique de cette espèce, plus petite, plus faible et plus douce que la race sauvage ; puis d'autres considérations le font pencher vers l'idée que le chacal et l'adive sont deux espèces distinctes. Le fait est qu'il n'y a de différence, entre ce que les voyageurs disent du chacal et de l'adive, que celle qui résulte toujours de la différente manière de voir les mêmes objets suivant les temps, les lieux et les circonstances diverses qui environnent les observateurs. Ainsi, nous le répétons, l'adive de Buffon, comme son chacal, est un être composé par lui d'éléments hétérogènes, et qui ne peut être admis comme espèce parmi les quadrupèdes ; car les figures de chacals-adives qu'il donna plus tard [1], la première sans description, ne font qu'ajouter de nouvelles difficultés à toutes celles que présentait déjà l'existence de cette espèce ; la seconde représente le chacal de l'Inde.

Quant à la domesticité de l'adive, on ne peut attribuer ce qu'en disent

---

1. *Supp.* III, in-4°, pl. 16, p. 112, et *Supp.* III, pl. 52, p. 221.

les chroniqueurs dont parle Buffon qu'à une confusion de nom, dont il ne
serait pas impossible sans doute de trouver l'origine, s'il importait de le faire,
car il est à présumer que cette petite race d'adives dont il n'a plus été
question depuis ne s'est perdue que parce qu'elle a changé son nom en
celui d'une de nos petites races de chiens, c'est-à-dire que ces adives n'étaient
que des chiens domestiques d'une race que les dames avaient mise à la mode
dans la seconde moitié du XVIᵉ siècle.

L'alco, comme le dit Buffon [1], ou plutôt l'allco, comme l'écrit Garcilasso,
appartenait à une race de chien domestique naturelle à l'Amérique, et que
les Espagnols trouvèrent au Pérou et au Mexique, ainsi qu'une ou deux autres races, dont parlent les premiers auteurs qui écrivirent sur ces contrées
après leur découverte. Il paraît que, depuis, ces races ont été détruites, ou se
sont confondues avec celles que les Européens amenèrent avec eux dans le
nouveau monde ; car jusqu'à présent il n'en a été retrouvé aucune trace ;
et tout fait penser que l'histoire naturelle n'obtiendra rien de plus sur ces
animaux, que ce que lui en ont appris les auteurs à qui nous en devons la
connaissance, Hernandez, Rechi, Garcilasso, etc.

L'histoire naturelle du chien crabier n'a rien acquis depuis que Buffon
nous a fait connaître cet animal [2], en transcrivant les détails que lui donnait
M. de Laborde sur cette espèce. Les collections de zoologie en ont reçu les
dépouilles ; on a pu constater par elles que ce crabier est un loup, et non
point un renard ; mais, pour ce qui tient au naturel, c'est encore à Buffon
seul que nous le devons.

Le loup du Mexique n'est, pour Buffon [3], qu'une variété du loup commun
qui aurait passé en Amérique par le Nord ; au reste, ne connaissant cet animal que par ce qu'en dit Hernandez [4], il n'a fait que copier la description
assez incomplète qu'en donne cet auteur, et ce loup du Mexique n'étant devenu depuis le sujet d'aucune observation nouvelle de la part des voyageurs,
la science en serait encore à cet égard où l'auteur espagnol l'a laissée, si nos
collections ne nous mettaient à portée de le décrire.

Ce loup a en effet plusieurs analogies avec le loup commun, cependant
il en diffère par des caractères assez notables. Il a les proportions du loup
commun, mais sa tête est un peu plus petite et il est beaucoup plus fauve.
Son museau est brun ; ses lèvres sont blanches ainsi que la mâchoire inférieure. Le dessus et les côtés de la tête, revêtus de poils courts, sont tiquetés
de fauve, de noir et de blanc ; la face externe des oreilles, l'occiput, le dessus
du cou sont d'un fauve pur ; du blanc se mêle au fauve sur les côtés du cou,
et en plus grande quantité sur les flancs. Les épaules et les membres extérieurement sont d'un fauve sale. Sur le dos, le blanc, le noir et le fauve se

1. Tomo XV, in-4°, p. 151. — Édit. Garnier, t. IV, p. 319.
2. *Supp.* VII, in-4°, p. 146, pl. 38. — Édit. Garnier, t. IV, p. 350.
3. Tomo XV, in-4°, p. 149. — Édit. Garnier, t. IV, p. 321.
4. *Hist. Mex.*, p. 479, fig. *ibid.*

mêlent en laissant dominer le noir ; les poils très longs de cette partie ayant chacun ces trois couleurs. Les couleurs de la queue sont distribuées comme celles du dos et lui donnent les mêmes teintes. Toutes les parties inférieures, la gorge, le cou, la poitrine, le ventre et la face interne des membres, sont blanches.

Enfin, Buffon [1], en copiant ce que rapporte Bougainville du loup antarctique ou des Malouines, qu'il considère à tort comme un renard commun, nous fait presque connaître tout ce que l'on sait de cet animal aujourd'hui ; aussi ne nous restera-t-il qu'à en donner une description plus exacte d'après les dépouilles conservées dans la collection du Muséum.

Dans l'état où est aujourd'hui l'histoire naturelle, cette science possède de nombreuses notions sur des animaux qui, par leur physionomie générale et leurs mœurs, se rapprochent du loup et du chien, mais qui appartiennent probablement à des espèces particulières plus ou moins différentes les unes des autres, sans qu'il soit toutefois possible de les caractériser en indiquant nettement ces différences. De ce nombre sont les loups de l'Amérique septentrionale, qui tous rappellent notre loup commun, par les couleurs, sans cependant ressembler les uns aux autres. Ainsi les auteurs qui ont traité méthodiquement des loups de cette partie du nouveau monde parlent du loup commun [2], du loup aboyeur ou des prairies [3], du loup brun ou nébuleux [4], du loup noir, du loup blanc [5] ; mais aucun d'eux n'en donne des figures faites comparativement les unes avec les autres, et jamais cependant les descriptions les plus détaillées ne peuvent remplacer les peintures fidèles ; l'esprit, auquel seul parlent les premières, ne supplée que rarement les sens, pour lesquels sont faites les secondes. Ainsi, pour ce qui concerne ces loups américains du nord, dont on n'a point de figures, nous nous bornerons aux simples indications qui précèdent.

L'Amérique méridionale a présenté deux espèces de loups mieux déterminées que les précédentes, et même remarquables par les caractères particuliers qui les distinguent, c'est le loup rouge et le loup d'Azara ; avant ceux-ci je placerai l'histoire de celui des Malouines, ou antarctique.

LE LOUP ANTARCTIQUE

C'est aux îles Malouines que ce loup a été découvert. Le commodore Byron est le premier qui en ait parlé, et Bougainville, l'ayant retrouvé dans

1. *Supp.* VII, in-4°, p. 218.
2. Harlan, *Fauna americana.*
3. Major Long. *Exped. to the Rocky Mountains*, vol. 1er, p. 168.
4. *Id., id.,* p. 169. Canis velox, p. 186.
5. Voyage de Franklin aux bords de la mer Polaire.
   Loup de Franklin, *ibid.*
   Loup gris, *ibid.*

les mêmes lieux où il séjourna quelque temps, est entré dans des détails qui, joints à ceux du commodore anglais, sont jusqu'à ce jour les seuls qui nous fassent connaître le naturel de cet animal.

Sa taille surpasse un peu celle du renard commun, et son pelage, aux parties supérieures du corps, est d'un fauve brun qui résulte de poils annelés de fauve plus ou moins brun et de noir. Les parties inférieures et la face interne des membres sont jaunâtres ; la gorge est d'un blanc sale, et la queue, fauve à sa base et brune à sa partie moyenne, est blanche à son extrémité.

Buffon, comme nous l'avons dit plus haut, a copié ce que rapporte Bougainville du loup antarctique qu'il nomme *loup-renard*, et ce rapport est entièrement conforme à celui de Byron sur la même espèce. Seulement on voit qu'à l'époque où celui-ci aborda au port d'Egmont, ces loups ne connaissaient ni l'espèce humaine ni les dangers de son voisinage; car ils s'avançaient jusque dans l'eau pour attaquer les hommes de l'équipage, les prenant sans doute pour une proie dont ils allaient se rendre facilement maîtres.

L'abbé Molina, en parlant d'une espèce du genre chien, naturelle au Chili, à laquelle les habitants de ce pays donnent le nom de culpeu, la considère comme identique avec celle du loup antarctique; et en effet, ce qu'il dit des couleurs de ce culpeu se rapporte assez exactement à celles du loup des Malouines. Si ce rapprochement était fondé il faudrait en conclure que le loup antarctique se trouve dans toute l'extrémité méridionale du nouveau monde.

LE LOUP ROUGE

C'est M. d'Azara qui le premier a donné l'histoire naturelle de ce loup sous le nom d'*agouara gouazou ;* mais cet animal, n'étant point représenté par une peinture, ne fut pas d'abord reconnu pour une espèce nouvelle, et le traducteur de l'ouvrage espagnol le confondit avec le chien crabier de la Guyane. Ce n'est qu'à l'époque où les collections du Muséum d'histoire naturelle en ont eu les dépouilles, rapportées de Lisbonne par M. Geoffroy Saint-Hilaire, qu'il ne fut plus possible de le méconnaître comme espèce distincte de toutes les autres. Aucune d'elles en effet n'a le pelage d'un roux pur avec une crinière noire. Le loup rouge a quatre pieds et demi du bout du museau à l'origine de la queue, celle-ci a un pied quatre pouces ; sa hauteur, au train de devant, est de deux pieds quatre pouces, et de deux pieds et demi au train de derrière. Sa figure, dit M. d'Azara, est si ressemblante à celle d'un chien qu'on le prendrait pour tel en le voyant dans les champs, si d'ailleurs on ne le connaissait pas, et sans la grandeur de ses oreilles qu'il tient toujours droites, et qui ont plus de cinq pouces de hauteur. Sa couleur générale est d'un roux foncé pur, qui s'éclaircit aux parties inférieures du corps et surtout à la queue; les joues sont blanches, les pattes et le museau noirs, et une crinière noire et droite s'étend jusqu'au delà des épaules ; le pelage est

1 LE LOUP ROUGE.

2 LE BENTURONG NOIR.

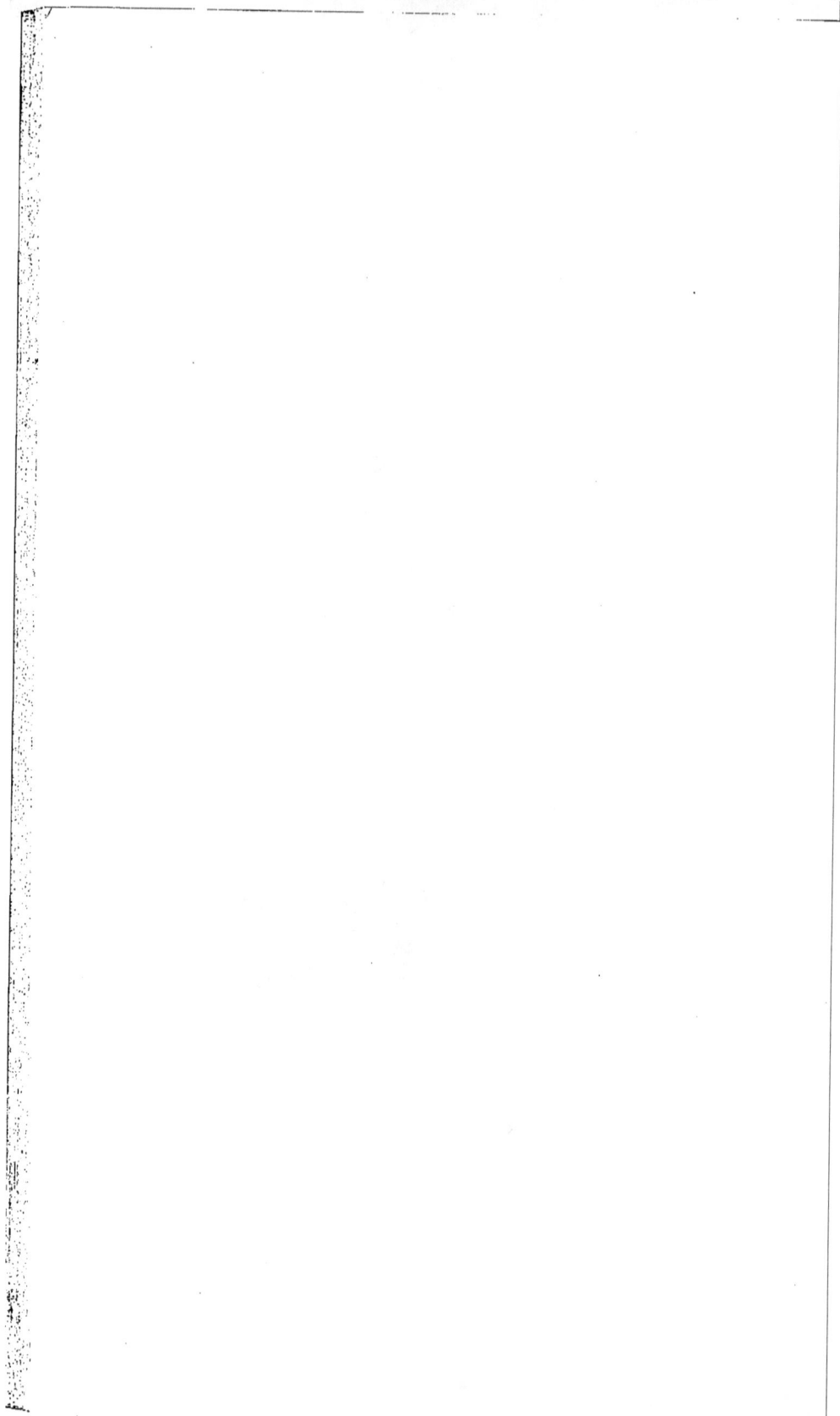

épais et doux. La femelle ne diffère point du mâle. Cet animal, qui se trouve au Paraguay, et sans doute dans les contrées voisines, habite les terrains bas et marécageux, nage facilement, va la nuit et vit solitaire ; il suit sa proie à la piste et se nourrit de toute espèce de chair. Un jeune individu, possédé par M. d'Azara, aboyait avec force, mais confusément, lorsqu'on s'approchait de lui, et faisait entendre trois fois de suite les syllabes *goua a a* ; il buvait et mangeait comme les chiens, aimait beaucoup les rats, les oiseaux, la canne à sucre et les oranges. Quelques personnes assuraient avoir élevé de jeunes loups de cette espèce et les avoir employés à la chasse.

LE LOUP DE D'AZARA[1]

M. le prince Maximilien de Wied a découvert cette espèce de loup dans son voyage au Brésil. Il nous apprend que cet animal a beaucoup de rapports avec le renard tricolore de l'Amérique septentrionale ; son pelage est d'un gris jaunâtre ; le dos et les parties supérieures sont noirâtres, ainsi que l'extrémité de la queue ; les parties inférieures et les lèvres sont blanches. La mâchoire inférieure est d'un gris brun ; le front, les oreilles et la tête à leur base sont d'un jaunâtre pâle, ainsi que la face antérieure des jambes de devant. Cet animal habite les parties boisées et se trouve au Paraguay et au Brésil. Ses mœurs sont les mêmes que celles du renard commun. M. de Wied soupçonne que cet animal est le même que l'agouarachay de d'Azara.

Si du nouveau monde nous passons dans l'ancien, nous trouvons en Afrique plusieurs espèces de loups. D'abord le chacal de Barbarie, nommé *dibb* dans cette contrée, imparfaitement connu d'ailleurs, et que nous nous bornerons à indiquer, Buffon ayant recueilli dans son article chacal tout ce qui a été dit sur cet animal ; puis une seconde espèce, originaire du Sénégal, qui ne diffère peut-être pas du chacal de Barbarie, mais beaucoup de celui de l'Inde ; ensuite le chien aux longues oreilles du Cap, et enfin, outre plusieurs autres espèces du Cap vaguement indiquées[2], le mesomélas et le mégalotis, qui sont peut-être des renards. Il suffit au reste d'avertir des doutes où sont encore les naturalistes sur la nature de ces animaux, pour qu'il devienne indifférent de les faire connaître avec les loups ou avec les renards.

1. *Canis brasiliensis.* Max. fon Wied.*Voy. au Brésil*, 6ᵉ liv. Les habitants du Brésil oriental le nomment *cachorro domato*.

2. Barrow, dans son *Premier Voyage en Afrique*, traduction française, t. Iᵉʳ, p. 380, nous dit qu'indépendamment du chien domestique et du loup commun, il a possédé dans le midi de l'Afrique cinq espèces de la famille des chiens dont trois habitent le Cap : 1° le mesomélas ; 2° le chacal ; et 3° une espèce de renard.

LE CHACAL DU SÉNÉGAL

Ce chacal est remarquable par ses proportions élégantes et légères ; on dirait presque un chien mâtin, monté sur des jambes de lévrier ; à cet égard il diffère du chacal de l'Inde, qui se rapproche davantage des formes un peu épaisses du loup commun. Il a quinze pouces de hauteur à la partie moyenne du dos ; son corps, de l'origine de la queue à la naissance du cou, est long de quatorze pouces ; sa tête, de l'occiput au bout du nez, a sept pouces, et sa queue, dix pouces. Le dos et les côtes sont couverts d'un pelage gris foncé, sali de quelques teintes jaunâtres ; le premier résultant des anneaux noirs et blancs dont les poils sont formés, et les secondes des anneaux fauves qui s'y mêlent. Ce gris n'est point répandu uniformément, ce qui vient de ce que les poils, se séparant par mèches, offrent à la vue tantôt leur partie blanche et tantôt la noire. Le cou est d'un fauve grisâtre qui devient plus gris encore sur la tête et surtout sur les joues, au-dessous des oreilles ; le dessus du museau, les membres antérieurs et postérieurs, le derrière des oreilles et la queue sont d'un fauve assez pur, seulement on voit une tache noire longitudinale au tiers supérieur de la queue, et quelques poils noirs, mais en très petit nombre, à son extrémité ; le dessous de la mâchoire inférieure, la gorge, la poitrine, le ventre et la face interne des membres sont blanchâtres. Les poils sont très longs sur le dos et sur la queue, un peu moins sur les côtes et sur le cou, et ras sur la tête et les membres ; en général, ils se dirigent d'avant en arrière, excepté entre les jambes de devant, d'où ils reviennent d'arrière en avant.

Toutes les allures de cet animal sont celles du chien ; il porte habituellement sa queue basse ; mais lorsqu'il éprouve quelque crainte, il la ramène tout à fait entre ses jambes, et il montre ses dents. Cependant ce signe menaçant n'annonce point la colère : dès qu'on le rassure par quelques paroles, il s'approche, et tout en grinçant il lèche les mains. Sa voix est assez douce, c'est un son prolongé et non pas un aboiement éclatant comme celui de notre chacal ; lorsqu'il éprouve un désir, son cri est doux comme celui des jeunes chiens, et s'il entend d'autres animaux crier, il crie lui-même. Il répand une odeur assez forte, mais infiniment moindre que celle du chacal.

LE MESOMÉLAS

Les naturalistes ont généralement cru que cette espèce se trouve indiquée par un des plus anciens voyageurs qui soit entré dans quelques détails sur l'histoire naturelle du cap de Bonne-Espérance, Pierre Kolb[1], qui nous apprend que les Hottentots le nomment *Tenlic* ou *Kénlee*, et qu'il est

1. *Description du cap de Bonne-Espérance,* trad. franç., in-8°, t. III. p. 62.

assez commun dans cette contrée. On le regardait dans la colonie comme un renard ou un chacal ; et Buffon rapporte aussi au chacal tout ce que dit Kolb de cet animal[1] ; au reste, il paraîtrait, au rapport de Barrow, comme nous l'avons dit plus haut, qu'on trouve au Cap trois ou quatre espèces de loups, dont l'une est celle du mesomélas. Or, si cette indication est fondée, il n'y a aucune raison pour que le Tenlie de Kolb soit, aux yeux des naturalistes, plutôt cette dernière espèce qu'une des trois autres. Quoi qu'il en soit, le premier naturaliste qui ait considéré le mesomélas comme une espèce distincte et qui en ait fait connaître les caractères est Schreber ; il en donna une figure passable, sous la dénomination de *Canis Mesomelas*[2] (milieu noir), par allusion à la partie moyenne du dos, qui est noire dans cette espèce. Ce loup a environ deux pieds de longueur du museau à l'origine de la queue qui a neuf pouces ; ses proportions paraissent rappeler celles du chacal de l'Inde ; mais la grandeur de ses oreilles lui donne une physionomie qui le rapproche des renards ; sa couleur générale est d'un fauve brunâtre semblable à celui de la plupart des espèces de loups ; ce qui lui est particulier est une grande tache noire, mêlée de blanc, large aux épaules où elle commence, s'étendant le long du dos, et se rétrécissant graduellement pour finir en pointe vers la queue. Le dessous du corps est blanc jaunâtre ; les oreilles ont une couleur roussâtre ; les pattes sont d'un roux vif ; la tête est d'un cendré jaunâtre, et le museau roux. La queue est terminée par des poils noirs.

C'est là tout ce que l'on connaît sur cette espèce, malgré le nombre des voyageurs qui ont visité, comme naturalistes, les contrées méridionales de l'Afrique.

LE MÉGALOTIS[3]

Cette espèce n'est connue que par l'étude de ses dépouilles, que le Muséum d'histoire naturelle possède. Elle paraît cependant avoir été aperçue par plusieurs voyageurs qui furent frappés de la longueur de ses oreilles : et c'est probablement elle que Barrow distingue du chacal et du mesomélas[4] ; ce n'est toutefois qu'à Delalande qu'on en doit la connaissance réelle ; ce sont les peaux et les squelettes de cette espèce, qu'il rapporta de son voyage Cap. qui nous en apprirent les caractères. On doit regretter qu'une mort prématurée ait empêché cet habile voyageur de publier les observations que sans doute il avait faites sur les animaux qu'il a chassés, et avec lesquels il a dû souvent lutter d'adresse et de courage.

1. Tome XIII, in-4°, p. 260.
2. Schreber, p. 95.
3. Pallas a appliqué à son karagan le nom de *megalotus*, et la description qu'il en donne n'est pas sans rapports avec les caractères de l'espèce du Cap ; mais ce karagan n'a jamais été figuré, et aucun autre voyageur n'en a parlé.
4. *Premier Voyage en Afrique*, trad. franç., t. 1er, p. 380.

La taille de cet animal est celle du renard ; mais ses proportions générales paraissent le rapprocher du loup. Il est d'un gris jaunâtre aux parties
supérieures du corps, et blanchâtre à la gorge, sous le cou et sur le ventre ;
les longs poils dont il est revêtu se terminent par des anneaux blancs jaunâtres et noirs, et une ligne noire se remarque entre les deux yeux ; la tête
a la couleur grise du corps, seulement le blanc domine au-dessus des yeux
entre les oreilles. La conque de l'oreille, qui est d'une extrême étendue,
comparée à celle des autres loups, est grise à sa face externe et bordée de
noir à sa pointe ; quelques poils blancs garnissent le reste de ses bords. La
queue en dessus et les pieds sont noirs, en dessous la queue est jaunâtre et
elle est fort touffue.

On voit que de nombreuses recherches restent à faire pour compléter
l'histoire naturelle de cette espèce, remarquable par les caractères qui la
distinguent de toutes les autres.

Les espèces de loups que nourrit l'Asie ne sont, comme celles d'Afrique et
d'Amérique, qu'imparfaitement connues, faute d'avoir été comparées les unes
aux autres et avec celles-ci. Il n'est peut-être aucun voyage en Asie où l'on
ne parle de loups, de chacals, de renards ; dénominations générales, qui ne
nous apprennent rien sur les qualités particulières aux espèces qui les ont
reçues.

Trois espèces de loups, outre l'espèce commune, sont, en Asie, distinguées l'une de l'autre par les naturalistes : 1° le chacal du Caucase ; 2° le
chacal du Bengale ; 3° le loup de Java[1]. Quelques auteurs ont encore placé
le corsac parmi les loups ; mais plusieurs raisons nous portent à le considérer comme un renard.

LE CHACAL DU CAUCASE

L'existence de ce chacal est établie depuis longtemps par les rapports
de Kempfer[2], de Gmelin[3], de Guldenstædt[4], de Pallas[5], et récemment par les
observations de M. Tilesius[6] ; c'est à ces trois derniers voyageurs que nous
emprunterons l'histoire de cette espèce qu'ils ont vue dans son état naturel,
et qu'ils ont pu étudier dans toutes les situations, en ayant possédé plusieurs
individus.

Le chacal du Caucase est plus petit que le loup, mais plus grand que le

1. Deux autres espèces sont indiquées par Pallas, mais elles n'ont été décrites que sur des
pelleteries du commerce ; l'une est le Karagan, C. Megalotus, qui n'est peut-être qu'un renard ;
l'autre est le Canis alpinus.
2. Kæmpfer amœnit. exot. p. 413, pl. 407, fig. 3.
3. Gmelin, voy., t. III, p. 80, pl. 13.
4. Guldenstædt, Nov. Comm. petrop., t. XX, p. 449, pl. 10.
5. Pallas, Zoog. Ross. Asiat., I part., p. 39.
6. Act. cur. nat. XI, part. 11, p. 389, pl. 48.

renard, et ses proportions approchent de celles du premier, quoique plus légères. Ses dents sont en tout semblables à celles de ces deux espèces, et il en est de même des organes du mouvement et de ceux des sens. Toutes les parties supérieures du corps, c'est-à-dire le cou, le dos, les épaules, la face externe des cuisses et des jambes et la moitié supérieure de la queue, sont d'un roux doré ; sur le dos se montrent des ondulations noirâtres provenant de poils entièrement noirs au milieu d'autres poils, dont la base est gris foncé ; la moitié inférieure de la queue est d'un brun fauve mélangé de parties noires. La tête et la face externe des oreilles sont rousses et les moustaches sont noires. Les lèvres, la face interne de l'oreille et toutes les parties inférieures du corps, c'est-à-dire la poitrine, le ventre et la face interne des membres, sont d'un beau blanc. Le pelage se forme de poils soyeux grossiers, et de poils laineux généralement gris et doux. Les premiers sont fort longs, principalement aux épaules et à la queue.

La tête osseuse d'un chacal adulte avait six pouces sept lignes de longueur, et la grandeur de cet animal ne surpassait pas celle du renard commun.

Cette espèce, originaire peut-être du Caucase, est descendue au nord jusqu'au delà du Tereck, et au midi, en Perse et dans l'Asie mineure ; elle se rencontre également à l'orient de la mer Caspienne ; mais, en général, elle paraît préférer les pays montueux aux plaines. C'est surtout pendant la nuit que ces chacals cherchent à satisfaire leurs besoins : réunis en troupes, ils chassent les quadrupèdes plus faibles qu'eux, dévorent les cadavres, déterrent les morts ; souvent même ils s'approchent hardiment des habitations, s'y introduisent, s'emparent de ce qu'ils rencontrent, et sont surtout de grands ennemis de la volaille. Ils s'attachent même aux pas des voyageurs, et si on ne se met pas en garde contre eux, ils pénètrent dans les tentes pendant le sommeil, enlèvent les provisions, rongent les objets de cuir ; et, comme le voisinage de l'homme semble leur plaire, ils deviennent des parasites souvent très fâcheux. Ils font entendre des hurlements bruyants, surtout lorsque quelques-uns d'entre eux sont séparés de la troupe, ceux-ci appelant leurs camarades qui répondent ; car, semblables aux chiens, lorsque l'un d'eux fait entendre sa voix, tous les autres l'accompagnent de leurs cris. Ils répandent une odeur qui, dit-on, n'est pas très forte, et qui ne devient désagréable que dans la saison de l'amour. Dans le repos ils se roulent en boule comme le chien et satisfont de la même manière que lui à tous les besoins naturels. Ce qui a été remarqué avec le plus d'attention, c'est la facilité avec laquelle ils s'apprivoisent, et l'espèce de penchant qu'ils ont pour l'espèce humaine. Lorsqu'on les prend jeunes, et qu'on les traite avec douceur, ils se livrent en quelque sorte à la personne qui les nourrit, répondent au nom qu'elle leur a donné et lui témoignent, comme le chien lui-même, leur attachement, leur soumission et leur joie ; dès qu'ils l'aperçoivent ils remuent la queue, lui lèchent les mains et le visage si elle le permet, et se couchent en rampant aussitôt qu'elle les menace ; une fois parvenus à cet état, ils ne retournent plus à la vie sauvage, restent en société avec les chiens et se nourrissent comme eux.

Ces dispositions naturelles au chacal du Caucase ont porté Guldenstædt et Pallas à penser que cette espèce était la souche du chien domestique. Il est à regretter qu'aucune expérience n'ait été faite pour constater le fondement de cette conjecture. Ce sont donc des recherches qui restent entièrement à tenter, et l'on peut espérer qu'elles ne seront point négligées, aujourd'hui que les contrées naturelles à cette espèce sont soumises à une nation civilisée, où les sciences sont en honneur.

LE CHACAL DU BENGALE

Cette espèce, dont la Ménagerie du Roi a possédé plusieurs individus à des époques différentes, n'a point la couleur dorée qui fait le caractère du chacal du Caucase. Toute la partie supérieure de son corps est d'un gris jaunâtre répandu irrégulièrement, c'est-à-dire tantôt plus et tantôt moins foncé ; le cou est d'une teinte plus faible que les épaules, le dos, la croupe et la partie supérieure des flancs. Le dessous du mufle, le tour de la gueule, les côtés des joues, la mâchoire inférieure, la gorge, la face interne des membres, sont blanchâtres; le dessus du museau et toute la partie crânienne de la tête, la face externe des oreilles, celle des membres, la partie inférieure des flancs, sont d'un fauve pur ; la queue également fauve et variée de beaucoup de noir, principalement à sa moitié inférieure, où elle est plus touffue qu'à sa base.

D'après ce que plusieurs voyageurs rapportent, cette espèce ressemble beaucoup par les mœurs au chacal du Caucase ; elle vit en troupe, pourvoit à ses besoins pendant la nuit et se fait entendre de très loin par ses cris et ses hurlements.

Les individus que j'ai pu examiner étaient d'un naturel timide et doux ; mais quoique apprivoisés, quoique aimant les caresses, ils ne montraient point pour les personnes dont ils recevaient de bons traitements les marques d'affection dont les chacals du Caucase ont donné des preuves, au dire des naturalistes qui les ont observés. Ils répandaient en toute saison une odeur si forte et si pénétrante qu'on ne pouvait la supporter ; aussi cet inconvénient seul suffirait pour que les hommes éloignassent d'eux cette espèce et la traitassent en ennemie ; et cette odeur serait un caractère de plus pour la faire distinguer de l'espèce du Caucase, et pour éloigner l'idée qu'elle ait jamais pu devenir la souche d'une race domestique.

C'est incontestablement cette espèce que Buffon a fait représenter comme son adive [1], cette figure ayant été faite d'après une peau empaillée, rapportée des Indes par Sonnerat.

1. *Supp.*, t. VII, in-4°, pl. 52. — Édit. Garnier, t. III, p. 479.

LE LOUP DE JAVA

Ce loup, rapporté de Java par M. Leschenault, a la taille du loup commun et sa couleur est d'un brun fauve, à l'exception du dos, des pattes et de la queue, qui sont d'un brun noirâtre. C'est tout ce que l'on connaît de cet animal, dont Pennant et Shaw ont peut-être déjà parlé comme d'un renard du Bengale [1]. Ce qui nous autorise à l'admettre comme espèce distincte, c'est que le Muséum d'histoire naturelle possède l'individu de Leschenault dont les caractères sont bien distincts de ceux de toutes les autres espèces de loups.

LES RENARDS

Longtemps avant que la science eût appris à distinguer les renards des loups, et qu'elle fût parvenue à trouver une cause à leur différence, à les caractériser par des signes absolus et sensibles, le bon sens vulgaire avait fait cette distinction. Il n'est point de voyageurs en pays étrangers, qui ne parlent séparément de loups et de renards, lorsque des loups et des renards se trouvaient en effet parmi les animaux qu'ils observaient. La physionomie des uns si différente de celle des autres, et l'analogie qu'ils trouvaient entre leurs espèces nouvelles et le loup ou le renard commun, déterminaient leur jugement; et il est rare qu'en histoire naturelle les inductions populaires soient trompeuses, du moins dans leur généralité, et que la science ne parvienne pas tôt ou tard à les justifier en en découvrant la raison.

Le caractère qui distingue les renards des loups, c'est qu'ils sont, comme nous l'avons dit, des animaux nocturnes, dont la pupille est semblable à celle du chat domestique, tandis que les loups ont la pupille ronde comme le chien; ce caractère est accompagné de quelques particularités dans les formes de la tête ; ainsi la capacité cérébrale est plus grande et le museau est plus fin chez les renards que chez les loups ; du reste, ces animaux ont entre eux la plus grande ressemblance et appartiennent à une même famille.

Excepté l'Australasie, toutes les parties du monde nourrissent des renards, et c'est l'Amérique qui paraît en être la plus riche. Buffon n'en a fait connaître qu'un fort petit nombre; et cependant, fidèle aux principes qui le portaient à étendre beaucoup au delà de ce que l'expérience enseigne, les modifications que peuvent faire éprouver aux animaux les circonstances dans lesquelles ils vivent, il a été conduit à diminuer le nombre des espèces de renards, en ne regardant les uns que comme des variétés accidentelles des autres. C'est ainsi qu'il confond dans notre espèce commune tous les

1. Pennant. *Quad.* I, p. 260. Shaw, *Gen. Zol.*, t. I, part. 2, p. 330.

renards que les voyageurs ont rencontrés dans les régions froides ou tempérées de l'hémisphère boréal, et qu'il rapporte au chacal ce qui a pu être
dit des renards des pays chauds de l'ancien monde. Prévenu par ce système,
nous le voyons même attribuer au putois ce qu'Aristote et d'autres voyageurs
ont écrit sur le renard d'Égypte, espèce très réelle, et, comme nous le verrons, assez peu différente du renard commun. Ce que Buffon dit de ce
renard commun [1] présente le tableau le plus vrai et le plus pittoresque du
naturel de cet animal, et devra s'appliquer peut-être à toutes les autres
espèces, à en juger par le peu qu'on sait encore de leurs habitudes et de
leur instinct; il ne parle plus ensuite que de deux autres espèces, l'isatis [2] et
le corsac [3], auquel par erreur il donne ce nom d'isatis.

Jusqu'à présent on n'a reconnu en Europe que deux espèces de renards:
le renard commun, dont le renard charbonnier et le renard noir sont des
variétés, comme l'a pensé Buffon, et l'isatis qui, habitant sous les zones glaciales, s'est étendu dans tous les continents voisins du pôle arctique, et qu'on
retrouve en Asie et en Amérique, comme en Europe.

Nous ne pouvons rien ajouter à ce que Buffon dit du renard commun,
et nous n'avons que peu d'addition à faire à ce qu'il rapporte de l'isatis
d'après Gmelin [4].

L'ISATIS [5]

Cette espèce, qui paraît avoir les mœurs générales du renard, nous offre
un exemple bien frappant de l'influence que la présence de l'homme exerce
sur les animaux sauvages, et de ce que peuvent être des animaux carnassiers lorsqu'ils vivent dans des contrées où l'homme ni aucun autre animal
n'est à craindre pour eux.

Partout où la peau de l'isatis est devenue un objet de commerce, et où
l'on fait une guerre active à cet animal, il est défiant, timide, habituellement caché dans des terriers profonds et à plusieurs issues; il ne va que la
nuit, et il devient assez habile pour lutter de ruse avec l'homme sans trop
d'infériorité, puisque son espèce est parvenue à se conserver dans des pays
peuplés où sa chasse est lucrative. Au contraire, aucun animal n'est plus
imprudent, plus dépourvu de défiance, dans les contrées où il vit en toute
sécurité. Lorsque l'infortuné Steller, compagnon de Behring, fit naufrage
sur l'île déserte où ce dernier mourut et qui a pris son nom, il y trouva des
isatis en grand nombre et tellement inexpérimentés, qu'ils se laissaient
assommer à coups de bâton; ils s'insinuaient partout, s'emparaient de tout
ce qu'ils trouvaient à leur portée, même du fer, rongeaient les chaussures

1. Tome VII, in-4°, p. 75, pl. 4. — Édit. Garnier, t. IV, p. 324.
2. Tome XIII, in-4°, p. 272. — Édit. Garnier, t. III, p. 385.
3. *Supp.* III, in-4°, pl. 17. -- Édit. Garnier, t. IV, p. 326.
4. *Novi Comment. Acad. Petrop.*, t. V, ann. 1754 et 1755.
5. *Canis Lagopus.*

et les vêtements des hommes endormis, dévoraient les cadavres et attaquaient les malades après les avoir flairés, comme si c'était une proie qui leur fût abandonnée. Telle est au reste la nature de tous les animaux qui n'ont point appris à connaître de dangers : comme les hommes, ils deviennent ce que les fait l'expérience. Ce qui prouve que les isatis sont très susceptibles d'éducation, c'est-à-dire qu'ils peuvent conformer leur existence à de nombreuses conditions, c'est qu'ils s'apprivoisent facilement, s'attachent à leur maître et s'habituent aux circonstances variées dans lesquelles les place cet état de demi-domesticité. L'odeur musquée assez forte qu'ils répandent rend leur voisinage désagréable. Les Ostiacs et les Samoyèdes les tirent de leurs terriers avec des pinces faites de bois de renne, les prennent par la queue et les assomment contre terre.

Rien n'est encore certain relativement aux couleurs de cette espèce, qui varient suivant les saisons. Communément l'isatis est brun en été et blanc en hiver, couleur qu'il prend aussi quand on le soustrait à l'action du froid, comme Pallas l'a observé ; on ajoute même qu'il y en a de gris plus ou moins foncé, qui conservent cette teinte à toutes les époques de l'année ; ce fait ne nous paraît pas avoir été constaté de manière à n'être plus douteux ; mais ce qui est bien avéré, c'est qu'en automne ces animaux ne perdent leurs poils bruns sur le dos et les épaules, qu'après que ceux des flancs ont été remplacés par des poils blancs ; ils sont alors ce qu'on appelle croisés, nom qui devrait s'appliquer à plusieurs espèces de renards, s'il était vrai, comme on paraît l'avoir observé, que dans le nord en général le pelage d'été des renards n'est pas le même que celui d'hiver.

Le capitaine Franklin, aux bords de la mer polaire, et le capitaine Parry, dans les îles de cette mer, ont rencontré des isatis en grand nombre. Outre que cette espèce est très féconde, elle paraît ne trouver aucun ennemi dangereux dans les régions glacées qu'elle habite ; car les contrées boréales ne nourrissent d'autre carnassier capable de lui faire la guerre que l'ours blanc et le glouton, auquel ses terriers lui donnent un moyen assuré de se soustraire.

Les auteurs qui ont observé les isatis et qui en ont parlé sont Gmelin, qui fit partie de la commission chargée en 1733, par le gouvernement russe, d'exploiter la Sibérie ; ce que Buffon dit de l'isatis est tiré de cet auteur, dont nous avons plus haut cité le mémoire. Après Gmelin sont venus Steller[1], dont les observations n'ont été publiées qu'après sa mort ; Pallas[2] qui, par ses voyages et ses travaux spéciaux d'histoire naturelle, a tant enrichi cette science, et M. Tilesius[3] à qui l'histoire naturelle doit déjà tant d'observations importantes ; l'on a quatre figures de cette espèce : celle que Buffon donne sous le nom de *renard blanc*[4] ; peut-être celle que Schreber a publiée sous le

1. Description du Kamtschatka, etc.
2. *Zoog. Rosso asiatica*, p. 51.
1. *Nov. Act. Nat. Cur.*, t. XI, part. 2, pl. 47.
4. *Supp.* VII, in-4°, p. 218. pl. 51. — Édit. Garnier, t. IV, p. 325.

n° 93, une autre de Pallas dans sa *Faune de Russie*, ouvrage encore inédit[1], enfin celle que M. Tilesius a donnée et qui est bien incorrecte.

Les renards exclusivement propres à l'Asie ne sont point connus, à l'exception d'une seule espèce, le corsac ; encore n'est-ce que par supposition qu'elle a été considérée comme plus voisine des renards que des loups ; car aucun auteur n'a constaté la nature de ses yeux et la forme de leur pupille. Ce n'est en effet que depuis assez peu de temps qu'on a reconnu que la forme de la pupille était le caractère distinctif des renards le plus assuré ; auparavant, ce qui déterminait les naturalistes à désigner un carnassier par le nom de renard, c'était sa ressemblance générale plus ou moins grande avec cet animal, et surtout une petite taille, une queue touffue, un museau fin et l'habitation dans des terriers ; la forme du museau serait sans doute un signe assez certain, si l'on ne savait combien, sans une comparaison immédiate, il est difficile de prononcer entre des formes irrégulières qui ne sont pas susceptibles de mesures, et qui ont d'ailleurs de très grands rapports.

LE CORSAC[2]

Buffon a dit un mot du corsac, et il en a donné les dimensions et la figure[3] d'après des notes et un dessin qui lui avaient été transmis par Colins, de la part de M. Paul Demidoff ; mais il prit cet animal pour un isatis et lui donna ce nom. Schreber a également publié une figure de corsac qui venait de M. Demidoff ; depuis, Pallas a fait connaître les observations d'Hablitz[4] sur cette espèce ; lui-même l'a décrite dans sa *Faune de Russie*[5], et M. Tilesius, en en donnant une figure nouvelle faite d'après un individu vivant, ajoute quelques détails à ceux que l'on devait à ses prédécesseurs.

Il résulte aujourd'hui de ces divers renseignements que le corsac se trouve dans toute la Tartarie, depuis la mer Caspienne jusqu'au lac Baïkal et dans l'Asie centrale, ne s'élevant guère, au nord, au delà du 50° degré ; il vit en troupes, recherche les terrains secs et sablonneux dans le voisinage des lieux arrosés, habite des terriers à plusieurs issues qu'il se creuse lui-même, et d'où il ne sort que la nuit. Comme tous les renards, il se nourrit principalement de petites proies, il fait la chasse aux souslics et surprend les oiseaux qui font leur nid à la surface du sol, comme les outardes et les perdrix ; il est aussi friand de poisson et ne boit que rarement. L'odeur que les corsacs répandent est analogue à celle du renard commun, et elle est d'une intensité insupportable quand leur troupe est nombreuse. Les derniers mois

1. Ire part., p. 51, pl. 5.
2. *Canis Corsac.*
3. *Supp.* III, in-4°, p. 113, pl. 17. — Édit. Garnier, t. IV, p. 326.
4. *Nouvelles recherches sur le Nord*, Ire part., p. 29.
5. *Zoogrop. Rosso asiatica*, Ire part., p. 41, pl. 4.

de l'hiver sont pour cette espèce l'époque de l'amour ; les femelles mettent bas en avril, et leur portée est de quatre à cinq petits.

La fourrure d'hiver du corsac, assez recherchée, le rend un objet de chasse lucrative pour toutes les peuplades qui habitent les lieux où il se trouve ; elles le prennent dans des pièges ou dans des filets, le forcent à sortir de son terrier en y introduisant de la fumée, ou en l'en tirant à l'aide d'un tire-bourre attaché à l'extrémité d'une longue perche et qui s'entortille dans sa fourrure ; elles le chassent aussi au faucon. Sa course est très rapide, sa prudence extrême, et lorsqu'il est parvenu à s'échapper des pièges du chasseur il peut difficilement être repris ; il se défie alors de tout ce qui ne lui est pas familier, et les chiens ne peuvent l'atteindre.

Trois corsacs nourris par Hablitz sont constamment restés craintifs et sauvages ; un seul, après six mois de soins, avait acquis quelque familiarité, mais avec son gardien seulement. Pendant le jour ces animaux restaient fort tranquilles, couchés à la manière des chiens ; mais, dès que la nuit était venue, ils faisaient tous leurs efforts pour se soustraire à leur captivité.

La taille de cet animal est intermédiaire entre celle du renard et du chat domestique ; ses formes générales sont celles du renard, dont il a d'ailleurs les dents, les organes de la génération, ceux du mouvement et probablement aussi ceux des sens.

Sa fourrure n'est point aussi douce et aussi recherchée que celle des renards du nord ; mais, comme eux, il change de couleur suivant les saisons et les latitudes. En été il est généralement d'un fauve jaunâtre aux parties supérieures du corps et blanchâtre aux parties inférieures ; les pieds sont bruns et le bout de la queue est noir ; ces couleurs résultent de poils gris à leur base, fauves dans leur milieu et gris à leur pointe ; en hiver la partie fauve devient noirâtre, et le pelage, de fauve qu'il était, se change en un gris plus ou moins foncé, suivant que la race est plus ou moins septentrionale.

Nous n'avons à faire connaître en Afrique que deux espèces de renards : l'un qui se trouve en Égypte et en Barbarie, et qui a retenu le nom de la première de ces contrées, l'autre, le fennec, dont l'espèce paraît s'étendre dans toute l'Afrique septentrionale. Ce n'est pas sans doute que l'Afrique ne nourrisse que ces deux espèces de renards : les récits des voyageurs ne laissent aucune incertitude à cet égard, mais ce qu'ils nous apprennent des renards qu'ils ont observés ne permettant point de les caractériser suffisamment, les naturalistes n'ont pu admettre leurs rapports que comme de simples indications, qui contribueront un jour à enrichir la science, mais qui jusquelà n'en feront partie qu'à titre de renseignement.

LE RENARD D'ÉGYPTE

Nous ne devons la connaissance de cette espèce qu'à la description sommaire qu'en a donnée M. Geoffroi Saint-Hilaire[1] ; c'est probablement aussi celle dont parle M. Poiret dans son *Voyage en Barbarie*[2] et qu'il prenait pour l'espèce commune.

Ce renard est de la taille de notre renard d'Europe. Les parties supérieures de son corps et sa queue sont d'un fauve mélangé de cendré et de jaunâtre sur les flancs ; le dessus des cuisses est cendré avec quelques poils blancs ; toutes les parties inférieures sont d'un blanc grisâtre ; les pattes sont fauves, et la face externe des oreilles est noire.

Il paraît que cet animal vit à la manière du renard commun.

LE FENNEC[3]

Cette espèce nous donne une preuve irrécusable du peu d'avantage qu'il y a pour l'histoire naturelle à suppléer aux faits par des conjectures pour déterminer les rapports d'animaux qui n'ont été qu'imparfaitement décrits. L'induction, comme toutes les voies qui conduisent l'esprit à connaître, a besoin d'être libre pour nous diriger avec assurance et ne nous point égarer ; mais dès que quelque hypothèse vient lui faire obstacle ou que les faits lui manquent, nous voyons communément les erreurs se produire et se multiplier. Que sera-ce donc lorsqu'on abandonne son esprit au hasard, sans règle ni mesure ? et que peut-il créer que des fantômes ? Aussi il n'a en quelque sorte fallu qu'un souffle de vérité pour détruire toutes les conjectures que le fennec avait fait naître.

Cette très petite espèce avait été vue par Bruce à l'époque de son consulat à Alger (1767) ; il la revit depuis, à ce qu'il assure, dans son voyage en Afrique ; il en envoya la figure, accompagnée d'une note, à Buffon, qui les publia[4] en donnant à cette espèce le nom d'anonyme. L'année suivante, Brand, qui avait été consul de Suède à Alger en même temps que Bruce, et qui avait vu le petit animal dont celui-ci avait envoyé le dessin à Buffon, en publia une description sans figure[5], et lui donna le nom de zerda qu'il avait appris des Maures. Sparmann, qui vint ensuite, publia cet animal, aussi sous le nom de zerda, avec une figure[6] qu'il devait à Brand, et qui ressemble ab-

1. *Canis niloticus*, Description de l'Égypte.
2. *Voyage en Barbarie*, t. I, p. 234.
3. Pl. 6, fig. 1.
4. *Supp* III, in-4°, p. 148, pl. 19, 1776.
5. *Transactions de l'Acad. de Stockholm*, 1777, 3e part,, p. 265.
6. *Voyage au cap de Bonne-Espérance et autour du monde*, t. II, p. 203, pl. 4.

solument à celle que Buffon avait reçue de Bruce ; l'une n'était en effet que
la copie de l'autre; et il accompagna cette figure de la description de Brand.
Enfin, Bruce lui-même, dans son *Voyage en Nubie et en Abyssinie*, donne
sous le nom de Fennec[1] une nouvelle description de ce petit animal avec
une copie de sa première figure; il nous apprend que cette espèce se trouve
au Sennaar, et que le nom de fennec est celui qu'il reçoit des habitants.

Telles sont les seules sources où l'on eut à puiser l'histoire du fennec
pour en reconnaître la nature et en établir les rapports, c'est-à-dire qu'un
seul individu avait fait le sujet de toutes les observations; et cet individu
s'était échappé avant qu'on l'eût décrit d'une manière exacte et complète,
car tout ce qui résulte des rapports de Bruce et de Brand consiste dans assez
peu de détails. Le premier nous apprend, d'après des observations faites sur
trois individus qu'il crut appartenir à la même espèce que le fennec a de neuf
à dix pouces de longueur, sans la queue qui en a cinq, et que ses oreilles en
ont quatre (il dit ailleurs six pouces pour le corps , deux pouces pour les
oreilles, et cinq pouces six lignes pour la queue); que son museau ressemble
à celui du renard, qu'il a quatre dents molaires, deux canines et six incisives longues et pointues à chaque mâchoire ; que ses jambes sont minces,
et ses pieds larges formés de quatre doigts avec des ongles courts qu'il
peut raccourcir encore; que son pelage est doux, d'un blanc roussâtre mêlé
de gris aux parties supérieures; plus pâle aux parties inférieures, et que la
queue, couverte de poils plus rudes que ceux du corps, est fauve, terminée
par une pointe noire ; que ses manières annoncent de la finesse et de la
ruse; qu'il dort le jour et veille la nuit; enfin qu'il aime les œufs, mais qu'habituellement il vit sur les dattiers dont il mange les fruits, d'où Bruce con-
jectura que cet animal a plus d'analogie avec les écureuils qu'avec les renards, quoiqu'il n'ait pas la queue semblable à celle des premiers.

Le récit de Brand n'est guère plus important ; suivant lui, le zerda a une
ressemblance générale avec le renard ; il paraissait en avoir les pattes et les
dents, se nourrissait de pain et de viande cuite, et aboyait comme un chien,
surtout aux approches de la nuit ; ses mouvements étaient agiles ; il s'asseyait
comme les chiens et de la manière dont Bruce l'a représenté ; on l'avait pris
dans un terrier creusé dans le sable, et on le disait assez rare. Il était remarquable par la grandeur de ses oreilles et par son pelage épais dont la couleur se composait d'un mélange jaunâtre et de ventre de biche De ses observations, Brand, conjecturant que son zerda avait plus d'analogie avec le
renard qu'avec aucun autre animal, le distingua des autres renards par cette
phrase : *vulpes minimus saratensis*, et d'après cette indication, c'est comme une
espèce de genre chien qu'il a passé depuis dans les catalogues méthodiques
de Pennant, de Boddaert et de Gmelin.

[1]. Tome V, in-4°, p. 154, pl. 28.

I.   12

Malgré les raisons qui déterminèrent Brand à considérer son zerda comme un renard, des doutes nombreux subsistaient encore sur les vrais rapports de cet animal, et Brand ne se le dissimulait pas. Cependant les organes n'étant que très imparfaitement connus, il ne restait pour établir ces rapports que ce sentiment délicat des analogies et des ressemblances, qui guide souvent le naturaliste exercé presque aussi sûrement que la vue même des caractères ; et Brand, élevé d'ailleurs à l'école de Linnæus, était dans la situation la plus favorable pour l'éprouver, puisque l'animal avait vécu sous ses yeux. C'est à quoi n'ont pas fait assez d'attention les auteurs qui ont cherché après lui à établir les rapports du fennec ; ils ne pouvaient pas plus que Brand être guidés par la structure incertaine encore des organes, et ils n'avaient pour se déterminer par le sentiment des analogies qu'une figure dont l'exactitude douteuse ne pouvait remplacer qu'à demi l'animal vivant. A la vérité, Bruce entrait dans plus de détails que Brand ; mais, sans examiner le degré de confiance qu'il convient d'accorder à ce voyageur, son histoire du fennec résulte d'observations qui se rapportent à trois animaux vus en des temps et dans des lieux différents. Or chacun sait combien il est difficile, même pour les naturalistes les plus exercés, de se prononcer sur l'identité spécifique des animaux de certains genres lorsqu'ils ne les comparent pas immédiatement l'un à l'autre, et Bruce n'était rien moins qu'un naturaliste de cet ordre. Quoi qu'il en soit, M. Blumenbach, peut-être d'après une indication de Sparmann, considéra le fennec comme voisin des mangoustes [1]. M. Desmarest ayant combiné les caractères donnés par Brand et par Bruce, en exagérant un peu ceux de ce dernier, forma du fennec, sous ce même nom, un genre nouveau intermédiaire entre ceux des chats, des chiens et des makis; Illiger, bientôt après, donna le *canis cerda* de Gamlin (le zerda) comme type de son genre mégalotis dont il décrivit en partie les dents, sans faire connaître d'où il tirait cette notion nouvelle, afin de justifier l'application qu'il en faisait à l'animal de Brand et de Bruce. C'est là qu'en était la science lorsque M. Geoffroi Saint-Hilaire, soumettant à un nouvel examen critique les récits et les descriptions dont le fennec avait été le sujet, fut conduit à faire de cet animal un galago; depuis, M. Desmarest, tout en conservant son genre fennec, en a modifié les caractères de manière à se rapprocher de l'opinion de Brand. Cette opinion paraît être en effet la vraie, car le fennec a tous les caractères de la famille des chiens et appartient, suivant toute apparence, à la division des renards. Nous devons cette connaissance aux travaux de deux voyageurs, MM. Ruppel et Denham. Le premier, dont tous les efforts ont eu pour objet d'enrichir la collection d'histoire naturelle de sa ville natale (Francfort-sur-le-Mein), y avait envoyé les dépouilles d'un animal qui fut reconnu pour être le fennec et pour appartenir à une espèce de renard. MM. Hamilton Smith [2]

1. *Manuel d'histoire naturelle*, 3e édition et suivantes.
2. M. Smith me communiqua le dessin qu'il avait fait de cet animal, et qu'a ensuite publié M. Griffith dans ses additions au règne animal de mon frère.

et Temminck furent de ce nombre ; mais c'est M. Leuckart [1] qui fit le premier connaître par une description détaillée les caractères génériques de
cet animal ; depuis, il a été représenté et décrit dans le voyage même de
M. Ruppel. Les dépouilles du fennec, dues aux recherches de Denham, ont
fourni la figure et la description de cette espèce publiées dans l'appendice
du périlleux voyage auquel cet homme célèbre a pris tant de part ; les observations sur l'ostéologie du fennec, publiées par M. Yarrel [2], ont la même
origine.

Il résulte de ces divers rapports que le fennec a la physionomie générale
des renards et qu'il en a de plus les dents, les organes du mouvement et
ceux des sens. Sa longueur, de l'occiput à l'origine de la queue, est de neuf
pouces ; la queue en a sept, la tête trois, les oreilles trois ; sa hauteur, aux
épaules, est d'environ huit pouces. Sa couleur générale est d'un fauve jaunâtre très pâle, plus pâle encore aux parties inférieures et variée de grisâtre ; elle résulte de poils gris inférieurement, blancs dans leur milieu et
fauves à leur extrémité ; le bout de la queue est noir. Tout le pelage est
épais et doux.

L'Amérique est, comme nous l'avons dit, la partie du monde où les
espèces de renards sont les plus multipliées, si l'on en juge par le nombre
des animaux que les voyageurs désignent sous ce nom commun ; cependant
ces indications plus ou moins incomplètes n'ont encore conduit qu'à reconnaître quatre ou cinq espèces de renards américains ; on n'a même pu le
faire avec quelque confiance que par la vue de ces animaux ou de leurs
dépouilles, tant les observations recueillies dans les voyages restent obscures
si elles ne sont pas comparées avec les objets qui en ont fait le sujet.

LE RENARD ROUGE [3]

Presque tous les voyageurs dans l'Amérique septentrionale, qui se sont
occupés d'histoire naturelle, parlent de cette espèce de renard, soit en la
distinguant par un nom particulier, soit en la confondant avec notre renard
commun, duquel en effet le renard rouge se rapproche plus que d'aucun
autre ; mais ce qu'ils en rapportent est tellement indéterminé, que jusqu'à
ces derniers temps on a douté de son existence, et que ses caractères spécifiques aujourd'hui même n'ont rien de précis et d'absolu. C'est que les
renards paraissent généralement changer de pelage suivant les saisons, et
que, pour éviter toute confusion dans la distinction des espèces, il faut les
avoir fait connaître dans leur pelage d'été et leur pelage d'hiver.

1. Isis, 1825, 2ᵉ cahier ; id. 1828, 3ᵉ et 4ᵉ cahiers, p. 296.
2. Zoological Journal, nº 11, p. 401.
3. Canis fulvus.

C'est à M. Palissot-Beauvois que nous devons les premières notions un peu claires sur cette espèce de renard[1], et il fallait peut-être la comparer immédiatement à l'espèce commune, pour apprécier les différences qu'elle présente et les caractères par lesquels elle se distingue.

Le renard rouge, dans son pelage d'hiver, a toutes les parties supérieures du corps d'un roux foncé très brillant et très pur, seulement la teinte de la tête est plus pâle ; la queue, rousse également, est glacée de noir, à cause de l'extrémité de ses poils qui a cette dernière couleur ; le bord de la mâchoire supérieure, toute la mâchoire inférieure, la gorge, le cou, la poitrine, la face interne des cuisses et des jambes de derrière, le ventre et le bout de la queue sont blancs ; sous le cou et sur la poitrine, quelques poils noirs sont mêlés aux blancs, et la partie blanche du ventre est très étroite ; la face antérieure des oreilles est jaune, et la face extérieure noire ; les pieds de devant sont noirs antérieurement et fauves postérieurement ; ceux de derrière ont le tarse noir en avant et fauve en arrière avec une tache noire sur le talon.

Tout ce pelage est très épais et composé de poils soyeux et de poils laineux, excepté sur la tête et les membres où les poils sont généralement courts. Ceux de la queue sont perpendiculaires à son axe, ce qui permet de voir leur partie rousse en même temps que leur extrémité noire, et c'est à cette disposition qu'est due l'apparence particulière qu'offrent les couleurs de cette partie du corps.

La meilleure description qui ait été donnée du renard rouge est, sans contredit, celle qui se trouve dans le voyage du capitaine Franklin aux bords de la mer Polaire ; elle a été faite d'après les peaux réunies dans les magasins de la compagnie de la baie d'Hudson ; et nous apprenons, par ce qu'on rapporte de cette belle espèce, qu'elle est une de celles que l'on rencontre le plus fréquemment dans les régions tempérées de l'Amérique septentrionale ; elle a la taille et les proportions du renard commun. Nous avons fait représenter ce renard, qui ne l'avait jamais été, dans notre histoire naturelle des mammifères (mai 1824) : c'était un mâle que nous devions aux soins de M. Milbert, et peu après nous reçûmes une femelle de la même espèce, qui nous fut envoyée par M. Lesueur, ami et compagnon de voyage de Peron, actuellement en Amérique, où il continue les importantes observations qu'il a déjà faites sur les poissons. Ces deux animaux ayant été réunis ont vécu en bonne intelligence, et vers la fin de février la femelle n'a pas tardé à montrer des signes de chaleur ; le mâle l'a couverte, et l'accouplement a été accompagné des mêmes circonstances que chez le chien. Bientôt on a eu l'assurance que la conception avait eu lieu ; les mamelles se sont gonflées, et vers la fin d'avril, nous avons vu naître quatre jeunes renards couverts de poils, les yeux fermés, et tout à fait dans l'état où sont les jeunes chiens du même âge. Ils étaient entièrement couverts d'un duvet gris d'ardoise clair ;

1. *Bulletin des sciences* par la Société philomatique, t. II, p. 137

trente jours après, des poils fauves ou jaunâtres se sont montrés sur la tête;
c'est alors que ces animaux commencent à changer de couleur et à prendre
celle qu'ils doivent acquérir en avançant en âge. La couleur grise des jeunes
est remarquable en ce qu'elle est exactement la même que celle du poil
laineux des individus adultes, et cette observation nous a conduit à remarquer aussi que de jeunes chacals étaient nés avec le duvet ou la partie laineuse du pelage de leurs parents. Cette règle serait-elle générale, et quel
rapport y aurait-il à cet égard entre les chiens pourvus de duvet et ceux qui,
comme les chiens domestiques, en sont dépourvus?

Le père et la mère de ces jeunes renards ne furent point séparés, et
tous deux montrèrent pour leurs petits une grande sollicitude; ils auraient
voulu les soustraire à tous les yeux, même à la lumière, et pour cela ils les
prenaient souvent dans leur gueule et les portaient, sans but apparent, et
comme poussés par un instinct vague et indéterminé. Cependant la mère les
nourrissait avec soin et les tenait fort proprement; deux d'entre eux qui
sont arrivés à l'état adulte ont acquis dès leur seconde mue tous les caractères de leurs parents.

LE RENARD TRICOLOR[1]

Ce renard avait sans doute fait le sujet des observations de la plupart
des voyageurs naturalistes qui ont visité les parties moyennes et les parties
sud de l'Amérique septentrionale. La science, cependant, ne le possède véritablement que depuis que Schreber[2] en a donné une figure et une description; encore sa figure imparfaite n'a été dessinée que d'après une peau mal
préparée. Nous avons eu l'avantage de pouvoir donner la figure et les caractères de cette espèce[3] d'après un individu vivant envoyé à la Ménagerie du
Roi par M. Milbert. Cet individu, qui était fort jeune et entrait dans sa
seconde année, avait cependant acquis presque toute sa taille; sa longueur,
du museau à l'origine de la queue, était de dix-huit pouces; sa tête en avait
quatre, sa queue douze, et sa hauteur aux épaules était de dix pouces six
lignes, la tête, sur le chanfrein, autour des yeux, et de là jusqu'au bord
interne des oreilles, était d'un gris roussâtre; le reste du museau était
marqué de blanc et de noir, c'est-à-dire que la lèvre supérieure était
blanche antérieurement, puis venait une large tache noire et ensuite du
blanc qui, passant derrière la bouche, descendait sous la mâchoire inférieure. Le bout de cette mâchoire était blanc et suivi d'une tache noire qui
correspondait à celle de la mâchoire opposée; la partie postérieure des
mâchoires était d'un fauve clair; l'intérieur de l'oreille blanc et sa face

1. *Canis cinereo-argenteus.*
2. Fig. 92, p. 360.
3. *Histoire naturelle des mammifères*, décembre 1820.

externe d'un fauve brunâtre; les côtés et le dessous du cou étaient d'un
fauve brillant; le dessus du cou, l'épaule jusqu'au coude, le dos, la croupe,
la cuisse, d'un beau gris argentin; les côtés du corps d'un gris plus pâle; le
ventre et la face interne des membres d'un fauve pâle; la face externe des
jambes de devant offrait un peu de gris et celle des jambes de derrière du
brun, le bord des fesses, les côtés et le dessous de la queue étaient d'un
beau fauve; mais le dessus de celle-ci était noir bordé de gris, et son extrémité était entièrement noire. Comme tous les autres renards, celui-ci sans
doute présente des variations de pelage suivant les saisons et d'après quelques
observations il paraîtrait qu'à certaines époques de l'année, ou chez certains
individus seulement, les teintes des parties inférieures sont presque
blanches.

Cet animal, quoique très jeune encore, répandait une odeur forte et
désagréable analogue à celle du renard commun; il n'a point acquis de familiarité pendant une année environ qu'il a vécu à la Ménagerie du Roi, et
cependant il n'était point méchant, il se bornait à fuir lorsqu'on l'approchait.

Le capitaine Franklin dans son *Voyage aux bords de la mer Polaire* nous
apprend que ce renard est commun dans les plaines sablonneuses que parcourent les divers affluents du fleuve Bourbon, au dessus du lac Winnipeg.
Les peaux sont connues à la baie d'Hudson sous le nom de Kitt fox, où elles
font un objet de commerce assez considérable : les Français du Canada
nomment cette espèce Chien de prairie.

LE RENARD ARGENTÉ [1]

Jusqu'à l'époque où M. Geoffroi Saint-Hilaire décrivit cette espèce[1], les
naturalistes ne l'avaient point admise, ou bien ils l'avaient confondue avec
le loup noir, et si Pennant la distingue des autres renards, c'est en s'appuyant
sur des rapports sans autorité. Depuis, la Ménagerie du Roi en a possédé
pendant quelque temps un individu femelle qui lui avait été donné par
M. Moydier, intendant de la marine à Brest.

Cet animal assez doux paraissait avoir les mœurs et le naturel des
renards; couché pendant une partie du jour, son activité se montrait surtout
au crépuscule. Il jouait comme les jeunes chiens, grognait en menaçant à la
vue des personnes qui lui déplaisaient et, quoique jeune, répandait une
odeur fort désagréable. Après s'être repu, il cachait dans les coins de sa loge
les aliments qui lui restaient en les recouvrant de tout ce qu'il pouvait rencontrer autour de lui, comme le font le renard commun et le chien domestique lui-même. La chaleur de nos étés paraissait l'incommoder, et il ne
souffrait point du froid de l'hiver.

1. *Canis argentatus.* Cat. des mamm. du Mus.

Sa fourrure en effet était des plus épaisses et des plus fines ; elle se compose de poils laineux qui forment sur tout le corps de l'animal le duvet le plus moelleux ; ces poils sont d'un gris noir. Sa couleur résulte de ses poils soyeux longs et brillants, qui pour la plus grande partie sont entièrement d'un noir foncé ; quelques-uns cependant se terminent par une pointe blanche, et on en voit un petit nombre de tout blancs disséminés parmi les autres ; il en résulte que le corps paraît noir, car la petite quantité de blanc qui s'y mêle semble donner plus d'intensité à cette couleur ; cependant sur le devant de la tête, sur les flancs et sur le haut des cuisses les reflets blanchâtres dominent et le bout de la queue est presque entièrement blanc. Des poils épais garnissent la plante des pieds comme chez l'isatis.

La taille de ce jeune animal était moindre que celle du renard commun ; de l'occiput à l'origine de la queue il avait un pied cinq pouces, sa tête avait six pouces et sa queue onze ; sa hauteur était d'un peu plus d'un pied.

Dans quelques individus on trouve une tache blanche au bas du cou, et l'on en rencontre qui n'ont pas une trace de blanc dans le pelage. Cette espèce, au dire du capitaine Franklin[1], n'est pas très abondante.

LES LOUTRES

Ce sont toujours les espèces des genres les plus naturels que Buffon a méconnues, égaré par le système qui lui faisait appliquer aux animaux sauvages ce qui n'était vrai que pour les animaux domestiques, et le portait à ne considérer les différences de taille ou de couleurs que comme des résultats d'influences superficielles qui pouvaient caractériser des races plus ou moins durables, mais qui n'avaient rien de fondamental ni de spécifique. Nous le voyons, à l'égard des loutres, suivre les mêmes principes qu'à l'égard des renards et réunir toutes celles des régions septentrionales dans la même espèce, c'est-à-dire dans l'espèce commune. Quant aux espèces des pays chauds, elles n'étaient point connues de son temps à proprement parler ; il n'en traite d'abord que d'après les voyageurs, et ce n'est que dans ses suppléments qu'il en indique vaguement trois autres d'après Delaborde.

La précision que l'histoire naturelle a acquise dans ces derniers temps, et qui a exercé une si heureuse influence sur les recherches mêmes des voyageurs, conduit aujourd'hui les naturalistes à distinguer dix ou douze espèces de loutres et à soupçonner l'existence de plusieurs autres sur lesquelles on a donné des notions trop insuffisantes pour qu'on puisse les caractériser comme la science le demande.

Nous n'ajouterons rien à ce que dit Buffon de la loutre commune quant à ses mœurs dans son état naturel ; mais nous relèverons son erreur quand

1. *Voyage aux bords de la mer Polaire.*

il suppose trop de grossièreté à cet animal pour être capable d'éducation ;
la loutre au contraire s'apprivoise sans peine, s'attache à la personne qui la
nourrit, vient à sa voix, la suit, ne cherche point à fuir, et si elle est dans
le voisinage des eaux, s'y baigne, y pêche même et revient à son gîte avec
la proie qu'elle a saisie. Quelques auteurs ont rapporté ces faits[1], et les loutres
apprivoisées que j'ai possédées me rendent très invraisemblables ceux que
je n'ai point vérifiés ; car ces loutres étaient libres, caressantes et accouraient
au moindre signe des personnes qu'elles connaissaient. Elles se nourrissaient presque indifféremment de matières végétales et de substances animales.

L'Europe ne paraît posséder qu'une seule espèce de loutre ; on en connaît deux ou trois dans l'Asie méridionale, une au Kamtschatka et une au
cap de Bonne-Espérance ; mais c'est en Amérique qu'on en a distingué le
plus grand nombre ; cette nouvelle partie du monde, à l'exception de l'Europe, étant aujourd'hui, sous le rapport de ses productions, beaucoup mieux
connue que toutes les autres. Malheureusement on n'a observé de tous ces
animaux étrangers que la taille, le pelage et les couleurs, avec la faculté
commune à toutes les loutres de vivre aux bords des rivières et de se nourrir
principalement de poissons. Nous ne pourrons donc nous-mêmes les présenter que sous leurs caractères physiques extérieurs.

LA LOUTRE DU CANADA[2]

Buffon a fait représenter cette loutre[3] d'après une peau bourrée du Cabinet, et Daubenton a donné une bonne description de son pelage[4], qui, au
lieu d'être brun aux parties supérieures comme celui de la loutre commune,
est fauve. Ces dépouilles n'existent plus dans les collections du Muséum ;
mais la tête osseuse a été conservée, et on voit qu'elle se rapproche beaucoup
par ses formes de celle de la loutre commune ; elle en diffère cependant,
en ce que, vue de profil, elle présente un angle moins aigu, surtout depuis
les apophyses orbitaires du frontal jusqu'au bout des os du nez, et que l'espace qui se trouve entre ces apophyses, les maxillaires supérieures et l'extrémité des os du nez forme un carré plus allongé.

A propos de cette loutre que Buffon ne considère à tort que comme une
variété de la loutre commune, il se demande si elle ne serait point l'animal
dont Aristote a parlé sous le nom de *Latax*[5], et il conclut pour la négative;
mais il regarde l'animal que Belon[6] nomme loup marin, comme étant le

1. Gesner, etc.
2. *Lutra ulsonica.*
3. Tome XIII, in-4°, pl. 44, p. 324. Édit. Garnier, t. IV, p. 300.
4. Tome XIII, in-4°, p. 326.
5. Arist., *Hist. anim.*, lib. VIII, chap. v.
6. Belon, *De la nature des poissons*, p. 18.

latax des Grecs. Nous ne pouvons pas nous dispenser d'examiner cette opinion sur laquelle nous n'aurons plus occasion de revenir. Peu de recherches sont plus curieuses que celles qui ont pour objet de rattacher les observations des anciens à celles des modernes; une foule de questions historiques y trouvent leur solution, et c'est précisément à cause de l'importance de ces recherches qu'il est utile de rectifier les idées qu'elles ont fait naître lorsque la science dans sa marche progressive n'est point venue donner à ces idées la sanction dont elles avaient besoin.

Aristote ne dit que quelques mots du *latax* : c'est un animal qui, comme le castor et la loutre, prend sa nourriture près des lacs et des rivières, qui a le corps plus large que cette dernière espèce, qui mord très fortement, qui sort la nuit et va couper avec ses dents les arbrisseaux qui croissent aux bords des eaux, qui enfin a les poils durs approchant de ceux des phoques et de ceux des cerfs. Il est évident que dans l'état actuel de nos connaissances nous ne pouvons rapporter ces traits à aucun des quadrupèdes qui auraient pu faire le sujet des observations d'Aristote, puisqu'il excluait lui-même de cette recherche le castor et la loutre, opposant leur caractère à ceux de son *latax*. Cependant ces traits parmi ces quadrupèdes ne conviennent absolument qu'au castor : lui seul coupe les arbrisseaux avec ses dents; mais son pelage n'a pas plus que celui de la loutre la rigidité du pelage des phoques ou la sécheresse de celui du cerf.

Je ne crois pas que l'on puisse arriver sur le *latax* à d'autres conséquences, même aujourd'hui que l'on connaît cinq à six fois plus de quadrupèdes que Buffon ; mais ce que l'on sait aujourd'hui et ce qu'aurait pu reconnaître Buffon à l'époque où il écrivait, c'est que l'article de Belon sur le loup marin résulte de la confusion que fait cet auteur de l'hyène avec le phoque commun. En effet, sa figure du loup marin est celle d'une hyène, et le nom de loup marin est celui sous lequel les phoques sont fréquemment désignés. Aussi tout ce que Belon dit des qualités physiques de son animal se rapporte à la figure qu'il avait sous les yeux, et tout ce qu'il dit de son naturel et de ses mœurs se rapporte à ce qu'il avait appris des loups marins ou des phoques : seulement ayant oublié d'où l'animal dont il avait le portrait était originaire, il lui donne pour patrie l'Angleterre, dont les rivages sont fréquemment visités par les phoques, et d'où, sans doute, il avait tiré leur histoire sous cette dénomination vulgaire de loup marin.

Nous en sommes donc encore, à l'égard du *latax* des Grecs, précisément où nous en étions avant Buffon, et, à moins de notions nouvelles tirées de la nature ou des ouvrages des anciens, il est à présumer que nos idées sur ce sujet resteront les mêmes et que nous continuerons à ignorer quel était l'animal auquel ils avaient donné ce nom.

LA SARICOVIENNE ou LOUTRE DU BRÉSIL

Par ce nom, pris à Thevet[1], Buffon désigne une espèce de loutre qu'il constitue de tout ce qu'il a pu recueillir sur les loutres de l'Amérique méridionale : sur celles de la Plata dont parle Thevet, du Brésil que décrit Marcgrave[2], de la Guyane que Barrère[3] indique, du bassin de l'Orénoque que l'on trouve dans Gumilla[4] ; or toutes les vraisemblances conduisent à penser que ces loutres qui vivent dans des contrées aussi éloignées l'une de l'autre n'appartiennent point à la même espèce, quoiqu'elles ne puissent pas encore être distinguées l'une de l'autre. En attendant de plus complets renseignements, on pourrait, en suivant ce qu'indiquent les probabilités et les procédés de la science, réunir sous ce nom de saricovienne les loutres du Paraguay et de la partie méridionale du Brésil, contrées comprises dans le vaste bassin du fleuve de la Plata ; alors l'histoire naturelle de cette espèce se composerait des notes de Thevet, de Marcgrave, de d'Azara, etc., auxquelles nous ajouterions les observations qu'ont présentées les dépouilles de ces animaux conservées dans les collections du Muséum.

La saricovienne, fondée sur ces éléments, représente à peu près la loutre que les auteurs systématiques désignent par le nom latin de *Brasiliensis*. Cet animal, beaucoup plus grand que la loutre commune, en a la physionomie et les proportions. La longueur de son corps est de plus de trois pieds, sa queue a environ dix-huit pouces ; sa tête en a six de son sommet au bout du museau. Tout le corps est revêtu d'un pelage épais, doux et brillant, d'un brun sombre, excepté le dessous de la mâchoire inférieure qui est jaune clair. Quelques individus ont le bout de la queue blanc, et comme la plupart des autres loutres, celle-ci a les narines entourées d'un mufle ; observation importante, aujourd'hui qu'une autre espèce américaine paraît être privée de ce caractère. D'après d'Azara[5] d'où nous tirons ces détails, ces animaux vivent en société, aussi paraissent-ils s'apprivoiser facilement et s'habituer à une sorte de domesticité : ils connaissent les personnes qui les soignent, s'attachent à elles, accourent lorsqu'on les appelle et, quoique libres, ne cherchent point à retourner à l'état sauvage. Thevet dit que leur chair est délicate et bonne à manger, ce que semble confirmer d'Azara qui assure que sa loutre n'a point l'odeur de marée. Les Indiens Guaranis donnent à cet animal un nom qui signifie *loup de rivière*.

1. *Singularités de la France antarctique*, Paris. 1558, p. 107, etc.
2. *Hist. nat. Brasil*, p. 234.
3. *France équinox.*, p. 155.
4. *Hist. de l'Orénoque*.
5. *Essais sur l'Histoire naturelle des quadrupèdes du Paraguay*, trad. franç., t. Ier, p. 348 et suivantes.

Buffon attribue encore le nom de saricovienne[1] à un animal découvert par Steller sur les îles voisines de Kamtschatka, le confondant avec la saricovienne de Thevet et le *carigueibeju* de Marcgrave ; mais suivant toute apparence cet animal n'est point une loutre ; toutefois Steller n'en a pas suffisamment développé les caractères pour que l'on puisse s'en faire une idée complète et en déterminer les rapports.

LA LOUTRE DE LA GUYANE

Nous l'avons dit à l'article précédent, Buffon a attribué à une seule espèce tout ce qui a été rapporté des loutres de l'Amérique méridionale ; par conséquent, il réunit ce qu'on trouve dans Gumilla à ce qu'il avait appris de La Borde, d'Aublet, d'Olivier, dont il nous rend les paroles sur les loutres de la Guyane française, et à ce que nous apprend Barrère d'un de ces animaux. Nous avons dit aussi pourquoi, en ce point, les naturalistes avaient été conduits à suivre d'autres principes que Buffon. Depuis, toutes les observations sont venues confirmer la justesse de ces nouvelles vues.

En n'envisageant la question que sous le rapport géographique, on serait déjà conduit à distinguer les loutres du bassin de l'Orénoque et de ses affluents, de celles des autres bassins de l'Amérique du Sud ; mais cette distinction se trouve dans les faits eux-mêmes, car les observations auxquelles ont donné lieu les loutres découvertes dans ces différentes contrées sont venues confirmer des probabilités qui ne se seraient appuyées que sur la constitution physique de ce continent.

L'une de ces loutres du bassin de l'Orénoque que nous allons décrire est celle à laquelle nous avons donné le nom de loutre de la Guyane[2], parce que c'est de la Guyane française qu'elle nous est parvenue pour la première fois. Cette loutre a la taille de la loutre commune, mais sa queue a dix-huit pouces, et celle de la seconde n'en a que treize. Son pelage épais et doux est bai clair aux parties supérieures du corps, et jaunâtre aux parties inférieures ; la gorge et les côtés de la face jusqu'aux oreilles sont blanchâtres ; la queue est entièrement d'un bai clair.

La tête osseuse de cette espèce présente, vue de profil, une ligne légèrement et uniformément arquée de l'occiput au bout des os du nez, et la surface comprise entre les apophyses orbitaires du frontal, les maxillaires et l'extrémité des os du nez est remarquable par sa longueur comparée à celles des mêmes parties chez les loutres dont nous aurons encore à parler.

Son genre de vie que nous ne connaissons point est sans doute analogue à celui des autres loutres.

1. *Supp.* VI, in-4°, p. 287. Édit. Garnier, t. IV, p. 303.
2. *Lutra enudris. Dictionn. des sciences naturelles*, t. XXVII, p. 242.

La loutre que Buffon a fait figurer sous le nom de petite loutre de la Guyane[1] est un didelphe qui est devenu le type du genre Chironecte.

LA LOUTRE SANS MUFLE

Cette espèce qui paraît, comme la précédente, originaire de la Guyane se distingue de toutes celles qui nous sont connues, par ses narines entourées de poils et dépourvues de cet appareil glanduleux auquel les naturalistes appliquent plus particulièrement le nom de mufle. Sa taille surpasse celle de toutes les autres loutres : elle a trois pieds neuf pouces du museau à l'origine de la queue, et celle-ci a un pied onze pouces ; son pelage se compose de poils très ras et très lisses ; les soyeux assez rudes recouvrent entièrement les laineux qui sont courts et en petite quantité. Sa couleur générale est d'un brun fauve brillant, tirant sur le brun marron vers l'extrémité des membres et de la queue, et devenant d'un fauve clair sur la tête et le cou ; le tour des lèvres, le menton, la gorge et le dessous du cou sont d'un jaune fauve pâle. Dans le jeune âge, cette partie jaune du dessous du cou est moins nettement circonscrite et plus ou moins variée de brun. Les poils soyeux des parties supérieures du corps sont bruns à leur base, puis fauves dans le reste de leur longueur ; les laineux aux mêmes parties sont jaunes fauves avec la pointe brune : les uns et les autres sont jaunâtres sous la gorge. La queue, de la couleur du corps, est très déprimée à son extrémité. Les membres de cette espèce ne diffèrent point de ceux des autres loutres, et il en est de même de toutes les parties qui se conservent avec les dépouilles ; car cet animal ne nous est connu que par les peaux bourrées qui sont conservées dans le Muséum d'histoire naturelle, et par une tête osseuse qui se distingue de toutes les têtes de loutres par le peu de longueur de l'espace compris entre les apophyses orbitaires du frontal, les maxillaires et l'extrémité des os du nez.

Nous sommes entrés dans les détails qui précèdent à cause de l'anomalie que cette espèce nous présente dans son mufle et dans la nature de son pelage.

LA LOUTRE DE LA TRINITÉ[2]

Cette espèce ne nous est connue que par sa peau, envoyée de l'île de la Trinité au Muséum d'histoire naturelle par M. Robin.

Elle a deux pieds trois pouces du bout du museau à l'origine de la queue, et celle-ci a dix-huit pouces. Son pelage fort touffu ne se compose cependant que de poils courts et lisses ; il est d'un brun châtain clair, plus

1. *Supp.* III, in-4°, pl. 22. Édit. Garnier, t. IV, p. 302.
2. *Lutra insularis.*

pâle sur les flancs, et jaunâtre aux parties inférieures du corps et sur les côtés de la tête, d'où il passe au blanc jaunâtre sur les lèvres, le menton, la gorge, le dessous du cou et la poitrine.

Gumilla, dans son *Histoire de l'Orénoque*, parle d'un animal qu'il désigne par le nom de chien d'eau, et que les Indiens, dit-il, nomment *guachi*, lequel habite des tanières qu'il creuse lui-même sur les bords des rivières; il est de la grandeur d'un chien couchant, nage avec légèreté et se nourrit de poisson. On a toujours pensé que ce chien d'eau était une loutre, et c'est avec raison, sans doute, quoique Gumilla l'en distingue nommément[1]; car ce qu'en dit ce missionnaire ne peut, quant à présent, convenir qu'à un animal de ce genre; mais comme il ne le décrit point, qu'il n'en fait point connaître les couleurs et se borne à quelques traits généraux de mœurs qui conviendraient à toutes les loutres, on ne peut en reconnaître les caractères spécifiques. Aussi, en parlant du *guachi* à l'article de la loutre de la Trinité, nous ne voulons pas indiquer que ces animaux soient de la même espèce; mais c'était ici le lieu le plus convenable pour faire mention du rapport de Gumilla, puisque de toutes les loutres que nous avons à faire connaître, celle-ci appartient plus particulièrement à l'Orénoque et aux rivières qui s'y jettent.

LA LOUTRE DE LA CAROLINE[2]

Cette espèce, plus grande que la loutre commune, a deux pieds neuf pouces du bout du museau à l'origine de la queue. Son pelage, doux et épais, doit principalement ces qualités à ses poils laineux; mais sa couleur est due aux poils soyeux; cette couleur, aux parties supérieures du corps, est d'un brun noirâtre qui pâlit un peu aux parties inférieures; les joues, les tempes, le tour des lèvres, le menton, et la gorge sont d'un brun grisâtre.

La tête osseuse de cette loutre se distingue de celle de toutes les autres espèces connues par la ligne droite et même un peu concave qu'elle présente, depuis l'occiput jusqu'à l'extrémité des os du nez, lorsqu'elle est vue de profil; et en ce point comme en plusieurs autres, elle diffère de la loutre du Canada dont nous avons parlé précédemment.

Le Muséum d'histoire naturelle possède les dépouilles de plusieurs individus de cette espèce, qu'il doit aux soins de M. L'Herminier, un de ses correspondants, qui les a recueillies lui-même pendant son séjour dans les Carolines.

1. *Histoire de l'Orénoque*, t. III, p. 239.
2. *Lutra lataxina.*

LA LOUTRE MARINE ou DU KAMTSCHATKA[1]

C'est sous le nom de saricovienne que Buffon parle de cet animal[2], parce qu'il le confondait avec sa saricovienne du Brésil. L'histoire qu'il en donne est tirée de ce qu'en a rapporté Steller dans les *Nouveaux Mémoires de l'Académie* de Pétersbourg[3] ; elle fait connaître cet animal sous de nombreux rapports ; mais plusieurs des caractères qui s'y trouvent compris avaient porté Steller à indiquer comme des castors ou des loutres les nombreux individus qu'il observa pendant son triste séjour dans l'île Behring. Cependant plusieurs des détails d'organisation que Steller nous fait connaître, en donnant la description de son castor ou de sa loutre marine, et sur l'exactitude desquels il est difficile d'élever des doutes, ne sont point conformes à ce que nous observons chez les loutres. Ainsi cette loutre marine n'a point des dents semblables à celles de ces animaux ; ses incisives inférieures, et peut-être les supérieures, sont au nombre de quatre, et les loutres en ont six ; de plus, celles-ci ont cinq mâchelières de chaque côté des mâchoires, et la loutre marine n'en a que quatre de chaque côté de la mâchoire supérieure. Les membres et plusieurs parties internes paraissent aussi différer chez ces animaux, ce qui conduirait, en s'en tenant à la description de Steller, à faire envisager sa loutre marine comme une espèce assez éloignée des loutres, et dont il serait encore nécessaire d'étudier l'organisation pour en établir les rapports. Ce n'est pas moins sur cette seule description que l'espèce de la loutre marine a été établie, et il est remarquable que, tandis que les naturalistes de l'école de Linnæus faisaient une loutre d'un animal qui n'en offrait pas les caractères, Buffon persévérait à réunir dans une seule espèce cet animal des mers du Kamtschatka avec les loutres du Brésil et de la Guyane ; en effet, c'est à la fin de son article sur la loutre marine, qu'il avance ce fait d'une évidente inexactitude, que, à la Guyane, les jaguars et les cougouars poursuivent vivement les loutres, s'élancent sur elles, les suivent au fond de l'eau, les y tuent et les emportent ensuite à terre pour les y dévorer. Les cougouars et les jaguars font sans doute leur proie des loutres qu'ils peuvent atteindre ; mais ce qui n'est pas moins certain, c'est que, dès que celles-ci sont à l'eau, tout danger pour elles a cessé de la part de ces ennemis qui sont aussi peu aquatiques que les loutres le sont essentiellement. Schreber[4] et Cook ont donné chacun une figure de la loutre marine. C'est à cette espèce qu'on a rapporté une loutre dont les dépouilles se trouvent dans la collection du Muséum, où elle porte

---

1. *Lutra lutris.*
2. *Supp.* VI, in-4º, p. 287. — Édit. Garnier. t. IV, p. 303.
3. Tome II, année 1751.
4. Planche 128.

le nom de loutre du Kamtschatka. Voici la description que nous en avons donnée.

« Le dessus du cou, les épaules, le dessus et les côtés du corps, la croupe et les cuisses, sont revêtus d'une épaisse fourrure composée de poils laineux de la plus grande douceur, parmi lesquels on remarque, mais en très petite quantité, des poils soyeux un peu plus longs. La tête, le bas des membres, le dessous du cou et du corps sont au contraire couverts de poils soyeux assez nombreux pour cacher les laineux, du moins en partie ; les premiers sont un peu moins nombreux sur la queue. Le dessus du cou, les épaules, le dessus et les côtés du corps, la croupe, la cuisse, les membres postérieurs et la queue, sont d'un brun marron foncé, conservant tout l'éclat du velours ; les poils laineux sont, sur toutes ces parties, d'un brun pâle à la base, et d'un brun foncé vers la pointe, tandis que les soyeux sont d'un brun foncé sur les membres postérieurs et la queue, et terminés de blanc sur le corps ; la tête, la gorge, le dessous du cou et du corps, et le bas des membres antérieurs sont d'un gris argenté ; cette teinte devient roussâtre sur le museau ; sur toutes ces parties, les poils soyeux sont d'un blanc brillant et les laineux sont bruns sur le corps et roussâtres sur la tête, la gorge et le dessous du cou. Le dessus des doigts est d'un brun fauve, et les moustaches sont blanches. »

Cette espèce a trois pieds trois pouces du museau à la queue, et celle-ci, qui est grosse et courte, n'a qu'un pied trois pouces.

L'individu du Muséum sur lequel a été faite cette description avait été acquis chez un fourreur ; peut-être est-il le *mustela hudsonica* de M. de Lacépède.

LA LOUTRE BARANG[1]

Chez cette espèce de l'Inde due aux recherches de MM. Diard et Duvaucel, le pelage est rude et hérissé : les poils soyeux sont longs et recouvrent les laineux. Elle est d'un brun de terre d'ombre sale et grisâtre, un peu plus pâle sous le corps et vers les tempes ; la gorge, le dessous et le bas des côtés du cou sont d'une teinte grise brunâtre, qui se fond insensiblement avec le brun cendré du reste du pelage ; les poils soyeux, généralement bruns, prennent une couleur blanchâtre à leur pointe sur le dessous du cou.

Cette loutre a un pied huit pouces du museau à la queue, et celle-ci a huit pouces. M. Diard l'a envoyée de Java au Muséum, et elle porte à Sumatra le nom de *Barangbarang*.

M. Raffles (*Catal. des mamm. de Sumatra, Trans. linn.* de Londres, t. XIII) dit qu'il existe dans cette île deux espèces de loutres, l'une petite, qui est celle que nous venons de décrire, et l'autre plus grande, désignée sous le nom de simung.

1. *Lutra barang.*

Je pense que c'est un jeune individu de cette grande espèce qu'a envoyé M. Diard. Quoique très jeune, sa tête osseuse est assez grande pour pouvoir faire penser qu'adulte il égale presque notre loutre ; et la différence de ses couleurs, déjà bien tranchées, porte à croire que ce n'est point un jeune de l'espèce suivante : les poils sont moins longs, plus lisses et plus doux ; le pelage est d'un brun foncé prenant une teinte roussâtre, plus claire sous le corps et la queue ; le tour des yeux, les côtés de la tête, le bord de la lèvre supérieure, les côtés et le dessous du cou sont d'un blanc fauve jaunâtre, assez vif et bien tranché, et le menton est blanc.

LA LOUTRE NIRNAIER[1]

Cette loutre a les poils peu longs et assez doux ; les soyeux recouvrent les laineux, et ceux-ci sont doux et fournis.

Le pelage est d'un châtain foncé, pâlissant sur les côtés du corps ; les côtés de la tête et du cou, le tour des lèvres, le menton, la gorge et le dessous du cou sont d'un blanc roussâtre clair assez pur ; le bout du museau est roussâtre, et l'on remarque au-dessus et au-dessous de l'œil une tache d'un brun fauve clair ; enfin le dessous du corps est d'un blanc roussâtre.

Les poils soyeux des parties supérieures sont bruns avec la pointe rousse ; ceux du dessous du corps sont d'un blanc teint de fauve, et ceux des côtés de la tête sont blancs. Les laineux sont blancs avec la pointe brune sur le corps, et roussâtres sur les parties blanches ; les moustaches sont blanches.

Dans le très jeune âge, le poil est plus long, plus doux et plus pâle ; le menton et la gorge sont entièrement d'un blanc paillé, et le pelage paraît sur cette région plus doux que sur les parties voisines ; les poils laineux, plus nombreux que chez l'adulte, sont tous d'un gris brunâtre clair.

Cette espèce a, du museau à la queue, deux pieds quatre pouces, et celle-ci a un pied cinq pouces.

Le Muséum doit les individus qu'il possède à M. Leschenault, qui les a rapportés de Pondichéry, où l'espèce est nommée nir-nayre.

LA LOUTRE DU CAP[2]

M. Delalande a rapporté du Cap la dépouille et le squelette d'un animal qui doit être regardé comme une espèce de ce genre, mais qui cependant y forme un groupe particulier et très distinct. Cette espèce présente le même système de dentition que les loutres, ayant seulement la tuberculeuse supérieure plus large : elle en a aussi les oreilles, le mufle et la forme générale

1. *Lutra nair.*
2. *Lutra inunguis.*

du corps; seulement elle paraît un peu plus haute. Jusque-là tous ces caractères la rapprochent du genre qui nous occupe ; mais ce qui l'en distingue sensiblement est la forme des pieds et les rapports des doigts. Ceux-ci sont gros, courts et à peine palmés; aux pieds de devant ils sont presque sans membranes, et le second paraît soudé au troisième sur toute la première articulation : ces deux doigts sont les plus longs, et le premier des deux est un peu plus allongé que le troisième ; le premier doigt, ou l'externe, et le quatrième, sont beaucoup plus courts, et ce dernier est plus long que le premier; enfin le cinquième ou l'interne est placé assez haut et le plus court de tous. Aux membres postérieurs les doigts sont seulement unis à la base par une étroite membrane : le second et le troisième paraissent ainsi qu'aux pieds de devant soudés sur la première articulation ; ils sont les plus longs et égaux entre eux : le premier et le quatrième, plus courts que ceux-ci, sont d'une longueur égale, et l'interne ou le cinquième est le plus court de tous. Tous ces doigts sont sans ongles, et dans le squelette les phalanges onguéales sont courtes, obtuses et arrondies vers le bout; l'on remarque seulement à l'extrémité des second et troisième doigts des pieds postérieurs, un rudiment d'ongle qui se compose d'une lame cornée demi-circulaire en forme de gaine, au centre de laquelle se trouve un tubercule épais et arrondi. Telles sont les particularités que l'on remarque sur les deux individus de la collection du Muséum, et M. Delalande nous a assuré que toujours les individus de cette espèce offraient cette singulière anomalie.

Le pelage est assez doux, fourni et épais ; les poils soyeux recouvrent les laineux, et ceux-ci sont courts, épais et doux. Cet animal est d'un brun châtain, plus foncé sur la croupe, les membres et la queue ; plus clair et tirant sur le roussâtre, au bas des flancs et des côtés du corps, et prenant une teinte grise brunâtre sur le dessus de la tête, du cou et des épaules ; le haut des côtés de la tête et du cou, et l'espace qui se trouve entre le mufle et l'œil, sont d'un brun assez foncé ; la lèvre supérieure, la joue au-dessous de l'œil, la tempe, le menton, la gorge, le tour des lèvres et enfin les côtés de la tête, les côtés et le dessous du cou et la poitrine, sont d'un blanc assez pur qui se porte en brunissant jusqu'en avant de l'épaule ; le dessus du museau est d'un blanc roussâtre, et l'oreille est brune avec le bord blanc. Aux parties brunes les poils soyeux sont d'un brun châtain, tandis qu'ils se trouvent terminés de cendré aux parties teintes de gris, et blancs sous la tête et le cou ; les laineux sont grisâtres avec la pointe brune.

Cet animal a deux pieds dix pouces du museau à la queue, et celle-ci a un pied huit pouces. Il habite, d'après les observations de M. Delalande, les vastes marais salés des bords de la mer, plonge très bien, se retire dans les joncs et les broussailles et se nourrit de poissons et de crustacés.

LES PUTOIS ET LES MARTES

L'ordre dans lequel Buffon nous présente l'histoire des différentes espèces de martes de France est une preuve de ce que nous avons dit dans notre Discours préliminaire de l'influence qu'exercèrent sur lui, presque à son insu, les rapports naturels des animaux, toutes les fois que, faciles à saisir, ils ne se présentent pas comme les conséquences d'un système arbitraire, ou qu'ils n'étaient pas en opposition avec celui qu'il s'était imposé. C'est une remarque que nous aurions pu faire même au sujet des premiers animaux dont Buffon fit l'histoire, des animaux domestiques ; car nous le voyons décrire l'âne à la suite du cheval, réunir ensuite les ruminants et placer les cochons entre ceux-ci et les carnassiers. Arrivé aux animaux sauvages qui font chez nous l'objet de la chasse, il ne sépare point les trois espèces de cerfs que nourrissent nos forêts : le lapin suit le lièvre ; le renard le loup ; le blaireau est à côté de la loutre, quoique les rapports qui lient ces deux animaux n'aient été reconnus que récemment ; et c'est après eux qu'il parle des martes, comme s'il eût pressenti que tous ces animaux seraient un jour réunis dans la même famille. En effet Buffon traite successivement de la fouine [1], de la marte, du putois, du furet, de la belette et de l'hermine ou rosselet ; ensuite [2] du pecan, du vison et de la zibeline ; et les histoires qu'il donne des six premiers, comme celle de toutes les espèces qu'il a pu connaître par lui-même en les observant, ou en consultant ceux qui les auraient observées, sont à peu près aussi complètes et aussi exactes qu'elles peuvent l'être, même encore aujourd'hui, tant la science a fait peu de progrès sous le rapport de la connaissance zoologique des quadrupèdes ; aussi n'avons-nous que peu d'observations critiques à faire sur elles. Toujours conduit par le système qui le portait à restreindre le nombre des espèces, il avance, en se fondant sur des suppositions gratuites, que la fouine se trouve à Madagascar et aux Maldives, et la marte commune dans l'Amérique du Nord, à la Chine et au Tonkin ; or rien ne pouvait justifier de telles assertions ; d'un autre côté, en traitant du furet, après avoir recherché à quelle espèce de marte on pouvait rapporter celle qu'Aristote nomme *ictis*, il conclut que ce ne pourrait être au putois, parce que l'ictis s'apprivoise facilement, et que le putois ne s'apprivoise pas. Nous ne répéterons pas, mais nous rappellerons ce que nous avons dit à l'occasion du daw, de cette idée qu'il existe des quadrupèdes que l'on ne peut apprivoiser ; idée qui, par ses conséquences, aurait dû être à jamais rejetée par un esprit aussi profond et aussi éclairé que Buffon. Quant aux trois dernières espèces de marte dont il parle, il ne les connut que par leurs dépouilles, ou par ce qu'en disent les auteurs. Le pecan et le

1. Tome VII, in-4°, p. 161 et suiv. — Édit. Garnier, t. IV, p. 284 et suiv.
2. Tome XIII, in-4°, p. 304 et 309. — Édit. Garnier, t. IV, p. 287 et suiv.

vison n'étaient même indiqués clairement par aucun voyageur; aussi les figures qu'il en donne et les descriptions de Daubenton font-elles connaître,
pour la première fois, ces animaux autant qu'il est possible de le faire d'après
des peaux plus ou moins bien conservées ; il ne parle de la zibeline que
d'après les voyageurs qui ont visité les parties septentrionales de l'ancien
continent [1], et principalement d'après Gmelin ; il ne connaissait point autrement cette marte; mais, admettant cette circonstance que la zibeline fréquente le bord des rivières, il conclut qu'elle est le *satherion* d'Aristote, animal que ce philosophe rapprochait des loutres et des castors, parce que les
uns comme les autres cherchent leur nourriture aux bords des lacs et des
rivières. Il est au moins douteux que la conséquence que tire Buffon soit
fondée : si la zibeline se rencontre, en effet, dans le voisinage des rivières,
c'est par des circonstances qui n'exercent sur elle qu'une influence secondaire, et non point par le fait de sa nature intime, par l'obligation de se
soumettre à des instincts puissants, à des besoins impérieux ; car elle n'est
point, comme la loutre et le castor, un animal aquatique. Aussi est-il probable qu'Aristote n'aurait pas rapproché son *satherion* de ces animaux s'il ne
leur eût pas plus ressemblé que la zibeline.

L'erreur de Buffon, à l'égard de l'espèce qu'il désigne sous le nom de
zorille, est plus grave ; il donne cette espèce comme une mouffette et comme
d'origne américaine. Le nom de *zorille*, qui signifie petit renard, est en effet
donné par les Espagnols aux petits carnassiers puants de l'Amérique méridionale, que nous appelons mouffettes. Buffon, qui trouva ce nom dans *Ge-
melli Carerri*, l'appliqua à un carnassier du cabinet de M. le curé de Saint-
Louis, qu'il crut reconnaître à la description que l'écrivain espagnol donne
de son *zorille*, et dont il ignorait l'origine ; mais cet animal était du cap de
Bonne-Espérance, et le nom de zorille ne lui convenait pas ; car il n'est
point une mouffette, mais un véritable putois; il en a les dents comme les
organes du mouvement et des sens ; seulement, au lieu d'ongles demi-rétractiles, propres à grimper, il a des ongles crochus, forts et propres à fouir.
Du reste, la figure qu'en donne Buffon et la description qui l'accompagne, faite par Daubenton, sont encore aujourd'hui les plus propres à
faire connaître cet animal par ses caractères extérieurs; et malgré la confusion que fit Buffon en lui donnant le nom de zorille, ce nom lui est
resté.

Buffon décrit encore d'autres animaux sous les noms de putois, de fouine
de marte, etc.; mais c'est par erreur pour quelques-uns, et sans fondement
suffisants pour d'autres; ainsi sa fouine de Madagascar [2] est une mangouste;
sa grande marte de la Guyane est un glouton [3]; son touan [4], qu'il regardait

1. Tome XIII, in-4°, p. 309, et *Supp.* III. p. 163. — Édit. Garnier, t. IV, p. 295.
2. *Supp.*, t. VII, in-4°, p. 249. — Édit. Garnier, t. IV, p. 298.
3. *Supp.*, t. VII, in-4°, p. 250. — Édit. Garnier, t. IV, p. 286.
4. *Supp.*, t. VII, in-4°, p. 252. — Édit. Garnier, t. IV, p. 356.

comme une belette, est un didelphe. Quant à son putois rayé de l'Inde[1] et à sa petite fouine de la Guyane, ce sont des animaux indéterminables aujourd'hui, les caractères d'après lesquels leurs rapports pourraient s'établir n'étant point connus.

Nous avons à ajouter aux espèces précédentes la marte des Hurons, le chorok, le perouasca, le mink, le furet de Java et la belette d'Afrique.

LE CHOROK

Les Russes donnent ce nom à une espèce décrite par Pallas, sous le nom latin de *sibirica*; mais la description de cet auteur diffère si peu de celle du putois que nous sommes embarrassés de trouver des différences pour les distinguer. Selon cet illustre naturaliste, le chorok aurait des poils plus longs et moins fins que le putois, et, au lieu de l'extrémité du museau brune, il aurait le tour du nez blanc; cet animal, du reste, a toutes les mœurs du putois. On sent qu'une nouvelle comparaison est nécessaire pour établir qu'il y a une différence spécifique entre ces animaux.

La collection du Muséum paraît posséder un individu de cette espèce qui est uniformément d'un blond roux, excepté le tour du museau, qui est blanc à son extrémité et brun ensuite jusqu'aux yeux. Cet individu diffère donc beaucoup du putois et donnerait des caractères très précis à son espèce.

LE MINK[2]

Cette espèce est d'un tiers plus petite que le vison, et d'un marron presque noir. Le dernier tiers de sa queue est tout à fait noir, et le bout de sa mâchoire inférieure est blanc. Ses doigts sont réunis par une membrane très lâche.

Elle est commune dans le nord de l'Europe et descend jusqu'à la mer Noire. Elle est également répandue dans l'Asie septentrionale et dans l'Amérique du Nord. On rapporte qu'elle se tient principalement aux bords des rivières, et qu'elle vit de reptiles et de poissons; l'odeur qu'elle répand est celle du musc.

LA BELETTE D'AFRIQUE[3]

M. Desmarest a publié cette espèce d'après une peau bourrée du cabinet du Muséum, qui porte aujourd'hui, pour toute indication, qu'elle a été tirée

1. *Supp.*, t. VII, in-4°, p. 231. — Édit. Garnier, t. IV, p. 329.
2. *Mustela lutreola.*
3. *Mustela africana.*

du Cabinet de Lisbonne ; elle a environ dix pouces de longueur, et sa queue
en a six. Toutes ses parties supérieures sont d'un beau marron, et ses parties inférieures d'un blanc jaunâtre ; une bande marron, très étroite, qui naît
à la poitrine et s'étend jusqu'à la partie postérieure de l'abdomen, partage
longitudinalement en deux ces parties blanchâtres ; et le blanc du bord des
lèvres remonte un peu sur les joues ; la queue est de couleur marron dans
toute son étendue.

LE PEROUASCA[1]

Cette espèce a, du bout du museau à l'origine de la queue, un pied deux
pouces environ, et la queue en a six. Elle nous offre quelques particularités
qui la distinguent profondément des autres espèces de ce groupe, c'est son
pelage tacheté. Elle paraît aussi, suivant Pallas, avoir la tête moins large proportionnellement que les putois. Les couleurs de son pelage consistent dans
un fond marron varié de blanc ; toutes les parties inférieures du corps, depuis le cou jusqu'à la base de la queue, c'est-à-dire le cou, la poitrine, le
ventre et les membres sont d'un brun foncé ; cette couleur remonte sur les
épaules en y prenant une teinte plus pâle ; tout le reste est à peu près également mélangé de brun et de blanc, mais trop irrégulièrement pour qu'on
puisse donner de la distribution de ces couleurs une description fidèle ; la
mâchoire inférieure et le bord de la lèvre supérieure sont blancs ; une bande
blanche transversale, étroite, sépare les deux yeux, passe par-dessus et vient,
en s'élargissant, se terminer au bas des oreilles sur les côtés du cou ; la nuque
est blanche et donne naissance à deux autres bandes blanches qui descendent obliquement et viennent se terminer au-devant de l'épaule ; quelques
petites taches isolées garnissent la ligne moyenne jusqu'en arrière des épaules
où naît de chaque côté une longue tache qui se lie à celles qui bordent les
flancs et qui forment une chaîne jusqu'à la queue ; entre ces deux lignes se
voit un espace à peu près également partagé entre de petites taches irrégulières, brunes et blanches. La queue est uniformément variée de ces deux
couleurs, excepté à la pointe qui est toute noire.

Cette description, faite sur l'individu du Cabinet, diffère assez de celle
que Pallas nous a donnée du perouasca, pour qu'on puisse penser que la
distribution des taches blanches peut varier dans certaines limites, suivant
les individus.

LE FURET DE JAVA[2]

Cette espèce est un peu plus petite que le putois. Tout son corps, excepté la tête et le bout de la queue, est couvert d'un poil d'un fauve d'or bril-

1. *Mustela samartica.*
2. *Mustela nudipes.*

lant. La tête et l'extrémité de la queue sont d'un blanc jaunâtre; mais ce qui caractérise particulièrement cette espèce est la nudité du dessous de ses pieds. Le putois n'a de nu sous la plante des pieds et sous la paume des mains que l'extrémité des tubercules qui garnissent ces parties. Dans le furet de Java, les parties qui séparent ces tubercules sont également nues, quoique ce ne soit point un animal plantigrade. Cette circonstance n'influe donc en rien sur son naturel, d'une manière appréciable pour nous du moins, et c'est pourquoi je ne l'ai considérée que comme un caractère spécifique.

C'est à MM. Duvaucel et Diard que nous devons la connaissance de cette belle et singulière espèce de putois.

LA MARTE DES HURONS[1]

De la taille de la fouine : uniformément d'un blond clair, les pattes et la queue plus foncées ; le dessous des doigts entièrement revêtu de poils comme ceux de la zibeline. Tels sont les traits caractéristiques d'une espèce de marte envoyée au Muséum d'histoire naturelle par M. Milbert sous le nom de marte des Hurons, et comme ayant été prise dans le haut Canada. Le Cabinet possède plusieurs individus de cette espèce qui ne diffèrent point sensiblement l'une de l'autre.

LES CHAUVES-SOURIS

Ces animaux, aussi bien que les musaraignes, auraient pu donner lieu aux réflexions que nous avons faites sur la direction que l'histoire naturelle des quadrupèdes a prise chez nous depuis Buffon, et sur le point de vue sous lequel elle aurait actuellement besoin d'être envisagée, pour que les deux parties dont l'histoire naturelle de tout animal se compose, la partie physique et la partie psychique, suivissent une même marche et s'enrichissent dans les mêmes proportions. En effet, Buffon[2] ne fait connaître que sept à huit chauves-souris, et si dans ses suppléments[3] il parle de sept ou huit autres, découvertes par Daubenton, ce n'est que pour rapporter les noms et le nombre des dents de chacune d'elles. Aujourd'hui on en a décrit de quatre-vingts à cent espèces, et excepté sous le rapport des modifications que peuvent présenter les caractères spécifiques, l'histoire de ces animaux ne s'est enrichie d'aucune observation véritablement propre à nous faire connaître leur naturel et le rôle qu'ils jouent dans l'économie de ce monde. Il y a plus, les modifications organiques, fort singulières et fort remarquables, qui sont particulières à un assez grand nombre d'espèces de chauve-

1. *Mustela huro.*
2. Tome VIII, in-4°, p. 113. — Édit. Garnier, t. IV, p. 622.
3. *Supp.* III, in-4°, p. 264. — Édit. Garnier, t. IV, p. 243.

souris, n'ont fait le sujet d'aucune recherche pour en découvrir la nature : présentées par les organes des sens, on a conjecturé qu'elles avaient pour objet de modifier les sensations; mais de quelle manière, dans quelle mesure et dans quel cas? C'est ce qui reste complètement ignoré ; de sorte que ces modifications, malgré toute leur importance comme caractères distinctifs, ne sont encore pour la science que des caractères empiriques.

Cette direction toute spéciale des esprits vers la structure, l'organisation des quadrupèdes, pourrait être attribuée à plusieurs causes; mais deux d'entre elles me paraissent surtout y avoir contribué; l'une consiste dans la part qu'ont prise à la science les méthodes de classification, l'autre, l'habitation presque forcée dans les grandes villes des hommes qui s'occupent de l'histoire naturelle des animaux, et qui, par leur position, exercent le plus d'influence sur elle.

Buffon, prévenu de l'idée que le nombre des quadrupèdes était très borné, et par là toujours disposé à rapporter aux espèces connues celles qui n'étaient qu'incomplètement indiquées ou décrites, ne sentit point la nécessité de ces classifications qui, comme celles de Linnæus, avaient pour objet de faire reconnaître les espèces par la comparaison et l'opposition de quelques-uns de leurs caractères. Cependant, le nombre des quadrupèdes augmentant, sous l'influence même des ouvrages de Buffon, il devint indispensable de les classer méthodiquement et sous un système de dénominations favorables à la mémoire. C'est alors que la méthode linnéenne fut adoptée chez nous; mais les principes de cette méthode étaient loin d'être des guides sûrs, et le cadre dans lequel le naturaliste suédois renfermait tous les quadrupèdes ne suffisait pas aux nombreuses acquisitions de la science ; on ne put donc échapper à l'obligation de rectifier ces principes et d'étendre ce cadre. Cette étude devint alors l'occupation presque exclusive des esprits, que tant d'efforts dirigés vers le même but conduisirent enfin aux méthodes naturelles et au principe sur lequel elles se fondent, celui de la subordination des caractères; principe fécond, qui ouvrait un champ nouveau aux recherches et aux spéculations et sous l'influence duquel la science est encore tout entière aujourd'hui.

Cette influence est devenue d'autant plus facilement exclusive, que les naturalistes étaient plus favorablement placés pour l'éprouver et pour donner de l'éclat à leurs travaux. Ce serait vainement qu'on se livrerait aux recherches de classifications, loin des grandes collections et des grandes bibliothèques; on ne parvient à établir les caractères distinctifs des espèces et des genres de quadrupèdes que par des recherches nombreuses et par de minutieuses comparaisons. Il faut recueillir les rapports de tous les auteurs, rapprocher leurs descriptions, reconnaître en quoi elles se ressemblent ou diffèrent, rassembler celles qui paraissent appartenir au même objet, agir de même sur les dépouilles que les collections renferment ou sur les figures qui les représentent, et de toutes ces notions, plus ou moins incomplètes et de nature différente, recréer en quelque sorte les êtres et en présenter la peinture. Une longue expérience est indispensable au succès de ces sortes de travaux ; le genre de critique qu'ils exigent ne peut s'acquérir par une autre voie, les livres ne donnent que des règles générales, et sans l'exercice des sens, ces règles sont inapplicables ; or les riches collections de zoologie, les bibliothèques consacrées aux sciences, les chaires, où l'histoire naturelle des animaux doit être enseignée dans toute son étendue, ne sont qu'en petit nombre, et leur réunion ne se trouve que dans la capitale. Mais si la solitude, si la vie des champs, est incompatible avec les travaux de classification, combien elle est plus favorable que la vie des grandes villes à l'étude des animaux vivants, à la recherche de leur naturel, à l'observation de ces actions que dirige leur intelligence ou que détermine leur instinct, en un mot, à la connaissance de cette seconde partie de l'histoire naturelle des animaux, qui a pour objet les causes de leurs actions, et à quelques égards la fin de leurs organes ! Cet avantage de l'habitation des campagnes est loin d'être apprécié comme il le devrait, si nous en jugeons par la plupart des mémoires de zoologie qui paraissent dans les recueils des sociétés savantes établies dans les villes où ne se trouvent ni collections, ni grandes bibliothèques, ni chaires savantes ; ces mémoires, presque tous de classification et de nomenclature, sont rarement utiles, et trop souvent ils sont nuisibles, par les faits incomplets qu'ils contiennent, et qui ne font que renforcer l'obscurité que leur objet était d'affaiblir. Ils seraient d'une valeur bien autrement précieuse si leur but était différent, si, au lieu de contenir des descriptions et de montrer des rapports, ils étaient consacrés à des histoires d'actions en faisant voir dans chacune la part de l'intelligence et celle de l'instinct, en y indiquant ce qui s'y trouve de fortuit ou de nécessaire, de variable ou de constant.

Peu d'animaux seraient plus favorables à ce genre de recherches que les chauves-souris. Les espèces sont nombreuses, elles doivent présenter des différences de mœurs, peu considérables sans doute dans quelques-unes, mais importantes dans d'autres, et toutes ces différences ont besoin d'être appréciées. Leur vie crépusculaire n'est point un obstacle à l'observateur, car elles lui doivent peut-être de ne pas fuir la présence des objets étrangers et ne pas s'effrayer de celle de l'homme ; l'étendue bornée de leur vol, l'instinct qui les empêche de s'éloigner de leur habitation et les réunit pour la plupart en troupes, favoriseraient encore leur étude, et plusieurs faits portent à penser qu'on parviendrait sans trop de peines à les faire vivre dans des lieux circonscrits et fermés.

Les cent espèces de chauves-souris qui ont été décrites et distinguées par des caractères plus ou moins importants ont été réunies dans vingt ou vingt-cinq genres, caractérisés eux-mêmes par des modifications organiques d'une influence plus ou moins grande sur la vie. Un volume suffirait à peine pour faire connaître tous ces animaux ; ils se trouvent indiqués et décrits dans les ouvrages de classifications, groupés dans deux familles ; les uns, les phyllostomes, ayant une feuille membraneuse plus ou moins compliquée à l'extrémité du museau, et les autres, les vespertilions, en étant dépourvus ; les premiers se partagent en six genres principaux : les phyllostomes proprement dits, les vampires, les rhinolophes, les glossophages, les mégadermes et les rhinopomes mormops. Buffon donne la description d'espèces qui appartiennent aux trois premiers de ces genres : le grand et le petit fer-de-lance[1], qui sont des phyllostomes, le vampire, qui forme un genre à lui seul[2] ; enfin le grand et le petit fer-à-cheval[3], qui sont des rhinolophes. Nous nous bornerons donc à faire connaître une des espèces les plus anciennes des quatre autres.

LE GLOSSOPHAGE DE PALLAS

C'est à Pallas qu'on doit la connaissance de cet animal, dont il a donné une description très complète sous le nom de *vespertilio soricinus*[4] ; et les détails où il entre sur la structure des organes étaient bien suffisants pour qu'on en fît le type d'un genre, dès que les principes de la méthode naturelle furent établis ; mais entre la découverte d'un principe et son application à tout ce que, dès son origine, il pourrait embrasser, l'intervalle souvent est très grand ; aussi ce ne fut qu'en 1818 que M. Geoffroi Saint-Hilaire forma, du *vespertilio soricinus*, le genre *glossophage*[5], par la considération, entre autres, de la langue de cet animal, dont la structure très particulière modifie indubitablement le sens du goût et le mode de manducation. M. Geoffroi en avait parlé précédemment sous le nom de phyllostome musette[6], en proposant le genre des phyllostomes proprement dits, dans lequel furent classées d'abord plusieurs espèces qui en ont été séparées ensuite pour former des types de genres ou de sous-genres nouveaux.

Excepté pour ce qui concerne ses rapports avec les autres chauves-souris, nous ne connaissons encore le glossophage de Pallas que par ce que ce naturaliste et M. Geoffroi nous en disent, et par ce que nous en avons vu nous-mêmes ; et nous n'avons pu l'étudier l'un et l'autre que sur des individus morts et conservés dans la liqueur.

Cette chauve-souris a deux pouces de longueur du bout du museau à l'extrémité du tronc, son envergure est d'environ huit pouces ; elle est entièrement privée de queue, et les mâles sont un peu plus grands que les fe-

1. *Supp.*, t. VII, in-4°, pl. 74, et t. XIII, pl. 33. — Édit. Garnier, t. IV, p. 254.
2. Tome X, in-4°, p. 55., *Supp.* VII, p. 291. — Édit. Garnier, t. IV, p. 253.
3. Tome VIII, in-4°, pl. 20 et 17, fig. 2. — Édit. Garnier, t. IV, p. 254.
4. Pallas, *Spic. Zool.*, fasc. 3, pl. 3 et 4, in-4°.
5. *Mémoires du Mus. d'hist. nat.*, t. IV, p. 411, 1818.
6. *Annales du Mus. d'hist. nat.*, t. XV, p. 179, 1815.

I.   15

melles. Le museau est allongé comparativement à celui des autres phyllostomes. La mâchoire supérieure a quatre incisives, les deux moyennes larges
et comme tronquées, les deux latérales pointues, une canine de chaque côté,
et sept mâchelières dont quatre fausses molaires et trois molaires véritables.
La mâchoire inférieure a également quatre incisives, les deux moyennes
plus petites que les latérales, une canine de chaque côté et six mâchelières, c'est-à-dire trois fausses molaires et trois vraies[1]. Pallas n'avait reconnu que cinq mâchelières supérieures, et M. Geoffroi n'en annonce que
six ; mais l'on ne doit attribuer cette différence entre les nombres donnés
par ces naturalistes et le nôtre qu'à la perte d'une ou deux fausses molaires
chez les individus qu'ils ont examinés ; en effet, la mâchoire supérieure
seule chez les glossophages a des fausses molaires anomales, et ces dents rudimentaires, presque sans racine, disparaissent souvent en ne laissant que
des traces presque insensibles, dans les os auxquels elles tiennent. Les pieds
et les mains ont chacun cinq doigts, et l'on sait que les organes du mouvement sont à peu près semblables chez toutes les chauves-souris ; les parties
nues, c'est-à-dire la membrane des ailes, la plante des pieds, les oreilles intérieurement sont brunes ; le pelage est d'un cendré brunâtre sur le dos et
blanchâtre aux parties inférieures du corps ; les ongles des pieds sont jaunâtres ; mais, comme nous l'avons dit, ce que cet animal offre de plus remarquable est sa langue ; elle est étroite, sa longueur est double de celle du
museau, un sillon profond la divise en deux parties égales dans sa longueur,
et ses bords sont revêtus de papilles aiguës, semblables à des poils pressés
les uns contre les autres et couchés d'avant en arrière ; de nombreuses papilles molles s'aperçoivent à sa base, mais principalement trois ; deux à côté
l'une de l'autre en arrière, et une immédiatement avant elles. Les yeux sont
assez grands ; les oreilles, médiocrement étendues, ont un oreillon lancéolé ;
la feuille nasale est simple, divisée à sa base par une échancrure et terminée en pointe. La verge est pendante en avant d'un scrotum extérieur, et
le clitoris paraît contenir le canal de l'urèthre et être terminé par son orifice.

L'on ne connaît rien de particulier sur les mœurs de cet animal. On sait
que plusieurs des chauves-souris à feuilles nasales s'attaquent quelquefois
aux grands animaux et aux hommes endormis auxquels ils succent le sang,
sans leur causer de douleur sensible, car souvent ces derniers ne sont pas
tirés de leur sommeil. Il est à présumer que les glossophages sont pourvus
des mêmes facultés et dirigés par le même instinct ; mais comment leur
mode de manducation est-il modifié par leur langue, si différente de celle
des autres phyllostomes? C'est ce que nous ignorons complètement.

Cette espèce qui se trouve à la Jamaïque, au Brésil, et sans doute dans
les contrées voisines, n'est pas la seule de son genre. M. Geoffroi Saint-Hilaire
en a fait connaître encore deux autres, l'une dont la queue est moins longue

---

1. *Des dents considérées comme caractère zoologique*, p. 52.

que la membrane interfémorale, l'autre qui a la queue plus longue que cette membrane ; elles sont aussi originaires de l'Amérique méridionale.

LA MÉGADERME FEUILLE[1]

Buffon, à l'article de la chauve-souris fer-de-lance[2], parle d'une autre chauve-souris du Sénégal, qui a également une membrane sur le nez, et dont Daubenton avait donné la description dans les mémoires de l'Académie royale des sciences[3] sous le nom de feuille. D'un autre côté, Daubenton, dans la description de cette chauve-souris fer-de-lance à la suite de l'article de Buffon[4], dit quelques mots de sa chauve-souris feuille du Sénégal. C'est là tout ce qu'on trouve dans Buffon sur cet animal[5]. Depuis, M. Geoffroi Saint-Hilaire ayant formé le genre mégaderme[6] y a fait entrer la feuille. Daubenton seul a vu et décrit cette espèce de chauve-souris, mais il n'en a malheureusement point donné de figure, et cette lacune jusqu'à présent n'a pu être remplie. Voici ce qu'il dit de cet animal : « Je donne le nom de feuille à la dernière des chauves-souris étrangères que j'ai observées, parce qu'elle a sur le bout du museau une membrane ovale posée verticalement, qui ressemble à une feuille ; cette membrane a huit lignes de longueur sur six de largeur ; elle est très grande à proportion de l'animal, qui n'a que deux pouces un quart de longueur depuis le bout du museau jusqu'à l'anus ; les oreilles sont près de deux fois aussi grandes que la membrane, aussi se touchent-elles l'une l'autre depuis leur origine par la moitié de la longueur de leur bord interne ; elles ont un oreillon qui a la moitié de leur longueur, et qui est fort étroit et pointu par le bout. Cet animal n'a point de queue ; le poil est d'une belle couleur cendrée avec quelque teinte de jaunâtre peu apparent.

« Il n'y a point de dents incisives dans la mâchoire supérieure, et il ne s'en trouve que quatre dans l'inférieure ; elles ont chacune trois lobes ; la même mâchoire a dix dents mâchelières, et celle du dessus seulement huit ; les canines sont au nombre de deux dans chaque mâchoire ; celles du dessous ont, sur le côté postérieur de leur base, une pointe qui paraît au premier coup d'œil être une dent mâchelière. Cette chauve-souris m'a été communiquée avec le rat volant et le loir volant, par M. Adanson qui les a apportés du Sénégal. »

1. *Megaderma frons.*
2. Buffon, t. XIII, in-4°, p. 227. — Édit. Garnier, t. IV, p. 254.
3. Année 1759.
4. Buffon, t. XIII, in-4°, p. 230.
5. Dans un tableau copié des Mémoires de l'Académie des sciences, année 1759, et qui a été inséré dans le volume III des Suppléments de Buffon (Édit. Garnier, t. IV, p. 251), l'on trouve le nombre des diverses sortes de dents de toutes les chauves-souris décrites par Daubenton, et par conséquent le nombre des diverses sortes de dents de la feuille.
6. *Annales du Mus. d'hist. nat.*, t. XV, p. 187.

LE RHINOPOME MICROPHYLLE

Cet animal, découvert par M. Geoffroi Saint-Hilaire, dans les souterrains des pyramides du Caire et de Gyzeh, a été écrit et figuré par lui dans la description de l'Égypte [1]. C'est sur cette espèce qu'il a formé le genre rhinopome ; mais elle avait déjà été publiée par Brunnich, dans la description du cabinet de Copenhague [2] sous le nom de *vespertilio microphyllus*. Quant à ce que dit Belon [3] d'une chauve-souris de Crète qui a les naseaux à la manière d'un veau, et qu'on a rapportée à ce rhinopome, il est difficile de juger de l'exactitude de ce rapprochement.

Cette chauve-souris à petite feuille nasale est particulièrement remarquable par son chanfrein creusé en gouttière, ses grandes oreilles réunies sur le front et ses narines entourées d'une espèce de groin et qui se ferment par l'élasticité de leurs bords.

Elle a deux petites incisives coniques, écartées l'une de l'autre, deux fausses molaires et six vraies à la mâchoire supérieure, et à la mâchoire inférieure quatre incisives trilobées placées régulièrement, avec quatre fausses molaires et six vraies. Les oreilles, à peu près aussi larges que hautes, ont un oreillon ressemblant à une feuille lancéolée. Le groin ne se détache du museau qu'à sa partie supérieure, où il se termine en angle droit, et les narines se présentent comme deux fentes obliques rapprochées par leur partie inférieure. La lèvre supérieure ne s'étend pas au delà de la partie inférieure du groin, et la lèvre opposée se termine par deux mamelons que sépare un léger sillon. L'œil est de grandeur médiocre et à peu près à égale distance de l'oreille et du bout du museau. Les ailes sont très étendues, mais la membrane interfémorale est étroite, et la queue est en grande partie libre. Dans le repos, les dernières phalanges des quatre doigts se replient en dessous et le tarse est sans osselet pour soutenir la membrane.

Cette espèce a deux pouces de longueur du bout du museau à l'origine de la queue, celle-ci a près de deux pouces ; l'envergure est de sept pouces et demi ; le pelage formé de poils longs et touffus est d'un cendré assez uniforme.

Il paraît, d'après les observations de M. Geoffroi, que cet animal ouvre et ferme ses narines par un mouvement alternatif analogue à celui de la poitrine, et qu'il peut les recouvrir de sa feuille nasale.

LE MORMOPS

C'est à M. le docteur Leach que l'on doit la connaissance de cette sin-

1. *Hist. nat.*, p. 123, pl. 1, fig. 1.
2. Pl. 6, fig. 1, 2, 3, 4, p. 50.
3. *De la nature des oiseaux*, p. 146, chap. 39.

gulière chauve-souris dont l'espèce ne paraît s'être encore trouvée qu'à Java. Il l'a décrite d'après une dépouille qui était en sa possession, de sorte qu'on n'en connaît encore que les caractères physiques ; mais ces caractères sont si extraordinaires qu'on peut supposer avec fondement que leur influence sur les actions de cet animal donne lieu à un naturel et à des habitudes non moins remarquables.

Le mormops est surtout digne d'attention par la forme de sa tête, dont l'encéphale relevé au-dessus du museau forme avec lui un angle droit.

La mâchoire supérieure a quatre incisives, les moyennes grandes et très échancrées, les latérales rudimentaires ; l'inférieure a quatre incisives égales et trilobées, et l'une et l'autre ont de chaque côté trois fausses molaires et trois vraies. M. Leach ajoute que la lèvre supérieure est lobée et crénelée, que l'inférieure est terminée par trois tubercules, que la langue est couverte de papilles bifides antérieurement, et multifides postérieurement, que les narines sont garnies d'une feuille nasale, droite, réunie aux oreilles dont le bord supérieur est divisé en deux lobes.

Les organes du mouvement ne présentent aucune modification importante. La queue, entièrement enveloppée dans la membrane interfémorale, est plus courte que celle-ci.

On voit que des recherches et des observations nombreuses sont encore nécessaires pour compléter l'histoire de cette singulière espèce de chauve-souris.

Les chauves-souris sans membrane sur le nez ont été divisées en quinze ou vingt genres ; mais beaucoup d'entre ceux-ci sont caractérisés par des détails trop minutieux pour trouver place ici. Nous les réduirons donc à neuf : les vespertilions proprement dits, les oreillards, les furies, les nycticés, les taphiens, les nyctères, les noctilions, les molosses et les myoptères. Or Buffon, en décrivant la chauve-souris commune[1], la noctule[2], la pipistrelle[3] et la sérotine[4], fait connaître les vespertilions ; son oreillard[5] et sa barbastelle[6] sont devenus les types du genre oreillard ; la marmotte volante[7] est un nycticé ; le campagnol volant[8] présente les caractères du genre nyctère, et le mulot volant[9] ceux du genre molosse. Il ne nous reste donc pour compléter ce tableau, qu'à parler des furies, des taphiens, des noctilions et des myoptères.

1. Tome VIII, in-4°, pl. 16, p. 118 et 126. — Édit. Garnier, t. II, p. 625.
2. Tome VIII, pl. 18, fig. 1, p. 118 et 128. — Édit. Garnier, t. II, p. 625.
3. Tome VIII, pl. 19, fig. 1, p. 119 et 129. — Édit. Garnier, t. II, p. 625.
4. Tome VIII, pl. 18, fig. 2, p. 119 et 129. — Édit. Garnier, t. II, p. 625.
5. Tome VIII, pl. 17, fig. 1, p. 118 et 127. — Édit. Garnier, t. II, p. 625.
6. Tome VIII, pl. 19, fig. 2, pl. 119 et 130. — Édit. Garnier, t. II, p. 625.
7. Tome X, pl. 18, p. 82. — Édit. Garnier, t. II, p. 625.
8. Tome X, pl. 20, fig. 1 et 2, p. 88. — Édit. Garnier, t. II, p. 625.
9. Tome X, pl. 19, fig. 1, p. 84. — Édit. Garnier, t. II, p. 625.

LA FURIE HÉRISSÉE

Cette chauve-souris de petite taille frappe d'abord la vue par son museau camus et hérissé de poils raides, au milieu desquels se montrent des yeux saillants qui ajoutent encore à l'expression bizarre de la physionomie de cet animal. Ses dents incisives supérieures sont au nombre de quatre, d'égale grandeur, pointues, et les externes n'ont aucun rapport avec les canines inférieures; chez la serotine, la noctule, etc., au contraire, les incisives moyennes sont beaucoup plus grandes que les latérales, et celles-ci sont déchaussées par leur opposition avec les canines d'en bas. Les incisives inférieures, placées régulièrement sur un arc de cercle, sont à trois dents, et en cela elles diffèrent de celles de plusieurs autres vespertilions, qui ne sont que bifides, et de celles des espèces que nous venons de nommer, lesquelles sont comprimées entre les canines et placées les unes devant les autres. Les canines supérieures, beaucoup plus épaisses que les inférieures, sont à trois pointes, une antérieure et une postérieure petites, et la moyenne, qui est forte, grande et conique. Les canines inférieures de forme cylindrique ont aussi une pointe antérieure et une postérieure; et aux deux mâchoires, ces dents, de forme tout à fait anomale, ont plus de rapport avec des fausses molaires qu'avec des canines, caractère au reste qui leur est commun avec celles de beaucoup d'autres insectivores. La mâchoire d'en haut offre deux fausses molaires de chaque côté, et trois vraies, et la mâchoire opposée n'en diffère sous ce rapport qu'en ce qu'elle a une fausse molaire de plus. Ces dents n'ont rien qui leur soit particulier, elles ont tous les caractères des dents analogues des autres chauves-souris, qui, comme on sait, n'ont montré jusqu'à présent aucune différence ni dans le nombre ni dans la forme de leurs vraies molaires.

Les organes du mouvement ne présentent rien de particulier. Le pouce ne se montre hors de la membrane des ailes que par son ongle; le premier doigt vient se terminer et s'unir à la naissance de la troisième et dernière phalange du second. Lorsque les ailes ne sont point étendues, les ligaments ramènent en dedans la dernière phalange du second doigt qui se replie ainsi sur lui-même par son extrémité. La queue diminue insensiblement d'épaisseur, et les vertèbres dont elles se composent cessent d'être distinctes dès le milieu de la membrane interfémorale, mais elle paraît se continuer en un simple ligament jusqu'à l'extrémité de cette membrane; celle-ci, fort étendue, se termine en un angle dont le sommet dépasse de beaucoup les pieds, et elle se replie en dessous, comme ces derniers lorsque l'animal est en repos. Les yeux, ainsi que nous l'avons dit, sont saillants et remarquables par leur grandeur. Les narines terminent le museau et ne sont séparées l'une de l'autre que par un bourrelet qui les environne et qui forme une échancrure à leur partie supérieure. Les lèvres sont entières, la langue est douce, et la bouche sans abajoues ; mais on voit sur les côtés de la lèvre supérieure quatre ou cinq tubercules nus, disposés très régulièrement, ainsi que huit autres tubercules qui garnissent le dessous de la mâchoire inférieure, et qui s'aperçoivent d'autant mieux qu'ils sont blancs au milieu de poils noirs. Les oreilles sont grandes, à peu près aussi larges que longues, simples de structure et pourvues d'un oreillon d'une forme particulière, il est à trois pointes disposées en croix. Le pelage est doux et épais, excepté sur le museau, où il est plus long, plus raide et plus hérissé que sur les autres parties du corps. La hauteur du maxillaire supérieur est presque nulle comparativement à celle du même os dans les espèces qu'on peut considérer comme de véritables vespertilions. La branche montante de la mâchoire inférieure est remarquablement grande, et les os du nez, relevés sur leur bord externe, dans toute la longueur du museau, laissent entre eux une dépression sensible, quoiqu'elle ne s'aperçoive pas sur la tête non dépouillée.

Notre furie, à laquelle nous donnerons le nom de hérissée, *furia horrens* est d'une petite taille ; sa longueur, du bout du museau à l'origine de la queue, est d'un pouce et demi, son envergure de six pouces et sa couleur d'un brun noir uniforme. Nous en devons la possession à M. Leschenault, qui la découvrit à la Mana dans son premier voyage en Amérique.

LE TAPHIEN[1] INDIEN

C'est une espèce nouvelle de chauve-souris dont la description nous fera connaître les caractères communs à toutes les espèces qui forment le genre taphien. Elle nous a été envoyée de Java par M. Diard.

Cet animal indique d'abord le genre auquel il appartient, par sa grosse tête sphérique, résultant du grand développement des muscles qui meuvent la mâchoire inférieure, et par son museau à peu près conique. Il est dépourvu d'incisives supérieures ; mais il en a quatre inférieures qui sont d'égale grandeur et trilobées ; ses canines, longues, sont d'un petit diamètre à leur base ; il a cinq mâchelières de chaque côté des deux mâchoires, une fausse molaire anomale, une normale et trois vraies molaires. Ses narines sont ouvertes, au sommet du cône que forme le museau, dans un très petit mufle qui fait toute l'épaisseur de la lèvre supérieure. Sa langue, de la largeur des mâchoires, est garnie à son extrémité de petites lames rigides, et dans tout le reste de sa longueur de papilles molles. Sa bouche est grande sans abajoues, et sa lèvre inférieure se termine par deux mamelons nus et lisses qui correspondent à un mamelon de même nature de la lèvre supérieure. Son œil, de médiocre grandeur, est à peu près à égale distance de la commis-

1. Le genre taphien, *Taphozous*, a été formé par M. Geoffroi Saint-Hilaire ; *Description de l'Égypte*, t. II, p. 126.

sure des lèvres et du bord antérieur de l'oreille; celle-ci est très large et naît sur le chanfrein, au bord d'une dépression ou cavité circulaire qui se trouve sur cette partie du museau, et elle vient se terminer un peu en dessous et en arrière de la mâchoire inférieure par un bord libre et étroit ; au devant du trou auditif est un oreillon court, large et irrégulièrement arrondi. Chez l'individu que nous décrivons, et qui est mâle, on voit sous la gorge une cavité nue, profonde de deux lignes et large de trois, dont l'orifice transversal est garni de lèvres musculeuses. Les ailes sont de grandeur médiocre ; lorsqu'elles se ferment, la dernière phalange de l'index et la seconde du deuxième doigt se replient en dessus, tandis que la première phalange de ce deuxième doigt se replie sur le second et la troisième du troisième doigt se replie en dessous. Une membrane épaisse unit l'avant-bras au quatrième doigt, près du carpe, et forme une petite poche. La membrane interfémorale est aussi étendue que la queue; mais celle-ci n'y est engagée que dans sa première moitié, l'autre moitié reste libre en dessus de cette membrane. Les testicules sont dans un scrotum particulier très volumineux; le gland est gros, ovale, comme tronqué à son extrémité, et l'ouverture de l'urèthre consiste en une fente transversale percée à son extrémité postérieure.

Ce taphien est revêtu d'un pelage doux et soyeux, d'un brun roux foncé aux parties supérieures du corps et d'un brun plus pâle et grisâtre en dessous; les parties nues sont d'un brun violacé. Sa longueur, du sommet de la tête à l'origine de la queue, est de trois pouces ; la tête et la queue ont chacune un pouce.

LE NOCTILION BEC-DE-LIÈVRE

Cette chauve-souris, ainsi que les autres espèces du genre noctilion, se reconnaît aisément à sa tête plate et à son museau élevé, divisé antérieurement par deux larges sillons de la lèvre supérieure qui en font un double bec de lièvre. Elle a plusieurs fois occupé les naturalistes; Schreber et Shaw l'ont fait représenter, d'Azara l'a décrite, le P. Feuillée en parle, et cependant ses mœurs ne sont point connues; on s'est borné à l'exposition de ses caractères physiques.

Cet animal a quatre incisives supérieures, deux moyennes larges et deux latérales rudimentaires, et il en a deux inférieures lobées, situées à côté l'une de l'autre en avant des canines ; celles-ci se touchent par leur base; elles sont recourbées et plus petites que les canines supérieures qui sont longues, et presque droites et tranchantes antérieurement. Les narines, entourées chacune d'un bourrelet saillant, s'ouvrent sur les côtés d'un petit mufle. Une saillie triangulaire qui forme la partie moyenne de la lèvre supérieure descend du mufle sur les incisives, et deux sillons profonds la séparent des parties latérales de cette même lèvre, lesquelles descendent d'abord verticalement et se replient ensuite horizontalement pour se réunir à la lèvre inférieure ; cette lèvre, très charnue et plissée irrégulièrement en dessous, présente à sa partie moyenne un tubercule arrondi, nu et lisse. La langue est charnue, large, et couverte de papilles molles. L'œil est petit et plus rapproché de l'oreille que du bout du museau. L'oreille est étroite, longue, terminée en pointe et couchée en avant ; son tragus forme une petite poche ouverte en dehors, ensuite elle s'avance presque jusqu'à la commissure des lèvres, et un oreillon petit et dentelé, porté sur un pédicule, naît au bord interne du trou auditif. Le scrotum est couvert de poils épineux. Les organes du vol sont étendus ; la dernière phalange du second doigt est presque aussi longue que la première, et lorsque l'aile se ferme, elle se replie, ainsi que la première du troisième doigt, sur la surface interne de cet organe. La membrane interfémorale est très grande et plus étendue que la queue, laquelle, après avoir été enveloppée par cette membrane, reste libre dans un quart environ de sa longueur.

La taille de cet animal approche de celle du surmulot ; le corps a quatre pouces de longueur environ, et sa queue a dix lignes. Son envergure est de vingt-deux à vingt-quatre pouces. Toutes les parties supérieures de son corps sont d'un fauve roussâtre, un peu plus clair le long de l'épine du dos et sur toutes les parties inférieures.

LE RAT VOLANT

C'est de cette chauve-souris, qui n'a encore été vue et décrite que par Daubenton, que M. Geoffroi Saint-Hilaire a formé le genre myoptère[1], et elle est encore la seule que renferme ce genre ; aussi nous serions-nous peut-être dispensés d'en parler, si nous n'avions cru devoir réunir à l'histoire générale et particulière tout ce qu'un de ses auteurs a publié ailleurs sur les quadrupèdes. Nous ne concevons pas pourquoi Daubenton n'a pas lui-même rappelé cette espèce, lorsqu'il a parlé dans l'ouvrage de Buffon des autres chauves-souris étrangères qu'il avait précédemment fait connaître dans les Mémoires de l'Académie royale des sciences. Quoi qu'il en soit, voici ce que Daubenton dit de cet animal :

« Le rat volant a trois pouces un quart de longueur, depuis le bout des lèvres jusqu'à l'origine de la queue ; ainsi il n'est guère plus grand que la noctule, qui est longue de trois pouces : le museau est court et gros. Les oreilles sont larges et ont un oreillon très petit ; le bout de la queue est dégagé de sa membrane comme dans la marmotte volante ; la tête et la face supérieure du corps ont une couleur brune, et la face inférieure est d'un blanc sale avec une légère teinte de fauve ; la membrane des ailes et de la queue a des teintes de brun et de gris.

1. *Myopteris Daubentonii.* Geoffroi, *Descript. de l'Égypte,* Hist. nat., t. II, p. 113.

« Les dents de cet animal sont au nombre de vingt-six, il y a deux incisives et deux canines dans chaque mâchoire, huit mâchelières dans celle
de dessus et dix dans celle de dessous : les deux incisives de la mâchoire supérieure sont pointues et placées l'une contre l'autre ; celles de la mâchoire
inférieure ont chacune deux lobes et occupent tout l'espace qui est entre les
deux canines. »

LES MUSARAIGNES

C'est moins pour montrer le rôle que ces animaux peuvent jouer dans
l'économie de la nature que pour donner un exemple de l'esprit qui,
depuis Buffon, a dirigé l'histoire naturelle, que nous rappellerons ici les
observations auxquelles les musaraignes ont donné lieu pendant l'intervalle
qui s'est écoulé depuis la publication des derniers volumes de l'histoire
générale et particulière jusqu'à ces derniers temps.

Buffon ne parle que de trois musaraignes : la musaraigne commune ou
musette, la musaraigne d'eau et la musaraigne musquée de l'Inde ; quant à
celle du Brésil[1], dont il donne la description d'après Marcgrave[2], il avait
d'abord reconnu lui-même que cet animal ne pouvait être une musaraigne[3],
et, en effet, l'animal qu'on désigne sous ce nom est une sarigue. A ces trois
musaraignes s'en sont jointes au moins quinze à vingt autres espèces,
découvertes pour la plupart en Europe, sans doute parce que c'est en Europe
que se trouve le plus grand nombre d'observateurs ; pourquoi en effet,
lorsqu'on a découvert des musaraignes dans toutes les autres parties du
monde, les modifications que ce genre est susceptible de subir ne s'y pro-
duiraient-elles pas, et pourquoi les influences diverses qu'il rencontre en
Afrique, en Asie et en Amérique ne donneraient-elles pas lieu à des espèces
égales au moins en nombre à celles de notre continent, et qui ne leur seraient
point semblables ? Ces modifications, au reste, sont très peu variées et peu
importantes, et ne consistent guère que dans la taille, dans des teintes plus
ou moins grises, ou plus ou moins fauves, diversement distribuées sur les
parties supérieures du corps, dans l'étendue plus ou moins grande qu'occupe
le blanc des parties inférieures, dans une queue plus ou moins longue ; car,
pour ce qui concerne les organes de la digestion, ceux des sens et ceux du
mouvement que Daubenton a fidèlement décrits, ces animaux ne diffèrent
point l'un de l'autre. Il paraîtrait que quant au naturel les ressemblances ne
sont pas aussi intimes ; mais c'est la partie de leur histoire sur laquelle règne
le plus d'obscurité : on sait que la musaraigne commune vit dans la campagne, où elle se tient au voisinage des habitations, près des écuries, se

1. *Hist. Brasil.*, p. 229.
2. Tome XV, in-4°, p. 160. — Édit. Garnier, t. II, p. 638.
3. Tome VIII, in-4°, p. 59.

cachant à ras de terre, dans les trous des vieilles murailles ou sous les racines des arbres, et qu'elle se nourrit des graines et des insectes qui se trouvent dans les environs de son gîte ; que la musaraigne d'eau habite le bord des fontaines, au fond desquelles elle va à la recherche de sa nourriture ; que la musaraigne de l'Inde, remarquable par la forte odeur musquée qu'elle répand, habite les maisons, se cachant le jour et courant la nuit pour satisfaire ses besoins. Ce qu'on sait du naturel des autres espèces est moins détaillé encore, de sorte que toutes les observations auxquelles elles ont donné lieu jusqu'à présent ne consistent guère que dans la distinction de leurs couleurs, dans la mesure de leur taille ou des proportions de quelques-unes de leurs parties. En effet, c'est à peu près vers ce seul but, la distinction des espèces par les caractères physiques, que se sont portées les recherches des naturalistes sur les mammifères depuis Buffon : c'a été là leur principale tendance ; ils ne se sont guère attachés qu'à la première partie de la science, et la seconde, la plus importante, celle du moins sans laquelle le but de l'histoire naturelle ne peut être atteint, est restée couverte d'obscurité, dans le domaine de la poésie et des hypothèses. Sans doute, on ne peut mettre trop de soin et de rigueur dans la recherche des caractères distinctifs des espèces ; sans ce préliminaire toutes les observations qui auraient pour objet les actes de l'intelligence ou ceux de l'instinct ne conduiraient à aucun résultat précis, et elles resteraient environnées d'incertitudes comme celles des anciens, qui négligèrent autant les caractères physiques des quadrupèdes, qu'aujourd'hui par un défaut contraire l'on néglige ceux qui se tirent des mœurs, des instincts, etc. Mais la connaissance de ces caractères n'est qu'une introduction à la science ; outre la mécanique de ces êtres, nous avons à en étudier les actes, qui font le complément de leur existence ; car si les organes sont importants pour nous par le seul arrangement des parties qui les composent, ils ne le sont pour la nature que par l'emploi que l'animal en fait. Quel serait à nos yeux le spectacle de cette nature, si nous ne nous le retracions que d'après la science, si nous ne le composions qu'à l'aide des faits qu'elle nous fournit aujourd'hui ? Un spectacle sans vie, sans mouvement, sans intelligence. Pour la science, sans doute, chaque individu vit et se meut ; mais pour quel objet, dans quel but, pour quelle nécessité cette vie et ces mouvements ? Comment tant d'êtres différents subsistent-ils ? tant de besoins divers parviennent-ils à se satisfaire, tant d'actions ne se nuisent-elles pas réciproquement ? comment, en un mot, tant d'existences individuelles concourent-elles à l'existence générale, à l'harmonie universelle ? C'est là qu'est le but de l'histoire naturelle, et c'est à quoi la science ne peut répondre : envisagée sous ce point de vue, nous n'apercevons qu'un vaste champ où quelques lueurs éparses ne font que mieux sentir la profonde obscurité dont il est enveloppé. Il serait temps peut-être d'abandonner la direction à peu près exclusive qu'on suit aujourd'hui en histoire naturelle ; elle ne conduit le plus souvent qu'à ajouter des espèces à des espèces déjà nombreuses, et n'accroît le domaine de la science que de l'histoire de quelques modifications dans les teintes ou dans les proportions. Il n'en est pas de même, lorsque ces espèces présentent quelques changements profonds dans les organes ; ces faits nouveaux nous éclairent sur le système général de l'organisation : mais qu'apprendrons-nous de quelques nuances nouvelles dans les couleurs ? aujourd'hui surtout que nous ignorons par quelle opération les couleurs sont produites, et même à quels organes elles sont dues. Sans doute lorsqu'un genre ne se compose que d'un petit nombre d'espèces, les espèces nouvelles qu'on y ajoute peuvent être importantes, parce qu'en montrant les variations que ses caractères éprouvent, elles donnent une idée plus exacte de ceux-ci ; mais une fois qu'un genre compte vingt espèces, comme celui des musaraignes, il arrive rarement que la connaissance d'une espèce de plus l'éclaire de la moindre lumière. Faisons donc des vœux pour qu'un esprit nouveau vivifie l'histoire naturelle et donne une autre direction à cet esprit d'analyse auquel toutes les sciences d'observation doivent aujourd'hui leurs richesses et leur gloire.

Nous allons sommairement indiquer les musaraignes que les naturalistes ont fait connaître depuis Buffon, et qui paraissent mériter le plus de fixer l'attention et de devenir le sujet d'observations nouvelles.

LES MUSARAIGNES AQUATIQUES

Outre la musaraigne d'eau découverte par Daubenton, les naturalistes indiquent plusieurs autres espèces qui vivent près des ruisseaux et des fontaines, faisant leur gîte des légères excavations qui se trouvent sur leurs bords, ou que peut-être elles se forment elles-mêmes.

LA MUSARAIGNE PLARON

Cette espèce n'est encore établie que sur sept petites musaraignes trouvées près de Strasbourg dans leur nid par le docteur Gall lorsqu'il faisait ses études dans l'université de cette ville, et remises par lui à Hermann, savant professeur d'histoire naturelle dans cette université. Ces jeunes animaux n'avaient encore aucune dent, et leurs yeux n'étaient pas ouverts ; cependant ils étaient revêtus d'un pelage épais, doux et brillant comme celui de la taupe, et partout d'un noir cendré ; leur queue était comprimée à la base, ce qui détermina Hermann à leur donner le nom latin de *constrictus*. C'est à la mi-juillet, dans un pré nouvellement fauché et auprès d'un ruisseau, que Gall découvrit ces jeunes musaraignes ; elles étaient couchées sur la terre nue et entièrement découvertes; chacune d'elles avait deux pouces de longueur. C'est là tout ce que Hermann dit d'essentiel sur cette espèce, et si l'on ajoute quelque chose à son histoire, ce n'est que conjecturalement. En effet, M. Geoffroi décrit le plaron[1] non plus d'après les jeunes individus de Gall, mais d'après deux individus empaillés, morts pendant leur mue, envoyés l'un d'Abbeville, et l'autre de Chartres, et dans lesquels il crut reconnaître la musaraigne à queue comprimée du professeur de Strasbourg; il rapporte, en outre, à cette espèce la musaraigne mineuse (*sorex cunicularius*) de Bechstein. On conçoit d'après cela que des doutes fondés doivent encore environner l'histoire de cette espèce, et qu'il faudrait de nouvelles recherches pour assigner ses caractères distinctifs et faire connaître son naturel.

Trois autres musaraignes indiquées comme espèces par M. Brehm viennent se ranger auprès de celle-ci et ont besoin de lui être comparées, ce sont la musaraigne amphibie (*S. amphibius*), la musaraigne nageante (*S. natans*) et la musaraigne des étangs (*S. stagnatilis*).

LA MUSARAIGNE PYGMÉE

Cet animal paraît être le plus petit de tous les quadrupèdes; il pèse à peine un demi-gros, et sa longueur ne dépasse pas vingt-deux lignes; sa queue en a quinze. Laxmann le fit connaître le premier sous le nom de *sorex minutus*, d'après un individu privé de queue[2], et c'est sur sa description que Linnæus en établit l'espèce avec les caractères suivants[3] : *S. minutus, rostro longissimo, cauda nulla.* Jusque-là, cette espèce fondée sur un individu mutilé restait imparfaite et induisait même en erreur; lorsqu'enfin Pallas, l'ayant découverte dans ses voyages en Sibérie, la fit plus tard connaître intégralement[4]. Mais il arriva que ce savant naturaliste ayant d'abord parlé de l'animal qu'il avait trouvé comme d'une espèce différente de la musaraigne sans queue de Laxmann[5], Gmelin, saisissant ce premier aperçu, en forma sa musaraigne déliée (*S. exilis*), et M. Geoffroi, puisant à la même source, en a aussi parlé sous le nom de *minimus*[6], en la distinguant par méprise de l'espèce de Gmelin; enfin c'est encore sa musaraigne sans queue que Laxmann a décrite sous le nom de *sorex cæcutiens*[7], comme nous l'apprend Pallas, qui a eu en ses mains cette prétendue musaraigne aveugle, conservée

1. *Ann. du mus.*, t. XVII, p. 178.
2. Sibér. Briefe, p. 72. *Lettres écrites sur la Sibérie*, par Laxmann, publiées par Schlosser, 1 vol. in-8°. Gœttingue, 1769.
3. Linn. Éd. 13, p. 73.
4. *Zoographia rosso asiatica*, t. I⁽ᵉʳ⁾, p. 131, 1811.
5. *Voyage 1771*, traduct. française, t. III, p. 407; édit. orig., t. II, p. 664.
6. *Annales du Muséum*, t. XVII.
7. *Mém. de l'Acad. de Pétersbourg*, 1785; pl. II, p. 285.

dans la liqueur. Il paraît que l'espèce qui nous occupe vient d'être découverte de nouveau en Silésie par M. Gloger[1] qui, cependant, n'a pu l'observer
vivante. D'après ce que ces différents auteurs rapportent, la musaraigne
pygmée est remarquable par l'extrême longueur de son museau, comparée
à celle de son corps. La couleur de son pelage est brunâtre en dessus et
blanchâtre en dessous ; sa queue est épaisse dans sa partie moyenne et très
rétrécie à sa racine ; des poils durs et courts la revêtent imparfaitement,
réunis trois à trois et formant des anneaux autour d'elle. C'est dans des lieux
très humides que Laxmann la découvrit, cachée dans des nids construits
avec des herbes, sous la racine des arbres. Sa course est rapide, et sa voix
ressemble au petit sifflement des chauves-souris ; il ajoute qu'elle fouit et
fait des provisions de grains ; mais cette dernière circonstance est plus que
douteuse. Pallas l'a trouvée fréquemment dans les terres des bords de l'Obi
et du Iénisséi, ainsi que de leurs affluents, mais principalement dans le
voisinage des sources. Malgré tant de preuves, cette espèce, jusqu'à M. Gloger,
n'avait point été admise par les mammalogistes modernes, et cependant elle
est une des musaraignes les mieux établies et les plus intéressantes à étudier
à cause de l'extrême petitesse de sa taille et pour son genre de vie qui paraît
être analogue à celui de la musaraigne d'eau. La découverte de cette espèce,
en Allemagne, fait présumer qu'elle se trouvera en France avec la musaraigne ordinaire et la musaraigne d'eau qui sont également très communes
dans la première de ces contrées, et qu'elle pourra devenir un objet de
recherche et d'étude dans l'un et l'autre pays.

LA MUSARAIGNE DE L'INDE

Les grandes espèces de musaraignes, ainsi qu'on l'a observé, ne se
trouvent jusqu'à présent que dans les parties méridionales de l'Asie et de
l'Afrique, comme les plus petites ne se sont généralement rencontrées que
dans les parties septentrionales de l'ancien et du nouveau monde : c'est un
fait que nous rapportons sans vouloir en tirer de conséquence, mais qui
pourra mener à une induction utile lorsque la nature de ces animaux sera
mieux connue.

Trois ou quatre de ces grandes espèces sont indiquées aujourd'hui dans
les ouvrages des naturalistes, mais c'est à Sonnerat et à Buffon que nous
devons la première qui ait été publiée ; l'un la rapporta de Pondichéry, et
l'autre en donna la description[2] sous le nom de musaraigne musquée de
l'Inde. M. Geoffroi Saint-Hilaire publia ensuite, sous le nom de musaraigne
du Cap, la description et la figure d'une musaraigne rapportée de cette

1. *Nova acta phys. med. acad. nat.* Curios, t. XIII, 2ᵉ partie, p. 478.
2. *Supp.*, t. VII, in-4°, fig. 71, p. 281. — Édit. Garnier, t. IV, p. 258.

partie de l'Afrique par l'expédition de Baudin[1]. Je donnai moi-même, sous le
nom indien de monjourou[2], la figure et la description d'une musaraigne
nommée ainsi au Malabar, et que je considérai comme appartenant à
l'espèce de Sonnerat avec laquelle elle avait une origine commune. Depuis,
M. Isidore Geoffroi[3] a fait connaître une nouvelle musaraigne qu'il a décrite
sous le nom de musaraigne blonde, et que Delalande avait rapportée de
Cafrerie, et il a également décrit, autant qu'il était possible de le faire, une
grande musaraigne trouvée à l'état de momie dans les catacombes de Thèbes,
après l'avoir débarrassée de l'enduit et des ligaments qui l'enveloppaient.

Buffon, qui ne connaissait qu'une espèce, n'a point eu d'examen critique à faire. M. Geoffroi n'a pas balancé à considérer sa musaraigne de
l'Inde comme identique avec celle de Buffon, et celle du Cap comme très
différente de celle-ci, et j'ai moi-même donné le monjourou comme un
simple individu de l'espèce de l'Inde, M. Isidore Geoffroi n'est point arrivé
aux mêmes résultats : la musaraigne musquée de l'Inde de Buffon dont il a
changé le nom en celui de musaraigne de Sonnerat lui paraît ne former
qu'une seule et même espèce avec celle du Cap ; et le monjourou, la musaraigne de l'Inde de M. Geoffroi et la grande musaraigne des catacombes sont
aussi réunis par lui en une espèce unique, qu'il désigne par le nom de
géante ; sa musaraigne blonde reste le type d'une troisième espèce qu'aucun
naturaliste n'avait encore indiquée.

L'observation, que nous avons rappelée plus haut, des variations du
pelage des musaraignes suivant les saisons ; le grave inconvénient de toutes
les recherches que nous venons de rapporter, de n'avoir été faites que sur
des dépouilles plus ou moins mal conservées ; les remarques très judicieuses
de M. Isidore Geoffroi sur les déformations que peuvent éprouver ces
dépouilles entre les mains de ceux qui les préparent ; enfin l'incertitude de
quelques-uns des faits principaux qui servent de base à sa critique et à ses
conclusions, ne nous paraissent pas encore permettre de considérer la
question des grandes espèces de musaraignes comme résolue. C'est donc un
nouveau sujet de recherches pour les naturalistes et sous le rapport des
caractères distinctifs et sous celui des mœurs, car tout ce qu'on sait du
naturel de ces animaux ne consiste qu'en un très petit nombre de faits peu
propres à nous le faire connaître. Sonnerat nous apprend par Buffon que sa
musaraigne de l'Inde répand une forte odeur de musc et qu'elle habite les
champs dans le voisinage de Pondichéry, mais qu'elle se trouve aussi dans
les maisons ; de son côté, M. Geoffroi tenait de Peron que la musaraigne du
Cap habite les caves où elle est fort incommode par les dégâts qu'elle y cause
et par la forte odeur qu'elle exhale. Enfin Leschenault rapporte que le mon-

1. *Annales du Mus. d'hist. nat.*, t. XVII, pl. 4, fig. 2, p. 124, 1811.
2. *Hist. nat. des mamm.*, art. MONJOUROU. Avril 1823.
3. Mém. sur quelques espèces nouvelles ou peu connues du genre musaraigne. *Mém. du Mus.
d'hist. nat.* t. XV, 1826.

jourou, importun et malfaisant, est commun dans toutes les maisons de
Pondichéry, et que son odeur musquée est si pénétrante, que s'il passe sur
un des vases employés dans le pays à rafraîchir l'eau, il communique son
odeur à ce liquide; il ajoute que les serpents, au dire des Indiens, fuient les
lieux que cette musaraigne habite, et que sa vie est tout à fait nocturne.

LES MUSARAIGNES D'AMÉRIQUE

Buffon a fait remarquer avec raison dans ses discours sur les espèces de
quadrupèdes propres aux différents continents que les obstacles qui s'opposent à la migration de ces animaux sont relatifs à leur force, et que telle
barrière qui n'a pas arrêté un grand quadrupède n'a pu être surmontée par
un très petit. Ainsi l'élan, le renne, le glouton, etc., ont dû passer du nord
de l'Asie au nord de l'Amérique, en franchissant les intervalles glacés qui
séparent ces deux mondes et les chaînes de montagnes qui se sont trouvées
sur leur passage, ce que n'ont pu faire les petits carnassiers et les petits rongeurs. Tout doit par conséquent nous faire penser que les musaraignes de
l'Amérique ne sont point originaires de l'ancien monde, et qu'elles appartiennent à des espèces exclusivement propres au nouveau.

Si ce n'est que depuis un très petit nombre d'années qu'on a la certitude
que l'Amérique nourrit des musaraignes, on pouvait du moins le conjecturer
depuis longtemps. Forster[1] parle d'une musaraigne trouvée dans le voisinage
de la baie d'Hudson; Hearne[2] dit aussi avoir découvert des musaraignes
dans son voyage à l'océan du Nord; il rapporte même ce fait curieux qu'en
hiver cet animal s'établit dans les habitations des castors, où il trouve une
demeure chaude et d'abondantes provisions. Cependant des doutes pouvaient
subsister sur l'exactitude de ces témoignages, et celui de Forster n'avait
point beaucoup gagné à être confirmé par celui de Hearne qui, n'étant point
naturaliste, avait pu méconnaître les vrais caractères de l'animal qu'il prenait pour une musaraigne; mais toute incertitude à ce sujet a été dissipée
par les recherches savantes de M. Say.

Nous-mêmes nous avions déjà fait connaître[3] que M. Lesueur nous
avait envoyé des États-Unis une musaraigne, et que désormais cette partie
du nouveau monde devait concourir avec l'ancien à enrichir encore ce genre
déjà si nombreux d'insectivores. En effet, depuis, nous avons vu M. Harlan[4],
dans sa *Faune américaine*, nous donner la description de quatre musaraignes,
deux qu'il croit appartenir à des espèces d'Europe, l'une à la musaraigne
musette, l'autre à la musaraigne plaron, et deux qu'il donne comme types

1. *Trans. phil.*, t. LXII, p. 381.
2. *Voy. Trad. franç.*, t. II, p. 221.
3. *Hist. nat. des mamm.* article MOXJOUROU. Avril 1823.
4. *Faune américaine*, p. 24 et suiv.

de deux nouvelles espèces. C'est là qu'en était la science sur les musaraignes d'Amérique, lorsque M. Isidore Geoffroi en décrivit une espèce nouvelle sous le nom de musaraigne masquée (*sorex personatus*)[1], d'après un individu envoyé au Muséum par M. Milbert, espèce qui pourrait bien être celle que M. Harlan confond avec la Musette ; car il est peu vraisemblable, ainsi que le fait remarquer M. Isidore Geoffroi, que des musaraignes américaines se trouvent être en tout spécifiquement semblables à des musaraignes d'Europe.

Les deux musaraignes que M. Harlan regarde comme semblables à celles d'Europe paraissent avoir été découvertes dans le voisinage de Philadelphie, et comme cet auteur n'en donne point une description originale, nous n'en parlerons pas. Nous nous bornerons à faire connaître les traits caractéristiques des deux autres, de la musaraigne petite (*S. parvus*) et de la musaraigne à queue courte (*S. brevicaudatus*) de M. Say, et ceux de la musaraigne à masque de M. Isidore Geoffroi ; mais on ne doit pas oublier que les traits distinctifs de ces animaux n'ont point été pris sur des individus vivants, que souvent un seul individu les a fournis, et que la couleur des musaraignes varie suivant les saisons.

LA MUSARAIGNE PETITE[2]

Elle a été découverte dans l'expédition aux montagnes Rocheuses, dirigée par M. le major Long, et ordonnée par le gouvernement des États-Unis ; elle a été trouvée dans la vallée du Missouri. Sa longueur du bout du museau à l'origine de la queue est de vingt à vingt-deux lignes, et celle de sa queue est de huit à neuf lignes. Son pelage, dans toutes les parties supérieures du corps, est d'un brun cendré, et il est entièrement cendré aux parties inférieures ; la queue est blanche en dessous ; la surface des dents est noirâtre.

LA MUSARAIGNE A COURTE QUEUE[3]

Elle a été découverte dans la même expédition que la précédente et dans les mêmes lieux. Sa longueur est de trois pouces environ, sans la queue qui en a moins d'un. Sa couleur est d'un noir plombé aux parties supérieures, et cette couleur pâlit aux parties inférieures. Les oreilles sont blanches.

1. *Mém. du Mus. d'hist. nat.*, t. XV.
2. *Sorex parvus.* Say.
3. *S. brevicaudatus.* Say.

LA MUSARAIGNE MASQUÉE[1]

Cette espèce ressemble beaucoup par la taille et les couleurs à la musaraigne commune ; mais ce qui l'en distingue, c'est que toute la portion antérieure de son museau est d'un brun noirâtre, et que ses dents sont noirâtres. Elle se distingue aussi des deux espèces précédentes.

L'HYÉNOPODE

La découverte de cet animal est l'une des plus curieuses que l'on ait faites depuis Buffon dans l'histoire naturelle des quadrupèdes. Il n'est pas très rare de découvrir, surtout dans les contrées nouvelles, des combinaisons tout à fait inconnues d'organes de l'ordre le plus élevé : ainsi la Nouvelle-Hollande en a offert de telles en grand nombre ; mais une fois ces combinaisons formées, on ne voit que très rarement se modifier les organes secondaires, abstraction faite des téguments. Tous les chats, dont la famille est si nombreuse, se ressemblent, excepté que quelques-uns ont la pupille allongée comme le chat domestique, au lieu de l'avoir circulaire, et que dans une seule espèce les ongles ne sont pas rétractiles. Les loups et les renards ne diffèrent également d'une manière bien sensible que par la forme de la pupille ; par tous les autres sens, par les dents et les organes du mouvement, toutes les espèces de cette famille avaient entre elles la plus entière ressemblance. L'hyénopode vient changer cet état de choses ; il nous présente une modification nouvelle des organes du mouvement. Les loups et les renards que les naturalistes réunissent sous le nom commun de chien ont cinq doigts aux pieds de devant et quatre à ceux de derrière : l'hyénopode n'a que quatre doigts à tous les pieds ; du reste, il appartient à la famille des chiens ; il en a les dents sans exception, et ses yeux sont semblables à ceux des loups ; mais à cette simple modification des membres antérieurs paraît se rattacher un système particulier de coloration pour le pelage. La couleur du plus grand nombre des loups et des renards est formée d'un mélange de jaune plus ou moins fauve et de gris plus ou moins foncé, distribué avec plus ou moins d'uniformité, de manière que les teintes se fondent les unes avec les autres sans former de taches. L'hyénopode se fait remarquer au contraire par la distribution irrégulière de ses couleurs et quelquefois par leur opposition.

Il est très probable que cet animal avait fait l'objet des observations de M. Barrow longtemps avant qu'on en eût reconnu les véritables caractères,

1. *Sorex personatus.* Isid. Geoff.

du moins c'est à cette espèce seule jusqu'à ce jour, que convient ce qu'il dit
d'un loup du cap de Bonne-Espérance, qui a la taille d'un chien de Terre-
Neuve, le fond du pelage pâle, le poil du cou et du dos long et frisé, la queue
courte et droite, les cuisses et les jambes marquées de grandes taches irrégulières, et quatre doigts seulement aux pieds de devant[1]. Quoi qu'il en soit, on
n'a de justes idées sur cet animal que depuis que M. Brooks[2] en a fait connaître
les caractères et les rapports ; auparavant M. Temminck en avait donné une
figure[3] ; mais, n'ayant eu égard qu'au nombre des doigts, il en fit une hyène
et méconnut par là l'importance de l'espèce qu'il avait l'avantage de posséder
et de décrire le premier. Depuis, en 1820, Delalande ayant rapporté cet
animal de son voyage au Cap, on a pu répéter les observations de M. Brooks
et confirmer l'exactitude de ses vues.

Ce effet, cette espèce nouvelle a, comme nous venons de le dire, des
dents absolument semblables à celles des chiens, et ne diffère des loups que
parce que ses pieds de devant n'ont extérieurement que quatre doigts ; car
le tarse se compose des mêmes os que les pieds qui en ont cinq. Le fond de
sa couleur est un mélange de fauve et de gris brun varié de taches irrégulières ; il paraît que ces taches n'ont point de fixité, que souvent elles sont
accidentelles ; car l'individu rapporté par Delalande n'est point semblable à
celui qu'a fait représenter M. Temminck.

Le premier, dont nous avons déjà donné une description[4], a la tête
noire, le front, la calotte, le derrière des yeux et le dessus du cou jaune roussâtre ; les côtés du cou sont d'un brun noirâtre, et le dessus est gris brun,
avec un large demi-collier blanc vers le bas ; les épaules, le dos, les flancs
et le ventre sont noirs ; une large tache rousse se trouve derrière le haut de
l'épaule ; et les côtés du corps sont variés de cette couleur ; deux taches
blanches sont sur le devant de l'épaule, et les jambes de devant sont blanches
avec une tache rousse derrière le coude, bordée d'une ligne noire, qui se
termine en bas, vers une tache de même couleur, dont le centre est roux ;
celle-ci est suivie d'une tache semblable, au-dessous de laquelle se trouve
une autre tache noire et à centre roux, suivie de deux autres petites taches
pleines ; les doigts sont d'un brun noir ; la croupe est variée de roux et de
brun ; la cuisse et le haut de la jambe sont de cette dernière couleur, avec
deux fortes taches blanches, l'une au milieu de la cuisse, et l'autre à la partie
postérieure du genou ; le bas de la jambe et la partie antérieure de la cuisse
sont roux avec quelques taches noires ; le talon a un anneau noir qui se termine, vers le bas, par une tache à centre roux. Le tarse est blanc, et les
doigts sont noirs, ainsi que quelques taches sur le côté du tarse ; la queue est
rousse à l'origine, puis blanche, ensuite noire, et enfin la pointe blanche ;

1. *Premier voyage dans la partie méridionale de l'Afrique*, trad. franç., t. I, p. 381.
2. *Voyage au cap de Bonne-Espérance.*
3. *Annales générales des sciences physiques.* Bruxelles, t. III.
4. Article Hyène, du *Dictionn. des sciences naturelles*, t. XXII, p. 299.

le dessous du corps est noirâtre ; le dedans des jambes de devant est blanc, avec quelques taches et quelques lignes noires ; celui des postérieures est roux pâle sur la jambe avec quelques ondes noires, obliques vers le haut ; le tarse est blanchâtre, et il se trouve vers le talon une tache noire, à centre roussâtre. Les oreilles sont grandes, ovales, velues, noires, avec de petites taches roussâtres. Le poil est peu long, excepté sur la queue qui est touffue vers le bout et descend jusqu'au talon.

L'hyénopode vit et chasse en troupes comme plusieurs espèces de loups et de renards dont il paraît d'ailleurs avoir le naturel : un individu rapporté vivant en Angleterre par M. Burchell décela d'abord un naturel très sauvage et presque féroce, car il ne s'adoucissait pas même pour le gardien qui le nourrissait ; mais petit à petit il se familiarisa avec les êtres qu'il voyait habituellement, et il finit par vivre affectueusement avec les chiens et à jouer avec eux. L'on aurait pu hâter ce changement si l'on eût su que les animaux qui vivent en troupes sont de tous les plus faciles à apprivoiser par de bons traitements.

LE CARCAJOU OU BLAIREAU AMÉRICAIN

Tout ce qui pouvait être connu de Buffon, relativement à cet animal, avant la publication de ses suppléments, est rapporté par lui au glouton avec lequel il le confondait en une seule et même espèce[1]. Il n'a été conduit à les envisager d'une manière distincte qu'après avoir vu une peau bourrée envoyée de l'Amérique septentrionale au curé de Saint-Louis, sous le nom de *carcajou*[2]; encore pensa-t-il que ce nom était mal appliqué, et que cette peau pourrait bien être celle du blaireau, privé par accident d'un ongle aux pieds de devant; car elle ne différait à ses yeux de la peau du blaireau d'Europe que par un pelage plus doux et plus fin.

Depuis Buffon cette espèce a été tantôt admise, tantôt rejetée de la science, parce qu'elle n'y avait jamais été introduite légitimement. D'après les rapports de La Houtan[3], de Sarrazin[4] et de Buffon, et par mes propres observations[5], on ne pouvait nier l'existence, dans l'Amérique du Nord, d'un animal semblable au blaireau à beaucoup d'égards; mais ces rapports ne donnant point les moyens d'en comparer les caractères avec ceux du blaireau d'Europe, les uns l'avaient considéré comme appartenant à cette espèce, tandis que les autres, se fondant sans doute sur la différence des contrées où ces animaux se rencontrent, envisageaient le blaireau et le carcajou comme

1. Tome XIII, in-4°, p. 278. — Édit. Garnier, t. III, p. 488.
2. *Supp.* III. In-4°, p. 242, pl. 49. — Édit. Garnier, t. IV, p. 279.
3. *Voyage au Canada.*
4. Mémoires de l'Académie des sciences, année 1713.
5. *Dictionnaire des sciences naturelles*, article CARCAJOU, t. VII, p. 64.

les types de deux espèces distinctes, avec la confiance que quelque jour cette séparation des deux animaux serait justifiée par la découverte des caractères qui sont exclusivement propres au dernier. Quoi qu'il en soit, cette supposition a été justifiée : la description qu'a donnée M. Say du blaireau américain trouvé par le capitaine Franklin dans son voyage à la mer Polaire, la figure que nous en avons reçue de M. Milbert, et enfin la peau qui se trouve aujourd'hui dans le Muséum d'histoire naturelle, ont permis de caractériser cette espèce et nous ont appris qu'elle a, en effet, tous les caractères génériques du blaireau et n'en diffère pas considérablement par les caractères spécifiques ; nous avons déjà fait connaître ces détails d'organisation en les accompagnant d'une figure de l'animal, dans notre *Histoire naturelle des Mammifères* [1].

Tout ce qu'on a rapporté des mœurs du carcajou d'Amérique annonce qu'à cet égard il ressemble encore au blaireau d'Europe. C'est un animal très solitaire et très circonspect, qui vit dans des terriers d'où il ne s'éloigne qu'avec prudence, dont la force égale la timidité, et qui, dans le danger, devient furieux et déchire les chiens avec lesquels il se bat. Ses mouvements sont lourds ; il ne s'attaque point aux animaux légers qui lui échapperaient sans peine ; mais il poursuit le castor qui est aussi pesant que lui, et qui ne parvient à lui échapper que lorsqu'il peut fuir sous la glace ; car le carcajou le cherche et l'atteint jusque dans ses habitations, qu'il détruit avec ses ongles.

La première différence que présente cet animal, comparé dans son ensemble au blaireau, consiste dans sa teinte générale qui est brune au lieu d'être grise ; c'est-à-dire que ce qui est noir chez l'un est brun chez l'autre. La nature du pelage paraît être plus fine chez le carcajou, mais c'est la même distribution de couleurs ; les seuls caractères notables qu'on remarque, en ce dernier point, chez le carcajou, c'est que les grandes taches latérales sur le fond blanc de la tête, au lieu de former, comme chez le blaireau, deux plaques naissant de la base de chaque oreille, embrassant l'œil dans leur milieu et venant se terminer, sans se mêler, en arrière du groin, naissent du dessous du cou où elles se fondent avec le pelage de cette partie, passent sur l'œil et ne l'embrassent qu'en détachant autour de lui une ligne circulaire, et viennent se confondre au-dessus du groin, avec la couleur duquel elles se mélangent. On voit de plus sur chaque joue une forte tache isolée qui ne se trouve point chez le blaireau, et le dessous de la gorge que celui-ci a noir est blanc chez le carcajou. La ligne blanche qui sépare, sur la partie moyenne de la tête, les deux grandes taches où sont les yeux, s'arrête chez le blaireau vers l'occiput, tandis qu'elle s'étend chez le carcajou jusqu'au-dessus des épaules, et la partie blanche des côtés des joues, au lieu de s'abaisser au-dessous des oreilles, embrasse entièrement celles-ci, qui sont blanches.

1. Novembre 1824, livraison 45.

Le ventre est blanc chez le carcajou, et l'on sait qu'il est noir chez le blaireau.

Ce sont là, autant que je puis en juger par l'individu que j'ai sous les yeux, les seuls traits distinctifs de ces deux animaux, qui paraissent se ressembler aussi par la taille. Sarrazin donne au carcajou deux pieds du bout du museau à l'origine de la queue; ce sont les dimensions que Buffon a trouvées à l'individu qu'il a décrit; et c'est également la mesure de celui qui m'occupe aujourd'hui. M. Say, dans le *Voyage de Franklin*, donne cinq pouces de plus de longueur au carcajou. La queue de cet animal a quatre pouces.

Les auteurs systématiques qui avaient admis cette espèce lui donnaient le nom latin de *Labradorius*.

LES ÉCUREUILS

Le nombre d'écureuils décrits par Buffon est déjà grand ; il est de quinze environ ; aujourd'hui on en connaît peut-être vingt-cinq de plus. Parmi les premiers, sept ou huit sont d'Amérique, deux d'Afrique, deux d'Asie et deux d'Europe ; parmi les seconds douze ou quinze sont d'Amérique, six d'Afrique, six ou sept d'Asie et un est d'Europe ; c'est principalement aux voyages faits par les naturalistes que nous devons ce nombre d'espèces nouvelles d'écureuils. Ce genre est, comme on le voit, répandu sur toute la surface du globe ; car si le petit-gris habite les régions polaires de l'ancien monde, l'écureuil fossoyeur se trouve au Sénégal, et l'écureuil de Giugy et l'écureuil allié vivent à Java et à Sumatra. D'un autre côté, le Canada en nourrit plusieurs espèces ainsi que le Brésil ; et c'est une circonstance importante à remarquer, que la facilité qu'ont ces animaux de se conformer à des conditions d'existence si différentes, que l'aptitude de leur système organique à se prêter à des influences si diverses. Il serait curieux de rechercher quelles ont été les vues et les ressources de la nature pour avoir ainsi rendu cosmopolite un genre de quadrupèdes, dont l'influence dans son économie paraît assez bornée, tandis qu'elle a restreint dans d'étroites limites un si grand nombre d'autres genres non moins importants pour elle que les écureuils. Quoi qu'il en soit, il était difficile qu'un système d'organes doué de la capacité de subsister sous tous les climats de la terre n'eût pas la faculté de subir dans quelques-unes de ses parties des modifications plus ou moins profondes, et c'est en effet une faculté qu'il a reçue ; aussi ces modifications ont donné le moyen de bien caractériser les subdivisions de ce genre. Au reste, cette faculté s'est étendue jusqu'aux organes qui servent à distinguer les espèces ; et il n'est peut-être aucun genre de quadrupèdes où celles-ci présentent plus de variétés ; l'écureuil fauve devient gris et peut-être brun ; l'écureuil capistrate est tantôt gris et tantôt noir ; le roux domine plus ou moins sur le gris dans celui de la Caroline, etc., etc.

Les mœurs paraissent suivre assez exactement les modifications des organes. Les guerlinguets, qui ont la queue ronde, sont moins agiles et vivent moins sur les arbres, dans les trous desquels ils font leurs nids, que les écureuils proprement dits, dont la queue est distique et susceptible de s'élargir par l'écartement des poils, et qui construisent leurs nids entre les branches des arbres comme les oiseaux. Les tamias, qui seuls parmi les écureuils ont des abajoues, et qui ne sont peut-être que des spermophiles, habitent des terriers ; aussi n'en parlerons-nous qu'en traitant de ces derniers animaux.

GUERLINGUETS. — Buffon en a décrit deux espèces qui toutes deux sont de la Guyane. Il les distinguait déjà des écureuils qu'il croyait ne pouvoir se trouver que dans le nord ou dans les climats tempérés ; et depuis c'est encore dans les contrées les plus chaudes, à Java et à Sumatra, que deux ou trois autres espèces ont été découvertes. Nous allons en donner les principaux caractères.

LE TOUPAYE [1]

M. Duvaucel, qui le premier nous a fait connaître cet animal, nous apprend que les Malais l'appellent toupe ou toupaye, nom qui est aussi pour eux générique, et sous lequel ils réunissent d'autres animaux qui vivent sur les arbres, mais qui sont plus voisins des musaraignes que des écureuils. Au contraire, le toupaye a tous les caractères principaux des écureuils proprement dits, dont le type nous est donné par l'écureuil commun ; seulement sa queue, au lieu d'être distique, est uniformément recouverte de ses poils ; sa capacité cérébrale est grande, son museau court, ses oreilles sont nues et très arrondies, et les testicules du mâle sont remarquables par leur volume. Il surpasse un peu notre écureuil commun par la taille : son corps a six pouces de longueur du bout du museau à l'origine de la queue, la tête en a deux et la queue six. Ses couleurs sont variées et donnent un aspect agréable à son pelage. Toutes les parties supérieures sont tiquetées de blanc jaunâtre sur un fond d'un brun noir, qui prend une teinte plus pâle à la face externe des membres, sur les côtés et le dessous de la tête. La disposition des couleurs résulte d'anneaux qui sur chaque poil sont alternativement noirs et fauve clair ; ces anneaux sont plus larges sur la queue que sur les parties voisines, et les anneaux fauves sont plus nombreux sur les membres et sur les côtés de la tête que les noirs. Toutes les parties inférieures, la face interne des membres et l'extrémité de la queue sont d'un roux brillant, et sur les flancs se trouvent deux lignes, une blanche et une noire, qui séparent les couleurs des parties supérieures de celles des parties inférieures.

Cet écureuil recherche surtout les palmiers dont il perce les noix, afin de boire le liquide laiteux qu'elles renferment, et dont il est très avide.

1. *Macroxus vittatus.*

Cette espèce a été découverte pour la première fois à Sumatra. On en trouve une description par M. Raffles, sous le nom malais de toupaï, et sous le nom latin de *vittatus*, dans les *Transactions linnéennes* [1]. J'en ai aussi donné une figure [2] et une description.

LE LARY [3]

C'est encore à M. Duvaucel que nous devons la connaissance de ce guerlinguet. Il ressemble beaucoup au toupaye, excepté par les couleurs qui, en général, sont fauves aux parties supérieures du corps, blanches aux parties inférieures, avec trois raies noires séparées par deux grises roussâtres le long du dos. Toute la tête jusqu'à la mâchoire inférieure est d'un brun gris formé par les anneaux noirs, blancs ou jaunâtres des poils; la mâchoire inférieure, blanche, est séparée des parties supérieures de la tête par une bande fauve étroite qui s'étend de la commissure des lèvres jusqu'au cou. Les côtés du cou, le haut des épaules, les bras, les flancs, les cuisses et les jambes sont d'un roux mélangé de noir, l'extrémité des poils étant de cette dernière couleur, tandis qu'ils sont roux dans tout le reste de leur longueur. La queue, glacée de blanc sur un fond noir et fauve, est garnie de très longs poils qui, après un large anneau roux et noir aussi très large, se terminent par une pointe blanche. Le dessous du cou, la poitrine et le ventre sont, comme la mâchoire inférieure, d'un blanc pur. La face interne des membres antérieurs est d'un gris fauve; celle des membres postérieurs d'un fauve clair, et les pieds sont du gris brun de la tête. Mais ce qui caractérise surtout le pelage de cet animal, ce sont les trois rubans noirs qui naissent au bas de son cou et s'étendent parallèlement l'un à l'autre jusqu'à sa croupe. Leur largeur est de trois lignes et la moyenne suit l'épine du dos dans toute sa longueur.

Ces deux guerlinguets n'ont que des poils longs et soyeux, et ils sont privés des poils laineux, de ce duvet qui garnit immédiatement la peau des écureuils des pays froids, caractère qu'ils partagent avec tous les animaux des pays très chauds. On observe de plus une mèche de longs poils soyeux de la nature de ceux qui forment les moustaches, à la face postérieure des jambes de devant au-dessus du carpe.

M. Horsfield a donné une figure de cet animal [4] qu'il a découvert à Java, et que les Javanais nomment Bokkol, et j'en avais précédemment donné une avec le nom latin de *insignis* [5]. Nous reproduisons la première.

M. Horsfield donne encore sous le nom de *plantani* la description et la

1. Tome XIII, p. 259.
2. *Hist. nat. des Mamm.*, liv. 33.
3. *Macroxus insignis*. Pl. 19, fig. 1.
4. *Recherch. zoolog. sur Java*, 5e cahier.
5. *Hist. nat. des Mamm.*, liv. 24.

figure d'un écureuil qui paraît être un guerlinguet[1], et que nous donnons à côté de la précédente.

Le lary est originaire de Sumatra et de Java.

ÉCUREUILS PROPREMENT DITS. — Nous diviserons les espèces dont nous avons à parler, d'après les contrées que ces animaux habitent. Ce rapprochement n'est pas sans doute celui qui résulterait de la considération de leurs modifications organiques; mais outre que celles-ci sont généralement peu importantes, puisqu'elles ne consistent guère que dans la taille ou les couleurs, il n'est pas sans intérêt de voir les rapports de ces animaux avec le climat; car son influence est nécessairement fort étendue, et les diversités de couleurs de plusieurs espèces n'ont même peut-être pas d'autres causes.

La direction que l'histoire naturelle a prise aujourd'hui sous l'influence de l'anatomie comparée, toute heureuse qu'a été cette influence, la porte peut-être trop à négliger tous autres rapports entre les animaux que ceux des organes. Sans doute la connaissance de ces rapports est essentielle; sans elle aucun autre ne pourrait être exactement apprécié; mais le but de l'existence d'un animal n'est pas exclusivement l'individu : il fait plus que d'occuper une place dans la nature, il s'y meut, il y agit poussé par des besoins, des passions, une volonté, et toute la nature réagit sur lui et tend à le modifier, comme il tend à la modifier elle-même. Ce sont ces influences mutuelles qui animent tout, qui font que tout subsiste, et qui soutiennent la pensée par l'élévation où elles la portent; car l'économie générale de la nature n'est pas moins admirable que l'économie particulière de ses êtres.

ASIE. — Buffon a parlé de deux écureuils d'Asie, du palmiste et du grand écureuil de Malabar; mais il croyait le premier originaire d'Afrique. Depuis, son origine africaine est devenue douteuse, car M. Leschenault l'a trouvé dans la presqu'île de l'Inde, et M. Leach qui, le croyant une espèce nouvelle, l'a décrit sous le nom de *pennicilatus*, l'avait reçu de la même contrée. Ce joli petit animal, nous dit M. Leschenault, est commun à Pondichéry; il aime le voisinage des habitations et court avec une extrême légèreté sur les toits, les arbres, etc. La femelle, dont la portée est de trois ou quatre petits, met bas dans les trous des vieilles murailles, où elle prépare auparavant un nid de coton et de feuilles. Cet animal, qui s'apprivoise facilement, devient même familier à l'état sauvage; il pénètre alors jusque dans les appartements et vient aux heures des repas ramasser les miettes qui tombent de la table. Quoiqu'il fasse beaucoup de tort aux fruits, les Indiens regardent comme un grand péché de le tuer. Son cri aigre et prolongé est souvent importun; il peut se rendre par la syllabe *tuit*, exprimée d'une manière aiguë et sonore, et qu'il répète quelquefois pendant un quart d'heure sans interruption.

1. *Recherch. zoolog. sur Java*, 7ᵉ cah.

I.   18

Quant au grand écureuil de Malabar, son histoire ne s'est pas augmentée, à proprement parler, depuis Buffon ; seulement les collections s'étant enrichies de ses dépouilles, on a constaté la singulière association de ses couleurs, et l'on a reconnu qu'il se trouvait non seulement sur le continent de l'Inde, mais encore dans plusieurs des îles qui l'avoisinent.

Les écureuils, découverts depuis Buffon dans cette partie de l'ancien monde et considérés comme des espèces, sont au nombre de dix ou quinze. Nous donnerons les caractères de ceux dont on a parlé le plus clairement, et des espèces qui pourraient nous offrir dans leur histoire quelques particularités utiles à la science.

Nous commencerons par des écureuils qui ont tous une origine commune, les îles de Java ou de Sumatra, et dont les caractères distinctifs ont encore assez de rapport pour que dans un genre où les variétés paraissent être si nombreuses, on puisse élever des doutes sur leur nature et se demander si en effet leurs différences sont suffisantes pour constituer des caractères spécifiques ; car il est à remarquer que leurs couleurs ne diffèrent aux parties supérieures du corps que du brun foncé au gris jaunâtre, en passant par les nuances intermédiaires. En dessous, le plus grand nombre est roux, un est blanc, et un autre est gris.

L'ÉCUREUIL DE GINGY[1]

Sonnerat a publié, sous le nom de *Gingy*, un écureuil qui a été admis dans les catalogues méthodiques sous le nom latinisé de *dschinschicus* par Gmelin. Or Gingy est une ville et un petit État de la presqu'île de l'Inde, et la figure de cet écureuil de Gingy, faite par Sonnerat, et que j'ai sous les yeux, porte écrit de sa main l'*écureuil de Java*.

J'ai dû faire remarquer l'opposition qui existe entre l'origine probable de cet écureuil et le nom que lui a donné Sonnerat, afin d'amener les naturalistes ou les voyageurs à faire les recherches nécessaires pour éclaircir les incertitudes qui naissent de cette opposition. Malheureusement Sonnerat, un des premiers naturalistes français qui aient voyagé dans l'Inde, n'a guère été utile à l'histoire naturelle des quadrupèdes qu'en en exerçant la critique ; ses notes paraissent avoir été très superficielles, et ses dessins ne consistent qu'en des traits grossiers recouverts plus grossièrement encore par des teintes plates de couleurs épaisses qui n'indiquent que vaguement les teintes des animaux. Aussi ne sont-ce point ses propres dessins qu'il publia ; il en fit paraître de nouveaux, exécutés d'après les siens, corrigés à l'aide de ses notes ou de ses souvenirs par un dessinateur qui n'était rien moins que

---

1. Cette espèce a été désignée par M. Geoffroi Saint-Hilaire, sous le nom d'*erythropus*, nom qu'elle a depuis laissé à l'écureuil fossoyeur avec lequel on la confondait, pour prendre celui de *bilineatus*.

naturaliste, et il est entré tant d'arbitraire dans ces dessins ainsi refaits qu'on n'a pu établir que quelques conjectures sur les rapports des animaux qui en font l'objet, avec ceux qui ont été découverts depuis dans les mêmes contrées.

La note de Sonnerat sur son écureuil de Gingy ne renferme que ce peu de mots : « Tout l'animal, dit-il, est d'un gris terreux plus clair sur le ventre, les jambes et les pieds. Il a sur le ventre, de chaque côté, une bande blanche qui prend de la cuisse de devant à celle de derrière. Les yeux sont entourés d'une bande blanche circulaire. La queue paraît toute noire, quoiqu'elle soit parsemée de poils blancs. » Cette description est assez conforme à la figure originale de cette espèce que je possède : je pourrais seulement ajouter que le gris du côté du cou et des cuisses est un peu plus jaunâtre que celui du dos, que les bandes blanches sont sur les flancs et non sur le ventre, et qu'à en juger par quelques indications de la direction des poils, la queue était distique.

C'est sans doute à cet écureuil qu'il faut rapporter une espèce découverte par Leschenault à Java, et qui a été décrite par M. Desmarest[1], mais non figurée. L'individu qui a fourni la description à M. Desmarest a le dos et les côtés du corps d'un brun gris résultant d'un pelage tiqueté de noir et de jaunâtre ; le ventre et la face interne des membres sont jaunâtres ; une bande blanche sur les côtés du corps sépare le brun gris du dos du jaunâtre du ventre ; la taille est celle de l'écureuil commun. L'individu sur lequel cette espèce a été fondée se trouve dans les galeries du Muséum ; et l'on peut difficilement se défendre de lui réunir l'écureuil du bananier de M. Horsfield, qui, dit-il, est gris en dessus, jaunâtre en dessous avec une ligne blanche le long de chaque flanc.

Une autre espèce qui a la taille de l'écureuil *bicolor*, et qui, comme lui se trouve à Sumatra, a été publiée par M. Raffles sous le nom de *sciurus affinis*, sans qu'il en ait donné de figure. Sa couleur est d'un gris cendré brunâtre aux parties supérieures du corps, ainsi qu'à la queue, et entièrement blanche aux parties inférieures, ainsi qu'à la face interne des membres ; une raie d'un brun rougeâtre sert de transition entre les parties grises et les parties blanches sur les côtés du corps, depuis les membres antérieurs jusqu'aux postérieurs. Ces couleurs sont toutefois sujettes à des variations sensibles ; ainsi le gris peut se changer en un brun clair, ou en un jaunâtre obscur.

Après ces quatre ou cinq espèces publiées dans l'intervalle de quelques années, M. Isidore Geoffroi en a publié cinq autres dans le *Voyage de M. Bellanger aux Indes orientales*[2]. Les quatre premières ont des rapports sensibles avec celles qui avaient été publiées auparavant, ce sont :

1. *Mammalogie*, p. 336.
2. Partie zoologique.

L'Écureuil a ventre roux[1], qu'il reconnaît avoir de grands rapports avec le *bilineatus*; cet écureuil, aux parties supérieures du corps et à la face externe des membres, est d'un brun tiqueté de fauve. Aux parties inférieures, à la face interne des membres et dans toutes les parties voisines de l'anus, il est d'un roux vif; mais ces deux couleurs ne sont séparées sur les flancs par aucune raie; le menton est blanchâtre, et les joues d'un fauve roussâtre; le dessus du museau est fauve tiqueté de noir; les mains et les pieds sont d'un brun noirâtre; les poils de la queue sont couverts d'anneaux fauves et noirs qui font paraître la queue comme annelée elle-même. Cet écureuil a été découvert au Pegou par M. Bellanger.

L'Écureuil a ventre gris[2], qui a été envoyé de Java au Muséum par M. Diard. Son pelage, dit M. Isidore Geoffroi, est, en dessus et à la face extérieure des membres, brun tiqueté de fauve; les côtés de la tête, le devant de l'épaule, la gorge, sont d'un roux fauve ou d'un roux foncé. La queue, formée de poils annelés de noir et de fauve, semble être aussi couverte d'anneaux, excepté son extrémité, qui est noire. La poitrine, le ventre et la face interne des membres sont d'un gris foncé; et deux bandes contiguës, l'une noire en dessus, et l'autre rousse en dessous, s'étendent entre les membres le long des flancs. Sa taille est comme celle de l'espèce précédente, semblable à la taille de l'écureuil commun.

L'Écureuil a mains jaunes[3], qui a, comme le reconnaît M. Isidore Geoffroi, de grands rapports avec le précédent; il est d'un brun tiqueté de roussâtre en dessus et à la face externe des membres. Les parties inférieures de son corps sont d'un beau roux marron; sa queue semble annelée comme ses poils de brun et de fauve, et c'est un anneau fauve qui le termine. Enfin, ce qui caractérise cet écureuil, c'est que la face dorsale de son pied, celle de sa main, les régions externes et antérieures de l'avant-bras, et le dessus du museau sont fauves. L'origine de cette espèce ne peut pas être fixée d'une manière bien précise; mais M. Isidore Geoffroi pense qu'elle vient de Ceylan ou de la Cochinchine.

L'Écureuil a queue de cheval[4]. Il a, comme les précédents, a été envoyé de Java au Muséum par M. Diard. Il est roux tiqueté de noir en dessus; la face externe de ses membres, les côtés de son cou et sa tête sont d'un gris foncé tiqueté de blanc; son ventre et la face interne des membres sont d'un beau roux marron; sa queue est entièrement noire. Sa longueur, du bout du museau à l'origine de la queue, est de neuf pouces. Celle-ci a la longueur du corps.

1. *Sciurus pygerythrus.*
2. *Sciurus grisei venter.*
3. *Sciurus flavi manus.*
4. *Sciurus hippurus.*

Les écureuils suivants paraissent appartenir à des espèces mieux distinctes, quoique l'une d'entre elles présente encore dans ses couleurs des variations sous lesquelles se déguisent les véritables caractères de son pelage.

L'ÉCUREUIL A VENTRE DORÉ[1]

Que le Muséum doit encore au zèle de M. Diard, et qui a été envoyé de Java, est d'un fauve tiqueté de blanc qui résulte de poils bruns à leur base, fauves à leur partie moyenne et blancs à leur extrémité. Le dessous du corps, les flancs et la face interne des membres sont d'un beau roux doré; une bande blanchâtre, irrégulière, couvre une partie de la cuisse; la queue, brune dans sa partie moyenne, est fauve sur ses parties latérales; la tête est d'un fauve foncé, à l'exception des côtés du nez qui sont blancs; les oreilles sont brunes. Cette espèce, très grande, a onze pouces, du bout du museau à l'origine de la queue, et celle-ci en a plus de dix-huit.

L'ÉCUREUIL BRUN[2]

C'est une des espèces les plus remarquables par la beauté et l'intensité de sa couleur; il surpasse en grandeur l'écureuil commun : la longueur de son corps est de huit pouces, et celle de la queue est de sept. Son pelage est généralement d'un brun marron très brillant. Seulement les parties inférieures du corps sont un peu plus pâles que les supérieures. Les moustaches et les poils qui recouvrent les doigts sont noirs, et si, chez quelques individus, le bout de la queue est blanc, chez d'autres il est du brun marron des autres parties. Les oreilles n'ont point le pinceau de poils qui couronne celles de l'écureuil commun.

Nous avons dû la connaissance de cette belle espèce d'écureuil à M. Duvaucel, et il a aussi été découvert dans l'Inde par MM. Reynaud et Bellanger. M. Lesson l'a publiée une seconde fois dans ses *Centuries zoologiques* en lui donnant un nom nouveau, celui de l'écureuil de Keraudren (*sciurus Keraudrenii*. Reyn.

L'ÉCUREUIL BICOLOR[3]

Il fut découvert à Java par Sparmann[4] qui le décrivit sous ce nom de *bicolor*, et en publia une figure que Schreber[5] reproduisit sous le nom de

1. *Sciurus rufiventer*, p. 150.
2. *Sciurus ferrugineus*.
3. *Sciurus bicolor*.
4. Act. soc. Goth.
5. Tab. 216.

Javanicus. Sparmann nous apprend que cet écureuil avait la partie supérieure de la tête, le dos et la face externe des membres d'un brun noirâtre ; que les parties inférieures du corps, depuis la mâchoire inférieure jusqu'à l'extrémité du ventre, étaient d'un beau fauve ; que la queue, brune en dessus, était fauve en dessous, et que le corps et la queue avaient chacun environ un pied de longueur.

Depuis, les galeries du Muséum ayant reçu de Java un écureuil envoyé par Leschenault, M. Geoffroi l'envisagea comme une espèce nouvelle et le nomma *albiceps*[1]. En effet, cet écureuil avait toutes les parties supérieures du corps d'un brun jaunâtre, tandis que sa tête, sa gorge, son ventre et la partie antérieure et interne de ses jambes de devant étaient d'un blanc jaunâtre ; ses jambes de derrière, ainsi que la partie externe de celles de devant, étaient brunes. La queue en dessus était également brune ; en dessous elle était jaunâtre.

C'est ce même écureuil, avec une de ses variétés beaucoup plus brune, et dont la tête n'avait qu'une teinte un peu plus pâle que celle du corps, qui devint le *sciurus Leschenaultii* de M. Desmarest[2], lequel, à cause de cette variété à tête brune, pensa ne devoir point conserver le nom d'*albifrons*. Enfin M. Horsfield, qui ne s'est point borné à toucher à Java en passant, et qui n'a point été condamné à n'en étudier les animaux que dans des cabinets, mais qui y a séjourné et qui a pu suivre les animaux dans leurs divers changements, a publié une histoire du *sciurus bicolor* dans laquelle on reconnaît celui de Sparmann, l'*albiceps* de M. Geoffroi, et le *Leschenaultii* de M. Desmarest ; nouvelle preuve des variations infinies auxquelles les écureuils sont sujets, et de la prudence qui est nécessaire pour en établir les espèces.

Nous rapporterons ici ce que M. Horsfield nous apprend sur cet écureuil *bicolor*, un des plus grands qu'on connaisse.

L'individu qu'il a fait figurer est celui qu'on trouve communément dans les parties orientales de Java, et qui appartient à la variété à tête blanche. « Sur le continent de l'Inde et dans la Cochinchine, dit-il, on le trouve presque uniformément noir à ses parties supérieures, et d'un jaune doré aux inférieures. Tels étaient aussi les caractères de l'individu d'après lequel cette espèce fut, pour la première fois, décrite par Sparmann, et qui avait été pris à Java, probablement dans les districts de l'Ouest. La différence qu'offre la robe du *sciurus bicolor* à l'est de Java, où je l'ai surtout observé, établit une variété de cette espèce, à teintes fort irrégulières, et que je décrirai particulièrement.

« Quant à la description de Sparmann, elle paraît avoir été faite d'après un jeune animal ; il donne douze pouces pour la longueur du corps et autant pour la queue ; l'animal adulte est beaucoup plus grand. Deux écureuils du Muséum de la compagnie pourraient être pris comme appartenant

1. Étiquettes des Collections du Mus. d'hist. nat.
2. *Mammalogie*, p. 335.

à une espèce distincte, si ce sujet difficile ne se trouvait éclairé par une observation de sir St. Raffles, qui dit qu'un jeune mâle du *sciurus bicolor*, provenant du détroit de la Sonde, avait toute la queue de la même couleur fauve que le ventre, tandis que, dans les adultes, elle est tout à fait noire. » D'un autre côté j'ai trouvé dans la bibliothèque de la Compagnie une description très concise et très exacte de cet animal, faite par le docteur Fr. Hamilton. J'ai vu, dit-il, un écureuil bicolore vivant, pris dernièrement dans les bois ; sa longueur totale est d'environ un *yard*, dont la queue forme les trois cinquièmes. Le dessus du corps et toute la queue sont noirs, avec des poils longs, rudes et épais. Aux lombes, l'extrémité des poils est d'un châtain rougeâtre ; la gorge, la poitrine, le ventre, le dedans des cuisses et des jambes de devant sont couleur de tan et offrent des poils plus doux : les pieds de devant sont noirs avec un pouce très court ; les jambes et les pieds de derrière sont également noirs ; la queue est comprimée, c'est-à-dire que les poils se dirigent sur les côtés ; les oreilles sont courtes, velues, arrondies à leur extrémité, avec un bord mince. » Cette description s'accorde entièrement avec plusieurs individus du Muséum de la compagnie, provenant de la collection du docteur Finlayson.

Voici maintenant ce que dit M. Horsfield de la variété qu'il a observée par lui-même : « La longueur totale de l'écureuil bicolore de Java, depuis l'extrémité du nez jusqu'à celle de la queue, est de trois pieds, dans lesquels la queue, à elle seule, entre pour plus de la moitié. Ce sont aussi les dimensions de l'espèce dans l'Inde et dans la Cochinchine. Dans les individus que j'ai recueillis à l'est de Java, les parties supérieures de la tête et du cou, le dos tout entier, les côtés du corps et les membres sont d'une teinte foncée ; mais cette teinte varie d'un brun intense à un brun plus clair et passe souvent au gris jaunâtre. Les poils sont, ou bien uniformément foncés, ou bien bruns à leur base et jaunâtres à leur extrémité. C'est de la distribution de ces poils que la robe de notre animal tire son caractère ; tantôt la surface est uniformément brune, tantôt elle est, en plusieurs points, marquée de taches irrégulières brunâtres, d'intensité variée, et qui paraissent sous la forme de larges bandes transversales ou de plaques de différente étendue. Dans la plupart des individus, la robe est foncée et uniforme sur les côtés du cou, les épaules, le dessus des jambes et des pieds, l'extrémité du nez et l'origine de la queue ; mais elle varie dans d'autres individus du brun noirâtre très foncé au châtain et au brun rougeâtre. Un anneau de la même teinte entoure aussi les yeux. Entre les yeux et les oreilles naît une bande d'une teinte plus pâle qui, dans beaucoup de cas, s'étend sur la tête, et, se répandant sur le vertex et sur la partie antérieure du cou, produit l'apparence d'un animal à tête blanche. Cette pâleur de coloration n'est toutefois pas invariable : on l'observe principalement chez les individus de couleur brun de tan, et quelquefois elle n'occupe qu'un petit espace entre les oreilles et la partie voisine du front.

« Les parties inférieures, dans notre variété d'écureuil bicolore, sont, en général, jaunâtres; mais cette teinte varie du fauve doré à un jaune de soufre clair qui passe souvent à l'isabelle; une ligne d'une teinte plus forte sépare la couleur foncée des parties supérieures de la teinte plus claire des inférieures, et semble rapprocher cette espèce de celle où les côtés du corps sont rayés. La couleur claire des parties inférieures commence à l'extrémité de la mâchoire inférieure, enveloppe la gorge, remonte sur les côtés de manière à embrasser les joues, rencontre les yeux et se confond avec la large bande qui occupe transversalement la tête; elle passe ensuite sur les côtés du corps et occupe la face interne des jambes de devant, où elle est séparée des parties foncées par une ligne bien tranchée, mais qui ne l'est pas autant aux membres postérieurs : la queue est foncée à sa base seulement. Dans le reste de son étendue, sa couleur est celle des parties inférieures.

« Dans un petit nombre de cas, la couleur des parties supérieures est d'un jaune isabelle avec une teinte grisâtre; tandis que les inférieures sont d'un jaune pâle, de sorte qu'il y a à peine une différence de coloration entre le dessus et le dessous du corps. Ces individus diffèrent beaucoup du *sciurus bicolor* décrit par Sparmann, et, sans ce que m'ont appris une nombreuse série de ces animaux, on pourrait les regarder comme une espèce distincte.

« Les oreilles sont aiguës, de grandeur moyenne, couverte de poils doux et sans pinceaux. Les moustaches consistent en des poils nombreux, longs, roides, naissant des côtés du nez et de la lèvre supérieure; un petit pinceau séparé de poils courts et forts, dirigés en arrière, naît de la joue au milieu de l'espace entre l'angle de la bouche et les oreilles. Les dents de devant sont d'un jaune approchant de l'orangé; la lèvre supérieure est profondément divisée. Dans sa forme générale, aussi bien que dans celle de la tête et dans les proportions du cou et des membres, le bicolore se rapproche des autres grands écureuils de l'Inde, et, comme eux aussi, il a sur le pouce un ongle large, court et obtus, que l'on a comparé avec raison à celui de plusieurs singes. Le pouce lui-même n'est ni allongé ni séparé des autres doigts; mais il consiste dans un épais tubercule charnu qui supporte l'ongle. Les ongles des autres doigts des pieds de devant et tous ceux des pieds de derrière sont aigus et très comprimés, comme dans les autres écureuils. La fourrure des parties supérieures est rude; à leur base les poils soyeux sont garnis de duvet; mais ils sont roides et ne sont pas régulièrement appliqués sur la peau : sur la poitrine et l'abdomen, la fourrure a une texture plus douce, et les bras et les mains sont bordés d'une belle ligne de poils dont la teinte est, en général, d'un fauve foncé, et qui s'étend sur les côtés, depuis les épaules jusqu'aux oreilles. La séparation entre les poils soyeux des parties supérieures et la fourrure plus douce des inférieures est fortement indiquée par une ligne que produit la brusque terminaison des poils rudes sur les côtés du corps.

« La robe la plus commune de l'écureuil bicolor est noirâtre en dessus, et jaune en dessous. L'individu décrit dans cet article constitue une variété bien caractérisée qui, dans quelques points, ressemble au *sciurus Leschenaultii*, mais qui s'en distingue suffisamment par la couleur jaune brillant de ses parties inférieures.

« Les mœurs de l'écureuil bicolor n'offrent rien de particulier ; il est assez répandu dans plusieurs parties de Java, mais il est beaucoup moins fécond que le *sciurus Plantani*. Rarement le voit-on près des villages et des plantations, et les cacaotiers souffrent très peu de ses atteintes. Il habite le plus épais des forêts, où les fruits sauvages de différente espèce lui offrent une nourriture abondante. Je l'ai observé d'abord dans les districts les plus orientaux de l'île, et ensuite dans mon voyage à travers le pays, depuis Banuymas jusqu'à Kediri ; mais, dans tous ces lieux, je n'ai jamais rencontré le sciurus bicolor tel qu'il est décrit par Sparmann et Hamilton. Les naturels tiennent cet animal en une sorte de domesticité dans leurs maisons, et quelquefois ils en mangent la chair. »

Je regrette de ne pouvoir ajouter ici la description d'un écureuil de Syrie que M. Ehrenberg a fait représenter[1], mais qu'il n'a, je crois, point encore décrit. C'est la seule espèce de cette partie de l'Asie dont il ait encore été question. Si l'on en juge par la planche enluminée, cette espèce était brune sur le dos, et orangée aux parties inférieures.

AFRIQUE. — Un seul écureuil était connu de Buffon ; en Afrique, c'était le barbaresque[2] ; encore ne l'était-il que par une peau empaillée et par ce qu'en avaient dit Caïus[3], et surtout Edwards[4] qui en avait donné une figure dessinée d'après un animal vivant. Depuis, cette belle espèce d'écureuil n'a fait le sujet d'aucune observation nouvelle, et cependant tout porte à penser qu'elle en offrirait d'importantes, à en juger, du moins, par ce qu'on connaît de son organisation et de ses rapports avec le palmiste, qui aurait lui-même besoin d'être étudié de nouveau pour qu'on pût apprécier exactement ses rapports.

L'ÉCUREUIL FOSSOYEUR[5]

Le premier écureuil d'Afrique, découvert après le barbaresque, mais dont on ne connut pas d'abord l'origine, est l'écureuil fossoyeur, nommé ainsi par M. Geoffroy Saint-Hilaire, d'après un individu remarquable par l'extrême

1. *Symbolæ physicæ*, pl. 8.
2. Tome X, in-4°, p. 126, pl. 26. — Édit. Garnier, t. III, p. 123.
3. Gesner, *Hist. quad.*, p. 187.
4. *Edwards hist. of bird.*, p. 198.
5. *Sciurus erythropus*, Geoff.

I.   19

longueur de ses ongles. Cet individu, conservé dans l'esprit-de-vin et provenant des collections du stathouder de Hollande, avait probablement vécu longtemps en esclavage ; c'est à cette circonstance qu'on doit attribuer le caractère accidentel que ses ongles présentaient ; aussi faut-il se garder d'en conclure que cet animal fût fouisseur, et d'attribuer au nom qui lui a été donné d'autre sens que celui d'ongles longs et crochus. En effet, ce n'est que de l'année dernière qu'on a pu connaître la nature de cette espèce et de son origine ; deux individus, l'un et l'autre mâle, m'ayant été envoyés du Sénégal.

Quelques traits particuliers distinguent cette espèce d'écureuil de toutes les autres ; sa tête d'abord est remarquable par sa longueur comparée à sa hauteur, et par la courbure longue et uniforme de son chanfrein ; ensuite ses oreilles ont une forme qui leur est exclusivement propre : elles sont courtes, arrondies, et ne dépassent point le sommet de la tête, comme les oreilles des autres écureuils ; enfin, son pelage est formé de poils secs et durs, qui contrastent fortement avec celui qui forme la fourrure si douce des autres espèces de ce genre. L'écureuil fossoyeur est sensiblement plus grand que l'écureuil commun. La longueur de son corps est d'environ sept pouces et demi, et celle de sa queue, de six pouces. Toutes les parties supérieures de son corps, c'est-à-dire le dessus et les côtés de la tête, le dessus et les côtés du cou, les épaules, le dos, les flancs, la croupe, les cuisses et la face externe des membres, sont d'un fauve plus ou moins verdâtre. La teinte du dos est d'un brun verdâtre ; celle des côtés du corps et du dessus des cuisses, d'un verdâtre plus pur, et la face externe des membres est fauve. Toutes les parties inférieures sont blanches ; un ruban blanc, qui commence à l'épaule et finit à la cuisse, sépare les parties verdâtres du côté du corps des parties blanches, et un cercle entoure les yeux. La queue, grise en dessus, est fauve en dessous. Le mufle est violâtre ; l'oreille est nue et couleur de chair. Tous les poils des parties vertes sont annelés de fauve et de noir ; les anneaux noirs dominent sur le dos, et les fauves sur les membres. Les longs poils de la queue, fauves à leur moitié inférieure, sont couverts de larges anneaux noirs et blancs dans le reste de leur longueur.

Cette espèce paraît avoir toutes les mœurs des écureuils proprement dits. Les deux individus que j'ai pu observer aimaient à se cacher dans le foin dont on avait composé leur lit ; pour cet effet, ils en formaient un tas épais et s'introduisaient au milieu dans le danger. Au moindre bruit, ils sortaient la tête de leur nid, et ils accouraient si l'on avait des gourmandises à leur offrir ; aussi connaissaient-ils fort bien le bruit d'une noix ou d'une amende que l'on brise, et le distinguaient beaucoup mieux que le nom par lequel on avait l'habitude de les appeler. Cependant, quoiqu'à ces différents égards ils ressemblassent tout à fait aux écureuils, ils ne m'ont point paru en avoir la pétulance et la vivacité. Leurs mouvements, comparés à ceux de l'écureuil vulgaire, avaient une certaine lenteur, annonçaient une sorte de

circonspection qui frappaient d'abord, et qui, joints aux particularités organiques que je viens d'indiquer, me confirment encore dans ma conjecture
sur la nature des rapports de cette espèce avec les autres écureuils.

M. Ehrenberg, qui a voyagé en Afrique comme en Asie, et dont nous
avons parlé plus haut à propos de l'écureuil de Syrie, a fait représenter un
écureuil d'Abyssinie, sous le nom de *courtes oreilles*[1] (*brachyotus*), qui nous
paraît ressembler par tous ses caractères principaux à l'écureuil fossoyeur ;
mais il en diffère, en ce qu'il n'a point la ligne blanche des flancs, si remarquable chez ce dernier. Je ne connais point la description que M. Ehrenberg
aurait pu donner de cette espèce ; à en juger par la figure que nous reproduisons[2], son pelage serait tiqueté de fauve et de noir en dessus, et de blanchâtre en dessous.

AMÉRIQUE. — Les écureuils d'Amérique connus de Buffon sont celui de la
Caroline, et le coqualin ou capistrate ; encore introduit-il de la confusion
dans l'histoire du premier en le confondant avec le petit-gris, qui paraît
être exclusivement propre au nord de l'Europe et de l'Asie. C'est sous ce nom
de *petit-gris* qu'il parle de l'écureuil de la Caroline, et on ne reconnaît cet
animal qu'à la description qu'en donne Daubenton ; car Buffon s'attache
presque exclusivement dans son article[3] à combattre l'idée que les écureuils
gris d'Amérique diffèrent du petit-gris, et celle que le petit-gris n'est lui-même
que notre écureuil fauve dont les couleurs ont changé par l'influence du
froid. Depuis, il a été bien établi que les écureuils gris de l'Amérique septentrionale constituent des espèces différentes de celle de l'écureuil désigné
dans le commerce et par les naturalistes sous le nom de *petit-gris*.

Les espèces d'écureuils originaires d'Amérique et aujourd'hui connues
sont au nombre de sept ou de huit, sans compter les deux dont Buffon a
parlé, et, dans ce nombre, l'Amérique méridionale n'en compte qu'une.
Toutes n'ont pas pu être observées avec le même soin, aussi nous bornerons-
nous à parler de celles dont l'existence est la moins douteuse, et sur l'histoire desquelles on s'est le plus étendu.

L'ÉCUREUIL A LONGUE QUEUE[4]

J'ai fait connaître cette espèce par une figure dans mon *Histoire naturelle
des Mammifères*[5]. Jusque-là, on s'était borné à en indiquer les principaux
caractères ; M. le major Long l'avait découverte dans son expédition aux

1. *Symbolæ physicæ*, pl. 9.
2. Pl. 21, fig. 2.
3. Tome X, in-4°, p. 116. — Édit. Garnier, t. III, p. 122.
4. *Sciurus macrourus*, pl. 20, fig. 1.
5. Liv. LV. 1826.

montagnes Rocheuses, et M. Say l'avait décrite dans l'histoire de cette expédition [1], sous le nom de *macroura*. M. Harlan, en reproduisant la description de cette espèce dans sa *Faune américaine*, change le nom de *macroura* en celui de *magni caudatus;* le premier ayant déjà été donné à un écureuil de Ceylan. Voici la description de l'individu que j'ai possédé.

Le bout du museau était blanc ; le dessus de la tête, à partir du milieu du chanfrein, et le cou en dessus jusqu'aux épaules, étaient noirs ; les côtés de la tête jusque derrière les oreilles d'un gris noir teint de jaunâtre ; les oreilles blanches dans la plus grande partie de leur longueur, et jaunes à leur base. La mâchoire inférieure, son extrémité exceptée, le cou, les jambes de devant, la poitrine, le ventre et la face interne des jambes de derrière étaient blancs, légèrement teints d'un gris léger sur plusieurs points ; le bas des pattes de derrière, à la base des doigts, présentait une ligne noire bordée de poils jaunâtres ; les épaules, le dos, les flancs, la partie postérieure des cuisses, ainsi que la croupe et tout le dessous de la queue, étaient gris ; mais cette couleur était plus pure sur les épaules que sur les flancs, où elle était teinte de jaunâtre ; et elle était plus foncée sur le dos que sur les autres parties. Les poils de la queue étaient jaunes dans presque toute leur longueur, leur extrémité seule était grise, d'où il résultait que cet organe, vu en dessous, paraissait jaune ; et, comme la partie grise des poils était produite par des anneaux noirs et blancs, et que les anneaux noirs de la dernière rangée de poils n'étaient point cachés par d'autres poils, ils restaient visibles et formaient tout le long de la queue une ligne qui séparait la partie supérieure de l'inférieure. Tous les poils gris de ce pelage étaient formés d'anneaux noirs, blancs et jaunes ; et c'est de la prédominance de l'une et de l'autre de ces couleurs que résultent les teintes diverses qui parent le vêtement de cette espèce.

Sa taille était fort grande : du bout du nez à l'origine de la queue il avait quinze pouces, et sa queue en avait au moins dix-huit.

La description que donne M. Say de son *sciurus macroura* diffère à quelques égards de la nôtre. Mais on en sera peu surpris d'après ce que nous avons déjà dit sur les changements de couleur des écureuils.

« Le corps de cet animal, dit M. Say, en dessus et sur les côtés, est coloré par un mélange de gris et de noir, les poils étant couverts d'anneaux noirs, jaunes et blancs, et se terminant par un anneau noir ; les oreilles ont une teinte ferrugineuse plus brillante à leur face externe qu'à leur face interne. Les côtés de la tête et les orbites ont cette même teinte, mais pâle, et qui passe au brun sur les joues. Le dessous du cou, la face interne des membres, le ventre sont d'un jaune orangé ; les doigts sont noirs. La queue en dessous est d'un ferrugineux brillant, en dessus le noir se mêle au ferrugineux. Les incisives sont jaunes ; en hiver les poils des oreilles s'allongent et en dépassent de beaucoup les bords. »

1. *Exped. to the Rocky Mount.*, t. I, p. 115.

C'est l'espèce d'écureuil la plus commune sur les bords du Missouri ; son pelage d'hiver est considérablement plus fourni, plus épais que celui d'été ; mais les couleurs sont les mêmes dans les deux saisons. Elle a servi souvent à la nourriture de l'expédition ; et l'on pouvait toujours, dit M. Say, en reconnaître les os à leur couleur rouge.

L'ÉCUREUIL DE LA CALIFORNIE[1]

Cette espèce, qui n'est connue que depuis deux ans, a des rapports de couleurs avec la précédente et avec l'écureuil de la Caroline, c'est-à-dire que son pelage présente aussi un mélange de gris et d'orangé ; mais la distribution différente de ces couleurs ne laisserait à elle seule aucun doute sur la distinction spécifique de ces animaux, si d'ailleurs ils ne se distinguaient par des caractères d'un ordre encore plus élevé.

Cet écureuil paraît appartenir exclusivement aux régions occidentales de l'Amérique du Nord, et surtout au Mexique et à la Californie ; et si par les couleurs il rappelle ceux des régions orientales du même continent, il rappelle l'écureuil d'Europe par les formes de sa tête. En effet, l'écureuil capistrate, celui de la Caroline et celui que nous venons de décrire sont remarquables par leur tête plus large, comparativement à la longueur, que celle de l'écureuil commun, et cette largeur se fait surtout remarquer dans la boîte cérébrale ; or l'écureuil de la Californie ne présente point ce caractère qui jusqu'à présent semblait appartenir exclusivement aux écureuils d'Amérique ; à cet égard il est semblable à celui d'Europe et rompt ainsi les rapports qu'on pouvait croire exister entre les formes de la tête des écureuils et les continents qu'ils habitent ; du moins quant à ce qui concerne ceux d'Europe et ceux du nord du nouveau monde.

L'écureuil de la Californie a toutes les parties supérieures du corps d'un gris un peu foncé, et toutes les parties inférieures sont d'un roux orangé très brillant. Les parties grises, formées de poils noirs à leur base et à leur pointe, et blancs à leur partie moyenne, sont : la tête, le bout de la mâchoire inférieure, le dos, les flancs, la face interne des cuisses, le tarse et le carpe. Une teinte fauve colore le tour des oreilles, les épaules et la nuque, la partie blanche des poils du dos ayant ici pris cette teinte. La queue grise, avec quelque marque de fauve, est formée de poils noirs à leur moitié inférieure, et blancs à leur moitié supérieure, à l'exception de quelques-uns qui ont du fauve au lieu de blanc. La gorge, la poitrine, le ventre, les jambes de devant jusqu'aux poignets, la face interne des cuisses et des jambes de derrière sont d'un fauve orangé brillant ; seulement des poils gris entourent les parties génitales, chez les mâles comme chez les femelles. Les oreilles ne sont point couronnées par un pinceau de poils.

1. *Sciurus leucogaster. Hist. nat. des Mamm.*, liv. LIX. 1829.

La longueur de cette espèce est de dix pouces du bout du museau à
l'origine de la queue ; celle-ci en a huit.

L'ÉCUREUIL NOIR [1]

Plusieurs voyageurs et les plus anciens ont parlé d'écureuils uniformément noirs, ou noirs avec le museau, les oreilles ou le collier blanc. Buffon
connaissait ce qui avait été rapporté sur ces animaux, et il le rappelle indirectement, mais n'insiste pas sur la nature de ces différences ; car à l'époque
où il écrivait, rien d'exact ne pouvait être tiré des divers récits qui avaient
été publiés sur les écureuils à pelage noir. Ce n'est que depuis ces dernières
années que quelque lumière a été répandue sur l'histoire de ces animaux.
Ainsi on a appris que le coqualin de Buffon que M. Bosc a appelé capistrate[2]
varie du gris au noir, en conservant seulement son museau et ses oreilles
blanches.

On aurait besoin de quelques notions nouvelles sur les écureuils entièrement noirs de l'Amérique : peu d'auteurs en ont parlé avec assez de détails
pour qu'on puisse tirer de leurs paroles les caractères de ces animaux. Hernandez[3] parle vaguement, sous le nom de *sciurus mexicanus* et en en donnant une grossière figure, d'un écureuil assez semblable à notre écureuil
commun, quoiqu'un peu plus grand et d'un noir fuligineux. Buffon parle
aussi d'un écureuil entièrement noir qui venait de la Martinique[4], et Bartram, dans son voyage dans l'Amérique septentrionale, nous apprend qu'il a
trouvé un écureuil dont le pelage était entièrement d'un noir très pur[5]. J'ai
aussi possédé un écureuil entièrement noir qui venait de l'Amérique septentrionale ; mais j'ignore de quelle partie, et conséquemment s'il se rapprochait
plus de celui des contrées occidentales, dont parle Hernandez, que de celui
des contrées orientales, dont parle Bartram. Sa longueur, du bout du museau
à l'origine de la queue, était de huit à neuf pouces, et sa queue en avait six
à sept. Sa physionomie rappelait celle de l'écureuil commun, mais sa tête
était plus grosse. Toutes ses parties nues avaient une teinte violâtre, et à l'exception de quelques poils annelés de blanc entre les yeux, son pelage était
entièrement d'un noir très foncé et très pur.

Cet écureuil avait le même naturel, le même instinct que l'écureuil
commun ; comme lui, il se formait un nid au milieu du foin qu'on plaçait
dans sa cage, et s'y cachait de manière qu'il n'était plus possible de l'apercevoir.

1. *Sciurus niger.*
2. *Ann. du Mus. d'hist. nat.*, t. I, p. 281.
3. *Hist. nat.*, Mex., p. 582.
4. *Supp.* IV, in-4°, p. 62. — Édit. Garnier, t. III, p. 119.
5. Tome II, p. 31, de la trad. franç.

L'ÉCUREUIL D'HUDSON [1]

Il paraît certain que plusieurs auteurs ont confondu cet écureuil avec l'écureuil fauve d'Europe, et cependant il y a quelques probabilités que l'Amérique du Nord nourrit une espèce particulière d'écureuil, qui a plus de rapport avec le nôtre que celui qu'on rencontre dans les contrées voisines de la baie d'Hudson. Quoi qu'il en soit, ce dernier est une des espèces les plus remarquables du genre, et par ses couleurs et par son naturel, quoique cette dernière partie de son histoire soit encore bornée à un petit nombre de faits.

Pendant fort longtemps il ne fut connu que par ce qu'en ont dit quelques voyageurs, tels que Forster [2], Hearne [3], ou par les descriptions que quelques naturalistes tirèrent des dépouilles qu'ils possédaient. Penuant [4], Schreber [5] sont les premiers qui en donnèrent des figures, et celle du dernier est bien préférable à celle de son prédécesseur. J'en ai possédé un mâle vivant, dont j'ai publié la figure et la description [6]; et comme cet animal était fort beau, c'est la description que j'en ai faite, que je vais rapporter ici.

L'écureuil d'Hudson est sensiblement plus petit que notre écureuil commun. Toutes les parties supérieures de son corps sont d'une teinte verdâtre qui résulte de ce que ses poils sont alternativement annelés de noir et de jaune. Ses oreilles, ses pieds de devant et ses pieds de derrière sont d'un roux brillant, et il en est de même de sa queue en dessus; celle-ci a de plus une bande noire transversale vers son extrémité qui est rousse; une ligne légère de poils noirs la borde sur les côtés; en dessous elle est d'un gris fauve. Toutes les parties inférieures du corps depuis l'extrémité de la mâchoire inférieure jusqu'à l'anus sont blanches. Les joues et les paupières inférieures et supérieures sont également blanches; et la partie blanche du ventre est séparée de la partie verte des flancs par un ruban noir; une tache longitudinale de cette couleur se trouve à l'extrémité du museau sur le nez. Les oreilles sont sans pinceau, mais les moustaches sont longues et noires sur les joues et sur les yeux.

Les collections du Muséum possèdent plusieurs individus empaillés de cette espèce; ils offrent quelques différences comparés à celui dont nous venons de donner les caractères, et nous devons faire connaître ces différences comme nous nous sommes appliqués à faire connaître celles des espèces dont nous avons déjà parlé. Ces individus sont au nombre de cinq :

1. *Sciurus Hudsonius.*
2. *Act. angl.*, t. LXII, p. 378.
3. *Voy. à l'occ. du Nord*, trad. franç., t. II, p. 219.
4. *Hist. of quadrup.*, p. 412, pl. 43.
5. Tab. 214.
6. *Hist. nat. des Mamm.*, liv. XLVI. 1824.

deux se font remarquer par la teinte brune de leurs parties supérieures.
C'est au contraire le roux qui domine le long du dos sur le pelage des deux
autres; et le cinquième, brun comme les premiers, n'a point leurs membres
roux, et la bande noire des flancs est à peine visible, ce qui s'observe également sur un des individus à dos roux.

M. Richardson, qui a accompagné le capitaine Franklin dans son
voyage aux bords de la mer Polaire, entre sur cette espèce dans quelques
détails intéressants que nous allons rapporter.

Cet écureuil habite les forêts de pins qui couvrent une grande partie
des terres où se fait la chasse des animaux à fourrures. On ignore jusqu'où
son espèce descend du côté du Midi; au Nord elle s'étend autant que les
forêts de pins, c'est-à-dire jusque entre le 68e et le 69e degré de latitude; et
c'est un des animaux qu'on rencontre le plus fréquemment dans ces contrées.
Il se creuse des terriers entre les racines des plus grands arbres, et y pratique quatre ou cinq entrées qu'on reconnaît parce que le temps y accumule
des débris des cônes de pins dont cet animal mange les graines. Lorsque le
vent est froid et le ciel couvert il ne sort pas de son terrier; mais, dès que le
soleil se montre, même en hiver, on le voit se jouant dans les branches de
l'arbre au pied duquel il a choisi sa retraite. A la vue d'un objet étranger qui
lui inspire de la crainte, il se cache derrière quelque grosse branche; mais
il se décèle par le bruit qu'il ne tarde pas à faire entendre, et qui approche
de celui d'une crécerelle, ce qui lui a fait donner par les naturels le nom de
tchikerie. Quand il est poursuivi, il cherche à s'échapper en sautant avec une
grande vélocité d'arbre en arbre; mais il tente de revenir à son terrier dès
qu'il croit le danger passé, car, hors du temps de l'amour, c'est-à-dire au
printemps, il ne quitte point l'arbre qu'il s'est en quelque sorte approprié et
qui fournit abondamment à sa nourriture par ses graines et ses bourgeons.
Quand l'hiver approche, il traîne les cônes de pin près des issues de son
terrier et sait les retrouver sous la neige; on dit même que quand ses provisions sont abondantes, c'est le présage d'un hiver rigoureux. La chair des
femelles est mangeable, mais celle des mâles conserve une odeur désagréable de souris. Les jeunes Indiens s'amusent à les tuer à coups de flèches,
ou à les prendre dans des pièges. Cependant la peau de ces écureuils n'est
d'aucune utilité pour eux; ils ne l'emploient point à leur usage, et elle n'est
point un objet de commerce.

L'ÉCUREUIL DU BRÉSIL

Jusqu'à présent on n'avait trouvé dans l'Amérique méridionale que des
guerlinguets, et par une exception singulière cette partie du nouveau monde
semblait être sans écureuils, tandis que ces animaux se rencontrent sur

presque toute la terre ; car la Nouvelle-Hollande est la seule partie de l'ancien hémisphère qui n'en nourrisse pas.

Cette exception n'existe plus aujourd'hui ; le Brésil possède un écureuil : les collections du Muséum ont reçu un individu de cette contrée qui appartient incontestablement à une espèce de ce genre.

Marcgrave avait déjà parlé d'un individu de ce pays[1] ; mais, quoique Brisson eût admis cette espèce, son exemple n'avait pas été suivi. Il serait difficile néanmoins de supposer que le premier a commis une erreur, en donnant comme écureuil l'animal qu'il décrivait ; et en admettant, comme toutes les vraisemblances y autorisent, que cette espèce soit aussi variable dans ses couleurs que toutes les autres, on reconnaîtra sans peine l'écureuil de Marcgrave dans celui que nous avons sous les yeux.

Marcgrave nous dit que son animal ressemble pour la figure et pour la taille à l'écureuil commun ; que sa queue aussi longue que son corps peut le recouvrir entièrement ; qu'il a quatre doigts aux pieds de devant avec un ongle qui marque la place du pouce, et cinq à ceux de derrière, tous armés d'ongles crochus ; que les oreilles sont courtes et arrondies ; que ses couleurs sont aux parties supérieures formées d'un mélange de jaune pâle et de brun ; que les parties inférieures sont entièrement blanches ; que sur chaque côté se trouve une bande longitudinalement blanche, et qu'enfin la queue est revêtue de longs poils noirs et blancs.

L'individu qui nous a donné les caractères de l'écureuil du Brésil, et que possèdent les collections du Muséum, est, comme celui de Marcgrave, de la grandeur de l'écureuil commun. Son pelage, aux parties supérieures du corps, a une teinte brune tiquetée, formée de poils annelés de noir à leur base, et de fauve dans le reste de leur longueur, de telle manière que le fauve et le noir se mélangent. Le fauve domine sur les cuisses, et le gris sur les membres antérieurs et sur le dessus de la queue, parce que la partie supérieure des poils y est blanche. En dessous, la queue est d'un fauve brillant. La gorge, la poitrine, le ventre, sont d'un blanc grisâtre avec une bande étroite de fauve clair depuis la poitrine jusqu'aux parties génitales.

Europe. — Nous terminons ce qui nous reste à dire de plus important sur les écureuils par la description de l'espèce que nous avons nommée écureuil des Pyrénées[2].

L'ÉCUREUIL DES PYRÉNÉES[3]

Partageant les idées généralement reçues, j'ai cru pendant longtemps que l'espèce de l'écureuil commun était la seule qu'on rencontrât dans les

1. *Hist. Bras.*, p. 230.
2. *Hist. nat. des Mamm.*, liv. XXIV. 1821.
3. *Sciurus alpinus*, pl. 20, fig. 2.

parties septentrionales de l'ancien monde, et cette sorte d'isolement dans un genre où les espèces sont si variables, au milieu de contrées où les climats sont si différents, était propre à étonner ; la nature est si riche, si prodigue de sa puissance, si infinie dans ses moyens ; nous sommes tellement habitués à la voir varier les espèces dans le rapport des circonstances propres à agir sur les organes, que nous devons être surpris de ne rencontrer qu'un petit nombre d'espèces d'écureuils dans des régions si différentes et si étendues, où il semble qu'il existe des causes assez actives et assez puissantes pour les modifier dans leurs caractères spécifiques, dans les couleurs de leur pelage. D'ailleurs ne trouvons-nous pas dans le nouveau monde et sous les mêmes parallèles un nombre comparativement très grand d'espèces de ce genre. Mais quand nous croyons que la nature manque à ses lois, à cette harmonie qui fait son essence, c'est presque toujours nous qui manquons d'observations ; et alors il serait aussi naturel et plus sûr de chercher à détruire les anomalies par des observations nouvelles, que de vouloir les expliquer par des hypothèses.

L'écureuil des Pyrénées commence donc à remplir une lacune dont il était difficile de rendre raison. Sa couleur est d'un brun très foncé, tiqueté de blanc jaunâtre sur toutes les parties supérieures du corps, et d'un blanc très pur à toutes les parties inférieures. La face interne des membres est grise ; les côtés de la bouche sont fauve clair, et le bord des lèvres est blanc ; les quatre pieds sont d'un fauve assez pur ; et l'on voit une bande de cette couleur séparer la partie blanche du cou et de la poitrine, ainsi que la partie grise des membres, des parties supérieures brunes ; quelques poils fauves se montrent aussi le long du bord antérieur de la jambe et de la cuisse. La queue, vue de profil, paraît noire, parce que les poils qui la composent sont noirs dans toute leur partie visible ; mais ils sont annelés de noir et de fauve clair dans leur moitié inférieure, c'est-à-dire dans leur partie cachée ; ces poils très longs s'étalent en divergeant comme ceux de l'écureuil commun. Les poils soyeux des parties brunes sont d'un beau gris d'ardoise à leur base, puis annelés de fauve et de noir ; ceux des parties blanches sont entièrement blancs. Les poils laineux, qui sont très abondants, sont gris d'ardoise dans presque toute leur longueur ; seulement, ils ont pour la plupart une petite pointe fauve. Les moustaches qui se trouvent au-dessus des yeux et au-dessus des lèvres supérieures sont noires ; les oreilles sont garnies de poils longs, comme celles de l'écureuil commun auquel il ressemble encore par sa taille et par ses proportions. Cet écureuil a longtemps vécu à notre ménagerie ; nous en avons possédé le mâle et la femelle : leur mue a eu lieu plusieurs fois sous nos yeux, et jamais nous n'avons vu leur pelage changer essentiellement de couleur ; seulement pendant l'été, les parties brunes étaient plus noirâtres que pendant l'hiver ; dans cette dernière saison, il se mêlait à la couleur brune une légère teinte grise. Ces animaux nous avaient été envoyés des Pyrénées ; mais nous en avons vu de tout semblables venant des Alpes, ce qui permet de conjecturer qu'ils appartiennent aux régions élevées plus spécialement que notre écureuil commun dont ils seraient une variété constante et occasionnée par les influences qui s'exerceraient sur eux dans ces régions ; le doute à cet égard se changerait en certitude si des observations directes venaient à montrer qu'en effet la couleur fauve qui couvre uniformément les parties visibles des poils soyeux de l'écureuil de nos forêts peut se changer en anneaux noirs et fauves.

Klein, en parlant de l'écureuil commun, considère comme une simple variété de cette espèce l'écureuil brun, c'est-à-dire notre écureuil des Pyrénées, et c'est cette opinion qui a été partagée par tous les naturalistes. De nouvelles observations seraient nécessaires pour lever les doutes que des différences d'opinion font toujours naître, et avec raison. Le temps nous les procurera sans doute.

Nous pourrions encore ajouter quelques espèces à celles dont nous venons de donner les caractères ; mais, dans ce genre comme dans tous les autres, il en est toujours un certain nombre qui ne sont qu'imparfaitement indiquées, sur lesquelles on n'a que de vagues notions dont les naturalistes seuls peuvent tirer quelques indications utiles, et dont la connaissance incomplète n'ajouterait rien à l'idée qu'on doit se faire de la nature commune à toutes. Ces divers motifs nous déterminent à passer sous silence ces espèces obscures.

LES SPERMOPHILES

Les animaux auxquels j'ai donné le nom générique de spermophiles ne sont connus que depuis un petit nombre d'années, et une seule espèce, le souslik, avait été admise dans la science, sans toutefois qu'on eût apprécié sa véritable nature. Linnæus ignora longtemps quelle différence réelle il pouvait y avoir entre elle et le hamster ; et si Buffon, sur ce point, n'admit aucun doute et reconnut la distinction de ces deux espèces, il n'était pas dans ses vues de chercher les rapports de ces animaux avec les autres rongeurs. Ce n'est que plus tard que le souslik a été réuni ou aux rats, ou aux loirs, ou aux marmottes. Depuis, un autre rongeur remarquable par son pelage varié, découvert en Amérique, et qu'on considéra tantôt comme un écureuil à dix raies, tantôt comme une marmotte, a dû être rapproché du souslik ; et j'ai tout lieu de penser que l'écureuil suisse de Buffon n'est lui-même qu'une espèce de ce genre nouveau des spermophiles, et que le sous-genre des tamias, formé par Illiger, devra disparaître de l'histoire des quadrupèdes.

L'influence des idées dominantes dans une science nous est présentée d'une manière fort remarquable dans les différentes places qui ont été assignées aux trois animaux dont nous venons de parler, et serait une nouvelle preuve, s'il était nécessaire, du danger qu'il y a dans les sciences d'observation à considérer une idée comme absolue et à en supporter la domination. Linnæus, ne fondant guère ses genres de rongeurs que sur la forme des incisives et le nombre des mâchelières, fit un rat du souslik dont il n'avait qu'une connaissance imparfaite. Gmelin, qui connut un peu mieux les dents de cet animal, et que frappèrent sans doute sa vie souterraine et son sommeil léthargique pendant l'hiver, en fit une marmotte ; négligeant comme Linnæus tous autres caractères, quoiqu'il y en eût dont l'influence sur le genre de vie fût bien plus grande et plus immédiate que ceux auxquels il s'était arrêté. D'un autre côté, M. Mitchell, entraîné par les nombreux rapports qu'avait l'espèce américaine avec l'écureuil suisse de Buffon, en fit un écureuil ; de même que Buffon, se laissant séduire par des analogies superficielles, et surtout par l'idée qu'une tête arrondie, de grands yeux et une queue distique constituaient un écureuil, avait fait du suisse une espèce de ce genre. Le fait est que le souslik comme l'écureuil à dix raies, et comme le suisse, ont des rapports par la forme des molaires et des doigts avec les marmottes et avec les écureuils, et qu'ils se rapprochent encore des premiers par leur sommeil hivernal et l'instinct qui les porte à se creuser des terriers ; mais ils diffèrent des uns et des autres par des queues qui, en même temps qu'elles sont beaucoup plus longues que celles des marmottes, participent beaucoup moins aux mouvements de l'animal que celle des écureuils ; ils en diffèrent surtout par des sacs placés de chaque côté des joues, qui leur servent à cacher le superflu de leur nourriture et à transporter les graines dont ils font provision à certaines époques de l'année. De plus, les spermophiles ont la pupille ovale, une oreille sans conque membraneuse ou à conque presque rudimentaire et les membres postérieurs plantigrades.

Le nombre des espèces de spermophiles s'élève aujourd'hui à neuf ou dix ; et toutes, à l'exception du souslik, sont du nord du nouveau monde. Ce n'est que dans ces dernières années seulement qu'elles ont été découvertes ou plutôt introduites dans les sciences ; car quelques-unes étaient connues des voyageurs qui s'étaient portés au nord ou à l'est de l'Amérique septentrionale ; mais les sciences ne font de progrès chez un peuple que quand la fortune lui a donné le loisir de les cultiver, et ce n'est que depuis quelques années que l'histoire naturelle a trouvé aux États-Unis des esprits dévoués à son étude.

Daubenton a publié une très bonne description et une figure passable du souslik [1] ; il ne nous reste donc qu'à donner une idée des autres espèces, qui sont dues surtout aux voyages du major Long aux montagnes Rocheuses, et du capitaine Franklin aux bords de la mer Polaire ; il est à regretter que les découvertes zoologiques du premier n'aient pas été publiées avec la même

_____

1. *Buffon*, t. XV, p. 195, pl. 31. — Édit. Garnier, t. III, p. 123.

étendue que celles du second. Mais le capitaine Franklin a eu l'avantage
d'être secondé dans son voyage par M. le docteur Richardson qui, dans sa
Faune de l'Amérique boréale, a fait connaître en détail, et en les accompagnant
de belles figures, ses précieuses observations sur les quadrupèdes de ces
contrées.

Pour cette histoire des spermophiles en particulier, c'est presque exclusivement à M. Richardson que nous avons dû emprunter les caractères
physiques des espèces et les détails de mœurs si intéressants qu'on va lire.
Grâce aux travaux et à la sagacité de ce savant voyageur, il est bien peu de
genres en histoire naturelle qui se soient, en aussi peu de temps que celui
des spermophiles, enrichis d'espèces nombreuses et d'observations multipliées non moins authentiques qu'elles sont précieuses.

LE SPERMOPHILE DE LA LOUISIANE [1]

Cette espèce a été découverte en 1807, et la grande variété de noms par
lesquels les auteurs américains l'ont désignée est une preuve de la difficulté
qu'il y avait à la classer, avant qu'on eût établi par des caractères positifs la
division générique dans laquelle elle vient se ranger. C'est ainsi qu'à mesure
qu'une lacune vient à être comblée, les difficultés s'aplanissent, l'obscurité
se dissipe, et la science profite des matériaux que l'incertitude des animaux
auxquels ils se rapportaient ne permettait pas d'utiliser. On doit à M. Say [2]
une description détaillée de l'animal qui nous occupe, et des détails sur les
mœurs, qui ayant été observées par le savant même qui les décrit, sont un
complément précieux dont, pour beaucoup d'espèces, l'histoire naturelle
sent vivement la privation.

« Ce joli animal, dit M. Say, a reçu le nom impropre de *chien de prairie*,
d'après une ressemblance imaginaire entre son cri de frayeur et le jappe-
ment précipité d'un petit chien ; ce son peut être imité, en prononçant avec
une espèce de sifflement la syllabe *chek, chek, chek*, et en faisant passer l'air
rapidement entre le bout de la langue et le palais.

« Le dessus du corps est d'un brun rougeâtre clair, mêlé de quelques
poils gris et de poils noirs ; les poils sont à leur racine d'une couleur de
plomb foncée, puis d'un blanc bleuâtre, auquel succède un anneau d'un
rouge clair ; leur extrémité est grise. Les parties inférieures sont d'un blanc
sale ; la tête est large et déprimée en dessus ; les yeux grands ; l'iris d'un
brun foncé ; les oreilles courtes et tronquées ; les moustaches noires et de
moyenne longueur ; quelques longs poils s'élèvent de la partie antérieure
de l'orbite ; d'autres surmontent une verrue sur la joue ; le museau est un
peu effilé et comprimé ; aux jambes de devant, à la gorge et au cou, le poil

1. *Spermophilus Ludovicianus*. Richardson, *Fauna bor. Americ.*, in-4°, p. 154.
2. *Long's exped. to the Rocky mount.*, vol. I, p. 451.

n'est pas foncé à sa base ; il est très court au-dessus des pieds, qui ont tous cinq doigts, sont armés d'ongles longs et noirs ; l'ongle externe du pied de devant atteint la base de l'ongle voisin, et celui du milieu a près de six lignes de longueur ; le pouce est armé d'un ongle conique ; la queue est courte, elle offre une bande près de son extrémité, et le poil qui la forme, excepté près du tronc, n'est pas de couleur plombée à sa base.

« Cet animal a, du bout du museau à l'origine de la queue, seize pouces (mesures anglaises) ; la queue, avec le poil qui la termine, a trois pouces et demi environ.

« Le spermophile de la Louisiane habite sur les bords du Missouri et de ses affluents ; et comme les terriers de ces animaux occupent en général des endroits particuliers et bien circonscrits, les chasseurs ont donné à cet assemblage d'habitations le nom de *village de chiens de prairie* ; ces villages diffèrent beaucoup en étendue, quelques-uns n'ont que quelques acres de surface, d'autres ont un contour de plusieurs milles. Nous ne rencontrâmes, continua M. Say, entre le Missouri et les villes de la Prairie, qu'un de ces villages ; mais au delà, ceux-ci devinrent beaucoup plus nombreux. L'entrée du terrier se trouve au sommet du petit monceau de terre que forme l'animal à mesure qu'il creuse sa demeure souterraine ; ces monticules sont quelquefois presque imperceptibles ; le plus généralement cependant ils font saillie à la surface du sol ; leur hauteur atteint rarement dix-huit pouces ; leur forme est celle d'un cône tronqué, appuyé sur une base de deux ou trois pieds, et percé d'une ouverture assez grande, soit à son sommet, soit sur le côté ; toute la surface, et surtout le sommet, est solide et compacte, comme le serait un chemin bien battu ; l'ouverture descend verticalement à la profondeur d'un ou de deux pieds, puis elle se continue dans une direction oblique ; un seul terrier peut renfermer plusieurs habitants, et on a vu jusqu'à sept ou huit individus assis sur le même monticule. Ces terriers ne sont pas toujours également distants les uns des autres, quoiqu'on les rencontre d'ordinaire à des intervalles d'environ vingt pieds, et leurs habitants se plaisent à jouer aux environs quand le temps est beau ; ils s'y retirent à l'approche du danger ; ou bien quand celui-ci ne les menace pas de trop près, ils s'arrêtent sur le bord du trou, en criant et en agitant leur queue, ou en se dressant sur leurs pieds de derrière ; si on les tire dans cette position, ils manquent rarement de s'échapper, ou bien, si le plomb les frappe, ils tombent dans le terrier, et le chasseur est hors d'état de les y atteindre.

« Comme ils passent l'hiver dans un sommeil léthargique, ils ne font aucune provision pour cette saison ; seulement ils se défendent de ses rigueurs en fermant hermétiquement l'entrée de leurs terriers. Les autres arrangements que le *chien de prairie* prend pour son bien-être et sa sûreté ne sont pas moins dignes d'attention ; il se construit une jolie cellule globulaire, formée d'une herbe fine et sèche, dont le sommet est percé d'un trou où l'on peut faire passer un doigt, et qui est si artistement et si solidement

tissue, qu'on pourrait la faire rouler sur le sol sans qu'elle en fût endom-
magée. »

LE SPERMOPHILE DE PARRY [1]

Cette espèce habite les terres stériles [2] qui avoisinent le bord de la mer
vers Churchill dans la baie d'Hudson, et toute l'extrémité septentrionale du
continent, jusqu'au détroit de Behring, où le capitaine Beechey en a recueilli
des individus parfaitement semblables à ceux qu'a observés M. Richardson.
Elle est fort abondante dans le voisinage du fort Entreprise à l'extrémité
méridionale des terres stériles, et aussi vers le cap Parry, l'une des parties
du continent les plus rapprochées du Nord. On trouve en général cet animal
dans les districts pierreux, mais il paraît préférer les collines sablonneuses
au milieu des rochers, où l'on trouve souvent groupés un certain nombre
de terriers dans chacun desquels vivent plusieurs individus. D'ordinaire on
voit un d'entre eux attentif au sommet du monticule, tandis que les autres
broutent dans les environs; à l'approche du danger il donne l'alarme, et
tous aussitôt regagnent leur terrier; on les voit s'arrêter en grondant au
bord de leur trou, jusqu'à ce que le voisinage de l'ennemi les oblige de s'y
enfoncer. Lorsque la retraite leur est coupée, leurs mouvements annoncent
un grand effroi, et ils cherchent un autre refuge dans le premier enfoncement qui s'offre à eux, aussi leur arrive-t-il fréquemment de ne cacher
que leur tête et leur train de devant, tandis que leur queue est appliquée à
plat sur le rocher, position qu'elle prend chez ces animaux lorsqu'ils sont
dominés par la crainte. Leur cri, dans ces moments d'effroi, ressemble beaucoup à celui de l'écureuil de la baie d'Hudson, et le nom de seek-seek, que
les Esquimaux ont donné à cet animal, semble destiné à en imiter le cri. Suivant Hearne, on les apprivoise aisément, et ils montrent à l'état de servitude
beaucoup de propreté dans leurs habitudes, beaucoup de vivacité et de
gaieté dans leurs mouvements. Ils ne sortent jamais durant l'hiver. Leur
nourriture paraît être entièrement végétale; car on trouve, suivant les
saisons, leurs poches remplies soit de jeunes pousses de plantes, soit de
baies de quelques arbustes, soit de graines de graminées ou de quelques
légumineuses. Ils produisent environ sept petits à la fois.

Le front dans cette espèce est droit; le museau est court, épais, très
obtus, dépassant les incisives supérieures, et couvert de poils courts et serrés, d'un brun jaunâtre pâle; à la face ceux-ci sont courts, d'un brun orangé,

---

1. *Spermophilus Parryi.* Richardson, *Faun. bor. Americ.*, p. 158.
2. M. Richardson désigne dans son ouvrage, sous le nom de *Barren-grounds* (terres stériles), une portion du continent américain, située au nord-est; bornée à l'ouest par la rivière de
Cuivre, les lacs Athapescow, Wollaston et des Rennes; au midi par la rivière Churchill ou Mississipi; au nord et à l'est par la mer. Cette contrée a été ainsi appelée par les marchands voyageurs, parce qu'elle est dépourvue de bois, excepté sur le bord de quelques-unes des grandes
rivières qui la traversent.

ou d'un brun rougeâtre, mêlés de quelques poils noirs plus forts; les moustaches sont courtes et noires; des poils semblables, et qui ne dépassent pas la longueur de la moitié de la tête, se voient au-dessus de l'œil et à la partie postérieure des joues ; les yeux sont grands et saillants; l'oreille ne consiste que dans une conque arrondie, velue, haute de deux à trois lignes au plus, et surmontant le conduit auditif, qui est large ; les joues sont d'un rouge plus pâle que la face, et qui dans quelques individus se mélange de beaucoup de gris. Les poches des joues sont assez grandes et s'ouvrent dans la bouche immédiatement au-devant des molaires. Quand l'animal est gras, le corps est épais, aplati sur le dos et très large en arrière. La fourrure, épaisse, courte et douce, se compose de poils laineux d'un gris foncé à leur base, d'un gris pâle vers leur milieu, et gris jaunâtre à leur sommet ; les poils, soyeux, plus longs, ont, pour la plupart, l'extrémité blanche; quelques-uns l'ont noire. Toutes ces couleurs sont disposées de manière à produire comme un assemblage confus de taches irrégulièrement quadrangulaires, bordées et séparées par des lignes noires et gris jaunâtre. Quoique ces taches ne soient nulle part bien circonscrites, c'est à la partie postérieure du dos qu'elles le sont le mieux ; la gorge, les côtés du cou, les épaules, les membres de devant et ceux de derrière, et toute la partie inférieure du corps sont d'une couleur qui tient le milieu entre le rouge brunâtre et le brun orangé. L'éclat de cette teinte varie avec la saison ; la queue est plate, arrondie à son extrémité, distique ; elle offre en dessus et près du centre un mélange de gris, de brun et de noir, environné par une ligne noire qui devient plus large vers le sommet de la queue; enfin le bord libre est d'un blanc brunâtre sale; les doigts sont bien séparés et nus en dessous, ainsi que la paume des mains ; le pouce, très petit, est presque entièrement recouvert d'un ongle court, convexe et arrondi ; il est situé au bord interne d'un fort tubercule à la partie postérieure de la paume. Aux pieds de derrière la moitié de la plante, à partir du talon, est recouverte de poils serrés. La longueur du corps de cet animal est de douze à quatorze pouces, celle de la queue est de quatre pouces et demi. L'individu qui a fourni cette description avait été pris sur les bords de la rivière Mackensie.

M. Richardson décrit encore, comme variété de cette espèce, un individu pris dans les montagnes Rocheuses près des sources de la rivière Elk, sous le 57e degré de latitude, et qui diffère du précédent par une taille plus petite, une tête proportionnellement plus courte; une queue plus longue, et quelques variations dans les couleurs. Une autre variété, rapportée de la baie d'Hudson, est surtout caractérisée par une tache d'un brun marron bien circonscrite au-dessous de l'œil.

LE SPERMOPHILE DE RICHARDSON [1]

Le nom qui a été imposé à l'espèce précédente était un hommage de M. Richardson aux courageux efforts du capitaine Parry; M. Sabine [2], à son tour, a voulu rendre hommage aux travaux du docteur Richardson en donnant à l'espèce qui nous occupe le nom de ce savant naturaliste ; mais, à l'époque où il la fit connaître, il n'en put donner que les caractères extérieurs, et c'est encore à ce dernier que nous devrons emprunter tout ce qui concerne les habitudes et les instincts. Voici ce qu'il rapporte : « Cet animal [3] habite les plaines qui se trouvent entre les branches septentrionales et les branches méridionales de la rivière Saskatchewan ; il vit dans de profonds terriers creusés dans un sol sablonneux ; il est fort commun au voisinage de Carlton-House, et l'on trouve ses terriers disséminés sur toute la plaine. On ne peut dire que ceux-ci forment des *villages*, quoiqu'on en rencontre quelquefois trois ou quatre rassemblés sur un monticule sablonneux ; ils sont protionnés à la taille de l'animal, se bifurquent assez près de la surface du sol et s'enfoncent obliquement jusqu'à une profondeur considérable ; quelques-uns ont plus d'une entrée. La terre que l'animal retire en creusant est rassemblée auprès du trou en une petite élévation sur laquelle il s'assied sur ses pieds de derrière, pour être élevé au-dessus de l'herbe et pour reconnaître les lieux avant de se hasarder à s'éloigner. Au printemps, on voit bien rarement plus de deux individus à la fois à l'ouverture du terrier, le plus souvent on n'en aperçoit qu'un seul; et, quoique j'en aie pris un grand nombre dans cette saison en versant de l'eau dans le terrier et en les obligeant d'en sortir, je n'en ai jamais pris qu'un individu dans le même trou, à moins qu'un étranger poursuivi n'ait cherché un abri dans la demeure d'un de ses voisins. De petits sentiers, bien tracés, partent en divergeant de chaque terrier; ils sont en assez grand nombre, et quelques-uns, au printemps, conduisent directement aux terriers d'alentour, formés sans doute par les mâles qui vont à la recherche des femelles ; lorsque des mâles se rencontrent dans des excursions de ce genre, ils se combattent avec violence, et il n'est pas rare de voir le vaincu perdre une partie de sa queue lorsqu'il essaye de s'échapper. Je n'ai pas vu cette espèce faire sentinelle comme celle de la Louisiane; les individus voisins l'un de l'autre ne paraissent pas conduits par une règle commune ; chacun vit et agit pour soi : ils ne quittent jamais leurs trous en hiver, et je pense qu'ils passent la plus grande partie de cette saison dans un état de torpeur. Comme la terre n'était pas dégelée à l'époque où je me trouvais à Carlton-House, continue l'auteur

---

1. *Spermophilus Richardsonii*. Richardson, *Fauna bor. Amer.*, in-4°, p. 164.
2. Sabine, *Linn. Trans.*, vol. XIII, p. 589, tab. 28.
3. Pl. 43, fig. 1.

anglais, je ne pus reconnaître quelle est la construction des chambres où ils dorment, et s'ils font ou non des provisions. Vers la fin de la première semaine d'avril, ou aussitôt qu'une portion assez étendue du sol est délivrée de la neige, ces animaux sortent, et, lorsqu'on les prend à cette époque, on trouve le plus souvent dans les poches de leurs joues les petits bourgeons de l'*anémone nuttaliana*, qui est très abondante, et la plante la plus précoce dans ces plaines. Ils sont assez gras lorsqu'ils sortent pour la première fois, et leur fourrure est en bon état ; mais les mâles se mettent aussitôt à la recherche des femelles, et dans l'espace d'une quinzaine ils deviennent maigres, et le poil commence à tomber. Dans leur course, qui est rapide, mais sans grâce, ils agitent vivement leur queue de haut en bas ; ils s'enfoncent dans leurs terriers à l'approche du danger ; mais ils s'aventurent bientôt au dehors s'ils n'entendent aucun bruit, et on peut facilement les atteindre avec la flèche ; on le pourrait même avec une baguette, si l'on attendait à l'entrée du trou pendant quelques minutes, car on est sûr que leur curiosité les attirera bientôt au dehors. Leur nourriture paraît être entièrement végétale, et leur cri a la plus grande ressemblance avec celui du spermophile de Parry. Plusieurs espèces de faucons qui habitent les plaines de la Saskatchewan se nourrissent de ces animaux ; mais leur ennemi le plus dangereux est le blaireau d'Amérique qui, pénétrant dans leurs terriers qu'il élargit, va les poursuivre jusqu'au fond de leurs retraites les plus profondes. On sait aussi que de nombreuses tribus indiennes s'en nourrissent, lorsque le gibier plus grand leur manque, et du reste, leur chair est assez savoureuse quand ils sont gras. Je ne saurais déterminer exactement dans quelles limites cet animal est renfermé ; il habite les prairies sablonneuses, ne se rencontre pas dans les parties boisées, et ne se retrouve plus au delà du 55e degré de latitude nord. C'est l'un des animaux désignés par ceux qui habitent les pays à fourrures, sous le nom d'*écureuil de terre*, et par les voyageurs canadiens, sous celui de *siffleur ;* quoiqu'il ait de grandes ressemblances avec les écureuils, il n'en a pas l'activité ; il est loin aussi d'avoir la vivacité et la gracieuse élégance de leurs mouvements. »

La tête de ce spermophile est arrondie, déprimée ; le museau obtus ; le bord des narines est d'un brun noirâtre ; le nez est couvert de poils grisâtres très courts ; le reste de la face et le sommet de la tête ont les mêmes couleurs que le dos ; les moustaches sont noires, plus courtes que la tête ; les yeux sont grands ; les oreilles, petites, arrondies, épaisses, sont situées au-dessus et en arrière du conduit auditif et recouvertes de poils courts. La couleur du dos est d'un brun jaunâtre tirant sur le gris, et entremêlée de poils noirs ; le pelage y est court et fin ; sur les flancs il est un peu plus long, la teinte en est un peu plus gris jaunâtre, en même temps que les poils noirs y sont plus rares ; sur le ventre il est également plus long que sur le dos, mais il est aussi moins serré et sa couleur varie du roussâtre pâle au gris jaunâtre. Les joues, la gorge, la face interne des membres sont d'un gris cendré très

pâle et tirant sur le blanc ; les fesses et la face inférieure de la queue sont
en général plus ou moins teints de roussâtre ; les poils sont d'un gris cendré
pâle dans la plus grande partie de leur longueur ; ce n'est qu'à leur sommet
que se trouvent les teintes plus foncées ; les poils noirs le sont dans toute leur
longueur ; la queue est plate, distique, arrondie à son extrémité ; elle a moins
du quart de la longueur de l'animal, et les poils qui la garnissent, plus longs
que ceux du corps, se terminent en une pointe couleur de rouille et forment
ainsi un liséré de cette teinte autour de la queue, dont la face supérieure
est du reste plus foncée que le dos. Les ongles sont longs et comprimés aux
pieds de devant ; ils sont un peu plus courts aux pieds de derrière.

Cet animal a neuf pouces huit lignes (mesures anglaises) du museau à
l'origine de la queue ; celle-ci est longue de trois pouces trois lignes. Les femelles sont en général plus petites que les mâles.

LE SPERMOPHILE DE FRANKLIN [1]

M. Sabine a le premier fait connaître et nommé cette espèce [2], d'après
les dépouilles qui lui avaient été envoyées dans le cours même de l'expédition du capitaine Franklin ; depuis, M. Richardson a pu la décrire avec plus
de détails et publier en même temps que ses caractères physiques quelques-
unes de ses mœurs : ainsi il nous apprend que cet animal, que l'on n'a rencontré qu'au voisinage de Carlton-House, vit dans des terriers qu'il se creuse
dans le sol sablonneux au milieu des petits bouquets de bois qui bordent les
plaines ; qu'il ne paraît guère au printemps que trois semaines après le spermophile de Richardson, ce qui tient, sans doute, à ce que la neige se dissipe
plus lentement dans les lieux qu'il habite que dans les plaines ouvertes
occupées par le dernier. Il court avec une rapidité extrême, et jamais, autant
que l'auteur a pu s'en assurer, il ne monte aux arbres ; il a une voix plus
forte et plus rude que celle de l'espèce précédente, et qui ressemble davantage à celle de l'écureuil d'Hudson quand il est effrayé. Il se nourrit principalement des graines des plantes légumineuses, qu'il rencontre très abondamment aussitôt que la neige, en fondant, laisse à nu les fruits que
l'automne a vus mûrir et tomber.

Le spermophile de Franklin a le museau un peu moins obtus que
l'espèce précédente ; le bord des narines et des lèvres est couleur de chair ;
l'oreille, assez distincte, est droite et arrondie, couverte de poils semblables
à ceux du sommet de la tête ; les moustaches sont noires. La couleur du dos
est d'un brun rougeâtre pâle, tiqueté assez régulièrement de petites lignes
noires fines très nombreuses. Cette couleur résulte de poils gris à leur base,
noirs dans une grande partie de leur milieu, et jaunes au sommet ; à la

1. Pl. 23, fig. 2. *Spermophilus Franklinii*. Richardson, *Fauna bor. Americ.*, p. 168.
2. Sabine, *Linn. Trans.*, vol. XIII, p. 587, tab. 27.

tête, aux joues et aux épaules le bout des poils devient blanc ; au haut de la
tête le poil est court, et le noir y est plus abondant ; les paupières sont blanches, et l'espace entre les orbites paraît beaucoup plus grand que dans le
spermophile de Richardson, mais moindre que dans l'écureuil d'Hudson.
Quelquefois les teintes brunâtres étant très pâles, la robe de l'animal paraît
grisâtre sur toutes ses parties supérieures. La gorge, le menton, le bas des
joues, le dedans des jambes et toutes les parties inférieures sont d'un blanc
sale sans taches d'une autre couleur ; les poils de la queue sont plus longs
que ceux du dos et annelés de blanc et de noir, de sorte que, lorsqu'elle
prend la forme distique, ils produisent des raies longitudinales mal définies ;
mais lorsque l'animal est poursuivi, la queue devient cylindrique, les poils
se redressant dans toutes les directions. Il n'y a aucune différence de couleur
entre le dessus et le dessous de la queue, et c'est ce caractère qui distingue
cette espèce de toutes les autres, si l'on en excepte le spermophile de Beechey et celui de Douglas. La paume des mains est nue ; la plante des pieds
est velue dans environ les deux tiers de sa longueur, depuis le talon. Les
ongles, noirs à leur base, sont d'un brun pâle à leur extrémité.

La longueur du corps est d'environ dix pouces ; celle de la queue de six
pouces.

LE SPERMOPHILE DE BEECHEY [1]

Il n'est encore connu que par ce qu'en a rapporté M. Richardson, qui
lui a donné le nom du capitaine de marine anglais, par l'entremise duquel
lui furent transmis les premiers renseignements sur cette espèce. Nous emprunterons à son ouvrage les détails suivants.

Ce spermophile est fort abondant et se creuse des terriers sur les pentes
sablonneuses et dans les plaines qu'on trouve au voisinage de San-Francisco
et de Monterey dans la Californie ; il se tient près des habitations ; on voit
fréquemment ces animaux dressés sur leurs pattes de derrière pour regarder
autour d'eux ; en courant ils portent en général la queue droite ; mais lorsqu'ils rencontrent quelque inégalité de terrain, ils la redressent comme pour
empêcher qu'elle se salisse ; dans les temps de pluie, ou quand les prairies
sont humides, on les voit bien rarement sortir ; ils distinguent au loin l'approche d'un étranger, courent tout d'un trait jusqu'à l'entrée de leur terrier, s'y arrêtent un instant et s'y cachent ; mais bientôt ils en sortent avec
précaution, et si on ne les inquiète pas, ils reprennent leurs jeux ou leurs
repas interrompus. Ils se nourrissent de végétaux.

Pour sa couleur, sa taille, l'aspect de sa queue et ses formes générales,
cet animal se rapproche beaucoup du spermophile de Franklin ; son caractère distinctif le plus saillant est la plus grande dimension de ses oreilles.

1. Pl. 24, fig. 1. *Spermophilus Beecheyi*. Richardson. *Op. cit.*, p. 170.

La tête est large, déprimée; le nez très obtus, couvert de poils brunâtres courts; les poches des joues sont de grandeur moyenne, les moustaches fortes et noires, l'œil grand, les paupières blanchâtres; l'oreille aplatie, demi-ovale, mince comme celle d'un écureuil, et couverte de poils courts, qui s'élèvent un peu en pinceau à son bord supérieur : à sa base, ses bords antérieur et supérieur forment un petit pli; en arrière elle est d'un noir brunâtre, en dedans d'un brun pâle; le dessus de la tête est garni de poils courts brun jaunâtre; une ligne d'un brun plus foncé, légèrement tiquetée de blanc, s'étend du derrière de la tête jusqu'au dos et de chaque côté, depuis les oreilles jusqu'aux épaules. Dans l'espace qui sépare les oreilles des épaules, le pelage est grisâtre. La couleur du dos résulte d'un mélange de brun noirâtre et de brun blanchâtre, disposé de telle sorte que les parties blanchâtres se montrent sous forme de petites taches mal distinctes, mais qui occupent plus d'espace que les teintes noires qui les séparent. Ce tiquetage est formé seulement par l'extrémité des poils, qui sont courts, serrés et très brillants; lorsqu'on les écarte, on les voit colorés d'une teinte noire brunâtre uniforme depuis leur racine jusqu'auprès de leur extrémité. Les parties supérieures des joues sont blanchâtres; les parties inférieures, ainsi que les bords de la bouche, le menton, la gorge, le dedans des cuisses et des épaules, les jambes et les pieds de devant et de derrière, sont d'un jaune brunâtre très pâle et non tiqueté. La queue est garnie de poils d'un pouce et demi de longueur, et un peu susceptibles d'un arrangement distique; lorsqu'ils sont dans cette position, la queue présente trois raies longitudinales d'un blanc brunâtre et deux raies noirâtres de chaque côté; l'une des raies blanches forme le bord libre de la queue, et la raie noire qui la suit est la plus large de toutes. Ces raies résultent de ce que les poils, blanc brunâtre à leur racine, sont successivement annelés de cette couleur et de noir jusqu'au sommet qui est blanchâtre. Ces différents anneaux, qu'on retrouve aussi dans le spermophile de Franklin, y sont plus nombreux, plus petits et beaucoup moins distincts. Comme ce dernier, le spermophile de Beechey porte la queue horizontalement quand il est poursuivi; les pieds présentent absolument les mêmes caractères que les autres spermophiles américains.

La longueur du corps de cet animal est de onze pouces; celle de la queue de six; l'oreille a six lignes de hauteur.

LE SPERMOPHILE DE DOUGLAS[1]

M. Richardson donne avec doute sous ce nom un petit animal dont M. Douglas lui envoya la peau des bords de la Colombie, et qui ressemble beaucoup à l'espèce précédente. L'absence du squelette et des dents, et l'im-

1. *Spermophilus Douglasii*. Richardson. *Op. cit.*, p. 172.

possibilité de reconnaître l'existence des poches des joues n'ont pas permis à l'auteur anglais de déterminer d'une manière positive la place de cette espèce, et c'est seulement sur la forme des ongles, sur la longueur plus grande du second doigt du pied de devant, sur la brièveté de la queue et des oreilles, sur la nature et les couleurs du pelage, qu'il a été conduit à y voir un véritable spermophile, voisin des deux espèces précédentes. Cet animal se rapproche de ces deux espèces par la longueur, la forme et les couleurs de la queue, et aussi par la couleur du pelage : ce qui produit entre ces trois animaux une ressemblance générale telle que, bien qu'on les distingue facilement par la vue, il est difficile d'en exprimer les différences par le langage.

Cette nouvelle espèce est plus grande qu'aucune des deux autres que j'ai citées ; les ongles sont plus courts ; ses oreilles sont moindres que celles du spermophile de Beechey, mais relativement beaucoup plus grandes que celles du spermophile de Franklin. Sur le dos les poils laineux sont d'un brun noirâtre qui devient tout à fait noir sur l'épine ; sur les côtés et sur le ventre, ils deviennent d'un brun fauve. Les poils soyeux sont d'un noir brunâtre dans les deux tiers de leur longueur, puis ils offrent un anneau d'un brun beaucoup plus clair et enfin se terminent par une pointe noire de longueur variée ; aux épaules, ces poils sont blanc pur, au lieu d'être blanc brunâtre près de leur pointe, et ce n'est qu'au dos sur l'épine que cette pointe noire s'aperçoit distinctement ; les côtés de la bouche et un espace étroit autour des yeux sont d'une teinte blanchâtre sale ; l'extrémité du nez est couverte de poils bruns très courts ; le dessus de la tête est gris, avec une légère teinte brune ; les oreilles, dont chacun des deux bouts est replié à sa base, comme dans l'espèce précédente, sont en arrière d'un brun fauve qui devient plus foncé vers les bords, et beaucoup plus pâle en avant ; le dessus du cou et la partie du dos qui l'avoisine paraissent gris, par le mélange du blanc pur et du blanc brunâtre, mélange dans lequel prédomine le premier, excepté sur l'épine où règne une raie d'un brun noirâtre.

La couleur dominante à la partie postérieure du dos est le blanc brunâtre qui est coupé d'un grand nombre de petites mouchetures transversales, noirâtres, un peu confuses ; toutes les parties inférieures sont d'un blanc sale qui devient un peu brunâtre sous la gorge, en dedans des cuisses et près de la queue ; les extrémités sont blanchâtres avec plus ou moins de brun ; la queue, qui est longue pour un animal de ce genre, ressemble tout à fait pour la forme et pour les couleurs à celle du spermophile de Franklin. Les moustaches sont noires, plus courtes que la tête.

La longueur du corps de cette espèce est de treize pouces six lignes (mesures anglaises) ; celle de la queue, de sept pouces trois lignes, et la hauteur de l'oreille de six lignes.

LE SPERMOPHILE DE SAY[1]

Cet animal, découvert par Lewis et Clark, et décrit, pour la première
fois, par M. Say[2], n'est guère connu que par ses caractères extérieurs; pour
ce qui regarde ses mœurs, on sait seulement qu'il habite les montagnes Rocheuses, où on le trouve dans toutes les parties couvertes de bois, et qu'il se
creuse des terriers.

M. Richardson en donne la description suivante : tête large; jambes
courtes; incisives jaunâtres; bouche située fort en arrière; front convexe;
nez obtus, couvert de poils très courts, à l'exception d'un espace nu autour
des narines; moustaches noires, plus courtes que la tête; quelques longs
poils noirs se voient au-dessus de l'œil et à la partie postérieure des joues;
yeux de moyenne grandeur; oreille un peu triangulaire, arrondie à son
sommet, aplatie, placée au-dessus du conduit auditif, couverte, sur ses deux
faces, de poils courts et épais, et offrant, à son bord antérieur, un petit repli
qui, près du conduit auditif, est garni de poils plus longs. Les poils, sur le
dos, sont noirâtres à leur racine; puis ils offrent un anneau d'un gris de
fumée pâle, puis un autre brun; enfin, leurs sommets sont annelés de blanc
et de châtain. La couleur du pelage est d'un brun grisâtre; il n'y a pas de
ligne dorsale; une raie d'un blanc jaunâtre naît derrière chaque oreille, et,
descendant sur les côtés du corps, va se terminer à la hanche; elle est plus
large dans le milieu de sa longueur, où elle a environ trois lignes; au cou,
dans quelques individus, elle est fort étroite, quoique son origine, derrière
l'oreille, ne cesse jamais d'être distincte; la raie blanche est bordée en dessus et en dessous, depuis l'épaule jusqu'à la hanche, d'une raie brune noirâtre assez large. Les flancs, au-dessous de la raie brune inférieure, tout le
ventre et la face interne des membres, la poitrine et la gorge sont d'un blanc
jaunâtre sale avec quelques teintes brunes; les joues, les côtés du cou et la
face externe des membres sont plus ou moins d'un brun châtain. Le sommet
de la tête est brun, mêlé d'un peu de gris, plus foncé sur la ligne médiane :
les oreilles, brunes sur leurs bords, sont d'une couleur pâle dans le reste de
leur étendue. Il y a un cercle blanc autour de l'œil, le nez et le front sont
d'un brun jaunâtre pâle; la lèvre supérieure et le menton sont presque
blancs.

La queue est distique, linéaire, seulement un peu élargie vers son sommet. Elle est noire en dessus, avec un mélange de quelques poils blanc
noirâtre; elle est bordée de cette dernière couleur; en dessous, elle est d'un
brun jaunâtre et bordée de noir et de blanc brunâtre.

1. Pl. 24, fig. 2. *Spermophilus lateralis.* Richardson. *Op. cit.,* p. 174.
2. *Long's exped. to the Rocky mountains,* vol. II. p. 46.

Les pieds ont la même forme que dans les espèces précédentes. La plante de ceux de derrière est nue jusqu'au talon.

La longueur du corps varie de sept pouces neuf lignes (mesures anglaises) à huit pouces et demi; celle de la queue est de près de quatre pouces et la hauteur de l'oreille de quatre lignes.

LE SPERMOPHILE DE HOODE[1]

Cette espèce a déjà été plusieurs fois décrite, mais mal classée. M. Mitchell l'a publiée[2] sous le nom d'écureuil de la Fédération (*sciurus tridecemlineatus*). M. Sabine[3] l'a fait connaître avec deux des précédentes, sous le nom latin d'*arctomis Hoodii*, et sous la dénomination vulgaire de *marmotte américaine rayée*, et je l'ai publiée moi-même[4] sous celle de *spermophile rayé*; mais le désir de ne point rompre l'unité de cette série de noms d'hommes donnés à chacune des espèces de spermophiles me fait préférer celui sous lequel je reproduis aujourd'hui cette espèce, et qui est, d'ailleurs, un hommage à la mémoire d'un homme enlevé trop tôt à la science, qu'il promettait d'honorer.

Tous les auteurs se plaisent à faire remarquer la robe brillante et agréablement variée de cette espèce, qu'un de ceux qui l'ont le premier observée appelle *marmotte-léopard*. Elle habite en nombre considérable les vastes plaines au voisinage de Carlton-House, sur la Saskatchewan; elle ne paraît pas s'étendre au delà du cinquante-cinquième degré de latitude; et, suivant M. Schoolcraft, ces animaux sont assez nombreux sur la rivière Saint-Pierre, tributaire du Missouri, et fort dangereux pour les jardins. Ils paraissent limités dans les contrées plates et sablonneuses et ne se rencontrent point dans les parties couvertes de roches ou de bois épais. Leurs terriers, aux environs de Carlton-House, sont entremêlés à ceux du spermophile de Richardson, dont ils se distinguent par leur entrée plus petite et par une direction plus verticale; dans quelques-uns on enfonce un bâton jusqu'à la profondeur de quatre ou cinq pieds; les mœurs de ce spermophile sont les mêmes que celles de l'espèce que je viens de nommer; mais il montre plus d'activité, plus de hardiesse et de passion. Quand on l'a obligé à chercher un refuge dans son terrier, on l'entend exprimer sa colère en répétant d'une manière rude et perçante la syllabe *seek seek*.

Cette espèce paraît au printemps, à la même époque que le spermophile de Franklin; bientôt après leur première sortie, les mâles vont à la

1. *Spermophilus Hoodii*. Richardson. *Op. cit.*, p. 177.
2. *Med. repository*, ann. 1821.
3. Sabine. *Linn. Trans.*, vol. XIII, p. 599.
4 *Hist. natur. des Mamm.*, décembre 1824. La planche a été faite d'après un individu mutilé, dont une partie de la queue était enlevée.

recherche des femelles, et leur hardiesse, à cette époque, fait qu'ils sont facilement atteints par les bêtes et les oiseaux de proie qui peuplent les plaines en grand nombre. Les mâles se combattent quand ils se rencontrent, et il arrive souvent qu'ils se retirent de ces combats avec la queue mutilée. M. Richardson en a vu plusieurs individus qui avaient récemment subi cette blessure, et il est rare de rencontrer des mâles dont la queue égale en longueur celle des femelles.

Une femelle tuée à Carlton-House vers le milieu de mai portait dix fœtus dans l'utérus.

Ce spermophile a la physionomie générale du souslik, et il y a aussi quelque analogie dans le pelage par les taches nombreuses dont il est couvert. Mais ces taches, au lieu d'être dispersées, forment des chaînes régulières séparées l'une de l'autre par des lignes non interrompues, qui, comme celles formées de points, commencent à la partie postérieure de la tête et se terminent à la queue. Cinq raies d'un beau brun marron occupent le dos et offrent chacune dans leur milieu une chaîne de petites taches carrées de la même couleur que le ventre. Le long de l'épine, ces taches sont petites et mal distinctes, ce qui les fait paraître à peu près continues ; les raies brunes sont séparées l'une de l'autre par des raies plus étroites et de la même couleur que les taches ; on voit aussi de chaque côté, et au-dessous des précédentes, deux autres raies brunes, moins distinctes et non entrecoupées de taches, séparées par des raies d'un brun jaunâtre.

L'extrémité et les côtés du nez, la partie inférieure des joues, les paupières, la gorge, le ventre, une partie des flancs et les membres sont couverts d'un poil d'un brun jaunâtre pâle, médiocrement serré, et qui quelquefois, sur les épaules et les cuisses, prend une teinte de rouille ; la partie supérieure des joues et les côtés de la tête sont couverts d'un mélange de noir et de brun jaunâtre pâle ; la mâchoire inférieure est presque blanche. Les moustaches, plus courtes que la tête, sont noires, avec le sommet d'un brun jaunâtre. La queue est plus étroite et plus longue que celle des spermophiles de Franklin et de Richardson ; elle offre en dessus, vers son milieu, quand elle est distique, une couleur d'un brun chocolat pâle, que borde de chaque côté une teinte plus foncée, presque noire ; enfin, elle est tout entière entourée d'une ligne gris brunâtre clair.

Les mêmes couleurs se rencontrent en dessous de la queue, mais les teintes d'un brun pâle s'y sont étendues aux dépens des noires. La longueur du corps est d'environ sept pouces ; celle de la queue de quatre ; le plus grand individu que M. Richardson ait rencontré était un mâle, qui avait près de neuf pouces anglais. Les femelles étaient plus petites que les mâles.

LE SUISSE OU SPERMOPHILE A QUATRE BANDES [1]

Je donne sous ce nom un animal que M. Say[2] a décrit comme un écureuil, M. Richardson comme un tamia[3], que les Français du Canada désignent sous le nom de *suisse*, et qui me paraît être, selon toute probabilité, l'espèce que Buffon appelle écureuil suisse, et dont il a donné la figure avec une description courte et incomplète. Aussi la découverte du genre auquel cet animal appartient, sa description faite par des auteurs qui l'ont observé sur les lieux, les détails qu'ils ont pu donner de ses mœurs, en font, pour ainsi dire, une espèce nouvelle.

J'ai déjà dit que je croyais devoir ranger ce joli animal dans le genre des spermophiles. Il a, en effet, l'habitude extérieure et l'organisation fondamentale de ceux-ci; quant à quelques-uns de ses instincts, on pourrait dire qu'il fait le passage des spermophiles aux écureuils; car, si, comme les premiers, il passe l'hiver dans des terriers, comme les seconds, il se tient sur les arbres; seulement ceux auxquels il se borne sont les taillis et les arbustes peu élevés. Serait-ce une preuve nouvelle d'un fait que les progrès de l'histoire naturelle confirment chaque jour? C'est que la nature ne produit d'hiatus que quand il lui faut, pour des conditions d'existence tout à fait nouvelles, des organes disposés sur un plan également nouveau ; mais, toutes les fois que le principe fondamental de la subordination des caractères le permet, elle combine ceux-ci avec une inépuisable fécondité; et de même que pour les caractères physiques, le guépard est venu le premier offrir, avec tous ceux des chats, les pattes et un peu le naturel d'un chien ; de même pour ce qui est des instincts, l'espèce qui nous occupe semble avoir été placée entre les spermophiles et les écureuils ; car, si elle nous offre le genre de vie souterraine des uns, elle a conservé des autres leur naturel pétulant et un peu de leurs habitudes.

La robe de cette espèce offre une disposition assez élégante. La tête est d'un brun mêlé de fauve et présente de chaque côté deux lignes blanches, qui, nées près du museau, se dirigent en arrière, en passant l'une au-dessus, l'autre au-dessous de l'œil, et s'arrêtent à l'oreille ; la ligne foncée qui sépare ces deux raies blanches s'étend depuis les narines jusqu'à la conque auditive, coupée dans sa continuité par l'œil, qui est lui-même de grandeur moyenne ; l'oreille est semi-ovale, plate, avec un léger repli à la base de son bord antérieur, et elle est recouverte d'un poil court et serré. Le dos est également marqué de quatre larges bandes blanches, étendues du cou et des épaules à la queue et aux hanches ; ces bandes sont séparées par des

1. *Spermophilus quadri vittatus*, pl. 22, fig. 2.
2. *Long. exped. to the Rocky mount.*, vol. II, p. 15.
3. Richardson, *Fauna bor. Amer.*, p. 184.

raies foncées d'un noir ferrugineux ; les lèvres, la gorge, le ventre et la face interne des membres sont d'un gris pâle. La queue est longue et étroite, couverte à sa face supérieure de poils bruns à sa base, noirâtres à leur milieu, avec une pointe d'un brun fauve plus pâle. Le dessous présente à son centre une couleur d'un brun rougeâtre, qui est bordée d'une ligne noire ; le bord libre est de la couleur du centre. Les ongles de devant, courbes et aigus, paraissent plus propres à grimper qu'à fouir ; ceux de derrière au contraire ressemblent beaucoup à ceux des spermophiles La longueur du corps est d'environ cinq pouces, celle de la queue de quatre.

Cette espèce, dit M. Richardson, est abondante dans les parties boisées et s'étend au nord jusqu'au grand lac l'Esclave, si ce n'est même plus loin ; au midi, on la trouve à l'extrémité du lac Winipeg, sous le 50e degré de latitude. C'est un petit animal extrêmement actif, et qui montre un instinct particulier pour faire des provisions ; car on le rencontre en général les poches des joues toujours remplies de graines légumineuses, d'herbes ou de bourgeons ; il est plus commun dans les endroits secs, où les taillis sont épais, et on le voit souvent en été se jouer au milieu des branches des petits arbustes. Vif, plein de pétulance et d'activité, il est fort incommode pour les chasseurs, à cause du bruit aigre et retentissant qu'il fait entendre à leur approche, et qui devient pour les autres animaux de la forêt le signal du danger qui les menace. Pendant l'hiver, ce spermophile se retire dans un terrier à plusieurs ouvertures, creusé à la racine d'un arbre ; et dans cette saison on ne le voit jamais à la surface de la neige ; quand celle-ci disparaît, on trouve sur la terre, auprès des orifices du terrier, de petits amas de coquilles de noisettes, d'où l'amande a été retirée par un petit trou pratiqué sur le côté.

M. Say rapporte que son nid se compose d'un amas énorme de têtes du *xanthium*, de diverses portions du cactus droit, de petites branches de pin, et d'autres substances végétales, en quantité assez considérable quelquefois pour remplir un chariot. On ne connaît pas l'ennemi que ce singulier système de défense est destiné à écarter ; peut-être aussi l'animal veut-il par là se garantir du froid de l'hiver, car M. Richardson fait remarquer que ceux qu'on trouve sur les bords de la rivière Saskatchewan, et par conséquent plus au midi, n'ont pas l'entrée de leur terrier aussi bien garantie.

LES OURS

De ce que dit Buffon des différentes espèces d'ours [1], il résulte qu'il n'en admit jamais plus de trois : l'ours blanc des mers glaciales, l'ours brun qu'il ne trouvait qu'en Europe, et l'ours noir qui se rencontrait et en Europe et en Amérique ; du reste il ne vit jamais d'ours blanc, ne connut des ours

1. Tome VIII, t. XV et *Supp*. III, in-4°. — Édit. Garnier, t. II, p. 638.

bruns que celui des Alpes, et ce ne fut que passagèrement qu'il observa
l'ours noir d'Amérique. C'est là tout ce que la science put obtenir de notions
sur les espèces de ce genre, pendant les seize années qui s'écoulèrent entre
le premier et le dernier discours que Buffon leur consacra. Cependant les
voyageurs avaient déjà observé des ours sur presque toutes les parties de la
terre ; les anciens en tiraient d'Afrique ; on en avait trouvé en Tartarie, à la
Chine, au Japon, à Java ; ils étaient communs dans le nord de l'Europe et
dans l'Amérique septentrionale ; mais les détails rapportés par les voyageurs
n'étaient point suffisants pour faire distinguer spécifiquement ces animaux
les uns des autres ; aussi Buffon partagea entre les trois espèces dont il admettait l'existence tout ce qu'il trouva sur le naturel des ours dans les ouvrages divers qu'il fut à portée de consulter, et malheureusement ces ouvrages
contenaient des erreurs que de son temps la critique ne pouvait pas encore
apercevoir. Ainsi il adopte ce fait, par exemple, que l'ours noir refuse de
manger de la chair, et que l'ours brun au contraire en est très friand, comme
si deux espèces d'un genre aussi naturel pouvaient avoir des appétits si opposés ; mais, outre que Buffon s'était interdit à lui-même les connaissances qui
seraient résultées pour lui de l'étude des espèces dans leurs rapports naturels, on ne pouvait peut-être pas encore parvenir, de son temps, aux idées
générales qu'on a acquises plus tard, et qui sont aujourd'hui des axiomes
incontestables.

Depuis Buffon, le nombre des observations faites sur les ours s'est considérablement augmenté ; mais si ces observations ont ajouté à nos connaissances sur les ours en général, sur les modifications que peut comporter
le système organique de ces animaux, loin d'avoir facilité leur distinction
en espèces, elles n'ont fait que la rendre plus difficile. En effet, quand ces
modifications ne portent que sur des caractères d'un ordre inférieur, tels
que la proportion des membres, la longueur des poils ou leur couleur, et
qu'elles sont peut-être de nature à être produites par la nourriture ou les
influences du climat, plus elles se multiplient, plus les difficultés augmentent ; c'est le cas où en sont aujourd'hui les naturalistes pour les ours. A l'exception de l'ours blanc du Nord, de l'ours jongleur ou aux longues lèvres,
de l'ours des Malais, et peut-être de l'ours noir d'Amérique, qui diffèrent de
tous les autres par des caractères indépendants des couleurs du pelage et
des proportions des membres, je doute qu'en ignorant le pays d'où viendrait l'un de ces animaux, on pût le reconnaître et prononcer avec certitude
qu'il appartient à telle contrée ou à telle espèce. Cette difficulté existerait
surtout pour les ours bruns qui semblent revêtir toutes les nuances, depuis
le blond jusqu'au noir, et qu'on rencontre dans toute l'Europe, en Afrique,
en Sibérie, jusqu'au Kamtschatka, dans l'Amérique septentrionale, et peut-
être dans l'Amérique méridionale. Dans l'impossibilité de prononcer entre
des faits qui se confondent, la science, dans ce cas, est réduite à considérer
ces faits comme incomplets et à les étudier de nouveau, en s'attachant à en

observer toutes les circonstances, dans l'espoir d'y trouver plus tard ce qu'elle n'a pu encore en obtenir, et d'y faire pénétrer l'ordre et la lumière.

C'est ce qu'on est obligé de faire aujourd'hui pour les ours qui, depuis Buffon, se sont présentés avec plusieurs modifications nouvelles. Je vais rapporter successivement ce que l'histoire naturelle a acquis depuis cette époque, en commençant par les espèces réelles que Buffon n'a connues qu'imparfaitement, ou qu'il n'a point connues du tout. Je parlerai ensuite des ours dont les caractères spécifiques peuvent être douteux, et qui ne sont peut-être que des variétés des espèces certaines ; mais je ne dirai rien de l'ours brun des Alpes, que je puis considérer comme étant connu, tant par la description qu'en donne Daubenton [1] que par ce que Buffon rapporte de son naturel [2] et de ses mœurs. Au reste, sur ce dernier point, j'aurai peu de choses à ajouter à l'histoire particulière des autres ours, parce que toutes les espèces se ressemblent encore sous ce rapport.

L'OURS BLANC DES MERS GLACIALES [3]

Buffon n'a parlé de cette espèce [4] que d'après une figure fort imparfaite qui lui fut envoyée par Collinson. Depuis, elle a été vue et décrite plusieurs fois ; nous-mêmes en avons possédé plusieurs individus dans notre ménagerie, de sorte que c'est aujourd'hui l'une des mieux établies. La taille de cet animal paraît surpasser celle des plus grands ours bruns ; on l'a cependant exagérée en portant à treize pieds la longueur du corps ; cette mesure était, il est vrai, celle de la peau d'un individu tué à la Nouvelle-Zemble ; mais l'on sait combien la peau de certains animaux peut prendre d'extension suivant la préparation qu'on lui fait subir. Tout porte à penser que ces ours n'atteignent pas au delà de six à sept pieds de longueur, et que leur hauteur moyenne est d'environ trois pieds. Leurs proportions, d'après ces mesures, sont moins ramassées que celles de nos ours des Alpes ; leur cou est, en outre, plus allongé, et leur tête plus étroite que ne le sont les mêmes parties dans aucune autre espèce ; ce qui donne à ces animaux une figure toute particulière qui les fait reconnaître d'abord, et plus sûrement que la couleur de leur pelage, car, pour les distinguer des autres ours, ce dernier caractère ne suffirait pas. Il paraît, en effet, que l'espèce brune donne une variété albine, et MM. Ehrenberg et Ruppel ont découvert dernièrement en Syrie une espèce d'ours blanchâtre. Quelques autres caractères viennent encore se joindre aux premiers pour rendre plus facile la distinction de ces ours polaires ; c'est la brièveté de leurs oreilles

1. Tome VIII, in-4°, p. 263.
2. Tome VIII, p. 248. — Édit. Garnier, t. II, p. 638.
3. *Ursus maritimus.*
4. *Supp.*, t. III, in-4°, p. 2, pl. 24. — Édit. Garnier, t. IV, p. 265 et 309.

et l'extrême longueur de leurs pieds. « Le caractère le plus frappant, dit mon frère dans sa description de l'ours polaire, consiste dans la longueur proportionnelle de la main et du pied qui est beaucoup plus considérable que dans l'ours brun. Le pied de derrière de celui-ci fait à peine le dixième de la longueur de son corps, tandis que, dans l'ours blanc, il en fait le sixième ; son pelage est épais et entièrement blanc ; il se compose de poils longs et fins, mais principalement sur le corps et les membres ; car, sur la tête, il est fort ras. Sa peau est noire, et cette couleur est celle de ses ongles, de son mufle et de l'intérieur de sa bouche ; les yeux sont bruns. »

Les ours blancs maritimes que nous avons possédés avaient la vue généralement très faible ; l'odorat paraissait être leur sens le plus délicat, et c'est celui dont ils faisaient le plus d'usage ; tous ont constamment montré une brutalité stupide et une méchanceté que rien n'adoucissait, car ils ne traitaient pas mieux l'homme qui les nourrissait que les personnes les plus étrangères. J'ai lieu de supposer que ces dispositions haineuses étaient le résultat des mauvais traitements que ces animaux avaient éprouvés avant de nous appartenir ; cette stupide férocité n'est point en effet le caractère des ours ; et je sais qu'il s'en trouve un dans une ménagerie ambulante, conduite avec plus d'intelligence que ces sortes de ménageries ne le sont ordinairement, qui est de la plus grande douceur, et qui a dans son maître une confiance entière. Il paraît toutefois que ces animaux sont d'un naturel farouche et cruel, à en juger du moins par les récits des marins qui ont visité les régions polaires, et qui racontent les dangers que ces ours leur ont fait courir ; mais il est à présumer qu'ils ne sont redoutables que quand la faim les presse, ce qui doit surtout arriver à la sortie de l'hiver, saison qu'ils passent dans une demi-léthargie, et pendant laquelle ils maigrissent beaucoup. Leur nourriture principale consiste en poissons ; ils dévorent aussi la chair de tous les animaux marins qui meurent et viennent échouer sur les rivages qu'ils habitent, et l'on dit qu'ils attaquent les phoques et les vaches marines. Les substances animales cependant ne leur sont point indispensables, car les individus qu'on entretient dans les ménageries ne sont nourris que de pain. Ceux que nous avons possédés en mangeaient six livres par jour, et, malgré cette quantité de nourriture fort petite pour d'aussi grands animaux, ils conservaient beaucoup d'embonpoint. Cette espèce, comme toutes les autres, cesse d'être dangereuse pour l'homme qui n'est point étranger à la chasse des ours ; elle se défend en se dressant sur les pieds de derrière et l'on peut alors assez aisément, avec un peu de force et de dextérité, lui plonger dans le corps le fer dont on est armé.

L'ours blanc maritime ne se trouve que sur les côtes et près des îles des mers boréales. Les Hollandais le rencontrèrent dans leurs voyages pour chercher un passage aux Indes par le Nord ; il est commun sur les côtes septentrionales de la Sibérie, principalement dans les parties situées entre les embouchures de la Léna et du Iénisseï ; et les navires qui vont à la pêche de la baleine le trouvent au Spitzberg, au Groenland et dans les mers qui séparent l'Amérique septentrionale de l'Europe ; il n'est même pas rare de le voir arriver porté sur des glaces en Islande, et jusqu'en Norvège.

Il paraît souffrir beaucoup par la chaleur ; et, dans nos ménageries, on ne réussit à l'en préserver qu'en lui jetant sur le corps une très grande quantité d'eau. Durant tout l'hiver, et dans l'état sauvage, c'est-à-dire depuis le mois de septembre jusqu'en avril, cet ours passe sa vie dans une entière retraite, sans manger, et presque sans mouvement, ordinairement entouré par une grande quantité de neige ; l'épaisse couche de graisse dont il est alors revêtu sert à le nourrir ; en esclavage, il n'en est plus de même ; et si, durant cette saison, ces animaux mangent moins et font moins d'exercice que pendant l'été, la différence est peu sensible. Il paraît que le mois d'août est l'époque où l'amour réunit momentanément les femelles aux mâles, car c'est au mois d'avril et dans leur asile d'hiver que les femelles mettent bas ; leur portée est ordinairement de deux petits, qui sont soignés par leur mère jusqu'au commencement de l'hiver suivant.

Ces animaux vivent très longtemps ; ils sont fort durs et peu d'accidents sont de nature à mettre leur vie en danger. Leur fourrure est assez recherchée ; on ne rejette pas leur chair, quoiqu'elle ait le goût du poisson, et l'on fait même usage du foie, de la bile et de la graisse, à cause des vertus médicinales qu'on leur attribue.

On a supposé que les anciens avaient connu cette espèce d'ours, et que celui que Ptolémée Philadelphe[1] fit voir à Alexandrie s'y rapportait ; mais il est plus probable qu'il appartenait à l'ours blanc du Liban, dont nous parlerons bientôt.

Ce n'est que depuis que Pallas[2] a donné les caractères de l'ours blanc maritime qu'on a su le distinguer spécifiquement des autres, quoique Albert le Grand et Agricola en aient anciennement parlé. Les figures qu'en ont données Ellis[3], Buffon[4], Pennant[5] et Pallas lui-même ne sont rien moins que fidèles. La seule bonne qu'on ait jusqu'aujourd'hui a été publiée par mon frère d'après un dessin de Maréchal[6].

---

1. *Athen.*, liv. V, p. 201 ; édit. 1597.
2. *Spicilegia zoologica*, fasc. XIV, pl. 1.
3. *Voyage à la baie d'Hudson*.
4. Tome III, in-4°, pl. 34 du *Supp.*; la figure d'ours blanc, qui se trouve t. VIII, pl. 32, est probablement celle d'un ours brun albinos.
5. *Synop. quad.*, p. 192, tab. 20, f. 1.
6. *La Ménagerie du Muséum d'histoire naturelle*, in-12, t. I, p. 55, et mieux encore dans l'édition in-folio de cet ouvrage.

L'OURS NOIR DE L'AMÉRIQUE SEPTENTRIONALE[1]

Il serait difficile de se faire une idée de la confusion qui a régné jusqu'à ces derniers temps sur les ours noirs. Les auteurs admettaient l'existence d'un ours noir en Europe ; et comme dès les premiers voyages dans l'Amérique septentrionale, l'ours noir de ce pays avait été découvert, cela suffit pour qu'on adoptât l'idée que cette espèce était commune aux deux continents ; mais les erreurs ne s'arrêtèrent pas là : les uns firent l'ours noir d'Europe plus grand que le brun, les autres plus petit ; pour ceux-ci, il est farouche et carnassier ; pour ceux-là, frugivore et timide. Buffon, qui admettait la ressemblance spécifique de tous les ours noirs, partagea cette dernière idée ; et il forma arbitrairement l'histoire de cette espèce de ce qu'il recueillit sur les ours noirs d'Europe et sur ceux d'Amérique. Le fait est qu'il est douteux que les premiers forment une espèce particulière et soient autre chose que des ours bruns à pelage très foncé, comme il en est dont le pelage est d'un brun grisâtre, et même d'un brun agentin ; du moins la différence spécifique entre les ours noirs et bruns d'Europe n'a point encore été établie nettement et les ours nombreux à pelage brun que j'ai été à portée d'examiner étaient colorés de teintes si diverses, depuis le noir jusqu'au gris clair, que si j'eusse voulu caractériser les espèces par les couleurs, j'aurais été conduit à en faire presque autant que d'individus. La question peut donc, si l'on veut, rester indécise sur l'existence d'une espèce distincte d'ours noir en Europe ; mais elle ne l'est plus quant à l'ours noir d'Amérique ; celui-ci forme, en effet, une espèce qui se distingue de toutes les autres avec précision.

Buffon avait vu cet ours à Chantilly[2], mais sans le caractériser ; c'est Pallas qui, le premier, a soupçonné qu'il formait une espèce particulière[3]. Schreber en a donné une figure passable[4] ; mais c'est mon frère qui l'a fait définitivement connaître[5] avec tous ses caractères. La Ménagerie du Roi en a possédé un assez grand nombre de tout âge et de tout sexe, et ils s'y sont reproduits.

On distingue d'abord l'ours noir d'Amérique des ours bruns d'Europe par les formes de sa tête : son chanfrein suit une ligne uniformément courbée, et aucune dépression ne sépare le museau du front ; en outre, son pelage se compose de poils lisses et non point gaufrés comme celui des ours bruns. Sa couleur est noire, à l'exception des côtés de la bouche et du dessus des yeux qui sont d'un fauve grisâtre. Quelques-uns des individus que j'ai observés avaient du blanc sur le devant de la poitrine, un en forme de che-

---

1. *Ursus Americanus.*
2. *Supp.* III, in-4°, p. 199.
3. *Spicil. zool.*, fas. 14, p. 6, 26.
4. Pl. 141.
5. *La Ménagerie du Muséum d'histoire naturelle*, in-12, p. 144, avec figures.

vron brisé, un autre partagé en deux petites taches, et il est à remarquer que celui vu par Buffon à Chantilly, qui avait fini par passer dans les collections du Muséum, avait la gorge blanche. La peau est immédiatement recouverte de poils laineux très épais, d'un noir roussâtre que les poils noirs cachent entièrement. Sa taille et ses proportions sont celles de nos ours communs.

Son naturel et ses mœurs paraissent être aussi les mêmes ; car il résulte des récits des voyageurs que cet ours habite les forêts les plus épaisses, les contrées les plus sauvages, et qu'il ne se rapproche des pays habités que quand la rigueur des saisons le prive de nourriture dans la retraite qu'il a choisie. Il mange des fruits, des racines, des insectes, de la chair, du poisson, se rapproche des lacs et de la mer pour pêcher, et n'attaque l'homme ou les animaux qui peuvent se défendre que lorsqu'il est vivement pressé par la faim. Ses allures sont lourdes; mais il grimpe et nage avec facilité, et l'on dit qu'ayant l'habitude de toujours passer par les mêmes chemins, il les trace si bien, que ceux-ci servent aux sauvages de guide certain pour le poursuivre et l'atteindre jusque dans sa retraite la plus profonde.

En Europe, contrée où l'homme se rencontre partout, c'est, en général, la saison qui détermine l'époque et la durée de la retraite des ours. Il n'en est pas de même pour ceux d'Amérique, dont la liberté n'est pas aussi restreinte par la présence de l'espèce humaine. Lorsque l'hiver commence à se faire sentir dans les parties les plus septentrionales (et ces ours se trouvent jusqu'à la mer Polaire), ils les abandonnent pour se rapprocher de celles du Midi, sans descendre toutefois au delà des Florides, et, pour le temps de leur sommeil d'hiver, ils se choisissent un abri dans le tronc d'un arbre creux ou sous la saillie d'un rocher, le garnissent de feuilles, se roulent en boule et attendent là que le soleil commence à fondre les neiges et vienne les ranimer. C'est vers le mois de juin qu'ils éprouvent les besoins de l'amour; alors leur maigreur est si grande que les sauvages dédaignent leur chair, et ils sont assez dangereux à rencontrer à cette époque. D'après ce que j'ai observé, la gestation dure environ six mois. C'est en janvier et février que les oursons viennent au monde. Ils ont, en naissant, de six à huit pouces de longueur et sont couverts de poils ; mais leurs yeux ne sont point encore ouverts, et ils sont tout à fait privés de dents; leurs ongles cependant sont développés. Ils n'ont pas le pelage noir des adultes ; le leur a une teinte grise qui se conserve pendant leur première année, et leur allaitement dure jusqu'au mois de juillet. La mue, pour cette espèce, a lieu au printemps et en automne.

La chasse des ours noirs d'Amérique était autrefois beaucoup plus productive qu'elle ne l'est aujourd'hui: leur fourrure était préférée par les sauvages à toute autre; mais depuis que les Européens se sont établis dans l'Amérique septentrionale, cette chasse a été négligée pour celle du castor. Nous apprenons cependant par le voyage du capitaine Franklin aux bords de la mer Polaire qu'en 1822 la compagnie de la baie d'Hudson importait près de trois mille peaux d'ours dans ses comptoirs. Les sauvages qui se livraient à la chasse de ces ours l'accompagnaient autrefois de pratiques superstitieuses, que le changement de mœurs, auquel le voisinage des Européens les a obligés, leur a peut-être fait abandonner. Mais le P. Charlevoix nous en a conservé les détails d'une manière assez intéressante pour que nous ne croyons pas inutile d'en rapporter ici quelques-uns.

Après qu'un chef de guerre a marqué le temps de la chasse, ce qui n'a lieu qu'en hiver, il y invite les chasseurs, et, avant de se mettre en marche, ils commencent tous un jeûne absolu de huit jours afin de rendre les esprits favorables à leur entreprise ; à la fin de ce jeûne, le chef donne un grand repas, et ils partent ensuite au milieu des acclamations de tout le village. Dès que la troupe a reconnu les endroits où il y a le plus grand nombre d'ours cachés, elle forme un grand cercle, suivant le nombre des chasseurs ; elle avance toujours de la circonférence du cercle à son centre ; de cette manière il est difficile qu'un seul des ours qui se trouvaient dans le centre puisse échapper. Au reste, ces peuples se font toujours accompagner par des chiens d'une excellente race, qu'ils élèvent à cette chasse. Comme on n'attaque les ours que dans leur retraite d'hiver, et que, fort souvent, ils sont nichés dans le cœur de quelque arbre pourri, les sauvages reconnaissent ces gîtes à une vapeur légère qui sort du tronc, ou à l'empreinte des griffes sur l'écorce ; alors ils frappent contre l'arbre et l'ours se montre. Dans d'autres circonstances, ils montent sur les arbres voisins de celui que l'ours a choisi pour retraite et jettent des branches enflammées dans le trou où l'animal est caché, et ils le forcent à sortir de cette manière. Alors ils le tuent au moment où il descend de l'arbre. L'ours ne se jette guère sur le chasseur que lorsqu'il est blessé, et, pour cela, il se dresse sur ses pattes de derrière et cherche à étouffer son ennemi avec ses pattes de devant. Dès que l'ours est tué, on le dépouille et on le met par morceaux dans des pots de terre ou dans des chaudrons qui sont sur le feu, et quand la graisse est fondue, on la verse dans une outre faite avec une peau de chevreuil ; c'est ce que les Français nomment à la Louisiane *faon d'huile*. Il y a des ours qui donnent une quantité considérable de graisse. Pour purifier cette graisse, on la fait fondre au grand air avec une poignée de feuilles de laurier ; puis, lorsqu'elle est très chaude, on y jette par aspersion une dissolution de sel marin très chargée ; il se fait une grande détonation et il s'en élève une fumée épaisse ; la fumée étant passée, et la graisse encore plus que tiède, on la transvase dans un pot où on la laisse reposer huit ou dix jours. Au bout de ce temps, on voit nager dessus une huile claire, qu'on lève soigneusement avec une cuiller nette ; cette huile est aussi bonne que la meilleure huile d'olive et sert aux mêmes usages. Au-dessous, on trouve un saindoux aussi blanc, mais un peu plus mou que le saindoux de porc ; il sert à tous les besoins de la cuisine. Tout ce que M. Lepage-Dupratz dit de la bonté de la graisse de l'ours n'est pas entièrement d'accord avec ce qu'en rapporte le baron de la Houtan, qui dit positivement que la viande de l'ours, et particulièrement les pieds, sont d'un goût exquis; mais que la graisse n'est bonne qu'à brûler. Après que la viande est dégraissée, on la boucane ordinairement.

L'ours noir d'Amérique ne paraît pas avoir le même degré de docilité ou d'intelligence que l'ours brun d'Europe; il ne se prête pas à l'éducation à laquelle l'autre se soumet; aussi ne le voyons-nous jamais présenté à la curiosité et à l'amusement du public, dansant au son du tambourin et du flageolet. Sa voix est plaintive, et non pas rude et grave comme celle de l'ours brun.

L'OURS DU CHILI[1]

Il n'y a qu'un très petit nombre d'années que cette espèce est connue. Auparavant, jamais aucun voyageur n'avait même indiqué l'existence d'un ours dans aucune des parties de l'Amérique méridionale. Celui-ci paraît vivre dans les Cordillères du Chili; il ne nous est encore connu que par un jeune individu arrivé vivant à la Ménagerie du Muséum, où il n'a vécu que peu de jours, et par une peau due à M. Roulin. Jusqu'à ces derniers temps, les naturalistes auraient éprouvé quelque répugnance à admettre l'existence d'un ours dans des contrées où la chaleur est encore aussi grande qu'au Chili, car c'est entre le 25e et le 30e degré de latitude que l'ours que nous avons possédé paraît avoir été pris, et ils ne se seraient laissé convaincre que par la preuve la plus matérielle, par la vue de l'animal lui-même. C'est qu'en effet toutes les analogies semblaient contraires à l'existence des ours dans les pays chauds. Nous ne connaissions que ceux de l'Europe et du Canada, qui, tous paraissent fuir les températures élevées et rechercher les régions voisines des neiges. Aussi, quoique les anciens eussent parlé d'ours de Libye, que plusieurs voyageurs modernes eussent assuré qu'il en existait dans l'Inde, à Java, on ne pouvait se déterminer à les croire, et on interprétait leurs paroles de manière qu'elles concordassent avec ce que les faits connus rendaient probable. Aujourd'hui que l'on connaît trois espèces d'ours dans les Indes, il n'y a plus de difficultés à admettre des ours dans les pays les plus chauds; la nature, chez ces animaux, peut se conformer à l'influence de tous ces climats, à la température glacée des pôles, comme à la température brûlante de l'équateur. Toutefois l'ours du Chili, habitant la partie montagneuse de cette contrée, peut y trouver, dans toute saison, la température qui lui convient.

Cette espèce a, par son pelage, des rapports avec l'ours de l'Amérique septentrionale que nous venons de décrire; il a, comme lui, des poils lisses, brillants et noirs sur tout le corps. Le museau est d'un fauve sale, et, dans

1. *Ursus ornatus.*

notre jeune individu, on voyait au-dessus des yeux deux demi-cercles fauves qui naissaient au bas du front d'un point commun ; les joues, la mâchoire inférieure, le cou et la poitrine, entre les jambes de devant, sont blancs. Sur les côtés du cou s'aperçoivent des poils plus longs que tous les autres, qui sont d'un gris sale. Sous les poils qui donnent les couleurs à l'animal, et qui sont soyeux, s'en trouvent de laineux plus courts et entièrement bruns. Les moustaches des lèvres sont noires ; mais ce qui distingue surtout cette espèce de l'ours noir du Canada, c'est son museau court et séparé du crâne entre les deux yeux par une dépression très marquée.

L'individu que j'ai vu vivant avait trois pieds et demi du bout du museau à la partie postérieure du corps, et sa hauteur, aux épaules, était à peu près de quinze pouces. La peau dont j'ai parlé avait plus de longueur, mais surtout elle n'avait plus que quelques traces des deux demi-cercles du dessus des yeux si bien marqués sur notre jeune individu ; d'où l'on peut présumer que ce caractère s'efface en partie avec l'âge.

L'OURS JONGLEUR[1]

Depuis fort longtemps l'existence des ours dans l'Asie méridionale était indiquée ; Marsden rapporte que l'ours de Sumatra se nomme *brourong* ; Willamson, dans son ouvrage sur les chasses d'Orient, donne la figure d'un ours des Indes ; Peron et Leschenault en avaient vu, le premier, un qui venait des montagnes des Gattes ; l'autre, un qui était originaire de Java. Ces indications ne suffisaient cependant pas pour lever tous les doutes, et l'on sentait le besoin de nouvelles observations qui nous fissent connaître les caractères de ces ours et nous apprissent si, en effet, ils constituaient des espèces nouvelles, et même si leurs organes ne présenteraient pas des modifications propres aux climats qu'ils habitent.

A l'époque où cette incertitude régnait encore sur l'existence des ours dans l'Asie méridionale, on en montrait un en Europe, originaire du Bengale, qui appartenait à l'espèce de l'ours jongleur, mais que les naturalistes ne reconnurent même pas pour un ours ; c'est qu'alors l'histoire naturelle, corrompue par l'influence exagérée que le système de Linnæus avait acquise, au lieu de faire étudier les animaux dans leur ensemble, se bornait à les faire observer dans quelques parties de leurs organes ; et comme cet ours indien qui voyageait chez nous avait perdu ses dents incisives, ceux qui l'observèrent conclurent qu'il appartenait à la famille des tardigrades, qu'il était voisin des paresseux, et ils le firent figurer sous le nom de *bradypus*. Illiger, qui ne connut guère la nature que par les livres, fit de cet ours le type d'un genre qu'il nomma *prochilus*, à cause de ses grandes lèvres, et le réunit éga-

1. *Ursus labiatus.*

lement à la famille des tardigrades. On ne saurait trop insister sur ces sortes d'erreurs, qui montrent bien les fâcheux effets d'une idée absolue dans les sciences qui ne reposent que sur l'observation. Cependant les progrès de l'histoire naturelle dissipèrent l'erreur ; Buchannan[1] reconnut la véritable nature de ce prétendu paresseux qui dès lors a été admis sans contestation parmi les ours, sous le nom d'*ursus labiatus* par M. de Blainville, et sous celui d'*ursus longirostris* par M. Tiedmann. D'un autre côté, M. Horsfield, ayant rencontré quelque chose de nouveau dans la forme du museau, dans la longueur des lèvres et dans celle de la langue de deux autres ours des Indes, l'un de Java, l'autre de Bornéo, en a fait le type d'un sous-genre auquel il a donné le nom d'*helarctos*, qui signifie proprement ours des pays chauds ; sous-genre auquel, comme M. Gray l'a reconnu, l'ours jongleur semble appartenir par plus d'un rapport. Il paraît, d'ailleurs, que ses dents sont presque toujours dans un état anomal ; car, outre l'individu qui avait été pris pour un paresseux, à cause de l'absence de ses dents, la Ménagerie du Roi en a possédé deux, un très vieux et un jeune, qui présentaient le même caractère ; le premier les avait perdues toutes, dans le second elles étaient dans un état rudimentaire. Plusieurs des ours de l'Inde présentent donc des modifications organiques beaucoup plus profondes que celles qui distinguent les unes des autres les espèces du Nord, circonstance importante à signaler, comme toutes celles qui lient les organisations aux climats, et l'ours jongleur, beaucoup mieux connu aujourd'hui que les autres espèces, parce qu'il a été vu plusieurs fois, ferait le meilleur type de cette série nouvelle.

La première description et la première figure de cet ours que nous ayons eues, faites dans l'Inde d'après des individus vivants, nous avaient été envoyées de Calcutta par M. Alfred Duvaucel, qui a fait connaître plus d'animaux de l'Inde qu'aucun des voyageurs qui l'avaient précédé dans ce pays. Nous nous faisons un devoir de reproduire ici, quoique nous l'ayons déjà publiée dans notre *Histoire naturelle des Mammifères*, l'excellente description qui accompagnait son dessin : « Cet ours a le museau épais, quoique singulièrement allongé ; sa tête est petite et ses oreilles sont grandes ; mais le poil du museau, d'abord ras et uni, venant à grandir et à se rebrousser subitement tout autour de la tête à la hauteur des oreilles, ensevelit celles-ci sous une fourrure épaisse et augmente considérablement le volume de celle-là. Le cartilage du nez consiste dans une large plaque presque plane et facilement mobile. Le bout de la lèvre inférieure, dans tous ceux que j'ai vus, dépasse la supérieure et se meut également, soit par contraction, soit en s'allongeant, soit en se portant sur les côtés ; ce qui donne à cette espèce une figure stupidement animée. Ses jambes sont élevées ; son corps allongé, et ses mouvements faciles, caractères plus ou moins déguisés par la longueur

1. *Voyage de Mysoure*, en anglais, t. II, p. 197.

des poils qui touchent presque à terre quand l'animal est vieux. Sa poitrine
est ornée d'une large tache blanche, qui figure un fer à cheval renversé,
dont les deux branches s'étendent sur les bras. Cet ours, qui paraît plus docile, plus intelligent et plus commun au Bengale que les autres espèces, est
celui que nos jongleurs instruisent et promènent pour amuser le peuple. On
le rencontre souvent dans les montagnes du Silhet, aux environs des lieux
habités, où il passe pour être exclusivement frugivore. »

Le vieil individu que nous avons possédé est venu confirmer et éclairer
la description de M. Duvaucel. Sa tête, que nous faisons représenter de face,
nous montre la grande masse de poils qui l'environne et la grande étendue
du cartilage des narines qui, comme deux opercules, s'ouvrent et se ferment
à la volonté de l'animal. Toutes les parties de son mufle sont d'une mobilité
presque égale à celle du nez du coati, et si de nouveaux muscles ne la produisent point, il faut du moins que ceux qui y sont attachés soient beaucoup
plus développés que les organes analogues dans les autres ours. Il paraît que
les proportions de cette espèce sont encore plus trapues, plus ramassées que
celles de l'ours brun d'Europe, et que sa taille est un peu plus petite.

L'OURS MALAIS [1]

C'est de cet ours que Marsden, dans son *Voyage à Sumatra*, entendait
parler, sous le nom de *bourong*, ou *bruong*, comme l'a écrit depuis M. Raffles.
Ce dernier qui, le premier, a fait connaître cette espèce avec quelques détails [2], nous apprend qu'elle est, comme toutes les autres, susceptible de
s'apprivoiser lorsqu'on l'élève jeune. Il en posséda pendant deux ans un individu, qui jouissait d'une entière liberté et qui s'était habitué à boire du
vin de Champagne sans que, pour cela, il perdît rien de sa douceur et de sa
familiarité. Il vivait amicalement avec un chien, un chacal et un lori, et
mangeait avec eux au même plat ; il se plaisait à jouer avec le chien, dont la
gaieté s'accordait avec la sienne. Cette douceur extrême n'avait cependant
point pour cause l'absence de la force. Après deux ans, il était très grand,
et si musculeux, qu'il arrachait facilement de terre des plantains dont il
pouvait à peine embrasser la tige.

Depuis, M. Horsfield a publié une figure de cet ours dans ses *Recherches
zoologiques sur Java*, et en a donné une description d'après un individu envoyé au Muséum de la Compagnie des Indes, par M. Raffles ; nous reprodui-
rons l'une et l'autre.

« L'ours malais, dit-il, a la tête courte, conique, large entre les oreilles ;
le nez terminé par un prolongement charnu de la partie supérieure du

1. *Ursus malayanus.*
2. *Trans. Linn.*, t. XIII, p. 254.

museau qui recouvre les narines, lesquelles sont rondes et séparées par une cloison étroite. L'ouverture de la bouche se termine au-dessous de l'angle antérieur de l'œil ; les lèvres sont minces, bordées par une rangée de poils courts et roides ; les moustaches peu nombreuses, disséminées autour des lèvres ; les yeux placés loin du front, mais vifs et saillants ; l'iris est noir ; les oreilles sont courtes, terminées brusquement, et il semble que les poils qui les couvrent aient été coupés par une main étrangère ; le conduit auditif est couvert de poils et a la forme d'un entonnoir ; la gorge est arrondie et se confond graduellement avec le cou qui est d'une longueur moyenne et un peu déprimé derrière l'occiput. Le corps est oblong, robuste, élevé entre les épaules, descendant graduellement vers la croupe, qui se termine par une queue courte consistant dans une touffe de poils rudes, longs d'environ un pouce. Les membres sont robustes ; les antérieurs sont plus épais vers le tronc ; ils s'amincissent vers les pieds, et, par leur disposition verticale, ils élèvent toute la partie antérieure du corps ; les extrémités postérieures offrent des cuisses fortes et musculeuses, et des jambes courtes un peu arquées. Les pieds sont plantigrades, couverts de poils épais à leur face supérieure, nus en dessous ; ceux de devant un peu plus longs que ceux de derrière ; les doigts, au nombre de cinq, et tous sur le même plan, sont comprimés, séparés par des espaces peu profonds, de longueur à peu près égale ; les ongles sont très longs, fortement recourbés, aigus, arrondis en dessus, ayant une rainure en dessous, d'une couleur de corne pâle ; le talon des pieds de derrière s'élève légèrement dans la marche, et ce pied est, en tout, plus court et plus étroit dans sa partie postérieure que le pied de devant. La couleur du pelage est partout d'un noir de jais, excepté au-devant des yeux, où le museau est d'un gris cendré, et à la poitrine où existe une tache blanche semi-lunaire, dont la forme est à peu près représentée par celle de la lettre U. La longueur de chacune des branches, depuis le point de réunion jusqu'à leur extrémité, est d'environ six pouces, leur largeur d'un pouce. Les poils, courts et lisses, forment une fourrure douce et très épaisse ; ils sont fortement appliqués à la peau, excepté à la partie supérieure de la tête, au cou et aux épaules, où ils sont légèrement frisés. La longueur des poils séparés est de trois quarts de pouce.

« Les caractères qui distinguent surtout l'ours des Malais de l'ours de l'Inde (*ursus labiatus*) de Blainville, dont il se rapproche par la couleur pâle du museau et par la tache de la poitrine, ont déjà été énumérés par M. Raffles dans sa description. On peut encore l'en distinguer par la brièveté de la queue et par la douceur du naturel. Je regrette que les matériaux du Muséum ne me donnent pas les moyens d'entrer dans le détail des caractères génériques. Le crâne avait été détaché de la peau envoyée en Angleterre, et malheureusement ne se trouvait pas dans la grande collection d'objets d'anatomie comparée qui a été déposée au Muséum du collège royal des chirurgiens. »

Les dimensions de l'animal étaient les suivantes :

	pieds	pouc.	lignes
Longueur du corps, de l'extrémité du museau à l'origine de la queue....	3	8	»
— de la tête................	»	11	»
— des extrémités antérieures................	1	2	»
— des extrémités postérieures................	1	2	»
— des pieds de devant................	»	8	»
— des pieds de derrière................	»	7	»
— de l'ongle du doigt du milieu, au pied de devant, et en suivant sa courbure................	»	2	6
Circonférence du corps, à la partie la plus basse de l'abdomen............	2	2	»
— du cou................	2	»	»

Des trois espèces d'ours que M. A. Duvaucel nous a fait connaître, c'est celui qu'il a découvert au Silhet, et que M. Wallich avait précédemment trouvé au Népaul, qui aurait le plus de rapport par les couleurs avec l'ours malais ; comme celui-ci, il est noir avec une tache pectorale blanche bifurquée ; mais, à en juger par ce qu'en dit M. Duvaucel et par ce que la figure qu'il nous a envoyée présente, il ne paraît pas avoir le trait caractéristique des *helarctos*, les lèvres pendantes et le mufle large et mobile ; je ne le considérerai donc encore que comme une espèce douteuse, et je me bornerai à rapporter la comparaison qu'en faisait M. Duvaucel en l'opposant à l'ours jongleur et à son ours de Sumatra, qui me paraît ressembler à l'*helarctos euryspilus* de M. Horsfield, dont je parlerai bientôt.

« L'ours du Népaul, dit M. Duvaucel, a le museau de grosseur médiocre ; mais le front, déjà peu élevé dans les deux précédents, se trouve à peine senti dans celui-ci et presque sur la même ligne que le nez. La disposition du poil est la même que dans l'ours jongleur ; seulement le poil étant un peu plus court, le caractère qu'il imprime à la tête est un peu moins saillant. Les oreilles sont aussi fort grandes, et le nez assez semblable à celui des chiens. Cet ours a le corps ramassé, le cou épais et les membres trapus ; mais ses ongles sont moitié plus courts que ceux des précédents. Son museau est noir en dessus, à tout âge, avec une légère teinte rousse aux bords des lèvres. La mâchoire inférieure est blanche en dessous, et la tache pectorale a la forme d'une fourche dont les deux branches, très écartées, occupent toute la poitrine, et dont la queue se prolonge jusqu'au milieu du ventre. Cet ours paraît moins répandu et plus féroce que les deux autres, etc. »

L'OURS EURYSPILE[1]

Voici ce que M. Horsfield[2] dit de l'espèce d'ours dont il fait un sous-genre sous le nom d'*helarctos*, et à laquelle viendraient se joindre, dans la même subdivision, l'ours jongleur et l'ours malais.

1. *Ursus euryspilus.*
2. *Zoolog. Journ.*, juillet 1825, p. 221.

« L'animal que je décris ici, sous le nom d'*helarctos euryspilus*, et que je regarde comme le type d'un sous-genre dans le genre des ours, se rapproche beaucoup de l'*ursus malayanus* que j'ai décrit dans mes *Recherches zoologiques à Java*.

« Peu de temps après avoir donné la description de ce dernier d'après les matériaux recueillis par sir St.-Raffles, j'eus occasion d'examiner vivant un animal appartenant à la même subdivision du genre *ursus* (*helarctos*), apporté de l'île de Bornéo, et si voisin de l'ours des Malais que, pour beaucoup de personnes peut-être, la séparation de ces deux espèces aura besoin d'être confirmée.

« Le soupçon qu'il existait une espèce d'ours à Bornéo était depuis longtemps répandu parmi les naturalistes qui ont visité l'archipel Indien; mais je n'ai pu encore trouver les indications relatives à cet animal que l'on prétend avoir été données dans quelques-uns des voyages publiés sur ces contrées. L'animal qui a servi à la description suivante fait aujourd'hui partie de la Ménagerie de la Tour; il a été apporté de Bornéo.

« C'est dans la forme de la tête qu'est le caractère distinctif le plus saillant de l'ours euryspile. Le crâne, comparé à celui des autres espèces d'ours, est d'une grandeur considérable; sa partie supérieure est presque hémisphérique, et, sur les côtés, il va également en s'élargissant. Le front est convexe dès la racine du nez; les yeux sont situés en avant, assez près de ce dernier organe; les oreilles, au contraire, sont fixées à la partie reculée du crâne, de manière à être séparées des yeux par un large intervalle; la tête s'amincit brusquement et prend, en s'allongeant peu à peu, la forme d'un museau obtus; le nez est grand et très saillant; il conserve la même largeur jusqu'à son extrémité, qui est coupée un peu obliquement. On y observe une échancrure latérale qui communique avec les narines, et que l'animal peut dilater et ouvrir par un effort volontaire; les ouvertures des narines sont oblongues, dirigées en avant et séparées par une cloison étroite; ce nez est moins développé que celui de l'ours jongleur; mais il l'est plus que dans l'ours commun; la lèvre supérieure est lâche, charnue, et, jusqu'à un certain point, pendante; l'animal a la faculté d'en contracter les bords latéraux et de la faire saillir en avant comme une courte trompe. La lèvre inférieure est petite, comprimée, et, en partie, recouverte par la supérieure. Les deux lèvres présentent à leur face interne des replis charnus transversaux; un grand nombre de poils divergents, longs d'un pouce et de couleur grisâtre, sont disséminés sur les bords de la lèvre supérieure; mais l'animal est dépourvu de longues et fortes moustaches. Les yeux, qui sont situés à la réunion du museau et du crâne, sont petits et sans vivacité; l'iris est violet, et la pupille très petite; les oreilles sont courtes, oblongues, obtuses et dirigées en arrière; d'épais bouquets de poils courts sont placés près de leur base au-dessus et au-dessous; mais le long du rebord de l'oreille, les poils sont très courts et d'une couleur plus claire; ce qui leur donne, comme dans l'ours des Malais, l'apparence de poils

I.   24

coupés. Le conduit auditif externe est caché par une touffe de poils courts.
L'ouverture de la bouche est très grande, et l'animal a l'habitude d'écarter
largement les mâchoires et de faire saillir sa langue, qui forme, avec le
grand volume du crâne, le caractère principal de cette espèce ; elle est longue,
étroite, effilée et très extensible. L'animal, après avoir écarté les mâchoires,
la fait saillir en avant de plus d'un pied, puis la recourbe en dedans en forme
de spirale. Les proportions de cette espèce sont peut-être plus courtes que
celles des autres ours ; il semble plus ramassé ; le cou est court et large, le
corps est cylindrique, mais lourd et épais ; les extrémités antérieures sont plus
longues et plus minces que les postérieures ; les pieds complètement plantigrades ; mais la portion nue et calleuse est, dans l'ours de Bornéo, comme
dans celui des Malais, plus courte que dans les autres espèces d'ours. Les
ongles sont longs, fortement arqués, comprimés, arrondis à leur partie supérieure, offrant une rainure à leur face inférieure, étroits à leur base et diminuant graduellement jusqu'à leur extrémité, qui est coupée transversalement,
et paraît surtout propre à creuser la terre ; toutefois on peut supposer,
d'après les habitudes analogues de l'ours des Malais, que celui-ci grimpe
avec beaucoup d'agilité. La queue a environ deux pouces de longueur ; mais
la moitié consiste dans un bouquet de poils durs, qui s'étendent au delà des
vertèbres. Il y a deux mamelles pectorales et deux ventrales. La fourrure
est courte et luisante ; les poils sont garnis d'un peu de duvet à leur base, un
peu rugueux, mais fortement appliqués à la peau et doux au toucher. Au
front, ces poils sont très courts ; de là, ils vont en s'allongeant vers le sommet
de la tête, où ils sont très épais, presque dressés et très doux au toucher.

« L'ours de Bornéo a, sur le corps, la tête et les extrémités, cette teinte
d'un noir de jais pur, que l'on observe dans l'ours des Malais. Le museau,
ainsi que la région des yeux, est d'une couleur brun jaunâtre ; la tache qui
est à la partie antérieure du cou est d'un jaune plus vif, et presque orangé ;
cette tache diffère, pour la forme, de celle de l'ours des Malais, et constitue
la principale différence qui sépare ces deux espèces ; elle est grande, large,
irrégulièrement quadrilatère, et elle occupe une portion considérable de la
région antérieure du cou ; à son extrémité postérieure ou inférieure, ses
limites sont assez faiblement marquées ; mais son bord supérieur présente
une échancrure profonde et dont les bords sont très régulièrement tracés ;
les contours latéraux de cette tache sont légèrement arrondis. Une bande
grise transversale, placée sur les pieds, est produite par des bouquets de
longs poils qui naissent de l'insertion des ongles. Il faut des observations
ultérieures pour déterminer la valeur de ce dernier signe comme caractère
spécifique.

« L'ours de Bornéo, qui est maintenant à la Tour, a une longueur de
trois pieds neuf pouces depuis le museau jusqu'à la queue ; quand il se dresse,
il atteint une hauteur de quatre pieds ; dans son attitude ordinaire, sa hauteur, à la croupe, est de dix-huit pouces.

La longueur des extrémités antérieures est de..............	1 pied	7	pouces.
Celle des postérieures est de......	1	—	5	—
La circonférence de la tête est de.......................	1	—	10	—
Celle du corps de....................	2	—	5	—
L'intervalle d'une oreille à l'autre est d'environ...........	»	—	9	—

« D'après ces dimensions, notre animal est un peu plus petit que l'ours des Malais; l'individu le plus grand de cette dernière espèce, que j'aie vu, était préparé, et il avait une longueur de quatre pieds six pouces.

« L'animal que je viens de décrire a été apporté dans ce pays, il y a plus de deux années, et peut être regardé par conséquent comme ayant acquis tout son développement. Depuis très longtemps, son gardien n'a remarqué en lui aucun accroissement. Il forme aujourd'hui un des sujets les plus intéressants de tous ceux que renferme la Ménagerie royale. Je n'entrerai pas dans le détail de toutes les modifications de ses habitudes dans l'état d'esclavage; mon unique objet est de donner une vue abrégée des traits les plus saillants qui se lient immédiatement à son organisation.

» J'ai dit que cet animal était complètement plantigrade; il s'appuie facilement sur ses pieds de derrière, et ses jambes robustes non seulement le soutiennent lorsqu'il est assis, mais lui permettent de prendre sans peine une posture presque droite; le plus souvent cependant, on le trouve assis près de la porte de sa loge, examinant attentivement les visiteurs, dont il attire l'attention par ses formes disgracieuses ou par la bizarrerie de ses mouvements. Quoiqu'il paraisse lourd et stupide, la plupart de ses sens, et surtout ceux de la vue et de l'odorat, sont très puissants. Les organes de l'olfaction paraissent particulièrement énergiques et semblent être dans un état continuel d'excitation et d'éréthisme. L'animal a, sous l'empire de sa volonté, toute l'extrémité charnue de son nez et les parties voisines, et il les fait souvent jouer d'une manière plaisante, surtout lorsqu'on lui présente à distance et hors de portée quelque morceau de gâteau. Il dilate l'ouverture latérale des narines, contracte et pousse en avant en forme de trompe sa lèvre supérieure en même temps qu'il se sert de ses pattes pour saisir les objets. Il distingue sur-le-champ son gardien et lui témoigne de l'attachement; à son approche, il fait tous ses efforts pour en obtenir à manger, et il accompagne son mouvement d'un son plaintif et rude sans être désagréable; il continue ce bruit en mangeant en même temps qu'il fait entendre par intervalles un groguement lent; mais, dès qu'on le tourmente, il élève la voix et pousse des cris âpres et déchirants. Il est excessivement vorace. Quand il est de bonne humeur, il amuse les spectateurs de différentes façons; assis tranquillement dans sa loge, il ouvre les mâchoires et étend sa langue effilée, comme je l'ai décrit plus haut; il est sensible aux bons traitements qu'il reçoit de son gardien; il semble, par ses attitudes, appeler son attention et solliciter ses caresses. Il aime à être flatté de la main; mais il s'irrite et s'élève avec violence contre les mauvais traitements.

« Cet ours fut acheté à Bornéo et amené jeune dans ce pays par le commandant d'un navire, il y a environ deux ans. Durant tout le voyage, il se trouva en compagnie d'un singe et de plusieurs autres animaux jeunes, et fut ainsi apprivoisé dès sa jeunesse. Ses mœurs, en servitude, ressemblent beaucoup à celles de l'ours des Malais observé par sir St.-Raffles; mais nous ne connaissons encore rien de l'ours de Bornéo à l'état sauvage. »

L'OURS DE SYRIE[1]

Nous terminerons ces différents extraits de l'histoire des ours par la description suivante de celui de Syrie, qu'a donnée M. Ehrenberg[2].

« Environ neuf cents ans avant Jésus-Christ, dans les montagnes de la Palestine, près de Beth-el, et non loin de la ville de Hierochunte, deux ours, suivant ce qui est rapporté dans le livre II des *Rois*, se précipitèrent sur une troupe d'enfants qui prodiguaient des outrages au prophète Élisée, et en eurent bientôt dévoré quarante. Ainsi donc, l'ours du mont Liban est, de tous ceux dont il est parlé dans l'histoire, le plus ancien et le plus célèbre; mais il s'en faut que, pour ce qui est de ses caractères et de son histoire naturelle, il soit aussi connu; car aucun des voyageurs qui, jusqu'à nos jours, ont parcouru ces contrées, n'a ramené en Europe cet animal, ni n'a même annoncé l'avoir vu. Klædin a donné, d'après les notes de Seetzen, le nom d'*ursus arctus* à une espèce qui, d'après les rapports faits à ce dernier, vivait au milieu des montagnes de la Palestine, près de Bangass, dans la province d'Hasbeia, voisine de l'Anti-Liban.

« L'ours de Syrie femelle m'a donné les dimensions suivantes :

	pieds	pouc.	lignes
Longueur de l'extrémité du nez à l'origine de la queue	3	8	11
— de la queue..	»	6	»
— de la tête..	»	11	9
— du tronc........................	2	9	7
du pied de devant, du bord supérieur de l'épaule à la pointe de l'ongl¹.......................	2	4	6
— du bras..	»	8	3
de l'avant-bras..........................	»	9	7
— des pieds de derrière.................	2	»	»
Distance entre les oreilles	»	4	3
Circonférence de la poitrine...............	2	4	»

« Cette espèce est inférieure par la taille à l'ours brun d'Europe; le corps, peu couvert de poils, est remarquable par la forme déliée de la tête et des pieds, laquelle est due plus à la brièveté du pelage qu'à une longueur réellement plus grande de ces parties. Les poils ont de deux à trois pouces; ceux qu'on trouve le long de la ligne moyenne du dos dépassent quatre pouces;

1. *Ursus Syriacus.*
2. *Icones et Descript. mammal.*, in-folio. Berlin.

tous sont, à leur base, peu ou point flexueux ; quelquefois aussi les plus petits sont jaunâtres à leur base, mais tous sont blancs au sommet et droits vers leur pointe ; il n'y a que ceux de la crête qui sont flexueux jusqu'à leur extrémité, et qui sont foncés dans une plus grande étendue. Les poils laineux, qui sont d'un fauve foncé, sont très rares et flexueux, tandis qu'ils sont très abondants dans l'*ursus arctus*. Le front, peu élevé, se confond par degrés avec le nez, dont il n'est séparé que par une dépression fort légère ; les arcades susorbitaires sont peu prononcées ; les oreilles sont plus longues que dans l'*arctus*, ovales, velues, libres en dehors et non enveloppées par les poils. Les yeux ont l'iris brunâtre ; le nez et l'extrémité des lèvres sont nus, brunâtres et charnus ; les ongles sont comprimés, sillonnés de lignes blanches et grises, courts, courbés ; ceux de devant sont les plus longs.

« La couleur est d'un blanc fauve, beaucoup de poils étant entièrement blancs ; les poils des pieds, près des ongles, sont brunâtres. Nous avons vu trois peaux de ces animaux, c'est-à-dire deux autres, outre celle que nous nous sommes procurée par la chasse ; celles-là, conservées depuis longtemps, paraissaient irrégulièrement tachées de fauve, parce que le sommet des poils y avait été détruit ; ces taches étaient formées par la partie laineuse jaune, qui devenait apparente après la destruction de la partie blanche. C'est ainsi qu'il peut arriver qu'un de ces animaux, ayant usé sa fourrure par le frottement, paraisse de loin entièrement fauve.

« Au mois de juillet, nous en tuâmes un individu qui n'était ni très jeune ni tout à fait vieux.

« Le mont Liban a deux sommets couverts de neige ; l'un nommé *Gebel-Sanin*, l'autre *Makmel*, que nous avons visités tous deux ; il ne nourrit des ours que sur le mont Makmel, près du village de Bischerre.

« Il n'est pas rare que l'ours se nourrisse d'animaux ; le plus souvent cependant il vit de plantes, et il dévaste fréquemment les champs semés de pois chiches ou d'autres productions qui sont dans le voisinage des neiges. L'estomac de celui que nous avons tué était vide. Dans l'hiver, on dit que cet animal vient rôder jusqu'auprès des jardins de Bischerre ; en été, il se tient auprès des neiges. Nous avons vu une tanière où se trouvait une grande quantité d'excréments d'ours, et qui était formée par d'immenses fragments de roches calcaires accumulées au hasard.

« L'excrément de l'ours nommé *bared dub* se vend en Égypte et en Syrie, où on le regarde comme un remède pour les maladies des yeux. Le fiel de l'ours est fort estimé, et nous nous étions engagés à le donner aux chasseurs indigènes qui nous accompagnaient : les peaux se vendent. Nous avons mangé la chair de cet animal, que nous avons trouvée savoureuse ; le foie est doux et cause des envies de vomir. »

Si nous voulions traiter de tous les ours qu'on pourrait considérer comme des espèces, en jugeant de leurs différences par celles qui servent à caractériser les espèces de chats, par exemple, nous pourrions ajouter à celles dont nous venons de parler, l'ours de Sibérie[1], l'ours de Norvège[2], l'ours blond des Pyrénées, l'ours[3] terrible de l'Amérique septentrionale[4], etc., etc. ; mais tous ces ours ne paraissent guère se distinguer des ours bruns que par des nuances plus ou moins foncées. Un mot suffira donc pour les caractériser.

L'ours de Sibérie, qui atteint la plus grande taille, est d'un brun gris foncé avec deux larges bandes blanches sur chaque épaule, lesquelles descendent sur les membres antérieurs en se rétrécissant ; l'ours de Norvège est brun sans aucune tache blanche ; l'ours des Pyrénées ne paraît pas atteindre à la taille des ours de Sibérie et est d'un blond jaunâtre très clair ; enfin l'ours terrible est, disent les voyageurs, d'un brun grisâtre uniforme, et n'a aucune trace de blanc sur les épaules.

Nous devons ajouter que les deux plus différents de ces ours, celui de Sibérie et celui des Pyrénées, produisent ensemble ; deux fois l'accouplement de ces animaux a eu lieu dans la Ménagerie du Roi, et chaque fois, la femelle, qui était blonde, a mis au monde des petits qui avaient la couleur brune du mâle.

LES CIVETTES

Les animaux qui appartiennent à la famille des civettes sont nombreux, et les modifications organiques par lesquelles ils se distinguent sont importantes et variées. Buffon avait déjà senti que ces animaux s'unissent par plusieurs rapports, aussi n'avait-il point séparé ceux qu'il a été à portée de voir. La civette, le zibet et la genette, les premiers qu'il ait connus, sont décrits à la suite l'un de l'autre[5], et il en est de même pour la mangouste, la fossane et le vansire qu'il eut occasion d'observer plus tard[6]. S'il n'y joint pas le suricate, il ne faut l'attribuer qu'à l'idée vague sur laquelle il fondait les ressemblances de ces animaux, et qui devait l'abandonner dès que les modifications des organes devenaient un peu considérables ; or le suricate est une des espèces qui sous ce rapport s'éloignent le plus du type principal de la famille.

Les naturalistes systématiques eux-mêmes n'avaient point reconnu les caractères communs aux animaux de la famille des civettes et leur avaient associé des espèces d'une toute autre nature : les unes voisines des martes,

1. *Hist. nat. des Mamm.*, liv. XLII.
2. *Id., id.*, liv. VII.
3. *Id., id.*, liv. XLVI.
4. *Exped. to the Rocky mountains*, v. 11, p 52. — *Voyage du capitaine Franklin aux bords de la mer Polaire.* — La Pérouse, Hearne, Makensie, en avaient déjà parlé, et c'est de cette espèce sans doute que parle Choris dans son voyage avec Kotzbue.
5. Tome IX, in-4°, p. 200 et 343, pl. 31, 34 et 36. — Édit. Garnier, t. IV, p. 327 et suiv.
6. Tome XIII, in-4°, p. 150 et suiv., pl. 19, 20 et 21. — Édit. Garnier, t. IV, p. 297 et suiv.

les autres des ours, etc. Aujourd'hui la réunion des véritables civettes forme une des familles les plus naturelles parmi les quadrupèdes.

Ce que dit Buffon de la civette et du zibet est à peu près ce qu'on en sait aujourd'hui. Notre ménagerie a possédé ces deux espèces ; je les ai fait représenter de nouveau en en donnant exactement les caractères[1], et les détails de la reproduction des civettes sont à peu près les seules particularités qu'on pût ajouter à leur histoire.

Il n'en est pas, à beaucoup près, de même de la genette. Buffon, persuadé que cette espèce se trouvait toujours la même en France, en Espagne, en Barbarie, au cap de Bonne-Espérance, dans l'Asie méridionale, et même à Java, a composé l'histoire qu'il en donne de tout ce que les voyageurs, dans ces différentes parties du monde, ont rapporté sur des animaux qu'eux-mêmes désignaient par le simple nom de *genette*. Depuis, on a reconnu que les espèces de genettes sont très nombreuses ; que celle du midi de l'Afrique ne ressemble point à celle du nord, et que l'espèce de Java diffère de l'une et de l'autre.

La fossane de Madagascar, qu'il ne connut que par la peau et par quelques notes que lui adressa Poivre[2], lui parut étrangère aux genettes, au genre desquelles elle appartient cependant.

Buffon commet pour les mangoustes la même erreur que pour les genettes ; il croit qu'il n'en existe qu'une espèce, parce que ces animaux ne lui paraissent différer que par de simples nuances ; observation qui, quoique vraie pour plusieurs espèces, ne saurait être attribuée à l'influence d'une sorte de domesticité, à laquelle quelques races parmi ces animaux seraient soumises ; car rien ne confirme cette supposition. Nous le voyons même, séduit par une ressemblance de nom ou de physionomie, donner la mangouste nems[3] pour un furet, et une mangouste de Madagascar pour une petite fouine[4].

Il a connu le vansire[5] qui, quoique empaillé, fournit à Daubenton une bonne description, à laquelle il faut ajouter celle que Forster envoya du cap de Bonne-Espérance à Buffon, et que celui-ci publia dans ses suppléments[6].

Enfin il vit le suricate vivant[7] et en publia une description excellente, comme toutes celles qu'a faites Daubenton ; mais il crut cet animal américain, parce qu'il avait été envoyé de Surinam. Wosmaer le désabusa[8] et lui apprit qu'il était originaire du cap de Bonne-Espérance ; ce qui depuis a été confirmé

1. *Hist. nat. des Mamm.*, liv. XXI et XXVI.
2. *Supp.* III, in-4°, p. 163. — Édit. Garnier, t. III, p. 465.
3. *Supp.* III, in-4°, p. 173. — Édit Garnier, t. IV, p. 332.
4. *Supp.* VII, in-4°, p. 249. — Édit. Garnier, t. IV, p. 298.
5. Tome XIII, in-4°, p. 167. — Édit. Garnier, t. III, p. 466.
6. Tome VII, in-4°, p. 235. — Édit. Garnier, t. IV, p. 297.
7. Tome XIII, in-4° p. 72. — Édit. Garnier, t. IV, p. 382.
8. *Supp.* III, in-4°, p. 172.

par Sonnerat[1], qui a décrit le suricate sous le nom de *zenik des Hottentots*, et par l'individu que j'ai décrit moi-même[2], et dont l'origine était la même. Depuis, MM. Denham et Clapperton ont découvert cette même espèce dans les environs du lac Tchad[3]; il est donc permis de supposer qu'elle se trouve dans la plus grande partie de l'Afrique.

Ce sont là les seuls animaux de la famille des civettes dont Buffon ait parlé. Depuis, il en a été découvert un grand nombre d'autres, et l'on a pu rectifier la plupart des erreurs où Buffon a été entraîné par l'insuffisance des renseignements qu'il possédait, et aussi par le penchant qui le portait à ne voir dans les différences spécifiques que des différences accidentelles.

Mais on a dû reconnaître en outre que ces animaux ne sont pas les uns vis-à-vis des autres dans les mêmes rapports ; que s'il en est qui ne diffèrent que par les couleurs, d'autres offrent dans des organes d'un ordre élevé des différences qui exercent sur leur naturel, sur leurs penchants et sur leurs actions une influence plus ou moins étendue ; dès lors, après les avoir considérés comme constituant un groupe général, on a dû les étudier dans les détails pour descendre à des subdivisions moins étendues, et enfin aux particularités spécifiques. Il est résulté de l'application de cette méthode, qui est aujourd'hui celle de la science, que les animaux de la famille des civettes nous présentent sept à huit types différents, autour desquels viennent se grouper des espèces nombreuses qui, dans le système de Buffon, n'auraient été que des races accidentelles, que des variétés formées par des influences fortuites et passagères. Pour lui, ces types auraient seuls présenté les caractères des espèces, seuls ils auraient été l'objet du travail immédiat de la nature, tandis que pour les naturalistes aujourd'hui les types d'espèces, dans cette famille, s'élèvent déjà de vingt à vingt-cinq, et sont probablement en beaucoup plus grand nombre. Cette nouvelle manière d'envisager la distinction des quadrupèdes est fondée sur des faits exactement constatés; et quoique dans les sciences d'observation les généralités paraissent dominer les faits, elles leur sont en réalité soumises ; car les généralités sont de nous, et les faits sont de la nature. Quoi qu'il en soit, on a lieu d'être étonné qu'envisageant cette nature comme une intelligence éternelle, Buffon n'ait pas préféré le système qui semble étendre l'exercice de la puissance et de sa sagesse à celui qui semble le restreindre; et qu'il en ait attribué les effets à leur action secondaire, plutôt qu'à leur action immédiate; car cette dernière est une démonstration bien plus éclatante de cette intelligence providentielle qui a créé tout, par qui tout subsiste, et à laquelle il a toujours rendu hommage.

Nous ne pouvions pas trouver une occasion plus favorable que celle des animaux de la famille des civettes, pour donner un exemple de la méthode que les naturalistes suivent aujourd'hui dans l'exposition de l'histoire des

1. *Voyage*, t. II, p. 145, pl. 92.
2. *Hist. nat. des Mamm.*, liv. XXII.
3. *Voy.* Trad. franç., t. III.

animaux, et quoique cette méthode nous écarte un peu de celle de Buffon que nous avons suivie jusqu'à présent, il nous a semblé utile de montrer en quoi elle consiste, autrement que dans les considérations générales de notre discours préliminaire, c'est-à-dire dans son application : c'est le moyen de faire sentir qu'elle repose également sur l'expérience et sur la raison.

Tous les animaux de la famille des civettes appartiennent à l'ordre des carnassiers; mais dans cet ordre, à côté d'animaux qui se nourrissent exclusivement de chair, il en est d'autres qui y joignent une nourriture végétale; et le nombre des dents tuberculeuses, ainsi que l'épaisseur des dents carnassières, déterminent, pour chaque animal, la proportion de ces deux sortes de nourritures; or nous voyons que les civettes ne sont point exclusivement carnassières et qu'elles sont frugivores à des degrés différents.

Toutes les civettes ont le même nombre de dents mâchelières, c'est-à-dire de chaque côté des mâchoires, deux fausses molaires normales supérieures et trois inférieures, avec une fausse molaire rudimentaire quelquefois à chaque mâchoire; les carnassières plus ou moins épaisses; deux tuberculeuses à la mâchoire supérieure, la dernière très petite, et une à la mâchoire inférieure. Les pieds de devant comme ceux de derrière ont presque toujours cinq doigts armés d'ongles plus ou moins aigus, et les uns sont digitigrades, tandis que les autres sont plus ou moins plantigrades; la queue, toujours assez longue, est prenante ou non prenante. Quelques espèces sont diurnes, d'autres nocturnes, c'est-à-dire avec des yeux à pupille ronde ou à pupille étroite; la conque externe et fort évasée est d'une hauteur médiocre; les narines sont entourées d'un large mufle, et la langue est couverte de papilles cornées. Le pelage, quoique épais, n'a pas le moelleux des fourrures du Nord, et les poils soyeux y sont en beaucoup plus grand nombre que les laineux. Les plus grandes espèces ne dépassent pas la taille d'un chien de race moyenne, et les plus petites approchent de celle de la belette; toutes enfin sont de l'ancien monde et en habitent les parties chaudes ou du moins fort tempérées.

Les différences que nous venons d'indiquer dans les organes de la manducation, du mouvement, des sens et de la génération ont servi à partager les civettes en groupes secondaires au nombre de cinq ou de six, dans lesquels toutes sont venues se réunir fort naturellement.

Le premier de ces genres comprend les CIVETTES PROPREMENT DITES. Elles ont trois fausses molaires supérieures et quatre inférieures : leur pupille est allongée verticalement; leurs doigts sont courts, forts, serrés les uns contre les autres et armés d'ongles obtus; leur queue, longue et touffue, n'est point prenante, et leur marche est semi-plantigrade. La verge chez les mâles est dirigée en arrière, et entre l'anus et les organes génitaux se trouve une poche dont les parois sont formées par deux sortes de glandes qui sécrètent une matière très odorante.

Buffon, comme nous l'avons dit, ayant fait connaître les deux principales espèces de ce genre, nous n'aurons rien à dire des caractères spécifiques de ces animaux.

Les PARADOXURES viennent ensuite; ils ont le système dentaire et les organes des sens des civettes proprement dites; mais ils diffèrent de ces animaux en ce qu'ils sont plantigrades, que leurs ongles sont demi-rétractiles, leurs doigts demi-palmés, que leur queue s'enroule en spirale d'une manière particulière, que leur verge se dirige en avant, et qu'ils n'ont point de poche anale.

Ce genre ne contient encore qu'une espèce bien déterminée; j'y en ajoute une autre qui aurait besoin d'être examinée de nouveau.

LE POUGOUNÉ[1]

Cet animal est un nouvel exemple, et l'un des plus remarquables, de l'utilité, ou mieux encore de la nécessité qu'il y a dans certains cas pour les naturalistes d'examiner les animaux vivants, avant d'assigner d'une manière positive le rang qu'ils doivent occuper. Buffon, qui a fait représenter celui-ci[2], le considérait comme une espèce voisine de la genette; et M. Geoffroy, conservant la même idée, l'a désigné sous le nom de civette à bandeau. C'est qu'en effet avec la simple dépouille de l'animal, avec une peau qui, détachée du squelette, a, pour ainsi dire, perdu le moule sur lequel elle était appliquée, et se prête à toutes les formes qu'on lui veut donner, il était impossible de reconnaître autre chose que les rapports généraux du pougouné avec les civettes et les mangoustes; mais, dès que l'animal a pu être observé vivant, sa marche, ses allures, ses formes ramassées et trapues, la singulière disposition de sa queue, ont dénoté un animal dont on n'avait pas encore l'analogue, et son étude attentive n'a fait que confirmer cette première conclusion de l'esprit, cette sorte de décision instinctive que donne l'habitude d'étudier les animaux, et que des recherches plus précises viennent rarement démentir.

Le pougouné a des membres vigoureux et trapus qui lui donnent un peu la physionomie du blaireau; sa démarche est lente et grave. Il a le col court, le museau fin, les narines enveloppées d'un mufle et semblables à celles des chiens; l'œil a à son angle interne une troisième paupière qui peut en recouvrir presque entièrement le globe. L'oreille a sa conque externe arrondie, avec une profonde échancrure au bord postérieur, laquelle est recouverte par un fort lobule comme dans les chiens et les chats; la face

1. *Paradoxurus typus. Hist. nat. des Mamm.*, liv. XXIV, ann. 1821. Ce nom est une contraction de *pounougou-pouné*, qui paraît signifier dans la langue malabare *chat-civette*.

2. *Supp.*, t. III, in-4°, p. 237, pl. 47. Le nom de *genette de France*, donné à cet animal, est une erreur.

interne de cette conque offre des saillies très variées, dont il est impossible de trouver les analogues dans l'oreille de l'homme ; enfin, le trou auditif est recouvert d'une sorte de valvule qui paraît être destinée à le fermer. Il y a quatre mamelles, deux pectorales et deux ventrales ; les doigts à chaque pied sont garnis à leur extrémité d'un épais tubercule qui ne permet point à l'ongle d'appuyer sur le sol, et dont la peau est organisée d'une manière assez délicate ; l'ongle, mince et aigu, est presque aussi rétractile que celui des chats ; les doigts, très courts, sont réunis jusqu'à la dernière phalange par une membrane assez lâche, qui leur permet de s'écarter et en fait en quelque sorte des pieds palmés ; la queue présente un des traits les plus caractéristiques de cet animal et une disposition dont il ne paraît pas y avoir jusqu'à présent d'autre exemple. Lorsque cet organe est étendu, il se trouve tordu de droite à gauche vers son extrémité, c'est-à-dire que, par quelque disposition particulière des vertèbres, la partie supérieure de la queue est en dessous, et de là résulte le phénomène suivant : lorsque les muscles supérieurs tendent à enrouler la queue, ce mouvement se fait d'abord de dessus en dessous, comme s'il était produit par des muscles inférieurs ; et si les muscles arrêtent leur contraction lorsque l'organe n'est enroulé qu'à moitié, celui-ci semble organisé comme toutes les queues prenantes ; mais si les muscles continuent d'agir, la queue se détord, elle revient à son état naturel, et l'enroulement s'achève, mais de bas en haut, jusqu'à la racine.

Deux sortes de poils, les soyeux et les laineux, composent le pelage ; parmi les premiers, il y en a de lisses et de très longs, tandis que d'autres sont plus courts et gaufrés. Les poils laineux, plus nombreux, forment le vêtement principal ; de longues moustaches garnissent les côtés de la lèvre supérieure et le dessus des yeux.

Le pelage présente des variations qui tiennent à la manière dont on l'observe, et qui peuvent expliquer les descriptions quelquefois si différentes que donnent les auteurs du même animal. La couleur du corps est d'un noir jaunâtre, c'est-à-dire que, vue de côté et de manière à n'apercevoir que l'extrémité des poils, elle paraît généralement noirâtre, tandis que, vue en face des poils et lorsqu'on les aperçoit dans toute leur longueur, elle est jaunâtre. Sur ce fond jaunâtre on voit trois rangées de taches de chaque côté de l'épine et d'autres taches éparses sur les épaules ; mais sur le fond noirâtre ces dernières disparaissent, et les premières, se confondant suivant la direction de chacune des rangées qu'elles forment, se changent en des lignes continues. Ces variations de couleurs résultent des teintes propres aux différentes sortes de poils ; les soyeux sont entièrement noirs, et les gaufrés le sont à leur extrémité ; de sorte que quand eux seuls sont aperçus, l'animal est tout noir ; mais comme ils sont en petit nombre comparativement aux laineux qui sont jaunâtres, et que les soyeux gaufrés sont aussi jaunâtres dans leur moitié inférieure, l'animal paraît de cette couleur dès que l'œil peut pénétrer dans l'intérieur du pelage ; alors les taches qui sont fournies par la réunion des poils soyeux lisses ressortent sur ce fond jaunâtre, et quand on les regarde de face, on aperçoit l'espace jaunâtre très étroit qui les sépare l'une de l'autre; mais sitôt qu'on regarde le pelage de côté, cet espace jaunâtre étroit disparaît, et les taches en se confondant semblent former des lignes continues.

Les membres sont noirs, mais la peau des tubercules des doigts est couleur de chair; la queue est noire dans la moitié de sa longueur, et la tête est également de cette couleur. Seulement elle pâlit vers le museau, et l'on voit une tache blanche au-dessus de l'œil et une autre au-dessous; la première est partagée par une tache noire, en forme de larme; la face interne de l'oreille est de couleur de chair à son milieu, et noire à son contour; la face externe est noire, excepté le bord qui est blanc dans la largeur d'une ligne environ.

Le pougouné se trouve dans la presqu'île de l'Inde, où il habite les lieux plantés d'arbres et de broussailles. Celui qui a vécu à la Ménagerie passait les journées entières à dormir, roulé sur lui-même, et on le tirait difficilement de cette léthargie; à la chute du jour il se réveillait, mais pour boire et pour manger seulement, et aussitôt après il retournait à sa place habituelle, où il entretenait une grande propreté. Il ne répandait aucune odeur, et quoique sa queue se roulât sur elle-même, elle n'était pas prenante. Sa voix n'a jamais consisté que dans un grognement sourd.

Les Français de Pondichéry appellent cet animal *marte des palmiers*.

LE MUSANG

Ce n'est qu'avec doute que je place ici cette espèce nouvelle, car quoique voisine des paradoxures par plusieurs de ses caractères, il n'est pas certain qu'elle ait la queue roulée comme l'espèce précédente. M. Horsfield[1] l'a représentée avec la queue droite; mais je remarque que M. Marsden[2] a donné à l'individu dont il a publié la figure une queue roulée de haut en bas à son extrémité. Au reste, quelle que doive être un jour la place définitive de cet animal, MM. Raffles[3] et Horsfield l'ont décrit avec assez de détails pour qu'il soit intéressant de le faire connaître ici.

C'est à Sumatra qu'il a été rencontré par Marsden d'abord, et plus tard par M. Raffles. Il est, suivant ce dernier, d'un fauve obscur mêlé de noir; la queue, aussi longue que le corps, est de la même couleur et se termine par une pointe blanche; l'espace qui sépare l'œil de l'oreille est blanc; le museau est long et pointu, le sillon du mufle est très profond; l'animal est de la grandeur d'un chat ordinaire.

1. *Viverra Musanga.* Var., *Javanica*, Horsfield. *Zool. Res. in Java.*
2. Marsden. *Hist. of. Sumat.*, p. 118, pl. 12.
3. Raffles. *Linn. Trans.*, vol. XIII, p. 253.

M. Horsfield a rencontré cette espèce à Java, où elle paraît présenter plusieurs variétés ; la plus répandue est d'un gris noirâtre, où l'on peut distinguer sur le dos trois bandes longitudinales plus foncées, et deux autres moins marquées sur les côtés ; il y a plus de blanc autour du nez, et on voit une tache de même couleur au-dessous de l'œil et à l'extrémité de la mâchoire inférieure.

Lorsque le musang est pris jeune, il devient doux et docile ; il s'accommode également d'une nourriture animale ou végétale ; il paraît assez avide des fruits pulpeux ; mais, si la faim le presse, il attaque la volaille et les oiseaux.

Il est abondamment répandu autour des villages situés sur la lisière des grandes forêts ; il se construit à la bifurcation de quelque branche, ou dans le creux d'un arbre, un nid, à la manière des écureuils, avec des feuilles sèches et de l'herbe. C'est de là qu'il sort la nuit pour chercher dans les poulaillers des œufs et de jeunes poulets, ou pour dévaster dans les jardins et les plantations les fruits de toute espèce, et principalement les pommes de pin.

A Java, les plantations de café ont beaucoup à souffrir du musang, ce qui lui a fait donner sur quelques points le nom de *rat du café ;* il en dévore les baies en grande quantité, choisissant de préférence les fruits les plus mûrs et les plus beaux ; mais il trahit bientôt son passage par les amas de graines encore entières que contiennent ses excréments. Ces graines sont recueillies avec empressement par les naturels, qui obtiennent ainsi le café débarrassé sans travail de son enveloppe membraneuse. Au reste, les dégâts que cet animal peut commettre dans les plantations ont trouvé une singulière compensation. C'est qu'il propage la plante dans diverses parties des forêts, et surtout sur les collines fertiles ; ces récoltes spontanées d'un fruit précieux dans différentes parties des districts de l'est de Java sont pour les naturels un revenu qui n'est pas sans valeur, et elles deviennent aussi pour le voyageur, enfoncé dans les régions les plus sauvages de l'île, la plus inattendue et la plus agréable des surprises.

Après les paradoxures viennent les MANGOUSTES, qui ont pour caractères communs une pupille allongée horizontalement ; une poche au milieu de laquelle se trouve l'anus ; des doigts serrés les uns contre les autres par une membrane étroite, garnis d'ongles obtus, et une queue non prenante. Les espèces sont nombreuses, Buffon en a fait figurer :

1° La mangouste à bandes[1] ; 2° une grande mangouste[2] qui n'a rien de caractéristique que sa longue queue, et que quelques auteurs ont considérée comme une espèce ; 3° la mangouste du Cap[3], à laquelle il donne le nom de

1. Tome XIII, in-4, pl. 19.
2. *Supp.* III, in-4°, pl. 26.
3. *Supp.* III, in-4°, pl. 27.

nems ou *nims* qui est le nom arabe du furet; et enfin, 4° une mangouste qu'il dit être de Madagascar[1], qu'il prit pour une petite fouine. Nous ne dirons rien de la grande mangouste ni de cette mangouste de Madagascar qui n'ont point été revues : tout ce que l'on en sait, Buffon l'a dit; nous ne dirons également rien du nems, car, quoique cet animal ait été vu plusieurs fois, son histoire n'a rien acquis; mais nous parlerons de la mangouste d'Égypte, que Buffon ne connut que par les voyageurs; de la mangouste à bandes, sur laquelle on a acquis quelques notions, depuis que Daubenton l'a décrite, et de quelques autres espèces tout à fait nouvelles.

LA MANGOUSTE D'ÉGYPTE[2]

Bien que cette espèce, si célèbre sous le nom d'*ichneumon*, ait été connue des anciens, et que Buffon en ait donné une figure assez bonne[3], son histoire avait été défigurée par les récits fabuleux des premiers, et son existence mise en doute par les idées du second sur les distinctions des espèces. Nous retrouvons donc encore ici l'heureuse influence pour l'histoire naturelle d'observations prises sur les lieux par les naturalistes eux-mêmes, car les notions positives qu'on possède sur cette curieuse espèce sont dues à Sonnini et surtout à M. Geoffroy Saint-Hilaire, membre de cette commission d'Égypte dont les travaux ne forment pas une des parties les moins étonnantes de notre glorieuse expédition en Afrique.

L'ichneumon est un des animaux dont le rôle, dans l'économie de la nature, semble le plus manifeste et le mieux tracé ; c'est ce qui lui avait attiré la vénération des anciens Égyptiens, car il paraît principalement excité par ses instincts et destiné par ses moyens à la destruction des grands reptiles qui se produisent sous le climat chaud et humide de l'Égypte. Ce n'est pas qu'il les attaque de vive force, et quand ils sont adultes ; il n'a pour cela ni le courage ni les armes nécessaires ; mais c'est par l'avidité avec laquelle il recherche leurs œufs, par l'ardeur avec laquelle il détruit tous ceux qu'il rencontre, qu'il restreint la propagation de ces animaux. Laissons parler ici M. Geoffroy Saint-Hilaire, qui a tracé des mœurs de cette espèce un tableau si pittoresque[4]. « L'ichneumon, dit-il, quoique assez commun en Égypte, m'a peu fourni l'occasion de l'y observer ; il est très difficile de l'approcher ; je ne connais pas d'animal plus craintif et plus défiant ; il n'ose se hasarder de courir en rase campagne, mais il suit toujours, ou plutôt il se glisse dans les petits canaux ou les sillons qui servent à l'irrigation des terres ; il ne s'y avance

1. *Supp.* VII, in-4°, p. 59.
2. *Herpestes ichneumon.*
3. *Supp.* III, in-4°, pl. 26.
4. *La ménagerie du Muséum national d'hist. nat.*, par les cit. Lacépède et Cuvier, an X, in-folio.

jamais qu'avec beaucoup de réserve ; il ne lui suffit pas de savoir qu'il n'y a
rien devant lui dans le cas de lui porter ombrage ; il ne s'en rapporte point à
sa vue ; il n'est tranquille, il ne continue sa route que quand il l'a éclairée
par le sens de l'odorat : telle est sans doute la cause de ses mouvements on-
doyants, et de l'allure incertaine et oblique qu'il conserve toujours dans la
domesticité ; quoique assuré de la protection de son maître, il n'entre jamais
dans un lieu qu'il n'a pas encore pratiqué, sans témoigner de fortes ap-
préhensions ; son premier soin est de l'étudier en détail et d'en aller en
quelque sorte tâter toutes les surfaces au moyen de l'odorat.

« Pour connaître jusqu'où il porte la défiance, il faut le voir au sortir d'un
sillon, lorsqu'il se propose d'aller boire dans le Nil : combien de fois il lui
arrive de regarder autour de lui avant de se découvrir ! il rampe alors sur le
ventre ; il n'a pas fait un pas que, saisi d'effroi, il fuit en marchant à reculons ; ce n'est qu'après avoir beaucoup hésité et flairé tous les corps environ-
nants, qu'il se décide et fait un bond, ou pour aller boire, ou pour se jeter
sur sa proie.

« Un animal d'un caractère aussi timide devait être susceptible d'éducation ; et en effet, on l'apprivoise très facilement : il est doux et caressant ; il
distingue la voix de son maître et le suit presque aussi exactement qu'un
chien. On peut l'employer à nettoyer une maison de souris et de rats, et on
peut être assuré qu'il y aura réussi en bien peu de temps. Il n'est jamais en
repos, furète sans cesse partout, et s'il a flairé quelque proie au fond d'un
trou, il ne quitte point la partie qu'il n'ait fait tous ses efforts pour s'en saisir ;
il tue sans nécessité ; il se contente alors de sucer le sang et le cerveau des
animaux qu'il a mis à mort ; et quoiqu'une proie aussi abondante lui soit inutile, il ne souffre pas qu'on la lui retire ; il a coutume de se cacher pour
prendre ses repas ; il s'enfuit avec ce qu'on lui donne dans l'endroit le plus
retiré et le plus sombre de l'appartement ; il ne faut pas alors l'approcher ; il
défend sa proie en grognant et même en mordant. »

La couleur de l'ichneumon est un brun foncé, tiqueté de blanc sale ; elle
résulte de ce que chaque poil est couvert d'anneaux bruns et blancs. Les poils
sont très courts et les anneaux très petits sur la tête et sur l'extrémité des
membres, ce qui donne à ces parties une teinte plus foncée ; les poils s'allongent et leurs anneaux blancs s'élargissent sur le dos et la queue ; cet allongement des poils et la prédominance du blanc est encore plus marquée sur
les flancs et sous le ventre, ce qui répand sur toutes ces parties une teinte
beaucoup plus pâle que sur le reste du corps ; la queue est terminée par un
flocon de poils entièrement bruns.

La longueur du corps, du bout du museau à l'origine de la queue, est de
seize pouces. La queue a la longueur du corps.

LA MANGOUSTE DE MALACA

Cette mangouste est un animal à la démarche ondoyante et légère, aux mouvements vifs et souples, à la robe brillante et lustrée, qui s'apprivoise facilement, se laisse prendre et manier à volonté, qui semble même se plaire aux caresses, et qui cependant dans cet état de semi-domesticité n'a rien perdu de ses appétits féroces et de son avidité pour la chair. Celle qui a vécu à la Ménagerie du Roi en a offert plus d'un exemple ; ce sont les oiseaux qu'elle paraissait aimer de préférence, et lorsqu'on en mettait quelques-uns dans sa cage, qui était très grande, et où ils pouvaient voler aisément, on la voyait tout d'un coup s'élancer, et en un instant, par des mouvements si rapides que l'œil ne pouvait les suivre, les saisir, leur briser la tête, et, ainsi assurée de sa victime, la dévorer avec avidité. Sa voix ressemblait quelquefois à un croassement ; et elle devenait assez aiguë et soutenue, lorsque l'animal éprouvait vivement le désir de s'emparer de sa proie. Dans la colère, tous les poils de la queue se hérissent, de manière à devenir perpendiculaires à son axe et à donner à cet organe la forme arrondie de la queue des renards. Leschenault, qui a observé cette espèce aux Indes, nous a appris qu'elle est très abondante sur la côte de Coromandel, où la répugnance superstitieuse des Indiens à tuer cet animal favorise sa propagation. Il habite les trous des murailles, ou de petits terriers au voisinage des habitations, dans lesquelles il cause des ravages semblables à ceux des putois chez nous. Dans la campagne il détruit beaucoup de gibier et paraît faire aux serpents une guerre continuelle.

La teinte générale de cet animal est d'un gris sale, qui résulte des anneaux noirs et blanc jaunâtre qui colorent les poils ; le tour de l'œil, l'oreille et l'extrémité du museau sont nus et violâtres ; le jaune est un peu plus pur dans les poils du dessous du cou, et le noir moins foncé aux parties inférieures du corps, ce qui les rend un peu plus pâles que les supérieures ; les pattes n'ont que des poils courts ; la peau est d'une couleur de chair un peu livide ; la queue est du même gris que le corps, très grosse à son origine, et se terminant en pointe par des poils jaunâtres.

En marchant, l'animal n'appuie jamais sur le sol que l'extrémité des doigts de devant ; quelquefois, aux pieds de derrière, il s'appuie sur le tarse entier. La longueur du corps, depuis le bout du museau, est d'un pied environ ; celle de la queue est la même ; mais il faut remarquer que ces mesures sont celles de l'animal en repos ; car la faculté qu'ont les mangoustes de s'allonger ou de se raccourcir est telle, que celle que nous avons observée s'étendait quelquefois jusqu'à quatorze pouces, et d'autres fois se ramassait et se réduisait à huit. Ces animaux sont habituellement allongés, la tête au niveau du dos, dans l'attitude ordinaire des fouines et des putois.

LA MANGOUSTE DE JAVA[1]

Cette espèce, envoyée de l'Inde par MM. Diard et Duvaucel, a, comme la précédente, vécu à la Ménagerie royale et nous a présenté les mêmes allures, les mêmes habitudes, le même naturel : douce, familière, sensible aux caresses, celles-ci semblent être pour elle un plaisir délicieux, si l'on en juge par son empressement à les rechercher et par la variété des attitudes qu'elle prend alors, comme si elle voulait y exposer toutes les parties de son corps.

Elle ne diffère de la mangouste de Malaca que par sa taille un peu plus grande et par un pelage brun et non pas gris, ce qui vient de ce qu'au lieu d'être annelés de noir et de blanc, les poils le sont de noir et de brun. Sur le dos, la tête et les extrémités, la teinte est plus foncée et plus uniforme que sur les flancs, parce que les poils n'y sont plus que d'une seule couleur brune ou noirâtre. La queue est très forte à sa racine et va en diminuant vers la pointe.

M. Horsfield[2], qui a observé la mangouste de Java dans les contrées qu'elle habite, rapporte qu'elle est très commune dans les grandes forêts de cette île. Son agilité est un sujet d'admiration pour les naturels, ils vantent l'intrépidité avec laquelle elle attaque et tue les serpents ; et le récit qu'ils ont fait à M. Horsfield des combats de ces animaux est entièrement d'accord avec celui que rapporte Rumphius. La mangouste y fait preuve d'un rare courage, et surtout d'un instinct singulier, qu'expliquerait assez bien la faculté qu'ont ces animaux de ramasser leur corps et de l'allonger tout d'un coup. Lorsque ces deux animaux sont en présence, le serpent cherche, suivant son habitude, à envelopper la mangouste de ses plis et à l'étouffer ; celle-ci ne s'en défend point d'abord, mais elle se ramasse et se gonfle avec force, et lorsque le serpent, après l'avoir embrassée, redresse la tête pour la saisir et la mordre, la mangouste s'allonge, glisse entre les plis, saisit le reptile à la gorge et le déchire. Ce qui n'est point aussi avéré, c'est que l'animal connaisse la vertu antivénéneuse de la racine de l'*ophioryza mongoz*, et que ce soit à lui que les Indiens en doivent la découverte.

La mangouste de Java creuse la terre avec beaucoup d'adresse et emploie ce moyen pour atteindre les rats. Ses penchants et ses habitudes dans l'état de domesticité sont d'ailleurs les mêmes que celles de l'espèce précédente.

1. Pl. 28, fig. 2. *Herpestes Javanicus. Hist. nat. des Mammif.*, liv. XXV.
2. Horsfield, *Zool. Research. in Java.*

LA MANGOUSTE A BANDES[1]

Daubenton était jusqu'à ce jour le seul naturaliste qui eût observé vivante[2] cette espèce, dont l'histoire, composée de tout ce que les voyageurs rapportent sur les mangoustes de l'Inde en général, n'offrait rien de clair ni de précis. Elle mériterait cependant d'être l'objet de recherches spéciales; car, différente comme elle l'est des mangoustes de Malaca et de Java, il serait possible que ce qu'on rapporte des mœurs et des habitudes de ces deux espèces, ne lui fût pas applicable. En effet, la mangouste à bandes semble par ses formes et ses proportions servir d'intermédiaire entre la mangouste de Malaca et le vansire. Elle n'a ni la tête effilée de la première ni le museau obtus du dernier; aussi n'entre-t-elle bien naturellement ni dans l'un ni dans l'autre des genres auxquels ces animaux appartiennent; le système dentaire a de l'analogie avec celui des suricates; elle est un peu plus plantigrade que les mangoustes auxquelles elle ressemble, du reste, entièrement pour les organes des sens et pour ceux de la génération.

J'ai eu occasion d'observer vivante pendant quelque temps une femelle de cette espèce; je l'ai décrite et fait représenter dans mon histoire naturelle des mammifères[3]. Elle était d'un gris plus ou moins fauve, résultant de poils couverts de larges anneaux alternativement noirs et blancs, ou noirs, blancs et fauves; sur la tête, le dessus et les côtés du cou, les anneaux blancs se partagent également les poils avec les noirs; sur les épaules, le dos, la croupe, les cuisses et la queue, ils la partagent avec les fauves, et les anneaux ont une telle régularité sur le dos et la croupe, qu'ils forment, par leur correspondance, des bandes alternativement noires et fauves en nombre plus ou moins grand; sous le ventre les poils sont terminés par un long anneau jaune sale, qui donne sa teinte à cette partie; le museau est entouré de poils très courts, entièrement fauves. En général, le pelage est dur, et les poils longs sont presque de nature soyeuse. La longueur du corps de notre animal, depuis le bout du museau jusqu'à l'origine de la queue, était d'un pied; celle de la tête de deux pouces et demi; et celle de la queue de six pouces.

LA MANGOUSTE ROUGE[4]

M. Desmarest a décrit sous ce nom[5] une espèce dont la patrie est inconnue, et dont les collections du Muséum d'histoire naturelle possèdent la dé-

1. *Herpestes mongos.*
2. *Buffon*, t. XIII, in-4°, p. 162, pl. 19.
3. *Hist. nat. des Mamm.*, liv. LXIV, 1830.
4. *Herpestes ruber.*
5. *Dict. des Scienc. nat.*, t. XXIX, p. 62.

Roulin del.   Fournier sc.

Travies del.   Fournier sc.

Travies del.   Fournier sc.

1. LE PARADOXURE (Paradoxurus typus)   2. LE SURICATE (Viverra tetradactyla *geo.*)

3. LE MANGUE (Crossarchus obscurus *Cuv.*)

(d'après le RÈGNE ANIMAL de Cuvier, edition V Masson)

Imp. Frères. Toulouse

pouille. C'est un carnassier...

neux très delicat...

quatre membres... les poils du...

alternativement...

parties comme...

d'un roux...

de la poitrine...

le ventre, la queue...

La longueur...

de onze.

LE BLAIREAU

pouille. C'est un animal dont le pelage est généralement d'un roux ferrugineux très éclatant, particulièrement sur la tête et sur la face externe des quatre membres ; les poils du dos et des flancs sont marqués d'anneaux, alternativement roux foncé et roux jaunâtre ou fauve, qui font paraître ces parties comme piquetées de cette dernière couleur ; le dessus de la tête est d'un roux d'écureuil très ardent ; les poils du menton, du dessous du cou et de la poitrine sont d'un jaune roux égal, qui devient un peu plus foncé sous le ventre. La queue est garnie de poils roux non annelés.

La longueur du corps est de quinze pouces environ ; celle de la queue de onze.

Les CROSSARQUES ont leurs dents carnassières beaucoup plus épaisses que celles des civettes dont nous avons parlé jusqu'à présent. Ils ont cinq doigts à tous les pieds, et leur marche est entièrement plantigrade. Leurs yeux ont une pupille ronde ; leur verge se dirige en avant. Enfin ils ont une poche anale très étendue qui se ferme par une sorte de sphincter. On n'en connaît jusqu'à présent qu'une espèce qui est tout à fait nouvelle.

LE MANGUE[1]

Le mangue est encore un de ces animaux dont la découverte met en défaut les théories et prouve que la nature non seulement est inépuisable, mais l'est d'une tout autre façon que les hommes ne l'ont supposé. Un auteur qui joignait à un grand talent d'écrivain une imagination riche et philosophique, Bonnet, a développé un système dans lequel, embrassant tous les êtres, il les rangeait suivant une échelle régulière et décroissante, descendant par degrés insensibles du plus composé jusqu'au plus simple. La nature a doublement démenti ce fruit de l'imagination ; car, d'une part, ces êtres qui devraient servir de passage d'une classe à l'autre, elle ne les a pas produits, et les lois mêmes qu'elle s'est imposées empêchent qu'ils le soient jamais ; d'une autre part, elle a dans certains genres comblé des lacunes et créé des intermédiaires, là où l'auteur systématique n'en avait pas senti le besoin, là où il n'avait pas soupçonné d'hiatus. Le mangue en est un exemple remarquable. Son existence n'importait nullement au système de l'échelle des êtres ; les mangoustes et les suricates étaient assez voisins pour qu'on pût sans difficulté passer de l'un à l'autre et croire qu'entre eux la nature n'avait pas placé d'intermédiaire ; elle l'a fait cependant, et cela même nous démontre combien sont faibles et mal établis les fondements sur lesquels s'appuie ce système. Car, si entre des espèces qu'on croyait si voisines, la nature a encore trouvé des combinaisons nouvelles, combien donc n'en faudrait-il pas supposer entre ces animaux qui diffèrent entre eux non plus

1. Pl. 29, fig. 1. *Crossarchus obscurus, Hist. nat. des Mammif.*, liv. XLVII.

par de simples variations des organes inférieurs, mais dans tout l'ensemble de leur organisation!

J'ai eu le premier l'occasion d'observer et de décrire cette espèce, qui ne paraît pas avoir été revue depuis l'époque où je l'ai publiée. Elle avait été rapportée des côtes occidentales de l'Afrique, et vraisemblablement des parties qui sont au midi de la Gambie, et le nom que je lui ai donné, outre qu'il exprime assez bien les ressemblances qui unissent notre animal aux mangoustes, est celui par lequel les matelots qui le possédaient l'avaient désigné. Je ne puis que rappeler ici ce que j'ai publié sur cette espèce dans mon histoire naturelle des mammifères. Le mangue était un animal vif et gracieux, aussi doux et aussi apprivoisé que pourrait l'être un chien; il recherchait vivement les caresses et semblait les solliciter par ses mouvements et par un petit cri aigu et répété qu'il faisait entendre. Son agilité, son œil noir et vif, tout annonçait en lui une intelligence, à l'aide de laquelle il supplée sans doute à la force qui lui manque pour pourvoir à ses besoins. Il était d'une propreté remarquable, peignait et lustrait souvent son pelage, et avait choisi dans sa cage pour se coucher une place où il entretenait toujours une grande netteté. Sa nourriture à la Ménagerie du Muséum était la viande; elle consiste sans doute dans la nature en petits animaux; car je l'ai vu un jour saisir dans sa cage, avec une rapidité et une agilité extrêmes, un moineau qui y avait pénétré, et le dévorer avec beaucoup d'avidité.

La physionomie générale du mangue rappelle celle des mangoustes, plus que d'aucun autre genre de la famille des civettes; cependant il a des formes plus ramassées, sa tête est plus arrondie, et le prolongement de son museau plus grand. Sous ce dernier rapport il ressemble tout à fait au suricate, ce qu'il fait encore par sa marche entièrement plantigrade, tandis que ce caractère ne se montre qu'imparfaitement chez les mangoustes; c'est aussi au suricate qu'il ressemble par sa poche anale, aux mangoustes par ses doigts, ses ongles et ses organes génitaux. Ces analogies se rencontrent encore dans le nombre et les formes des dents; le nombre est celui du suricate, les formes celles des mangoustes. C'est donc entre ces deux genres que le mangue vient se placer.

Les cinq doigts à tous les pieds ont entre eux les relations qu'on pourrait appeler régulières, en ce que ce sont celles que nous présente le plus communément la nature; elles consistent en ce que le doigt moyen est le plus long, que les deux qui le touchent sont un peu plus courts, que les deux derniers sont les plus courts de tous, et qu'entre ces deux-ci, celui qui est du côté interne du pied, le pouce, est beaucoup plus petit que celui qui est du côté opposé : ici les doigts n'ont aucune trace de la petite membrane interdigitale qui se remarque chez les mangoustes. La plante a trois tubercules à la commissure des quatre plus longs doigts, et deux plus en arrière, l'un en avant de l'autre; la paume a le même nombre de tubercules, et ils se trouvent dans les mêmes rapports, si ce n'est les deux derniers qui sont à côté l'un de l'autre et sur la même ligne. La queue est comprimée sur les côtés, moins longue que celle des mangoustes; l'animal ne la laisse jamais traîner, et au lieu de la relever sur son dos, il la courbe en dessous.

Les yeux ont la pupille ronde et une troisième paupière imparfaite. Le museau, très mobile, se prolonge d'un demi-pouce au delà des mâchoires et se termine par un mufle, sur le bord duquel sont les orifices des narines, à peu près semblables à celles des chiens. Les oreilles sont petites, arrondies et remarquables par deux lobes en forme de lames, très saillants et situés au-dessus l'un de l'autre dans la conque. La langue est couverte de papilles cornées dans son milieu, et douce sur les bords; elle est libre et susceptible de beaucoup s'allonger. Le pelage est formé de deux sortes de poils, qui sont l'un et l'autre assez rudes; les laineux sont nombreux; mais les soyeux, beaucoup plus longs, les recouvrent presque entièrement; il y en a qui ont jusqu'à dix-huit lignes. Sur la tête et les membres, les poils exclusivement soyeux sont fort courts, et la queue semble n'en être garnie qu'en dessus et en dessous, parce que ceux des deux côtés se replient dans ces deux directions, ce qui vient peut-être de ce que l'animal se couche habituellement sur elle de manière à produire cet effet. Les poils de tout le corps sont hérissés et non point couchés les uns sur les autres et lisses, comme ils le sont ordinairement chez les animaux bien portants; mais cette disposition n'est point due à un état de maladie; ces poils, ainsi hérissés, ont tout le brillant, tout l'éclat de la santé. C'est un état naturel à cette espèce, et l'on en retrouve quelque chose chez les mangoustes. La verge est dirigée en avant; le gland est aplati sur les côtés, terminé en cône, et l'orifice de l'urèthre est à sa partie inférieure; les testicules n'ont point de scrotum et ne se voient point au dehors. Mais ce qui rend surtout cet animal remarquable, c'est sa poche anale. L'anus est situé à la partie inférieure de cette poche, c'est-à-dire que celle-ci se rapproche de la base de la queue; elle se ferme par une espèce de sphincter, de façon que dans cet état elle semble n'être que l'orifice de l'anus; mais dès qu'on l'ouvre et qu'on la développe, elle ressemble à une sorte de fraise, qui, en se dépliant, finit par présenter une surface très considérable. Cette poche sécrète une matière onctueuse extrêmement puante, dont l'animal se débarrasse en se frottant contre les corps durs qu'il rencontre.

La couleur brune du mangue est uniforme sur tout le corps; seulement la teinte de la tête est plus pâle, et les parties antérieures ont un peu plus de jaune que les postérieures, surtout près du cou; c'est que les poils sont d'un brun très foncé dans la plus grande portion de leur longueur, et d'un jaune doré à leur pointe, et que cette partie est plus étendue vers le cou et les épaules que vers la croupe et les cuisses.

La longueur de l'animal, depuis le bout du museau jusqu'à l'origine de la queue, était de onze pouces et demi; celle de la queue de sept pouces.

Les SURICATES sont plantigrades comme les crossarques, et comme eux, ils ont une poche anale qui se ferme par un sphincter; mais ils en diffèrent en ce qu'au lieu de cinq doigts à chaque pied, ils n'en ont que quatre, armés d'ongles fouisseurs. La seule espèce connue de ce genre est le suricate [1], dont Buffon a donné une bonne description et une bonne figure [2], ce qui nous dispensera d'en parler de nouveau; car, quoique cet animal ait fait depuis Buffon l'objet de quelques observations, elles ajoutent peu de choses à ce qu'il en a publié et à ce que nous venons de dire nous-mêmes de ses caractères génériques.

Les GENETTES diffèrent des trois genres précédents, en ce que leurs ongles sont demi-rétractiles, leur marche digitigrade, leurs yeux à pupille verticale, et leur poche anale rudimentaire. Buffon a donné les figures de deux espèces, mais il ne nous apprend pas d'où la première [3] était originaire, de sorte qu'il reste incertain à quelle espèce cette figure se rapporte; tout ce qu'on peut conjecturer, c'est qu'elle représente la genette de Barbarie. La seconde est la fossane de Madagascar [4]. De cinq ou six espèces qui ont été ajoutées à celles-là, j'en ferai connaître trois qui sont le mieux déterminées.

LA GENETTE DU SÉNÉGAL [5]

La ménagerie du Muséum a possédé plusieurs individus de cette espèce, qui séduit au premier abord par son pelage brillant, par sa robe élégamment tachetée, sa physionomie fine, sa taille élancée, ses mouvements souples et gracieux; le fond de son pelage est un gris jaunâtre sur lequel se détachent des lignes et des taches noires, dont la disposition paraît constante. Deux raies noires, étroites, naissent de la nuque; l'une s'étend le long du dos jusqu'à la queue et donne naissance vers le bas du cou à une autre petite ligne, qui, de chaque côté s'en séparant à angle aigu, vient se terminer sur l'omoplate; l'autre raie, née de la nuque, descend de chaque côté du cou, parallèlement à la ligne moyenne, jusqu'à l'épaule où elle s'en écarte pour se terminer vers le coude. Au delà de ces lignes continues et sur les flancs, on voit trois chaînes de taches qui viennent finir à la queue; les taches des deux premières sont longitudinales et au nombre de quatre; celles de la troisième sont rondes, au nombre de dix, et disposées moins régulièrement que les précédentes; enfin, tout près du ventre, il y a une autre rangée de cinq taches ovales; la cuisse est garnie d'une douzaine de taches rondes disposées sans ordre, et au-dessus du talon à la face externe de la jambe, est

1. *Ryzæna tetradactyla*.
2. *Buffon*, t. XIII, in-4°, p. 72, pl. 8. — Édit. Garnier, t. IV, p. 382.
3. Tome IX, in-4°, pl. 36.
4. Tome XIII, in-4°, p. 163, pl. 20. — Édit. Garnier, t. III, p. 405.
5. *Genetta Senegalensis, Hist. nat. des Mamm.*, liv. XXXV.

une large plaque noire, qui enveloppe cette partie comme d'une sorte de bracelet; sur le cou, au-dessous de la ligne latérale et continue, sont dispersées irrégulièrement quelques taches de forme indéterminée; la queue, terminée par des poils gris, est revêtue de dix ou onze anneaux noirs; l'extrémité du museau est blanche ainsi que le tour de l'œil, mais le museau en arrière de cette partie blanche est couvert de poils gris noirâtres, qui forment une tache foncée, au milieu de laquelle naissent les moustaches qui sont noires.

Telle est la disposition des taches sur la robe de cette genette; mais cette froide et sèche énumération, indispensable au naturaliste pour la distinction des espèces, ne saurait donner une idée de ce que cette opposition des couleurs du museau ajoute de finesse à la physionomie, de tout ce qu'il y a d'élégant dans l'arrangement des lignes et des taches, d'harmonieux dans les nuances délicates du fond du pelage.

LA GENETTE DE JAVA[1]

Cette belle espèce ne nous est complètement connue que depuis les travaux de quelques naturalistes anglais. M. Hardwick en a d'abord donné une courte description sous le nom de *viverra linsang*[2], qui étant le nom javanais d'une espèce de loutre, n'a pas été conservé par M. Horsfield qui lui a substitué celui de *gracilis*[3]. Mais ce dernier auteur fait de cette espèce le type d'un genre nouveau dans la famille des chats, sous le nom de *prionodontides*, en s'appuyant sur des considérations qui ne me paraissent pas suffisantes pour retirer cet animal de la famille des civettes, à laquelle il appartient par tous ses caractères importants.

Je n'ai point eu l'occasion d'observer par moi-même cette espèce, et je traduirai ici la description qu'en a donnée M. Horsfield.

Cet animal se caractérise, dit-il, par un corps élancé, une tête conique, un museau pointu, une queue longue et épaisse, des membres fins et déliés; la longueur du corps est à peu près celle du chat domestique; mais les formes sveltes de l'animal font qu'il ressemble davantage aux diverses espèces de viverra.

La mâchoire supérieure recouvre et cache tout à fait l'inférieure; les yeux sont de grandeur moyenne, rapprochés du nez, vifs et brillants; des moustaches nombreuses naissent de la lèvre supérieure et se dirigent en arrière; elles sont plus longues que la tête; le nez est allongé, étroit à son extrémité et d'une couleur foncée qui se prolonge sur la tête; les oreilles sont arrondies et de grandeur moyenne; les jambes de devant sont fines; celles de derrière

1. *Genetta gracilis.*
2. *Linn. Trans.*, vol. XIII, p. 235.
3. *Zool. Research. in Java.*

fortes eu égard à la taille de l'animal, et elles semblent indiquer une grande vigueur dans le train de derrière ; les pattes sont recouvertes d'un poil épais, doux et très fin ; les ongles sont petits, aigus, rétractiles et entièrement cachés sous le poil ; le pelage est d'une douceur et d'une délicatesse remarquables ; formé d'un poil de longueur moyenne, qui, appliqué contre la peau, est très agréable au toucher. La queue, presque aussi longue que le corps, est entièrement cylindrique, recouverte de poils longs, soyeux et épais, et marquée de sept anneaux.

Les deux couleurs, l'une claire, l'autre foncée, qui couvrent la robe de cet animal sont arrangées de manière à produire un contraste frappant et à donner à la genette de Java un aspect très remarquable. Sur un fond d'un jaune très pâle qui recouvre le cou, le ventre, les flancs et une partie du dos et de la queue, des taches d'un brun foncé, approchant du noir, sont disposées de la manière suivante : quatre bandes, larges et un peu irrégulières, sont placées transversalement sur le dos ; sur la croupe il y a deux bandes plus étroites ; et deux raies longitudinales prennent de chaque côté leur origine, l'une entre les oreilles, l'autre près de l'angle postérieur de l'œil ; elles sont coupées dans leur trajet par les bandes transversales, et elles viennent finir aux cuisses, où elles sont remplacées par de larges taches qui couvrent ces parties ; des épaules et des cuisses, quelques raies mal distinctes descendent vers les pieds, qui sont d'un gris obscur. Entre l'origine des raies longitudinales et des taches transversales du dos, on voit deux raies plus petites qui viennent s'unir vers le bas du cou.

La longueur du corps est de seize pouces (mesures anglaises), et celle de la queue d'un pied.

On rencontre cet animal au milieu des vastes forêts qui couvrent la province de Blambangan, située à l'extrémité orientale de Java ; il paraît y être assez rare, et les naturels le connaissent sous le nom de *delundung*.

LA GENETTE RAYÉE OU LE RASSE[1]

Si les dessins de Sonnerat méritaient plus de confiance, et si l'on ne savait pas que, fondés sur une esquisse incomplète, ils ont été refaits après coup, loin des objets qu'ils étaient destinés à représenter, à l'aide de descriptions vagues et de souvenirs nécessairement confus, on pourrait croire que ce voyageur a le premier fait connaître sous le nom de *genette de Malaca* l'espèce que nous publions ici. Mais comme c'est bien moins à celui qui jette dans la science une espèce obscure et mal définie qu'à l'auteur qui en donne les caractères précis, qu'est dû l'honneur de sa découverte, on peut dire que c'est M. Horsfield qui le premier a acquis à la science l'animal qui nous occupe.

1. *Genetta rasse.* Horsfield, *Zool. Research. in Java*, in-4°. — *Hist. nat. des Mamm.*, liv. LXXIII.

La genette rasse a, du bout du museau à l'origine de la queue, un pied huit pouces; sa tête a trois pouces et demi, et la queue en a neuf. Ses proportions générales et ses allures sont celles des genettes; elle a le corps moins ramassé et la tête plus longue que les civettes.

Le fond de son pelage est d'un gris légèrement jaunâtre, parsemé de raies et de taches d'un noir plus ou moins brun. Le dessus et la partie postérieure de la tête et le dessus du museau sont d'un gris brun, avec deux légères taches blanchâtres sur les yeux; les lèvres sont tout à fait blanches; le reste de la tête est d'un gris plus blanchâtre; sur les côtés du cou sont deux raies longitudinales plus ou moins irrégulières; et en dessous est un demi-collier auquel se joint une ligne qui naît au bout de la mâchoire inférieure. Le dessus des épaules est d'un gris brun uniforme; et sur la première partie du dos se voient des taches confuses qui se transforment bientôt en six rubans étroits, lesquels s'étendent à peu près parallèlement jusqu'à la queue; les deux raies moyennes se réunissent en approchant de la croupe; mais en même temps deux autres raies se forment sur les flancs, ce qui fait que, malgré cette réunion, le nombre de six raies se conserve. Cinq à six chaînes de petites taches garnissent les côtés du corps, et on remarque quelques taches isolées aux parties inférieures. La queue a sept ou huit anneaux, et les membres sont uniformément d'un noir brunâtre.

Cette espèce conserve en esclavage, suivant M. Horsfield, toute sa férocité naturelle, et elle ne s'y reproduit pas. On la rencontre assez fréquemment à Java, dans les forêts peu élevées au-dessus du niveau de la mer; elle s'y nourrit d'oiseaux et de petits animaux de toute sorte; en servitude, on lui donne des œufs, du poisson, de la viande et du riz.

La matière odorante que sécrète la poche anale de cette genette se recueille à des époques fixes; on place l'animal dans une cage étroite, où la tête et le train de devant se trouvent resserrés, et il est alors facile d'extraire la matière à l'aide d'une simple spatule. Ce parfum est très recherché des Javanais; ils en imprègnent à la fois leurs habits et leur personne avec une profusion qui le rend souvent incommode pour les Européens.

Le nom de *rasse* est dérivé du mot sanscrit *rasa*, qui signifie saveur, odeur, etc., et a été donné par les Javanais à cette espèce de genette, à cause de la substance qu'elle produit.

Les ATILAX ont une fausse molaire de moins que les genres précédents de chaque côté des deux mâchoires, des doigts sans membrane qui les réunisse, une verge dirigée en avant; et ils n'ont aucune trace de poche anale.

Ce genre ne renferme encore qu'une seule espèce, dont Buffon a donné une description et une figure sous le nom de *vansire* [1]; et comme cette description est exacte et la figure assez bonne, je crois ne devoir rien ajouter

1. Tome XIII, in-4°, pl. 21.

d'important à son histoire, quoique cet animal ait été vu plusieurs fois depuis que Buffon l'a fait connaître.

Les ICTIDES peuvent être considérés comme terminant la famille des civettes et servant d'union entre elle et celle des ours. En effet, les mâchelières des ictides ont une épaisseur où l'on ne retrouve qu'avec quelque attention les formes de celles des civettes. Ce sont des animaux entièrement plantigrades qui ont cinq doigts à chaque pied, des ongles très aigus et une queue fortement prenante. L'œil a la pupille allongée verticalement. On en connaît une ou deux espèces nouvellement découvertes dans l'Inde.

LE BENTURONG GRIS[1]

Cet animal a une physionomie qui lui est propre et qui tient à la fois de celle des civettes, dont il a le museau fin, et de celle des ratons, dont il a la marche plantigrade ; mais le caractère de sa queue le sépare entièrement de tous deux ; elle est d'une épaisseur presque monstrueuse à son origine, et elle est prenante en dessous, sans se terminer par une peau nue comme celle des atèles. Les oreilles sont petites, arrondies, terminées par un pinceau de poils longs et nombreux ; les narines sont environnées d'un mufle divisé en deux par un sillon profond. Les moustaches sont très volumineuses sur les lèvres, sur les yeux et sur les joues.

Les poils du pelage sont longs et épais, et la couleur de celui-ci est généralement grise, c'est-à-dire qu'elle résulte de poils soyeux, entièrement noirs à leur base, et blancs dans leur tiers supérieur. Les côtés du museau et la queue sont noirs, ainsi que le pinceau qui termine les oreilles ; celles-ci sont bordées de blanc ; le dessus du museau et le front sont de cette dernière couleur. L'iris est d'un jaune doré ; le ventre est gris ; ses poils plus courts que ceux des autres parties étant entièrement de cette couleur. Dans un autre individu, les côtés du museau et la queue, excepté à son extrémité, étaient gris.

Cette espèce a la taille d'un très grand chat domestique ; son cri est intermédiaire entre celui du chat et celui du chien. Elle est, suivant les notes que m'a envoyées M. Duvaucel, originaire du Boutan. L'individu d'après lequel cette description a été faite était très adulte, ce qui fait présumer que ses couleurs sont fixes. Il est probable d'ailleurs, en s'appuyant sur l'analogie qu'offrent la famille des civettes et celle des ours, entre lesquelles les ictides viennent se placer, que chez ceux-ci les deux sexes ont les mêmes couleurs.

1. *Ictides albifrons. Hist. nat. des Mamm.*, liv. XLIV.

LE BENTURONG NOIR[1]

Cette espèce ne diffère de la précédente que par sa taille qui est celle d'un fort chien, et par sa couleur qui est tout à fait noire, excepté sur le front, au pinceau des oreilles, et sur les pattes où se voient quelques poils blancs. M. Raffles[2] a eu occasion d'observer cet animal vivant, et il est à regretter qu'il n'ait pu entrer dans plus de détails sur ses mœurs. J'extrairai de sa description ce qui peut contribuer à mieux le faire connaître. « Le corps de cet animal, dit-il, a environ deux pieds et demi de longueur; la queue, d'une longueur presque égale, est touffue et prenante; la hauteur est de douze à quinze pouces. Il est entièrement recouvert d'une épaisse fourrure de poils noirs et forts; le corps est long et pesant, peu élevé sur les jambes; la queue, très épaisse à son origine, va en diminuant jusqu'à l'extrémité, où elle se recourbe en dedans; le museau est court et pointu, un peu élevé vers le nez; et il est couvert de moustaches brunes à leur pointe, et qui, devenant plus longues à mesure qu'elles s'écartent de la tête, forment autour de la face une sorte de cercle ou d'auréole, et donnent à la physionomie un aspect fort remarquable. Les yeux sont grands, noirs, saillants; les oreilles courtes, arrondies, bordées de blanc et terminées par des pinceaux de poils noirs; le poil des jambes est court et brunâtre. Lorsque l'animal est en repos, il se roule sur lui-même, et sa queue forme un cercle autour de lui. Cet organe, doué d'une force peu commune, lui sert pour monter aux arbres.

« L'individu que j'ai observé, et que son maître possédait déjà depuis plusieurs années, se nourrissait de matières animales comme les œufs, les têtes de volailles, ou de matières végétales, comme les plantains, dont il est fort avide.

« Ses habitudes sont douces, ses mouvements lents, son caractère timide. Il dort pendant le jour et montre plus d'activité durant la nuit.

« Il avait été trouvé à Malaca. »

LES CHATS

Les animaux grands et petits que les naturalistes réunissent avec raison sous le nom de *chats* à cause de la grande ressemblance de toutes les parties principales de leur organisation sont en si grand nombre, et plusieurs d'entre eux se distinguent par des caractères si difficiles à saisir et à exprimer, qu'il n'est pas étonnant que Buffon, à l'époque où il écrivait, et avec le peu

1. *Ictides ater. Hist. nat. des Mamm.*, liv. XLIV.
2. *Linn. Trans.*, vol. XIII, p. 253.

de renseignements dont il pouvait disposer, ait commis d'assez graves erreurs en faisant l'histoire du peu d'espèces auxquelles il croyait que tous ces renseignements se rapportaient.

Depuis cet essai de Buffon l'histoire naturelle des chats s'est enrichie d'un grand nombre d'espèces nouvelles ; plusieurs naturalistes habiles ont essayé de soumettre de nouveau cette histoire à une critique sévère et de l'éclairer de leur expérience, et cependant une grande obscurité enveloppe encore quelques-unes de ses parties.

Je ne puis point avoir pour objet dans cet ouvrage de porter la lumière où la science demanderait qu'elle se réfléchît ; je ne pourrai pas même indiquer tous les points sur lesquels l'opinion de Buffon est douteuse et erronée. Ce travail m'entraînerait dans des discussions qui paraîtraient fastidieuses aux personnes qui ne font pas de l'histoire naturelle le but spécial de leurs études, et pour un grand nombre de cas il serait inutile aux naturalistes de profession. Je me bornerai donc à rectifier quelques-unes des idées de Buffon sur les espèces de chats dont il a parlé, et à ajouter à ces espèces celles qui depuis ont été découvertes et nettement caractérisées.

Buffon, suivant une méthode que nous le voyons adopter dans l'histoire de beaucoup d'animaux, commence par distinguer les chats de l'ancien continent de ceux du nouveau. Les premiers pour lui sont le lion, le tigre, la panthère, l'once, le léopard, le caracal et le serval. Les seconds sont le jaguar, le cougouar, l'ocelot et le marguai. Le lynx ou loup cervier, habitant le Nord, était commun aux deux continents. Il parle bien encore dans ses suppléments de quelques chats américains dont il donne les figures, mais en termes si vagues qu'il n'est pas possible de juger à quelle espèce il les rapporterait.

Tout ce qu'il dit du lion et du tigre, excepté quand il parle de la noblesse de l'un et de la férocité de l'autre, est exact ; mais le tableau qu'il donne de leur naturel est une erreur qu'il importe de rectifier. Le lion n'est pas plus généreux que le tigre n'est cruel. Tous deux quand ils éprouvent le besoin de la faim attaquent les animaux herbivores, s'en rendent maîtres par l'immense supériorité de leur force et les dévorent pour se repaître ; mais, hors de la nécessité de satisfaire ce besoin, ils n'ont rien de sanguinaire Jamais ils n'attaquent et ne saisissent une proie pour le seul besoin de la mettre à mort, comme on le suppose généralement. Rarement un animal aime à se donner une peine inutile, et surtout à combattre sans nécessité. Les animaux les plus féroces une fois repus se retirent dans la retraite qu'ils se sont choisie, et, bien loin d'être hostiles aux autres, ils les évitent et semblent même les craindre, tant les domine alors le besoin du repos et de la sécurité. Je parle ici des animaux carnassiers dans leurs seuls rapports avec ceux qui ont été destinés par leur nature à servir à leur subsistance ; car, une fois que leurs rapports avec l'homme ont commencé, ils deviennent tout autres que ce que nous venons de les représenter. Les lions et les tigres,

et en général toutes les grandes espèces de chats, tous les grands animaux
exclusivement carnassiers, n'ont dans la nature que l'homme pour rival;
tant qu'ils ne le connaissent pas, qu'ils ignorent les dangers de son voisinage, ils ne sont cruels que par intervalles; une fois que leur faim est
assouvie, ils vivent en paix avec toute la nature; mais quand l'espèce humaine leur est connue, qu'elle leur a fait sentir ses forces, qu'ils ont appris
qu'il s'agit d'une guerre à mort entre elle et eux, le sentiment de la défiance
les domine; ils voient un danger dans chaque bruit, une menace dans chaque
mouvement, et tout ce qui a vie leur paraît ennemi. Alors ce sont véritablement des animaux féroces qui attaquent aveuglément tout ce qu'ils craignent,
qui déchirent tout ce qui a l'apparence de devoir leur nuire.

Ces faits peuvent servir comme de commentaire et d'explication aux
idées de Buffon. Le tableau qu'il fait du naturel du lion se rapporte à ce
que nous venons de dire des animaux carnassiers dans leurs relations avec
les seuls êtres vivants plus faibles qu'eux, et ce qu'il dit du tigre se rapporte
aux relations de ces animaux avec l'homme. Excepté quelques dispositions
fondamentales qui ne se modifient guère, le caractère des animaux n'a rien
d'absolu; il est ce que le font les circonstances au milieu desquelles ils vivent,
et c'est par l'étude de ces dispositions et de ces circonstances qu'on peut s'expliquer les variations infinies qu'à cet égard tous les animaux présentent.

Buffon avait bien reconnu cette influence des circonstances pour le lion,
et il le dit d'une manière admirable; mais, prévenu par les nobles qualités
qu'il lui supposait, il fait non seulement un tableau exagéré de son courage,
mais de plus il le représente à cet égard sous de fausses couleurs. Le lion
n'est pas plus courageux que le tigre, pas plus qu'aucune autre espèce de
chat. Ce n'est point ouvertement qu'il attaque sa proie, il ne le fait jamais
que par surprise. D'abord, il la suit de loin, juge de sa direction, se place
sur son passage, se tapit contre terre et s'élance pour la saisir dès qu'elle se
trouve à sa portée : si d'un premier bond ou d'un second, il ne l'atteint pas,
et que dans l'intervalle elle s'éloigne assez pour que d'un troisième il ne juge
pas devoir être plus heureux, elle lui échappe inévitablement, car il ne la
poursuit pas. Le lion n'est point en effet un animal coureur; il n'a pas des
proportions favorables à ce genre de mouvement; son corps est trop allongé
pour sa hauteur, et quoique ses muscles aient une prodigieuse force, ils ne
suffisent pas aux efforts que demandent une course prolongée. Aussi, lorsqu'un lion est attaqué par des chasseurs, s'il ne leur échappe pas d'abord, il
se défend avec le courage du désespoir, et en cela il n'y a encore aucune
différence entre le tigre et lui.

Enfin, l'on doit rejeter complètement cette idée exprimée par Buffon,
que le tigre est le seul de tous les animaux dont on ne puisse fléchir le naturel; car le tigre s'apprivoise aussi facilement que le lion par les bons traitements. Ajoutons qu'il ne se trouve point en Afrique et que l'Asie méridionale est sa seule patrie.

Buffon regrette que Gesner et Willoughby, qui rapportent que des lions
sont nés à Florence et à Naples, n'aient point fait connaître le temps de leur
gestation. Depuis lors les ménageries ont fréquemment vu les lions se reproduire, et nous avons pu constater nous-mêmes que la portée des lionnes est
de cent huit jours, que les petits naissent exactement comme ceux des chats
domestiques, c'est-à-dire couverts de poils et les yeux fermés, et que ce n'est
qu'après huit ou dix jours que les paupières se séparent, et que les yeux se
montrent.

En passant de l'histoire du lion, dont la couleur est uniforme, et de celle
du tigre remarquable par les bandes noires transversales de son pelage, à
l'histoire des chats à pelage tacheté de l'ancien monde, Buffon était exposé à
des erreurs plus graves que celles que nous venons d'indiquer; car encore
aujourd'hui ces espèces de chats, plus ou moins semblables à la panthère,
sont pour les naturalistes la source de beaucoup de confusion. Aussi Buffon
n'a-t-il pu porter la lumière dans l'histoire de ces animaux; sa critique l'a
égaré; il mêle l'une à l'autre les notions les plus étranges, et les figures qu'il
joint à son texte l'obscurcissent au lieu de l'éclaircir.

Je ne puis rectifier ce que dit Buffon de la panthère, de l'once et du léopard. C'est un édifice que le temps a miné et qu'il faudrait reconstruire en
entier. Je dirai seulement que la figure de sa panthère femelle[1] et peut-être
celle de sa panthère mâle[2] sont des figures de jaguars, animaux de l'Amérique méridionale et non de l'ancien continent; que celle de l'once, faite
d'après une peau plus ou moins altérée, n'a pu jusqu'à présent être rapportée à aucune espèce distincte, et que presque toute l'histoire qu'il en fait appartient à un animal bien connu aujourd'hui, au guépard, dont Buffon a
bien parlé dans son article du marguai, mais qui n'a rien de commun avec
cette figure d'once. Je dirai enfin que son léopard, qui venait du Sénégal, est
l'animal qui a été désigné depuis par le nom de panthère. Quant au caracal[3]
qu'il avait observé vivant, la figure qu'il en donne et ce qu'il en dit sont
exacts; il en est de même pour la figure du serval[4] qu'il avait également vu
vivant; mais il est plus que douteux que son animal appartienne à la même
espèce que les chats-pards décrits par les académiciens[5]. C'est d'ailleurs très
arbitrairement qu'il le nomme serval, car ce nom est celui que les Portugais
donnent à un animal des Indes, nommé *maraputé* par les habitants du Malabar, et le serval de Buffon est d'Afrique; nous l'avons reçu plusieurs fois du
Sénégal, et rien ne prouve qu'il se trouve dans la presqu'île de l'Inde.

Les essais de Buffon sur les chats du nouveau monde n'ont pas été plus
heureux que les précédents. Il parle du jaguar et en donne la figure dans

1. Tome IX, in-4°, pl. 12.
2. *Ibid.*, pl. 11.
3. *Ibid.*, pl. 24.
4. Tome XIII, in-4°, pl. 32. — Édit. Garnier, t. III, p. 473.
5. *Mémoire pour servir à l'Histoire des animaux*, part. I, p. 109.

trois parties différentes de son ouvrage. Sa première figure et sa première description de cette espèce[1] n'ont en réalité pour objet qu'un animal à peine du double plus grand que le chat sauvage, et que j'ai publié il y a quelques années sous le nom de *chati*[2]; aussi n'est-ce que depuis cette publication qu'on a pu se faire une idée nette de l'animal auquel Buffon par erreur avait donné le nom de jaguar; cette première erreur le conduisit à une autre beaucoup plus grande, en le portant à attribuer à cette petite espèce tout ce que les auteurs disent de la férocité et de la force du véritable jaguar, qui atteint presque la taille du lion, et qui est pour l'Amérique méridionale ce que sont le lion ou le tigre pour les parties chaudes de l'ancien monde. La seconde figure qu'il donne du jaguar, sous le nom de *jaguar* ou *léopard*[3], est une figure de guépard mal dessinée, et la troisième qui porte le nom de jaguar de la Nouvelle-Espagne[4], faite d'après un très jeune individu, ne paraît pas non plus être celle d'un véritable jaguar, car, à dix mois d'âge, les jaguars ont beaucoup plus de vingt-trois pouces de longueur, du bout du museau à l'origine de la queue. La figure, l'histoire et la description du couguar[5], de l'ocelot mâle et femelle[6] et du marguai[7] donnent une idée exacte de ces trois espèces de chats, et rien depuis n'a été ajouté à leur histoire, sinon quelques figures un peu plus soignées pour les détails que celles de Buffon.

Son histoire du lynx est comme celles de la panthère et du jaguar, un composé des notions les plus étrangères l'une à l'autre. Les chats, dont le pelage est orné de taches, mais en petite quantité, et dont les oreilles se terminent par un pinceau de poils, sont au nombre de quatre ou de cinq; les uns habitent les pays froids, d'autres les pays chauds; il s'en trouve dans l'Amérique septentrionale et dans le nord de l'ancien monde; enfin, il en est qui ont une queue très courte, tandis que d'autres l'ont beaucoup plus longue; négligeant des différences aussi capitales, Buffon s'est persuadé que son lynx ou loup cervier était un animal des pays froids, qui, du nord de l'Asie, avait passé dans le nord de l'Amérique; que tout ce qui avait été dit sur le lynx du midi se rapportait au caracal, dont les oreilles sont également terminées par un pinceau de poils, mais dont le pelage est d'un fauve uniforme et sans taches, et enfin, que si les lynx du nouveau monde ont la queue plus courte que ceux de l'ancien, on ne doit l'attribuer qu'à quelque cause accidentelle, et peut-être à l'influence du climat. Il ne faut donc lire qu'avec beaucoup de réserve ce que Buffon dit du lynx, et ne point oublier que la figure qu'il en donne est celle du lynx de Barbarie et des parties méridionales de l'Europe.

1. Tome IX, in-4°, p. 201, pl. 18. — Édit. Garnier, t. IV, p. 335.
2. *Hist. nat. des Mamm.*, liv. XVIII.
3. *Supp.* III, in-4°, pl. 38. — Édit. Garnier, t. IV, p. 346.
4. *Supp.* III, p. 39. — Édit. Garnier, t. IV, p. 337.
5. Tome IX, in-4°, p. 230, pl. 19. — Édit. Garnier, t. III, p. 76, pl. 54.
6. Tome XIII, in-4°, p. 239, pl. 35 et 36. — Édit. Garnier, t. III, p. 475.
7. Tome XIII, p. 242, pl. 37. — Édit. Garnier, t. III, p. 477.

Les autres espèces de chats dont il parle dans ses suppléments sont :
1° un cougouar femelle[1] et un cougouar de Pensylvanie[2] qui ne paraissent
point, d'après ce qu'il en rapporte et quoiqu'il semble penser le contraire,
différer essentiellement du cougouar proprement dit ; 2° le cougouar noir[3]
dont la figure ou la peau lui avait été envoyée de Cayenne et qu'il n'est pas
possible de reconnaître sur le peu qu'il en dit ; 3° le chat sauvage de la Nouvelle-Espagne[4] très obscurément décrit, mais qui, d'après ses dimensions,
pourrait être un jeune cougouar avec la livrée de cette espèce dans la première et la deuxième année de la vie ; quant à sa supposition que ce chat de
la Nouvelle-Espagne était le même que son serval, elle doit étonner, car son
serval, pour lui, était originaire des Indes, et il avait établi comme vérité incontestable que les animaux de ces contrées et ceux de l'Amérique méridionale ne pouvaient point appartenir aux mêmes espèces ; 4° le lynx du Canada[5] et celui du Mississipi[6] qui sont le même animal et représentent une
espèce bien différente de son premier lynx, mais qu'il persiste à ne pas en
distinguer ; 5° enfin, le caracal du Bengale[7] dont il donne la figure d'après
un dessin qui lui avait été envoyé d'Angleterre par Edwards, qu'il ne décrit
pas, et dont la queue est beaucoup trop longue, si j'en juge par les caracals
du Bengale que possèdent les collections du Muséum.

Tels sont les différents chats dont Buffon a parlé. On voit qu'excepté
pour les espèces du lion, du tigre, du caracal, du serval et du cougouar qui
ont été conservées à peu près comme il les présente, toutes les autres ont
dû être réformées, et les premières même ont exigé de nombreuses rectifi-
cations. En général, dans tout ce qui a rapport à ces espèces, on doit distinguer la partie historique, presque toujours fautive, de la partie descriptive
ordinairement fort exacte, surtout lorsqu'elle est faite par Daubenton, et
qu'elle a pour objet des animaux vivants, ou qui n'avaient encore éprouvé
aucune altération. Pour rendre la partie historique exacte, il aurait fallu
que la science fût beaucoup plus avancée, beaucoup plus riche d'observations
qu'elle ne l'était à l'époque de Buffon ; car tout matériels que sont quelquefois les obstacles, il n'est pas toujours donné au génie de les vaincre.

Depuis que ces obstacles se sont affaiblis, relativement aux animaux
dont parle Buffon, on a pu reconnaître que plusieurs espèces qui se rapprochent de celles du caracal ne doivent point être confondues avec elles ; que
les chats à pelage tacheté et à pinceaux aux oreilles sont en nombre plus
grand que ne le croyait Buffon, et que le lynx du nord de l'ancien monde
est très différent de celui du nord du nouveau. On a possédé le véritable

1. *Supp.* III, in-4°, pl. 40.
2. *Supp.* III, pl. 41.
3. *Supp.* III, pl. 42.
4. *Supp.* III, pl. 43.
5. *Supp.* III, pl. 44.
6. *Supp.* VII, in-4°, pl. 53.
7. *Supp.* III, in-4°, pl. 45.

jaguar qui est aujourd'hui une des espèces les mieux connues, et l'on a découvert un assez grand nombre d'espèces nouvelles, ou qui n'étaient établies
que sur des indications vagues, insuffisantes pour les faire distinguer l'une
de l'autre ; mais il n'a point encore été possible de porter une lumière suffisante sur celles qui ont été désignées par les noms de panthère et de léopard ; une assez grande obscurité règne toujours sur leurs caractères distinctifs, et cette obscurité semble même s'accroître chaque fois qu'on
découvre un grand chat à taches œillées dans des contrées où il n'en avait
point encore été reconnu.

Notre tâche consistera donc à donner la description et l'histoire des
espèces principales découvertes depuis Buffon, et à rapporter ce que les faits
donnent de plus probable sur ces chats à grandes taches auxquels on a été
porté à attacher les noms de panthère ou de léopard.

CHATS D'AFRIQUE

LA PANTHÈRE [1]

La description la plus complète qu'on ait de cette espèce est celle qu'a
publiée mon frère [2], en l'accompagnant d'une longue discussion critique
que le sujet rendait nécessaire, et à laquelle je renvoie ceux qui voudraient
se faire une idée de ce que cette question a offert longtemps d'obscur et d'embarrassé. Je ne transcrirai ici que ce qui a rapport à l'histoire spéciale de la
panthère, dont une bonne figure faite par Maréchal accompagne la description.

« L'animal que nous allons décrire est celui que les marchands d'animaux nomment ordinairement panthère ; il nous est apporté d'ordinaire des
côtes de Barbarie et se prend dans les forêts du mont Atlas. Il a le fond du
poil d'un fauve clair, sur le dessus et les côtés du corps, et sur la face
externe des membres ; leur face interne et tout le dessous du corps sont d'un
blanc un peu tirant sur le cendré ; toutes les parties sont couvertes de
taches, excepté le nez qui est d'un gris fauve uniforme ; les taches de la tête,
du cou, du haut des épaules et des quatre jambes sont pleines, petites et ne
forment ni anneaux ni roses ; elles sont plus grandes sur les jambes de derrière qu'ailleurs ; celles des parties postérieures du dos sont en forme d'anneaux noirs, interrompus, et dont le milieu est un peu plus foncé que le
reste du poil ; celles des côtés du corps forment des anneaux plus petits et
plus interrompus que les précédents. Tout le dessous du corps et le dedans
des membres ont de grandes taches noires, simples et irrégulières ; elles forment sous le cou deux ou trois bandes noires interrompues. Les taches du

1. *Felis pardus.*
2. *Ménagerie du Mus. d'hist. nat.*, in-fol.

I. 28

bout de la queue sont plus grandes que les autres et placées sur un fond plus
pâle. La mâchoire inférieure est blanche, avec une grande tache noire sur
chaque côté, qui contribue beaucoup à donner du caractère à la physionomie ; la mâchoire supérieure est fauve et a des lignes de points noirs disposés très régulièrement.

« Un autre individu diffère de celui-là, en ce qu'il est un peu plus petit,
que son pelage est gris, ses anneaux plus interrompus, leur milieu plus pâle,
et en ce que les anneaux se portent plus avant sur le cou et plus bas sur les
cuisses. Sa tête paraît un peu plus fine et ses pieds de devant un peu plus
larges. Le jeune individu qui a servi de modèle à la figure avait les taches et
les anneaux plus larges, les taches pleines des cuisses beaucoup plus grandes
et celles de la queue plus petites. Le fond de son pelage était d'un fauve plus
vif.

« Les peaux à fond pâle, mais dont les taches sont larges et espacées
comme celles de l'individu gravé, se trouvent chez les fourreurs ; ils recherchent de préférence cette variété pour les couvertures de chevaux ; et c'est
sans doute celle dont Buffon aura fait son once, tandis que les peaux à fond
fauve auront été regardées par lui comme appartenant à son léopard ; nous
sommes persuadés qu'elles viennent toutes de la même espèce.

« Nous avons hésité quelque temps à prononcer affirmativement sur la
grande panthère des fourreurs à taches parfaitement œillées ; est-ce l'animal
que nous venons de décrire, parvenu à un âge avancé ? Est-ce une espèce
différente ? On ne pourra décider les deux premières questions que lorsqu'on
aura vu l'animal entier vivant et son squelette, ou lorsque les voyageurs ne
se contenteront plus d'indiquer d'une manière vague les animaux à peau
tigrée, mais qu'ils en donneront de bonnes figures et des descriptions exactes, toutes les fois qu'ils le pourront. Quant à la dernière question, nous
croyons la pouvoir nier, parce que nous avons vu depuis peu, au cabinet de
l'école vétérinaire d'Alfort, deux panthères de même grandeur et prises dans
le même pays, dont l'une a des taches en forme d'yeux, et l'autre de simples
anneaux interrompus. Nous pensons donc qu'il faut effacer l'once et le léopard [1] de la liste des quadrupèdes pour n'y laisser que la panthère.

« Les Grecs ont connu la panthère sous le nom de *pardalis* ; Xénophon en
décrit la chasse ; Aristote indique avec exactitude plusieurs traits de son organisation, et Oppien en donne une description assez reconnaissable ; il en indique même de deux grandeurs différentes, dans lesquelles on a voulu reconnaître la grande panthère et l'once, quoiqu'il dise que sa petite espèce est
la même que le lynx.

---

1. Je n'ai transcrit ici ce paragraphe qu'afin de montrer tout ce qu'il a fallu de temps et
d'efforts pour arriver sur ce sujet à quelque chose de précis ; car depuis, mon frère, dans un Mémoire sur les chats, inséré dans les *Annales du Muséum*, t. IX, année 1809, a changé d'avis à
l'égard du léopard et en a admis l'existence comme espèce distincte. Mais relativement à l'once
sa conviction est restée la même.

« Les Romains donnèrent au pardalis le nom de *panthera*, qu'ils tirèrent d'un mot grec qui désigne un tout autre animal. On voit par la description qu'en donne Pline que c'était surtout la variété à fond blanchâtre qu'ils désignaient par ce nom. Jamais aucun peuple ne vit tant de panthères que celui de Rome ; Scaurus en montra cent cinquante à la fois à ses jeux ; Pompée quatre cent dix ; Auguste quatre cent vingt. Elles étaient alors plus communes et plus répandues qu'aujourd'hui ; l'Asie Mineure en était pleine ; Cælius écrivait à son ami Cicéron qui gouvernait la Cilicie : « Si je ne montre pas dans mes jeux des troupeaux de panthères, on vous en attribuera la faute. » Xénophon en place même en Europe, sur le mont Pangée en Thrace et au nord de la Macédoine ; mais peu de temps après Aristote assure qu'il n'y en avait plus qu'en Asie et en Afrique.

« Le mot *pardus* a été employé par les Romains ; d'abord sans doute pour exprimer quelque variété de couleur, qu'ils ont cru ensuite devoir attribuer au sexe, et enfin ce mot a été regardé comme synonyme de celui de *panthera* ; quant à *leopardus*, il a désigné dans son origine un produit supposé du lion et de la panthère, que l'on disait être un lion sans crinière. On l'a employé depuis Jules Capitolin, pour désigner la panthère elle-même.

« Aujourd'hui la panthère et ses variétés sont communes dans toutes les parties de l'Afrique, depuis la Barbarie jusqu'au Cap. Les plus belles viennent de Maroc et de Constantine. Si le tigre-chasseur des Persans n'était pas une sorte de lynx, comme je le crois, il faudrait admettre que la panthère ou sa variété blanchâtre, l'once, s'étendent fort avant dans la haute Asie, et qu'il y en a jusque sur les frontières de la Tartarie chinoise. On assure même que la Chine fournit à la Russie des peaux tigrées toutes semblables à celles d'once.

« La force de la panthère, les grands sauts qu'elle peut exécuter, ses canines aiguës, ses ongles tranchants, en font un animal très dangereux ; sa manière de chasser consiste à se tenir en embuscade dans un buisson, et à s'élancer sur la proie qui vient à passer ; elle détruit beaucoup de singes, d'antilopes, de buffles, et l'homme n'est pas toujours à l'abri de ses attaques ; mais seulement au rapport de Léon l'Africain, lorsqu'elle le rencontre dans quelque chemin étroit. Sa proie favorite est le chien ; mais elle ne recherche pas beaucoup les moutons[1]. Il paraît qu'en Abyssinie sa férocité augmente dans la même proportion que celle de l'hyène, car Ludolphe assure qu'en ce pays elle n'épargne jamais l'homme.

« On ne sait rien de positif sur sa génération ; dans l'état de captivité elle ne s'adoucit que médiocrement ; cependant, tant qu'elle est jeune, elle aime à jouer avec son maître et imite parfaitement les mouvements d'un jeune chat. Elle mange cinq à six livres de viande par jour, rend des excréments très liquides à moins qu'on ne lui ait donné des os, urine en arrière et se plaît à lancer son urine contre ceux qui la regardent. »

1. *Leon afric.*, p. 381.

LE LÉOPARD[1]

Mon frère, dans le mémoire que j'ai cité plus haut, en reconnaissant
l'existence de cette espèce, lui donne pour caractères distinctifs, qu'elle a des
taches en rose beaucoup plus nombreuses que la précédente. On en compte
au moins dix par ligne transversale, tandis que la panthère n'en a que six
ou sept dans le même espace. Il s'est assuré d'ailleurs que cette augmentation du nombre des taches n'est point une différence de sexe, et qu'il n'y a
pas de variété intermédiaire. Cependant comme c'est surtout dans un sujet
de cette nature, qu'il est impossible de suppléer par la parole au témoignage
des sens, j'ai fait représenter avec soin dans mon *Histoire naturelle des
mammifères* un des léopards qui ont vécu à la Ménagerie du Muséum, et
que l'on peut comparer à la figure également très fidèle de la panthère,
faite par Maréchal.

Toutes les parties supérieures du corps de l'individu que nous avons
observé et la face interne de ses membres avaient un fond jaunâtre, et les
parties inférieures étaient blanches. Les unes et les autres étaient couvertes
de taches qui varient par leur nombre, leur forme et leur étendue. Celles
de la tête, du cou, d'une partie des épaules, des jambes antérieures et postérieures étaient pleines, petites, assez rapprochées l'une de l'autre, et d'une
manière confuse; celles des cuisses, du dos, des flancs et d'une partie des
épaules étaient également pleines et petites; mais elles étaient groupées
circulairement, de manière que chaque groupe formait une tache isolée
qu'on a désignée par le nom de rose; de plus, la partie circonscrite par ces
réunions de petites taches, étant d'un ton jaunâtre plus foncé que celui du
fond du pelage, contribuait à les détacher davantage les unes des autres.
Ces taches en rose sont assez rapprochées sur le léopard, comparativement
à celles de la panthère et surtout du jaguar. Le ventre a de grandes taches
noires qui ne sont pas aussi nombreuses que sur les autres parties, et celles
de la face interne des membres sont allongées et transversales. Les taches
du bas de la queue entourent celle-ci en dessus d'un demi-anneau; d'autres
vers le haut des épaules sont longues, étroites, verticales et accouplées deux
à deux sur la même ligne : ce qui les fait remarquer entre toutes les autres ;
le derrière de l'oreille est noir, avec une raie blanche transversale dans son
milieu. Une tache de couleur noire se détache sur le fond blanc de la lèvre,
vers l'angle de la bouche, et une autre de couleur blanche est située au-
dessus de l'œil.

Notre léopard, quoique jeune encore, était adulte et avait acquis toute
sa croissance, à en juger par l'élégance de ses proportions. Il avait deux
pieds et demi de la partie postérieure de l'oreille à l'origine de la queue, et

1. *Felis leopardus*, pl. 25, fig. 2. — *Hist. nat. des Mamm.*, liv. XX.

sept pouces et demi de cette même partie de l'oreille au bout du museau ; sa hauteur aux épaules comme à la croupe était d'environ deux pieds un pouce, et sa queue avait deux pieds trois pouces. C'est du Sénégal qu'il avait été amené.

Cet animal, qui a tous les caractères génériques des chats, en a sans doute aussi les mœurs. Toutefois son histoire sous ce rapport reste entièrement à faire ; car on s'exposerait à de grandes erreurs si on voulait la composer avec les matériaux incomplets et incertains, disséminés dans les ouvrages des voyageurs.

LE CHAT BOTTÉ[1]

Cette espèce a assez de rapports avec la suivante, pour qu'on les ait quelquefois confondues en une seule ; mais M. Temminck[2] en a établi les caractères avec exactitude, et moi-même depuis que je les ai possédées toutes deux, j'ai pu en faire un examen comparatif et m'assurer des caractères qui les distinguent. Celle-ci a été vue et figurée par Bruce[3], qui lui a donné le nom qu'elle porte, et qui envoya à Buffon la note très exacte que celui-ci a insérée dans ses suppléments[4]. M. Duvaucel m'en envoya aussi une figure et un individu vivant, qui se sont trouvés absolument conformes à d'autres chats qui venaient du Malabar, et même, autant qu'il est possible d'en juger d'après une dépouille très incomplète, à un chat rapporté d'Égypte par M. Geoffroy, et décrit dans son catalogue des mammifères sous le nom français de chat botté, et sous le nom latin de *chaus,* deux mots qu'alors on pouvait croire synonymes, mais qui ne le sont plus aujourd'hui.

La couleur générale du pelage de l'individu que j'ai observé est un gris fauve, plus jaunâtre sur les côtés du cou et les flancs, et sur les pattes ; plus brun vers la partie postérieure du dos ; toutes les parties inférieures sont d'un blanc fauve sale, et son trait caractéristique consiste dans la teinte d'un fauve très brillant qui colore la face convexe de l'oreille, laquelle se termine en outre par un pinceau de poils noirs de grandeur moyenne ; la face concave est garnie de poils blancs très longs ; quand on voit l'animal sous un certain jour, les parties supérieures du corps semblent marquées de bandes transversales plus foncées que le fond du pelage, et formées pour la plupart de taches isolées et irrégulières ; des bandes semblables, mais plus sensibles, se remarquent sur les cuisses et sur les jambes ; l'extrémité du museau, la mâchoire inférieure et le cou en dessous sont blancs ; et le chan-

---

1. *Felis caligata.* — *Hist. nat. des Mamm.*, liv. LV.
2. *Monographie des Mamm.*, t. 1, p. 121 et 123.
3. Trad. franç. vol. XIII, pl. 30, p. 238.
4. *Supp.* III, in-4°, p. 232. — Édit. Garnier, t. IV, p. 340.

frein sur le nez et entre les deux yeux est de la même couleur. Le dessous
du tarse et celui du carpe sont remarquables par une ligne noire qui se
divise à la naissance des doigts pour les envelopper ; deux taches larges et
très noires garnissent la partie supérieure et interne des jambes de devant ;
et la queue, dont la pointe est noire, est marquée de cinq ou six anneaux,
dont les trois ou quatre derniers sont seuls complets.

Les couleurs des parties supérieures du corps résultent de poils soyeux
annelés de blanc, de fauve et de noir ; il paraît que les anneaux noirs et
blancs dominent chez les mâles, et les blancs et fauves chez les femelles.

Toutefois cette description ne semble convenir que d'une manière générale à tous les individus de l'espèce. Les cabinets du Muséum en possèdent
dont les teintes sont plus fauves, et où le gris est moins sensible ; sur quelques-uns les taches du corps sont plus distinctes ; suivant M. Temminck, la
teinte fauve serait celle des femelles ; quant aux taches, elles sont d'autant
plus visibles que l'animal est plus jeune ; mais tous sans exception sont remarquables par la teinte rousse brillante de leurs oreilles.

L'individu que j'ai observé avait du bout du nez à l'origine de la queue
deux pieds ; la queue avait dix pouces ; et la hauteur moyenne de l'animal
était de quatorze pouces.

LE CHAUS[1]

C'est à Guldenstaedt[2] qu'est due la connaissance de cette espèce, et il en
a donné une figure qui depuis a été copiée par Schreber.

L'individu qu'a possédé la ménagerie du Muséum avait été envoyé de
la haute Égypte. Il avait la taille et la physionomie du chat domestique ; il
paraissait aussi en avoir les mœurs : timide sans être sauvage, et défiant
sans méchanceté, il fuyait devant les objets de sa crainte plutôt qu'il ne se
défendait contre eux ; et il souffrait sans colère et sans trop d'émotion que
ses gardiens pénétrassent dans sa cage.

Cet animal a les ongles rétractiles, et ses yeux, à la lumière, ont la
pupille allongée. Le pelage est très fourré ; d'un gris jaunâtre, plus pâle aux
parties inférieures qu'aux supérieures, et marqué de deux sortes de taches ;
les unes d'un gris un peu plus foncé que le fond paraissent passagères ; les
autres, noires, persistent durant toute la vie. Les côtés et le dessus de la tête
et du cou, les épaules, le dos et les côtés du corps, la queue à son origine,
les cuisses et les jambes antérieures et postérieures sont d'un gris jaune, qui
résulte de poils dont la partie visible est couverte d'anneaux blancs, jaunes
et noirs ; le dessous des yeux, le bout du museau, la mâchoire inférieure,
le dessous du cou sont blancs ; la poitrine et le ventre sont d'un blanc moins

1. *Felis chaus.*
2. *Nov. com. Petr.*, 1775, p. 183, pl. 14 et 15.

pur. Au cou et le long des flancs, les teintes grise et blanche sont séparées
par des bordures jaunâtres, et les membres ont aussi une teinte plus fauve
que les parties supérieures du corps ; les oreilles sont blanches en dedans,
jaunâtres en dehors et terminées par un pinceau de poils noirs ; la queue
gris blanchâtre se termine par une mèche de poils noirs, que précèdent
deux anneaux de la même couleur. En haut et en dedans des jambes de
devant on voit deux lignes transversales noires, et sur les cuisses et les
jambes de derrière, quelques taches brunes irrégulièrement répandues.
Enfin, on retrouve au-dessous du carpe et du tarse des poils noirs disposés
d'une manière assez analogue à ce que nous avons vu dans l'espèce précédente. Ses proportions sont également un peu plus fortes.

Guldenstaedt a tiré de Pline le nom de *chaus*, qu'il donne à cette espèce.
Il nous apprend qu'elle est très commune dans les contrées voisines de la
mer Caspienne, où les Tartares la nomment *kirmyschak*, les Circassiens, *moes-
geda*, et les Russes, *koschka*.

LE CHAT DE CAFRERIE[1]

Cette élégante et nouvelle espèce est due au voyage de Delalande dans
les parties méridionales de l'Afrique ; mais il ne nous en reste que les dépouilles ; les détails de ses mœurs ont subi le même sort que tant d'observations précieuses que cet infatigable voyageur avait recueillies sur les animaux qu'il poursuivait lui-même, et avec lesquels il lutta si souvent de
courage et d'adresse. La mort qui l'a enlevé a privé la science de tant de
richesses, qu'il n'avait pas voulu déposer sur le papier, trop confiant qu'il
était dans sa mémoire, et trop occupé d'augmenter ses riches collections.

La robe du chat de Cafrerie est marquée de rubans étroits et transversaux qui le font distinguer au premier coup d'œil de toutes les espèces aujourd'hui connues. Il a le sommet de la tête et les côtés des joues d'un gris
qui devient plus foncé aux parties supérieures du corps ; le dessus et les
côtés du nez sont fauves ; l'œil est surmonté d'une ligne blanche ; toute la
mâchoire inférieure est également blanche ; deux lignes noires parallèles
partent, la supérieure de l'angle de l'œil, l'inférieure de la pommette, et
viennent se terminer en arrière des mâchoires ; plusieurs autres lignes noirâtres nées sur le chanfrein s'étendent jusqu'à la nuque. Les oreilles, blanches
en dedans, sont d'un brun marron en dehors ; le cou, les épaules, les jambes
de devant, le dos, les côtés du corps, les cuisses, les jambes de derrière, la
queue en dessus, ont le fond de leur couleur d'un gris plus ou moins jaunâtre. La gorge, la poitrine, le ventre, la face interne des cuisses et la première moitié de la face inférieure de la queue sont d'un blanc jaunâtre plus

1. *Felis cafra.*

ou moins orangé; sur ces teintes se détachent des rubans noirs ou bruns, dont la disposition a besoin d'être décrite; quatre lignes longitudinales, mieux distinctes vers la croupe qu'aux épaules, et qui semblent être la continuation de celles de la tête, règnent le long du dos; sur les côtés du corps on compte six ou sept rubans, étendus presque verticalement, depuis le dos jusqu'au ventre, et également espacés. Les épaules et les cuisses sont marquées de rubans bruns, moins continus, moins droits, disposés d'une manière moins régulière et moins nette; mais les jambes de devant et celles de derrière sont coupées par des taches transversales très noires, tout le tarse en arrière est également très noir; la queue, avant de se terminer par un pinceau noir, est marquée de deux anneaux de même couleur. Un demi-collier brun occupe le dessous du cou, et quelques taches sont irrégulièrement disséminées sous le ventre.

Ce pelage se compose, dans ses parties grises, de poils laineux, gris à leur base, puis jaunâtres, et terminés, pour la plupart, par deux anneaux noirs que sépare un anneau blanc ou jaunâtre. Les poils soyeux sont ou entièrement noirs, ou annelés à leur extrémité comme les précédents; les rubans, bruns ou noirs, sont formés par des poils uniformément colorés, et les poils des parties blanches ou jaunâtres sont également d'une teinte uniforme dans toute leur longueur.

Ce chat de Cafrerie, un peu plus grand que le chat sauvage, est aussi plus élancé, et surtout plus haut sur jambes; du bout du museau à l'origine de la queue, il a deux pieds; celle-ci a un pied. Sa hauteur, aux épaules, est de treize pouces, et de quatorze à la croupe.

CHATS D'ASIE

LE TIGRE ONDULÉ[1]

On ne saurait trop regretter que l'histoire d'une espèce si belle et toute nouvelle encore se trouve déjà embarrassée de doutes et de discussions, et cela par la plus étrange des causes : qui croirait, en effet, qu'il y a encore peu d'années, dans un temps où, en France, les sciences avaient fait tant de progrès, l'histoire naturelle fût à tel point négligée en Angleterre, qu'un animal comme le tigre ondulé ait pu y vivre longtemps sans être l'objet d'aucune étude, et y mourir tellement dédaigné, que ses gardiens, après s'en être partagé la peau, ont jeté le reste, comme des débris sans valeur et sans utilité? Heureusement toutefois que d'habiles dessinateurs en avaient pris la figure, et parmi eux je dois citer d'abord M. le major Smith, dont j'ai publié le dessin dans mon *Histoire naturelle des Mammifères*, avec quelques notes relatives à l'animal; M. Griffith en a aussi publié, dans sa traduction de l'ouvrage de

1. *Felis nebulosa.*

mon frère, une belle figure, faite par M. Landseer. Jusque-là l'histoire de cette espèce de tigre n'était qu'incomplète; mais depuis, MM. Horsfield et Raffles ont cru pouvoir lui rapporter un chat ramené par ce dernier de Sumatra, où il porte le nom de *rimau dahan*, et qui paraît être le même que celui que M. Temminck nomme *macrocelis*; or ce rapprochement, que ne justifient pas jusqu'à présent des ressemblances assez précises, ne ferait qu'obscurcir l'histoire de notre espèce s'il était adopté; c'est pourquoi, nous abstenant de nous prononcer à cet égard, à cause de l'absence de tout renseignement positif, nous ne rapporterons ici, tout incomplets qu'ils sont, que le petit nombre de détails qui ont été recueillis sur le tigre ondulé.

Ce tigre, apporté en Angleterre par un vaisseau de la compagnie des Indes, avait été embarqué à Canton, où l'on assurait qu'il venait de la Tartarie chinoise; il a vécu trois ans à la Ménagerie d'Exeter-Change, et c'est là que M. le major Smith l'a dessiné et peint avec le rare talent qu'on lui connaît.

C'était un animal dont la physionomie était grave et noble, les mouvements calmes, et dont le regard n'annonçait pas la défiance. Pour le volume du corps et la grandeur de la tête, il paraît presque égaler le tigre du Bengale; mais il a les jambes plus courtes, quoiqu'elles ne le cèdent point au tigre pour l'épaisseur et pour la force. Sa queue est aussi plus grosse et plus longue; le cou est épais; le corps allongé, lourd et cylindrique; le front et les membres, à leurs deux faces interne et externe, sont semés de petites taches noires nombreuses et rapprochées; sur les côtés de la face sont quelques lignes obliques, et sur les côtés du cou, ainsi que le long du dos, règnent de longues raies noires irrégulières; mais c'est surtout sur les flancs que la robe prend un aspect particulier : les bandes noires transversales, au lieu d'être droites comme dans le tigre royal, se recourbent en devenant moins distinctes, et de manière cependant à circonscrire des espèces de taches qui, dans leur milieu, sont plus pâles que le ruban qui les borde, mais plus foncées que le reste du pelage; ces taches sont de forme très variée; les unes arrondies, les autres oblongues, ellipsoïdes ou anguleuses, ressemblant, en quelque sorte, à ces ondes irrégulières qui se dessinent sur un nuage, ou à ces taches brillantes, jaunes et brunes, de l'écaille de la tortue lorsqu'on la regarde contre le jour. La queue est, dès son origine, couverte d'un grand nombre d'anneaux, d'autant moins irréguliers, qu'ils se rapprochent davantage de son extrémité. En un mot, l'ensemble de cet animal frappe la vue par son élégance et sa beauté.

LE CHAT DE JAVA[1]

C'est M. Leschenault qui, le premier, rapporta de Java les dépouilles de cette espèce, que M. Horsfield a depuis revue et décrite[2], et dont M. Temminck a aussi donné une bonne description, sous le nom nouveau de *servalien (felis minuta)*[3]. La figure qu'en a publiée M. Horsfield paraît être celle d'un individu plus jeune que celui que j'ai fait représenter[4].

Cet animal a la taille et les proportions du chat domestique; la longueur de son corps est d'environ dix-sept pouces; celle de sa queue de huit pouces; sa hauteur moyenne est également de huit pouces.

La couleur générale du chat de Java est un brun grisâtre; le corps, le cou et les jambes présentent un mélange agréable de différentes nuances de gris; les parties supérieures, plus foncées, se rapprochent davantage du brun. Le dessous du cou, la poitrine, le ventre et le dessous de la queue sont blanchâtres. Toute sa robe est marquée de taches d'un brun noir dont la disposition paraît constante et caractéristique. De chaque côté du front, au-dessus des sourcils, naissent deux lignes qui se continuent parallèlement sur l'occiput et le cou jusqu'au bas de celui-ci. En dedans de ces deux lignes en naissent deux autres, parallèles entre elles et aux deux premières et qui viennent aussi finir au bas du cou. Enfin, une ligne moyenne, plus étroite, et née au milieu du front, se prolonge jusqu'au delà des épaules, où elle est accompagnée de deux autres, longues, et beaucoup plus larges qu'elle; d'où il suit que le dessus des épaules est marqué de trois taches : une moyenne, étroite, et deux latérales plus larges. En dedans de ces deux-ci, et dans l'intervalle qui les sépare de la moyenne, commencent deux autres taches, larges et longues d'environ deux pouces. A partir des épaules jusqu'à la queue, on trouve quatre lignes de taches disposées très régulièrement et parallèles, les deux moyennes très rapprochées. Sur l'épaule se voient des taches allongées descendant un peu obliquement, et sur les flancs et les cuisses, en sont de petites presque arrondies. Une large tache noire embrasse la base de l'oreille et descend sur le cou en s'y terminant en pointe. Au museau, deux lignes blanches, étroites, qui naissent entre l'œil et le mufle, s'élèvent parallèlement au nez jusqu'à près de la moitié du front; et une ligne semblable, mais plus étroite, borde chacune des paupières; une tache brune naît à l'angle extérieur de l'œil et forme, sur la joue, les limites des parties blanches et des parties grises; elle se recourbe sous la gorge, où elle forme, par sa réunion avec celle du côté opposé, un collier remarquable. Un second collier

1. *Felis Javanensis.*
2. *Zool. Research. in Java.*
3. *Monogr. des Mamm.*, p. 130.
4. *Hist. nat. des Mamm.*, liv. LIII.

se voit au bas du cou; les membres sont couverts en dehors de petites taches rondes; à leur face interne, il y en a de plus longues. La cuisse en a trois transversales, et la jambe deux. Le ventre et le dessus de la queue n'ont que des taches rondes. D'après M. Temminck, qui en a possédé deux individus vivants, les jeunes auraient les teintes plus rousses que les vieux.

Le chat de Java, nommé par les habitants de cette île *kuwuk*, se trouve dans toutes ses parties, au milieu des grandes forêts. Il se retire dans le creux des arbres et s'y cache pendant le jour. La nuit il va à la recherche de sa proie, et souvent pénètre jusque dans les villages placés sur la lisière des bois. Les naturels lui attribuent la faculté d'imiter la voix des poules, pour s'approcher d'elles sans que sa présence soit soupçonnée. Il se nourrit de volailles et de petits quadrupèdes; mais si la faim le presse, il mange aussi la chair morte. Suivant M. Horsfield, cette espèce est tout à fait intraitable, et jamais l'état de servitude ne parvient à dompter son naturel sauvage.

LE CHAT DU NÉPAUL[1]

Cette espèce nouvelle, découverte et envoyée au Muséum par Alfred Duvaucel, se trouve à la fois au Népaul et au Bengale.

Elle a à peu près la taille et les proportions d'un chat domestique. Tout le fond de sa robe est d'un gris clair. Le museau est gris pâle, la gorge blanche. Deux taches se trouvent sur les joues : l'une, née à l'angle de l'œil, se termine sous l'oreille ; l'autre part de la commissure des lèvres et se prolonge au delà de la première. Le dessus de la tête est marqué de quatre chaînes de taches parallèles, qui s'arrêtent derrière les oreilles, et de là en naissent trois semblables qui s'étendent jusqu'à la queue. Le cou, à sa naissance et à sa terminaison, est garni d'une sorte de collier; et des taches irrégulières qui descendent des épaules viennent se réunir à deux taches transversales qui ornent la poitrine, et qui sont très apparentes lorsqu'on regarde le chat en face. Les membres antérieurs sont marqués de taches transversales, la tache supérieure de leur face interne est surtout remarquable par sa largeur; trois grandes lignes transversales descendent du dos sur les flancs, et le reste du corps, ainsi que les cuisses, ne présentent que des taches isolées et petites ; celles de la face externe de la jambe de derrière sont transversales, et il y en a deux seulement, dont la direction est semblable, à la face interne. La queue, terminée de noir, est marquée de cinq demi-anneaux assez larges. Les moustaches sont longues, variées de blanc et de noir sur les lèvres, et entièrement blanches sur les yeux.

1. *Felis torquata.* — *Hist. nat. des Mamm.*, liv. LIV.

CHATS DE L'AMÉRIQUE MÉRIDIONALE

LE JAGUAR[1]

« On ne sait, dit mon frère dans son Mémoire sur les chats[2], on ne sait par quelle fatalité les naturalistes européens semblent s'être accordés à méconnaître le jaguar, à ce qu'il paraît uniquement pour soutenir l'idée bizarre que, dans les mêmes genres, les espèces américaines devaient être plus petites que leurs analogues de l'ancien continent.

« Enfin, après avoir fait les recherches les plus longues, après avoir hésité plusieurs années entre les assertions contradictoires et vagues des auteurs, j'ai été convaincu par les témoignages de MM. d'Azara et Humboldt qui, ayant vu cent fois le jaguar d'Amérique, l'ont affirmativement reconnu ici, ainsi que par la comparaison scrupuleuse des individus observés vivants, et envoyés d'Amérique à notre Ménagerie, de ceux que l'on a reçus empaillés du même pays pour le Cabinet, et d'une énorme quantité de peaux vues chez les fourreurs ; j'ai été convaincu, dis-je, que le jaguar est le plus grand des chats après le tigre, et le plus beau de tous sans comparaison ; que c'est précisément l'espèce à taches en forme d'œil que Buffon a appelée *panthère*; que ce n'est point cependant le *pardus* des anciens ni la *panthère* des voyageurs modernes en Afrique, et qu'en général il n'y a pas en Afrique de chat à taches œillées, ni même aucun chat qui approche de la grandeur et de la beauté du jaguar. »

Le jaguar a des formes trapues qui annonceraient plus de force que de légèreté; il a moins d'élégance que la lionne, moins que la panthère et le léopard, mais sa robe éclatante ne redoute aucune comparaison. Les poils qui la composent sont courts, fermes et très serrés ; tous soyeux, et un peu plus longs aux parties inférieures qu'aux supérieures. Le fond du pelage, jaunâtre, est semé de taches ou entièrement noires ou fauves bordées de noir; les premières occupent exclusivement la tête, les membres, la queue et toutes les parties inférieures du corps; les secondes se trouvent principalement sur le dos, sur le cou et sur les côtés : celles-ci sont grandes et peu nombreuses, plus ou moins arrondies, et quelques-unes ont parfois un ou deux points noirs dans leur milieu; on n'en compte que cinq ou six au plus de chaque côté du corps, en suivant la ligne la plus droite du dos au ventre. Au milieu du dos, le long de la colonne épinière, les taches sont étroites, longues et ordinairement pleines ; toutes les autres taches pleines, excepté celles du bout de la queue, ne sont pas aussi grandes que les fauves ; les plus petites sont sur la tête et sur les bras ; celles des cuisses, du ventre et de la queue sont plus grandes, et l'on en voit d'allongées à la face interne

1. *Felis onça.*
2. *Ann. du Mus.*, t. XIV, p. 144.

et supérieure des jambes de devant et de celles de derrière. Toutes les autres parties en ont aussi de plus ou moins nombreuses, et de plus ou moins arrondies; mais ce qui ne varie pas, c'est le nombre des taches bordées. Toutes les parties inférieures du corps, le ventre, le bord antérieur des cuisses, la face interne des jambes, la poitrine, le cou, la gorge, le dessous des mâchoires, la conque de l'oreille intérieurement et l'extrémité du museau sont blancs; et les taches sont en général plus rares sur ces parties que sur celles qui sont jaunes. Le derrière des oreilles est noir avec une tache blanche; la commissure des lèvres est également noire, ainsi que le bout de la queue et les trois anneaux qui entourent cet organe à son extrémité,

La voix du jaguar et de la panthère diffère essentiellement, celle de la seconde ressemblant au bruit d'une scie, et celle du premier à un aboiement un peu aigu; c'est même cette première observation faite à la Ménagerie du Muséum, qui conduisit M. Geoffroy [1] à reconnaître et à publier pour ces deux espèces des caractères distinctifs, susceptibles d'une expression précise.

On doit à d'Azara [2] une foule de détails intéressants sur les mœurs du jaguar à l'état sauvage, sur sa force, sa férocité et sur les dangers qu'il fait courir aux voyageurs. C'est un animal nocturne qui s'avance dans les campagnes découvertes, qui habite les grandes forêts, en préférant le voisinage des rivières, qu'il traverse en nageant avec adresse; on assure qu'aux points où les rivières forment des angles et n'ont presque pas de cours, il entre un peu dans l'eau, attire avec sa bave qu'il y laisse tomber les poissons dont il est très friand, et d'un coup de sa patte de devant, les saisit et les jette sur le rivage. Il attaque presque tous les animaux et les tuerait même d'une manière assez étrange, s'il était vrai qu'il saute sur le cou de sa victime, lui pose une patte de devant sur l'occiput, saisit de l'autre l'extrémité du museau, élève violemment celui-ci et opère ainsi une sorte de luxation. La force du jaguar paraît prodigieuse; on l'a vu fréquemment entraîner avec rapidité loin du lieu du combat le corps entier d'un cheval ou d'un taureau mort; il ne tue cependant que ce qui est nécessaire à sa consommation, et il arrive que, trouvant deux bœufs ou deux chevaux attachés ensemble, il n'en prive qu'un de la vie.

Le jaguar ne redoute point l'homme; s'il passe non loin de lui une petite troupe d'hommes ou d'animaux, il attaque le dernier d'entre eux en poussant un grand cri; et le feu même n'est pas, comme on le croit si généralement, un moyen de l'écarter et d'éviter ses atteintes, car d'Azara cite plusieurs exemples d'individus qu'il a enlevés du milieu d'une troupe rassemblée à l'entour d'un grand feu; mais si l'on ne peut refuser au jaguar ni la force, ni l'adresse, ni l'audace, que penser de la singulière intelligence qu'on lui prête? On dit que s'il trouve la nuit une troupe de voyageurs endormis, il entre et tue le chien s'il y en a un, puis le nègre, puis l'Indien, et qu'il n'at-

1. *Ann. du Mus.*, t. IV, p. 94.
2. *Hist. nat. des Quad. du Paraguay*, in-8°, t. I, p. 114.

taque l'Espagnol qu'après la défaite de tous ceux-là. Je serais bien trompé s'il n'y avait pas dans ce récit plus d'orgueil européen que de véritable observation de la nature.

Dans l'état d'esclavage, le jaguar n'a pas montré le caractère indomptable et féroce que lui attribuent ceux qui l'ont observé en Amérique. Les deux individus qu'a possédés la Ménagerie du Muséum avaient le naturel le plus doux; ils aimaient à recevoir des caresses et à lécher les mains; ils jouaient, à la manière du chat domestique, avec les objets propres à être roulés; et les mouvements de leurs corps, la vivacité de leurs regards, leurs coups de patte moelleux et rapides, annonçaient qu'ils ne possédaient pas à un moindre degré que les autres chats la merveilleuse adresse qui caractérise les animaux de ce genre.

LE CHATI[1]

Quoique les naturalistes doivent éviter par-dessus tout de décrire sous un nom nouveau un animal déjà décrit, parce que chaque erreur de ce genre ajoute une difficulté de plus aux difficultés déjà presque insurmontables de la synonymie, il est des cas néanmoins où l'établissement d'un nom nouveau éclaire un sujet au lieu de l'obscurcir, parce qu'il devient comme un point central autour duquel on rassemble une foule de notions confuses et vagues éparses dans les auteurs. Le chati nous en servira d'exemple. J'ai décrit et fait représenter avec soin sous ce nom[2] un chat que j'ai possédé vivant, et que je ne pouvais avec certitude rapporter à aucun autre, car j'ignorais absolument la patrie de cette espèce, et cette connaissance est indispensable à l'établissement d'une bonne synonymie; j'ai donc fait ma description uniquement d'après l'individu vivant, et l'esprit dégagé des doutes qu'auraient fait naître en moi les descriptions plus ou moins vagues des auteurs; j'ai donné les caractères précis de l'espèce, de manière qu'elle pût être admise dans les catalogues méthodiques, et qu'elle fût un type bien arrêté auquel on devait pouvoir un jour rapporter des espèces jusque-là douteuses. C'est ce qui est arrivé en effet : en même temps que j'ai revu le chati, j'ai appris qu'il appartenait à l'Amérique du Sud, et dès lors se sont dissipées plusieurs des obscurités que Buffon avait contribué à répandre sur certains chats; on a pu reconnaître que le chati est l'animal que Buffon a fait représenter sous le nom erroné de jaguar[3] et sous celui de jaguar de la Nouvelle-Espagne[4] ; que c'est le *Brasilian tiger* de Pennant[5], le *felis onça* de

---

1. *Felis mitis*.
2. *Hist. nat. des Mamm.*, liv. XVIII.
3. Buffon, t. IX, in-4°, pl. 18. — Édit. Garnier, t. III, p. 73.
4. Buffon, *Supp.* III, in-4°, pl. 39. — Édit. Garnier, t. IV, p. 357.
5. *Hist. of Quad.*, p. 267. pl. 31, fig. 1.

Schreber, le *tlatcoocelotl* de Hernandès[1], et peut-être le *chibigouazou* de d'Azara[2].

Ce joli animal a le naturel le plus doux et le plus traitable. Il est d'un tiers plus grand que le chat domestique; diurne, ou à pupille ronde; le fond de son pelage aux parties supérieures du corps est d'un blond très clair, et blanc aux parties inférieures; et tout le corps est semé de taches généralement plus larges en avant qu'en arrière, et comme triangulaires, surtout au dos et sur les flancs. Celles du dos sont entièrement noires et disposées longitudinalement en quatre rangs; celles des flancs, bordées de noir, avec leur milieu d'un fauve clair, forment à peu près cinq lignes, vers la partie moyenne du corps surtout. Des taches bordées, mais qui s'arrondissent, couvrent les parties supérieures et antérieures des cuisses et les épaules; des taches pleines, également arrondies, viennent ensuite sur les membres postérieurs jusqu'au talon; sur les jambes de devant, elles s'allongent et forment des lignes transversales; sur les quatre pieds, elles sont très petites et pleines. Les taches des parties inférieures du corps, où le fond du pelage est blanc, et qui sont toujours pleines, présentent sous le ventre deux rangées longitudinales, de chaque côté de la ligne moyenne, composées de six à sept taches; la partie antérieure de la jambe a des taches rondes, et la partie interne de la cuisse, des taches allongées transversalement. Vers le haut de la jambe de devant se voient deux bandes transverses, et sur la poitrine, à sa partie moyenne une chaîne de points. Au bas de la gorge est un demi-collier, et sous la mâchoire inférieure deux taches en forme de croissant. Du coin postérieur de l'œil part une bande de deux pouces de long qui se termine vis-à-vis de l'oreille, et une autre bande tout à fait semblable, qui se dirige parallèlement à la première, naît au-dessous de l'arcade zigomatique et se termine aussi vis-à-vis de l'oreille. Le front est bordé dans le sens de sa longueur par deux lignes qui sont séparées par des points plus ou moins nombreux, et on voit à la naissance de ces lignes, au-dessous de l'œil, une tache noire d'où naissent des moustaches. Deux autres lignes semblables s'allongent sur le cou, et de chaque côté d'elles, en dehors, s'en trouvent deux autres qui ont la forme d'*S*. La base de la queue est garnie de taches petites et isolées, ensuite viennent quatre demi-anneaux; et enfin, cet organe se termine par trois anneaux complets, le dernier beaucoup plus étroit que les autres. Entre ces taches principales, et surtout en dessous, s'en trouvent de plus petites. Les joues, le dessus et le dessous de l'œil ont le fond blanc ainsi que le dessous de la queue; la face externe de la conque de l'oreille est noire avec une tache blanche du côté du petit lobe. Le mufle est couleur de chair.

1. Tab. 102.
2. Page 542.

LE CHAT DU BRÉSIL

Ce qui est arrivé pour le chati aura probablement lieu quelque jour pour l'espèce que je désigne ici sous le nom vague de *chat du Brésil*, c'est-à-dire qu'on en fera un type, auquel on pourra rapporter les observations incomplètes disséminées dans beaucoup d'auteurs. J'ai donné, de cette espèce, dans mon *Histoire naturelle des Mammifères*[1], une description et une figure exactes d'après l'animal vivant. C'est une sorte d'acheminement vers ce que la nécessité imposera un jour aux naturalistes. En effet, il ne sera possible de distinguer avec clarté les espèces de chats dont le pelage est couvert de taches que quand on les aura tous étudiés, décrits et peints d'après des individus vivants, et avec les modifications qu'ils éprouvent en passant du jeune âge à l'état adulte. Pour ne pas s'égarer dans un dédale sans issue, on devra renoncer à ces figures, où les animaux, placés dans des positions violentes, ou vus en raccourci, témoignent sans doute de l'habileté de l'artiste, mais qui sont pour les naturalistes, à cause du changement qu'éprouve la disposition des taches, plus trompeuses qu'utiles ; on renoncera aussi à des descriptions faites uniquement d'après des peaux préparées ; car, je l'ai déjà dit ailleurs, on peut difficilement se figurer à quel point l'élasticité de ces peaux se prête à toutes les formes ; par suite, les taches qui sont droites se courbent ou deviennent anguleuses ; les linéaires s'élargissent ; les arrondies s'allongent ; leurs rapports ne changent pas moins que leur figure : de continues qu'elles étaient, elles se divisent ; de parallèles, elles forment des angles plus ou moins aigus, et celles qui étaient perpendiculaires l'une à l'autre deviennent parallèles, etc. Voilà ce qui explique la grande diversité qui s'observe entre les nombreuses figures des chats de moyenne taille, dont le pelage a des taches allongées dans le sens de la longueur du corps, et qui avaient été généralement réunis sous le nom d'*ocelot*.

Le fond du pelage du chat du Brésil est d'un gris clair aux parties supérieures, et d'un blanc pur aux inférieures, et des taches nombreuses et de diverses formes y sont répandues. Les unes sont pleines et entièrement noires ; les autres ont leur centre gris jaunâtre, et leurs bords sont noirs : les premières se trouvent principalement sur les membres, les épaules, le dos, la queue et toutes les parties blanches ; les autres sont sur les côtés du corps et sur la face externe des cuisses ; les taches des flancs sont irrégulièrement allongées ; mais celles du cou ont un caractère particulier, c'est moins une tache qu'une sorte de ruban à trois bandes, formé par deux lignes parallèles noires qui, parties des oreilles et descendant jusqu'à l'épaule, se réunissent à leurs extrémités en circonscrivant entre elles une bande gris jaunâtre. La queue en dessus, dans sa moitié supérieure, est revêtue de

1. Liv. LVIII.

quatre demi-anneaux, et sa moitié inférieure se termine par quatre anneaux complets. Le bout est noir. Les côtés blancs des joues sont marqués de rubans étroits, allongés et pleins, qui s'avancent obliquement du coin de l'œil vers la partie postérieure de la mâchoire; un demi-collier garnit la gorge, et un autre se voit au bas du cou. Les moustaches sont blanches et noires, les oreilles larges et arrondies.

La longueur du corps était de deux pieds, celle de la queue de onze pouces, et la hauteur moyenne d'un pied.

LE COLOCOLO[1]

Cette jolie espèce était depuis longtemps fort bien indiquée dans l'ouvrage de Molina[2], dont les travaux paraissent mériter beaucoup plus de confiance que les naturalistes ne lui en ont accordé jusqu'à ce jour. L'individu qui fait le sujet de cet article n'avait pas été pris au Chili, mais à Surinam, ce qui prouve que cette espèce de chat est commune aux parties orientales et occidentales de l'Amérique du Sud. C'est au major Hamilton Smith que j'ai dû la figure et la description que j'en ai publiées.

Le colocolo ressemble tout à fait à un chat sauvage pour la taille, les proportions générales et les organes; seulement il a le corps un peu plus mince et les pattes plus fortes : le fond de son pelage est d'un blanc grisâtre où sont répandues en petit nombre des taches longitudinales, étroites, effilées, noires avec un liséré fauve; le ventre et les cuisses sont blanches; les jambes de devant jusqu'au coude, celles de derrière jusqu'aux genoux sont d'un gris d'ardoise; le museau, la plante des pieds et l'intérieur des oreilles, couleur de chair; la queue, courte et à fond blanc, est couverte de demi-anneaux noirs jusqu'à la pointe, qui est noire elle-même.

D'après Molina, cet animal trop petit pour attaquer les hommes ou les espèces domestiques, se contente de petits rongeurs et d'oiseaux; et il vient jusqu'auprès des habitations pour s'introduire dans les poulaillers.

LE CHAT-CERVIER DU CANADA[3]

Je me contenterai de décrire cette espèce dans les deux états si différents où je l'ai pu observer moi-même, sans entrer dans la longue discussion synonymique à laquelle elle peut donner lieu, et que j'ai exposée dans mon *Histoire naturelle des mammifères*[4]. Je ferai remarquer seulement que ce qui

1. *Felis colocola.*
2. *Hist. nat. du Chili*, p. 275.
3. *Felis rufa.*
4. Livraisons LIV et LVIII.

1. 30

fait la principale difficulté de ce sujet, c'est que chaque espèce peut se présenter sous trois figures différentes suivant l'âge des individus. Tous les chats paraissent naître avec une livrée, et quand ils doivent la perdre en arrivant à l'âge adulte, il vient un moment où le pelage n'a plus l'aspect qu'il offrait dans la première année, sans se présenter encore tel qu'il sera quand il aura subi tous ses changements ; de sorte que, pour peu que les observateurs aient vu les animaux dont il s'agit à des époques différentes, ils auront été conduits à augmenter de beaucoup le nombre des espèces.

Le chat-cervier du Canada, quand il est jeune, a une tête qui rappelle celle du tigre bien plus que celle du chat domestique, à cause des poils épais qui garnissent ses joues et donnent à la face plus de largeur. Sa robe, sur toutes les parties supérieures, a un fond gris clair mélangé de fauve ; le dessus de la tête, les épaules et le derrière des cuisses sont plus foncés que les flancs. Les parties inférieures ont le fond blanc ; mais les unes et les autres sont couvertes de taches très variées, et dont la description est fort difficile à cause de leur irrégularité. Je dirai seulement que, parmi les lignes nombreuses qui couvrent la tête et la face, celles qui contribuent le plus à l'expression de la physionomie sont trois lignes noires, qui, naissant sous l'œil à côté du nez, s'étendent irrégulièrement sur les joues, viennent se confondre dans d'épais favoris et contrastent avec la couleur blanche de ceux-ci. Les oreilles sont noires avec une tache blanche dans toute leur largeur, à leur face externe ; elles n'ont point de pinceaux, quoique quelques poils noirs semblent en indiquer le prochain développement. Les côtés du cou, qui prennent une forte teinte grise, présentent trois ou quatre bandes longitudinales fauves, dont l'une se recourbe pour former un demi-collier sous le cou. Deux lignes de taches noires parallèles s'étendent des épaules jusqu'à la queue ; à celles-ci, vers le milieu du dos, il s'en ajoute deux autres ; toutes les autres taches du pelage sont ou simples, ou en bandes, ou en demi-rose ; les premières, plus ou moins noires ou fauves, garnissent tout le ventre, les épaules, les cuisses et une partie de la face antérieure des jambes ; les secondes se voient à la face interne et externe des jambes ; et les troisièmes se montrent à la partie antérieure du dos, à la partie supérieure des épaules et sur les flancs. La queue, fauve en dessus et blanche en dessous, a trois ou quatre demi-anneaux noirs en dessus, et elle est terminée par une tache noire d'un demi-pouce de longueur.

Tel est le chat-cervier du Canada sous sa première forme ; mais, lorsqu'il prend du développement, les taches cessent d'être aussi grandes, sans toutefois s'effacer autant que dans l'état tout à fait adulte ; une fois parvenu à cet état, l'animal présente les caractères suivants : il est moins trapu, il a le ventre et la tête moins gros ; ses proportions annoncent plus de légèreté. Toutes les parties supérieures du corps sont d'un gris fauve plus foncé sur le dos que sur les flancs ; ce pelage est parsemé de nombreuses taches petites et d'un brun plus ou moins noir ; elles sont plus grandes et plus distinctes sur la face externe des membres. Les parties inférieures du museau, celles qui entourent les yeux, la gorge, la poitrine, le ventre, sont blanches, semées de taches noires; deux lignes noires transversales se voient à la partie supérieure de la face interne des jambes de devant, et deux lignes semblables se trouvent de chaque côté des joues; la queue n'a pas subi de changements; mais un petit bouquet de poils noirs termine l'oreille, dont la face extrême est noire à sa base et à son extrémité, et blanche à sa partie moyenne.

La longueur de l'animal, du bout du museau à l'origine de la queue, est de deux pieds; celle de la queue, de quatre pouces; la hauteur moyenne est d'un pied.

DISCOURS PRÉLIMINAIRE

Quand Buffon commença son histoire naturelle des oiseaux, il avait déjà publié le quinzième volume de son histoire naturelle des quadrupèdes; et nous avons vu qu'à la fin de l'histoire de ces animaux, ses idées sur la formation des genres, des ordres, des familles, avaient éprouvé d'assez notables modifications. Il n'est donc point étonnant si, sous ce rapport, nous le trouvons, dans son histoire des oiseaux, un peu différent de ce qu'il était au commencement de son histoire des quadrupèdes. Mais si nous le voyons former des genres, établir les rapports de ces genres entre eux, les réunir en ordres, en familles; si nous le surprenons discutant, comme l'aurait fait Linnæus et comme le ferait tout naturaliste aujourd'hui, pour savoir si telle ou telle espèce appartient ou non à tel ou tel genre; si, en un mot, il devient classificateur, dans toute la force de ce terme, qu'il employa souvent avec tant de mépris, ce n'est en quelque sorte qu'à son corps défendant, malgré lui, à son insu et comme poussé par un sentiment aveugle plus fort que sa volonté. On croirait presque qu'il ne se faisait point une idée des conséquences qui résultaient de ses rapprochements d'espèces, de ses propres classifications; car nous le voyons souvent, au moment où il s'en occupe avec le plus de soin, blâmer sévèrement ceux qui s'en étaient occupés avant lui. Comment expliquer tant de contradictions dans un homme d'un tel génie? Fort simplement : il croyait que ces genres naturels, qu'il était forcé de reconnaître, ne se composaient point d'espèces, mais seulement de races, plus ou moins nombreuses, auxquelles une espèce seule donnait naissance, suivant les influences plus ou moins nombreuses qu'elle avait éprouvées et son degré de fécondité, hypothèse que nous l'avons vu établir [1] dans son discours sur la dégénération des animaux, et qui n'a pas plus de fondement pour les oiseaux que pour les quadrupèdes; car elle repose sur des faits qui ne se prêtent point aux conclusions exagérées que s'est cru en droit d'en tirer Buffon. Cette explication, au reste, ne rend point raison de sa sévérité envers les classificateurs, pour lesquels il éprouve tant d'éloignement; en effet, que les oiseaux

1. Suppl. au Disc. prélim., p. 28. — Tome XVIII, p. 255. Édit. Pillot.

dont se composent les genres forment des groupes nommés espèces par ceux-ci, ou races par ceux-là, leur rapprochement, suivant leur plus grande ressemblance, n'est pas moins utile dans un sens que dans l'autre ; il est plus indispensable même dans l'hypothèse de Buffon que dans l'hypothèse contraire, puisque c'est sur la connaissance des espèces que l'histoire naturelle des animaux repose; or, pour parvenir à cette connaissance, il est encore plus nécessaire de réunir les races autour de leur souche commune, que de réunir les espèces sous une dénomination générique; dans le premier cas, l'espèce ne pouvant exister que dans ses races, tandis que dans l'autre l'existence des espèces est sans rapport nécessaire avec l'existence du genre.

Buffon estime à quinze cents ou deux mille le nombre des oiseaux qui vivent à la surface du globe, et il croyait en connaître à peu près le tiers; c'est même ce nombre, bien supérieur à celui des quadrupèdes alors connus, qui l'a déterminé en partie à suivre le plan qu'il expose dans un discours particulier. Depuis, ce nombre a plus que doublé, et rien d'approximatif ne peut être donné sur le nombre des oiseaux qui peuplent la terre. Chaque voyage en fait découvrir de nouveaux, et les productions de plus de la moitié du globe nous sont encore inconnues.

Le plan adopté par Buffon pour son histoire naturelle des oiseaux est le seul qui puisse conduire à une connaissance véritable de ces animaux; rechercher les noms sous lesquels on en a parlé, dans la vue de rassembler les matériaux de notre histoire; les décrire ensuite, afin de les distinguer les uns des autres; retracer leurs principales actions, pour déterminer leur naturel, leurs mœurs, leur instinct; et enfin, partir de là pour nous présenter le tableau général de ces êtres et nous faire apprécier leur influence ici-bas et la part qu'ils prennent à l'économie de ce monde, c'est remplir toutes les conditions qu'une histoire quelconque exige, et Buffon en a rempli plusieurs avec la supériorité qui lui appartenait; mais en quelques points il est resté au-dessous de lui-même.

Pour appliquer les règles de la critique à des objets qui ne se montrent qu'imparfaitement, pour écarter l'obscurité qui les environne ou le faux jour sous lequel ils nous apparaissent, l'esprit ne saurait être trop éclairé ni trop indépendant; quand ces objets sont compliqués et que l'obscurité est profonde, quand on ne peut arriver à une conclusion que par des raisonnements compliqués eux-mêmes, ou par des inductions hardies, l'intelligence ne saurait avoir trop de force ; or, si cette force d'intelligence n'a jamais manqué à Buffon, si les lumières de son esprit surpassaient ce que lui demandait la science dans laquelle il voulait porter la lumière, il manquait de l'indépendance sans laquelle la force s'égare et la lumière n'éclaire pas. Cette idée que les influences extérieures, les climats, la nourriture peuvent apporter les plus grands changements dans le plumage des oiseaux, et même dans des parties plus importantes de l'organisation, ne lui a fait voir, dans les différences des espèces plus ou moins voisines les unes des autres, que des

effets purement accidentels ; peu lui importe que ces différences lui soient
présentées par des oiseaux d'Europe ou du Bengale, du Congo ou du Pérou ;
dès lors le naturel des uns était le naturel des autres ; ou plutôt l'histoire de
cette espèce ne se trouvait être qu'un assemblage hétérogène, tel souvent que
l'imagination la plus hardie n'aurait pu le créer.

La grande difficulté des descriptions, le peu de ressources que nous
offre notre langue pour retracer les formes souvent indéterminées sous lesquelles se montrent les différentes parties des animaux, pour désigner même
clairement ces parties, pour rendre les nuances si variées des diverses couleurs, lui parut sinon une difficulté insurmontable, du moins une difficulté
trop grande pour être surmontée par des efforts ordinaires ; car il nous a trop
bien appris qu'à cet égard il n'était rien qui ne fût au-dessous de ses forces.
Les admirables tableaux qu'il nous a souvent retracés témoignent assez quelle
était en ce genre sa puissance, et à quel point il savait multiplier les richesses
de son langage pour les égaler à celles de la nature. Pour ne pas vaincre
cette difficulté, il l'a éludée, et, ne donnant point de descriptions, il a donné
des peintures ; de là est née cette grande collection de figures coloriées à laquelle il renvoie pour suppléer à ce qu'il ne dit pas ; malheureusement cette
collection se trouve détachée de son ouvrage, et quand on ne la possède pas,
rien ne peut la remplacer.

Quoique les moyens de description se soient un peu perfectionnés depuis Buffon, c'est cependant encore une des parties les plus imparfaites de
la science, une de celles qui réclament le plus de secours ; celle qui demanderait qu'un second Buffon vînt imposer à la langue française le langage dont
l'art de décrire en histoire naturelle aurait besoin, langage qui a plusieurs
fois été proposé et qu'elle n'a pu jusqu'à ce jour que repousser avec dédain.

Mais si Buffon se montre l'esclave d'une hypothèse et s'égare dans ses recherches de synonymie, et s'il s'abstient de décrire les espèces dont il se pro-
posait de présenter l'histoire, comme s'il eût craint d'altérer ses tableaux par
des détails peu compatibles, il faut l'avouer, avec les effets qu'il voulait produire, l'intérêt qu'il voulait inspirer, il reprend toute sa supériorité quand,
ayant pour objet une espèce bien connue, il en vient à son histoire proprement dite ; quand il nous fait un récit des mœurs de cette espèce, nous
retrace ses instincts, nous peint son naturel et nous la montre agissant sous
le bras tout-puissant qui la dirige, et dont elle n'est à ses yeux que l'aveugle
et docile esclave ; car Buffon n'accorde pas plus d'intelligence aux oiseaux
qu'aux quadrupèdes.

Cependant on ne doit point lire Buffon dans ses plus belles pages, quand
on veut non seulement qu'elles émeuvent, mais encore qu'elles instruisent,
sans avoir dans la pensée que son langage est quelquefois trop métaphorique pour une science qui vit essentiellement de précision ; et c'est surtout
lorsqu'il veut caractériser le naturel des oiseaux, qu'il est nécessaire de se

tenir en garde contre ses paroles, toutes empruntées au langage qui nous
sert à retracer les passions humaines, et quelquefois même nos plus nobles
attributs. Sans doute il n'aurait rien changé à ses expressions, même quand
notre langue en aurait eu de plus vraies pour parler des facultés des animaux ; il ne devait, il ne pouvait retracer ces facultés que par des images ;
mais alors l'interprétation de son langage figuré aurait été facile, elle se serait
rencontrée dans tous les esprits et n'aurait point exposé à l'erreur. Il n'en
est point ainsi : aujourd'hui nous ne savons encore parler des animaux,
qu'avec un langage qui n'est vrai que pour l'homme. Ce serait une tâche
trop longue et trop difficile pour moi, que de donner l'interprétation de ce
langage appliqué aux animaux. Je me bornerai donc à cet avertissement :
toutes les actions auxquelles nous attachons l'idée de liberté, quand il
s'agit de l'homme, doivent être dépouillées de cette idée quand il s'agit des
animaux ; et les termes qui servent à les exprimer prennent non seulement un sens beaucoup plus étendu dans le premier cas que dans le second,
mais un sens tout à fait différent ; car les animaux sont entièrement privés
de liberté, c'est-à-dire de la faculté de délibérer avant d'agir.

C'est donc à la partie historique que Buffon attacha le plus d'importance
dans son histoire naturelle des oiseaux ; malheureusement les préventions
qui le suivirent dans ses recherches de synonymie ne lui permirent pas d'être
toujours vrai où il devait mettre le plus de prix à l'être, car il sentait que
c'est dans cette histoire du naturel et des mœurs que réside la véritable
science, que les autres parties ne sont qu'accessoires et ne forment que le
vestibule du temple dans le sanctuaire duquel est la divinité.

Il ne sera peut-être pas sans intérêt de rechercher quelles sont les
causes qui ont empêché que la direction que Buffon imprima à l'histoir
naturelle des animaux ne se continuât, et qui ont porté les esprits à s'attacher exclusivement aux autres branches de cette science, à la synonymie et
aux descriptions.,

Quand, en 1749, Buffon commença son histoire naturelle générale et
particulière des animaux, aucune impulsion n'avait encore été imprimée à
cette science ; le seul ouvrage même de quelque mérite qu'on possédât
étaient les Mémoires pour servir à l'histoire des animaux, publiés presque
un siècle auparavant par les académiciens, et cet ouvrage était essentiellement anatomique, quoique ses auteurs eussent cherché à reconnaître ce que
les anciens avaient pu dire des animaux dont ils étudiaient l'organisation.
Buffon régna donc sans partage ; et si, à peu près en même temps que lui,
Brisson publia son règne animal et son ornithologie, cet auteur se bornant,
dans ces ouvrages, à classer les animaux et à les décrire, il ne les fit recevoir que comme des catalogues, dont l'aridité dut être repoussante, à côté
des histoires pleines d'intérêt dont se composent les premiers volumes de
l'histoire naturelle générale et particulière. Mais quand, faisant la part de la
littérature et de la science, on porta sur celle-ci le regard scrutateur de la

critique, les vides trop fréquents qui s'y trouvent furent aperçus; on mit à
nu les hypothèses qui y dominent souvent, et les erreurs que ces premières
tentatives dévoilèrent, dans les histoires les plus propres à plaire, firent connaître la nécessité de remplir ces vides et d'écarter ces hypothèses, avant de
travailler à l'élévation des hautes parties de la science. Linnæus, que Buffon
avait contribué à faire connaître en le critiquant, s'était, entre autres choses,
appliqué d'abord à classer les animaux et à les soumettre à une nomenclature méthodique, ensuite à éclairer leur synonymie, c'est-à-dire les parties
de l'histoire naturelle où Buffon avait porté le moins de lumière. Frappés
de ces travaux, de la méthode qui y avait présidé et des avantages qu'ils
présentaient; obligés de rejeter, en partie, comme imaginaires quelques-uns
de ces brillants tableaux par lesquels Buffon s'était illustré, mais trouvant
surtout qu'il était beaucoup plus facile de marcher sur la terre avec l'un,
que de s'élever de la terre au ciel avec l'autre, les naturalistes ne voulurent
plus considérer Buffon que comme écrivain, et Linnæus seul eut l'honneur
d'être admis dans leurs rangs. Les ouvrages de cet homme illustre, que Buffon ne sut point apprécier, répondaient, il est vrai, à un besoin réel et pressant de la science; mais, s'il y eut quelque équité dans le jugement qu'on
porta sur Buffon, il y eut plus encore d'injustice, et les fruits que ce jugement produisit en donnèrent la preuve. Pendant vingt ans tout ce qu'on fit
en histoire naturelle fut calqué sur l'ouvrage principal de Linnæus, son
Systema naturæ; et quand le moment vint où l'on envisagea la route qu'on
avait suivie, on fut tout étonné de voir que le nombre des objets dont s'occupe l'histoire naturelle s'était considérablement accru, sans que la science
eût, à beaucoup près, fait des progrès dans la même proportion.

Elle avait gagné en superficie, mais non point en profondeur; une excellente méthode de nomenclature lui restait, plus de précision peut-être
lui était acquise; mais son système de classification était vicieux, et l'observation des mœurs n'avait pas fait un pas. Une nouvelle révolution était donc
inévitable, et elle eut lieu dans le sens où le demandaient ces nombreux
objets obscurément entassés dans les cadres que Linnæus leur avait prépa-
rés, révolution heureuse qui parut comme un éclair au milieu de la plus
profonde nuit. Les principes sur lesquels se fondait le système de classification du naturaliste suédois étaient en quelque sorte arbitraires; ils avaient
surtout pour but de conduire à la connaissance du nom des animaux, et, ce
nom une fois connu, on pouvait remonter a leur histoire par le moyen de la
synonymie; mais il n'en résultait aucune notion sur la nature de ces animaux et sur leur rapport d'organisation ; rien à cet égard ne pouvait être
nécessairement inféré de leur rapprochement, et le tableau général des êtres
animés qui en était le produit n'était qu'un tableau trompeur de la nature,
qui ne nous faisait apprécier ni la sagesse ni la puissance de son auteur. Ces
principes disparurent donc devant celui de la subordination des caractères,
qui renferme, dans la classification seule, tous les systèmes organiques des

animaux, et nous les présente dans l'ordre de leur importance et de leur
influence mutuelles, tout en conduisant d'ailleurs, avec la même facilité que
ceux qu'il remplace, à la connaissance du nom des espèces. C'est à l'anatomie comparée qu'est dû en grande partie ce changement fondamental, et
c'est elle qui pourra conduire à toutes les conséquences du principe de la
subordination; mais comme ces conséquences sont loin d'être obtenues,
qu'elles ne le seront même jamais qu'en proportion des progrès de cette
anatomie générale, et que la connaissance anatomique et physiologique des
animaux n'arrivera sans doute jamais à son dernier terme, il n'y aurait aucune raison pour que l'histoire naturelle de ces êtres fît le moindre progrès,
si, jusqu'à ce que toute recherche de ce genre devînt inutile, on se renfermait dans la partie qui a pour objet la classification.

C'est cependant cette direction anatomique que l'histoire naturelle des
animaux a prise aujourd'hui à peu près exclusivement. Les grands résultats
auxquels l'anatomie comparée conduit ont jeté les esprits dans une préoccupation profonde qui leur a fait perdre de vue le but essentiel et définitif
de cette histoire et de toutes les recherches dont elle est l'objet. Décrire des
espèces nouvelles et les rapprocher de celles qui sont connues, conformément à la ressemblance des organes, voilà ce qui, chez nous, constitue la
science, c'est-à-dire qu'elle est encore dans le point de vue où l'avait placée
Linnæus; seulement elle est entrée dans une voie plus large, mais bien
étroite encore lorsqu'on embrasse par la pensée l'ensemble de la science.
Sans doute, quand en anatomie les idées générales se renouvelleront plus
difficilement et laisseront en nous un vide pénible, nous verrons comme
dans tous les sujets qui sont du domaine de l'intelligence notre esprit porter
ailleurs l'activité qui fait sa vie; et alors, si quelques travaux importants,
quelque riche observation, quelque voix puissante, viennent exercer sur lui
leur influence en faveur de l'étude des animaux vivants, il pourra revenir à
cette étude, à la suite de Buffon, et l'embrasser avec la même ardeur qu'il
embrassa les classifications artificielles après Linnæus, et que de nos jours
il a embrassé les classifications naturelles.

Buffon sentait déjà très vivement le vide des observations dont la connaissance de la nature vivante avait besoin, par le peu de renseignements
qu'à cet égard il trouvait pour l'histoire des oiseaux; aussi nous le voyons
recommander ce genre de recherches à tous ceux qui, vivant près des animaux et pouvant les suivre dans leurs actions, sont à portée de recueillir les
véritables éléments de leur histoire[1]. Il sentit même que des expériences
pouvaient utilement étendre le champ de ces recherches, et il nous donne
l'exemple de celles qu'il crut devoir tenter. Les conseils de Buffon profitèrent
peu, et nous croyons avoir montré pourquoi. Serait-il mieux entendu aujourd'hui? On peut en douter : le besoin qu'il signalerait avec son autorité

1. Tome Ier, in-4°, p. 23.

toute-puissante serait apprécié sans doute; mais aujourd'hui la carrière de l'histoire naturelle n'est pas celle qu'essayeront de suivre les esprits qui sentiront leurs forces, et qui seuls pourraient la parcourir avec fruit; d'autres carrières s'ouvrent pour eux et leur montrent un but que l'opinion environne de plus de gloire et de plus d'éclat.

Dans son discours sur la nature des oiseaux, qui vient après celui où il expose le plan de son ouvrage, nous le voyons traiter de la structure des sens et des sensations chez ces animaux, et ramener directement ou indirectement aux impressions qu'ils en éprouvent toutes les actions essentielles de leur vie, ou les phénomènes principaux qui se manifestent en eux; car il considère les organes de la reproduction comme ceux d'un sixième sens.

Ainsi, à propos de la vue, il parle des migrations des oiseaux, de leur force musculaire; à la suite de l'ouïe, il traite de leur voix; à l'occasion du toucher, il décrit leurs mues, etc. Nous ne reviendrons pas, pour les examiner, sur toutes les parties de ce discours fort remarquable d'ailleurs. Nous nous bornerons à quelques observations sur les points qui, ne se trouvant plus conformes à ce que des observations plus nombreuses ou plus exactes ont appris, nous paraissent avoir plus besoin d'être rectifiées.

C'est à l'instinct et au naturel que Buffon attribue toutes les actions des oiseaux, et pour lui l'instinct est le résultat de la faculté de sentir, et le naturel l'exercice habituel de cet instinct, guidé et même produit par cette faculté. Si ces actions diffèrent suivant les espèces, c'est qu'il y a chez ces espèces des différences entre les facultés de sentir. Rien, comme on le voit, dans ce système n'est accordé à l'intelligence. Sans doute les oiseaux ne sont point doués de la faculté d'agir avec cette connaissance réfléchie qui est le partage exclusif de l'homme; ils agissent par le fait d'une détermination spontanée, qui a été précédée, si l'on veut, de ce que Buffon appelle un sentiment; mais ce sentiment est un véritable jugement, car il n'a pu être, dans toutes les circonstances fortuites, que le sentiment de leur convenance ou de leur disconvenance à l'animal qui, par elles, a été déterminé à agir. Ce jugement, pour être obscur, n'en est pas moins semblable à la plupart de ceux que nous portons chaque jour dans toutes les circonstances qui ne demandent pas de notre part une délibération réfléchie; or, entre ce sentiment tout intelligent et l'instinct tout aveugle, il y a l'infini; il y a toute la distance qui sépare l'esprit de la matière.

L'erreur de Buffon, en confondant les actions irréfléchies avec les actions instinctives, s'est propagée jusqu'à ce jour, malgré la connaissance exacte et détaillée qu'on a pu prendre de celles-ci, par les nombreuses et belles observations dont les Réaumur, les Bonnet, les Hubert ont enrichi l'histoire naturelle. Descartes était plus avancé, car il avait bien compris que la plupart de ces actions instinctives ne plaçaient pas les animaux au-dessous de l'espèce humaine, mais les élevaient fort au-dessus d'elle. C'est que nos actions les plus nobles ne sont que les effets immédiats de notre faible intelligence, tandis que les actions instinctives sont les effets médiats de l'intelligence divine.

Si, dans son système, Buffon refuse toute intelligence aux oiseaux, dans son langage, par contre, il leur en accorde avec excès ; et en cela il nous donne un nouvel exemple de l'inconvénient qu'il y a à employer au sujet des animaux des termes qui n'ont de vérité que par rapport à l'homme. Ainsi on ne croira pas que les oiseaux méditent leur retraite quand le temps de la migration est arrivé ; qu'ils se rassemblent d'abord dans l'intention d'entraîner avec eux leurs petits ; qu'ils augmentent leurs troupes, prévoyant la nécessité de résister à leurs ennemis, etc.

Toutes ces actions, ils les font sans doute ; mais ils les font instinctivement et dans l'ignorance la plus complète de ce qui en sera le résultat ; s'il n'en était pas ainsi, ce serait véritablement de leur part de la méditation et de la prévoyance ; ce qui nous ramène à l'idée si juste de Descartes : que les actions instinctives ne sont pas d'un ordre inférieur à nos actions raisonnables, mais d'un ordre au contraire bien supérieur à tout ce qu'il est donné à notre intelligence de faire.

Ses idées sur les influences variées que les animaux peuvent recevoir de toutes les causes propres à agir sur eux le conduisent à penser que c'est de notre influence, ou plutôt de l'influence de notre civilisation, que plusieurs des oiseaux qui vivent en Europe ont reçu la faculté de chanter agréablement, croyant que ceux qui vivent dans les pays sauvages ne font entendre que des sons sans harmonie ou même des cris désagréables. Les faits ont depuis longtemps réduit à rien cette singulière erreur, où nous retrouvons toujours la tendance qui le portait à donner aux causes fortuites une influence qui ne pouvait être que supposée de sa part, et qu'en effet l'expérience n'a point confirmée ; et c'est encore comme conséquence d'une autre supposition, qu'il veut établir que les oiseaux que nous appelons domestiques ne sont que prisonniers. Parce que les oiseaux, en général, ont plus de moyens de nous échapper que les quadrupèdes, il conclut que notre influence sur les uns n'a pu être aussi grande que sur les autres, et qu'ayant pu réduire les premiers à l'état de domesticité, nous ne devons pas avoir pu y réduire les seconds. S'il eût consulté les faits, il aurait renoncé à sa supposition et à son raisonnement, car nous n'avons aucune race qui l'emporte en domesticité sur nos poules, nos canards, nos oies, nos dindons ; il y aurait encore renoncé s'il se fût fait une idée exacte du caractère de la domesticité, s'il eût reconnu qu'elle consistait en une association devenue nécessaire par l'influence de l'habitude, et non point en un esclavage.

A ses yeux, les mâles chez les oiseaux aident les femelles à la construction du nid par complaisance et poussés par l'amour qu'elles leur inspirent ; ces soins rendent l'attachement réciproque, et c'est pour partager les ennuis de la couvaison que le mâle se place quelquefois sur les œufs avec sa femelle.

Nous voilà revenus à ce langage métaphorique dont nous avons déjà montré les inconvénients, et nous n'en parlerions pas si, de ce que les quadrupèdes ne font pas de nids et ne couvent point, Buffon n'était conduit à cette singulière conséquence, qu'il n'y a jamais d'attachement véritable entre ces animaux, conséquence fausse, et qui lui a entièrement fait oublier ce qu'il dit lui-même du chevreuil et de beaucoup d'autres quadrupèdes, qui, une fois unis l'un à l'autre, ne se séparent plus.

L'honnêteté dans le mariage lui semble résulter aussi de cet attachement des oiseaux l'un pour l'autre et des soins auxquels les condamne la conservation de leur progéniture, honnêteté qui ne serait pas le partage des quadrupèdes, le mâle chez eux n'étant ni mari ni père de famille et méconnaissant et sa femme et ses enfants, desquels il n'est pas d'ailleurs le seul père, et qui doivent rester entièrement à la charge de la femelle ; nouvelle erreur que les faits démentent et qu'il aurait dû d'autant moins commettre que, dans son histoire des quadrupèdes, il nous peint plusieurs mâles veillant avec autant de sollicitude que la femelle à la conservation de leurs petits.

Nous nous bornerons aux observations précédentes relativement aux facultés morales des oiseaux ; mais nous en ajouterons encore quelques-unes relatives à l'organisation.

En parlant de la supériorité des muscles des oiseaux sur ceux des quadrupèdes, Buffon n'en dit pas la cause ; il se borne à l'indication du fait ; et cette cause cependant est des plus importantes pour les oiseaux, car c'est d'elle que dépend en grande partie leur nature. Cette cause qui réside dans la respiration beaucoup plus étendue chez les oiseaux que chez tous les autres animaux, en développant la chaleur, développe dans la même proportion la vitalité ; car, dans tout le règne animal, l'énergie de la vie est proportionnelle à l'étendue de la respiration. C'est ainsi que les reptiles, respirant moins que les quadrupèdes, ont une vie beaucoup plus lente que celle de ces animaux, et que ceux-ci, respirant moins que les oiseaux, ont une force vitale infiniment moindre que la leur.

Toute proportion gardée, les oiseaux sont moins pesants que les quadrupèdes, et entre autres causes de cette différence, Buffon indique les os, qui auraient moins de densité chez les premiers que chez les seconds, ce qui est inexact ; les os des uns sont cependant en effet moins lourds que ceux des autres ; mais c'est parce qu'au lieu d'être pleins ils sont vides, que ceux des membres, au lieu de former des cylindres pleins, forment des tubes ; et c'est en pénétrant jusque dans la cavité de ces os que l'air fournit à une respiration plus étendue, à une plus grande absorption de la partie respirable de l'air, à un plus grand développement de chaleur.

Toutes les productions organisées de la nature servent de nourriture aux oiseaux comme aux quadrupèdes : les uns se nourrissent de viande, d'autres de grains, ceux-ci recherchent les insectes, ceux-là les fruits ; il en est même qui paissent l'herbe des prairies. A ce sujet Buffon fait une comparaison très

ingénieuse des animaux qui composent ces deux classes, et même des différences qui caractérisent les organes digestifs pour chaque genre de nourriture; mais, en poursuivant les analogies, il conclut que ceux qui se nourrissent de chair doivent avoir le goût plus délicat que ceux qui se nourrissent
de grains, ce qui le conduit à donner comme un fait, que les oiseaux de
proie ayant ce sens plus délicat ont une langue charnue, tandis que les oiseaux granivores auraient seuls une langue cornée. Or l'observation n'a
point confirmé cette conjecture. Les oiseaux de proie, comme beaucoup
d'autres, ont la langue cornée, et si la langue était pour eux un organe du
goût, ce ne serait pas la partie antérieure de cet organe; mais on
sait aujourd'hui que, dans ce qui constitue la saveur, deux sens sont affec-
tés, celui du goût et celui de l'odorat, et que le premier étant susceptible
d'un très petit nombre de modifications proportionnellement à celles du
second, c'est par celui-ci surtout que doivent savourer ces oiseaux à langue
cornée.

Depuis longtemps l'expérience nous a appris que la nature, dans sa sagesse, a donné aux animaux une fourrure d'autant plus épaisse qu'elle les a
destinés à vivre dans des régions plus élevées ou plus froides; il était donc
assez naturel de penser que dans les régions chaudes, entre les tropiques, les
vêtements seraient légers : les poils rares chez les quadrupèdes, et les plumes
en petit nombre chez les oiseaux; d'autant plus que les éléphants, les rhinocéros, les hippopotames, tous animaux des pays les plus chauds, sont presque entièrement nus; mais en histoire naturelle rien n'est plus trompeur que
les analogies; aussi Buffon est-il tombé dans une grande erreur en induisant
des éléphants et des rhinocéros, aux casoars et aux autruches; ces oiseaux
ne sont point presque nus, comme il le dit; au contraire, il en est peu qui
soient revêtus d'un plumage plus épais; à la vérité, cette épaisseur ne tient
pas à leur duvet, et c'est le duvet qui chez les oiseaux comme chez les quadrupèdes a été opposé par la nature à l'action du froid. Les poils qui revêtent extérieurement les animaux ne paraissent pas avoir cette destination et
semblent être sans rapports nécessaires avec la température; car la nombreuse
famille des makis, qui vit sous les mêmes parallèles que les éléphants, a un
pelage aussi épais, aussi fourré que les animaux qui vivent sous les pôles;
mais ce pelage est dépourvu de duvet, et sous ce double rapport les autruches et les casoars peuvent être comparés aux makis.

Nous ne porterons pas plus loin nos observations sur les discours généraux que Buffon a placés à la tête de son histoire naturelle des oiseaux, quoiqu'il passe trop légèrement sur la structure des organes des sens; mais ce
sujet, par les développements qui en auraient été la conséquence, nous aurait
conduit au delà des limites qui nous sont imposées. N'avons-nous pas d'ailleurs beaucoup hasardé en relevant quelques erreurs de cet homme illustre,
en portant en quelque sorte une main profane sur le monument que créa
son génie, et ne lui devons-nous pas une réparation pour cette sorte d'injure ?

Oui, Buffon a atteint à toute la perfection de la science pour l'époque où il écrivait, et ses erreurs devaient être : le génie devait les commettre; car la science n'existait pas; il fallait la créer, et les idées les plus générales des sciences qui commencent ne peuvent être que des idées hypothétiques. Buffon a donc créé des hypothèses; grâces lui en soient rendues; il fallait qu'elles fussent, et mieux valait encore qu'elles sortissent de cette puissante intelligence que de celles qui l'ont suivie et l'ont méconnue. Mais aujourd'hui la science existe, et sa méthode est consacrée par un demi-siècle de travaux et par les préceptes même de Buffon, si ce n'est par tous ses exemples. Ceux donc qui s'abandonnent aujourd'hui à des recherches hypothétiques ne le font que par leur impuissance d'induction, et ils ne comprennent ni le génie de Buffon, ni l'époque où ils vivent, ni la science qu'ils croient cultiver.

DE LA STRUCTURE

ET DE LA PRODUCTION DES PLUMES

D'après ce que nous avons dit dans notre discours préliminaire sur l'organisation des oiseaux, on a pu voir tout ce qu'avaient d'important les téguments dont ces animaux sont revêtus, la nature particulière de ces téguments et l'influence qu'ils exercent sur le genre de vie. On ne connaîtra donc
pas sans quelque intérêt la structure des plumes et les procédés merveilleux
au moyen desquels la nature les produit ; c'est ce qui nous détermine à placer à la suite du discours qui a pour objet de faire connaître les modifications organiques constitutives des oiseaux, un mémoire qui contient des recherches sur les plumes et sur leur mode de développement. Les détails où
nous entrons dans ce mémoire sont plus propres qu'aucun autre à faire connaître la puissance infinie de la nature et les moyens nombreux qu'elle emploie dans la production de ses œuvres, en apparence les moins importantes
et les plus communes.

Partie historique.

Le premier travail spécial sur les plumes que nous connaissions est celui
de Poupart, dont on trouve un extrait dans les Mémoires de l'Académie des
sciences pour l'année 1699. La plume, pour cet anatomiste, se composait du
tube corné inférieur, de la tige qui le surmonte, dont il ne considère que la
matière spongieuse, et des barbes qui naissent de chaque côté de cette tige ;
et il ne parle que des jeunes plumes des jeunes oiseaux, comme s'il eût
ignoré que la mue en produit chaque année de semblables. Mais il avait fort
bien vu que les vaisseaux nourriciers des plumes pénètrent dans celles-ci par
leur extrémité inférieure ; que ces vaisseaux constituent en partie un organe
à la surface duquel ils se ramifient, et qu'il compare à une veine remplie de
lymphe nutritive ; que les plumes, dans le premier travail de leur formation,
sont préservées des accidents extérieurs par un tuyau cartilagineux, à la face
interne duquel les barbes sont roulées en cornet ; que d'abord ces barbes
ont l'apparence de bouillie, et qu'à mesure qu'elles se forment, le tuyau cartilagineux se dessèche, tombe par écailles et laisse les barbes exposées à l'air
où elles prennent toute leur consistance ; que l'organe qui contient la lymphe
se termine supérieurement par des entonnoirs membraneux quand les plumes
commencent à se dessécher, et que le tuyau de chaque entonnoir, pénétrant dans le pavillon de l'entonnoir qui le surmonte, il en résulte un
canal continu ; enfin, de ce que l'organe nourricier de la plume se résout

définitivement en godet, il supposait que ces godets donnaient une idée de sa structure.

De ce petit nombre de faits, Poupart concluait que son organe, réservoir de la lymphe nutritive, était contenu, même à l'origine des plumes, dans le tube qui les termine inférieurement quand leur développement est entier, ne faisant aucune différence entre ce tube et le tuyau cartilagineux dont nous avons parlé plus haut; que cet organe, par son extrémité supérieure, s'introduisait dans la partie spongieuse ou la moelle de la plume, y versait sa lymphe qui, par imbibition, pénétrait dans les barbes, lesquelles finissaient ainsi de se nourrir et de se former; de la sorte, la plume acquérait successivement toute sa grandeur et toutes ses formes.

De ces premières observation, bien insuffisantes sans doute pour expliquer convenablement la formation des plumes, nous passons sans intermédiaire aux leçons d'anatomie de mon frère (t. II, p. 603). Malheureusement la structure des plumes ne pouvait occuper qu'une place très secondaire dans un traité général d'anatomie comparée, et dans le premier traité de ce genre qui parût. Quoi qu'il en soit, tous les faits rapportés par Poupart y sont confirmés; mais sa veine remplie de lymphe, que mon frère nomme cylindre gélatineux, ne verse plus sa matière dans la partie spongieuse de la plume pour la nourrir ainsi que les barbes; elle croît en longueur par sa base et sort du tuyau cartilagineux, désigné ici par le nom de gaine, en même temps que ces barbes et que la tige qui les porte; c'est en effet ce que l'expérience confirme. Mais rien n'indique les rapports de cet organe avec la plume proprement dite et ses différentes parties; on les voit seulement se développer simultanément, et la formation des barbes, par le desséchement de la matière qui les constitue, semble plutôt le résultat d'une attraction purement physique, d'une sorte de cristallisation, produite par une force inhérente à cette matière, qu'un résultat de la vie, c'est-à-dire d'une force dont le siège serait dans un organe.

Les nombreux détails que demandait une connaissance complète des plumes et de leur organe producteur ne pouvaient résulter que d'un travail spécial, et c'est ce travail qui a occupé M. Dutrochet. On trouve le mémoire qui le renferme et qui est intitulé *De la structure et de la régénération des plumes,* dans le tome LXXXVIII, p. 333, du *Journal de physique,* mai 1819.

Les faits qu'il contient sont à peu près les mêmes que ceux que nous venons de rapporter; mais le travail de M. Dutrochet se distingue par les explications à l'aide desquelles il rend compte de la manière dont se forment les diverses parties de la plume.

Après une description fort exacte de la plume lorsqu'elle est entièrement formée, c'est-à-dire telle qu'elle nous est représentée par celles dont nous faisons usage pour écrire, il passe à son développement et cherche la raison de toutes les particularités de formes et de structure qu'il vient d'exposer, dans les différents phénomènes que ce développement lui présente, en fai- .

sant toutefois exception des barbes et des barbules ; ces parties étant pour lui
tout à fait semblables à la tige, et trop petites pour que leur formation puisse
être observée.

Lorsqu'une plume commence à croître, elle ne se montre d'abord extérieurement que par un tube (tuyau cartilagineux de Poupart, gaine de mon
frère) formé de plusieurs couches de l'épiderme du bulbe (veine remplie de
lymphe de Poupart, cylindre gélatineux de mon frère) qu'il renferme et qui
est une papille de la peau plus ou moins grossie. Ce bulbe pénètre dans le
tube par l'ouverture inférieure ou l'ombilic de celui-ci. Si l'on ouvre ce tube
longitudinalement, on trouve entre sa face interne et le bulbe les rudiments
des barbes terminales de la plume dans un grand état de mollesse. Il n'y a
alors encore aucune apparence de la tige centrale : ces barbes rudimentaires
enveloppent le bulbe, ployées obliquement autour de lui (en cornet suivant
Poupart) ; elles naissent de la circonférence de l'ombilic et n'ont aucune
adhérence organique avec le corps du bulbe. Bientôt le tube épidermique
se décoiffe, et la plume commence à en sortir ; mais ce n'est que lorsque
les premières barbes ont acquis toute leur longueur que la tige naît ; elle se
forme de la réunion de leurs fibres cornées, et à mesure que la plume grandit, la face postérieure de cette tige augmente en largeur dans la même proportion que le nombre des barbes. Quant aux fibres cornées de la face antérieure, elles naissent exclusivement d'une partie de la surface du bulbe,
d'autant plus voisine du sommet de cet organe que la plume approche plus
de sa perfection. Les fibres cornées des faces antérieures et postérieures existent avant la substance spongieuse qui les sépare, qui est déposée par couches
entre elles, et n'est peut-être qu'une manière d'être de la substance cornée.
C'est aussi le bulbe qui produit la substance colorante des plumes, laquelle
ne se trouve jamais que dans les fibres cornées.

Ce bulbe, essentiellement composé de vaisseaux et de nerfs, est revêtu
d'un épiderme qui se dessèche et se détache par le contact de l'air ; ce qui
produit les calottes (entonnoirs et godets de Poupart) qui le surmontent, et
qui viennent de son sommet exposé seul à l'air quand ce tube épidermique
se décoiffe.

Nous voici arrivés, avec M. Dutrochet, à l'extrémité inférieure de la tige
de la plume. Les fibres de sa face postérieure sont allées en augmentant,
et cette face s'est élargie à mesure que le nombre des barbes s'est accru, et
qu'elles ont occupé une plus grande partie de la circonférence de l'ombilic ;
enfin, cette circonférence en est entièrement remplie ; c'est-à-dire qu'elle se
trouve tout occupée par des fibres cornées, fibres dont l'assemblage représente la continuation de la partie postérieure de toutes les barbes. De cet assemblage naît le cylindre ou le tuyau de la plume. Pendant ce temps, le tube
épidermique s'est aminci et a fini par disparaître.

Dès que le tuyau de la plume commence à se former de la réunion en
un cercle des fibres cornées de la face postérieure de la tige ou des barbes,

I.   32

les fibres cornées de la face antérieure cessent de se produire ainsi que la substance spongieuse : ce qui arrive, parce que le tuyau, en se formant, déplace le bulbe qui produit ces dernières fibres ; il le force à se renfermer en lui, en l'enveloppant de toutes parts ; alors ce bulbe ne dépose plus que la substance qui doit fermer ce tuyau à son sommet ; dès que cette tâche est remplie, il diminue graduellement de hauteur et finit par être absorbé en laissant les calottes d'épiderme qui constituent ce qu'on appelle vulgairement l'âme de la plume. Enfin l'extrémité inférieure du tuyau se ferme à son tour, et le moment de la chute de la plume est arrivé.

Il aurait été difficile de ne pas être au moins frappé de cette ingénieuse théorie de la formation des plumes ; toutes les phases de leur développement y sont marquées avec soin, et les causes de la production de leurs différentes parties, exposées avec beaucoup d'art et de vraisemblance ; aussi n'aurais-je peut-être pas élevé le moindre doute sur cette théorie, si les faits que j'avais moi-même recueillis ne se fussent pas trouvés en opposition avec ceux qui lui servent de fondement ; bien moins, à la vérité, parce qu'ils sont différents que parce qu'ils sont plus nombreux et plus développés.

Enfin, M. de Blainville termine la série des auteurs qui, chez nous, se sont occupés de la structure et du développement des plumes. Il expose ses idées sur cette matière dans le premier volume, p. 105 et suivantes, de ses *Principes d'anatomie comparée*, et son but principal paraît être moins d'augmenter le nombre des faits que de ramener, par l'emploi d'une partie de ceux qui sont connus, à l'explication du développement des poils. Ainsi, pour M. de Blainville, les plumes sont composées, comme les poils, d'un bulbe producteur et d'une partie produite.

Le bulbe (réunion de la gaine et du bulbe de M. Dutrochet) se compose extérieurement d'une capsule (gaine) fibreuse, blanche, épaisse, qui est remplie de matière subgélatineuse (bulbe), ayant une forme déterminée et dans laquelle pénètrent les vaisseaux et les nerfs. Cette matière vivante « offre à sa surface des stries ou cannelures dont la disposition indique la forme de la plume. Le principal de ces sillons occupe le dos du bulbe..... Les autres, beaucoup plus fins, tombent obliquement et régulièrement par paires de chaque côté du sillon principal et commencent dans la ligne médiane et ventrale du bulbe. » Et à en juger par analogie, des stries d'un troisième ordre tombent sur ceux du second ; mais leur petitesse empêche de les voir. Tel est l'organe producteur de la plume « quand il vient à en exhaler la matière qui se dépose en grains non adhérents... Il se forme une succession de cônes non distincts, mais ces cônes ne s'emboîtent pas d'abord les uns dans les autres ; ils se fendent le long de la ligne médiane inférieure, où les filets cornés, produits des sillons, se réunissent, et dans la longueur même de ces filets cornés, très probablement à l'endroit des stries tertiaires.

« C'est ainsi que se forme la lame de la plume, c'est-à-dire la partie dont l'axe est plein et solide, et qui est pourvue de barbes et de barbules.

« Quand le bulbe a produit cette lame qui est sortie au fur et à mesure de la capsule rompue à son extrémité, il a considérablement diminué de vie ; et soit que les sillons s'effacent ou que sa base n'en offre plus, il exhale de toute sa circonférence de la matière cornée qui forme alors le tube complet, celui qui termine la plume.

« Ce tube renferme la pulpe, et comme l'extrémité de celle-ci, à mesure qu'elle diminue, se retire, elle produit des espèces de cloisons en forme de verres de montre ; c'est ce qu'on nomme l'âme de la plume, et ce n'est autre chose que la succession de l'extrémité des cônes qui composent le tube. »

Ces idées sur la formation des plumes, dont j'ai copié textuellement l'exposition à cause de leur précision, sont fort différentes de celles de M. Dutrochet ; et comme les unes ne reposent pas, à proprement parler, sur d'autres fondements que les autres, mes observations ne se trouvent pas mieux concorder avec les explications de M. de Blainville, qu'avec celles de l'observateur dont nous avons précédemment exposé le système.

Je vais actuellement décrire les faits que j'ai recueillis ; j'essayerai d'en montrer ensuite les conséquences. Malheureusement nos moyens d'observation sont bornés, et la nature est aussi infinie dans la moindre de ses productions que dans l'ensemble des êtres dont l'univers est formé.

De la plume en général, et des diverses parties qui la composent.

La production organique qui fait l'objet de ce Mémoire est celle qui constitue le vêtement des oiseaux et que l'on désigne communément par le nom général de plumes, quelles que soient les formes ou les apparences sous lesquelles elles se présentent : qu'elles soient lâches ou soyeuses, comme celles de certaines variétés de nos poules domestiques; fermes ou résistantes, comme les pennes des oiseaux qui volent; molles ou veloutées, comme le duvet; recourbées en panaches, relevées en aigrettes ou allongées en soies, etc., etc.

Toutes ces sortes de plumes, en effet, ont la même structure fondamentale ; leurs différences, quelque grandes qu'elles paraissent, ne tiennent qu'à des modifications assez légères, et les unes comme les autres se composent des mêmes parties essentielles.

Il n'entre pas dans mon plan de montrer la cause de ces variations ; non seulement elles feraient la matière de plusieurs volumes ; mais, de plus, elles exigeraient un grand nombre d'oiseaux fort rares, dont il faudrait cependant disposer comme on fait d'oiseaux domestiques, ce qui n'est possible pour personne. Un ensemble complet de recherches sur les différentes sortes de plumes ne peut être que l'ouvrage successif du temps; les miennes se sont principalement portées sur les plumes qui reçoivent le nom de pennes, et c'est celles-là dont je dois faire connaître les parties avant de m'occuper de l'organe qui les produit.

Toutes les pennes que tout le monde peut se représenter par nos plumes à écrire nous présentent un tube corné à leur extrémité inférieure, une tige qui le surmonte, et de chaque côté de laquelle se développent des barbes qui sont elles-mêmes garnies de barbules. Le tube, toujours plus gros et plus court que la tige, est à peu près cylindrique et généralement transparent ; il se termine en une pointe plus ou moins mousse, et est percé à son extrémité inférieure d'un orifice que nous nommerons *ombilic inférieur*, par opposition à un autre orifice auquel nous donnerons le nom d'*ombilic supérieur*, et qui est situé au point où le tube se réunit à la face interne de la tige, et où les barbes des côtés de celle-ci, qui ont commencé un peu plus haut à se rapprocher, finissent par se réunir tout à fait. L'intérieur de ce tube renferme des capsules emboîtées les unes dans les autres, et souvent unies entre elles par un pédicule central qui en forme une sorte de chaîne : c'est ce qu'on nomme vulgairement l'âme de la plume. C'est par le tube que les plumes tiennent à la peau.

La tige, considérée isolément, a une forme plus ou moins carrée; elle va en diminuant graduellement de grosseur de l'ombilic supérieur jusqu'à son extrémité, et elle suit une ligne courbe. Nous désignons par le nom de *face interne* de la tige la partie intérieure ou concave de cette ligne, et par celui de *face externe* sa partie extérieure ou convexe. Ces deux faces sont revêtues d'une matière d'apparence cornée, assez semblable à celle qui constitue le tube; et cette matière couvre immédiatement une substance blanche, molle, élastique, que nous nommons matière spongieuse, et qui constitue la partie centrale de la tige, du moins dans la plupart des plumes. La face externe est toujours lisse et légèrement arrondie; dans quelques pennes, elle est unie; dans d'autres, elle présente au travers de sa matière cornée des lignes parallèles longitudinales, plus ou moins nombreuses, qui semblent des stries. L'interne est toujours partagée en deux parties égales dans toute sa longueur, par une dépression, ou petit canal, ou par une saillie; et ces dernières différences résultent ordinairement de la structure interne de la tige.

En effet, nous avons trouvé dans les pennes, nous pouvons même dire dans les plumes, deux sortes de tiges; les unes pleines et solides, les autres creusées et pourvues d'un canal dans toute leur longueur. Dans les premières, l'âme de la plume se termine à l'ombilic supérieur auquel elle est attachée; dans les secondes, elle est également attachée à cet ombilic, mais elle se prolonge d'un bout de la tige à l'autre. Quant aux lignes parallèles, aux apparences de stries longitudinales de la face externe de quelques tiges, elles sont dues à ce que la lame cornée est formée de semblables stries du côté où elle s'applique sur la matière spongieuse, et sa transparence les rend sensibles à l'œil, car elles ne le sont pas au toucher extérieurement.

Les barbes consistent dans des lames, dont l'épaisseur, la largeur et la longueur varient suivant les espèces de plumes, et qui naissent sur les côtés de la tige vers le bord de sa face externe. De chaque côté de ces barbes sont des barbules ou des lames plus petites qui sont lâches ou serrées, longues ou courtes ; ces barbules 'sont quelquefois barbelées elles-mêmes, comme on peut s'en assurer sur les barbules des grandes plumes de paon ; et c'est surtout de la contexture des unes et des autres que résultent en grande partie les différences qui caractérisent extérieurement les plumes, abstraction faite des couleurs.

Ces barbes et barbules sont pourvues de deux bords qui correspondent l'un à la face interne de la tige, qui est le bord interne, et l'autre à la face externe, qui est le bord externe, et deux faces : celle qui regarde le haut de la tige est la face supérieure, celle qui regarde du côté du tube est la face inférieure. Les bords des unes et des autres m'ont toujours paru lisses et légèrement arrondis, et ce n'est pas toujours aux points correspondants des faces des barbes que naissent les barbules.

Enfin, il paraît que la grande variété de couleur que présentent les plumes réside dans la matière cornée de la tige, dans les barbes et les barbules ; mais l'éclat de ces couleurs paraît tenir autant à la contexture des parties qui les présentent qu'aux substances colorantes elles-mêmes.

De la capsule productrice des plumes.

Quoique composé de parties qui se distinguent aisément l'une de l'autre par leurs formes et leurs rapports, cet organe fait cependant un tout indivisible ; on ne peut détacher une de ses parties sans l'altérer, et néanmoins son analyse est nécessaire ; sans elle, on ne pourrait le faire connaître ; mais si je décris séparément les parties qui le constituent, on ne doit pas oublier que leur union est intime et que les fonctions de l'une sont inséparables des fonctions de l'autre.

Ce qui rend son étude fort difficile, ce qui a empêché que jusqu'à ce jour il fût bien compris, c'est qu'il ne se présente jamais complètement à l'observateur, et qu'il se détruit par une de ses extrémités à mesure qu'il se développe par l'autre. Tant qu'une dent est sécrétée, l'organe qui la produit conserve son intégrité. Cela paraît être plus vrai encore pour les poils ; ils se composent, dit-on, d'une succession de cônes produits successivement par un organe qui en exhale la matière et qui en est le moule. L'organe producteur de la plume, au contraire, n'est jamais un moment le même ; la partie qui a excrété la première portion d'une plume s'est oblitérée en même temps que cette portion a été formée et que la partie qui doit suivre se montre ; celle-ci, qui produira la seconde portion, s'oblitérera à son tour dès qu'elle aura rempli sa destination, et il en sera ainsi jusqu'à l'entière production de la plume. Il en résulte que cet organe ne pouvant être vu tout entier en même temps, et le développement de ses parties suivi sur un même oiseau, puisqu'il faut détruire cet organe pour l'observer, sa description générale ne saurait se former que de la réunion d'observations particulières isolées qui n'ont de liens que dans l'esprit, ou du moins que ceux que l'esprit croit apercevoir en eux.

Toutes ces circonstances m'obligeront à entrer dans des détails que j'aurais pu supprimer, si l'examen d'une seule capsule productrice des plumes eût pu suffire pour la faire connaître; mais dans les faits où l'observation n'est pas simple, on ne doit pas moins rendre compte de la route qu'on a suivie, des moyens qu'on a employés, que des résultats qu'on a obtenus.

Toute capsule naît d'une papille du derme, mais elle n'en est point le développement; elles n'ont pas le moindre rapport de structure et ne tiennent l'une à l'autre que par des points très circonscrits. Aussi, lorsqu'on ouvre l'étui du derme où se trouve contenue la partie inférieure d'une capsule nouvelle, et qu'on pénètre jusqu'à la papille, on trouve celle-ci formant un cône extrêmement petit en comparaison de cette capsule, et ne communiquant guère avec elle que par son sommet; ce qui explique l'extrême facilité qu'on éprouve à arracher une capsule naissante et l'intégrité de toutes ses parties après cette violente séparation.

La première forme de la capsule, celle sous laquelle elle se présente d'abord et avant toute altération, est la forme d'un cylindre terminé par un cône. Dans la plupart des oiseaux, ce cylindre n'est pas plus tôt sorti de quelques lignes hors de la peau, que la partie conique tombe, qu'il se décoiffe, pour laisser libre l'extrémité de la plume. Cependant il est des capsules qui atteignent jusqu'à quatre ou cinq pouces avant d'éprouver aucun changement extérieur; mais, dans tous les cas, la chute du cône précède toujours, et de beaucoup, l'entière formation de la plume.

Lorsqu'une capsule de plume à tige solide a été détachée soigneusement de la couche corticale où elle a pris naissance, et qu'on l'examine, on reconnaît qu'elle est terminée inférieurement par une membrane fibreuse, molle, percée à son milieu par un orifice au travers duquel pénètrent les vaisseaux nourriciers de l'intérieur de l'organe, et qui représente l'ombilic inférieur de la plume, parce qu'il remplit les mêmes fonctions, quoiqu'il ne se trouve pas aux mêmes parties, le tube de la plume étant loin d'être formé dans une capsule dont le développement commence. On remarque ensuite que toute sa partie extérieure se compose d'une enveloppe membraneuse, qui a reçu et à laquelle nous conserverons le nom de gaine; que la consistance de cette enveloppe va en diminuant graduellement de son extrémité supérieure à son extrémité inférieure, où se trouve l'orifice au travers duquel les nerfs et les vaisseaux s'introduisent dans l'organe, et qu'une ligne droite, de peu de largeur, moins opaque que les parties environnantes, et que nous nommerons ligne moyenne, règne dans toute sa longueur.

En enlevant cette enveloppe, on découvre une membrane qui a la forme

de la capsule et qui paraît striée, excepté dans une ligne droite correspondant à celle que la gaine nous a offerte à la ligne moyenne et dans une ligne
directement opposée à celle-ci qui va s'élargissant de haut en bas. Les stries
naissent de chaque côté de cette dernière ligne, sur ses bords, montent obliquement et viennent se terminer à droite et à gauche de la première. Cette
membrane, que je désignerai par le nom de membrane striée externe, forme
l'enveloppe immédiate de la plume.

Cette membrane enlevée, on trouve les barbes reployées obliquement de
bas en haut, de manière à se rapprocher par leur extrémité et à former un
cylindre semblable à la gaine; mais, dans les premiers temps du développement de la capsule, les barbes de l'extrémité de la plume, ainsi que leur
tige, sont seules formées ; et les molécules qui constituent les autres parties
sont d'autant moins liées qu'elles se rapprochent davantage de leur origine
commune; là, les barbes se divisent sans le moindre effort comme le ferait
de la bouillie, et leurs molécules ont la forme d'une aiguille. Les barbules
sont intimement couchées le long des barbes. Si l'on écarte, ou si l'on enlève
même les barbes qui ont acquis toute leur consistance, on trouve entre chacune d'elles une membrane mince qui les égale en longueur et en largeur,
et que nous nommerons cloisons transverses, ou, plus simplement, cloisons;
et en cherchant l'origine de ces membranes nouvelles, on voit qu'elles sont
une dépendance, qu'elles font partie intégrante d'une seconde membrane
striée qui se trouve placée entre la face interne du tube que forment les
barbes reployées et la partie centrale de la capsule. Nous désignerons cette
dernière membrane par le nom de membrane striée interne, et la partie
centrale de la capsule par le nom de bulbe.

Maintenant il me reste à examiner séparément chacune de ces parties,
afin d'en fixer les caractères, d'en déterminer les rapports et d'en reconnaître les fonctions dans le développement de la plume.

1° La gaine.

Cette enveloppe extérieure de tout le système organique dont se compose la capsule productrice des plumes a son origine au même point que le
reste de cet organe, c'est-à-dire sur une papille du derme, et le développement qu'elle acquiert est toujours le même que celui de la plume dont elle
doit protéger la formation; ainsi la gaine de la plus grande plume de paon,
par exemple, a eu toute la longueur de cette plume, quoiqu'elle n'ait jamais
paru avoir plus de cinq à six pouces. C'est que, comme nous l'avons dit,
elle se détruisait par une de ses extrémités à mesure qu'elle croissait par
l'autre.

Au point où elle prend naissance et à sa partie inférieure, elle est formée par une membrane très molle, fibreuse et jaunâtre; mais au delà et
dans une longueur variable, suivant l'espèce des plumes et le degré de déve-

loppement qu'elles ont acquis, la gaine est formée d'une membrane blanchâtre, opaque, molle, d'apparence cartilagineuse, et que revêt une lame
d'épiderme. A mesure qu'elle arrive au contact de l'air, elle semble se dessécher, se durcir et se changer en un nombre plus ou moins grand de couches
épidermoïdes, minces, transparentes, fibreuses et s'enlevant par lanières,
suivant le contour de la capsule et non point suivant son axe, ce qui est à
noter. Dans certaines plumes, la capsule ne paraît se composer que de ces
pellicules d'épidermes; mais dans d'autres elle se recouvre d'une matière
blanche, d'une nature particulière, dont l'apparence est albumineuse et
même crétacée, et qui se détache par petites écailles de la membrane striée
externe qu'elle revêt immédiatement. Ces caractères sont ceux que présente
la gaine jusqu'au moment où se forme le tube corné de la plume, alors
les couches internes de la gaine deviennent la couche externe de ce tube en
s'identifiant avec les couches de celui-ci, sécrétées par le bulbe qu'il renferme. C'est ce que nous ont montré toutes les plumes du tube corné, desquelles nous avons cherché à détacher les parties de la gaine qui étaient
naturellement détachées du reste de la plume, c'est-à-dire de la tige des
barbes, etc.; en saisissant fortement ces parties de la gaine et en faisant
effort pour les enlever, en dirigeant l'effort vers l'extrémité du tube et parallèlement à son axe, la surface de celui-ci s'est constamment déchirée dans
cette direction et non plus transversalement; et nous n'avons pu trouver, par
aucun moyen, entre ces parties de la gaine et la surface du tube, de solution
de continuité naturelle.

2° *La membrane striée externe.*

Cette membrane fine, colorée quelquefois quand la plume l'est elle-
même, enveloppe entièrement, comme la gaine, les parties plus centrales de
la capsule, et sa structure est en rapport intime avec la structure des parties
qui sont en communication immédiate avec elle; elle est lisse à sa face
externe comme la face interne de la gaine, lisse ou striée à sa face opposée,
suivant les parties de la plume qu'elle recouvre, l'intervalle vide que les
barbes laissent entre elles à leur extrémité, ces barbes elles-mêmes, ou la face
externe de la tige. Elle se détache plus facilement de la gaine que de la plume;
il paraît qu'il n'y a entre elle et la première que des rapports de juxtaposition, et il y en a de beaucoup plus intimes avec la seconde. D'abord, ses stries
ne sont autre chose que les bords des cloisons transverses qui ne font avec
elle qu'un seul et même tout, et auxquelles reste ordinairement attachée
l'extrémité des barbules, comme l'extrémité des barbes reste attachée le long
de la ligne moyenne. Ce sont les lignes noires, que forment ces débris de la
plume, qui donnent la première indication de stries sur cette membrane,
quoiqu'ils ne forment qu'une partie accidentelle de celles qui y existent réellement.

On ne parvient à analyser cette membrane et à reconnaître tous ses caractères qu'aux parties où la plume est entièrement formée, car elle se développe avec elle, et ce n'est qu'avec peine qu'on peut la découvrir où les barbes ne sont encore qu'à l'état de bouillie ; et elle tombe en poussière, comme la gaine, dès que la plume éprouve l'action de l'air. Elle est très visible sur toutes les plumes, sous les parties de la gaine, qui se divisent en pellicules épidermoïdes ; mais celles dont les barbes sont rares le long de leur tige en montrent mieux tous les détails ; c'est pourquoi les plumes de paon sont les plus favorables pour la bien faire connaître.

3° Les cloisons transverses.

Ces membranes ne sont que des prolongements de la face interne de la membrane striée externe ; elles servent de limites aux barbes ; c'est entre elles que celles-ci sont déposées ainsi que les barbules qui paraissent être elles-mêmes séparées les unes des autres par de petites cloisons, lesquelles dépendent aussi des premières, comme j'ai cru m'en assurer toutes les fois que je les ai cherchées sur les plumes de paon ; car ces parties sont si petites et si confuses qu'il est fort difficile de voir clairement si ce sont elles qu'on distingue en effet : aussi n'en parlerais-je point si mes observations n'étaient pas soutenues par les analogies ; comme je n'aurais aucun égard à celles-ci, si les faits que j'ai eus sous les yeux ne leur avaient pas été favorables.

Ces cloisons, comme nous l'avons dit, tiennent à la face externe de la membrane striée interne, de la même manière qu'à la face interne de la membrane striée externe, c'est-à-dire qu'elles en sont des prolongements ; elles leur servent ainsi de liens et font que toutes trois ne forment qu'un même système organique, dans lequel les barbes se déposent comme dans un moule, où elles s'accroissent et où elles se consolident par l'action propre de leurs molécules.

4° La membrane striée interne.

Ce nom ne convient aussi qu'imparfaitement à la membrane à laquelle nous le donnons ; elle ne paraît striée que quand les barbes ont été enlevées ou se sont épanouies, et qu'elles ont détaché les cloisons transverses pour les entraîner avec elles, les stries ne résultant proprement que des traces de ces cloisons, et, dans son intégrité, au lieu de stries, elle présente des languettes ou des rainures, suivant qu'on considère, indépendamment l'une de l'autre, les cloisons ou les intervalles qui les séparent. Cette membrane, colorée quand la plume l'est elle-même, revêt le bulbe ; elle est intimement unie à sa surface externe ; mais on la sépare par la macération, du moins partiellement. Elle naît au point où naissent les barbes et n'existe pas dans la partie correspondante à la face interne de la tige. A l'origine du bulbe ou

de la capsule, elle est peu sensible et reste confondue avec toutes les parties
informes de la plume et de son organe producteur. Ce n'est que dans les
parties moyennes du bulbe qu'elle se présente sous la forme de pellicule continue, et son caractère membraneux ne se distingue bien que dans les parties
supérieures de ce dernier organe ; et si, en ce point, on veut la détacher, on
voit qu'elle n'est jamais libre que dans les intervalles de deux anneaux, ou
de deux cercles étroits autour desquels elle est organiquement unie ; ce sont
les points par lesquels le système des membranes striées paraît lié au bulbe,
et conséquemment aux vaisseaux qui le nourrissent.

Les trois sortes de membranes que nous venons de décrire, la striée
supérieure, les cloisons et la striée inférieure, présentent la même contexture.
Lorsqu'on peut les considérer isolément et les examiner de telle sorte que
la lumière les traverse, on voit qu'elles sont formées de petits globules qui
se touchent et qui ont une opacité plus grande que les intervalles qu'ils laissent entre eux. Ces membranes, ainsi que la gaine, paraissent être entièrement dépourvues de vaisseaux et de nerfs.

Du bulbe.

Cette partie centrale de la capsule des plumes est, sans contredit, la plus
importante ; mais elle est aussi la plus compliquée et celle dont l'analyse
offre les difficultés les plus grandes.

C'est elle seule qui paraît renfermer les vaisseaux et les nerfs du système
organique auquel elle appartient. C'est elle qui paraît donner directement
naissance à toutes les autres parties de ce système, comme à toutes les
parties de la plume ; elle seule est en communication immédiate avec le
reste de l'organisation.

De cette diversité de fonctions, qui ne s'exercent que successivement,
résultent dans ce bulbe des modifications successives si diverses, qu'on ne
peut espérer de saisir le point précis où elles naissent et toutes les conditions qui les accompagnent et les caractérisent, qu'à l'aide du temps et des
circonstances favorables qu'il peut amener. Ses changements, pendant l'accroissement d'une plume, sont plus considérables que ceux d'aucune autre
partie de sa capsule ; jamais il ne se présente sous les mêmes apparences ;
à sa naissance il n'est pas ce qu'il sera à la fin et il change encore dans
tous les points intermédiaires ; de sorte que pour le décrire complètement,
il faudrait aussi le suivre dans tout le cours du développement d'une plume,
ce qui est impossible, ou sur un nombre de plumes égal à celui de ses changements, ce qui n'est guère plus praticable. D'ailleurs toutes les plumes ne
se ressemblent pas, et comme leurs différences se retrouvent dans leurs
bulbes, il serait difficile de reconnaître sur l'un d'eux le point correspondant
à celui que l'on aurait observé sur un autre ; aussi je suis loin de penser que
les détails où je vais entrer renferment tout ce qu'il serait nécessaire de sa-

voir pour se faire une idée parfaitement complète de cet organe singulier ; c'est pourquoi je ne me bornerai plus à rapporter les faits d'une manière générale, comme j'ai à peu près pu le faire jusqu'ici, ces faits pouvant, avec quelque attention, être vérifiés sur toutes les plumes. Dans les particularités que je vais décrire, j'indiquerai les espèces de plumes qui me les auront présentées, et les espèces d'oiseaux d'où j'aurai tiré ces plumes.

PREMIÈRE OBSERVATION.

Une grande penne de l'aile d'un marabou complètement formée et des-séchée, mais où ne se trouvait que la moitié de son tube, l'autre ayant été détruite accidentellement, m'a présenté, depuis la partie inférieure de ce qui restait du tube jusqu'à l'extrémité de sa tige, une succession de cônes épider-moïdes entiers et dans un parfait état d'intégrité jusqu'au tiers de la tige ; à partir de ce point, ils étaient réduits par le desséchement à de simples pel-licules concaves, à de simples godets. Ces cônes s'enfilaient l'un l'autre dans toute la partie où leur forme primitive s'était conservée, de telle sorte, que le sommet du premier s'attachant à l'intérieur du sommet du second, celui-ci au troisième et ainsi de suite jusqu'au dernier, il en résultait d'abord un tube ou canal continu jusqu'au cône qui se trouvait au-dessous de l'ombilic supé-rieur, cône qui n'avait point de prolongement tubuleux, était hémisphé-rique, fortement attaché aux parois de l'ombilic, en dehors duquel se mon-traient des rudiments d'autres cônes appliqués contre la face interne de la tige et adhérents à ces mêmes parois ; au delà de ce cône hémisphérique, dans l'intérieur de la tige, se continuait la série de cônes dont nous venons de parler, les premiers réunis par leur prolongement tubuleux, et les autres isolés par la privation de ce prolongement.

DEUXIÈME OBSERVATION.

Une autre penne de l'aile d'un marabou, dont toute la tige était formée, mais qui n'avait encore qu'une partie de son tube, avait toute l'étendue de celui ci remplie par un bulbe qui paraissait surtout composé de fibres blan-ches, longitudinales, molles et élastiques ; des vaisseaux et des nerfs péné-traient dans son intérieur par l'ombilic inférieur et rampaient à sa surface ; il se terminait en pointe à l'endroit où les dernières portions de la matière spongieuse de la tige avaient été déposées, et on voyait à sa surface une ma-tière blanche opaque légèrement nacrée ; son sommet était couronné par un cône membraneux, qui ne communiquait avec lui que par sa base, laquelle était attachée au point où le bulbe se rétrécissait pour se terminer en pointe. D'autres cônes membraneux venaient ensuite et paraissaient n'avoir pas d'autres rapports entre eux, et avec le premier, que les rapports que celui-ci avait avec le sommet du bulbe ; ni l'un ni l'autre n'avaient de prolongement tubuleux. Le cône contigu à l'ombilic supérieur avait en ce point sa membrane engagée, entre la matière spongieuse et la matière cornée, dans un trajet de trois à quatre lignes, où elle était colorée en rouge. A l'endroit où, par cette espèce de canal, elle se trouvait sortie de l'intérieur de la plume, on voyait une seconde série de corps membraneux, enfilés les uns dans les autres au moyen de leur prolongement tubuleux, et recouverts extérieurement par la membrane striée interne.

Des cônes semblables à ceux qui couronnaient immédiatement le bulbe se trouvaient dans l'intérieur de la tige, au delà du point correspondant à l'ombilic supérieur, et ils ne paraissaient pas plus que les premiers conserver de traces de leur tube central et commun.

TROISIÈME OBSERVATION.

La penne de la queue d'un hocco, longue de quatre pouces et encore complètement renfermée dans sa capsule, ayant été ouverte le long de la ligne moyenne, m'a présenté un bulbe cylindrique, nu à sa partie inférieure, et revêtu, dans tout le reste de sa longueur, de la membrane striée interne.

Ayant procédé de bas en haut, et dans le sens de la ligne moyenne, à l'enlèvement de cette membrane striée, je fus conduit, par l'incision d'une première portion, sous la portion qui lui était immédiatement supérieure, de celle-ci sous celle qui la suivait, et ainsi de suite jusqu'au point où je ne rencontrai plus que des cônes membraneux. En cherchant à écarter les bords de cette membrane ainsi incisée dans cinq parties successives du bulbe, je la trouvai bridée transversalement au bord inférieur de chacune de ces parties; incisant alors cette membrane en travers, ses bords se renversèrent, et je vis qu'elle ne constituait que la partie externe de cônes qui se recouvraient les uns les autres dans la plus grande partie de leur étendue où ils n'étaient point striés, et que chacun d'eux renfermait une substance pulpeuse qui variait de couleur et de consistance à mesure qu'on s'élevait. Enfin chacun de ces cônes était fixé par son bord inférieur sur celui qui le précédait, au point où commençait sur celui-ci la membrane striée, d'où résultait la bride circulaire que nous avons dû inciser pour les ouvrir.

Le premier cône, en commençant par la partie inférieure du bulbe, recouvrait la sommité conique de celui-ci qui n'était point formée de cônes, mais dont la portion de substance blanche, opaque, fibreuse, présentait les caractères du bulbe dans son état primitif d'activité. Le second cône renfermait une matière qui n'avait plus d'apparence fibreuse, et qui ressemblait à une pulpe blanche et légère ; le troisième contenait cette même matière pulpeuse, mais elle avait une teinte lilas ; sous le quatrième cette matière était rouge et moins abondante que sous les cônes précédents ; enfin le cinquième était presque vide, et le peu de matière pulpeuse qu'on y rencontrait était aussi rouge. Les cônes qui suivaient étaient entièrement vides.

QUATRIÈME OBSERVATION.

Dans l'observation précédente, quoiqu'on vît que les cônes pénétraient les uns dans les autres, on ne pouvait cependant pas reconnaître exactement leurs rapports. Pour atteindre ce but, j'enlevai la matière pulpeuse de chaque cône, et alors je vis que chacun d'eux se prolongeait en un tube étroit et que les tubes des cônes inférieurs allant se réunir aux tubes des cônes supérieurs, il en résultait un canal continu qu'on pouvait suivre depuis le premier cône jusqu'à ceux dont le desséchement amenait la destruction de cette espèce de canal. On voyait les membranes coniques se diriger de bas en haut en convergeant, suivant un aigle aigu, et aboutir toutes au canal central qu'elles formaient par leur réunion ; et l'intervalle qui séparait les cônes non encore vides était rempli par la pulpe plus ou moins colorée que nous venons de décrire.

CINQUIÈME OBSERVATION.

Une seconde penne de la queue d'un hocco, qui avait une gaine de deux pouces et demi de longueur, et dont le développement était parvenu au point à peu près où la face externe de la tige est formée, mais cette tige n'est pas encore toute remplie de matière spongieuse, à sa partie inférieure du moins, m'a présenté un bulbe charnu de deux pouces de longueur, surmonté par cinq cônes membraneux qui occupaient la longueur d'un pouce ; il était entièrement revêtu de la membrane striée interne qui devenait toujours d'autant plus distincte qu'on s'élevait davantage vers les cônes membraneux. Cette membrane enlevée, il m'a fait voir dans toute sa longueur le caractère fibreux propre au bulbe dans les premiers temps de sa formation, et les cônes n'avaient de rapports entre eux que par leur base ; ils étaient privés de prolongements tubuleux, et leur sommet était libre.

SIXIÈME OBSERVATION.

Une autre penne de même espèce, et arrivée au même degré de développement, m'a montré, au point correspondant à la naissance des barbes, l'origine de filets noirs (la plume avait cette couleur) qui suivaient la direction du bord de ces barbes, et comme s'ils eussent pris part à leur formation. On détachait sans effort ces filets intermédiaires à la membrane striée et aux barbes, en suivant la direction de celles-ci.

SEPTIÈME OBSERVATION.

Ce bulbe avait une adhérence avec toute la surface interne de cette tige; mais un léger effort suffisait pour l'en détacher, et comme les bords de cette partie de la tige se relevaient et que le bulbe les embrassait, il en résultait pour ce dernier deux rainures très marquées dans toute sa longueur et très lisses, les bords de la tige l'étant eux-mêmes. Les parties latérales du bulbe qui s'étendaient au delà des rainures étaient minces et frangées ; et la partie moyenne, correspondante à la partie moyenne et striée de la tige, était en saillie et striée comme cette dernière. L'une était le moule ou la contre-épreuve de l'autre. Il résulte de là que ce bulbe se composait d'une partie supérieure et d'une partie inférieure formée elle-même d'une portion moyenne striée, et de deux parties latérales lisses et frangées que je désignerai par le nom d'ailes.

La tige, à son origine inférieure, était mince, unie, d'une apparence membraneuse, et enduite d'une couche de matière noire. A deux ou trois lignes plus haut, naissaient les stries longitudinales dont nous venons de parler, et qu'on suivait jusqu'au point où elles étaient entièrement cachées sous la matière spongieuse. Ses bords ne se relevaient que graduellement ; à leur origine, la matière cornée n'était point encore sensible ; mais plus on s'élevait, plus cette matière devenait abondante ; elle avait de la mollesse, s'enlevait par lanières minces, et les bords se rapprochaient en s'épaississant, jusqu'au point où ils se réunissaient pour former la face interne de la tige. La matière spongieuse la plus nouvelle avait déjà toutes les qualités principales qui distinguent la plus ancienne ; seulement sa mollesse la rendait semblable à une pulpe. Aussi après avoir enlevé le bulbe de sa tige, trouvai-je que plusieurs portions de cette matière y étaient restées attachées, et qu'elles remplissaient les stries de cet organe.

Tels sont les faits qui me paraissent les plus importants à extraire de mes recherches sur le bulbe, et desquels je crois qu'on peut, jusqu'à un certain point, déduire sa structure et ses caractères essentiels.

L'examen du bulbe des plumes à tige tubuleuse nous donne l'explication du bulbe des plumes à tige solide, quoiqu'en apparence plus compliqué, précisément parce que ses parties sont séparées, et que l'analyse en semble naturellement faite. En effet, si les bulbes de ces deux sortes de plumes ne se ressemblent point, ils produisent cependant les mêmes matières, d'où il est simple de conclure qu'ils sont essentiellement les mêmes, que leur nature est absolument identique.

Ainsi le bulbe doit être considéré comme un organe double, c'est-à-dire qu'il a une portion antérieure et une portion postérieure depuis le point où la tige et les barbes naissent jusqu'à celui où elles finissent, depuis l'extrémité originelle de la plume jusqu'à son ombilic supérieur. A partir de ce point jusqu'à l'ombilic inférieur, il devient simple et uniforme dans toutes ses parties ; et cette portion simple du bulbe ne communique jamais qu'avec le tube. Dans les plumes à tige tubuleuse, la portion antérieure du bulbe est entièrement séparée de la postérieure, tandis que dans celles à tige pleine, la première est intimement unie à la seconde ; mais, dans les unes et dans les autres, ces portions du bulbe conservent les mêmes rapports : l'une est en communication avec la partie centrale de la tige, l'autre en revêt la face interne. D'où il suit que nous devons considérer la partie moyenne de la portion antérieure des bulbes simples, comme analogue de la portion antérieure tout entière des bulbes doubles. Leur portion postérieure est formée des ailes et de toutes les parties que la membrane striée interne recouvre.

La tige et les barbes étant les premières parties de la plume qui paraissent, c'est aussi la partie du bulbe qui les produit qui se montre la première ; et comme la plume se développe successivement en longueur, le bulbe se développe de même ; mais une fois que la partie la plus avancée a rempli sa destination, elle s'oblitère, se dessèche et disparaît en partie. En effet, tant que le bulbe est actif, il présente, outre les vaisseaux qui pénètrent dans son intérieur ou qui rampent à sa surface, des fibres longitudinales, blanches, molles, élastiques, que je comparerais aux fils des toiles d'araignée ; et son activité paraît principalement résider à sa base et dans une partie assez restreinte de sa longueur. Aussitôt que son activité s'affaiblit, la partie où ce phénomène se passe change de nature ; des membranes, en forme de cônes très allongés et qui s'emboîtent, se développent et se remplissent d'une matière pulpeuse, laquelle disparaît petit à petit à mesure que ces cônes, de blancs et d'opaques qu'ils étaient d'abord, se dessèchent et deviennent transparents. Pendant un temps, ces cônes communiquent entre eux par un tube central ; mais ce tube s'oblitère plus ou moins promptement suivant les plumes, et sans doute aussi suivant l'influence de plusieurs circonstances diverses qu'il serait important d'apprécier.

Du développement des plumes.

Ce sont les observations que je viens de rapporter, les plus concluantes de celles que j'ai été à portée de recueillir, qui doivent me servir pour l'explication du développement des plumes, de ces singuliers produits organiques, que les oiseaux seuls nous présentent et nous présentent toujours ; car ces téguments piliformes qu'on trouve chez certains oiseaux, et qu'on a considérés comme des poils, ne sont que des plumes dépourvues de barbes.

Malheureusement ces observations sont bien insuffisantes pour qu'il me soit possible d'atteindre le but qu'elles ont eu pour objet ; elles doivent cependant en rapprocher ; et si je ne puis les compléter, je m'efforcerai de ne présenter mon explication que dans les termes les plus propres à faire distinguer soigneusement ce qui est fondé en fait de ce qui n'est que conjectural.

La plume naissant dans un état complet de mollesse et d'imperfection, à la circonférence inférieure du bulbe et de la gaine, au point où ces deux parties se confondent et ne présentant encore alors que la face externe et cornée de la tige, les barbules et peut-être le bord externe des barbes, il est manifeste que c'est de ce point qu'elle tire son origine, et par sa face externe qu'elle commence ; et que c'est du même point que sortent successivement toutes les autres parties qui la constituent. C'est un fait que nous devons prendre tel qu'il nous est donné par l'observation, et au delà duquel on ne pourrait remonter que par des hypothèses dont nous devons nous garantir.

Mais si c'est du cercle ombilical que sortent les premiers rudiments de toutes les parties de la plume, c'est le reste du bulbe, produit en même temps qu'eux, qui les nourrit et les accroît, qui en forme tout à fait d'autres, et qui fait acquérir à la plume le développement qu'elle peut atteindre ; car ses parties n'arrivent à leur terme qu'au point où la gaine, comme tout ce qu'elle enveloppe, est arrivée à un état de dessiccation tel qu'elle puisse tomber en lambeaux ou en poussière ; or nous avons vu des bulbes actifs non réduits à l'état de cônes membraneux de plusieurs pouces de longueur.

Dans les premiers instants de leur formation, la face externe de la tige paraît avoir toute son épaisseur ; mais les barbes, si elles existent, sont réduites à leurs bords externes et aux barbules qui y sont attachées ; et les membranes striées comme les cloisons transverses se confondent avec les barbes, du moins pour nos instruments. Une fois en contact avec le bulbe, celui-ci fournit à la nutrition de toutes ces parties, aux membranes striées internes et externes et à leurs cloisons transverses, par la bride circulaire, seul point de communication entre le bulbe et ces membranes, comme nous l'a fait voir notre troisième observation ; aux barbes par les bords latéraux de sa portion postérieure ; car les filets noirs, que notre sixième observation nous a montrés, ne me paraissent guère pouvoir se rapporter à autre chose qu'à la lame des barbes ; ils pénètrent entre les cloisons transverses et naissent dans l'intervalle des points où celles-ci naissent elles-mêmes ; à la matière cornée des faces internes et latérales de la tige par la surface inférieure de ses ailes ; enfin à la matière spongieuse par sa portion antérieure.

On dirait même que l'origine des barbes a quelque chose de commun avec celle des faces latérales de la tige ; car lorsqu'on les arrache dans une direction parallèle à la tige, et en se dirigeant contre le tuyau, c'est-à-dire de haut en bas, elles entraînent avec elles une partie de la lame cornée qui revêt ces faces latérales, surtout si l'effort est lent, et elles laissent la lame cornée de la face externe dans un parfait état d'intégrité.

Le bulbe naît simultanément avec la partie externe de la tige, les barbes et leurs membranes, et dès le premier instant de son apparition il sécrète et dépose les diverses matières qui doivent résulter des forces qui agissent en lui. Cependant la capsule se développe, croît en longueur avec tout ce qu'elle contient, et bientôt sa gaine se décoiffe, desséchée à son extrémité, parce que le sommet du bulbe cesse de vivre, et qu'en cette partie la plume est tout à fait formée. Alors l'extrémité de la tige paraît, et les premières barbes s'épanouissent, avec leurs membranes et les corps réduits à de simples pellicules transparentes, qui tomberont bientôt, ainsi que ces membranes, par l'effet du contact de l'air et des frottements des corps extérieurs.

Dans les plumes à tige pleine, la face interne de la tige ne se forme que successivement ; elle commence par ses bords et finit par sa partie centrale ; et, à mesure que la matière spongieuse se dépose, le bulbe s'oblitère à sa face antérieure, les bords de la tige se rapprochent, et celle-ci ne se trouve plus recouverte que par les ailes productrices de la matière cornée. C'est le rapprochement de ces bords qui forme la rainure des tiges dont nous parlons. Dans les plumes à tige tubuleuse, la portion antérieure du bulbe déposant tout autour d'elle la matière spongieuse, il ne se forme point de semblables rainures, dans le plus grand nombre de cas du moins ; la forme de la face interne de ces tiges dépend uniquement de celle de la partie du bulbe qui en produit la couche cornée.

Ce sont ces phénomènes qui se manifestent aussi longtemps qu'a lieu le développement de la tige et de ses barbes; mais, une fois que ces parties ont cessé de se produire, il s'opère tout à coup un changement considérable : le bulbe se simplifie, sa portion postérieure se rétrécit graduellement, les barbes deviennent de plus en plus courtes, les deux lignes sur lesquelles elles naissent se rapprochent en même temps que la face externe de la tige s'étend et s'arrondit en tube ; et un moment arrive où le bulbe, comprimé par ce rapprochement, ne tient plus à la partie qui jusque-là a produit les barbes et la couche cornée de la face interne à sa portion postérieure, en un mot, que par un léger pédicule qui reste entre la matière spongieuse et la cornée, c'est-à-dire dans l'ombilic supérieur. Ainsi, dans les plumes à tige solide, la partie antérieure du bulbe ne produit pas de matière spongieuse, d'une manière sensible du moins, au-dessous de l'ombilic supérieur, étant détruite, ou pour mieux dire, oblitérée en même temps que la portion postérieure, tandis que dans les plumes à tige tubuleuse, cette portion antérieure, se continuant immédiatement avec le bulbe du tube, reste plus longtemps vivante, et la matière spongieuse se dépose encore longtemps après que les barbes ne naissent plus et que l'ombilic supérieur est fermé. Dès que les barbes cessent d'être produites, la partie cornée de la face externe de la tige se dépose en abondance dans toute la circonférence du bulbe, et le tube se forme. Dans cette formation la gaine ou ses parois internes s'unissent au tube, et c'est de la réunion de cette gaine et de la matière cornée que ce tube se constitue, comme nous l'avons vu dans nos observations sur la gaine.

Enfin, le moment arrive où la capsule a produit tout ce que la somme de vie dont elle était pourvue lui permettait de produire ; elle se rétrécit par degré, le tube suit ce rétrécissement et se termine en une pointe plus ou moins obtuse au milieu de laquelle est l'ombilic inférieur.

34

CONCLUSION

Les détails imparfaits dans lesquels on était entré sur la structure de l'organe producteur des plumes suffisaient déjà pour montrer le peu de ressemblance qui existe entre lui et l'organe producteur des poils [1], en admettant la structure de ce dernier telle qu'elle a été donnée dans les ouvrages qui s'en sont occupés d'une manière spéciale. Ceux que je viens d'exposer achèvent de montrer les nombreuses différences qui existent entre ces deux organes et éloignent bien davantage les plumes des poils, par leur structure, que ne devraient le faire penser les premières analogies qu'on avait cru reconnaître entre eux.

Ainsi les plumes et les poils ont reçu la même destination ; ils résultent l'un et l'autre d'une excrétion de mêmes matières ; enfin leur organe producteur a une origine commune ; mais il n'y a aucune ressemblance entre leur structure, entre la manière particulière dont ils sont produits, entre l'organe qui en fournit la matière et qui la dépose. Rien, en un mot, dans l'organe producteur des plumes ne pourrait donner une idée de la formation, par cônes successifs, des poils, comme rien dans l'organe producteur des poils ne pourrait expliquer la formation de la tige, des barbes et du tuyau des plumes.

Tant que la capsule des plumes ne consistait qu'en un cône plus ou moins allongé et renfermé dans un étui, ainsi qu'on l'admettait, on pouvait à la rigueur regarder la plume sécrétée par ce cône, comme une succession de cônes elle-même ; seulement les molécules déposées par cet organe s'arrangeaient en tige, en barbes, en barbules, etc. Aujourd'hui une telle composition ne pourrait se soutenir ; il n'y a rien dans la sécrétion d'une plume qui ressemble le moins du monde à un cône ; et si jamais les téguments des animaux étaient soumis à une classification et à une nomenclature régulière, on ne pourrait donner aux plumes le nom générique de poils ou réciproquement, que par le plus étrange abus de langage, du moins dans l'état actuel de nos connaissances sur la structure de l'organe producteur des poils ; car il ne serait point absolument impossible qu'une étude plus exacte de cet organe ne fît découvrir entre lui et l'organe producteur des plumes des ressemblances que rien n'autorise à y reconnaître aujourd'hui. Mais, dans cet état de nos connaissances, y a-t-il une parité quelconque entre les deux organes que nous comparons? On ne manquerait pas de raisons pour en douter. Le poil, tel qu'on le conçoit, ne semble demander pour son déve-

1. Tout ce que je dis ici des poils, je le fais dans la supposition qu'on se faisait une idée juste de leur développement. Dans ce cas, il est certain qu'il n'y a rien de commun, si ce n'est l'origine, entre l'organe producteur des plumes et celui des poils ; mais comme cette idée ne repose que sur des observations incomplètes, il arrivera probablement que des observations plus exactes rétabliront l'analogie de ces organes.

loppement que l'activité de la papille du derme qui lui donne naissance, qui
le sécrète. Cette papille conique produit des cônes successifs dont la réunion
forme le cylindre du poil, et celui-ci sera d'autant plus long et plus épais
que la papille conservera plus longtemps son activité et sera plus grosse.
Pour cela elle n'a besoin ni d'une organisation plus compliquée, ni même
d'un développement plus grand ; il lui suffit d'un peu plus de vie que dans
le cas où elle serait improductive. Or ce n'est pas la papille du derme qui,
chez l'oiseau, produit la plume; il faut à celle-ci un organe spécial, et la
papille ne sert que de base à la capsule productrice des plumes. C'est sur
elle que cette capsule prend naissance, croît, grandit, et, sans doute, à l'aide
de ses vaisseaux qui alors prennent un développement nouveau ; mais il n'y
a entre la papille et la capsule aucun autre rapport; et, dans le corps animal, parce que les vaisseaux d'une partie en nourrissent une autre par leur
extension, ce n'est pas une raison pour que ces deux parties soient iden-
tiques.

En effet, la capsule et la papille dermique me semblent deux organes
très distincts. La seconde subsiste toujours, fait partie constituante du
derme; l'autre n'est que fortuite et temporaire; l'une naît avec l'animal et
dure autant que lui, l'autre est une création passagère qui se renouvelle
périodiquement, et dont une foule d'accidents peuvent empêcher la formation ou modifier la structure.

Ainsi la capsule productrice des plumes vient s'ajouter à ces autres
organes, si propres à exciter l'étonnement, qui naissent comme elle de toute
pièce, par le fait d'une sorte de création nouvelle, dont le principe est dans
les parties dont ils dépendent essentiellement, mais que rien, absolument
rien, ne manifeste avant ses effets; et on ne saurait nier la formation spontanée de cette capsule sans se livrer aux hypothèses les plus arbitraires et les
plus contraires au véritable esprit des sciences d'observation. Il en est pour
moi de cet organe comme des bois du cerf, dont aucun indice, avant leur
apparition, n'annonçait ni les formes ni même l'existence future ; et ce phénomène est le même que celui du développement successif de toutes les
parties des corps organisés.

On serait cependant loin encore de concevoir tout ce que l'organe producteur des plumes peut avoir d'influence sur l'existence des oiseaux, si l'on
se bornait à l'envisager dans sa complication. Combien n'est-il pas plus étonnant par son développement, quand on songe qu'il acquiert constamment
la longueur des plumes; qu'il ne cesse point de se développer pendant
qu'elles se développent elles-mêmes ; qu'il est des oiseaux chez lesquels toutes
les plumes se renouvellent chaque année, et, pour ainsi dire, en quelques
jours; que parmi celles-ci on en trouve de plusieurs pieds de longueur, et
que des époques fixes sont marquées pour ces renouvellements, c'est-à-dire
que les papilles du derme sont alternativement douées d'une activité prodigieuse et condamnées à un repos absolu !

Des faits aussi considérables suffisent, sans doute, pour rendre raison des nombreux accidents qui accompagnent la chute et le développement des plumes, la mue, en un mot ; toutes les précautions que ce phénomène nécessite ; les dangers pour les oiseaux du froid et de l'humidité à cette époque ; l'obligation d'employer alors pour eux une nourriture excitante, et qui surtout ranime l'activité de leur peau. Ils nous expliquent même jusqu'à un certain point une des causes qui rendent si difficile dans nos climats froids la reproduction des oiseaux des pays chauds, car les forces de la génération sont d'autant plus faibles que celles de la vie sont plus partagées ; et chez ces oiseaux la mue ne se fait qu'avec lenteur et est presque continuelle, ce qui n'a point lieu pour les oiseaux de nos contrées chez lesquels l'époque de la mue diffère toujours de celle des amours.

Il est douteux que l'organisation animale nous présente beaucoup de phénomènes plus dignes de nos recherches et de nos méditations que le développement de la capsule productrice des plumes. Les observations renfermées dans ce mémoire ne sont point encore suffisantes pour expliquer la structure et les fonctions de ce singulier organe, et cependant elles sont bien propres déjà à exciter notre curiosité par les faits inconnus qu'elles nous montrent et les rapports nouveaux qu'elles nous font apercevoir. Ainsi plus nos connaissances sur les productions de la nature se multiplient, soit que nous pénétrions dans leurs détails, soit que nous nous élevions à leurs généralités, plus le sentiment d'admiration qu'elles font naître en nous s'approfondit ; car c'est toujours à l'infini qu'elles nous conduisent, c'est toujours un pouvoir sans borne qu'elles nous révèlent.

LES OISEAUX DE PROIE DIURNES

Dans son discours sur les oiseaux de proie, qui suit immédiatement celui qui a pour titre : *Discours sur la nature des oiseaux*, dont nous avons fait l'examen, Buffon laisse paraître l'influence des principes qui l'éloignèrent des classifications méthodiques, fondées sur la nature, lorsqu'il traça l'histoire des quadrupèdes ; tant s'enracinent profondément en nous nos premières idées, tant la raison est impuissante à les détruire complètement.

Par la même cause nous le voyons se livrer encore au penchant qui le portait à généraliser les faits bien au delà de ce que légitime l'expérience, à créer des hypothèses, comme pour se soustraire aux particularités dont il n'apprécia jamais le mérite, et dans lesquelles son esprit ne se complaît que quand elles lui rappellent ces grandes pensées d'ordre et d'harmonie, ces rapports de causes et d'effets qui unissent la nature à l'homme et l'univers à Dieu.

On ne peut donc point donner un entier assentiment à toutes les idées de Buffon sur les rapports qu'ont entre eux les oiseaux de proie ; et, à cet égard, on doit toujours le consulter avec quelque défiance. Lorsqu'il dit qu'absolument parlant, presque tous les oiseaux vivent de proie, il semble douter qu'on puisse établir une ligne de démarcation entre les oiseaux de proie proprement dits et ceux qu'on n'admet pas communément dans cette catégorie, et s'il se conforme à la distinction vulgaire, admise par les naturalistes, d'oiseaux carnassiers et d'oiseaux insectivores, granivores, etc., ce n'est que pour satisfaire ce besoin de classification qu'il avait enfin reconnu, mais qu'il croyait encore plus nécessaire aux autres qu'à lui-même. Ce qui nous le fait penser, c'est que, dans la comparaison qu'il établit entre le nombre des quadrupèdes carnassiers et celui des oiseaux qui comme eux se nourrissent de chair, nous le voyons comprendre, parmi les premiers, le phalanger, les roussettes, et même les rats. Sans doute, en envisageant les faits superficiellement, les rats, comme les gallinacés, se nourrissent de matières animales, aussi bien que les loups et les vautours, que les faucons et les chats; mais tout ce qu'on peut en conclure, c'est que des penchants naturels analogues n'annoncent point nécessairement de similitude dans les organes, et que de semblables penchants ne peuvent point servir de base à une classification naturelle, quoique depuis Buffon cette erreur ait plusieurs fois été reproduite; non pas que les penchants naturels ne soient en rapport avec l'organisation : seulement les penchants se classent comme les modifications organiques; car, comme elles, ils sont plus ou moins importants, plus ou moins dominateurs, et l'erreur de Buffon, comme de ceux qui l'ont suivi, a été de ne pas faire cette distinction et de tirer une généralité de faits qui, n'étant pas de même ordre, ne pouvaient conduire à la conclusion qu'ils se sont cru en droit d'en tirer.

A l'époque où Buffon publia ce discours, en 1770, il trouvait qu'il n'y avait pas une quinzième partie du nombre total des oiseaux qui soient carnassiers, tandis que dans les quadrupèdes il en trouvait plus du tiers; mais comment arriverait-on, avec quelque fondement, à la moindre conclusion de rapports de nombres donnés par le hasard? Car le hasard seul avait donné ces nombres de mammifères et d'oiseaux, puisque dès lors ils ont changé dans des proportions que l'imagination même de Buffon n'atteignit pas, et que les rapports qui existaient alors entre eux n'existent plus. Les rapports mêmes de cette nature qu'on pourrait tirer des nombres connus aujourd'hui seraient tout à fait vains; car si l'on en juge par les acquisitions de l'histoire naturelle dans ces dernières années, en tenant compte des contrées où elles ont été faites et des moyens à l'aide desquels on les a obtenues, on sera convaincu que le nombre des quadrupèdes, et surtout celui des oiseaux, est destiné chaque jour à s'accroître encore; que toutes les bases manquent pour en établir la comparaison, et qu'elles manqueront jusqu'à ce que la terre entière ait été explorée.

Poursuivant les mêmes rapprochements sur les animaux aquatiques, il trouva le contraire de ce que lui avaient présenté les animaux terrestres, c'est-à-dire que les oiseaux qui cherchent leur proie dans les eaux sont plus nombreux que les mammifères qui cherchent de même dans les eaux la leur. Ce rapport paraît exister encore aujourd'hui; mais, d'après ce que nous venons de dire, il n'y a rien à en inférer. Au reste, les oiseaux aquatiques qui se nourrissent de matières animales ne sont point classés par Buffon au nombre des oiseaux de proie; ils en diffèrent en effet par les organes et par le naturel; et, en écartant encore les oiseaux de nuit des oiseaux de proie diurnes, il présente ceux-ci dans l'ordre où il paraît concevoir leurs rapports naturels. Les aigles avant les vautours, parce qu'ils sont plus généreux, moins bassement cruels; les vautours ensuite, caractérisés par leur instinct de basse gourmandise et de voracité; puis les milans, les buses, les éperviers, les autours, oiseaux ignobles, immondes et lâches, comme les précédents; enfin les faucons, essentiellement nobles dans le sens que Buffon donne à ce mot, c'est-à-dire hardis et courageux; cependant il ne nous dit pas pourquoi il les place à la queue plutôt qu'à la tête de ses oiseaux de proie diurnes.

Nous avons déjà fait remarquer, dans quelques endroits de notre premier volume de ces suppléments, combien d'idées fausses naissent de ces mots : nobles, généreux, cruels, etc., dont le sens est tout moral, appliqués aux animaux. En vain l'on prétexterait qu'ils n'ont été employés et ne doivent être pris que dans un sens figuré, que poétiquement; l'erreur qui en résulte n'en existerait pas moins, et quoi qu'on en puisse dire, la poésie n'embellit l'erreur qu'aux yeux de ceux qui ne connaissent pas les charmes de la vérité. Un sentiment de faveur ou de défaveur est intimement lié en nous à ces mots qui expriment des penchants pour lesquels nous avons de l'estime ou du mépris, et ce sentiment, nous le reportons sur les êtres que ces mots désignent. Or rien ne serait plus faux que de haïr les vautours parce qu'ils seraient bassement cruels, que de mépriser les milans ou les buses parce qu'on les croirait immondes et lâches, que d'estimer les aigles et les faucons parce qu'on jugerait que la noblesse est leur partage! Les uns comme les autres remplissent, sans liberté, le rôle qui leur a été imposé par la nature; ils travaillent au maintien de l'ordre et de l'harmonie sur notre terre, et cette tâche est assez belle. Au surplus, s'il fallait absolument se prononcer sur la part que ces oiseaux prennent à l'économie de ce monde, sur l'utilité du rôle qu'ils y jouent, sur les services qu'ils rendent à l'homme, il n'est pas sûr que les aigles et les faucons l'emportassent sur les vautours ou les buses.

Les ornithologistes modernes n'ont point suivi Buffon dans leur classification des oiseaux de proie diurnes. Depuis Linneus, la plupart commencent la série par les vautours pour ne décrire qu'ensuite les aigles, les buses, les faucons. Nous ne pourrions point indiquer le motif de la préférence qu'on a accordée à cet ordre sur tout autre; car les faucons et les aigles nous paraissent avoir plus de droits à la prééminence que les vautours : leur

organisation est plus développée, et, destinés à vivre de chasse, à poursuivre
une proie vivante, qui peut les fuir ou se défendre, ils ont été pourvus d'une
intelligence qui semble devoir l'emporter sur celle d'oiseaux qui, comme les
vautours, vivent de proie morte et ne combattent qu'entre eux.

Les détails où Buffon est entré sur l'organisation des oiseaux de proie
et sur leur naturel ne suffisent pas pour faire connaître ces oiseaux sous ce
double rapport. Il parle de la différence de taille des mâles et des femelles,
de la force de leurs membres, de la délicatesse de leur vue, de la forme de
leur bec, ce qui est insuffisant, et ce qu'il dit de leur naturel, moins circon-
stancié encore, renferme une erreur qu'on ne devait pas s'attendre à rencontrer dans un auteur qui se plaît à reconnaître dans toute la nature la
parfaite sagesse de son auteur : or les oiseaux de proie sont les fruits de
cette sagesse ; comme tous les autres êtres animés, leur conservation en dépend, et puisqu'ils doivent exister, la nature ne leur a pas refusé l'instinct
qui porte tous les animaux de leur ordre à veiller sur la vie de leur progéniture ; *ils ne chassent donc point par dureté naturelle et férocité leurs petits hors
du nid, dans le temps qu'ils leur devraient encore des soins et des secours pour leur
subsistance*[1] ; comme les autres oiseaux, ils les protègent et les nourrissent
avec beaucoup de tendresse, jusqu'au moment où ces petits, obéissant à leur
naturel, s'émancipent et pourvoient eux-mêmes à tous leurs besoins. La séparation des pères et des enfants ne se fait point chez eux d'une manière
brusque : l'affection pour les petits ne s'éteint pas plus subitement dans les
uns que la force et l'intelligence nécessaires à la poursuite d'une proie, et
se manifeste tout à coup dans les autres. L'homme seul peut contraindre et
dominer ses sentiments parce qu'il est libre ; les animaux sont nécessairement esclaves des leurs.

C'est encore à la dureté de leur caractère que Buffon attribue l'insociabilité des oiseaux de proie. La moindre réflexion aurait pu le désabuser ;
mais je ne combattrai pas de nouveau cette erreur, et je renvoie pour cela
à mon discours sur la sociabilité des animaux qui se trouve dans le premier
volume de ces suppléments.

Les oiseaux de proie diurnes connus aujourd'hui sont d'environ cent
cinquante espèces. Leur plus grande taille est celle du condor ou du vautour
brun, et la plus petite celle du faucon-moineau : les premiers ont une envergure de douze à quinze pieds, celle du dernier n'est que de dix pouces ;
et entre ces limites se trouvent tous les intermédiaires. On voit par là que
le même système général d'organes est susceptible de tous les degrés de
développement, et dans tous les climats, près des pôles comme sous l'équateur, on rencontre des oiseaux de proie de grande et de petite espèce.

Les proportions des différentes parties de ces oiseaux annoncent leur
force et leur légèreté. Tous ont le bec crochu propre à déchiqueter, un

1. Tome XVI, in-4°, p. 66.

estomac simple et membraneux, de courts intestins et un cœcum rudimentaire ; leur sternum, sans échancrure, présente aux muscles qui s'y attachent une large surface osseuse et une forte crête. Leurs doigts sont au nombre de quatre, trois en avant et un en arrière, armés d'ongles plus ou moins forts et plus ou moins aigus, qui pour quelques espèces sont une des armes les plus puissantes dont elles aient pu être pourvues. Leurs yeux sont grands, placés sur les côtés de la tête, et ils ont une troisième paupière ; leurs narines cartilagineuses s'ouvrent de chaque côté de la *cire* qui garnit le bec à sa base ; leur langue est ou cornée ou charnue, libre, mais remplissant toujours la capacité du bec, et leurs oreilles ne se marquent point au dehors.

Ils sont revêtus d'un plumage épais et serré qui, en amortissant le toucher, les soustrait à l'influence des changements de température ; et c'est d'après les variations de formes, de proportions, de couleurs auxquelles ces diverses sortes d'organes sont soumises, variations qui sont conformes à la destination, aux besoins, aux instincts de ces oiseaux, que l'on caractérise leurs genres et leurs espèces ; mais il importe beaucoup, et Buffon le fait observer, pour ne pas multiplier faussement ces espèces d'étudier les changements de couleurs que ces oiseaux éprouvent suivant les âges, les sexes et même les saisons ; étude qui avait été fort négligée avant lui, et qui depuis n'a pas toujours été suivie à beaucoup près suffisamment; mais dans ces variations de couleurs Buffon fait une beaucoup trop grande part aux causes accidentelles. C'était chez lui une tendance générale sans fondement ; car aujourd'hui même, malgré les progrès de la science dans ses moyens d'expérimentation, nous ignorons absolument les effets de ces causes sur la coloration des animaux.

LES AIGLES

Buffon, dans cet article, examine en critique les oiseaux que les naturalistes désignaient par le nom d'aigles ; et nous le voyons donner à ces naturalistes la dénomination méprisante de nomenclateurs. C'est Brisson et Linneus principalement qu'il avait en vue. Ainsi, quoique rentré en grande partie dans les voies de ces naturalistes, il ne leur pardonnait pas encore l'aspect sous lequel ils avaient envisagé la science ; mais surtout, il ne prévoyait guère que ce titre de nomenclateur serait un de ceux que la postérité honorerait le plus dans le naturaliste suédois.

Réduire le nombre des espèces d'aigles que les nomenclateurs lui paraissaient augmenter sans raisons, c'est ce que Buffon se propose; mais si plusieurs de ses essais sont heureux, quelques autres par contre ne le sont pas, et ses erreurs portent autant sur les espèces qu'il croyait devoir admettre que sur celles qu'il croyait devoir supprimer. Sans la prévention qui l'abusait, il aurait sans doute reconnu que la science était encore trop pauvre en observations pour qu'il fût possible de se prononcer sur ces questions de variétés ou d'espèces, toujours si difficiles chez les oiseaux, et il aurait senti que, dans le doute, la multiplication des espèces avait moins d'inconvénients que leur réduction ; car, dans le premier cas, ce sont des faits qui se conservent, et dans le second des faits qui se suppriment. Nous le voyons en effet, malgré toute sa puissance de raison, méconnaître d'une part des espèces réelles, et de l'autre transformer en espèces de simples variétés, tant il est vrai qu'aussi longtemps que les règles en histoire naturelle ne sont pas établies sur un très grand nombre d'observations, il est toujours dangereux d'en faire une application trop absolue ; et aujourd'hui même, les ornithologistes les plus exercés ne se prononceraient pas avec une pleine assurance sur toutes les questions de cette nature. Une des raisons que Buffon allègue, pour ne pas admettre comme espèces tous les aigles qui se présentent avec des caractères différents, c'est que les anciens, dit-il, avaient reconnu que les aigles de races différentes se mêlent volontiers et produisent ensemble. Sans doute cette opinion était celle des anciens : Aristote attribue cette disposition non pas seulement aux aigles, mais à tous les oiseaux, par opposition à l'aigle franc qu'on prétend, dit-il, être le seul oiseau dont la race soit pure, et il ne parle point d'observations, comme Buffon le fait supposer ; en effet, l'observation nous a appris que l'idée de ce mélange des espèces n'était qu'un préjugé.

Brisson avait donné comme espèces d'Europe les onze premiers aigles qu'il décrit, et ce sont ces espèces que Buffon soumet à sa critique et qu'il réduit à six, ne conservant le nom d'aigle qu'aux trois premiers et considérant les trois autres comme des espèces fort différentes des aigles. Pour arriver à ce résultat, il admet comme espèce, avec Brisson, l'aigle doré et le petit aigle tacheté, et il réunit l'aigle brun et l'aigle noir du même auteur, pour en former son aigle commun. Jusque-là, son jugement a été confirmé par les observations qui sont survenues ; mais il rapporte à l'espèce qu'il nomme pygargue, non seulement le grand et le petit aigle à queue blanche de Brisson, qui ne sont en effet que la femelle et le mâle d'une même espèce, mais de plus l'aigle à tête blanche, qui constitue une espèce bien distincte de toutes les autres ; et, par une erreur opposée, il distingue spécifiquement l'orfraie, qui n'est qu'un pygargue avant l'âge adulte. Au reste, ces deux erreurs étaient faciles à commettre, et ce n'est que dans ces derniers temps qu'elles ont été rectifiées.

Le sentiment des rapports a mieux inspiré Buffon lorsqu'il l'a conduit à considérer le pygargue, l'aigle de mer ou balbuzard et le jean-le-blanc, donnés par Brisson pour des aigles, comme étrangers à ces oiseaux, et ne devant point être réunis avec eux sous la même dénomination générique. En effet, depuis Buffon, ces oiseaux sont devenus les types de trois genres différents.

Aujourd'hui les aigles forment une grande tribu, ou famille, qui se
partage en plusieurs genres. Elle renferme tous les oiseaux de proie diurnes
qui ont le bec très fort, droit à sa base et courbé seulement vers la pointe,
et des serres aiguës. C'est parmi eux que se trouvent, sinon les plus grandes
espèces, du moins les plus puissants de tous les oiseaux de proie. Les genres
que cette tribu renferme sont au nombre de neuf. 1° LES AIGLES PROPREMENT
DITS, qui ont le tarse emplumé jusqu'aux doigts et les ailes de la longueur de la
queue. Le grand aigle, l'aigle commun et le petit aigle de Buffon en sont les
types principaux. 2° LES AIGLES PÊCHEURS, qui ne diffèrent des précédents qu'en
ce que leurs tarses ne sont revêtus de plumes qu'à leur moitié supérieure
et sont à demi écussonnés sur la moitié inférieure. Nous en trouvons le type
dans le pygargue. 3° LES BALBUZARDS, dont le balbuzard de Buffon nous donne
l'idée, et qui diffèrent des deux genres précédents, en ce que, au lieu d'avoir
les ongles creusés en gouttière en dessous, ils les ont arrondis, et en ce que
leur tarse n'est point écussonné, mais réticulé. De plus, c'est la seconde
penne de leur aile qui est la plus longue, et non point la quatrième comme
chez les aigles et les pygargues. 4° LES CIRCAÈTES, qui ont les ailes des aigles
et les tarses réticulés des balbuzards, et parmi lesquels se trouve le jean-le-
blanc, dont Buffon donne une histoire et une description fort exacte. 5° LES
CARACARAS, qui ressemblent aux précédents par les ailes, mais qui, avec des
tarses nus et écussonnés, ont une partie des côtés de la tête et quelquefois la
gorge dénuées de plumes. Buffon a fait représenter une espèce de ce genre
dans ses planches enluminées, n° 417, et il en dit quelques mots dans son
texte[1]. 6° LES HARPIES, qui ressemblent aux aigles pêcheurs ou pygargues par
les pieds ; seulement, au lieu d'avoir leurs tarses écussonnés, ils les ont réticulés, et leurs ailes sont plus courtes que leur queue. Buffon ne nous en a point
donné d'exemple. 7° LES AIGLES-AUTOURS, semblables aux harpies par le bec
et les ailes, mais qui, au lieu d'avoir les tarses courts et gros, les ont longs
et grêles. Buffon ne nous en offre point de type, mais il parle de deux espèces de ce genre, dans son article des oiseaux étrangers, qui ont rapport
aux aigles[2] ; ces espèces sont celles de l'Urutaurana et de l'Urubitinga. 8° LES
CYMINDIS, qui ont les caractères de harpies, mais qui en diffèrent par des
narines presque fermées et semblables à une fente. Le petit autour de
Cayenne, dont Buffon dit quelques mots[3], et dont il donne la figure dans
ses planches enluminées 473, appartient à ce genre. 9° Enfin les ROSTRAMES,
qui, au lieu d'avoir la mandibule supérieure du bec élevée et comprimée sur
les côtés, l'ont entièrement arrondie, et par là plus faible ; du reste, ils ont
les narines des cymindis. Aucune des espèces qui peuvent appartenir à ce
genre n'était connue de Buffon. Il résulte de cet état actuel de la science
et de ce qu'elle était sous Buffon, que pour donner une idée de chacun des

1. Tome Ier, in-4°, p. 142.
2. Tome Ier, in-4°, p. 137 et 141. — Édit. Garnier, t. V, p. 47.
3. Tome Ier, in-4°, p. 237. — Édit. Garnier. t. V. p. 122.

genres entre lesquels se partagent les espèces d'oiseaux qu'on réunit sous la dénomination commune d'aigles, nous avons à présenter des exemples des genres CARACARAS, HARPIES, AIGLES-AUTOURS, CYMINDIS et ROSTRAMES ; car, si Buffon indique quelques espèces qui se rapportent aux uns ou aux autres, il n'en donne pas une description suffisante pour les faire connaître. Mais avant d'entrer dans le détail des espèces, je dois examiner les genres pour faire apprécier la nature de leurs caractères, et lorsqu'il sera possible, le degré d'influence que ces caractères exercent sur la vie des oiseaux qui en sont pourvus ; mais je bornerai cet examen à la famille des aigles : cet exemple suffira.

L'ornithologie n'est point encore arrivée au point de n'avoir que des caractères scientifiques pour distinguer ses genres et ses espèces, et de rendre raison de l'emploi qu'elle fait dans ce cas des modifications organiques. Elle est encore le plus souvent obligée de s'en tenir aux faits matériels, sans appréciation de leur influence sur la vie, en un mot, de rester tout empirique.

C'est à changer cet état de choses imparfait, à faire passer, non seulement l'ornithologie, mais encore toutes les autres branches de l'histoire naturelle, de l'empirisme à la science, de l'aveugle succession des effets à leur dépendance nécessaire, que doivent tendre les efforts de tous ceux qui s'occupent spécialement des rapports des êtres naturels, et leur tâche est encore immense, comme nous aurions souvent occasion de le faire apercevoir dans l'application que nous pourrions faire de ces principes aux groupes génériques entre lesquels on a partagé les oiseaux, si nous ne devions pas éviter des répétitions qui deviendraient fastidieuses.

Lorsque nous envisageons d'une manière générale les oiseaux réunis aujourd'hui sous le nom commun d'aigles, et qui composent les différents genres dont il vient d'être question, nous voyons qu'à l'exception du nombre et des rapports des doigts, de l'acuité des ongles, de la forme du bec à sa base et à sa pointe, ils diffèrent par tous les autres caractères, par la forme des autres parties de ce bec lui-même, par la composition des ailes et par leur étendue, par le degré d'allongement et la force des tarses, par la nature et la forme des produits dont cette partie de la jambe est revêtue, et enfin par quelques-uns de leurs sens et par la nature des téguments de la gorge et des côtés des joues.

D'un autre côté, nous voyons que l'existence de ces oiseaux repose principalement sur leurs téguments et leurs sens, sur leurs organes du mouvement, sur ceux de la préhension et sur ceux de la manducation. Au moyen de ces organes, en effet, ils aperçoivent et poursuivent leur proie, la saisissent et la dévorent, et c'est par eux aussi qu'ils aperçoivent les dangers, les fuient ou se défendent ; car le seul rôle qu'ils paraissent être appelés à jouer dans la nature est, comme nous l'avons déjà dit, de restreindre la propagation des espèces qui se nourrissent de substances végétales.

C'est donc dans l'union des modifications organiques de ces oiseaux, avec leurs différents modes d'existence, qu'on devrait trouver la raison des genres entre lesquels ils ont été partagés, et qui ont surtout été fondés sur les modifications des organes. Dans cette recherche nous prendrons pour point de comparaison les aigles proprement dits, dont nous avons donné les caractères génériques plus haut, et dont on connaît les mœurs ; or, en partant de ce point de vue, nous arrivons à des résultats très différents. Les pygargues se distinguent des aigles par leurs tarses nus, couverts de larges écailles, et habitent le voisinage des eaux, se faisant leur proie des poissons qu'ils saisissent avec leurs serres. Or des tarses nus s'associent mieux que des tarses emplumés à l'instinct qui porte les pygargues à chercher leur proie dans les eaux plutôt qu'à terre, quoique ce caractère n'appartienne pas exclusivement, même dans la tribu des aigles, aux espèces pêcheresses. Le balbuzard, qui est aussi un aigle pêcheur, a les tarses nus des pygargues ; mais, au lieu d'être écussonnés, ils sont réticulés ; leurs ongles sont arrondis en dessous comme en dessus, et au lieu de la quatrième, c'est la seconde penne de leur aile qui est la plus longue. Nous ignorons tout à fait l'influence que peuvent exercer sur le genre de vie des écailles aux tarses, disposées comme les mailles d'un réseau, et des ongles tout à fait arrondis ; mais il n'en est pas de même de la place qu'occupent les plus longues pennes des ailes ; dans ce cas leur influence est appréciable : l'aile est un levier du troisième genre ; plus le point où s'exerce la puissance est éloigné de celui où agit la résistance, moins la première a de force : or le balbuzard, toutes choses égales d'ailleurs, doit avoir moins de force dans son vol que les aigles et les pygargues, chez qui la plus grande penne, étant la quatrième, est moins rapprochée de l'extrémité de l'aile ; mais ce vol doit être plus facile et plus étendu. Les circaètes ont les ailes et les tarses réticulés des balbuzards, quoiqu'ils ne paraissent pas être des oiseaux pêcheurs ; ils ne diffèrent donc des pygargues que par un caractère dont nous ignorons complètement la valeur et l'influence, et par la forme des écailles dont leurs tarses sont couverts. Les caracaras ne diffèrent aussi des pygargues que par une particularité organique insignifiante aujourd'hui pour la science : la nudité des joues et quelquefois de la gorge ; mais la faiblesse des ongles s'associe bien à leur vie de vautours. Les harpies ont les tarses réticulés des balbuzards, mais gros et courts, et leurs ailes sont moins longues que leur queue, tandis que dans les genres précédents elles l'étaient au moins autant : ces oiseaux en effet, par la puissance de leurs serres, égale à celle des mâchoires des mammifères les plus carnassiers, seraient les plus puissants de tous les oiseaux de proie, si leur vol joignait à sa force l'étendue de celui des aigles. Les aigles-autours ne se distinguent des harpies que par des tarses beaucoup moins forts, et conséquemment par une puissance bien moindre. Les cymindis ressemblent aux circaètes par les tarses et les ailes et n'en diffèrent que par leurs narines semblables à une fente au lieu d'être circulaires, ce qui

1 LE CARACARA ORDINAIRE
2 LE FAUCON ORDINAIRE

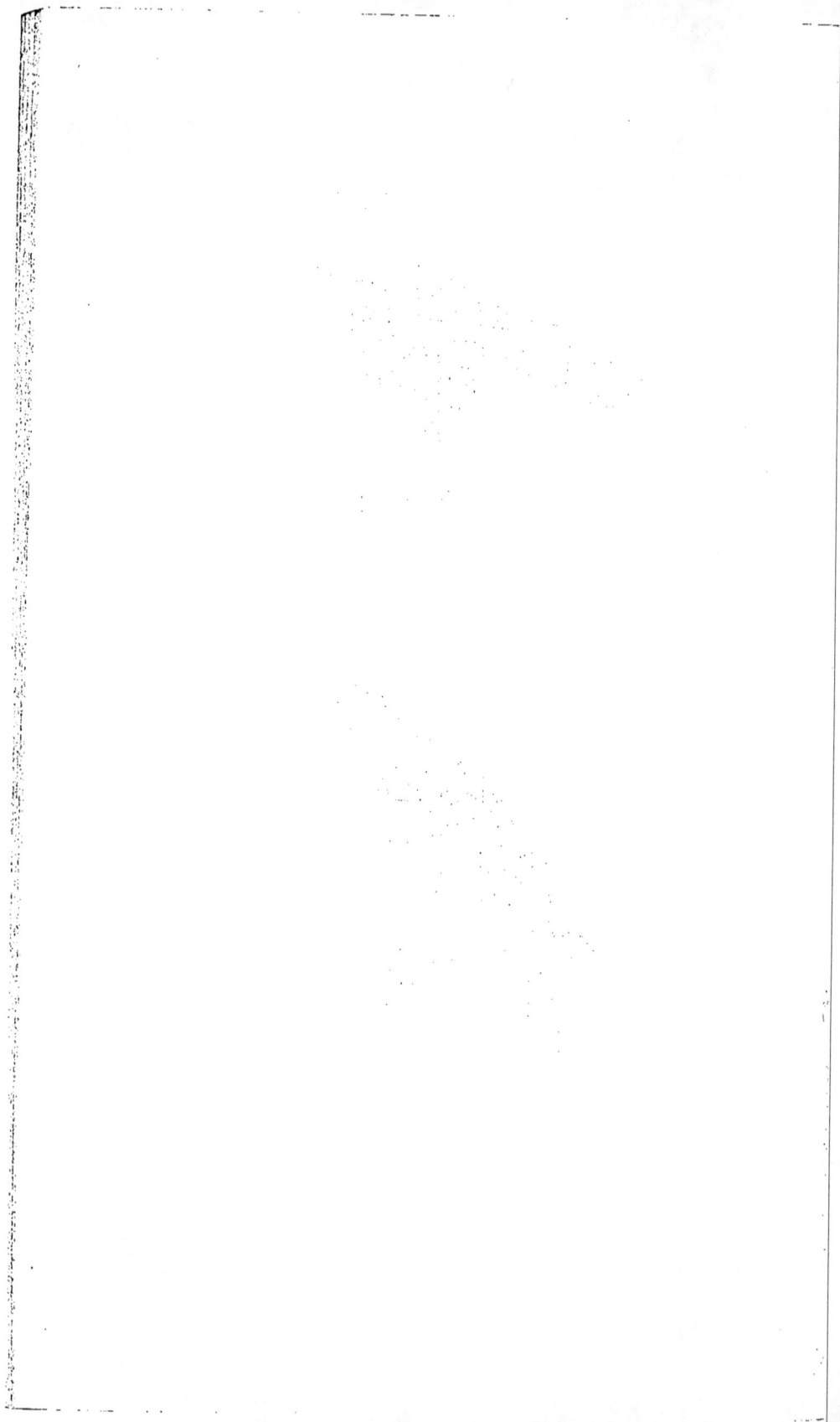

peut être en rapport avec leur sens de l'odorat, mais ce que nous ignorons. Enfin les rostrames sont remarquables par la mandibule supérieure de leur bec tout à fait arrondie en dessus ; et c'est encore un caractère dont on n'a point établi les rapports avec le naturel. Nous pouvons seulement conjecturer que, leur bec étant plus faible que celui des cymindis, ils sont moins courageux.

Il résulte des considérations précédentes que, des neuf genres entre lesquels les aigles se partagent, quatre seulement sont fondés sur des caractères dont on peut apprécier l'influence, ou du moins qui, par leur association constante avec certaines dispositions naturelles, en sont devenus les signes à peu près certains. Les cinq autres ne trouvent dans leurs caractères ni l'un ni l'autre de ces avantages ; on ne peut découvrir leur raison ni en eux-mêmes ni dans leur association avec d'autres, et ils l'attendent encore de l'observation ; non pas que nous voulions faire envisager ces derniers genres comme étant dépourvus de tout fondement ; de nombreuses analogies permettent de penser que le temps les confirmera rationnellement ; mais c'est cette confirmation de la raison qu'ils demandent encore.

Il nous reste actuellement à faire connaître les principales espèces des genres dont nous ne trouvons point d'exemple dans Buffon, c'est-à-dire des CARACARAS, des HARPIES, des AIGLES-AUTOURS, des CYMINDIS et des ROSTRAMES.

LES CARACARAS

Le nom de caracara a été donné à une espèce de ce genre par les Guaranis, peuple qui, à l'époque de la conquête, habitait une partie considérable de l'Amérique méridionale, et dont on rencontre encore aujourd'hui les restes au Brésil, au Paraguay, etc.; il lui fut donné par onomatopée, ce nom imitant le cri habituel de cet oiseau. Depuis, la dénomination de caracaras a été étendue à toutes les espèces qui ont été réunies dans le même genre, avec le caracara proprement dit.

Les cinq ou six espèces qui forment aujourd'hui ce genre sont toutes américaines ; et elles se rapprochent des vautours par leur naturel, comme par leurs caractères distinctifs : la nudité de quelques parties de leur tête et la brièveté de leurs ongles. En effet, les caracaras, suivant M. Azara qui en a observé plusieurs espèces au Paraguay, se tiennent près des lieux habités, perchés sur les arbres ou les toits ; ils descendent même à terre et ne fuient pas la présence des hommes. Ils ne se nourrissent que de charognes, ou d'animaux vivants dont ils peuvent facilement faire leur proie, tels que lézards, grenouilles, insectes, à moins qu'ils ne se réunissent en troupes ; alors ils chassent les buses, les hérons, etc., et on voit les grandes espèces forcer le vautour-urubu à dégorger ce qu'il a dans son jabot et à leur abandonner ainsi sa propre nourriture. La sécurité dont ces animaux jouissent près des habitations, et dont nous les voyons avoir une sorte de conscience, vient sans doute des services qu'ils rendent en débarrassant la terre, comme les vautours, des cadavres dont la décomposition empoisonnerait l'air ; car, pour les oiseaux aussi, le moyen d'obtenir des protecteurs, c'est d'être utiles ; et comme nous voyons les caracaras abuser de leur force pour enlever à un vautour, plus faible qu'eux, la nourriture qu'il a déjà prise, nous ne serions point étonnés qu'eux-mêmes devinssent, de la même manière, les victimes d'espèces plus puissantes que la leur ; car le spectacle de cette succession d'abus de la force sur la faiblesse nous sera souvent encore offert par les oiseaux qui se nourrissent de proie. Quoi qu'il en soit, cette violence, exercée sur un animal pour lui faire jeter la nourriture qu'il a prise, est bien digne de remarque ; elle résulte évidemment d'un de ces instincts qui doivent être pour nous, plus qu'aucun autre phénomène naturel, la preuve d'une Providence dont il ne nous est pas plus donné de sonder les voies que de marquer le but où ces voies conduisent.

Les mâles et les femelles ne diffèrent point ; mais les jeunes ne ressemblent point aux adultes.

Les premiers caracaras qui furent connus, celui dont Marcgrave a donné une très courte et très imparfaite description et une mauvaise figure sous le nom de caracara [1], ce qui induisit Brisson en erreur et le porta à en faire un buzard, et celui que Buffon nomme petit aigle d'Amérique à gorge nue [2], ont d'abord été considérés comme des faucons par Gmelin et Latham, qui réunissaient sous ce nom commun tous les oiseaux dont se forme aujourd'hui la nombreuse tribu des aigles, c'est-à-dire tous ceux qui n'appartiennent ni à la tribu des vautours ni à celle des oiseaux de proie nocturnes. C'est dans le voyage d'Azara [3] que nous trouvons, pour la première fois, le genre caracara formé ; mais les caractères en sont mal établis, ce qui a conduit l'auteur à introduire des espèces étrangères dans ce genre. Mon frère a pris le principal caractère des caracaras, de la nudité de quelques parties de leur tête ou du cou, et de la faiblesse de leurs ongles ; depuis, ces parties nues et leurs variations ont paru assez importantes à M. Vieillot, pour qu'il plaçât les caracaras parmi les vautours, et qu'il les subdivisât en trois genres, auxquels il a donné les noms de *Daptrius*, d'*Ibycter* et de *Polyborus* ; nous n'adoptons point ces genres nouveaux, parce qu'aucune raison ne nous paraît les motiver, et que le nombre des espèces de caracaras est trop petit pour qu'il soit nécessaire de les diviser artificiellement. En effet, les espèces admises aujourd'hui dans ce genre ne sont qu'au nombre de quatre ou cinq. Nous donnerons la description des trois principaux.

1. *Hist. natur. Bres.*, p. 211.
2. Édit. in-4°, t. Ier, p. 142, pl. enlum., 417. — Édit. Garnier, t. V, p. 56, 130.
3. *Voyages d'Azara dans l'Amérique méridionale*, t. III, p. 30.

LE CARACARA DE MARCGRAVE[1]

C'est en effet à Marcgrave que l'on doit les premières notions sur cette espèce; il la trouva au Brésil, et, comme nous venons de le dire, il en donna une description très incomplète et une mauvaise figure ; aussi ne reconnut-on l'oiseau dont il parlait que quand on eut cet oiseau sous les yeux. Depuis, M. Azara a rencontré ce caracara au Paraguay, et sans doute il sera observé dans un grand nombre d'autres contrées de l'Amérique méridionale; mais il ne paraît point avoir passé les Cordillères ; il n'a encore été vu ni au Pérou ni au Chili.

C'est aujourd'hui la plus grande espèce du genre, pour les naturalistes qui n'y admettent pas le faucon de la Nouvelle-Zélande de Latham ; il égale au moins le milan royal. Sa longueur, du sommet de la tête à l'extrémité de la queue, est de vingt à vingt-deux pouces, son envergure de plus de quatre pieds, et ses proportions n'annoncent pas moins de légèreté que de force. Le brun plus ou moins foncé est la couleur qui domine dans son plumage, aux parties supérieures du corps; les parties inférieures sont variées de lignes transversales blanches et brunes ; le dessus de la tête, toute la partie supérieure du corps, les couvertures des ailes, l'extrémité des pennes de la queue sont d'un brun plus ou moins foncé.

M. Azara a trouvé cette espèce très multipliée au Paraguay ; elle se rencontre quelquefois solitaire ; mais elle est également portée à vivre en société ; car les caracaras se réunissent, pour chasser, au nombre de quatre ou cinq ; alors ils peuvent attaquer avec succès les hérons, les buses rousses, etc. Seul, il se laisse assaillir par les petits oiseaux, tels que moqueurs, hirondelles, tyrans, etc., qui le suivent et le frappent quelquefois à coups de bec; mais ce n'est ni par faiblesse, ni par dédain, ni par répugnance pour leur chair qu'il se résigne à ces outrages ; car il se jette sur l'espèce sauvage du cochon d'Inde, l'Apérea ; l'on dit même qu'il attaque les agneaux nouveau-nés et les jeunes oiseaux de basse-cour ; et, comme nous l'avons déjà rapporté, il force le vautour urubu à rejeter les aliments qu'il a dans l'estomac. Ce n'est pas le seul exemple d'un oiseau carnassier fuyant, poursuivi par des oiseaux insectivores ou granivores beaucoup plus faibles que lui, et qui sembleraient plutôt destinés à le craindre qu'à le braver ; mais c'est encore un de ces phénomènes de mœurs, d'instinct, qui tient à l'économie générale, et que la science n'explique pas, parce que, jusqu'à ce jour, elle a beaucoup moins porté ses vues sur l'ensemble de la nature que sur les êtres particuliers qui la composent.

1. *Carancho*, à la rivière de la Plata; *gaviaon*, par les Portugais au Brésil. Azara, *Voyage au Paraguay*. Le *busard du Brésil*, Brisson, *Ornithol.*, t. Iᵉʳ, p. 405; *falco brasiliensis*, Gmel.: *polyoborus vulgaris*, Vieillot, Galer, pl. 7. Daudin, *Ornith.*, t. II, p. 149, en fait un milan.

C'est au mois de juin que les caracaras éprouvent les besoins de la propagation. Ils cachent ordinairement leurs nids au sommet des arbres les plus
inaccessibles par les lianes dont ils sont embarrassés, et ils le composent de
petits morceaux de bois flexibles entrelacés, dont la réunion forme une aire
spacieuse, presque plate, qu'ils tapissent d'une épaisse couche de poils. Leurs
œufs, au nombre de deux à chaque ponte, sont de la grosseur des moyens
œufs de poule, très pointus à un de leurs bouts, et couverts de taches rouge
de sang sur un fond de couleur tannée.

LE CARACARA A GORGE NUE[1]

Buffon, comme nous l'avons dit, a parlé de cet oiseau ; mais il ne l'a fait
que pour nous dire qu'il est petit, que son bec a plutôt la forme de celui des
aigles que de celui des éperviers, et que son caractère le plus remarquable
consiste dans une large plaque d'un rouge pourpre qu'il a sous la gorge. Cette
plaque est une partie entièrement nue, et c'est cette particularité, qui ne
s'observe point chez les autres caracaras, qui a déterminé Vieillot à en faire
le type de son genre *Ibycter;* mais, comme le caracara de Marcgrave,
celui-ci a le tour des yeux entièrement nu, et il lui ressemble encore par tous
les autres caractères génériques. Voilà pourquoi le genre ibyctère n'a point
été admis; il a semblé inutile de former un genre d'une seule espèce, d'autant plus que la nudité de la gorge, dans cette espèce, n'est que la continuation de la nudité de l'œil, et qu'il est impossible de reconnaître quelle est
l'influence que cette partie dépourvue de plumes exerce sur le naturel, quelle
différence il peut y avoir, à cet égard, entre le caracara à gorge nue et les
caracaras à gorge emplumée.

Le caracara à gorge nue a environ dix-huit pouces du sommet de la tête
à l'extrémité de la queue ; les parties nues, du tour de l'œil et du cou, sont
d'un rouge pourpre ; tout le pelage est noir, à reflets bleuâtres, à l'exception
du ventre qui est blanc ; le bec et les ongles sont jaunes ; la cire de la base
du bec est grise. Il paraît que, chez les femelles, les reflets bleuâtres du pelage
ne sont pas aussi vifs que chez les mâles, et que leurs parties nues sont d'un
pourpre moins brillant.

Cette espèce se trouve à la Guyane, où elle habite les plus épaisses
forêts. Elle vit en société et fait souvent entendre sa voix forte et retentis-
sante. C'est là tout ce qu'on connaît de son histoire.

1. Le petit aigle à gorge nue, *Buffon,* t. Ier, in-4°, p. 142, pl. enlum., 417. *Falco aquili-
nus,* Gmel.; *Falco formosus,* Lath.

LE CARACARA NOIR[1]

Le Muséum d'histoire naturelle du Jardin du Roi a longtemps possédé cette espèce avant qu'on la fit connaître; c'est Vieillot qui, le premier, en a donné une description sommaire, dans son analyse d'une nouvelle ornithologie, en en formant le genre Iribin ou *daptrius*; il en a ensuite donné une figure et une description détaillée, sous ce nom générique d'Iribin, regardant cet oiseau comme très voisin du vautour, que les naturels du Paraguay nomment *Iribu* ou *Urubu*[2]. Enfin, M. Temminck a publié, sous le nom de caracara noir, une nouvelle description de cette espèce, en l'accompagnant de deux figures, l'une qui représente un individu d'âge moyen et l'autre un individu adulte; et il paraît que le premier avait d'abord été pris pour une espèce distincte par Vieillot, qui l'avait nommé *Daptrius striatus*, à cause des bandes transversales du dessous de la queue; M. Dumont[3] rapporte en effet qu'un individu du Muséum, qui s'y trouve encore et qui n'est qu'un jeune caracara noir, portait le nom de caracara à queue rayée, avec la synonymie de *Daptrius striatus* Vieillot, synonymie qui n'aurait pu être inscrite au Muséum, sous le nom de Vieillot, si elle n'était venue de lui, car c'était lui accorder la découverte de cette espèce à queue rayée, si elle eût existé véritablement, comme paraissent aussi l'avoir cru ceux qui alors étaient chargés de la dénomination des oiseaux dans cet établissement.

Les différences qui distinguent le caracara noir des espèces précédentes n'ont point paru suffisantes pour faire admettre le genre daptrius de Vieillot; et, en effet, leur influence est tout à fait inappréciable; de plus, elles paraissent être passagères.

Cette espèce est de la taille d'un épervier; elle a environ quinze pouces du sommet de la tête à l'extrémité de la queue, et elle est entièrement d'un noir à reflet bleuâtre, à l'exception de la queue, qui, à sa base en dessous, est entièrement blanche chez les adultes, et variée de taches ou de bandes noires chez ceux qui n'ont point encore atteint cet âge.

Ce caracara se trouve à la Guyane et au Brésil.

LES HARPIES

Quoique ce genre ne soit établi que sur une seule espèce, puisqu'une seule espèce en a fait connaître les caractères d'une manière exacte, il n'en est pas moins fondé. Cette espèce une fois bien connue, il devenait indis-

1. *Daptrius ater*, Vieill. *Analyse d'une ornith. allem.*, p. 22 et 68, et gal., pl. 5, p. 19. *Falco aterrimus*, Temm., pl. 37 et 342.
2. Percnoptère-Urubu.
3. *Dictionnaire des sciences naturelles*, t. VII, p. 10.

pensable de la séparer de toutes les autres ; car ses traits caractéristiques
sont frappants, et leur influence sur le naturel ne peut être douteuse. C'est
mon frère qui a formé ce genre, et il a naturellement été adopté par tous les
ornithologistes.

Les harpies diffèrent des aigles proprement dits et des pygargues, par
des ailes moins longues et qui sont plus courtes que leur queue; leurs tarses,
à demi nus, sont réticulés, plus courts que ceux des aigles, mais proportionnellement beaucoup plus gros, ainsi que leurs serres; ils relèvent, en forme
de huppe, les plumes de leur tête, et leurs yeux, singulièrement dirigés en
avant, sont recouverts d'un sourcil plus saillant que celui d'aucun autre
oiseau. Ils tirent de ces divers traits une physionomie particulière, annonçant une force et un courage qui, sous ce rapport, les placent à la tête de
tous les oiseaux de proie de leur famille.

LA GRANDE HARPIE D'AMÉRIQUE

C'est probablement à Fernandès ou Hernandez[1], vers le milieu du
xviie siècle, que nous devons la connaissance de ce grand et puissant oiseau
de proie; il le décrit superficiellement sous le nom mexicain d'yzquauhtli, mais
il en exagère la taille et le courage, ou plutôt la témérité, en disant qu'il
atteint à la grandeur du mouton commun et qu'il brave les animaux féroces.
Depuis, cet oiseau était entré dans les espèces artificielles formées par Linneus[2], Brisson[3], Gmelin[4], etc., sous les noms de *vultur harpyja*, d'aigle
huppé du Brésil, de *falco harpyja* et de *falco cristatus*, en réunissant l'histoire
de plusieurs espèces bien distinctes, mais qui avaient une huppe pour caractère commun. Mauduit[5] est le premier naturaliste qui ait donné une description de cet aigle d'après nature, mais seulement d'après des dépouilles; il la
nomme grand aigle de la Guyane; sa description a pour objet un jeune individu, qu'il croit une femelle; il indique ensuite les caractères des mâles, qui
paraissent être ceux des adultes. Daudin[6], qui est venu ensuite, n'a rien
ajouté à ce qu'avait enseigné Mauduit; il paraît même s'être borné à tirer de
cet auteur tout ce qu'il nous dit de son aigle destructeur. Enfin, M. Temminck est jusqu'à ce jour le dernier naturaliste, qui, sous le nom d'autour
destructeur, nous parle de la grande harpie d'Amérique, et il ne le fait encore que d'après des individus empaillés de diverses collections. Hernandez,
en conséquence de ce qui précède, serait le seul qui, ayant vu cet oiseau

1. Fern., *Hist. Nov.-Hisp.*, p. 34, ch. c.
2. *Syst. nat.*, édit. 13, p. 121, n° 2.
3. *Le Règne anim.*, Ois., t. 1er, p. 446, n° 13.
4. *Syst. nat.*, p. 251, n° 34, et p. 260, n° 57.
5. *Encycl. mét.*, Ois., t. II, p. 474.
6. *Traité d'ornith.*, t. II, p. 60.

vivant, aurait pu en donner la description, ce qu'il n'a pas fait, et deux siècles se sont écoulés sans qu'aucun naturaliste se fût trouvé à portée d'observer de nouveau en vie cet oiseau de proie, le plus puissant du nouveau monde, et peut-être du monde entier.

La ménagerie du Muséum d'histoire naturelle a possédé cet oiseau ; il pourra donc être décrit, comme il serait à désirer que tous les êtres vivants pussent l'être, comme la nature les a créés pour l'accomplissement de ses vues, comme ils sont quand ils prennent une part active à son économie.

Cet aigle a deux pieds et demi de longueur, depuis le bout du bec jusqu'à l'extrémité de la queue, et cinq pieds d'envergure ; ses tarses ont quatre pouces de circonférence, la longueur de ses serres est de trois pouces et demi et elles sont grosses à proportion des tarses ; sa couleur générale est d'un noir grisâtre, résultant de plumes couvertes de taches transversales alternativement noires et grises ; les pennes des ailes sont noires ; celles de la queue sont marquées en dessus de quatre bandes alternativement grises et brun noir ; en dessous les bandes grises sont blanchâtres ; les parties inférieures du corps sont blanches, à l'exception d'un large collier noir sur la poitrine ; les jambes ont des rubans transversaux noirs sur un fond blanc ; la huppe est gris brunâtre ; le bec est noir ; et la cire ainsi que les tarses sont jaunes.

Dans les jeunes individus, les parties inférieures, au lieu d'être blanches, sont d'un brun clair sans collier noir, et les rubans noirs des jambes sont rares et étroits ; il paraît en outre que le cou blanchit plus tard que la poitrine et le ventre, que les bandes des pennes de la queue ne se montrent que par degré, et que toutes les pennes sont d'abord terminées par une tache noire triangulaire.

L'individu qui a vécu à notre ménagerie, qui y est arrivé assez jeune, et dont nous venons de faire connaître les couleurs, n'était devenu ni craintif ni familier. Perché dans la partie la plus élevée de sa loge, il regardait, avec une apparente curiosité et de cet œil d'aigle si bien caractérisé chez son espèce, ceux qui pénétraient dans sa prison, et envers lesquels il n'était jamais hostile. On voyait que l'esclavage avait arrêté en lui le développement des instincts et paralysait son activité. A l'heure des repas on l'entendait jeter un cri aigu et traînant, mais assez peu élevé, que représente assez bien la syllabe *cri* répétée à quelque intervalle trois ou quatre fois de suite. Ses mues ne se sont jamais faites sans altération dans sa santé ; et il est mort, à l'époque du renouvellement de ses plumes, à l'approche de notre printemps.

LES AIGLES-AUTOURS

Les oiseaux qui constituent ce groupe s'unissent encore aux aigles par la forme du bec qui ne se courbe pas dès sa base, mais ils s'en éloignent par leurs tarses élevés et grêles et la faiblesse de leurs doigts, caractères qui les rapprochent des autours et les confondent presque avec eux; car la minceur des tarses et des doigts, dont la faiblesse des serres est la conséquence, exerce, sur le naturel de ces oiseaux, une influence beaucoup plus grande que la forme de la base de leur bec. Ils ont aussi, comme les aigles et les autours, les ailes sensiblement plus courtes que la queue; et quoique les plus grands n'atteignent pas à la taille de l'aigle commun, par exemple, ce sont encore de puissants animaux de proie; la moins grande des espèces connues aujourd'hui n'est pas sous ce rapport inférieure au corbeau.

Ces aigles-autours, qui font la transition des deux groupes dont ils portent les noms, ne sont cependant pas, et nous devons le dire, aussi faciles à reconnaître que les caractères précis, par lesquels on les distingue, pourraient le faire penser; car si, dans plusieurs cas, l'application de ces caractères ne laisse aucun doute, il n'en est pas de même dans plusieurs autres où l'esprit reste nécessairement indécis, les espèces qu'il cherche à classer se rapprochant plus des aigles que des autours à quelques égards, ou plus des autours que des aigles à quelques autres, sans qu'il soit possible de se prononcer sur les différences d'importance de ces deux rapprochements. On ne doit donc pas s'étonner si quelques ornithologistes n'admettent point ces genres intermédiaires entre les aigles et les autours; ils pensent qu'il n'y a point entre ces oiseaux de caractères distinctifs; qu'ils ne forment qu'une immense famille, et que, si leurs organes éprouvent des modifications nombreuses et profondes, elles sont tellement graduelles qu'on ne peut apercevoir aucun intervalle des unes aux autres. Cependant ces modifications en entraînent de nombreuses dans le genre de vie, dans les mœurs, le naturel; et la science n'atteindrait pas son but, en nous laissant dans le vague, qui résulte pour l'esprit, de la seule idée générale qu'on peut tirer de cette foule d'oiseaux qui commence à l'aigle impérial et finit avec le dernier des éperviers, vague qui n'embrasse pas moins les mœurs que l'organisation. Nous croyons donc que l'histoire naturelle des oiseaux gagnera beaucoup plus à la tendance qui porte à subdiviser les groupes peu naturels, quelque imparfait que puisse être encore ce travail, qu'à la tendance contraire. Nous admettrons donc, comme fondé, le genre des aigles-autours; et, précisément à cause des diverses variations que ces oiseaux présentent, et dont nous venons de parler, nous en décrirons un certain nombre, en les subdivisant, comme on l'a fait, en deux groupes : ceux qui ont les tarses nus et écussonnés, et ceux qui ont les tarses emplumés.

AIGLES-AUTOURS A TARSES NUS

L'URUBITINGA[1]

Buffon[2] ne dit qu'un mot de cet oiseau du Brésil, et d'après Marcgrave, et c'est encore d'après cet ancien auteur qu'on en a parlé jusqu'à ces derniers temps; car Brisson, Mauduit, Daudin n'ont fait que le copier. Ce n'est que par une très mauvaise figure et par une description un peu moins fautive, que Marcgrave nous fait connaître cet oiseau. Voici ce qu'il en dit, et c'est tout ce qu'on en a su pendant près de deux siècles.

L'urubitinga est semblable aux aigles et de la taille d'une oie âgée de six mois. Le bec est noir, et la membrane qui entoure les narines est jaunâtre; les yeux sont grands et ont l'éclat de ceux des aigles; la tête est grosse; la jambe et les pieds sont jaunes; les pieds ont quatre doigts, comme la plupart des autres oiseaux; les ongles sont noirs, longs et crochus; les ailes sont amples et la queue est large; tout son vêtement se compose de plumes brunes et noirâtres, mélangé d'un peu de cendre aux ailes; la queue a neuf pouces de long et est blanche, excepté dans une largeur de trois pouces où elle est noire, un peu au-dessus de son extrémité qui est blanche. Cet oiseau est d'un port très beau.

Cette description a pour objet un urubitinga adulte, comme le montre la description plus exacte que M. Temminck fait de cet oiseau à cet âge[3].

« L'Urubitinga adulte, dit-il, est couvert sur toutes les parties du corps d'un plumage noir couleur de fumée; l'aile et toutes ses grandes pennes ont des bandes cendrées enfumées et noirâtres; la queue est noire à sa base et vers son extrémité; une bande blanche, unique et très large, occupe la moitié supérieure de cette queue, qui est terminée de blanc; on voit des croissants blanchâtres aux cuisses des individus qui n'ont point encore leur plumage parfait; les pieds et l'iris sont jaunes, et les ongles sont en gouttières en dessous. Longueur totale, deux pieds deux ou trois pouces; du tarse, cinq pouces. »

Les jeunes diffèrent considérablement des adultes. Ceux de l'année, suivant M. Temminck, sont d'un jaune roussâtre sur toutes les parties inférieures du corps, et cette couleur est variée partout de petites taches d'un brun foncé en forme de mèches, dont la grandeur augmente à mesure que l'oiseau avance en âge; les plumes des cuisses sont bordées de cette couleur à leur extrémité; les côtés de la tête et la gorge sont blancs striés de brun, et la queue blanchâtre est couverte de taches ou de bandes irrégulières

1. *Hist. nat. Bras.*, p. 214.
2. Tome 1er, in-4° p. 141.
3 *Caracara urubitinga*, pl. color. d'ois., n° 55. *Autour urubitinga*.

brunes, à l'exception d'une large bande brune qui la couvre vers son extrémité, et celle-ci est d'un blanc fauve ; la tête et le dos sont bruns variés de
taches rousses ; les ailes, également brunes, ont des bandes roussâtres, et
leur face interne est d'un roux clair avec des taches brunes.

En comparant les pelages de l'urubitinga adulte et du jeune, on voit
que la couleur brune prend plus d'étendue et devient plus foncée, à mesure
que l'oiseau s'approche de son état parfait, que le fauve s'efface graduellement, et que la distribution des couleurs devient plus franche et plus régulière.

C'est là tout ce qu'on connaît sur cet oiseau.

L'AIGLE-AUTOUR A JOUES NUES

C'est Sonnerat qui le premier a parlé de cet oiseau, et il le décrit sous
la dénomination d'autour gris à ventre rayé, de Madagascar [1]. M. Temminck
a changé cette dénomination en celle d'autour à joues nues, et nous adoptons ce changement, parce que la dénomination nouvelle est un peu plus
courte que l'autre, et que M. Temminck, entrant dans plus de détails que
Sonnerat, nous fait mieux connaître l'espèce à laquelle il l'applique ; mais
la dénomination imaginée par ce dernier nous apprend du moins que c'est
à Madagascar que cet autour a d'abord été découvert.

Sonnerat nous dit que son autour a la taille du faisan d'Europe ; que le
dessus de la tête, le cou, le dos, les petites et les moyennes couvertures des
ailes sont d'un gris cendré clair ; que l'œil est entouré d'une peau nue, de
couleur jaune, qui s'étend depuis la racine du bec presque jusque derrière
la tête ; que sur chaque plume des moyennes couvertures se trouve une tache
noire à peu près ronde ; que les petites pennes des ailes sont cendrées à
leur moitié externe, blanches à leur moitié interne et coupées par des
bandes noires ; que ces pennes sont noires bordées de blanc à leur extrémité, dans leur autre moitié, c'est-à-dire dans le reste de leur longueur ;
que les grandes pennes sont blanches, coupées obliquement de bandes
noires dans leur premier tiers et noires dans les deux autres ; que les couvertures du dessous des ailes sont blanches avec des bandes noires, et qu'il
en est de même de la poitrine, du ventre, des cuisses ; mais que les bandes
qui ornent ces parties sont demi-circulaires ; que la queue est noire avec
une bande blanche transversale semée de petites lignes noires ; enfin que le
bec est noir et l'iris jaune ainsi que les pieds.

La description que M. Temminck [2] nous donne de cette espèce, ainsi
que la figure qui accompagne cette description, confirment en grande partie
ce que nous venons de rapporter de Sonnerat. On trouve cependant quelque

1. *Voyage aux Indes et à la Chine*, p. 170.
2. Pl. color. d'ois., n° 307.

différence entre l'individu qui a été observé par le voyageur et celui qui l'a
été par le naturaliste dans notre Muséum. Cet individu, en effet, a le sommet
de la tête, toutes les parties du cou, la poitrine, le manteau et les couvertures des ailes gris cendré ; sur les plumes de l'épaule et sur les grandes
couvertures se trouvent des taches noires, dont la forme est celle d'un ovale
très allongé, ou plutôt d'un fer de lance ; le dos, le croupion, le ventre, les
cuisses, l'abdomen, les couvertures du dessous des ailes, sont rayés transversalement de lignes noires arquées, presque toujours réunies deux à deux ;
les pennes des ailes sont grises à leur base et noires dans le reste de leur
longueur, à l'exception du bout qui est blanc ; la queue, noire, est traversée
par un large ruban blanc vers le milieu de la longueur des pennes, dont
l'extrémité est blanche.

Les jeunes individus ont le plumage très différent de celui de l'adulte,
que nous venons de faire connaître : toutes les parties supérieures sont d'un
brun clair nuancé de roux ; la poitrine, blanche, est couverte de taches
brunes allongées, et le ventre ainsi que les cuisses présentent à peu près les
mêmes caractères ; les pennes des ailes, brun clair, sont traversées par des
bandes d'une teinte plus foncée ; la queue est blanche à son origine, mélangée de brun, et, dans le reste de sa longueur, rayée en travers, d'un grand
nombre de bandes blanchâtres sur un fond brun ; les pennes sont blanches
à leur extrémité.

L'AIGLE-AUTOUR A QUEUE CERCLÉE

C'est à M. Auguste de Saint-Hilaire, savant botaniste et membre de
l'Académie des sciences, que l'histoire naturelle doit la connaissance de cet
oiseau ; il le rapporta du Brésil, au retour du voyage qu'il y a fait, et qui a
été si fructueux pour toutes les branches des sciences naturelles. M. Temminck[1] a ensuite décrit cet aigle-autour, d'après l'individu même rapporté
par M. de Saint-Hilaire, et c'est de la description de M. Temminck que nous
tirons celle que nous allons donner.

Les individus adultes ont dix-neuf pouces environ de longueur totale ;
le sommet de la tête, la nuque, le dos, les épaules et le croupion sont d'un
brun foncé ; deux petites taches blanches se voient sur le front, près des
narines ; la gorge et les côtés du cou sont d'un brun clair varié de blanc,
dans les jeunes seulement peut-être ; la poitrine, le ventre et l'abdomen sont
d'un brun noirâtre, et toutes les pennes des ailes, entièrement du même
brun, à l'exception de leur extrémité qui est blanche ; les pennes de la queue
sont blanches à leur base et à leur extrémité ; dans tout le reste de leur longueur elles sont d'un brun noirâtre pourpré ; les grandes couvertures de la

1. Pl. color. d'ois., n° 313.

queue, en dessus et en dessous, sont d'un blanc roussâtre, et sur le milieu de chaque plume se voit une tache brune : les petites couvertures supérieures et inférieures des ailes, le bord externe de celles-ci et les cuisses sont d'un beau roux varié de taches brunes dans le centre de chaque plume: les tarses sont jaunes et le bec est bleuâtre.

AIGLES-AUTOURS A TARSES EMPLUMÉS

L'AIGLE-AUTOUR CRISTATELLE [1]

Cette espèce a été décrite et figurée pour la première fois, sous le nom d'*Autour cristatelle*, par M. Temminck, dans son recueil des oiseaux coloriés, et elle a été classée parmi les aigles-autours. En effet, la forme de son bec qui est comprimé, presque droit, convexe et non recourbé dès sa base comme celui des autours, ses ailes plus courtes que sa queue et ses tarses longs, grêles et emplumés jusqu'à la naissance des doigts, lui donnent trop de ressemblance avec ces oiseaux pour qu'on puisse l'en séparer.

L'âge adulte de cet oiseau ne nous est point connu ; nous n'avons eu à examiner que des individus encore revêtus du plumage qui précède celui de l'état parfait : toutefois nous ferons observer, d'après M. Temminck, que cet oiseau, arrivé à son entier développement, a la tête, le col et le ventre d'un blanc pur, tandis que toutes ces parties sont encore ou rousses ou tachées de roux, chez les oiseaux porteurs de la livrée sous laquelle nous décrirons cette espèce.

Deux individus, que nous avons sous les yeux, ont environ vingt-trois pouces du sommet de la tête à l'extrémité de la queue ; les plumes du dos sont d'un brun roussâtre, tachées de brun violacé sur leur milieu, mais blanches à leur base ; le dessus de la tête, la nuque et les côtés du col sont d'une couleur rousse légèrement flammée de brun ; les plumes qui recouvrent ces parties, chez l'un de nos aigles-autours, sont d'une couleur isabelle clair, laissant déjà apercevoir, à leur pointe, la couleur blanche qu'elles auraient prise plus tard ; les ailes couvrent la moitié de la queue ; les rémiges ainsi que les pennes secondaires, dont l'extrémité est bordée de blanc, sont rayées en dessus de bandes d'un brun roux sur un fond noirâtre ; en dessous elles sont coupées transversalement par des bandes noires sur un fond blanchâtre ; dans leur moitié supérieure, toutes leurs barbules internes sont blanches, traversées de raies grises si peu apparentes, que le dessous de l'aile paraît entièrement blanc ; la queue est arrondie, bordée d'un blanc sale ; les pennes qui la composent sont brunes en dessus, coupées transversalement par sept ou huit bandes noirâtres, qui reparaissent, mais bien faiblement en dessous, sur un fond blanchâtre.

1. *Autour cristatelle*, Temm., pl. color. d'ois.. n° 212.

La gorge et généralement toutes les parties inférieures sont blanches ; mais la poitrine est marquée de taches rousses sur lesquelles on aperçoit un peu de brun ; ces taches s'élargissent sur le ventre et se fondent, en couleur d'un roux vif, sur les flancs ; les cuisses et l'abdomen sont presque entièrement de cette dernière couleur, qui ne forme plus que des rayures peu sensibles sur les tarses, dont les plumes sont blanches. Cet oiseau est remarquable par les plumes longues et roides qu'il porte sur l'occiput ; cette sorte de huppe est noire dans sa plus grande partie, mais blanche à sa base et à son extrémité.

Les doigts de cet oiseau sont jaunes, proportionnellement plus forts que ceux de ses congénères, armés d'ongles noirs assez arqués, ceux des doigts postérieurs surtout, qui sont tranchants sur leurs bords et fort aigus à leur pointe.

Cet oiseau, sur les mœurs duquel nous n'avons aucun renseignement, a été trouvé au Bengale et dans l'île de Ceylan par Leschenault, dont l'histoire naturelle, qu'il a tant enrichie, pleure aujourd'hui la perte.

L'AIGLE-AUTOUR HUPPART[1]

Levaillant, dans son histoire des oiseaux d'Afrique, nous donne celle de cet oiseau. Le huppart, dit-il, est courageux ; ce n'est que poussé par la faim qu'il se décide à se repaître de charogne ; il fait ordinairement sa proie des lièvres, des canards et des perdrix, qu'il chasse avec dextérité, et sur lesquels il fond avec tant de promptitude, que ces dernières, malgré la rapidité de leur vol, ne peuvent lui échapper. La femelle, qui est toujours plus grosse que le mâle, pond deux œufs presque ronds, blancs, tachés de brun roussâtre, qu'elle dépose dans un nid construit sur un arbre, et garni, en dedans, de plumes ou de laine.

Les jeunes oiseaux sont d'abord revêtus d'un duvet gris blanc, qui, plus tard, est remplacé par des plumes brunâtres, bordées de roux.

Nous ferons remarquer que l'auteur auquel nous empruntons ces détails, en parlant de la longueur des ailes de cet oiseau, nous dit que leur pointe s'étend presque aussi loin que le bout de la queue, caractère qui est aussi indiqué dans la figure, mais que nous avons tout lieu de croire inexact, car les quatre individus de cette espèce que nous avons observés nous ont présenté au contraire des ailes assez courtes, atteignant tout au plus la moitié des pennes caudales.

Arrivé à son état adulte, cet aigle-autour est de la grosseur de notre gros corbeau d'Europe ; il a environ vingt pouces du sommet de la tête à l'extrémité de la queue ; le dessous de celle-ci est blanc, traversé par trois

1. Levaillant, *Oiseaux d'Afrique*, pl. 2.

bandes noires, dont la dernière est la plus large et la plus foncée ; le noir, au contraire, est la couleur principale de la face supérieure des pennes caudales, que deux ou trois raies blanchâtres coupent transversalement.

Les tarses, ou plutôt les plumes qui les recouvrent dans toute leur longueur, sont blanches, finement striées de brun clair ; le blanc se fait encore remarquer sur le bord des ailes, ainsi que sur la plus grande partie des deux faces de leurs pennes, dont l'extrémité, brune en dessus, blanchâtre en dessous, est rayée de bandes noires.

Tout le reste du plumage de cet oiseau est d'un brun noir violacé, plus foncé sur le dos et sur la tête, dont la partie postérieure est ornée d'un bouquet, formé d'environ douze ou quinze plumes d'inégale longueur, flexibles et pendantes sur le col de l'animal dans l'état de repos, mais que, sans doute, il a la faculté de relever ; les plumes qui composent cette parure sont, dans la plus grande partie de leur longueur, d'un noir à reflets violets, mais blanches à leur base ; la cire du bec et les doigts sont jaunes ; ceux-ci sont revêtus d'écailles réticulées et armés d'ongles, qui sont, ainsi que le bec, de couleur plombée.

Cette espèce est répandue dans une grande partie de l'Afrique. C'est dans le pays d'Auteniquoi et dans la Cafrerie, que Levaillant l'a rencontrée ; Bruce l'a trouvée dans les montagnes de l'Abyssinie ; et depuis, on l'a fort souvent reçue du Sénégal et de la Gambie.

LES CYMINDIS

Les deux ou trois espèces qui composent ce genre, toutes originaires des parties orientales de l'Amérique du Sud, comme le Brésil, la Guyane, Cayenne, etc., sont encore très peu connues ; on en a déterminé les caractères organiques, mais on n'en a point reconnu les mœurs, et leur histoire naturelle tout entière reste à étudier. Le trait le plus apparent qui distingue cet oiseau consiste dans des narines étroites et allongées, en forme de fente lunulée, au lieu d'être elliptiques ou arrondies comme celles de tous les autres aigles ; de plus, ils ont le bec très crochu, les tarses réticulés, garnis quelquefois de plumes en devant, et les ailes plus courtes que la queue.

Le nom commun qui a été donné à ces oiseaux d'Amérique est un nom grec que l'on trouve dans Homère, Aristophane et Aristote, et qui paraît avoir servi à désigner un oiseau de proie de couleur noire, d'une taille plus que moyenne, ayant la voix aiguë, et qui se tenait habituellement dans les contrées montagneuses à forêts de sapins. Cet oiseau, désigné par ces caractères très vagues, n'a point encore été reconnu ; mais ne le sera-t-il pas un jour ? Son nom ne s'est-il pas conservé dans le grec moderne ? Enfin, les oiseaux des contrées grecques, du temps d'Homère ou d'Aristote, nous sont-ils assez complètement connus pour n'avoir plus à tenter la recherche du véritable cymindis? Ces questions ne sont point résolues, ou plutôt la dernière l'est négativement ; par conséquent, toute recherche sur la nature de cet oiseau ne peut point encore être abandonnée, et, si on parvient à le reconnaître, son nom devra lui être restitué, et un nom nouveau donné aux oiseaux américains qui le portent aujourd'hui.

Ce genre a été originairement formé, par mon frère, du petit autour de Cayenne, dont Buffon ne dit qu'un mot[1], et qui se trouve représenté, dans ses planches enluminées, sous le n° 473. Depuis, deux ou trois autres espèces y ont été ajoutées ; mais un examen plus attentif a conduit à en séparer une, pour en constituer le genre rostrames ; et il paraîtrait que c'est au genre cymindis que l'on doit rapporter l'oiseau que Vieillot a décrit sous le nom d'asturine cendrée.

LE CYMINDIS DE CAYENNE OU A MANTEAU NOIR[2]

M. Temminck parle, sous le nom de buse cymindoïde[3], d'un jeune oiseau qu'il regarde comme le jeune âge du petit autour de Cayenne de Buffon, lequel, comme nous venons de le dire, a été le type du genre cymindis. C'est cependant plutôt sur des analogies, des conjectures même, que sur des faits, que M. Temminck établit l'identité spécifique de ces oiseaux ; et, sans ses connaissances profondes en ornithologie, sans sa grande habitude des oiseaux, nous aurions révoqué en doute cette identité, tant les observations sur lesquelles elle repose nous paraissent peu liées entre elles et, par là, peu propres à servir de fondement à une induction. C'est donc sur l'autorité de ce savant ornithologiste que nous admettrons sa buse cymindoïde, comme étant un jeune, revêtu de la livrée qui précède les couleurs des adultes.

Cette cymindis de Cayenne égale presque par la taille notre bondrée, dont elle a d'ailleurs le bec, les ailes, la queue, les pieds et les doigs, mais non les narines ni les petites plumes qui garnissent la base du bec. Les individus adultes ont le dos et les ailes entièrement noirs ; la queue, également noire, est marquée de trois lignes transversales grises, à égale distance l'une de l'autre ; la tête et le dessus du cou sont gris ; le dessous du cou, la poitrine et le ventre blancs ; et les pennes de la queue, en dessous, barrées de blanc et de noir.

Les jeunes individus, qui sont bruns, ont les côtés de leur cou fauves, les plumes des parties inférieures du corps bordées de blanc, et leur queue est barrée en dessous, comme celle des adultes ; les uns et les autres ont les tarses et la cire jaunes, et le bec noir.

1. Tome Ier, in-4°, p. 237. — Édit. Garnier, t. V, p. 125.
2. *Falco Cayennensis*, Gmel. Buffon, t. Ier, in-4°, p. 237. — Édit. Garnier, t. V, p. 126.
3. Pl. d'ois. color., n° 270.

LE CYMINDIS BEC-EN-CROC [1]

La longueur de cet oiseau, du bec à l'extrémité de la queue, est de quatorze à quinze pouces, et ses proportions sont élégantes et légères. Les couleurs du mâle sont entièrement d'un noir plombé, plus clair aux parties inférieures qu'aux supérieures ; les plumes du dessous de la queue ont une teinte roussâtre, et le tiers de la longueur des plumes est blanc dans leur partie moyenne ; les tarses, la cire et, en avant des yeux, une partie nue sont orangés.

Les femelles, avant d'être adultes, sont d'un beau gris bleuâtre, plus foncé aux parties supérieures qu'aux inférieures ; le cou, la poitrine et le ventre sont ornés de rubans transversaux étroits et blancs ; les pennes des ailes sont noires ; celles de la queue barrées de blanc et de noir ; et les plumes qui les garnissent, à la base en dessous, sont blanches.

A un âge plus jeune encore, ces oiseaux, gris brun en dessus, sont entièrement fauves en dessous avec des rubans transversaux blancs, depuis la gorge jusqu'à l'origine de la queue, qui est barrée comme chez les individus adultes.

Cette espèce se rencontre au Brésil et à la Guyane.

LES ROSTRAMES

M. Lesson a séparé, avec raison, du genre cymindis, l'espèce qu'on a désignée par le nom de bec-en-hameçon. Il a été conduit à cette séparation, en considérant la différence qui existe entre le bec de cette espèce et celui des autres cymindis. En effet, cet organe est très caractéristique chez les rostrames ; car la mandibule supérieure, au lieu d'être élevée et comprimée sur les côtés, a peu d'élévation et est tout à fait arrondie, ce qui en fait une arme faible, dont le naturel des rostrames doit se ressentir. Malheureusement ce sont des oiseaux peu connus, et celui qui fait le type du genre, et qui constitue encore ce genre à lui seul, n'est connu que par ses dépouilles.

LE ROSTRAME BEC-EN-HAMEÇON [2]

La longueur de cet oiseau est de quinze à dix-huit pouces, et les adultes sont entièrement d'un noir plombé, qui devient presque d'un noir pur sur les pennes des ailes et de la queue ; des plumes blanches se trouvent en dessus et en dessous de la base de la queue ; l'iris est rouge ; la cire et les pieds sont orangés, le bec et les ongles noirs.

1. *Cimyndis uncinatus*, Temminck, pl. d'ois. color., n°s 103, 104 et 115.
2. *Falco hamatus, Illiger Cymindis*, bec-en-hameçon, Temm., pl. color. d'ois., n°s 61 et 231.

La couleur des jeunes est entièrement différente : les plumes de toutes les parties supérieures sont brunes, terminées par un croissant fauve ; celles des parties inférieures, brunes aussi dans leur milieu, sont bordées de blanc fauve ; des taches longitudinales jaunâtres se remarquent sur le sommet et les côtés de la tête ; le dessous et les côtés du cou sont blanchâtres, avec de légères lignes brunes longitudinales en petit nombre. Les pennes de la queue sont brunes, avec du gris à leur base et à leur pointe ; l'iris est roux brun ; la cire est jaunâtre, et les pieds sont orangé pâle.

Cette espèce, jusqu'à présent, n'a encore été apportée en Europe que du Brésil.

LES VAUTOURS

Les aigles se nourrissent de proie vivante, attaquent leur victime avec impétuosité, la déchirent et la dévorent toute palpitante, et, confiants par instinct dans leur force, ne paraissent connaître que très faiblement le sentiment de la crainte. Les vautours, au contraire, ne se nourrissent que de proie morte ; quelques espèces, mais seulement quand elles sont poussées par la faim, attaquent les animaux les plus faibles, et tous fuient à la moindre apparence de danger. Ces différences de mœurs, associées dans notre esprit aux différences de physionomie qui caractérisent les oiseaux de ces deux familles, font que les aigles sont généralement devenus pour nous les emblèmes de la force et du courage, tandis que les vautours ne nous représentent que la faiblesse et la lâcheté. Les aigles, il est vrai, sont portés par leur instinct à attaquer les animaux vivants qui pourraient se défendre ; mais ils sont tellement supérieurs à ces animaux par leur force ; ils courent si peu de dangers dans la lutte que quelquefois ils peuvent avoir à soutenir ; même quand ces dangers existeraient, ils sont si peu capables de les prévoir et, s'ils les connaissent, si peu portés à les braver, que jamais estime ne fut plus injustement acquise que celle que nous leur accordons. Il est également vrai que les vautours vivent au milieu de tous les autres oiseaux sans jamais les attaquer ; mais c'est par instinct qu'ils le font, parce qu'ils n'ont aucun goût pour la chair vivante et que c'est de la chair morte surtout qu'il leur faut. Il n'y a donc pas plus de lâcheté au vautour brun, au condor, au lemmergayer, qui sont des oiseaux de dix à quinze pieds d'envergure, à ne pas attaquer un merle ou un lapin, qu'il n'y a de courage à un aigle royal ou à une harpaye armés de leur bec crochu et de leurs griffes acérées, à se jeter sur ces animaux. Les uns et les autres obéissent à leur nature ; ils remplissent aveuglément leur destinée ; et les sentiments qui les animent ne ressemblent pas plus à ceux que nous éprouvons lorsque nous bravons ou que nous fuyons un danger dont nous avons apprécié l'étendue, que leurs facultés morales et intellectuelles ne ressemblent aux nôtres.

La destinée des vautours est une des plus importantes qu'il soit donné aux oiseaux de remplir ; ils contribuent puissamment à débarrasser la terre des cadavres qui l'empuantiraient, et qui pourraient la rendre inhabitable partout où la main de l'homme ne viendrait pas suppléer la nature.

Un des besoins les plus pressants des sociétés humaines, c'est de se soustraire aux émanations que répandent, en se décomposant, les corps morts des hommes et des animaux, d'éloigner de la vue le triste spectacle de ces êtres sans vie prêts à vicier l'air de leur infecte odeur. Eh bien, ce besoin ne paraît pas être moins impérieux pour la nature que pour l'espèce humaine ; rien n'est plus merveilleux que les moyens qu'elle a mis en usage pour le satisfaire, que la variété de secours qu'elle a su tirer de ses œuvres pour atteindre ce but, que la prévoyance qui dans cette vue l'a dirigée lorsqu'elle les créa. Un animal n'a pas plus tôt cessé de vivre qu'à l'instant arrivent de toutes parts des milliers d'autres animaux pour le dévorer, des insectes de tout ordre, tant à l'état de larve qu'à l'état parfait, des limaçons, des oiseaux de tout genre, et enfin des quadrupèdes de plusieurs espèces ; mais de tous ces animaux c'est sur les vautours que la nature semble avoir le plus compté, surtout dans les pays chauds ; car, avertis de très loin de l'existence d'un cadavre, par leur vue ou par leur odorat, et vivants en troupes, ils arrivent promptement et en grand nombre à la place qu'il occupe, tandis que les insectes ou les quadrupèdes du voisinage sont seuls attirés par lui. On ne s'étonnera donc pas de la protection que ces oiseaux ont trouvée chez tous les peuples : ils furent déifiés chez les Égyptiens, plusieurs nations punissent encore leur mort comme un crime, et partout ils vivent familièrement au milieu des hommes, qui leur rendent en bienveillance ce qu'ils en reçoivent en utilité.

Buffon caractérise très bien le genre des vautours ; mais il n'a point été heureux dans son histoire des espèces ; il confond souvent ce qui appartient aux unes avec ce qui appartient aux autres, et, par cette sorte de création, se met, sans le vouloir, à la place de la nature.

Il parle de neuf vautours : 1° du percnoptère qu'il n'a point cru connaître et dont il ne parle que d'après Aristote, quoiqu'il en eût une figure qu'il a donnée comme étant celle de son grand vautour ; 2° le griffon de Perrault[1] qui paraît être représenté par ce grand vautour[2], mais dont Buffon ne parle que d'après les mémoires que je viens de citer en note ; 3° le grand vautour[3] qui est formé d'une histoire et d'une figure étrangères l'une à l'autre ; 4° le vautour à aigrette tiré d'une grossière figure donnée par Gesner[4], et qui paraît avoir été celle d'un aigle ; 5° le petit vautour[5] qui est le

1. *Mémoires pour servir à l'histoire des animaux*, t. III, p. 209.
2. Pl. enlum., 425.
3. *Ois.*, p. 782.
4. Pl. enlum., 449.
5. Pl. enlum., 427.

LES VAUTOURS. 295

percnoptère d'Égypte passant du jeune âge à l'âge adulte ; 6° le vautour
brun[1] qui n'est que ce même percnoptère d'Égypte dans son jeune âge; 7° le
roi des vautours[2], espèce bien caractérisée qui est devenue le type du genre
Sarcoramphe ; 8° l'aura, autre espèce bien distincte de toutes les autres, qui
est devenue un des types du genre Cathartes, mais dont Buffon forme l'histoire en réunissant des notions qui appartiennent à des espèces très différentes l'une de l'autre ; 9° enfin le condor qu'il ne connut point, et dont il
compose l'histoire en rassemblant tout ce qui a été dit des plus grands oiseaux
de proie de tous les pays du monde, même de ce roc qui joue un si grand
rôle dans l'imagination des Orientaux ; aussi, le considérant comme un
oiseau plein de courage, il penche, contre l'opinion des voyageurs qui l'ont
observé et décrit, à le rapprocher des aigles.

Les vautours de Buffon forment aujourd'hui une famille divisée en plusieurs genres et enrichie de plusieurs espèces qu'il ne connut pas. Ces
genres sont au nombre de cinq : 1° les Vautours proprement dits, qui pourraient être représentés par le griffon de Buffon, accompagné de la figure de
son grand vautour et qui se caractérisent par un bec gros et fort, des narines
en travers sur sa base, la tête et le cou sans plumes et sans caroncules, et un
collier de longues plumes ou de duvet au bas du cou. Les vautours de ce
genre ne se trouvent encore que dans l'ancien monde ; 2° les Sarcoramphes,
dont le roi des vautours serait le type. Ils sont remarquables par les caroncules qui surmontent la membrane de leur bec ; ce bec est de la forme de
celui des vautours proprement dits ; mais les narines sont ovales, longitudinales et ouvertes dans les caroncules. Tous sont américains ; 3° les Cathartes
qui n'ont pour représentants chez Buffon que sa figure de l'aura. Ils ont le
bec et les narines des sarcoramphes, mais sans caroncules ; 4° les Percnop-
tères dont le petit vautour et le vautour brun de Buffon donnent les caractères, et qui ont le bec grêle, long, un peu renflé au-dessus de sa courbure,
les narines ovales, longitudinales, et la tête seule dénuée de plumes. Ce sont
les plus faibles de tous les vautours ; et 5° enfin les Griffons qui ne consistent
encore que dans les individus d'une seule espèce que Buffon n'a point connue, celle du lemmergayer. Ces derniers oiseaux s'éloignent des vautours
par leurs mœurs qui les rapprochent des aigles. Ils ont la tête couverte de
plumes et leur bec fort est droit, crochu à son extrémité et renflé sur ce crochet. Leurs narines sont recouvertes par des soies dirigées en avant, et un
pinceau de soies semblables se trouve sous leur bec. Les tarses sont courts
et emplumés jusqu'aux doigts; leurs ailes sont longues et la troisième penne
est la plus longue. D'après ce qui précède, Buffon nous donnant des types
des genres Vautour, Sarcoramphe, Catharte et Percnoptère, nous nous bornerons à rectifier les textes de l'aura et du condor, en donnant une bonne

1. Pl. enlum., 428.
2. Pl. enlum., 187.

figure de celui-ci, et nous ferons connaître le lemmergayer, type du genre Griffon.

L'AURA[1]

La première erreur que commet Buffon dans l'histoire de cet oiseau, c'est de le confondre avec l'urubu, autre espèce de vautour américain, qui non seulement diffère de l'aura par ses caractères spécifiques, mais aussi par ses caractères génériques; car ce n'est point un CATHARTE, c'est un PERCNOPTÈRE. Une erreur plus grande a été de confondre cette espèce avec un oiseau du Cap dont Kolbe fait une histoire en grande partie fabuleuse, quoiqu'il en indique cependant assez clairement les caractères pour qu'on puisse reconnaître qu'il s'agit d'un aigle et non d'un catharte.

La longueur totale de l'aura est de plus de deux pieds, et son envergure est de cinq pieds six pouces. Voici ce que d'Azara, qui de tous les naturalistes voyageurs est celui qui entre dans le plus de détails sur cet oiseau, nous en dit: « Ce vautour est assez multiplié dans tout le Paraguay, et il passe aussi au sud de la rivière de la Plata; mais, comme il n'est pas de la centième partie aussi multiplié que le précédent[2], il est moins commun. Il se tient seul ou par paire, et il est moins farouche que l'iriburubicha (roi des vautours) et plus que l'iribu. Mon ami Nozeda m'a assuré que la ponte de cette espèce a lieu au mois d'octobre; qu'elle se compose de deux œufs blancs, un peu tachetés de rougeâtre; que le nid ne consiste qu'en un léger enfoncement en terre dans les halliers à la lisière des bois, sans aucune disposition de matériaux, et que les petits naissent couverts d'un duvet blanc et les yeux fermés.

« Quand il vole, il tient ses ailes plus élevées que le reste du corps et les agite peu. Il vole, sans cesse près de terre avec beaucoup d'aisance, cherchant à découvrir sa proie, et passe ainsi des journées entières, comme si cette continuelle action lui était plus naturelle que le repos. Il se nourrit non seulement de cadavres, mais aussi de limaces et d'insectes, et il ne poursuit point les petits oiseaux. »

Catesby, après en avoir donné une passable description, ajoute que cet oiseau, qu'il nomme turgay buzzard, se nourrit de charogne, se soutient longtemps en l'air, vole aisément en faisant peu de mouvement de ses ailes[3], qu'une proie morte en attire toujours un grand nombre, et que ces oiseaux la découvrent de loin par leur merveilleux odorat; d'abord ils se tiennent en

1. *Vult. aura*, Linn., Gmel., et *vult. jota*, var. *b.* TurkeyBuzzard, Catesby, Carol., t. 1er, p. 294, pl. 6. Buffon, pl. enlumin., 187. *Vautour aura*, Vieillot. *Ois. d'Amér.*, t. 1er, p. 25, pl. 2 *bis. Galeries des ois.*, pl. 4, p. 16. D'Azara, Acoberay, voy. t. III, p. 23.
Ce nom signifie, chez les Guaranis, *tête nue* ou *rasée*, Bartram.
2. L'Iribu.
3. Bartram dit au contraire que cet oiseau bat fréquemment des ailes, comme s'il avait besoin de grands efforts pour se soutenir.

tournoyant au-dessus d'elle et ne descendent que peu à peu, comme s'ils crai-
gnaient les pièges d'un ennemi caché. Il ajoute qu'ils se nourrissent aussi
de serpents, et qu'il a appris que des agneaux ont été tués par eux. Plusieurs
se tiennent habituellement perchés sur les grands arbres, où ils restent le
matin immobiles et les ailes déployées, probablement pour recevoir les premières influences du soleil.

Le jeune aura diffère de l'aura adulte par les parties brunes de son
pelage. Chez lui toutes les parties supérieures du corps sont d'un noir à
reflets violâtres qui, sur les côtés, prend une teinte brune. Cette dernière
couleur est celle des ailes, à l'exception des grandes pennes qui sont noires.
C'est aussi celle des pennes latérales de la queue ; à leur face supérieure les
moyennes plus grandes que les autres, et formant une queue étagée, étant
noires. Toutes ces pennes sont d'un gris blanchâtre à leur face inférieure. La
fraise est du noir du dos ainsi que toutes les parties inférieures du corps. Le
bec est blanchâtre ; la cire d'un rouge violâtre, et c'est dans cette partie que
s'ouvrent les narines. La peau de la tête est rouge pourpre, et des plis transverses rouges et jaunes se remarquent sur le cou derrière la tête à l'occiput ;
l'œil est entouré d'un cercle jaune, et l'iris est d'un jaune clair. Des plumes
en forme de poils noirs se remarquent au devant de l'œil, et une ligne de
ces poils unit les deux yeux l'un à l'autre. Les jambes nues sont jaunâtres.
Les individus tout à fait adultes sont entièrement d'un noir bleuâtre.

LE CONDOR

Tant que Buffon se borne à tirer l'histoire naturelle du condor, de ce
que rapportent les voyageurs qui ont vu cet oiseau en Amérique, il est exact
et véridique, à quelques exagérations près. Ainsi ce qu'il dit, d'après le
P. Feuillée et d'après Frésier, peut être admis sans restriction. Le P. d'Abbeville, Démarchais, Garcillasso, par contre, parlent des forces et du naturel
de cet animal avec si peu de mesure, que Buffon aurait pu se défier de leur
récit; mais ce qui l'a empêché, sans doute, de soupçonner l'exactitude de ces
voyageurs, c'est qu'il adoptait comme réelle la peinture que les Orientaux
nous tracent de leur roc et ne faisait aucune différence spécifique entre cet
oiseau et le condor. Il est bien simple alors qu'il ait répété, d'après le dernier de ces voyageurs, que deux condors peuvent dévorer entièrement une
vache, et d'après Démarchais qu'un de ces oiseaux enlève une jeune vache
ou une biche, comme il enlèverait un lapin ; car, pour un roc, tout cela ne
serait encore que jeux d'enfants, puisque, suivant Mac Paul, celui du sud de
Madagascar enlevait des éléphants. Buffon toutefois ne distingue pas ce récit
du voyageur vénitien des contes dont il a probablement été tiré ; et c'est aussi
le condor qu'il croit reconnaître dans un vautour du Sénégal et dans le lemmergayer, grand vautour de nos Alpes qui diffère plus du condor américain

que celui-ci ne diffère des autres vautours, comme nous le verrons bientôt. Quant aux grands nids suspendus aux arbres et ouverts par en bas (*Hist. des Nav. aux terres australes*, t. II, p. 104), qu'on attribuait à un oiseau de la grandeur d'une autruche, et que Buffon prend pour celui du condor, bien loin d'être le travail d'un oiseau de cette taille, ils ne sont construits que par de petits oiseaux, mais qui vivent en famille.

L'abbé Molina parle du condor, mais avec si peu d'exactitude qu'il le confond lui-même avec le lemmergayer.

Ce que dit Buffon, d'après Feuillée, ne se rapporte qu'à une jeune femelle; c'est ce qui résulte de ce qu'il nous apprend des couleurs brunes de son oiseau et de son bec non caronculé. Frésier, au contraire, parle évidemment d'un mâle, puisque l'individu qu'il tua était pourvu d'une crête, c'est-à-dire d'une caroncule.

Ce n'est que bien des années après Buffon qu'on a obtenu de nouvelles notions sur le condor, et c'est à M. Alex. de Humboldt que les naturalistes les doivent[1]. Nous allons donner un extrait du Mémoire que ce savant universel a publié sur cet oiseau.

« Le nom de condor est tiré de la langue Qquichua, qui était la langue générale des Incas : on devrait l'écrire cuntur..... Le jeune condor n'a pas de plumes; son corps, pendant plusieurs mois, n'est couvert que d'un duvet très fin..... A l'âge de deux ans, le plumage des mâles et des femelles est d'un beau fauve, et jusqu'à cette époque, ils n'ont pas le collier blanc qui caractérise les adultes ; la femelle est toujours privée de la crête nasale, qui distingue les mâles; cette crête charnue occupe la sommité de la tête et un quart de la longueur du bec ; elle repose sur le front et sur la partie postérieure du bec; mais, à la base de celui-ci, elle est libre et échancrée, et c'est dans ce vide que sont placées les narines. La peau de la tête du mâle forme, derrière l'œil, des plis rugueux, qui descendent vers le cou et se réunissent dans une membrane lâche, que l'animal peut rendre plus ou moins visible en la gonflant à son gré; son oreille est grande et cachée sous les plis de la membrane temporale. Dans le condor adulte, le dos et la queue sont d'un noir un peu grisâtre, et il en est de même des couvertures et des grandes pennes des ailes; mais les pennes intermédiaires ont beaucoup de blanc; la queue est cunéiforme et assez courte; les pieds, très robustes, sont d'un bleu cendré, et les ongles sont noirâtres, peu crochus, mais très longs ; les quatre doigts sont réunis, à leur base, par une petite membrane très lâche. La longueur d'une femelle, du bout du bec au bout de la queue, était de trois pieds trois pouces, et son envergure de huit pieds un pouce. La longueur d'un mâle était de trois pieds trois pouces, et son envergure de huit pieds neuf pouces; et il ajoute qu'on lui a assuré qu'on n'en avait jamais tué dont l'envergure dépassât onze pieds; ce qui se rapporte exactement à ce que nous

1. *Observ. de zool.*, t. 1er, p. 26, pl. 8 et 9.

apprend le Père Feuillée. Cet animal est particulier à la grande chaîne des Andes, dont il habite les hauteurs, à trois, quatre et cinq mille mètres du niveau de la mer ; on assure même qu'il peut s'élever plus haut encore, dans son vol puissant et rapide. Comme tous les oiseaux qui ne connaissent point d'ennemis, les condors, qui se tiennent presque constamment loin des régions habitables, ne fuient pas à la vue des hommes ; et la faim en fait descendre quelquefois jusque sur les bords de la mer. Ils vivent en petites troupes, et, lorsqu'ils sont avertis d'une proie morte, ils arrivent en très grand nombre : debout alors sur le sol, ils ont peine à reprendre leur vol, comme tous les oiseaux dont les jambes sont courtes et les ailes très longues ; dans cette situation on les prend, dit-on, facilement. Quoique peu courageux, ils attaquent quelquefois, pressés par le besoin, des animaux vivants, comme vaches, cerfs, moutons, etc., auxquels ils commencent par crever les yeux, et dont ils arrachent ensuite les entrailles par le fondement. »

Depuis la publication des observations précédentes sur le condor, un nouveau voyageur, M. Stevenson[1], les a confirmées en partie, ainsi que ce que Molina rapportait que cet oiseau fait son aire sur les rochers escarpés, et qu'il y pond des œufs blancs plus gros que ceux du dindon.

Telles étaient les observations qui avaient été faites et publiées sur les condors vivants, lorsque la ménagerie du Muséum d'histoire naturelle reçut un jeune mâle de cette curieuse espèce ; non pas que quelques autres lumières n'aient été acquises d'ailleurs sur cet oiseau : on en trouve deux mauvaises figures dans le *Museum leverianum*[2], que Shaw a répétées dans sa *Zoologie générale*[3], et M. Temminck, dans un savant article auquel depuis il a joint un supplément, donne une bonne histoire de cette espèce ; mais nous devons nous borner à indiquer ces publications, qui n'ajoutent rien à ce que donnent les observations faites sur des individus vivants.

La description du condor par M. de Humboldt, description que nous venons de rapporter, est en général assez exacte ; ce qu'il dit de la couleur des jeunes et des adultes laisse peu à désirer,

Dans les individus que possède aujourd'hui la collection du Muséum, se trouvent un jeune mâle, qui est d'un noir brunâtre sur toutes les parties supérieures du corps—seulement, les pennes des ailes sont grisâtres, et il est déjà pourvu de la demi-fraise blanche qui, chez les individus adultes, garnit la base du cou en dessus, — et une femelle adulte qui est d'un noir brillant, à l'exception de la partie visible des pennes des ailes et le demi-collier qui sont blancs ; ce demi-collier se compose de plumes semblables à celles du duvet.

L'individu vivant de la Ménagerie y est arrivé très jeune et entièrement brun, mais ayant à peu près sa taille actuelle, c'est-à-dire environ cinq pieds

1. *Voyage dans l'Amérique du Sud*, IIe vol., p. 59.
2. No 1, p. 1.
3. Vol. Ier, p. 2.

de longueur, et douze pieds d'envergure; successivement son plumage prit les couleurs de la femelle adulte dont nous venons de parler, et depuis il n'a éprouvé aucun changement; mais ce que nous n'avons pu dire de cette femelle, c'est que son œil, d'un beau jaune, est garni postérieurement d'un demi-cercle rouge. Comme tous les sarcoramphes, c'est par les crêtes, les protubérances, les fanons, dont sa tête et son cou sont revêtus, qu'il se fait particulièrement remarquer, quoique toutes ces parties ne soient point peintes des couleurs vives qui ornent la tête du sarcoramphe papa et soient au contraire d'une teinte violâtre assez sombre. Sa crête est simple, étroite, médiocrement élevée, mais fort longue; elle commence en arrière de l'œil, presque au sommet de la tête, et s'avance jusqu'au milieu du bec, et vis-à-vis des narines se trouve une échancrure qui empêche que ces orifices de l'organe de la respiration ne soient fermés; des bords de la base du bec descendent deux fanons, un de chaque côté, étroits, mais épais, qui bientôt, se réunissant en un seul, se terminent au milieu du cou; un second fanon, mais très petit, et qui est sans rapports avec les premiers, se remarque au bas du cou vis-à-vis de la fraise blanche; un tubercule, allongé et serpentant, va du dessus de l'œil jusque derrière la tête, et un autre tubercule de même nature part du coin postérieur de l'œil et vient, en suivant le contour de la tête et du cou et en se dédoublant quelquefois, se terminer vis-à-vis de la partie inférieure du fanon. Ces trois sortes de protubérances sont tuberculeuses, ainsi que la peau des parties de la tête et du cou qui les avoisinent, mais principalement celles qui se trouvent autour de l'œil, entre lui et le bec; les premières, c'est-à-dire les fanons de la base du bec, se font remarquer par une couleur rouge orangé brillante.

Notre condor est un oiseau timide et inoffensif, qui n'a d'arme que son bec et qui, privé des serres des aigles, l'est en même temps des moyens d'attaque et de défense les plus puissants que la nature ait donnés aux oiseaux de proie; il est même à remarquer qu'à cet égard la nature a semblé plus avare pour le condor que pour tous les autres vautours, car il n'en est aucun qui ait le doigt postérieur aussi petit, aussi rudimentaire, les autres doigts et les tarses plus minces, et les ongles plus faibles. Cet oiseau paraît être sans voix.

LE LEMMERGAYER [1]

Cette grande espèce, qui n'a été complètement connue que de nos jours, quoiqu'elle habite nos grandes montagnes et qu'elle descende quelquefois dans les plaines voisines, a été, comme nous l'avons dit, confondue par Buffon avec le condor : c'est que ceux qui avaient vu l'un et l'autre de ces oiseaux, ayant surtout été frappés de leur grandeur et de leur force, n'ont guère songé à parler que de ces traits, en racontant les exemples de vigueur et de voracité dont ils avaient pu être les témoins; tout ce qu'ils en disaient

1. Nom allemand qui signifie chasseur d'agneaux.

d'ailleurs était vague; et pour peu que la tendance de l'esprit ait été, comme celle de Buffon, de ne point augmenter le nombre des espèces sans la plus évidente nécessité, on conçoit qu'on ait confondu dans une seule des oiseaux dont on se bornait à peu près à donner pour couleur au plumage le brun et le blanc.

Depuis que ce lemmergayer a été observé plus attentivement, on a reconnu qu'il devait être séparé du condor, et former un genre distinct de celui des vautours, auquel il avait été réuni comme le condor lui-même, et c'est Daudin[1] qui a formé ce genre sous le nom de gypaète, de deux mots grecs : *gyps* vautour, et *actos*, aigle; et comme les jeunes individus diffèrent beaucoup, par les couleurs, des individus adultes, il a commencé à essayer de rapporter à l'histoire du lemmergayer tout ce qui avait été dit de ces individus de différents âges, considérés comme espèces distinctes. Depuis ces premiers essais, l'histoire de cette espèce s'est à peu près complétée; et M. Savigny a pu même reconnaître que le lemmergayer était le *phène* des Grecs et l'*ossifraga* des Latins.

Aucune autre espèce n'est encore venue se joindre à celle du lemmergayer, pour former le genre gypaète; elle en est encore le seul type. Notre description comprendra donc les caractères du genre comme ceux de l'espèce.

Ce grand oiseau de proie a quatre à cinq pieds du bout du bec à l'extrémité de la queue, et son envergure est de dix pieds; son bec, déprimé en dessus dans sa partie moyenne, s'élève et se renfle avant de se recourber en crochet, et cette forme de bec lui est tout à fait particulière; des plumes raides, en forme de poils, naissent entre l'œil et le bec et se dirigent en avant; d'autres plumes semblables sortent, dans la même direction, de l'origine de la mandibule inférieure; les tarses courts sont tout à fait revêtus de plumes et très forts; il en est de même des doigts et des ongles ; son premier plumage, après le duvet qui le revêt en naissant, est brun, plus foncé sur la tête et le cou que sur les parties supérieures du corps, mais surtout que sur la poitrine, le ventre et les cuisses, où le brun tire au roussâtre; toutes ces parties sont plus ou moins variées irrégulièrement de taches brunes et de taches blanches.

Ce n'est qu'à la troisième année que le pelage de l'état adulte se montre : alors la tête est blanche avec une tache noire de chaque côté, qui part de la base des côtés du bec, remonte au-dessus de l'œil en l'enveloppant en partie, et va se perdre en s'amincissant sur le sinciput; le cou est d'abord d'un fauve très clair et devient blanc ensuite, et les plumes y sont remarquables par leur forme étroite, allongée et terminée en pointe ; le ventre, les cuisses, les couvertures du dessous de la queue et les plumes des tarses sont blancs, mais, dans ces parties, les plumes sont larges et arrondies ; le dessus du dos, les

1. *Traité d'ornith.*, t. II, p. 23 et suiv.

couvertures des ailes, les pennes des ailes et de la queue sont brun foncé;
seulement la côte des plumes du dos, des épaules et des couvertures des ailes
est blanche, et cette couleur s'étend, sur les barbes du bout de la plume, de
manière à figurer une spatule. De plus, la partie visible, ou plutôt la partie
externe des pennes des ailes seules, est brune; la partie cachée, ou la partie
interne, est blanche; la queue est étagée; les côtes de toutes les pennes sont
blanches. Nous avons déjà dit que des plumes noires, en forme de poils
raides dirigés en avant, naissent de chaque côté de la base de la mandibule
supérieure du bec, près des narines, et du milieu de la base de la mandibule
inférieure; les doigts sont revêtus de petites écailles.

Le naturel de cet oiseau doit être tout différent de celui des autres espèces
de la famille des vautours, à en juger du moins par ses habitudes en esclavage. Ceux que la ménagerie a possédés ne se perchaient point, ou très rarement; et ils ne se tenaient point, la partie antérieure de leur corps relevée,
comme les autres oiseaux de proie; ils se tenaient presque horizontalement,
comme certains gallinacés; non pas qu'ils aient été privés de la faculté de
saisir les corps avec leurs doigts, car, à cet égard, ils sont très supérieurs
aux vautours et trouvent dans leurs serres, dans la force de leurs ongles et
la longueur du doigt de derrière, une arme que ces derniers oiseaux ne trouvent pas dans les leurs.

Les individus qui ont vécu dans notre ménagerie sont toujours restés
sauvages et craintifs, sans devenir méchants; jamais ils n'ont fait entendre
de voix, et tous leurs changements de pelage ont eu lieu régulièrement. On
voyait qu'ils étaient dans un climat convenable pour eux, mais aussi que
l'espace étroit où ils étaient renfermés était peu propre à la manifestation
de leurs penchants, aux développements des facultés dont la nature les a
doués pour leur conservation. On dit que les lemmergayers vivent en petites
troupes et qu'ils chassent ainsi réunis au nombre de trois ou de quatre. Ils
choisissent les rochers les plus isolés des hautes montagnes pour y faire leur
nid; et ce nid, comme celui de la plupart des autres oiseaux de proie, se
compose de petits morceaux de bois flexibles, grossièrement entrelacés les
uns avec les autres, et garni de matières plus ou moins douces, pour recevoir
les œufs.

Cette espèce ne se rencontre pas seulement sur nos plus hautes montagnes, les Alpes, les Pyrénées; elle a été découverte par Bruce en Afrique et
paraît s'étendre en Asie, sur le Caucase et sur l'Himalaya, et probablement
encore sur les autres chaînes élevées de ce vaste continent.

LES AUTOURS

Sans l'énoncer expressément, Buffon paraît diviser en deux genres les
oiseaux de proie dont les naturalistes forment aujourd'hui la famille ou la

tribu des autours. Dans l'un il réunissait le milan, la buse, la bondrée, la soubuse et le busard; dans l'autre l'épervier et l'autour; et il rapprochait de l'un ou de l'autre quelques oiseaux étrangers, qu'il possédait lui-même ou qu'il tirait de différents auteurs.

Une étude plus approfondie ou plus détaillée de ces oiseaux a porté les naturalistes modernes à les diviser en huit ou neuf genres, dont, à l'exception d'un seul, les oiseaux décrits par Buffon nous donnent les types. Ces genres sont : les Autours, qui ont toutes les pennes de la queue de même longueur; les tarses réticulés ou écussonnés, mais courts, auxquels appartient l'autour proprement dit; les Éperviers, dont les tarses élevés sont écussonnés, et que l'épervier commun représente; les Milans, dont les tarses écussonnés sont courts, dont les doigts, les ongles et le bec sont faibles, dont les ailes sont très longues, et dont la queue est fourchue; notre milan royal en est le type; les Élanus, qui sont des milans à tarses réticulés et à demi revêtus de plumes par le haut; c'est dans ce groupe qu'entre le milan de la Caroline, dont Buffon parle d'après Catesby, le milan de Riaucour, le milan à queue irrégulière, et le blac, trois espèces que nous décrirons; les Bondrées, à ailes très grandes, dont l'espace entre l'œil et le bec, qui chez les autres oiseaux de proie diurnes est presque nu, se trouve garni de petites plumes arrondies et très serrées les unes sur les autres; leur queue a les pennes égales, et leurs tarses sont à demi emplumés vers le haut et réticulés; quelques espèces de ce genre sont huppées; la bondrée commune en donne l'idée; les Buses, qui ne diffèrent guère des bondrées que par l'intervalle entre l'œil et le bec, qui chez elles est à peu près nu; quelques-unes ont les tarses emplumés; d'autres les ont nus et écussonnés; d'autres encore ont une huppe; notre buse représente les caractères principaux de ce genre; enfin les Busards, dont notre busard est l'image, et qui ne diffèrent des buses que par des tarses plus élevés et par une espèce de collier que les bouts des plumes qui couvrent leurs oreilles forment de chaque côté de leur cou. Ces caractères génériques ne sont cependant pas tellement tranchés qu'on en puisse faire une facile application; aussi tous les auteurs n'ont point admis ces huit ou neuf genres. M. Temminck les réduit à quatre : les milans, les autours, les buses et les busards; encore remarque-t-il qu'il y a, entre ces quatre genres, des espèces intermédiaires qui tendent à les confondre.

Le caractère commun à tous ces oiseaux, par lequel ils se distinguent des aigles et qui a porté à en former une tribu particulière, consiste dans leur bec courbé dès sa base et non pas à son extrémité seulement. Ce caractère, qui augmente la force de leur bec et qui semblerait devoir annoncer du courage, n'est associé au contraire qu'à la prudence et à la timidité. Tous ces oiseaux, en effet, sont de ceux que Buffon désigne, et que désignaient les fauconniers, par les noms d'ignobles et de lâches; ils sont de médiocre taille et on en rencontre dans toutes les parties de la terre; leur nourriture consiste en petits oiseaux, en mulots, en reptiles et même en insectes, et des instincts très divers les conduisent : les buses n'ont point le genre de vie des milans, et ceux-ci, sous ce rapport, ne ressemblent ni aux vautours ni aux busards ; de notables différences même se remarquent dans les mœurs des espèces de chacun de ces genres ; mais les observations qui ont eu pour objet le genre de vie des oiseaux sont généralement renfermées dans des généralités plus ou moins vagues, comme si dans ces matières l'intérêt le plus grand n'était pas dans les détails. N'est-ce pas par l'observation des insectes, dans leurs actions de tous les instants, que Réaumur, qu'Hubert, etc., ont élevé la science de ces petits animaux au niveau des sciences de l'ordre le plus élevé, en nous montrant que la nature n'est pas moins infinie en puissance et en sagesse dans l'ordre auquel elle a soumis les êtres en apparence les moins importants pour elle, que dans celui auquel elle a soumis les mondes?

Nous avons vu, par ce qui précède, qu'on peut dans Buffon se faire une idée nette de tous les genres entre lesquels la famille des autours a été partagée, à l'exception seulement du genre Élanus[1], dont il nomme bien une espèce, comme nous l'avons dit, mais sans la faire connaître, sans la décrire ni la faire représenter. Nous donnerons donc la description de trois espèces remarquables de ce genre.

En nous renfermant dans d'aussi étroites limites, nous serons loin sans doute de compléter l'histoire de cette famille des autours, une des plus riches de toute l'ornithologie ; mais n'ayant qu'un volume à publier sur les oiseaux, nous sommes forcés de nous restreindre. D'ailleurs que seraient, pour plusieurs de ces genres, quelques espèces de plus, quand on songe qu'on en compterait plus de cinquante peut-être dans celui des autours, tel que l'a établi M. Temminck, et que, sur chacune d'elles, nous n'aurions à parler que de quelques différences, souvent très légères, dans la couleur des plumes ou dans les proportions des diverses parties des membres? Chaque jour on sentira plus vivement la nécessité de considérer l'histoire naturelle sous un point de vue plus étendu que celui qui fait aujourd'hui l'objet principal de cette science.

L'ÉLANUS DE RIAUCOUR

C'est à M. Vieillot[2] que l'on doit la première publication de cet oiseau ; il le connut par M. le comte de Riaucour, premier président à la cour royale de Nancy, qui le possédait dans sa riche collection. M. Temminck[3] en a donné depuis une nouvelle figure et une nouvelle description.

Ce milan, à tarses réticulés et qui ne sont qu'à demi revêtus de plumes,

1. M. Vigors (*Zool. Journ.*, n° 8, p. 385) sépare de ce genre le milan de Riaucour et le milan de la Caroline, pour en faire son genre *Nauclerus*, qui nous paraît peu fondé en raisons, et que nous n'admettrons point ici.
2. *Gal. des Ois.*, p. 43, pl. 16.
3. Pl. color. d'ois., n° 85.

est originaire du Sénégal; mais il paraîtrait n'y être que de passage, car on ne l'a jusqu'à présent rencontré que temporairement et seulement dans les environs de Goré. Les milans ont en général un vol léger et rapide, mais il semble que cette espèce les surpasse encore par la promptitude et l'aisance de ses mouvements. Planant sans cesse dans les airs, occupé à guetter sa proie sur laquelle elle se précipite avec la rapidité d'une flèche, elle doit être pour les oiseaux plus faibles qu'elle un des ennemis les plus dangereux. Heureusement cet oiseau manque d'audace, comme tous les milans, et perd en courage ce qu'il a reçu en puissance et en agilité, ou plutôt sa timidité borne les entreprises que lui permettraient ses forces. En chassant il fait entendre les syllabes *cri, cri, cri*, qui rappellent le cri de notre crécerelle.

La description que Vieillot donne de cet oiseau étant fort exacte, nous la répéterons en partie ici. L'Élanus de Riaucour a le dessus de la tête et du cou, le dos, le croupion, les plumes des épaules, les couvertures et les pennes des ailes d'un cendré bleuâtre, plus foncé sur le dos et le croupion que dans les autres parties; l'extrémité des pennes secondaires et des grandes couvertures supérieures des ailes, le côté interne des pennes de la queue, à l'exception des deux intermédiaires, le bord et les côtés du front, le dessous des ailes et toutes les parties inférieures sont d'un très beau blanc de neige; le tour de l'œil est d'un cendré noirâtre; une grande tache noire se trouve sur le pli de l'aile; la queue, longue de huit pouces, a ses deux longues pennes, les plus externes, de deux à trois pouces plus longues que les autres; elles sont étroites et terminées par une tache noire, comme, au reste, le sont aussi les trois premières pennes des ailes. Le bec est noir, les pieds sont orangés, et les ongles jaunes. La longueur de cet Élanus, du bout du bec à l'extrémité de la queue, est de dix-sept pouces. Les femelles et les jeunes se distinguent en ce que leurs longues pennes de la queue sont plus courtes que celles du mâle et qu'il n'y a point de noir dans les couleurs de l'aile, mais du roussâtre, comme le dit M. Temminck.

L'ÉLANUS A QUEUE IRRÉGULIÈRE[1]

M. Azara, qui le premier a décrit cet oiseau, le considérait comme un faucon; mais il a été réuni avec plus de raison aux milans dont il a un des caractères principaux, la queue fourchue, et on l'a associé à l'Élanus de Riaucour à cause des plumes qui couvrent en partie ses tarses, quoique, au lieu d'avoir la penne qui forme de chaque côté le bord externe de la queue plus longue que les autres, il l'ait plus courte. C'est, dit M. Azara, sur le bord du Paraguay, entre Nembucu et Remolinos, et sur la frontière du Brésil, par le 32e degré de latitude, que j'ai rencontré cette espèce. Ses mœurs étaient

1. Milan à queue irrégulière, *Falco dispar*, Temm., pl. color. d'ois., n° 319. *Faucon blanc d'Azara*, *Voyage*, t. III, p. 96.

celles des faucons; mais elle différait de ces oiseaux par une tête plus grosse et fort aplatie en dessus, sa grande bouche, son œil plus grand et plus couvert par l'orbite.

Le bec des élanus dispar se recourbe insensiblement jusqu'à sa moitié où il se ploie tout à coup en crochet. Leur tarse arrondi est très gros et couvert de plumes en devant sur la moitié de sa longueur, et revêtu sur le reste de petites écailles égales entre elles; leur doigt du milieu est entièrement séparé des autres. Ils ont vingt-deux pennes aux ailes, la seconde étant la plus longue, douze à la queue, l'extérieure de sept lignes plus courte que celle qui le suit.

La longueur de cet oiseau est de treize pouces, et son envergure de trente-quatre.

Toutes les parties inférieures du corps, le dessus et les côtés de la tête sont blancs, excepté une tache noire qui entoure l'œil. Le dessus du corps, les ailes, la queue, à l'exception des quatre premières pennes de chaque côté, sont d'un gris bleuâtre; ces quatre premières pennes sont blanches; les couvertures du dessous des ailes sont noires; l'iris est orangé, le bec noir, et la cire ainsi que les tarses sont jaune pâle. M. Temminck donne la figure d'un jeune de cette espèce qui confirme ce qu'Azara avait dit des individus de cet âge. Le derrière de la tête, le dessus du cou et le dos sont d'un brun clair; les couvertures des ailes noirâtres bordées de fauve; les pennes des ailes grises avec leur extrémité blanche. Le dessous du corps blanc est couvert de petites taches longitudinales fauves; l'œil, comme dans l'adulte, est entouré d'un cercle noir, et les pennes latérales de la queue sont blanches; enfin les couvertures du dessous des ailes sont marbrées de blanc et de noir.

LE BLAC[1]

Cette espèce, due au voyage de Vaillant en Afrique, avait en apparence tous les caractères organiques des milans, sans en avoir les habitudes et les mœurs; ce qui a porté ce naturaliste à faire une critique, tout à fait injuste, des auteurs qui cherchent à classer méthodiquement et naturellement les oiseaux, critique à laquelle nous avons déjà vu Buffon se livrer, et que nous voyons se reproduire encore assez fréquemment de nos jours. Avec des idées plus saines, Vaillant, au lieu de blâmer les classifications méthodiques, aurait cherché à les perfectionner; ne reconnaissant pas un milan dans son blac, il en aurait fait un élanus et n'aurait pas laissé ce soin à M. Savigny; par là, on aurait reconnu en lui, non seulement un descripteur habile et un naturaliste exercé, mais encore un ornithologiste éclairé et savant.

Voici ce que dit Vaillant de cet oiseau : « Je lui trouve beaucoup d'ana-

1. Vaillant, *Oiseaux d'Afrique*, pl. 36 et 37, p. 117. *Falco melanopterus*, Daud., *Ornith.*, t. II, p. 152.

logie avec l'oiseau décrit par Brisson, sous le nom de milan de la Caroline ; comme lui, il a le tarse proportionnellement plus court que le milan, et sa mandibule supérieure manque aussi du crochet des côtés. Je rangerai donc le blac à côté de ce prétendu milan de la Caroline, d'autant plus que leurs mœurs sont les mêmes, d'après ce que dit Catesby, qui parle de cet oiseau américain sous le nom d'épervier à queue d'hirondelle.

« La queue du blac est très peu fourchue, car la plus longue plume de chaque côté n'excède que d'un pouce celles du milieu, qui sont les plus courtes ; ainsi, par ce caractère, il sera facile à distinguer du milan de la Caroline de Brisson, dont les deux plus grandes plumes de la queue sont de huit pouces plus longues que celles du milieu.

« Le blac mâle est de la taille de notre crécerelle femelle. Cet oiseau est facile à reconnaître par le noir de toutes les couvertures des ailes, le blanc de la partie antérieure de son corps, le gris roussâtre de son manteau, de sa tête et de son cou par derrière. Les pennes des ailes sont d'une couleur cendrée plus ou moins foncée, et toutes sont terminées de blanc ; les scapulaires le sont d'une ligne roussâtre fauve. La queue est blanche en dessous, et d'un gris nué de roussâtre par-dessus ; les deux plumes du milieu, plus entièrement de cette couleur, sont, ainsi que toutes les autres, terminées de blanc. Du noir couronne l'œil, qui est d'un orangé vif. Le même noir ombrage l'espace compris entre les narines et l'œil. Les serres sont noires, ainsi que la mandibule supérieure ; l'inférieure l'est seulement au bout ; sa base est jaune, ainsi que les doigts et le tarse, dont une partie du haut est emplumée et se trouve couverte par les culottes très amples de cet oiseau. L'aile pliée s'étend plus loin que le bout de la queue.

« La femelle diffère du mâle par sa taille, qui est un peu plus forte ; son manteau est aussi d'une teinte plus bleuâtre ; le noir de ses ailes est moins foncé, et son blanc est légèrement sali. Ces oiseaux nichent dans l'enfourchure des arbres : le nid, assez spacieux, est très évasé ; de la mousse et des plumes en garnissent l'intérieur. La ponte est de quatre ou cinq œufs blancs.

« En naissant, les jeunes de cette espèce sont d'abord couverts d'un duvet gris roussâtre, qui se remplace par des plumes, qui, sur le manteau, la tête et le derrière du cou, prennent une forte teinte roussâtre ; toute la poitrine est alors d'un beau roux ferrugineux, et le reste du blanc est teint légèrement de cette même couleur.

« J'ai trouvé le blac répandu sur toute la côte est d'Afrique, depuis le Duyven-Hock, où je l'ai vu la première fois, jusque chez les Cafres, où il est moins commun qu'en deçà ; je l'ai vu aussi dans l'intérieur des terres, dans le Camdeboo, et sur les bords du Swarte-Kop et du Sondag. Il est toujours perché sur le sommet des arbres ou des plus hauts buissons, d'où on peut l'apercevoir de très loin, par son blanc très brillant au soleil. Son cri est des plus perçants, et il se plaît même à le répéter souvent, et plus particulièrement lorsqu'il vole : ce qui le décèle et avertit de sa présence. Je n'ai jamais vu le blac faire de mal aux petits oiseaux, quoique souvent il poursuive les pies-grièches, seulement pour les éloigner du lieu de sa chasse, qui se réduit à celle des insectes, 'des sauterelles et des manthes surtout, dont il fait un grand dégât. Il est hardi et courageux. Je l'ai vu s'acharner à poursuivre les corbeaux, les milans, et obliger ces oiseaux, beaucoup plus forts que lui, à déguerpir des lieux qu'il s'est choisis, et où on le voit continuellement. Il est très farouche et singulièrement difficile à approcher. La nature de ses aliments produit sans doute l'odeur du musc dont ses excréments et son corps sont éminemment parfumés. Les dépouilles de ces oiseaux conservent toujours cette odeur dans mon cabinet, malgré celle des préparations dont je fais usage pour préserver les animaux de la voracité des insectes destructeurs.

« Il paraît que le blac habite une grande partie de l'Afrique, car j'ai vu chez M. Desfontaines un individu de cette espèce qu'il avait tué en Barbarie ; j'en ai vu aussi un dans un envoi d'oiseaux venant directement des Indes. Il reste à savoir si cet oiseau n'y avait point été envoyé d'ailleurs. »

LES FAUCONS

Buffon a fort bien distingué génériquement avec les fauconniers, sous le nom d'oiseaux de chasse noble, les espèces que les naturalistes classent aujourd'hui dans le genre faucon, et il a même exprimé, comme on le fait encore, les caractères principaux par lesquels ces oiseaux se distinguent de tous les autres, caractères qui consistent dans la longueur des ailes, s'étendant jusqu'à l'extrémité de la queue, dans la longueur de la seconde penne de ces ailes qui surpasse celle de toutes les autres[1], tandis que c'est la quatrième de ces pennes qui est la plus longue chez toutes les espèces de la nombreuse famille des aigles ; les faucons se distinguent encore, de tous les autres oiseaux de proie, par un bec armé, de chaque côté vers sa pointe, d'une ou de deux fortes dentelures, qui ajoutent à la puissance de cet organe[2].

A l'exception d'une seule espèce, Buffon parle de toutes celles qui se trouvent en Europe ; mais il ne les distingue pas toutes exactement les unes des autres ; et son erreur consiste à en diviser une en plusieurs, abusé par les différences de plumage de ces oiseaux aux différentes époques de leur vie. Son gerfaut (f. islandicus), son lasnier (f. lanarius), son hobereau (f. sabbuteo) et sa crécerelle (f. tinnunculus), sont exactement décrits ; mais son sacre paraît être un jeune gerfaut ; son faucon sors et son faucon hagard, que quelques

1. Ce caractère, donné trop absolument, éprouve d'assez notables exceptions : il serait peut-être plus exact de dire que la seconde penne est au moins aussi longue que la quatrième, ce qui ne paraît être chez aucun aigle.

2. Les faucons à deux dents de chaque côté du bec paraissent devoir former un genre distinct de celui des faucons proprement dits.

auteurs n'ont regardés que comme des âges différents, appartiendraient au faucon pèlerin (*f. peregrinus*) ; enfin son rochier serait un émérillon adulte (*f. æsalon*), et son émérillon un jeune âge de cette espèce. Resteraient deux espèces d'Europe, l'une, le faucon aux pieds rouges, dont Buffon n'a point parlé dans son texte, mais dont il a donné la figure, sous la dénomination de variété singulière de hobereau, dans ses planches enluminées, n° 431, et l'autre, la crécerelette qu'il ne connut pas.

On rencontre des faucons dans toutes les parties du monde et dans les régions polaires, comme dans les régions équatoriales ; mais nulle part ils ne se montrent avec de grandes modifications. La taille des plus grandes espèces est moyenne, comparée à celle des grands vautours ou des grands aigles, et c'est parmi eux qu'on trouve les plus petits oiseaux de proie diurnes. Quelques espèces se montrent avec des becs bidentés, et d'autres sont couronnées de huppes. Ce sont les espèces qui présentent ces modifications, plus importantes que celles des couleurs, que nous nous appliquerons surtout à faire connaître.

C'est avec raison qu'on a comparé les faucons aux chats : les uns sont en effet, comme les autres, des animaux qui ne se nourrissent que de proie vivante, et qui ne craignent pas d'attaquer des animaux qui pourraient se défendre et qui souvent sont beaucoup plus grands qu'eux ; mais si la nature les a doués de cette espèce de courage aveugle et brutal, elle en a rendu l'exercice très facile par l'instinct particulier qu'elle a départi aux animaux dont ils font leur proie, et qui porte ceux-ci à trembler, à perdre toute leur force et presque tout sentiment de conservation, à la seule vue de ces ennemis dont ils sont destinés à devenir les victimes.

LE FAUCON HUPPÉ[1]

C'est à M. Leschenault, dont nous avons déjà plusieurs fois eu occasion de rappeler les services, et que l'histoire naturelle a perdu au moment où il redoublait d'efforts pour l'enrichir, que l'ornithologie doit cet oiseau de proie, qui, dans l'état actuel de la science, ne trouve à se réunir qu'aux faucons, malgré les différences assez notables qui l'en séparent. La structure des plumes de plusieurs parties, leurs couleurs et la distribution de ces couleurs donnent déjà à cet oiseau quelque chose d'étranger à la physionomie générale des faucons ; l'espèce de huppe dont sa tête est ornée ajoute encore aux différences qu'il présente sous ce rapport ; mais ce qui ensuite sépare le plus ces oiseaux, ce sont les ailes, dont la penne la plus longue, chez le faucon huppé, n'est pas la seconde, mais la troisième et la quatrième qui sont égales ; à la vérité, la seconde n'est qu'un peu plus courte qu'elles. M. Tem-

1. *Falco lophotes, Faucon huppart*, Temm., fig. color. d'ois., n° 10.

minck dit que les ongles de cet oiseau sont petits, ce que je n'ai pu reconnaître en le comparant à plusieurs faucons de sa taille, avec lesquels il ne m'a offert, à cet égard, aucune différence ; mais ses doigts sont plus courts que ceux de quelques espèces, de l'émérillon, de la crécerelle, par exemple ; sa huppe consiste en un petit nombre de plumes longues, étroites, qui naissent de la partie postérieure de la tête ; son bec est bidenté ; les plumes du cou sont étroites et allongées, et très différentes de celles du dos et de la poitrine, qui sont larges et arrondies ; les pennes de la queue sont de longueur égale. Toutes les parties supérieures du corps, le cou, les ailes et la queue, sont d'un noir bleuâtre, mélangé irrégulièrement sur les couvertures des ailes de blanc et de brun ; un collier blanc orne le dessus de la poitrine, et au-dessous en est un autre qui est brun mélangé de noir ; le bas de la poitrine et les plumes qui couvrent les côtés des cuisses sont d'un blanc fauve avec des raies brunes transverses ; l'abdomen, les cuisses et les couvertures inférieures de la queue sont du noir du dos ; enfin, les pennes de la queue et des ailes en dessous sont grises. Sa longueur, du bout du bec à l'extrémité de la queue, est de douze à treize pouces.

Cette description ne s'accorde pas en tout point avec celle de M. Temminck, et cependant elles ont été faites, l'une et l'autre, d'après le même individu ; quoi qu'il en soit, cet individu n'avait point encore le vêtement de son espèce à l'état adulte ; il était encore jeune, et ce qui le prouve, c'est ce mélange irrégulier de blanc, de fauve et de noir, dans différentes parties de son plumage. La longueur de cet oiseau, du bout du bec à l'extrémité de la queue, est d'environ quatorze pouces ; il est originaire de l'Indoustan ; c'est de Pondichéry que Leschenault l'a envoyé à notre Muséum.

LE FAUCON DIODON[1]

Ce faucon, dont le nom indique que le bec a deux dents de chaque côté, est d'une taille un peu plus petite que celle du précédent ; la longueur des mâles est de dix à onze pouces. On en doit la découverte à M. le prince de Wied, qui l'a rapporté de son voyage au Brésil, et c'est M. Temminck qui en a donné la première histoire ; mais cette histoire ne consiste encore que dans la description un peu incomplète des formes et des couleurs. Notre Muséum en possède deux individus d'âge un peu différent, et qui seraient des individus femelles, si, comme le dit M. Temminck, les femelles et les jeunes diffèrent des mâles par des ailes dont la teinte est plus brune que noire. Nous tirerons donc la description du faucon diodon mâle de ce naturaliste, et nous décrirons les femelles d'après les individus qui se trouvent dans les collections du Muséum.

1. *Falco diodon*, Temm., pl. color. d'ois., n° 198.

« Le mâle adulte a la tête, le dos et les ailes d'un noir ardoisé; la nuque, les joues et les côtés du cou sont cendré foncé, et toutes les parties inférieures cendré clair; la gorge et les couvertures inférieures de la queue sont blanches; les petites couvertures du dessous des ailes et les plumes de la cuisse sont d'un beau roux; la queue et les ailes, rayées en dessus de bandes noires et cendrées, sont rayées en dessous de bandes blanchâtres et noires. En examinant les plumes des scapulaires, on voit qu'elles ont toutes, vers leur milieu, deux taches blanches qui se trouvent cachées par l'extrémité noire des plumes qui les surmontent; l'iris est jaune; les pieds orangés, et le bec couleur de corne.

« Les jeunes mâles ont toutes les parties supérieures du plumage d'un brun foncé varié de zones d'un brun plus clair, qui se trouvent à l'extrémité de chaque plume; leurs joues sont rayées longitudinalement de brun et de roux clair, et toutes les parties inférieures blanchâtres sont marquées de taches étroites d'un brun noirâtre; les cuisses sont rousses comme celles des adultes. »

Notre femelle était remarquable, comme l'espèce précédente, par la troisième et la quatrième penne de ses ailes, qui étaient plus longues que la seconde; et elle avait toutes les parties supérieures, c'est-à-dire la tête, le cou, le dos et les ailes, d'un brun noirâtre; seulement les côtés de la tête et la partie supérieure du dos avaient une teinte moins foncée et non point cendrée comme le mâle; les parties inférieures, à l'exception de la gorge, étaient d'un gris de souris, et non pas du gris bleuâtre que nous voyons dans la figure du mâle de M. Temminck; les petites couvertures des ailes n'avaient aucune partie fauve; et les tarses de cet oiseau ne nous ont pas paru plus couverts que ceux du faucon bidenté; de sorte que le fait contraire, observé par M. Temminck, pourrait n'être qu'une individualité sans conséquence, s'il n'était pas un caractère exclusif des mâles, ce qui n'est guère à présumer.

En général, on rencontre beaucoup trop, en histoire naturelle, de ces différences sans caractère précis, que les uns apprécient, que les autres négligent, et qui sont encore pour tous une source de doutes et d'incertitudes. C'est surtout contre cette imperfection de la science que les efforts des naturalistes devraient se réunir; autrement l'histoire naturelle ne sortira pas de la direction qu'elle suit, du mouvement qui lui a été imprimé par la nécessité de distinguer nettement les êtres les uns des autres, avant d'entrer dans la voie large et étendue qui seule conduira à leur connaissance véritable, c'est-à-dire à la connaissance de leur destinée sur la terre.

LE FAUCON BIDENTÉ[1]

Cette espèce était connue depuis longtemps, mais en partie seulement, lorsque M. Temminck l'a décrite de nouveau, en ajoutant les différences du plumage suivant les sexes et l'âge des individus. En effet, les caractères donnés à cette espèce par Latham ne se rapportent qu'au mâle adulte, et chez les oiseaux de proie, comme nous l'avons déjà indiqué, les espèces ne sont véritablement connues que quand on a suivi le développement entier des deux sexes, afin d'apprécier les changements de couleurs, quelquefois très considérables, qu'ils éprouvent en passant du jeune âge à l'âge adulte.

Le faucon bidenté présente, dans ses caractères génériques, l'anomalie importante que nous avons déjà remarquée dans les deux espèces précédentes : ce n'est pas sa seconde penne de l'aile qui est la plus longue ; elle n'est égale, sous ce rapport, qu'à la cinquième ; les plus longues sont la troisième et la quatrième, qui à cet égard ne diffèrent point l'une de l'autre ; de plus, ses doigts n'ont pas la longueur de ceux des crécerelles ou des émérillons.

On a souvent pris occasion de ces anomalies pour déclamer contre les méthodes en histoire naturelle, contre la formation de ces groupes d'ordre ou de genre, sans lesquels la nature ne serait à nos yeux qu'un chaos qu'il deviendrait impossible d'étudier et d'ordonner sous forme de science : en effet, ces déclamations attestent que ceux qui s'y livrent ne se sont pas donné la peine de comprendre l'esprit et le but d'une méthode, qu'ils ne conçoivent pas même la nature des sciences d'observation, puisque leur critique repose tout entière sur l'idée qu'il peut y avoir quelque chose d'absolu dans ces sciences, et que les caractères d'une famille ou d'un genre une fois donnés, quels que soient les progrès qu'on fasse dans la connaissance des êtres, ne doivent plus éprouver aucun changement. Avec de moins fausses notions sur les méthodes, on s'abstiendrait d'une critique, qui, ne pouvant ni changer la nature, ni nous soustraire au besoin d'ordre, de classification, est une critique vaine et puérile, que la hauteur à laquelle les sciences naturelles sont parvenues ne devrait pas rendre possible aujourd'hui.

Ces anomalies, présentées par les ailes et les pieds du faucon bidenté, rapprochent cet oiseau des autours ; il devient naturellement le type d'un groupe intermédiaire entre cette famille et celle des faucons proprement dits ; car, si l'on a fondé celle-ci sur un bec unidenté et sur des ailes dont la seconde penne est la plus longue, pourquoi n'en formerait-on pas un autre d'oiseaux dont le bec est bidenté, et dont les plus longues pennes des ailes sont la troisième et la quatrième ? La nature et l'importance des caractères sont dans l'un et l'autre cas les mêmes ; et il est hors de doute qu'on trou-

---

1. *Falco bidentatus*, Latham. *Faucon bidente*, Temm., pl. color. d'ois., n°s 38 et 228.

vera, dans les mœurs de ces faucons à deux dents, comparées à celles des autres faucons, des anomalies analogues à celles des organes.

Ces considérations nous paraissent d'autant plus fondées que les trois espèces de faucons à deux dents, comme on vient de le voir, ont aussi la troisième et la quatrième penne de leurs ailes plus longues que la seconde et égales entre elles, et des doigts assez courts; aussi approuvons-nous M. Vigors d'avoir consommé cette séparation en donnant le nom générique d'harpagus à ces faucons[1].

Notre Muséum possède plusieurs individus de cette espèce, les uns jeunes, les autres vieux, et leurs différences, entre la première et la dernière époque de leur vie, sont extrêmement considérables.

Le faucon bidenté adulte a toutes les parties supérieures du corps d'un noir bleuâtre un peu moins foncé sur la tête et le cou que sur le dos, les ailes et la queue; la gorge et les couvertures du dessous de la queue sont blanches, et tout le reste des parties inférieures est d'un beau fauve orangé, uniforme dans certains individus, et quelquefois varié de lignes blanches arquées transversales; les plumes et les pennes des ailes ont des taches blanches à leur côté interne et caché, et il en est de même des pennes de la queue; et comme ce côté interne est visible en dessous, il en résulte trois lignes transversales blanches à la face inférieure de la queue, qui dans cette partie est grise et non pas noire comme à sa face supérieure; le bec est bleuâtre, et les tarses sont jaunes.

Le jeune mâle est brun sur toutes les parties où l'adulte est noir, et il est blanc avec de petites lignes longitudinales noires sur toutes celles où avec l'âge il deviendra fauve; sa queue a trois rubans transverses blanchâtres. Il paraît que c'est par la tête et la queue que commence le passage des couleurs du jeune âge à l'âge adulte. Quelques individus, peut-être femelles, ou plus jeunes encore que celui dont nous venons de parler, ont les plumes des épaules marquées d'une tache blanche allongée dans leur milieu, et le fauve ne paraît se développer que successivement, et n'arriver à son dernier terme qu'après quelques mues. La longueur du faucon bidenté est de douze à quinze pouces. Jusqu'à présent il n'a encore été trouvé qu'au Brésil et à la Guyane.

LE FAUCON MOINEAU[2]

Cette espèce est la plus petite du genre. Sa longueur, du bec à l'extrémité, est de six pouces environ, et son envergure est de dix. On l'a trouvée au Bengale et dans les Moluques, mais elle se rencontrera sans doute encore dans plusieurs autres contrées du midi de l'Asie. Un oiseau d'un vol aussi

1. Voir les *Transact. linn.* et le *Journ. zool.*
2. *Falco bengalensis*, Brisson. *Ornith.* supp. VI, p. 20. *Petit faucon indien noir et fauve*, Edwards, Glan., pl. 108.

puissant que celui des faucons a dû s'étendre partout où des obstacles insurmontables ne l'ont pas arrêté; et ceux que le faucon moineau a pu rencontrer sont des espaces de mer très étendus ou des chaînes de montagnes
très élevées; or les îles nombreuses et rapprochées qui peuplent la mer des
Indes ont dû le recevoir successivement; il en a été de même de toutes les
parties du continent qui communiquent entre elles par des terrains bas; et
si les hautes chaînes ont borné son vol, c'est que cet oiseau, se nourrissant
principalement d'insectes, s'est trouvé privé de toute subsistance chaque fois
qu'il a voulu abandonner les plaines pour pénétrer dans les régions moins
favorables qu'elles, par leur température, à la production de ces êtres que le
faucon moineau doit consommer en immense quantité.

Il est connu depuis longtemps des naturalistes. Edwards, qui fut naturaliste et peintre, en a donné une assez bonne figure, comme nous l'avons
montré plus haut[1]. Vieillot en a publié une nouvelle sous le nom de faucon
pygmée, d'après un des deux individus que possède notre Muséum, et
M. Temminck l'a fait représenter sous le nom de faucon moineau[2] dans
deux individus, l'un mâle et l'autre femelle.

Les couleurs des sexes diffèrent peu, si elles diffèrent en effet; chez
tous les individus adultes les parties supérieures de la tête et du cou, et une
tache plus ou moins longue qui descend de l'œil sur les côtés du cou, les
épaules, le dos, les ailes et la queue, sont d'un noir à reflet bleuâtre;
les seules différences qu'on observe consistent dans les couleurs de
la tête, du cou et des parties inférieures. Chez un des individus du
Muséum ces couleurs sont le fauve mélangé d'un peu de blanc dans la partie
qui est séparée de la tête et du cou par la tache noire longitudinale dont
nous venons de parler; dans l'individu mâle de M. Temminck, la gorge, le
dessous du cou et la poitrine sont d'un beau blanc, tandis que les côtés du
cou et le ventre seuls ont du fauve mélangé de blanc. Sa femelle, au contraire,
a du fauve à toutes les parties inférieures du corps, les côtés de la tête et du
cou seuls sont blancs. Les poils blancs qui garnissent la partie antérieure de
la tête au-dessus du bec sont fauves chez l'individu mâle. Du reste, chez
tous, les couvertures du dessous des ailes sont blanches, et celles du dessus
de la queue fauves; et toutes les pennes des ailes, comme de la queue, ont
leur face inférieure grise, et leur côté interne partagé par quatre ou cinq
lignes blanches transverses placées à peu près à égale distance l'une de
l'autre. Il est fortement à présumer que les différences que nous venons de
faire remarquer entre les trois individus qui ont été représentés tiennent
à des différences d'âge, et que les couleurs de l'adulte sont le fauve à toutes
les parties où nous avons vu cette couleur se mêler avec du blanc.

1. *Gal.*, pl. 18, p. 43.
2. Pl. color. d'ois., n° 97.

LE FAUCON AUX PIEDS ROUGES[1]

Nous terminerons ce que nous nous proposons de dire sur les faucons, par l'histoire du faucon aux pieds rouges que Buffon n'a point décrit, et par celle de la crécerelette qu'il n'a point connue ; ce sont les seules espèces d'Europe dont cet illustre naturaliste n'ait pas parlé dans ce qu'il a publié sur l'histoire des oiseaux.

Cette espèce, plus commune dans le nord et l'est de l'Europe qu'en France, est connue depuis longtemps et l'était même de Buffon, comme nous l'avons vu ; mais il la prenait pour une variété du hobereau, qui, à la vérité, lui paraissait singulière. En effet, les différences qui distinguent ces oiseaux ne sont point de la nature de celles qui constituent les variétés, quand elles sont observées sur des individus du même âge ; car s'ils se rapprochent, c'est seulement parce qu'ils ont tous deux les parties supérieures d'une teinte foncée, et les cuisses fauves, ainsi que les couvertures du dessous de la queue. Du reste, ils diffèrent essentiellement.

Le mâle du faucon aux pieds rouges est uniformément d'un gris plombé ; la cire, le tour des yeux et les pieds sont d'un rouge violâtre ; le bec et les ongles sont jaunes.

La femelle diffère du mâle par les raies noires et longitudinales de sa tête, par la teinte rousse du derrière du cou, des côtés de la tête et de la gorge ; les plumes du dessus du cou sont bordées de noir, et les parties inférieures du corps sont rayées de brun foncé. La queue, d'un gris de plomb, est marquée de six ou sept bandes noires transversales, qu'une d'entre elles termine. La cire et les pieds sont orangés. Mais ces couleurs, chez les mâles comme chez les femelles, éprouvent de grandes variations suivant l'âge, et elles auraient besoin d'être observées et décrites avec plus de détails qu'on ne l'a fait jusqu'à présent. Mais il paraît que les jeunes mâles ressemblent aux femelles adultes. La longueur de cet oiseau est de dix à douze pouces.

Ses mœurs semblent le rapprocher du hobereau ; car il habite, comme lui, le voisinage des grands bois et les taillis où les petits oiseaux deviennent facilement sa proie ; cependant les insectes font aussi sa nourriture habituelle.

LE FAUCON CRÉCERELETTE[2]

Il n'y a rien d'étonnant si Buffon n'a point connu cette espèce, car l'eût-il vue, l'eût-il même observée, sa grande ressemblance avec la crécerelle

1. *Falco rufipes*, Bechst. *Faucon aux pieds rouges*, Temm., *Man. d'ornith.*, p. 33. Le Kober, Sonnini, Buffon, t. III, p. 201.
2. *Falco tinnunculoides hotterens*, Storia naturale degli uccelli adornata di figure. Florentiæ, 1767. Temm., *Man. d'ornith.*, p. 31.

l'aurait empêché de l'en distinguer; il les aurait considérées comme des variétés légères l'une de l'autre, et telles que lui en offraient souvent tous les autres faucons. Il paraît, au reste, que cette espèce ne s'est point présentée à ses yeux, et que si elle se rencontre en France, ce n'est que quelquefois dans le Midi, car elle ne paraît être commune que dans le royaume de Naples, en Sicile, en Sardaigne et dans le midi de l'Espagne; de plus, elle serait de passage dans les provinces illyriennes et dans la Hongrie. Ses mœurs sont analogues à celles de la crécerelle, dont elle a la taille; cependant on dit qu'elle fait son nid dans les fentes des rochers, tandis que cette dernière ferait de préférence le sien dans les trous des vieilles masures ou dans les troncs creux des arbres; mais il est aisé de juger que ces différences ne sont qu'apparentes, car il est plus que probable que si la crécerelle ne trouvait pas de vieilles murailles lézardées, elle se contenterait de la fente des rochers; en effet, est-il croyable que la nature en la formant ait lié l'instinct irrésistible qui la porte à construire son nid, d'une manière déterminée, au penchant éventuel qui porte les hommes à élever des édifices? Non, assurément. Les différences qu'on a pu remarquer entre les lieux où ces oiseaux font leurs nids tiennent sans doute à ce que la crécerelle a principalement été observée dans les pays très peuplés et très cultivés, où les édifices abandonnés sont plus nombreux que les rochers solitaires, tandis que ç'a été le contraire pour la crécerelette, jusqu'à présent du moins.

Quoi qu'il en soit, la différence constante qui distingue ces deux espèces, c'est que la première, à tout âge, a les ongles noirs, tandis qu'à tout âge, la seconde les a blancs. Du reste, elles sont si semblables par les couleurs quelquefois, qu'il devient impossible par là de les reconnaître. On dit cependant que les parties supérieures du mâle de la crécerelette sont d'un fauve uniforme, sans aucune tache noire, tandis que des taches varient constamment cette partie du plumage de la crécerelle; quelques autres différences ont encore été marquées, mais il est évident qu'elles ne sont que dans les mots, c'est-à-dire dans de si légères variations de teintes, que le plus souvent la vue ne peut les saisir.

Note additionnelle aux Aigles.

Nous avons essayé de faire connaître toutes les modifications sous lesquelles se présente l'organisation des aigles. Une seule nous avait échappé, c'est celle qui consiste dans la queue étagée, représentée par l'AIGLE A QUEUE ÉTAGÉE (*falco fucosus*) de mon frère, que M. Temminck a fait représenter dans son recueil d'oiseaux coloriés, pl. 32. Cet oiseau, découvert à la Nouvelle-Hollande, est entièrement d'un noir de suie, à l'exception de l'occiput et de la nuque qui sont d'un fauve clair. Les tarses sont couverts de plumes et sa taille est d'environ deux pieds et demi.

LES PIES-GRIÈCHES

Lorsqu'on ne considère que quelques espèces de pies-grièches bien caractérisées, comme l'a fait Buffon en parlant de ces oiseaux, on trouve qu'elles forment un genre très distinct de tous les autres, et par leurs organes et par leurs mœurs; il n'en est plus de même quand on en observe un plus grand nombre; alors on trouve des modifications tellement graduées, qu'on passe presque sans intervalle sensible de ces véritables pies-grièches à des oiseaux qui n'ont presque plus avec elles d'autre caractère qu'une petite échancrure près de la pointe du bec : les mœurs, les penchants, les instincts, tout diffère. Il faut donc restreindre ce que Buffon dit du naturel des pies-grièches aux espèces qu'il décrit, et qui en effet ont toutes les mœurs des oiseaux de proie, et le courage des faucons après lesquels il les classe. Un petit nombre d'espèces étrangères viennent encore se joindre à celles-là; mais bientôt elles se confondent avec les merles, les fauvettes, etc. C'est au reste ce que Buffon avait à peu près remarqué, en traitant des *oiseaux étrangers qui ont rapport à la pie-grièche grise et à l'écorcheur*[1].

Buffon a parlé des quatre espèces les mieux connues de nos contrées : 1° la pie-grièche grise ou commune; 2° la pie-grièche rousse; 3° l'écorcheur, et 4° la petite pie-grièche; mais il ne décrit que les trois premières et se borne, pour la dernière, à indiquer ses couleurs, ne la regardant que comme une variété de sa pie-grièche grise dont elle a, au reste, à peu près les mœurs. Dans l'histoire de ces espèces, Buffon est entraîné à plusieurs erreurs, en confondant avec elles des espèces étrangères qui en diffèrent beaucoup; c'est surtout au sujet de sa pie-grièche grise et de son écorcheur qu'il commet cette confusion; ainsi les pies-grièches de la Louisiane, du Cap, du Sénégal et de Madagascar appartiendraient à la première de ces espèces, tandis que d'autres pies-grièches du Sénégal et même des Philippines appartiendraient à la seconde. Depuis, la fausseté de ces idées ayant été reconnue, elles ont été rejetées de la science.

On a trouvé des pies-grièches dans toutes les contrées de la terre, avec des modifications dans la forme du bec, qui les font passer d'une part aux merles, d'une autre aux gobe-mouches, etc. D'autres modifications s'observent encore dans les rapports des doigts, et dans les plumes de la tête, qui se présentent quelquefois en forme de huppe; dans la forme de la queue, qui est ou étagée ou composée de plumes d'égale longueur, etc. C'est en se fondant sur ces diverses modifications qu'on a cherché à subdiviser les pies-grièches en différents sous-genres : de là les genres *Falconelle*[2], *Lanion*[3], *Bagadais*[4], *Batara*[5], etc., etc., de M. Vieillot. Nous ne suivrons point le travail de cet auteur, qui n'a point une précision suffisante; nous nous bornerons à ajouter aux pies-grièches de Buffon quelques-unes des espèces les plus remarquables, découvertes dans ces derniers temps.

1. Édit. Garnier, t. V, p. 156.
2. *Nouv. Dict. d'hist. natur.*, 2ᵉ édit., t. XI, p. 44.
3. *Idem*, t. III, p. 145.
4. *La Gal. des Ois.*, p. 222.
5. *Nouv. Dict. d'hist. natur.*, 2ᵉ édit., t. XXV, p. 135.

Et comme Buffon parle, à propos des oiseaux étrangers qui ont rapport aux pies-grièches, du langraien, du vanga et des bécardes, dont on a fait depuis des groupes distincts, mais voisins de celui des pies-grièches, nous parlerons de ces oiseaux à la suite des espèces de ce genre, et nous compléterons l'histoire des espèces de pies-grièches étrangères, qu'il ne fait qu'indiquer et qu'il pourra être intéressant de connaître.

LA PIE-GRIÈCHE BLEUE DE MADAGASCAR [1]

C'est à Poivre, à ce célèbre et sage intendant des îles de France et de Bourbon, que l'on doit la première connaissance de cette belle espèce de pie-grièche. Il en rapporta de Madagascar un mâle et une femelle qu'il donna à la collection de Réaumur, ce qui mit Brisson, conservateur de cette collection, à même de les décrire et de les faire représenter dans son *Ornithologie* [2]. Buffon la fit également figurer [3], mais sans la décrire, se bornant à en dire quelques mots, en ne l'envisageant que comme une variété très voisine de la pie-grièche grise d'Europe. Enfin, Levaillant a beaucoup ajouté à son histoire en faisant de nouveau connaître un mâle, une femelle et un jeune, par des figures et des descriptions [4].

Cette espèce, trouvée par Levaillant dans le pays des Namaquois au nord du cap de Bonne-Espérance, n'est donc pas renfermée dans l'île de Madagascar, d'où il suit que son nom n'a pas pour objet d'indiquer la contrée où elle se trouverait exclusivement, mais celle où elle a été d'abord découverte, et c'est la signification que prennent ordinairement tous les noms de pays appliqués aux animaux, c'est la seule même qu'on doive se proposer en les leur donnant.

Cette pie-grièche est un peu plus petite que notre pie-grièche grise commune. La tête, le derrière du cou, les épaules, le dos et les couvertures du dessus de la queue sont d'un bleu d'outremer très pur. Les couvertures des ailes et le côté externe des pennes des ailes, les deux moyennes de la queue, et le côté externe des latérales sont du même bleu, à l'exception de l'extrémité de toutes ces pennes qui est noire ainsi que leur côté interne. L'intervalle qui sépare les yeux des narines et la gorge sont couverts de petites plumes noires très serrées et donnant à ces parties l'apparence du velours. Toutes les parties inférieures du corps sont d'un blanc pur. Les yeux sont jaunes; le bec et les pieds sont noirâtres.

La femelle a des couleurs moins vives que le mâle; les couvertures du dessus des ailes ont une teinte verdâtre; son cou seul est blanc, tout le reste

1. *Lanius madagascarensis*, Briss., et *Lanius bicolor*, Gmel.
2. *Ornith.*, t. II, p. 195, pl. 16, fig. 3.
3. Pl. enlumin., n° 298.
4. *Ois. d'Afriq.*, t. II, p. 91, pl. 73, fig. 1, 2, 3.

des parties inférieures est d'un gris cendré, et l'intervalle entre l'œil et le
bec, ainsi que la gorge, n'est pas noir.

Dans le jeune âge cette espèce a toutes les parties supérieures du corps
d'un vert foncé, et les parties inférieures d'un gris clair; ce qui porte Levaillant à penser que la petite pie-grièche verte de Madagascar, de Brisson[1], qui
fut aussi donnée à Réaumur par Poivre, n'est qu'un jeune de la pie-grièche
dont nous venons de donner les caractères.

Les Madécasses, suivant Poivre, appellent *tcha-chertdac* les individus
adultes, et ils appelleraient simplement *tcha-chert* les jeunes, si la conjecture
de Levaillant se confirmait.

Au sujet de ce *tcha-chert*, Buffon[2] fait remarquer que les ailes de cet
oiseau étant beaucoup plus longues que celles des pies-grièches, puisque,
pliées, elles ont chez lui la longueur de la queue, tandis qu'elles ne dépassent
guère le croupion chez les pies-grièches, ce serait peut-être un motif de la
séparer de ces dernières; mais Levaillant observe avec raison que la longueur
des ailes du *tcha-chert*, que Buffon a connu, n'était due qu'à la manière
vicieuse dont cet oiseau avait été empaillé.

LA PIE-GRIÈCHE OLIVE[3]

La longueur totale de cette charmante espèce est d'environ six pouces et
demi.

Le plumage du mâle, dans son état parfait, est teint d'olivâtre sur la
tête, le derrière du cou et le manteau. Les plumes du front sont colorées
d'un jaune vif; une bande assez large et du plus beau noir, lisérée de jaune
dans sa partie supérieure, s'étend sur les joues et les côtés du cou. Les ailes
ne dépassent pas l'origine de la queue; le bord externe des rémiges est de la
couleur du dos, mais les barbes internes sont noirâtres, largement bordées
de jaune. Les plumes qui composent la queue sont légèrement étagées, ce
qui donne à celle-ci une forme arrondie par le bout; les pennes intermédiaires sont olivâtres, les latérales noirâtres, terminées par une tache jaune
qui augmente de grandeur sur chacune d'elles en raison de son éloignement
de la ligne médiane, en sorte que les pennes les plus externes sont presque
entièrement jaunes.

Une couleur jaune ornée règne sur les plumes de la poitrine et du
ventre; celles des flancs, du bas-ventre et des couvertures inférieures de la
queue sont d'un jaune verdâtre; les yeux sont brun roussâtre; les pieds et
les ongles brun clair.

Le jeune mâle, revêtu de la livrée qui précède celle que nous venons

1. *Ornith.*, t. II, p. 195, pl. 15, fig. 3.
2. Tome Ier, in-4°, p. 310. — Édit. Garnier, t. V, p. 161.
3. *L'Oliva*, Vaill., *Ois. d'Afriq.*, 75; *Laneus olivaceus*, Shaw.

de décrire, a le dessus de la tête et le derrière du cou d'un gris cendré; le dos et les ailes ont une teinte verdâtre; les pennes caudales sont noirâtres, mais les latérales externes sont déjà bordées intérieurement de jaune.

La bande noire des côtés du cou existe bien, mais elle est lisérée de blanc, couleur qui est également celle des plumes du front. La gorge et la poitrine sont roussâtres, et du gris blanc est répandu sur les plumes des flancs, du bas-ventre et des couvertures inférieures de la queue.

Avant la première mue, les deux sexes sont recouverts du même plumage; toute la partie supérieure du corps est d'une couleur verdâtre, nuancée de gris sur la tête. Du blanc jaunâtre borde l'extrémité des grandes couvertures des ailes et des rectrices. Les plumes de la gorge sont blanchâtres; celles qui revêtent la poitrine et le ventre sont rayées de gris, sur un fond blanchâtre mêlé de jaune, qui se répand uniformément sur les flancs, le bas-ventre et le dessous de la queue; le bec et les pieds sont bruns.

La femelle, dont la taille est un peu plus petite que celle du mâle, conserve pendant toute sa vie cette coloration de plumage; seulement les raies des parties inférieures disparaissent pour faire place à une couleur isabelle uniforme.

Cette espèce est propre à l'Afrique méridionale.

Levaillant l'a rencontrée dans les forêts qui avoisinent la baie de *Lagoa*, ainsi que sur les bords du *Gamtoos* et du *Sondag*.

D'après ce voyageur, elle construit son nid sur les arbres et dans les buissons, et y dépose cinq œufs.

Le Muséum possède une très belle suite des différents âges de cet oiseau, qu'il doit au zèle bien connu du naturaliste voyageur Delalande.

LE GONOLEK[1]

A la manière dont Buffon parle en quelques mots d'une pie-grièche rousse du Sénégal, dans son histoire de l'écorcheur[2], pour établir que la pie-grièche rousse d'Europe passe en Afrique, et à ce qu'il dit du gonolek sans le décrire, on pourrait conclure que ces deux oiseaux appartiennent à la même espèce; car celle-ci lui venait du même pays que la première, et il la désigne aussi par le nom de pie-grièche rousse. Il importe d'éviter cette confusion, car ces deux espèces n'ont presque rien de commun par les couleurs.

Brisson avait distingué le gonolek de toutes les autres pies-grièches, sous le nom de pie-grièche rousse du Sénégal[3]. Buffon tenait d'Adanson les indi-

---

1. Voir les pl. enlumin. 477 et 56. Buffon, in-4°, t. Ier, p. 305 et 314. — Édit. Garnier, t. V, p. 162.
2. *Lanius barbarus*, Gmel.
3. *Ornith.*, t. II, p. 185, n° 20.

vidus qui ont fait le sujet de ses observations, et ils étaient originaires du Sénégal, comme nous venons de le dire. Brisson avait aussi obtenu les siens d'Adanson et de la même contrée ; mais c'est du cap de Bonne-Espérance que Levaillant a rapporté ceux qui faisaient partie de sa collection, et qui consistaient en deux mâles et une femelle, lesquels furent tués par lui ou par ceux qui l'accompagnaient dans le pays des grands Namaquois. On peut conclure des deux points où cette espèce a été rencontrée jusqu'à présent, qu'elle habite presque toutes les parties occidentales de l'Afrique.

Le gonolek est un peu plus petit que notre pie-grièche grise commune : du bout du bec à l'extrémité de la queue il a de huit à neuf pouces. Ses couleurs sont remarquables par leur pureté et leur éclat. Un beau jaune olivâtre, qui commence à la base du bec et descend jusqu'au bas du cou en passant au-dessus des yeux, colore ces parties. Une bande noire, qui naît sur les côtés du bec, enveloppe l'œil et descend sur les épaules, vient se joindre au noir du dos et des ailes. Le croupion et la queue sont du même noir que les ailes, et toutes les parties inférieures sont du rouge le plus éclatant, à l'exception de la gorge, où le rouge semble prendre une teinte orangée, et de la couverture du dessous de la queue, où le fauve se montre. Le bec est noir ; les pieds sont bruns ainsi que les yeux.

Les teintes de la femelle, qui est un peu plus petite que le mâle, sont moins brillantes et moins pures.

C'est là tout ce que l'on connaît de l'histoire de cette espèce, qui semble, par l'éclat de ses couleurs, si différente des pies-grièches de nos contrées ; on croirait qu'elle appartient à une autre nature et qu'elle doit présenter dans ses mœurs des caractères non moins différents que ceux que nous présente son vêtement.

LA PIE-GRIÈCHE HUPPÉE DU SÉNÉGAL[1]

C'est sous ce nom que cette espèce a longtemps été connue chez nous avant d'être décrite, et nous en devons la connaissance détaillée à Levaillant[2], qui la décrivit d'après des individus rapportés du Sénégal par M. Geoffroy de Villeneuve, et c'est d'après les indications de Levaillant que Vieillot en a fait le genre Prionops ou Bagadais qu'il caractérise ainsi : bec garni à sa base de plumes dirigées en avant, tendu, très comprimé par les côtés. Levaillant, en effet, nous dit que si l'on considère la forme droite, allongée et tirée en avant de ce bec, ainsi que ses côtés aplatis, on trouvera qu'il diffère beaucoup de celui des pies-grièches ; ensuite il en donne une description fort exacte que nous ne pouvons mieux faire que de répéter ici à de légères modifications près.

1. *Lanius plumatus,* Shaw ; *Prionops Geoffroii,* Vieill. ; Gal. pl. 142.
2. *Le Geoffroy,* Vaillant, *Ois. d'Afriq.,* p. 124, pl. 80 et 81.

Une large paupière déchiquetée enveloppe l'œil ; les plumes d'entre le bec et les yeux se hérissent ou se dirigent en avant, et recouvrent les narines et la base du bec qu'elles cachent en grande partie. La tête est ornée d'une huppe de plumes molles. Les pennes de la queue sont de longueur égale, et les ailes ne s'étendent que jusqu'à la moitié de la queue. Les plumes qui recouvrent le bec, ainsi que celles de la huppe et des joues, sont d'un blanc pur, tandis que la tête à sa partie postérieure et sur ses côtés est d'un gris noir. Le cou en dessus, la gorge, le cou en dessous, la poitrine, les flancs, le ventre, les couvertures du dessous des ailes et celles du dessous de la queue sont d'un blanc pur. Le dos, les épaules et les ailes sont d'un noir bleuâtre. Une large bande blanche, qui fait partie des grandes couvertures des ailes et des bords des plus longues plumes des épaules, traverse l'aile dans toute sa longueur. Les deux plumes les plus latérales de chaque côté de la queue sont entièrement blanches ; la troisième a du noir à sa naissance, et le noir s'étend toujours un peu davantage sur les autres. Le bec est noir et les pieds sont jaunes. Cet oiseau est de la taille de notre grive.

Nous pourrons ajouter que la paupière déchiquetée de Levaillant se compose de petites plumes représentant des dentelures par leur disposition ; que le doigt du milieu est beaucoup plus séparé de l'interne que de l'externe, auquel il est réuni depuis le milieu de la seconde phalange de ce dernier, tandis que la seconde phalange du premier est tout à fait libre ; que la troisième penne des ailes est la plus longue, et que les pennes de la queue sont au nombre de dix.

Les mœurs de cet oiseau sont tout à fait inconnues.

LA PIE-GRIÈCHE A FRONT BLANC[1]

Ce bel oiseau de la Nouvelle-Galles du Sud, c'est-à-dire des parties orientales de la Nouvelle-Hollande, a été placé par Latham, qui le premier l'a fait connaître exactement[2], dans le genre des pies-grièches. M. Vieillot l'en a tiré pour en former son genre *Falcunculus*[3], et M. Temminck l'y a rappelé sous le nom nouveau de pie-grièche à casque[4]. Nous avons déjà exprimé notre opinion sur la puérilité des discussions qui ont pour objet la formation des genres, quand il s'agit de caractères, dont ceux qui les critiquent, pas plus que ceux qui les proposent, n'ont été à portée d'apprécier la valeur. A la vérité, le genre pie-grièche avait fini par devenir si nombreux en espèces et si peu naturel, que, pour en faciliter l'étude, il devenait utile de le subdiviser ; mais dans cette vue des genres artificiels composés chacun d'une

1. *Lanius frontatus*, Lath. : *Falcunculus frontatus*, Vieill.
2. *Synopsis*, 2ᵉ supp., pl. 122, p. 175.
3. *Gal. des ois.*, pl. 137.
4. Pl. color. d'ois., nº 77, fig. 1 et 2.

seule espèce, comme M. Vieillot l'a fait, répondaient-ils à ce besoin ? C'est ce
que nous ne pensons pas. Quoi qu'il en soit, la pie-grièche à front blanc ou
à casque est de la taille de la pie-grièche commune et la rappelle tout à fait,
à première vue, par sa physionomie. En l'observant plus attentivement on
voit qu'elle peut relever les plumes de sa tête en forme de huppe, que la
mandibule inférieure de son bec est un peu plus forte, un peu plus courbée
à son bord inférieur que celle des autres espèces du genre, et que toutes les
pennes de sa queue sont d'égale longueur ; et elle rappelle encore plusieurs
autres espèces de pies-grièches par la distribution de ses couleurs, quoique
sous ce rapport elle soit plus richement partagée qu'un grand nombre d'entre
elles, et surtout que celles d'Europe. En effet, le noir, le gris et un peu de
marron sont les seules couleurs qui s'observent chez ces dernières, tandis
que les teintes vertes dominent chez la pie-grièche à front blanc. Le dessus
de la tête et du cou est noir ; les ailes et la queue sont grises, à l'exception
de la penne extérieure de la queue qui est blanche à son bord externe et à
son extrémité ; les côtés de la tête et du cou sont blancs, coupés par une bande
ou moustache noire, qui naît à la partie postérieure de l'œil et descend obliquement de manière à se réunir à la partie noire du dessus du cou ; moustache qui semble être un caractère commun à toutes les pies-grièches. Les
épaules, le dos jusqu'à la queue sont d'un vert un peu foncé ; les parties inférieures, c'est-à-dire la poitrine et l'abdomen tout entier, sont d'un jaune verdâtre ; chez le mâle la gorge et le dessous du cou sont noirs, tandis que chez
la femelle ces parties sont vertes, et c'est celle-ci qui a la huppe la plus petite.
Le bec et les pattes sont bleuâtres.

LES VANGA[1]

Ces oiseaux sont remarquables par leur bec droit, aussi grand que leur
tête, dont la mandibule supérieure se recourbe en crochet à sa pointe, tandis
que sa mandibule inférieure se recourbe de bas en haut ; comme ce bec
est beaucoup plus haut que large, même à sa base, ce qui en augmente
beaucoup la force, il devient pour cet oiseau une arme très puissante. Le
doigt externe est réuni au doigt moyen jusqu'à la première phalange ; c'est
la troisième penne des ailes qui est la plus longue, et elle ne dépasse pas
l'origine de la queue. Des soies raides, dirigées en avant, garnissent les côtés
du bec à sa base.

Tous les vrais vanga paraissent appartenir aux Indes orientales ou à la
Nouvelle-Hollande ; mais l'on n'en connaît encore qu'un très petit nombre
d'espèces : celle que Buffon indique sans la décrire sous le nom de *Vanga* ou
Bécarde à ventre blanc[2], et dont il a donné la figure dans ses planches enluminées, n° 228, sous la dénomination de *Pie-grièche, appelée l'écorcheur de*

1. *Vanga*, Buff., Temm.
2. Tome Ier, in-4°, p. 312. — Édit. Garnier, t. V, p. 161.

Madagascar; le vanga destructeur[1], dont M. Temminck donne une bonne figure, et le vanga cap-gris de M. Lesson[2] sont peut-être aujourd'hui les seules espèces de ce genre. Ce sont des oiseaux dont les mœurs ne sont point connues, et qui sous ce rapport surtout doivent appeler l'attention des naturalistes voyageurs.

LE VANGA A VENTRE BLANC[3]

Sa longueur du bout du bec au bout de la queue est d'environ dix pouces, et sa taille est celle du merle. Le cou, les épaules, la poitrine, le ventre, les couvertures du dessous de la queue sont d'un blanc pur, à l'exception d'une grande tache d'un noir verdâtre à la partie postérieure de la tête. Le dos, les ailes et la queue sont noirs à reflet verdâtre, seulement on voit sur l'aile une bande blanche formée par les extrémités des grandes couvertures et le bord des pennes secondaires, et la même couleur termine chacune des pennes de la queue. Cette queue est étagée. Le bec est noir, les pieds sont couleur plombée, et les ongles noirâtres.

Cet oiseau avait été rapporté de Madagascar par Poivre, qui le donna à Réaumur; et c'est cet individu qui a servi à ce qu'ont publié Buffon et Brisson de cette espèce. Le nom de vanga est celui que les Madécasses donnent à cet oiseau, et nous ne devons point terminer ce que nous en avons à dire sans faire remarquer que Buffon sentit d'abord que le vanga se distinguait génériquement des pies-grièches, ce qui n'avait point été aperçu par Brisson.

LE VANGA DESTRUCTEUR[4]

On ne connaît encore cette espèce que par la description que M. Temminck en donne.

La tête, l'occiput, une partie de la nuque et les joues sont noirs. L'intervalle entre l'œil et le bec est blanc, et des soies raides s'y font voir. La partie postérieure du cou, les scapulaires et le dos sont gris d'ardoise. Les ailes sont d'un brun noir, à l'exception de trois pennes secondaires qui sont extérieurement bordées de blanc. La queue, composée de pennes à peu près égales entre elles, est noire; mais chaque penne, excepté les deux moyennes, est terminée de blanc. La gorge, le devant du cou et la poitrine sont blancs, et le blanc de ces parties s'avance sur les côtés du cou presque jusqu'à la nuque; le noir des joues descend lui-même sur le blanc du cou. Le milieu

1. *Cassican destructeur,* Temm., pl. color., n° 273.
2. Zool. du voyage de la *Coquille,* pl. 11.
3. *Lanius curvirostris,* Gmel.; l'*Écorcheur de Madagascar,* Brisson, *Ornith.,* t. II, p. 191. pl. 19, fig. 1.
4. *Cassican destructeur,* Temm., pl. color. 273.

du ventre et l'abdomen sont blanchâtres, mais les flancs sont d'un gris cendré. Le bec, bleuâtre à sa base, est noir à sa pointe.

La femelle se distingue du mâle en ce que ce qui est noir dans celui-ci est brun foncé dans celle-là ; de plus, chez elle, les tiges des plumes de la tête et des joues sont blanches, les ailes n'ont aucune partie blanche visible, les parties inférieures sont d'un blanc roussâtre terne, et les flancs sont d'un brun très foncé.

La longueur totale de cette espèce est d'environ dix pouces, et elle a été rapportée de la Nouvelle-Hollande où elle ne paraît pas être très rare ; cependant on n'en connaît encore que les formes et les couleurs, c'est-à-dire qu'on est encore à l'enfance de son histoire.

LE VANGA CAP-GRIS[1]

Voici ce que M. Lesson nous apprend de ce vanga : « Ce bel oiseau, de la grandeur d'un merle, a de longueur totale neuf pouces. Le bec est long d'un pouce, du front à son extrémité ; il est fort et robuste, à arête saillante entre les narines qui sont déprimées. La mandibule supérieure se termine par une pointe crochue et forte. Les tarses sont robustes et le doigt postérieur est remarquablement fort. Les ailes dépassent le croupion ; la queue, composée de dix pennes, est légèrement arrondie.

« La tête, les joues et le dessous de la gorge jusqu'à la poitrine sont d'un gris cendré. Le dos, le croupion et les couvertures des ailes sont d'un rouge brun orangé fort vif. Les grandes pennes et les moyennes, ainsi que la queue en dessus, sont d'un gris fauve uniforme. Le ventre, les plumes des cuisses, les couvertures inférieures de la queue d'un rouge fauve d'égale teinte. La queue en dessous est d'un gris clair, et l'extrémité des pennes s'use très aisément. Le bec est plombé, et cette couleur semble encore propre aux pieds.

« Le vanga cap-gris habite les forêts de la Nouvelle-Guinée, aux alentours de Doméry, où les Papous le nomment *Pitohui*. »

LES BATARA[2]

Ces oiseaux ont le bec court, élargi à sa base, comprimé à sa pointe, dont la mandibule supérieure est obtuse et recourbée à son extrémité. La mandibule inférieure est convexe à son bord inférieur et terminée en pointe. Les narines sont ovoïdes, les pieds grêles, les ailes courtes, et ce sont les troisième, quatrième et cinquième pennes qui sont les plus longues. Tous ces oiseaux sont américains et vivent entre les deux tropiques.

1. *Lanius kirkocephalus*, Less. Voyage de *la Coquille*, pl. 11, p. 633.
2. *Batara*, Azara, *Voyage*, t. III; *Tamnophilus*, Vieillot. *Anal. d'une nouv. ornith.*, p. 40.

Le nom de batara est donné à ces oiseaux par les Guaranis, comme nous l'apprend M. Azara, à qui l'on doit tout ce que l'on sait sur le naturel de ces pies-grièches américaines.

C'est lui en effet qui nous apprend que les batara vivent dans les halliers les plus épais, voltigeant de buissons en buissons sans jamais descendre à terre; qu'ils se nourrissent d'insectes, de chenilles, de larves de toutes espèces; que jamais on ne les rencontre dans les grands bois ni dans les plaines découvertes; qu'ils vivent par paires, et que dans les saisons des amours ils font entendre à la distance d'un demi-mille leur voix forte, qui chez toutes les espèces se ressemble et consiste dans une répétition précipitée de la syllabe *ta*; qu'ils ne sont point farouches et se rencontrent fréquemment près des habitations, lorsque leur voisinage est couvert d'abondantes broussailles. M. Azara a décrit huit espèces de batara dont sept n'étaient point connues, et MM. Swainson et Such viennent d'en ajouter treize autres à ce genre[1]. Nous donnerons ce que l'on sait de l'histoire de quelques-unes des principales, car la plupart n'ayant été observées que dans leurs dépouilles, non seulement on ne connaît absolument d'elles que leurs formes et leurs couleurs, mais même on n'est pas d'accord sur les genres auxquels toutes appartiennent.

LE BATARA RAYÉ[2]

Cet oiseau a de treize à quatorze pouces de longueur du bout du bec à l'extrémité de la queue, et celle-ci fait à peu près la moitié de cette mesure et est étagée. Les ailes sont courtes et ne s'étendent pas au delà de la naissance de la queue. Une huppe composée de plumes droites et larges couronne la tête, et les tarses nus ont environ un pouce et demi de hauteur. Ces diverses proportions rappellent assez celles de notre pie commune.

Chez les femelles adultes la huppe est d'un noir brillant. Le manteau, le dessus et le dessous des ailes, et leurs pennes, sont du même noir, mais barrés de raies blanches. Le derrière et les côtés du cou, la poitrine, le ventre, les couvertures inférieures de la queue sont d'un gris d'ardoise qui pâlit sous la gorge. Le bec, d'une teinte plombée, est d'un blanc bleuâtre sur le bord de ses mandibules; les tarses sont grisâtres et les doigts bruns ainsi que les ongles.

Chez le mâle les raies blanches des parties supérieures du corps ont une teinte rousse, et le noir de celles-ci est devenu brun, excepté la huppe qui est restée noire. De plus, les femelles ont la gorge blanchâtre et toutes les parties inférieures du corps fauves. Les plumes qui recouvrent le front et le

1. *The zool. Journ.*, vol. Ier, p. 554, et vol. II, p. 554.
2. *Tamnophilus striatus, Tamnop. vigorsii*, Such., *zool. Journ.*, janv. 1825, vol. Ier, p. 557; *Vanga striata*, Voyage de l'*Uranie*, Quoy et Gaimard.

dessus des yeux sont d'un roux vif. Cette espèce, suivant MM. Quoy et Gaimard, se trouve au Brésil; elle vit sur les bords des bois, dans le voisinage des prairies, où elle irait courant à terre, à la recherche des vers, en relevant la queue comme nos pies : ce qui ne serait pas entièrement conforme à ce que nous dit M. Azara des caractères génériques de ces oiseaux.

Ce voyageur décrit sous le nom de batara rayé[1] un oiseau qui a les plus grands rapports avec celui dont nous venons de parler; il en diffère cependant par quelques points assez importants pour qu'on ne doive pas les confondre dans la même espèce sans de nouvelles observations. Voici ce qu'en dit ce voyageur : « Cet oiseau a la huppe d'un beau noir; la base du bec marbrée de noir et de blanc, ainsi que le dessous et les côtés de la tête et le haut du cou; le dessous du cou, le dos et les couvertures supérieures des ailes rayés transversalement de blanc et de noir; les pennes des ailes noires *tachetées de bleu;* la queue noire avec des bandes blanches transversales et interrompues; le devant du cou et la poitrine rayés de noir, sur un fond blanchâtre; le ventre et les couvertures inférieures des ailes de couleur blanche; le dessous des pennes de l'aile taché de blanc, sur un fond noirâtre luisant, le tarse d'un plombé clair; le bec noirâtre à sa base et blanc céleste dans le reste, enfin l'iris d'un jaune paille très brillant.

« La femelle a les mêmes dimensions et la même huppe; mais les côtés et le derrière de sa tête sont d'un brun mêlé de blanchâtre et de roux avec des raies noires; le dessus de la tête et du corps est de couleur de tabac d'Espagne, et tout le dessous est roux blanchâtre.

« Cet oiseau a six ou sept pouces de longueur totale. Il place son nid sur les petites branches des buissons épais, et il le construit en dehors de filaments fortement attachés à deux rameaux qui forment la fourche à l'extrémité d'une branche menue; l'intérieur est tapissé de crins et de tiges de plantes aussi déliées; la largeur et la profondeur de ce nid sont de deux pouces et demi, et sa longueur de quatre. Le mâle et la femelle partagent l'incubation; leurs œufs sont blancs rayés de rougeâtre et plus pointus à un des bouts, etc. »

LE BATARA ROUX[2]

C'est aussi à Azara que l'on doit la connaissance de cet oiseau, huppé à peu près comme les précédents, et à queue étagée comme eux. Voici la description qu'il en donne : longueur totale, six pouces et un quart, de la queue deux pouces et demi. Une teinte de brun blanchâtre commence aux narines et couvre les côtés et le dessous de la tête. Des raies transversales, blanches et noires, occupent le devant et les côtés du cou, aussi bien qu'une partie de la poitrine dont le reste est blanchâtre, comme le ventre. Le dessous

1. *Voyage,* t. III, p. 420.
2. Azara, *Voyage,* t. III, p. 424.

de l'aile est d'un blanc roussâtre. Les plumes du dessus de la tête ont une couleur tabac d'Espagne foncée. Le derrière du cou, les couvertures supérieures et les trois dernières pennes de l'aile, aussi bien que la bordure de toutes les pennes, sont mordorés. Le dos est d'un mêlé de bleu. Les pennes intermédiaires de la queue sont noirâtres, et les autres noires, avec de petits traits blancs sur leur plus large côté, et une tache de la même couleur à leur extrémité. Le tarse a une teinte plombée ; le bec est noir en dessus, et d'un bleu clair en dessous.

Leur nid se construit de la même manière et avec les mêmes précautions que celui du batara rayé ; ils y déposent des œufs blancs légèrement piquetés de rouge, et les jeunes, qui ne diffèrent point des adultes, prennent leur volée quinze jours environ après leur naissance.

LES LANGRAIENS[1]

Les langraiens forment, dans la famille des pies-grièches, un groupe distinct bien caractérisé par la grande longueur des ailes ; en effet, les ailes de toutes les autres pies-grièches ne s'avancent le plus souvent que jusqu'à l'origine de la queue, ce qui restreint singulièrement l'étendue du vol de ces oiseaux, tandis que les langraiens, ayant des ailes fort longues qui dépassent souvent la queue, approchent des hirondelles pour la légèreté et la puissance du vol.

Sonnerat est le seul auteur qui nous apprenne quelque chose des mœurs de ces oiseaux, en parlant de sa pie-grièche dominicaine de Manille, qui est le langraien à ventre blanc ; mais il se borne à nous dire que cet oiseau se balance en l'air comme les hirondelles, et qu'il est ennemi du corbeau auquel il livre des combats tellement opiniâtres, et avec tant d'avantage par la facilité qu'il a d'échapper à son ennemi, que celui-ci finit ordinairement par s'éloigner, en lui abandonnant le champ de bataille.

Ce genre renferme cependant plusieurs autres espèces, dont M. Valancienne a décrit les caractères, et pour quelques-unes donné les figures ; mais ces espèces ne sont connues que par leurs dépouilles : recueillies à la hâte dans les lieux où les oiseaux ont été découverts, on n'a pu observer ceux-ci vivants, et leur histoire reste conséquemment tout entière à tracer.

Dans l'étude particulière que M. Valancienne a faite de ces oiseaux, il en établit six espèces qui sont toutes des Indes orientales.

1. Nom de ces oiseaux à Manille.

Travies del   Guyard sc

Travies del   Manceau sc

Travies del   Imp Dorrson, Paris   Pannemaker sc

1 LE LANGRAYEN À VENTRE BLANC (*Ocypterus leucorhynchus*, Cuv.)

2 LE PARDALOTE POINTILLÉ *Pardalotus punctatus* Vieil.

3 LE HOUPPIFÈRE MAKARTENAY *Phasianus Makartenay* Cuv.

Règne animal par de Cuvier édition Masson

Garnier frères Éditeurs

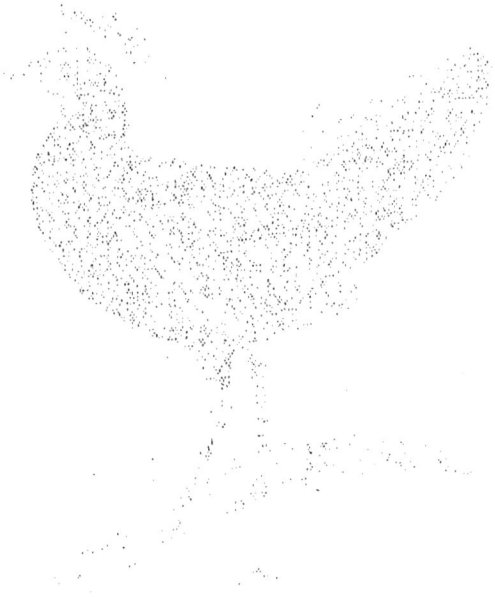

LE LANGRAIEN A VENTRE BLANC[1]

Buffon parle de cet oiseau, qu'il connaissait par Sonnerat, pour indiquer les différences qui se trouvent entre lui et les pies-grièches proprement dites, auxquelles Brisson l'avait associé; mais il ne le décrit pas. Sonnerat, au contraire, en donne une description sommaire qui en fait connaître les traits principaux, c'est-à-dire la taille et les couleurs, indiquant suffisamment par le nom qu'il lui donnait le genre auquel il pensait devoir le rapporter, et par conséquent ses caractères génériques. C'est Brisson qui en a donné une description complète d'après un individu du Cabinet de l'abbé Aubri, qui venait de Manille. Depuis, cette espèce a été envoyée de Timor et se trouve assez communément dans les collections.

Elle a sept pouces du bout du bec au bout de la queue; la tête, le cou, les ailes et la queue sont d'un gris d'ardoise; le dos et les grandes couvertures des ailes sont d'un brun sale; la poitrine, l'abdomen et les couvertures supérieures et inférieures de la queue sont blanches; les pennes des ailes et de la queue sont d'un gris blanc en dessous; le bec est bleuâtre, et les pieds sont noirs. Il y a quelques différences entre cette description, celle de Sonnerat et celle de Brisson, en ce que le premier dit que toutes les parties supérieures, le cou et *la poitrine* sont *noirs,* et que Brisson dit seulement que les parties supérieures sont noirâtres, ce qui s'accorde mieux avec ce que nous venons de rapporter; mais il ajoute que le bec est gris blanc; or ce sont ces différences qui ont porté Gmelin à faire son *Lanius dominicanus* de l'oiseau de Sonnerat, et son *Lanius leucorhyncos* de celui de Brisson.

LE LANGRAIEN A LIGNES BLANCHES[1]

Cet oiseau est d'une taille égale à celle de la pie-grièche écorcheur; une couleur brune, beaucoup plus foncée sur le dos et les petites couvertures des ailes, est répandue sur la tête, la poitrine et le ventre; ses ailes, longues et pointues, atteignent l'extrémité de la queue; en dessus, un bleu d'ardoise les colore; en dessous, leur partie antérieure est blanche, mais le reste de leur longueur est gris; le bord externe des seconde, troisième et quatrième rémiges est d'un blanc pur, et quand les ailes sont fermées, ces bords blancs réunis forment, sur chacune d'elles, une bandelette longitudinale blanche; la queue, légèrement arquée, est d'un beau noir, ainsi que ses couvertures

---

1. *Ocypterus leucogaster,* Valent. *Mém. du Mus.,* t. VI, p. 21, pl. 7, fig. 2. *La Pie-grièche dominicaine des Philippines,* Sonnerat, *Voyage à la Nouvelle-Guinée,* p. 55, pl. 25. *Langraien,* Buff., t. Ier, in-4°, p. 310. — Édit. Garnier, t. V, p. 201. *La Pie-grièche de Manille,* Brisson, t. II. p. 180, pl. 18, fig. 2.

2. *Ocypterus albovittatus,* Val. *Mém. mus.,* pl. 8, fig. 1.

I.   42

supérieures et inférieures ; chacune des pennes qui la composent, les deux médianes exceptées, est terminée par une tache blanche ; un bleu foncé règne sur la plus grande partie du bec, mais la pointe ainsi que les pieds sont noirs.

Le plumage de cet oiseau, dans son premier âge, est sur la tête, le dos et les parties inférieures, d'une couleur roussâtre grivelée de taches blanches ; chaque plume des petites couvertures des ailes est terminée par une tache noirâtre avec un point blanc sur le milieu de la pointe ; la couleur blanche de l'extrémité des pennes caudales est lisérée de noirâtre ; le bec est plus court que dans l'adulte ; sa base est blanche et sa pointe brune.

Cette espèce a d'abord été envoyée de Timor au Muséum d'histoire naturelle, par Maugé, naturaliste, mort dans le voyage de Baudin ; depuis on l'a reçue de la Nouvelle-Hollande.

LES CASSICANS[1]

Buffon trouvant de la ressemblance entre un oiseau de la Nouvelle-Guinée, qu'il avait reçu de Sonnerat, les cassiques et les toucans[2], imagina que ce nom de cassican serait propre à rappeler ces rapports à l'esprit. Malheureusement ces ressemblances n'étaient que fort légères, car les toucans appartiennent à un autre ordre que les cassicans, et les cassiques, quoique de l'ordre des passereaux, sont de la famille des conirostres, c'est-à-dire des oiseaux à bec conique, et non point de celle des oiseaux à bec denté ou dentirostre. Ce nom de cassican serait donc plus propre à égarer l'esprit qu'à l'éclairer, s'il avait conservé sa signification, et ç'a presque toujours été la destinée des noms significatifs, même lorsqu'ils exprimaient des caractères positifs, des particularités organiques sensibles à la vue ; à plus forte raison l'est-elle quand ils n'expriment que des rapports.

Les traits distinctifs des cassicans consistent dans un bec grand, conique, droit, rond à sa base, entamant les plumes du front par une échancrure circulaire, arrondi au dos, comprimé sur les côtés, à pointe crochue et échancrée latéralement ; des narines ovales, petites, linéaires, nues, et n'étant point entourées d'une partie membraneuse ; la seconde et la troisième penne de l'aile plus longues que toutes les autres.

Ce sont des oiseaux qui ont été découverts à la Nouvelle-Hollande et à la Nouvelle-Guinée, mais qui, n'ayant fait le sujet d'aucune observation à l'état vivant, nous laissent dans une profonde ignorance sur leurs mœurs, que la forme de leur bec fait supposer être analogues à celles des pies-grièches.

Ce genre se compose aujourd'hui de cinq ou six espèces, à la tête desquelles se trouve celle que Buffon a fait représenter, dans ses planches enlu-

1. *Barita*, Cuv.; *Cracticus*, Vieill.
2. Tome VII, in-4°, p. 134. — Édit. Garnier, t. V, p. 525.

minées n° 628, sous le nom de cassican de la Nouvelle-Guinée, et dont il se borne à donner les mesures dans son texte; nous suppléerons à ce qui manque à la description de cette espèce, et nous en ferons connaître en outre une ou deux autres.

LE CASSICAN VARIÉ[1]

Cette espèce dont la longueur totale est d'environ treize pouces, et qui, par conséquent, s'approche de notre pie commune, a la tête, le cou, le haut de la poitrine et le dos noirs; le croupion, les couvertures supérieures de la queue et le dessous du corps blancs; les couvertures supérieures des ailes blanches, avec des taches noires; les grandes pennes des ailes entièrement noires; les moyennes mélangées de noir et de blanc; la queue noire, avec une bordure blanche; le bec bleuâtre et les pieds noirs.

LE CASSICAN QUOY[2]

C'est au havre de Dorery, à la Nouvelle-Guinée, que cet oiseau a été découvert; il n'y paraît pas être fort commun, à en juger du moins par l'impossibilité où furent les naturalistes de *la Coquille* de s'en procurer plus d'un; les naturels le nomment *Kohuoque*, nom qui paraît être commun à plusieurs oiseaux à plumage noir.

M. Lesson, de qui nous tirons ces détails, donne de ce cassican la description suivante : « Cet oiseau a treize pouces de longueur totale, avec la queue qui en a cinq; le bec a près de deux pouces; il est robuste, très épais à la base, élargi en dessus, comprimé vers la pointe; la mandibule supérieure est terminée par un crochet légèrement recourbé en bas; les narines sont étroites, ouvertes latéralement; le bec, dès son origine à la moitié de sa longueur, est d'un blanc bleuâtre nacré; dans le reste, il est d'un bleu noir qui devient très vif à son extrémité; un cercle de peau nue entoure l'œil; l'iris est gris roux; les plumes du front forment un demi-cercle légèrement échancré; elles sont disposées par petites houppes; et le bec, de chaque côté, est garni de poils raides dirigés en avant; le plumage est entièrement d'un noir lustré; mais les parties inférieures sont d'un noir moins vif que les supérieures, et même brunâtre; les ailes s'étendent jusqu'aux deux tiers de la queue, qui a douze pennes; les trois premières sont les plus courtes; les quatrième, cinquième et sixième de chaque côté sont les plus longues; les pieds et les ongles sont noirs; ceux-ci sont comprimés sur les côtés et très aigus. »

1. *Coracias varia*, Gmel., Buff., t. VII, in-4°, p. 134, pl. enlumin. 628. — Édit. Garnier, t. V, p. 521.
2. *Barita Quoyi*, Less. Voyage de *la Coquille*, p. 639, pl. 14.

LE CASSICAN RÉVEILLEUR[1]

Cet oiseau a été découvert à l'île de Norfolk, à l'est de la Nouvelle-Galles du Sud, par l'expédition qu'y envoya le capitaine Phillip, chargé de la fondation et du gouvernement de la colonie anglaise de Port-Jackson; et White, chirurgien attaché à cette expédition, le décrivit comme appartenant au genre corbeau; Latham ensuite en fit un rollier; Daudin, qui vint après, le considéra comme type d'un genre nouveau, auquel il donna le nom de *Réveilleur*, et qu'il plaça entre les rolliers et les oiseaux de paradis. Enfin, mieux connu, il a été tiré de la famille des oiseaux dont le bec est conique, pour être réuni à ceux dont le bec est denté; mais auparavant Vaillant, en en donnant une nouvelle histoire, avait fait observer qu'il n'appartenait point au groupe des oiseaux de paradis où quelques auteurs avaient été conduits à le placer par ses nombreuses analogies avec le calybé, rapporté par Sonnerat de la Nouvelle-Guinée; mais nous verrons bientôt que ce calybé lui-même n'est pas un oiseau de paradis.

Le cassican réveilleur est de la grandeur de notre corneille commune, et son plumage est entièrement d'un noir brun grisâtre, un peu plus foncé sur les parties supérieures du corps que sur les inférieures; une large tache blanche sur les grandes pennes des ailes, et la queue blanche à ses deux extrémités, sont les seules modifications qu'éprouve la teinte sombre de ce vêtement. Les pieds et le bec sont noirs, excepté l'extrémité de celui-ci qui est blanche.

Cette espèce paraît se trouver aussi à la Nouvelle-Hollande et se nourrit principalement d'insectes; elle a reçu le nom de réveilleur, parce qu'elle passe toutes les nuits à pousser des cris aigus, qui ne permettent pas plus aux animaux qu'aux hommes de se livrer au sommeil; mais Vaillant conjecture, avec beaucoup de vraisemblance, qu'elle ne fait ainsi entendre sa bruyante voix que dans la saison qui est pour elle celle de l'amour.

LES CALYBÉS[2]

Les calybés ont de grands rapports avec les cassicans; pendant longtemps ces oiseaux ont été réunis dans le même genre. Ils sont des mêmes contrées et ont probablement le même genre de vie; mais quoique le bec des calybés ait la même forme que celui des cassicans, il est moins gros à sa base, et les narines des premiers sont percées dans un large espace membra-

1. *Corvus graculenius*, White; *Coracias stepera*, Lath., *Réveilleur*, etc., *Ornith.*, t. II, p. 267; *Grand Calybé*, Vaillant, *Ois. de paradis*, t. 1er, p. 67, pl. 24.
2. *Calybœus*, Cuv.; *Phonygama*, Less.

neux qui ne s'observe point chez les seconds. Mais ce qui surtout fait distinguer ces oiseaux, c'est qu'avec des systèmes d'organes à peu près semblables,
les uns sont revêtus du plumage le plus riche, composé de plumes d'une
structure toute particulière, tandis que, sous ce rapport, les autres n'ont rien
que d'ordinaire. Cet éclat du vêtement, qui établit une analogie remarquable
entre les calybés et les oiseaux de paradis, avait porté les premiers observateurs à les réunir à ceux-ci, malgré les nombreuses différences qui les sépa-
raient d'ailleurs. Depuis, les formes du bec ayant prévalu, comme caractères
génériques, on vit réunir ces oiseaux aux cassicans; et ce n'est qu'après une
troisième comparaison, qu'après que toute prévention a eu cessé d'agir, et
que l'esprit a pù retrouver son entière liberté, qu'on en a formé un groupe
naturel et distinct de tous les autres groupes de la même famille. Les espèces
de ce genre consistent dans le calybé de paradis, et dans le calybé cornu ou
de Kéraudren; mais ce dernier, remarquable par plusieurs circonstances de
son pelage, pourra peut-être rester le type du genre phonygame de M. Lesson, que ce naturaliste avait d'abord distingué de tous les autres genres de
la famille, mais que depuis il a considéré comme identique à celui des calybés, que mon frère a fondé sur le cassican calybé, et auquel, à la vérité, il a
réuni ce phonygame que M. Lesson, dans le voyage de *la Coquille*, a fait graver sous le nom générique de cassican.

LE CALYBÉ DE PARADIS [1]

C'est Sonnerat qui, le premier, a publié une description de ce bel et brillant calybé; il le découvrit à la Nouvelle-Guinée, et, principalement frappé
par le plumage éclatant dont cet oiseau est revêtu et par la nature des
plumes qui le composent en partie, il le prit pour un oiseau de paradis et le
nomma oiseau de paradis vert. C'est Buffon qui le nomma calybé, en en
donnant la figure dans ses planches enluminées d'après l'individu même
rapporté par Sonnerat. Depuis, Vaillant et Vieillot en ont donné chacun une
nouvelle figure et une nouvelle description dans leurs oiseaux de paradis.
Enfin, M. Lesson en a donné une histoire abrégée dans son *Manuel d'ornithologie.*

Il résulte de ces divers renseignements, plus ou moins originaux, mais
surtout de celui de Sonnerat, que ce calybé a douze à treize pouces de longueur du bout du bec à l'extrémité de la queue qui a cinq pouces, et que tout
son plumage très foncé présente, étant éclairé, les reflets les plus riches,
bleus, violets, verts, plus ou moins dorés ou argentés, suivant que le jour le

1. *Paradisea viridis,* Gmel.; *Cal. paradisœus,* C. V.; *l'Oiseau de paradis vert,* Sonnerat,
Voyage a la Nouvelle-Guinée, p. 164, pl. 99; *le Calybé de la Nouvelle-Guinée,* Buff., pl. enlum.
634; Vaillant, *Ois. de paradis,* p. 64, pl. 23; Vieillot, *Ois. de paradis,* n° 10; *Cassican Calybé,*
Lesson, *Man. d'ornith.,* t. Ier, p. 140.

frappe. C'est à la contexture de la face supérieure des plumes que ces merveilleux effets sont dus ; car, en dessous, elles sont du noir terne qu'elles paraissent avoir quelquefois en dessus, mais ne décomposent point la lumière. Le bec et les pieds sont noirs et l'iris est rouge.

M. Lesson, outre le calybé brillant de Sonnerat, trouva à la Nouvelle-Guinée un oiseau qui n'en différait absolument que par des teintes beaucoup moins riches ; aussi ne les distingue-t-il point spécifiquement : il considère ces oiseaux comme de simples variétés l'une de l'autre et nous apprend que le calybé vit solitaire, qu'il se tient dans les forêts, perché sur les grands arbres, où il trouve à la fois des fruits et des insectes.

LE CALYBÉ CORNU ou DE KÉRAUDREN[1]

Nous ne pouvons mieux faire que de tirer l'histoire de cette espèce de M. Lesson, qui jusqu'à présent nous paraît être le seul auteur qui l'ait décrite.

Ce bel oiseau, dit M. Lesson[2], a douze pouces de longueur totale, du bout du bec à l'extrémité de la queue. Les plumes qui revêtent la tête, les narines et les joues sont courtes, serrées, et donnent à ces parties l'apparence de velours. Leur teinte est d'un noir passant au vert sombre doré, suivant les effets de la lumière. Deux huppes, séparées l'une de l'autre, occupent les parties latérales et postérieures de l'occiput ; elles sont minces, triangulaires et formées de plumes effilées, linéaires. Le cou est garni de plumes imbriquées, triangulaires, qui deviennent linéaires dans sa partie antérieure. De plus, ces dernières se terminent par une petite soie qui devient plus apparente sous la gorge. La tige et la partie inférieure de ces plumes sont d'un noir brun ; le reste est d'un vert à reflets métalliques. Les plumes de l'abdomen ont leur tige très grêle, garnie de barbules fines et lâches, ce qui leur donne un caractère particulier de douceur, et elles sont d'un vert sombre. Le dos, revêtu de plumes semblables à celles des parties inférieures, est d'un vert chatoyant. Les ailes et leurs couvertures, le croupion et le dessus de la queue sont d'un vert bleuâtre. Le côté interne des pennes des ailes et de la queue est d'un brun terne, tandis que leur face inférieure est noirâtre. Le bec et les pieds sont noirs. La base des doigts est élargie par un rebord membraneux.

La trachée-artère de cet oiseau mérite un examen particulier. Ce tube est composé de cent à cent vingt anneaux cartilagineux, réunis par une membrane que produit sa tunique extérieure mince et diaphane, et il a dix-sept pouces et demi de longueur, c'est-à-dire qu'il est beaucoup plus long

---

1. *Calybeus cornutus*, C. V. ; *Phonygama Keraudrenii*, Lesson, *Man. d'ornith.*, et Voyage de la Coquille. *Cassican de Kéraudren*, Voyage de la Coquille, pl. 13.
2. Voyage de la Coquille, p. 606.

que le corps de l'animal. Pour trouver une place, cet organe, en sortant des poumons, se dirige, monte le long du sternum, passe par le bord antérieur de cet os et vient se placer et rouler trois fois sur lui-même, entre les muscles pectoraux et la peau; il remonte ensuite en ligne droite pour se terminer au larynx. Il résulte de cette organisation que la voix de cet oiseau est un véritable chant, et on reconnaît toujours par là sa présence dans les forêts. Les sons qu'il fait entendre sont clairs et passent successivement par tous les tons de la gamme.

C'est un oiseau très défiant et très rare. Il fut rencontré à la Nouvelle-Guinée, dans les grands arbres qui avoisinaient le havre Dorery. Les Papous le nomment *Mansinème* et *Issape*.

LES BÉCARDES[1]

Buffon, comme il nous l'apprend[2], a donné ce nom de bécarde à un oiseau voisin des pies-grièches, à cause de la grosseur et de la longueur de son bec. En effet, les bécardes sont remarquables par leur bec conique, très gros, rond à sa base, ne s'avançant point sur le front, légèrement comprimé à sa pointe, la mandibule supérieure se terminant par un crochet pointu, derrière lequel se trouve une petite échancrure; la mandibule inférieure est pointue et ne se relève point à son extrémité. Mais Buffon a donné ce nom de bécarde à deux autres oiseaux qui ne sont pas du même genre que sa bécarde et appartiennent même chacun à un genre différent. Cette erreur, au reste, était assez naturelle à l'époque où écrivait Buffon ; car nous trouvons encore des auteurs qui ont écrit longtemps après lui et dont l'objet spécial était la classification, ce qui n'était nullement le sien, faire encore des pies-grièches de tous ces oiseaux.

Toutes les espèces de ce genre sont de l'Amérique méridionale, où elles vivent à la manière de nos pies-grièches, sans cependant qu'on ait des renseignements bien certains sur leur naturel. L'espèce dont parle Buffon est représentée dans ses planches enluminées sous les numéros 304 et 377 ; il ne la décrit pas, se bornant à quelques mots sur les couleurs et à exprimer sa pensée, que le premier de ces oiseaux est le mâle, et le second la femelle. Nous suppléerons, par une description plus complète, au silence de Buffon.

1. *Psaris*, C. V.; *Tityra*, Vieill.; *Pachyrhyncus*, Spix.
2. Tome Ier, in-4°, p. 311. — Édit. Garnier, t. V, p. 160.

LA BÉCARDE GRISE[1]

La bécarde grise a sept pouces et demi de longueur de la pointe du bec à l'extrémité de la queue ; celle-ci, la tête et le dessus des pennes alaires sont d'un noir profond. Une tache de la même couleur se fait remarquer sous la gorge à la base de la mandibule inférieure. En dessous, la partie antérieure de l'aile est du blanc le plus pur ; mais les rémiges et les pennes secondaires, d'abord grises, deviennent noirâtres vers leur extrémité.

Un joli gris de perle est répandu sur le manteau ; tout le reste du plumage est d'un gris blanc plus ou moins foncé.

La moitié supérieure du bec est noire ; sa base, ainsi que l'espace nu autour de l'œil, sont d'un très beau rouge.

Les tarses sont cendrés et les ongles noirâtres.

Telle est la coloration du plumage du mâle adulte.

La femelle a les ailes et la queue d'un noir moins foncé que celles du mâle ; le dessus de la tête et le derrière du cou sont tachés de noir sur un fond gris roussâtre ; les grandes couvertures des ailes sont grises, bordées de blanc, avec leur baguette noire. Les plumes des parties inférieures sont blanchâtres, marquées d'une tache longitudinale noire sur leur milieu.

Les mâles encore revêtus de la livrée du jeune âge ressemblent aux femelles, si ce n'est la couleur noire de leur tête qui les en distingue toujours.

La bécarde grise vit à Cayenne ; c'est une des espèces les plus répandues dans les collections, et sur les mœurs de laquelle cependant nous ne possédons aucun renseignement.

LES CHOUCARIS[2]

Ces oiseaux, par leur forme générale, ont avec les corbeaux et les rolliers des analogies qui les ont fait souvent rapporter aux mêmes genres ; et quoiqu'il ne soit pas toujours facile de distinguer les becs coniques dentés des becs coniques non dentés, tant sont petites les dimensions auxquelles la dent est quelquefois réduite, tant l'échancrure qui la forme est peu sensible, cependant l'incertitude ne peut point encore exister pour les choucaris : ils appartiennent certainement au sous-ordre des *dentirostres*. Leur caractère consiste dans un bec crochu et échancré à sa mandibule supérieure, moins comprimé que celui des pies-grièches, dont l'arête supérieure est aiguë et également arquée dans toute sa longueur.

1. *Psaris cayanus.* La *Pie-grièche grise de Cayenne*, pl. enlum., 304 ; la *Pie-grièche tachetée de Cayenne*, pl. enlumin., 377. *Pachyrhyncus cayanus*, Spix., pl. 44, fig. 1. *Tityra cynerea*, Vieill., Gal., pl. 134.

2. *Graucalus*, Cuv.

Ce sont, comme les cassicans et les calybés, des oiseaux de la Polynésie; mais, ayant été recueillis par les voyageurs sur les côtes où ils ont abordé, on n'a pu apprendre à connaître que leurs formes et leurs couleurs; aussi est-ce à ces notions superficielles que se borne tout ce que nous en savons. C'est, au reste, une connaissance préliminaire, indispensable aux autres sujets de recherche dont ces oiseaux peuvent être l'objet, et que l'on doit considérer, sinon comme leur histoire, du moins comme ce qui doit en faire l'introduction.

Cinq ou six espèces ont déjà été rapportées à ce genre, et parmi elles plusieurs se distinguent par la beauté de leurs couleurs. Cependant tous les naturalistes ne les ont pas réunies de même génériquement. Je n'examinerai point les motifs de leur dissentiment à cet égard, et me bornerai, sur la détermination des espèces de choucaris, aux indications de mon frère.

Parmi les oiseaux de ce genre il s'en trouve deux que Buffon a fait représenter dans ses planches enluminées, n°ˢ 629 et 630, et dont il a donné une description sommaire[1]. L'un et l'autre venaient de la Nouvelle-Guinée, d'où ils avaient été rapportés par Sonnerat; Buffon nomme le premier choucas, et le second choucaris : aussi est-ce ce dernier qui peut être considéré comme type du genre. Vieillot, depuis Buffon, a donné du choucaris, sous le nom de Coracine choucaris, une nouvelle figure et une description qui ne s'accordent pas[2].

Nous ne reviendrons plus sur ces espèces que pour donner une idée de quelques autres plus remarquables, sinon mieux connues; je veux dire, le drongo azuré, et un ou deux pirolls de M. Temminck.

LE CHOUCARIS AZURÉ[3]

Ce magnifique oiseau se trouve à Java et à Sumatra où, suivant M. Horsfield, il habite les forêts des lieux élevés et montagneux, loin des hommes et de leurs habitations. Sa nourriture consisterait en fruits et en graines. A Java, c'est dans les parties occidentales que cette espèce se rencontre le plus communément; dans tous les autres districts, elle est peu répandue ou très rare. Il paraîtrait qu'à Sumatra cette espèce devient plus grande et acquiert un plumage plus brillant que dans les îles voisines; c'est du moins ce qui semble résulter de la comparaison qu'on a faite des individus originaires de ces diverses contrées.

Ce beau choucaris était déjà connu de Latham, qui lui avait donné le

---

1. Tome III, in-4°, p. 80 et 81. — Édit. Garnier, t. V, p. 555.
2. Gal., p. 179, pl. 113.
3. *Edolius puellus*, Reinwald; *Drongo azuré*, Temm., pl. color. d'ois., n° 70, p. 225 et 476. *Irena puella*, Horsfield, *Zool. research. in Java.*

nom de *puella* en le plaçant parmi ses rolliers, lorsque M. Horsfield en donna
de nouveau une description avec des figures, celle du mâle et celle de la
femelle; M. Temminck l'a décrit une troisième fois et en a fait représenter
le mâle dans son plumage complet, le mâle en mue et la femelle. C'est là
l'avantage qu'ont, sur tous les autres oiseaux, ceux dont le vêtement riche
de brillantes couleurs est propre à attirer l'attention ; on les recueille avec
soin, on les rassemble en grand nombre, croyant ne pouvoir trop faire connaître des êtres plus propres que tout autre à exciter notre admiration et à
nous faire apprécier la grandeur et la magnificence des œuvres de la nature.

Deux seules couleurs se partagent le vêtement du choucaris azuré : le
bleu et le noir; mais le bleu a tant de pureté et d'éclat, et le noir lui-même
est si noir et si brillant, que les yeux, après avoir longtemps contemplé la
première de ces couleurs, trouvent encore un plaisir dans la contemplation
de la seconde.

Ce sont les parties supérieures du corps, ainsi que les couvertures supérieures et inférieures de la queue, qui sont bleues chez le mâle. Toutes les
autres parties sont noires. La femelle est entièrement d'un bleu grisâtre, à
l'exception de la queue et des grandes pennes des ailes qui sont d'un noir
terne. Dans l'individu en mue le vert se mêle irrégulièrement au bleu sur
tout le corps. Les pennes des ailes sont noires.

LE CHOUCARIS DE LA CHINE [1]

ET LE CHOUCARIS THALASSIN [2]

Ces oiseaux, connus depuis longtemps, mais considérés comme de simples
variétés d'une même espèce, classée communément parmi les rolliers, ainsi
que tant d'autres oiseaux de la famille des dentirostres, ont été distingués
spécifiquement par M. Temminck. A l'aide des nombreux individus de l'une
et de l'autre de ces espèces qu'il a été à portée d'examiner, il a reconnu que les
traits caractéristiques de l'une ne se confondent jamais, à aucun âge, dans
aucun sexe et dans aucune saison, avec les traits caractéristiques de l'autre;
et, pour arriver à ce résultat, il ne fallait rien moins que la comparaison
détaillée et complète qu'il a pu faire de ces oiseaux ; car leurs différences sont
légères, et dans la constance qu'elles affectent, bien établie par M. Temminck,
on était fondé, par de nombreuses analogies, à ne point prendre ces choucaris pour des espèces distinctes; car la ressemblance que ces oiseaux ont
entre eux ne surpasse pas celle qu'on rencontre souvent entre les espèces
des genres très naturels. C'est pour bien faire sentir les ressemblances et les
différences du choucaris de la Chine et du choucaris thalassin, que nous les

1. *Rollier de la Chine*, Buff., pl. enlumin., 620. *Coracias sinensis*, Gmel.
2. *Piroll. thalassin*, Temm.

avons réunis dans le même article, pouvant par là faire suivre plus immédiatement la description de l'un de la description de l'autre.

Le choucaris de la Chine est généralement vert, plus pâle en dessous qu'en dessus ; une huppe le couronne ; l'œil est environné d'une tache noire qui descend sur le cou ; les ailes sont noirâtres avec les dernières grandes pennes blanches à leur extrémité. Les pennes vertes de la queue qui est étagée, et dont la longueur est presque égale à celle du reste du corps, sont terminées de blanc. Le bec et les pieds sont rouges.

Le choucaris thalassin est d'un vert céladon brillant; une huppe orne sa tête, et une bande noire, qui prend naissance vers le bec et passe sur l'œil, vient se réunir sur l'occiput à la bande du côté opposé. Les ailes sont entièrement d'un brun mordoré très vif, à l'exception des pennes secondaires les plus rapprochées du corps qui sont vertes ; aucune tache blanche ne s'y montre, et il en est de même de la queue qui, également étagée, est entièrement verte. L'iris, le bec et les pieds sont d'un beau rouge vermillon.

On voit que, quant aux couleurs, les différences sont sensibles ; elles le sont encore quant aux proportions de certaines parties et à la taille. Le choucaris thalassin a onze à douze pouces de longueur totale ; le choucaris de la Chine est sensiblement plus petit ; de plus, le premier a un bec proportionnellement plus fort et une queue beaucoup plus courte que le second.

La femelle du choucaris thalassin ne diffère point du mâle. Les jeunes de l'année, au contraire, ont le bec et les pieds noirs, les ailes rousses, et tout le reste de leur plumage est d'un bleu clair blanchâtre ; c'est en s'avivant qu'elle passe au vert céladon.

Cette espèce se trouve à Java et à Sumatra.

LE CHOUCARIS VELOUTÉ [1]

Cet oiseau de la Nouvelle-Hollande et des îles voisines forme le type du genre piroll de M. Temminck, genre dont les caractères rentrent dans ceux des choucaris à de légères exceptions près, insuffisantes pour servir de fondement à un genre particulier. C'est pourquoi mon frère a réuni cette espèce à ses choucaris, avec lesquels elle a en effet les rapports les plus étendus, car elle en a le bec et les pieds.

M. Kuhl, que les sciences naturelles ont eu le malheur de perdre par une mort prématurée, a le premier fait connaître cet oiseau d'une manière exacte ; seulement il le considérait comme devant former un genre nouveau dans la famille des corbeaux, et il donnait à ce genre le nom de *ptilorhynchus*, à cause des plumes veloutées qui garnissent la base du bec de l'espèce sur laquelle il l'établissait, c'est-à-dire de son *ptilorhynchus holosericeus*, qui est le choucaris velouté.

1. *Kitta holosericea*, Temm., pl. 395 et 422.

Le mâle de cette espèce est entièrement revêtu d'un plumage à reflets métalliques, tantôt bleu, tantôt violet, quelquefois noir, suivant que la lumière le frappe relativement à l'œil qui le regarde. Les grandes pennes et une partie des pennes secondaires des ailes et la queue sont d'un noir foncé, mais terne, et les pieds ainsi que le bec sont jaunâtres ; enfin les petites plumes de la base du bec dont nous venons de parler, et qui ne s'observent que chez les mâles, sont courtes, soyeuses et serrées les unes contre les autres, de manière à donner l'apparence de velours aux parties qu'elles revêtent ; ces plumes cachent entièrement les narines.

Les femelles diffèrent considérablement des mâles. Elles sont entièrement verdâtres. Aux parties supérieures de leur corps, cette couleur est mélangée de cendré ; et sur les ailes et la queue le vert est mélangé à du roux qui domine. Toutes les parties inférieures sont d'un vert cendré blanchâtre varié de taches brunes, plus grandes sur l'abdomen que sur le cou, qui simulent des écailles. Les pieds et le bec sont bruns.

La longueur totale de cet oiseau est de douze à treize pouces.

LES BÉTHYLES[1]

Ces oiseaux se font surtout remarquer par leur bec gros, court, bombé de toute part et légèrement comprimé vers le bout. Les troisième et quatrième pennes des ailes sont les plus longues, et les doigts extérieurs sont réunis par leur base au doigt du milieu. La queue est étagée.

On n'en connaît encore qu'une espèce qui est de Cayenne.

LE BÉTHYLE BICOLOR[2]

Vaillant est l'auteur qui a donné de cette espèce la description la plus détaillée. Elle est, dit-il, de la grandeur de notre pie-grièche grise d'Europe, mais plus épaisse de corps. Les couleurs de son plumage sont le noir et le blanc très pur, distribués avec assez d'harmonie pour former à cet oiseau un vêtement fort agréable. Sa tête, son cou, sa poitrine sont d'un beau noir lustré ; les plumes du haut de la poitrine sont remarquables par leur forme allongée et étroite.

Tout le reste du dessous du corps et les couvertures du dessous de la queue sont blancs. Le manteau, le croupion et les couvertures du dessus de la queue sont du même blanc, tandis que les ailes et la queue sont du noir de la tête et du cou ; seulement des taches blanches varient le noir des ailes,

1. *Bethylus*, Cuv.; *Cissopis*, Vieillot.
2. *La Pie-grièche*, Vaillant, *Ois. d'Afriq.*, t. II, p. 33, pl. 60. *Lanius picatus*, Lath.

et une semblable tache termine chacune des pennes de la queue. Le bec, les pieds et les ongles sont noirs.

Mon frère considère comme très rapproché des béthyles, mais avec un bec un peu plus comprimé, un oiseau qui ne se range nettement dans aucun autre sous-genre de la famille des pies-grièches ; c'est celui dont Vaillant a donné une description et une figure sous le nom de grande pie-grièche[1], quoiqu'il la regardât lui-même comme assez différente des pies-grièches proprement dites, pour présenter le type d'un groupe particulier.

Cette espèce est de la taille de notre merle, mais sa queue est aussi longue que son corps. Un gris cendré uniforme colore entièrement son plumage, à l'exception d'une tache allongée roussâtre qui s'étend de chaque côté de la tête en passant au-dessus de l'œil comme une sorte de sourcil. Le côté externe des pennes des ailes et le bout des pennes de la queue sont aussi quelque peu roussâtres. Vaillant ignorait l'origine de cet oiseau, dont il ne possédait que les dépouilles.

LES PARDALOTES[2]

En arrivant à la fin de la famille des pies-grièches, nous arrivons à des oiseaux qui ne nous rappellent plus par leurs apparences extérieures ceux que nous avons fait connaître jusqu'à présent. Les pardalotes, en effet, rappellent beaucoup plus notre roitelet à la première vue, qu'aucune des espèces des divers sous-genres que nous venons de parcourir. Les quatre ou cinq espèces qui sont connues ont à peine trois pouces de longueur chacune, et une queue et des ailes si courtes qu'ils doivent voltiger plutôt qu'ils ne doivent voler. Toutefois, lorsqu'on les considère attentivement, on voit que l'apparence chez eux était trompeuse et qu'ils se distinguent des roitelets par des modifications organiques très importantes.

Ainsi leurs caractères génériques consistent en un bec très court, gros, dilaté à sa base, ayant une arête distincte sur la mandibule supérieure, et les deux mandibules presque également fortes et de la même longueur, toutes deux convexes et un peu obtuses, mais la supérieure fortement échancrée. Leurs narines sont ouvertes à la base et sur les côtés du bec ; elles sont petites, nues et couvertes d'une membrane. Les pieds sont grêles, et leur doigt externe est dans la moitié de sa longueur réuni au moyen. Enfin, les deux premières pennes des ailes sont les plus longues de toutes, sans être toujours absolument égales.

Les pardalotes les mieux connus viennent des îles de la Sonde et de la Nouvelle-Hollande ; M. Temminck dit cependant que deux espèces ont été découvertes au Brésil.

1. *Ois. d'Afriq.*, p. 118, pl. 78.
2. *Pardalotus*, Vieill.

Ce sont, en général, des oiseaux agréablement vêtus et de proportions élégantes.

LE PARDALOTE POINTILLÉ [1]

Latham mentionne cette espèce dans son *Index ornithologicus;* mais c'est à M. Temminck que nous en devons une bonne description et une bonne figure.

Le mâle de cette espèce, dit ce naturaliste, a la tête couverte d'une huppe touffue formée de plumes noires marquées d'une tache ronde et blanche à leur pointe. Toutes les plumes du manteau et du dos sont couleur de feuille morte et bordées d'un liséré noir; le croupion est d'un marron rougeâtre, et les couvertures du dessus de la queue sont d'un roux vif. Les ailes et la queue sont noires, avec des taches rondes blanches, les plumes de toutes les couvertures et de toutes les pennes étant terminées par une semblable tache. La gorge, le devant du cou et les couvertures inférieures de la queue sont d'un beau jaune, les joues et les côtés du cou d'un cendré pointillé de noirâtre; un large sourcil blanc passe sur les yeux. Le ventre, les flancs et l'abdomen ont une teinte isabelle plus ou moins foncée ou brunâtre.

La femelle a les mêmes couleurs générales que le mâle; mais elles sont moins pures, moins vives; leur caractère le plus marqué consiste dans les taches rondes de leur huppe qui sont jaunes au lieu d'être blanches. Ces oiseaux sont originaires de la Nouvelle-Hollande.

LE PARDALOTE POIGNARDÉ [2]

C'est encore M. Temminck qui nous fait connaître cette belle espèce de pardalote, originaire de Java, que M. Van Hasselt y découvrit.

Une couleur bleue très foncée, et dont la teinte est plombée, couvre toutes les parties supérieures de cet oiseau, c'est-à-dire les ailes, les joues et les côtés du cou; une bande d'un rouge pâle orne le sommet de sa tête. Toutes les parties inférieures sont d'un beau jaune jonquille, à l'exception d'une tache rouge couleur de sang sur la poitrine. Une ligne blanche, en forme de moustache, sort des coins du bec et s'étend sur les côtés de la tête.

1. *Pardalotus punctatus, Pipra punctata,* Lath.; *Pardalote pointillé,* Temm. ois. color., pl. 78.
2. *Pardalotus percussus,* Temm., pl. color. d'ois., n° 394, fig. 2.

LE PARDALOTE PARÉ[1]

C'est encore au même naturaliste que nous devons la connaissance de cette troisième espèce.

Le sommet de la tête, les ailes et la queue sont noirs; mais les plumes de la tête ont des lignes d'un blanc pur; celles des ailes sont marquées d'une petite raie rouge ponceau, et quelques-unes de leurs pennes ont une bordure mordorée. De larges sourcils blancs surmontent les yeux et tranchent sur le jaune vif qui colore l'intervalle de l'œil au bec. Les joues sont variées de blanc et de noir; le dos est cendré verdâtre, le croupion couleur de feuille morte; la gorge, le milieu de la poitrine et les côtés des flancs sont d'un jaune vif; le milieu du ventre est blanc et sa partie postérieure cendrée; le bec et les pieds sont noirs.

Cette espèce vient, comme la première, de la Nouvelle-Hollande.

LES OISEAUX DE PROIE NOCTURNES

C'est par ces oiseaux que Buffon termine son histoire des oiseaux qu'il considère comme oiseaux de proie; et dans le discours qu'il place à leur tête, nous le voyons exposer avec beaucoup de vérité les mœurs des sept espèces qui se trouvent en France[2], et qu'il divise ensuite en deux sous-genres, les hiboux, oiseaux dont la tête est garnie de deux aigrettes, et les chouettes, qui sont privées de ce caractère. Quant aux oiseaux de proie nocturnes étrangers qu'il connaissait, mais principalement ceux d'Amérique, il est porté à ne les considérer que comme des variétés de celles d'Europe, occasionnées par l'influence des climats; et, en effet, les couleurs du pelage des oiseaux de nuit présentent si peu de différences, que cette erreur était naturelle à une époque où l'on ne connaissait pas encore tout ce qu'il pouvait y avoir de générique dans le vêtement des oiseaux. L'examen critique qui suit, et qui a pour objet d'établir les rapports des espèces dont il vient de parler avec celles dont parle Aristote, est rempli de vues aussi fines qu'ingénieuses; et si ses conclusions peuvent laisser quelques doutes, il ne faut l'attribuer qu'à la difficulté du sujet, difficulté qui n'a pu être encore entièrement surmontée jusqu'à ce jour, et qui ne le sera peut-être jamais, à cause de l'erreur fondamentale qui a porté les anciens à ne point donner de description exacte et méthodique des animaux dont ils parlaient. La comparaison entre les caractères qui distinguent les oiseaux de proie nocturnes des diurnes, par

---

1. *Pardalotus ornatus*, Temm., pl. color. d'ois., n° 394, fig. 1.
2. *Le grand Duc, le Hibou ou moyen Duc, le Scops ou petit Duc, la Hulotte et le Chat-huant, l'Effraye, la grande Chevêche et la petite Chevêche.* — Édit. Garnier, t. V, p. 189.

laquelle Buffon termine ce discours, présente des idées justes, auxquelles la connaissance d'espèces plus nombreuses n'a fait apporter aucun changement.

Aujourd'hui les oiseaux de proie nocturnes, qui forment une famille cosmopolite, sont partagés en huit ou neuf sous-genres. Ces sous-genres sont : 1° celui des HIBOUX (otus) qui ont un double cercle de plumes autour des yeux, deux aigrettes sur le front, une conque auditive, munie d'un opercule membraneux, laquelle s'étend en demi-cercle depuis le bec jusque vers le sommet de la tête, et dont les pieds sont revêtus de plumes jusqu'aux ongles. Le hibou ou moyen-duc[1] représente ce genre dans Buffon.— 2° Les CHOUETTES (ulula) qui ressemblent aux hiboux, à l'exception des aigrettes dont elles sont privées. Buffon n'a connu aucune espèce de cette division, qui toutes sont étrangères à la France. — 3° Les EFFRAYES (strix) qui se distinguent des hiboux par leur bec allongé, comme celui des aigles, et ne se recourbant que vers sa pointe, et par l'absence d'aigrettes. L'effraye de Buffon[2] en est le type. — 4° Les CHATS-HUANTS (syrnium) dont la conque se réduit à une cavité ovale de moyenne grandeur, qui n'ont point d'aigrettes, et qui nous sont représentés par le chat-huant de nos provinces, et la hulotte qui, pour plusieurs auteurs, n'est qu'un vieux chat-huant mâle[3]. — 5° Les DUCS (bubo) semblables aux chats-huants, mais pourvus d'aigrettes et avec le cercle du tour des yeux moins marqué. Notre grand duc[4] fait partie de ce sous-genre. — 6° Les CHEVÈCHES (noctua), sans aigrettes, sans conque de l'oreille évasée, et avec le cercle du tour des yeux moins marqué encore que chez les ducs; les unes ont la queue longue et étagée avec des doigts emplumés, ce sont les SURNIES; d'autres, les HARFANGS, ont la queue courte avec les mêmes pieds; d'autres encore ont les pieds nus. Les premières nous sont représentées dans Buffon par le caparacoch[5], les seconds par le harfang et la petite chevèche ou chevèche commune[6]; quant aux troisièmes, Buffon n'en donne point d'exemples. — 7° Enfin les SCOPS (scops) qui, avec de petites oreilles et des doigts nus, ont des aigrettes comme les ducs et les hiboux, et qui sont représentés par le scops ou petit duc[7].

Pour achever de faire connaître les principales modifications dont les oiseaux de proie nocturnes sont susceptibles, modifications sur lesquelles ces divers sous-genres reposent, il ne nous resterait conséquemment qu'à décrire des chouettes et des chevèches à pieds nus ; et nous pourrons ajouter la chouette à queue fourchue, cette modification de la queue ne se trouvant point parmi celles qui servent à caractériser les différents sous-genres

1. Tome Ier, in-4°, p. 342. — Édit. Garnier, t. V, p. 171.
2. Tome Ier, in-4°, p 366, pl. 26. — Édit. Garnier, t. V, p. 186.
3. Idem, p. 358 et 362, pl. 25. — Idem, p. 183.
4. Idem, p. 332, pl. 22. — Idem, p. 171.
5. Idem, p. 385. — Idem, p. 196.
6. Idem, p. 317 et 377, pl. 38. — Idem, p. 191.
7. Idem, p. 353, pl. 24. — Idem, p. 287, pl. 181.

dont nous venons de parler, et cependant nous l'avons déjà vue et nous la retrouverons souvent encore employée comme caractère générique.

LA CHOUETTE GRISE DU CANADA[1]

Le mâle de cette espèce a seize pouces de longueur. Les plumes de la tête, du derrière du cou et du dos, les couvertures des ailes et celles du dessus de la queue sont brunes rayées de blanc.

Sur les épaules on voit des taches blanches qui se détachent d'un fond brun mêlé de roux. L'extrémité des pennes alaires et des rectrices est bordée de blanchâtre ; leur face supérieure est coupée par des bandes brunes à reflets violets qui alternent avec d'autres bandes d'un blanc roussâtre et plus étroites.

Le blanc sale du dessous des ailes et de la queue est barré de brun.

Un cercle de plumes écailleuses, noirâtres, bordées ou tachées de blanc, encadre la face.

Les plumes du disque de l'œil sont grises, rayées circulairement d'un brun clair ; leurs barbes supérieures sont fort allongées et extrêmement fines.

Un trait noir, qui part du coin de l'œil, surmonte le bord supérieur de la paupière. La cire du bec est recouverte par des plumes effilées, de couleur grise et à points noirâtres.

La coloration des parties inférieures est assez remarquable : le cou et la poitrine sont rayés transversalement de blanc et de brun, tandis que les plumes blanches du ventre et des couvertures de la queue sont marquées sur leur milieu d'une tache longitudinale d'un brun marron.

Les cuisses, les tarses et les doigts sont garnis d'un duvet soyeux d'une couleur blanchâtre, mêlé de brun clair.

Les ongles, blanchâtres à leur base, sont noirâtres sur le reste de leur étendue. Un beau jaune doré, dont les couleurs sombres du plumage relèvent encore l'éclat, colore le bec.

La femelle diffère du mâle par sa taille un peu plus considérable, par les larges taches blanches qui sont répandues sur ses ailes, et par le brun chocolat pur qui règne sur ses épaules.

Cette chouette habite les États-Unis, le Nouveau-Jersey, la Caroline et la Pensylvanie où, au rapport de Wilson, elle est fort commune, surtout pendant l'hiver, dans les forêts qui bordent les vastes prairies du Schuyskill et du Delaware.

On la voit fréquemment voler pendant le jour, et son cri a quelques rapports avec celui de l'épervier.

1. *Strix nebulosa*, Gmel., Vieill., *Amer.*, pl. 17 ; Wils, t. IV, pl. 33. La *Chouette américaine*, *ulula nebulosa.*

Le plus ordinairement, elle se nourrit de rats, de souris et de menu gibier; mais quelquefois aussi elle s'attaque à la volaille et aux jeunes lapins.

Son nid, qu'elle construit sur les arbres, est composé de petites branches entrelacées d'herbe et de feuilles sèches; les œufs qu'elle y dépose sont au nombre de trois, moins gros que ceux d'une poule, d'une forme plus ronde et parfaitement blancs.

LA CHEVÈCHE NUDIPÈDE[1]

La chevèche nudipède a de longueur totale sept pouces et demi. Un roux fauve, mêlé de brunâtre, est répandu sur sa tête, le derrière du cou, le manteau et le dessus des pennes caudales; le dessous de celles-ci est d'une couleur cendrée, traversée de quelques raies blanches fort peu apparentes.

Les plumes qui recouvrent le front et le dessous de la gorge sont blanches rayées de brun roux. Sous la joue, se trouve une petite bande blanche bordée intérieurement de brunâtre. Quelques rayures d'un blanc roux se montrent sur les petites couvertures des ailes. Les remiges sont brunes, tachées de blanc sur les deux faces des barbes externes.

Le centre de chaque plume de la poitrine et du ventre est flammé de brunâtre; sur les barbes blanches de ces plumes on aperçoit des rayures assez peu régulières, les unes brunes, les autres rousses, qui s'élargissent et deviennent plus distinctes à mesure qu'elles s'avancent vers la région anale.

Le duvet roux des cuisses s'étend jusqu'au-dessous de l'articulation, sur le tarse dont le reste de l'étendue est parfaitement nu et de couleur brune.

Les teintes du plumage de la femelle sont plus claires.

Cette chevèche habite l'île de Porto-Rico.

LA CHOUETTE A QUEUE FOURCHUE[2]

Cette espèce ne se trouvant faire partie d'aucune des nombreuses collections ornithologiques de Paris, c'est à la description et à la figure qu'en a données M. Temminck dans le recueil des planches coloriées, que nous avons recours pour la faire connaître.

Les principaux caractères qui distinguent cette effraie américaine de l'effraie ordinaire sont ses formes généralement plus robustes, ses serres plus fortes et plus faites pour saisir, ses tarses proportionnellement plus longs, et sa queue fourchue.

Sa longueur totale est de quatorze pouces.

1. *Strix nudipes*. Daud., *Ornith.*, t. II, p. 199; Vieill., *Amer.*, pl. 16.
2. *Strix furcata*, Temm., pl. color. 432.

La coloration du plumage des parties supérieures est à peu près la même que celle du *strix flammea*, c'est-à-dire d'une couleur fauve, ondée de gris de lin et de brun.

La plus grande partie des pennes alaires et la queue, dont le dessus est coupé par trois bandes d'un brun pâle, sont blanches. Les remiges ont deux ou trois bandes irrégulièrement marquées sur les barbes intérieures, le bout antérieur seulement est couvert de zigzags.

Une tache rousse indiquée dans la figure, et dont il n'est point parlé dans la description, se fait remarquer au coin intérieur de l'œil. Un blanc pur couvre les plumes du disque et celles de toutes les parties inférieures ; mais sur la poitrine et le ventre on aperçoit de petites taches brunes irrégulièrement semées à grand intervalle.

Deux pouces neuf lignes sont les proportions du tarse, dont les deux tiers supérieurs sont légèrement couverts, et le reste de sa longueur, totalement nu, est de couleur jaune, ainsi que le bec.

Cette espèce se trouve aux Mexique et aux Antilles.

LA CHOUETTE DES PAGODES[1]

MM. Leschenault et Dussumier ont découvert cette espèce remarquable par le brillant de ses couleurs, sur la côte de Malabar, où elle porte le nom de *Oumé-Kotan;* elle se trouve aussi à Java et sans doute dans beaucoup d'autres parties de ces régions.

Cette chouette a les plumes du sommet de la tête et des côtés du cou d'un beau marron varié de petites taches blanches, et elles sont bordées de noir. Les mêmes couleurs se remarquent sur le dos, les épaules et les couvertures des ailes ; mais elles y sont un peu plus claires, et les taches blanches sont environnées d'une ligne noire. Les pennes des ailes, d'un brun roux, sont coupées de bandes plus claires. Celles de la queue, coloriées de même, sont terminées de blanc. La face est d'un jaune roux ; la poitrine variée de petites bandes transversales brunes et blanches ; le reste des parties inférieures est blanc avec des bandes brunes très étroites et transversales. La longueur totale de cet oiseau est de dix-huit à vingt pouces.

OISEAUX QUI NE PEUVENT VOLER

Le discours général qui a pour objet ces oiseaux est un singulier mélange d'erreurs et de vérités, mais où les erreurs l'emportent malheureusement de beaucoup sur les vérités.

Buffon y expose sommairement ses idées sur les rapports des animaux,

1. Temminck, pl. color. d'ois. 230.

et ce qu'il dit de vrai, c'est que ces êtres ne nous présentent point une série ascendante ou descendante de modifications graduelles, une échelle uniforme, une ligne droite, suivant lesquelles tous pourraient être rangés sans laisser de vides entre eux, système admis avant lui, et soutenu depuis, comme tous les systèmes, même quand leur fausseté a reçu la plus incontestable des démonstrations, celle des faits. Il avait fort bien vu que si les animaux, comme il le dit, forment une chaîne, « cette chaîne n'est pas un simple fil qui ne s'étend qu'en longueur, que c'est une large trame ou plutôt un faisceau qui, d'intervalle à intervalle, jette des branches de côté pour se réunir avec les faisceaux d'un autre ordre, etc. »; idée que les naturalistes modernes ont rendue par une image plus sensible : celle d'un réseau formé d'autant de divisions principales qu'il y a de classes dans le règne animal.

Après cette vérité, dont tout le défaut était d'être trop générale, comme il nous le fait voir par les faits au moyen desquels il veut la démontrer, presque tous les rapports qu'il indique entre les animaux sont autant d'erreurs ; et cela parce qu'il s'arrête à des rapports superficiels, parce qu'il ne compare les oiseaux aux chauves-souris que par leur vol, les poissons et les cétacés que par leurs organes du mouvement, les reptiles et les pangolins que par leurs écailles, les crustacés et les talous que par leurs cuirasses, enfin les oiseaux qui ne peuvent voler aux quadrupèdes que parce que les uns et les autres n'ont que la marche pour moyen de progression.

Sans doute à l'époque où il écrivait, les idées de subordination des caractères n'existaient point comme aujourd'hui que cette idée est en quelque sorte devenue triviale ; mais, comme nous l'avons rapporté dans le premier volume de ces suppléments, il avait lui-même fait remarquer de quelle importance le développement des organes est à la vie des animaux, et l'on savait les profondes différences qui existent à cet égard entre les mammifères, les oiseaux, les reptiles et les poissons. Quoi qu'il en soit, ces erreurs doivent être abandonnées ; les chauves-souris ne servent pas plus de transition des mammifères aux oiseaux, que les pangolins ne font le passage des mammifères aux reptiles. Il n'a encore été reconnu aucun intermédiaire entre ces différentes classes de vertèbres qui restent complètement isolées les unes des autres : les chauves-souris et les pangolins sont aussi complètement des mammifères que le lion ou l'éléphant. En un mot, il n'y a encore aucun animal qui soit moitié mammifère et moitié oiseau, ou moitié poisson, et il n'y aurait guère eu moins d'erreur à dire que l'éléphant s'unit au papillon, tous deux ayant une trompe, qu'à trouver, comme le dit Buffon, « que l'autruche tient au chameau par la forme de ses jambes, et au porc-épic par les tuyaux ou les piquants dont ses ailes sont armées », ce qui, suivant lui, placerait cet oiseau immédiatement à la suite des quadrupèdes[1].

D'après tous ces raisonnements, on pourrait être étonné que Buffon ait

1. Tome XIX, p. 318.

décrit les oiseaux qui ne peuvent voler, et qui se nourrissent de matières végétales, après ceux qui volent le mieux et qui ne se nourrissent que de chair. Aussi ne sont-ce pas leurs rapports d'organisation qui l'a déterminé à les placer à la suite les uns des autres ; c'est au contraire parce que ces rapports n'existent pas, et qu'un contraste profond les sépare, « car, dit-il, la comparaison est la voie de toutes nos connaissances, et le contraste étant ce qu'il y a de plus frappant dans la comparaison, nous ne saisissons jamais mieux que par l'opposition les points principaux de la nature des êtres que nous considérons », etc.

Ces vérités sont incontestables dans leur sens le plus général, mais elles sont complètement fausses dans l'application qu'en fait Buffon. En effet, nous n'aurions que des idées fort incomplètes de la nature animale, si nous n'avions étudié que les animaux qui contrastent le plus entre eux ; et si nous savons mieux apprécier le rôle que doit jouer chaque espèce sur la terre, c'est parce que nous avons observé les dégradations les plus insensibles des organes, et que par là nous avons appris toutes les différences par lesquelles les animaux se distinguent les uns des autres. On doit donc voir avec peine Buffon regretter de n'avoir pu faire suivre l'histoire des quadrupèdes de l'histoire de l'autruche, et cela « parce que la philosophie est souvent obligée d'avoir l'air de céder aux opinions populaires, et que le peuple des naturalistes, qui est fort nombreux, souffre impatiemment qu'on dérange ses méthodes », etc. Il faut avouer que, si la philosophie est prise ici pour l'amour du vrai, Buffon était beaucoup moins philosophe que ces naturalistes qui tenaient à leurs méthodes, et dont il parla avec tant de mépris.

Les oiseaux qui ne peuvent voler, dont s'occupe Buffon, sont l'autruche dont il donne une histoire fort détaillée et vraie à peu d'exceptions près ; le touyou ou autruche d'Amérique, sur qui il a recueilli tout ce que les voyageurs rapportent; le casoar à casque dont il parle aussi d'après des voyageurs, et surtout d'après Clusius[1] et messieurs de l'Académie[2]; le dronte qui paraît avoir disparu de la terre aujourd'hui, et enfin le solitaire et l'oiseau de Nazare dont on n'a plus parlé depuis Leguat[3] et Cauche[4].

L'autruche de l'ancien monde forme aujourd'hui à elle seule un genre, ainsi que le touyou et le casoar à casque. Pour le premier de ces oiseaux, le nom spécifique est devenu générique ; Brisson a donné le nom de NANDU (Rhea) au genre formé par le second, et le nom de casoar est aussi devenu générique. Quant aux trois autres oiseaux, voici ce qu'en dit mon frère[5] :

« Le dronte n'est connu que par une description faite par les premiers navigateurs hollandais et conservée par Clusius (Exot., p. 99), et par un

1. Exot., lib. V, p. 97, avec fig.
2. Mém. pour servir à l'hist. des anim., part. II, p. 157.
3. Voyage en deux îles désertes des Indes occidentales, t. 1er, p. 98.
4. Description de l'île de Madagascar, p. 130.
5. Règne animal, t. 1er, p. 97, note 2.

tableau à l'huile, de la même époque, copié par Edwards, pl. 294; car la
description d'Herbert est puérile, et toutes les autres sont copiées de Clusius
et d'Edwards. Il paraît que l'espèce entière a disparu, et l'on n'en possède
plus aujourd'hui qu'un pied conservé dans le Muséum britannique (Shaw.,
Nat. miscell., pl. 143), et une tête en assez mauvais état au musée d'Asmoléen
d'Oxford, *id.*, *ib.*, pl. 166. Le bec ne paraît pas sans quelque rapport avec
celui des pingouins, et le pied ressemblerait assez à celui des manchots s'il
était palmé.

« La deuxième espèce, ou le solitaire, ne repose que sur le témoignage
de Leguat, homme qui a défiguré les animaux les plus connus, tels que l'hippopotame et le lamantin.

« Enfin la troisième, ou l'oiseau de Nazare, n'est connue que par Fran-
çois Cauche qui le regarde comme le même que le dronte, et ne lui donne
cependant que trois doigts, tandis que tous les autres en donnent quatre aux
drontes. Ces trois animaux composent le genre Didus pour quelques naturalistes. »

Depuis Buffon, deux nouveaux oiseaux, dépourvus de la faculté de voler,
ont été découverts : l'un est le casoar de la Nouvelle-Hollande, qui ressemble
à celui dont parle Buffon[1], excepté qu'il n'a point de casque, et, sur ce caractère négatif, Vieillot en a fait le genre Emou ou *Dromaius*; l'autre est l'*Apterix
australis* de Shaw[2].

Pour compléter les oiseaux privés de la faculté de voler, il ne nous reste
donc qu'à faire connaître le casoar sans casque et l'aptérix; mais comme
Buffon ne donne ni la figure du casoar à casque, ni celle du touyou, ni la
figure de ce que l'on possède du dronte, je joindrai ces figures à celles des
deux espèces que j'ai à décrire.

LE CASOAR SANS CASQUE
DE LA NOUVELLE-HOLLANDE[3]

Les expéditions maritimes des Hollandais visitèrent plusieurs points des
côtes septentrionales, occidentales et méridionales de la Nouvelle-Hollande,
dès la première moitié du XVIIᵉ siècle, et Cood en découvrit les côtes orientales en 1770. Ce ne fut cependant qu'après l'établissement des Anglais à
Port-Jackson, en 1787, que les naturalistes eurent connaissance de ce casoar.
Phillip, commandant l'expédition chargée de fonder cet établissement, et
White, qui en fut le chirurgien, donnèrent les premiers, dans l'histoire de

1. Tome XIX, p. 369.
2. *Nat. miscell.*, 1056 et 1057.
3. *Casuarius Novæ Hollandiæ*, Lath.; *Casoar de la Nouvelle-Hollande*, Phillip., voyag.,
trad. franç., p. 211. White.

leur voyage, la description de cet oiseau [1]; White ajouta une figure à la sienne.

Ces cent soixante-dix ans écoulés depuis la découverte de la Nouvelle-Hollande, jusqu'à celle d'un oiseau qui approche de la taille de l'autruche, et qui était fort commun dans toutes les parties de ce continent, nous montrent bien tout ce qu'ont de vain les calculs qui reposent sur le nombre d'oiseaux que l'on conjecture exister sur la terre, et auxquels nous avons vu Buffon se livrer dans son discours général sur les oiseaux de proie. Car combien de contrées dont nous n'avons encore visité que les côtes, et dans l'intérieur desquelles nous ne pénétrerons pour les connaître, comme à la Nouvelle-Hollande, que dans quelques siècles peut-être! Heureusement les faits ne manquent pas à la science pour fonder des raisonnements solides, et les vérités positives doivent avoir assez de prix pour qu'on ne se livre pas à la vaine recherche de vérités conjecturales.

Lorsque le casoar sans casque est debout et qu'il tient sa tête élevée, il atteint jusqu'à cinq pieds de hauteur. Son cou est d'une longueur proportionnelle à celle de ses jambes. Son corps est une masse lourde qu'épaissit encore la grande quantité de plumes qui le revêt, et sa tête est comparativement petite. Le bec est droit, un peu arrondi à sa pointe, comprimé sur les côtés et légèrement relevé en carène à sa partie supérieure; il a trois doigts aux pieds, dirigés en avant et armés de forts ongles; les tarses sont nus, écussonnés en devant à leur moitié inférieure (ces écussons s'étendent sur les doigts) et réticulés sur tout le reste. Les ailes, extrêmement courtes, n'ont pas de pennes; leurs plumes ne diffèrent point de celles des autres parties du corps. Une peau nue, bleuâtre, revêt les côtés de la tête de ces oiseaux et descend jusque sur le cou; leurs plumes, très longues et très flasques, sont toutes composées de tiges naissant du même germe, qui ne sont garnies que de simples barbes, assez écartées l'une de l'autre et flasques elles-mêmes, comme la tige qui les porte, de sorte que le plumage de cet oiseau rappelle, par son apparence, par la direction de toutes les plumes qui le composent, l'épaisse toison de certaines races de moutons à laine longue; les plumes du cou et de la tête sont très courtes et quelquefois semblables à des poils par leur simplicité. Tout le plumage en dessus est d'un noir ou d'un brun de suie plus ou moins foncé sans rien de régulier à cet égard, en dessous il est blanchâtre; le bec et les ongles sont noirs. Les mâles et les femelles se ressemblent pour les couleurs. Mais les premiers se distinguent par une taille plus grande. Les jeunes, en naissant, ont une livrée qui consiste en quatre bandes ou rubans blancs qui s'étendent de la tête au croupion; mais cette livrée paraît se perdre dès les premiers mois, et sans doute dès la première mue. C'est ce que nous apprenons des figures du casoar publiées dans l'atlas du voyage des découvertes aux terres australes, figures que nous devons au

1. C'est Lathan qui a rédigé toute l'histoire naturelle du voyage de Phillip.

pinceau de M. Lesueur, comme nous devons l'histoire du voyage à la plume
de Péron; malheureusement le plan que celui-ci avait adopté, dans la rédac-
tion de son voyage, l'a empêché de nous donner ses observations sur ce singulier oiseau, et la mort l'a enlevé avant la publication de ses recherches
spéciales sur l'histoire naturelle.

Ce casoar, quoique lourd en apparence, court avec une telle vitesse et
peut soutenir si longtemps sa course, que les chiens ne peuvent l'atteindre
en courant. Il vit par paires et se nourrit de végétaux. Ses œufs, proportionnés pour la grosseur à sa taille, sont verts; c'est tout ce qu'on sait de
relatif à sa reproduction. Ceux qui ont vécu à notre ménagerie, et qui
avaient été ramenés de la Nouvelle-Hollande par l'expédition de Baudin, se
sont accouplés plusieurs fois, et toujours au mois de janvier, sans qu'il en
soit rien résulté. Les mâles ont une voix sourde qu'ils prolongent sur un
même ton, et qu'ils font principalement entendre à l'époque du rut. Ceux
qui ont mangé de la chair de cet oiseau la comparent à celle du bœuf.

Dès que cet animal fut découvert, on reconnut les rapports qui l'unissent au casoar des Mollusques ou à casque, et on remarqua les différences
qui distinguaient ces deux espèces l'une de l'autre. Leur ressemblance a
déterminé plusieurs auteurs à les réunir dans le même genre, et leur différence en a déterminé d'autres, et principalement Vieillot, à les diviser en
deux genres, laissant au premier son nom générique de casoar, et donnant
à l'autre le nom générique d'Emou; les uns nous semblent avoir autant de
bonnes raisons que les autres à alléguer pour motiver leur opinion.

M. Lesson parle (*Ornith.*, p. 210) d'un casoar de la Nouvelle-Zélande,
différent de celui dont il vient d'être question, et que les naturels nomme-
raient *kivikivi*. Ce casoar serait grisâtre et de la moitié plus petit que celui
de la Nouvelle-Hollande; mais M. Lesson n'a vu qu'une dépouille informe de
cet oiseau, Ne serait-ce pas l'aptéryx dont nous allons parler?

L'APTÉRIX AUSTRAL[1]

Shaw, le naturaliste, ayant seul connu et décrit cet oiseau, nous ne pouvons mieux faire que de copier la description et la figure qu'il en a données.

« L'aptérix constitue un genre tout à fait nouveau, qu'il est assez difficile de rapprocher d'aucun des ordres établis en ornithologie; toutefois,
c'est avec les autruches et les gallinacés qu'il a le plus de rapports, quoique
la forme de son bec indique un genre de vie tout à fait différent du leur.

« La taille de cet oiseau est à peu près celle d'une oie; mais sa longueur,
de l'extrémité du bec à celle du tronc, est d'environ deux pieds et demi; ce
qui surpasse beaucoup la longueur de l'oie, c'est que le bec de l'aptérix a
six pouces, tandis que celui de l'oie n'en a que deux ou trois. Son aspect

1. Shaw., *Nat. miscell.*, pl. 1056 et 1057.

rappelle celui des pingouins, et son plumage a une singulière ressemblance avec celui du casoar de la Nouvelle-Hollande. Sa tête est petite; son bec est allongé, mince, un peu étroit, recouvert à sa base, marqué de chaque côté par un sillon tubulé, légèrement renflé et courbé à sa pointe; c'est à l'extrémité de ce bec que sont les narines. Les ailes rudimentaires et garnies de quelques plumes seulement ne se composent que d'une seule articulation ou doigt terminé par un ongle ou une épine crochue. Les pieds courts, forts, semblables à ceux des gallinacés, ont quatre doigts, et celui de derrière est beaucoup plus court que les autres. Il n'a point de queue.

« Sa couleur sur tout le corps est d'un gris ferrugineux pâle, qui paraît mélangé de brun, parce que l'extrémité des plumes est plus foncée qu'elles ne le sont dans le reste de leur longueur. Le bec et les tarses, ainsi que les doigts, sont d'un brun jaunâtre. »

Cet oiseau a été découvert à la côte méridionale de la Nouvelle-Zélande par le capitaine Barcley.

La singularité de l'aptérix a porté des naturalistes, et des plus instruits, à douter de son existence et à regarder l'individu publié par Shaw comme un être artificiel, comme un pingouin qu'on aurait dénaturé; c'est qu'en effet en enlevant à un pingouin les membranes qui réunissent ses doigts et font de ses pieds des pieds palmés, ces oiseaux ne différeraient plus génériquement l'un de l'autre, du moins en n'entrant pas davantage dans le détail des autres organes, et ces espèces de fraudes ont plus d'une fois eu lieu en histoire naturelle.

LES OUTARDES

Les outardes sont des oiseaux dont les formes ambiguës ont longtemps embarrassé les naturalistes qui cherchaient à les classer d'après leurs véritables rapports. Leur bec assez semblable à celui du coq, du dindon, du paon, et leurs jambes allongées comme celles des coure-vite ou des cigognes, ont porté, suivant qu'on donnait plus d'importance à l'un ou à l'autre de ces caractères, à les réunir tantôt aux premières (les gallinacés), tantôt aux seconds (les échassiers). Linneus les place à la fin des échassiers, et Gmelin à la tête des gallinacés : plus tard, elles sont venues au commencement de l'ordre dont elles terminaient auparavant la série des genres, ou elles ont clos l'ordre que jusque-là elles avaient ouvert; et ces transports assez arbitraires d'une place à une autre n'ont dû cesser que lorsqu'on a eu reconnu, par l'ensemble de l'organisation, que ces oiseaux avaient des rapports beaucoup moins nombreux avec les gallinacés qu'avec les échassiers. Ils entrent donc dans ce dernier ordre; mais, y occupant le premier rang, ils conservent leurs rapports avec les gallinacés qui, dans la classification générale, précèdent immédiatement les échassiers.

Dans Buffon, les outardes se trouvent placées à la suite des oiseaux qui

ne peuvent voler, c'est-à-dire des autruches, des casoars, etc.; c'est qu'en
effet elles volent très lourdement et ne se servent de leurs ailes que pres-
sées par un danger immédiat, et ce sont les gallinacés qui viennent après
elles; les outardes ayant les formes épaisses et le bec de ces oiseaux, et
vivant, comme eux, d'herbes, de grains et d'insectes.

Les outardes ont un bec de médiocre grandeur, dont la mandibule supérieure est légèrement arquée et voûtée. Leurs jambes sont élevées et nues,
garnies d'écailles réticulées, et elles n'ont que trois doigts qui sont dirigés
en avant et réunis à leur base par une petite membrane. Leurs ailes sont
fort courtes, et elles ne s'en servent le plus souvent que pour accélérer leur
course.

Leur nombre s'élève aujourd'hui à dix ou onze espèces; quelques-unes
se distinguent par un bec plus faible que celui de notre grande outarde :
d'autres par des plumes en forme de collier ou d'aigrette; mais le genre
qu'elles constituent est des plus naturels.

Buffon en connut par lui-même deux espèces, celles d'Europe : la grande
outarde (*Otis tarda*), la canepetière (*O. tetrax*) et deux autres publiées par
Edwards : le lohong (*O. arabs*) et le churge (*O. bengalensis*), et il a rapporté
tout au long la description qu'en a donnée ce naturaliste anglais. Buffon
parle encore de trois autres outardes, mais avec confusion, n'ayant pu les
décrire suffisamment : l'outarde d'Afrique (*O. afra*), le Houbara (*O. Houbara*), et le Rhaad (*O. Raad*)[1]. Nous compléterons donc, autant qu'il dépen-
dra de nous, l'histoire de ces oiseaux, et donnerons celle des principales
espèces qui ont été découvertes depuis, c'est-à-dire de l'outarde de Nubie
(*O. nuba*), de l'outarde plombée (*O. cærulescens*), et de l'outarde oreillard
(*O. aurita*). Quant à deux autres espèces nouvelles, l'outarde à collier du Cap
(*O. turquata*) et l'outarde de Denham (*O. Denhami*), nous nous bornerons à
l'indication de leurs noms que nous donnons ici.

Les outardes sont des oiseaux dont la chair est fort bonne, et qu'on
chasse comme un excellent gibier. Elles paraissent toutes portées à vivre
réunies en petites troupes sous la conduite d'un seul mâle, et elles habitent
de préférence les plaines sèches, se nourrissant d'herbes, de graines et d'insectes.

Ces qualités et ces dispositions ont tant d'analogies avec celles des paons,
des coqs, qu'indépendamment de tout autre motif, il n'est point étonnant
qu'on ait réuni les outardes à ces derniers oiseaux; mais ce qui étonne aussi,
c'est qu'on n'en ait pas fait des oiseaux domestiques. Tout annonce que les
tentatives auxquelles on se livrerait dans cette vue ne seraient pas vaines,
car les outardes remplissent la condition principale de la domesticité : le
penchant à vivre en troupes. Il est difficile de croire, au reste, que des essais
de ce genre n'aient pas été entrepris, et sans doute ils auront été abandon-

1. Tome XIX, p. 395 et suiv.

nés parce qu'ils n'auront pas été immédiatement suivis de succès. Il est certain qu'il y a une très grande différence dans le degré de disposition des
animaux sociables pour passer à l'état domestique : les uns semblent s'être
attachés à l'homme dès le premier instant qu'ils l'ont connu, tandis que les
autres ne peuvent quitter l'état sauvage qu'après une longue succession de
modifications; et cette différence a porté à conclure que les animaux destinés à devenir domestiques l'étaient dès longtemps, et que la vie sauvage
était essentielle aux autres. D'un autre côté, les qualités des animaux qui
nous sont associés ayant déterminé les services que nous leur demandons,
et nos besoins s'étant mis en harmonie avec ces services, nous nous trouvons
à peu près indifférents à l'acquisition d'espèces domestiques nouvelles. Ces
différents motifs, diversement combinés, sont cause sans doute du peu d'efforts qu'on fait pour rendre domestiques des animaux qui ne demanderaient
pour le devenir qu'une suite de soins bien entendus.

Si l'on concevait le projet de former une race d'outardes domestiques, il
faudrait commencer par faire éclore les œufs de l'espèce qu'on choisirait, et
par élever les petits en les nourrissant comme les jeunes faisans, mais en les
nourrissant soi-même, et en les ayant sans cesse près de soi, afin que leur
apprivoisement devînt aussi complet que possible; car la grande difficulté
est de porter les oiseaux sauvages à se reproduire. Si cette première génération se reproduit, si les femelles qui naîtront sont fécondées par les mâles
qui auront été élevés avec elles, la race domestique a pris naissance; mais sa
domesticité n'est encore qu'en germe, et ce ne sera qu'à la suite d'un nombre
de générations plus ou moins grand que cette race pourra être abandonnée
à elle-même pour sa propre conservation, et traitée à cet égard comme les
autres oiseaux de basse-cour.

Ces principes sont ceux de toute domesticité et peuvent être appliqués,
non seulement aux oiseaux, mais encore aux quadrupèdes, comme nous
avons déjà eu occasion de le montrer en traitant de la domesticité de ces
derniers animaux dans le premier volume de ce Supplément.

LE HOUBARA[1]

Tout ce qu'on savait de cette belle outarde du temps de Buffon, on le
devait à Shaw le voyageur; mais la figure et la description qu'il en donne ne
suffisaient point pour qu'on pût s'en faire une idée bien précise. Ce qu'il
nous en apprend avait cependant permis aux naturalistes de la rapporter à
son véritable genre; ses caractères spécifiques et son histoire naturelle seuls
restaient obscurs, et M. Desfontaines, à son retour d'Alger, fit connaître les
premiers, en rapportant les dépouilles de cet oiseau, et en en publiant une

---

1. Shaw, Voy. nom que les barbaresques donnent à cet oiseau.

bonne description[1] et une bonne figure, auxquelles il ajouta quelques détails sur le naturel et sur les mœurs. Voici ce qu'il en dit :

« Le houbara est à peu près de la grosseur d'un faisan ; son bec est d'un
brun grisâtre, long d'environ deux pouces, légèrement courbé depuis la partie
moyenne jusqu'à la pointe. La mandibule supérieure est triangulaire à la
base, un peu plus longue que l'inférieure, et armée vers l'extrémité de deux
petites dents latérales ; les narines sont nues et ovoïdes ; les yeux sont un peu
plus grands que ceux du coq, et l'iris est de couleur d'eau.

« Du sommet de la tête naît un faisceau de plumes fines, blanches, renversées en arrière, longues de trois à quatre pouces ; le cou est gros et
allongé, entouré obliquement d'une belle fraise de plumes blanches et noires
que l'oiseau abaisse ou redresse à volonté. Toute la partie antérieure de la
gorge est pointillée d'une très grande quantité de petites taches brunes sur
un fond gris ; le dessous du corps est d'un beau blanc ; sa face supérieure
ainsi que le dessus des ailes offrent une couleur fauve, tachetée d'une multitude de petits carrés noirs, irréguliers, de diverse grandeur, et réunis en
groupes qui laissent çà et là des interstices de la largeur du bout du doigt.

« Le houbara a environ trois pieds et demi de vol ou d'envergure ; les
pennes sont blanches, quelquefois brunes vers la base ; la queue est longue
d'environ huit pouces ; les grandes plumes sont sensiblement égales, terminées par un demi-cercle blanc, et rayées transversalement de bandes bleu
fauve alternatives.

« Les cuisses sont nues inférieurement et il n'a que trois doigts à chaque
pied, comme toutes les outardes ; ces doigts sont larges, forts, terminés chacun par un ongle obtus.

« La femelle ne diffère pas beaucoup du mâle, elle porte comme lui une
aigrette sur la tête et une fraise autour du cou ; elle a moins de grosseur, et
les couleurs de son plumage sont un peu moins vives et moins tranchées.

« Les Arabes m'ont assuré que sa ponte était de quatre œufs ; une femelle que j'ai eue vivante pendant plusieurs mois n'en a pondu que deux ;
ils étaient de la grosseur de ceux d'une cane, d'une couleur d'olive et parsemés de taches brunes irrégulières.

« Le vol du houbara est pesant et néanmoins rapide ; lorsqu'il traverse
les airs, il ne s'élève pas à une grande hauteur. C'est au milieu des plaines
incultes et dans le voisinage des déserts qu'il établit de préférence son domicile, soit parce qu'il y trouve une nourriture convenable, soit parce que
ses mœurs naturellement sauvages l'éloignent de toute habitation. Ses yeux
sont très subtils, et rarement il se laisse approcher par le chasseur. On en
rencontre quelquefois un grand nombre dans le même canton, mais on ne
les voit jamais en troupe : ils vont ordinairement seuls ou deux à deux ; ils
se nourrissent d'herbes, de graines, d'insectes, etc.

1. *Mém. de l'Acad. des sciences*, 1787, pl. 10.

« Les Arabes leur donnent la chasse avec le faucon ; celui-ci ne peut s'en rendre maître que lorsqu'il les surprend à terre. Cette chasse est curieuse, et j'ai souvent pris plaisir à voir toutes les ruses que le houbara emploie pour lui échapper lorsqu'il en est poursuivi : il court rapidement, revient tout à coup sur ses pas, s'enfonce dans les broussailles, en sort, y rentre plusieurs fois de suite, et lorsqu'il se voit sur le point d'être saisi par l'oiseau de proie, il se renverse sur le dos et le frappe fortement avec les pieds. La chair du houbara est très bonne à manger, et il serait utile d'apprivoiser et de multiplier cet oiseau pour l'usage de la basse-cour.

« Les Arabes attribuent des vertus à la vésicule du fiel et à son estomac pour la guérison des maladies des yeux ; ils en frottent l'organe malade, ou les portent en amulette suspendus au cou. »

Shaw parle encore d'une autre outarde que les Arabes nomment rhaad, et dont Buffon rapporte tout ce que nous en apprend le voyageur anglais, c'est-à-dire tout ce qu'on en sait même encore aujourd'hui[1]. M. Temminck suppose que ce rhaad, qui depuis Shaw n'a été vu par aucun naturaliste, pourrait bien n'être que la femelle du houbara; mais nous venons de voir que la femelle de cette dernière espèce ne diffère point du mâle, tandis que le rhaad diffère du houbara en ce qu'il est entièrement privé de la fraise qui orne le cou de ce dernier.

M. Vieillot, qui a décrit le houbara des galeries du Muséum[2], rapporte que cet oiseau a vécu dans la ménagerie de cet établissement, ce qui est une erreur.

L'OUTARDE D'AFRIQUE

Cette espèce dont l'existence est bien réelle et qui paraît habiter une grande partie de l'Afrique, Buffon en a composé l'histoire en réunissant les récits de plusieurs voyageurs; et ces récits semblent se rapporter à des espèces différentes. C'est sur l'*otis afra* que Linneus avait décrite, dans la collection de Jean Burmann, que cette outarde d'Afrique repose principalement; mais Buffon, croyant en reconnaître les traits dans ce que Lemaire et Adanson disent de l'autruche volante, ne s'est pas contenté de la description de l'*otis afra*, et lui a associé tout ce qui a été dit de cette prétendue autruche qui paraît bien être aussi une outarde, mais une outarde dont le pelage est entièrement gris, tandis que le mâle et la femelle de l'*otis afra* ont toutes les parties inférieures du corps noir.

Depuis Linneus et Buffon, Latham a donné, sous le nom de *white eared bustard*[3], une figure de l'*otis afra* ou de l'outarde d'Afrique, dessinée d'après

---

1. Tome II, p. 61. — Édit. Garnier, t. V, p. 251.
2. Gal., p. 82, pl. 227.
3. Syn. II, 802, pl. 69.

un individu envoyé à Joseph Banks, du cap de Bonne-Espérance : cette figure montre qu'en effet ces mots de Linneus : *auribus albis* signifiaient bien oreilles blanches, et non pas huppe blanche, comme Buffon voulait les interpréter.

C'est à cette outarde d'Afrique que Gmelin ainsi que M. Temminck rapportent ce que dit Kolb, dans sa description du Cap, de l'oiseau qu'il nomme knorhaan, et dont tout le plumage est un mélange de rouge et de blanc, à l'exception du sommet de la tête qui est noir comme le bec; or c'est précisément le contraire pour l'outarde d'Afrique, qui, à en juger par la figure de Latham, a le sommet de la tête blanc, tandis que le reste de la tête, le cou, le ventre et les cuisses sont noirs; le dos et les ailes sont brun fauve, à l'exception du bord externe de celles-ci qui est blanc. La queue est grise avec deux ou trois bandes transverses noires. Le bec et les pieds sont jaunâtres.

L'OUTARDE PLOMBÉE[1]

M. Temminck qui a publié cette belle outarde la devait à Vaillant, qui la découvrit dans son voyage au Cap; elle paraît habiter toute la partie méridionale de l'Afrique, depuis le pays des Hottentots jusqu'à celui des Cafres.

Cette espèce, qui est de la taille du houbara, n'est encore connue que dans des individus mâles fort remarquables par les couleurs tranchées de leur vêtement. Le dessus et le derrière de la tête, le cou, à l'exception de la gorge, la poitrine, le ventre et les cuisses sont d'un beau gris bleuâtre. Les côtés de la tête et le dessous du bec à sa base sont blancs pointillés de brun; la partie antérieure de la tête, la gorge et une ligne semi-circulaire au-dessous de l'œil sont noirs; le dos et une partie des ailes sont fauves, variés de petites lignes transverses qui couvrent chaque plume; les moyennes couvertures des ailes et les pennes de la queue sont d'un fauve uniforme; les pieds sont jaune verdâtre et le bec est brun.

L'OUTARDE OREILLARDE[2]

Cette outarde, une des plus petites espèces du genre, a environ quinze pouces de longueur totale, et elle se distingue au premier coup d'œil de toutes les autres par le panache de longues plumes dirigées en arrière, qui naissent de chaque côté de sa tête, derrière ses oreilles ; et, à en juger d'après la figure que M. Temminck en a publiée, son bec ne l'en distinguerait pas moins, car il rappelle, par sa forme générale, plutôt celui des merles

1. *Otis cærulescens*, Temm., ois. color., pl. 552.
2. *Otis aurita*, Lath., Syn., vol. I, p. 228; Temm., pl. color. d'ois., n° 533.

que celui des gallinacés. Du reste, elle n'est pas sans analogie par les couleurs avec l'outarde d'Afrique dont nous venons de parler : sa tête, son cou, sa poitrine et son ventre, ainsi que le dessous et la moitié inférieure des couvertures des ailes sont d'un beau noir ; une tache blanche arrondie se voit sur chaque oreille, et immédiatement après naissent de longues plumes noires qui ne sont garnies de barbes qu'à leur extrémité, dans un quart environ de leur longueur, lesquelles se dirigent en arrière en se recourbant de haut en bas, par l'effet de leur flexibilité, et du poids léger que leur extrémité reçoit des barbes qui la garnissent. Le dessous de la base du bec, la partie inférieure de la queue et une partie des couvertures des ailes sont blancs. Le dos, les scapulaires, les pennes secondaires les plus rapprochées des épaules, les pennes de la queue et ses couvertures supérieures sont fauves, variés de taches, de lignes, d'ondulations noirâtres ; des taches noires triangulaires et bordées de blanc colorent les plumes du dos. Trois ou quatre bandes très séparées l'une de l'autre se voient sur la queue. Le bec et les pieds sont jaunâtres.

Cette outarde paraît être très rare ; elle est originaire des Indes. Latham la connaissait et en parle sous le nom de *Passerage buctor* dans le supplément de son *Synopsis*, vol. Ier, p. 228. La femelle de cette espèce ne paraît point être connue, et M. Temminck a fait la description du mâle dont nous venons de donner un extrait, d'après un individu qu'il a trouvé à Londres dans la collection de M. Leadbeater.

L'OUTARDE NUBIENNE

Cette espèce, découverte en Nubie par M. Ruppel, ajoute à la variété comme à la richesse du genre outarde; car elle a les rapports les plus intimes avec les espèces qui ont servi de types à ce genre, et elle se distingue par des caractères assez remarquables. Sa longueur est de plus de deux pieds, et sa hauteur est d'un pied dix pouces, ce qui sous ce rapport l'égale presque au paon.

Le sommet de la tête est fauve, varié de quelques points noirs. Une grande tache noire, qui naît de la base du bec et passe sur l'œil, vient se réunir sur la partie postérieure de la tête à la tache du côté opposé. Une autre grande tache noire garnit le dessous de la gorge : les côtés de la tête sont blancs. Tout le cou est d'un gris bleuâtre, et une espèce de collier d'un roux uniforme, composé de longues plumes étroites et lisses, en garnit la base vers la poitrine. Toutes les parties supérieures du corps, les ailes, leurs couvertures, sont fauves avec un grand nombre de lignes noires en zigzag. Les pennes des ailes sont noires, et celles de la queue fauves, clairsemées de petites taches noires. Toutes les parties inférieures, depuis la poitrine jusqu'à la queue, sont blanches. Le bec, les pieds et l'iris sont jaunes.

LES GALLINACÉS

Buffon n'a point parlé des gallinacés, mais il a réuni à la suite l'une de l'autre toutes les espèces qui appartiennent à cet ordre et qui lui étaient connues ; il ne forme point une division générique de ces espèces, n'en expose pas les caractères communs, mais il place le coq à leur tête, et c'est le coq qui sert en quelque sorte de type à la description de toutes les autres ; c'est de lui qu'il les rapproche, c'est à lui qu'il les compare pour faire ressortir les ressemblances ou les différences de ces oiseaux avec les uns et avec les autres. L'ordre des gallinacés existait donc pour lui ; il le concevait comme tous les naturalistes l'ont conçu. Et pour ne différer d'eux en aucun point, il n'avait qu'à faire connaître explicitement sa pensée, et à cet effet donner un nom à cet ordre. Pourquoi ne l'a-t-il pas fait? C'est que depuis plus de vingt ans il s'était prononcé contre les classifications, et que l'on devient esclave des idées dont on a contracté une longue habitude.

Buffon a décrit plus de soixante gallinacés, et cependant il n'en connaissait encore que la moitié de ce qu'on en connaît aujourd'hui. Les cent vingt ou cent trente espèces qui ont été décrites se partagent en vingt-huit ou trente genres, et celles dont parle Buffon ne se rapportent qu'à huit ou dix de ces genres. En suivant le plan auquel nous nous sommes conformés jusqu'à présent, nous devrions nous borner à donner l'histoire des espèces caractéristiques des genres que les espèces décrites par Buffon ne font point connaître ; cependant nous ferons une exception en faveur de cette riche famille, à cause de la beauté des oiseaux qu'elle renferme. En effet, la richesse de leur robe, où les couleurs les plus brillantes se marient harmonieusement, nous présente des images dont les yeux ne peuvent se lasser, et qui souvent sont pour l'esprit la source des plus hautes pensées ou des plus douces méditations. Nous reviendrons donc sur la plupart de ces genres, pour donner la description des espèces qui sont venues les enrichir, et nous ajouterons les espèces sur lesquelles se sont fondés les genres nouveaux.

Tous les gallinacés sont des oiseaux dont les formes sont assez ramassées, qui n'ont point le vol léger de la plupart des autres oiseaux, qui vivent ou dans les forêts des pays élevés ou dans les plaines sèches, et qui se nourrissent d'insectes et de graines. Ils se réunissent en familles plus ou moins nombreuses, et la plupart ne font à terre leurs nids qu'en les composant de quelques brins de paille. On en trouve dans toutes les parties du monde ; mais les espèces les plus riches par leur vêtement appartiennent aux contrées méridionales ou orientales de l'Asie. Plusieurs d'entre elles sont devenues domestiques, et toutes nous fournissent un excellent gibier.

Ces oiseaux se distinguent de tous les autres par des caractères dont plusieurs sont très importants : ils ont, dit mon frère[1], la mandibule supérieure du bec voûtée, les narines percées dans un large espace membraneux de la base du bec, recouvertes par une écaille cartilagineuse ; le sternum osseux diminué par deux échancrures si larges et si profondes qu'elles occupent presque tous ses côtés; la crête tronquée obliquement en avant, en sorte que la pointe aiguë de la fourchette ne s'y joint que par un ligament, toutes circonstances qui, en affaiblissant beaucoup leurs muscles pectoraux, rendent leur vol difficile. Leur queue a de quatorze à dix-huit pennes. Leur larynx inférieur est très simple, aussi n'en est-il aucun qui chante agréablement : ils ont un jabot très large et un gésier fort vigoureux. Leurs doigts, au nombre de quatre, ont les trois antérieurs réunis à leur base par une petite membrane, et ils sont dentelés le long de leurs bords ; le quatrième est postérieur et rudimentaire.

LES COQS

Ces oiseaux se font remarquer par des formes et des proportions qui sont communes à toutes les espèces, et dont notre coq domestique ordinaire donne une idée fort exacte. Les mâles ont le corps ramassé et leurs jambes sont d'une hauteur moyenne ; ils portent la tête haute, leur queue relevée retombe en panache, et leur allure est vive et assurée. Les poules, plus élancées que les coqs, relèvent moins la tête et la queue. Chez les premiers, la tête est surmontée d'une crête charnue de forme variable, et un ou deux barbillons également charnus garnissent les côtés et le dessous de la mandibule inférieure du bec. Les joues sont nues et recouvertes d'une peau très rouge. Les pennes de la queue se redressent sur deux plans verticaux adossés l'un à l'autre et relèvent avec elles leurs couvertures dont les plumes, surtout les moyennes, sont plus longues que les pennes ; ce sont ces plumes qui se recourbent en arc et donnent à la queue de ces oiseaux le caractère qui les distingue.

Quoique plusieurs voyageurs, dans des contrées assez éloignées les unes des autres, aient parlé de coqs, Buffon n'admit point que ces différents récits pouvaient se rapporter à des espèces différentes ; il raisonna toujours dans l'hypothèse que ces coqs n'étaient que des variétés d'une seule espèce, aussi les indique-t-il sans ordre, parlant des coqs qui se trouvent sauvages en Asie, après certaines races des nôtres, et d'autres races de ceux-ci après ces poules sauvages, etc., etc.

Toutes ces idées sont changées aujourd'hui, et le genre coq n'est pas un des moins riches en espèces, sans cependant être un de ceux qui en contient le plus. On en distingue cinq ou six qui toutes sont originaires du midi de l'Asie ou des Indes orientales.

1. *Règne animal*, t. 1er, p. 468.

1. 46

Parmi ces espèces il en est une, celle du coq sans croupion ou *Walliki-kili*, qui n'appartiendrait point au genre coq, puisqu'elle ferait exception à un de ses principaux caractères, celui qui est tiré de sa queue; en effet, une modification aussi profonde que celle de l'absence des vertèbres de la queue serait plus que suffisante pour fonder un genre, si cette modification n'était point accidentelle. Jusqu'à ce jour, cette oblitération a été regardée comme une sorte de monstruosité par défaut; cependant nous trouvons dans M. Temminck[1] une assertion qui mérite une attention toute particulière, venant d'un ornithologiste aussi expérimenté et aussi habile. Il regarde le coq sans croupion comme une espèce et se fonde sur un témoignage que nous croyons devoir du moins faire connaître, sinon adopter absolument. Il nous dit que le coq sans croupion est originaire de l'île de Ceylan dont il habite les immenses forêts; que sa hauteur, du sol au sommet de la tête, est de quinze pouces, et qu'il en a treize du bout du bec jusqu'à l'anus. Une crête charnue uniforme orne la tête de cet oiseau ; les joues, jusque derrière les oreilles, et une partie du dessous de la gorge sont nues; de chaque côté de la mandibule inférieure du bec pendent deux appendices charnus semblables à ceux de notre coq domestique. Les plumes de la nuque sont longues et effilées; leurs barbes, désunies et soyeuses, sont marquées d'une tache longitudinale de couleur noire, laquelle est entourée de jaune orangé. Au-dessous de la gorge se voient des plumes d'un violet à reflets pourprés; le reste du devant du cou, la poitrine et le ventre sont d'une belle couleur orangée, et une tache longitudinale d'un brun foncé occupe le centre de toutes les plumes qui recouvrent ces parties ; les moyennes et les petites couvertures des ailes et les plumes du dos sont d'un roux orangé; les grandes plumes placées près du croupion retombent en arc et couvrent cette partie : elles sont d'un beau violet à reflet bronzé. Les grandes pennes des ailes sont d'un brun mat.

La poule de cette espèce construit son nid à terre avec des herbes grossièrement entrelacées.

Ce sont des oiseaux très farouches : le mâle fait entendre fréquemment son chant qui est moins fort que celui de notre coq domestique, mais qui lui ressemble. Les naturels de Ceylan donnent à cette espèce le nom de *Walli-kikili*, qui signifie coq des bois.

Ces renseignements ont été donnés à M. Temminck par le gouverneur même des établissements hollandais à Ceylan, et c'est sur plusieurs individus envoyés par ce même gouverneur que M. Temminck a fait la description que nous venons de rapporter.

---

1. *Hist. nat. gén. des gallinacés*, t. II, p. 267.

LE COQ AYAM-ALAS [1]

On trouve l'ayam-alas dans l'île de Java, et, suivant le témoignage de quelques colons, il habite aussi certaines parties de l'île de Sumatra. C'est un fort beau gallinacé de vingt et un pouces de longueur environ, qui porte sur la tête une crête lisse, et sous la gorge un simple fanon ou membrane mince et flottante, qui s'étend depuis la mandibule inférieure du bec jusqu'au bas de la partie nue du cou.

A l'exception de petites plumes raides et serrées, qui garnissent l'entrée du trou auditif, les côtés de la tête en sont entièrement dénués. Un rouge vif colore toutes ces parties nues, aussi bien que la crête, le fanon et la région glabre de la gorge.

Des plumes comme écailleuses, de forme arrondie, imbriquées, à reflets métalliques verts et bleus, qui descendent de l'occiput sur le derrière et les côtés du cou de cet oiseau, lui composent une élégante collerette qu'il a sans doute la faculté de relever. Les plumes qui naissent sur le dos prennent une autre forme : elles sont ovales par le bout et brillent sur le milieu d'un vert à reflets violets qu'entoure une bordure d'un noir velouté.

Les petites couvertures des ailes se composent de plumes assez longues, de couleur noire, frangées de roux vif.

Les grandes pennes des ailes sont d'un noir brun ; on remarque un léger reflet vert doré sur les barbes externes de celles qui sont le plus près du corps.

La poitrine et généralement toute la partie inférieure du corps ont une couleur noirâtre.

Les plumes, longues et pendantes, du croupion sont d'un noir brillant, à reflets verts et bordées d'une belle frange jaunâtre.

La queue est comme celle du coq domestique et entièrement cachée par des couvertures qui la dépassent ; celles-ci sont arquées comme celles des autres coqs, et leur couleur est d'un beau vert doré.

Les tarses, proportionnellement assez élevés, sont armés d'un ergot fort et très pointu.

La taille de la poule est d'un tiers moins grande que celle du mâle. La région ophtalmique est la seule des parties latérales de la tête qui soit dégarnie de plumes. Celles qu'on voit sous la gorge sont blanches. Un gris brun est répandu sur la tête et sur le cou ; les plumes du dos et celles qui composent les couvertures des ailes et de la queue sont d'un vert foncé, à reflets dorés; elles sont bordées de gris, et une raie jaunâtre traverse leur milieu.

1. *Gallus farsatus*, Temm., pl. color. 483, et *Gal.*, t. Ier, p. 261 ; *Phasianus varius*, Shaw, *Misc.*, pl. 353.

Une teinte grise isabelle est répandue sur la poitrine, le ventre et l'abdomen.

Les pennes des ailes sont noirâtres, faiblement glacées de vert et rayées extérieurement de blanc fauve.

Quelques reflets verts se montrent également sur les pennes de la queue, qui sont brunes.

L'iris est jaunâtre, et le bec d'un brun noirâtre.

Les habitudes de cette espèce sont peu connues; on sait seulement qu'elle se tient à la lisière des forêts où elle reste cachée pendant le jour. Le coq fait entendre un chant qui peut être rendu par les deux syllabes *co-crik*.

LE COQ BRONZÉ [1]

On doit la connaissance de ce bel oiseau à M. Diard qui l'a adressé de Sumatra au Muséum d'histoire naturelle.

Un peu plus fort que le coq ayam-alas, il a, de la pointe du bec à l'extrémité de la queue, deux pieds environ. C'est, pense M. Temminck, l'espèce à laquelle les Malais donnent le nom d'*ayam-baroogo*.

Sa tête est surmontée d'une crête élevée, lisse et assez épaisse ; outre le fanon mince qui lui pend sous la gorge, il porte encore, de chaque côté de la mandibule inférieure, un petit appendice ou barbillon charnu. Toutes ces parties sont, ainsi que les joues et la gorge, colorées d'un rouge vif.

Les plumes oblongues de la tête, du cou et d'une partie du manteau brillent d'un vert métallique à reflets pourprés et sont toutes entourées d'un cercle vert velouté.

Les longues plumes du dos et des couvertures des ailes et celles, plus longues encore du croupion, qui retombent avec élégance de chaque côté de la queue, sont richement peintes sur leur milieu de violet pourpré et portent une large frange d'un marron éclatant. Ces belles teintes pourpres et violettes se reflètent encore sur le plumage noir du devant du cou, de la poitrine et de toutes les parties inférieures.

Les ailes en dessus, ou plutôt leurs pennes les plus rapprochées du corps, sont d'un vert doré magnifique. Les grandes pennes ont une teinte noire mêlée de vert ; sur leur bord externe se voit un peu de roux, et du blanc se montre à leur pointe.

Les pennes de la queue, suivant la manière dont elles sont frappées par la lumière, reflètent ou le vert doré le plus brillant, ou le violet pourpre le plus éclatant.

Les tarses sont robustes, armés d'un fort éperon et revêtus d'écailles épaisses et solides; ils sont, ainsi que le bec, d'un gris cendré.

1. *Gallus æneus*, Temm., pl. 371.

Cette espèce habite la lisière des forêts de l'intérieur de Sumatra ; la femelle n'est point encore connue.

LES DINDONS

Ce genre ne comprend encore que deux espèces : le dindon commun qui est la souche du dindon domestique, et le dindon œillé, aussi remarquable par la richesse et la variété de son plumage, que l'autre l'est par l'uniformité du sien ; le premier, quant à ses formes générales, donne une idée très exacte du second que l'on connaît d'ailleurs. Ce sont des oiseaux dont les proportions sont lourdes, et il en est de même de leurs allures, du moins dans leur état ordinaire, c'est-à-dire quand ils ne sont excités par aucun sentiment violent. L'un et l'autre sont américains.

Ils se distinguent organiquement des autres gallinacés par leur tête nue, recouverte d'une peau toute mamelonnée ; par un appendice qui naît sous la gorge et se prolonge le long du cou ; par un autre appendice conique sur le front, qui, chez le mâle, a la faculté de s'étendre et de s'agrandir à la volonté de l'animal jusqu'à dépasser le bec ; par un pinceau de poils très durs au bas du cou du mâle, enfin par les couvertures de la queue qui, dans les individus mâles, ont la faculté de se relever et de s'étaler pour former la roue ; les mâles se distinguent encore des femelles par des éperons.

Ce sont des oiseaux qui vivent en troupes, quelquefois très nombreuses, et qui habitent les bois ; leur naturel est très sauvage : lorsqu'on les chasse dans certaines saisons, on ne parvient à les atteindre que difficilement, tant ils sont attentifs à fuir au premier signe qui les inquiète ; et, quoique leur vol soit peu étendu, leur course, aidée des mouvements de leurs ailes, est d'une rapidité telle que les chiens ne peuvent que difficilement les atteindre. Malgré ce naturel farouche, l'une de ces espèces de dindons a donné naissance à des races domestiques, tant il est vrai que, pour arriver à ce but, il n'est point d'obstacle qu'une patience intelligente ne parvienne à surmonter.

LE DINDON SAUVAGE

Cette espèce est la souche du dindon domestique, et c'est du dindon domestique que Buffon a surtout fait l'histoire. Cette histoire est aussi complète qu'elle peut l'être ; il n'est aucun des détails dans lesquels il entre sur le naturel de ces oiseaux dans nos basses-cours, sur leur reproduction, sur les soins que réclament leurs petits, qui ne soit encore aujourd'hui d'une vérité parfaite, et qu'on ne puisse consulter avec fruit[1].

1. Édit. Garnier, t. V, p. 313.

Buffon ne traite du dindon sauvage que pour rechercher son origine [1]; sur ce point sa critique est un de ces modèles de savoir et de raison, qu'on a souvent admirés, mais qu'on n'a pas toujours suivis. Quant au peu qu'il dit du naturel de cet oiseau, il l'a tiré principalement de l'ouvrage d'Hernandès, et l'on sait que tout ce qui a été publié sous le nom de ce médecin, non seulement n'est pas de lui, mais ne mérite qu'une médiocre confiance, et ne doit être adopté qu'avec réserve, surtout lorsque les faits qu'il rapporte sortent des règles communes. Buffon ne nous semble pas avoir exercé sa critique ordinaire, lorsqu'il nous dit, d'après le médecin espagnol, que les dindons entendent un coup de fusil et voient tuer ceux qui sont perchés à côté d'eux, sans faire aucun mouvement, sans s'en apercevoir. Pour suppléer à cette partie de l'histoire du dindon, nous rapporterons ce qu'en dit M. Audubon, excellent naturaliste observateur, qui a étudié sur la nature les mœurs des oiseaux dont il voulait écrire l'histoire et qui est entré sur le naturel du dindon sauvage dans les particularités les plus intéressantes.

La taille et la beauté du dindon sauvage, dit-il, sa réputation comme objet de nourriture, et l'intérêt qui s'attache à lui comme étant l'origine de la race domestique, aujourd'hui si abondamment répandue sur les deux continents, en font un des oiseaux les plus remarquables de ceux que nourrissent les États-Unis d'Amérique.

Les parties sauvages des États de l'Ohio, du Kentucky, de l'Illinois et d'Indiana, immense étendue de pays qui occupe le nord-ouest de ces districts, sur le Mississipi et le Missouri, et les vastes régions que baignent ces deux fleuves depuis leur confluent jusqu'à la Louisiane, en y comprenant les parties boisées de l'Arkansas, du Tennessee et de l'Alabama, sont les lieux où l'on rencontre en plus grand nombre ce magnifique oiseau. Il est moins abondant dans la Géorgie et les Carolines, devient plus rare encore dans la Virginie et la Pensylvanie, et ne se voit aujourd'hui qu'à de longs intervalles à l'est de ces derniers États. Dans le cours de mes recherches à travers l'Ile-Longue, l'État de New-York et les pays autour des lacs, je n'en ai pas rencontré un seul individu, quoiqu'on m'ait rapporté qu'il s'en trouvait quelques-uns. Il en existe également tout le long de la chaîne des monts Alleghanys, où ils sont devenus tellement craintifs, qu'on ne peut les approcher qu'avec une extrême difficulté. Je décrirai les mœurs de cet oiseau telles qu'on les observe dans les pays où il est le plus abondant.

Le dindon n'est qu'à demi voyageur et ne vit également en troupe qu'à demi. Et d'abord, lorsque les arbres d'une partie du pays sont beaucoup plus riches en graines de toute espèce que ceux d'une autre partie, il est bien vrai que les dindons y sont entraînés par degrés, et que, rencontrant une nourriture plus abondante à mesure qu'ils s'approchent de la région où

1. Il en donne une figure dans ses planches enluminées, n° 97.

les fruits sont en effet plus abondants, une troupe succède à une autre, jusqu'à ce que la race entière ait couvert le nouveau district de ses nombreux essaims. Mais ces émigrations n'ont rien de régulier ; elles embrassent une vaste étendue de pays, et il peut être utile de faire connaître la manière dont elles ont lieu.

Vers le commencement d'octobre, lorsqu'à peine quelques graines et quelques fruits se sont encore détachés des arbres, ces oiseaux se rassemblent en troupe et s'enfoncent peu à peu vers les riches contrées de l'Ohio et du Mississipi. Les mâles, réunis en nombre variable, depuis dix jusqu'à cent individus, se mettent à la recherche de la nourriture, à part des femelles ; celles-ci marchent de leur côté, soit isolément, chacune avec sa couvée de petits, qui ont alors acquis les deux tiers de leur taille, soit en troupes de soixante-dix ou quatre-vingts individus ; toutes sont attentives à éviter les vieux mâles, qui attaquent leurs petits, et souvent les tuent par des coups répétés sur la tête. Jeunes et vieux cependant suivent la même direction, et toujours à pied, à moins que leur marche ne soit interrompue par une rivière, ou que les chiens de quelque chasseur ne les obligent à prendre leur vol. Lorsqu'ils arrivent au bord d'une rivière, ils se rassemblent sur les éminences les plus élevées, et ils y demeurent un jour entier, quelquefois deux, comme s'ils avaient à délibérer. Pendant ce temps on entend les mâles crier, faire beaucoup de bruit ; on les voit marcher en se rengorgeant, comme s'ils voulaient élever leur courage à la hauteur de la circonstance où ils se trouvent. Les femelles et les jeunes imitent aussi quelquefois la démarche solennelle des mâles ; ils épanouissent leur queue, courent autour les uns des autres, en gloussant fortement et faisant des sauts extravagants. Enfin, lorsque le temps est calme et que tout aux environs paraît tranquille, la troupe gagne le sommet des arbres les plus élevés, et de là, au signal que donne l'un des guides, par un seul gloussement, tous ensemble prennent leur vol pour le rivage opposé. Les individus adultes et vigoureux traversent facilement quand la rivière aurait un mille de largeur, mais les jeunes et ceux qui sont moins forts tombent fréquemment dans l'eau. Cependant ils ne s'y noient pas, comme on pourrait le croire ; ils rapprochent leurs ailes du corps, leur queue épanouie sert à les soutenir ; ils étendent le cou et, poussant de leurs jambes avec énergie, ils se dirigent rapidement vers le rivage : quand ils s'en approchent, et que le bord trop escarpé ne leur permet pas d'aborder, ils s'arrêtent quelques moments, descendent le courant jusqu'à ce qu'ils aient atteint un point accessible, et par un effort violent réussissent en général à sortir de l'eau. Un fait remarquable, c'est qu'aussitôt après avoir ainsi traversé une grande masse d'eau, ils courent dans tous les sens durant quelques instants, comme s'ils étaient hors d'eux-mêmes. Dans cet état, ils deviennent facilement la proie des chasseurs.

Quand les dindons arrivent dans des lieux où les graines sont abondantes, ils se séparent en troupes plus petites, où des individus de tout âge et les deux sexes sont confondus, et ils dévorent tout ce qu'ils ont devant eux. Cela a lieu vers le milieu de novembre, et après ces longs voyages, ces animaux deviennent quelquefois si familiers, qu'on les voit s'approcher des fermes, se mêler aux oiseaux de la basse-cour et chercher même leur nourriture jusque dans les étables et dans les greniers à grain. C'est en parcourant ainsi les forêts et en se nourrissant surtout des fruits des arbres qu'ils passent l'automne et une partie de l'hiver.

Dès le milieu de février, ils commencent à ressentir les besoins de la reproduction. Les femelles se séparent et s'envolent loin des mâles qui les poursuivent avec persévérance. Les deux sexes perchent à part, mais à peu de distance l'un de l'autre. Quand la femelle fait entendre un cri d'appel, tous les mâles lui répondent par des sons répétés avec rapidité. Si le cri de la femelle est venu de terre, les mâles s'y élancent aussitôt; puis à peine l'ont-ils touchée qu'on les voit épanouir et redresser leur queue, porter la tête en arrière jusque sur leurs épaules, abaisser leurs ailes avec une secousse convulsive, et marchant avec une gravité solennelle, repoussant l'air de leur poitrine par des secousses rapides, ils s'arrêtent d'espace en espace pour écouter et pour regarder; et ils continuent ces mouvements, soit qu'ils aient ou non aperçu la femelle. Dans ces moments il arrive souvent que les mâles se rencontrent, et alors ils se livrent des combats acharnés, qui se terminent par des blessures, souvent même par la mort des plus faibles, qui succombent sous les coups multipliés que les vainqueurs leur portent à la tête.

J'ai plusieurs fois assisté au spectacle de deux mâles, qui, tantôt reculant et tantôt avançant suivant qu'ils avaient perdu ou repris l'avantage, les ailes tombantes, la queue à demi relevée, les plumes en désordre et la tête sanglante, se livraient à une lutte des plus violentes. Si au milieu du combat l'un des deux, pour respirer, cède et lâche prise, il est perdu, car l'autre, le poursuivant avec énergie, le frappe violemment des ongles et de l'aile et réussit en peu de minutes à le renverser à terre. Quand l'un des combattants est mort, le vainqueur le foule aux pieds; mais, chose étrange, non pas avec l'expression de la haine, mais comme s'il éprouvait un sentiment d'amour.

Lorsque la femelle a été découverte par le mâle, qu'il s'en approche, et que celle-ci est âgée de plus d'un an, on la voit aussitôt glousser et se rengorger; elle tourne autour de lui, tandis qu'il continue ses mouvements, et tout d'un coup ouvre ses ailes, se précipite au-devant de lui, et, comme si elle voulait mettre un terme à ses retards, se laisse tomber et reçoit ses tardives caresses. Si le mâle rencontre une jeune femelle, sa manière d'agir n'est plus la même. Il se rengorge avec moins de pompe et plus de vigueur; il met plus de rapidité dans ses mouvements; quelquefois il s'élève en volant autour de la femelle, à la manière de quelques pigeons, et au moment où il retombe à terre, il se met à courir de toute sa force, en laissant traîner à terre sa queue et ses ailes; il se rapproche ensuite de la timide femelle, cherche par le ronflement de sa voix à adoucir les craintes qu'elle semble éprouver, et lorsqu'enfin elle y consent, il la couvre de ses caresses.

Quand un mâle et une femelle se sont ainsi réunis, je suppose qu'ils continuent à être dans les mêmes rapports pendant toute la saison, quoique le mâle ne demeure pas exclusivement attaché à une seule femelle, car j'ai vu un dindon en couvrir plusieurs, lorsqu'il lui était arrivé de pénétrer dans un lieu où elles se rassemblaient; dès lors les dindes s'attachent à leur coq favori, elles perchent non loin de lui, souvent sur le même arbre, jusqu'à ce qu'elles commencent à pondre ; elles se séparent alors, afin de soustraire leurs œufs au mâle, qui les briserait, afin de prolonger ses plaisirs amoureux. Dès ce moment aussi les mâles deviennent lents et peu soigneux d'eux-mêmes, si l'on peut ainsi dire ; plus de combats, plus de ces fréquents gloussements; leur indifférence oblige leurs femelles à faire toutes les avances ; elles les appellent sans cesse et avec force, elles accourent vers eux et semblent vouloir, par leurs caresses et par leurs efforts, ranimer leur ardeur expirante.

Les coqs d'Inde, quand ils sont perchés, se rengorgent quelquefois et gloussent; mais j'ai remarqué que le plus souvent ils épanouissent et redressent leur queue, font entendre ce bruit d'expiration saccadée, cette secousse respiratoire, si remarquable chez eux, et abaissent aussitôt leur queue et le reste de leurs plumes. Dans les nuits claires, ou par le clair de lune, ils répètent ces mouvements par intervalles de quelques minutes, pendant des heures entières, sans changer de place, sans même quelquefois se redresser sur leurs jambes, surtout quand la saison des amours est prête à atteindre son terme. Lorsque la fin de cette saison est tout à fait arrivée, ils sont alors fort amaigris, cessent de glousser; et leur appendice pectoral se flétrit, s'affaisse; ils s'éloignent des femelles, et on pourrait croire quelquefois qu'ils se sont entièrement éloignés du voisinage. A cette époque je les ai rencontrés à côté de quelque vieux tronc, dans les parties retirées et les plus épaisses des bois; ils se laissent quelquefois alors approcher jusqu'à la distance de quelques pieds, hors d'état de voler, mais ils courent avec rapidité et à de grandes distances. J'ai souvent suivi mon chien pendant des milles avant de réussir à forcer l'individu qu'il suivait.

Ce n'était pas dans le but de tuer l'oiseau, que j'entreprenais une poursuite semblable, car il est alors couvert de vermine et mauvais à manger, mais dans le simple but de connaître ses mœurs. Ils paraissent à cette époque chercher ainsi la retraite pour reprendre des forces avec de l'embonpoint, en se nourrissant peut-être de quelques espèces de plantes particulières, et en faisant moins d'exercice. Quand leur état s'est amélioré, ces oiseaux se rassemblent de nouveau et recommencent leurs courses. Revenons maintenant aux femelles.

Vers le milieu d'avril, si la saison est sèche, les poules commencent à chercher une place pour y déposer leurs œufs. Cette place doit être autant que possible hors de la vue de la corneille, car cet oiseau épie souvent le

1.   47

moment où la poule d'Inde a quitté son nid, pour en ôter et en manger les œufs. Le nid, formé de quelques feuilles sèches, est placé à terre, dans une excavation creusée à côté de quelque tronc d'arbre, ou au milieu des feuilles de quelques branches tombées et desséchées, ou sous quelque bouquet de sumac ou de ronces, mais toujours dans un endroit sec. Les œufs, d'un blanc de crème, semé de points rouges, sont quelquefois au nombre de vingt, mais le plus communément au nombre de dix à quinze.

Au moment de déposer ses œufs, la femelle gagne son nid avec une extrême précaution ; il est rare qu'elle y arrive deux fois par le même chemin ; et quand elle doit le quitter, elle le recouvre de feuilles avec un tel soin, qu'il est fort difficile à celui qui aperçoit l'oiseau de savoir où est son nid. Il est même certain qu'on ne trouve guère de nid de poule d'Inde que lorsque la femelle l'a quitté précipitamment, ou qu'un lynx, un renard ou une corneille en ont mangé les œufs et répandu leurs coquilles aux alentours.

Il arrive assez fréquemment que les poules d'Inde préfèrent les îles pour y déposer leurs œufs et y élever leurs petits, sans doute parce que ce sont des lieux moins fréquentés par les chasseurs, et que les grandes masses de bois flotté qui s'accumule à leur extrémité leur offrent un asile plus sûr dans les moments de danger. Quand j'ai rencontré ces oiseaux dans des endroits de cette nature, j'ai toujours remarqué qu'il suffisait d'un coup de fusil, pour qu'ils se missent tous à courir vers l'amas de bois flotté et à y chercher retraite. J'ai souvent escaladé ces grandes masses qui ont jusqu'à dix et vingt pieds d'élévation, pour y chercher le gibier que je savais y être caché.

Si un ennemi passe à la vue de la femelle, quand elle est occupée à pondre ou à couver, elle ne bouge pas, à moins qu'elle ne s'aperçoive qu'elle est découverte ; elle se tapit au contraire jusqu'à ce que le danger soit éloigné. Souvent j'ai pu approcher jusqu'à cinq ou six pas d'un nid dont je connaissais d'avance la position, en ayant soin de prendre un air d'inattention, en sifflant ou me parlant à moi-même ; la femelle alors demeurait tranquille ; mais si je marchais avec précaution et en la regardant, elle ne me laissait jamais arriver à plus de vingt pas sans se sauver, la queue ouverte d'un côté, et jusqu'à une distance de vingt ou trente yards ; là, prenant une démarche fière et imposante, elle se mettait à marcher d'un pas résolu, poussant un gloussement de moment en moment. Il est rare qu'elles abandonnent leur nid quand il a été découvert par l'homme ; mais je crois qu'elles n'y retournent jamais, lorsqu'un serpent ou quelque autre animal en a détruit les œufs. Si en retournant à ses œufs elle ne les retrouve plus, ou n'en retrouve que les débris, elle appelle bientôt un mâle ; mais en général elle n'élève qu'une couvée par saison. On voit aussi quelquefois plusieurs poules s'associer, sans doute pour leur sûreté mutuelle, déposer leurs œufs dans le même nid et élever leurs couvées réunies. J'en ai une fois trouvé trois qui couvaient quarante-deux œufs. Dans ces cas-là, le nid commun est toujours gardé par l'une des femelles, de sorte que ni la corneille ni le corbeau n'osent en approcher.

La mère n'abandonne point ses œufs, dans quelque circonstance que ce soit, lorsqu'ils sont près d'éclore. Sa persévérance va même jusqu'à souffrir qu'on élève autour d'elle des palissades et qu'on l'emprisonne. J'ai été une fois témoin de la naissance d'une couvée de dindons, que je surveillais dans le but de les prendre tous avec leur mère. Je m'étendis et me cachai par terre à la distance de quelques pieds, et je vis la mère, qui m'avait aperçu, se redresser à demi sur ses jambes, regarder ses œufs non encore éclos, avec une expression d'inquiétude, glousser d'une manière qui est particulière à la femelle dans ces occasions, écarter ensuite avec soin les fragments des coquilles, quand les petits furent sortis des œufs, caresser de son bec ces petits qui, déjà debout et chancelants, faisaient effort pour sortir du nid. Voilà le spectacle dont j'ai été témoin, et, renonçant à mon projet, j'ai laissé la mère et ses petits à des soins meilleurs que n'auraient pu être les miens, aux soins de notre créateur commun. Je les vis tous sortir de leur coquille, et, peu de moments après, aller, venir, s'agiter et se pousser l'un l'autre pour satisfaire à leurs besoins avec un étonnant et merveilleux instinct.

Avant d'abandonner son nid avec sa couvée, la mère se secoue d'une manière violente, nettoie et replace les plumes le long de son ventre, et prend un aspect nouveau. Elle tourne les yeux dans tous les sens, étend son cou pour s'assurer qu'elle n'a à craindre ni faucon ni ennemis d'aucune espèce, se hasarde à faire quelques pas, ouvre un peu ses ailes en marchant, et glousse doucement pour garantir et conserver auprès d'elle son innocente famille. Ses petits marchent lentement, et, comme ils éclosent en général vers la fin du jour, ils retournent ordinairement à leur nid pour y passer la première nuit. Ensuite ils se retirent à quelque distance, se tenant toujours sur les parties élevées des ondulations du terrain. La mère redoute la pluie pour ses petits, car rien n'est plus dangereux pour eux dans un âge aussi tendre, et lorsqu'ils ne sont encore couverts que d'un léger duvet. Dans les saisons très pluvieuses, les dindons sont peu communs, car lorsque les petits ont été fortement mouillés, il est rare qu'ils se rétablissent. Pour prévenir les désastreux effets d'une atmosphère pluvieuse, la mère, avec une sollicitude et une prévoyance admirables, arrache les bourgeons des plantes aromatiques et les donne à ses petits.

Au bout d'une quinzaine, les jeunes oiseaux, qui étaient jusque-là demeurés à terre, prennent leur vol, et la nuit gagnent quelque grande branche peu élevée, où ils se placent sous les ailes de leur mère, en se divisant pour cela en deux troupes presque égales. Plus tard ils quittent l'intérieur des bois pendant le jour et s'approchent de leurs bords, pour y chercher des fraises et ensuite des mûres et des sauterelles, et ils trouvent ainsi à la fois une nourriture abondante et l'heureuse influence des rayons du soleil. Ils se roulent dans des fourmilières abandonnées, pour nettoyer leurs plumes naissantes des petites écailles qui les embarrassent, et pour écarter aussi les tiques et autres espèces d'animaux parasites, qui ne peuvent supporter l'odeur de la terre imprégnée d'acide formique qui a servi de demeure aux fourmis.

Cependant les jeunes dindons se développent rapidement, et au mois d'août ils sont en état de se préserver des attaques imprévues des loups, des renards, des lynx et même des cougouars. Ils y réussissent en s'enlevant rapidement de terre avec l'aide de leurs jambes vigoureuses, et en se réfugiant sur les branches élevées des petits arbres. C'est à cette époque que paraît chez les jeunes mâles la touffe de la poitrine, qu'ils commencent à glousser et à se pavaner, et que les jeunes femelles ronflent et sautent de la manière que j'ai déjà décrite.

A cette époque aussi les vieux mâles se sont rassemblés, et il est probable que toute la race quitte alors les districts de l'extrémité nord-ouest, pour se retirer vers la rivière Wabash, vers celle des Illinois, vers la rivière Noire, et dans le voisinage du lac Érié.

Parmi les nombreux ennemis du dindon sauvage, les plus formidables après l'homme sont le lynx canadien, la chouette blanche et la chouette de Virginie. Le lynx suce les œufs et s'empare avec beaucoup d'adresse des individus jeunes ou vieux. Il s'y prend de la manière suivante : lorsqu'il a découvert une troupe de dindons, il les suit à quelque distance, pour s'assurer de la direction qu'ils ont prise. Puis il fait un détour avec rapidité, prend de l'avance sur la troupe, se place en embuscade, et lorsque les oiseaux sont proches, il s'élance d'un seul bond sur l'un d'eux et s'en empare. Un jour que je me reposais dans les bois, sur les bords de la rivière Wabash, j'observai deux grands coqs d'Inde qui, perchés sur un tronc d'arbre plongé dans la rivière, se livraient un combat violent. J'étudiais leurs mouvements depuis quelques instants, quand soudain l'un des deux prit son vol de l'autre côté de la rivière, et je vis l'autre se débattant sous les ongles d'un lynx. Quand ces oiseaux sont attaqués par les deux grandes espèces de chouettes dont j'ai parlé plus haut, ils réussissent souvent à leur échapper par un procédé assez remarquable. Comme les dindons ont l'habitude de percher en troupes sur les branches dépouillées des arbres, ils sont facilement aperçus par leurs ennemis les chouettes, qui s'en approchent en silence pour les reconnaître et les surprendre. Il est rare cependant qu'elles réussissent à n'être pas découvertes, et alors un simple gloussement poussé par l'un des dindons avertit toute la troupe du voisinage d'un ennemi. Tous à l'instant se redressent sur leurs jambes et surveillent les mouvements de l'oiseau de proie qui, ayant choisi la victime, se précipite sur elle comme un trait, et réussirait sans doute à l'emporter, si le dindon au même instant ne baissait rapidement la tête et ne renversait sa queue sur son dos en l'épanouissant; de cette façon l'agresseur rencontre un plan incliné, le long duquel il glisse sans saisir le dindon, qui aussitôt après le choc se laisse tomber à terre et parvient ainsi à échapper au danger, au prix de quelques-unes de ses plumes.

Il ne paraît pas que le dindon sauvage soit exclusivement attaché à une espèce de nourriture. Cependant il semble préférer à toute autre le *pecannut* et le *wintergrape*, et là où ces fruits abondent, ces oiseaux se rencontrent aussi en plus grand nombre. Ils mangent des plantes de diverses espèces, du blé, des baies et toutes sortes de fruits ; j'ai même trouvé dans l'estomac de quelques-uns des escarbots, des petits crapauds et des lézards de petite dimension.

Les dindons sont aujourd'hui extrêmement sauvages, et à peine ont-ils aperçu un homme, soit de la race blanche, soit de la rouge, qu'un mouvement instinctif les porte à s'en éloigner. Leur mode ordinaire de progression est le marcher; dans ce mouvement ils ouvrent et déploient leur aile à demi, et l'une après l'autre; puis ils la reploient, comme si le poids en était trop grand. Souvent, comme s'ils s'amusaient, on les voit courir quelques pas, ouvrir leurs ailes, se battre les flancs à la manière de la poule commune, faire deux ou trois sauts en l'air et se secouer fortement. Lorsqu'ils cherchent leur nourriture parmi les feuilles mortes ou dans la terre, ils tiennent la tête haute et regardent de tous côtés; mais dès que les jambes et les pieds ont fini leur travail, on voit les dindons saisir instantanément leur nourriture d'un coup de bec, ce qui me fait supposer que souvent ils la reconnaissent en grattant, et par le seul sentiment du toucher. Cette habitude de gratter et d'écarter les feuilles mortes dans les bois est fatale à leur sûreté ; car les endroits qu'ils dénudent de la sorte, ayant environ deux pieds d'étendue, se voient à quelque distance et indiquent, quand ils sont frais encore, que les oiseaux sont dans le voisinage. Durant les mois d'été ils s'arrêtent sur les chemins et dans les terres labourées, afin de pouvoir se rouler dans la poussière, se débarrasser ainsi des insectes parasites qui les rongent à cette époque et éviter aussi les attaques des moustiques, dont les piqûres les incommodent beaucoup.

Lorsqu'après une neige abondante, il gèle assez fortement pour former une croûte solide à la surface, les dindons restent perchés pendant trois ou quatre jours, quelquefois même plus longtemps, ce qui prouve chez eux une grande faculté d'abstinence. Cependant s'ils se trouvent dans le voisinage des fermes, ils pénètrent jusque dans les étables pour y chercher de la nourriture. Quand la neige fond en tombant, ils parcourent des espaces considérables, et c'est en vain qu'alors on tenterait de les suivre, aucun chasseur, quel qu'il soit, ne parviendrait à les atteindre. Ils ont alors une manière de courir en se balançant, qui, toute pesante qu'elle paraisse, leur permet de surpasser en vitesse tous les autres animaux. Souvent, monté sur un bon cheval, je me suis vu obligé de renoncer à l'idée de les forcer, après les avoir suivis pendant plusieurs heures. Au reste, ce n'est pas seulement chez le dindon sauvage que s'observe cette habitude de courir continuellement dans les temps pluvieux ou d'extrême humidité ; elle paraît être commune à la plupart des gallinacés. En Amérique les différentes espèces de tétras manifestent la même tendance.

Au printemps, quand les mâles, à la suite de la saison des amours, sont fort amaigris, il arrive quelquefois qu'ils peuvent être en plaine dépassés et forcés par un bon chien courant; dans ce cas ils s'accroupissent et se laissent prendre soit par le chien, soit par le chasseur s'il a pu suivre sur un bon cheval. J'ai entendu citer des cas semblables, mais je n'ai jamais été assez heureux pour en rencontrer moi-même.

Les bons chiens sentent les dindons, réunis en grandes troupes, à des distances considérables, peut-être même à un demi-mille. Quand le chien est bien dressé à cette espèce de chasse, il marche avec rapidité et en silence, jusqu'au moment où il aperçoit les oiseaux; puis il aboie aussitôt et, s'élançant autant que possible jusqu'au centre de la troupe, il oblige tous ceux qui la composent de s'envoler dans différentes directions, ce qui est d'un grand avantage pour les chasseurs ; car si les dindons prenaient tous le même chemin, ils cesseraient bientôt de rester perchés et se remettraient à courir, tandis que lorsqu'ils ont été ainsi séparés et que le temps est calme, celui qui a l'habitude de cette espèce de chasse trouve ces oiseaux avec facilité et peut les tirer à son aise.

Quand les dindons s'abattent sur un arbre, il est quelquefois très difficile de les apercevoir, à cause de leur parfaite immobilité. Lorsqu'on en a découvert un, on peut s'en approcher sans beaucoup de précaution, pourvu qu'il ait les jambes pliées; s'il est debout, on a besoin de se conduire plus prudemment, car pour peu qu'il vous aperçoive, il s'envole à l'instant, et à des distances assez grandes parfois pour rendre vaines toutes tentatives de poursuite.

Quand un dindon a été blessé à l'aile, il tombe rapidement à terre dans une direction oblique, et aussitôt, sans perdre de temps à se rouler et à s'agiter, comme le font d'autres oiseaux quand ils sont blessés, il s'enfuit avec une telle vitesse, qu'à moins d'être pourvu d'un excellent chien, on peut dire adieu à sa proie. Je me rappelle en avoir suivi un, blessé de cette manière, pendant plus d'un mille, depuis l'arbre où il était perché; mon chien l'avait suivi à cette distance à travers l'un de ces bouquets épais de roseaux, dont sont couvertes en beaucoup d'endroits les riches alluvions des bords de nos rivières de l'ouest. On tue aisément les dindons quand on les atteint à la tête, au cou, ou à la partie supérieure de la poitrine; mais si l'on ne les touche que dans les parties postérieures, ils s'envolent alors assez loin pour être perdus pour le chasseur. En hiver, beaucoup de personnes les chassent au clair de la lune, sur les arbres où ils sont perchés. On en détruit aussi une grande quantité d'une manière qui prouve peu de mérite, c'està-dire en automne, lorsqu'ils font effort pour traverser les rivières, ou immédiatement au moment où ils touchent le rivage.

Puisque j'en suis à la chasse des dindons, je veux rapporter le fait suivant,

qui m'est arrivé à moi-même. Un soir de l'automne dernier, au temps où
les mâles sont rassemblés, et où les femelles se rassemblent aussi, mais à
part, j'étais à la recherche du gibier, quand j'entendis le gloussement
d'une femelle, que je découvris bientôt perchée sur une haie. Je m'avançais
lentement et avec précaution, quand j'entendis d'un autre côté le glapisse-
ment de quelques mâles; je m'arrêtai pour bien m'assurer de la direction
de ce bruit, et quand je l'eus découvert, je courus me cacher derrière le
large tronc d'un arbre renversé, mon fusil armé, attendant avec impatience
ce que le hasard pourrait m'offrir. Les coqs d'Inde continuèrent de glapir
en répondant à la femelle, qui n'avait pas quitté sa haie. En regardant au-
dessus du tronc, je vis environ vingt beaux coqs d'Inde qui marchaient avec
précaution droit vers le lieu où j'étais caché. Ils arrivèrent si près que je
pouvais distinguer la lumière briller dans leurs yeux; je lâchai la détente de
mon arme et en atteignis trois; mais les autres, au lieu de s'envoler, se
mirent à marcher gravement autour de leurs compagnons morts, de sorte
que si je n'avais pas reculé devant un meurtre inutile, j'aurais pu en abattre
encore quelques-uns. Je me montrai et, marchant vers l'endroit où étaient
tombés les oiseaux, j'en écartai le reste de la troupe.

Je crois aussi qu'il pourra y avoir quelque intérêt dans le récit suivant
que je vais rapporter tel que je le tiens de la bouche d'un respectable fermier. Il y avait beaucoup de dindons dans son voisinage, et ceux-ci, s'abat-
tant dans ses champs à l'époque où le grain commençait à sortir de terre,
en détruisaient d'énormes quantités. Il se résolut à en tirer vengeance, et
pour cela creusa dans une situation choisie une longue tranchée, dans laquelle il répandit du blé en abondance; puis il chargea fortement une canar-
dière placée de manière à pouvoir facilement, au moyen d'un cordon et sans
se laisser voir des oiseaux, lâcher la détente. Les dindons eurent bientôt
découvert et dévoré le blé dans la tranchée, sans pour cela cesser leurs ravages dans les champs. Le fermier continua de remplir la tranchée, et, un
jour, la voyant presque noire par le nombre des dindons, il siffla fortement,
et à l'instant où les oiseaux, attentifs à ce bruit, levaient la tête, il lâcha la
détente. Une terrible explosion s'ensuivit, et l'on vit les dindons fuir dans
toutes les directions au milieu d'un extrême désordre. On trouva dans la
tranchée neuf individus, et le reste de la troupe renonça, pour cette année
du moins, à aller manger le blé du fermier.

Au printemps on fait venir les dindons en soufflant d'une certaine façon
à travers l'un des os de la seconde articulation de l'aile de cet oiseau : on
produit ainsi un son qui ressemble à la voix de la femelle; en l'entendant le
mâle s'approche et on le tire. Mais cet exercice demande une grande perfection, car les dindons tardent peu à reconnaître les sons contrefaits et font
preuve, lorsqu'ils sont à demi civilisés, de beaucoup de circonspection et
d'adresse. J'en ai souvent vu répondre à cette espèce de cri, sans bouger d'un
pas, et déconcerter ainsi le chasseur, qui n'osait sortir du lieu qui le cachait,

de peur que l'oiseau, venant à le découvrir, ne mît en défaut tous ses efforts pour l'atteindre. Dans cette saison on en tue beaucoup quand ils sont perchés et qu'ils répondent par un gloussement prolongé à un bruit qui imite le cri de la chouette.

Mais le moyen le plus ordinaire de se procurer des dindons sauvages est l'emploi d'une espèce de piège. On les place dans la partie des bois où l'on a remarqué que ces animaux avaient l'habitude de percher, et on les construit de la manière suivante. On coupe de jeunes arbres, qui ont quatre ou cinq pouces de diamètre, et on les partage en morceaux de la longueur de douze ou quatorze pieds. On place deux de ces pièces à terre, parallèlement et à une distance de dix ou douze pieds; on en place deux autres sur les extrémités des deux premières et à angle droit, et on place ainsi successivement des pièces de bois l'une au-dessus de l'autre, jusqu'à ce que l'on ait atteint une élévation de quatre pieds environ. On recouvre alors la cage de morceaux semblables, espacés d'à peu près quatre pouces, et on les charge d'un ou de deux troncs pesants, pour donner au tout plus de solidité. Cela fait, on creuse sous un des côtés une tranchée d'environ dix-huit pouces de profondeur, et d'autant de largeur, et qui s'ouvre dans la cage obliquement; on la continue en dehors à quelque distance, de manière à atteindre graduellement le niveau du terrain. En dedans de la cage et le long de sa paroi, on place au-dessus de la tranchée quelques morceaux de bois, de manière à former une sorte de pont d'un pied de largeur. Le piège étant ainsi achevé, le propriétaire place au milieu une provision de maïs; il en sème aussi dans la tranchée, et en se retirant en répand d'espace en espace quelques grains, souvent dans l'étendue d'un mille. Cela se renouvelle chaque fois que l'on visite le piège, après que les dindons l'ont découvert. Quelquefois on creuse deux tranchées, et dans ce cas leurs extrémités s'ouvrent aux deux côtés opposés de la cage, et toutes deux sont garnies de blé. Aussitôt qu'un dindon a découvert la traînée de grain, il en avertit sa troupe par un gloussement; tous accourent bientôt et, en cherchant les graines çà et là répandues, sont bientôt conduits vers la tranchée dans laquelle ils s'engagent, et où ils se poussent l'un l'autre à travers le passage au-dessous du pont. De la sorte il arrive quelquefois qu'en temps de gelée, toute la troupe pénètre dans la cage; mais le plus souvent on n'y en trouve que six ou sept, car le moindre bruit, le simple craquement d'un arbre suffit pour les alarmer. Ceux qui ont pénétré dans le piège, après s'être repus, redressent la tête et essayent de trouver un passage à travers la paroi supérieure ou les côtés de la cage; ils passent et repassent sur le pont, mais jamais ils ne baissent les yeux un seul instant, ni n'essayent de s'échapper par le passage qui leur a donné entrée. Ils demeurent ainsi prisonniers jusqu'au moment où le propriétaire du piège arrive, ferme la tranchée et s'en empare. J'ai entendu rapporter qu'on avait pris ainsi dix-huit dindons en une seule fois. J'ai eu moi-même beaucoup de ces pièges, mais je n'y ai jamais trouvé plus de sept individus à la fois. Un hiver je tins compte du produit d'une cage que je visitais chaque jour, et je trouvai que dans l'espace d'environ deux mois j'en avais pris soixante-seize. Quand ces oiseaux sont abondants, les propriétaires des cages, rassasiés de leur chair, négligent quelquefois de les visiter durant plusieurs jours, quelquefois même pendant des semaines. Alors les pauvres prisonniers périssent de faim ; car, quelque étrange que cela puisse paraître, il est très rare qu'ils retrouvent leur liberté en descendant dans la tranchée et en revenant sur leurs pas. J'ai dans plus d'une occasion trouvé quatre ou cinq, ou même dix individus morts dans une de ces cages par suite de négligence. Quand les renards ou les lynx sont nombreux, il leur arrive quelquefois de s'emparer de la proie avant que le propriétaire de la cage soit arrivé. Un matin j'eus le plaisir de surprendre dans l'une de mes cages un beau renard noir, qui se tapit en me voyant, croyant que je passais dans une autre direction.

Les dindons sauvages se rapprochent souvent des domestiques et s'associent à eux, ou bien ils les attaquent et leur enlèvent la nourriture. Les mâles quelquefois font leur cour aux femelles domestiques et sont en général fort bien accueillis par elles et par leur maître, qui connaissent parfaitement les avantages résultant pour eux de semblables réunions, car ces produits croisés étant beaucoup plus vigoureux que ceux des individus domestiques, sont aussi plus facilement élevés.

Quand j'étais à Henderson, sur l'Ohio, j'avais, parmi beaucoup d'oiseaux sauvages, un beau dindon mâle, que j'avais fait élever sous mes yeux dès sa plus tendre enfance, car je l'avais pris quand il n'avait guère encore que deux ou trois jours d'existence. Il était devenu si familier qu'il suivait ceux qui l'appelaient, et qu'il était le favori de tout le village. Cependant il ne perchait jamais avec les poules d'Inde domestiques, et chaque soir il se retirait au sommet de la maison, où il restait jusqu'à la pointe du jour. A l'âge de deux ans, il commença à voler vers la forêt, où il passait la plus grande partie du jour, pour revenir à son gîte à la nuit tombante. Il continua ce manège jusqu'au printemps suivant, où je le vis plusieurs fois voler depuis la maison jusqu'au sommet d'un grand cotonnier, sur le bord de l'Ohio, et, après s'y être reposé quelques instants, il se dirigeait vers le bord opposé, la rivière ayant là près d'un demi-mille de largeur, puis il revenait le soir. Un matin je le vis s'envoler de fort bonne heure vers les bois, dans une toute autre direction, sans d'ailleurs y faire aucune attention ; cependant quelques jours s'écoulèrent, et l'oiseau ne reparut pas. Un jour que j'allais chasser vers quelques lacs situés près de la rivière Verte, je vis, après avoir marché environ cinq milles, un beau coq d'Inde traverser le chemin que je suivais, et le suivre aussi lentement que moi. C'était le temps où les dindons sont les plus estimés pour la table, et j'ordonnai à mon chien de le chasser. L'animal s'élança avec ardeur, et comme il approchait du dindon, je vis avec une extrême surprise que celui-ci s'en inquiétait fort peu. Mon chien était sur le point de le saisir, quand je le vis s'arrêter tout d'un coup et tourner ses regards vers moi : je pressai le pas, et l'on peut juger de ma surprise quand je reconnus mon oiseau favori. Il avait lui-même reconnu le chien et ne s'était pas envolé, tandis que la vue d'un chien étranger l'aurait déterminé à fuir au premier aspect. Un de mes amis survint, suivant les traces d'un cerf qu'il avait blessé, et prenant sur le devant de sa selle mon oiseau, il le reconduisit chez moi. Le printemps suivant il fut tué par accident, ayant été pris pour un oiseau sauvage. On me le renvoya quand on l'eut reconnu au ruban rouge que je lui avais mis au cou.

À l'époque où je parcourus le Kentucky, il y a déjà plus d'un quart de siècle, les dindons étaient si abondants, que le prix au marché n'en était pas égal à celui d'une poule commune aujourd'hui. Je les ai vu offrir pour la plus modique somme, chaque individu pesant de dix à douze livres. Un dindon de première qualité, pesant de vingt-cinq à trente livres, était regardé comme bien vendu, quand on en retirait un quart de dollar.

Le poids des poules d'Inde est en général d'environ neuf livres. Cependant j'ai tué des poules stériles, dans la saison des fraises, qui pesaient treize livres. Il y a plus de variété dans le volume et dans le poids des mâles. On peut évaluer à quinze ou dix-huit livres leur poids le plus ordinaire. J'en ai vu un au marché de Louisville, qui pesait trente-six livres. Son appendice pectoral avait plus d'un pied de longueur.

Quelques naturalistes de cabinet ont supposé que la poule d'Inde n'a pas d'appendice sur la poitrine, mais cela n'est point exact pour l'animal adulte. Chez les jeunes mâles, comme je l'ai dit, on observe à l'approche du premier hiver une petite protubérance dans la chair, tandis qu'on ne voit rien de semblable chez les jeunes poules du même âge. La seconde année, les mâles se distinguent par le bouquet de poils, qui a environ quatre pouces de longueur, tandis que dans les femelles qui ne sont pas stériles, il est encore à peine visible. La troisième année, on peut dire que le mâle est adulte, quoique sans aucun doute sa taille et son poids continuent de prendre, durant plusieurs années encore, de l'accroissement. Les femelles, à quatre ans, sont dans toute leur beauté, et ont un appendice pectoral long de quatre à cinq pouces, mais plus mince que chez le mâle. Chez les poules stériles, il ne se développe que dans un âge fort avancé ; aussi les chasseurs expérimentés les reconnaissent tout de suite dans une troupe et les tirent de préférence. C'est sans doute le grand nombre de jeunes femelles que l'on rencontre dépourvues de l'appendice thoracique, qui aura fait naître l'idée qu'il n'existe pas chez le dindon femelle.

Les longues plumes cotonneuses qui garnissent les cuisses et les parties inférieures et latérales du corps de cet oiseau servent souvent aux femmes de nos fermiers pour en faire des palatines ; et ce vêtement, quand il est fait avec soin, est aussi beau qu'il est agréable.

LE DINDON OEILLÉ [1]

C'est à mon frère que l'histoire naturelle doit la connaissance de ce magnifique oiseau ; il le découvrit et le fit représenter, mais seulement dans une planche noire, en 1820; sa description a depuis été reproduite par M. Temminck, qui l'a accompagnée d'une planche coloriée. Nous ne pouvons que reproduire nous-même l'une et l'autre pour faire connaître ce bel animal.

Ce magnifique oiseau réunit, dit mon frère, à la forme singulière du dindon un éclat de couleur qui le cède à peine à celles du paon. Les gens d'un vaisseau envoyé à la coupe du bois de Campêche, dans la baie de Honduras, en virent trois, dont ils réussirent à prendre un vivant. Ils l'envoyèrent à sir Henri Halfort, médecin du roi d'Angleterre ; mais cet individu se noya dans la Tamise en arrivant à Londres, et le chevalier Halfort en fit présent à M. Bullock, propriétaire d'un riche cabinet d'histoire naturelle, dit *le Temple égyptien*, dans la rue de Piccadilly. C'est à la vente de cette collection que le Cabinet du roi en a fait l'acquisition, acquisition précieuse aussi pour la science; car jusqu'à présent les naturalistes n'avaient compté qu'une espèce dans le genre des dindons.

La taille et le port de ce gallinacé sont les mêmes que dans les dindons communs; mais sa queue est moins large, et l'on ne sait pas s'il fait la roue de la même manière. Le bec est le même qu'au dindon, et sa base est aussi surmontée d'une caroncule qui, sans doute, éprouvait les mêmes dilatations que celle du dindon. La tête et les deux tiers supérieurs du cou sont nus et paraissent avoir été colorés de bleu et de rouge. Sur chaque sourcil est une rangée de cinq ou six tubercules charnus, et sur le milieu du crâne en est un groupe de cinq autres très rapprochés. De chaque côté du cou on voit six ou sept de ces tubercules, rangés très régulièrement au-dessus les uns des autres, à distances à peu près égales. Il n'y en a point sur le cou, ni dessous ; et l'on n'aperçoit aucune trace de l'espèce de jabot charnu qui pend au bas du cou du dindon. Je n'ai point vu non plus de vestige de ce pinceau de gros poils qui caractérise si particulièrement le dindon mâle ; mais comme le plumage de la poitrine était endommagé, je n'oserais affirmer que cette espèce en soit toujours dépourvue. Toutes les plumes du dessus et du dessous du corps sont coupées carrément comme au dindon. Celles du bas du cou, de la partie supérieure du dos, des scapulaires et de tout le dessous du corps, sont d'un vert bronzé et bordées de deux lignes, une noire et l'autre, qui est plus extérieure, d'un bronzé un peu doré. Les plumes du milieu et du bas du dos ont leurs couleurs distribuées de même, mais plus belles; c'est-à-dire

1. *Mém. du Mus.*, t. VI, pl. 1; Temm., pl. color. d'ois., n° 112.

qu'à mesure qu'elles descendent vers le croupion, leur partie vert bronzé
passe par degrés en un bleu de saphir, qui, selon les reflets de la lumière, se
change en un vert d'émeraude; la bordure bronze doré s'élargit de plus
en plus, prend sur le haut du dos l'éclat de l'or, et vers le bas, ainsi que sur
le croupion, cet or, en augmentant toujours d'éclat et de largeur, prend une
teinture de rouge de cuivre qui, à certaines expositions, est presque aussi
vive que celle de la gorge de l'oiseau-mouche, appelé *rubis-topaze*. L'éclat de
cette bordure d'or rouge est d'autant plus frappant, qu'elle est séparée de la
partie verte et bleue de la plume par une ligne d'un beau noir de velours.
Les plumes du croupion ont leur partie cachée gris cendré vermiculée de
brun noirâtre. Cette partie grise vermiculée prend plus d'étendue et se
montre au dehors sur les dernières d'entre elles, ainsi que sur les couvertures supérieures et sur les pennes de la queue ; en sorte que la partie bleue
et verte, entourée de toutes parts par un cercle noir, et bordée en outre, du
côté du bout de la plume, par une large bande de la plus belle couleur d'or
changeant en cuivré, y représente des yeux assez analogues, pour leur distribution, à ceux de l'éperonnier (*Pavo bicalcaratus*), mais beaucoup plus
grands et plus éclatants en couleur. Il paraît qu'en comptant ceux du bout
de la queue, il y a quatre rangées transversales de ces yeux ainsi séparés par
des espaces gris et vermiculés.

Les plumes des flancs et celles du dessous de la queue sont semblables
à celles du haut du croupion ; mais leur vert est plus foncé, et leur doré est
plus rouge.

Les petites couvertures de l'aile sont d'un beau vert d'émeraude, avec un
bord étroit d'un noir de velours. Les grandes couvertures secondaires sont
d'une belle couleur de cuivre métallique, avec des reflets dorés. Leur partie
couverte est d'un vert d'émeraude près la tige, et vermiculée de gris et de
blanc le long du bord couvert. L'aile bâtarde et les couvertures primaires
sont d'un brun noirâtre, avec des bandes transversales étroites et obliques
blanches. C'est aussi la couleur de toutes les pennes, mais le bord externe
des dernières pennes primaires et de toutes les secondaires est blanc ; et
quand l'aile est fermée, ces bords blancs réunis forment sur son milieu une
large bande longitudinale blanche. Les pennes secondaires les plus voisines
du dos ont dans leur brun des teintes vert doré. Tout le dessous de l'aile est
bardé en travers de blanc et de gris brunâtre. Je ne compte que quatorze
pennes à la queue de cet individu, qui est ronde par le bout. Toutes les
pennes en dessous sont noirâtres, légèrement vermiculées de blanchâtre.
Les plumes des cuisses sont noirâtres. Les jambes sont un peu élevées et plus
fortes qu'au dindon commun, et armées d'éperons beaucoup plus forts et
plus pointus à proportion. Leur couleur paraît avoir été d'un beau rouge.

Les plus beaux dindons sauvages, comme on vient de le voir, ont le
fond de leurs plumes d'un bronze changeant en cuivré, une large bordure
noire et un autre bord fauve mat ; leur queue, formée de pennes plus longues

et plus fortes que dans notre oiseau, n'a ni sur les plumes, ni sur les couvertures, rien qui ressemble à des yeux.

LES PINTADES

Ces oiseaux se font remarquer par la forme ramassée et arrondie de leur corps, qui leur est toute particulière, et qui résulte de ce qu'ils n'ont qu'une très courte queue, que cette queue est pendante, et de ce que leur cou court et mince, proportionné à leurs courtes jambes, porte une tête petite qui semble être sans proportion avec les dimensions du corps.

Les pintades ont la tête nue, couronnée seulement par une petite touffe de plumes ou par une espèce de casque corné ; leur bec est court comparativement à celui de plusieurs autres gallinacés, et de petits barbillons, ou des plis dans la peau, se remarquent à sa base ; leurs tarses sont sans éperons, et leurs ailes sont fort courtes.

Toutes les espèces de pintades sont africaines, et elles vivent en troupes assez nombreuses dans le voisinage des bois. Ce sont des oiseaux vifs, pétulants, criards, qui vivent et se reproduisent à la manière de tous les autres gallinacés, et qu'on parvient assez facilement à apprivoiser ; aussi une espèce est-elle devenue domestique, et il en serait, sans doute, de même des autres, si l'on s'était donné la peine d'en élever au milieu de nos habitations deux ou trois générations successives.

Buffon n'a connu que la pintade domestique à casque[1] (*numida meleagris*). Depuis, Pallas en a décrit et fait figurer une qui, au lieu de casque, a la tête couronnée par une petite touffe de poils, et l'on en a encore indiqué une ou deux autres qui auront besoin d'être revues pour être adoptées définitivement.

Tout ce que dit Buffon de la pintade commune ou domestique est aussi complet que l'histoire d'une espèce d'oiseau peut l'être, quand on n'en observe que des races domestiques, et que l'on n'a connaissance de la race sauvage que par les récits toujours bien superficiels des voyageurs. Depuis Buffon cette espèce n'ayant été le sujet d'aucune observation nouvelle, nous n'aurons rien à ajouter à son histoire ; nous nous bornerons donc à rapporter ce que nous apprennent, de l'espèce huppée que Buffon ne connaissait point et dont il n'a pas parlé, les auteurs qui ont eu occasion de l'observer.

1. Édit. Garnier, t. V, p. 442.

LA PINTADE HUPPÉE[1]

Cette espèce est un peu plus petite que la pintade commune et n'a point les barbillons charnus que l'on voit sous le bec de celle-ci ; ils sont remplacés par un pli longitudinal de la peau qui s'étend de chaque côté de la mandibule inférieure. Une huppe épaisse, composée de plumes noires couvertes de taches blanches, garnit le sommet de la tête vers le front ; les côtés et le derrière du cou sont revêtus d'une peau nue d'un bleu foncé, qui devient rouge sur le devant de cette partie du corps. Le plumage est noir et sans taches sur le cou et le haut de la poitrine ; sur le reste du corps il est noir, varié de points blancs, qu'un cercle bleuâtre fort étroit environne. Les grandes pennes des ailes sont brun noirâtre uniforme ; les pennes secondaires ont quatre raies longitudinales près de la tige, et trois ou quatre autres ont une large bande qui borde toute la longueur des barbes extérieures. La queue présente des raies ondées d'un blanc bleuâtre sur un fond noir. Le bec est de couleur de corne et garni à sa base d'une cire bleuâtre. L'iris est brun.

Les individus que Pallas a eu occasion d'observer avaient été envoyés en Hollande des Indes orientales, ce qui a fait penser un moment que cette espèce était originaire du continent de l'Asie. Cette erreur depuis a été rectifiée : on a reconnu que Marcgrave avait parlé de cette pintade comme étant originaire des parties occidentales de l'Afrique, et en particulier de la Sierra-Leone[2], et elle a été retrouvée au cap de Bonne-Espérance, dans le pays habité par les grands Namaquois. M. Temminck nous l'apprenait déjà lorsqu'il publiait son histoire naturelle des gallinacés, et ce fait a été confirmé par plusieurs des voyageurs qui ont visité cette partie de l'Afrique. Il est donc permis de croire que cette espèce ne s'avance pas autant au nord de ce continent que la pintade commune, et qu'elle est plus particulièrement propre aux parties méridionales.

M. Lichtenstein parle, sous le nom de *ptylorhyncha*, d'une troisième espèce de pintade, qui se distinguerait des autres par un casque très petit et par une petite touffe de plumes courtes sans barbe sur la base du bec. Différerait-elle de la pintade dont parlent messieurs de l'Académie, qui avait une petite huppe à la base du bec, composée de douze ou quinze soies ou filets raides, longs de quatre lignes, etc.? C'est ce que je ne puis dire, n'ayant point été à portée de voir cette espèce, si c'en est une réelle.

1. Pallas, *Spic. zool.*, p. 15, pl. 2 ; *Pintade cornal*, Temm., *Hist. nat. des gallin.*, t. II, p. 448 ; Vieillot, *Gal.*, p. 33, pl. 209.

2. *Hist. nat. Bras.*, p. 192.

LES TALÉGALLES[1]

Les nombreux voyages qui, dans ces derniers temps, ont eu la Polynésie pour objet ont été pour l'histoire naturelle, et en particulier pour l'ornithologie, une très grande source de richesses ; la Nouvelle-Guinée, en particulier, s'est toujours fait remarquer par la nature particulière de plusieurs des oiseaux qu'elle produit, et l'espèce qui constitue ce genre en est un nouvel exemple.

Les caractères génériques du talégalle consistent, ainsi que nous l'apprend M. Lesson, auteur de ce genre, en un bec robuste, très épais, long du tiers de la longueur de la tête, comprimé en dessus, à mandibule supérieure convexe, entamant les plumes du front ; en des narines situées à la base et sur les côtés du bec, ovales, allongées et ouvertes dans une large membrane ; en une mandibule inférieure du bec moins haute, mais plus large que la supérieure et presque droite en dessous ; les bords sont lisses, ses branches écartées, et leur écartement rempli par une membrane garnie de plumes ; enfin, sa pointe est taillée obliquement en bec de flûte. Les joues de cet oiseau sont entièrement nues. Sa tête et son cou sont garnis de plumes à barbes simples ; ses ailes sont arrondies et d'une grandeur médiocre ; la première penne est très courte et la troisième est la plus longue de toutes. La queue, longue, est arrondie ; les tarses robustes, médiocrement longs, sont garnis de larges plaques en devant. Des quatre doigts, le postérieur est le plus court ; mais il appuie sur le sol, et, des antérieurs, c'est le moyen qui est le plus long ; ceux-ci sont garnis à leur base d'une petite membrane. Les quatre ongles sont convexes, aplatis en dessous, légèrement recourbés et forts.

LE TALÉGALLE DE CUVIER[2]

Ce talégalle est sans contredit une des espèces les plus intéressantes dont se soit, dans ces derniers temps, enrichie l'ornithologie.

La découverte en est due à M. Lesson, qui l'a décrit et figuré dans la partie zoologique du voyage de *la Coquille*. L'individu qui lui a servi de type a été tué aux alentours du Havre-Dorey, à la Nouvelle-Guinée.

Un autre individu de cette espèce, rapporté des mêmes contrées par MM. Quoy et Gaimard, et déposé par eux dans les galeries du Muséum, est celui que nous avons maintenant sous les yeux.

Sa longueur totale est de vingt et un pouces ; la queue, mesurée à part, a six pouces et demi ; le bec a dix-neuf lignes.

Des pieds forts et réticulés, à doigts munis d'ongles robustes, bien que

1. *Talegalla*, Less.
2. *Talegallus Cuvierii*, Less., Voyage de *la Coquille*, pl. 38.

médiocres, supportent son corps. Les ailes dépassent à peine l'origine de la
queue; les baguettes de leurs rémiges, de même que celles des pennes caudales, sont assez minces, mais fermes et luisantes. Le front, le dessus de la
tête et la nuque sont garnis de plumes rares, de couleur brune, à tige lisse,
à barbes désunies et d'une extrême finesse, ce qui donne à ces parties l'apparence d'être velues. Une nudité complète règne sur les joues, qui sont,
ainsi que les tarses, colorées en jaune, dans l'état vivant. L'ouverture du trou
auditif est également dégarnie de plumes; celles qu'on voit sous la gorge et
sur le haut du cou, clairsemées et fort courtes, ont une teinte fauve grisâtre; tout le reste du plumage, aussi bien en dessus qu'en dessous, est d'un
noir brun foncé. La couleur du bec est d'un jaune rosé assez vif.

Cet oiseau a été rencontré non loin de la mer dans les broussailles, où
il vit à la manière de tous les gallinacés.

LES PAONS

Notre paon mâle domestique donne une idée fort exacte de la physionomie générale des mâles de ces oiseaux, qui se distinguent de tous les autres
gallinacés par la huppe dont ils sont couronnés, par la faculté qu'ils ont de
relever leur queue, et par les longues couvertures qui la revêtent en dessus,
et qui constituent l'ensemble de plumes au moyen desquelles ces oiseaux
font la roue, et qu'on considère communément comme leur queue, quoiqu'elles ne la forment pas en effet. La queue des paons, beaucoup plus
courte que ces plumes, se compose de huit pennes raides à barbes très serrées, et dont les barbules s'attachent les unes aux autres, tandis que ces
couvertures sont, comme on sait, extrêmement flexibles et garnies, dans
une grande partie de leur longueur, de barbes lâches très éloignées les unes
des autres, et presque dépourvues de barbules. Les femelles ont la couronne
des mâles sans en avoir la queue.

Le bec des paons est de médiocre grandeur, conique, à mandibule supérieure un peu crochue à son extrémité. Les narines sont à la base du bec et
nues. La tête est entièrement revêtue de plumes. Les pieds ont trois doigts
courts en avant et un en arrière, et c'est la sixième penne de leurs ailes qui
est la plus longue.

Ces oiseaux sont originaires des Indes orientales ; mais on n'en connaît
encore que deux espèces : celle dont notre paon domestique, dit-on, tire son
origine, et le paon spicifère.

Buffon ne connut que le paon domestique et ses races ; il ne connut pas
le paon sauvage et ne parle de celui auquel il donne le nom de spicifère,
que pour rappeler, comme tous les autres ornithologistes jusqu'à ces derniers temps, ce qu'on croit qu'en avait dit Aldrovande, d'après une figure
envoyée du Japon au pape. Depuis, le paon sauvage ayant été vu et décrit

dans les collections d'histoire naturelle, et vivant même aujourd'hui dans notre Ménagerie, nous pourrons faire connaître les légères différences par lesquelles il se distingue du paon domestique. Il en sera de même du spicifère : nous pourrons le décrire d'après ses dépouilles qui ont été envoyées au Muséum et se trouvent aujourd'hui dans ses collections d'oiseaux.

Chacun connaît la ravissante peinture que Buffon a donnée du paon domestique[1]; l'art admirable avec lequel il a représenté les couleurs qui ornent l'éclatant plumage de ce bel oiseau, les teintes variées sous lesquelles elles se présentent, les nuances sans nombre par lesquelles elles passent, et l'ensemble magnifique qui résulte du mélange harmonieux des unes et des autres. On ne pouvait représenter plus dignement en paroles et rendre plus sensible à l'esprit l'image de cet oiseau, sur qui la nature semble avoir pris plaisir à réunir toute sorte de beautés et de richesses. Mais dans cette histoire Buffon n'est pas seulement un peintre admirable, il est encore un historien fidèle; et, si l'on pouvait y trouver quelques légères taches, ce ne serait que quand, pour faire connaître le naturel de cette espèce, il est conduit à employer des termes qui ne peuvent convenir qu'à la nature de l'homme; mais ces termes n'ont dans son discours qu'un sens hyperbolique, et il importe de ne point l'oublier; car, comme nous l'avons vu dans l'histoire des mammifères, Buffon accordait encore moins d'intelligence aux animaux qu'il ne leur en aurait accordé, s'il eût été à portée de les mieux étudier et de les mieux connaître.

Il ne considère, avec raison, le paon blanc que comme une variété du paon ordinaire[2]; mais, l'assimilant sous le rapport de la couleur au lièvre, à l'hermine qui deviennent blancs en hiver, il suppose avec Frisch que sa couleur est un effet immédiat du froid, ce qui est une erreur. La blancheur pour ce paon est ce qu'elle est pour tous nos oiseaux de basse-cour, pour tous les animaux qui sont soumis à notre influence journalière; elle est un effet du genre de vie auquel nous avons assujetti les individus dont il descend; c'est une modification commune, inévitable même, et de laquelle il nous est point encore donné d'assigner la cause. Buffon suppose encore que cette modification dans le plumage doit être accompagnée de modifications analogues dans le tempérament, ce qui le porte à regretter que ces oiseaux n'aient pas fait le sujet d'observations dans la vue d'en déterminer les habitudes et les mœurs. Cette supposition de Buffon ne se trouve point fondée : les paons blancs ont complètement le naturel des paons dorés; et, contrairement à ce que l'on croit, je n'ai pas vu que les jeunes de cette variété fussent sensiblement plus délicats et plus difficiles à élever, par les soins nombreux qu'ils exigeraient, que les jeunes de la race colorée.

Enfin, il est encore une erreur que nous devons signaler. Buffon pense que le paon panaché est un produit du paon ordinaire avec le paon blanc,

1. Édit. Garnier, t. V, p. 389.
2. Édit. Garnier, t. V, p. 406.

et il se trompe[1]. Le paon panaché est un paon ordinaire sur lequel des plumes, en plus ou moins grand nombre, naturellement altérées dans leurs germes, naissent et se développent sans l'éclat des autres et tout à fait blanches. C'est la première trace de la modification qui, en s'étendant sur tout le plumage, produirait le paon blanc. Il est même rare aujourd'hui de trouver des paons colorés sans quelques-unes de ces taches blanches irrégulières qui sont une des marques les plus profondes de l'influence de l'homme et de l'assujettissement des races.

LE PAON SAUVAGE

Le paon sauvage, naturel de Java, diffère assez peu du paon domestique à plumage coloré, c'est peut-être une des races de nos animaux domestiques qui a subi le moins de modifications sous notre influence; car, excepté la race blanche, il ne s'en est point produit d'autres dans cette espèce ; et cette résistance à toutes les causes qui ont si puissamment agi sur d'autres espèces est peut-être digne de remarques, si l'on considère que ce paon est soumis à la race humaine dès la plus haute antiquité, et qu'aucune autre espèce exposée à cette épreuve n'a pu conserver aussi purs ses caractères primitifs. Quels que soient en effet les oiseaux domestiques que nous considérions, nous y trouvons des races nombreuses, profondément modifiées dans leurs organes, et dont les modifications mêmes ont acquis toute la fixité des caractères spécifiques, dont ils ont quelquefois pris la place. Qui reconnaîtrait le coq sauvage dans le coq huppé, le canard commun dans le canard à bec courbe, et le pigeon primitif dans les cinquante races qui en sont descendues ? Quoi qu'il en soit, le paon sauvage ne l'emporte sur le paon domestique que par ses couleurs en général un peu plus brillantes, mais surtout par ses ailes qui sont d'un vert foncé à reflet métallique, bordées d'un vert doré, au lieu d'avoir une teinte lie de vin variée irrégulièrement de petites lignes ondulées noirâtres.

Ce paon sauvage s'apprivoise aisément et s'habitue sans peine à nos soins et aux mouvements de nos habitations; il devient donc facilement domestique ; aussi s'unit-il aux femelles de paon domestique, comme il s'unirait à celles de sa propre race, et leur produit m'a donné des individus à ailes vertes et des individus à ailes fauves, sans rien d'intermédiaire entre ces deux couleurs.

Dans tout ce qui précède j'ai suivi les idées communément reçues en ornithologie, sur les rapports du paon aux ailes vertes et du paon aux ailes fauves; mais je ne dois pas laisser ignorer que ces rapports ne reposent que sur ce que la ressemblance qui existe entre ces oiseaux est plus grande que

1. Édit. Garnier, t. V, p. 405.

celle qui existe entre le paon domestique et les autres paons sauvages; on n'a aucune preuve directe du passage de la race sauvage à la race domestique, et tout ce qu'on en pense ne repose que sur des inductions qu'à la vérité permettent les faits connus. Les espèces des genres naturels ne diffèrent souvent pas davantage que ces deux races de paons, et on ne peut rien conclure de ce qu'elles se reproduisent mutuellement : c'est un fait général que les individus de deux espèces contiguës, d'un genre naturel, se comportent les uns avec les autres en esclavage, comme le feraient des individus de la même espèce. Ainsi rien ne prouve que nous connaissons la véritable race sauvage de notre paon domestique, et qu'il n'existe pas en Asie, ou dans les îles voisines, une espèce dont les ailes seraient rousses, comme il en existe une dont les ailes sont vertes. Ces diverses contrées ne sont point assez connues pour que sur ce sujet nous puissions avoir aucune certitude.

LE PAON SPICIFÈRE [1]

Le spicifère, ainsi nommé par Buffon à cause de l'aigrette en forme d'épi qu'il porte sur la tête, ne le cède au paon ordinaire ni par la taille ni par la beauté et l'éclat de ses couleurs.

C'est un magnifique oiseau dont les pieds sont, comme ceux de son congénère, armés de forts éperons. L'iris de l'œil est jaune, et les joues, entièrement dénuées de plumes, offrent une belle couleur rouge.

La hauteur de la huppe est d'environ quatre pouces, les plumes qui la composent sont à tige raide, droite et garnie sur toute son étendue de barbes serrées qui paraissent émaillées de vert et de bleu. Le bec et le tarse sont d'une couleur cendrée.

Un beau vert colore les petites plumes arrondies, et comme gaufrées, qui recouvrent le sommet de la tête; la partie postérieure de celle-ci, la gorge et le haut du cou sont teints de bleu foncé auquel se mêle du vert.

La forme arrondie des plumes du col et de la poitrine, ainsi que la distribution de leurs couleurs les font ressembler à des écailles; elles sont sur leur milieu d'un beau bleu indigo qu'environne un vert métallique, et portent une large bordure d'un vert doré. Sur le dos, les épaules et le croupion, elles présentent la même disposition; mais le bleu est remplacé sur le centre de chaque plume, par le vert le plus brillant, et leur bordure vert doré se montre non seulement plus riche et plus éclatante, mais ornée d'une frange d'un noir velouté.

Il règne sur le ventre et les flancs une couleur brune à reflets verts ou bleus qui se font également remarquer sur le haut des cuisses; la partie de

---

1. Le Paon spicifère, *Buffon*, t. II, p. 366 ; *Pavo spiciferus*, Vieill., *Gal.*, pl. 202; *Pavo muticus*, Linn., *Syst. gén.* ; Lath., *Ind.*, n° 2.

celle-ci la plus proche du tarse est d'une couleur brune uniforme. Les ailes, en dessus, reflètent, selon la manière dont elles sont éclairées, ou des teintes vertes, ou des teintes bleues ; leurs pennes sont d'une couleur isabelle.

Les grandes couvertures des pennes de la queue, la partie la plus remarquable du plumage, ne sont pas moins vivement colorées que chez l'espèce ordinaire : l'or, le vert émeraude, le pourpre et le violet sont les couleurs dont elles brillent, suivant les différents aspects sous lesquels on les considère : les plus externes de ces plumes prennent une forme arquée vers les deux tiers de leur longueur ; toutes les autres sont droites, à tige blanche, et se terminent par un disque vert doré, à reflets violets ou pourprés, dont le centre, d'un vert émeraude, supporte un croissant du plus beau bleu.

Nous ne connaissons point la femelle du paon spicifère ; les individus qu'on a jusqu'à présent regardés comme appartenant à ce sexe ne sont à notre avis que des jeunes mâles, et les couleurs brillantes dont ils sont déjà parés l'indiquent assez ; car il y a dans la nature de certaines règles dont elle ne s'écarte guère ; ce qui nous fait penser que la femelle du spicifère ne doit pas, du côté de la richesse et de la parure, être plus privilégiée que celle du paon ordinaire et des autres espèces de gallinacés.

Aldrovande, qui le premier a fait mention de ce paon, ne le connaissait que par une peinture peu fidèle, envoyée au pape par l'empereur du Japon ; aussi la figure et la description qu'il en a données manquent-elles d'exactitude sur plusieurs points. La plupart des auteurs ont copié Aldrovande, et ont par conséquent reproduit les mêmes fautes que lui.

Tous les individus de cette espèce que possède le Muséum d'histoire naturelle lui ont été envoyés de Java par M. Diard.

LES ÉPERONNIERS[1]

Les oiseaux qui constituent ce sous-genre se distinguent au premier aspect de tous les autres gallinacés, par les deux ergots ou éperons dont leur tarse est armé, et c'est ce caractère qui a porté Buffon à donner ce nom à l'espèce dont il parle sans le savoir sous deux noms différents, sous celui de chinquis et sous celui d'éperonnier[2]. Depuis, deux ou trois autres espèces ont été ajoutées à celle que Buffon connaissait et sont venues constituer avec elles un genre que l'on peut considérer comme intermédiaire entre les paons et les faisans.

Buffon s'étend longuement pour prouver que l'éperonnier n'est ni un paon ni un faisan, tout en reconnaissant qu'il a des rapports avec l'un et avec l'autre de ces oiseaux ; mais ces rapports ne lui semblent que superfi-

1. *Polyplectron*, Temm., *Hist. nat. des gallin.*, t. II, p. 368.
2. Tome II, in-4°, p. 365 et 368. — Édit. Garnier, t. V, p. 428.

ciels, et il ne cherche point à en établir d'autres, comme si la science était satisfaite quand elle possède la description d'une espèce, sans connaître en même temps ses relations avec celles qui sont d'une nature plus ou moins analogue à la sienne. On est peiné de voir à chaque pas la préoccupation qui occupait Buffon contre les méthodes, suspendre sa pensée et l'arrêter au moment où, avec son génie, il aurait porté une si vive lumière où les esprits ordinaires ne marchent qu'à tâtons.

C'est M. Temminck qui a formé ce genre dont on ne connaît encore rien des mœurs. Ses caractères organiques consistent en un bec médiocre, grêle, droit, comprimé, dont la base est couverte de plumes, et la mandibule supérieure courbée à sa pointe ; des narines latérales placées au milieu du bec et ouvertes par devant, parce que par derrière elles sont à moitié couvertes d'une membrane nue ; des tarses longs, grêles, armés de plusieurs éperons dans le mâle, et de simples tubercules dans la femelle ; une queue longue, étagée, ou ayant ses pennes disposées en arc de cercle à son extrémité ; des ailes dont les quatre premières pennes sont plus courtes que la cinquième et la sixième qui sont les plus longues ; des orbites et des joues dénués de plumes.

Ces oiseaux ne relèvent point leur queue à la manière des paons ; ils la portent toujours horizontalement, et toutes les pennes dont elles se composent restent transversalement à peu près sur la même ligne, différant en cela de la queue des faisans dont les pennes se partagent en deux plans obliques. Mais la queue des éperonniers se compose de deux rangs de pennes, les unes en dessous, qui sont les plus courtes, et les autres en dessus, qui sont d'un tiers plus longues que les premières, et qui semblent constituer à elles seules cet organe.

Les espèces de ce genre sont originaires de la Chine ou des Indes orientales. L'éperonnier dont parle Buffon est le *polyplectron bicalcaratus* des auteurs ; il le décrit d'après des dessins qui lui furent envoyés d'Angleterre et fort exactement, c'est pourquoi nous ne reviendrons pas sur cette espèce ; nous nous bornerons à en faire connaître deux autres dont la publication est due à M. Temminck.

L'ÉPERONNIER A TOUPET[1]

Cette espèce, remarquable par la richesse de son vêtement, est couronnée par une longue huppe de plumes étroites à barbes soyeuses ; une large bande blanche passe au-dessus des yeux, et une tache de même couleur couvre son oreille. La huppe, la nuque, le devant du cou et la poitrine sont d'un noir verdâtre à reflets métalliques ; le reste des parties inférieures est

1. *Polyplectron emphanum*, Temm., pl. color. d'ois., n° 540.

noir. Les ailes sont d'un vert bleuâtre très brillant, et changeant suivant leurs rapports avec l'œil et la lumière. Le dos et les couvertures supérieures de la queue sont d'un brun terne varié par des lignes en zigzag d'une teinte plus pâle. Les pennes de la queue supérieures et inférieures sont brunes avec de nombreuses petites taches jaunâtres, et chacune d'elles porte à son extrémité deux miroirs ovales du vert à reflet métallique le plus brillant ; ils sont séparés par la tige moyenne et environnés de deux cercles, l'interne noir, l'externe brun clair ; enfin, toutes les pennes sont terminées par une bande blanche. Les pennes des ailes sont entièrement brunes. Le bec et les tarses sont couleur de corne.

La femelle de cette espèce n'est pas connue.

Cet éperonnier, dont on ne possède encore qu'un seul individu mâle, n'a pas d'origine certaine : on croit qu'il vient de quelques-unes des îles des Indes orientales ; et M. Temminck l'a décrit d'après cet unique individu acquis par M. le prince d'Essling, qui, comme le savent tous les naturalistes, possède une des plus riches collections d'oiseaux, et en fait le plus généreux usage.

L'ÉPERONNIER CHALCURE [1]

La collection du Muséum est la seule qui possède cette espèce d'éperonnier, et dans un mâle seulement, qui lui a été envoyé de Sumatra par MM. Duvaucel et Diard.

Cet éperonnier diffère des trois autres espèces, en ce que l'on ne voit sur aucune partie de son plumage ces taches brillantes ovales que l'on désigne par le nom de miroir, et dont la queue du paon donne de si beaux exemples. Il en diffère encore en ce que sa queue n'a pas les deux rangées de pennes que nous avons fait remarquer avec raison parmi les caractères du genre ; de plus, cet organe, au lieu d'être arrondi à son extrémité, comme la queue de l'éperonnier à toupet, par exemple, est étagé, c'est-à-dire formé de pennes qui vont en s'allongeant graduellement des externes aux moyennes, et celles-ci sont trois fois plus longues que les premières. Ces différences sont de telle nature que, quoique éperonnier par ses deux ergots à chaque tarse, il est évident qu'il appartient à un type nouveau, à moins que, ne considérant les ergots que comme un organe d'un ordre assez secondaire, on ne le rapproche d'un type ancien. Ce qui est certain, c'est qu'il est une anomalie dans son genre ; tout fait prévoir que tôt ou tard il en sera tiré, et pour le moment il nous suffit d'avoir donné ces indications.

Tout le corps de cet oiseau est recouvert de plumes d'un beau brun marron, sur lesquelles se dessinent deux ou trois croissants noirs, mais

1. *Polyplectron chalcurum*, Temm., pl. d'ois. color., n° 519.

principalement sur quelques-unes des grandes couvertures des ailes, les scapulaires, les plumes du manteau et celles du dos. Les grandes couvertures et les pennes de la queue sont variées de lignes transversales alternativement noires et brunes; mais toutes ces pennes, depuis le milieu jusqu'au bout, sont d'un beau violet à reflets verts et pourprés. Le bec est blanchâtre et les pieds sont gris. Sa longueur totale est de dix-huit pouces.

LES HOUPPIFÈRES[1]

Ces oiseaux semblent être des coqs dont la crête est remplacée par une belle huppe droite ou plutôt une belle couronne de plumes; car leur queue verticale, dont les couvertures sont plus longues que les pennes et retombent en panache, rappelle tout à fait la queue des coqs, tandis que leur huppe rappelle celle des paons et des lophophores. Les joues sont nues et le bord inférieur de la peau qui les revêt, par la saillie qu'il fait, semble reproduire le barbillon qui garnit de chaque côté la mandibule inférieure du bec du coq à sa base. Du reste, les houppifères ressemblent aux faisans par tous les autres caractères; et la seule espèce bien connue, que l'on peut considérer comme le type du genre, est originaire des îles de la Sonde. Cette espèce n'a pas toujours été considérée comme appartenant à un genre particulier; les uns en ont fait un faisan[2], les autres un coq[3], mais en reconnaissant toujours les différences essentielles qui la distinguent de ces oiseaux. Aujourd'hui que les idées sur les méthodes sont plus exactes, ce houppifère a été mis à sa véritable place entre les coqs et les faisans, parmi lesquels se trouvent des espèces huppées.

On n'a recueilli aucun détail sur les mœurs de cette belle espèce de gallinacés. L'analogie permet de penser qu'elle vit en troupes, et que son naturel est du reste analogue à celui des espèces dont elle se rapproche par ses organes.

LE HOUPPIFÈRE MAKARTNEY[4]

Une huppe, composée de plumes dont la tige raide et verticale est garnie seulement à son extrémité de barbes décomposées et disposées en éventail, couronne la tête de cet oiseau.

Sa grosseur peut être comparée à celle d'un gros coq de basse-cour;

1. *Houppifères*, Temm., *Gallin.*, t. II, p. 273.
2. *Phasianus ignitus*, Shaw, *Nat. misc.*, 321.
3. Vieillot, *Gal.*, p. 29, pl. 107.
4. *Gallus Makartneyi*, Temm., *Gall.*, t. III, p. 663; *Phasianus ignitus*, Lath.; *Gallus ignitus*, Vieill., *Gall.*, pl. 107; *Makartney ignicolor*, Less., *Traité d'ornith.*, p. 493.

mesuré de la pointe du bec au croupion, il a treize pouces, la queue seule en a neuf.

La peau nue et violette de ses joues se prolonge en deux petits appendices de forme triangulaire, qui pendent sous les yeux de chaque côté du bec.

Son plumage sur la tête et la totalité du cou, sur le manteau, la poitrine et le ventre, est d'un noir brillant à reflets bleu d'acier.

Un beau rouge orangé très vif, à reflets couleur de feu, règne sur les plumes du dessous de la queue. Les flammes se montrent avec de larges flammèches blanches qui, quelquefois aussi, prennent une teinte orangée.

La queue semblable à celle des coqs n'est cependant pas, comme elle, recouverte en entier par les couvertures supérieures; celles-ci ne font, pour ainsi dire, que l'envelopper jusqu'aux deux tiers de sa hauteur; elles brillent, ainsi que les couvertures des ailes, d'un noir brillant et portent à leur extrémité des zones d'un vert doré extrêmement foncé.

Les pennes de la queue sont fort larges et à tige solide; les quatre intermédiaires, dont la couleur est un blanc tirant sur le roux, sont légèrement arquées, toutes les autres sont droites, étagées et de couleur noire.

Un jaune d'ocre colore le bec; les pieds sont grisâtres, et les éperons dont ils sont armés, ainsi que les ongles, sont bruns.

Un peu moins forte que le mâle, la femelle porte, comme lui, une huppe sur le sommet de la tête. Ses joues sont aussi dénuées de plumes, mais on n'aperçoit aucune trace d'appendices ou de barbillons sur les côtés du bec. La mandibule supérieure de celui-ci est brune, l'inférieure est blanchâtre. Une teinte d'un roux ferrugineux finement strié de brun est répandue sur toute la partie supérieure du corps; excepté la gorge qui est d'un blanc uniforme, tout le plumage des parties inférieures est largement flammé de brun marron sur un fond blanc.

Cette espèce habite l'île de Java.

LE HOUPPIFÈRE CUVIER [1]

Cet oiseau a de longueur totale vingt et un pouces, dimensions dans lesquelles la queue entre pour neuf pouces. Ses joues sont, comme celles du faisan ordinaire, recouvertes d'une membrane épaisse qui se prolonge en une pointe libre jusque sur les narines; de nombreuses et très petites papilles garnissent cette peau que colore un rouge écarlate.

La région du bec voisine des narines est noire, un jaune doré en colore les autres parties.

Cet oiseau porte sur l'occiput un faisceau de plumes effilées, à barbes

_____

1. *Lophophorus Cuvierii*, Temm., pl. color. 1.

un peu désunies et couchées sur leur tige. Cette huppe, longue de plus de
deux pouces, se dirige horizontalement en arrière et est, avec le cou, une
partie du dos et les plumes oblongues de la poitrine et des côtés du ventre,
d'un noir à reflets violets très brillants. Les plumes, courtes et de couleur
brune, de la gorge en laissent voir la peau, tant elles sont peu serrées.

Le milieu du ventre et les cuisses sont d'un brun terne. A peine les ailes,
qui sont glacées de vert sur un fond noir, s'étendent-elles au delà de l'origine de la queue.

Celle-ci, bien que l'oiseau la porte dans une direction horizontale ou à
peu près, est légèrement tectiforme; les pennes en sont étagées et d'une couleur noire avec des reflets bleus.

Les larges plumes qui revêtent le croupion brillent de reflets violets et
portent sur leur bord arrondi une élégante frange du blanc le plus pur.

Les tarses sont pourvus d'éperons dont l'extrémité est légèrement
recourbée et très pointue; les uns et les autres sont, ainsi que les doigts,
d'un brun cendré; les ongles sont blanchâtres.

La taille de la femelle du houppifère Cuvier est presque égale à celle du
mâle.

Le derrière de la tête donne aussi naissance à une huppe qui est de
moitié moins longue que celle de l'autre sexe.

La nudité qui entoure l'œil, d'un rouge moins vif, est aussi moins étendue et ne présente aucun prolongement. Le bec est aussi coloré en jaune.
Un brun fauve terre d'Égypte avec des reflets violets teint la tête, le cou, la
région thoracique et tout le dessous du corps. Toutes les plumes qui recouvrent ces parties, celles de la tête et de la nuque exceptées, ont à leur centre
un trait blanchâtre, et sur le bord terminal un croissant de la même couleur.
La gorge est d'un blanc sale qui passe au fauve sous le cou. La partie supérieure du corps offre des zones de couleur rousse sur un fond brun ferrugineux glacé de violet, et finement strié de noirâtre. La huppe et les couvertures supérieures de la queue sont d'un marron vif avec de très petites stries
noires d'un brun clair. Les ailes ne dépassent pas le croupion; les pennes
caudales sont d'un noir un peu luisant. Elle ne porte point d'éperons aux
tarses, de très petits tubercules les remplacent.

Ce gallinacé habite le Bengale; le Muséum d'histoire naturelle en possède plusieurs individus qui lui ont été envoyés par M. Alfred Duvaucel.

LES LOPHOPHORES [1]

La magnifique espèce de gallinacé qui, seule encore aujourd'hui peut-
être, constitue véritablement ce genre a longtemps été réunie aux faisans,

---

1. *Lophophorus* (porte-crinière), Temm., *Hist. nat. des gall.*, t. II, p. 355; *Phasianus*,
Lath., *Syn.*, p. 114, et Impay., *Syn. supp.*, n° 11; *Monaul*, Vieill., *Gall.*, pl. 208.

lorsque les faisans rassemblaient tous les oiseaux brillants de leur ordre qui
ne pouvaient être rapprochés ni des paons ni des coqs. C'est M. Temminck
qui forma le genre lophophore, de cette espèce alors unique, qu'il ne connaissait que par les traits caractéristiques que Latham avait donnés [1] et par
quelques dépouilles altérées d'individus mâles. Depuis, plusieurs collections
d'ornithologie se sont enrichies de ce bel oiseau, et la femelle étant aussi
bien connue que le mâle, on a pu en tirer les caractères génériques beaucoup plus exactement qu'on ne l'avait fait auparavant.

Depuis son établissement, ce genre a subi plusieurs modifications bien
inutiles à la science. Latham lui a donné le nom d'Impeyan, ce qui a été
imité par M. Lesson, et Vieillot lui a donné celui de Monaul. Quand ne
croira-t-on plus qu'il y a du mérite à fabriquer des noms?

Les lophophores ont, comme les coqs, les faisans et les paons, un plumage peint généralement, ou du moins dans quelques-unes de ses parties,
des plus vives couleurs; ils ont de plus, comme les faisans et les coqs, toute
la circonférence de l'œil recouverte d'une peau nue, et comme les paons,
une belle huppe sur la tête; mais leur queue ne se compose pas de pennes
disposées sur deux plans différents, comme celle des faisans et des coqs, et
ils n'ont pas la faculté de la relever comme les coqs et les paons.

Les lophophores se caractérisent en outre par un bec long, fort, très
courbé, large à sa base, à bords saillants, dont la mandibule supérieure,
large et tranchante à son extrémité, dépasse de beaucoup l'inférieure. Leurs
narines sont situées à la base du bec et à moitié recouvertes en arrière par
une membrane revêtue de plumes; leurs tarses sont couverts de plumes à
leur partie supérieure et armés d'un fort éperon; leurs ailes sont courtes, et
c'est la quatrième et la cinquième de leurs pennes qui sont les plus longues;
la queue, droite et horizontale, est arrondie à son extrémité.

Les mâles et les femelles diffèrent beaucoup l'un de l'autre, et c'est des
mâles surtout que les caractères précédents ont été pris, ce qui est au reste
propre à tous les gallinacés, à peu d'exceptions près; ce n'est que dans un
petit nombre de genres seulement que les mâles ne se distinguent pas des
femelles par des caractères très marqués, d'où résulte que l'organisation des
mâles n'est pas seulement différente, mais qu'elle est en outre beaucoup plus
compliquée.

Les montagnes du nord de l'Indoustan sont les contrées qui sont naturelles aux lophophores; ils paraissent préférer les climats froids aux climats
chauds, ce qui nous permettrait de les faire vivre facilement en Europe, si
on parvenait à y transporter quelques espèces; et comme l'analogie conduit
à penser que ces oiseaux vivent en troupe, il est probable aussi qu'avec
quelques soins nous pourrions en enrichir nos basses-cours, ou du moins
nos volières, comme nous les avons enrichies du faisan doré et du faisan
argenté.

1. Index, n° 11.

C'est aux particularités organiques que nous venons de rapporter que se bornent malheureusement toutes nos connaissances génériques sur les lophophores ; leurs mœurs n'ont point été observées, et si quelques individus de la plus riche espèce ont été élevés à Calcutta, ce n'a été que comme objet de curiosité ; on s'est contenté d'en admirer les couleurs, et ils n'ont donné lieu à aucune observation scientifique.

Buffon n'a eu connaissance d'aucun oiseau de ce genre. Nous donnerons la description de l'espèce qui est propre à en faire prendre l'idée la plus riche, et qui est en même temps la mieux connue.

LE LOPHOPHORE RESPLENDISSANT

OU MONAUL IMPEYAN [1]

Ce magnifique oiseau a de longueur totale vingt-sept pouces ; dans ces dimensions la queue est comprise pour neuf pouces.

Comme celle du paon, sa tête est ornée d'un panache élégant, composé de dix-sept ou dix-huit plumes, longues de deux à trois pouces et demi, dont la tige mince et flexible porte à son extrémité une palette oblongue et dorée.

La peau nue qui entoure l'œil est colorée de pourpre ; un vert glacé d'or couvre le dessus de la tête, les joues et l'occiput ; les plumes de la nuque empruntent du rubis son éclat ; l'or et la couleur de l'émeraude se montrent sur les longues plumes, terminées en fer de lance, qui revêtent la partie postérieure du cou ; les côtés de celui-ci, de même que les épaules, brillent du vert métallique le plus éclatant ; c'est le pourpre à reflets bleuâtres qui vient se répandre sur une partie du dos, sur les couvertures des ailes et le croupion ; les ailes, lorsqu'elles sont fermées, cachent un large espace blanc qui existe sur la partie moyenne du corps ; le plumage de la gorge, du devant du cou, de la poitrine et du ventre est d'un beau noir à reflets vert doré ; les plumes de la région abdominale et celles qui recouvrent les cuisses ont une couleur brune ; toutes les grandes pennes des ailes sont noires, les secondaires seules brillent de quelques légères teintes vert doré ; les pennes de la queue sont d'un roux vif ; elles prennent un ton beaucoup plus foncé à leur extrémité ; le jaune d'ocre est la couleur du bec ; un gris noirâtre colore les pieds et les éperons dont ils sont armés.

On ne voit, sur le plumage de la femelle, aucune trace de ces couleurs métalliques qui sont répandues avec tant de profusion sur celui des mâles. Elle en diffère aussi par sa taille, qui est un peu moins forte ; sa longueur totale est tout au plus de deux pieds ; son tarse est privé d'éperon, une large écaille, ou plutôt un petit tubercule en tient la place ; sa tête n'est revêtue

1. Temminck, pl. col. 507 et 513 ; *Phasianus impeyanus*, Lath., *Syn.*, pl. 114 ; le *Monaul impeyan*, Vieill., *Gall.*, pl. 208 ; *Impey. resplendissant*, Less., *Trait.*, p. 488.

d'aucun ornement ; le dessous de la gorge est entièrement blanc ; un trait de la même couleur se voit en arrière de l'œil ; les dix premières pennes des ailes présentent une teinte brunâtre uniforme ; mais celles qui les suivent sont, ainsi que les plumes de la queue, assez irrégulièrement rayées de fauve et de roux : tout le reste du plumage est d'un brun terne, avec des raies et des taches irrégulières fauves ou rousses, et une bande longitudinale blanchâtre qui occupe le centre de chaque plume ; le bec et les pieds sont grisâtres.

Le mâle de cette espèce fait, dit-on, entendre un gloussement rauque, fort et semblable à celui du faisan. On ajoute que ces oiseaux supportent le froid, mais qu'ils ne peuvent supporter la chaleur.

Les monts Himalaye et le Népaul sont leur patrie, où ils portent le nom de *monaul;* quelques-uns donnent au mâle celui d'oiseau d'or.

On a encore réuni au lophophore resplendissant une espèce, publiée par M. Temminck sous le nom de L. Cuvier, mais qui depuis a été transportée aux houppifères par M. Temminck lui-même. M. le général Hardwicke a décrit deux autres oiseaux qu'il rapporte l'un au genre lophophore et qu'il nomme *Lop. Wallichii,* et l'autre au genre faisan, et qu'il désigne par le nom de *Phasianus gardneri.* M. Lesson considère ce faisan comme un lophophore ; mais les raisons des uns et des autres nous portent à ne considérer encore ces rapprochements que comme de simples essais.

LES FAISANS

L'erreur de tous les naturalistes qui ont cherché à reconnaître les rapports des animaux entre eux, dans la vue de les classer avec méthode, a été de donner aux règles qu'ils se faisaient une extension exagérée, une portée qu'il n'était pas dans la nature de ces règles d'atteindre, ce qui a singulièrement nui au point de vue, d'ailleurs fort juste, sous lequel ils envisageaient la science, et l'a souvent fait méconnaître aux esprits les plus droits. C'est certainement à cette erreur qu'il faut attribuer celle de Buffon, lorsqu'il nie l'utilité et le mérite des classifications.

Le genre faisan de Linneus renfermait tous les gallinacés dont la peau des joues était nue, ce qui le conduisit à réunir le coq aux véritables faisans. Or Buffon ne pouvait qu'être blessé d'une telle association ; mais il aurait dû, envisageant le genre dans son ensemble, reconnaître explicitement ce qui s'y trouvait de vérité ; car, après avoir retranché le coq des faisans, il est conduit, dans son histoire de ces oiseaux et dans ce qu'il dit des oiseaux étrangers qui ont des rapports avec eux, de parler précisément des oiseaux que Linneus range parmi les faisans.

Depuis, ce genre, conservant le caractère que lui avait donné ce naturaliste, a été surchargé d'une foule d'espèces qui ont fini par en faire une des réunions les plus anomales de toute l'ornithologie. Aujourd'hui qu'il est ren-

fermé dans des limites plus étroites et mieux caractérisées, il constitue un
genre parfaitement naturel, et dans lequel toutes les espèces ont les rapports
les plus intimes, tellement que Buffon lui-même n'aurait pu méconnaître
l'analogie qui unit toutes ces espèces, et la légitimité du genre qu'elles constituent.

Un des caractères de ce genre consiste toujours dans la nudité des joues,
mais on y a ajouté les suivants : bec médiocre à base nue; mandibule supérieure convexe et déprimée vers le bout; narines situées à la base et sur les
côtés du bec, à moitié fermées en arrière par une membrane; tête et gorge
couvertes de plumes; un seul éperon au tarse; la queue étagée, très longue,
composée de pennes ployées chacune en deux plans obliques, formant un
angle, et se recouvrant à droite et à gauche des moyennes, très grandes, aux
externes, beaucoup plus courtes.

Tous ces oiseaux, remarquables par la beauté de leur robe, l'élégance
de leurs proportions, la vivacité de leurs mouvements, sont de l'Asie orientale ou méridionale, à l'exception d'un seul qui paraît propre aux contrées
occidentales de ce continent, et aux parties orientales de l'Europe qui en
sont voisines.

Trois ou quatre espèces sont devenues à peu près domestiques, du moins
nous les élevons facilement dans nos volières où elles se reproduisent sans
peine; et tout annonce qu'il en serait de même des autres, car tous vivent
en troupe; et comme plusieurs d'entre elles recherchent les pays élevés, ou
dont la température ne varie pas au delà de certains degrés, notre climat ne
serait pas un obstacle à leur conservation et ne s'opposerait pas à ce qu'elles
se reproduisent; aussi est-il permis de prévoir avec le goût de l'histoire
naturelle qui se répand, et la facilité des communications entre l'Europe et
l'Asie, que ces magnifiques oiseaux ne tarderont pas à être élevés dans nos
volières et à embellir nos habitations.

Buffon a considéré neuf gallinacés comme étant des faisans : le faisan
commun[1] (*phas. colchicus*), sa variété blanche et sa variété panachée, le faisan doré[2] (*phas. pictus*), le faisan argenté[3] (*phas. nycthemerus*), l'argus[4] (*phas.
argus*), le faisan cornu qui est devenu le type du genre tragopan[5], et le
katraca[6] qui n'est point un faisan, mais un yacou; et à la suite du faisan
commun il décrit le coquard ou le mulet provenant du faisan commun mâle
avec la poule commune.

Nous n'ajouterons rien à ce que Buffon rapporte du faisan commun;
tous les détails dans lesquels il entre peuvent être pris à la lettre; aucune

1. Tome V, p. 409. — Édit. Garnier.
2. *Idem*, p. 422. *Idem*.
3. *Idem*, p. 430. *Idem*.
4. *Idem*, p. 425. *Idem*.
5. *Idem*, p. 425. *Idem*.
6. *Idem*, p. 425. *Idem*.

observation nouvelle de quelque importance ne peut porter à les modifier.
Il n'en est pas de même pour ce qu'il dit du faisan blanc et du faisan varié;
il est à leur sujet dans la même erreur que celle où il était à l'égard du paon
blanc et du paon varié; il croit que le pelage du premier est produit par
l'action du froid, et que celui du second résulte de l'accouplement de la variété colorée avec la variété blanche. Or il en est pour les faisans comme
pour les paons, et ce que nous avons dit de ceux-ci peut s'appliquer à ceux-
là : l'un n'est pas devenu blanc par l'effet du froid, et l'autre n'a point l'origine que Buffon lui suppose; tous deux sont devenus ce qu'ils sont par l'influence de la domesticité, par l'action qu'ont exercée sur les germes de leurs
plumes les circonstances où nous les avons placés. Quelles sont ces circonstances? C'est ce que nous ignorons complètement; l'histoire naturelle
n'en est point encore venue à s'occuper de ces questions; la direction qu'elle
a prise ne tend malheureusement pas même à l'en rapprocher.

Le faisan doré de la Chine est considéré par Buffon « comme une simple
variété du faisan commun, qui s'est embellie sous un ciel plus beau », et
cela parce que Le Roi, lieutenant des chasses de Versailles, ayant réuni une
faisane de la Chine et un faisan commun, en obtint des produits féconds.
Il était difficile de porter plus loin cet abus des règles conditionnelles que
Buffon condamnait si sévèrement dans les naturalistes classificateurs, et de
violer plus ouvertement celles qui auraient été très propres à modifier à ses
yeux les règles qu'il suivait si aveuglément. En effet, que fait Buffon pour
s'autoriser à confondre dans une seule ces deux espèces de faisans? il commence par donner à une règle tirée de l'expérience, à la faculté reproduc-
trice, une autorité absolue, comme si un tel caractère pouvait jamais appartenir à telles règles; mais comme la différence des plumages opposait un
puissant obstacle à sa conclusion, et que cette différence devait être expli-
quée, il affirme gratuitement, sans même aucune analogie, qu'un plumage
sans huppe, coloré par taches très circonscrites de brun et de bleu à reflets
métalliques, taches qui par leur réunion produisent une teinte assez uniforme, s'embellit sous l'influence d'un ciel plus beau et se transforme en un
plumage où le rouge ponceau, le jaune doré et le bleu le plus pur se distribuent par grandes masses, et dans lequel il se forme une huppe et des
muscles pour la mouvoir : avec de telles suppositions on ne fait pas l'histoire
de la nature; on n'en fait pas même le roman, car le roman veut la vérité;
on fait de la poésie, mais la poésie n'est bonne que quand on l'a mise à sa
place, que quand on l'a donnée pour ce qu'elle est. Au reste, Buffon paraît
avoir fini par croire sérieusement que les genres naturels ne se composent
que des variétés d'une souche commune; et il est bon d'avoir cette idée dans
l'esprit à la lecture de ses ouvrages, pour les comprendre exactement. Bien
loin donc qu'on doive regarder le faisan commun et le faisan doré comme
deux variétés de la même espèce, il faut les regarder comme deux espèces
très distinctes qui peuvent bien former des mulets par leur réunion, mais

jamais une race fixe se reproduisant constamment comme toutes les véritables race s

Buffon fait au sujet du faisan argenté la même supposition qu'au sujet du faisan doré ; il n'est pour lui qu'une variété du faisan commun qui, après être devenu blanc par le froid, s'est transformé en faisan argenté, sous l'influence des provinces septentrionales de la Chine, comme ce faisan commun s'est transformé en doré sous l'influence des provinces méridionales ; mais cette supposition est infiniment plus arbitraire encore que la première, car le mulet obtenu par Le Roi servait dans ce dernier cas d'appui à la conclusion. Buffon ignorait tout à fait que le faisan argenté et le faisan commun produiraient un mulet, comme le faisaient ce dernier et le faisan doré. Ce mulet en effet se produit ; mais, bien loin de venir à l'appui de la conclusion de Buffon, il contribue, comme tous les autres faits de même nature, à prouver que la fécondation d'un animal par un autre n'est nullement la preuve de leur identité spécifique.

Depuis Buffon on a distingué dix espèces de faisans en ajoutant aux trois dont il parle le faisan à collier, le faisan superbe, le faisan de Sœmmerring, le faisan vénéré, le faisan d'Amherst, le faisan versicolore et le faisan argus. Dans l'impossibilité de les décrire toutes quoique toutes le méritassent par la beauté de leurs couleurs, nous nous bornerons à faire connaître les cinq dernières.

LE FAISAN DE SOEMMERRING [1]

C'est encore à M. Temminck que nous empruntons la description de ce beau faisan, originaire du Japon, et que le Muséum des Pays-Bas, dirigé par M. Temminck avec tant de soins, a reçu de M. le docteur Van Siebold.

Ce beau faisan est de taille intermédiaire entre le faisan commun d'Europe et le faisan tricolore ou doré de la Chine et du Japon. Sa queue, rassemblée en faisceau, est plus longue que celle du faisan doré ; un petit espace nu, d'un beau rouge, environne les yeux, et un autre, semé de papilles blanches, garnit le dessous de l'orbite. Le mâle n'a point de huppe ni de touffes à l'occiput ; la queue est longue, très étagée, composée de dix-huit pennes très larges, à surface plane ; les deux du milieu ont une dimension qui surpasse de beaucoup celles des autres.

La plus grande partie du plumage du mâle est colorée d'un pourpre éclatant de couleur d'or, et chatoyant en teintes opalines, selon le jour qui l'éclaire ; la couleur pourprée domine sur la tête, le cou, le manteau et la poitrine ; un pourpre brillant, chatoyant agréablement par les reflets qui naissent des bordures imitant l'or et la nacre, produit sur le dos et sur le croupion de charmants reflets variés ; le plumage du ventre et des ailes est

1. *Phasianus Sœmmerringii*, pl. color. d'ois.. n° 488.

d'un roussâtre mêlé de reflets pourprés et parsemés de grandes taches noires; la queue, d'un roux ardent, est lavée, par nuances, de demi-teintes plus ou moins claires et coupée, à grand intervalle, de treize lignes transversales noires; les pieds sont d'un gris clair, et le bec est jaune. La longueur totale de cet oiseau est de trois pieds six, huit ou dix pouces, selon la longueur des pennes du milieu de la queue, dont la plus grande dimension est de deux pieds huit pouces.

La femelle a une queue de six pouces de long; elle est régulièrement étagée. La couleur du plumage ne diffère pas beaucoup de celle de la femelle des autres faisans. Un roux plus ou moins pourpré, couvert de grandes taches noires, forme la teinte des parties supérieures; toutes les plumes ont une bande longitudinale d'un roux plus clair, qui suit la direction des baguettes; les plumes de la gorge et du devant du cou sont blanchâtres, et une réunion de petites zones noires en dessine les contours; la poitrine est variée de zigzags noirs sur fond cendré roussâtre; le milieu du ventre est blanc; les flancs et les ailes sont marqués de grandes taches noires et rousses, et les pennes terminées de blanc; la queue, d'un roux très vif, a, vers le bout des pennes (les deux du milieu exceptées), une bande d'un noir pur, suivie d'une tache terminale blanche; les deux du milieu sont rousses, couvertes de nombreux zigzags noirs et à bout terminal d'un blanc terne. La longueur totale est de dix-neuf à vingt pouces.

LE FAISAN VÉNÉRÉ[1]

Cette belle espèce de faisan, originaire de la Chine où elle paraît même être rare, n'est connue que par les individus mâles; la femelle n'a pas encore été décrite ni représentée. On dit que cet oiseau fait une des plus grandes richesses des volières des Chinois, et même on assure que son exportation est sévèrement punie. C'est M. Temminck qui nous l'a fait connaître par une magnifique peinture et par une excellente description que nous croyons devoir nous borner à reproduire.

Ce beau faisan, paré de couleurs fortement tranchées et à pennes de la queue d'une longueur énorme, est de la taille du faisan argenté ou bicolore de la Chine, par conséquent un peu plus grand que notre faisan commun; son bec est plus droit, plus déprimé, surtout bien moins courbé à la pointe que celui des autres espèces de ce genre; une très petite partie des joues, dénuée de plumes, forme un cercle rouge autour de l'orbite; la queue, très étagée, a une longueur remarquable, même disproportionnée pour la taille de l'oiseau : elle est composée de dix-huit pennes très étroites, dont les quatre du milieu forment la gouttière renversée; les pennes latérales de

1. *Phasianus veneratus*, Temm., pl. color. d'ois., n° 485.

chaque côté n'ont guère plus de trois ou quatre pouces, tandis que les deux
du milieu portent au delà de quatre pieds de longueur.

Aucune huppe ou parure accessoire n'orne la tête de ce faisan ; une
calotte blanche en couvre le sommet et descend sur l'occiput ; ce grand
espace blanc est bordé sur les côtés par une bande noire étroite, mais qui
se dilate vers le trou auditif et entoure la partie blanche de la tête ; sur le
front, le blanc est également bordé par un autre bandeau noir : deux
colliers, plus larges sur le devant du cou qu'à la nuque, couvrent cette partie ; le collier supérieur est d'un blanc pur et s'étend sur la gorge jusqu'à la
base du bec ; l'inférieur descend en pointe vers la poitrine. La partie du bas
du cou, tout le manteau, le dos et le croupion sont couverts de plumes qui, par
la manière tranchée dont elles sont colorées, font l'effet d'écailles ; leur teinte
est d'un jaune d'or très vif, et toutes sont terminées par un bord, en forme
de croissant, d'un noir pur ; celles de la poitrine, des côtés du ventre et les
grandes plumes des flancs sont peintes de deux bandes noires en losange,
sur un fond blanc éclatant ; elles ont, vers le bout, un croissant d'un noir
pur, et leur bord terminal est entouré par une large bande mordorée ; les
plus longues des dernières plumes des flancs ont leur extrémité colorée de
jaune d'or. Tout le milieu du ventre, les cuisses et l'abdomen sont d'un noir
velouté ; celles des couvertures inférieures de la queue sont noires, tachetées
de jaune d'or. Les pennes de la queue sont larges d'environ deux pouces ;
elles se terminent en pointe et sont opposées obliquement l'une à l'autre ; la
baguette est fortement cannelée dans toute sa longueur. La couleur des
barbes de ces pennes est d'un blanc grisâtre se nuançant par demi-teinte en
un roux doré, de manière que cette dernière couleur est très prononcée sur
les bords des barbules ; on compte quarante-sept barres en forme de croissant
sur chaque côté des barbes : ces bandes sont parallèles à la base et à l'extrémité de la penne ; mais depuis le quart jusqu'aux trois quarts environ de
la longueur, elles alternent ; leur teinte est plus ou moins noire à l'origine de
la penne, brune au centre et marron vers l'extrémité. Les pieds et les éperons sont d'un gris clair ; le bec est blanc. La longueur totale varie sans doute
beaucoup en proportion du plus ou moins de longueur des pennes du
milieu de la queue, dont les plus grandes ont quatre pieds cinq pouces.

LE FAISAN D'AMHERST [1]

L'ensemble de cet oiseau et la disposition de son plumage sont assez
semblables à ceux de notre faisan doré. Sa longueur du bec à la croupe est
de treize pouces, et sa longueur totale, de la pointe du bec à l'extrémité de
la queue, cinquante et un pouces. L'iris est blanc, et la partie nue qui envi-

1. *Leadbeater.* — *Trans. Lin.*, vol. XVI, p. 129, pl. 15.

ronne les yeux est d'un beau bleu clair; les plumes du sommet de la tête
sont vertes, celles de la crête sont cramoisies et de la longueur de deux
pouces un quart; l'espèce de fraise ou de palatine qui lui couvre le cou est
d'un blanc éclatant; chacune des plumes qui la composent est terminée par
une bande d'un vert foncé; une autre bande transversale, de même couleur,
se montre encore à trois huitièmes de pouce de son extrémité. La longueur
totale de cette palatine est de cinq pouces un quart, ses plus longues plumes
ont quatre pouces un quart; le cou, le dos, les épaules, la gorge et le dessus
des ailes sont d'un beau vert métallique, et chaque plume se termine par
une large zone d'un noir velouté; les grandes pennes primaires de l'aile sont
brunes avec la tige plus claire; les plus grandes et moyennes couvertures de
l'aile sont d'un noir bleuâtre. La poitrine et le ventre sont blancs; les cuisses
et le dessous de la queue tiquetés de brun noirâtre et de blanc; les jambes
d'un bleu clair; les plumes sur le croupion brunes à leur base, vertes à leur
partie moyenne et d'un beau jaune safran dans le reste de leur longueur;
les pennes du dessus de la queue sont aussi brunes à leur base, leur partie
moyenne est barrée de vert et de blanc et se termine par une pointe écarlate; ces plumes ont une longueur de dix pouces et s'insèrent à peu près
au même point que les véritables pennes; la première penne primaire de la
queue n'a que vingt-neuf pouces; elle a un fond blanc brillant, avec de
larges bandes vertes espacées d'environ trois quarts de pouce suivant la
direction des barbes, et entre chaque bande des mouchetures de même couleur; les troisième et quatrième pennes sont les plus longues et ont chacune trente-huit pouces de longueur; les barbes de dedans sont étroites et
piquetées de noir et de blanc, celles de dehors sont larges d'un pouce trois
huitièmes, avec des bandes transversales d'un vert foncé espacées de trois
quarts de pouce environ, sur un fond dont la partie interne est d'un blanc
grisâtre, et la partie externe d'un châtain clair.

C'est à lord Amherst que l'on doit la connaissance de cette belle espèce
de faisan; il en rapporta deux individus mâles à son retour des Indes. La
femelle n'est point connue. Ces oiseaux, originaires des montagnes de la
Cochinchine, furent donnés par le roi d'Ava à M. Archibald Campbell, qui
en fit présent à lord Amherst; ils arrivèrent vivants en Angleterre, mais ils
ne survécurent que quelques semaines aux fatigues du voyage.

LE FAISAN DE DIARD[1], OU VERSICOLOR

Cet oiseau, pour la forme et la taille, est à peu près semblable au faisan
vulgaire; mais sa queue est proportionnellement plus courte.

Il a deux pieds sept pouces de longueur totale, les pennes caudales dans
ces dimensions étant comprises pour quinze pouces.

1. *Phasianus Diardii*, Temm., *Phasianus bicolor*, Vieill., n° 209.

Les plumes du cou, du manteau et de la poitrine offrent cette particularité, qu'elles ont à leur extrémité une forte échancrure qui les divise en deux lobes arrondis. La couleur du bec est jaune. Les joues, vivement colorées en rouge et garnies de petites papilles, ne sont pas entièrement dénuées de plumes; quelques-unes s'y montrent éparses çà et là.

Il a aussi, comme notre faisan d'Europe, une petite aigrette de chaque côté de l'occiput.

Le dessus de la tête et la nuque sont d'un vert doré à reflets violets.

Sous la gorge, sur le devant et les côtés du cou apparaissent encore des reflets violets sur un bleu magnifique.

En arrière, la base du cou est d'un vert doré à reflets pourprés. La poitrine, le ventre et les flancs brillent d'un vert éclatant.

Les scapulaires d'un vert métallique portent vers leur extrémité une zone d'un blanc jaunâtre et se terminent par une large bordure dorée.

On remarque sur la couleur verte des plumes du dos des lunules d'un brun fauve.

La région du dessous de la queue est peinte d'un gris glacé de verdâtre.

Un gris lilas nuancé de vert est répandu sur la surface supérieure des ailes, dont les grandes pennes sont d'un brun clair, traversées de quelques raies fauves.

La queue, assez courte et peu étagée, est, comme celle de tous les faisans, tectiforme ; un gris verdâtre la colore : les quatre moyennes portent le long de leur baguette, de chaque côté, de petites bandes transversales noires. Les barbes de ces pennes sur leur bord libre sont désunies, ce qui forme une espèce de frange pendante qu'un gris pourpré colore.

Les autres, c'est-à-dire les latérales, sont parsemées de points noirs extrêmement petits.

Les tarses sont verdâtres et armés d'éperons.

La taille de la femelle est un peu plus petite que celle de l'autre sexe. Son tarse ne porte qu'un très petit tubercule ; à peine si les échancrures des plumes du cou et de la poitrine se font sentir.

Par la couleur de son plumage, elle se rapproche beaucoup de la femelle du faisan d'Europe; cependant elle s'en distingue très bien par les nombreuses taches noires qui sont répandues sur ses parties inférieures ; mais, comme chez cette dernière, toutes les plumes des parties supérieures sont bordées de jaune doré, et, de plus, brillent d'une légère teinte verdâtre métallisée.

Ces oiseaux sont originaires du Japon, où, à ce qu'il paraît, ils sont assez communs.

Ils vivent dans les bois et ont les mêmes habitudes que les faisans d'Europe.

Cette espèce a été dédiée à M. Diard qui l'a le premier fait connaître.

Les individus qui font partie de la collection du Muséum d'histoire naturelle ont été envoyés par lui : il les avait achetés à Batavia.

LES TRAGOPANS [1]

Les tragopans se distinguent éminemment par leurs caractères génériques de tous les autres gallinacés dont ils ont le port, le bec, les pieds, les ailes, etc. ; par les deux espèces de plumes qui garnissent leur tête au-dessus des yeux, et par l'espèce de fanon attaché sous la gorge, qu'ils ont la faculté d'étendre et de gonfler à volonté. Ces attributs sont ceux des mâles, les femelles en sont privées; mais elles ont, comme les mâles, leurs tarses armés chacun d'un éperon.

La seule espèce du tragopan connue vient du nord de l'Inde et du Bengale.

Ses formes assez particulières et les caractères singuliers qu'elles présentaient ont laissé les naturalistes dans une grande incertitude sur les genres auxquels ils devaient les rapporter. Edwards [2] qui le premier le décrivit en fit un faisan, et c'est parmi les oiseaux étrangers qui ont rapport aux faisans que Buffon [3] nous en parle d'après Edwards ; Gmelin en fit un yacou; Latham le considéra comme un dindon, M. Temminck [4] le replaça parmi les faisans, et il en a été de même de Vieillot ; c'est mon frère qui en a fait un genre particulier, et il a pris le nom de tragopan à Pline [5] qui semble en effet parler de cet oiseau, quand il dit que le tragopan a sur les tempes des cornes recourbées, que la couleur de son plumage est celle de la rouille, etc.; de plus, ce nom de tragopan, qui signifie paon-bouc ou pan cornu, convient à ce bel oiseau.

LE NAPAUL ou TRAGOPAN CORNU [6]

La longueur de cet oiseau est de dix-neuf à vingt pouces, et il se fait remarquer au premier aspect par les deux appendices cornés de couleur bleue qu'il porte sur les côtés de la tête en arrière des yeux, et que l'on a comparés à des cornes. Un fanon mince, qui prend naissance à la base de la mandibule inférieure du bec, tombe et flotte sur le milieu de la gorge; la peau nue de celle-ci se prolonge latéralement en deux membranes épaisses qui descendent jusque sur les premières plumes du cou; ces parties sont

1. Cuvier, *Règne animal*, 2ᵉ édit., t. 1ᵉʳ, p. 479.
2. *Hist. nat. des ois.*, pl. 96, Glan., t. III, p. 331.
3. Tome II, in-4°, p. 362. — Édit. Garnier, t. V, p. 409.
4. Temm., *Gallin.*
5. *Histoire naturelle*, liv. X, chap. 49.
6. Edwards. — Faisan cornu, Buffon. — Édit. Garnier, t. V, p. 409.

semées de quelques poils noirs et sont colorées en bleu avec des taches orangées ; le tour de l'œil est nu ; des plumes extrêmement serrées, d'une nature assez dure, garnissent la base du bec et le front. Sur toute la tête règne un noir très foncé qui s'étend aussi en forme de collier autour de la région glabre de la gorge. A l'exception de la tête et du haut du cou, on voit sur toutes les parties du plumage des taches blanches bordées de noir ; ces taches occupent la pointe de chaque plume, les plus grandes se montrent sur les flancs et les couvertures des ailes et de la queue ; un beau rouge foncé et glacé colore la partie antérieure comme la partie postérieure du corps, ainsi qu'une partie de l'épaule. La région dorsale est variée de noir, de brun clair et de fauve. Les pennes des ailes, de même que les pennes de la queue et leurs couvertures supérieures sont brunes, traversées de raies fauves fort irrégulières ; le bec est brun ; les pieds sont colorés en jaune et ornés d'un éperon médiocre, mais très pointu.

C'est par erreur que M. Vieillot a dit que la femelle portait une longue huppe d'un bleu foncé ; elle est beaucoup plus petite que le mâle et ne porte point d'éperons ; elle n'a ni huppe sur la tête ni caroncules sur la gorge, celle-ci est couverte de plumes d'un blanc fauve ; un cercle nu fort étroit entoure l'œil. Tout son plumage, sur la partie supérieure du corps, est mélangé de brun et de roux fauve ; les plumes de la poitrine et du devant du cou sont rousses, finement striées de brun, et elles portent sur leur centre un trait blanc. Le même système de coloration se fait remarquer sur les côtés de la poitrine, où l'on voit de plus des taches brunes ; les tarses sont gris. La livrée des jeunes mâles avant la première mue est absolument la même que celle des femelles ; la présence de l'éperon peut seul les faire distinguer de celles-ci.

LES ARGUS

Buffon n'a connu la seule espèce qui constitue ce genre que d'une manière incomplète, et seulement par une note des *Transactions philosophiques* [1] ; encore l'origine et les traits qu'il lui donne sont inexacts : cet oiseau n'est point de la Chine, et il n'a point de huppe [2].

Tous les ornithologistes ne sont pas d'accord sur la nature de cet oiseau ; cependant il n'y a aucune contestation sur ses rapports avec les gallinacés ; il a, sans exception et de la manière la plus marquée, les caractères de cet ordre ; mais on se partage pour savoir s'il doit faire un genre distinct ou être réuni aux faisans proprement dits. M. Temminck l'a considéré comme le type d'un genre particulier, et il a été suivi en cela par d'autres ornithologistes, tandis que Linneus, Latham et mon frère en faisaient un faisan.

Les motifs principaux qui paraissent avoir porté les naturalistes que

1. Tome LV, p. 88, pl. 3.
2. Tome V, p. 425. — Édit. Garnier.

nous venons de désigner à séparer l'argus des faisans sont la physionomie générale particulière que cet oiseau reçoit de son plumage, mais surtout la très grande longueur des pennes secondaires des ailes qui surpassent de beaucoup celles des pennes véritables. Les raisons, au contraire, qui ont déterminé d'autres naturalistes à ne point admettre de distinction générique entre l'argus et les faisans, c'est que, quand les modifications de la physionomie générale ne résultent pas de différentes dispositions des plumes, d'autres relations entre elles, et seulement de ce qu'elles sont plus longues ou plus larges, il n'y a pas lieu à les considérer comme des modifications importantes, et dont l'influence soit telle, que la nature même de l'animal en éprouve des changements. Or il est certain qu'à cet égard l'argus n'a point cessé d'être un faisan. En a-t-il été de même de la grande extension qu'ont prise les pennes secondaires des ailes? Il faut d'abord remarquer que chez les gallinacés les ailes ne sont point, comme chez les oiseaux de proie, un organe prédominant, dans lequel le développement de toutes les parties soit subordonné au développement de celles qui sont essentiellement nécessaires au vol, les vraies pennes; et que chez presque tous les gallinacés ces pennes, toujours très courtes, ne dépassent souvent pas celles qui les recouvrent, c'est-à-dire les pennes secondaires; or que ces dernières aient pris un peu plus ou un peu moins d'étendue, cela ne me paraît devoir rien changer à la nature des oiseaux; c'est une exubérance dans des parties sans influence, car ces pennes secondaires ne peuvent nullement suppléer les autres pour faciliter et étendre le vol; aussi l'argus, comme les autres gallinacés, a-t-il plutôt recours à ses jambes qu'à ses ailes pour satisfaire ses besoins et pourvoir à sa sûreté. Les couleurs de son plumage offrent des caractères particuliers, qui, plus que tout autre, pourraient motiver sa séparation des faisans. En effet, aucun de ces derniers oiseaux ne nous présente dans son plumage des dessins analogues à ceux de l'argus; tous ont des couleurs assez remarquables, plusieurs même en ont de très brillantes; mais il n'en est point qui aient les plumes semées de petites taches nombreuses, et surtout qui nous présentent des pennes secondaires ayant chacune, dans toute leur longueur, cette longue ligne de larges taches circulaires environnées d'un cercle noir et réfléchissant les plus belles couleurs métalliques; et c'est ce motif principalement qui nous fait représenter cet oiseau, et qui nous le fait décrire sous un nom générique. Du reste, l'argus a tous les caractères principaux communs aux faisans; cependant les côtés de sa tête et de la moitié supérieure de son cou sont presque nus, tandis que chez les faisans il n'y a de nu que le tour des yeux. Ses narines s'ouvrent à peu près au milieu du bec, au lieu de s'ouvrir à sa base, et le mâle n'a point l'ergot qui est propre à tous les faisans.

C'est des parties méridionales de l'Asie, de Sumatra, et sans doute de quelques autres parties des Indes orientales que les argus sont originaires; et, quoique fort sauvages, ils se laissent apprivoiser assez facilement.

L'ARGUS LUEN [1]

Ce qui frappe le plus dans cet oiseau, c'est le développement considérable que présentent les ailes et la queue. Celle-ci n'a pas moins de quatre pieds de longueur; celle des ailes, mesurées du coude à l'extrémité des pennes secondaires, qui sont les plus longues, est de deux pieds et demi. De la pointe du bec jusqu'au bas du croupion il y a dix-sept pouces. La hauteur des tarses est de quatre pouces.

Les doigts sont réunis à leur base par une membrane qui se prolonge en une frange sur leur bord intérieur.

Les parties latérales de la tête, la gorge et les côtés du cou sont couverts d'une peau nue parsemée de poils grisâtres. Le front et le sommet de la tête sont revêtus de petites plumes noires veloutées qui se montrent un peu plus longues sur l'occiput. Celles qui garnissent le derrière du cou sont fort étroites, à barbes décomposées et piliformes.

Un roux marron, très vif sur le bas du cou en devant, colore la poitrine et le ventre; ces parties sont transversalement rayées de noir ainsi que les flancs, dont le fond brun porte, en outre, des raies fauves. Le dos et les couvertures des ailes sont bruns avec des taches noires marquées de raies irrégulières jaunâtres.

La forme concave, en dessous, des plumes qui revêtent le croupion ne leur permet point de s'appliquer parfaitement l'une sur l'autre.

Elles sont d'une teinte fauve et assez régulièrement marquées de petites taches rondes et brunes.

La tige des rémiges, qui sont légèrement courbées, est robuste, très aplatie en dessus, peinte d'une belle couleur de chair vers l'endroit de son insertion, et colorée en bleu le plus tendre sur le reste de son étendue.

Ses larges barbes sont très fortement unies entre elles; les externes offrent une couleur fauve ou grisâtre, sur laquelle sont disposées, en plusieurs lignes, des petites taches brunes qu'environne une teinte jaunâtre. Une large bande de couleur chocolat, semée de très petits points blancs entourés d'un cercle bleuâtre, se montre sur les barbes internes, dont le fond est fauve marqué de taches noires cerclées de roussâtre. De plus, on remarque le long de la baguette une suite de petits traits noirs, qui se trouvent séparés l'un de l'autre par une tache oblongue et ocrée.

Les pennes secondaires sont du double plus longues que les rémiges; encore leur extrémité, qui est brune, tachetée de blanc, puis d'une couleur chocolat, n'atteint-elle qu'à la moitié des longues pennes caudales.

Leurs baguettes, qu'un noir luisant bordé de rose colore vers la partie

---

1. *Argus pavonius*, Vieill., *Gall.*, pl. 30, n° 1; *Phasianus argus*, Lath.; *Argus giganteus*, Temm., *Gall.*, t. III, pl. 678.

la plus rapprochée du tuyau, tandis que le reste de leur longueur est du plus beau blanc, sont droites, peu résistantes, et supportent des barbes plus élargies que celles des rémiges. Celles de ces barbes qui sont attachées au bord externe de la tige portent le long de cette même tige une rangée de miroirs ou taches rondes, formée d'un cercle noir au milieu duquel le rouge, le jaune et le blanc se nuancent diversement, dont la largeur est à peu près celle d'une pièce de vingt sous.

On voit encore sur le fond roussâtre de ces mêmes barbes externes des raies noires qui les traversent obliquement, et des taches de la même couleur qui couvrent leur bord libre. Enfin, le côté intérieur des pennes secondaires est teint de brun chocolat que parcourent des points noirs.

Les pennes de la queue, nuancées de brun marron et de gris cendré, sont chargées de points blancs entourés de noir; les deux médianes, dont la longueur est deux fois plus considérable que celle des pennes latérales, ont du blanc sale à leur extrémité.

La grosseur de la femelle est la même que celle du mâle; les plumes de ses ailes et de sa queue sont restées dans les proportions ordinaires et ne sont point élégamment peintes comme celles du mâle.

On observe cependant chez elle la même nudité aux joues, sur le devant et les côtés du cou.

Les petites plumes veloutées qu'elle porte sur le dessus de la tête sont brunes rayées de fauve.

Le plumage du cou et de la poitrine, ainsi que les rémiges ont une couleur marron plus ou moins rayé de brun. Le ventre et le bas-ventre sont teints d'un fauve roussâtre, également rayé de brun.

Le manteau et les grandes couvertures des ailes sont d'un brun noir, sur lequel se répandent des lignes ou des points fauves.

Les pennes de la queue, brunes, sont striées de roussâtre. Sur leurs couvertures supérieures le brun domine le fauve.

Ce bel oiseau habite les îles de Java et de Sumatra; dans cette dernière on lui donne le nom de *Cooox;* on dit aussi qu'il se trouverait dans la Tartarie chinoise, où il serait connu sous celui de *Luen.*

On le rencontre encore dans les royaumes de Pégu, de Siam, de Cambodge et à Malacca.

C'est une espèce qui, à l'état sauvage, est très farouche, qui vit dans les forêts, et dont le cri est fort et désagréable; cependant à Batavia on la conserve dans les basses-cours où l'on assure qu'elle est réduite à l'état de domesticité comme le paon, et que même on la préfère à cet oiseau à cause de la délicatesse de sa chair. Les dames indiennes se parent des belles plumes que leur fournissent les ailes du mâle.

MM. Diard et Duvaucel ont enrichi la collection du Muséum de plusieurs de ces oiseaux, qui sont dans le plus bel état de conservation.

LE CRYPTONYX ou ROULOUL [1]

L'oiseau qui nous donne le type de ce genre rappelle par sa forme générale la caille et la perdrix. La grosseur de son corps, la brièveté de sa queue
sont précisément les caractères que ces oiseaux nous présentent ; mais il en
diffère en ce que ses tarses sont privés d'éperons et son doigt postérieur
d'ongle, sans compter les couleurs brillantes qui le revêtent et qui diffèrent tant de celles des perdrix ou des cailles.

Les naturalistes ont été longtemps incertains à quel genre ils associe-
raient cet oiseau. Sonnerat, qui le fit connaître sous le nom de rouloul de
Malacca, se borna à indiquer les rapports qu'il apercevait entre lui, les
faisans et notre ramier. Sparmann en fit un faisan sous le nom de *cristatus*.
Latham et Gmelin réunirent le mâle aux pigeons et firent une perdrix de la
femelle ; enfin c'est aux perdrix que Latham l'a joint.

Quand on voit les auteurs systématiques à vues étroites transporter ainsi
un animal d'un genre dans un autre, c'est ordinairement le signe que cet
animal doit devenir le type d'un genre nouveau ; ce que ces auteurs n'aperçoivent pas, parce que, donnant à leur système une autorité absolue, ils en
viennent presque toujours au point de supposer que la nature n'a pu faire
autre chose que ce qu'ils lui imposent, et ils ne comprennent plus rien à la
science, ou croient qu'elle n'existe plus quand on la traite autrement qu'eux

M. Temminck a donc eu raison de former ce genre cryptonyx ; mais
non point à cause de l'ongle qui manque au doigt de derrière : ce doigt
rudimentaire chez tous les gallinacés ne mérite pas l'importance qu'on lui
a donnée dans les caractères génériques.

LE CRYPTONYX ou ROULOUL COURONNÉ [2]

Ce petit gallinacé a le port du francolin, sa taille est au-dessous de celle
de la perdrix grise ; mesuré de la pointe du bec à l'extrémité de la queue,
sa longueur est d'environ neuf pouces et demi.

Le mâle porte sur l'occiput une huppe composée de plumes longues de
dix-huit à vingt lignes, raides, à barbes désunies et espacées ; cette aigrette,
que l'oiseau tient toujours à moitié relevée, est d'un rouge mordoré.

Sur le devant du front naissent six crins noirs, assez épais, courbés en
arrière, dont les plus longs ont à peu près dix-huit lignes.

La face est d'une belle couleur noire ; mais sur le dessus de la tête, à

---

1. Temm., *Gall.*
2. Temm., pl. color. 350 et 351 ; *Rouloul de Malacca*, Sonnerat ; 2 vol., pl. 113 ; Vieillot,
Gall., pl. 210.

l'origine de la huppe occipitale, se montre un espace blanc. Il existe autour des yeux un cercle proéminent formé de petits appendices charnus de couleur rose.

Un rouge clair colore la partie nue qu'on voit autour et en arrière de l'œil. La nuque, les joues, le devant du cou, le ventre et les cuisses sont revêtus de plumes d'un noir brillant; cette même couleur se couvre de reflets bleus ou violets sur le derrière du cou, les scapulaires et la poitrine.

Un vert foncé à reflets bleus colore le dos, ainsi que les plumes longues et pendantes du croupion; ces plumes cachent presque entièrement les pennes de la queue dont la longueur est à peine de deux pouces.

Les barbes externes des pennes des ailes présentent des raies en zigzags brun clair, sur un fond roux; mais les barbes internes, les pennes secondaires et toutes les couvertures des ailes sont d'un brun foncé.

Un rouge jaunâtre colore les tarses et les doigts; les ongles sont bruns, et l'iris des yeux est d'un rouge vif.

La presque totalité du bec est noire; on ne voit que du rouge à sa base.

La femelle porte, ainsi que le mâle, six crins arqués sur le devant de la tête; mais elle est privée de la huppe du mâle. La même nudité se fait remarquer autour des yeux.

La tête et la partie supérieure du cou sont couvertes de plumes d'une nature cotonneuse d'un brun cendré reflétant une teinte violette.

Le cou, à sa base, la poitrine, le dos et les plumes épaisses qui cachent la queue, brillent d'un beau vert glacé, sur lequel de fines raies transversales d'un brun gris se laissent apercevoir.

La face inférieure des pennes caudales est noire, leur face supérieure est verte, cette dernière couleur est aussi celle des flancs; mais la région abdominale et les cuisses sont d'un brun cendré.

Le cryptonyx couronné habite les forêts de la presqu'île de Malacca et est, à ce qu'il paraît, fort commun dans toutes les parties de l'île de Sumatra, qui est séparée de la terre ferme par le détroit de Malacca.

On ne rencontre jamais cet oiseau dans les plaines; il est d'un naturel méfiant et farouche et ne peut point, dit-on, supporter la captivité, ce qui est sans doute une exagération.

Le cri d'appel du mâle est un petit gloussement plus sonore que celui de la perdrix grise.

LES MÉGAPODES

Buffon n'a connu aucune espèce de ce genre. D'abord ce genre a été fondé sur des oiseaux découverts par MM. Quoy et Gaimard dans plusieurs îles de la mer des Indes, lorsqu'ils faisaient partie de l'expédition commandée par le capitaine Freycinet. C'est M. Temminck qui, pressé de faire connaître au public les découvertes de nos compatriotes, a donné à ce genre le nom de mégapode et l'a placé dans l'ordre des gallinacés ; il a enlevé ainsi à MM. Quoy et Gaimard le petit avantage de joindre à leur importante découverte un nom de leur création ; car, à moins d'être dépourvu de toute pratique en ornithologie, et nos voyageurs étaient loin d'être dans ce cas, il était évident que ces oiseaux ne s'associaient à aucun genre connu, et qu'ils devenaient les types d'un genre nouveau.

En effet, à la grandeur de leurs jambes, de leurs doigts, de leurs ongles, à leurs mœurs, à toutes leurs habitudes, on devait les grouper à part, et, suivant que l'on s'attachait plus à un système d'organes qu'à un autre pour établir leurs rapports, les classer dans l'ordre des gallinacés ou dans celui des échassiers ; et c'est en effet ce qui a été fait : M. Temminck les associe au premier de ces ordres, et mon frère au second. Nous aurions suivi ce dernier exemple si, à l'époque où nous avons fait un choix de figures pour l'atlas de cet ouvrage, nous avions connu les mégapodes comme nous les connaissons aujourd'hui. Nous tâcherons cependant que l'erreur que nous avons commise, à l'imitation de M. Temminck, ne soit pas sans avantage pour la connaissance des gallinacés.

Il vient un point où, comme nous l'avons vu en parlant des outardes, ce n'est pas sans quelque hésitation que l'on place un oiseau, ou parmi les échassiers ou parmi les gallinacés ; mais principalement lorsqu'on ne peut être guidé que par les caractères extérieurs, tels que le bec, les jambes, les ailes, etc.; car lorsqu'on est à portée de consulter la structure intérieure des animaux, les objets de comparaison se multipliant, il devient beaucoup plus facile d'établir les véritables rapports des êtres qu'on veut connaître. On peut de même découvrir des rapports importants et vrais en étudiant le naturel et les mœurs, qui sont un résultat de l'organisation la plus intime, et qui, s'ils ne la dévoilent pas, comme le fait l'observation des organes aidée du scalpel, indiquent du moins qu'elle est différente chez les animaux qui, à cet égard, n'ont point de ressemblance. Il ne paraît pas qu'on ait fait l'anatomie des mégapodes et qu'on ait cherché à constater quelle est la nature de leur canal alimentaire, car la connaissance de leur estomac aurait aidé à lever bien des doutes. Il ne restait donc que les mœurs, et heureusement elles étaient connues en un assez grand nombre de points pour servir à une juste induction. D'après tous les rapports, les mégapodes vivent dans les terrains marécageux, déposent leurs œufs dans des cavités qu'ils forment eux-mêmes en creusant légèrement le sable, ayant soin ensuite de les recouvrir ; ils choisissent pour cela les expositions les plus chaudes et ne déposent jamais qu'un seul œuf dans chaque cavité. Les petits naissent sous la seule influence de la chaleur solaire et pourvoient eux-mêmes à leurs besoins dès qu'ils sortent de l'œuf, sans que leur mère prenne plus de soin de leur conservation à cette première époque de leur vie, qu'elle n'en avait pris pour les faire éclore. Nous avons vu dans tout ce que nous avons dit jusqu'ici des gallinacés, qu'il n'y a presque aucun rapport entre leurs mœurs et celles des oiseaux dont nous parlons. Autant les premières veillent avec sollicitude sur leur progéniture, à commencer avec la ponte jusque longtemps après que cette progéniture peut déjà pourvoir à tous ses besoins, autant les autres l'abandonnent aux soins et à la prévoyance de la nature; or, pour que de telles différences aient lieu, il faut nécessairement que le système fondamental de l'organisation soit différent, parce que les actions des animaux sont le résultat médiat de leurs organes, parce que de telles mœurs sont attachées à d'autres destinées, parce que dans l'économie générale le rôle des uns ne sera pas celui des autres. Les mégapodes ne sont donc point des gallinacés; ils appartiennent à un ordre différent, et tout annonce que c'est auprès des kamichis qu'ils doivent prendre place, comme l'a pensé mon frère dans son règne animal.

Les caractères extérieurs des mégapodes consistent dans un bec grêle, faible, droit, aussi large que haut et aplati en dessus à sa base; sa mandibule supérieure est plus longue que l'inférieure et légèrement courbée à sa pointe; la mandibule inférieure est droite et n'est point débordée et cachée par la supérieure.

Les narines sont ovales, ouvertes, placées plus près de la pointe du bec que de sa base, et les fosses nasales sont longues et couvertes d'une membrane garnie de petites plumes.

Le tour de l'œil est nu et le cou n'est revêtu que de plumes petites et rares.

Les ailes sont médiocres, concaves, arrondies, et ce sont les troisième et quatrième pennes qui sont les plus longues.

La queue, cunéiforme et courte, ne dépasse guère les ailes; elle se compose de douze pennes.

Les pieds sont grands et forts, placés à l'arrière du corps; le tarse est gros et long, couvert de grandes écailles, comprimé surtout en arrière; quatre doigts très allongés, trois en devant presque égaux, réunis à leur base par une petite membrane plus apparente entre le doigt interne et celui du milieu, qu'entre celui-ci et l'externe; le doigt postérieur, aussi grand que les autres, pose à terre dans toute sa longueur. Enfin, les ongles très longs, très forts, plus en dessus, très peu courbés, sont triangulaires et ont les pointes obtuses.

Ces caractères, qui sont ceux que M. Gaimard donne à ce genre, et qui sont absolument les mêmes que ceux qu'il avait reçus de M. Temminck, devaient déjà faire supposer que ces oiseaux n'étaient pas des gallinacés; car le doigt postérieur de ceux-ci est tellement rudimentaire, que dans plusieurs il disparaît tout entier.

LE MÉGAPODE AUX PIEDS ROUGES[1]

Cet oiseau a treize pouces de longueur totale, dimensions qui sont les mêmes que celles du mégapode Freycinet. Son bec est brun; le dessus de la tête et les plumes allongées et un peu relevées qui naissent sur l'occiput sont brunâtres.

La peau nue et plus ou moins rougeâtre des joues et d'une partie de la gorge est clairsemée de petites plumes brunes.

Il règne sur la totalité du cou, la poitrine et le ventre une couleur de plomb.

Le dos est teint d'olivâtre foncé; les grandes pennes des ailes sont, ainsi que la queue dont elles couvrent la moitié supérieure, d'un brun roussâtre.

Le croupion, les flancs et la région abdominale sont d'un roux marron.

Un rouge vermillon colore le tarse et la plus grande partie des doigts; leur extrémité seulement et les ongles sont noirs.

Ce mégapode se trouve à la Nouvelle-Guinée, d'où il a été rapporté au Muséum par MM. Quoy et Gaimard.

Il habite aussi les Célèbes et Amboine. Dans cette dernière île, M. Reinwardt en a trouvé les œufs enfouis isolément sous le sable du rivage et soigneusement recouverts avec des débris de plantes.

LE MÉGAPODE FREYCINET[2]

Dans le mégapode Freycinet la queue, courte et arrondie par le bout, est en partie cachée par les ailes; les pieds de cet oiseau, de couleur noire, placés assez en arrière du corps, sont forts et robustes; ses doigts sont à peu près d'égale longueur entre eux et munis d'ongles faiblement arqués; la peau qui environne l'œil est nue, celle du cou n'est garnie que de quelques plumes rares et fort courtes; ces parties nues ont une teinte bleuâtre; le bec est de couleur de corne; le plumage en entier est d'un noir brun qui s'éclaircit cependant sous le ventre et sous les ailes; les plumes du derrière de la tête, étroites et effilées, se relèvent en une espèce de huppe.

Les mégapodes Freycinet se tiennent dans les lieux humides, volent peu et en effleurant la terre. Leurs œufs sont en disproportion avec leur taille, longs de trois pouces et demi et d'une couleur rougeâtre; leur grosseur est à peu près la même aux deux bouts. C'est dans des creux sur le rivage de la mer, où on les trouve en nombre considérable, que ces œufs sont déposés.

1. *Megapodius rubrisses*, Temm., pl. 411.
2. *Megapodius Freycinetii*, Quoy et Gaim.; *Voy. autour du monde*, pl. 28, Temm., pl. col.

Ces oiseaux habitent la terre des Papous, où les naturels les nomment *Mankiris*; dans l'île de *Guébé* ils portent le nom de *Blarinc*. On en retrouve également à Banda et à Amboine.

MM. Quoy et Gaimard rapportent que sur les îles *Waigiou* et *Boni*, ils paraissent vivre dans une demi-domesticité; à peu près, disent-ils, comme les canards qui habitent les marais que traverse la petite rivière de Sèvres, dans le département de la Charente-Inférieure.

LES PERDRIX

Ces oiseaux forment une famille très naturelle, qui a été divisée par Buffon en quatre genres : 1° les perdrix proprement dites; 2° les francolins; 3° les cailles; 4° les colins; c'est-à-dire comme ils sont encore divisés aujourd'hui, à l'exception du tocro, qui est devenu le type d'un genre nouveau, et que Buffon, quoique ne le connaissant que très imparfaitement, avait bien reconnu être voisin des perdrix, car il le nomme perdrix de la Guyane[1], tout en l'éloignant cependant beaucoup des gallinacés.

Il donne plusieurs exemples de perdrix proprement dites, dans ses descriptions : de la perdrix grise (*P. cinereus*[2]), de la bartavelle (*P. græca*[3]), de la perdrix rouge (*P. rufus*[4]), de la perdrix de roche (*P. petrosa*[5]) ; aussi nous serions-nous abstenu d'ajouter une espèce à ce genre, sans la beauté de la perdrix mégapode, dont nous avons cru devoir donner une figure. C'est par la même raison, et, de plus, parce que Buffon est entré dans peu de détails dans la description du francolin, que nous donnons, avec les caractères du genre, la figure et la description du francolin ensanglanté; car si Buffon parle de quatre ou cinq espèces de ce genre, du francolin proprement dit (*F. vulgaris*[6]), du bisergot (*F. bicalcaratus*[7]), de la perdrix perlée (*F. perlatus*[8]), du francolin de Madagascar qu'il regarde comme une caille (*F. spadinus*[9]), de la perdrix rouge d'Afrique (*F. rubricolis*[10]), il ne le fait que très superficiellement. N'ayant pas les motifs de la beauté des couleurs pour faire figurer des cailles ni des colins, nous n'ajouterons que la description d'une ou de deux espèces à celles que Buffon a fait connaître, mais insuffisamment pour donner une juste idée de l'un et de l'autre de ces genres, ou plutôt de ces sub-

1. Tome IV, in-4°, p. 513. — Édit. Garnier, t. V, p. 442.
2. Tome II, in-4°, p. 401. — Édit. Garnier, t. V, p. 445.
3. *Idem*, p. 420. — *Idem*, p. 453.
4. *Idem*, p. 431. — *Idem*, p. 459.
5. *Idem*, p. 446. — *Idem*, p. 462.
6. *Idem*, p. 438. — *Idem*, p. 462.
7. *Idem*, p. 443. — *Idem*, p. 465.
8. *Idem*, p. 446. — *Idem*, p. 466.
9. *Idem*, p. 479. — *Idem*, p. 484.
10. *Idem*, p. 444. — *Idem*, p. 465.

divisions. Outre la caille commune (*Cot. vulgaris*[1]), il décrit la grande caille
de Pologne (*Cot. major*[2]), la fraise ou caille de la Chine (*Cot. sinensis*[3]). Parmi
les colins, il parle du colenicui (*C. borealis*[4]), de l'ococolin (*C. nævia*[5]), du
zone-colin (*C. cristata*[6]), etc., mais il les a peu connus, ce qui nous a déterminé à en donner les caractères génériques, avec la description de deux
espèces pour exemples, et nous terminerons par les caractères du genre
tocro et la description de la seule espèce qui le constitue.

L'histoire de la perdrix grise, celle de la perdrix rouge et celle de la
bartavelle sont aussi complètes que celles qu'on pourrait en donner aujour-
d'hui ; seulement ce qu'il dit, d'après Athénée et Tournefort, de la perdrix
rouge qui a rendu inhabitable l'île de Nanfio en Grèce, tant elle y a pul-
lulé, doit s'entendre de la bartavelle. Ce qu'il nous apprend de la petite perdrix grise voyageuse a été confirmé par beaucoup d'observateurs; aussi
plusieurs ornithologistes ont-ils été portés à la considérer, avec raison peut-
être, comme une espèce distincte, car l'instinct des voyages ne peut guère
être celui d'une variété ou d'une race, puisqu'il ne pourrait naître d'une influence fortuite, et aucune autre cause n'aurait pu agir sur des animaux à
l'état sauvage; ou il faudrait supposer, ce qui n'est point hors de toute vraisemblance, que cet instinct ne se développe que dans certaines circonstances.
Quant à sa perdrix de montagne, un excellent observateur, M. Bonelli, de
Turin, a cru reconnaître qu'elle n'était qu'une variété de perdrix grise. Son
histoire du francolin, bien inférieure à celle des perdrix, et celle du bisergot et de la perdrix rouge d'Afrique, qui, comme nous l'avons dit, sont deux
francolins, ne rachètent pas ce qui manque au francolin d'Europe; nous
suppléerons donc à ces omissions, comme nous venons de le dire, par la
description et la figure du francolin ensanglanté. Quant à sa gorge nue, ne
serait-ce pas une maraille?

La perdrix rouge de Barbarie est une espèce particulière, et il en est de
même de celle de roche. La perdrix perlée de la Chine est un francolin, et
celle de la Nouvelle-Angleterre un colin.

Dans l'histoire de la caille, Buffon entre dans des détails nombreux et
vraie. Sa grande caille de Pologne aurait besoin d'être plus complètement
décrite, et il en est de même de celle des Malouines, qui pourrait être un
colin. Sa fraise, ou caille de la Chine, a été admise à ce titre dans les catalogues méthodiques, et celle de Madagascar a été rapprochée des francolins.
Quant au réveil-matin, il est tiré d'un rapport de Bontius qui paraît fabuleux à quelques naturalistes, et à d'autres, se rattacher au genre turnix.

Tout ce que Buffon dit des colins ne consiste qu'en dénominations ac-

1. Tome II, in-4°, p. 449. — Édit. Garnier, t. V, p. 467.
2. *Idem*, p. 476. — *Idem*, p. 481.
3. *Idem*, p. 478. — *Idem*, p. 482.
4. *Idem*, p. 487. — *Idem*, p. 486.
5. *Idem*, p. 489. — *Idem*, p. 486.
6. *Idem*, p. 485. — *Idem*, p. 485.

compagnées de quelques notes plus ou moins vagues tirées de Fernandès, lesquelles, considérées comme fondées, ont porté les ornithologistes à établir sur elles de vraies espèces ; ainsi le zone-colin est devenu la perdrix à crête (*P. cristata*), le grand colin, la perdrix de la Nouvelle-Espagne (*P. Novæ Hispaniæ*), l'ococolin, la perdrix tachetée (*P. nævia*), etc., etc. Depuis, les cailles d'Amérique ayant été observées, elles sont beaucoup mieux connues, et l'on peut aujourd'hui recourir heureusement à des sources plus pures que celles qui nous étaient offertes par Fernandès.

LES PERDRIX PROPREMENT DITES

Chacun connaît, par nos perdrix grises et rouges, la physionomie propre à toutes les espèces de ce genre très naturel. Ces oiseaux ont le corps arrondi, les tarses nus et courts, la tête petite ; dans beaucoup d'espèces le tour de l'œil est sans plumes ; ils ont de plus des ailes peu étendues, et une queue qui, même quand elle les dépasse, ne peut cependant être considérée que comme un organe peu influent ; leur bec, d'une médiocre force, plus large qu'élevé à sa base, est court comparativement à celui de plusieurs autres gallinacés, et sa mandibule supérieure est assez fortement courbée à sa pointe ; les mâles n'ont point d'éperon, mais un tubercule corné à sa place.

Toutes les perdrix paraissent avoir les mêmes mœurs ; elles se nourrissent principalement de graines, se tiennent de préférence dans les plaines sèches et découvertes, ne se perchent jamais ; le mâle et la femelle s'apparaillent et ne se séparent plus ; à l'époque de la reproduction, ils soignent tous deux leur couvée, formée de quinze ou dix-huit perdreaux, avec une constance et une sollicitude qui ne sont surpassées par celles d'aucune autre espèce de cet ordre. Elles sont d'un caractère sauvage, qu'on ne parvient à adoucir que par les plus grands soins.

LA PERDRIX MÉGAPODE[1]

Le nom de mégapode imposé à cette espèce indique d'avance son principal caractère spécifique. En effet, son tarse, assez robuste, s'articule avec des doigts, qui sont comparativement plus longs que ceux d'aucune autre perdrix ; celui du milieu surtout qui, y compris l'ongle pour huit lignes, n'a pas moins de deux pouces de longueur totale.

De la pointe du bec à l'extrémité de la queue, qui est fort courte et en partie cachée par ses couvertures, cet oiseau a dix pouces.

Les deux sexes offrent quelques légères différences dans la coloration

---

1. *Perdix megapodia*, Temm., pl. color. 462 et 463.

de leur plumage. Celui du mâle est sur le front, le sommet de la tête et l'occiput, d'un roux mordoré, qui s'étend jusque sur la nuque, où il est semé de quelques taches noirâtres.

Le noir profond qui colore la partie derrière chacun des côtés du bec et le dessous de l'œil s'avance sur les tempes en passant au-dessus de l'orbite, où il se trouve bordé d'un liséré blanc; cette partie noire sépare ainsi le roux de l'occiput de celui qui règne sur la région de l'oreille.

Des plumes noires lisérées de blanc revêtent le derrière, les côtés et le devant du cou, qui, à sa partie inférieure, porte un hausse-col blanc.

La poitrine est cendrée; un blanc pur couvre le milieu du ventre; les flancs, ou plutôt chacune de leurs plumes, qui sont cendrées, ont à leur centre une grosse larme blanche, et sur leurs bords latéraux une large bande d'un marron vif.

Un gris olivâtre teint le dos et le croupion; le premier se couvre de croissants noirâtres, tandis qu'une tache noire en forme de lance se montre sur le milieu des plumes du second, ainsi que sur les couvertures supérieures de la queue; les pennes de cette dernière sont d'une couleur olivâtre, avec quelques raies brunes et une faible tache noire vers leur extrémité.

Les plumes composant les petites couvertures des ailes sont, comme celles des côtés du corps, grises bordées de marron; mais sur leur milieu, à la place d'une large raie, c'est un très petit trait longitudinal blanc qui s'y voit.

Les grandes couvertures des ailes sont variées de gris et de marron vif et ont vers leur pointe une grande tache noire; les pennes primaires et secondaires, d'une teinte brune, ont du roussâtre sur leur bord externe.

Le bec est noir; les pieds sont d'un gris bleuâtre, et les ongles d'un brun très clair.

Chez la femelle, un brun cendré, tacheté de noir sur la nuque, remplace le roux mordoré que nous avons vu colorer les parties supérieures de la tête du mâle, ainsi que les plumes qui recouvrent l'entrée du trou auditif; au lieu du noir qui s'étend des côtés du bec sur les tempes, c'est une teinte fauve ou grisâtre à laquelle se mêlent de très petites taches brunes; la gorge et le cou sont couverts de taches noires sur un fond de couleur rousse, et le hausse-col est d'un roux très vif; le fond cendré de la poitrine est bariolé de roux clair; le haut du ventre, également cendré, porte de larges taches rondes et blanches; l'abdomen ou le bas-ventre est blanc sali de fauve.

Sur les ailes de ce sexe on remarque la même distribution de couleurs que sur celles du mâle, seulement elles sont moins vives.

Cette perdrix se trouve au Bengale, d'où elle a été envoyée au Muséum par Alfred Duvaucel.

LES FRANCOLINS

Ces oiseaux ont avec les perdrix la plus grande ressemblance; ce n'est que par une longue habitude qu'on parvient à les distinguer les uns des autres au premier coup d'œil ; et ce n'est que par une particularité organique d'assez peu d'importance, la présence de l'éperon chez les mâles, qu'on est parvenu jusqu'à présent à les faire distinguer d'abord; mais des caractères plus importants sont le bec plus grand et la queue plus longue que chez les perdrix. Les francolins sont des oiseaux d'une nature particulière; et si elle n'est pas facile à reconnaître à la forme des organes, à la couleur des vêtements, elle paraît se manifester sans incertitude dans les mœurs : ces oiseaux ne cherchent plus en effet, comme les perdrix, les pays découverts, les plaines en culture où les graines principalement fournissent à la nourriture ; ils préfèrent au contraire le voisinage des bois, se tenant habituellement perchés, et surtout pendant la nuit, vivant de baies autant que de graines et ne fuyant pas les lieux humides où les insectes abondent. Mœurs toutes particulières, et qui nous annoncent suffisamment que la nature, en créant les francolins, les a destinés à jouer dans son économie un tout autre rôle que celui dont elle chargea les perdrix.

LE FRANCOLIN ENSANGLANTÉ[1]

C'est sous le nom de faisan que ce magnifique oiseau a pour la première fois été signalé par le major général Hardwick dans les *Transactions* de la Société linnéenne de Londres.

M. Temminck, en le rapportant aux francolins, l'a mis à sa véritable place. Ne nous étant connu que par le portrait et la description qu'en a donnés ce dernier auteur dans le recueil des planches coloriées, nous ne croyons mieux faire que de reproduire en partie cette même description.

« La taille du mâle approche de celle d'une poule domestique; il est un peu plus petit que le francolin criard d'Afrique. Le plus souvent il est orné de trois éperons d'inégale longueur à chaque pied, cependant on trouve des individus à trois ou quatre éperons, et celui qu'on décrit ici en a quatre d'inégale longueur au tarse gauche, et deux d'égale grandeur au tarse droit. La cire du bec, la nudité qui environne l'œil et les pieds en entier sont d'un beau rouge ponceau. La tête est ornée d'une petite huppe composée de plumes un peu longues; sa queue est de moyenne longueur et arrondie, et son bec proportionnellement court et très bombé; son tarse est généralement plus

1. *Perdix cruenta*, Temm., pl. color. 332; *Phasianus cruentus*, Hardw., *Trans. linn.*, p. 237, vol. XIII.

1 LE FRANCOLIN ENSANGLANTÉ

2 LE GANGA

grêle que dans les autres francolins. Un gris très pur couvre les parties supérieures du corps et du cou ; chaque plume de ces parties porte une raie
blanche sur toute l'étendue de la ligne moyenne, et cette bande longitudinale est bordée de chaque côté par une raie noire ; toutes les grandes couvertures de la queue portent de larges franges couleur carmin ; cette belle
teinte carmin borde les pennes de la queue, qui sont grises à leur base,
blanches au bout, et dont les baguettes ont un lustre argentin ; les baguettes
des pennes des ailes ont cette même teinte ; mais sur toutes les couvertures
se dessine une bande longitudinale d'un vert tendre accompagné de bordures noires ; les plumes de la huppe sont panachées de blanc sur un fond
gris ; celles du front et le derrière des côtés du bec ont une teinte rouge noirâtre passant en forme de sourcil au-dessus des yeux ; les parties inférieures
du corps et du cou ont une teinte vert tendre, un peu jaunâtre à la poitrine,
et d'un vert plus décidé sur les flancs ; le devant du cou est panaché de noir
sur un fond jaune verdâtre ; la gorge et toutes les couvertures du dessous de
la queue sont d'un carmin très pur. On voit des taches carmin clair, irrégulièrement réparties sur les barbes des plumes de la poitrine, et en petits
points ronds sur celles des flancs. Ces taches rouges, réparties sans symétrie
apparente, ont valu à l'espèce le nom qu'elle porte : elles ressemblent en
effet à des taches de sang dont le plumage paraît comme souillé. La femelle
est plus petite ; elle ressemble au mâle par le plumage ; mais les teintes sont
moins pures et moins vives ; le tarse n'est pas orné d'éperons. »

Cet oiseau est originaire de l'Inde ; il vit dans les pays montueux encore
peu exploités de la chaîne du Népaul.

LES CAILLES

La caille commune, dont Buffon nous donne l'histoire et la figure[1],
nous fait connaître assez exactement le naturel et la physionomie générale
qui appartiennent aux espèces assez nombreuses qui constituent ce genre
très naturel ; mais, quoique Buffon distingue implicitement les cailles des
perdrix, il ne nous donne pas les moyens de distinguer les unes des autres ;
car, par les apparences extérieures, il serait assez difficile de décider si un
oiseau appartient plutôt aux premières qu'aux secondes et réciproquement :
seulement les cailles sont en général plus petites que les perdrix ; mais la
taille ne constitue pas un caractère générique, quoiqu'elle puisse souvent en
être l'indice. En effet, les cailles se distinguent des perdrix et des francolins
par un caractère plus précis que celui de la taille : chez elles, la première
penne de l'aile est la plus longue, tandis que, chez les perdrix, les plus longues sont les quatrième et cinquième ; et ce caractère est tout à fait en har-

1. Édit. Garnier, t. V, p. 142.

monie avec les instincts de ces oiseaux. On a pu voir par ce que nous avons dit, en parlant des oiseaux de proie, quelle était l'influence de la longueur des pennes sur le vol, suivant que les plus longues de ces plumes étaient plus ou moins rapprochées de l'extrémité des ailes ; le vol devient d'autant plus étendu que les plus longues pennes sont les premières ; or on sait quel est l'instinct voyageur des cailles, quand des circonstances convenables le mettent en jeu, le rendent actif ; un vol étendu leur était donc nécessaire, et, à cet égard, la nature a conformé leur organisation à leur penchant en montrant la même prévoyance, la même sagesse que celles qu'elle nous montre dans tous ses ouvrages. Ce n'est que pour leurs voyages que les cailles se réunissent en troupes ; dans tout autre temps elles vivent isolées : et tout ce que nous dit Buffon des mœurs de la caille commune paraît, à peu de différences près, convenir à toutes les autres.

Toutes les cailles sont originaires des contrées chaudes de l'ancien continent ; et si, à certains égards, celle d'Europe fait exception à cette règle, il n'en est pas moins vrai qu'elle se trouve dans des climats plus chauds que le nôtre, et que c'est pour les rechercher qu'elle se livre à de si longs et de si pénibles voyages.

Les autres caractères organiques de ces oiseaux consistent dans un bec court, plus large que haut, le tour des yeux entièrement revêtu de plumes, les pieds sans éperons ni tubercules.

LA CAILLE A VENTRE PERLÉ[1]

Cette grande caille d'Afrique se distingue de toutes les autres espèces du genre par la force du bec et par la longueur de la mandibule supérieure ; caractère qui la rapprocherait des espèces de perdrix proprement dites et des francolins qui habitent cette partie du globe, si elle ne s'en éloignait par les caractères exclusivement propres aux cailles, la longueur des premières pennes des ailes ; sa queue est un peu plus longue proportionnellement que celle de la caille d'Europe ; mais elle est, comme dans cette espèce, cachée par les couvertures supérieures ; du reste, quoique modelée sur les mêmes formes, elle est d'un tiers plus grande dans toutes ses dimensions.

Cette caille a neuf pouces de longueur totale, et le bec a dix lignes. Le sommet de la tête, la partie postérieure du cou, le dos et le croupion sont d'un brun roux ; sur le centre de chacune de ses plumes est une large bande jaunâtre, qui suit la direction de la baguette ; sur les plumes de la nuque sont quelques taches noires, et sur celles du dos des bandes transversales noires et rousses ; l'espace entre l'œil, la gorge et le devant du cou sont d'un noir profond ; au-dessus des yeux passe une étroite bande blanche qui se

1. *Perdix striata*, Lath.

dirige sur la nuque ; depuis la base du bec une seconde bande blanche, mais plus large, passe au-dessous des yeux et vient-border latéralement le noir du devant du cou. Sur la poitrine est un plastron de forme ronde et de couleur marron foncé ; les côtés du cou (compris entre l'espace des deux bandes blanches) et les parties latérales de la poitrine sont d'un beau cendré bleuâtre ; sur le milieu du ventre, qui est d'un noir profond, se voient de grandes taches rondes d'un blanc pur ; sur le marron foncé des plumes des flancs est une large bande blanche qui en occupe le centre, et une ligne noire borde cette bande blanche ; les couvertures des ailes rayées transversalement de noir et de blanc roussâtre ; quelques-unes ont une étroite ligne blanche le long de la baguette, et la plupart sont terminées d'un peu de blanc ; les pennes des ailes sont d'un brun cendré avec un peu de roux sur la barbe extérieure ; les pennes de la queue sont noires, coupées de fines bandes transversales rousses ; le bec est noir ; l'iris est d'un jaune terne, et les pieds sont roussâtres.

Cette description est probablement celle d'un mâle ; la femelle ne paraît point encore être connue.

La caille à ventre perlé est originaire de Madagascar et se retrouve sur toute l'étendue de la côte orientale de l'Afrique.

LA CAILLE NATTÉE [1]

Cette caille est un peu plus petite que celle d'Europe ; mais leurs proportions sont les mêmes, et leur plumage se ressemble : seulement un plus grand nombre de raies et de taches foncées se voient sur celui de la caille nattée, et les parties inférieures sont variées de taches et de raies nombreuses. Le mâle se distingue par une tache noire triangulaire sous la gorge, et par deux bandes noires, étroites et demi-circulaires qui ornent le devant du cou ; la première entoure la gorge, et ses extrémités remontent jusque vers les oreilles ; la seconde descend sur la poitrine, et ses extrémités vont se réunir derrière celles des premières ; une petite moustache noire, qui naît à l'angle du bec, semble en prolonger l'ouverture, et une raie cendrée s'étend de l'œil aux narines ; tout le reste du devant du cou est blanc, et c'est la couleur des larges sourcils qui s'étendent de la base du bec presque jusqu'au bas du cou. Une bande noire plus ou moins large, souvent formée d'une chaîne de petites taches, couvre le thorax ; toutes les parties inférieures d'un blanc roussâtre sont marquées de taches noires en forme de mèches avec des traits blancs parallèles ; les bandes sourcilières et celles du milieu de la tête sont semblables à celles de notre caille d'Europe ; les plumes du cou, du dos, des épaules et celles qui couvrent le croupion sont couvertes au milieu d'une tache lancéolée d'un blanc rous-

1. *Perdix textilis*, Temm., pl. color. d'ois.

sâtre bordé de noir; le reste des barbes est marqué de grandes taches noires coupées par des bandes rousses et cendrées; les couvertures des ailes sont cendrées et coupées par des bandes jaunâtres bordées de noir; les pennes sont cendrées.

La femelle diffère du mâle; elle manque de la tache triangulaire et des bandes demi-circulaires à la gorge; seulement celles-ci sont indiquées par une série de petites taches noires, disposées de la même manière que chez les mâles; la gorge est d'un blanc pur; les parties supérieures ne diffèrent point d'une manière très marquée, mais celles du cou et du dessous du corps sont d'un blanc roussâtre, irrégulièrement marqué de taches noires et de raies longitudinales blanches : ces dernières se trouvent sur les flancs; le milieu du ventre est blanc.

Cette espèce est commune au Bengale et paraît se trouver sur tout le continent des Indes.

LES COLINS

Pendant longtemps on a pu croire que ces oiseaux étaient exclusivement propres au nouveau monde; mais un examen plus attentif des perdrix indiennes de petite taille pourrait nous apprendre que les colins ne sont pas seulement des oiseaux américains, car la perdrix gorge rousse, figurée par M. Temminck, rappelle plus un colin qu'une perdrix.

Quoi qu'il en soit, ces oiseaux tiennent des perdrix et des cailles : des unes par leur port et leur genre de vie; des autres par leur tête sans aucune partie nue. Leur bec est court, gros et arqué; c'est la troisième et la quatrième penne de leurs ailes qui sont les plus longues, et leurs tarses sont sans éperons; les uns sont huppés et les autres sans huppes.

Ce sont des oiseaux qui ne vivent point en troupe, mais s'associent par paires, et qui restent unis toute leur vie. Le mâle et la femelle prennent également soin des petits, et leur fécondité est assez grande.

LE COLIN SONNINI [1]

Cette espèce, huppée et connue depuis longtemps, n'a été nettement déterminée que par M. Temminck. On en trouve une description dans le *Journal de physique* de 1772[2], une autre dans le *Buffon* de Sonnini[3], et Barrère ainsi que Laborde en avaient parlé; mais rien de clair et de précis n'était sorti de ces premiers travaux.

Ce colin, vivant dans les parties chaudes méridionales, reste sédentaire

1. *Perdix Sonninii*, Temm.
2. Tome II, partie Iʳᵉ, p. 217.
3. Tome VII, p. 133.

et n'émigre point. Il forme des troupes de sept ou huit, jusqu'à quinze et seize individus, et lorsqu'une de ces troupes prend son vol, les vieux mâles se lèvent les premiers. Ces oiseaux habitent de préférence la lisière des bois et s'avancent jusque dans le voisinage des habitations. Les jeunes ne prennent pas facilement leur vol ; ils se cachent dans les grandes herbes entrelacées, dans les buissons, les petits palmiers épineux ; lorsque quelque apparence de danger les menace, ils ne poussent aucun cri et filent droit devant eux ; leur vol n'est pas élevé de plus de cinq ou six pieds ; quand les jeunes ont été séparés l'un de l'autre, ils se rappellent par une suite de sifflement, assez semblable à celui des perdreaux.

Le colin de Sonnini pond en différents temps et fait deux couvées. Élevé en cage, il n'en conserve pas moins son caractère sauvage.

La longueur totale est de sept pouces et trois ou quatre lignes ; le bec est comme celui du zone-colin ; quatre ou cinq plumes étroites, dont les deux plus longues ont un pouce, lui forment une petite huppe sur le haut de la tête, entre les yeux ; elles sont jaunâtres avec un peu de brun au milieu ; le front est jaunâtre, et c'est aussi la couleur qui entoure la base des deux mandibules ; toute la gorge et une large bande derrière les yeux sont d'un roux foncé ; les plumes de la nuque et des côtés du cou ont des taches blanches, noires et de couleur marron ; le haut du dos est d'un cendré roux, avec de nombreux zigzags noirs. Toutes les autres parties supérieures portent, sur un fond cendré roux, de grandes taches noires et des zigzags bruns, et les couvertures des ailes ne sont point bordées de couleurs claires ; la poitrine d'un cendré rougeâtre clair, qui est à points noirs, montre encore quelques taches blanches ; toutes les plumes des parties inférieures, ainsi que les couvertures inférieures de la queue, ont de grandes taches ovoïdes d'un blanc pur, disposées de chaque côté de la plume le long de ses bords ; ces taches sont entourées de noir, et le milieu de la plume est d'un beau roux marron ; toutes les pennes des ailes sont brunes ; celles de la queue sont d'un brun très foncé, avec une multitude de petits zigzags noirs ; le bec est noir, et les pieds sont jaunâtres.

La femelle, toujours un peu moins grande, n'a point de huppe, et les couleurs de son plumage sont plus pâles, mais distribuées de même que chez les mâles.

LE COLIN DE VIRGINIE [1]

Voici ce que nous apprend M. Audubon sur cette espèce de colin [2].

On rencontre abondamment cette espèce dans toutes les parties des États-Unis, mais plus spécialement encore dans les États de l'intérieur. Dans

1. *Perdix Virginiana ;* Lath.
2. *Audubon's American ornithological Biography.*

ceux de l'Ohio et du Kentucky, ils sont assez abondants, pour qu'on en rencontre dans les marchés d'énormes quantités soit vivants soit morts.

Cette espèce fait quelquefois des migrations du nord-ouest vers le sud-est; elles ont lieu d'ordinaire au commencement d'octobre et se font d'une manière assez semblable à celles du dindon sauvage. Dans cette saison, les rives nord-ouest de l'Ohio sont, pendant plusieurs semaines, couvertes de troupes de ces oiseaux. Elles suivent le cours de ce fleuve, au milieu des bois qui garnissent ses bords, et elles traversent en général vers le soir. De même que les dindons, les plus faibles tombent fréquemment dans l'eau, et le plus souvent ils y périssent; car, quoiqu'ils nagent avec une facilité merveilleuse, leur force musculaire ne peut pas suffire aux efforts nécessaires, et ils ne réussissent à échapper au danger que quand ils sont tombés à peu de distance du rivage. Aussitôt que ces oiseaux ont traversé les principaux cours d'eau qui se trouvent sur leur route, ils se répandent en troupes dans le pays et reprennent leur genre de vie ordinaire.

Cette espèce vole en général à une petite distance de terre; son vol est rapide et se compose de battements d'aile fréquemment répétés, que l'animal suspend ensuite jusqu'à ce qu'il soit au moment de s'abattre; il recommence alors ses battements d'aile pour éviter de toucher terre. Lorsque ces oiseaux sont poursuivis par les chiens ou par quelque autre ennemi, ils se réfugient à la hauteur moyenne des arbres, où ils demeurent jusqu'à ce que le danger soit passé, et on les voit alors marcher avec facilité sur les branches; s'ils s'aperçoivent qu'on les observe, ils dressent les plumes de leur tête, font entendre un bruit sourd et fuient vers une branche plus élevée, ou vers un autre arbre à quelque distance. Quand ces oiseaux s'envolent spontanément, ils suivent tous la même direction; mais lorsqu'on les fait lever, ils se dispersent; puis, lorsqu'ils ont repris terre, ils s'appellent et sont bien vite réunis, chacun se dirigeant rapidement vers le lieu où ils entendent la voix bien connue du chef. En hiver, quand la neige couvre la terre, il leur arrive souvent de demeurer perchés pendant plusieurs heures de suite.

Le cri ordinaire de cette espèce est un sifflement clair, composé de trois notes, dont la première et la dernière sont d'égale longueur, celle-ci moins forte que l'autre, mais plus forte que celle du milieu. Lorsqu'ils aperçoivent un ennemi, ils font entendre un grasseyement fréquemment répété, et ils s'enfuient la queue ouverte, la crête redressée et les ailes pendantes, cherchant un asile dans quelque buisson, ou dans le feuillage de quelque arbre déraciné. D'autres fois, lorsqu'un individu de la troupe s'est égaré, il pousse deux sons, plus forts qu'aucun de ceux dont nous venons de parler; le premier est plus court et plus bas que le second, et aussitôt quelqu'un de la troupe y répond. Cette espèce a, de plus, un cri d'amour qui est plus fort et plus net que les précédents, et que l'on peut entendre à une très grande distance; il consiste en trois notes distinctes, dont les deux dernières sont les plus fortes, et il est particulier aux mâles. Les fermiers et les chasseurs reconnaissent facilement ce cri, à la ressemblance qu'il a avec les syllabes *bob ouaïte;* mais ces deux sons sont toujours précédés d'un autre, que l'on entend aisément à une distance de trente ou quarante yards; les trois sons réunis ressemblent aux mots *ah bob ouaïte;* le premier son résulte d'une sorte d'aspiration; le dernier est très fort et très net; ce sifflement ne s'entend guère après la saison de l'amour; mais pendant celle-ci, l'imitation du cri qui est particulier à la femelle fait accourir le mâle, que le chasseur peut tirer alors avec facilité.

Dans les districts du milieu, le cri d'amour du mâle commence à se faire entendre vers le milieu d'avril, mais beaucoup plus tôt dans la Louisiane. On voit le mâle perché sur quelque haie ou sur les branches basses d'un arbre, conservant la même position pendant des heures entières et répétant *ah bob ouaïte* par intervalles de quelques minutes. On entend souvent plusieurs mâles appelant à l'envi de différents points; et s'ils viennent à se rencontrer à terre, ils se battent avec beaucoup de courage et d'obstination, jusqu'à ce que le vainqueur ait réussi à chasser son ennemi.

La femelle construit un nid de gazon, de forme ronde, et ayant une entrée assez semblable à celle d'un four ordinaire; elle le place au pied de quelque touffe d'une herbe haute, ou près d'un bouquet d'épis bien rapprochés, et elle l'enfonce en partie en terre. Les œufs, au nombre de dix à dix-huit, sont un peu aigus à leur petite extrémité; leur couleur est d'un blanc pur; quelquefois le mâle aide la femelle à couver. Cette espèce n'élève qu'une couvée par an, à moins que les œufs ou les petits n'aient été détruits; dans ce cas, la femelle reconstruit immédiatement un nouveau nid, et il peut arriver que celui-ci étant également détruit, elle en élève un troisième. Les petits courent aussitôt qu'ils sont éclos, et ils suivent leurs parents jusqu'au printemps où, ayant acquis tout leur développement, ils se réunissent par paires.

La femelle se repose la nuit avec ses petits sur la terre, au milieu des herbes ou sous le tronc renversé d'un arbre. Les individus qui composent la couvée se placent d'abord en rond, puis marchent à reculons jusqu'à ce qu'ils soient près les uns des autres; de cette manière toute la couvée peut s'envoler en cas d'alerte, et tous ces oiseaux peuvent partir ensemble et voler en droite ligne sans être exposés à se nuire mutuellement.

On prend aisément ces oiseaux dans des pièges, dans des trappes, ou dans des cages semblables à celles où l'on prend les dindons sauvages, mais proportionnées à la taille de ces oiseaux; on en tue aussi un certain nombre au fusil; cependant le principal moyen de les prendre consiste dans l'emploi des filets, surtout dans les États de l'ouest et du midi. Voici la manière de s'en servir.

Un certain nombre d'individus à cheval et munis d'un filet se mettent à la recherche des oiseaux; ils marchent le long des haies et des buissons de ronce où l'on sait que ces oiseaux se tiennent de préférence. Un ou deux des chasseurs siffle de la manière que nous avons décrite plus haut ; bientôt une couvée y répond, et aussitôt les chasseurs cherchent à en reconnaître la position et le nombre, dédaignant le plus souvent d'employer le filet quand il n'y a que quelques individus. Ils s'approchent avec beaucoup de soin, causant et riant entre eux, comme s'ils continuaient leur chemin ; quand les oiseaux ont été découverts, un des chasseurs part au galop en décrivant un circuit, prend une certaine avance plus ou moins étendue, selon la position des oiseaux, et le reste des chasseurs, pendant ce temps, continue leur marche en causant, mais en observant en même temps tous les mouvements des perdrix. Cependant celui qui a pris l'avance, avec le filet, met pied à terre et dispose ce filet de manière que ses compagnons puissent facilement y pousser la couvée; puis il remonte à cheval et rejoint la troupe. Les chasseurs alors se séparent à de courtes distances, et ils suivent les perdrix en causant, sifflant, frappant des mains, ou battant les buissons ; les oiseaux fuient avec légèreté, à la suite les uns des autres, et dans la direction que leur font conserver les chasseurs ; le chef de la troupe approche bientôt de la bouche du filet, y pénètre, et toute la troupe après lui ; aussitôt le premier chasseur descend de cheval, ferme l'entrée du filet et s'empare des oiseaux. De cette manière on prend d'un seul coup quinze ou vingt colins, et souvent on peut dans une journée en prendre plusieurs centaines. En général, les chasseurs rendent à la liberté une paire de chaque troupe pour perpétuer la race.

Le succès de cette chasse dépend beaucoup de l'état du temps. Le meilleur est un temps de pluie fine, ou de neige fondante; car alors les colins, et tous les gallinacés en général, fuient en courant à de grandes distances sans s'envoler, tandis que si le temps est sec et pur, ils prennent leur volée aussitôt qu'ils voient un étranger, ou se tapissent de manière à rendre leur poursuite très difficile. De même, lorsqu'on trouve les troupes dans les bois, elles fuient avec tant de rapidité assez loin, qu'il est fort difficile au chasseur qui porte le filet de réussir à le placer à temps.

Le filet, cylindrique, a trente ou quarante pieds de long, sur environ deux pieds de diamètre, excepté à l'entrée où il est plus grand, et à son extrémité où il prend la forme d'un sac. On le tient ouvert au moyen de petits anneaux de bois, placés à deux ou trois pieds de distance les uns des autres ; l'ouverture est garnie d'un grand demi-anneau, dont les deux extrémités, coupées en pointe, sont enfoncées dans la terre, de manière à offrir aux oiseaux une entrée facile ; deux pièces de filet, nommées ailes, et aussi longues que le filet cylindrique, sont placées à l'embouchure, de manière à former un angle fortement obtus, et elles sont soutenues par des bâtons enfoncés dans la terre. Le tout est fait avec des matériaux à la fois légers et forts.

Le colin de Virginie se conserve facilement en cage, où il devient bientôt extrêmement gras ; mais il est fort difficile de l'obtenir directement par l'incubation, sans doute à cause du manque de soin et de l'absence des insectes dont les petits se nourrissent. La nourriture ordinaire de cette espèce consiste en graines de différentes sortes et en baies qui naissent très près de la surface de la terre ; elles avalent en même temps une grande quantité de sable. Vers l'automne, quand les jeunes ont presque atteint leur entier développement, leur chair devient grasse, tendre et succulente ; elle est blanche, très savoureuse et fort recherchée. Ils souffrent beaucoup dans les districts du milieu, pendant les hivers rigoureux, et on les tue alors en nombre prodigieux.

LES TOCROS[1]

L'espèce qui constitue ce genre, originaire de l'Amérique méridionale, a été réunie aux espèces américaines de la famille des perdrix, c'est-à-dire aux colins ; mais des considérations qui nous paraissent très fondées ont déterminé M. Vieillot à la donner comme le type d'un genre. Les caractères qu'il assigne à ce genre consistent dans un bec très robuste, gros, convexe en dessus, très comprimé sur les côtés, dont la mandibule supérieure voûtée est très crochue à son extrémité, et dont l'inférieure droite est bidentée sur chaque bord vers sa pointe. Les yeux sont entourés d'une peau nue qui le prolonge jusqu'au bec. Les cinquième et sixième pennes des ailes sont ses plus longues. Du reste, les tocros ressemblent aux autres perdrix américaines.

On ne connaît guère les mœurs de ces oiseaux. Buffon[2] rapporte tout ce qu'il avait appris du tocro, et ce qu'il en dit est peu d'accord avec ce que nous apprenons par d'Azara de son uru, que l'on regarde cependant comme appartenant à la même espèce que le tocro. Nous nous bornerons donc à rapporter l'histoire que cet excellent observateur nous donne de cet uru.

LE TOCRO URU[3]

Le cri de cet oiseau qui se compose de deux syllabes *uru*, répétées quatre-vingts et jusqu'à cent fois de suite sans interruption, lui a fait donner ce nom par les Guaranis. Ordinairement le mâle et la femelle se font entendre en même temps et confondent leur voix. Ils ne quittent point les forêts les plus grandes et les plus épaisses, mais ne se perchent pas sur les arbres. Ils marchent et courent comme les perdrix, et ils ne prennent leur volée que quand on les presse. Ils sont si brusques et si étourdis qu'ils se tuent quel-

1. *Odontophorus*, Vieillot.
2. Tome IV, in-4°, p. 513. — Édit. Garnier, t. V, p. 466.
3. D'Azara. Voy. *Trad. franç.*, t. IV, p. 158.

quefois contre les arbres en se sauvant au moindre bruit. On assure que, bien que ces oiseaux se tiennent ordinairement par paires, ils se réunissent quelquefois en troupes, et que les femelles pondent, couvent et nourrissent leurs petits comme les *annos*[1], dans le même nid qu'elles placent à terre sur une couche de feuilles. Les œufs sont d'un bleu violet; les petits suivent leurs père et mère dès qu'ils sont éclos; et si quelqu'un les approche, ils se mettent à crier d'une manière extraordinaire. Quand on surprend les urus dans un bois, ils s'envolent un moment avec bruit en criant *gri-gri-gri*, jusqu'à ce qu'ils se remettent à terre et prennent leur course.

Les ailes ont vingt et une pennes; ces plumes sont concaves, étroites, fortes; la cinquième et la sixième sont les plus longues. Les douze pennes de la queue sont étroites, bien fournies de barbes et étagées; l'extérieure a six lignes de moins que les quatre du milieu. Le tarse a des écailles comme la poule. Les trois doigts de devant sont joints ensemble par une membrane jusqu'à la première articulation; celui de derrière pose sur le terrain. Le bec, presque aussi épais que large, est très fort; la pièce supérieure est presque aussi croche que celle des perroquets, et l'inférieure, presque droite en dessous, suit par les bords la courbure de la supérieure, et elle a deux échancrures vers sa pointe de chaque côté; l'ensemble de ce bec est volumineux, un peu comprimé sur les côtés et semblable à celui des gallinacés. Une membrane mince garnit les ouvertures des narines; la langue n'est pas fort grande. La peau nue du tour des yeux s'étend jusqu'au bec, et il y a quelques petits poils sur la paupière. Les plumes du sommet de la tête sont pointues, un peu étroites, longues de treize lignes, et elles forment une huppe toujours plus ou moins élevée.

Sa longueur totale est de dix pouces et demi; la queue a deux pouces cinq sixièmes, l'envergure dix-huit et demi, et la jambe trente-sept lignes.

Les plumes qui couvrent la tête sont d'un roux noirâtre; à la base de la mandibule supérieure du bec prend naissance une bandelette d'un roux clair, qui s'étend sur les côtés de l'occiput. Une teinte de plomb couvre les parties inférieures; le derrière de la tête est d'un roux clair; la nuque brune est tachetée de blanc; le derrière du cou, brun, est varié de petites taches d'un noir velouté et de lignes transversales d'un blanc roussâtre; il en est de même du haut du dos, des plumes de l'épaule et des dernières pennes de l'aile; mais les taches noires sont beaucoup plus grandes et les lignes d'un roux vif. Le dos et le croupion sont bruns et rayés faiblement de noirâtre, avec quelques taches noires sur le croupion; les petites et les moyennes couvertures supérieures des ailes sont rayées de noir et de blanc roussâtre; les grandes couvertures et les pennes sont noirâtres, avec des taches blanches sur le côté extérieur; celles de la queue, presque noires, sont rayées de roussâtre. Le tarse est couleur de plomb lustré, le bec noir et le tour des yeux rouge.

1. Anis (*Crotophaga*), genre de l'ordre des grimpeurs.

LES TÉTRAS [1]

Buffon ayant connu toutes les espèces de ce genre, naturelles à l'Europe ou du moins qui se trouvent en France, et ayant parlé de leur organisation extérieure et de leurs mœurs avec assez de détail et d'exactitude, donne les moyens de bien connaître sous ce double rapport les caractères communs de ces oiseaux. Ce sont en effet des gallinacés qui ont des rapports avec les coqs par leurs joues nues, et avec les dindons par la faculté qu'ont les mâles de relever leur queue en éventail, mais qui cependant forment un groupe bien distinct, par leur physionomie générale, par plusieurs modifications organiques, et surtout par leur naturel. Ces oiseaux, par les formes générales de leurs corps, rappellent un peu la perdrix ; leur bec est court, et sa mandibule supérieure singulièrement voûtée ; les narines sont ouvertes à la base du bec, mais tout à fait cachées par les petites plumes serrées les unes contre les autres qui les environnent ; les tarses sont garnis de plumes ; la troisième et la quatrième penne des ailes sont les plus longues. Ils vivent solitairement dans les grandes forêts et choisissent de préférence celles des montagnes. Leur nourriture consiste principalement dans les bourgeons des pins, des bouleaux, dans les baies ou les fruits des différents arbrisseaux, dans les insectes, etc.

Les mâles se réunissent aux femelles dès les premiers jours du printemps et restent avec elles jusqu'à ce que la ponte soit terminée ; alors ils se séparent les uns des autres, les premiers pour reprendre des forces qu'un grand amaigrissement leur rend nécessaires, et les autres pour élever leur famille. L'amour chez les tétras est une passion aveugle et violente qui fait taire toutes les autres ; aussi deviennent-ils alors aussi imprudents qu'ils sont ordinairement défiants et sauvages ; ils appellent les femelles d'une voix forte, qui décèle leur retraite et les expose à toutes les atteintes de leurs ennemis, car souvent même, dans leur aveuglement, ils ne les aperçoivent pas. Les femelles font leur nid sur la terre dans les taillis épais, et leur ponte est de huit à dix œufs ; quand les petits sont éclos, ils suivent leur mère jusqu'au printemps prochain ; elle les quitte alors pour se livrer aux soins d'une nouvelle progéniture, tandis que les jeunes, de leur côté, s'apparcillent, poussés par le besoin de se reproduire.

Buffon donne une histoire exacte du grand coq de bruyère (*T. urogallus*[2]), du coq de bruyère à queue fourchue (*T. tetrix*[3]) et de la gélinotte (*T. bonasia*[4]). Son petit tétras à plumage variable et son petit tétras à queue pleine

---

1. *Tetrao.*
2. Tome V, p. 342. — Édit. Garnier.
3. *Idem*, p. 124, 352.
4. *Idem*, p. 144, 362.

paraissent à mon frère se rapporter à l'espèce du nord que l'on a désignée par le nom d'*intermedius*. Sa gélinotte d'Écosse ne diffère point de la gélinotte proprement dite, et son attagas ne paraît être qu'une femelle de gélinotte, ou une gélinotte très jeune. Parmi les oiseaux étrangers qui ont des rapports avec les tétras, il parle de la gélinotte du Canada qui est le *Tetrao canadensis* des naturalistes, et du coq de bruyère à fraise qui est leur *Tetrao umbellus*. Au sujet de la première il fait remarquer, avec raison, qu'elle ne diffère point de celles qu'Edwards a décrites sous le nom de gélinottes de la baie d'Hudson [1], et que c'est à tort que Brisson [2] voulait les distinguer ; mais au sujet du coq de bruyère à fraise il commet l'erreur qu'il reproche à Brisson : il confond en une seule espèce ce coq de bruyère décrit et représenté par Edwards [3], et le coq de bois de Catesby [4] ; deux tétras si différents par l'organe particulier qui caractérise celui-ci, que, quoique voisins, ils nous semblent appartenir à des types génériques différents ; c'est ce motif qui nous détermine à ajouter aux descriptions des tétras de Buffon celle de ce singulier oiseau.

Les lagopèdes ne se distinguent guère des tétras que parce que non seulement leurs tarses, mais encore leurs doigts sont couverts de plumes, et qu'au lieu de rechercher les forêts, ils se tiennent plus habituellement dans les halliers. Buffon cependant les considère sous un point de vue générique et il en décrit deux espèces, le lagopède proprement dit (*T. lagopus*), et le lagopède de la baie d'Hudson (*T. albus*). Ce qu'il dit de ces oiseaux en donne une idée exacte et suffit pour faire connaître le groupe, d'ailleurs très faible, auquel ils appartiennent.

Buffon considère les gangas comme très voisins des tétras, car il les place entre eux et les lagopèdes ; ils diffèrent cependant des uns et des autres par des caractères importants, et principalement par la grande longueur des ailes. Aussi, tout en les laissant auprès des tétras, nous les décrirons dans un genre particulier.

LE COQ DE BRUYÈRE A AILERONS

OU TÉTRAS CUPIDON [5]

Buffon a confondu mal à propos cet oiseau, comme nous venons de le dire, avec le coq de bruyère à fraise. Les traits caractéristiques de ces deux espèces sont très différents ; et même celle que nous allons décrire présente, accessoirement à ses organes de la voix, des vessies, des réservoirs d'air qui

---

1. Planche 118 le mâle et 71 la femelle.
2. Tome Ier, p. 203.
3. Glan., pl. 148.
4. *Suppl.*, Ier, p. 1, pl. 1.
5. *Tetrao Cupido*, Gmel.

nous sembleraient des modifications organiques plus importantes pour caractériser un genre que ne le sont des plumes étendues du tarse aux doigts,
caractères qui distinguent les lagopèdes des coqs de bruyère proprement
dits.

Ce coq de bruyère singulier est connu depuis longtemps par ses formes.
Catesby[1] en avait déjà donné une figure et une description lorsque Buffon
écrivait sur ces oiseaux ; mais on ne le connaît véritablement et avec détails
que depuis que MM. Wilson et Audubon nous en ont donné l'histoire.

La taille de cette espèce égale celle du coq de bruyère, et leur nourriture est la même. Mais si l'on en croit M. Wilson, le coq de bruyère à ailerons ne boirait qu'en saisissant avec son bec les gouttes d'eau de rosée ou
de pluie, ce qu'il fait très adroitement.

C'est en mars que la saison des amours commence pour ces oiseaux, et
elle dure deux à trois mois. A cette époque le mâle pousse un cri particulier
qui s'entend de la distance de trois à quatre milles et ressemble à la voix
sourde et caverneuse des ventriloques ; aussi est-on souvent trompé sur la
distance de l'individu qu'on entend, et qu'on croit généralement plus éloigné qu'il ne l'est. La femelle cache très soigneusement son nid qu'elle fait
à peu près à nu sur la terre, et elle y pond de dix à quinze œufs assez semblables pour la forme et la couleur à ceux de la pintade. Les soins qu'elle
donne à sa couvée sont très assidus, et l'on assure que dans le danger elle
imite la perdrix, s'expose seule et cherche à attirer sur elle l'attention de
l'ennemi, pour donner à ses petits le temps de fuir et de se cacher. Ce sont
des oiseaux stationnaires qui cherchent les terrains secs et préfèrent les
taillis aux bois élevés et épais. On les rencontre dans toute l'étendue des
États-Unis, et jusqu'au delà des monts Pierreux. Ils vivent habituellement en
troupes de douze à quarante individus, et ces troupes ne sont quelquefois
composées que de mâles. Quoique d'un naturel sauvage, lorsqu'ils sont
pressés par la faim, quand la neige couvre la terre, on les voit quelquefois se
mêler aux oiseaux de basse-cour.

Plusieurs particularités rendent les mœurs de ces oiseaux remarquables.
Quand les femelles sont occupées à couver, on voit tous les mâles d'un district se rassembler en s'appelant dès avant le lever de l'aurore ; ils choisissent
à cet effet un terrain uni, où aucun obstacle ne gêne leurs actions, et après
s'être pavanés, en relevant les plumes de leur cou, en étalant celles de leur
queue, avec des mouvements lents et mesurés, comme le sont quelquefois
ceux du dindon, et variant leur voix, ils se livrent des combats qui cessent
quand le soleil est arrivé à une certaine hauteur, c'est-à-dire vers huit ou
neuf heures du matin.

C'est au moyen de ses sacs aériens que le coq de bruyère à ailerons
produit le son extraordinaire qu'il fait entendre. Ce son se compose de trois

1. *Suppl.*, p. 1, pl. 1.

notes sur le même ton, chaque note étant fortement accentuée, et la dernière deux fois aussi longue que les précédentes. Lorsque plusieurs de ces
oiseaux crient ainsi ensemble, l'oreille ne peut plus distinguer la régularité
de ces triples notes ; elle n'entend plus qu'un long bourdonnement ; c'est
alors qu'ils imitent les mouvements du dindon, en agitant et déployant leurs
ailerons et leur queue ; puis, changeant tout à coup, ils font entendre quelques notes rapides et saccadées qui imitent assez un rire éclatant.

Ce coq de bruyère a dix-huit pouces de longueur et vingt-sept pouces
d'envergure, et son poids est de trois à quatre livres. Ses ailerons naissent au
bas de son cou et se composent chacune de dix-huit plumes, qui vont en
diminuant de longueur de la première à la dernière. Une petite huppe couronne sa tête, et une autre que l'oiseau meut à volonté, d'une belle couleur
orangée, se montre au-dessus des yeux.

C'est sur les côtés du cou, au-dessous des ailerons, que se voient ces
sacs dont nous avons parlé plus haut, que l'oiseau peut gonfler à volonté, et
qui alors ont la grosseur et la couleur d'une petite orange ; lorsque ces sacs
ne sont pas gonflés, ils s'aperçoivent à peine et ne consistent plus qu'en une
membrane lâche que les plumes voisines cachent en grande partie.

La gorge est d'un blanc jaunâtre ; les parties supérieures du corps sont
tachées transversalement de brun rougeâtre, de noir et de blanc. La queue
est uniformément couleur de suie ; le cou est tacheté de même que le dos ;
les parties inférieures sont d'un brun pâle, marqué transversalement de
blanc. Le duvet qui couvre les tarses est d'un fauve sale. Le bec est brunâtre
et les yeux sont couleur noisette.

Ces caractères sont exclusivement propres aux mâles ; les femelles,
beaucoup plus petites, sont privées des ailerons comme des sacs à air, et
leur tête n'est point garnie de huppe orangée. De plus, les couleurs de leur
plumage sont beaucoup plus pâles que celles des mâles.

LES GANGAS[1]

Ces singuliers oiseaux se rapprochent sans doute beaucoup plus des gallinacés que d'aucun autre ordre. Leur physionomie générale rappelle celle
des perdrix à beaucoup d'égards ; de plus, ils pondent un grand nombre
d'œufs, et à terre sur un nid composé grossièrement de quelques brins de
paille et de quelques plumes ; leurs petits sortent de l'œuf tout formés et prêts
à se conduire, et ils se nourrissent comme toutes les autres espèces de cet
ordre ; mais ils en diffèrent par un caractère si important qu'on ne doit point
s'étonner si quelques auteurs ont douté que les rapports de ces oiseaux avec
les gallinacés fussent aussi intimes que d'autres le prétendaient ; en effet,

1. *Pterocles*, Temm.

autant les coqs, les dindons, les pintades, les tétras, ont les ailes courtes et le vol lourd, autant les gangas ont les ailes et le vol étendus. Ils s'éloignent donc par un caractère très important des gallinacés proprement dits et forment, avec quelques autres genres que nous indiquerons, un groupe particulier intermédiaire entre ces derniers oiseaux et les pigeons.

Leurs autres caractères organiques consistent dans un bec médiocre assez grêle dans quelques espèces, en un cercle nu autour des yeux, en des pieds dont les doigts sont courts, mais principalement celui de derrière qui n'a que deux ou trois lignes ; en tarses couverts de plumes en devant, en une queue dont les pennes s'allongent graduellement de ses bords à son milieu, et qui se termine ainsi en pointe ; mais chez les uns, les deux pennes moyennes s'allongent considérablement en forme de filet, tandis que chez d'autres cet allongement n'a pas lieu.

Les gangas sont naturels aux parties chaudes de l'ancien continent ; une seule espèce vit en Europe et n'en dépasse pas les contrées méridionales ; encore, dit-on, n'y est-elle que de passage.

On en connaît dix à douze espèces que l'on divise en deux groupes : celle dont la queue est simple, et celle dont les deux pennes moyennes s'allongent fort au delà des autres en se rétrécissant.

L'espèce dont parle Buffon [1] est celle qu'on voit en été en France près des Pyrénées et en Provence ; tout ce qu'il en rapporte est exact, et il en est de même de la critique qu'il fait de l'opinion de quelques naturalistes qui ont cru devoir appliquer au ganga des noms anciens qui désignaient évidemment d'autres oiseaux ; mais dans l'article qui suit celui du ganga, nous le voyons, après un long examen et des comparaisons détaillées, conclure que l'attagas des Grecs et l'attagen des Latins est notre francolin, le *tetrao francolinus* de Linneus. Or une critique plus éclairée a depuis conduit à penser que l'attaga est le ganga.

Nous ajouterons deux espèces nouvelles à celles de Buffon, propres à caractériser chacune des divisions dont nous avons parlé plus haut : le ganga couronné qui appartient à la première, et le ganga à ventre brûlé qui appartient à la seconde.

LE GANGA COURONNÉ [2]

Cette espèce est du nombre des gangas à queue conique, également étagée, et n'ayant pas les deux pennes moyennes prolongées en longs filets.

On connaissait depuis bien des années le mâle de cette espèce, qui, dès le temps de Buffon, se trouvait dans les galeries de notre musée. L'origine de cet individu n'étant point connue, on a toujours négligé de l'admettre

1. Tome V, p. 368. — Édit. Garnier.
2. *Pterocles coronatus*, Lich., Temm., pl. color. d'ois. 339 et 340.

comme espèce distincte. On serait probablement resté longtemps dans cette indifférence, si cette espèce n'avait été retrouvée en Égypte par les voyageurs naturalistes qui ont dans ces derniers temps parcouru cette contrée.

Le ganga couronné a été trouvé dans les déserts de la Nubie par MM. Ehrenberg, Ruppel, etc.; mais, en nous donnant les moyens de caractériser cette espèce par ses modifications organiques, ces habiles voyageurs n'ont malheureusement rempli que la moitié de la tâche qu'ils avaient dû se proposer; tout ce qui a rapport au naturel, aux mœurs, ils le passent sous silence et abandonnent à d'autres le soin de rendre en quelque sorte la vie aux dépouilles qu'ils nous ont transmises. La difficulté d'étudier les animaux vivants en état de liberté est grande; sans doute, il faudrait consacrer à cette étude un temps considérable, et on a plus tôt tué un animal qu'on n'a observé ses mœurs; mais ne vaudrait-il pas mieux être un peu moins avancé dans la connaissance des formes, des couleurs, ou des proportions des organes, que dans celle des usages à laquelle la nature a destiné ces parties, tant dans l'intérêt des individus qui nous les présentent, que dans l'intérêt de son économie, de l'ordre qu'elle a établi sur la terre, et qu'elle sait y maintenir imperturbablement?

Le bec du ganga couronné est grêle et comprimé. Le mâle est facile à distinguer aux trois petites bandes d'un noir profond qui naissent à la base du bec et se dirigent dans des sens différents. L'une couvre une très petite partie de la gorge; les deux autres remontent vers le front qui est couvert de petites plumes blanches; le milieu du sinciput présente une tache roussâtre couleur de lie de vin, et cette tache est encadrée par une bande d'un cendré bleuâtre qui couvre l'orbite en forme de sourcils et vient réunir ses deux extrémités à l'occiput; du jaune d'ocre est répandu sur le devant du cou; la poitrine et tout le ventre ont une teinte lie de vin qui se nuance en isabelle clair sur l'abdomen et sur les plumes des tarses; les parties supérieures ont cette même teinte de lie de vin très prononcée et variée sur les couvertures des ailes et les épaules par de grandes taches jaunâtres; les grandes pennes des ailes sont d'un cendré noirâtre, et les moyennes terminées par une tache isabelle; toutes les pennes de la queue sont d'un isabelle rougeâtre, marquées vers la pointe d'une petite bande noire et terminées par des pointes d'un blanc pur; le bec et les doigts sont d'un noir bleuâtre. La longueur totale de cet oiseau est de dix pouces.

La femelle n'a point les trois bandes noires de la base du bec, ni l'espèce d'auréole qui couvre la tête du mâle; le devant du cou et les joues sont d'un jaune terne; de petites stries noires couvrent le fond isabelle des parties supérieures de la tête et de la partie postérieure du cou; toutes les parties inférieures du corps sont marquées de lignes noires, très fines, disposées en forme de demi-cercle vers le bord de chaque plume, sur un fond isabelle blanchâtre; les parties supérieures ont des bandes en zigzag, très fines, assez espacées sur le fond isabelle rougeâtre; les pennes de la queue ont la même distribution de couleur que celles du mâle ; mais le fond rougeâtre est parsemé de bandes noires en zigzag ; les pennes des ailes ont une teinte brune.

LE GANGA A VENTRE BRULÉ[1]

Sa longueur, de la pointe du bec à l'extrémité de la queue, est de onze à douze pouces. Son bec est grêle et d'un bleu foncé. Le plumage du mâle offre sur la tête, le cou, le dos et la poitrine une teinte fauve mêlée d'une couleur lie de vin ; une couleur légèrement jaunâtre se fait remarquer sous la gorge et sur les parties latérales de la tête ; une ligne courbe, dont les extrémités se cachent sous le coude de l'aile, se montre sur le milieu de la poitrine ; cette espèce de ceinture est d'une belle couleur noire, quelquefois lisérée de blanc. La partie moyenne du ventre est noirâtre, comme brûlée ; un marron foncé est répandu sur les flancs et sur les cuisses. Les petites et les grandes couvertures des ailes sont d'un fauve jaunâtre, la plupart des plumes qui les composent ont leur extrémité plus ou moins bordée de marron ; les pennes des ailes sont noires ; les plus courtes, c'est à-dire les cinq ou six dernières, sont seules marquées de blanc à leur pointe externe ; les pennes de la queue sont rayées de fauve sur un fond noirâtre, toutes sont terminées de blanc, couleur qui est celle de leur couverture inférieure et des plumes courtes et soyeuses qui revêtent la face antérieure du tarse ; la partie nue de celui-ci ainsi que les doigts présentent une teinte grisâtre.

Chez la femelle la couleur noirâtre du ventre, des flancs et des cuisses est traversée de bandes rousses. Le dessus de la tête, le cou et la poitrine, d'un fond fauve, sont flammés et tachés de brun noirâtre ; quelques rayures de cette dernière couleur, assez rapprochées l'une de l'autre, se laissent voir sur la poitrine, comme une trace de la bande qui ceint cette partie chez l'autre sexe. Le manteau et les couvertures supérieures de la queue sont d'un fauve roussâtre traversé de raies noires irrégulières ; la même teinte uniforme jaunâtre qu'on remarque sous la gorge et sur le bas de la poitrine se montre également sur le bord inférieur du dessus de l'aile. A leur extrémité, les plumes des grandes couvertures des ailes sont légèrement lavées de marron. La queue se prolonge comme celle du mâle en deux filets, qui sont à la vérité un peu moins longs. .

La plupart des collections ornithologiques possèdent des dépouilles de cette espèce qu'elles ont reçues du Sénégal, d'Égypte et de Nubie.

1. *Pterocles exustus*, Temm., pl. color. 364 et 360 ; *Pterocles senegalensis*, Licht.; cat., n° 675.

LES ATTAGIS[1]

Ce genre n'est encore fondé que sur une seule espèce dont la physionomie générale est celle des perdrix ; mais les attagis diffèrent de ces derniers oiseaux en ce qu'aucune partie nue ne se trouve autour de l'œil, et en ce que le bec est beaucoup plus fort ; mais, pour faire connaître les caractères de ce genre et ceux de l'espèce qui le constitue, nous n'avons qu'à suivre en ces deux points les auteurs qui nous ont fait connaître l'attagis et ses rapports.

« Bec robuste, comprimé sur les côtés, voûté et convexe en dessus, courbé uniformément depuis sa base ; mandibule inférieure dont le bord supérieur suit la courbure de la mandibule opposée ; fosses nasales très grandes, en croissant, garnies en dessus d'une membrane en partie revêtue de petites plumes. Tête sans aucune partie nue. Ailes courtes dont les première et deuxième pennes sont les plus longues. Queue courte, arrondie à son extrémité et composée de quatorze pennes. Tarses nus, courts, forts, couverts de petites écailles ; doigts au nombre de quatre, le pouce très court et placé très haut, écussonnés, ongles moyens. »

On ne connaît rien du naturel de ces oiseaux.

L'ATTAGIS DE GAY[2]

« Le mâle de cette espèce rappelle la taille et la forme d'une perdrix grise ; sa longueur totale est de onze pouces et sept à huit lignes. Son bec est noir et ses tarses sont plombés. Le plumage est très dense et très fourni. Un épais duvet sert d'enveloppe à la peau, et les plumes sont de leur nature excessivement molles et soyeuses. Un gris fauve lancéolé de roux et de noir teint toutes les parties supérieures du corps, la tête, le cou, le dos, les ailes et le croupion. La coloration de chaque plume est difficile à décrire, parce que, d'abord grise à leur base, leur sommet est brun avec des cercles étroits d'un gris fauve clair et des stries d'un roux assez vif. Ces stries terminales, plus foncées sur les couvertures des ailes, sont plus nuancées de gris sur les couvertures supérieures de la queue et forment, par l'harmonie de leurs nuances, un ensemble agréable. Les pennes des ailes sont brunâtres et terminées à l'extrémité d'une légère bordure blanche. Leurs tiges sont blanchâtres et raides. Les pennes de la queue, entièrement cachées par les couvertures en dessus et en dessous, sont d'un roux carné assez clair, mais striées en travers de brun. La gorge, le haut du cou, sont d'un blond roux,

1. *Attagis*, Isid. Geoff. et Less.; cent.
2. *Attagis Gayi*, Isidore Geoffroy Saint-Hilaire et Lesson.

faiblement moucheté de brun ; tout le devant du cou et la poitrine sont roux, mais chaque plume se trouve bordée d'un cercle noir. Le ventre, les flancs, le bas-ventre et les couvertures inférieures sont d'un blond fauve doux et agréable, sur lequel tranchent sur les flancs des ondes blanchâtres, et sur les cuisses des cercles brunâtres. Les ailes sont en dedans d'un blond carné marqué de brunâtre aux épaules. Les couvertures des ailes sont molles, allongées et étagées.

« La femelle ne diffère point du mâle autrement que par une taille plus petite ; elle n'a guère en effet que dix pouces de longueur totale : cependant les pennes des ailes sont d'un brun plus franc, le dessous du corps est un peu plus doré, avec des ondes blanches plus marquées ; mais d'ailleurs la plus complète ressemblance existe entre les deux sexes.

« La connaissance de cette espèce est due à M. Gay, voyageur éclairé, qui l'a découverte dans le Chili, sans avoir pu en étudier les mœurs, car pour cela il faut un loisir qui ne peut jamais être le partage d'un voyageur. »

LES TURNIX[1]

Ces oiseaux de petite taille ont non seulement les rapports les plus intimes avec les cailles, mais ils paraissent en avoir en partie les mœurs. Ils vivent dans les pays chauds et dans les plaines où les herbes les protègent contre leurs ennemis et leur donnent les moyens d'échapper par la fuite à ceux qui les cherchent et les poursuivent. Ils ont été peu observés ; cependant une espèce est élevée à Java, comme notre caille commune l'est dans quelques pays, pour servir de spectacle en combattant. Leur bec est médiocre, grêle, droit, comprimé ; leurs narines, allongées et à moitié fermées, sont à la base du bec. Les ailes, de médiocre longueur, ne cachent pas la queue, et c'est leur première penne qui est la plus longue. La queue est courte, faible et presque cachée sous ses couvertures supérieures. Les pieds, dont les tarses sont très longs, n'ont que trois doigts dirigés en avant et sans membrane qui les réunisse.

Ce sont ces derniers traits qui font leurs principaux caractères génériques ; mais ils ne doivent être considérés que comme simples signes extérieurs de caractères plus importants, si en effet ces oiseaux doivent former un genre distinct ; car le doigt postérieur chez les gallinacés, et la petite membrane qui se voit chez le plus grand nombre entre les doigts antérieurs, étant tout à fait à l'état rudimentaire, ont pu disparaître entièrement chez certaines espèces sans que cela pût tirer à conséquence, sans qu'il en résultât aucun changement dans les facultés, dans les penchants.

Les espèces de turnix sont assez nombreuses ; toutes sont de l'ancien

1. *Hemipodius*, Temminck.

monde, mais elles ne se trouvent que dans les parties chaudes, et elles se
rencontrent dans l'Océanie comme dans les Indes, et au midi comme au
nord de l'Afrique. Les deux espèces qui sont propres à la Barbarie s'avancent jusque dans les parties méridionales de l'Europe, et principalement en
Espagne.

LE TURNIX BARIOLÉ[1]

La taille de cet oiseau est à peu près celle de notre caille, et, relativement aux autres espèces du genre, son bec et ses pieds sont forts, et sa queue
est longue.

La teinte générale de ce turnix est brune, mais tellement variée par des
taches et des lignes blanches, noires, fauves, qu'elle disparaît presque, et
que le plumage qui résulte de ce nombreux mélange de couleur est fort difficile à décrire.

De très petites mèches blanches et noires couvrent le front, la partie
entre le bec, l'œil et les sourcils ; des plumes blanches à croissants noir
garnissent les joues et servent d'encadrement à la plaque blanche de la
gorge ; une bande longitudinale d'un gris brun, marquée latéralement de
taches noires, passe sur la tête ; la nuque et les côtés du cou sont irrégulièrement variés de taches noires, blanches et rousses, les unes grandes et les
autres très petites ; un cendré clair, couvert de taches blanches lancéolées,
forme la bigarrure de la poitrine ; de grandes taches noires se voient sur les
plumes du dos : ces taches sont variées de stries rousses, bordées latéralement de raies longitudinales blanches, et le liséré de ces plumes est gris ;
de grandes taches rousses, noires, blanches, couvrent les ailes ; leurs pennes
sont d'un cendré avec un liséré d'un blanc pur. Le ventre et l'abdomen sont
blanchâtres ; le bec est couleur de corne, et les pieds sont jaunes. La longueur totale de ce turnix est d'un peu plus de six pouces. Le plumage est très
variable ; peut-être l'âge et le sexe produisent-ils des différences plus ou
moins marquées. On trouve cette espèce à la Nouvelle-Hollande.

LE TURNIX COMBATTANT[2]

La satiété des émotions qui naissent des sentiments doux, satiété qui est
le résultat nécessaire de la répétition trop fréquente de ces émotions et de la
faiblesse qui fait qu'on s'y abandonne, en donnant le besoin des émotions
plus vives, a fait rechercher les spectacles propres à les satisfaire. De là ces
combats auxquels on se presse pour applaudir au triomphe du vainqueur
et repaître ses yeux des derniers tourments de la victime.

Les combats d'animaux sont devenus un de ces spectacles, et l'on a tou-

1. *Hemipodius varius, New-Holland partridge*, Lath., *Suppl., Syn.*, t. II, p. 283.
2. *Hemipodius pugnax*, Temm.

jours recherché de préférence, pour donner à ces combats plus d'intérêt, les espèces qui, par leur force ou leur colère, y portaient plus de violence ou d'acharnement. C'est à cette dernière qualité que le turnix que nous allons décrire doit le nom de combattant qu'il a reçu et l'estime qu'ont pour lui les Javanais ; ils l'élèvent en effet avec soin et le payent un haut prix quand il a donné des preuves de sa vigueur et de son courage. Les combats de ces petits oiseaux donnent lieu à des paris considérables, et la cupidité alors devient une nouvelle cause d'émotion.

Le nom de cet oiseau, en langue malaise, est *bouron-gema*. Une bande sourcilière, le derrière des yeux et les joues sont variés de petits points noirs et blancs. Toutes les parties supérieures sont d'un brun foncé ; mais la pointe des plumes du dos et des épaules porte, dans l'adulte, des croissants noirs et roux et de petites taches blanches longitudinales. L'aile est variée de carrés noirs et blancs, disposés sur un fond gris brun : cette couleur est répandue sur les pennes des ailes dont l'externe porte une bordure blanchâtre. Le vieux mâle a la gorge et le devant du cou d'un beau noir, la poitrine rayée transversalement de larges bandes noires et blanches ; tout le reste des parties inférieures est d'un roux vif ; le bec est grisâtre. La longueur de cet oiseau est de cinq pouces six ou huit lignes.

La femelle adulte a la gorge blanche et les bords marqués de points noirs et blancs ; le devant du cou et de la poitrine est rayé de noir et de blanchâtre ; le milieu du ventre est d'un blanc roussâtre ; le reste du plumage est coloré comme dans le mâle.

Cette espèce vit dans les îles de la Sonde.

LES SYRRHAPTES [1]

L'oiseau qui sert de type à ce genre, et qui le constitue encore tout entier, a de nombreux rapports avec les gangas, et surtout par ses très longues ailes terminées chacune par deux pennes qui se prolongent en filet fort au delà des autres. Il est de plus remarquable par ses tarses courts entièrement revêtus de plumes et par ses doigts qui, courts de même et au nombre de trois seulement, sont presque tout à fait réunis par une membrane, comme le sont les doigts des palmipèdes.

Le seul syrrhapte qu'on connaisse se trouve dans les déserts de la Tartarie ; mais on n'en a point observé les mœurs, et ce n'est qu'avec une sorte de doute que quelques auteurs l'ont admis parmi les gallinacés. C'est ainsi que, lorsqu'on arrive sur les confins des divisions naturelles, se montrent des espèces qui, n'ayant relativement à ces divisions que des caractères ambigus, mettent en défaut les naturalistes, qui ne se font pas des méthodes la juste idée qu'ils devraient s'en faire.

1. *Heteroclites*, Temm.

LE SYRRHAPTE DE PALLAS [1]

La longueur totale de ce dernier est de huit pouces dix lignes, depuis l'extrémité du bec jusqu'à celle des pennes latérales de la 'queue, sans y comprendre les filets, qui la dépassent de trois pouces trois lignes, et à la moitié desquels atteignent ceux des pennes des ailes. Le dessus de la tête est d'un cendré clair; la nuque, la gorge et le haut du cou sont d'un orangé foncé; le bas du cou est cendré ainsi que la poitrine, dont quelques plumes se terminent par un croissant noir, formant une ceinture qui s'étend d'une aile à l'autre; un cendré jaunâtre règne sur le ventre, d'où part une large bande noire dont les extrémités remontent jusque sous les ailes; les cuisses, le dessous de la queue, les tarses et les doigts sont couverts de plumes d'un fauve blanchâtre; les parties supérieures sont d'un cendré jaunâtre; les plumes du dos sont en outre terminées par un croissant noir, et les moyennes pennes des ailes sont bordées de pourpre, tandis que les grandes ont le bout blanc, à l'exception des deux extérieures dont le prolongement en filet est noir; la queue, très étagée, est d'un cendré foncé; la partie extérieure est bordée de blanc pur, et les deux filets du milieu se terminent par des brins noirs.

Cet oiseau est connu en Russie sous le nom de *sadscha*; Pallas l'a trouvé en Tartarie, près du lac Baïkal.

Nous terminerons ce résumé des richesses qui ont été acquises depuis Buffon à la nombreuse famille des gallinacés par l'indication de deux nouveaux genres anomaux qui ont été introduits, et qui peut-être n'y seront pas conservés, et par un mot sur les tinamous. Ce sont les *thinocores* et les *chionis*. Eschscholtz, naturaliste qui accompagna Kotzebue dans son voyage autour du monde, a formé le premier d'un oiseau qui a toutes les apparences extérieures d'une alouette, mais dont le bec est un peu plus fort, dont les narines sont plus grandes, dont le pouce est beaucoup plus court, etc. Cet oiseau qui vient du Chili, et qu'Eschscholtz avait nommé *rumicivorus*, a été joint à une seconde espèce découverte dans le même pays par M. d'Orbigny, et que MM. Isid. Geoffroy Saint-Hilaire et Lesson ont nommée *orbignyanus*. On ne connaît de ces oiseaux que les dépouilles.

Le genre *chionis*, dû à Forster, se compose d'une espèce découverte à la Nouvelle-Hollande, et qui vit sur les rivages, ne se nourrissant que de substances animales rejetées par les flots. Cet oiseau a quelque chose des gallinacés dans la forme du bec et des jambes; toutefois, son genre de vie l'a fait placer dans l'ordre des échassiers par plusieurs naturalistes.

1. *Tetrao paradoxus*, Pall. Voy. *Trad. franç.*, in-8°, t. III, pl. 1, p. 18; *Syrrhaptes heteroclites*, Vieillot, Galeries, pl. 222.

C'est par les tinamous que nous aurions dû terminer ce que nous avions à dire sur les gallinacés; mais Buffon n'en parlant qu'après les pigeons, les corbeaux, les geais, les oiseaux de paradis, etc., nous sommes obligés nous-mêmes de n'en parler qu'après ce que nous avons à dire sur ces derniers oiseaux.

LES PIGEONS [1]

Ç'a toujours été et ce sera longtemps encore une grande question pour les naturalistes que de savoir si les nombreuses races de certains de nos animaux domestiques dérivent d'une seule espèce, dont elles ne seraient que les modifications, ou si plusieurs espèces différentes, dont elles conserveraient les caractères, leur ont donné naissance. Les uns partagent la première de ces opinions par cette considération, que ces races produisent entre elles d'autres races indéfiniment fécondes; les autres croient la seconde de ces opinions plus fondée, parce que ces races diffèrent les unes des autres par des caractères souvent plus importants même que les caractères spécifiques. Buffon, qui fondait la distinction des espèces sur la génération, adoptait sans restriction l'idée que nos nombreuses races de pigeons domestiques n'ont qu'une seule et même souche, et cette idée est encore partagée par un très grand nombre de naturalistes; il paraît même qu'elle acquiert tous les jours plus d'autorité, par l'impossibilité où l'on a été jusqu'à ce jour de déterminer les espèces qui auraient donné à ces races les caractères souvent singuliers qui leur sont propres. C'est le pigeon biset, ou pigeon sauvage d'Europe (*Col. livia*), que Buffon regardait comme l'origine principale de tous les pigeons domestiques, mais, revenant sur cette première pensée à l'article du ramier, il dit que le biset, le ramier et la tourterelle, pourraient avoir contribué à la variété presque infinie qui se trouve dans ces pigeons ; et conformément au penchant que nous lui avons toujours reconnu, et qui le portait à étendre avec exagération les règles qu'il se faisait, il suppose [2] que ce que tous les voyageurs disaient des pigeons en Afrique, aux Indes, en Amérique, ne se rapportait toujours qu'à notre pigeon sauvage, erreur fondamentale qui n'est plus aujourd'hui partagée par personne.

Le ramier (*Col. columbus*) est pour Buffon la seconde espèce de pigeon; il n'en distingue pas le colombin (*Col. æneas*) et, comme au pigeon sauvage, il y rapporte même des pigeons des Moluques, de la Guinée, et des Antilles. Il reconnaît cependant comme appartenant à une espèce distincte : 1° les pigeons qui portent à Madagascar le nom commun de founigo, et qui se rapportent à deux, l'un la *columba madascarensis* de Latham, et l'autre la *columba australis*; 2° le ramiret (*speciosa*, Lath.) ; 3° le pigeon du Nicobar (*Col. nicobarilla*, Lin.), et 4° le pigeon couronné (*Col. coronatus*, Lin.).

1. Tome II, in-4°, p. 491. — Édit. Garnier, t. V, p. 488.
2. Tome II, in-4°, p. 524 et suiv. — Édit. Garnier, t. V, p. 288.

La tourterelle (*Col. turtur*) est la troisième espèce de pigeon d'Europe pour Buffon, qui est conduit à la retrouver presque partout, dans l'ancien comme dans le nouveau continent. Cependant il en distingue spécifiquement le tourocco (*Col. macroura*), la tourterelette (*Col. capensis*), le turvert (*Col. viridis*, Lath.), noms sous lesquels il parle de deux autres espèces encore : la tourte (*Col. marginata*, Lath.) et le cocotsin (*Col. passerrina*, Lath.); et il parle en outre occasionnellement de la tourterelle de Batavia (*Col. melanocephala*, Lath.), de la tourterelle de Java (*Col. javanica*, Lath.), de la tourterelle rayée de la Chine (*Col. sinica*, Lath.), de la tourterelle rayée des Indes (*Col. striicata*, Lath.), etc., de la tourterelle d'Amérique *(Col. carolinensis*, Lath.).

L'histoire que donne Buffon des trois espèces de pigeons d'Europe est encore un modèle qui ne trouve pas assez d'imitateurs, du moins pour tout ce qui a rapport aux mœurs, au genre de vie, aux penchants, en un mot à tout ce qui concerne les oiseaux jouant leur rôle ici-bas, et répondant par leurs actions aux vues de la Providence ; et si quelques légères taches se montrent dans le tableau que nous présente cette histoire, c'est quand il abandonne les faits pour se livrer, par anticipation, à des raisonnements qui ne trouvaient pas encore d'appui dans la science. Nous venons d'effacer quelques traits de ces ombres légères ; il nous serait peut-être possible d'en montrer encore quelques-uns ; mais nous nous bornerons à un seul qui nous paraît plus propre à induire en erreur que tous les autres. C'est cette assertion, que la pesanteur des oiseaux est, pour les rendre domestiques, un moyen que ne donnent pas les oiseaux dont le vol est rapide. Cette idée, tout ingénieuse qu'elle est, n'a pas de fondement, et si les pigeons ne sont pas aussi domestiques que les poules ou les canards, c'est qu'au lieu d'être polygames ils sont monogames, et que la monogamie est chez les animaux le plus faible degré de sociabilité ; or on sait que la domesticité n'est que le résultat de la sociabilité la plus étendue.

Depuis Buffon, le nombre des pigeons s'est accru à un point que rien ne pouvait faire prévoir ; il s'élève aujourd'hui à plus de cent espèces, et aucune famille d'oiseaux n'est plus cosmopolite que celle des pigeons ; on en trouve des espèces sur toutes les parties de la terre, à l'exception des contrées froides, et c'est dans les régions chaudes qu'elles sont les plus abondantes.

On est loin d'avoir des renseignements sur le genre de vie propre à tous ces pigeons ; mais ce qu'on en sait ferait penser qu'ils ne diffèrent pas beaucoup les uns des autres sous ce rapport et que la manière d'être de notre espèce sauvage donne une idée générale assez exacte de celle de toutes les autres.

Pour se reconnaître dans cette grande quantité d'oiseaux et parvenir à les distinguer plus facilement les uns des autres, on en a formé un plus ou moins grand nombre de groupes ou de sous-genres. M. Swainson en a

E. Travies del.   Giraud sc

E. Travies del.   Imp. Sarrazin, Paris   Giraud sc

1 LA COLOMBIGALLINE (Colomba cruentata)

2 LE ROLLIER VERT (Cor viridis)

d'après le RÈGNE ANIMAL de Cuvier, édition V. MASSIN.

Garnier frères, Éditeurs

formé jusqu'à sept ; mais généralement on en admet trois, les colombi-gallines, les pigeons proprement dits, et les colombars.

Nous donnerons des exemples des uns et des autres.

LES COLOMBI-GALLINES

Ce sont de tous les pigeons ceux qui se rapprochent le plus des gallinacés, qui ont les formes les plus lourdes, le vol le moins étendu, les tarses les plus élevés. De plus, ce sont des oiseaux qui vivent en troupes, ne se perchent point et cherchent à terre leur nourriture ; aussi l'une des espèces de ce genre, le pigeon couronné, est-il élevé à Java dans les basses-cours, où il se reproduit comme les autres oiseaux domestiques.

Les colombi-gallines ont le bec grêle, flexible, légèrement renflé vers son extrémité ou ne l'étant point du tout, la mandibule supérieure courbée à sa pointe et sillonnée sur ses côtés, les narines situées dans une rainure, les ailes courtes et arrondies. On trouve des espèces de ce genre dans l'ancien et dans le nouveau monde, en Asie, en Afrique et en Amérique, mais dans les parties très chaudes seulement.

LE PIGEON COURONNÉ[1]

Cette grande espèce de pigeon, qu'au premier aspect on serait tenté de prendre pour un gallinacé, a de longueur totale vingt-sept pouces, les pennes caudales dans ces dimensions étant comprises pour dix pouces.

Une huppe aplatie sur les côtés, longue de cinq à six pouces, occupe toute la ligne médiane de la tête, depuis le front jusqu'à l'occiput ; les plumes qui la composent sont disposées sur deux rangs parallèles ; elles sont à tige droite, garnie de barbes espacées et légèrement cintrées. Le bec a sa base garnie d'une couleur noirâtre ; la pointe est brune. La couleur noire du lorum enveloppe l'œil qui est rouge. La huppe, la tête, le cou, le haut du dos et toutes les parties inférieures du corps sont teintes d'un cendré bleu.

Les épaules et le milieu du dos ont une couleur chocolat faiblement pourprée.

Sur la face supérieure de l'aile on voit une bande blanche transversale. Un bleu d'ardoise colore toutes les pennes des ailes ainsi que les pennes de la queue, qui portent à leur extrémité une bande bleu cendré ; les pieds sont noirâtres.

Cette espèce se trouve à la Nouvelle-Guinée, dans l'archipel des Mo-

1. *Le Goura de la Nouvelle-Guinée*, Sonn., voy., p. 169 : *Colomba coronata*, Linn., Gmel., *Syst. nat.*; *Columbi-Galline Goura*, Temm.; *Sophirus coronatus*, Vieill., pl. 167.

luques, à Waigiou et à Tamogris ; dans cette dernière île elle porte le nom de *Motutu*. A Java elle est commune sous le nom de *Gouro*, et les Papous l'appellent *Manipi*.

Elle niche sur les arbres ; la ponte n'est que de deux œufs, qui sont de la grosseur de ceux d'une poule.

LE PIGEON DE NICOBAR [1]

De la taille de notre ramier d'Europe, ce pigeon est un des plus beaux et des plus remarquables du genre.

Ce qui le distingue surtout, ce sont les belles et longues plumes terminées en pointe, qui naissent de la partie inférieure de son cou ; ces plumes, longues de trois pouces et demi, qui couvrent les épaules et une partie du dos, lui forment une sorte de camail sur lequel brille le vert doré le plus éclatant. Le bec est noir ; l'iris de l'œil rouge. Un noir bleuâtre teint le dessus de la tête, la gorge et les plumes à barbes effilées de la nuque et du devant du cou. Sur la poitrine, le ventre et le bas du ventre, se voit un vert émeraude à reflets violacés.

Le manteau, suivant la manière dont il est exposé aux rayons lumineux, se montre ou d'un vert doré magnifique, ou couvert du pourpre le plus brillant.

Les trois premières pennes des ailes sont d'un noir bleuâtre luisant ; celles qui les suivent, ainsi que les pennes secondaires, offrent un bleu brillant glacé de vert sur le bord des barbes externes. Toutes les pennes de la queue et leurs couvertures sont du blanc le plus pur. Les pieds, d'une couleur brune, ont des ongles blanchâtres.

Cet oiseau habite plusieurs îles de l'archipel Indien.

LES PIGEONS PROPREMENT DITS

Ces pigeons se distinguent des colombi-gallines par des pieds beaucoup plus courts et les ailes longues ; aussi ce sont des oiseaux qui volent avec autant de facilité que les premiers volent péniblement ; les uns ont la queue très élargie, chez les autres elle se termine carrément. C'est parmi ces pigeons que se rangent les quatre espèces qui sont propres à nos contrées et d'après les mœurs desquelles on peut supposer celles de toutes les autres. Ce sont encore des pigeons cosmopolites.

1. *Columba Nicoborica*, Lath.

LE PIGEON A DOUBLE HUPPE[1]

Cette espèce a reçu son nom des deux huppes qui la caractérisent. La première huppe naît sur le front, à la partie supérieure du bec, entre les narines; les plumes qui la composent sont comprimées et se recourbent sur les plumes couchées du sommet de la tête; la seconde huppe prend naissance sur l'occiput; elle est plus touffue que la première et composée de plumes à barbes déliées, très étroites à leur origine, mais plus larges à leur extrémité. Toutes les plumes de la nuque et de la poitrine ont une échancrure double et non point simple, comme plusieurs espèces d'Afrique et des Indes, qui se font remarquer par cette singulière modification, mais aux plumes du cou seulement.

La première huppe, ainsi que presque tout le plumage de ce singulier oiseau, est d'un gris cendré, un peu plus foncé sur les ailes et sur le dos que sur les autres parties du corps; la seconde huppe est d'un roux foncé; toutes les plumes dont elle est composée sont noirâtres à leur base. Les pennes des ailes et celles de la queue, toutes d'égale longueur, ont une teinte noire; vers l'extrémité de cette dernière partie se trouve une large bande d'un blanc grisâtre, comme dans notre ramier (*Col. palumbus*). Les tarses sont à moitié couverts de plumes; leur autre moitié, ainsi que les doigts, a une teinte rougeâtre; le bec est fort et légèrement renflé vers la pointe, sa couleur est aussi rougeâtre; l'iris est d'un beau rouge. Sa longueur totale est d'environ quinze pouces.

La colombe à double huppe se trouve à la Nouvelle-Hollande, dans l'intérieur des terres, vers Red-Point.

LE PIGEON MAGNIFIQUE[2]

La tête, les joues, ainsi que toute la nuque, sont d'un cendré pur; cette couleur passe, par demi-teintes, au vert brillant sur toutes les parties supérieures du corps, et l'éclat de cette nuance verte est en quelque sorte rendu plus vif par un grand nombre de taches d'un beau jaune disposées sur toutes les couvertures des ailes; les pennes secondaires et les pennes principales sont d'un vert chatoyant, et il en est de même de celles de la queue. On voit sur le devant du cou, depuis la gorge jusqu'à la poitrine, une large bande d'un violet pourpré, changeant sous certains jours en vert bleuâtre; cette couleur occupe une grande partie de la poitrine et couvre tout le ventre. Les côtés de la poitrine sont du même vert que le dos; l'abdomen, les

1. *Columba dilopha,* Temm.
2. *Columba magnifica,* Temm.

cuisses et les couvertures du dessous de la queue sont d'un jaune foncé ou de couleur d'ocre; cette teinte, mais d'une nuance moins pure, est répandue sur les flancs; toutes les couvertures du dessous des ailes sont d'un jaune d'or. La queue en dessous est cendrée; les pieds sont bleuâtres; le bec est brun, mais rougeâtre à la pointe; l'iris et la nudité qui entoure les yeux sont rouges. Sa longueur totale est de quinze ou seize pouces.

Il est, comme le précédent, originaire de la Nouvelle-Hollande et des mêmes parties de ce continent. On dit sa chair très savoureuse.

LE PIGEON DE LONGUP [1]

Le caractère le plus marquant de ce pigeon consiste dans la très longue huppe qui couronne sa tête; les plumes dont elle est composée sont toutes étroites, effilées et pointues au bout, absolument comme le sont les plumes occipitales de nos vanneaux d'Europe. Cet ornement donne encore plus de grâce aux formes sveltes et au plumage agréablement peint de cette belle espèce, remarquable encore par sa queue étagée, qui la rapproche des plus grandes tourterelles.

Toute la tête, le devant du cou, la poitrine et le ventre, sont d'un gris cendré. C'est à l'occiput que naissent les plumes de la huppe; d'après leur nature et la place qu'elles occupent, elles ne paraissent pas destinées à se dresser verticalement. Ces plumes sont d'un cendré noirâtre; toute la nuque est d'une teinte cendrée vineuse; les plumes du dos et les petites couvertures des ailes sont d'un brun cendré; à quelque distance de leur bout se trouve une bande noire transversale et toutes sont terminées par du cendré roussâtre. Les plumes de la rangée des grandes couvertures sont terminées par une large plaque d'un vert brillant et métallique, elles sont toutes lisérées d'un blanc pur; les pennes secondaires des ailes sont, ainsi que les principales, d'un gris cendré très foncé, mais ces pennes ont une grande tache d'un pourpre brillant, à reflets métalliques disposés sur leurs barbes extérieures, qui sont aussi lisérées d'un blanc pur. Les pennes de la queue sont d'un noir lustré de reflets verts et violets; leur extrémité est blanche, mais terminée de noir et les pieds sont rouges. Sa longueur est de douze pouces.

Cette espèce a été découverte dans les montagnes Bleues de la Nouvelle-Hollande.

LE PIGEON DE REINWARDT [2]

Ce grand pigeon se distingue de toutes les autres espèces et se rapproche des colombars par un bec dont les deux mandibules sont fortes,

1. *Columba lophotes*, Temm.
2. *Columba Reinwardtsi*, Temm.

larges, et terminées en pointe renflée et courbée; mais ses pieds ne diffèrent point de ceux des pigeons proprement dits et les couleurs de son plumage le distinguent aussi de tous les colombars connus, dont la livrée, comme on sait, est toujours nuancée de teintes vertes.

Un beau cendré clair couvre la tête et la nuque, la face et le devant du cou sont d'un blanc pur ; cette couleur est légèrement nuancée de cendré très clair sur toutes les autres parties inférieures du corps. Les cuisses, l'abdomen et les couvertures du dessous de la queue, ont une teinte plombée ; le dos, les épaules, les grandes couvertures des ailes et les quatre pennes du milieu de la queue, qui dépassent de beaucoup toutes les autres, sont d'une belle teinte rouge pourprée ou cannelle. Toutes les autres parties des ailes sont noires ; les quatre pennes latérales de chaque côté de la queue sont noires à leur base, cendrées au milieu et terminées de noir ou de roux ; l'extérieur est bordé de blanc. Une grande partie du tour de l'œil est nue, et cette nudité communique avec la cire ; l'une et l'autre sont rouges, ainsi que les pieds. Sa longueur totale est de dix-huit à dix-neuf pouces.

L'individu qui a fait connaître cette espèce a été trouvé dans l'île Célèbes.

LES COLOMBARS

Ce sont des pigeons dont le bec est épais et gros comparativement à celui des groupes précédents, comprimé sur les côtés et très enflé vers son extrémité. Leurs tarses sont courts et leurs doigts réunis à leur base par une large membrane. Les colombars n'ont encore été rencontrés que dans les parties les plus chaudes de l'ancien monde.

LE COLOMBAR A QUEUE POINTUE [1]

Cette espèce se distingue de tous les autres colombars connus par une queue étagée, dont les deux pennes du milieu sont pointues et dépassent les suivantes d'environ un pouce. Les couleurs du plumage sont peu variées ; toutes les parties supérieures, les ailes, les flancs, les cuisses et l'abdomen, sont d'un vert foncé ; un vert plus clair est répandu sur la gorge, la poitrine et le ventre. Le bas-ventre et la région abdominale sont d'un beau jaune citron dans le mâle et jaunâtre dans la femelle ; les couvertures inférieures de la queue sont jaunes sur les barbes extérieures et vertes sur les barbes intérieures ; les pennes de la queue sont en dessus, et depuis leur base jusqu'à la moitié de leur longueur, d'un cendré foncé, puis traversées par une bande noire et terminées de cendré clair ; les pennes secondaires et pri-

[1]. *Columba oxyura*, Reinw.

maires des ailes sont d'un noir plein, mais les premières ont une petite bordure cendrée. Les tarses sont en partie couverts de plumes vertes ; ils sont nus et rouges dans le reste de leur longueur, ainsi que les doigts et le tour des yeux ; le bec est d'un bleu foncé à la base, et d'une teinte plombée à la pointe.

La femelle ressemble au mâle et ne s'en distingue que par la teinte plus terne de son plumage et par le jaune verdâtre de son abdomen. Sa longueur totale est de treize pouces.

Ce colombar est très répandu à Java, mais nous ne connaissons aucune de ses habitudes, ni la nourriture qu'il préfère.

LE COLOMBAR ODORIFÈRE [1]

C'est la plus petite espèce de colombars connus ; elle est de la grandeur de notre grive litorne. Chez le mâle, la tête, la nuque et les flancs sont d'un cendré de couleur de plomb ; la gorge est d'un cendré blanchâtre ; sur la poitrine se dessine un large plastron roussâtre couleur de feuille morte. Le ventre et l'abdomen ont des teintes verdâtres et cendrées qui se nuancent insensiblement avec le cendré des flancs ; les cuisses, les côtés de l'abdomen et les couvertures du dessous de la queue, sont d'un brun marron. La partie supérieure du dos, les épaules et les couvertures des ailes sont d'un brun pourpré ; le croupion et la presque totalité des pennes de la queue sont d'un noir ardoise ; le bout de toutes les pennes a une teinte cendrée. En dessous la queue est noire, et le bout des pennes est blanchâtre ; l'aile est noire, mais les pennes secondaires sont finement liserées de jaune clair ; les doigts, le tarse et le tour des yeux sont rouges ; la base du bec est bleue et sa pointe verdâtre. La longueur totale de cet oiseau est d'environ sept pouces.

La femelle de ce colombar n'est point encore connue.

LES CORBEAUX

Nous allons parler successivement d'oiseaux qui ont entre eux des rapports si intimes que Buffon n'avait pu les méconnaître ; aussi l'ordre qu'il suit, en en traçant l'histoire, est-il précisément le même que suivent encore aujourd'hui les naturalistes qui se sont le plus attachés au perfectionnement des méthodes, et qui, ne se contentant pas des apparences extérieures, ont cherché à fonder ces rapports sur toutes les parties de l'organisation. Les CORBEAUX, les PIES et les GEAIS appartiennent en effet à une famille naturelle qui, dans ces derniers temps, s'est enrichie de quelques genres nouveaux, par les nombreuses observations que les voyageurs ont recueillies en péné-

1. *Columba olaa*, Temm.

trant dans l'intérieur des continents plus avant qu'on ne l'avait fait, ou en explorant au profit des sciences les contrées nouvellement découvertes ; et parmi ces genres nouveaux sont les TÉMIAS et les GLAUCOPES que nous ferons connaître en en décrivant quelques espèces. Nous devons cependant dire que le crave (*fregilus graculus*), placé par Buffon immédiatement avant le corbeau [1], n'est point au rang qui lui convient et qu'il a moins de rapports avec ces oiseaux qu'avec les huppes et même les oiseaux-mouches.

LES CORBEAUX PROPREMENT DITS [2]

Buffon donne l'histoire des cinq espèces de corbeaux qui se trouvent en Europe : 1° le corbeau (*Corvus corax* [3]), 2° la corneille (*C. corone* [4]), 3° le freux (*C. frugilegus* [5]), 4° la corneille mantelée (*C. cornix* [6]), et 5° le choucas (*C. monedula* [7]), et il en ajoute une sixième sous le nom de choucas des Alpes qui a beaucoup moins de rapports avec les corbeaux qu'avec les merles, et qui est devenue le type du genre *Pirrhocorax*.

L'histoire que Buffon nous donne de ces cinq espèces est à peu près aussi complète que celle qu'on pourrait nous en donner aujourd'hui ; car malheureusement, depuis Buffon, l'histoire naturelle s'est renfermée dans l'étude des caractères distinctifs des espèces et s'est peu occupée de l'observation des mœurs, c'est-à-dire de l'histoire véritable des animaux. Ce n'est que quand Buffon cherche à reconnaître les rapports des espèces que les auteurs ont décrites et qu'il n'a pas sous les yeux, qu'il tombe quelquefois dans de graves erreurs. Ainsi il fait une critique assez amère de Brisson, qui avait placé parmi les calaos un oiseau indiqué par Bontius sous le nom de corbeau des Indes, et cependant Brisson avait parfaitement raison : ce corbeau indien est en effet le calao rhinocéros des auteurs modernes. Quant à ce corbeau du désert, de Shaw le voyageur, on a pensé depuis que ce pourrait être un oiseau voisin des loriots et des merles, ou une espèce du genre rollier.

Buffon ne rapproche que deux oiseaux étrangers des corneilles et des freux : la corneille du Sénégal et celle de la Jamaïque qui sont en effet des corneilles, la première étant le *corvus dauricus* et la seconde le *corvus jamaïcensis*.

A l'article du choucas, il parle d'une espèce qu'il nomme chouc [8], sur

---

1. Tome V, p. 526, édit. Garnier.
2. *Corvus.*
3. Tome V, p. 526, édit. Garnier.
4. *Idem*, p. 39, 542.
5. *Idem*, p. 47, 549.
6. *Idem*, p. 51, 533.
7. *Idem*, p. 58, 554.
8. Tome V, p. 555, édit. Garnier.

laquelle les auteurs se partagent, les uns la prenant pour une simple variété du choucas ordinaire, les autres l'admettant comme une espèce distincte de toutes les autres, et pour eux elle constitue le *corvus spermologus*.

Depuis Buffon, le nombre des vrais corbeaux s'est beaucoup augmenté, car il est aujourd'hui de douze à quinze, et on trouve des espèces de ce genre dans toutes les parties du monde. Nous en ajouterons deux à celles que Buffon a décrites.

LE CORBEAU ÉCLATANT [1]

Cette espèce, qui se rencontre dans les contrées méridionales de l'Asie et dans plusieurs des Moluques, a tout le devant de la tête et la gorge d'un noir brillant; la tête, les joues, la nuque et la poitrine sont d'un gris cendré roussâtre; le ventre, les cuisses et l'abdomen sont gris d'ardoise; les ailes, le dos et la queue d'un noir brillant à reflets violets et pourpres, le bec et les pieds noirs. La longueur totale de ce corbeau est d'environ quinze pouces.

Cet oiseau se trouve surtout réuni en grandes troupes sur les bords du Gange, attiré par le vautour chougoun qui forme lui-même des troupes nombreuses et pour qui le corbeau éclatant est un serviteur intelligent et fidèle, auquel ce vautour montre la plus entière confiance. On assure en effet que ce corbeau vit familièrement avec le vautour chougoun, s'occupant sans cesse à le débarrasser des poux qui le tourmentent. Plusieurs autres corbeaux rendent des services analogues à d'autres animaux, et entre autres le corbeau d'Afrique que l'on rencontre sur le dos des buffles, des rhinocéros ou des éléphants, occupé à les délivrer des larves de taons qui ont éclos sous leur épiderme. Quand on ne veut pas voir dans les instincts des causes finales et une providence, on renonce aux lumières les plus pures de la raison.

LE CORBEAU NASIQUE [2]

Un puissant et large bec, partant en ligne courbe dès la base et fortement dilaté à ses bords, distingue cet oiseau de tous les autres corbeaux; ses narines sont absolument à découvert et les poils qui les recouvrent et les cachent dans le plus grand nombre des autres espèces sont ici contournés vers le haut, et couvrent la base du bec; la queue est faiblement arrondie et les ailes s'étendent sur environ un tiers de sa longueur; les pieds sont forts, munis d'ongles très courbés. Tout le plumage est noir, mais plus mat que dans nos espèces d'Europe; le lustre des plumes n'est point changeant en couleurs métalliques; une seule teinte noire est répandue sur tout le plumage. La longueur totale est de quinze pouces.

1. *Corvus splendens.*
2. *Corvus nasicus,* Temm.

LES PIES

Ces oiseaux ne se distinguent guère des corbeaux, mais surtout des corneilles, que par une queue longue et étagée ; à moins que les couleurs variées et souvent brillantes du plumage de plusieurs espèces ne deviennent aussi pour elles un caractère générique.

L'histoire de notre pie ne peut motiver aucune observation, elle est la seule espèce de ce genre dont parle Buffon[1] ; mais nous devons donner quelques explications sur les oiseaux qu'il présente comme ayant des rapports avec la pie.

La pie du Sénégal qu'il a fait représenter dans les planches enluminées, n° 538, est en effet une pie, c'est le *corvus pica* des nomenclateurs. La pie de la Jamaïque, qui paraît être en effet, comme il le pensait, le tequixquiacazanatl de Fernandès, est devenue un troupiale pour quelques-uns et le type d'un genre nouveau formé par M. Vieillot, et qu'il nomme quiscale. Sa pie des Antilles est le *corvus caribœa*. Son louisana est devenu le *corvus mexicanus* de Latham, sans être pour cela mieux connu. Sa verdiole est un moucherolle (*muscicapa paradisea seu mutata*), et enfin son zanoé ne paraît être qu'un jeune du quiscale versicolor de Vieillot.

Il paraît qu'on trouve des pies sur tous les continents, et ce qu'on connaît de leurs mœurs conduit à supposer que, sous ce rapport, elles se rapprochent à plusieurs égards de notre pie commune.

LA PIE ACAHÉ[2]

Nous apprenons de M. Azara que cette pie, qu'il a observée au Paraguay, s'approche volontiers des habitations rurales, s'apprivoise et devient même tellement familière qu'elle pond en captivité. On la nourrit de viande, de maïs, d'insectes et principalement d'œufs, qu'elle perce et vide avec adresse, sans en rien perdre. Elle fait une guerre cruelle aux poussins qui s'écartent de leur mère, se jette dessus et leur ouvre le crâne pour en dévorer la cervelle ; elle dévaste aussi les nids des oiseaux qui ne sont pas assez forts pour défendre leurs petits. La voix de cette pie, sans être désagréable, n'a cependant rien qui ressemble à du chant et qui puisse plaire ; chaque fois qu'elle jette un cri, elle avance le corps, élève et baisse le croupion. Elle fait son nid sur les arbres, le cache avec soin, le compose de petites bûchettes et de racines à l'extérieur, de matières douces à l'intérieur ; la ponte est de quatre

---

1. Tome V, p. 560, édit. Garnier.
2. *Corvus pileatus*, Temm.; *Pica chrysops*, Vieill.

ou cinq œufs presque blancs, teints de bleuâtre au gros bout et partout
tachetés de brun.

Une tache, d'un bleu céleste, se fait remarquer derrière l'œil; elle
s'étend sur l'occiput et sur une petite partie du cou, où elle diminue graduellement de longueur. Une petite marque, d'un bleu vif, haute de quatre
lignes, large de six, elliptique et composée de petites plumes verticales
surmonte l'œil et s'élève en forme de sourcils; une autre, d'un bleu plus foncé,
couvre la paupière inférieure et se joint à une troisième qui est triangulaire,
de la même couleur et située sur la partie inférieure du bec. La queue, dont
l'extrémité est blanche, le dessus et les côtés de la tête, le cou et toutes les
parties supérieures, sont d'un bleu turquin presque noir; toutes les inférieures sont jaunâtres dans le mâle, blanches chez la femelle. Le bec est d'un
noir luisant, l'iris d'une belle couleur d'or et le tarse noir; les plumes qui
couvrent le dessus et les côtés de la tête sont serrées, droites, un peu fermes,
décomposées, rudes et frisées; elles paraissent, à la vue et au toucher, comme
une coiffe de velours noir, et forment une huppe haute de huit lignes aussi
large que la tête. La longueur totale de cet oiseau est de treize pouces
environ.

LA PIE GING [1]

La pie ging a la taille et les formes de l'acahé, mais elle est facile à distinguer de cette dernière par une huppe longue, composée de plumes plus
larges à leur pointe qu'à leur base. Tout le sommet de la tête de la pie acahé
est couvert de plumes courtes, veloutées et un peu contournées en avant; le
plumage des parties supérieures de cette dernière est d'un bleu très brillant,
celui de la pie ging est d'un cendré fauve ou brun livide et les ailes ont du
bleu noirâtre; les deux tiers de la partie supérieure de la queue de l'une sont
d'un bleu vif; cette partie est d'un noir plein chez l'autre. Telles sont les
principales différences qui caractérisent ces deux espèces très rapprochées
par la taille, les formes et les mœurs.

La queue de la pie ging est arrondie et les ailes n'en couvrent pas la
moitié; une huppe composée de plumes longues, plus larges à leur extrémité
qu'à la base, s'élève entre les yeux; cette huppe, le front, la région des yeux
et des oreilles, le devant du cou et la poitrine sont d'un noir plein. On voit,
au-dessus des yeux et à l'angle du bec, sur la base de la mâchoire inférieure,
une tache d'un beau bleu turquin, pur chez les adultes, et moins vif dans
les jeunes individus; l'occiput et une partie de la nuque sont blanchâtres,
et cette teinte, mélangée de cendré brun, couvre le reste de la partie postérieure du cou, le dos et les scapulaires. Les ailes sont d'un noir légèrement
teinté de violet dans les adultes et d'un noirâtre mat chez les jeunes; toutes

1. *Corvus cyanopogon*, New. Temm.

les pennes de la queue sont noires, excepté vers le bout, dont une grande partie est d'un blanc pur; tout le ventre, les cuisses et les couvertures du dessous des ailes, sont blancs ou blanchâtres; les pieds et le bec sont noirs. La longueur totale de cette pie est à peu près de douze pouces.

On trouve cette espèce au Brésil, dans les districts de Bahia.

LES GEAIS [1]

Les caractères propres à faire distinguer les geais des pies et des corbeaux ne consistent guère que dans leur bec peu allongé et finissant par une courbure subite et presque égale dans les deux mandibules; leur queue est courte comparativement à celle des pies, et ils ont la faculté de redresser les plumes de leur front.

Buffon donne une très bonne histoire du geai d'Europe [2] et il en indique un assez grand nombre d'autres espèces, en parlant des oiseaux qui ont rapport au geai. Ainsi son geai brun du Canada est devenu le *garulus canadensis;* son geai de Sibérie le *garulus sibiricus;* son geai bleu de l'Amérique septentrionale le *garulus cristatus;* mais son geai de la Chine a été ramené aux pies, sous le nom d'*Erythrorhyncus,* et il en a été de même de son geai du Pérou (*Corv. peruvianus*) et de son geai de Cayenne (*Corv. cyanus*); quant à son geai à ventre jaune de Cayenne, il est devenu un casse-noix (*Caryocatactes flaviventer*).

Nous donnerons une description plus détaillée du geai bleu de Buffon.

LE GEAI BLEU HUPPÉ [3]

Cette espèce se rencontre sur les côtes orientales de l'Amérique septentrionale, depuis la Louisiane jusqu'à la baie d'Hudson, et sur les côtes occidentales, depuis la Californie jusqu'à la baie Nootka, et même encore plus au nord; mais elle n'est jamais aussi abondante aux États-Unis qu'en automne, époque de la migration de ces oiseaux du nord au sud. On en voit alors, quelquefois dans le même jour, des bandes de deux à trois cents qui voyagent de compagnie et qui suivent la même direction. Ces oiseaux se dispersent dans la matinée pour chercher leur nourriture, s'appellent et se rallient lorsqu'ils la trouvent en abondance, et dès qu'ils sont rassasiés ils se dispersent de nouveau. Cependant ils se réunissent toujours vers la chute du jour, pour passer la nuit dans le même canton et se disperser de nouveau au lever de l'aurore. Leur point de réunion est ordinairement sur la lisière

1. *Garulus.*
2. Tome V, p. 571, édit. Garnier.
3. *Garulus cristatus.*

des forêts, surtout de celles où les chênes sont en plus grand nombre, et dont le fruit fait alors leur principale nourriture. Leur passage dure environ quinze jours; néanmoins on en rencontre encore après, mais en petit nombre; ces traîneurs ne s'éloignent guère du centre des États-Unis pendant la mauvaise saison.

Ce geai, naturellement moins sauvage et moins défiant que celui d'Europe, s'approche des habitations, et donne dans tous les pièges qu'on lui tend. Pris, adulte ou vieux, il supporte volontiers l'esclavage et semble même s'y plaire; mais dès les premiers jours du printemps il s'inquiète, se chagrine, refuse toute nourriture, dessèche et périt si on ne lui rend la liberté.

L'intérieur des bois, où serpente un ruisseau, est pendant l'été son domicile habituel; il se cache dans l'endroit le plus fourré, et, quoique par ses cris il décèle sa retraite, on le découvre difficilement, parce qu'il se tient au centre ou au pied des buissons les plus épais et qu'alors il s'élève rarement à la cime des arbres. Son naturel le rapproche de notre geai, il en a la pétulance et la vivacité, mais il n'est point aussi criard et ses accents, quoique analogues, sont plus doux et moins forts.

Il construit son nid avec des bûchettes à sa base, de petites racines sur le contour, du chevelu et des herbes fines à l'intérieur. La ponte est de quatre à six œufs d'un vert olivâtre, parsemés de taches couleur de rouille; il en fait ordinairement deux par an.

La belle couleur bleue qui domine sur la huppe s'étend aussi sur toutes les parties supérieures, sur la queue, les couvertures et les pennes secondaires des ailes; elle est traversée de raies noires sur les dernières parties, dont le bord externe est d'un bleu violet et l'extrémité blanche. Les pennes primaires sont en dehors pareilles à l'aigrette, et noirâtres en dedans; les pennes de la queue portent des lignes transversales noires, et toutes les latérales ont à leur extrémité une grande marque blanche; cette dernière couleur, nuancée de lilas et de gris, règne sur les côtés de la tête et du cou. La bande noire, qui naît entre le bec et l'œil, sert de bordure à la huppe, fait ensuite un demi-cintre en arrière des oreilles, se prolonge sur les côtés du cou et se termine en forme de hausse-col sur le haut de la poitrine. Les plumes qui couvrent les narines sont grises; la gorge est d'un bleu clair; le dessous du corps d'un gris de souris, qui s'affaiblit insensiblement sur les parties les plus inférieures; le bec et les pieds sont noirs; l'iris est couleur de noisette. La longueur totale de cet oiseau est de dix pouces neuf lignes.

La gorge ne prend une teinte bleue que chez les vieux mâles.

La femelle porte une huppe moins longue et des couleurs moins vives; la gorge est d'un gris clair. Les jeunes ont les ailes et la queue pareilles à celles des adultes, mais leur huppe est moins apparente; les parties supérieures sont d'un cendré bleuâtre, les inférieures d'un blanc sale.

LE GEAI HOUPETTE ou PIOM [1]

La base du bec de cette espèce est parée d'une petite huppe à plumes effilées et fortement courbées vers le sommet du crâne ; cette huppe et les plumes de la face sont d'un noir profond ; la couleur sombre qui couvre la face est légèrement teintée de brun et un brun noirâtre est répandu sur l'occiput, sur la nuque, le cou et la poitrine. Le ventre et toutes les parties inférieures sont d'un blanc jaunâtre ; le dos et les épaules sont d'un bleuâtre terne mêlé d'une teinte brune ; les ailes et la moitié supérieure de la queue sont d'un bleu assez vif ; la moitié inférieure de toutes les pennes caudales est blanche ; les pieds et le bec sont noirs. La longueur totale de ce geai est de treize pouces.

On trouve cette espèce au Brésil, où elle vit à la manière de nos pies et de nos geais.

LES CASSE-NOIX [2]

Buffon parle du casse-noix immédiatement après les geais et il en donne une histoire très exacte et assez complète ; et comme, encore aujourd'hui, ce genre ne contient que l'espèce d'Europe, nous n'avons aucune addition à faire à ce qu'il dit de cet oiseau.

LES TÉMIA [3]

Ces oiseaux se distinguent des pies par leur bec fort élevé, dont la mandibule supérieure est très bombée et qui est garnie à sa base de plumes veloutées, qui ne s'observent pas dans les oiseaux de la famille des corbeaux et qui ne se retrouvent que chez les oiseaux de paradis.

Nous donnerons la description que Vaillant a publiée de l'espèce qui a servi de type à l'établissement de ce genre.

LE TÉMIA VARIABLE [4]

Cet oiseau a le corps de la grosseur de celui de notre mauvis d'Europe, mais il est un peu plus allongé ; sa queue, composée de dix plumes, est très étagée et fort longue ; les quatre pennes du milieu seulement ont la même

1. *Corvus cristatellus*, Temm.; *Corvus cyanolencus*, New.
2. *Caryocatactes*, Cuv.
3. *Crypsirina*, Vieill.
4. *Corvus varians*, Vaillant, *Ois d'Afr.*, pl. 56.

grandeur; les autres sont successivement un peu plus courtes. Le bec, les pieds et les ongles sont noirs; toutes les plumes du corps sont longues, fines et à barbes soyeuses très douces au toucher; à un certain jour elles paraissent noires, mais elles ont un reflet verdâtre ou purpurin, suivant la lumière qu'elles reçoivent. Le front et l'espace compris entre l'œil et le bec, ainsi que la gorge, sont couverts de petites plumes si serrées qu'elles paraissent d'un noir mat, sans aucun reflet, et imitent le velours à certain aspect. Les pennes de l'aile sont noirâtres; les quatre plumes du milieu de la queue sont verdâtres, les autres n'ont que leurs barbes extérieures de cette couleur, de sorte qu'en dessous la queue est noirâtre, et en dessus elle est d'un vert sombre. On ignore l'origine de cette espèce.

LES GLAUCOPES [1]

Les témia et les glaucopes ont tant de rapports que M. Temminck ne les distingue point génériquement, considérant que le caractère des derniers n'est propre qu'au mâle de la seule espèce qui constitue ce genre; et pour lui, le genre glaucope, qu'il adopte de Forster, est le même que le genre témia de Vieillot, comme on pourra le voir par son glaucope temnure dont nous donnons la figure.

LE GLAUCOPE TEMNURE [2]

Cet oiseau est d'un tiers plus grand que le témia variable; sa queue est très étagée et toutes ses pennes sont tronquées transversalement à leur extrémité; le plumage est entièrement noir, un peu plus lustré sur les ailes et la queue que sur les autres parties du corps; le bec et les pieds sont noirs. Sa longueur totale est de douze pouces.

Il a été envoyé de la Cochinchine au Muséum d'histoire naturelle par M. Diard.

LES ROLLIERS [3] ET LES ROLLES [4]

Ce sont des oiseaux qui ont tant de ressemblance avec les geais et les pies que plusieurs auteurs, et Vaillant entre autres, ne les ont point séparés; cependant les rolliers se caractérisent assez nettement par leur bec fort, comprimé vers le bout, dont la mandibule supérieure est un peu crochue à

1. Forster.
2. *Glaucopis temnura*, Temm.
3. *Coracias*, Linn.
4. *Coluris*, Cuv.

sa pointe, leurs narines oblongues placées au bord des plumes et non recouvertes par elles, leurs pieds courts et forts. Ils ont deux échancrures à leur
sternum, une seule paire de muscles à leur larynx inférieur et un estomac
membraneux, ce qui les rapproche des martins-pêcheurs et des pies.

Les rolliers ont été subdivisés en rolliers proprement dits, qui ont un
bec droit moins large que haut, et en rolles dont le caractère distinctif consiste en un bec plus court que celui des rolliers, plus arqué et plus large
que haut à sa base.

Buffon ne donne que l'histoire du rollier d'Europe[1], mais il donne les
caractères de plusieurs autres : du rollier d'Abyssinie[2] (*Cor. Abyssinica*), du
rollier de Mindanao[3] (*Cor. Bengalensis*). Quant à ses rolliers des Indes et de
Madagascar[4], ce sont des rolles, tandis que son rollier du Mexique[5] est le
geai du Canada (*Garulus Canadensis*), et son rollier de paradis[6], l'oiseau de
paradis orangé (*para aurea*).

Nous n'avons rien à ajouter à ce que Buffon dit de notre rollier; et il
paraît que les mœurs des autres sont analogues à celles de cette espèce;
mais une étude attentive de ces oiseaux nous apprendrait sans doute sur
leur naturel des particularités intéressantes.

Buffon avait fort bien remarqué que son rollier du Canada différait fon-
damentalement de ses autres rolliers par un bec tout différent, et c'est en
effet des oiseaux pourvus d'un bec semblable qu'on a formé le genre rolle,
nom aussi employé par Buffon pour désigner des oiseaux qu'il classait parmi
les rolliers; mais en cela il commettait une erreur, car son rolle de la
Chine[7] paraît être un merle ou une pie-grièche, et son rolle de Cayenne un
tangara.

LE ROLLIER VERT[8]

Levaillant[9] a fait connaître cet oiseau qui avait été rapporté des Indes
orientales en Europe par Poivre, sans qu'on ait su de quelle partie de ces
vastes contrées.

La couleur verte domine dans le plumage de cet oiseau qui a toutes les
formes extérieures du rollier d'Europe, mais qui a une moindre taille. Les
plumes du front jusqu'aux yeux, ainsi que celles qui avoisinent la base du
bec et la gorge, sont d'un blanc roussâtre. La tête, le cou, le haut du dos,

1. Tome V, p. 584, édit. Garnier.
2. *Idem*, p. 588.
3. *Idem*, p. 588.
4. *Idem*, p. 590.
5. *Idem*, p. 591.
6. *Idem*, p. 591. .
7. *Idem*, p. 381.
8. *Cor. viridis.*
9. *Hist. nat. des ois. de paradis*, n° 31, p. 82.

toutes les plumes des épaules, celles des ailes les plus proches du corps, et généralement toutes leurs couvertures supérieures sont d'un vert aigue-ma-marine. Toutes les plumes du dessous du corps, depuis le blanc roussâtre de la gorge jusqu'au bas-ventre, sont aussi vert aigue-marine, mais d'un ton plus clair, et qui, prenant une nuance blanche vers le bas-ventre, devient enfin du blanc légèrement teint du même vert sur les couvertures du dessous de la queue. Les six premières grandes pennes des ailes sont d'un beau bleu violâtre; les suivantes sont de plus légèrement bordées de vert à leurs pointes; les plumes du croupion et les couvertures du dessus de la queue sont d'un vert bleuâtre, ainsi que les deux pennes intermédiaires de celle-ci, bleues partout ailleurs tant en dessus qu'en dessous, où ce bleu est cependant un peu plus clair; le bec est noir et les pieds sont roux.

LE ROLLIER DU BENGALE[1]

Ce rollier se trouve dans l'Inde et en Afrique. On le reçoit du Bengale, des Moluques, de Ceylan, du cap de Bonne-Espérance et du Sénégal.

Cet oiseau, long de treize pouces environ, a le bec noir et les yeux brun marron.

Un vert tirant à la couleur aigue-marine colore la partie supérieure de la tête. Les plumes du front et celles du menton offrent une teinte blanc roussâtre. Sur les joues, sous la gorge et sur le devant du cou se montrent de beaux reflets violets avec un trait blanc longitudinal sur chacune des plumes qui revêtent ces parties. La nuque, la poitrine et le ventre sont d'une couleur fauve ou roussâtre glacée de violet. Une teinte verdâtre, sur laquelle se manifestent aussi quelques reflets violets, se voit sur le dos et les épaules. La région du bas-ventre et les couvertures inférieures de la queue sont d'une couleur vert-de-gris. Un très beau bleu brillant colore le coude de l'aile, l'épaule et le croupion.

La tige des pennes des ailes et des pennes secondaires est noire; ces plumes sont à leur origine d'une belle couleur vert-de-gris clair, les secondes offrent du bleu sur le reste de leur longueur, mais sur les premières cette couleur remplit seule un large espace, puis le vert-de-gris reparaît encore jusqu'à la pointe, qui est mélangée de noir, de bleu et de verdâtre.

La queue est carrée, les pennes qui la composent sont à baguette noire, du même bleu que celui des ailes; elles portent, vers la moitié de leur longueur, une très large bande d'un vert aigue-marine. Les deux moyennes sont d'un vert sombre glacées de bleu vers leur partie supérieure.

Chez la femelle les traits blancs des joues et du devant du cou sont

1. *Coracias Bengalensis*, Gmel.; *Coracias indica*, Gmel., Edw. et Lath.; *le Cuit*, Buff., pl. enlumin. 285.

plus apparents. La couleur rousse de la poitrine et du ventre est plus foncée et la coloration du reste du plumage est moins vive.

Les jeunes individus ont du blanc sur la face et les oreilles ; le sommet de la tête est d'un roux vineux, mais déjà des teintes violettes se mêlent à la couleur rousse des joues, du devant du cou, de la poitrine et du haut du ventre, avec un trait blanc longitudinal sur chaque plume de ces diverses parties. Le bas-ventre est d'un blanc roussâtre. Un vert terne olivâtre teint le manteau et les pennes moyennes de la queue. Les grandes couvertures des ailes sont d'un roux violâtre. Les barbes externes des trois premières rémiges sont vertes ; elles ont, ainsi que toutes les autres grandes pennes des ailes, qui sont ensuite bleues et terminées de noir, une teinte violâtre à leur origine. Les pennes de la queue sont légèrement nuancées de vert sur un fond bleu violet. Les pieds sont roux.

Levaillant nous apprend que cette espèce, en Afrique, se plaît dans les bois ; elle construit son nid au sommet des plus grands arbres. Ce nid est très volumineux, et par conséquent très facile à découvrir ; il est composé de brins de bois entrelacés d'herbe et de mousse, et le dedans est garni de plumes. La ponte est de quatre œufs, qui sont d'une couleur roussâtre.

LE ROLLE DE MADAGASCAR[1]

Cet oiseau habite l'île de Madagascar. On le voit très bien représenté dans l'ouvrage de Levaillant sous le nom de *grand rolle violet*, par opposition avec celui de *petit rolle violet* assigné à une espèce du Sénégal, et dont nous parlerons dans l'article suivant.

L'oiseau qui fait le sujet de cet article a de longueur totale dix pouces et demi. Sa queue, un peu fourchue, mesurée seule, en a quatre et demi.

Les ailes sont fort longues, leur pointe atteint celle des deux pennes moyennes de la queue. Le bec est d'un beau jaune citron.

La tête est grosse et arrondie ; elle est en dessus, ainsi que le derrière du cou, le manteau, les petites et les grandes couvertures des ailes, d'un roux ferrugineux luisant. Un violet pourpré magnifique est répandu sur les joues, la gorge et toute la partie inférieure du corps, y compris le dessous des épaules.

Les grandes pennes des ailes offrent un beau bleu brillant sur leur bord extérieur et sur la moitié seulement des barbes internes, la plus proche de la tige, le bord libre de ces dernières étant teint de noirâtre terne. En dessous, la partie opposée au bleu est, aussi bien que le croupion, la région anale et les couvertures inférieures de la queue, d'une couleur vert-de-gris.

1: *Corvus madagascariensis ; le Grand Rolle violet*, Levaill., *Ois. de paradis*, pl. 34 ; *Eurystomus violaceus*, Vieil., *Dict. d'hist. nat.*, p. 431.

Les pennes de la queue sont sur leurs deux faces d'un bleu aigue-marine, qui s'étend depuis leur origine jusqu'au dernier tiers de leur longueur où apparaît du bleu indigo, brillant, qui se change en un noir terne jusqu'à leur extrémité.

Les pieds sont d'un brun jaunâtre.

LE PETIT ROLLE VIOLET[1]

Levaillant[2] a fait connaître cette espèce qui a tant de rapport avec le rollier de Madagascar de Buffon, qu'il ne l'en distinguait que par des caractères généralement peu importants; mais c'est le cas de toutes les espèces des genres très naturels qui se confondent quelquefois même par les couleurs. La description que nous venons de donner de cet oiseau de Madagascar sous le nom de Rolle, et la figure que nous donnons de l'un et de l'autre, feront connaître leurs ressemblances et leurs différences. On verra que le petit rolle violet diffère de l'autre par une taille de moitié plus petite, par une queue proportionnellement plus courte et plus fourchue, et surtout par un bec sensiblement moins élevé. Du reste, il a les mêmes couleurs. Le dessus de la tête et du cou présentent des reflets tantôt roussâtres, tantôt violets. Les plumes du dos, des épaules et les petites couvertures des ailes sont d'un beau marron, les grandes couvertures et toutes les pennes des ailes sont bleu violet; les joues, la gorge, le dessous et les côtés du cou, la poitrine, les flancs, sont d'un violet pourpré; l'abdomen, les couvertures du dessus et du dessous de la queue sont verts aigue-marine. Les pennes de la queue sont également de ce vert, à l'exception des moyennes dont le vert est plus olivâtre, et toutes sont marquées à leur extrémité par un ruban bleu. Le bec est jaune et les pieds bruns.

Cette espèce est originaire du Sénégal.

LES OISEAUX DE PARADIS

On sait que ces oiseaux sont surtout remarquables par la nature veloutée d'une partie de leur plumage, par les formes souvent singulières de certaines portions de ce vêtement, par les plumes de formes anomales qui s'y trouvent quelquefois mélangées, enfin par la richesse et l'éclat des couleurs qui peignent ce plumage.

Cependant les oiseaux de paradis ont tant de rapports avec les corbeaux dont les couleurs sont si ternes et le plumage si simple, qu'aucun natura-

1. *Colaris afra.*
2. *Ois. de paradis*, etc., p. 79, n° 35.

liste n'a pu les éloigner les uns des autres, malgré les différences nombreuses qui caractérisent leur vêtement. En effet ces brillants et singuliers
oiseaux ont, comme les corbeaux, un bec droit, comprimé, fort, sans échancrures, et les narines couvertes par ce tissu de petites plumes arrondies qui
donnent aux parties qu'elles recouvrent toutes les apparences du velours.
Leurs pieds sont encore semblables à ceux des corbeaux et il en est de
même de leurs ailes ; mais quoique toutes les espèces connues présentent
plus ou moins de singularités, elles sont loin d'avoir la même physionomie,
et c'est aux variations de leur plumage, dans la disposition et la forme des
plumes qui le composent, que sont dues les différences que leur physionomie nous présente ; ces différences mêmes ont paru suffisantes pour caractériser des subdivisions de ce genre.

On connaît peu la manière de vivre des oiseaux de paradis ; originaires
de la Nouvelle-Guinée ou des îles voisines, il n'a pas été possible de les
observer, car il aurait fallu pénétrer dans l'intérieur de ces contrées, et la
férocité des peuples qui les habitent ne l'a pas permis.

Lorsque Buffon a parlé de ces oiseaux, il en savait déjà autant sur leur
naturel que nous en savons aujourd'hui et il en connaissait six espèces :
l'oiseau de paradis émeraude (*Paradisea apoda*), le manucode (*Par. regia*), le
magnifique (*Par. magnifica*), le sifilet (*Par. sexcetacea*), le superbe (*Par. superba*)
et le paradis orangé (*Par. aurea*), qu'il considérait comme intermédiaire entre
les rolliers et les oiseaux de paradis, et qu'il nomme rollier de paradis. On
en connaît une de plus, le paradis rouge (*Par. rubra*). Nous décrirons l'espèce
nouvelle, et nous ajouterons quelques détails aux deux espèces sur lesquelles Buffon s'est le moins étendu.

C'est Vieillot qui a subdivisé les oiseaux de paradis en sous-genres. Il a
nommé SAMALIA les espèces qui ont les plumes des flancs prolongées en panache et deux filets simples sans barbes naissant au croupion, et se prolongeant au moins autant que les longues plumes des flancs. Ceux qui conservent les filets, mais dont les plumes des flancs se sont raccourcies, ont reçu
le nom de CINCINNURES. Ceux qui ont les plumes des flancs allongées, mais qui
sont privés de filets, sont ses PAROTIA, et il a donné le nom de LOPHORINA à ceux
qui n'ont ni prolongement de plumes aux flancs ni filets au croupion.

LE PARADIS ORANGÉ [1]

Le peu de ressemblance extérieure qui se trouve entre cet oiseau et les
autres espèces du genre avait porté la plupart des naturalistes à l'éloigner
des oiseaux de paradis. Les uns en faisaient un troupiale, les autres un
loriot, et Buffon en fit un rollier en le rapprochant des oiseaux de paradis [2],

1. *Par aureus*, Vieill.
2. Tome VI, édit. Garnier, p. ?.

comme pour servir d'intermédiaire entre ces deux genres. Ce qui a déterminé à l'admettre tout à fait parmi les oiseaux de paradis est la forme de son bec et les plumes veloutées qui l'environnent. La simplicité de son plumage forme cependant dans ce genre une anomalie qui choque, et il est aisé de prévoir qu'il ne tardera pas à en être tiré et à être même séparé du superbe auquel Vieillot l'a réuni dans son sous-genre lophorina, pour devenir le type d'un genre particulier; mais ce qui serait plus important, c'est qu'on découvrît d'où il est originaire et qu'on pût étudier ses mœurs.

Cet oiseau a huit pouces et demi de longueur, son bec un pouce; les mandibules sont de couleur de corne et noires vers leur extrémité; une petite huppe, d'une belle couleur aurore plus foncée à la base du bec, orne sa tête; le cou, la poitrine sont également d'un bel aurore, le ventre est jaune doré; les plumes du dessus du cou sont plus longues que les autres, soyeuses, étroites et flottantes sur les côtés. La tête et la gorge sont garnies de ces petites plumes arrondies et serrées qui font l'effet du velours; les pennes des ailes, depuis leur naissance jusqu'aux deux tiers et les secondaires sont jaunes; l'autre tiers des premières, l'extrémité des secondes, le pli de l'aile, les très petites couvertures des ailes, les plumes qui bordent la mandibule inférieure, le menton, le gosier et la gorge sont d'un beau noir; les pennes de la queue ont une très petite tache jaune sur le milieu de leur extrémité. Les pieds ont la couleur du bec.

LE SUPERBE [1]

Le superbe a huit pouces huit lignes de longueur; son bec a quatorze lignes et il est noir; la gorge est d'un noir changeant en violet; les plumes qui partent de sa partie supérieure recouvrent l'inférieure et le haut de la poitrine, ensuite, s'écartant sur les côtés du ventre, laissent le milieu à découvert et finissent exactement comme la queue d'hirondelle. Ces plumes plus longues que les autres sont d'un vert bronzé changeant en violet. Le ventre est noir, le dos, le croupion, les ailes, les couvertures et les pennes de la queue sont de la même couleur, mais à reflets violets selon la direction de la lumière; les ailes, lorsqu'elles sont pliées, atteignent le milieu de la queue, dont les pennes moyennes sont d'un noir velouté à reflets violets, avec une ligne teinte de vert. Les pieds sont noirs.

Buffon suppose que le superbe qu'il décrit n'avait pas de filets [2], parce qu'il les avait perdus soit par accident, soit par l'effet de la mue; cette conjecture ne s'est point confirmée; mais quoique le superbe soit privé de ce caractère assez remarquable, il n'en présente pas moins dans son plumage

1. *Par. superba*, Gmel.
2. Tome VI, édit. Garnier, p. 3.

des anomalies suffisantes pour que ses rapports avec les oiseaux de paradis ne puissent être méconnus.

LE SIFILET [1]

Buffon a décrit cet oiseau sous le nom de manucode à six filets [2]; mais il n'en a donné la figure que dans ses planches enluminées, n° 633.

La tête du sifilet est ornée d'une huppe mobile composée de plumes fines, raides et peu barbues, prenant naissance sur la base du bec; elle est d'abord noire, ensuite mélangée de blanc, d'où résulte un gris perlé; des touffes de plumes noires à barbes désunies, molles, partent des côtés du ventre, sous les ailes, les recouvrent dans l'état de repos et se relèvent. Celles de la gorge, étroites à leur base, larges à leur extrémité, sont d'un beau noir de velours dans leur milieu, et d'un vert doré changeant en violet sur les côtés; mais l'ornement qui distingue surtout ce superbe oiseau, ce sont trois filets noirs de cinq à six pouces de longueur qui naissent de chaque côté de la tête et se terminent par des barbes plus longues que les autres, qui, en s'épanouissant, donnent à l'extrémité une forme ovale. La queue étagée est composée de douze pennes du velouté le plus beau, le plus moelleux; plusieurs de ces pennes ont les barbes longues, séparées et flottantes; derrière la tête se trouve un collier de même couleur que la gorge. Le dos et les ailes sont d'un beau noir foncé. La grosseur de cet oiseau est celle d'une tourterelle, sa longueur est de dix à douze pouces. Il a l'iris jaune, le bec noir et long de quinze lignes; les pieds sont noirâtres.

Cette espèce se trouve à la Nouvelle-Guinée.

LE PARADIS ROUGE [3]

Cet oiseau extrêmement rare est très peu connu. Sa longueur, du bout du bec à l'extrémité de la queue, est de près de neuf pouces et jusqu'à celle des longues plumes des flancs de douze à treize. Le bec est long d'un pouce et de couleur de corne; la taille, la huppe, les couleurs et la forme des deux filets, ne permettent pas de douter qu'il ne soit d'une espèce très distincte de toutes les autres de son genre et surtout du petit émeraude (oiseau de paradis de Buffon) avec lequel il forme le genre Samalia. Un noir de velours couvre son front et le dessous du bec; les plumes du sinciput, plus longues que les autres, forment deux petites huppes; ces plumes, celles du dessous du cou et du gosier sont d'un vert doré et elles sont tellement ser-

1. *Par. sexcetacea.*
2. Tome VI. édit. Garnier, p. 12.
3. *Paradisea rubra*, Vieill.

rées les unes contre les autres, qu'elles font sur la vue l'effet du velours ; le jaune couvre le dessus et les côtés du cou, le haut du dos, le croupion et une partie des côtés de la poitrine. La partie inférieure de la poitrine, le ventre, les ailes et la queue sont d'une couleur brune plus claire sous le bas-ventre ; les plumes des flancs sont à barbules rares et molles et les deux filets de vingt-deux pouces de longueur sont très lisses, d'un noir brillant, convexes en dessus, concaves en dessous, et terminés en pointe. Cependant on remarque à leur racine quelques barbes très courtes et très fortes.

LACÉPÈDE

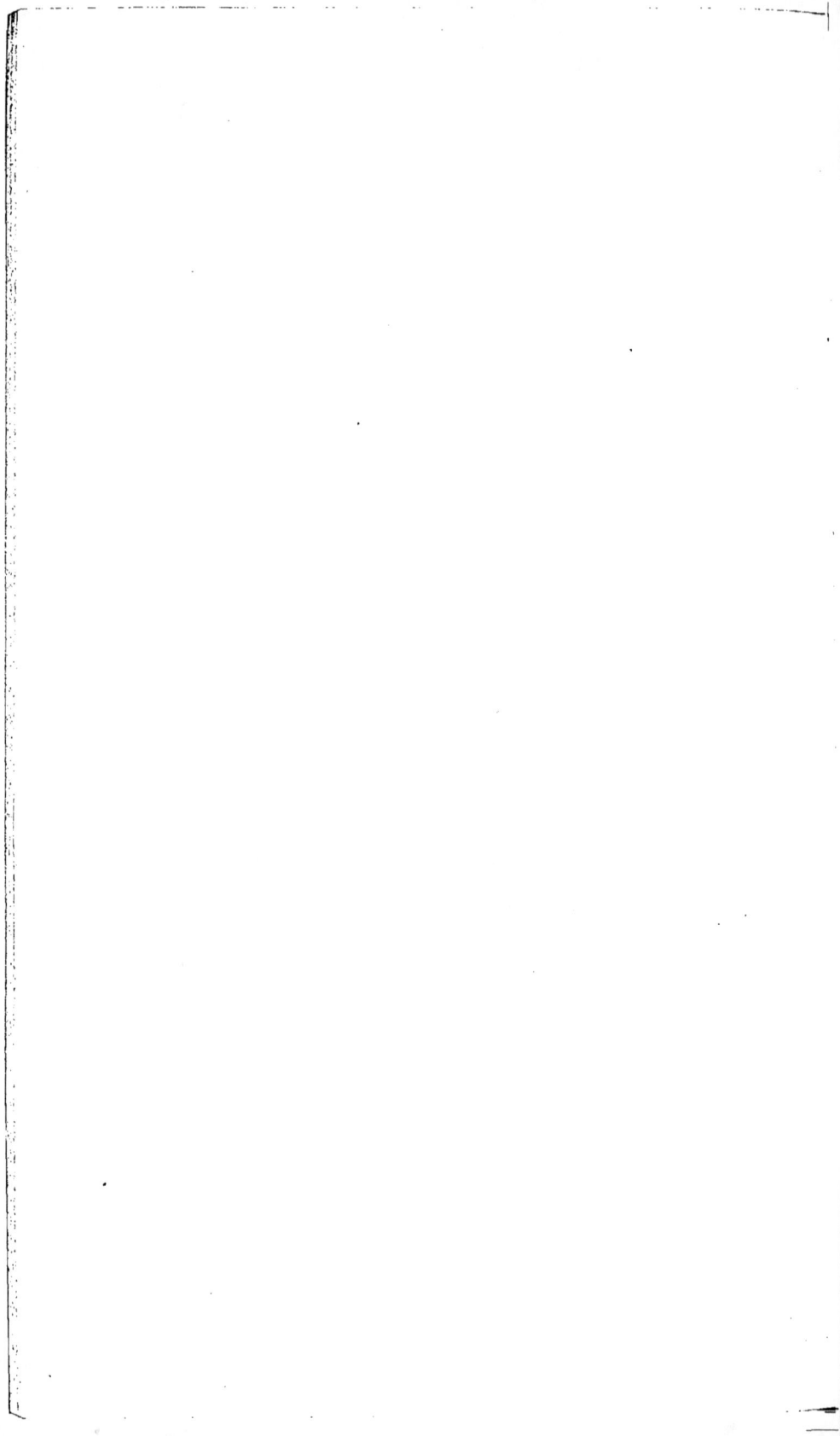

A ANNE-CAROLINE LACÉPÈDE[1]

1. Voyez, dans cette histoire, la fin du discours intitulé *Vue générale des Cétacés.*

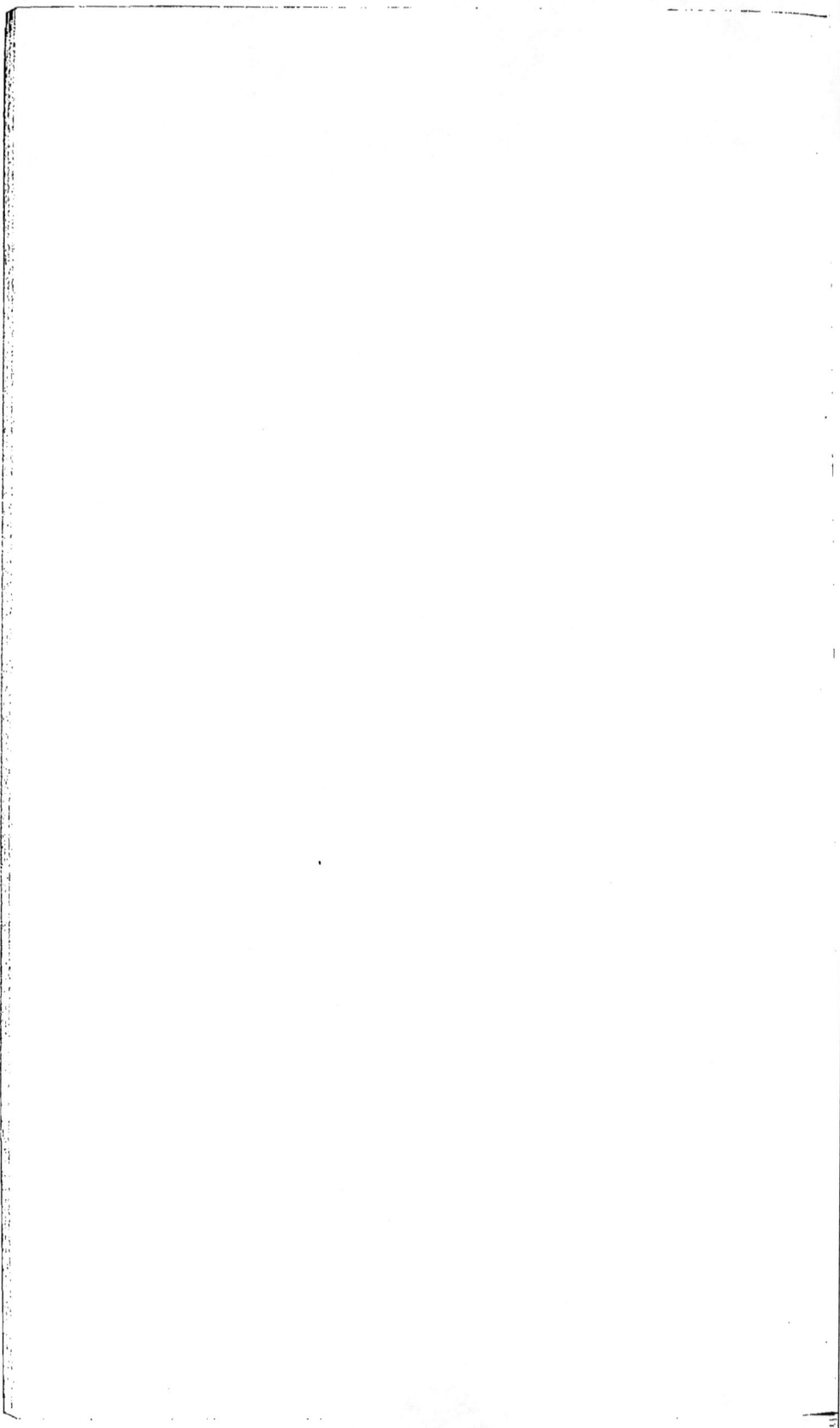

AVERTISSEMENT DE L'AUTEUR

Cette histoire, destinée à remplacer celle que Buffon s'était réservé d'écrire, lorsqu'il m'engagea à continuer l'*Histoire naturelle*, doit être placée à la suite de celle des quadrupèdes, et par conséquent avant l'histoire des oiseaux.

Le professeur Gmelin, dans la treizième édition du *Système de la nature* de Linné, a décrit quinze espèces de cétacés, distribuées dans quatre genres.

Le professeur Bonnaterre, dans la description des *planches de l'Encyclopédie méthodique*, a traité de vingt-cinq espèces de cétacés, réparties dans quatre genres.

On trouvera dans l'ouvrage que nous publions l'histoire de trente-quatre espèces de cétacés, placées dans dix genres différents.

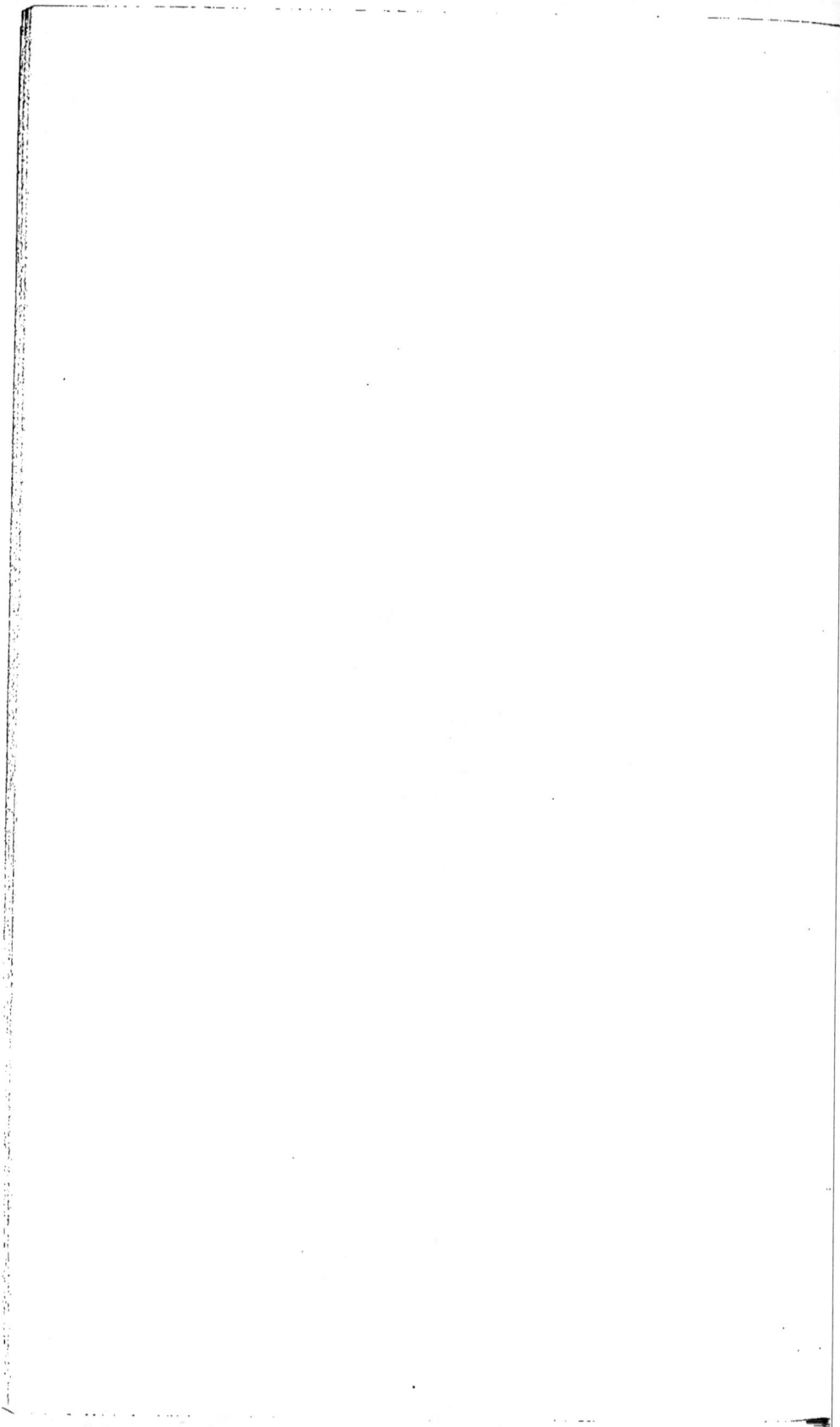

HISTOIRE NATURELLE

DES

CÉTACÉS

(1804)

VUE GÉNÉRALE DES CÉTACÉS

Que notre imagination nous transporte à une grande élévation au-dessus du globe.

La terre tourne au-dessous de nous : le vaste Océan enceint les continents et les îles ; seul il nous paraît animé. A la distance où nous sommes placés, les êtres vivants qui peuplent la surface sèche du globe ont disparu à nos yeux ; nous n'apercevons plus ni les rhinocéros, ni les hippopotames, ni les éléphants, ni les crocodiles, ni les serpents démesurés ; mais, sur la surface de la mer, nous voyons encore des troupes nombreuses d'êtres animés en parcourir avec rapidité l'immense étendue et se jouer avec les montagnes d'eau soulevées par les tempêtes. Ces êtres que, de la hauteur où notre pensée nous a élevés, nous serions tentés de croire les seuls habitants de la terre, sont les cétacés. Leurs dimensions sont telles, qu'on peut saisir sans peine le rapport de leur longueur avec la plus grande des mesures terrestres. On peut croire que de vieilles baleines ont eu une longueur égale au cent millième du quart d'un méridien.

Rapprochons-nous d'eux, et avec quelle curiosité ne devons-nous pas chercher à les connaître ! Ils vivent comme les poissons au milieu des mers, et cependant ils respirent comme les espèces terrestres. Ils habitent le froid élément de l'eau ; et leur sang est chaud, leur sensibilité très vive, leur affection pour leurs semblables très grande, leur attachement pour leurs petits très ardent et très courageux. Leurs femelles nourrissent, du lait que fournissent leurs mamelles, les jeunes cétacés qu'elles ont portés dans leurs flancs, et qui viennent tout formés à la lumière, comme l'homme et tous les quadrupèdes.

Ils sont immenses, ils se meuvent avec une grande vitesse, et cependant ils sont dénués de pieds proprement dits, ils n'ont que des bras. Mais leur séjour a été fixé au milieu d'un fluide assez dense pour les soutenir par sa pesanteur, assez susceptible de résistance pour donner à leurs mouvements des points d'appui, pour ainsi dire, solides, assez mobile pour s'ouvrir devant eux et n'opposer qu'un léger obstacle à leur course. Élevés dans le sein de l'atmosphère comme le condor, ou placés sur la surface sèche de la terre comme l'éléphant, ils n'auraient pu soutenir ou mouvoir leur énorme masse que par des forces trop supérieures à celles qui leur ont été accordées pour qu'elles puissent être réunies dans un être vivant. Combien de vérités importantes ne peut donc pas éclairer ou découvrir la considération attentive des divers phénomènes qu'ils présentent!

De tous les animaux, aucun n'a reçu un aussi grand domaine : non seulement la surface des mers leur appartient, mais les abîmes de l'Océan sont des provinces de leur empire. Si l'atmosphère a été départie à l'aigle, s'il peut s'élever dans les airs à des hauteurs égales aux profondeurs des mers dans lesquelles les cétacés se précipitent avec facilité, il ne parvient à ces régions éthérées qu'en luttant contre les vents impétueux et contre les rigueurs d'un froid assez intense pour devenir bientôt mortel.

La température de l'Océan est, au contraire, assez douce et presque uniforme dans toutes les parties de cette mer universelle un peu éloignées de la surface de l'eau et par conséquent de l'atmosphère. Les couches voisines de cette surface marine, sur laquelle repose, pour ainsi dire, l'atmosphère aérienne, sont, à la vérité, soumises à un froid très âpre et endurcies par la congélation dans les cercles polaires et aux environs de ces cercles arctiques ou antarctiques; mais même au-dessous de ces vastes calottes gelées et des montagnes de glace qui s'y pressent, s'y entassent, s'y consolident et accroissent le froid dont elles sont l'ouvrage, les cétacés trouvent dans les profondeurs de la mer un asile d'autant plus tempéré, que, suivant les remarques d'un physicien aussi éclairé qu'intrépide voyageur, l'eau de l'Océan est plus froide de deux, trois ou quatre degrés, sur tous les bas-fonds, que dans les profondeurs voisines [1].

Et comme d'ailleurs il est des cétacés qui remontent dans les fleuves [2], on voit que, même sans en excepter l'homme aidé de la puissance de ses arts, aucune famille vivante sur la terre n'a régné sur un domaine aussi étendu que celui des cétacés.

Et comme, d'un autre côté, on peut croire que les grands cétacés ont vécu plus de mille ans [3], disons que le temps leur appartient comme l'espace, et ne soyons pas étonnés que le génie de l'allégorie ait voulu les re-

1. Lettre de M. de Humboldt à M. Lalande, datée de Caracas en Amérique, le 13 décembre 1799.
2. Voyez, dans cette histoire, l'article des *Belugas*.
3. Consultez l'article des *Baleines franches*.

garder comme les emblèmes de la durée aussi bien que de l'étendue, et par conséquent comme les symboles de la puissance éternelle et créatrice.

Mais si les grands cétacés ont pu vivre tant de siècles et dominer sur de si grands espaces, ils ont dû éprouver toutes les vicissitudes des temps, comme celles des lieux; et les voilà encore, pour la morale et la philosophie, des images imposantes qui rappellent les catastrophes du pouvoir et de la grandeur.

Ici les extrêmes se touchent. La rose et l'éphémère sont aussi les emblèmes de l'instabilité. Et quelle différence entre la durée de la baleine et celle de la rose! L'homme même, comparé à la baleine, ne vit qu'âge de rose. Il paraît à peine occuper un point dans la durée, pendant qu'un très petit nombre de générations de cétacés remonte jusqu'aux époques terribles des grandes et dernières révolutions du globe. Les grandes espèces de cétacés sont contemporaines de ces catastrophes épouvantables qui ont bouleversé la surface de la terre; elles restent seules de ces premiers âges du monde; elles en sont, pour ainsi dire, les ruines vivantes; et si le voyageur éclairé et sensible contemple avec ravissement, au milieu des sables brûlants et des montagnes nues de la haute Égypte, ces monuments gigantesques de l'art, ces colonnes, ces statues, ces temples à demi détruits, qui lui présentent l'histoire consacrée des premiers temps de l'espèce humaine, avec quel noble enthousiasme le naturaliste qui brave les tempêtes de l'Océan pour augmenter le dépôt sacré des connaissances humaines ne doit-il pas contempler, auprès des montagnes de glace que le froid entasse vers les pôles, ces colosses vivants, ces monuments de la nature, qui rappellent les anciennes époques des métamorphoses de la terre!

À ces époques reculées, les immenses cétacés régnaient sans trouble sur l'antique Océan. Parvenus à une grandeur bien supérieure à celle qu'ils montrent de nos jours, ils voyaient les siècles s'écouler en paix. Le génie de l'homme ne lui avait pas encore donné la domination sur les mers; l'art ne les avait pas disputées à la nature.

Les cétacés pouvaient se livrer, sans inquiétude, à cette affection que l'on observe encore entre les individus de la même troupe, entre le mâle et la femelle, entre la femelle et le petit qu'elle allaite, auquel elle prodigue les soins les plus touchants, qu'elle élève, pour ainsi dire, avec tant d'attention, qu'elle protège avec tant de sollicitude, qu'elle défend avec tant de courage.

Tous ces actes, produits par une sensibilité très vive, l'entretiennent, l'accroissent, l'animent. L'instinct, résultat nécessaire de l'expérience et de la sensibilité, se développe, s'étend, se perfectionne. Cette habitude d'être ensemble, de partager les jouissances, les craintes et les dangers, qui lie par des liens si étroits, et les cétacés de la même bande, et surtout le mâle et la femelle, la femelle et le fruit de son union avec le mâle, a dû ajouter encore à cet instinct que nous reconnaîtrons dans ces animaux, ennoblir en quel-

I.   60

que sorte sa nature, le métamorphoser en intelligence. Et si nous cherchons en vain dans les actions des cétacés, des effets de cette industrie que l'on croirait devoir regarder comme la compagne nécessaire de l'intelligence et de la sensibilité, c'est que les cétacés n'ont pas besoin, par exemple, comme les castors, de construire des digues pour arrêter des courants d'eau trop fugitifs, d'élever des huttes pour s'y garantir des rigueurs du froid, de rassembler dans des habitations destinées pour l'hiver une nourriture qu'ils ne pourraient se procurer avec facilité que pendant la belle saison : l'Océan leur fournit à chaque instant, dans ses profondeurs, les asiles qu'ils peuvent désirer contre les intempéries des saisons, et, dans les poissons et les mollusques dont il est peuplé, une proie aussi abondante qu'analogue à leur nature.

Cette habitude, ce besoin de se réunir en troupes nombreuses, a dû naître particulièrement de la grande sensibilité des femelles. Leur affection pour les petits auxquels elles ont donné le jour ne leur permet pas de les perdre de vue, tant qu'ils ont besoin de leurs soins, de leurs secours, de leur protection. Les jeunes cétacés ne peuvent se passer d'une association qui leur a été et si utile et si douce : ils ne s'éloignent ni de leur mère, ni de leur père qui n'abandonne pas sa compagne. Lorsqu'ils forment des unions plus particulières, pour donner eux-mêmes l'existence à de nouveaux individus, ils n'en conservent pas moins l'association générale ; et les générations successives, rassemblées et liées par le sentiment, ainsi que par une habitude constante, forment bientôt ces bandes nombreuses que les navigateurs rencontrent sur les mers, surtout sur celles qui sont encore peu fréquentées. Ces troupes remarquables présentent souvent, ou les jeux de la paix, ou le tumulte de la guerre. On les voit, ou se livrer, comme les bélugas, les dauphins vulgaires et les marsouins, à des mouvements rapides, à des élans subits, à des évolutions variées, et, pour ainsi dire, non interrompues ; ou, rassemblés en bandes de combattants, comme les cachalots et les dauphins gladiateurs, ils concertent leurs attaques, se précipitent contre les ennemis les plus redoutables, se battent avec acharnement et ensanglantent la surface de la mer.

Il est aisé de voir, d'après la longueur de la vie des plus grands cétacés, que, par exemple, deux baleines franches, l'une mâle et l'autre femelle, peuvent, avant de périr, voir se réunir autour d'elles soixante-douze mille millions de baleines auxquelles elles auront donné le jour, ou dont elles seront la souche.

La durée de la vie des cétacés, en multipliant, jusqu'à un terme qui effraye l'imagination, les causes du grand nombre d'individus qui peuvent être rassemblés dans la même bande, et former, pour ainsi dire, la même association, n'accroît-elle pas beaucoup aussi celles qui concourent au développement de la sensibilité, de l'instinct et de l'intelligence ?

La vivacité de cette sensibilité et de cette intelligence est d'ailleurs prouvée par la force de l'odorat des cétacés. Les quadrupèdes qui montrent le plus d'instinct, et qui éprouvent l'attachement le plus vif et le plus durable, sont en effet ceux qui ont un odorat exquis, tels que le chien et l'éléphant. Or les cétacés reconnaissent de très loin et distinguent avec netteté les diverses impressions des substances odorantes; et si l'on ne voit pas dans ces animaux des narines entièrement analogues à celles de la plupart des quadrupèdes, d'habiles anatomistes, et particulièrement Hunter et Albert, ont découvert ou reconnu dans les baleines un labyrinthe de feuillets osseux, auquel aboutit le nerf olfactif et qui ressemble à celui qu'on trouve dans les narines des quadrupèdes.

Nous exposerons dans divers articles de cette histoire, et notamment en traitant de la baleine franche, comment les cétacés ont reçu l'organe de la vue le mieux adapté au fluide aqueux et salé, et à l'atmosphère humide, brumeuse et épaisse, au travers desquels ils doivent apercevoir les objets. Ils peuvent l'exercer d'autant plus, et par conséquent le rendre successivement sensible à un degré d'autant plus remarquable, qu'en élevant leur tête au-dessus de l'eau, ils peuvent la placer de manière à étendre sur une calotte immense, formée par la surface d'une mer tranquille, leur vue, qui n'est alors arrêtée par aucune inégalité semblable à celles de la surface sèche du globe, et qui ne reçoit de limite que de la petitesse des objets, ou de la courbure de la terre.

A la vérité, ils n'ont pas d'organe particulier conformé de manière à leur procurer un toucher bien sûr et bien délicat. Leurs doigts, en effet, quoique divisés en plusieurs osselets et présentant, par exemple, jusqu'à sept articulations dans l'espèce du physétère orthodon, sont tellement rapprochés, réunis et recouverts par une sorte de gant formé d'une peau dure et épaisse, qu'ils ne peuvent pas être mus indépendamment l'un de l'autre, pour palper, saisir et embrasser un objet, et qu'ils ne composent que l'extrémité d'une rame solide, plutôt qu'une véritable main. Mais cette même rame est aussi un bras, par le moyen duquel ils peuvent retenir et presser contre leur corps les différents objets; et il est très peu de parties de leur surface où la peau, quelque épaisse qu'elle soit, ne puisse être assez déprimée, et en quelque sorte fléchie, pour leur donner, par le tact, des sensations assez nettes de plusieurs qualités des objets extérieurs. On peut donc croire qu'ils ne sont pas plus mal partagés relativement au toucher, que plusieurs mammifères, et, par exemple, plusieurs phoques, qui paraissent jouir d'une intelligence peu commune dans les animaux et de beaucoup de sensibilité.

L'organe de l'ouïe, qui leur a été accordé, est renfermé dans un os qui, au lieu de faire partie de la boîte osseuse, laquelle enveloppe le cerveau, est attaché à cette boîte osseuse par des ligaments, et comme suspendu dans une sorte de cavité. Cette espèce d'isolement de l'oreille, au milieu de substances molles qui amortissent les sons qu'elles transmettent, contribue peut-être à la netteté des impressions sonores, qui, sans ces intermédiaires, arriveraient trop multipliées, trop fortes et trop confuses à un organe presque toujours placé au-dessous de la surface de l'Océan, et par conséquent au milieu d'un fluide immense, fréquemment agité, et bien moins rare que celui de l'atmosphère. Remarquons aussi que le conduit auditif se termine à l'extérieur par un orifice presque imperceptible, et que, par la très petite dimension de ce passage, la membrane du tympan est garantie des effets assourdissants que produiraient, sur cette membrane tendue, le contact et le mouvement de la mer.

Mais, comme l'histoire des animaux est celle de leurs facultés, de même que l'histoire de l'homme est celle de son génie, tâchons de mieux juger des facultés des cétacés; essayons de mieux connaître le caractère particulier de leur sensibilité, la nature de leur instinct, le degré de leur intelligence; cherchons les liaisons qui, dans ces mêmes cétacés, réunissent un sens avec un autre, et par conséquent augmentent la force de ces organes et multiplient leurs résultats. Comparons ces liaisons avec les rapports analogues observés dans les autres mammifères; et nous trouverons que l'odorat et le goût sont très rapprochés, et, pour ainsi dire, réunis dans tous les mammifères; que l'odorat, le goût et le toucher sont, en quelque sorte, exercés par le même organe dans l'éléphant, et que l'odorat et l'ouïe sont très rapprochés dans les cétacés. Nous exposerons ce dernier rapport, en faisant l'histoire du dauphin vulgaire. Mais observons déjà qu'une liaison analogue existe entre l'ouïe et l'odorat des poissons, lesquels vivent dans l'eau, comme les cétacés ; et de plus, considérons que les deux sens que l'on voit, en quelque sorte, réunis dans les cétacés, sont tous les deux propres à recevoir les impressions d'objets très éloignés ; tandis que, dans la réunion de l'odorat avec le goût et avec le toucher, nous trouvons le toucher et le goût qui ne peuvent être ébranlés que par les objets avec lesquels leurs organes sont en contact. Le rapprochement de l'ouïe et de l'odorat donne à l'animal qui présente ce rapport des sensations moins précises et des comparaisons moins sûres, que la liaison de l'odorat avec le goût et avec le toucher ; mais il en fait naître de plus fréquentes, de plus nombreuses et de plus variées. Ces impressions, plus diversifiées et renouvelées plus souvent, doivent ajouter au penchant qu'ont les cétacés pour les évolutions très répétées, pour les longues natations, pour les voyages lointains ; et c'est par une suite du même principe que la supériorité de la vue et la finesse de l'ouïe donnent aux oiseaux une tendance très forte à se mouvoir fréquemment, à franchir de grandes distances, à chercher au milieu des airs la terre et le climat qui leur conviennent le mieux.

Maintenant si, après avoir examiné rapidement les sens des cétacés, nous portons nos regards sur les dimensions des organes de ces sens, nous serons étonnés de trouver que celui de l'ouïe, et surtout celui de la vue, ne sont guère plus grands dans des cétacés longs de quarante ou cinquante mètres, que dans des mammifères de deux ou trois mètres de longueur.

Observons ici une vérité importante. Les organes de l'odorat, de la vue et de l'ouïe sont, pour ainsi dire, des instruments ajoutés au corps proprement dit d'un animal; ils n'en font pas une partie essentielle : leurs proportions et leurs dimensions ne doivent avoir de rapport qu'avec la nature, la force et le nombre des sensations qu'ils doivent recevoir et transmettre au système nerveux, et par conséquent au cerveau de l'animal; il n'est pas nécessaire qu'ils aient une analogie de grandeur avec le corps proprement dit. Étendus même au delà de certaines dimensions ou resserrés en deçà de ces limites, ils cesseraient de remplir leurs fonctions propres; ils ne concentreraient plus les impressions qui leur parviennent; ils les transmettraient trop isolées; ils ne seraient plus un instrument particulier; ils ne feraient plus éprouver des odeurs; ils ne formeraient plus des images; ils ne feraient plus entendre des sons; ils se rapprocheraient des autres parties du corps de l'animal, au point de n'être plus qu'un organe du toucher plus ou moins imparfait, de ne plus communiquer que des impressions relatives au tact, et de ne plus annoncer la présence d'objets éloignés.

Il n'en est pas ainsi des organes du mouvement, de la digestion, de la circulation, de la respiration : leurs dimensions doivent avoir un tel rapport avec la grandeur de l'animal, qu'ils croissent avec son corps proprement dit, dont ils composent des parties intégrantes, dont ils forment des portions essentielles, à l'existence duquel ils sont nécessaires; et ils s'agrandissent même dans des proportions presque toujours très rapprochées de celles du corps proprement dit, et souvent entièrement semblables à ces dernières.

Mais l'ouïe des cétacés est-elle aussi souvent exercée que leur vue et leur odorat? Peuvent-ils faire entendre des bruissements ou des bruits plus ou moins forts, et même proférer de véritables sons et avoir une véritable voix?

On verra dans l'histoire de la baleine franche, dans celle de la jubarte, dans celle du cachalot macrocéphale, dans celle du dauphin vulgaire, que ces animaux produisent de véritables sons.

Une troupe nombreuse de dauphins férès attaquée en 1787, dans la Méditerranée, auprès de Saint-Tropez, fit entendre des sifflements aigus lorsqu'elle commença à ressentir la douleur que lui firent éprouver des blessures cruelles. Ces sifflements avaient été précédés de mugissements effrayants et profonds.

Un butskopf, combattu et blessé auprès de Honfleur, en 1788, *mugit comme un taureau*, suivant les expressions d'observateurs dignes de foi.

Dès le temps de Rondelet on connaissait les *mugissements* par lesquels les cétacés des environs de Terre-Neuve exprimaient leur crainte, lorsque, attaqués par une orque audacieuse, ils se précipitaient vers la côte, pleins de trouble et d'effroi.

Lors du combat livré aux dauphins férès vus en 1787 auprès de Saint-Tropez, on les entendit aussi jeter des cris très forts et très distincts.

Un physétère mular a pu faire entendre un *cri terrible*, dont le retentissement s'est prolongé au loin, comme un immense frémissement.

L'organe de la voix des cétacés ne paraît pas cependant, au premier coup d'œil, conformé de manière à composer un instrument bien sonore et bien parfait; mais on verra, dans l'histoire que nous publions, que le larynx de plusieurs cétacés non seulement s'élève comme une sorte de pyramide dans la partie inférieure des évents, mais que l'orifice peut en être diminué à leur volonté par le voile du palais qui l'entoure et qui est garni d'un *sphincter* ou muscle circulaire. La cavité de la bouche et celle des évents sont très grandes. La trachée-artère, mesurée depuis le larynx jusqu'à son entrée dans les poumons, avait un mètre de longueur et un tiers de mètre de diamètre, dans une baleine néanmoins très jeune, prise sur la côte d'Islande en 1763[1]. Or il serait aisé de prouver à tous les musiciens qui connaissent la théorie de leur art, et particulièrement celle des instruments auxquels la musique peut avoir recours, que la réunion des trois conditions que nous venons d'exposer suffit pour faire considérer l'ensemble de l'organe vocal des cétacés comme propre à produire de véritables sons, des sons très distincts, et des sons variés, non seulement par leur intensité, mais encore par leur durée et par le degré de leur élévation ou de leur gravité.

On pourrait même supposer dans les cris des cétacés des différences assez sensibles pour que le besoin et l'habitude aient rendu pour ces animaux, plusieurs de ces cris, des signes constants et faciles à reconnaître, d'un certain nombre de leurs sensations.

De véritables cris d'appel, de véritables signes de détresse, ont été employés par les dauphins férès réunis auprès de Saint-Tropez. Le physétère mular qui fit entendre ce son *terrible*, dont nous venons de parler, était le plus grand, comme le conducteur ou plutôt le défenseur d'une troupe nombreuse de physétères de son espèce; et le cri qu'il proféra fut pour ses compagnons comme un signal d'alarme, et un avertissement de la nécessité d'une fuite précipitée.

Les cétacés pourraient donc, à la rigueur, être considérés comme ayant reçu du temps et de la société avec leurs semblables, ainsi que de l'effet irrésistible de sensations violentes, d'impressions souvent renouvelées et d'affections durables, un rudiment bien imparfait, et néanmoins assez clair, d'un langage proprement dit.

Mais les actes auxquels ce langage les détermine, que leur sensibilité commande, que leur intelligence dirige, par quel ressort puissant sont-ils principalement produits?

---

1. Voyage en Islande, fait par ordre de Sa Majesté danoise, par MM. Olafsen, Hollandais, et Povelsen, premier médecin d'Islande; rédigé sous la direction de l'Académie des sciences de Copenhague, et traduit en français par M. Gauthier de la Peyronie; t. V, p. 269.

Par leur queue longue, grosse, forte, flexible, rapide dans ses mouvements, et agrandie à son extrémité par une large nageoire placée horizontalement.

Ils l'agitent et la vibrent, pour ainsi dire, avec d'autant plus de facilité et d'énergie, qu'ils ont un grand nombre de vertèbres lombaires, sacrées et caudales; que les apophyses des vertèbres lombaires sont très hautes; et que par conséquent ces apophyses donnent un point d'appui des plus favorables aux grands muscles qui s'y attachent, et qui meuvent la queue qu'ils composent.

C'est cette queue, si puissante dans leur natation, si redoutable dans leurs combats, qui remplace les extrémités postérieures, lesquelles manquent absolument aux cétacés. Ces animaux sont de véritables bipèdes, ou plutôt ils sont sans pieds et n'ont que deux bras, dont ils se servent pour ramer, se battre et soigner leurs petits.

Dans plusieurs mammifères les extrémités antérieures sont plus grandes que les postérieures. La différence entre ces deux sortes d'extrémités augmente dans le même sens, à mesure que l'on parcourt les diverses espèces de phoques, de dugons, de morses et de lamantins, qui vivent sur la surface des eaux; et elle devient enfin la plus grande possible, c'est-à-dire que l'on ne voit plus d'extrémités postérieures lorsqu'on est arrivé aux tribus des cétacés, qui non seulement passent leur vie au milieu des flots, comme les phoques, les dugons, les morses et les lamantins, mais encore n'essayent pas de se traîner, comme les phoques, sur les rochers ou sur le sable des rivages des mers.

Si, au lieu de s'avancer vers les mammifères nageurs, lesquels ont tant de rapports avec les poissons, on va vers les animaux qui volent; si l'on examine les familles des oiseaux, on voit les extrémités antérieures déformées, étendues, modifiées, métamorphosées et recouvertes de manière à former une aile légère, agile, d'une grande surface, et propre à soutenir et faire mouvoir un corps assez lourd dans un fluide très rare.

Et remarquons que dans les animaux qui volent, comme dans ceux qui nagent, il y a une double réunion de ressorts, un appareil antérieur composé des deux bras, et un appareil postérieur formé par la queue; mais, dans les animaux qui fendent l'air, ce fluide subtil et léger de l'atmosphère, l'appareil le plus énergique est celui de devant; et dans ceux qui traversent l'eau, ce fluide bien plus dense et bien plus pesant des fleuves et des mers, l'appareil de derrière est le plus puissant. Dans l'animal qui nage, la masse est poussée en avant; dans l'animal qui vole, elle est entraînée.

Au reste, les cétacés se servent de leurs bras et de leur queue avec d'autant plus d'avantage, pour exécuter, au milieu de l'Océan, leurs mouvements de contentement ou de crainte, de recherche ou de fuite, d'affection ou d'antipathie, de chasse ou de combat, que toutes les parties de leur corps sont imprégnées d'une substance huileuse, que plusieurs de ces portions

sont placées sous une couche très épaisse d'une graisse légère qui les gonfle
pour ainsi dire, et que cette substance oléagineuse se trouve dans les os et
dans les cadavres des cétacés les plus dépouillés, en apparence, de lard ou
de graisse, et s'y dénote par une phosphorescence très sensible.

Ainsi tous les animaux qui doivent se soutenir et se mouvoir au milieu
d'un fluide ont reçu une légèreté particulière, que les habitants de l'atmosphère tiennent de l'air et des gaz qui remplissent plusieurs de leurs cavités
et circulent jusque dans leurs os, et que les habitants des mers et des rivières
doivent à l'huile qui pénètre jusque dans le tissu le plus compact de leurs
parties solides.

On a cru que les cétacés conservaient, après leur naissance, le *trou
ovale* qui est ouvert dans les mammifères avant qu'ils voient le jour, et
par le moyen duquel le sang peut passer d'une partie du cœur dans une
autre, sans circuler par les poumons.· Cette opinion est contraire à la vérité.
Le *trou ovale* se ferme dans les cétacés comme dans les autres mammifères.
Ils ne peuvent se tenir entièrement sous l'eau que pendant un temps assez
court, ils sont forcés de venir fréquemment à la surface des mers pour respirer l'air de l'atmosphère ; et s'ils ne sont obligés de tenir hors de l'eau
qu'une très petite portion de leur tête, c'est parce que l'orifice des *évents*, ou
tuyaux par lesquels ils peuvent recevoir l'air atmosphérique, est situé dans
la partie supérieure de leur tête, que leur larynx forme une sorte de pyramide qui s'élève dans l'évent, et que le voile de leur palais, entièrement circulaire et pourvu d'un *sphincter,* peut serrer étroitement ce larynx, de manière à leur donner la faculté de respirer, d'avaler une assez grande quantité d'aliments et de se servir de leurs dents ou de leurs fanons, sans qu'aucune substance ni même une goutte d'eau pénètrent dans leurs poumons
ou dans leur trachée-artère.

Mais cette substance huileuse, ces fanons, ces dents, les longues défenses que quelques cétacés ont reçues[1], cette matière blanche que nous
nommerons *adipocire* avec Fourcroy[2], et qui est si abondante dans plusieurs
de leurs espèces, l'ambre gris qu'ils produisent[3], et jusqu'à la peau dont ils
sont revêtus, tous ces dons de la nature sont devenus des présents bien funestes, lorsque l'art de la navigation a commencé de se perfectionner, et que
la boussole a pu diriger les marins parmi les écueils des mers les plus lointaines et les ténèbres des nuits les plus obscures.

L'homme, attiré par les trésors que pouvait lui livrer la victoire sur les
cétacés, a troublé la paix de leurs immenses solitudes, a violé leur retraite,
a immolé tous ceux que les déserts glacés et inabordables des pôles n'ont
pas dérobés à ses coups; et il leur a fait une guerre d'autant plus cruelle,
qu'il a vu que des grandes pêches dépendaient la prospérité de son com-

1. Voyez l'histoire des Narwals.
2. Article du *Cachalot macrocéphale.*
3. *Idem.*

merce, l'activité de son industrie, le nombre de ses matelots, la hardiesse de ses navigateurs, l'expérience de ses pilotes, la force de sa marine, la grandeur de sa puissance.

C'est ainsi que les géants des géants sont tombés sous ses armes; et comme son génie est immortel, et que sa science est maintenant impérissable, parce qu'il a pu multiplier sans limites les exemplaires de sa pensée, ils ne cesseront d'être les victimes de son intérêt, que lorsque ces énormes espèces auront cessé d'exister. C'est en vain qu'elles fuient devant lui : son art le transporte aux extrémités de la terre; elles n'ont plus d'asile que dans le néant.

Avançons vers ces êtres dont on peut encore écrire l'histoire, et dont nous venons d'esquisser quelques traits généraux.

Ah! pour les peindre, il faudrait le pinceau de Buffon. Lorsqu'il m'associa à ses travaux, il s'était réservé d'exposer l'image de ces cétacés, auxquels la nature paraissait avoir destiné un meilleur sort que celui qui les opprime; mais la mort l'a surpris avant qu'il ait pu commencer son ouvrage; mais Daubenton et Montbelliard ne sont plus; et c'est sans le secours de mes maîtres, sans le secours de mes illustres amis, que j'ai travaillé au monument qui manquait encore pour compléter l'ouvrage immense élevé pour la postérité par Buffon, par Daubenton, par Montbelliard, et dont j'ai tâché de poser le faîte en terminant il y a un an l'histoire des poissons[1].

Lorsqu'à cette dernière époque j'ai commencé de publier l'histoire des cétacés, que j'avais entreprise pour remplir les honorables obligations contractées avec Buffon, le malheur avait déjà frappé ma tête et déchiré mon cœur; j'avais déjà perdu une compagne adorée. La douleur sans espoir, la reconnaissance, la vénération, ont inscrit le nom de *ma Caroline* à la tête de l'histoire des poissons; elles lui dédient ce nouvel ouvrage; elles lui consacreront tous ceux que je pourrai tenter jusqu'à la fin de mon exil affreux. Son nom, cher à toutes les âmes vertueuses et sensibles, recommandera mes faibles efforts aux amis de la nature.

Le 15 janvier 1804.

1. Voyez, dans l'Histoire naturelle des poissons, le discours intitulé *sur la pêche, sur la connaissance des poissons fossiles et sur quelques attributs généraux des poissons*.

TABLEAU
DES ORDRES, GENRES ET ESPÈCES DE CÉTACÉS

CÉTACÉS

Le sang rouge et chaud; deux ventricules et deux oreillettes au cœur; des vertèbres; des poumons; des mamelles; des évents; point d'extrémités postérieures.

PREMIER ORDRE
POINT DE DENTS

PREMIER GENRE
LES BALEINES. (Balænæ.)

La mâchoire supérieure garnie de fanons ou lames de corne; les orifices des évents séparés, et placés vers le milieu de la partie supérieure de la tête; point de nageoire dorsale.

PREMIER SOUS-GENRE.
POINT DE BOSSE SUR LE DOS.

ESPÈCES.	CARACTÈRES.
1. LA BALEINE FRANCHE. (*Balæna mysticetus.*)	Le corps gros et court; la queue courte.
2. LA BALEINE NORDCAPER. (*Balæna Nordcaper.*),	La mâchoire inférieure très arrondie, très haute et très large; le corps allongé; la queue allongée.

SECOND SOUS-GENRE.
UNE OU PLUSIEURS BOSSES SUR LE DOS

ESPÈCES.	CARACTÈRES.
3. LA BALEINE NOUEUSE. (*Balæna nodosa.*)	Une bosse sur le dos; les nageoires pectorales blanches
4. LA BALEINE BOSSUE. (*Balæna gibbosa.*)	Cinq ou six bosses sur le dos; les fanons blancs.

SECOND GENRE
LES BALEINOPTÈRES. (Balænopteræ [1].)

La mâchoire supérieure garnie de fanons ou lames de corne; les orifices des évents séparés, et placés vers le milieu de la partie supérieure de la tête; une nageoire dorsale.

1. *Baleinoptère* signifie *baleine à nageoires;* le mot grec *pteron* veut dire *nageoire.*

PREMIER SOUS-GENRE
POINT DE PLIS SOUS LA GORGE NI SOUS LE VENTRE

ESPÈCES.	CARACTÈRES.
1. La Baleinoptère gibbar. (*Balænoptera Gibbar.*)	Les mâchoires pointues et également avancées; les fanons courts.

SECOND SOUS-GENRE
DES PLIS LONGITUDINAUX SOUS LA GORGE ET SOUS LE VENTRE

ESPÈCES.	CARACTÈRES.
2. La Baleinoptère jubarte. (*Balænoptera Jubartes.*)	La nuque élevée et arrondie; le museau avancé, large et un peu arrondi; des tubérosités presque demi-sphériques au devant des évents; la dorsale courbée en arrière.
3. La Baleinoptère rorqual. (*Balænoptera Rorqual.*)	La mâchoire inférieure arrondie, plus avancée et beaucoup plus large que celle d'en haut; la tête courte, à proportion du corps et de la queue.
4. La Baleinoptère museau pointu. (*Balænoptera acuto-rostrata.*)	Les deux mâchoires pointues; celle d'en haut plus courte et beaucoup plus étroite que celle d'en bas.

SECOND ORDRE
DES DENTS

TROISIÈME GENRE
LES NARWALS. (Narwali.)

Une ou deux défenses très longues et droites à la mâchoire supérieure; point de dents à la mâchoire d'en bas; les orifices des évents réunis, et situés au plus haut de la partie postérieure de la tête; point de nageoire dorsale.

ESPÈCES.	CARACTÈRES.
1. Le Narwal vulgaire. (*Narwalus vulgaris.*)	La forme générale ovoïde; la longueur de la tête égale au quart ou à peu près de la longueur totale; les défenses sillonnées en spirales.
2. Le Narwal microcéphale. (*Narwalus microcephalus.*)	Le corps et la queue très allongés; la forme générale presque conique; la longueur de la tête égale au dixième ou à peu près de la longueur totale; les défenses sillonnées en spirale.
3. Le Narwal andersonien. (*Narwalus andersonianus.*)	Les défenses unies et sans spirale ni sillons.

QUATRIÈME GENRE
LES ANARNAKS. (Anarnaci.)

Une ou deux dents petites et recourbées à la mâchoire supérieure; point de dents à la mâchoire d'en bas; une nageoire sur le dos.

ESPÈCES.   CARACTÈRES.

1. L'ANARNAK GROENLANDAIS.   ⎱
   (*Anarnak groenlandicus.*)   ⎰ Le corps allongé.

CINQUIÈME GENRE

LES CACHALOTS. (Catodontes.)

La longueur de la tête égale à la moitié ou au tiers de la longueur totale du cétacé; la mâchoire supérieure large, élevée, sans dents, ou garnie de dents courtes et cachées presque entièrement par la gencive; la mâchoire inférieure étroite, et armée de dents grosses et coniques; les orifices des évents réunis, et situés au bout de la partie supérieure du museau; point de nageoire dorsale.

PREMIER SOUS-GENRE

UNE OU PLUSIEURS ÉMINENCES SUR LE DOS

ESPÈCES.   CARACTÈRES.

1. LE CACHALOT MACROCÉ-   ⎱ La queue très étroite et conique; une éminence longitu-
     PHALE.   dinale, ou fausse nageoire, au-dessus de l'anus.
 (*Catodon macrocephalus.*) ⎰

2. LE CACHALOT TRUMPO.   ⎱ La tête plus longue que le corps; les dents droites et
   (*Catodon Trumpo.*)   pointues; le corps et la queue allongés; une éminence
                       ⎰ arrondie un peu au delà de l'origine de la queue.

3. LE CACHALOT SVINEVAL.   ⎱ Les dents courbées, arrondies, et souvent plates à leur
   (*Catodon Svineval.*)   extrémité; une callosité raboteuse sur le dos.

SECOND SOUS-GENRE

POINT D'ÉMINENCE SUR LE DOS

ESPÈCES.   CARACTÈRES.

4. LE CACHALOT BLANCHATRE.   ⎱ Les dents comprimées, courbées et arrondies à leur
  (*Catodon albicanus.*)   ⎰ extrémité.

SIXIÈME GENRE

LES PHYSALES (Physali.)

La longueur de la tête égale à la moitié ou au tiers de la longueur totale du cétacé; la mâchoire supérieure large, élevée, sans dents, ou garnie de dents courtes et cachées presque entièrement par la gencive; la mâchoire inférieure étroite et armée de dents grosses et coniques; les orifices des évents réunis et situés sur le museau à une petite distance de son extrémité; point de nageoire dorsale.

ESPÈCES.   CARACTÈRES.

1. LE PHYSALE CYLINDRIQUE.   ⎱
  (*Physalus cylindricus.*)   ⎰ Une bosse sur le dos.

SEPTIÈME GENRE

LES PHYSÉTÈRES. (Physeteri.)

La longueur de la tête égale à la moitié ou au tiers de la longueur totale du cétacé; la mâchoire supérieure large, élevée, sans dents, ou garnie de dents petites et cachées par la gencive; la mâchoire inférieure étroite et armée de dents grosses et coniques; les orifices des évents réunis et situés au bout ou près du bout de la partie supérieure du museau; une nageoire dorsale.

ESPÈCES.	CARACTÈRES.
1. Le Physétère microps. (*Physeter microps.*)	Les dents courbées en forme de faux; la nageoire du dos grande, droite et pointue.
2. Le Physétère orthodon. (*Physeter orthodon.*)	Les dents droites et aiguës; une bosse au devant de la nageoire du dos.
3. Le Physétère mular. (*Physeter mular.*)	Les dents peu courbées et terminées par un sommet obtus; la dorsale droite, pointue et très haute; deux ou trois bosses sur le dos, au delà de la nageoire dorsale.

HUITIÈME GENRE

LES DELPHINAPTÈRES. (Delphinapteri[1].)

Les deux mâchoires garnies d'une rangée de dents très fortes; les orifices des deux évents réunis et situés très près du sommet de la tête; point de nageoire dorsale.

ESPÈCES.	CARACTÈRES.
1. Le Delphinaptère béluga. (*Delphinapterus Beluga.*)	L'ouverture de la gueule petite; les dents obtuses à leur sommet.
2. Le Delphinaptère sénedette. (*Delphinapterus Senedetta.*)	L'ouverture de la gueule grande; les dents aiguës à leur sommet.

NEUVIÈME GENRE

LES DAUPHINS. (Delphini.)

Les deux mâchoires garnies d'une rangée de dents très fortes; les orifices des deux évents réunis et situés très près du sommet de la tête; une nageoire dorsale.

ESPÈCES.	CARACTÈRES.
1. Le Dauphin vulgaire. (*Delphinus vulgaris.*)	Le corps et la queue allongés; le museau très distinct, très aplati, très avancé et en forme de portion d'ovale; les dents pointues; la dorsale échancrée du côté de la caudale et recourbée vers cette nageoire.
2. Le Dauphin marsouin. (*Delphinus Phocæna.*)	Le corps et la queue allongés; le museau arrondi et court; les dents pointues; la dorsale presque triangulaire et rectiligne.
3. Le Dauphin orque. (*Delphinus Orca.*)	Le corps et la queue allongés; le crâne très peu convexe; le museau arrondi et très court; la mâchoire supérieure un peu plus avancée que celle d'en bas; l'inférieure renflée dans sa partie inférieure et plus large que celle d'en haut; les dents inégales, mousses, coniques et recourbées à leur sommet; la hauteur de la dorsale, supérieure au dixième de la longueur totale du cétacé; cette nageoire placée vers le milieu de la longueur du corps proprement dit.
4. Le Dauphin gladiateur. (*Delphinus gladiator.*)	Le corps et la queue allongés; le dessus de la tête très convexe; le museau très arrondi et très court; les deux mâchoires également avancées; les dents aiguës et recourbées; la dorsale placée très près de la nuque et supérieure, par sa hauteur, au cinquième de la longueur totale du cétacé.

1. *Delphinaptère* signifie *dauphin sans nageoire*, ou sans *nageoire dorsale; le mot grec apteros* signifie *sans nageoire.*

ESPÈCES.	CARACTÈRES.
5. Le Dauphin nésarnack. (*Delphinus Nesarnack.*)	Le corps et la queue allongés; le dessus de la tête très convexe; le museau allongé et très aplati; la mâchoire inférieure plus avancée que celle d'en haut; les dents presque cylindriques, droites et très émoussées; la partie antérieure du dos très relevée; la dorsale courbée, échancrée et placée très près de la queue.
6. Le Dauphin diodon. (*Delphinus diodon.*)	Le corps et la queue coniques et allongés; le dessus de la tête convexe; le museau allongé et très aplati; la mâchoire d'en bas ne présentant que deux dents pointues, placées à son extrémité; la dorsale lancéolée et située très près de la queue.
7. Le Dauphin ventru. (*Delphinus ventricosus.*)	Le museau très court et arrondi; la mâchoire inférieure sans renflement et aussi avancée que celle d'en haut; le ventre très gros; la dorsale située très près de l'origine de la queue, assez basse et assez longue pour former un triangle rectangle.
8. Le Dauphin férès. (*Delphinus feres.*)	Le museau très court et arrondi; les dents inégales, ovoïdes, bilobées et arrondies dans leur sommet.
9. Le Dauphin de Duhamel. (*Delphinus Duhamelii.*)	Le corps et la queue très allongés; les dents longues; l'orifice des évents très large; l'œil placé presque au-dessous de la pectorale; la dorsale située presque au-dessus de l'anus; la mâchoire inférieure, la gorge et le ventre blancs.
10. Le Dauphin de Péron. (*Delphinus Peronii.*)	Le dos d'un bleu noirâtre; le ventre, les côtés, le bout du museau et l'extrémité des nageoires et de la queue, d'un blanc très éclatant.
11. Le Dauphin de Commerson. (*Delphinus Commersonii.*)	Le dos et presque toute la surface de l'animal, d'un blanc d'argent; les extrémités noirâtres.

DIXIÈME GENRE

LES HYPÉROODONS. (Hyperoodontes.)

Le palais hérissé de petites dents; une nageoire dorsale.

ESPÈCES.	CARACTÈRES.
1. L'Hypéroodon butskopf. (*Hyperoodon Butskopf.*)	Le museau arrondi et aplati; la dorsale recourbée.

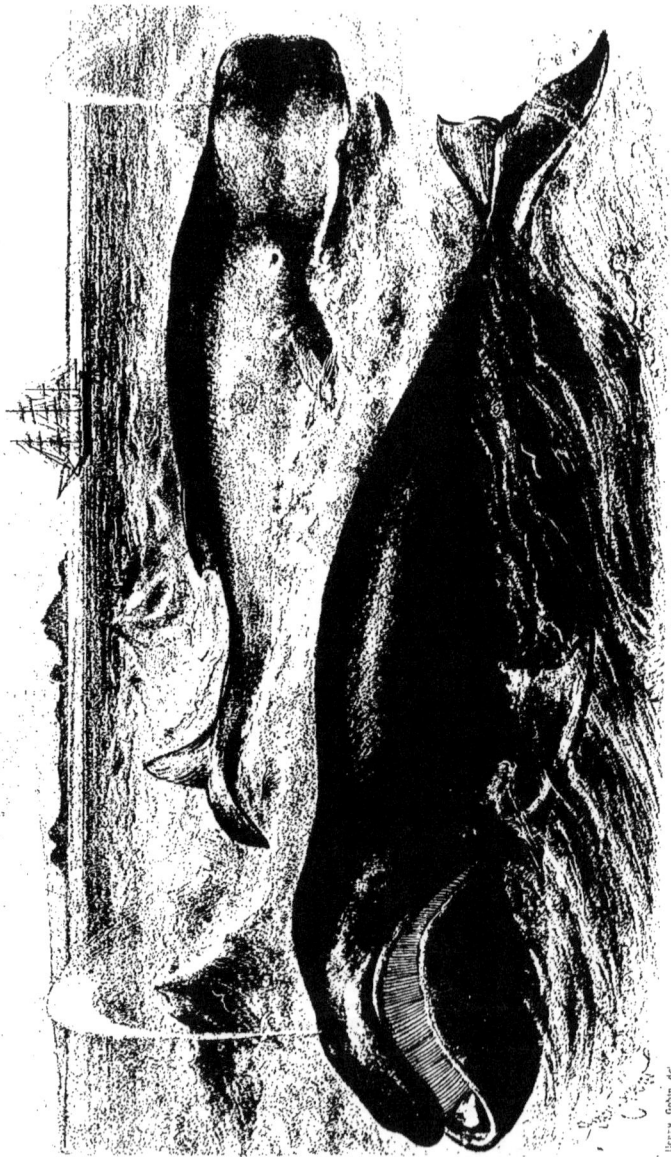

Henry Gobin del.

Dujardin sc.

Imp. Lemercier, Paris.

LA BALEINE

LE CACHALOT.

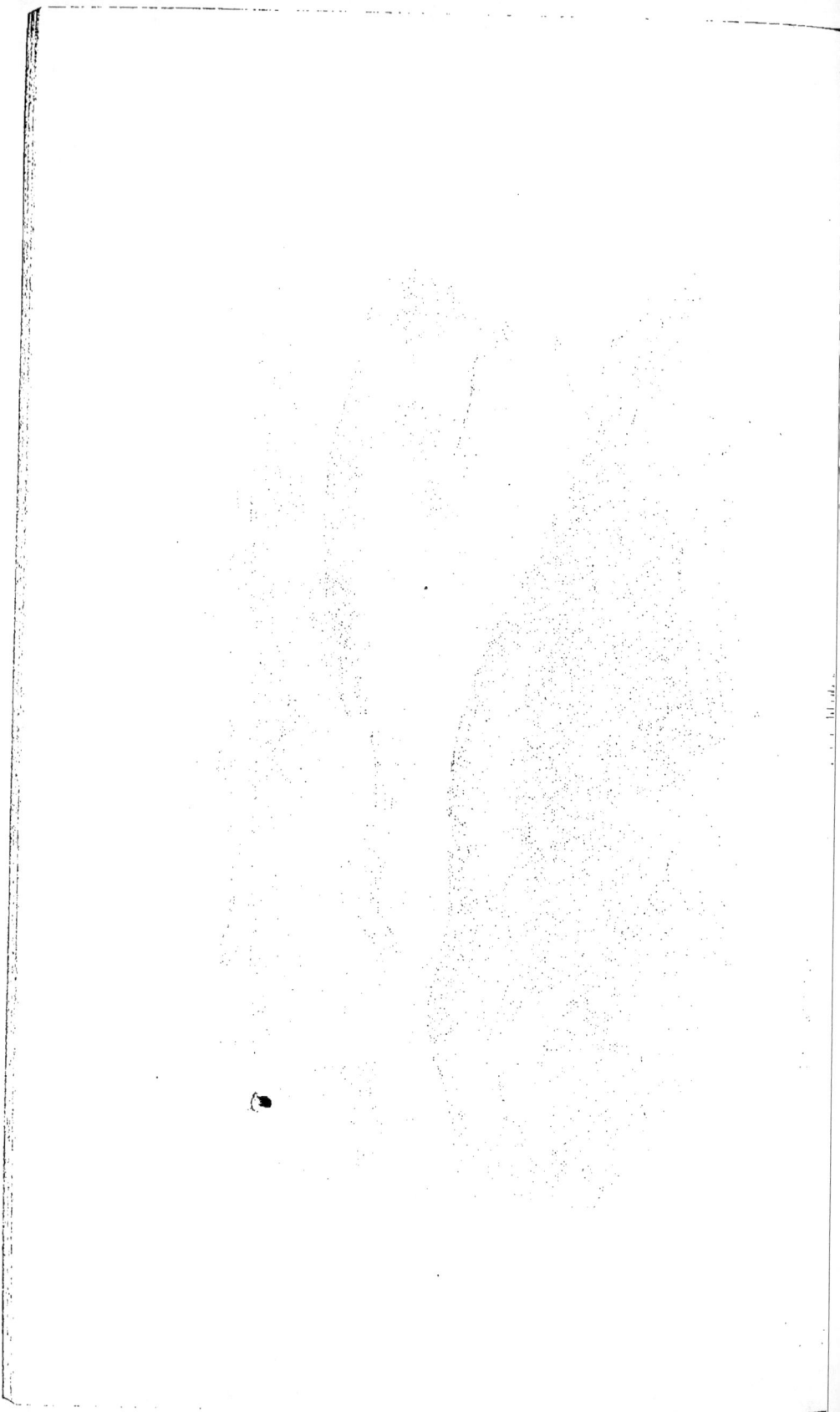

LES BALEINES[1]

LA BALEINE FRANCHE

Balæna mysticetus, LINN., BONN., LACÉP., CUV. [2]

En traitant de la baleine, nous ne voulons parler qu'à la raison ; et cependant l'imagination sera émue par l'immensité des objets que nous exposerons.

Nous aurons sous les yeux le plus grand des animaux. La masse et la vitesse concourent à sa force : l'Océan lui a été donné pour empire ; et, en le créant, la nature paraît avoir épuisé sa puissance merveilleuse.

Nous devons, en effet, rejeter parmi les fables l'existence de ce monstre hyperboréen, de ce redoutable habitant des mers, que des pêcheurs effrayés ont nommé *Kraken*, et qui, long de plusieurs milliers de mètres, étendu comme un banc de sable, semblable à un amas de roches, colorant l'eau salée, attirant sa proie par le liquide abondant que répandaient ses pores, s'agitant en polype gigantesque, et relevant des bras nombreux comme autant de mâts démesurés, agissait de même qu'un volcan sous-marin et entr'ouvrait, disait-on, son large dos, pour engloutir, ainsi que dans un abîme, des légions de poissons et de mollusques.

Mais, à la place de cette chimère, la baleine franche montre sur la surface des mers son énorme volume. Lorsque le temps ne manque pas à son développement, ses dimensions étonnent. On ne peut guère douter qu'on

1. Voyez, à la tête de ce volume, le tableau des ordres, genres et espèces de cétacés.
2. Voyez la planche 1. — *Baleine de grande baie.* — *Walffisch,* par les Allemands. — *Whallvisch,* par les Hollandais. — *Slichteback,* par les Danois. — *Sandhual,* idem. — *Hvalfisk,* par les Suédois. — *Hvafisk,* par les Norvégiens. — *Sietback,* idem. — *Vatushalr,* par les Islandais. — *Arbek,* par les Groenlandais. — *Arbavirksoak,* idem. — *Whale,* par les Anglais. — *Vallena,* par les Espagnols. — *Tkakœ,* par les Hottentots. — *Serbio,* par les Japonais. — *Balæna mysticetus.* Linné, édition de Gmelin.—*Baleine franche,* Bonnaterre, planches de l'Encyclopédie méthodique. — *Idem.* R.-R. Castel, édit. de Bloch. — *Fauna suecic.,* 49. — *Balæna naribus flexuosis,* etc. Artedi, gen. 76, spec. 106, syn. 106. — *Balæna major,* laminas corneas in superiore maxilla habens, fistula donata, bipinnis. Sibbald. — *Id.,* vel balæna vulgaris edentula, dorso non pinnato. Rai., p. 6 et 16. — *Baleine vulgaire.* Rondelet, *Histoire des poissons,* 1re partie, liv. VI, chap. VII (édition de Lyon, 1558). — *Balæna vulgo dicta,* sive Mysticetus Aristotelis, Musculus Plinii. Gessner, p. 114. — *Balæna vulgi.* Aldrov. Cet., cap. III, p. 688 et 732. — *Idem,* Jonston, p. 216. — *Balæna vulgaris.* Charleton, p. 167.—*Balæna.* Schoneveld, p. 24.— *Balæna.* Rond. Willughby, p. 35. — *Balæna Spitzbergensis.* Martens, *Spitzb.,* p. 98, tab. Q, fig. *a, b.*— *Balæna vulgo dicta,* et Musculus mysticetos, etc. Gessner, *Aquat.,* p. 132. et (germ.) fol. 99, *b.* — *Balæna Groenlandica.* Mus. Ad. Frider., 1, p. 51. — *Balæna dorso impinni, fistula in medio capite,* etc. Gronov. Zooph. 139. — *Balæna (vulgaris; Groenlandica) bipinnis,* etc. Brisson, *Regn. anim.,* p. 347, n. 1. — *Balæna vera Zorgdrageri.* Klein, *Miss. pisc.,* II, p. 11. — *Balæna vulgi.* Mus. Wormi., 281. — *Hvalfisk,* Eggede, *Groenl.,* p. 48. — *Der rechte Groenlandische walfisch.* Anderson. *Isl.,* p. 212. — *Baleine franche,* Valmont-Bomare, *Dictionnaire d'histoire naturelle.*

ne l'ait vue, à certaines époques et dans certaines mers, longue de près de cent mètres; et dès lors, pour avoir une idée distincte de sa grandeur, nous ne devons plus la comparer avec les plus colossaux des animaux terrestres. L'hippopotame, le rhinocéros, l'éléphant, ne peuvent pas nous servir de terme de comparaison. Nous ne trouvons pas non plus cette mesure dans ces arbres antiques dont nous admirons les cimes élevées : cette échelle est encore trop courte. Il faut que nous ayons recours à ces flèches élancées dans les airs, au-dessus de quelques temples gothiques; ou plutôt il faut que nous comparions la longueur de la baleine entièrement développée à la hauteur de ces monts qui forment les rives de tant de fleuves, lorsqu'ils ne coulent plus qu'à une petite distance de l'Océan, et particulièrement à celle des montagnes qui bordent les rivages de la Seine. En vain, par exemple, placerions-nous par la pensée une grande baleine auprès d'une des tours du principal temple de Paris; en vain la dresserions-nous contre ce monument : un tiers de l'animal s'élèverait au-dessus du sommet de la tour.

Longtemps ce géant des géants a exercé sur son vaste empire une domination non combattue.

Sans rival redoutable, sans besoins difficiles à satisfaire, sans appétits cruels, il régnait paisiblement sur la surface des mers dont les vents ne bouleversaient pas les flots, ou trouvait aisément, dans les baies entourées de rivages escarpés, un abri sûr contre les fureurs des tempêtes.

Mais le pouvoir de l'homme a tout changé pour la baleine. L'art de la navigation a détruit la sécurité, diminué le domaine, altéré la destinée du plus grand des animaux. L'homme a su lui opposer un volume égal au sien, une force égale à la sienne. Il a construit, pour ainsi dire, une montagne flottante; il l'a animée, en quelque sorte, par son génie; il lui a donné la résistance des bois les plus compacts; il lui a imprimé la vitesse des vents, qu'il a su maîtriser par ses voiles ; et, la conduisant contre le colosse de l'Océan, il l'a contraint à fuir jusque vers les extrémités du monde.

C'est malgré lui néanmoins que l'homme a ainsi relégué la baleine. Il ne l'a pas attaquée pour l'éloigner de sa demeure, comme il en a écarté le tigre, le condor, le crocodile et le serpent devin : il l'a combattue pour la conquérir. Mais pour la vaincre il ne s'est pas contenté d'entreprises isolées et de combats partiels : il a médité de grands préparatifs, réuni de grands moyens, concerté de grands mouvements, combiné de grandes manœuvres; il a fait à la baleine une véritable guerre navale; et la poursuivant avec ses flottes jusqu'au milieu des glaces polaires, il a ensanglanté cet empire du froid, comme il avait ensanglanté le reste de la terre ; et les cris du carnage ont retenti dans ces montagnes flottantes, dans ces solitudes profondes, dans ces asiles redoutables des brumes, du silence et de la nuit.

Cependant, avant de décrire ces terribles expéditions, connaissons mieux cette énorme baleine.

Les individus de cette espèce, que l'on rencontre à une assez grande distance du pôle arctique, ont depuis vingt jusqu'à quarante mètres de longueur. Leur circonférence, dans l'endroit le plus gros de leur tête, de leur corps ou de leur queue, n'est pas toujours dans la même proportion avec leur longueur totale. La plus grande circonférence surpassait en effet la moitié de la longueur dans un individu de seize mètres de long; elle n'égalait pas cette même longueur totale dans d'autres individus longs de plus de trente mètres.

Le poids total de ces derniers individus surpassait cent cinquante mille kilogrammes.

On a écrit que les femelles étaient plus grosses que les mâles. Cette différence, que Buffon a fait observer dans les oiseaux de proie, et que nous avons indiquée pour le plus grand nombre des poissons, lesquels viennent d'un œuf comme les oiseaux, serait remarquable dans des animaux qui ont des mamelles, et qui mettent au jour des petits tout formés.

Quoi qu'il en soit de cette supériorité de la baleine femelle sur la baleine mâle, l'une et l'autre, vues de loin, paraissent une masse informe. On dirait que tout ce qui s'éloigne des autres êtres par un attribut très frappant, tel que celui de la grandeur, s'en écarte aussi par le plus grand nombre de ses autres propriétés; et l'on croirait que lorsque la nature façonne plus de matière, produit un plus grand volume, anime des organes plus étendus, elle est forcée, pour ainsi dire, d'employer des précautions particulières, de réunir des proportions peu communes, de fortifier les ressorts en les rapprochant, de consolider l'ensemble par la juxtaposition d'un très grand nombre de parties, et d'exclure ainsi ces rapports entre les dimensions, que nous considérons comme les éléments de la beauté des formes, parce que nous les trouvons dans les objets les plus analogues à nos sens, à nos qualités, à nos modifications, et avec lesquels nous communiquons le plus fréquemment.

En s'approchant néanmoins de cette masse informe, on la voit en quelque sorte se changer en un tout mieux ordonné. On peut comparer ce gigantesque ensemble à une espèce de cylindre immense et irrégulier, dont le diamètre est égal, ou à peu près, au tiers de la longueur.

La tête forme la partie antérieure de ce cylindre démesuré; son volume égale le quart et quelquefois le tiers du volume total de la baleine. Elle est convexe par-dessus, de manière à représenter une portion d'une large sphère. Vers le milieu de cette grande voûte et un peu sur le derrière s'élève une bosse, sur laquelle sont placés les orifices des deux *évents*.

On donne ce nom d'*évents* à deux canaux qui partent du fond de la bouche, parcourent obliquement, et en se courbant, l'intérieur de la tête, et aboutissent vers le milieu de sa partie supérieure. Le diamètre de leur orifice extérieur est ordinairement le centième, ou environ, de la longueur totale de l'individu.

Ils servent à rejeter l'eau qui pénètre dans l'intérieur de la gueule de la baleine franche, ou à introduire jusqu'à son larynx, et par conséquent jusqu'à ses poumons, l'air nécessaire à la respiration de ce cétacé, lorsque ce grand mammifère nage à la surface de la mer, mais que sa tête est assez enfoncée dans l'eau pour qu'il ne puisse aspirer l'air par la bouche sans aspirer en même temps une trop grande quantité de fluide aqueux.

La baleine fait sortir par ces évents un assez grand volume d'eau pour qu'un canot puisse en être bientôt rempli. Elle lance ce fluide avec tant de rapidité, particulièrement quand elle est animée par des affections vives, tourmentée par des blessures et irritée par la douleur, que le bruit de l'eau qui s'élève et retombe en colonne ou se disperse en gouttes, effraye presque tous ceux qui l'entendent pour la première fois, et peut retentir fort loin, si la mer est très calme. On a comparé ce bruit, ainsi que celui que produit l'aspiration de la baleine, au bruissement sourd et terrible d'un orage éloigné. On a écrit qu'on le distinguait d'aussi loin que le coup d'un gros canon. On a prétendu d'ailleurs que cette aspiration de l'air atmosphérique et ce double jet d'eau communiquaient à la surface de la mer un mouvement que l'on apercevait à une distance de plus de deux mille mètres; et comment ces effets seraient-ils surprenants, s'il est vrai, comme on l'a assuré, que la baleine franche fait monter l'eau qui jaillit de ses évents jusqu'à plus de treize mètres de hauteur?

Il paraît que cette baleine a reçu un organe particulier pour lancer ainsi l'eau au-dessus de sa tête. On sait du moins que d'autres cétacés présentent cet organe, dont on peut voir la description dans les *Leçons d'anatomie comparée* de notre savant collègue M. Cuvier (t. II, p. 672); et il existe vraisemblablement dans tous les cétacés, avec quelques modifications relatives à leur genre et à leur espèce.

Cet organe consiste dans deux poches grandes et membraneuses, formées d'une peau noirâtre et muqueuse, ridées lorsqu'elles sont vides, ovoïdes lorsqu'elles sont gonflées. Ces deux poches sont couchées sous la peau, au devant des évents, avec la partie supérieure desquels elles communiquent. Des fibres charnues très fortes partent de la circonférence du crâne, se réunissent au-dessus de ces poches ou bourses, et les compriment violemment à la volonté de l'animal.

Lors donc que le cétacé veut faire jaillir une certaine quantité d'eau contenue dans sa bouche, il donne à sa langue et à ses mâchoires le mouvement nécessaire pour avaler cette eau; mais comme il ferme en même temps son pharynx, il force ce fluide à remonter dans les évents; il lui imprime un mouvement assez rapide pour que cette eau très pressée soulève une valvule charnue placée dans l'évent vers son extrémité supérieure, et au-dessous des poches; l'eau pénètre dans les poches; la valvule se referme; l'animal comprime ses bourses; l'eau en sort avec violence; la valvule, qui ne peut s'ouvrir que de bas en haut, résiste à son effort; et ce liquide, au lieu de rentrer dans la bouche, sort par l'orifice supérieur de l'évent et s'élève dans l'air à une hauteur proportionnée à la force de la compression des bourses.

L'ouverture de la bourse de la baleine franche est très grande; elle se prolonge jusqu'au-dessous des orifices supérieurs des évents; elle s'étend même vers la base de la nageoire pectorale; et l'on pourrait dire par conséquent qu'elle va presque jusqu'à l'épaule. Si l'on regarde l'animal par côté, on voit le bord supérieur et le bord inférieur de cette ouverture présenter, depuis le bout du museau jusqu'auprès de l'œil, une courbe très semblable à la lettre S placée horizontalement.

Les deux mâchoires sont à peu près aussi avancées l'une que l'autre. Celle de dessous est très large, surtout vers le milieu de sa longueur.

L'intérieur de la gueule est si vaste dans la baleine franche, que dans un individu de cette espèce, qui n'était encore parvenu qu'à vingt-quatre mètres de longueur, et qui fut pris en 1726, au cap de Hourdel, dans la baie de la Somme, la capacité de la bouche était assez grande pour que deux hommes aient pu y entrer sans se baisser[1].

La langue est molle, spongieuse, arrondie par devant, blanche, tachetée de noir sur les côtés, adhérente à la mâchoire inférieure, mais susceptible de quelques mouvements. Sa longueur surpasse souvent neuf mètres; sa largeur est de trois ou quatre. Elle peut donner plus de six tonneaux d'huile; et Duhamel assure que lorsqu'elle est salée, elle peut être recherchée comme un mets délicat.

La baleine franche n'a pas de dents; mais tout le dessous de la mâchoire supérieure, ou, pour mieux dire, toute la voûte du palais est garnie de lames que l'on désigne par le nom de *fanons*. Donnons une idée nette de leur contexture, de leur forme, de leur grandeur, de leur couleur, de leur position, de leur nombre, de leur mobilité, de leur développement, de l'usage auquel la nature les a destinés, et de ceux auxquels l'art a su les faire servir.

La surface d'un fanon est unie, polie et semblable à celle de la corne. Il est composé de poils, ou plutôt de crins, placés à côté les uns des autres dans le sens de sa longueur, très rapprochés, réunis et comme collés par une substance gélatineuse, qui, lorsqu'elle est sèche, lui donne presque toutes les propriétés de la corne, dont il a l'apparence.

Chacun de ces fanons est d'ailleurs très aplati, allongé et très semblable, par sa forme générale, à la lame d'une faux. Il se courbe un peu dans sa longueur comme cette lame, diminue graduellement de hauteur et d'épaisseur, se termine en pointe et montre sur son bord inférieur ou concave un tranchant analogue à celui de la faux. Ce bord concave ou inférieur est garni presque depuis son origine jusqu'à la pointe du fanon, de crins qu'au-

1. Mémoires envoyés au savant et respectable Duhamel du Monceau.

cune substance gélatineuse ne réunit, et qui représentent, le long de ce bord tranchant et aminci, une sorte de frange d'autant plus longue et d'autant plus touffue qu'elle est plus près de la pointe ou de l'extrémité du fanon.

La couleur de cette lame cornée est ordinairement noire et marbrée de nuances moins foncées; mais le fanon est souvent caché sous une espèce d'épiderme dont la teinte est grisâtre.

Maintenant disons comment les fanons sont placés.

Le palais présente un os qui s'étend depuis le bout du museau jusqu'à l'entrée du gosier. Cet os est recouvert d'une substance blanche et ferme, à laquelle on a donné le nom de *gencive de la baleine*. C'est le long et de chaque côté de cet os que les fanons sont distribués et situés transversalement.

En se supposant dans l'intérieur d'une baleine franche, on voit donc au-dessus de sa tête deux rangées de lames parallèles et transversales. Ces lames, presque verticales, ne sont que très faiblement inclinées en arrière. Le bout de chaque fanon, opposé à sa pointe, entre dans la *gencive*, la traverse et pénètre jusqu'à l'os longitudinal. Le bord convexe de la lame s'applique contre le palais, s'insère même dans sa substance. Les franges de crin attachées au bord concave de chaque fanon font paraître le palais comme hérissé de poils très gros et très durs; et sortant vers la pointe de chaque lame au delà des lèvres, elles forment le long de ces lèvres une frange extérieure, ou une sorte de *barbe*, qui a fait donner le nom de *barbes* aux fanons des baleines.

Le palais étant un peu ovale, il est évident que les lames transversales sont d'autant plus longues qu'elles sont situées plus près du plus grand diamètre transversal de cet ovale, lequel se trouve vers le milieu de la longueur du palais. Les fanons les plus courts sont vers l'entrée du gosier, ou vers le bout du museau.

Il n'est pas rare de mesurer des fanons de cinq mètres de longueur. Ils ont alors, au bout qui pénètre dans la gencive, quatre ou cinq décimètres de hauteur et deux ou trois centimètres d'épaisseur; et l'on compte fréquemment trois ou quatre cents de ces lames cornées, grandes ou petites, de chaque côté de l'os longitudinal.

Mais, indépendamment de ces lames en forme de faux, on trouve des fanons très petits, couchés l'un au-dessus de l'autre, comme les tuiles qui recouvrent les toits, et placés dans une gouttière longitudinale, que l'on voit au-dessous de l'extrémité de l'os longitudinal du palais. Ces fanons particuliers empêchent que cette extrémité, quelque mince, et, par conséquent, quelque tranchante qu'elle puisse être, ne blesse la lèvre inférieure.

Cependant, comment se développent ces fanons?

Le savant anatomiste de Londres, M. Hunter, a fait voir que ces productions se développaient d'une manière très analogue à celle dont croissent les cheveux de l'homme et la corne des animaux ruminants. C'est une nouvelle preuve de l'identité de nature que nous avons tâché de faire reconnaître entre les cheveux, les poils, les crins, la corne, les plumes, les écailles, les tubercules, les piquants et les aiguillons[1]. Mais, quoi qu'il en soit, le fanon tire sa nourriture, et en quelque sorte le ressort de son extension graduelle, de la substance blanche à laquelle on a donné le nom de *gencive*. Il est accompagné, pour ainsi dire, dans son développement, par des lames qu'on a nommées *intermédiaires*, parce qu'elles le séparent du fanon le plus voisin, et qui, posées sur la même base, produites dans la même substance, formées dans le même temps, ne faisant qu'un seul corps avec le fanon, le renforçant, le maintenant à sa place, croissant dans la même proportion, et s'étendant jusqu'à la lèvre supérieure, s'y altèrent, s'y ramollissent, s'y délayent et s'y dissolvent comme un épiderme trop longtemps plongé dans l'eau. L'auteur de l'Histoire hollandaise des pêches dans la mer du Nord[2] rapporte qu'on trouve souvent, au milieu de beaux fanons, des fanons plus petits, que l'on regarde comme ayant poussé à la place de lames plus grandes, déracinées et arrachées par quelque accident.

On assure que lorsque la baleine franche ferme entièrement la gueule ou dans quelque autre circonstance, les fanons peuvent se rapprocher un peu l'un de l'autre, et se disposer de manière à être un peu plus inclinés que dans leur position ordinaire.

Après la mort de la baleine, l'épiderme glutineux qui recouvre les fanons se sèche et les colle les uns aux autres. Si l'on veut les préparer pour le commerce et les arts, on commence donc par les séparer avec un coin; on les fend ensuite dans le sens de leur longueur avec des couperets bien aiguisés; on divise ainsi les différentes couches dont ils sont composés, et qui étaient retenues l'une contre l'autre par des filaments entrelacés et par une substance gélatineuse; on les met dans de l'eau froide, ou quelquefois dans de l'eau chaude; on les attendrit souvent dans l'huile que la baleine a fournie; on les ratisse au bout de quelques heures; on les brosse; on les place, un à un, sur une planche bien polie; on les racle de nouveau; on en coupe les extrémités; on les expose à l'air pendant quelques heures, et on les dispose de manière qu'ils puissent continuer de sécher sans s'altérer et se corrompre[3].

C'est après avoir eu recours à ces procédés, qu'on se sert ou qu'on s'est servi de ces fanons pour plusieurs ouvrages, et particulièrement pour fortifier des corsets, soutenir des paniers, former des parapluies, monter des

1. Voyez, au commencement de l'histoire naturelle des poissons, notre discours sur la nature de ces animaux.
2. *Histoire des pêches, des découvertes et des établissements des Hollandais dans les mers du Nord*, ouvrage traduit du hollandais par M. Bernard Dereste, etc.
3. *Histoire des pêches, des découvertes et des établissements des Hollandais dans les mers du Nord*, t. Ier, p. 134.

lunettes[1], garnir des éventails, composer des baguettes et faire des cannes flexibles et légères. On a pensé aussi qu'on pourrait en dégager les crins de manière à s'en servir pour faire des cordes, de la ficelle, et même une sorte de grosse étoffe[2].

Mais quel est l'organe de la baleine qui ne mérite pas une attention particulière? Examinons ses yeux et reconnaissons les rapports de leur structure avec la nature de son séjour.

L'œil est placé immédiatement au-dessus de la commissure des lèvres, et par conséquent très près de l'épaule de la baleine. Presque également éloigné du monticule des évents et de l'extrémité du museau, très rapproché du bord inférieur de l'animal, très écarté de l'œil opposé, il ne paraît destiné qu'à voir les objets auxquels la baleine présente son immense côté; et il ne faut pas négliger d'observer que voilà un rapport frappant entre la baleine franche, qui parcourt avec tant de vitesse la surface de l'Océan et plonge dans ses abîmes, et plusieurs des oiseaux privilégiés qui traversent avec tant de rapidité les vastes champs de l'air et s'élancent au plus haut de l'atmosphère. L'œil de la baleine est cependant placé sur une espèce de petite convexité qui, s'élevant au-dessus de la surface des lèvres, lui permet de se diriger de telle sorte, que lorsque l'animal considère un objet un peu éloigné, il peut le voir de ses deux yeux à la fois, rectifier les résultats de ses sensations, et mieux juger de la distance.

Mais ce qui étonne dans le premier moment de l'examen, c'est que l'œil de la baleine soit si petit, qu'on a peine quelquefois à le découvrir. Son diamètre n'est souvent que la cent quatre-vingt-douzième partie de la longueur totale du cétacé. Il est garni de paupières, comme l'œil des autres mammifères; mais ses paupières sont si gonflées par la graisse huileuse qui en occupe l'intérieur, qu'elles n'ont presque aucune mobilité; elles sont d'ailleurs dénuées de cils, et l'on ne voit aucun vestige de cette troisième paupière que l'on peut apercevoir dans l'homme, que l'on remarque dans les quadrupèdes, et qui est si développée dans les oiseaux.

La baleine paraît donc privée de presque tous les moyens de garantir l'intérieur de son œil des impressions douloureuses de la lumière très vive que répandent autour d'elle, pendant les longs jours de l'été, la surface des mers qu'elle fréquente, ou les montagnes de glace dont elle est entourée. Mais, avant la fin de cet article, nous remarquerons combien les effets de la conformation particulière de cet organe peuvent suppléer au nombre et à la mobilité des paupières.

1. Depuis 1787, à Songeons, près de Beauvais, département de l'Oise, on monte les lunettes en fanon, au lieu de les monter en cuir ou en métal. Ce changement a beaucoup augmenté la fabrique. On y voit à présent des femmes, et même des enfants de dix à douze ans, monter des lunettes avec adresse et habileté. (*Description du département de l'Oise*, par M. de Cambri; ouvrage digne d'un administrateur habile et d'un ami très éclairé de sa patrie, des sciences et des arts.)

2. *Histoire des pêches des Hollandais,* etc., t. Ier, p. 69.

L'œil de la baleine, considéré dans son ensemble, est assez aplati par devant pour que son axe longitudinal ne soit quelquefois à son axe transverse, que dans le rapport de 6 à 11. Mais il n'en est pas de même du cristallin : conformé comme celui des poissons, des phoques, de plusieurs quadrupèdes ovipares qui marchent ou nagent souvent au-dessous de l'eau, et des cormorans, ainsi que de quelques autres oiseaux plongeurs, le cristallin de la baleine franche est assez convexe par devant et par derrière pour ressembler à une sphère, au lieu de représenter une lentille, de même que celui des quadrupèdes, et surtout celui des oiseaux. Il paraît du moins que le rapport de l'axe longitudinal du cristallin à son diamètre transverse est, dans la baleine franche, comme celui de 13 à 15, lors même que ce diamètre et cet axe sont le plus différents l'un de l'autre[1].

La forme générale de l'œil est maintenue, en très grande partie, dans la baleine franche, comme dans les animaux dont l'œil n'est pas sphérique, par l'enveloppe à laquelle on a donné le nom de *sclérotique*, et qui environne tout l'organe de la vue, excepté dans l'endroit où la *cornée* est située. Ce nom de *sclérotique* venant de *sclerotes*, qui, en grec, signifie *dureté*, convient bien mieux à l'enveloppe de l'œil de la baleine franche dans laquelle elle est très dure, qu'à celle de l'œil de l'homme, et de l'œil des quadrupèdes, dans lesquels, ainsi que dans l'homme, elle est remarquable par sa mollesse. Mais la sclérotique de la baleine franche n'a pas dans toute son étendue une égale dureté : elle est beaucoup plus dure dans ses parties latérales que dans le fond de l'œil, quoiqu'elle soit très fréquemment, dans ce même fond, épaisse de plus de trente-six millimètres, pendant que l'épaisseur des parties latérales n'en excède guère vingt-quatre. Cette différence vient de ce que les mailles que l'on voit dans la substance fibreuse, et en apparence tendineuse, de la sclérotique sont plus grandes dans le fond que sur les côtés de l'œil, et qu'au lieu de contenir une matière fongueuse et flexible, comme sur ces mêmes côtés, elles sont remplies, vers le fond de l'œil, d'une huile proprement dite.

Au reste, cette portion moins dure de la sclérotique de la baleine est traversée par un canal dans lequel passe l'extrémité du nerf optique : les parois de ce canal sont formées par la dure-mère; et c'est de la face externe de cette dure-mère que se détachent, comme par un épanouissement, les fibres qui composent la sclérotique.

On distingue d'autant plus ces fibres, que leur couleur est blanche, et que la substance renfermée dans les mailles qu'elles entourent est d'une nuance brune.

Nous entrons avec plaisir dans les détails en apparence les plus minutieux, parce que tout intéresse dans un colosse tel que la baleine franche, et que nous découvrons facilement dans ses organes très développés ce que

1. Cuvier, *Leçons d'anatomie comparée*, t. II, p. 376.

notre vue, même aidée par la loupe et par le microscope, ne peut pas toujours distinguer dans les organes analogues des autres animaux. La baleine
franche est, pour ainsi dire, un grand exemple de l'être organisé, vivant et
sensible, dont aucun caractère ne peut échapper à l'examen.

C'est ainsi, par exemple, qu'on voit dans la baleine, encore mieux que
dans les rhinocéros ou dans d'autres énormes quadrupèdes, la manière dont
la sclérotique se réunit souvent à la cornée. Au lieu d'être simplement attachée à cette cornée par une cellulosité, elle pénètre fréquemment dans sa
substance ; et l'on aperçoit facilement les fibres blanches de la sclérotique de
la baleine, qui entrent dans l'épaisseur de sa cornée, en filaments très
déliés, mais assez longs.

C'est encore ainsi que, dans la choroïde ou seconde enveloppe de
l'œil de la baleine, on peut distinguer sans aucune loupe des ouvertures des
vaisseaux, de même que la membrane intérieure que l'on connaît sous le
nom de *Ruyschienne*, et que l'on compte, pour ainsi dire, les fibres rayon-
nantes qui, semblables à des cercles, entourent le cristallin sphérique.

Continuons cependant.

Lorsque la prunelle de la baleine franche est rétrécie par la dilatation
de l'iris, elle devient une ouverture allongée transversalement.

L'ensemble de l'œil est d'abord mû dans ce cétacé par quatre muscles
droits, par un autre muscle droit, nommé *suspenseur*, et divisé en quatre,
et par deux muscles obliques, l'un supérieur et l'autre inférieur.

Remarquons encore que la baleine, comme la plupart des animaux qui
vivent dans l'eau, n'a pas de points lacrymaux, ni de glandes destinées à répandre sur le devant de l'œil une liqueur propre à le tenir dans l'état de propreté et de souplesse nécessaire; mais que l'on trouve sous la paupière supérieure de ssortes de lacunes d'où s'écoule une humeur épaisse et mucilagineuse.

Passons maintenant à l'examen de l'organe de l'ouïe.

La baleine a dans cet organe, comme tous les cétacés, un labyrinthe,
trois canaux membraneux et demi-circulaires, un limaçon, un orifice
cochléaire, un vestibule, un orifice *vestibulaire*[1], une cavité appelée *caisse du
tympan*, une membrane du tympan, des osselets articulés et placés dans
cette caisse depuis cette membrane du tympan jusqu'à l'orifice vestibulaire,
une trompe nommée *trompe d'Eustache*[2], et un canal qui, de la membrane
du tympan, aboutit et s'ouvre à l'extérieur.

Le limaçon de la baleine est même fort grand; toutes ses parties sont
bien développées. L'orifice ou la fenêtre cochléaire qui fait communiquer

---

1. Nous préférons les épithètes de *cochléaire* et de *vestibulaire*, proposées par notre collègue
Cuvier, à celles de *ronde* et d'*ovale*, qui ne peuvent être employées avec exactitude qu'en parlant
de l'organe de l'ouïe de l'homme et d'un petit nombre d'animaux.

2. Le tube dont nous parlons, et tous les tubes analogues que peut présenter l'organe de
l'ouïe de l'homme ou des animaux, ont été appelés *trompe d'Eustache*, parce que celui de
l'oreille de l'homme a été découvert par Eustache, habile anatomiste du xvie siècle.

ce limaçon avec la caisse du tympan offre une grande étendue. Le marteau, un des osselets de la caisse du tympan, et qui communique immédiatement avec la membrane du même nom, présente aussi des dimensions très remarquables par leur grandeur.

Mais la spirale du limaçon ne fait qu'un tour et demi et ne s'élève pas à mesure qu'elle enveloppe son axe. Il est si difficile d'apercevoir les canaux demi-circulaires, qu'un très grand anatomiste, Pierre Camper, en a nié l'existence, et qu'on croirait peut-être encore qu'ils manquent à l'oreille de la baleine, malgré les indications de l'analogie, sans les recherches éclairées de notre confrère Cuvier. Le marteau n'a point cet appendice que l'on connaît sous le nom de *manche*; le tympan a la forme d'un entonnoir allongé dont la pointe est fixée au bas du col du marteau. Le *méat*, ou conduit extérieur, n'est osseux dans aucune de ses portions; c'est un canal cartilagineux et très mince, qui part du tympan, serpente dans la couche graisseuse, parvient jusqu'à la surface de la peau, s'ouvre à l'extérieur par un trou très petit, et n'est terminé par aucun vestige de conque, de pavillon membraneux ou cartilagineux, d'oreille externe plus ou moins large ou plus moins longue.

Ce défaut d'oreille extérieure qui lie la baleine franche avec tous les autres cétacés, avec les lamantins, les dugons, les morses, et le plus grand nombre de phoques, les éloigne de tous les autres mammifères, et pourrait presque être compté parmi les caractères distinctifs des animaux qui passent la plus grande partie de leur vie dans l'eau douce ou salée.

L'oreille des cétacés présente cependant des particularités plus dignes d'attention que celles que nous venons d'indiquer.

L'*étrier*, l'un des osselets de la caisse du tympan, n'a, au lieu des deux branches qu'il offre dans la plupart des mammifères, qu'un corps conique, comprimé et percé d'un très petit trou.

La partie de l'os temporal à laquelle on a donné le nom de *rocher*, et dans l'intérieur de laquelle sont creusées les cavités de l'oreille des mammifères, est, dans la baleine, d'une substance plus dure que dans aucune autre espèce d'animal vertébré. Mais voici un fait plus extraordinaire et plus curieux.

Le rocher de la baleine franche n'est point articulé avec les autres parties osseuses de la tête ; il est suspendu par des ligaments, et placé à côté de la base du crâne, sous une sorte de voûte formée en grande partie par l'os occipital.

Ce rocher, ainsi isolé et suspendu, présente, vers le bord interne de sa face supérieure, une proéminence demi-circulaire, qui contient le limaçon. On voit sur cette même proéminence un orifice qui appartient au méat ou conduit auditif interne, et qui répond à un trou de la base du crâne.

Au-dessous du labyrinthe que renferme ce rocher est la caisse du tympan.

Cette caisse est fermée par une lame osseuse, que l'on croirait roulée sur elle-même, et dont le côté interne est beaucoup plus épais que le côté extérieur.

L'ouverture extérieure de cette caisse, sur laquelle est tendue la membrane du tympan, n'est pas limitée par un cadre osseux et régulier comme dans plusieurs mammifères, mais rendue très irrégulière par trois apophyses placées sur sa circonférence.

Cette même caisse du tympan adhère aux autres portions du rocher par son extrémité postérieure, et par une apophyse de la partie antérieure, de son bord le plus mince.

De l'extrémité antérieure de la caisse, par la trompe, analogue à la *trompe d'Eustache* de l'homme. Ce tube est membraneux, perce l'os maxillaire supérieur, et aboutit à la partie supérieure de l'évent par un orifice qu'une valvule rend impénétrable à l'eau lancée par ce même évent, même avec toute la vitesse que l'animal peut imprimer à ce fluide.

Mais après avoir jeté un coup d'œil sur le corps de la baleine franche, après avoir considéré sa tête et les principaux organes que contient cette tête si extraordinaire et si vaste, que devons-nous d'abord examiner ?

La queue de ce cétacé.

Cette partie de la baleine a la figure d'un cône, dont la base s'applique au corps proprement dit. Les muscles qui la composent sont très vigoureux. Une saillie longitudinale s'étend dans sa partie supérieure, depuis le milieu de sa longueur jusqu'à son extrémité. Elle est terminée par une grande nageoire, dont la position est remarquable. Cette nageoire est horizontale, au lieu d'être verticale comme la nageoire de la queue des poissons ; et cette situation, qui est aussi celle de la caudale de tous les autres cétacés, suffirait seule pour faire distinguer toutes les espèces de cette famille d'avec tous les animaux vertébrés et à sang rouge.

Cette nageoire horizontale est composée de deux lobes ovales, dont la réunion produit un croissant échancré dans trois endroits de son intérieur, et dont chacun peut offrir un mouvement très rapide, un jeu très varié et une action indépendante.

Dans une baleine franche, qui n'avait que vingt-quatre mètres de longueur, et qui échoua en 1726 au cap de Hourdel, il y avait un espace de quatre mètres entre les deux pointes du croissant formé par les deux lobes de la caudale, et par conséquent une distance égale au sixième de la longueur totale. Dans une baleine plus petite encore, et qui n'était longue que de seize mètres, cette distance entre les deux pointes du croissant surpassait le tiers de la plus grande longueur de l'animal.

Ce grand instrument de natation est le plus puissant de ceux que la baleine a reçus ; mais il n'est pas le seul. Ses deux bras peuvent être comparés aux deux nageoires pectorales des poissons : au lieu d'être composés, ainsi que ces nageoires, de rayons soutenus et liés par une membrane, ils sont formés, sans doute, d'os que nous décrirons bientôt, de muscles et de chair tendineuse, recouverts par une peau épaisse ; mais l'ensemble que chacun de ces bras présente consiste dans une sorte de sac aplati, arrondi dans la plus grande partie de sa circonférence, terminé en pointe, ayant une surface assez étendue pour que sa longueur surpasse le sixième de la longueur totale du cétacé, et que sa largeur égale le plus souvent la moitié de sa longueur, réunissant enfin tous les caractères d'une rame agile et forte.

Cependant, si la présence de ces trois rames ou nageoires donne à la baleine un nouveau trait de conformité avec les autres habitants des eaux, et l'éloigne des quadrupèdes, elle se rapproche de ces mammifères par une partie essentielle de sa conformation, par les organes qui lui servent à perpétuer son espèce.

Le mâle a reçu un *balénas* long de trois mètres ou environ, large de deux décimètres à sa base, environné d'une peau double qui lui donne quelque ressemblance avec un cylindre renfermé dans une gaine, composé dans son intérieur de branches, d'un corps caverneux, d'une substance spongieuse, d'un urèthre, de muscles érecteurs, de muscles accélérateurs, et placé auprès de deux testicules que l'on peut voir à côté l'un de l'autre au-dessus des muscles abdominaux.

De chaque côté de la vulve, qui a son clitoris, son méat urinaire et son vagin, l'on peut distinguer dans la femelle, à une petite distance de l'anus, une mamelle placée dans un sillon longitudinal et plissé, aplatie et peu apparente, excepté dans le temps où la baleine nourrit et où cette mamelle s'étend et s'allonge au point d'avoir quelquefois une longueur et un diamètre égaux au cinquantième ou à peu près de la longueur totale.

La peau du sillon longitudinal, qui garantit la mamelle, est moins serrée et moins dure que celle qui revêt le reste de la surface de la baleine.

Cette dernière peau est très forte, quoique percée de grands pores. Son épaisseur surpasse deux décimètres. Elle n'est pas garnie de poils comme celle de la plupart des mammifères.

L'épiderme qui la recouvre est très lisse, très poreux, composé de plusieurs couches, dont la plus intérieure a le plus d'épaisseur et de dureté, luisant, et pénétré d'une humeur muqueuse ainsi que d'une sorte d'huile qui diminue sa rigidité, et le préserve des altérations que ferait subir à cette surpeau le séjour alternatif de la baleine dans l'eau et à la surface des mers.

Cette huile et cette substance visqueuse rendent même l'épiderme si brillant, que lorsque la baleine franche est exposée aux rayons du soleil, sa surface est resplendissante comme celle du métal poli.

Le tissu muqueux qui sépare l'épiderme de la peau est plus épais que dans tous les autres mammifères. La couleur de ce tissu, ou ce qui est la même chose, la couleur de la baleine, varie beaucoup suivant la nourriture, l'âge, le sexe, et peut-être suivant la température du séjour habituel de ce cétacé. Elle est quelquefois d'un noir très pur, très foncé, et sans mélange ; d'autres fois d'un noir nuancé ou mêlé de gris. Plusieurs baleines sont moitié blanches et moitié brunes. On en trouve d'autres jaspées ou rayées de noir et de jaunâtre. Souvent le dessous de la tête et du corps présente une blancheur éclatante. On a vu dans les mers du Japon, et, ce qui est moins surprenant, au Spitzberg, et par conséquent à dix degrés du pôle boréal, des baleines entièrement blanches ; et l'on peut rencontrer fréquemment de ces cétacés marqués de blanc sur un fond noir, ou gris, ou jaspé, etc., parce que la cicatrice des blessures de ces animaux produit presque toujours une tache blanche.

La chair qui est au-dessous de l'épiderme et de la peau est rougeâtre, grossière, dure et sèche, excepté celle de la queue, qui est moins coriace et plus succulente, quoique peu agréable à un goût délicat, surtout dans certaines circonstances où elle répand une odeur rebutante. Les Japonais cependant, et particulièrement ceux qui sont obligés de supporter des travaux pénibles, l'ont préférée à plusieurs autres aliments ; ils l'ont trouvée très bonne, très fortifiante et très salubre.

Entre cette chair et la peau est un lard épais, dont une partie de la graisse est si liquide, qu'elle s'écoule et forme une huile, même sans être exprimée.

Il est possible que cette huile très fluide passe au travers des intervalles des tissus et des pores des membranes, qu'elle parvienne jusque dans l'intérieur de la gueule, qu'elle soit rejetée par les évents avec l'eau de la mer, qu'elle nage sur l'eau salée, et qu'elle soit avidement recherchée par des oiseaux de mer, ainsi que Duhamel l'a rapporté.

Le lard a moins d'épaisseur autour de la queue qu'autour du corps proprement dit ; mais il en a une très grande au-dessous de la mâchoire inférieure, où cette épaisseur est quelquefois de plus d'un mètre [1]. Lorsqu'on le fait bouillir, on en retire deux sortes d'huile : l'une pure et légère ; l'autre un peu mêlée, onctueuse, gluante, d'une fluidité que le froid diminue beaucoup, moins légère que la première, mais cependant moins pesante que l'eau. Il n'est pas rare qu'une seule baleine franche donne jusqu'à quatre-vingt-dix tonneaux de ces différentes huiles.

Lorsqu'on a sous les yeux le cadavre d'une baleine franche, et qu'on a enlevé son épiderme, son tissu muqueux, sa peau, son lard et sa chair, que découvre t-on ? sa charpente osseuse.

Quelles particularités présentent les os de la tête ? pendant que l'animal est encore très jeune, les pariétaux se soudent avec les temporaux et avec l'occipital, et ces cinq os réunis forment une voûte de plusieurs mètres de long, sur une largeur égale à plus de la moitié de la longueur.

Le sphénoïde reste divisé en plusieurs pièces pendant toute la vie de la baleine.

Les sutures que l'animal présente lorsqu'il est un peu avancé en âge

---

1. *Histoire des pêches des Hollandais dans les mers du Nord*, traduction française de M. Dereste, t. 1er, p 76.

sont telles que les deux pièces qui se réunissent, amincies dans leurs bords et taillées en biseau à l'endroit de leur jonction, représentent chacune une bande ou face inclinée et s'appliquent, dans cette portion de leur surface, l'une au-dessus de l'autre, comme les écailles de plusieurs poissons.

Si l'on ouvre le crâne, on voit que l'intérieur de sa base est presque de niveau. On ne découvre ni *fosse ethmoïdale*, ni *lame criblée*, ni aucune protubérance semblable à ces quatre crochets, ou *apophyses clinoïdes*, qui s'élèvent sur le fond du crâne de l'homme et d'un si grand nombre de mammifères.

Que remarque-t-on cependant de particulier à la baleine franche, lorsqu'on regarde le dehors de ce crâne ?

Les deux ouvertures que l'on nomme *trous orbitaires internes antérieurs*, et qui font communiquer la cavité de l'orbite de l'œil, ou la *fosse orbitaire*, avec le creux auquel on a donné le nom de *fosse nasale*, sont, dans la baleine franche, très petits et recouverts par des lames osseuses.

Ce cétacé n'a pas ce trou qu'on appelle *incisif*, et que montre, dans tant de mammifères, la partie des os intermaxillaires qui suit l'extrémité de la mâchoire.

Mais, au lieu d'un seul orifice comme dans l'homme, trois ou quatre trous servent à la communication de la cavité de l'orbite avec l'intérieur de l'os maxillaire supérieur.

Les deux os de la mâchoire inférieure forment par leur réunion une portion du cercle ou d'ellipse qui a communément plus de huit ou neuf mètres d'étendue, et que les pêcheurs ont fréquemment employée comme un trophée, et dressée sur le tillac, pour annoncer la prise d'une baleine et la grandeur de leur conquête.

L'une des galeries du Muséum d'histoire naturelle renferme trois os maxillaires d'une baleine : la longueur de ces os est de neuf mètres ou environ.

L'occiput est arrondi. Il s'articule avec l'épine dorsale à son extrémité postérieure, et par de larges *condyles* ou faces saillantes.

On compte sept vertèbres du cou, comme dans l'homme et presque tous les mammifères. La première de ces vertèbres, qu'on appelle l'*atlas*, est soudée avec la seconde, qui a reçu le nom d'*axis*.

Dans la baleine de vingt-quatre mètres de longueur, qui échoua en 1726 au cap de Hourdel, l'épine dorsale avait auprès de la caudale un demi-mètre de diamètre, et par conséquent a été comparée avec raison à une grosse poutre de quatorze ou quinze mètres de longueur. On a écrit que sa couleur et sa contexture paraissaient, au premier coup d'œil, semblables à celles d'un grès grisâtre ; on aurait pu ajouter, et enduit d'une substance huileuse. Presque tous les os de la baleine franche réunissent en effet à une compacité et à un tissu particuliers une sorte d'apparence onctueuse qu'ils doivent à l'huile dont ils sont pénétrés pendant qu'ils sont encore frais.

Dans une baleine échouée, en 1763, sur un des rivages d'Islande, on compta en tout soixante-trois vertèbres, suivant MM. Olafsen et Povelsen.

Il paraît que la baleine dont nous écrivons l'histoire a quinze côtes de chaque côté de l'épine du dos, et que chacune de ces côtes a très souvent plus de sept mètres de longueur, sur un demi-mètre de circonférence.

Le sternum, avec lequel les premières de ces côtes s'articulent, est large, mais peu épais, surtout dans sa partie intérieure.

Les clavicules que l'on trouve dans ceux des mammifères qui font un très grand usage de leurs bras, soit pour grimper sur les arbres, soit pour attaquer et se défendre, soit pour saisir et porter à leur bouche l'aliment qu'ils préfèrent, n'ont point d'analogues dans la baleine franche.

On peut voir, dans l'une des galeries du Muséum national d'histoire naturelle, un omoplate qui appartenait à une baleine, et dont la longueur est de trois mètres.

L'os du bras proprement dit, ou l'*humérus*, est très court, arrondi vers le haut, et comme marqué par une petite tubérosité.

Le *cubitus* et le *radius*, ou les deux os de l'avant-bras, sont très comprimés ou aplatis latéralement.

On ne compte que cinq os dans le carpe ou dans la main proprement dite. Ils forment deux rangées, l'une de trois, l'autre de deux pièces; ils sont très aplatis, réunis de manière à présenter l'image d'une sorte de pavé, et presque tous hexagones.

Les os du métacarpe sont aussi très aplatis et soudés les uns aux autres.

Le nombre des phalanges n'est pas le même dans les cinq doigts.

Tous ces os du bras, de l'avant-bras, du carpe, du métacarpe et des doigts, non seulement sont articulés de manière qu'ils ne peuvent se mouvoir les uns sur les autres, comme les os des extrémités antérieures de l'homme et de plusieurs mammifères, mais encore sont réunis par des cartilages très longs, qui recouvrent quelquefois la moitié des os qu'ils joignent l'un à l'autre, et ne laissent qu'un peu de souplesse à l'ensemble qu'ils contribuent à former. Il n'y a d'ailleurs aucun muscle propre à tourner l'avant-bras de telle sorte que la paume de la main devienne alternativement supérieure ou inférieure à la face qui lui est opposée; ou, ce qui est la même chose, il n'y a ni *supinateur*, ni *pronateur*. Des rudiments aponévrotiques de muscles sont étendus sur toute la surface des os et en consolident les articulations.

Tout concourt donc pour que l'extrémité antérieure de la baleine franche soit une véritable rame élastique et puissante, plutôt qu'un organe propre à saisir, retenir et palper les objets extérieurs.

Cette élasticité et cette vigueur doivent d'autant moins étonner, que la nageoire pectorale ou l'extrémité antérieure de la baleine est très charnue; que lorsqu'on dépèce ce cétacé, on enlève de cette nageoire de grandes portions de muscles, et que l'irritabilité de ces parties musculaires est si vive, qu'elles bondissent longtemps après avoir été détachées du corps de l'animal.

Mais qu'avons-nous à dire du fluide qui nourrit ces muscles et entretient ces qualités?

La quantité de sang qui circule dans la baleine est plus grande à proportion que celle qui coule dans les quadrupèdes. Le diamètre de l'aorte surpasse souvent quatre décimètres. Le cœur est large et aplati. On a écrit que le *trou botal*, par lequel le sang des mammifères qui ne sont pas encore nés peut parcourir les cavités du cœur, aller des veines dans les artères, et circuler dans la totalité du système vasculaire sans passer par les poumons, restait ouvert dans la baleine franche pendant toute sa vie, et qu'elle devait à cette particularité la facilité de vivre longtemps sous l'eau. On pourrait croire que cette ouverture du trou botal est en effet maintenue par l'habitude que la jeune baleine contracte en naissant de passer un temps assez long dans le fond de la mer, et par conséquent sans gonfler ses poumons par des inspirations de l'air atmosphérique, et sans donner accès dans leurs vaisseaux au sang apporté par les veines, qui alors est forcé de couler par le trou botal pour pénétrer jusqu'à l'aorte. Quoi qu'il en soit cependant de la durée de cette ouverture, la baleine franche est obligée de venir fréquemment à la surface de la mer, pour respirer l'air de l'atmosphère, et introduire dans ses poumons le fluide réparateur sans lequel le sang aurait bientôt perdu les qualités les plus nécessaires à la vie; mais comme ses poumons sont très volumineux, elle a moins besoin de renouveler souvent les inspirations qui les remplissent de fluide atmosphérique.

Le gosier de la baleine est très étroit, et beaucoup plus qu'on ne le croirait lorsqu'on voit toute l'étendue de la gueule de cet animal démesuré.

L'œsophage est beaucoup plus grand à proportion, long de plus de trois mètres, et revêtu à l'intérieur d'une membrane très dense, glanduleuse et plissée.

Le célèbre Hunter nous a appris que la baleine, ainsi que tous les autres cétacés, présentait dans son estomac une conformation bien remarquable dans un habitant des mers, qui vit de substance animale. Cet organe a de très grands rapports avec l'estomac des animaux ruminants. Il est partagé en plusieurs cavités très distinctes, et il en offre même cinq, au lieu de n'en montrer que quatre, comme ces ruminants.

Ces cinq portions, ou, si on l'aime mieux, ces cinq estomacs sont renfermés dans une enveloppe commune ; et voici les formes particulières qui leur sont propres. Le premier est un ovoïde imparfait, sillonné à l'intérieur de rides grandes et irrégulières. Le second, très grand et plus long que le premier, a sur sa surface intérieure des plis nombreux et inégaux ; il communique avec le troisième par un orifice rond et étroit, mais qu'aucune valvule ne ferme. Le troisième ne paraît, à cause de sa petitesse, qu'un passage du second au quatrième. Les parois intérieures de ce dernier sont garnies d'appendices menus et déliés, que l'on a comparés à des poils ; il aboutit au cinquième par une ouverture ronde, plus étroite que l'orifice par lequel les aliments entrent du troisième estomac dans cette quatrième poche ; et enfin le cinquième est lisse et se réunit par le pylore avec les intestins proprement dits, dont la longueur est souvent de plus de cent vingt mètres.

La baleine franche a un véritable cœcum, un foie très volumineux, une rate peu étendue, un pancréas très long, une vessie ordinairement allongée et de grandeur médiocre.

Mais ne devons-nous pas maintenant remarquer quels sont les effets des divers organes que nous venons de décrire, quel usage la baleine peut en faire ; et avant cette recherche, quels caractères particuliers appartiennen aux centres d'action qui produisent ou modifient les sensations de la baleine, ses mouvements et ses habitudes ?

Le cerveau de la baleine non seulement ne renferme pas cette cavité digitale et ce lobe postérieur qui n'appartiennent qu'à l'homme et à des espèces de la famille des singes, mais encore est très petit relativement à la masse de ce cétacé. Il est des baleines franches dans lesquelles le poids du cerveau n'est que le vingt-cinq millième du poids total de l'animal, pendant que dans l'homme il est au-dessus du quarantième ; dans tous les quadrupèdes dont on a pu connaître exactement l'intérieur de la tête, et particulièrement dans l'éléphant, au-dessus du cinq centième ; dans le serin, au dessus du vingtième ; dans le coq et le moineau, au-dessus du trentième ; dans l'aigle, au-dessus du deux centième ; dans l'oie, au-dessus du quatre centième ; dans la grenouille, au-dessus du deux centième ; dans la couleuvre à collier, au-dessus du huit centième ; et dans le cyprin carpe, au-dessus du six centième.

A la vérité, il n'est guère que du six millième du poids total de l'individu dans la tortue marine, du quatorze centième dans l'ésoce brochet, du deux millième dans le silure glanis, du deux mille cinq centième dans le squale requin, et du trente-huit millième dans le scombre thon.

Le diaphragme de la baleine franche est doué d'une grande vigueur. Les muscles abdominaux, qui sont très puissants et composés d'un mélange de fibres musculaires et de fibres tendineuses, l'attachent par devant. La baleine a, par cette organisation, la force nécessaire pour contre-balancer la résistance du fluide aqueux qui l'entoure, lorsqu'elle a besoin d'inspirer un grand volume d'air ; et d'ailleurs, la position du diaphragme, qui, au lieu d'être verticale, est inclinée en arrière, rend plus facile cette grande inspiration, parce qu'elle permet aux poumons de s'étendre le long de l'épine du dos et de se développer dans un plus grand espace.

Nous animons le colosse dont nous étudions les propriétés ; nous avons vu la structure des organes de ses sens, quels en sont les résultats, quelle est la délicatesse de ses sens, quelle est, par exemple, la finesse du toucher.

La baleine a deux bras ; elle peut les appliquer à des objets étrangers ; elle peut placer ces objets entre son corps et l'un de ses bras, les retenir dans cette position, toucher à la fois plus d'une de leurs surfaces. Mais ce bras ne se plie pas comme celui de l'homme, et la main qui le termine ne se courbe pas et ne se divise pas en doigts déliés et flexibles, pour s'appliquer à tous les contours, pénétrer dans les cavités, saisir toutes les formes. La peau de la baleine, dénuée d'écailles et de tubercules, n'arrête pas les impressions ; elle ne les intercepte pas, si elle les amortit par son épaisseur et les diminue par sa densité ; elle les laisse pénétrer jusqu'aux houppes nerveuses, répandues auprès de presque tous les points de la surface extérieure de l'animal. Mais quelle couche de graisse ne trouve-t-on pas au-dessous de cette peau ? et tout le monde sait que les animaux dans lesquels la peau recouvre une très grande quantité de graisse ont à proportion beaucoup moins de sensibilité dans cette même peau.

La grandeur, la mollesse et la mobilité de la langue ne permettent pas de douter que le sens du goût n'ait une sorte de finesse dans la baleine franche. La voilà donc beaucoup plus favorisée que les poissons pour le goût et pour le toucher, quoique moins bien traitée pour ces deux sens que la plupart des mammifères. Mais quel degré de force a, dans cet animal extraordinaire, le sens de l'odorat, si étonnant dans plusieurs quadrupèdes, si puissant dans presque tous les poissons ? Ce cétacé a-t-il reçu un odorat exquis, que semblent lui assurer, d'un côté, sa qualité de mammifère, et de l'autre, celle d'habitant des eaux ?

Au premier coup d'œil, non seulement on considérerait l'odorat de la baleine comme très faible, mais même on pourrait croire qu'elle est entièrement privée d'odorat ; et dès lors combien l'analogie serait trompeuse relativement à ce cétacé !

En effet, la baleine franche manque de cette paire de nerfs qui appartient aux quadrupèdes, aux oiseaux, aux quadrupèdes ovipares, aux serpents et aux poissons, que l'on a nommée *la première paire* à cause de la portion du cerveau de laquelle elle sort, et de sa direction vers la partie la plus avancée du museau, et qui a reçu aussi le nom de *paire de nerfs olfactifs*, parce qu'elle communique au cerveau les impressions des substances odorantes.

De plus, les longs tuyaux que l'on nomme *évents*, et que l'on a aussi appelés *narines*, ne présentent ni *cryptes* ou cavités, ni *follicules muqueux*, ni lames saillantes, ne communiquent avec aucun *sinus*, ne montrent aucun appareil propre à donner ou fortifier les sensations de l'odorat, et ne sont revêtus à l'intérieur que d'une peau sèche, peu sensible et capable de résister, sans en être offensée, aux courants si souvent renouvelés d'une eau salée, rejetée avec violence.

Mais apprenons de notre savant confrère M. Cuvier que la baleine franche doit avoir, comme les autres cétacés, un organe particulier, qui est dans ces animaux celui de l'odorat, et qu'il a vu dans le dauphin vulgaire, ainsi que dans le marsouin.

Nous avons dit, en parlant de la conformation de l'oreille, que le tuyau auquel on a donné le nom de *trompe d'Eustache,* et qui fait communiquer l'intérieur de la caisse du tympan avec la bouche, remontait vers le haut de l'évent, dans la cavité duquel il aboutissait. La partie de ce tuyau, qui est voisine de l'oreille, montre à sa face interne un trou assez large, qui donne dans un espace vide. Ce creux est grand, situé profondément, placé entre l'œil, l'oreille et le crâne, et entouré d'une cellulosité très ferme, qui en maintient les parois. Ce creux se prolonge en différents sinus, terminés par des membranes collées contre les os. Ces sinus et cette cavité sont tapissés d'une membrane noirâtre, muqueuse et tendre. Ils communiquent avec les sinus frontaux par un canal qui va en montant, et qui passe au-devant de l'orbite.

On voit donc que les émanations odorantes, apportées par l'eau de la mer ou par l'air de l'atmosphère, pénètrent facilement jusqu'à ce creux et à ces sinus par l'orifice de l'évent ou l'ouverture de la bouche, par l'évent et par la trompe d'Eustache. On doit y supposer le siège de l'odorat.

A la vérité, on ne trouve dans ces sinus ni dans cette cavité que des ramifications de la cinquième paire de nerfs ; et c'est la première paire qui, dans presque tous les animaux, reçoit et transmet les impressions des corps odorants.

Mais qu'on ait sans cesse présente une importante vérité : les nerfs qui se distribuent dans les divers organes des sens sont tous de même nature ; ils ne diffèrent que par leurs divisions plus ou moins grandes : ils feraient naître les mêmes sensations s'ils étaient également déliés et placés de manière à être également ébranlés par la présence des corps extérieurs. Nous ne voyons par l'œil et n'entendons par l'oreille, au lieu de voir par l'oreille et d'entendre par l'œil, que parce que le nerf optique est placé au fond d'une sorte de lunette qui écarte les rayons inutiles, réunit ceux qui forment l'image de l'objet, proportionne la vivacité de la lumière à la délicatesse des rameaux nerveux, et parce que le nerf acoustique se développe dans un appareil qui donne aux vibrations sonores le degré de netteté et de force le plus analogue à la ténuité des expansions de ce même nerf. Plusieurs fois, enfin, des coups violents, ou d'autres impressions que l'on n'éprouvait que par un véritable toucher, soit à l'extérieur, soit à l'intérieur, ont donné la sensation du son ou celle de la lumière.

Quoi qu'il en soit cependant du véritable organe de l'odorat dans la baleine, les observations prouvent, indépendamment de toute analogie, qu'elle sent les corpuscules odorants, et même qu'elle distingue de loin les nuances ou les diverses qualités des odeurs.

Nous préférons de rapporter à ce sujet un fait que nous trouvons dans les notes manuscrites qui nous ont été remises par notre vénérable collègue le sénateur Pléville Le Peley, vice-amiral et ancien ministre de la marine.

Ce respectable homme d'État, l'un des plus braves militaires, des plus intrépides navigateurs et des plus habiles marins, dit dans une de ses notes, que
nous transcrivons avec d'autant plus d'empressement qu'elle peut être très
utile à ceux qui s'occupent de la grande pêche de la morue : « La baleine
poursuivant à la côte de Terre-Neuve la morue, le capelan, le maquereau,
inquiète souvent les bateaux pêcheurs ; elle les oblige quelquefois à quitter
le fond dans le fort de la pêche et leur fait perdre la journée.

« J'étais un jour avec mes pêcheurs; des baleines parurent sur l'horizon;
je me préparai à leur céder la place ; mais la quantité de morue qui était
dans le bateau y avait répandu beaucoup d'eau qui s'était pourrie; pour
porter la voile nécessaire, j'ordonnai qu'on jetât à la mer cette eau qui
empoisonnait ; peu après je vis les baleines s'éloigner, et mes bateaux continuèrent de pêcher.

« Je réfléchis sur ce qui venait de se passer, et j'admis pour un moment
la possibilité que cette eau infecte avait fait fuir les baleines.

« Quelques jours après, j'ordonnai à tous mes bateaux de conserver
cette même eau et de la jeter à la mer tous ensemble, si les baleines appro-
chaient, sauf à couper leurs câbles et à fuir, si ces monstres continuaient
d'avancer.

« Ce second essai réussit à merveille : il fut répété deux ou trois fois,
et toujours avec succès; et depuis je me suis intimement persuadé que la
mauvaise odeur de cette eau pourrie est sentie de loin par la baleine, et
qu'elle lui déplaît.

« Cette découverte est fort utile à toutes les pêches faites par bateaux, etc. »

Les baleines franches sont donc averties fortement et de loin de la présence des corps odorants.

Elles entendent aussi, à de grandes distances, des sons ou des bruits
même assez faibles.

Et d'abord, pour percevoir les vibrations du fluide atmosphérique, elles
ont reçu un canal déférent très large, leur *trompe d'Eustache* ayant un grand
diamètre. Mais de plus, dans le temps même où elles nagent à la surface de
l'Océan, leur oreille est presque toujours plongée à deux ou trois mètres au-
dessous du niveau de la mer. C'est donc par le moyen de l'eau que les vibrations sonores parviennent à leur organe acoustique, et tout le monde sait
que l'eau est un des meilleurs conducteurs de ces vibrations, que les sons
les plus faibles suivent des courants ou des masses d'eau jusqu'à des distances bien supérieures à l'espace que leur fait parcourir le fluide atmosphérique.

Combien de fois, assis sur les rives d'un grand fleuve, n'ai-je pas, dans
ma patrie[1], entendu, de près de vingt myriamètres, des bruits, et particulièrement des coups de canon, que je n'aurais peut-être pas distingués de

1. Près d'Agen.

quatre ou cinq myriamètres, s'ils ne m'avaient été transmis que par l'air de l'atmosphère !

Voici d'ailleurs une raison forte pour supposer dans l'oreille de la baleine franche un assez haut degré de délicatesse. Ceux qui se sont occupés d'acoustique ont pu remarquer depuis longtemps, comme moi, que les personnes dont l'organe de l'ouïe est le plus sensible, et qui reconnaissent dans un son les plus faibles nuances d'élévation, d'intensité ou de toute autre modification, ne reçoivent cependant des corps sonores que les impressions les plus confuses, lorsqu'un bruit violent, tel que celui du tambour ou d'une grosse cloche, retentit auprès d'elles. On les croirait alors très sourdes : elles ne s'aperçoivent même, dans ces moments d'ébranlement extraordinaire, d'aucun autre effet sonore que celui qui agite leur organe auditif, très facile à émouvoir. D'un autre côté, les pêcheurs qui poursuivent la baleine franche savent que lorsqu'elle rejette par ses évents une très grande quantité d'eau, le bruit du fluide, qui s'élève en gerbes et retombe en pluie sur la surface de l'Océan, l'empêche si fort de distinguer d'autres effets sonores, que, dans cette circonstance, des bâtiments peuvent souvent s'approcher d'elle sans qu'elle en soit avertie, et qu'on choisit presque toujours ce temps d'étourdissement pour l'atteindre avec plus de facilité, l'attaquer de plus près et la harponner plus sûrement.

La vue des baleines franches doit être néanmoins aussi bonne, et peut-être meilleure que leur ouïe.

En effet, nous avons dit que leur cristallin était presque sphérique. Il a souvent une densité supérieure à celle du cristallin des quadrupèdes et des autres animaux qui vivent toujours dans l'air de l'atmosphère. Il présente même une seconde qualité plus remarquable encore : imprégné de substance huileuse, il est plus inflammable que le cristallin des animaux terrestres.

Aucun physicien n'ignore que plus les rayons lumineux tombent obliquement sur la surface d'un corps diaphane, et plus en le traversant ils sont *réfractés*, c'est-à-dire détournés de leur première direction, et réunis dans un foyer à une plus petite distance de la substance transparente.

La réfraction des rayons de la lumière est donc plus grande au travers d'une sphère que d'une lentille aplatie. Elle est aussi proportionnée à la densité du corps diaphane ; et Newton a appris qu'elle est également d'autant plus forte que la substance traversée par les rayons lumineux exerce, par sa nature inflammable, une attraction plus puissante sur ces mêmes rayons.

Trois causes très actives donnent donc au cristallin des baleines, comme à celui des phoques et des poissons, une réfraction des plus fortes.

Quel est cependant le fluide que traverse la lumière pour arriver à l'organe de la vue des baleines franches? Leur œil, placé auprès de la commissure des lèvres, est presque toujours situé à plusieurs mètres au-dessous du niveau de la mer, lors même qu'elles nagent à la surface de l'Océan : les rayons lumineux ne parviennent donc à l'œil des baleines qu'en passant au travers de l'eau. La densité de l'eau est très supérieure à celle de l'air, et beaucoup plus rapprochée de la densité du cristallin des baleines. La réfraction des rayons lumineux est d'autant plus faible, que la densité du fluide qu'ils traversent est moins différente de celle du corps diaphane qui doit les réfracter. La lumière passant de l'eau dans l'œil et dans le cristallin des baleines serait donc très peu réfractée ; le foyer où les rayons se réuniraient serait très éloigné de ce cristallin ; les rayons ne seraient pas rassemblés au degré convenable lorsqu'ils tomberaient sur la rétine, et il n'y aurait pas de vision distincte, si cette cause d'une grande faiblesse dans la réfraction n'était contre-balancée par les trois causes puissantes et contraires que nous venons d'indiquer.

Le cristallin des baleines franches présente un degré de sphéricité, de densité et d'inflammabilité, ou, en un seul mot, un degré de force réfringente très propre à compenser le défaut de réfraction que produit la densité de l'eau. Ces cétacés ont donc un organe optique très adapté au fluide dans lequel ils vivent : la lame d'eau qui couvre leur œil, et au travers de laquelle ils aperçoivent les corps étrangers, est pour eux comme un instrument de dioptrique, comme un verre artificiel, comme une lunette capable de rendre leur vue nette et distincte, avec cette différence qu'ici c'est l'organisation de l'œil qui corrige les effets d'un verre qu'ils ne peuvent quitter, et que les lunettes de l'homme compensent au contraire les défauts d'un œil déformé, altéré ou affaibli, auquel on ne peut rendre ni sa force, ni sa pureté, ni sa forme.

Ajoutons une nouvelle considération.

Les rivages couverts d'une neige brillante, et les montagnes de glaces polies et éclatantes, dont les baleines franches sont souvent très près, blesseraient d'autant plus leurs yeux que ces organes ne sont pas garantis par des paupières mobiles, comme ceux des quadrupèdes, et que, pendant plusieurs mois de suite, ces mers hyperboréennes et gelées réfléchissent les rayons du soleil. Mais la lame d'eau qui recouvre l'œil de ces cétacés est comme un voile qui intercepte une grande quantité de rayons de lumière ; l'animal peut l'épaissir facilement et avec promptitude, en s'enfonçant de quelques mètres de plus au-dessous de la surface de la mer ; et si, dans quelques circonstances très rares et pendant des moments très courts, l'œil de la baleine est tout à fait hors de l'eau, on va comprendre aisément ce qui remplace le voile aqueux qui ne le garantit plus d'une lumière trop vive.

La réfraction que le cristallin produit est si fort augmentée par le peu de densité de l'air qui a pris alors la place de l'eau, et qui aboutit jusqu'à la cornée, que le foyer des rayons lumineux, plus rapproché du cristallin, ne tombe plus sur la rétine, n'agit plus sur les houppes nerveuses qui composent la véritable partie sensible de l'organe, et ne peut plus éblouir le cétacé.

Les baleines franches ont donc reçu de grandes sources de sensibilité, d'instinct et d'intelligence, de grands principes de mouvement, de grandes causes d'action.

Voyons agir ces animaux, dont tous les attributs sont des sujets d'admiration et d'étude.

Suivons-les sur les mers.

Le printemps leur donne une force nouvelle ; une chaleur secrète pénètre dans tous leurs organes; la vie s'y ranime; ils agitent leur masse énorme; cédant au besoin impérieux qui les consume, le mâle se rapproche plus que jamais de sa femelle; ils cherchent dans une baie, dans le fond d'un golfe, dans une grande rivière, une sorte de retraite et d'asile ; et brûlant l'un pour l'autre d'une ardeur que ne peuvent calmer, ni l'eau qui les arrose, ni le souffle des vents, ni les glaces qui flottent encore autour d'eux, ils se livrent à cette union intime qui seule peut l'apaiser.

En comparant et en pesant les témoignages des pêcheurs et des observateurs, on doit croire que, lors de leur accouplement, le mâle et la femelle se dressent, pour ainsi dire, l'un contre l'autre, enfoncent leur queue, relèvent la partie antérieure de leur corps, portent leur tête au-dessus de l'eau, et se maintiennent dans cette situation verticale, en s'embrassant et se serrant étroitement avec leurs nageoires pectorales[1]. Comment pourraient-ils, dans toute autre position, respirer l'air de l'atmosphère, qui leur est alors d'autant plus nécessaire, qu'ils ont besoin de tempérer l'ardeur qui les anime? D'ailleurs, indépendamment des relations uniformes que font à ce sujet les pêcheurs du Groenland, nous avons en faveur de notre opinion une autorité irrécusable. Notre célèbre confrère M. de Saint-Pierre, membre de l'Institut national, assure avoir vu plusieurs fois, dans son voyage à l'île de France, des baleines accouplées dans la situation que nous venons d'indiquer.

Ceux qui ont lu l'histoire de la tortue franche n'ont pas besoin que nous fassions remarquer la ressemblance qu'il y a entre cette situation et celle dans laquelle nagent les tortues franches lorsqu'elles sont accouplées. On ne doit pas cependant retrouver la même analogie dans la durée de l'accouplement. Nous ignorons pendant quel temps se prolonge celui des baleines franches ; mais d'après les rapports qui les lient aux autres mammifères, nous devons le croire très court, au lieu de le supposer très long, comme celui des tortues marines.

Il n'en est pas de même de la durée de l'attachement du mâle pour sa femelle. On leur a attribué une grande constance ; et on a cru reconnaître pendant plusieurs années le même mâle assidu auprès de la même femelle, partager son repos et ses jeux, la suivre avec fidélité dans ses voyages, la défendre avec courage et ne l'abandonner qu'à la mort.

On dit que la mère porte son fœtus pendant dix mois ou environ ; que pendant la gestation elle est plus grasse qu'auparavant, surtout lorsqu'elle approche du temps où elle doit mettre bas.

1. Bonaterre, *Cétologie.* Planches de l'Encyclopédie méthodique.

Quoi qu'il en soit, elle ne donne ordinairement le jour qu'à un baleineau à la fois, et jamais la même portée n'en a renfermé plus de deux. Le baleineau a presque toujours plus de sept à huit mètres en venant à la lumière. Les pêcheurs du Groenland, qui ont eu tant d'occasions d'examiner les habitudes de la baleine franche, ont exposé la manière dont la baleine mère allaite son baleineau. Lorsqu'elle veut lui donner à teter, elle s'approche de la surface de la mer, se retourne à demi, nage ou flotte sur un côté, et, par de légères, mais fréquentes oscillations, se place tantôt au-dessous, tantôt au-dessus de son baleineau, de manière que l'un et l'autre puissent alternativement rejeter par leurs évents l'eau salée trop abondante dans leur gueule, et recevoir le nouvel air atmosphérique nécessaire à leur respiration.

Le lait ressemble beaucoup à celui de la vache, mais contient plus de crème et de substance nutritive.

Le baleineau tette au moins pendant un an ; les Anglais l'appellent alors *Shortead*. Il est très gros et peut donner environ cinquante tonneaux de graisse. Au bout de deux ans, il reçoit le nom de *Stant*, paraît, dit-on, comme hébété, et ne fournit qu'une trentaine de tonneaux de substance huileuse. On le nomme ensuite *Sculfish*, et l'on ne connaît plus son âge que par la longueur des barbes ou extrémités de fanons qui bordent ses mâchoires.

Ce baleineau est, pendant le temps qui suit immédiatement sa naissance, l'objet d'une grande tendresse, et d'une sollicitude qu'aucun obstacle ne lasse, qu'aucun danger n'intimide. La mère le soigne même quelquefois pendant trois ou quatre ans, suivant l'assertion des premiers navigateurs qui sont allés à la pêche de la baleine, et suivant l'opinion d'Albert, ainsi que de quelques autres écrivains qui sont venus après lui. Elle ne le perd pas un instant de vue. S'il ne nage encore qu'avec peine, elle le précède, lui ouvre la route au milieu des flots agités, ne souffre pas qu'il reste trop longtemps sous l'eau, l'instruit par son exemple, l'encourage, pour ainsi dire, par son attention, le soulage dans sa fatigue, le soutient lorsqu'il ne ferait plus que de vains efforts, le prend entre sa nageoire pectorale et son corps, l'embrasse avec tendresse, le serre avec précaution, le met quelquefois sur son dos, l'emporte avec elle, modère ses mouvements pour ne pas laisser échapper son doux fardeau, pare les coups qui pourraient l'atteindre, attaque l'ennemi qui voudrait le lui ravir, et, lors même qu'elle trouverait aisément son salut dans la fuite, elle combat avec acharnement, brave les douleurs les plus vives, renverse et anéantit ce qui s'oppose à sa force, ou répand tout son sang et meurt plutôt que d'abandonner l'être qu'elle chérit plus que sa vie.

Affection mutuelle et touchante du mâle, de la femelle, et de l'individu qui leur doit le jour, première source du bonheur pour tout être sensible, la surface entière du globe ne peut donc vous offrir un asile[1]! Ces immenses

---

1. Voyez particulièrement une lettre de M. de la Courtaudière, adressée de Saint-Jean-de-Luz à Duhamel, et publiée par ce dernier dans son *Traité des pêches*.

mers, ces vastes solitudes, ces déserts reculés des pôles, ne peuvent donc
vous donner une retraite inviolable! En vain vous vous êtes confiées à la grandeur de la distance, à la rigueur des frimas, à la violence des tempêtes : ce
besoin impérieux de jouissances sans cesse renouvelées, que la société humaine a fait naître, vous poursuit au travers de l'espace, des orages et des
glaces ; il vous trouble au bout du monde, comme au sein des cités qu'il a
élevées ; et, fils ingrat de la nature, il ne tend qu'à l'attrister et l'asservir!

Cependant quel temps est nécessaire pour que ce baleineau si chéri, si
soigné, si protégé, si défendu, parvienne au terme de son accroissement?

On l'ignore. On ne connaît pas la durée du développement des baleines :
nous savons seulement qu'il s'opère avec une grande lenteur. Il y a plus de
cinq ou six siècles qu'on donne la chasse à ces animaux ; et néanmoins,
depuis le premier carnage que l'homme en a fait, aucun de ces cétacés ne
paraît avoir encore eu le temps nécessaire pour acquérir le volume qu'ils
présentaient lors des premières navigations et des premières pêches dans les
mers polaires. La vie de la baleine peut donc être de bien des siècles ; et
lorsque Buffon a dit : *Une baleine peut bien vivre mille ans, puisqu'une carpe en
vit plus de deux cents*, il n'a rien dit d'exagéré. Quel nouveau sujet de réflexions !

Voilà, dans le même objet, l'exemple de la plus longue durée, en même
temps que de la plus grande masse ; et cet être si supérieur est un des habitants de l'antique Océan.

Mais quelle quantité d'aliments et quelle nourriture particulière doivent
développer un volume si énorme, et conserver pendant tant de siècles le
souffle qui l'anime, et les ressorts qui le font mouvoir?

Quelques auteurs ont pensé que la baleine franche se nourrissait de
poissons, et particulièrement de gades, de scombres et de clupées ; ils ont
même indiqué les espèces de ces osseux qu'elle préférait; mais il paraît
qu'ils ont attribué à la baleine franche ce qui appartient au *Nordcaper* et à
quelques autres baleines. La *franche* n'a vraisemblablement pour aliments
que des crabes et des mollusques, tels que des *actinis* et des *clios*. Ces animaux, dont elle fait sa proie, sont bien petits ; mais leur nombre compense
le peu de substance que présente chacun de ces mollusques ou insectes. Ils
sont si multipliés dans les mers fréquentées par la baleine franche, que ce
cétacé n'a souvent qu'à ouvrir la gueule pour en prendre plusieurs milliers
à la fois. Elle les aspire, pour ainsi dire, avec l'eau de la mer qui les entraîne,
et qu'elle rejette ensuite par ses évents ; et comme cette eau salée est quelquefois chargée de vase et charrie des algues et des débris de ces plantes
marines, il ne serait pas surprenant qu'on eût trouvé dans l'estomac de quelques baleines franches des sédiments de limon et des fragments de végétaux marins, quoique l'aliment qui convient au cétacé dont nous écrivons
l'histoire ne soit composé que de substances véritablement animales.

Une nouvelle preuve du besoin qu'ont les baleines franches de se nour-

rir de mollusques et de crabes est l'état de maigreur auquel elles sont réduites, lorsqu'elles séjournent dans des mers où ces mollusques et ces crabes
sont en très petit nombre. Le capitaine Jacques Colnett a vu et pris de ces
baleines dénuées de graisse, à seize degrés trente minutes de latitude boréale, dans le grand Océan équinoxial, auprès de Guatémala, et par conséquent dans la zone torride[1]. Elles étaient si maigres que, lorsqu'elles furent
dépecées, leurs carcasses coulèrent à fond comme des pierres pesantes.

Les qualités des aliments de la baleine franche donnent à ses excréments
un peu de solidité et une couleur ordinairement voisine de celle du safran,
mais qui, dans certaines circonstances, offre des nuances rougeâtres et peut
fournir, suivant l'opinion de certains auteurs, une teinture assez belle et durable. Cette dernière propriété s'accorderait avec ce que nous avons dit dans
plus d'un endroit de l'*Histoire des poissons*. Nous y avons fait observer que les
mollusques non seulement élaboraient cette substance qui, en se durcissant
autour d'eux, devenait une nacre brillante ou une coquille ornée des plus
vives couleurs, mais encore paraissaient fournir aux poissons dont ils étaient
la proie la matière argentine qui se rassembloit en écailles resplendis-
santes du feu des diamants et des pierres précieuses. La chair et les sucs de
ces mollusques, décomposés et remaniés, pour ainsi dire, dans les organes
de la baleine franche, ne produisent ni nacre, ni coquille, ni écailles vivement colorées, mais transmettraient à un des résultats de la digestion de ce
cétacé, des éléments de couleur plus ou moins nombreux et plus ou moins
actifs.

Au reste, à quelque distance que la baleine franche doive aller chercher
l'aliment qui lui convient, elle peut la franchir avec une grande facilité ; sa
vitesse est si grande, que ce cétacé laisse derrière lui une voie large et profonde, comme celle d'un vaisseau qui vogue à pleines voiles. Elle parcourt
onze mètres par seconde. Elle va plus vite que les vents alizés ; deux fois
plus prompte, elle dépasserait les vents les plus impétueux ; trente fois plus
rapide, elle aurait franchi l'espace aussitôt que le son. En supposant que
douze heures de repos lui suffisent par jour, il ne lui faudroit que quarante-
sept jours ou environ pour faire le tour du monde en suivant l'équateur, et
vingt-quatre jours pour aller d'un pôle à l'autre, le long d'un méridien.

Comment se donne-t-elle cette vitesse prodigieuse? Par sa caudale, mais
surtout par sa queue.

Ses muscles étant non seulement très puissants, mais très souples, ses
mouvements sont faciles et soudains. L'éclair n'est pas plus prompt qu'un
coup de sa caudale. Cette nageoire, dont la surface est quelquefois de neuf
ou dix mètres carrés, et qui est horizontale, frappe l'eau avec violence, de
haut en bas, ou de bas en haut, lorsque l'animal a besoin, pour s'élever,

---

1. *A voyage to the south Atlantic, for the purpose of extending the spermaceti whale fisheries*, etc., by captain James Colnett. London, 1798.

d'éprouver de la résistance dans le fluide au-dessus duquel sa queue se trouve, ou que, tendant à s'enfoncer dans l'Océan, il cherche un obstacle dans la couche aqueuse qui recouvre sa queue. Cependant, lorsque la baleine part des profondeurs de l'Océan pour monter jusqu'à la surface de la mer, et que sa caudale agit plusieurs fois de haut en bas, il est évident qu'elle est obligée, à chaque coup, de relever sa caudale, pour la rabaisser ensuite. Elle ne la porte cependant vers le haut qu'avec lenteur, au lieu que c'est avec rapidité qu'elle la ramène vers le bas jusqu'à la ligne horizontale et même au delà.

Par une suite de cette différence, l'action que le cétacé peut exercer de bas en haut, et qui l'empêcherait de s'élever, est presque nulle relativement à celle qu'il exerce de haut en bas; et, ne perdant presque aucune partie de la grande force qu'il emploie pour son ascension, il monte avec une vitesse extraordinaire.

Mais, lorsqu'au lieu de monter ou de descendre, la baleine veut s'avancer horizontalement, elle frappe vers le haut et vers le bas avec une égale vitesse; elle agit dans les deux sens avec une force égale; elle trouve une égale résistance; elle éprouve une égale réaction. La caudale néanmoins, en se portant vers le bas et vers le haut, et en se relevant ou se rabaissant ensuite comme un ressort puissant, est hors de la ligne horizontale; elle est pliée sur l'extrémité de la queue, à laquelle elle est attachée; elle forme avec cette queue un angle plus ou moins ouvert, et tourné alternativement vers le fond de l'Océan et vers l'atmosphère; elle présente donc aux couches d'eau supérieures et aux couches inférieures une surface inclinée; elle reçoit, pour ainsi dire, leur réaction sur un plan incliné.

Quelles sont les deux directions dans lesquelles elle est repoussée?

Lorsque, après avoir été relevée, et descendant vers la ligne horizontale, elle frappe la couche d'eau inférieure, il est clair qu'elle est repoussée dans une ligne dirigée de bas en haut, mais inclinée en avant. Lorsqu'au contraire, après avoir été rabaissée, elle se relève vers la ligne horizontale pour agir contre la couche d'eau supérieure, la réaction qu'elle reçoit est dans le sens d'une ligne dirigée de haut en bas et néanmoins inclinée en avant. L'impulsion supérieure et l'impulsion inférieure se succédant avec tant de rapidité, que leurs effets doivent être considérés comme simultanés, la caudale est donc poussée en même temps dans deux directions qui tendent, l'une vers le haut, et l'autre vers le bas. Mais ces deux directions sont obliques; elles partent en quelque sorte du même point, elles forment un angle et elles peuvent être regardées comme les deux côtés contigus d'un parallélogramme La caudale, et par conséquent la baleine, dont tout le corps partage le mouvement de cette nageoire, doivent donc suivre la diagonale de ce parallélogramme, et par conséquent, se mouvoir en avant. La baleine parcourt une ligne horizontale, si la répulsion supérieure et la répulsion inférieure sont égales : elle s'avance en s'élevant, si la réaction

qui vient d'en bas l'emporte sur l'autre ; elle s'avance en s'abaissant, si la
répulsion produite par les couches supérieures est la plus forte ; et la diagonale qu'elle décrit est d'autant plus longue dans un temps donné, ou,
ce qui est la même chose, sa vitesse est d'autant plus grande, que les couches
d'eau ont été frappées avec plus de vigueur, que les deux réactions sont plus
puissantes, et que l'angle formé par les directions de ces deux forces est
plus aigu.

Ce que nous venons de dire explique pourquoi, dans les moments où
la baleine veut monter verticalement, elle est obligée, après avoir relevé sa
caudale, et à l'instant où elle veut frapper l'eau, non seulement de ramener
cette nageoire jusqu'à la ligne horizontale, comme lorsqu'elle ne veut que
s'avancer horizontalement, mais même de la lui faire dépasser vers le bas.
En effet, sans cette précaution, la caudale, en se mouvant sur son articulation, en tournant sur l'extrémité de la queue comme sur une charnière, et
en ne retombant cependant que jusqu'à la ligne horizontale, serait repoussée de bas en haut sans doute, mais dans une ligne inclinée en avant,
parce qu'elle aurait agi elle-même par un plan incliné sur la couche d'eau
inférieure. Ce n'est qu'après avoir dépassé la ligne horizontale, qu'elle
reçoit de la couche inférieure une impulsion qui tend à la porter de bas en
haut et en même temps en arrière, et qui, se combinant avec la première
répulsion, laquelle est dirigée vers le haut et obliquement en avant, peut
déterminer la caudale à parcourir une diagonale qui se trouve la ligne verticale, et par conséquent forcer la baleine à monter verticalement.

Un raisonnement semblable démontrerait pourquoi la baleine, qui veut
descendre dans une ligne verticale, est obligée, après avoir rabaissé sa caudale, de la relever contre les couches supérieures, non seulement jusqu'à la
ligne horizontale, mais même au-dessus de cette ligne.

Au reste, on comprendra encore mieux les effets que nous venons d'exposer, lorsqu'on saura de quelle manière la baleine franche est plongée dans
l'eau, même lorsqu'elle nage à la surface de la mer. On peut commencer
d'en avoir une idée nette, en jetant les yeux sur les dessins que sir Joseph
Banks, mon illustre confrère, a bien voulu m'envoyer, que j'ai fait graver,
et qui représentent la baleine nordcaper. Qu'on regarde ensuite le dessin
qui représente la baleine franche, et que l'on sache que, lorsqu'elle nage
même au plus haut des eaux, elle est assez enfoncée dans le fluide qui la
soutient, pour qu'on n'aperçoive que le sommet de sa tête et celui de son
dos. Ces deux sommités s'élèvent seules au-dessus de la surface de la mer.
Elles paraissent comme deux portions de sphère séparées, car l'enfoncement
compris entre le dos et la tête est recouvert par l'eau ; et du haut de la sommité antérieure, mais très près de la surface des flots, jaillissent les deux
colonnes aqueuses que la baleine franche lance par ses évents.

La caudale est donc placée à une distance de la surface de l'Océan, égale
au sixième ou à peu près de la longueur totale du cétacé ; et, par conséquent,

il est des baleines où cette nageoire est surmontée par une couche d'eau épaisse de six ou sept mètres.

La caudale cependant n'est pas pour la baleine le plus puissant instrument de natation.

La queue de ce cétacé exécute, vers la droite ou vers la gauche, à la volonté de l'animal, des mouvements analogues à ceux qu'il imprime à sa caudale ; et dès lors cette queue doit lui servir, non seulement à changer de direction et à tourner vers la gauche ou vers la droite, mais encore à s'avancer horizontalement. Quelle différence cependant entre les effets que la caudale peut produire, et la vitesse que la baleine peut recevoir de sa queue, qui, mue avec agilité comme la caudale, présente des dimensions si supérieures à celles de cette nageoire! C'est dans cette queue que réside la véritable puissance de la baleine franche ; c'est le grand ressort de sa vitesse; c'est le grand levier avec lequel elle ébranle, fracasse et anéantit ; ou plutôt toute la force du cétacé réside dans l'ensemble formé par sa queue et par la nageoire qui la termine. Ses bras, ou, si on l'aime mieux, ses nageoires pectorales, peuvent bien ajouter à la facilité avec laquelle la baleine change l'intensité ou la direction de ses mouvements, repousse ses ennemis ou leur donne la mort ; mais, nous le répétons, elle a reçu ses rames proprement dites, son gouvernail, ses armes, sa lourde massue, lorsque la nature a donné à sa queue et à la nageoire qui y est attachée la figure, la disposition, le volume, la masse, la mobilité, la souplesse, la vigueur qu'elles montrent, et par le moyen desquelles elle a pu tant de fois briser ou renverser et submerger de grandes embarcations.

Ajoutons que la facilité avec laquelle la baleine franche agite non seulement ses deux bras, mais encore les deux lobes de sa caudale, indépendamment l'un de l'autre, est pour elle un moyen bien utile de varier ses mouvements, de fléchir sa route, de changer sa position, et particulièrement de se coucher sur le côté, de se renverser sur le dos, et de tourner à volonté sur l'axe que l'on peut supposer dans le sens de sa plus grande longueur.

S'il est vrai que la baleine franche a au-dessous de la gorge un vaste réservoir qu'elle gonfle en y introduisant de l'air de l'atmosphère, et qui ressemble plus ou moins à celui que nous ferons reconnaître dans d'autres énormes cétacés[1], elle est aidée, dans plusieurs circonstances de ses mouvements, de ses voyages, de ses combats, par une nouvelle et grande cause d'agilité et de succès.

Mais, quoi qu'il en soit, comment pourrait-on être étonné des effets terribles qu'une baleine franche peut produire, si l'on réfléchit au calcul suivant?

Une baleine franche peut peser plus de cent cinquante mille kilo-

---

1. Voyez, dans l'article de la baleinoptère museau pointu (baleine à bec), la description d'un réservoir d'air que l'on trouve au-dessous du cou de cette baleinoptère.

grammes. Sa masse est donc égale à celle de cent rhinocéros, ou de cent hippopotames, ou de cent éléphants ; elle est égale à celle de cent quinze millions de quelques-uns des quadrupèdes qui appartiennent à la famille des rongeurs et au genre des musaraignes. Il faut multiplier les nombres qui représentent cette masse par ceux qui désignent une vitesse suffisante pour faire parcourir à la baleine onze mètres par seconde. Il est évident que voilà une mesure de la force de la baleine. Quel choc ce cétacé doit produire !

Un boulet de quarante-huit a sans doute une vitesse cent fois plus grande ; mais comme sa masse est au moins six mille fois plus petite, sa force n'est que le soixantième de celle de la baleine. Le choc de ce cétacé est donc égal à celui de soixante boulets de quarante-huit. Quelle terrible batterie ! Et cependant, lorsqu'elle agite une grande partie de sa masse, lorsqu'elle fait vibrer sa queue, qu'elle lui imprime un mouvement bien supérieur à celui qui lui fait parcourir onze mètres par seconde, qu'elle lui donne, pour ainsi dire, la rapidité de l'éclair, quel violent coup de foudre elle doit frapper !

Est-on surpris maintenant que, lorsque des bâtiments l'assiègent dans une baie, la baleine n'ait besoin que de plonger et de se relever avec violence au-dessous de ces vaisseaux, pour les soulever, les culbuter, les couler à fond, disperser cette faible barrière et cingler en vainqueur sur le vaste Océan[1] ?

A la force individuelle les baleines franches peuvent réunir la puissance que donne le nombre. Quelque troublées qu'elles soient maintenant dans leurs retraites boréales, elles vont encore souvent par troupes. Ne se disputant pas une nourriture qu'elles trouvent ordinairement en très grande abondance, et n'étant pas habituellement agitées par des passions violentes, elles sont naturellement pacifiques, douces, et entraînées les unes vers les autres par une sorte d'affection quelquefois assez vive et même assez constante. Mais si elles n'ont pas besoin de se défendre les unes contre les autres, elles peuvent être contraintes d'employer leur puissance pour repousser des ennemis dangereux, ou d'avoir recours à quelques manœuvres pour se délivrer d'attaques importunes, se débarrasser d'un concours fatigant et faire cesser des douleurs trop prolongées.

Un insecte de la famille des crustacés, et auquel on a donné le nom de *Pou de baleine*, tourmente beaucoup la baleine franche. Il s'attache si fortement à la peau de ce cétacé, qu'on la déchire plutôt que de l'en arracher. Il se cramponne particulièrement à la commissure des nageoires, aux lèvres, aux parties de la génération, aux endroits les plus sensibles, et où la baleine ne peut pas, en se frottant, se délivrer de cet ennemi, dont les morsures sont très douloureuses et très vives, surtout pendant le temps des chaleurs.

1. On peut voir, dans l'ouvrage du savant professeur Schneider sur la Synonymie des poissons et des cétacés décrits par Artédi, le passage d'Albert, qu'il cite page 163.

D'autres insectes pullulent aussi sur son corps. Très souvent l'épaisseur de ses téguments la préserve de leur piqûre, et même du sentiment de leur présence ; mais dans quelques circonstances, ils doivent l'agiter, comme la mouche du désert rend furieux le lion et la panthère, du moins, s'il est vrai, ainsi qu'on l'a écrit, qu'ils se multiplient quelquefois sur la langue de ce cétacé, la rongent et la dévorent, au point de la détruire presque en entier, et de donner la mort à la baleine.

Ces insectes et ces crustacés attirent fréquemment sur le dos de la baleine franche un grand nombre d'oiseaux de mer qui aiment à se nourrir de ces crustacés et de ces insectes, les cherchent sans crainte sur ce large dos et débarrassent le cétacé de ces animaux incommodes, comme le pique-bœuf délivre les bœufs qui habitent les plaines brûlantes de l'Afrique, des larves de taons, ou d'autres insectes fatigants et funestes.

Aussi n'avons-nous pas été surpris de lire dans le Voyage du capitaine Colnett autour du cap Horn et dans le grand Océan, que depuis l'île Grande de l'océan Atlantique, jusqu'auprès des côtes de la Californie, il avait vu des troupes de *pétrels bleus* accompagner les baleines franches[1].

Mais voici trois ennemis de la baleine, remarquables par leur grandeur, leur agilité, leurs forces et leurs armes. Ils la suivent avec acharnement, ils la combattent avec fureur ; et cependant reconnaissons de nouveau la puissance de la baleine franche : leur audace s'évanouit devant elle, s'ils ne peuvent pas, réunis plusieurs ensemble, concerter différentes attaques simultanées, combiner les efforts successifs de divers combattants, et si elle n'est pas encore trop jeune pour présenter tous les attributs de l'espèce.

Ces trois ennemis sont le squale scie, le cétacé auquel nous donnons le nom de *dauphin gladiateur* et le squale requin.

Le squale scie, que les pêcheurs nomment souvent *virelle*, rencontre-t-il une baleine franche dont l'âge soit encore très peu avancé et la vigueur peu développée, il ose, si la faim le dévore, se jeter sur ce cétacé.

La jeune baleine, pour le repousser, enfonce sa tête dans l'eau, relève sa queue, l'agite et frappe des deux côtés.

Si elle atteint son ennemi, elle l'accable, le tue, l'écrase d'un seul coup. Mais le squale se précipite en arrière, l'évite, bondit, tourne et retourne autour de son adversaire, change à chaque instant son attaque, saisit le moment le plus favorable, s'élance sur la baleine, enfonce dans son dos la lame longue, osseuse et dentelée, dont son museau est garni, la retire avec violence, blesse profondément le jeune cétacé, le déchire, le suit dans les profondeurs de l'Océan, le force à remonter vers la surface de la mer, recommence un combat terrible, et, s'il ne peut lui donner la mort, expire en frémissant.

Les dauphins gladiateurs se réunissent, forment une grande troupe,

1. *A voyage to the south Atlantic, for the purpose of extending the spermaceti whal fisheries*, etc., by captain James Colnett. London, 1798.

s'avancent tous ensemble vers la baleine franche, l'attaquent de toutes parts, la mordent, la harcèlent, la fatiguent, la contraignent à ouvrir sa gueule, et, se jetant sur sa langue, dont on dit qu'ils sont très avides, la mettant en pièces et l'arrachant par lambeaux, causent des douleurs insupportables au cétacé vaincu par le nombre et l'ensanglantent par des blessures mortelles.

Les énormes requins du Nord, que quelques navigateurs ont nommés *ours de mer* à cause de leur voracité, combattent la baleine sous l'eau : ils ne cherchent pas à se jeter sur sa langue ; mais ils parviennent à enfoncer dans son ventre les quintuples rangs de leurs dents pointues et dentelées, et lui enlèvent d'énormes morceaux de téguments et de muscles.

Cependant un mugissement sourd exprime, a-t-on dit, et les tourments et la rage de la baleine.

Une sueur abondante manifeste l'excès de sa lassitude et le commencement de son épuisement. Elle montre par là un nouveau rapport avec les quadrupèdes, et particulièrement avec le cheval. Mais cette transpiration a un caractère particulier : elle est, au moins en grande partie, le produit de cette substance graisseuse que nous avons vue distribuée au-dessous de ses téguments, et que des mouvements forcés et une extrême lassitude font suinter par les pores de sa peau. Une agitation violente et une natation très rapide peuvent donc, en se prolongeant trop longtemps, ou en revenant très fréquemment, maigrir la baleine franche, comme le défaut d'une nourriture assez copieuse et assez substantielle.

Au reste, cette sueur qui annonce la diminution de ses forces n'étant qu'une transpiration huileuse ou graisseuse très échauffée, il n'est pas surprenant qu'elle répande une odeur souvent très fétide ; et cette émanation infecte est une nouvelle cause qui attire les oiseaux de mer autour des troupes de baleines franches, dont elle peut leur indiquer de loin la présence.

Cependant la baleine blessée, privée de presque tout son sang, harassée, excédée, accablée par ses propres efforts, n'a qu'un faible reste de sa vigueur et de sa puissance. L'*ours blanc*, ou plutôt l'*ours maritime*, ce vorace et redoutable animal, que la faim rend si souvent plus terrible encore, quitte alors les bancs de glace ou les rives gelées sur lesquels il se tient en embuscade, se jette à la nage, arrive jusqu'à ce cétacé, ose l'attaquer. Mais, quoique expirante, elle montre encore qu'elle est le plus grand des animaux ; elle ranime ses forces défaillantes ; et, peu d'instants même avant sa mort, un coup de sa queue immole l'ennemi trop audacieux qui a cru ne trouver en elle qu'une victime sans défense. Elle peut d'autant plus faire ce dernier effort, que ses muscles sont très susceptibles d'une excitation soudaine. Ils conservent une grande irritabilité longtemps après la mort du cétacé, ils sont par conséquent très propres à montrer les phénomènes électriques auxquels on a donné le nom de *galvanisme* ; et un physicien attentif ne manquera pas d'observer que la baleine franche non seulement vit au milieu des eaux, comme la *raie torpille*, le *gymnote engourdissant*, le *malaptérure électrique*, etc., mais encore est imprégnée, comme ces poissons, d'une grande quantité de substance huileuse et idio-électrique.

Le cadavre de la baleine flotte sur la mer. L'ours maritime, les squales, les oiseaux de mer, se précipitent alors sur cette proie facile, la déchirent et la dévorent.

Mais cet ours maritime n'insulte ainsi, pour ainsi dire, aux derniers moments de la jeune baleine, que dans les parages polaires, les seuls qu'il infeste ; et la baleine franche habite dans tous les climats. Elle appartient aux deux hémisphères, ou plutôt les mers australes et les mers boréales lui appartiennent.

Disons maintenant quels sont les endroits qu'elle paraît préférer.

Quels sont les rivages, les continents et les îles, auprès desquels on l'a vue, ou les mers dans lesquelles on l'a rencontrée?

Le Spitzberg, vers le quatre-vingtième degré de latitude ; le nouveau Groenland ; l'Islande ; le vieux Groenland ; le détroit de Davis ; le Canada ; Terre-Neuve ; la Caroline ; cette partie de l'océan Atlantique austral qui est située au quarantième degré de latitude et vers le trente-sixième degré de longitude occidentale, à compter du méridien de Paris ; l'île Mocha, placée également au quarantième degré de latitude et voisine des côtes du Chili, dans le grand Océan méridional ; Guatémala ; le golfe de Panama ; les îles Gallapago, et les rivages occidentaux du Mexique, dans la zone torride ; le Japon ; la Corée ; les Philippines ; le cap de Galles, à la pointe de l'île Ceylan ; les environs du golfe Persique ; l'île de Socotara, près de l'Arabie heureuse ; la côte orientale d'Afrique ; Madagascar ; la baie de Sainte-Hélène ; la Guinée ; la Corse, dans la Méditerranée ; le golfe de Gascogne ; la Baltique ; la Norvège.

Nous venons, par la pensée, de faire le tour du monde ; et, dans tous les climats, dans toutes les zones, dans toutes les parties de l'Océan, nous voyons que la baleine franche s'y est montrée. Mais nous avons trois considérations à présenter à ce sujet.

Premièrement, on peut croire qu'à toutes les latitudes on a vu les baleines franches réunies plusieurs ensemble, pourvu qu'on les rencontrât dans l'Océan ; et ce n'est presque jamais que dans de petites mers, dans des mers intérieures et très fréquentées comme la Méditerranée, que ces cétacés, tels que la baleine franche prise près de l'île de Corse en 1620, ont paru, isolés, après avoir été apparemment rejetés de leur route, entraînés et égarés par quelque grande agitation des eaux.

Secondement, les anciens Grecs, et surtout Aristote, ses contemporains, et ceux qui sont venus après lui, ont pu avoir des notions très multipliées sur les baleines franches, non seulement parce que plusieurs de ces baleines ont pu entrer accidentellement dans la Méditerranée, dont ils habitaient les bords, mais encore à cause des relations que la guerre et le commerce avaient données à la Grèce avec la mer d'Arabie, celle de Perse, et les golfes du Sinde et du Gange, que fréquentaient les cétacés dont nous parlons, et où ces baleines franches devaient être plus nombreuses que de nos jours.

Troisièmement, les géographes apprendront avec intérêt que, pendant longtemps, on a vu tous les ans, près des côtes de la Corée, entre le Japon et la Chine, des baleines dont le dos était encore chargé de harpons lancés par les pêcheurs européens près des rivages du Spitzberg ou du Groenland [1].

Il est donc au moins une saison de l'année où la mer est assez dégagée de glaces pour livrer un passage qui conduise de l'océan Atlantique septentrional dans le grand Océan boréal, au travers de l'océan Glacial arctique.

Les baleines harponnées dans le nord de l'Europe et retrouvées dans le nord de l'Asie ont dû passer au nord de la Nouvelle-Zemble, s'approcher très près du pôle, suivre presque un diamètre du cercle polaire, pénétrer dans le grand Océan par le détroit de Behring, traverser le bassin du même nom, voguer le long du Kamtschatka, des îles Kuriles, de l'île de Jéso, et parvenir jusque vers le trentième degré de latitude boréale, près de l'embouchure du fleuve qui baigne les murs de Nankin.

Elles ont dû, pendant ce long trajet, parcourir une ligne au moins de quatre-vingts degrés ou de mille myriamètres; mais, d'après ce que nous avons déjà dit, il est possible que, pour ce grand voyage, elles n'aient eu besoin que de dix ou onze jours.

Et quel obstacle la température de l'air pourrait-elle opposer à la baleine franche? Dans les zones brûlantes, elle trouve aisément, au fond des eaux, un abri ou un soulagement contre les effets de la chaleur de l'atmosphère. Lorsqu'elle nage à la surface de l'Océan équinoxial, elle ne craint pas que l'ardeur du soleil de la zone torride dessèche sa peau d'une manière funeste, comme les rayons de cet astre dessèchent, dans quelques circonstances, la peau de l'éléphant et des autres pachydermes; les téguments qui revêtent son dos, continuellement arrosés par les vagues, ou submergés à sa volonté lorsqu'elle sillonne pendant le calme la surface unie de la mer, ne cessent de conserver toute la souplesse qui lui est nécessaire, et, lorsqu'elle s'approche du pôle, n'est-elle pas garantie des effets nuisibles du froid par la couche épaisse de graisse qui la recouvre?

Si elle abandonne certains parages, c'est donc principalement ou pour se procurer une nourriture plus abondante, ou pour chercher à se dérober à la poursuite de l'homme.

Dans le xii, le xiiie et le xvie siècle, les baleines franches étaient si répandues auprès des rivages français, que la pêche de ces animaux y était très lucrative; mais, harcelées avec acharnement, elles se retirèrent vers des latitudes plus septentrionales.

L'historien des pêches des Hollandais dans les mers du Nord dit que les baleines franches, trouvant une nourriture abondante et un repos très peu

---

1. Duhamel, *Traité des pêches;* pêche de la baleine, etc.

troublé auprès des côtes du Groenland, de l'île de J. Mayen, et du Spitzberg,
y étaient très multipliées ; mais que, les pêcheurs des différentes nations
arrivant dans ces parages, se les partageant comme leur domaine, et ne
cessant d'y attaquer ces grands cétacés, les baleines franches, devenues
farouches, abandonnèrent des mers où un combat succédait sans cesse à un
autre combat, se réfugièrent vers les glaces du pôle, et conserveront cet
asile jusqu'à l'époque où, poursuivies au milieu de ces glaces les plus septentrionales, elles reviendront vers les côtes du Spitzberg et les baies du
Groenland, qu'elles habitaient paisiblement avant l'arrivée des premiers
navigateurs.

Voilà pourquoi, plus on approche du pôle, plus on trouve de bancs de
glace, et plus les baleines que l'on rencontre sont grosses, chargées de graisse
huileuse, familières pour ainsi dire, et faciles à prendre.

Et voilà pourquoi encore les grandes baleines franches que l'on voit en
deçà du soixantième degré de latitude, vers le Labrador, par exemple, et vers
le Canada, paraissent presque toutes blessées par des harpons lancés dans les
parages polaires.

On assure néanmoins que, pendant l'hiver, les baleines disparaissent
d'auprès des rivages envahis par les glaces, quittent le voisinage du pôles et
s'avancent dans la zone tempérée, jusqu'au retour du printemps. Mais, dans
cette migration périodique, elles ne doivent pas fuir un froid qu'elles peuvent supporter ; elles n'évitent pas les effets directs d'une température rigou-
reuse ; elles ne s'éloignent que de ces croûtes de glace, ou de ces masses
congelées, durcies, immobiles et profondes, qui ne leur permettraient ni de
chercher leur nourriture sur les bas-fonds, ni de venir à la surface de
l'Océan respirer l'air de l'atmosphère, sans lequel elles ne peuvent vivre.

Lorsqu'on réfléchit aux troupes nombreuses de baleines franches qui
dans des temps très reculés habitaient toutes les mers, à l'énormité de leurs
os, à la nature de ces parties osseuses, à la facilité avec laquelle ces portions
compactes et huileuses peuvent résister aux effets de l'humidité, on n'est pas
surpris qu'on ait trouvé des fragments de squelette de baleine dans plusieurs
contrées du globe, sous des couches plus ou moins épaisses; ces fragments ne
sont que de nouvelles preuves du séjour de l'Océan au-dessus de toutes les
portions de la terre qui sont maintenant plus élevées que le niveau des
mers.

Et cependant, comment le nombre de ces cétacés ne serait-il pas très
diminué?

Il y a plus de deux ou trois siècles, que les Basques, ces marins intrépides, les premiers qui aient osé affronter les dangers de l'océan Glacial et
voguer vers le pôle arctique, animés par le succès avec lequel ils avaient
péché la baleine franche dans le golfe de Gascogne, s'avancèrent en haute
mer, parvinrent, après différentes tentatives, jusqu'aux côtes d'Islande et à
celles du Groenland, développèrent toutes les ressources d'un peuple entre-

prenant et laborieux, équipèrent des flottes de cinquante ou soixante navires, et, aidés par les Islandais, trouvèrent dans une pêche abondante le dédommagement de leurs peines et la récompense de leurs efforts.

Dès la fin du XVIᵉ siècle, en 1598, sous le règne d'Élisabeth, les Anglais, qui avaient été obligés jusqu'à cette époque de se servir des Basques pour la pêche de la baleine, l'extraction de l'huile, et même, suivant MM. Pennant et Hackluyts, pour le radoub des tonneaux, envoyèrent dans le Groenland des navires destinés à cette même pêche.

Dès 1608, ils s'avancèrent jusqu'au quatre-vingtième degré de latitude septentrionale et prirent possesion de l'île de J. Mayen, et du Spitzberg, que les Hollandais avaient découvert en 1596.

On vit dès 1612 ces mêmes Hollandais, aidés par les Basques, qui composaient une partie de leurs équipages et dirigeaient leurs tentatives, se montrer sur les côtes du Spitzberg, sur celles du Groenland, dans le détroit de Davis, résister avec constance aux efforts que les Anglais ne cessèrent de renouveler afin de leur interdire les parages fréquentés par les baleines franches, et faire construire avec soin dans leur patrie les magasins, les ateliers et les fourneaux nécessaires pour tirer le parti le plus avantageux des produits de la prise de ces cétacés.

D'autres peuples, encouragés par les succès des Anglais et des Hollandais, les Brémois, les Hambourgeois, les Danois, arrivèrent dans les mers du Nord. Tout concourut à la destruction de la baleine; leurs rivalités se turent; ils partagèrent les rivages les plus favorables à leur entreprise; ils élevèrent paisiblement leurs fourneaux sur les côtes et dans le fond des baies qu'ils avaient choisies ou qu'on leur avait cédées.

Les Hollandais particulièrement, réunis en compagnies, formèrent de grands établissements sur les rivages du Spitzberg, de l'île de J. Mayen, de l'Islande, du Groenland, et du détroit de Davis, dont les golfes et les anses étaient encore peuplés d'un grand nombre de cétacés.

Ils fondèrent dans l'île d'Amsterdam le village de Smeerenbourg (bourg de la fonte); ils y bâtirent des boulangeries, des entrepôts, des boutiques de diverses marchandises, des cabarets, des auberges; ils y envoyèrent, à la suite de leurs escadres pêcheuses, des navires chargés de vin, d'eau-de-vie, de tabac, de différents comestibles.

On fondit dans ces établissements, ainsi que dans les fourneaux des autres nations, presque tout le lard des baleines dont on s'était rendu maître; on y prépara l'huile que donnait cette fonte; un égal nombre de vaisseaux put rapporter le produit d'un plus grand nombre de ces animaux.

Les baleines franches étaient encore sans méfiance; une expérience cruelle ne leur avait pas appris à reconnaître les pièges de l'homme et à redouter l'arrivée de ses flottes: loin de les fuir, elles nageaient avec assurance le long des côtes et dans les baies les plus voisines; elles se montraient avec sécurité à la surface de la mer; elles environnaient en foule les navires; se jouant autour de ces bâtiments, elles se livraient, pour ainsi dire, à l'avidité des pêcheurs, et les escadres les plus nombreuses ne pouvaient emporter la dépouille que d'une petite partie de celles qui se présentaient d'elles-mêmes au harpon.

En 1672, le gouvernement anglais encouragea par une prime la pêche de la baleine.

En 1695, la compagnie anglaise formée pour cette même pêche était soutenue par des souscriptions, dont la valeur montait à 82,000 livres sterling.

Le capitaine hollandais Zorgdrager, qui commandait le vaisseau nommé *les Quatre Frères*, rapporte qu'en 1697 il se trouva, dans une baie du Groenland, avec quinze navires brémois, qui avaient pris cent quatre-vingt-dix baleines; cinquante bâtiments de Hambourg, qui en avaient harponné cinq cent quinze; et cent vingt et un vaisseaux hollandais, qui en avaient pris douze cent cinquante-deux.

Pendant près d'un siècle, on n'a pas eu besoin, pour trouver de grandes troupes de ces cétacés, de toucher aux plages de glaces : on se contentait de faire voile vers le Spitzberg et les autres îles du Nord, et l'on fondait, dans les fourneaux de ces contrées boréales, une si grande quantité d'huile de baleine, que les navires pêcheurs ne suffisaient pas pour la rapporter, et qu'on était obligé d'envoyer chercher une partie considérable de cette huile par d'autres bâtiments.

Lorsque ensuite les baleines franches furent devenues si farouches dans les environs de Smeerenbourg et des autres endroits fréquentés par les pêcheurs, qu'on ne pouvait plus ni les approcher, ni les surprendre, ni les tromper et les retenir par des appâts, on redoubla de patience et d'efforts. On ne cessa de les suivre dans leurs retraites successives. On put d'autant plus aisément ne pas s'écarter de leurs traces, que ces animaux paraissaient n'abandonner qu'à regret les plages où ils avaient pendant tant de temps vogué en liberté, et les bancs de sable qui leur avaient fourni l'aliment qu'ils préfèrent. Leur migration fut lente et progressive : elles ne s'éloignèrent d'abord qu'à de petites distances; et lorsque, voulant, pour ainsi dire, le repos par-dessus tout, elles quittèrent une patrie trop fréquemment troublée, abandonnèrent pour toujours les côtes, les baies, les bancs, auprès desquels elles étaient nées, et allèrent au loin se réfugier sur les bords des glaces, elles virent arriver leurs ennemis d'autant plus acharnés contre elles, que pour les atteindre ils avaient été forcés de braver les tempêtes et la mort.

En vain un brouillard, une brume, un orage, un vent impétueux, empêchaient souvent qu'on ne poursuivît celles que le harpon avait percées; en vain ces cétacés blessés s'échappaient quelquefois à de si grandes distances, que l'équipage du canot pêcheur était obligé de couper la ligne attachée au harpon, et qui, l'entraînant avec vitesse, l'aurait bientôt assez éloigné des vaisseaux pour qu'il fût perdu sur la surface des mers; en vain les baleines que la lance avait ensanglantées avertissaient par leur fuite précipitée celles que l'on n'avait pas encore découvertes, de l'approche de l'ennemi; le courage ou plutôt l'audace des pêcheurs surmontait tous les obstacles. Ils montaient au haut des mâts, pour apercevoir de loin les cétacés qu'ils cherchaient; ils affrontaient les glaçons flottants, et, voulant trouver leur salut dans le danger même, ils amarraient leurs bâtiments aux extrémités des glaces mouvantes.

Les baleines, fatiguées enfin d'une guerre si longue et si opiniâtre, disparurent de nouveau, s'enfoncèrent sous les glaces fixes et choisirent particulièrement leur asile sous cette croûte immense et congelée que les Bataves avaient nommée *Westys* (la glace de l'ouest).

Les pêcheurs allèrent jusqu'à ces glaces immobiles, au travers de glaçons mouvants, de montagnes flottantes, et par conséquent de tous les périls; ils les investirent, et, s'approchant dans leurs chaloupes de ces bords glacés, ils épièrent avec une constance merveilleuse les moments où les baleines étaient contraintes de sortir de dessous leur voûte gelée et protectrice, pour respirer l'air de l'atmosphère.

Immédiatement avant la guerre de 1744, les Basques se livraient encore à ces nobles et périlleuses entreprises, dont ils avaient les premiers donné le glorieux exemple.

Bientôt après, les Anglais donnèrent de nouveaux encouragements à la pêche de la baleine, par la formation d'une société respectable, par l'assurance d'un intérêt avantageux, par une prime très forte, par de grandes récompenses distribuées à ceux dont la pêche avait été la plus abondante, par des indemnités égales aux pertes éprouvées dans les premières tentatives, par une exemption de droits sur les objets d'approvisionnement, par la liberté la plus illimitée accordée pour la formation des équipages, que dans aucune circonstance une levée forcée de matelots ne pouvait atteindre ni inquiéter.

Avant la révolution qui a créé les États-Unis, les habitants du continent de l'Amérique septentrionale avaient obtenu, dans la pêche de la baleine, des succès qui présageaient ceux qui leur étaient réservés. Dès 1765, Anticost, Rhode-Island et d'autres villes américaines avaient armé un grand nombre de navires. Deux ans après, les Bataves envoyèrent cent trente-deux navires pêcheurs sur les côtes du Groenland et trente-deux au détroit de Davis. En 1768, le grand Frédéric, dont les vues politiques étaient aussi admirables que les talents militaires, ordonna que la ville d'Embden équipât plusieurs navires pour la pêche des baleines franches. En 1774, une compagnie suédoise, très favorisée, fut établie à Gothembourg, pour envoyer pêcher dans le détroit de Davis et près des rivages du Groenland. En 1775, le roi de Danemark donna des bâtiments de l'État à une compagnie établie à Berghem pour le même objet. Le parlement d'Angleterre augmenta, en 1779, les faveurs dont jouissaient ceux qui prenaient part à la pêche de la baleine. Le gouvernement français ordonna, en 1784, qu'on armât à ses frais six bâtiments pour la même pêche, et engagea plusieurs familles de l'île de Nantuckett, très habiles et très exercées dans l'art de la pêche, à venir s'établir à Dunkerque. Les Hambourgeois ont encore envoyé, en 1789, trente-deux navires au Groenland ou au détroit de Davis. Et comment un peuple navigateur et éclairé n'aurait-il pas cherché à commencer, conserver ou perfectionner des entreprises qui procurent une si grande quantité d'objets de commerce nécessaires ou précieux, emploient tant de constructeurs, donnent des bénéfices considérables à tant de fournisseurs d'agrès, d'apparaux ou de vivres, font mouvoir tant de bras et forment les matelots les plus sobres, les plus robustes, les plus expérimentés, les plus intrépides?

En considérant un si grand nombre de résultats importants, pourrait-on être étonné de l'attention, des soins, des précautions multipliées, par lesquels on tâche d'assurer ou d'accroître les succès de la pêche de la baleine?

Les navires qu'on emploie à cette pêche ont ordinairement de trente-cinq à quarante mètres de longueur. On les double d'un bordage de chêne, assez épais et assez fort pour résister au choc des glaces. On leur donne à chacun depuis six jusqu'à huit ou neuf chaloupes, d'un peu plus de huit mètres de longueur, de deux mètres ou environ de largeur, et d'un mètre de profondeur depuis le plat-bord jusqu'à la quille. Un ou deux harponneurs sont désignés pour chacune de ces chaloupes pêcheuses. On les choisit assez adroits pour percer la baleine, encore éloignée, dans l'endroit le plus convenable; assez habiles pour diriger la chaloupe suivant la route de la baleine franche, même lorsqu'elle nage entre deux eaux; et assez expérimentés pour juger de l'endroit où ce cétacé élèvera le sommet de sa tête au-dessus de la surface de la mer, afin de respirer par ses évents l'air de l'atmosphère.

Le harpon qu'ils lancent est un dard un peu pesant et triangulaire, dont le fer, long de près d'un mètre, doit être doux, bien corroyé, très affilé au bout, tranchant des deux côtés et barbelé sur ses bords. Ce fer, ou le dard proprement dit, se termine par une douille de près d'un mètre de longueur, dans laquelle on fait entrer un manche très gros, et long de deux ou trois mètres. On attache au dard même, ou à sa douille, la ligne, qui est faite du plus beau chanvre, et que l'on ne goudronne pas, pour qu'elle conserve sa flexibilité, malgré le froid extrême que l'on éprouve dans les parages où l'on fait la pêche de la baleine.

La lance dont on se sert pour cette pêche diffère du harpon en ce que le fer n'a pas d'*ailes* ou *oreilles*, qui empêchent qu'on ne la retire facilement du corps de la baleine et qu'on en porte plusieurs coups de suite avec force et rapidité. Elle a souvent cinq mètres de long, et la longueur du fer est à peu près le tiers de la longueur totale de cet instrument.

Le printemps est la saison la plus favorable pour la pêche des baleines franches, aux degrés très voisins du pôle. L'été l'est beaucoup moins. En effet, la chaleur du soleil, après le solstice, fondant la glace en différents endroits, produit des ouvertures très larges dans les portions de plages congelées où la croûte était la moins épaisse. Les baleines quittent alors les bords des immenses bancs de glace, même lorsqu'elles ne sont pas poursuivies. Elles parcourent de très grandes distances au-dessous de ces champs vastes et endurcis, parce qu'elles respirent facilement dans cette vaste retraite, en nageant d'ouverture en ouverture ; et les pêcheurs peuvent d'autant moins les suivre dans ces espaces ouverts, que les glaçons détachés qui y flottent briseraient ou arrêteraient les canots que l'on voudrait y faire voguer.

D'ailleurs, pendant le printemps les baleines trouvent, en avant des champs immobiles de glace, une nourriture abondante et convenable.

Il est sans doute des années et des parages où l'on ne peut, que pendant l'été ou pendant l'automne, surprendre les baleines, ou se rencontrer avec leur passage ; mais on a souvent vu, dans le mois d'avril ou de mai, un si grand nombre de baleines franches réunies entre le soixante-dix-septième et le soixante-dix-neuvième degré de latitude nord, que l'eau lancée par leurs évents, et retombant en pluie plus ou moins divisée, représentait de loin la fumée qui s'élève au-dessus d'une immense capitale.

Néanmoins les pêcheurs qui, par exemple dans le détroit de Davis ou vers le Spitzberg, pénètrent très avant au milieu des glaces, doivent commencer leurs tentatives plus tard et les finir plus tôt, pour ne pas s'exposer à des dégels imprévus ou à des gelées subites, dont les effets pourraient leur être funestes.

Au reste, les glaces des mers polaires se présentent, aux pêcheurs de baleines, dans quatre états différents.

Premièrement, ces glaces sont contiguës ; secondement, elles sont divisées en grandes plages immobiles ; troisièmement, elles consistent dans des bancs de glaçons accumulés ; quatrièmement enfin, ces bancs ou montagnes d'eau gelée sont mouvants, et les courants ainsi que les vents les entraînent.

Les pêcheurs hollandais ont donné le nom de *champs de glace* aux espaces glacés de plus de deux milles de diamètres de *bancs de glace*, aux espaces gelés dont le diamètre a moins de deux milles, mais plus d'un demi-mille ; et de *grands glaçons*, aux espaces glacés qui n'ont pas plus d'un demi-mille de diamètre.

On rencontre, vers le Spitzberg, de grands bancs de glace qui ont quatre ou cinq myriamètres de circonférence. Comme les intervalles qui les séparent forment une sorte de port naturel, dans lequel la mer est presque toujours tranquille, les pêcheurs s'y établissent sans crainte ; mais ils redoutent de se placer entre les petits bancs qui n'ont que deux ou trois cents mètres de tour, et que la moindre agitation de l'Océan peut rapprocher les uns des autres. Ils peuvent bien, avec des *gaffes* ou d'autres instruments, détourner de petits glaçons. Ils ont aussi employé souvent, avec succès, pour amortir le choc des glaçons plus étendus et plus rapides, le corps d'une baleine dépouillé de son lard et placé sur le côté et en dehors du bâtiment. Mais que servent ces précautions ou d'autres semblables contre ces masses durcies et mobiles qui ont plus de cinquante mètres d'élévation? Ce n'est que lorsque ces glaçons étendus et flottants sont très éloignés l'un de l'autre qu'on ose pêcher la baleine dans les vides qui les séparent. On cherche un banc qui ait au moins trois ou quatre *brasses* de profondeur au-dessous de la surface de l'eau, et qui soit assez fort par son volume, et assez stable par sa masse, pour retenir le navire qu'on y amarre.

Il est très rare que l'équipage d'un seul navire puisse poursuivre en même temps deux baleines au milieu des glaces mouvantes. On ne hasarde une seconde attaque que lorsque la baleine franche, harponnée et suivie, est entièrement épuisée et près d'expirer.

Mais dans quelque parage que l'on pêche, dès que le matelot *guetteur*, qui est placé dans un point élevé du bâtiment, d'où sa vue peut s'étendre au loin, aperçoit une baleine, il donne le signal convenu; les chaloupes partent, et à force de rames on s'avance en silence vers l'endroit où on l'a vue. Le pêcheur le plus hardi et le plus vigoureux est debout sur l'avant de sa chaloupe, tenant le harpon de la main droite. Les Basques sont fameux par leur habileté à lancer cet instrument de mort.

Dans les premiers temps de la pêche de la baleine, on approchait le plus possible de cet animal avant de lui donner le premier coup de harpon. Quelquefois même le harponneur ne l'attaquait que lorsque la chaloupe était arrivée sur le dos de ce cétacé.

Mais le plus souvent, dès que la chaloupe est arrivée à dix mètres de la baleine franche, le harponneur jette avec force le harpon contre l'un des endroits les plus sensibles de l'animal, comme le dos, le dessous du ventre, les deux masses de chair mollasse qui sont à côté des évents. Le plus grand poids de l'instrument étant dans le fer triangulaire, de quelque manière qu'il soit lancé, sa pointe tombe et frappe la première. Une ligne de douze brasses ou environ est attachée à ce fer et prolongée par d'autres cordages.

Albert rapporte que de son temps des pêcheurs, au lieu de jeter le harpon avec la main, le lançaient par le moyen d'une baliste; et le savant Schneider fait observer que les Anglais, voulant atteindre la baleine à une distance bien supérieure à celle de dix mètres, ont renouvelé ce dernier moyen, en remplaçant la baliste par une arme à feu, et en substituant le harpon à la balle de cette arme, dans le canon de laquelle ils font entrer le manche de cet instrument[1]. Les Hollandais ont employé, comme les Anglais, une sorte de mousquet pour lancer le harpon avec moins de danger et avec plus de force et de facilité[2].

A l'instant où la baleine se sent blessée, elle s'échappe avec vitesse. Sa fuite est si rapide, que, si la corde formée par toutes les lignes qu'elle en-

1. *Petri Artedi Synonymia piscium*, etc., auctore J.-G. Schneider, etc., p. 163.
2. *Histoire des pêches des Hollandais dans les mers du Nord*, traduction française de M. Dereste, t. 1ᵉʳ, p. 91.

traîne lui résistait un instant, la chaloupe chavirerait et coulerait à fond ; aussi a-t-on grand soin d'empêcher que cette *corde ou ligne* générale ne s'accroche ; et de plus, on ne cesse de la mouiller, afin que son frottement contre le bord de la chaloupe ne l'enflamme et n'allume pas le bois.

Cependant l'équipage, resté à bord du vaisseau, observe de loin les manœuvres de la chaloupe. Lorsqu'il croit que la baleine s'est assez éloignée pour avoir obligé de filer la plus grande partie des cordages, une seconde chaloupe force dé rames vers la première, et attache successivement ses lignes à celles qu'emporte le cétacé.

Le secours se fait-il attendre, les matelots de la chaloupe l'appellent à grands cris. Ils se servent de grands porte-voix ; ils font entendre leurs trompes ou cornets de détresse. Ils ont recours aux deux lignes qu'ils nomment *lignes de réserve ;* ils font deux tours de la dernière qui leur reste ; ils l'attachent au bord de leur nacelle ; ils se laissent remorquer par l'énorme animal ; ils relèvent de temps en temps la chaloupe qui s'enfonce presque à fleur d'eau, en laissant couler peu à peu cette seconde *ligne de réserve,* leur dernière ressource ; et enfin, s'ils ne voient pas la corde extrêmement longue et violemment tendue se casser avec effort, ou le harpon se détacher de la baleine en déchirant les chairs du cétacé, ils sont forcés de couper eux-mêmes cette corde et d'abandonner leur proie, le harpon et leurs lignes, pour éviter d'être précipités sous les glaces ou engloutis dans les abîmes de l'Océan.

Mais lorsque le service se fait avec exactitude, la seconde chaloupe arrive au moment convenable ; les autres la suivent et se placent autour de la première, à la distance d'une portée de canon l'une de l'autre, pour veiller sur un plus grand champ. Un pavillon particulier nommé *gaillardet,* et élevé sur le vaisseau, indique ce que l'on reconnaît, du haut des mâts, de la route du cétacé. La baleine, tourmentée par la douleur que lui cause sa large blessure, fait les plus grands efforts pour se délivrer du harpon qui la déchire ; elle s'agite, se fatigue, s'échauffe ; elle vient à la surface de la mer chercher un air qui la rafraîchisse et lui donne des forces nouvelles. Toutes les chaloupes voguent alors vers elle ; le harponneur du second de ces bâtiments lui lance un second harpon ; on l'attaque avec la lance. L'animal plonge et fuit de nouveau avec vitesse ; on le poursuit avec courage ; on le suit avec précaution. Si la corde attachée au second harpon se relâche, et surtout si elle flotte sur l'eau, on est sûr que le cétacé est très affaibli, et peut-être déjà mort ; on la ramène à soi ; on la retire, en la disposant en cercles ou plutôt en spirales, afin de pouvoir la filer de nouveau avec facilité, si le cétacé, par un dernier effort, s'enfuit une troisième fois. Mais quelques forces que la baleine conserve après la seconde attaque, elle reparaît à la surface de l'Océan beaucoup plus tôt qu'après sa première blessure. Si quelque coup de lance a pénétré jusqu'à ses poumons, le sang sort en abondance par ses deux évents ; on ose alors s'approcher de plus près du colosse ; on le perce avec la lance, on le frappe à coups redoublés, on tâche de faire pénétrer l'arme meurtrière au défaut des côtes. La baleine, blessée mortellement, se réfugie quelquefois sous des glaces voisines ; mais la douleur insupportable que ses plaies profondes lui font éprouver, les harpons qu'elle emporte, qu'elle secoue, et dont le mouvement agrandit ses blessures, sa fatigue extrême, son affaiblissement que chaque instant accroît, tout l'oblige à sortir de cet asile. Elle ne suit plus dans sa fuite de direction déterminée. Bientôt elle s'arrête, et, réduite aux abois, elle ne peut plus que soulever son énorme masse et chercher à parer avec ses nageoires les coups qu'on lui porte encore. Redoutable cependant lors même qu'elle expire, ses derniers moments sont ceux du plus grand des animaux. Tant qu'elle combat encore contre la mort, on évite avec effroi sa terrible queue, dont un seul coup ferait voler la chaloupe en éclats ; on ne manœuvre que pour l'empêcher d'aller terminer sa terrible agonie dans des profondeurs recouvertes par des bancs de glace, qui ne permettraient d'en retirer son cadavre qu'avec beaucoup de peine.

Les Groenlandais, par un usage semblable à celui qu'Oppien attribue à ceux qui pêchaient de son temps dans la mer Atlantique, attachent aux harpons qu'ils lancent, avec autant d'adresse que d'intrépidité, contre la baleine, des espèces d'outres faites avec de la peau de phoque, et pleines d'air atmosphérique. Ces outres très légères, non seulement font que les harpons qui se détachent flottent et ne sont pas perdus, mais encore empêchent le cétacé blessé de plonger dans la mer et de disparaître aux yeux des pêcheurs. Elles augmentent assez la légèreté spécifique de l'animal, dans un moment où l'affaiblissement de ses forces ne permet à ses nageoires et à sa queue de lutter contre cette légèreté qu'avec beaucoup de désavantage, pour que la petite différence qui existe ordinairement entre cette légèreté et celle de l'eau salée s'évanouisse, et que la baleine ne puisse pas s'enfoncer.

Les habitants de plusieurs îles voisines du Kamtschatka vont, pendant l'automne, à la recherche des baleines franches, qui abondent alors près de leurs côtes. Lorsqu'ils en trouvent d'endormies, ils s'en approchent sans bruit et les percent avec des dards empoisonnés. La blessure, d'abord légère, fait bientôt éprouver à l'animal des tourments insupportables : il pousse, a-t-on écrit, des *mugissements horribles*, s'enfle et périt.

Duhamel dit, dans son *Traité des pêches*, que plusieurs témoins oculaires, dignes de foi, ont assuré les faits suivants.

Dans l'Amérique septentrionale, près des rivages de la Floride, des sauvages, aussi exercés à plonger qu'à nager, et aussi audacieux qu'adroits, ont pris des baleines franches, en se jetant sur leur tête, enfonçant dans leur évent un long cône de bois, se cramponnant à ce cône, se laissant entraîner sous l'eau, reparaissant avec l'animal, faisant entrer un autre cône dans le second évent, réduisant ainsi les baleines à ne respirer que par l'ouverture de leur gueule, et les forçant à se jeter sur la côte, ou à échouer sur des bas-fonds, pour tenir leur bouche ouverte sans avaler un fluide qu'elles ne pourraient plus rejeter par des évents entièrement fermés.

Les pêcheurs de quelques contrées sont quelquefois parvenus à fermer, avec des filets très forts, l'entrée très étroite d'anses dans lesquelles les baleines avaient pénétré pendant la haute mer, et où, laissées à sec par la retraite de la marée, que les filets les ont empêchées de suivre, elles se sont trouvées livrées sans défense aux lances et aux harpons.

Lorsqu'on s'est assuré que la baleine est morte, ou si affaiblie, qu'on n'a plus à craindre qu'une blessure nouvelle lui redonne un accès de rage dont les pêcheurs seraient à l'instant les victimes, on la remet dans sa position naturelle, par le moyen de cordages fixés à deux chaloupes qui s'éloignent en sens contraire, si elle s'était tournée sur un de ses côtés ou sur son dos. On passe un nœud coulant par-dessus la nageoire de la queue, ou on perce cette queue pour y attacher une corde ; on fait passer ensuite un *funin* au travers des deux nageoires pectorales qu'on a percées, on les ramène sur le ventre de l'animal ; on les serre avec force, afin qu'elles n'opposent aucun obstacle aux rameurs pendant la remorque de la baleine ; et les chaloupes se préparent à l'entraîner vers le navire ou vers le rivage où l'on doit la dépecer.

Si l'on tardait trop d'attacher une corde à l'animal expiré, son cadavre dériverait, et, entraîné par des courants ou par l'agitation des vagues, pourrait échapper aux matelots, ou, dénué d'une assez grande quantité de matière huileuse et légère, s'enfoncerait et ne remonterait que lorsque la putréfaction des organes intérieurs l'aurait gonflé au point d'augmenter beaucoup son volume.

L'auteur de l'*Histoire des pêches des Hollandais dans les mers du Nord* fait observer avec soin que, si l'on remorquait la baleine franche par la tête, la gueule énorme de ce cétacé, qui est toujours ouverte après la mort de l'animal, parce que la mâchoire inférieure n'est plus maintenue contre celle d'en haut, serait comme une sorte de gouffre, qui agirait sur un immense volume d'eau et ferait éprouver aux rameurs une résistance souvent insurmontable.

Lorsqu'on a amarré le cadavre d'une baleine franche au navire, et que son volume n'est pas trop grand relativement aux dimensions du vaisseau, les chaloupes vont souvent à la recherche d'autres individus, avant qu'on s'occupe de dépecer la première baleine.

Mais enfin on prépare deux *palans*, l'un pour tourner le cétacé, et l'autre pour tenir sa gueule élevée au-dessus de l'eau, de manière qu'elle ne puisse pas se remplir. Les dépeceurs garnissent leurs bottes de crampons, afin de se tenir fermes ou de marcher en sûreté sur la baleine ; et les opérations du dépècement commencent.

Elles se font communément à bâbord. Avant tout, on tourne un peu l'animal sur lui-même par le moyen d'un *palan* fixé par un bout au mât de misaine, et attaché par l'autre à la queue de la baleine. Cette manœuvre fait que la tête du cétacé, laquelle se trouve du côté de la poupe, s'enfonce un peu dans l'eau. On la relève, et un funin serre assez fortement une mâchoire contre l'autre, pour que les dépeceurs puissent marcher sur la mâchoire inférieure sans courir le danger de tomber dans la mer, entraînés par le mouvement de cette mâchoire d'en bas. Deux dépeceurs se placent sur la tête et sur le cou de la baleine; deux harponneurs se mettent sur son dos ; et des aides, distribués dans des chaloupes, dont l'une est à l'avant et l'autre à l'arrière de l'animal, éloignent du cadavre les oiseaux d'eau, qui se précipiteraient hardiment et en grand nombre sur la chair et sur le lard du cétacé. Cette occupation a fait donner à ces aides le nom de *cormorans*. Leur fonction est aussi de fournir aux travailleurs les instruments dont ceux-ci peuvent avoir besoin. Les principaux de ces instruments consistent dans des couteaux de bon acier, nommés *tranchants*, dont la longueur est de deux tiers de mètre, et dont le manche a deux mètres de long ; dans d'autres couteaux, dans des mains de fer, dans des crochets, etc.

Le dépècement commence derrière la tête, très près de l'œil. La pièce de lard qu'on enlève, et que l'on nomme *pièce de revirement*, a deux tiers de mètre de largeur ; on la lève dans toute la longueur de la baleine. On donne communément un demi-mètre de large aux autres bandes, qu'on coupe ensuite, et qu'on lève toujours de la tête à la queue, dans toute l'épaisseur de ce lard huileux. On tire ces différentes bandes dessus le navire, par le moyen de crochets ; on les traîne sur le tillac, et on les fait tomber dans la cale, où on les arrange. On continue alors de tourner la baleine, afin de mettre entièrement à découvert le côté par lequel on a commencé le dépècement, et de dépouiller la partie inférieure de ce même côté, sur laquelle on enlève les bandes huileuses avec plus de facilité que sur le dos, parce que le lard y est moins épais.

Quand cette dernière opération est terminée, on travaille au dépouillement de la tête. On coupe la langue très profondément, et avec d'autant plus de soin, que celle d'une baleine franche ordinaire donne communément six tonneaux d'huile. Plusieurs pêcheurs cependant ne cherchent à extraire cette huile que lorsque la pêche n'a pas été abondante : on a prétendu qu'elle était plus sèche que les huiles provenues des autres parties de la baleine; qu'elle était assez corrosive pour altérer les chaudières dans lesquelles on la faisait couler ; et que c'était principalement cette huile, extraite de la langue, que les ouvriers employés à découper le lard prenaient garde de laisser rejaillir sur leurs mains ou sur leurs bras, pour ne pas être incommodés au point de courir le danger de devenir perclus.

Pour enlever plus facilement les fanons, on soulève la tête avec une *amure* fixée au pied de l'*artimon; et trois crochets attachés aux *palans* dont nous avons parlé, enfoncés dans la partie supérieure du museau, font ouvrir la gueule au point que les dépeceurs peuvent couper les racines des fanons.

On s'occupe ensuite du dépècement du second côté de la baleine franche. On achève de faire tourner le cétacé sur son axe longitudinal, et on enlève le lard du second côté, comme on a enlevé celui du premier. Mais comme, dans le revirement de l'animal, la partie inférieure du second côté est celle qui se présente la première, la dernière bande dont ce même côté est dépouillé est la grande pièce dite *de revirement*. Cette grande bande a ordinairement dix mètres de longueur, lors même que le cétacé ne fournit que deux cent cinquante myriagrammes d'huile et cent myriagrammes de fanons.

Il est aisé d'imaginer les différences que l'on introduit dans les opérations que nous venons d'indiquer, si on dépouille la baleine sur la côte ou près du rivage, au lieu de la dépecer auprès du vaisseau.

Lorsqu'on a fini d'enlever le lard, la langue et les fanons, on repousse et laisse aller à la dérive la carcasse gigantesque de la baleine franche. Les oiseaux d'eau s'attroupent sur ces restes immenses, quoiqu'ils soient moins attirés par ces débris que par un cadavre qui n'est pas encore dénué de graisse. Les ours maritimes s'assemblent aussi autour de cette masse flottante et en font curée avec avidité.

Veut-on cependant arranger le lard dans les tonneaux ? On le sépare de la couenne. On le coupe par morceaux de trois décimètres carrés de surface ou environ, et on entasse ces morceaux dans les tonnes.

Veut-on le faire fondre, soit à bord du navire, comme les Basques le préféraient ; soit dans un atelier établi à terre, comme on le fait dans plusieurs contrées, et comme les Hollandais l'ont pratiqué pendant longtemps à Smeerenbourg dans le Spitzberg ?

On se sert de chaudières de cuivre rouge ou de fer fondu. Ces chaudières sont très grandes : ordinairement elles contiennent chacune environ cinq tonneaux de graisse huileuse. On les pose sur un fourneau de cuivre et on les y maçonne, pour éviter que la chaudière, en se renversant sur le feu, n'allume un incendie dangereux. On met de l'eau dans la chaudière, avant d'y jeter le lard, afin que cette graisse ne s'attache pas au fond de ce vaste récipient et ne s'y grille pas sans se fondre. On le remue d'ailleurs avec soin, dès qu'il commence à s'échauffer. Trois heures après le commencement de l'opération, on puise l'huile, toute bouillante, avec de grandes cuillers de cuivre ; on la verse sur une grille qui recouvre un grand baquet de bois : la grille purifie l'huile, en retenant les morceaux, pour ainsi dire, infusibles, que l'on nomme *lardons*[1].

L'huile, encore bouillante, coule du premier baquet dans un second, que l'on a rempli aux deux tiers d'eau froide, et auquel on a donné communément un mètre de profondeur, deux de large et cinq ou six de long. L'huile surnage dans ce second baquet, se refroidit et continue de se purifier, en se

---

1. On remet ces lardons dans la chaudière, pour en tirer une colle qui sert à différents usages ; et, après l'extraction de cette colle, on emploie à nourrir des chiens le marc épais qui reste au fond de la cuve.

séparant des matières étrangères, qui tombent au fond du réservoir. On la fait passer du second baquet dans un troisième, et du troisième dans un quatrième. Ces deux derniers sont remplis, comme le second, d'eau froide, jusqu'aux deux tiers; l'huile achève de s'y perfectionner; et du dernier baquet on la fait entrer, par une longue gouttière, dans les tonneaux destinés à la conserver ou à la transporter au loin.

Au reste, moins le temps pendant lequel on garde le lard dans les tonnes est long, et plus l'huile qu'on en retire doit être recherchée.

L'huile et les fanons de la baleine franche ne sont pas les seules parties utiles de cet animal. Les Groenlandais et d'autres habitants des contrées du Nord trouvent la peau et les nageoires de ce cétacé très agréables au goût. Sa chair fraîche ou salée a souvent servi à la nourriture des équipages basques. Le capitaine Colnett rapporte que le cœur d'une jeune baleine, qui n'avait encore que cinq mètres de longueur, et que ses matelots prirent au mois d'août 1793, près de Guatémala, dans le grand Océan équinoxial, parut un mets exquis à son équipage. Les intestins de la baleine franche servent à remplacer le verre des fenêtres; les tendons fournissent des fils propres à faire des filets; on fait de très bonnes lignes avec les poils qui terminent les fanons, et on emploie dans plusieurs pays les côtes et les grands os des mâchoires pour composer la charpente des cabanes, ou pour mieux enclore des jardins et des champs.

Les avantages que l'on retire de la pêche des baleines franches ont facilement engagé dans nos temps modernes les peuples entreprenants et déjà familiarisés avec les navigations lointaines à chercher ces cétacés partout où ils ont espéré de les trouver. On les poursuit maintenant dans l'hémisphère austral comme dans l'hémisphère arctique, et dans le grand Océan boréal comme dans l'océan Atlantique septentrional : on les y pêche même, au moins très souvent, avec plus de facilité, avec moins de danger, avec moins de peine. On les atteint à une assez grande distance du cercle polaire, pour n'avoir pas besoin de braver les rigueurs du froid ni les écueils de glace. Le capitaine Colnett trouva, par exemple, un grand nombre de ces animaux vers le quarantième degré de latitude australe, auprès de l'île Mocha et des côtes occidentales du Chili; et à la même latitude, ainsi que dans le même hémisphère, et vers le trente-septième degré de longitude occidentale du méridien de Paris, il avait vu, peu de temps auparavant, de si grandes troupes de ces baleines, qu'il les crut assez nombreuses pour fournir toute l'huile que pourrait emporter la moitié des vaisseaux baleiniers de Londres[1].

Cette multitude de baleines disparaîtra cependant dans l'hémisphère austral, de même que dans le boréal. La plus grande des espèces s'éteindra comme tant d'autres. Découverte dans ses retraites les plus cachées, atteinte dans ses asiles les plus reculés, vaincue par la force irrésistible de l'intelli-

1. *Voyage du capitaine Jacques Colnett,* déjà cité.

gence humaine, elle disparaîtra de dessus le globe ; il ne restera pas même l'espérance de la trouver dans quelque partie de la terre non encore visitée par des voyageurs civilisés, comme on peut avoir celle de découvrir dans les immenses solitudes du nouveau continent l'*Éléphant de l'Ohio* et le *Mégathérium* [1]. Quelle portion de l'Océan n'aura pas été en effet traversée dans tous les sens ? Quel rivage n'aura pas été reconnu ? de quelles plages gelées les deux zones glaciales auront-elles pu dérober les tristes bords ? On ne verra plus que quelques restes de cette espèce gigantesque : ses débris deviendront une poussière, que les vents disperseront, et elle ne subsistera que dans le souvenir des hommes et dans les tableaux du génie. Tout diminue et dépérit donc sur le globe. Quelle révolution en remontera les ressorts ? La nature n'est immortelle que dans son ensemble ; et si l'art de l'homme embellit et ranime quelques-uns de ses ouvrages, combien d'autres qu'il dégrade, mutile et anéantit !

LA BALEINE NORDCAPER [2]

Balæna glacialis, KLEIN , LINN., BONN., CUV. [3].

Ce cétacé vit dans la partie de l'océan Atlantique septentrional située entre le Spitzberg, la Norvège et l'Islande. Il habite aussi dans les mers du Groenland, où un individu de cette espèce a été dessiné, en 1779, par M. Bach-

1. M. Jefferson, l'illustre président des États-Unis, m'écrit, dans une lettre du 24 février 1803, qu'ainsi que je l'avais prévu et annoncé dans le discours d'ouverture de mon cours de zoologie de l'an IX, il va faire faire un voyage pour reconnaître les sources du Missouri, et pour découvrir une rivière qui, prenant son origine très près de ces sources, ait son embouchure dans le grand Océan boréal. « Ce voyage, dit M. Jefferson, accroîtra nos connaissances sur la géographie de notre continent, en nous donnant de nouvelles lumières sur cette intéressante ligne de communication au travers de l'Amérique septentrionale, et nous procurera une vue générale de sa population, de son histoire naturelle, de ses productions, de son sol et de son climat. Il n'est pas improbable, ajoute ce respectable et savant premier magistrat, que ce voyage de découverte ne nous fasse avoir des informations ultérieures sur le *Mammouth* (l'éléphant de l'Ohio) et sur le *Mégathérium* dont vous parlez. Vous avez vraisemblablement vu, dans nos *Transactions philosophiques,* qu'avant de connaître la notice que M. Cuvier a donnée de ce mégathérium, nous avions trouvé ici des restes d'un énorme animal inconnu, que nous avons nommé *Mégalonyx,* à cause de la longueur disproportionnée de ses ongles, et qui est probablement le même animal que le mégathérium, et qu'il y avait ici des traces de son existence récente et même présente. La route que nous allons découvrir nous mettra peut être à même de n'avoir plus aucun doute à ce sujet. Le voyage sera terminé dans deux étés. »

2. Voyez les planches II et III.

3. *Sarde.* — *Baleine de Sarde.* — *Nordkaper,* par les Allemands. — *Idem,* en Norvège. — *Sildqual,* ibid. — *Lilie-hual,* ibid. — *Nordkapper,* dans le Groenland. — *Balæna mysticetus,* var. B. Linné, édition de Gmelin. — *Balæna islandica,* bipinnis ex nigro candicans, dorso lævi, Briss. *Regn. anim.,* p. 350, nº 2. — *Balæna glacialis,* Klein, *Miss., pisc.,* 2, p. 12. — Autre espèce, qu'on appelle *Nordkapper,* Eggede, *Groenland.* p. 53. — *Nordcaper,* Anders., *Island.,* p. 219. — *Idem,* Cranz, *Groenland.,* p. 115. — *Baleine Nordcaper.* Bonnaterre, planches de l'Encyclopédie méthodique. — Horrebows, *Description d'Islande,* p. 309. — *Rai, Pisc.,* p. 17. — *Nordcaper.* Édition de Bloch, donnée par R.-R. Castel, etc. — *Nordcaper,* Valmont-Bomare, *Dictionnaire d'histoire*

strom, dont le travail, remis dans le temps à sir Joseph Banks, m'a été envoyé
il y a trois mois par cet illustre président de la Société royale de Londres. Il
paraît qu'on l'a trouvé d'ailleurs dans les eaux du Japon, et par conséquent
dans le grand Océan boréal, vers le quarantième degré de latitude.

Son corps est plus allongé que celui de la baleine franche.

La mâchoire inférieure est au contraire très arrondie, très haute et plus
large, à proportion de celle d'en haut, que dans le plus grand des cétacés. La
forme générale de la tête, vue par-dessus et par-dessous, est celle d'un ovale
tronqué par derrière et un peu échancré à l'extrémité du museau. Parmi les
dessins de M. Bachstrom que nous avons fait graver, il en est un qui montre
d'une manière particulière cette forme ovale présentée et maintenue par
les deux os de la mâchoire inférieure. Ces deux os, réunis sur le devant par
un cartilage qui en lie les extrémités pointues, et terminés par deux apophyses dont l'une s'articule avec l'*humérus*, forment comme le cadre d'un
ovale presque parfait.

L'ensemble de la tête et les fanons sont cependant plus petits dans le
nordcaper que dans la baleine franche, proportionnellement à la longueur
totale.

Les dimensions du nordcaper sont, d'ailleurs, très inférieures à celles
de la baleine franche; et, comme il est aussi moins chargé de graisse, même
à proportion de sa grandeur, il n'est pas surprenant qu'il ne donne souvent
que trente tonnes d'huile.

Les deux évents représentent deux petits croissants, un peu séparés l'un
de l'autre, et dont les convexités sont opposées.

L'œil est très petit, et son diamètre le moins court, placé obliquement.

Le bord des fanons qui touche la langue est garni de crins noirs, qui
la préservent d'être blessée par un tranchant trop aigu. La partie de ces
mêmes fanons qui rencontre la lèvre inférieure est unie et douce, mais dénuée
de crins ou filaments.

La longueur de chaque nageoire pectorale excède le cinquième de la
longueur totale, et ces deux bras sont situés au delà du premier tiers de cette
même longueur.

La queue est déliée, très menue à son extrémité, terminée par une nageoire non seulement échancrée, mais un peu festonnée par derrière, et
dont les lobes sont si longs, que, du bout extérieur de l'un au bout extérieur
de l'autre, il y a une distance égale aux trois septièmes ou environ de la longueur totale du cétacé.

On voit sur le ventre du mâle une fente longitudinale, dont la longueur

naturelle. — C'est avec beaucoup d'empressement que nous engageons nos lecteurs à consulter
les articles relatifs aux cétacés qu'ils trouveront dans l'Encyclopédie méthodique, et dans les
Dictionnaires d'histoire naturelle, ainsi que dans les différentes éditions de Buffon que l'on vient
de publier, ou dont la publication n'est pas encore terminée. Les auteurs de ces Dictionnaires,
et des additions importantes que ces éditions renferment, sont trop célèbres pour que nous devions les indiquer aux amis des sciences naturelles.

est égale au sixième de la longueur de l'animal et dont les bords se séparent pour laisser sortir le *balénas*.

L'anus est une petite ouverture ronde, située, dans le mâle, au delà de cette fente longitudinale.

La couleur du nordcaper est ordinairement d'un gris plus ou moins clair; ses nuances sont assez uniformes; et souvent le dessous de la tête paraît un grand ovale, d'un blanc très éclatant, au centre et à la circonférence duquel on voit des taches grises ou noirâtres, irrégulières, confuses et nuageuses.

Quelque étonnante que soit la vitesse de la baleine franche, celle du nordcaper est encore plus grande. Sa queue, beaucoup plus déliée, et par conséquent beaucoup plus mobile; sa nageoire caudale, plus étendue à proportion de son corps; l'extrémité de sa queue, à laquelle cette nageoire est attachée, plus étroite et plus flexible, lui donnent une rame bien plus large, bien plus vivement agitée, bien plus puissante; et la force avec laquelle il tend à se mouvoir doit en effet être bien considérable, puisqu'il échappe à la poursuite, et, pour ainsi dire, à l'œil, avec la rapidité d'un trait, et que cependant il déplace un très grand volume d'eau. Lors même que le nordcaper nage à la surface de l'Océan, il ne montre au-dessus de la mer qu'une petite partie de sa tête et de son corps. On peut remarquer aisément, sur un des dessins de M. Bachstrom, que la ligne du niveau de l'eau est alors au-dessus de la partie la plus haute de l'ouverture de la gueule; que la queue, toutes les nageoires, l'œil et les deux mâchoires sont sous l'eau; que le cétacé ne laisse voir que la sommité du dos et celle du crâne; et qu'il ne tient dans l'atmosphère que ce qu'il ne pourrait enfoncer dans l'eau sans y plonger en même temps les orifices supérieurs de ses évents.

Cette rapidité dans la natation est d'autant plus utile au nordcaper, qu'il ne se nourrit pas uniquement, comme la baleine franche, de mollusques, de crabes, ou d'autres animaux privés de mouvement progressif, ou réduits à ne changer de place qu'avec plus ou moins de difficulté et de lenteur. Sa proie a reçu une grande vitesse. Il préfère, en effet, les clupées, les scombres, les gades, et particulièrement les harengs, les maquereaux, les thons et les morues. Lorsqu'il en a atteint les troupes ou les *bancs*, il frappe l'eau avec sa queue et la fait bouillonner si vivement que les poissons qu'il veut dévorer, étourdis, saisis et comme paralysés, n'opposent à sa voracité ni la fuite, ni l'agilité, ni la ruse. Il en peut avaler un si grand nombre, que Willughby compta une trentaine de gades dans l'intérieur d'un nordcaper; que, suivant Martens, un autre nordcaper, pris auprès de Hitland, avait dans son estomac plus d'une tonne de harengs; et que, selon Horrebows, des pêcheurs islandais trouvèrent six cents gades morues encore palpitants, et une grande quantité de clupées sardines, dans un autre individu de la même espèce, qui s'était jeté sur le rivage en poursuivant des poissons avec trop d'acharnement.

I.   68

Ces blupées, ces scombres et ces gades trouvent quelquefois leur vengeur dans le squale scie.

Ennemi audacieux de la baleine franche, il attaque avec encore plus de hardiesse le nordcaper, qui, malgré la prestesse de ses mouvements et l'agilité avec laquelle il remue ses armes, lui oppose souvent moins de force, parce qu'il lui présente moins de masse. Martens raconte qu'il fut témoin d'un combat sanglant entre un nordcaper et un squale scie. Il n'osa pas faire approcher son bâtiment du lieu où ces deux terribles rivaux cherchaient à se donner la mort; mais il les vit pendant longtemps se poursuivre, se précipiter l'un sur l'autre et se porter des coups si violents, que l'eau de la mer jaillissait très haut autour d'eux et retombait en brouillard.

Mais le nordcaper n'est pas seulement vif et agile; il est encore farouche: aussi est-il très difficile de l'atteindre. Néanmoins, lorsque la pêche de la baleine franche n'a pas réussi, on cherche à s'en dédommager par celle du nordcaper. On est souvent obligé d'employer, pour le prendre, un plus grand nombre de chaloupes et des matelots ou harponneurs plus vifs et plus alertes que pour la pêche de la grande baleine, afin de lui couper plus aisément la retraite. La femelle, dans cette espèce, est atteinte plus facilement que le mâle, lorsqu'elle a un petit : elle l'aime trop pour vouloir l'abandonner.

Cependant, lorsqu'on est parvenu auprès du nordcaper, il faut redoubler de précautions. Il se tourne et retourne avec une force extrême, bondit, élève sa nageoire caudale, devient furieux par le danger, attaque la chaloupe la plus avancée, et d'un seul coup de queue la fait voler en éclats, ou, cédant à des efforts supérieurs, contraint de fuir, emportant le harpon qui l'a blessé, entraîne jusqu'à mille brasses de corde et, malgré ce poids aussi embarrassant que lourd, nage avec une telle rapidité, que les matelots, qu'il remorque pour ainsi dire, peuvent à peine se soutenir et se sentent suffoquer.

Les habitants de la Norvège ont moins de dangers à courir, pour se saisir du nordcaper, lorsque cette baleine s'engage dans des anses qui aboutissent à un grand lac de leurs rivages : ils ferment la sortie du lac avec des filets composés de cordes d'écorce d'arbre et donnent ensuite la mort au cétacé, sans être forcés de combattre.

Duhamel a écrit qu'on lui avait assuré que la graisse ou le lard du nordcaper n'avait pas les qualités malfaisantes qu'on a attribuées à la graisse de la baleine franche.

Au reste, Klein a distingué dans cette espèce deux variétés : l'une, qu'il a nommée *nordcaper austral*, et dont le dos est très aplati ; et l'autre, dont le dos est moins plat, et à laquelle il a donné le nom de *nordcaper occidental*. De nouvelles observations apprendront si ces variétés existent encore, si elles sont constantes, et si on doit les rapporter au sexe, à l'âge, ou à quelque autre cause.

LA BALEINE BOSSUE

Balæna gibbosa, BONN., LACEP.[1].

Cette baleine a sur le dos cinq ou six bosses ou éminences. Ses fanons sont blancs et, dit-on, plus difficiles à fendre que ceux de la baleine franche.

Elle a d'ailleurs de très grands rapports avec ce dernier cétacé. On l'a particulièrement observée dans la mer voisine de la Nouvelle-Angleterre.

LA BALEINE NOUEUSE[2]

Balæna nodosa, BONN., LACÉP.

Ce cétacé a sur le dos, et près de la queue, une bosse un peu penchée en arrière, souvent irrégulière, mais dont la hauteur est presque toujours d'un tiers de mètre. Ce trait de conformation est un de ces caractères dont les séries lient, par des nuances plus ou moins sensibles, non seulement les familles voisines, mais encore des tribus très éloignées. Cette bosse est un commencement de cette nageoire qui manque à plusieurs cétacés, mais qu'on trouve sur beaucoup d'autres, et qui établit un rapport de plus entre les mammifères qui en sont dénués, quelques quadrupèdes ovipares et les poissons qui en sont pourvus.

Les nageoires pectorales de la baleine noueuse sont très longues, assez éloignées du bout du museau et d'un blanc ordinairement très pur.

On l'a vue dans la mer qui baigne la Nouvelle-Angleterre, dont quelques naturalistes lui ont donné le nom ; mais il paraît qu'elle habite aussi auprès des côtes de l'Islande, ainsi que dans la Méditerranée d'Amérique, entre

---

1. *Baleine à bosses.— Baleine à six bosses.— Scras whale,* par les Anglais.— *Knabbel-visch,* par les Hollandais. — *Knabbel-visch,* ibid. — *Knoten-fisch,* par les Allemands.— *Balæna gibbosa.* Linné, édit. de Gmelin. — *Balæna bipinnis,* gibbis dorsalibus sex. Brisson, *Regn. anim.,* p. 351. nº 4. — *Baleine à bosses.* Bonnaterre, planches de l'Encyclopédie méthodique. — *Idem.* Édition de Bloch, publiée par R.-R. Castel. — Erxleben, *Mammal.,* p. 610, nº 5. — *Balæna gibbis vel nodis sex, balæna macra.* Klein, *Miss. pisc.,* t. II, p. 13.— *Knotenfisch,* oder *knobbelfisch.* Anders. *Isl.,* p. 225. — *Idem.* Cranz, *Groenland.,* p. 146. — Houttuyn, *Nat. Hist.* t. III, p. 488. — Müller, *Nat.,* t. Iᵉʳ, p. 493. — *Transact. philosoph.,* nº 387, p. 258.

2. *Bunch whale,* par les Anglois. — *Humpback whale,* idem. — *Penvisch,* par les Hollandois. — *Pflock fisck,* par les Allemands. — *Balæna gibbosa,* var. B. (Novæ Angliæ). Linné, édition de Gmelin.— Brisson, *Regn. anim.,* p. 351, nº 3. — *Balæna gibbo unico prope caudam.* Klein. *Miss. pisc.,* t. II, p. 12. — *Pflokfisch.* Anderson, *Isl,* p. 224. — Cranz, *Groenl.,* p. 146. — Dudley *Transact. philosoph.,* nº 387, p. 256, art. 2. — Houttuyn, *Nat. Hist.,* t. III, p. 488. — *Baleine tampon.* Bonnaterre, planches de l'Encyclopédie méthodique. — *Idem.* Édition de Bloch, publiée par R.-R. Castel. — Mull. *Natur.* t. Iᵉʳ, p. 493.

l'ancien Groenland et le Labrador; et peut-être faut-il rapporter à cette espèce quelques-uns des cétacés vus par le capitaine Colnett dans le grand Océan boréal, auprès de la Californie [1].

La baleine noueuse est peu recherchée par les pêcheurs.

LES BALEINOPTÈRES[2]

LA BALEINOPTÈRE GIBBAR

Balæna physalus, LINN., BONN. — *Balæna gibbar*, LACÉP. [3].

Le gibbar habite dans l'océan Glacial arctique, particulièrement auprès du Groenland. On le trouve aussi dans l'océan Atlantique septentrional. Il s'avance même vers la ligne, dans cet océan Atlantique, au moins jusque près du trentième degré, puisque le gibbar est peut-être ce *physétère* des anciens, dont Pline parle dans le chapitre VI de son neuvième livre, et dont il dit qu'il pénètre dans la Méditerranée, et puisque Martens l'a réellement vu dans le détroit de Gibraltar en 1673. L'auteur de l'*Histoire des pêches des Hollandais* dit aussi que le gibbar entre dans la mer Méditerranée. Mais il paraît que, dans le grand Océan, moins effrayé par les navigateurs et moins tourmenté par les pêcheurs, il vogue jusque dans la zone torride. On peut croire, en effet, qu'on doit rapporter au gibbar la baleine *finback* ou *à nageoire sur le dos*, que le capitaine Colnett a vue non seulement auprès des côtes de Californie, mais encore auprès du golfe de Panama, et par conséquent de l'équateur. Ce fait s'accorderait d'ailleurs très bien avec ce que nous avons dit de relatif à l'habitation des très grands cétacés, en traitant de la baleine franche, et avec ce que des auteurs ont écrit du séjour du gibbar dans les mers qui baignent les côtes de l'Inde.

1. *Voyage du capitaine Colnett*, Londres, 1798.
2. Voyez, à la tête de ce volume, le tableau des ordres, genres et espèces de cétacés, et l'article qui le précède, et qui est intitulé *Vue générale des cétacés*.
3. Voyez la planche IV, fig. 1. — *Baleine américaine.* — *Finnfisch*, par les Allemands. — *Vinvisch*, par les Hollandais. — *Finnfisk*, par les Suédois. — *Reider*, en Laponie. — *Ror-hual*, en Norvège. — *Finne-fisk*, ibid. — *Tue-qual*, ibid. — *Stor-hval*, ibid. — *Hunfubaks*, en Islande. — *Hunfubaks*, ibid. (par opposition avec le nom de *slettbakr*, donné à la baleine franche, qui n'a pas de nageoire sur le dos). — *Skidis fiskar*, nom donné en Islande aux cétacés qui ont des fanons et le ventre sans plis. — *Tunomlik*, en Groenland. — *Kepolak*, ibid. — *Kepokarsoac*, ibid. — *Fin-fish*, par les Anglais. — *Balæna Physalus*, Linné, édit. de Gmelin. — *Baleine gibbar*. Bonnaterre, planches de l'Encyclopédie méthodique. — *Idem.* Édit. de Bloch, publiée par R.-R. Castel. — *Balæna fistula duplici in medio anteriore capite, dorso extremo pinna adiposa. Faun. Suecic.* 50. — *Balæna, fistula in medio capite, tubero pinniformi in extremo dorso.* Artedi, gen. 77, syn. 107. — *Balæna edentula, corpore strictiore, dorso pinnato.* Rai, p. 9. — *Vraie Baleine gibbar.* Rondelet. *Histoire des poissons*, 1re partie, liv. XVI, chap. VIII, édition de Lyon, 1558. — *Balæna tripinnis, ventre lævi.* Brisson, *Regn. anim.*, p. 352, n° 5. — Klein, *Miss. pisc.*, t. II, p. 15. — Sibb. *Scot. an.*, p. 23. — Oth. Fabric. *Faun. Groenland.*, p. 35.

Le gibbar peut égaler la baleine franche par sa longueur, mais non par sa grosseur. Son volume et sa masse sont très inférieurs à ceux du plus grand des cétacés.

D'ailleurs, M. Olafsen et M. Povelsen, premier médecin d'Islande, disent que le gibbar a quatre-vingts aunes danoises, ou plus de cinquante mètres de longueur ; mais que la baleine franche est longue de plus de cent aunes danoises, ou de plus de soixante-trois mètres [1].

Le dessous de sa tête est d'un blanc éclatant ; sa poitrine et son ventre présentent la même couleur ; le reste de sa surface est d'un brun que le poli et le luisant de la peau rendent assez brillant.

L'ensemble de la tête représente une sorte de cône, dont la longueur égale le tiers de la longueur totale. La nuque est marquée par une dépression bien moins sensible que dans la baleine franche ; la langue n'a pas une très grande étendue ; l'œil est situé très près de l'angle formé par la réunion des deux mâchoires. Chaque pectorale est ovale, attachée assez près de l'œil, et aussi longue quelquefois que le huitième ou le neuvième de la longueur du cétacé.

Les fanons sont si courts, que souvent leur longueur ne surpasse pas leur hauteur. Les crins qui les terminent sont longs, et comme tordus les uns autour des autres. On a écrit, avec raison, que ces fanons sont bleuâtres ; mais on aurait dû ajouter, avec l'auteur de l'*Histoire des pêches des Hollandais*, que leur couleur change avec l'âge, et qu'ils deviennent bruns et bordés de jaune.

Vers l'extrémité postérieure du dos s'élève cette nageoire que l'on retrouve sur toutes les baleinoptères, et qui rapproche la nature des cétacés de celle des poissons dont ils partagent le séjour. Cette nageoire dorsale doit être particulièrement remarquée sur le gibbar : elle est triangulaire, courbée en arrière à son sommet et haute du quinzième ou environ de la longueur totale.

Le gibbar se nourrit de poissons assez grands, surtout de ceux qui vivent en troupes très nombreuses. Il préfère les gades, les scombres, les salmones, les clupées, et particulièrement les maquereaux, les salmones arctiques et les harengs.

Il les atteint, les agite, les trouble et les engloutit d'autant plus aisément, que, plus mince et plus délié que la baleine franche, il est plus agile et nage avec une rapidité plus grande. Il lance aussi avec plus de violence, et élève à une plus grande hauteur l'eau qu'il rejette par ses évents, et qui, retombant de plus haut, est entendue de plus loin.

Ces mouvements plus fréquents, plus prompts et plus animés, paraissent influer sur ses affections habituelles, en rendant ses sensations plus variées,

1. *Voyage en Islande*, par MM. Olafsen et Povelsen, rédigé par ordre du roi de Danemark, sous la direction de l'Académie des sciences de Copenhague, et traduit par M. Gautier de la Peyronie, t. III, p. 230.

plus nombreuses et plus vives. Il semble que dans cette espèce la femelle chérit davantage son petit, le soigne plus attentivement, le soutient plus constamment avec ses bras, le protège, pour ainsi dire, et contre ses ennemis et contre les flots, avec plus de sollicitude, le défend avec plus de courage.

Ces différences dans la forme, dans les attributs, dans la nourriture, montrent pourquoi le gibbar ne paraît pas toujours dans les mêmes parages, aux mêmes époques que la baleine franche.

Elles peuvent aussi faire soupçonner pourquoi ce cétacé a un lard moins épais, une graisse moins abondante.

C'est cette petite quantité de substance huileuse qui fait que les pêcheurs ne cherchent pas beaucoup à prendre le gibbar. Sa très grande vitesse le rend d'ailleurs très difficile à atteindre. Il est même plus dangereux de l'attaquer que de combattre la baleine franche : il s'irrite davantage; les coups qu'il donne alors avec ses nageoires et sa queue sont terribles. Avant que les Basques, redoutant la masse du plus grand des cétacés, osassent affronter la baleine franche, ils s'attachaient à la pêche du gibbar; mais l'expérience leur apprit qu'il était et plus difficile de poursuivre et plus hasardeux de harponner ce cétacé, que la première des baleines. Martens rapporte que des matelots d'une chaloupe pêcheuse ayant lancé leur harpon sur un gibbar, l'animal, fuyant avec une vélocité extrême, les surprit, les troubla, les effraya au point de les empêcher de songer à couper la corde fatale qui attachait la nacelle au harpon, et les entraîna sous un vaste banc de glaçons entassés, où ils perdirent la vie.

Cependant on assure que la chair du gibbar a le goût de celle de l'acipensère esturgeon; et dans quelques contrées, comme dans le Groenland, on fait servir à plusieurs usages domestiques les nageoires, la peau, les tendons et les os de ce cétacé.

LA BALEINOPTÈRE JUBARTE

Balæna Boops, Linn., Bonn. — *Balæna Jubartes*, Lacép. [1].

La jubarte se plaît dans les mers du Groenland ; on la trouve surtout entre cette contrée et l'Islande; mais on l'a vue dans plusieurs autres mers

1. Voyez planche VII, fig. 1. — Vraisemblablement *Sulphur bottom*, sur les côtes occidentales de l'Amérique septentrionale. — *Keporkak*, en Groenland. — *Hrafu-reydus*, en Islande. — *Hrafureydur*, ibid. — *Hrefna*, ibid. — *Rengis fiskar*, nom donné par les Islandais aux cétacés qui ont des fanons et qui, de plus, ont des plis sous le ventre. — *Balæna Boops*. Linné, édition de Gmelin. — *Balæna* fistula duplici in rostro, dorso extremo protuberantia cornea. Art. gén. 77, syn. 107. — *Balæna* tripinnis, ventré rugoso, rostro acuto. Brisson, *Regn. anim.*, p. 355, n° 7. — *Baleine jubarte*. Bonnaterre, planches de l'Encyclopédie méthodique. — *Idem*. Édition de Bloch, publiée par R.-R. Castel. — *Jubartes*. Klein, *Miss. pisc.*, 2, t. II, p. 13. — *Jupiterfisch*. Anderson. *Island.*, p. 220. — Cranz, *Groenland*, p. 146. — Eggede, 41. — Strom., 298. — Otho Fabric., 36. — Adel., 384. — Muller. *Zoolog. Dan. prodrom.*, p. 8. — Rai, *Pisc.*, p. 16.

de l'un et de l'autre hémisphère. Il paraît qu'elle passe l'hiver en pleine mer, et qu'elle ne s'approche des côtes et n'entre dans les anses que pendant l'été ou pendant l'automne.

Elle a ordinairement dix-sept ou dix-huit mètres de longueur. Dans un jeune individu de cette espèce, décrit par Sibbald, et qui était long de quinze mètres et un tiers, la circonférence auprès des bras était de sept mètres ; la largeur de la mâchoire inférieure, vers le milieu de sa longueur, d'un mètre et demi ; la longueur de l'ouverture de la gueule, de trois mètres et deux tiers ; la longueur de la langue, de deux mètres ou environ ; la distance du bout du museau aux orifices des évents, de plus de deux mètres ; la longueur des pectorales, d'un mètre et deux tiers ; la largeur de ces nageoires, d'un demi-mètre ; la distance de la nageoire du dos à la caudale, de près de trois mètres ; la largeur de la caudale, de plus de trois mètres ; la distance de l'anus à l'extrémité de cette nageoire de la queue, de près de cinq mètres ; et la longueur du balénas, de deux tiers de mètre.

Le corps, très épais vers les nageoires pectorales, se rétrécit ensuite et prend la forme d'un cône très allongé, continué par la queue, dont la largeur, à son extrémité, n'est, dans plusieurs individus, que d'un demi-mètre.

Les orifices des deux évents sont rapprochés l'un de l'autre, au point de paraître ne former qu'une seule ouverture. Au-devant de ces orifices, on voit trois rangées de petites protubérances très arrondies.

La mâchoire inférieure est un peu plus courte et plus étroite que celle d'en-haut. L'œil est situé au-dessus et très près de l'angle formé par la réunion des deux lèvres ; l'iris paraît blanc ou blanchâtre. Au delà de l'œil, est un trou presque imperceptible : c'est l'orifice du conduit auditif.

Les fanons sont noirs et si courts, qu'ils n'ont souvent qu'un tiers de mètre de longueur.

La langue est grasse, spongieuse, et quelquefois hérissée d'aspérités. Elle est de plus recouverte, vers sa racine, d'une peau lâche qui se porte vers le gosier et paraîtrait pouvoir en fermer l'ouverture, comme une sorte d'opercule.

Quelquefois la jubarte est toute blanche. Ordinairement cependant la partie supérieure de ce cétacé est noire ou noirâtre ; le dessous du ventre et de la queue, marbré de blanc et de noir. La peau qui est très lisse, recouvre une couche de graisse assez mince.

Mais ce qu'il faut remarquer, c'est que, depuis le dessous de la gorge jusque vers l'anus, la peau présente de longs plis longitudinaux, qui, le plus souvent, se réunissent deux à deux vers leurs extrémités, et qui donnent au cétacé la faculté de dilater ce tégument, assez profondément sillonné. Le dos de ces longs sillons est marbré de noir et de blanc ; mais les intervalles qui les séparent sont d'un beau rouge, qui contraste, d'une manière très vive et très agréable à la vue, avec le noir de l'extrémité des fanons et avec le blanc éclatant du dessous de la gueule, lorsque l'animal gonfle sa peau, que les plis s'effacent, et que les intervalles de ces plis se relèvent et paraissent. On a écrit que la jubarte tendait cette peau, ordinairement lâche et plissée, dans les moments où, saisissant les animaux dont elle veut se nourrir, elle ouvre une large gueule et avale une grande quantité d'eau en même temps qu'elle engloutit ses victimes. Mais nous verrons, à l'article de la *Baleinoptère museau pointu*, quel organe particulier ont reçu les cétacés dont la peau du ventre, ainsi sillonnée, peut se prêter à une grande extension.

On a remarqué que la jubarte lançait l'eau par ses évents avec moins de violence que les cétacés qu'elle égale en grandeur; elle ne paraît cependant leur céder ni en force ni en agilité, au moins relativement à ses dimensions. Vive et pétulante, gaie même et folâtre, elle aime à se jouer avec les flots. Impatiente, pour ainsi dire, de changer de place, elle disparaît souvent sous les ondes et s'enfonce à des profondeurs d'autant plus considérables, qu'en plongeant elle baisse sa tête et relève sa caudale, au point de se précipiter, en quelque sorte, dans une situation verticale. Si la mer est calme, elle flotte endormie sur la surface de l'Océan; mais bientôt elle se réveille, s'anime, se livre à toute sa vivacité, exécute avec une rapidité étonnante des évolutions très variées, nage sur un côté, se couche sur son dos, se retourne, frappe l'eau avec force, bondit, s'élance au-dessus de la surface de la mer, pirouette, retombe et disparaît comme l'éclair.

Elle aime beaucoup son petit, qui ne l'abandonne que lorsqu'elle a donné le jour à un nouveau cétacé. On l'a vue s'exposer à échouer sur des bas-fonds, pour l'empêcher de se heurter contre les roches. Naturellement douce et presque familière, elle devient néanmoins furieuse, si elle craint pour lui; elle se jette contre la chaloupe qui le poursuit, la renverse et emporte sous un de ses bras la jeune jubarte qui lui est si chère.

La plus petite blessure suffit quelquefois pour la faire périr, parce que ses plaies deviennent facilement gangréneuses; mais alors la jubarte va très fréquemment expirer bien loin de l'endroit où elle a reçu le coup mortel. Pour lui donner une mort plus prompte, on cherche à la frapper avec une lance derrière la nageoire pectorale : on a observé que, si l'arme pénètre assez avant pour percer le canal intestinal, le cétacé s'enfonce très promptement sous les eaux.

Le mâle et la femelle de cette espèce paraissent unis l'un à l'autre par une affection très forte. Duhamel rapporte qu'on prit en 1723 deux jubartes qui voguaient ensemble, et qui vraisemblablement étaient mâle et femelle. La première qui fut blessée jeta des cris de douleur, alla droit à la chaloupe, et d'un seul coup de queue meurtrit et précipita trois hommes dans la mer. Elles ne voulurent jamais se quitter; et, quand l'une fut tuée, l'autre s'étendit sur elle et poussa des gémissements terribles et lamentables.

Ceux qui auront lu l'histoire de la jubarte ne seront donc pas étonnés que les Islandais ne la harponnent presque jamais : ils la regardent comme l'amie de l'homme; et, mêlant avec leurs idées superstitieuses les inspirations du sentiment et les résultats de l'observation, ils se sont persuadés que la Divinité l'a créée pour défendre leurs frêles embarcations contre les cétacés féroces et dangereux. Ils se plaisent à raconter que, lorsque leurs bateaux sont entourés de ces animaux énormes et carnassiers, la jubarte s'approche d'eux au point qu'on peut la toucher, s'élance sous leurs rames, passe sous la quille de leurs bâtiments, et, bien loin de leur nuire, cherche à éloigner les cétacés ennemis et les accompagne jusqu'au moment où, arrivés près du rivage, ils sont à l'abri de tout danger [1].

Au reste, la jubarte doit souvent redouter le physétère microps.

Elle se nourrit non seulement du testacé nommé *Planorbe boréal*, mais encore de l'*Ammodyte Appât*, du *Salmone arctique* et de plusieurs autres poissons.

LA BALEINOPTÈRE RORQUAL

Balæna musculus, Linn., Bonn. — *Balænoptera Rorqual*, Lacép. — *Balæna Boops*, Cuv. [2].

L'habitation ordinaire du rorqual est beaucoup plus rapprochée des contrées tempérées de l'Europe, que celle de plusieurs autres grands cétacés. Il vit dans la partie de l'océan Atlantique septentrional qui baigne l'Écosse, et par conséquent en deçà du soixantième degré de latitude boréale; d'ailleurs, il s'avance jusque vers le trente-cinquième, puisqu'il entre par le détroit de Gibraltar dans la Méditerranée. Il aime à se nourrir de clupées, et particulièrement de harengs et de sardines, dont on doit croire qu'il suit les nombreuses légions dans leurs divers voyages, se montrant très souvent avec ces bancs immenses de clupées, et disparaissant lorsqu'ils disparaissent.

Il est noir ou d'une couleur noirâtre dans sa partie supérieure, et blanc dans sa partie inférieure. Sa longueur peut aller au moins jusqu'à vingt-six mètres, et sa circonférence à onze ou douze, dans l'endroit le plus gros de son corps [3]. Une femelle dont parle Ascagne avait vingt-deux mètres de lon-

1. Voyage en Islande, par M. Olafsen et M. Povelsen, premier médecin, etc., traduit par M. Gauthier de la Peyronie, t. III, p. 233.
2. Voyez pl. IV, fig. 11, pl. V et VI. — *Rorqual à ventre cannelé.* — *Souffleur.* — *Capidolio*, par les Italiens. — *Steype-reydus*, par les Islandais. — *Steipe-reydur*, ibid. — *Rengisfiskar*, nom donné par les Islandais aux cétacés qui ont des fanons, et dont le dessous du ventre présente des plis. — *Rorqual*, par les Norvégiens. — *Idem*, par les Groenlandais. — *Balæna musculus*. Linné, édit. de Gmelin. — *Balæna fistula duplici in fronte, maxilla inferiore multo latiore*. Artedi, gen. 78, syn. 107. — *Balæna tripinnis, maxillam inferiorem rotundam et superiore multo latiorem habens*. Sibbald. — *Balæna tripinnis, ventre rugoso, rostro rotundo*. Brisson. *Regn. anim.*, p. 354, n° 6. — Rai, *Syn. pisc.*, p. 17. — *Phalaina, Balæna*, etc. Italis Capidolio. Bellon. *Aquat.*, p. 46. — *Balæna* Bellonii. Aldrovand. *Pisc.*, p. 676. — *Baleine rorqual*, Bonnaterre, planche de l'Encyclopédie méthodique. — *Idem*. Édition de Bloch, publiée par R.-R. Castel. — Oth. Fabric, *Faun. Groenland.*, p. 39. — Adel., 394. — Mull. *Prodrom. Zoolog. Dan.*, 49. — *Rorqual*. Ascagne, pl. d'hist. natur., cah. III, p. 4, pl. 26.
3. MM. Olafsen et Povelsen disent, dans la relation de leur voyage en Islande (t. III, p. 231

gueur. La note suivante donnera quelques-unes des dimensions les plus remarquables d'un rorqual de vingt-six mètres de long [1].

La mâchoire inférieure du cétacé que nous décrivons, au lieu de se terminer en pointe comme celle de la jubarte, forme une portion de cercle, quelquefois faiblement festonnée ; celle d'en haut, moins longue et beaucoup moins large, s'emboîte dans celle d'en bas.

La langue est molle, spongieuse et recouverte d'une peau mince. La base de cet organe présente de chaque côté un muscle rouge et arrondi, qui rétrécit l'entrée du gosier, au point que des poissons un peu gros ne pourraient pas y passer. Mais, si cet orifice est très étroit, la capacité de la bouche est immense : elle s'ouvre à un tel degré, dans plusieurs individus de l'espèce du rorqual, que quatorze hommes peuvent se tenir debout dans son intérieur, et que, suivant Sibbald, on a vu une chaloupe et son équipage entrer dans la gueule ouverte d'un rorqual échoué sur le rivage de l'Océan.

On pourra avoir une idée très juste de la forme et de la grandeur de cette bouche énorme, en jetant les yeux sur les dessins que nous avons fait graver, et qui représentent la tête d'un rorqual pris sur les côtes de la Méditerranée, et dont nous allons reparler dans un moment.

Ces mêmes dessins montrent la conformation des fanons de cette espèce de *baleinoptère*.

Ces fanons sont noirs et si courts, que le plus souvent on n'en voit pas qui aient plus d'un mètre de longueur, et plus d'un tiers de mètre de hauteur. On en trouve même, auprès du gosier, qui n'ont que seize ou dix sept centimètres de longueur et dont la hauteur n'est que de trois centimètres ; mais ces fanons sont bordés ou terminés par des crins allongés, touffus, noirs et inégaux.

L'œil est situé au-dessus et très près de l'angle que forment les deux lèvres en se réunissant ; et, comme la mâchoire inférieure est très haute, que la courbure des deux mâchoires relève presque toujours l'angle des deux lèvres un peu plus haut que le bout du museau, et que le dessus de la tête, même auprès de l'extrémité du museau, est presque de niveau avec la nuque, l'œil se trouve placé si près du sommet de la tête, qu'il doit paraître très souvent au-dessus de l'eau, lorsque le rorqual nage à la surface de l'Océan. Ce cétacé

---

de la traduction française), que le rorqual est le plus grnd des cétacés et a une longueur de plus de cent vingt aunes danoises, ou plus de quatre-vingts mètres. Mais c'est à la baleine franche qu'il faut rapporter cette dimension, qui n'a été attribuée au rorqual que par erreur.

1. Longueur de la mâchoire inférieure, quatre mètres et demi ou environ. — Longueur de la langue, un peu plus de cinq mètres. — Largeur de la langue, cinq mètres. — Distance du bout du museau à l'œil, quatre mètres un tiers ou à peu près. — Longueur des nageoires pectorales, trois mètres un tiers. — Plus grande largeur de ces nageoires, cinq sixièmes de mètre. — Distance de la base de la pectorale à l'angle formé par la réunion des deux mâchoires, un peu plus de deux mètres. — Longueur de la nageoire du dos, un mètre. — Hauteur de cette nageoire, deux tiers de mètre. — Distance qui sépare les deux pointes de la caudale, un peu plus de six mètres. Longueur du balénas, un mètre deux tiers. — Distance de l'insertion du balénas à l'anus, un mètre deux tiers.

doit donc apercevoir très fréquemment les objets situés dans l'atmosphère, sans que les rayons réfléchis par ces objets traversent la plus petite couche aqueuse pour arriver jusqu'à son œil, pendant que ces mêmes rayons passent presque toujours au travers d'une couche d'eau très épaisse pour parvenir jusqu'à l'œil de la baleine franche, du nordcaper, du gibbar, etc. L'œil du rorqual admet donc des rayons qui n'ont pas subi de réfraction, pendant que celui du gibbar, du nordcaper, de la baleine franche, n'en reçoit que de très réfractés. On pourrait donc croire, d'après ce que nous avons dit en traitant de l'organe de la vue de la baleine franche, que la conformation de l'œil n'est pas la même dans le rorqual, que dans la baleine franche, le nordcaper, le gibbar ; on pourrait donc supposer, par exemple, que le cristallin du rorqual est moins sphérique que celui des autres cétacés que nous venons de citer ; mais l'observation ne nous a encore rien montré de précis à cet égard ; tout ce que nous pouvons dire, c'est que l'œil du rorqual est plus grand, à proportion, que celui de la baleine franche, du gibbar et du nordcaper.

D'après la position de l'œil du rorqual, il n'est pas surprenant que les orifices des évents soient, dans le cétacé que nous décrivons, très près de l'organe de la vue. Ces orifices sont placés dans une sorte de protubérance pyramidale.

Le corps est très gros derrière la nuque ; et comme, à partir de la sommité du dos on descend d'un côté jusqu'à l'extrémité de la queue, et de l'autre jusqu'au bout du museau, par une courbe qu'aucune grande saillie ou aucune échancrure n'interrompt, on ne doit apercevoir qu'une vaste calotte au-dessus de l'Océan, lorsque le rorqual nage à la surface de la mer, au lieu d'en voir deux comme lorsque la baleine franche sillonne la surface de ce même Océan.

L'ensemble du rorqual paraît donc composé de deux cônes réunis par leur base, et dont celui de derrière est plus allongé que celui de devant.

Les nageoires pectorales sont lancéolées, assez éloignées de l'ouverture de la gueule, et attachées à une hauteur qui égale presque celle de l'angle des lèvres. Nous n'avons pas besoin de faire voir comment cette position peut influer sur certaines évolutions du cétacé[1].

La dorsale commence au-dessus de l'ouverture de l'anus. Elle est un peu échancrée et se prolonge souvent par une petite saillie jusqu'à la caudale.

Cette dernière nageoire se divise en deux lobes, et chaque lobe est échancré par derrière.

La couche de graisse qui enveloppe le rorqual a communément plus de trois décimètres d'épaisseur sur la tête et sur le cou ; mais quelquefois elle n'est épaisse que d'un décimètre sur les côtés du cétacé. Un seul rorqual

---

1. Rappelez ce que nous avons dit de la natation de la baleine franche.

peut donner plus de cinquante tonnes d'huile. Lorsqu'un individu de cette
espèce s'engage dans quelque golfe de la Norvège dont l'entrée est très
étroite, on s'empresse, suivant Ascagne, de la fermer avec de gros filets, de
manière que le cétacé ne puisse pas s'échapper dans l'Océan, ni se dérober
aux coups de lance et de harpon dont il est alors assailli, et sous lesquels il
est bientôt forcé de succomber.

Tout le dessous de la tête et du corps, jusqu'au nombril, présente des
plis longitudinaux, dont la largeur est ordinairement de cinq ou six centimètres, et qui sont séparés l'un de l'autre par un intervalle égal, ou presque
égal, à la largeur d'un de ces sillons. On voit l'ensemble formé par ces plis
longitudinaux remonter de chaque côté, pour s'étendre jusqu'à la base de la
nageoire pectorale. Ces sillons annoncent l'organe remarquable que nous
avons indiqué en parlant de la jubarte, et dont nous allons nous occuper de
nouveau dans l'article de la baleinoptère museau pointu.

En septembre de l'année 1692, un rorqual long de vingt-six mètres
échoua près du château d'Abercorn. Depuis vingt ans, les pêcheurs de
harengs, qui le reconnaissaient à un trou qu'une balle avait fait dans sa
nageoire dorsale, le voyaient souvent poursuivre les légions des clupées.

Le 20 mars 1798, un cétacé de vingt mètres de longueur fut pris dans
la Méditerranée sur la côte occidentale de l'île Sainte-Marguerite, munici-
palité de Cannes, département du Var. Les marins le nommaient *souffleur*.
M. Jacques Quine, architecte de Grasse, en fit un dessin, que le président
de l'administration centrale du département du Var envoya au Directoire
exécutif de la République. Mon confrère M. Révellière-Lépaux, membre de
l'Institut national et alors membre du Directoire, eut la bonté de me donner ce dessin, que j'ai fait graver ; et bientôt après, les fanons, les os de la
tête et quelques autres os de cet animal ayant été apportés à Paris, je reconnus aisément que ce cétacé appartenait à l'espèce du rorqual.

C'est à cette même espèce, qui pénètre dans la Méditerranée, qu'il faut
rapporter une partie de ce qu'Aristote et d'autres anciens naturalistes ont
dit de leur *Mysticetus* et de leur *Baleine*. Il semblerait qu'à beaucoup d'égards
le *Mysticetus* et la *Baleine* des anciens auteurs sont des êtres idéaux, formés
par la réunion de plusieurs traits, dont les uns appartiennent à notre baleine franche, et les autres au gibbar, au rorqual, ou à notre cachalot macrocéphale.

Daléchamp, savant médecin et naturaliste, mort à Lyon en 1588, parle,
dans une de ses notes sur Pline [1], d'un cétacé qu'il avait vu, et qui avait été
jeté sur le rivage de la Méditerranée, auprès de Montpellier. Il donne le nom
d'*Orque* à ce cétacé ; mais il paraît que c'est un rorqual qu'il avait observé.

---

1. Balænarum plana et levis cutis est, orcarum canaliculatim striata, qualem vidimus in litus
ejectam, prope Monspesulum. (Note de Daléchamp sur le chapitre VI du liv. IX de Pline, édit.
de Lyon, 1606.)

LA BALEINOPTÈRE MUSEAU POINTU

Balæna rostrata, Hunter., Fabr., Bonn. — *Balæna Boops*, Cuv. — *Balæna acuto-rostrata*, Lacép. [1].

De toutes les espèces de *baleines* ou de *baleinoptères* que nous connaissons, celle que nous allons décrire est la moins grande. Il paraît qu'elle ne parvient qu'à une longueur de huit ou neuf mètres. Un jeune individu pris aux environs de la rade de Cherbourg n'avait que quatre mètres deux tiers de longueur [2]. Sa circonférence à l'endroit le plus gros du corps était à peine de trois mètres. La mâchoire supérieure était longue de près d'un mètre, et celle d'en bas, d'un mètre et un septième ou environ ; ce qui s'accorde avec ce qu'on a écrit des dimensions ordinaires de la tête. Dans l'individu de cette espèce disséqué par le célèbre Hunter, la longueur de la tête égalait en effet le quart ou à peu près de la longueur totale.

Si l'on considère la baleinoptère museau pointu flottant sur son dos, on voit l'ensemble formé par le corps et la queue présenter une figure ovale très allongée. D'un côté, cet ovale se termine par un cône très étroit, relevé longitudinalement en arête et s'élargissant à son extrémité pour former la nageoire de la queue ; de l'autre côté, et vers l'endroit où sont placés les bras, il est interrompu et se lie avec un autre ovale moins allongé, irrégulier, et que compose le dessous de la tête.

Les deux mâchoires sont pointues, et c'est de cette forme que vient le nom de *museau pointu* donné à l'espèce dont nous nous occupons. La mâchoire supérieure est non seulement moins avancée que celle d'en bas, mais beaucoup moins large ; elle est très allongée, et l'on peut avoir une idée très exacte de sa véritable forme, en examinant une des planches sur lesquelles nous avons fait graver les dessins précieux que sir Joseph Banks a bien voulu nous envoyer.

La pointe qui termine par devant la mâchoire d'en bas est l'extrémité d'une arête longitudinale et très courte, que l'on voit sur la surface inférieure de cette mâchoire.

Le gosier a très peu de largeur.

---

1. *Pike headed whale*, par les Anglais. — *Andarna fia*, par les Islandois. — *Hengis fiskar*, nom donné par les Islandais aux cétacés qui ont des fanons, et dont le dessous du ventre présente des plis. — *Rebbe hual*, par les Norvégiens. — *Dogling*, par les habitants de l'île de Feröe. — *Balæna rostrata*. Linné, édit. de Gmelin. — *Baleine à bec*. Bonnaterre, planches de l'Encyclopédie méthodique. — *Idem*. Édition de Bloch, publiée par R.-R. Castel. — *Balæna rostrata*, minima, rostro longissimo et acutissimo. Muller. *Zoolog. Dan., Prodrom.*, p. 7, n° 48. — *Balæna orc rostrato*, balæna tripinnis edentula minor, rostro parvo. Klein. *Miss. pisc.*, t. II, p 13. — Otho Fabricius. *Faun. Groenland.*, p. 40. — Hunter. *Transact. philosoph.*, 1787.

2. Note manuscrite adressée à M. de Lacépède par M. Geoffroy de Valognes, observateur très éclairé.

Les nageoires pectorales sont situées vers le milieu de la hauteur du corps; elles paraissent au-dessus ou au-dessous de ce point, suivant que le grand réservoir dont nous allons parler est plus ou moins gonflé par l'animal; et voilà d'où vient la différence que l'on peut trouver à cet égard entre les deux figures que nous avons fait graver, l'une d'après M. Hunter, et l'autre d'après les dessins que sir Joseph Banks a bien voulu nous faire parvenir.

La dorsale s'élève au-dessus de l'anus ou à peu près; elle est triangulaire, un peu échancrée par derrière et inclinée vers la nageoire de la queue.

Cette dernière nageoire se divise en deux lobes, dont le côté postérieur est concave, et qui sont séparés l'un de l'autre par une échancrure étroite, mais un peu profonde.

Les naturalistes ont appris du célèbre Hunter que la baleinoptère museau pointu, dans laquelle on trouve quarante-six vertèbres, a un large œsophage et cinq estomacs; que le second de ces estomacs est très grand et plus long que le premier; que le troisième est le moins volumineux des cinq; que le quatrième est aplati et moins grand que les deux premiers; que le cinquième est rond et se termine par le pylore; que les intestins grêles ont cinq fois la longueur du cétacé; que la baleinoptère museau pointu a un cœcum comme la baleine franche, et que la longueur de ce *cœcum* et celle du *colon* réunies surpassent la moitié de la longueur totale.

Les fanons sont d'une couleur blanchâtre; ils ont d'ailleurs très peu de longueur. Le milieu du palais représente une sorte de bande longitudinale très relevée dans son axe, un peu échancrée de chaque côté, mais assez large, même vers le museau, pour que le plus grand des fanons qui sont disposés un peu obliquement sur les deux côtés de cette sorte de bande surpasse de très peu par sa longueur le tiers de la largeur de la mâchoire d'en haut[1].

Au reste, ces fanons sont triangulaires et hérissés, sur leur bord inférieur, de crins blanchâtres et très longs; ils ne sont séparés l'un de l'autre que par un petit intervalle : leur nombre peut aller, de chaque côté, à deux cents, suivant M. Geoffroy de Valognes[2].

La langue, épaisse et charnue, non seulement recouvre toute la mâchoire inférieure, mais, dans plusieurs circonstances, se soulève, se gonfle, pour ainsi dire, s'étend et dépasse le bout du museau.

Le dessous de la tête et de la partie antérieure du corps est revêtu d'une peau plissée; les plis sont longitudinaux, parallèles, et l'on en voit dans toute la largeur du corps, depuis une pectorale jusqu'à l'autre.

Ces plis disparaissent lorsque la peau est tendue, et la peau en se tendant laisse l'intervalle nécessaire pour le développement de l'organe parti-

1. Voyez les planches que nous avons fait graver d'après les dessins envoyés par sir Joseph Banks.
2. Note communiquée à M. de Lacépède par M. Geoffroy.

culier que nous avons annoncé. Cet organe est une grande poche ou vessie
(en anglais, *bladder*), placée en partie dans l'intérieur des deux branches de
la mâchoire inférieure, et qui s'étend au-dessous du corps. On peut juger de
sa position, de sa figure et de son étendue, en jetant les yeux sur une des
gravures que j'ai fait faire d'après les dessins envoyés par sir Joseph Banks.
Cette poche, qui se termine par un angle obtus, a au moins une largeur
égale à celle du corps. Sa longueur, à compter du gosier, égale la distance
qui sépare ce même gosier du bout de la mâchoire supérieure.

Suivant une note écrite sur un des dessins que nous venons de citer, le
cétacé peut gonfler cette poche au point de lui donner un diamètre de près
de trois mètres et demi, lorsque la longueur totale de la baleinoptère est
cependant encore peu considérable. L'air atmosphérique que l'animal reçoit
par ses évents, après que ces mêmes évents lui ont servi à rejeter l'eau sur-
abondante de sa gueule, doit pénétrer dans cette grande poche et la développer.

Cet organe établit un nouveau rapport entre les poissons et les cétacés.
On doit le considérer comme une sorte de vessie natatoire qui donne une
grande légèreté à la baleinoptère, et particulièrement à sa partie antérieure,
que les os et la grosseur de la tête rendent plus pesante que les autres
portions de l'animal.

Peut-être cependant cet organe a-t-il quelque autre usage, car on a
écrit qu'on avait trouvé des poissons dans le *réservoir à air* des cétacés ; ce
qui ne devrait s'entendre que de la poche gutturale de la baleinoptère museau
pointu, du rorqual, de la jubarte, etc.

Au reste, la place et la nature de cet organe peuvent servir à expliquer
le phénomène rapporté par Hunter, lorsque cet habile anatomiste dit que
dans un individu de l'espèce que nous examinons, pris sur le *Dogger-Banck*,
et long de près de six mètres, les mâchoires se tuméfièrent par un accident
dont on ignorait la cause, au point que la tête, devenue plus légère qu'un
pareil volume d'eau, ne pouvait plus s'enfoncer.

Cette supériorité de légèreté que la baleinoptère museau pointu peut
donner à sa tête rend raison en partie de la vitesse avec laquelle elle nage.
On a observé en effet qu'elle voguait avec une rapidité extraordinaire. Elle
poursuit avec tant de célérité les salmones arctiques et les autres poissons
dont elle se nourrit, que, pressés par ce cétacé, et leur fuite n'étant pas
assez prompte pour les dérober au colosse dont la gueule s'ouvre pour les
engloutir, ils sautent et s'élancent au-dessus de la surface des mers ; et cependant sa pesanteur spécifique est peu diminuée par sa graisse. Son lard est
très compact et fournit peu de substance huileuse.

Les plis qui annoncent la présence de cette utile vessie natatoire sont
rouges, ainsi qu'une portion de la lèvre supérieure, et quelques taches
nuageuses, mêlées comme autant de nuances très agréables au blanc de la
partie inférieure du cétacé. La partie supérieure est d'un noir foncé. Les

pectorales sont blanches vers le milieu de leur longueur, et noires à leur base, ainsi qu'à leur extrémité.

Les Groenlandais, pour lesquels la chair de ce cétacé peut être un mets délicat, lui donnent souvent la chasse; mais sa vitesse les empêche le plus souvent de l'approcher assez pour pouvoir le harponner; ils l'attaquent et parviennent à le tuer en lui lançant des dards.

On le rencontre non seulement auprès des côtes du Groenland et de l'Islande, mais encore auprès de celles de Norvège; on l'a vu aussi dans des mers beaucoup moins éloignées du tropique. Il entre dans le golfe britannique. Il pénètre dans le canal de France et d'Angleterre. Un jeune individu de cette espèce échoua, en avril 1791, aux environs de la rade de Cherbourg[1]; et mon célèbre confrère M. Rochon, de l'Institut, m'annonce qu'on vient de prendre à Brest un individu de la même espèce.

Au milieu de plusieurs des mers qu'elle fréquente, la baleinoptère museau pointu a un ennemi redoutable dans le physétère microps qui s'élance sur elle et la déchire. Mais elle peut l'apercevoir de plus loin et l'éviter avec plus de facilité que plusieurs autres cétacés; elle a la vue très perçante. L'œil, ovale et situé à peu de distance de l'angle de réunion des deux mâchoires, avait près d'un décimètre de longueur, dans l'individu de cinq mètres ou environ observé et décrit par M. Geoffroy de Valognes.

MM. Olafsen et Povelsen assurent que l'huile des baleinoptères museau pointu que l'on prend dans la mer d'Islande est très fine, s'insinue facilement au travers des pores de plusieurs vaisseaux de bois ou même d'autre matière plus compacte, et produit des effets très salutaires dans les enflures, les tumeurs et les inflammations[2].

LES NARWALS[3]

LE NARWAL VULGAIRE

Monodon Narwhal, Fabr. — *Monodon monoceros*, Linn., Bonn. — *Narwhalus vulgaris*, Lacép.[4].

Quel intérêt ne doit pas inspirer l'image du narwal! elle exerce le jugement, élève la pensée, et satisfait le génie, par les formes colossales qu'elle

1. Note manuscrite de M. Geoffroy de Valognes.
2. *Voyage en Islande*, traduit par M. Gauthier de .a Peyronie, t. III, p. 234.
3. Voyez la table méthodique placée au commencement de cette histoire.
4. *Narwhal*. Voyez pl. IX, fig. 1. — *Narwal*. — *Licorne de mer*. — *Narhval*, en Norvège. *Lighval*, ibid. — *Narhval*, en Islande. — *Nar-hual*, ibid. — *Naa-hval*, ibid. — *Tauvar*, en Groenland. — *Killelluak*, ibid. — *Kernektok*, ibid. — *Tugalik*, ibid. — *Monodon monoceros*. Linné, édition de Gmelin. — *Monodon*. Artedi, gen. 78, spec. 108. — *Id. Faun. Succ.*, 48. — *Id. Mus. Ad. Fr.*, t. Ier, p. 52. — *Id.* Muller. *Zoolog. Dan. Prodrom.*, p. 6, n° 44. — *Narwhal, oder Einhorn,*

montre, la puissance qu'elle annonce, les phénomènes qu'elle indique ou rappelle ; elle excite la curiosité, elle fait naître une sorte d'inquiétude ; elle touche le cœur, en entraînant l'attention vers les contrées lointaines, vers les montagnes de glaces flottantes, vers les tempêtes épouvantables qui soumettent d'infortunés navigateurs à tous les maux de l'absence, à toutes les horreurs des frimas, à tous les dangers de la mer en courroux ; elle agit enfin sur l'imagination, lui plaît, l'anime et l'étonne, en réveillant toutes les idées attachées à cet être fantastique et merveilleux que les anciens ont nommé *licorne*, ou plutôt en retraçant cet être admirable et réel, ce premier des quadrupèdes, ce dominateur redoutable et paisible des rivages et des forêts humides de la zone torride, cet éléphant si remarquable par sa forme, ses dimensions, ses organes, ses armes, sa force, son industrie et son instinct.

Le narwal est, à beaucoup d'égards, l'éléphant de la mer. Parmi tous les animaux que nous connaissons, eux seuls ont reçu ces dents si longues, si dures, si pointues, si propres à la défense et à l'attaque. Tous deux ont une grande masse, un grand volume, des muscles vigoureux, une peau épaisse. Mais les résultats de leur conformation sont bien différents : l'un, très doux par caractère, n'use de ses armes que pour se défendre, ne repousse que ceux qui le provoquent, ne perce que ceux qui l'attaquent, n'écrase que ceux qui lui résistent, ne poursuit et n'immole que ceux qui l'irritent ; 'l'autre, impatient, pour ainsi dire, de toute supériorité, se précipite sur tout ce qui lui fait ombrage, se jette en furieux contre l'obstacle le plus insensible, affronte la puissance, brave le danger, recherche le carnage, attaque sans provocation, combat sans rivalité et tue sans besoin.

Et ce qui est très remarquable, c'est que l'éléphant vit au milieu d'une atmosphère perpétuellement embrasée par les rayons ardents du soleil des tropiques, et que le narwal habite au milieu des glaces de l'Océan polaire, dans cet empire éternel du froid, que la moitié de l'année voit envahi par les ténèbres.

Mais l'éléphant ne peut se nourrir que de végétaux ; le narwal a besoin d'une proie ; et dès lors tout est expliqué.

On n'a compté jusqu'à présent qu'une ou deux espèces de ces narwals munis de défenses comparables à celles de l'éléphant ; mais nous croyons devoir en distinguer trois. Deux surtout sont séparées l'une de l'autre par de grandes diversités dans les formes, dans les dimensions, dans les habitudes. Nous exposerons successivement les caractères de ces trois espèces, dont les traits distinctifs sont présentés dans notre tableau général des cétacés. Occu-

Anders. *Island.*, p. 225. — *Id.* Cranz. *Groenland.*, p. 146. — *Einhorn.* Mart., *Spitzb.*, p. 94. — *Eenhiorning.* Eggede, *Groenl.*, p. 56. — *Monodon Narwhal.* Bonnaterre, planches de l'Encyclopédie méthodique. — *Id.* Édition de Bloch, publiée par R.-R. Castel. — Oth. Fabric., *Faun. Groenland.*, p. 29. — *Unicornu marinum.* Mus. Wormi., p. 282-283. — Rai, *Pisc.*, p. 11. — *Licorne de mer.* Valmont de Bomare. *Dictionnaire d'histoire naturelle.* — *Narwhal.* Id., ibid. — Klein, *Miss. pisc.*, t. II, p. 18, tab. 2, fig. 6.

pons-nous d'abord du narwal auquel se rapporte le plus grand nombre
d'observations déjà publiées, auquel nous pourrions donner le nom particulier de *macrocéphale*[1], pour désigner la grandeur relative de sa tête, l'un des
rapports les plus frappants de sa conformation avec celle des baleines, et
notamment de la baleine franche, mais auquel nous préférons conserver
l'épithète spécifique de *vulgaire*.

De la mâchoire supérieure de ce narwal sort une dent très longue,
étroite, conique dans sa forme générale et terminée en pointe ; cette dent,
séparée de la mâchoire, a été conservée pendant longtemps, dans les collections des curieux, sous le nom de *corne* ou de *défense de licorne*. On la regardait comme le reste de l'arme placée au milieu du front de cet animal fabuleux, symbole d'une puissance irrésistible, auquel on a voulu que le cheval
et le cerf ressemblassent beaucoup, dont les anciens ne se sont pas contentés
de nous transmettre la chimérique histoire, dont on retrouve l'image sur
plusieurs des monuments qu'ils nous ont laissés, et dont la figure, adoptée
par la chevalerie du moyen âge, a décoré si souvent les trophées des fêtes
militaires, rappelle encore de hauts faits d'armes à ceux qui visitent de vieux
donjons gothiques, et orne les écussons conservés dans une partie de
l'Europe.

Il n'est donc pas surprenant qu'à une époque déjà un peu reculée, elle
ait été vendue très cher.

Cette dent est cannelée en spirale. On ne sait pas encore si la courbe
produite par cette cannelure va, dans tous les individus, de gauche à droite,
ou de droite à gauche ; mais on sait que les pas de vis formés par cette spirale sont très nombreux, et que le plus souvent on en compte plus de seize.

La nature de cette dent se rapproche beaucoup de celle de l'ivoire. Cette
défense est creuse à la base comme celle de l'éléphant ; elle est cependant
plus dure. Ses fibres plus déliées ne forment pas des arcs croisés, comme
les fibres de l'ivoire ; mais elles sont plus étroitement liées, plus ténues ;
elles ont plus de surface, à proportion de leur masse ; elles exercent les unes
sur les autres une force d'affinité plus grande ; elles sont réunies par une
cohérence plus difficile à vaincre : la défense est plus compacte, plus pesante, moins altérable, plus sujette à perdre, en jaunissant, l'éclat et la couleur blanche qui lui sont propres.

Si nous considérons la longueur de cette dent, relativement à la longueur totale de l'animal, nous trouverons qu'elle en est quelquefois le
quart ou à peu près[2]. Il ne faut donc pas être étonné qu'on ait trouvé des
défenses de narwal de plus de trois mètres, et même de quatre mètres et deux
tiers.

1. *Macrocéphale* signifie *grande tête*.
2. Suivant Wormius, et d'après les renseignements qu'un évêque d'Islande lui avait fait
parvenir, la longueur de la dent du narwal est à la longueur totale de ce cétacé comme 7 est
à 30.

Lorsqu'on rencontre un narwal avec une seule dent, on ne voit pas cette défense placée au milieu du front, ainsi qu'on le pensait encore du temps d'Albert[1]; mais elle est située au côté droit ou au côté gauche de la mâchoire supérieure. Plusieurs naturalistes célèbres ont écrit qu'on la trouvait beaucoup plus souvent à gauche qu'à droite. Elle perce la lèvre supérieure, qui entoure entièrement sa base et forme ordinairement autour de cette arme une sorte de bourrelet en anneau, assez large et un peu convexe. Le diamètre de la défense est le plus souvent, à cette même base, d'un trentième de longueur de cette dent, et la profondeur de l'alvéole qui la reçoit et la maintient peut égaler le septième de cette même longueur.

Mais cette dent placée sur le côté gauche ou sur le côté droit, est-elle l'unique défense du narwal? Ce cétacé est-il un véritable *unicorne* ou *licorne de mer?*

On ne peut plus conserver cette opinion. Toutes les analogies devaient faire croire que la dent du narwal n'étant pas placée sur la ligne du milieu de la tête, mais s'insérant dans un des côtés de cette partie, n'est pas unique par une suite de la conformation naturelle de l'animal ; mais les faits connus ne laissent aucun doute à ce sujet.

Lorsqu'on a pris un narwal avec une seule défense, on a trouvé fréquemment, du côté opposé à celui de la dent, un alvéole recouvert par la peau, mais qui renfermait le rudiment d'une seconde défense arrêtée dans son développement. Des capitaines de bâtiments pêcheurs ont attesté à Anderson que plusieurs individus de l'espèce que nous décrivons ont, du côté droit de la mâchoire supérieure, une seconde dent semblable à la première, quoique plus courte et moins pointue ; et pour ne pas allonger cet article sans nécessité et ne citer maintenant qu'un seul fait, le capitaine Dirck-Petersen, commandant le vaisseau *le Lion d'Or*, apporta à Hambourg, en 1689, les os de la tête d'un narwal femelle, dans lesquels deux défenses étaient insérées. La figure gravée de cette tête a été publiée dans plusieurs ouvrages, et récemment dans la partie de l'*Encyclopédie méthodique* que nous devons au professeur Bonnaterre. Ces deux dents n'étaient éloignées l'une de l'autre, à leur sortie du crâne, que de six centimètres ; mais leurs directions s'écartaient de manière qu'il y avait cinquante centimètres de distance entre leurs extrémités ; celle de gauche avait près de deux mètres et demi de long et celle de droite était moins longue de treize centimètres et demi.

D'après ces faits, et indépendamment d'autres raisons, on n'a pas besoin de réfuter les idées des premiers pêcheurs, qui ont cru que la femelle du narwal était privée de défenses, comme la biche est privée de cornes, et qui, par je ne sais quelle suite de conséquences, ont pensé que le cétacé nommé *marsouin* était la femelle du narwal vulgaire.

Anderson assure, d'après un témoin oculaire, pêcheur expérimenté et

1. *Albertus*, XXIV, p. 244 *a*.

observateur instruit, qu'on avait pris un narwal femelle dans le ventre de laquelle on avait trouvé un fœtus qui n'avait aucun commencement de dent. Nous ignorons à quel âge paraissent les défenses ; mais il nous semble que l'on doit croire, avec le professeur Gmelin et d'autres habiles naturalistes, que les narwals ont deux dents pendant leur première jeunesse.

Notre illustre confrère Blumenbach, de la Société des sciences de Gœttingue, etc., a eu occasion de voir un jeune narwal dont la défense gauche excédait déjà la lèvre d'un tiers de mètre ou environ, et dont la défense droite était encore cachée dans son alvéole[1].

Si les cétacés de l'espèce que nous décrivons n'ont qu'une défense lorsqu'ils sont devenus adultes, c'est parce que des chocs violents ou d'autres causes accidentelles, comme les efforts qu'ils font pour casser les blocs de glace dans lesquels ils se trouvent engagés, ont brisé une défense encore trop fragile, comprimé, déformé, désorganisé l'alvéole au point d'y tarir les sources de la production de la dent. Souvent alors la matière osseuse, qui n'éprouve plus d'obstacle, ou qui a été déviée, obstrue cet alvéole ; et la lèvre supérieure, s'étendant sur une ouverture dont rien ne la repousse, la voile et la dérobe tout à fait à la vue.

Nous avons une preuve de ces faits dans un phénomène analogue, présenté par un individu de l'espèce de l'éléphant, dont les défenses ont tant de rapports avec celles du narwal. On peut voir dans la riche collection d'anatomie comparée du Muséum d'histoire naturelle le squelette d'un éléphant mâle, mort il y a deux ans dans ce Muséum. Que l'on examine cette belle préparation que nous devons, ainsi que tant d'autres, aux soins de mon savant collègue M. Cuvier ; on ne verra de défense que du côté gauche de la mâchoire supérieure, et l'alvéole de la défense droite est oblitéré. Cependant, non seulement tout le monde sait que les éléphants ont deux défenses, mais encore l'individu mort dans la ménagerie du Muséum en avait deux lorsqu'on l'a fait partir du château de Loo, en Hollande, pour l'amener à Paris. C'est pendant son voyage et en s'efforçant de sortir d'une grande et forte caisse de bois dans laquelle on l'avait fait entrer pour le transporter, qu'il cassa sa défense droite. Il avait alors près de quatorze ans, et il n'a vécu que cinq ans depuis cet accident.

Quoi qu'il en soit, quelle arme qu'une défense très dure, très pointue, et de cinq mètres de longueur! quelles blessures ne doit-elle pas faire, lorsqu'elle est mise en mouvement par un narwal irrité !

Ce cétacé nage en effet avec une si grande vitesse, que le plus souvent il échappe à toute poursuite ; et voilà pourquoi il est si rare de prendre un individu de cette espèce, quoiqu'elle soit assez nombreuse. Cette rapidité extraordinaire n'a pas été toujours reconnue, puisque Albert et d'autres au-

1. *Abbildungen naturhistorischer gegenstande*..... von J.-Fr. Blumenbach; Gœttingue, n° 44.

teurs de son temps, ou plus anciens, ont au contraire fait une mention ex-
presse de la lenteur qu'on attribuait au narwal. On la retrouve néanmoins
non seulement dans la fuite de ce cétacé, mais encore dans ses mouvements
particuliers et dans ses diverses évolutions ; et quoique ses nageoires pectorales soient courtes et étroites, il s'en sert avec tant d'agilité, qu'il se tourne
et retourne avec une célérité surprenante. Il n'est qu'un petit nombre de
circonstances où les narwals n'usent pas de cette faculté remarquable. On ne
les voit ordinairement s'avancer avec un peu de lenteur que lorsqu'ils forment une grande troupe ; dans presque tous les autres moments, leur vélocité est d'autant plus effrayante qu'elle anime une grande masse. Ils ont
depuis quatorze jusqu'à vingt mètres de longueur, et une épaisseur de
plus de quatre mètres dans l'endroit le plus gros de leurs corps ; aussi a-t-on
écrit[1] depuis longtemps qu'ils pouvaient se précipiter, par exemple, contre
une chaloupe, l'écarter, la briser, la faire voler en éclats, percer le bord
des navires avec leur défense, les détruire ou les couler à fond. On a trouvé
de leurs longues dents enfoncées très avant dans la carène d'un vaisseau
par la violence du choc, qui les avait ensuite cassées plus ou moins près de
leur base. Ces mêmes armes ont été également vues profondément plantées
dans le corps des baleines franches. Ce n'est pas que nous pensions, avec
quelques naturalistes, que les narwals aient une sorte de haine naturelle
contre ces baleines ; mais on a écrit qu'ils étaient très avides de la langue
de ces cétacés, comme les dauphins gladiateurs ; qu'ils la dévoraient avec
avidité, lorsque la mort ou la faiblesse de ces baleines leur permettaient de
l'arracher sans danger. Et d'ailleurs, tant de causes peuvent allumer une
ardeur passagère et une fureur aveugle contre toute espèce d'obstacles,
même contre le plus irrésistible et contre l'animal le plus dangereux, dans
un être moins grand, moins fort sans doute que la baleine franche, mais
très vif, très agile et armé d'une pique meurtrière ! Comment cette lance
si pointue, si longue, si droite, si dure, n'entrerait-elle pas assez avant dans
le corps de la baleine pour y rester fortement attachée ?

Et dès lors, quel habitant des mers pourrait ne pas craindre le narwal ?
Non seulement avec ses dents il fait des blessures mortelles, mais il atteint
son ennemi d'assez loin pour n'avoir point à redouter ses armes. Il fait
pénétrer l'extrémité de sa défense jusqu'au cœur de cet ennemi, pendant que
sa tête est éloignée de trois ou quatre mètres. Il redouble ses coups ; il le
perce, il le déchire, il lui arrache la vie, toujours hors de portée, toujours
préservé de toute atteinte, toujours garanti par la distance. D'ailleurs, au
lieu d'être réduit à frapper ses victimes, il en est qu'il écarte, soulève, enlève,
lance avec ses dents, comme le bœuf avec ses cornes, le cerf avec ses bois,
l'éléphant avec ses défenses.

1. *Auctor de natura rerum*, apud Vincentium, XVII, cap. 120. — *Albertus*, XXIV, p. 244 *a*.
— Voyez l'ouvrage du savant Schneider, qui a pour titre *Petri Artedi Synonymia*, etc. Lipsiæ,
1789.

Mais ordinairement, au lieu d'assouvir sa rage ou sa vengeance, au lieu
de défendre sa vie contre les requins, les autres grands squales et les divers
tyrans des mers, le narwal, ne cédant qu'au besoin de la faim, ne cherche
qu'une proie facile : il aime, parmi les mollusques, ceux que l'on a nommés
planorbes; il paraît préférer, parmi les poissons, les *pleuronectes pôles.* On
trouve dans Willughby, dans Worm, dans Klein et dans quelques autres
auteurs qui ont recueilli diverses opinions relatives à ce cétacé, qu'il n'est pas
rebuté par les cadavres des habitants des mers, que ces restes peuvent lui
convenir, qu'il les recherche comme aliments, et que le mot *narwhal* vient
de *whal,* qui veut dire *baleine,* et de *nar,* qui, dans plusieurs langues du
Nord, signifie *cadavre.*

Il lui arrive souvent de percer avec sa défense les poissons, les mollusques et les fragments d'animaux dont il veut se nourrir. Il les enfile, les
ramène jusqu'auprès de sa bouche, et, les saisissant avec ses lèvres et ses
mâchoires, les dépèce, les réduit en lambeaux, les détache de sa dent et les
avale.

Il trouve aisément, dans les mers qu'il fréquente, la nourriture la plus
analogue à ses organes et à ses appétits.

Il vit vers le quatre-vingtième degré de latitude, dans l'océan Glacial
arctique. Il s'approche cependant des latitudes moins élevées. Au mois de
février 1736, Anderson vit à Hambourg un narwal qui avait remonté l'Elbe,
poussé, pour ainsi dire, par une marée très forte.

Tous les individus de l'espèce à laquelle cet article est consacré n'ont
pas les mêmes couleurs : les uns sont noirs, les autres gris, les autres nuancés
de noir et de blanc[1]. Le plus grand nombre est d'un blanc quelquefois éclatant et quelquefois un peu grisâtre, parsemé de taches noires, petites, inégales, irrégulières. Presque tous ont le ventre blanc, luisant et doux au
toucher ; et comme, dans le narwal, ni le ventre ni la gorge ne présentent de
rides ou de plis, aucun trait saillant de la conformation extérieure n'indique
l'existence d'une grande poche natatoire auprès de la mâchoire inférieure de
ce cétacé, comme dans la jubarte, le rorqual et la baleinoptère museau
pointu.

Sa forme générale est celle d'un ovoïde. Il a le dos convexe et large ; la
tête est très grosse, et assez volumineuse pour que sa longueur soit égale au
quart ou à peu près de la longueur totale. La mâchoire supérieure est recouverte par une lèvre plus épaisse, et avance plus que celle d'en bas. L'ouverture de la bouche est très petite ; l'œil, assez éloigné de cette ouverture, forme
un triangle presque équilatéral, avec le bout du museau et l'orifice des évents.
Les nageoires pectorales sont très courtes et très étroites ; les deux lobes de
la caudale ont leurs extrémités arrondies ; une sorte de crête ou de saillie
longitudinale, plus ou moins sensible, s'étend depuis les évents jusque vers

1. *Histoire des pêches des Hollandais dans les mers du Nord,* t. 1er, p. 182.

la nageoire de la queue et diminue de hauteur à mesure qu'elle est plus voisine de cette nageoire.

Les deux évents sont réunis de manière qu'ils n'ont plus qu'un seul orifice. Cette ouverture est située sur la partie postérieure et la plus élevée de la tête ; l'animal la ferme à volonté, par le moyen d'un opercule frangé et mobile, comme sur une charnière ; et c'est à une assez grande hauteur que s'élève l'eau qu'il rejette par cet orifice.

On ne prendrait les narwals que très difficilement, s'ils ne se rassemblaient pas en troupes très nombreuses dans les anses libres de glaçons, ou si on ne les rencontrait pas, dans la haute mer, réunis en grandes bandes. Rapprochés les uns des autres lorsqu'ils forment une sorte de légion au milieu du vaste Océan, ils ne nagent alors qu'avec lenteur, ainsi que nous l'avons déjà dit. On s'approche avec précaution de leurs longues files. Ils serrent leurs rangs et se pressent tellement, que les défenses de plusieurs de ces cétacés portent sur le dos de ceux qui les précèdent. Embarrassés les uns par les autres, au point d'avoir les mouvements de leurs nageoires presque entièrement suspendus, ils ne peuvent ni se retourner, ni avancer, ni échapper, ni combattre, ni plonger qu'avec peine ; et les plus voisins des chaloupes périssent sans défense sous les coups des pêcheurs.

Au reste, on retire des narwals une huile qu'on a préférée à celle de la baleine franche. Les Groenlandais aiment beaucoup la chair de ces cétacés, qu'ils font sécher en l'exposant à la fumée. Ils regardent les intestins de ces animaux comme un mets délicieux. Les tendons du narwal leur servent à faire de petites cordes très fortes ; et l'on a écrit que de plus ils retiraient de son gosier plusieurs *vessies* utiles pour la pêche[1], ce qui pourrait faire croire que ce cétacé a sous la gorge, comme la baleinoptère museau pointu, le rorqual et la jubarte, une grande poche très souple, un grand réservoir d'air, une large *vessie natatoire*, quoique aucun pli de la peau n'annonce l'existence de cet organe.

On emploie la défense, ou, si on l'aime mieux, l'*ivoire* du narwal, aux mêmes usages que l'ivoire de l'éléphant, et même avec plus d'avantage, parce que, plus dur et plus compact, il reçoit un plus beau poli et ne jaunit pas aussi promptement. Les Groenlandais en font des flèches pour leurs chasses et des pieux pour leurs cabanes. Les rois de Danemark ont eu, diton, et ont peut-être encore, dans le château de Rosenberg, un trône composé de défenses de narwals. Quant aux prétendues propriétés de cet ivoire contre les poisons et les maladies pestilentielles, on ne trouvera que trop de détails à ce sujet dans Bartholin, dans Wormius, dans Tulpius, etc. Mais comment n'aurait-on pas attribué des qualités extraordinaires à des défenses rares, d'une forme singulière, d'une substance assez belle, qu'on apportait de très loin, que l'on n'obtenait qu'en bravant de grands dangers, et qu'on avait

1. Voyez le *Traité des pêches* de Duhamel.

pendant longtemps regardées comme l'arme toute-puissante d'un animal aussi merveilleux que la fameuse *licorne*?

En écartant cependant toutes ces erreurs, quel résultat général peut-on tirer de la considération des organes et des habitudes du narwal? Cet éléphant de la mer, si supérieur à celui de la terre par sa masse, sa vitesse, sa force, et son égal par ses armes, lui est-il comparable par son industrie et son instinct? Non : il n'a pas reçu cette trompe longue et flexible; cette main souple, déliée et délicate; ce siège unique de deux sens exquis, de l'odorat qui donne des sensations si vives, et du toucher qui les rectifie; cet instrument d'adresse et de puissance, cet organe de sentiment et d'intelligence. Il faudrait bien plutôt le comparer au rhinocéros ou à l'hippopotame. Il est ce que serait l'éléphant, si la nature le privait de sa trompe.

LE NARWAL MICROCÉPHALE

Narwhalus microcephalus, LACÉP.

Cette espèce est très différente de celle du narwal vulgaire; nous pouvons en indiquer facilement les caractères, d'après un dessin très exact, fait dans la mer de Boston, au mois de février 1800, par M. W. Braud, et que sir Joseph Banks a eu la bonté de nous envoyer.

Nous nommons ce narwal le *microcéphale*, parce que sa tête est en effet très petite relativement à celle du narwal vulgaire. Dans ce dernier cétacé, la longueur de la tête est le quart, ou à peu près, de la longueur totale; dans le microcéphale, elle n'en est que le dixième. La tête de ce microcéphale est d'ailleurs distincte du corps, au-dessus de la surface duquel elle s'élève un peu en bosse.

L'ensemble de ce narwal, au lieu de représenter un ovoïde, est très allongé et forme un cône très long, dont une extrémité se réunit à la caudale, et dont la partie opposée est grossie irrégulièrement par le ventre.

Ce cétacé ne parvient qu'à des dimensions bien inférieures à celles du narwal vulgaire. C'est à cette espèce qu'il faut rapporter la plupart des narwals dont on n'a trouvé la longueur que de sept ou huit mètres [1]. L'individu pris auprès de Boston n'avait pas tout à fait huit mètres de long; et nous avons dit, dans l'article précédent, qu'un narwal vulgaire avait souvent plus de vingt mètres de longueur.

Malgré cette infériorité du microcéphale, ses défenses ont quelquefois une longueur presque égale au tiers de la longueur entière de l'animal, pendant que celles du narwal vulgaire n'atteignent que le quart de cette longueur

---

1. Voyez l'édition de Linné, donnée par le professeur Gmelin, article du *Monodon monoceros*, la description des planches de l'Encyclopédie méthodique, par le professeur Bonnaterre, article du *Monodon narwal*, et Artedi, genre 49, p. 78.

totale. Cette proportion dans les dimensions des défenses rend la petitesse de
la tête du microcéphale encore plus sensible et peut contribuer à le faire
reconnaître. Dans l'individu dessiné par M. Brand, et dont nous avons fait
graver la figure, on ne voyait qu'une défense ; cette arme était placée sur le
côté gauche de la mâchoire supérieure; la spirale formée par les stries assez
profondes de cette dent allait de droite à gauche. La longueur de cette défense
était de huit vingt-cinquièmes de la longueur du cétacé ; mais nous trouvons
une défense plus grande encore à proportion dans un narwal dont Tulpius a
fait mention [1], qui vraisemblablement était de l'espèce que nous décrivons,
et dont le cadavre fut trouvé, en juin 1648, flottant sur la mer, près de l'île
Maja. La longueur de ce cétacé n'était que de sept mètres et un tiers ; et sa
défense avait trois mètres de longueur, en y comprenant la partie renfermée
dans l'alvéole, et qui avait un demi-mètre de long. Au reste, cette défense,
décrite par Tulpius, était dure, très polie, très blanche, striée profondément
et placée sur le côté droit.

Le microcéphale étant beaucoup plus délié que le narwal vulgaire, sa
vitesse doit être plus grande que celle de ce cétacé, quelque étonnante que
soit la rapidité avec laquelle nage ce dernier narwal. Sa force serait donc
plus redoutable, si sa masse ne le cédait à celle du narwal vulgaire, encore
plus que la vivacité de ses mouvements ne doit l'emporter sur celle des mouvements du narwal à grande tête.

Nous venons de voir qu'on a pris un microcéphale auprès de Boston, et
par conséquent vers le quarantième degré de latitude. D'un autre côté, il
paraît qu'on doit rapporter à cette espèce les narwals vus dans le détroit de
Davis, et desquels Anderson avait appris par des capitaines de vaisseau
qu'ils avaient le corps très allongé, qu'ils ressemblaient par leurs formes à
l'acipensère esturgeon, mais qu'ils n'avaient pas la tête aussi pointue que ce
cartilagineux.

L'individu pris dans la mer qui baigne les rivages de Boston était d'un
blanc varié par des taches très petites, nuageuses, bleuâtres, plus nombreuses et plus foncées sur la tête, au bout du museau, sur la partie la plus
élevée du dos, sur les nageoires pectorales et sur la nageoire de la queue.

Le museau du microcéphale est très arrondi ; la tête, vue par devant,
ressemble à une boule. La mâchoire supérieure est un peu plus avancée que
celle d'en bas. L'ouverture de la bouche n'a qu'un petit diamètre. L'œil, très
petit, est un peu éloigné de l'angle que forme la réunion des deux mâchoires,
et à peu près aussi bas que cet angle. Les pectorales sont à une distance du
bout du museau, égale à trois fois ou environ la longueur de la tête. La saillie
longitudinale que l'on remarque sur le dos, et qui s'étend jusqu'à la nageoire de la queue, s'élève assez vers le milieu de la longueur totale et auprès de la caudale, pour imiter dans ces deux endroits un commencement

---

1. Tulpius, *Observ. medic.*, cap. LIX.

de fausse nageoire. La caudale se divise en deux lobes arrondis et recourbés vers le corps, de manière à représenter une ancre. L'ouverture des évents est un croissant dont les pointes sont tournées vers la tête.

LE NARWAL ANDERSON

Narwhalus andersonianus, LACÉP.

Anderson a vu à Hambourg des défenses de narwal qui n'étaient ni striées ni cannelées, mais dont la surface était absolument unie et dont la longueur était considérable. D'autres observateurs en ont examiné de semblables[1]. On ne peut pas regarder ces dents comme des produits d'une désorganisation individuelle; on ne peut pas les considérer non plus comme l'attribut de l'âge, le signe du sexe, ou la marque de l'influence du climat, puisqu'on a vu les narwals vulgaires, ou les microcéphales, de tout âge, des deux sexes et des différentes mers, présenter des défenses de même nature, de même forme, également striées en spirale et profondément sillonnées. Nous devons donc rapporter ces défenses unies à une troisième espèce de narwal, et nous lui donnons le nom de l'observateur auquel on doit la connaissance de ces grandes dents à surface entièrement lisse.

LES ANARNAKS [2]

L'ANARNAK GROENLANDAIS

Anarnak groenlandicus, LACÉP. — *Monodon spurius*, FABR., BONN. — *Delphinus anarnak* [3].

La brièveté des dents, la courbure de leur extrémité et la nageoire du dos distinguent le genre des *anarnaks* de celui des narwals, qui n'ont pas de nageoire dorsale, et dont les défenses sont très longues et très droites dans toute leur longueur. Otho Fabricius a fait connaître la seule espèce de cétacé que nous puissions inscrire dans ce genre. Les Groenlandais ont donné à cette espèce le nom d'*anarnak*, que nous lui conservons comme dénomination générique. Ce nom désigne la qualité violemment purgative des chairs

1. Willughby (livre II, p. 43 de son *Ichthyologie*) dit que les défenses du narwal qui ne présentent ni spirales ni stries sont rares; mais il donne la figure de trois de ces défenses lisses et coniques, pl. A 2.

2. Voyez les caractères du genre des *Anarnaks* dans la table méthodique qui est à la tête de cette Histoire.

3. *Anarnak*, dans le Groenland. — Otho Fabricius. *Fauna Groenlandica*, 31. — *Monodon spurius*. Bonnaterre, planche de l'Encyclopédie méthodique.

et de la graisse de ce cétacé. Il vit dans la mer qui baigne les côtes groen-
landaises ; il s'approche rarement du rivage. Son corps est allongé, et sa couleur noirâtre.

LES CACHALOTS[1]

LE CACHALOT MACROCÉPHALE

Physeter macrocephalus, Linn., Bonn., Shaw., Cuv. — *Catodon*
macrocephalus, Lacép.[2].

Quel colosse nous avons encore sous les yeux ! Nous voyons un des géants
de la mer, des dominateurs de l'Océan, des rivaux de la baleine franche.
Moins fort que le premier des cétacés, il a reçu des armes formidables, que
la nature n'a pas données à la baleine. Des dents terribles par leur force et
par leur nombre[3] garnissent les deux côtés de sa mâchoire inférieure. Son
organisation intérieure, un peu différente de celle de la baleine, lui impose
d'ailleurs le besoin d'une nourriture plus substantielle, que des légions d'animaux assez grands peuvent seules lui fournir. Aussi ne règne-t-il pas sur
les ondes en vainqueur pacifique, comme la baleine; il y exerce un empire
redouté : il ne se contente pas de repousser l'ennemi qui l'attaque, de briser
l'obstacle qui l'arrête, d'immoler l'audacieux qui le blesse; il cherche sa
proie, il poursuit ses victimes, il provoque au combat ; et s'il n'est pas aussi
avide de sang et de carnage que plusieurs animaux féroces, s'il n'est pas le
tigre de la mer, du moins n'est-il pas l'éléphant de l'Océan.

---

1. Voyez les caractères du genre des cachalots dans la table méthodique qui est à la tête
de cette Histoire.
2. Voyez les planches X, XI et XII, fig. 1 et 2. — Cachalot. — *Potvisch,* par les Hollandais.
— *Kaizilot,* ibid. — *Pottfisch,* par les Allemands. — *Caschelott,* ibid. — *Kaskelot,* en Norvège.
— *Potfisk,* ibid. — *Trold-hual,* ibid. — *Hunz-hval,* ibid. — *Sue-hval,* ibid. — *Buur-hval,* ibid.—
Bardhvalir, ibid. — *Rod-kammen* (peigne rouge), par les Islandais. — *Ill-hvel,* nom donné par
les Islandais aux cétacés dont les mâchoires sont armées de dents, et qui sont carnassiers et
dangereux. — *Spermaceti,* par les Anglais. — *Fianfiro?* au Japon. — *Mokos?* ibid. — *Physeter
microcephalus.* Linné, édition de Gmelin. — *Grand cachalot; Physeter macrocephalus.* Bonnaterre, planches de l'Encyclopédie méthodique. — *Id.* Édition de Bloch, publiée par R. R. Castel.
—*Catodon fistula in cervice.* Faun. Suecic, 53.— *Id.,* Artedi, gen. 78, syn. 108.—Cetus bipinnis
supra niger, infra albicans, fistula in cervice. Brisson, *Regn. animal.,* p. 357, n° 1. — Cetepot
walfish Batavis maris accolis dictum, et balæna major, in inferiore tantum maxilla, dentata,
macrocephala, bipinnis Sibb. Rai. *Pisc.,* p. 11. — A whirle-pool, — pot walfish.—Cete Clusio, etc.
Willughby, liv. II, p. 41. — *Balæna.* Id., pl. A 1, fig. 3. — *Cetus dentatus.* Mus. Worm.,
p. 280. — *Id.* Jonston, *Pisc.,* p. 215, fig. 41-42. — *Cete Clusii.* Klein, *Miss. pisc.,* t. II, p. 14. —
Aliud cete admirabile. Clus. *Exot.,* p. 131. — Eggede, *Groenland.,* p. 54.— Anders. *Isl.,* p. 232.
— Cranz, *Groenland.,* p. 148. — Nous n'avons pas besoin de prévenir nos lecteurs qu'en citant
dans la synonymie de cet article, ou dans celle des autres articles de cette Histoire, les ouvrages
des naturalistes anciens ou modernes, nous avons été souvent bien éloignés d'adopter les descriptions qu'ils ont données des cétacés dont ils ont parlé.
3. Suivant Anderson, le nom de *cachalot* a été donné, sur les rives occidentales de la France
méridionale, au cétacé que nous décrivons, et signifie *animal à dents.*

Sa tête est une des plus volumineuses, si elle n'est pas la plus grande de toutes celles que l'on connaît. Sa longueur surpasse presque toujours le tiers de la longueur totale du cétacé. Elle paraît comme une grosse masse tronquée par devant, presque cubique, et terminée par conséquent à l'extrémité du museau par une surface très étendue, presque carrée et presque verticale. C'est dans la surface inférieure de ce cube immense, mais imparfait, que l'on voit l'ouverture de la bouche, étroite, longue, un peu plus reculée que le bout du museau, et fermée à la volonté du cachalot par la mâchoire d'en bas, comme par un vaste couvercle renversé.

Cette mâchoire d'en bas est donc évidemment plus courte que celle d'en haut. Nous avons dans le Muséum d'histoire naturelle les deux mâchoires d'un cachalot macrocéphale. La supérieure a cinq mètres quatre-vingt-douze centimètres de longueur ; l'inférieure n'est longue que de quatre mètres quatre-vingt-six centimètres.

Mais la mâchoire d'en haut du macrocéphale l'emporte encore plus par sa largeur que par sa longueur sur celle d'en bas, qu'elle entoure, et qui s'emboîte entre ses deux branches. Celle du cachalot que nous venons d'indiquer a un mètre soixante-deux centimètres de large ; l'inférieure n'a, vers le bout du museau, que trente-deux centimètres de largeur ; et ses deux branches, en s'écartant, ne forment qu'un angle de quarante degrés [1].

Chaque branche de la mâchoire d'en bas a quelquefois cependant un tiers de mètre d'épaisseur. La chair des gencives est ordinairement très blanche, dure comme de la corne, revêtue d'une sorte d'écorce profondément ridée, et ne peut être détachée de l'os qu'après avoir éprouvé pendant plusieurs heures une ébullition des plus fortes.

Le nombre des dents qui garnissent de chaque côté la mâchoire d'en bas est de vingt-trois, suivant le professeur Gmelin ; il était de vingt-quatre dans l'individu dont une partie de la charpente osseuse est conservée dans le Muséum d'histoire naturelle ; il était de vingt-cinq dans un autre individu examiné par Anderson ; et selon plusieurs écrivains, il varie depuis vingt-trois jusqu'à trente. On ne peut plus douter que ce nombre ne dépende de l'âge du cétacé et ne croisse avec cet âge ; mais nous devons remarquer, avec le savant Hunter, que dans les cétacés la dent paraît toute formée dans l'alvéole ; elle ne s'allonge qu'en pénétrant dans la gencive. La mâchoire s'accroît en se prolongeant par son bout postérieur. C'est vers le gosier qu'il paraît de nouvelles dents à mesure que l'animal se développe ; et de là vient que dans les cétacés, et particulièrement dans le macrocéphale, les alvéoles de la mâchoire supérieure sont d'autant plus profonds qu'ils sont plus près du museau.

Ces dents sont fortes, coniques, un peu recourbées vers l'intérieur de la gueule. Les deux premières et les quatre dernières de chaque rangée sont

---

1. La figure de cette mâchoire inférieure a été gravée dans les planches de l'Encyclopédie méthodique, sous la direction de M. Bonnaterre. *Cétologie*, pl. 6. fig. 3.

quelquefois moins grosses et plus pointues que les autres. Elles ont à l'extérieur la couleur et la dureté de l'ivoire ; mais elles sont, à l'intérieur, plus tendres et plus grises. On a écrit qu'elles devenaient plus longues, plus grosses et plus recourbées, à mesure que le cétacé vieillit. Lorsqu'elles n'ont encore qu'un sixième de mètre de longueur, leur circonférence est d'un douzième de mètre à l'endroit où elles ont le plus de grosseur. La mâchoire supérieure présente autant d'alvéoles qu'il y a de dents à la mâchoire d'en bas. Ces alvéoles reçoivent, lorsque la bouche se ferme, la partie de ces dents qui dépasse les gencives ; et presque à la suite de chacune de ces cavités, on découvre une dent petite, pointue à son extrémité, située horizontalement, et dont on voit à peine, au-dessus de la chair, une surface plane, unie et oblique.

La langue est charnue, un peu mobile, d'un rouge livide, et remplit presque tout le fond de la gueule.

L'œil est situé plus haut que dans plusieurs grands cétacés. On le voit au-dessus de l'espace qui sépare l'ouverture de la gueule de la base de la pectorale, et à une distance presque égale de cet espace et du sommet de la tête. Il est noirâtre, entouré de poils très ras et très difficiles à découvrir. Cet organe n'a d'ailleurs qu'un très petit diamètre ; et Anderson assure que, dans un individu de cette espèce, poussé dans l'Elbe par une forte tempête en décembre 1720, et qui avait plus de vingt-trois mètres de longueur, le cristallin n'était que de la grosseur d'une balle de fusil.

Au reste, nous devons faire remarquer avec soin que l'œil du macrocéphale est placé au sommet d'une sorte d'éminence ou de bosse, peu sensible à la vérité, mais qui cependant s'élève au-dessus de la surface de la tête, pour que le museau n'empêche pas cet organe de recevoir les rayons lumineux réfléchis par les objets placés devant le cétacé, pourvu que ces objets soient un peu éloignés. Aussi le capitaine Colnett dit-il, dans la relation de son voyage, que le cachalot poursuit sa proie sans être obligé d'incliner le grand axe de sa tête et de son corps sur la ligne le long de laquelle il s'avance.

On a peine à distinguer l'orifice du conduit auditif. Il est cependant situé sur une sorte d'excroissance de la peau, entre l'œil et le bras ou la nageoire pectorale.

Les deux évents aboutissent à une même ouverture, dont la largeur est souvent d'un sixième de mètre. L'animal lance avec force, et à une assez grande hauteur, l'eau qu'il fait jaillir par cet orifice. Mais ce fluide, au lieu de s'élever verticalement, décrit une courbe dirigée en avant, et par conséquent, au lieu de retomber sur les évents, lorsque le cachalot est en repos, retombe dans la mer, à une distance plus ou moins grande de l'extrémité du museau. Cet effet vient de la direction des évents et de la position de leur orifice. Ces tuyaux forment une diagonale qui part du fond du palais, traverse l'intérieur de la tête et se rend à l'extrémité supérieure du bout du museau, où elle se termine par une ouverture inclinée à l'horizon. L'eau lancée par cette ouverture et par ces tuyaux inclinés tend à s'élever dans l'atmosphère dans la même direction ; et sa pesanteur, qui la ramène sans cesse vers la surface de la mer, doit alors lui faire décrire une parabole en avant du tube dont elle est partie.

Le macrocéphale n'est pas obligé de se servir d'évents pour respirer, aussi souvent que la baleine franche ; il reste beaucoup plus longtemps sous l'eau ; et l'on doit croire, d'après le capitaine Colnett, que plus il est grand, et moins, tout égal d'ailleurs, il vient fréquemment à la surface de l'Océan.

La nuque est indiquée dans ce cétacé par une légère dépression, qui s'étend de chaque côté jusqu'à la nageoire pectorale.

Vers les deux tiers de la longueur du dos, s'élève insensiblement une sorte de callosité longitudinale, que l'on croirait tronquée par derrière, et qui présente la figure d'un triangle rectangle très allongé.

Le ventre est gros et arrondi. La queue, dont la longueur est souvent inférieure à celle de la tête, est conique, d'un très petit diamètre vers la caudale, et par conséquent très mobile.

Une gaine enveloppe la verge du mâle ; et c'est dans une cavité longitudinale de près d'un demi-mètre de longueur, que chacune des deux mamelles de la femelle est cachée et placée comme dans une sorte d'abri. La mamelle et le mamelon n'ont ensemble qu'une longueur d'un sixième de mètre ou à peu près ; mais ils s'allongent, et la mamelle devient pendante, lorsque la mère allaite son petit.

La graisse ou le lard que l'on trouve au-dessous de la peau a près de deux décimètres d'épaisseur, La chair est d'un rouge pâle.

On a écrit que le diamètre de l'aorte du macrocéphale était souvent d'un tiers de mètre, et qu'à chaque systole il sort du cœur de ce cétacé près de cinquante litres de sang.

Les sept vertèbres du cou, ou du moins les six dernières, sont soudées ensemble ; elles sont réunies par une sorte d'ankylose, qui cependant n'empêche pas de les distinguer toutes et de voir que les cinq intermédiaires sont très minces [1]. Cette particularité contribue à montrer pourquoi le cachalot ne remue pas la tête sans mouvoir le corps.

On ignore encore le nombre des vertèbres dorsales et caudales du macrocéphale ; mais on conserve, dans les galeries d'anatomie comparée du Muséum d'histoire naturelle, trente-trois de ces vertèbres, dont la hauteur est de dix-huit centimètres, et la largeur de vingt et un.

Anderson ayant examiné le bout de la queue du cachalot macrocéphale de vingt-trois mètres de longueur, pris dans l'Elbe, et dont nous avons déjà parlé, trouva que les vertèbres qui la soutenaient, réunies les unes aux autres par des cartilages souples, devaient avoir été très mobiles.

---

1. *Leçons d'anatomie comparée de G. Cuvier*, rédigées par C. Duméril, etc., t. Iᵉʳ, p. 154 et 163.

On peut voir aussi, dans les galeries du Muséum, deux vraies côtes du cachalot que nous tâchons de bien connaître. Elles sont comprimées, courbées dans un tiers de leur longueur, terminées par deux extrémités dont la distance mesurée en ligne droite est de cent treize centimètres, et articulées de manière qu'elles forment avec celles du côté opposé, un angle de quatre-vingt-dix degrés ou environ.

M. Chappuis, de Quimper, écrivit dans le temps à mon savant collègue Faujas, de Saint-Fond, que des cachalots macrocéphales, échoués sur la côte de Bretagne, n'avaient que huit côtes de chaque côté, et que la longueur de ces côtes était de cent soixante-cinq centimètres.

L'os du front, très étroit de devant en arrière, ressemble, dans le cachalot, comme dans tous les cétacés, à une bande transversale qui s'étend de chaque côté jusqu'à l'orbite, dont il compose le plafond ; mais il descend moins bas dans le macrocéphale que dans plusieurs autres de ces mammifères, parce que l'œil y est plus élevé, ainsi que nous venons de le voir.

Si nous considérons le bras, nous trouverons que les deux os de l'avant-bras, le *cubitus* et le *radius*, sont aplatis et articulés avec l'*humérus* et avec le carpe, de manière à n'avoir pas de mouvements particuliers, au moins très sensibles ; que les phalanges des doigts sont également aplaties, et que toutes les parties qui composent le bras sont réunies et recouvertes de manière à former une véritable nageoire un peu ovale, ordinairement longue de plus d'un mètre et épaisse de plus d'un décimètre.

La nageoire de la queue se divise en deux lobes dont chacun est échancré en forme de faux. Le bout d'un de ces lobes est souvent éloigné de l'extrémité de l'autre, de près de cinq mètres.

Le dos du macrocéphale est noir ou noirâtre, quelquefois mêlé de reflets verdâtres ou de nuances grises ; on a vu aussi la partie supérieure d'individus de cette espèce, teinte d'un bleu d'ardoise et tachetée de blanc.

Le ventre du macrocéphale est blanchâtre. Sa peau a la douceur de la soie.

Nous avons déjà dit que sa longueur pouvait être de plus de vingt-trois mètres ; sa circonférence, à l'endroit le plus gros de son corps, est alors au moins de dix-sept mètres ; sa plus grande hauteur est même quelquefois supérieure ou du moins égale au tiers de sa longueur totale.

Mais nous ne pouvons terminer la description de ce cétacé, qu'après avoir parlé de deux substances remarquables qu'on trouve dans son intérieur, ainsi que dans celui de presque tous les autres cachalots. L'une de ces deux substances est celle qui est connue dans le commerce sous le nom impropre de *blanc de baleine;* et l'autre est l'*ambre gris*.

Que la première soit d'abord l'objet de notre examen,

La tête du cachalot macrocéphale, cette tête si grande, si grosse, si élevée, même dans celle de ses portions qui saille le plus en avant, renferme dans sa partie supérieure une cavité très vaste et très distincte de celle qui contient le cerveau, et qui est très petite. Le capitaine Colnett nous dit, dans la relation de son voyage, que, dans un macrocéphale pris auprès de la côte occidentale du Mexique en août 1793, cette cavité occupait près du quart de la totalité de la tête. Elle était inclinée en avant, s'avançait d'un côté jusqu'au bout du museau, et de l'autre, s'étendait jusqu'au delà des yeux. On peut voir la position, la forme et la grandeur de cette cavité, dans la tête du macrocéphale, qui a près de six mètres de long, que l'on conserve dans le Muséum d'histoire naturelle, que nous avons fait graver, et dont l'os frontal a été scié de manière à laisser apercevoir cet énorme vide.

Cette cavité est recouverte par plusieurs téguments, par la peau du cétacé, par une couche de graisse ou de lard d'un décimètre au moins d'épaisseur, et par une membrane dont le capitaine Colnett dit que la couleur est noire[1], et dans laquelle on voit de très gros nerfs.

La calotte solide que l'on découvre quand on a enlevé ces téguments est plus ou moins dure, suivant l'âge du cétacé ; mais il paraît que, tout égal d'ailleurs, elle est toujours plus dure dans le macrocéphale que dans d'autres espèces de cachalots qui produisent du *blanc*, et dont nous parlerons bientôt.

La cavité est divisée en deux grandes portions par une membrane parsemée de nerfs et étendue horizontalement. Ces deux portions sont traversées obliquement par les évents : elles sont d'ailleurs inégales. La supérieure est la moins grande : l'inférieure, qui est située au-dessus du palais, a quelquefois plus de deux mètres et demi de hauteur. Il n'est donc pas surprenant qu'on retire souvent de ces deux cavités, lesquelles ont été comparées à des *cavernes*, plus de dix-huit ou même vingt tonneaux de blanc liquide. Mais cette substance fluide n'est pas contenue uniquement dans ces deux grands espaces. Chacune de ces vastes cavernes est séparée en plusieurs compartiments, formés par des membranes verticales, dont on a considéré la nature comme semblable à celle de la pellicule intérieure d'un œuf d'oiseau, et c'est dans ces compartiments qu'on trouve le *blanc*. Cette matière est liquide pendant la vie de l'animal ; elle est encore fluide lorsqu'on l'extrait peu de temps après la mort du cétacé. A mesure néanmoins qu'elle se refroidit, elle se coagule ; si elle est mêlée avec une certaine quantité d'huile, il faut un refroidissement plus considérable pour la fixer ; et lorsqu'elle a perdu sa fluidité, elle ressemble, suivant M. Hunter, à la pulpe intérieure du *melon d'eau*. Elle est très blanche ; on a cependant écrit que ses nuances étaient quelquefois altérées par le climat, vraisemblablement par la nourriture et l'état de l'individu. Devenue concrète, elle est cristalline et brillante. C'est une matière huileuse, que l'on trouve autour du cerveau, mais qui est très différente, par sa nature, de la substance médullaire. Le blanc que l'on retire de la portion supérieure de la grande cavité est très souvent moins

1. *Voyage to the south Atlantic*, etc.

pur que celui de la portion inférieure ; mais on amène l'un et l'autre à un très haut degré de pureté, en le séparant, à l'aide de la presse, d'une certaine quantité d'huile qui l'altère, et en le soumettant à plusieurs fusions, cristallisations et pressions successives. Il est alors cristallisé en lames blanches, brillantes et argentines. Il a une odeur particulière et fade, très facile à distinguer de celle que donne la rancidité. Lorsqu'on l'écrase, il se change en une poussière blanche, encore lamelleuse et brillante, mais onctueuse et grasse. On le fond à une température plus basse que la cire, mais à une température plus élevée que la graisse ordinaire. Mis en contact avec un corps incandescent, il s'enflamme, brûle sans pétillement, répand une flamme vive et claire, et peut être employé avec d'autant plus d'avantage à faire des bougies, que, lorsqu'il est en fusion, il ne tache pas les étoffes sur lesquelles il tombe, mais s'en sépare par le frottement, sous la forme d'une poussière.

Un canal, que l'on a nommé très improprement *veine spermatique*, communique avec la cavité qui contient le blanc du cachalot. Très gros du côté de cette cavité, il s'en éloigne avec la moelle épinière et se divise en un très grand nombre de petits vaisseaux, qui, s'étendant jusqu'aux extrémités du cétacé, distribuent dans toutes les parties de l'animal la substance blanche et liquide que nous examinons. Ce canal se vide dans la cavité de la tête, à mesure qu'on retire le blanc de cette cavité, et la substance fluide qui sort de ce gros vaisseau remplace, pendant quelques moments, celui qu'on puise dans la tête.

On trouve aussi, dans la graisse du macrocéphale, de petits intervalles remplis de *blanc*. Lorsqu'on a vidé une de ces loges particulières, elle se remplit bientôt de celui des loges voisines ; et, de proche en proche, tous ces interstices reçoivent un nouveau fluide, qui provient du grand canal dont la moelle épinière est accompagnée dans toute sa longueur.

Il y a donc dans le cachalot, à l'histoire duquel cet article est consacré, un système général de vaisseaux propres à contenir et à transmettre le blanc, lequel système a beaucoup de rapport, dans sa composition, dans sa distribution, dans son étendue et dans la place qu'il occupe, avec l'ensemble formé par le cerveau, la moelle épinière et les nerfs proprement dits.

Il ne faut donc pas être étonné qu'on retire du corps et de la queue du macrocéphale une quantité de blanc égale, ou à peu près, à celle que l'on trouve dans sa tête, et que cette substance soit d'un égal degré de pureté dans les différentes parties du cétacé.

Pour empêcher que ce blanc ne s'altère et n'acquière une teinte jaune, on le conserve dans des vases fermés avec soin. Des commerçants infidèles l'ont quelquefois mêlé avec de la cire ; mais, en le faisant fondre, on s'aperçoit aisément de la falsification de cette substance.

Pour achever de la faire connaître, nous ne pouvons mieux faire que de présenter une partie de l'analyse qu'on en peut voir dans le grand et bel ouvrage de notre célèbre et savant collègue Fourcroy[1] :

« Quand on distille le blanc à la cornue, on ne le décompose qu'avec beaucoup de difficulté ; lorsqu'il est fondu et bouillant, il passe presque tout entier et sans altération dans le récipient ; il ne donne ni eau, ni acide sébacique ; ses produits n'ont pas l'odeur forte de ceux des graisses. Cependant une partie de ce corps graisseux est déjà dénaturée, puisqu'elle est à l'état d'huile liquide; et, si on le distille plusieurs fois de suite, on parvient à l'obtenir complètement huileux, liquide et inconcrescible. Malgré l'espèce d'altération qu'il éprouve dans ces distillations répétées, le blanc n'a point acquis encore plus de volatilité qu'il n'en avait ; et il faut, suivant M. Thouvenel, le même degré de chaleur pour le volatiliser, que dans la première opération. L'huile dans laquelle il se convertit n'a pas non plus l'odeur vive et pénétrante de celles qu'on retire des autres matières animales traitées de la même manière. La distillation du blanc avec l'eau bouillante, d'après le chimiste déjà cité, n'offre rien de remarquable. L'eau de cette espèce de décoction est un peu louche ; filtrée et évaporée, elle donne un peu de matière muqueuse et amère pour résidu. Le blanc, traité par ébullition dans l'eau, devient plus solide et plus soluble dans l'alcool, qu'il ne l'est dans son état naturel.

« Exposé à l'air, le blanc devient jaune et sensiblement rance. Quoique sa rancidité soit plus lente que celle des graisses proprement dites, et quoique son odeur soit alors moins sensible que dans ces dernières, en raison de celle qu'il a dans son état frais, ce phénomène y est cependant assez marqué pour que les médecins aient fait observer qu'il fallait en rejeter alors l'emploi. Il se combine avec le phosphore et le soufre par la fusion ; il n'agit pas sur les substances métalliques.

« Les acide nitrique et muriatique n'ont aucune action sur lui. L'acide sulfurique concentré le dissout, en modifiant sa couleur, et l'eau le sépare de cette dissolution, comme elle précipite le camphre de l'acide nitrique; l'acide sulfureux le décolore et le blanchit ; l'acide muriatique oxygéné le jaunit et ne le décolore pas quand il a pris naturellement cette nuance.

« Les lessives d'alcalis fixes s'unissent au blanc liquéfié, en le mettant à l'état savonneux : cette espèce de savon se sèche et devient friable; sa dissolution dans l'eau est plus louche et moins homogène que celle des savons communs.

« Bouilli dans l'eau avec l'oxyde rouge de plomb, le blanc forme une masse emplastique. dure et cassante.

« Les huiles fixes se combinent promptement avec cette substance graisseuse, à l'aide d'une douce chaleur; on ne peut pas plus la séparer de ces combinaisons, que les graisses et la cire. Les huiles volatiles dissolvent éga-

---

1. *Système des connoissances chimiques*, t. X, p. 299 et suiv.

lement le blanc, et mieux même qu'elles ne font les graisses proprement dites. L'alcool le dissout en le faisant chauffer; il s'en sépare une grande partie par le refroidissement; et, lorsque celui-ci est lent, le blanc se cristallise en se précipitant. L'éther en opère la dissolution encore plus promptement et plus facilement que l'alcool; il l'enlève même à celui-ci et il en retient une plus grande quantité. On peut aussi faire cristalliser très régulièrement le blanc, si, après l'avoir dissous dans l'éther à l'aide de la chaleur douce que la main lui communique, on le laisse refroidir et s'évaporer à l'air. La forme qu'il prend alors est celle d'écailles blanches, brillantes et argentées comme l'acide boracique, tandis que le suif et le beurre du cacao, traités de même, ne donnent que des espèces de mamelons opaques et groupés, ou des masses grenues irrégulières. »

Comment ne pas penser maintenant, avec notre collègue Fourcroy, que le blanc du cachalot est une substance très particulière, et qu'il peut être regardé comme ayant avec les huiles fixes les mêmes rapports que le camphre avec les huiles volatiles, tandis que la cire paraît être à ces mêmes huiles fixes ce que la résine est à ces huiles volatiles?

Mais nous avons dit souvent qu'il n'existait pas dans la nature de phénomène entièrement isolé. Aucune qualité n'a été attribuée à un être d'une manière exclusive. Les causes s'enchaînent comme les effets; elles sont rapprochées et liées de manière à former des séries non interrompues de nuances successives. A la vérité, la lumière n'éclaire pas encore toutes ces gradations. Ce que nous ne pouvons pas apercevoir est pour nous comme s'il n'existait pas, et voilà pourquoi nous croyons voir des vides autour des phénomènes; voilà pourquoi nous sommes portés à supposer des faits isolés, des facultés uniques, des propriétés exclusives, des forces circonscrites. Mais toutes ces démarcations ne sont que des illusions, que le grand jour de la science dissipera; elles n'existent que dans nos fausses manières de voir. Nous ne devons donc pas penser qu'une substance particulière n'appartienne qu'à quelques êtres isolés. Quelque limitée qu'une matière nous paraisse, nous devons être sûrs que ses bornes fantastiques disparaîtront à mesure que nos erreurs se dissiperont. On la retrouvera, plus ou moins abondante, ou plus ou moins modifiée, dans des êtres voisins ou éloignés des premiers qui l'auront présentée. Nous en avons une preuve frappante dans le blanc du cachalot: pendant longtemps, on l'a cru un produit particulier de l'organisation du macrocéphale. Mais continuons d'écouter Fourcroy, et nous ne douterons plus que cette substance ne soit très abondante dans la nature. Une des sources les plus remarquables de cette matière est dans le corps, et particulièrement dans la tête du cachalot macrocéphale; mais nous verrons bientôt que d'autres cétacés le produisent aussi. Il est même tenu en dissolution dans la graisse huileuse de tous les cétacés. L'huile de la baleine franche ou d'autres baleines, à laquelle on a donné dans le commerce le nom impropre d'*huile de poisson*, dépose, dans les vaisseaux où on la conserve, une quantité plus ou moins grande de *blanc*, entièrement semblable à celui du cachalot. La véritable huile de poisson, celle qu'on extrait du foie et de quelques autres parties des vrais poissons, donne le même blanc, qui s'en précipite lorsque l'huile a été pendant longtemps en repos, et qui se cristallise en se séparant de cette huile. Les habitants des mers, soit ceux qui ont reçu des poumons et des mamelles, soit ceux qui montrent des branchies et des ovaires, produisent donc ce blanc dont nous recherchons l'origine.

Mais continuons.

Fourcroy nous dit encore qu'il a trouvé une substance analogue au blanc dans les calculs biliaires, dans les déjections bilieuses de plusieurs malades, dans le parenchyme du foie exposé pendant longtemps à l'air et desséché, dans les muscles qui se sont putréfiés sous une couche d'eau ou de terre humide, dans les cerveaux conservés au milieu de l'alcool, et dans plusieurs autres organes plus ou moins décomposés. Il n'hésite pas à déclarer que le *blanc* dont nous étudions les propriétés est un des produits les plus constants et les plus ordinaires des composés animaux altérés.

Observons cependant que cette substance blanche et remarquable, que les animaux terrestres ne produisent que lorsque leurs organes ou leurs fluides sont viciés, est le résultat habituel de l'organisation ordinaire des animaux marins, le signe de leur force constante et la preuve de leur santé accoutumée, plutôt que la marque d'un dérangement accidentel ou d'une altération passagère.

Observons encore, en rappelant et en réunissant dans notre pensée toutes les propriétés que l'analyse a fait découvrir dans le blanc du cachalot, que cette matière participe aux qualités des substances animales et à celles des substances végétales. C'est un exemple de plus de ces liens secrets qui unissent tous les corps organisés, et qui n'ont jamais échappé aux esprits attentifs.

Combien de raisons n'avons-nous pas, par conséquent, pour rejeter les dénominations si erronées de *blanc de baleine*, de *substance médullaire de cétacé*, de *substance cervicale*, de *spermaceti* (sperme de cétacé), etc., et d'adopter pour le blanc le nom d'*adipocire*, proposé par Fourcroy[1], et qui montre que ce blanc, différent de la graisse et de la cire, tient cependant le milieu entre ces deux substances, dont l'une est animale et l'autre végétale?

En adoptant la dénomination que nous devons à Fourcroy, nous changerons celle dont on s'est servi pour désigner le canal longitudinal qui accompagne la moelle épinière du macrocéphale et qui aboutit à la grande cavité de la tête de ce cachalot. Au lieu de l'expression si fausse de *veine spermatique*, nous emploierons celle de *canal adipocireux*.

On a beaucoup vanté les vertus de cette *adipocire* pour la guérison de

---

1. *Système des connaissances chimiques*, t. X, p. 302, édit. in-8°.

plusieurs maux internes et extérieurs. M. Chappuis, de Douarnenez, que nous avons déjà cité au sujet des trente et un cachalots échoués sur les côtes de la ci-devant Bretagne en 1784, a écrit dans le temps au professeur Bonnaterre : « Le *blanc*, etc., est un onguent souverain pour les plaies récentes ; plusieurs ouvriers occupés à dépecer les cachalots échoués dans la baie d'Audierne en ont éprouvé l'efficacité, malgré la profondeur de leurs blessures. »

Mais rapportons encore les paroles de notre collègue Fourcroy. « L'usage médicinal de cette substance (*l'adipocire*) ne mérite pas les éloges qu'on lui prodiguait autrefois dans les affections catarrhales, les ulcères des poumons, des reins, les péripneumonies, etc. ; à plus forte raison est-il ridicule de le compter parmi les vulnéraires, les balsamiques, les détersifs, les consolidants, vertus qui, d'ailleurs, sont elles-mêmes le produit de l'imagination. M. Thouvenel en a examiné avec soin les effets dans les catarrhes, les rhumes, les rhumatismes goutteux, les toux gutturales, où on l'a beaucoup vanté ; et il n'a rien vu qui pût autoriser l'opinion avantageuse qu'on en avait conçue. Il n'en a pas vu davantage dans les coliques néphrétiques, les tranchées de femmes en couches, dans lesquelles on l'avait beaucoup recommandé. Il l'a cependant observé sur lui-même, en prenant ce médicament à la fin de deux rhumes violents, à une dose presque décuple de celle qu'on a coutume d'en prescrire ; il a eu constamment une accélération du pouls et une moiteur sensible. Il faut observer qu'en restant dans le lit, cette seule circonstance, jointe au dégoût que ce médicament inspire, a pu influer sur l'effet qu'il annonce. Aussi plusieurs personnes, à qui il l'a donné à forte dose, ont-elles eu des pesanteurs d'estomac et des vomissements, quoiqu'il ait eu le soin de faire mêler le blanc de baleine (*l'adipocire*) fondu dans l'huile, avec le jaune d'œuf et le sirop, en le réduisant ainsi à l'état d'une espèce de crème. Il n'a jamais retrouvé ce corps dans les excréments ; ce qui prouve qu'il était absorbé par les vaisseaux lactés et qu'il s'en faisait une véritable digestion. »

Ajoutons à tout ce qu'on vient de lire au sujet de *l'adipocire*, que cette substance est si distincte du cerveau, que si l'on perce le dessus de la tête du macrocéphale et qu'on parvienne jusqu'à ce blanc, le cétacé ne donne souvent aucun signe de sensibilité, au lieu qu'il expire lorsqu'on atteint la substance cérébrale[1].

Le macrocéphale produit cependant, ainsi que nous l'avons dit, une seconde substance recherchée par le commerce : cette seconde substance est *l'ambre gris*. Elle est bien plus connue que l'adipocire, parce qu'elle a été consacrée au luxe, adoptée par la sensualité, célébrée par la mode, pendant que l'adipocire n'a été regardée que comme utile.

---

1. Recherches du docteur Swediawer, publiées dans les *Transactions philosophiques*, et traduites en français par M. Vigarous, docteur en médecine. — *Journal de physique*, octobre 1784.

L'ambre gris est un corps opaque et solide. Sa consistance varie suivant qu'il a été exposé à un air plus chaud ou plus froid. Ordinairement, néanmoins il est assez dur pour être cassant. A la vérité, il n'est pas susceptible de recevoir un beau poli, comme l'ambre jaune ou le succin ; mais lorsqu'on le frotte, sa rudesse se détruit et sa surface devient aussi lisse que celle d'un savon très compact, ou même de la stéatite. Si on le racle avec un couteau, il adhère, comme la cire, au tranchant de la lame. Il conserve aussi, comme la cire, l'impression des ongles ou des dents. Une chaleur modérée le ramollit, le rend onctueux, le fait fondre en huile épaisse et noirâtre, fumer et se volatiliser par degrés, en entier, et sans produire du charbon, mais en laissant à sa place une tache noire, lorsqu'il se volatilise sur du métal. Si ce métal est rouge, l'ambre se fond, s'enflamme, se boursoufle, fume et s'évapore avec rapidité sans laisser aucun résidu, sans laisser aucune trace de sa combustion. Approché d'une bougie allumée, cet ambre prend feu et se consume en répandant une flamme vive. Une aiguille rougie le pénètre, le fait couler en huile noirâtre et paraît, lorsqu'elle est retirée, comme si on l'avait trempée dans de la cire fondue.

L'humidité, ou du moins l'eau de la mer, peut ramollir l'ambre gris, comme la chaleur. En effet, on peut voir, dans le *Journal de physique* du mois de mars 1790, que M. Donadei, capitaine au régiment de Champagne et observateur très instruit, avait trouvé sur le rivage de l'océan Atlantique, dans le fond du golfe de Gascogne, un morceau d'ambre gris, du poids de près d'un hectogramme, et qui, mou et visqueux, acquit bientôt de la solidité et de la dureté.

L'ambre dont nous nous occupons est communément d'une couleur grise, ainsi que son nom l'annonce ; il est d'ailleurs parsemé de taches noirâtres, jaunâtres ou blanchâtres. On trouve aussi quelquefois de l'ambre d'une seule couleur, soit blanchâtre, soit grise, soit jaune, soit brune, soit noirâtre.

Peut-être devrait-on croire, d'après plusieurs observations, que ses nuances varient avec sa consistance.

Son goût est fade ; mais son odeur est forte, facile à reconnaître, agréable à certaines personnes, désagréable et même nuisible et insupportable à d'autres. Cette odeur se perfectionne et, pour ainsi dire, se purifie, à mesure que l'ambre gris vieillit, se dessèche et se durcit ; elle devient plus pénétrante et cependant plus suave, lorsqu'on frotte et lorsqu'on chauffe le morceau qui la répand ; elle s'exalte par le mélange de l'ambre avec d'autres aromates ; elle s'altère et se vicie par la réunion de cette même substance avec d'autres corps ; et c'est ainsi qu'on pourrait expliquer l'odeur d'alcali volatil que répandait l'ambre gris trouvé sur les bords du golfe de la Gascogne par M. Donadei, et qui se dissipa quelque temps après que ce physicien l'eut ramassé.

L'ambre gris est si léger, qu'il flotte non seulement sur la mer, mais encore sur l'eau douce.

Il se présente en boules irrégulières : les unes montrent dans leur cassure un tissu grenu; d'autres sont formées de couches presque concentriques, de différentes épaisseurs, et qui se brisent en écailles.

Le grand diamètre de ces boules varie ordinairement depuis un douzième jusqu'à un tiers de mètre; et leur poids, depuis un jusqu'à quinze kilogrammes. Mais on a vu des morceaux d'ambre d'une grosseur bien supérieure. La compagnie des Indes de France exposa à la vente de l'Orient, en 1755, une boule d'ambre qui pesait soixante-deux kilogrammes. Un pêcheur américain d'Antioga a trouvé dans le ventre d'un cétacé, à seize myriamètres au sud-est des îles du Vent, un morceau d'ambre pesant soixante-cinq kilogrammes, et qu'il a vendu 500 livres sterling. La compagnie des Indes orientales de Hollande a donné *onze mille rixdalers* à un roi de Tidor pour une masse d'ambre gris, du poids de quatre-vingt-onze kilogrammes. Nous devons dire cependant que rien ne prouve que ces masses n'aient pas été produites artificiellement par la fusion, la réunion et le refroidissement gradué, de plusieurs boules ou morceaux naturels. Mais, quoi qu'il en soit, l'état de mollesse et de liquidité que plusieurs causes peuvent donner à l'ambre gris, et qui doit être son état primitif, explique comment ce corps odorant peut se trouver mêlé avec plusieurs substances très différentes de cet aromate, telles que des fragments de végétaux, des débris de coquilles, des arêtes ou d'autres parties de poisson.

Mais, indépendamment de cette introduction accidentelle et extraordinaire de corps étrangers dans l'ambre gris, cette substance renferme presque toujours des *becs* ou plutôt des mâchoires du mollusque auquel Linné a donné le nom de *sepia octopodia*, et que mon savant collègue M. Lamark a placé dans un genre auquel il a donné le nom d'*octopode*. Ce sont ces mâchoires, ou leurs fragments, qui produisent ces taches jaunâtres, noirâtres ou blanchâtres, si nombreuses sur l'ambre gris.

On a publié différentes opinions sur la production de cet aromate. Plusieurs naturalistes l'ont regardé comme un bitume, comme une huile minérale, comme une sorte de pétrole. Épaissi par la chaleur du soleil et durci par un long séjour au milieu de l'eau salée, avalé par le cachalot macrocéphale ou par d'autres cétacés, et soumis aux forces ainsi qu'aux sucs digestifs de son estomac, il éprouverait dans l'intérieur de ces animaux une altération plus ou moins grande. D'habiles chimistes, tels que Geoffroy, Neumann, Grim et Brow, ont adopté cette opinion, parce qu'ils ont retiré de l'ambre gris quelques produits analogues à ceux des bitumes. Cette substance leur a donné, par l'analyse, une liqueur acide, un sel acide concret, de l'huile et un résidu charbonneux. Mais, comme l'observe notre collègue Fourcroy, ces produits appartiennent à beaucoup d'autres substances qu'à des bitumes. De plus, l'ambre gris est dissoluble en grande partie dans l'alcool et dans l'éther; sa dissolution est précipitée par l'eau, comme celle des résines, et les bitumes sont presque insolubles dans ces liquides.

D'autres naturalistes, prenant les fragments de mâchoires de mollusques disséminés dans l'ambre gris pour des portions de becs d'oiseaux, ont pensé que cette substance provenait d'excréments d'oiseaux qui avaient mangé des herbes odoriférantes.

Quelques physiciens n'ont considéré l'ambre gris que comme le produit d'une sorte d'écume rendue par des phoques, ou un excrément de crocodile.

Pomet, Lémery et Formey, de Berlin, ont cru que ce corps n'était qu'un mélange de cire et de miel, modifié par le soleil et les eaux de la mer, de manière à répandre une odeur très suave.

Dans ces dernières hypothèses, des cétacés auraient avalé des morceaux d'ambre gris entraînés par les vagues et flottant sur la surface de l'Océan; et cet aromate, résultat d'un bitume, ou composé de cire et de miel, ou d'écume de phoque, ou de fiente d'oiseau, ou d'excréments de crocodile, roulé par les flots et transporté de rivage en rivage pendant son état de mollesse, aurait pu rencontrer, retenir et s'attacher plusieurs substances étrangères, et particulièrement des dépouilles d'oiseaux, de poissons, de mollusques, de testacés.

Des physiciens plus rapprochés de la vérité ont dit, avec *Clusius*, que l'ambre gris était une substance animale produite dans l'estomac d'un cétacé, comme une sorte de bézoard. Dudley a écrit dans les *Transactions philosophiques*, t. XXIII, que l'ambre était une production semblable au *musc* ou au *castoreum*, et qui se formait dans un sac particulier, placé au-dessus des testicules d'un cachalot; que ce sac était plein d'une liqueur analogue par sa consistance à de l'huile, d'une couleur d'orange foncé, et d'une odeur très peu différente de celle des morceaux d'ambre qui nageaient dans ce fluide huileux; que l'ambre sortait de ce sac par un conduit situé le long du pénis, et que les cétacés mâles pouvaient seuls le contenir.

D'autres auteurs ont avancé que ce sac n'était que la vessie de l'urine, et que les boules d'ambre étaient des concrétions analogues aux pierres que l'on trouve dans la vessie de l'homme et de tant d'animaux; mais le savant docteur Swediawer a fait remarquer avec raison, dans l'excellent travail qu'il a publié sur l'ambre gris [1], que l'on trouve des morceaux de cet aromate dans les cachalots femelles comme dans les mâles, et que les boules qu'elles renferment sont seulement moins grosses et souvent moins recherchées. Il a montré que la formation de l'ambre dans la vessie et l'existence d'un sac particulier étaient entièrement contraires aux résultats de l'observation; il a fait voir que ce prétendu sac n'est autre chose que le cœcum du macrocéphale, lequel cœcum a plus d'un mètre de longueur; et après avoir rappelé que, suivant Kœmpfer, l'ambre gris, nommé par les Japonais *excrément de baleine* (kusura no fu), était en effet un excrément de ce cétacé, il a exposé la véritable origine de cette substance singulière, telle que la démontrent des faits bien constatés.

L'ambre gris se trouve dans le canal intestinal du macrocéphale, à une

1. *Transactions philosophiques.*

distance de l'anus qui varie entre un et plusieurs mètres. Il est parsemé de fragments de mâchoires du mollusque nommé *seiche*, parce que le cachalot macrocéphale se nourrit principalement de ce mollusque, et que ces mâchoires sont d'une substance de corne qui ne peut pas être digérée.

Il n'est qu'un produit des excréments du cachalot ; mais ce résultat n'a lieu que dans certaines circonstances et ne se trouve pas par conséquent dans tous les individus. Il faut, pour qu'il existe, qu'une cause quelconque donne au cétacé une maladie assez grave, une constipation forte, qui se dénote par un affaiblissement extraordinaire, par une sorte d'engourdissement et de torpeur, se termine quelquefois d'une manière funeste à l'animal par un abcès à l'abdomen, altère les excréments et les retient pendant un temps assez long, pour qu'une partie de ces substances se ramasse, se coagule, se modifie, se consolide et présente enfin les propriétés de l'ambre gris.

L'odeur de cet ambre ne doit pas étonner. En effet, les déjections de plusieurs mammifères, tels que les bœufs, les porcs, etc., répandent, lorsqu'elles sont gardées pendant quelque temps, une odeur semblable à celle de l'ambre gris. D'ailleurs, on peut observer, avec Romé de Lisle[1], que les mollusques dont se nourrit le macrocéphale, et dont la substance fait la base des excréments de ce cétacé, répandent pendant leur vie, et même après qu'ils ont été desséchés, des émanations odorantes très peu différentes de celles de l'ambre, et que ces émanations sont très remarquables dans l'espèce de ces mollusques qui a reçu, soit des Grecs anciens, soit des Grecs modernes, les noms d'*Eledone*, *Bolitaine*, *Osmylos*, *Osmylios* et *Moschites*, parce qu'elle sent le musc[2].

L'ambre gris est donc une portion des excréments du cachalot macrocéphale ou d'autres cétacés, endurcie par les suites d'une maladie et mêlée avec quelques parties d'aliments non digérés; il est répandu dans le canal intestinal en boules ou morceaux irréguliers, dont le nombre est quelquefois de quatre ou de cinq.

Les pêcheurs exercés connaissent si le cachalot qu'ils ont sous les yeux contient de l'ambre gris.

Lorsqu'après l'avoir harponné ils le voient rejeter tout ce qu'il a dans l'estomac et se débarrasser très promptement de toutes ses matières fécales, ils assurent qu'ils ne trouveront pas d'ambre gris dans son corps ; mais lorsqu'il leur présente des signes d'engourdissement et de maladie, qu'il est maigre, qu'il ne rend pas d'excréments et que le milieu de son ventre forme une grosse protubérance, ils sont sûrs que ses intestins contiennent l'ambre qu'ils cherchent. Le capitaine Colnett dit, dans la relation de son voyage, que, dans certaines circonstances, l'on coupe la queue et une partie du corps du cachalot, de manière à découvrir la cavité du ventre, et qu'on s'assure

1. *Journal de physique*, novembre 1784.
2. Rondelet, *Histoire des poissons*, première partie, liv. XVII, ch. VI. — Troisième espèce de poulpe.

alors facilement de la présence de l'ambre gris, en sondant les intestins
avec une longue perche.

Mais de quelque manière qu'on ait reconnu l'existence de cet ambre
dans l'individu harponné, ou trouvé mort et flottant sur la surface de la
mer, on lui ouvre le ventre, en commençant par l'anus, et en continuant
jusqu'à ce qu'on ait atteint l'objet de sa recherche.

Quelle est donc la puissance du luxe, de la vanité, de l'intérêt, de l'imitation et de l'usage ! Quels voyages on entreprend, quels dangers on brave,
à quelle cruauté on se condamne, pour obtenir une matière vile, un objet
dégoûtant, mais que le caprice et le désir des jouissances privilégiées ont su
métamorphoser en aromate précieux !

L'ambre contenu dans le canal intestinal du macrocéphale n'a pas le
même degré de dureté que celui qui flotte sur l'Océan, ou que les vagues
ont rejeté sur le rivage ; dans l'instant où on le retire du corps du cétacé, il
a même encore la couleur et l'odeur des véritables excréments de l'animal à
un si haut degré, qu'il n'en est distingué que par un peu moins de mollesse ;
mais, exposé à l'air, il acquiert bientôt la consistance et l'odeur forte et suave
qui le caractérisent.

On a vu de ces morceaux d'ambre, entraînés par les mouvements de
l'Océan, sur les côtes du Japon, de la mer de Chine, des Moluques, de la
Nouvelle-Hollande occidentale [1], du grand golfe de l'Inde, des Maldives, de
Madagascar, de l'Afrique orientale et occidentale, du Mexique occidental,
des îles Gallapagos, du Brésil, des îles Bahama, de l'île de la Providence, et
même à des latitudes plus éloignées de la ligne, dans le fond du golfe de
Gascogne, entre l'embouchure de l'Adour et celle de la Gironde, où M. Donadei a reconnu cet aromate, et où, dix ans auparavant, la mer en avait
rejeté une masse du poids de quarante kilogrammes. Ces morceaux d'ambre
délaissés sur le rivage sont, pour les pêcheurs, des indices presque toujours
assurés du grand nombre des cachalots qui fréquentent les mers voisines. Et
en effet, le golfe de Gascogne, ainsi que l'a remarqué M. Donadei, termine
cette portion de l'océan Atlantique septentrional qui baigne les bancs de
Terre-Neuve, autour desquels naviguent beaucoup de cachalots, et qu'a-
gitent si souvent des vents qui soufflent de l'est et poussent les flots contre
les rivages de France. D'un autre côté, M. Levilain a vu non seulement une
grande quantité d'ossements de cétacés gisant sur les bords de la Nouvelle-
Hollande, auprès de morceaux d'ambre gris, mais encore la mer voisine
peuplée d'un grand nombre de cétacés et bouleversée pendant l'hiver par
des tempêtes horribles, qui précipitent sans cesse vers la côte les vagues
amoncelées ; et c'est d'après cette certitude de trouver beaucoup de cachalots
auprès des rives où l'on avait vu des morceaux d'ambre, que la pêche par-

1. Auprès de la rivière des Cygnes. (Journal manuscrit du naturaliste Levilain, embarqué
avec le capitaine Baudin pour une expédition de découvertes.)

ticulière du macrocéphale et d'autres cétacés, auprès de Madagascar, a été dans le temps proposée en Angleterre.

L'ambre gris, gardé pendant plusieurs mois, se couvre, comme le chocolat, d'une poussière grisâtre. Mais, indépendamment de cette décomposition naturelle, on ne peut souvent se le procurer par le commerce, qu'altéré par la fraude. On le falsifie communément en le mêlant avec des fleurs de riz, du styrax ou d'autres résines[1]. Il peut aussi être modifié par les sucs digestifs de plusieurs oiseaux d'eau qui l'avalent et le rendent sans beaucoup changer ses propriétés ; et M. Donadei a écrit que les habitants de la côte qui borde le golfe de Gascogne appelaient *renardé* l'ambre dont la nuance était noire ; que, suivant eux, on ne trouvait cet ambre noir que dans les forêts voisines du rivage, mais élevées au-dessus de la portée des plus hautes vagues ; et que cette variété d'ambre tenait sa couleur particulière des forces intérieures des renards, qui étaient très avides d'ambre gris, n'en altéraient que faiblement les fragments, et cependant ne les rendaient qu'après en avoir changé la couleur.

L'ambre gris a été autrefois très recommandé en médecine. On l'a donné en substance ou en *teinture alcoolique*. On s'en est servi pour l'*essence d'Hoffmann*, pour la *teinture royale* du codex de Paris, pour des *trochisques* de la pharmacopée de Wurtemberg, etc. On l'a regardé comme stomachique, cordial, antispasmodique. On a cité des effets surprenants de cette substance dans les maladies convulsives les plus dangereuses, telles que le tétanos et l'hydrophobie. Le docteur Swediawer rapporte que cet aromate a été très purgatif pour un marin qui en avait pris un décagramme et demi après l'avoir fait fondre au feu. Dans plusieurs contrées de l'Asie et de l'Afrique, on en fait un grand usage dans la cuisine, suivant le docteur Swediawer. Les pèlerins de la Mecque en achètent une grande quantité pour l'offrir à la place de l'encens. Les Turcs ont recours à cet aromate comme à un aphrodisiaque.

Mais il est principalement recherché pour les parfums : il en est une des bases les plus fréquemment employées. On le mêle avec le musc, qu'il atténue, et dont il tempère les effets au point d'en rendre l'odeur plus douce et plus agréable. Et c'est enfin une des substances les plus divisibles, puisque la plus petite quantité d'ambre suffit pour parfumer pendant un temps très long un espace très étendu[2].

Ne cessons cependant pas de parler de l'ambre gris, sans faire observer que l'altération qui produit cet aromate n'a lieu que dans les cétacés dont la tête, le corps et la queue, organisés d'une manière particulière, renferment de grandes masses d'adipocire ; et il semble que l'on a voulu indiquer cette

---

1. *Mémoire du docteur Swediawer*, déjà cité.
2. Lorsque le docteur Swediawer a publié son travail, l'ambre gris se vendait à Londres une livre sterling les trois décagrammes ; et, suivant M. Donadei, l'ambre gris trouvé sur les côtes du golfe de Gascogne était vendu, en 1790, à peu près le même prix dans le commerce, où on le regardait comme apporté des grandes Indes, quoique les pêcheurs n'en vendissent le même poids à Bayonne ou à Bordeaux que cinq ou six francs.

analogie en donnant à l'adipocire le nom d'*ambre blanc,* sous lequel cette matière blanche a été connue dans plusieurs pays.

Nous venons d'examiner les deux substances singulières que produit le cachalot macrocéphale ; continuons de rechercher les attributs et les habitudes de cette espèce de cétacé.

Il nage avec beaucoup de vitesse. Plus vif que plusieurs baleines, et même que le nordcaper, ne le cédant par sa masse qu'à la baleine franche, il n'est pas surprenant qu'il réunisse une grande force aux armes terribles qu'il a reçues. Il s'élance au-dessus de la surface de l'Océan avec plus de rapidité que les baleines, et par un élan plus élevé. Un cachalot que l'on prit en 1715 auprès des côtes de Sardaigne, et qui n'avait encore que seize mètres de longueur, rompit d'un coup de queue une grosse corde, avec laquelle on l'avait attaché à une barque, et, lorsqu'on eut doublé la corde, il ne la coupa pas, mais il entraîna la barque en arrière, quoiqu'elle fût poussée par un vent favorable.

Il est vraisemblable qu'il était de l'espèce du macrocéphale. Ce cétacé en effet n'est pas étranger à la Méditerranée. Les anciens n'en ont pas eu cependant une idée nette. Il paraît même que, sans en excepter Pline ni Aristote, ils n'ont pas bien distingué les formes ni les habitudes des grands cétacés, malgré la présence de plusieurs de ces énormes animaux dans la Méditerranée, et malgré les renseignements que leurs relations commerciales avec les Indes pouvaient leur procurer sur plusieurs autres. Non seulement ils ont appliqué à leur *mysticetus* des organes, des qualités ou des gestes du rorqual, aussi bien que de la baleine franche, mais encore ils ont attribué à leur baleine des propriétés du gibbar, du rorqual et du cachalot macrocéphale ; et ils ont composé leur *physolus*, des traits de ce même macrocéphale mêlés avec ceux du gibbar. Au reste, on ne peut mieux faire, pour connaître les opinions des anciens au sujet des cétacés, que de consulter l'excellent ouvrage du savant professeur Schneider sur les synonymes des cétacés et des poissons, recueillis par Artedi.

Mais la Méditerranée n'est pas la seule mer intérieure dans laquelle pénètre le macrocéphale : il appartient même à presque toutes les mers. On l'a reconnu dans les parages du Spitzberg ; auprès du cap Nord et des côtes de Finmarck ; dans les mers du Groenland ; dans le détroit de Davis ; dans la plus grande partie de l'océan Atlantique septentrional ; dans le golfe Britannique, auprès de l'embouchure de l'Elbe, dans lequel un macrocéphale fut poussé par une violente tempête, échoua et périt en décembre 1720 ; auprès de Terre-Neuve ; aux environs de Bayonne ; non loin du cap de Bonne-Espérance ; près du canal de Mozambique, de Madagascar et de l'île de France ; dans la mer qui baigne les rivages occidentaux de la Nouvelle-Hollande, où il doit avoir figuré parmi ces troupes d'innombrables et grands cétacés que le naturaliste Levilain a vu attirer des pétrels[1], lutter contre les

---

1. Voyez, dans l'article de la baleine franche, ce que nous avons dit, d'après le capitaine anglais Colnett, des troupes de pétrels qui accompagnent celles des plus grands cétacés.

vagues furieuses, bondir, s'élancer avec force, poursuivre des poissons et se
presser auprès de la terre de Lewin, de la rivière des Cygnes et de la baie
des Chiens-Marins, au point de gêner la navigation ; vers les côtes de la
Nouvelle-Zélande [1] ; près du cap de Corientes, du golfe de la Californie; à peu
de distance de Guatemala, où le capitaine Colnett rencontra une légion d'individus de cette espèce ; autour des îles Gallapagos ; à la vue de l'île Mocha
et du Chili, où, suivant le même voyageur, la mer paraissait couverte de
cachalots ; dans la mer du Brésil ; et enfin auprès de notre Finistère.

En 1784, trente-deux macrocéphales échouèrent sur la côte occidentale
d'Audierne, sur la grève nommée *Très-Couarem*. Le professeur Bonnaterre a
publié dans l'*Encyclopédie méthodique*, au sujet de ces cétacés, des détails intéressants, qu'il devait à MM. Bastard, Chappuis fils et Derrien, et à M. Lecoz,
mon ancien collègue à la première assemblée législative de France et maintenant archevêque de Besançon. Le 13 mars, on vit avec surprise une multitude de poissons se jeter à la côte, et un grand nombre de marsouins
entrer dans le port d'Audierne. Le 14, à six heures du matin, la mer était
grosse, et les vents soufflaient du sud-ouest avec violence. On entendit vers
le cap Estain des mugissements extraordinaires, qui retentissaient dans les
terres à plus de quatre kilomètres. Deux hommes, qui côtoyaient alors le rivage, furent saisis de frayeur, surtout lorsqu'ils aperçurent, un peu au large,
des animaux énormes, qui s'agitaient avec violence, s'efforçaient de résister
aux vagues écumantes qui les roulaient et les précipitaient vers la côte, bat-
taient bruyamment les flots soulevés, à coups redoublés de leur large queue,
et rejetaient avec vivacité par leurs évents une eau bouillonnante, qui s'é-
lançait en sifflant. L'effroi des spectateurs augmenta, lorsque les premiers de
ces cétacés, n'opposant plus à la mer qu'une lutte inutile, furent jetés sur le
sable; il redoubla encore, lorsqu'ils les virent suivis d'un très grand nombre
d'autres colosses vivants. Les macrocéphales étaient cependant encore
jeunes ; les moins grands n'avaient guère plus de douze mètres de longueur,
et les plus grands n'en avaient pas plus de quinze ou seize. Ils vécurent, sur
le sable, vingt-quatre heures ou environ.

Il ne faut pas être étonné que des milliers de poissons, troublés et
effrayés, aient précédé l'arrivée de ces cétacés et fui rapidement devant eux.
En effet, le macrocéphale ne se nourrit pas seulement du mollusque *seiche*,
que quelques marins anglais appellent *squild* ou *squill*, qui est très commun
dans les parages qu'il fréquente, qui est très répandu particulièrement auprès
des côtes d'Afrique et sur celles du Pérou, et qui y parvient à une grandeur
si considérable, que son diamètre y est quelquefois de plus d'un tiers de
mètre [2]. Il n'ajoute pas seulement d'autres mollusques à cette nourriture ; il

---

1. Lettre du capitaine Baudin à mon collègue Jussieu.

2. Observations faites par M. Starbuc, capitaine de vaisseau des États-Unis et commu-
niquées à M. de Lacépède par M. Joseph Dourlen, de Dunkerque, en décembre de l'année
1795.

est aussi très avide de poissons, notamment de cycloptères. On peut voir dans Duhamel qu'on a trouvé des poissons de deux mètres de longueur dans l'estomac du macrocéphale. Mais voici des ennemis bien autrement redoutables, dont ce cétacé fait ses victimes. Il poursuit les phoques, les baleinoptères à bec, les dauphins vulgaires. Il chasse les requins avec acharnement ; et ces squales, si dangereux pour tant d'autres animaux, sont, suivant Otho Fabricius, saisis d'une telle frayeur à la vue du terrible macrocéphale, qu'ils s'empressent de se cacher sous le sable ou sous la vase, qu'ils se précipitent au travers des écueils, qu'ils se jettent contre les rochers avec assez de violence pour se donner la mort, et qu'ils n'osent pas même approcher de son cadavre, malgré l'avidité avec laquelle ils dévorent les restes des autres cétacés. D'après la relation du voyage en Islande de MM. Olafsen et Povelsen, on ne doit pas douter que le macrocéphale ne soit assez vorace pour saisir un bateau pêcheur, le briser dans sa gueule, et engloutir les hommes qui le montent ; aussi les pêcheurs islandais redoutent-ils son approche. Leurs idées superstitieuses ajoutent à leur crainte, au point de ne pas leur permettre de prononcer en haute mer le véritable nom du macrocéphale; et, ne négligeant rien pour l'éloigner, ils jettent dans la mer, lorsqu'ils aperçoivent ce féroce cétacé, du soufre, des rameaux de genévrier, des noix muscades, de la fiente de bœuf récente, ou tâchent de le détourner par un grand bruit et par des cris perçants.

Le macrocéphale cependant rencontre dans de grands individus, ou dans d'autres habitants des mers que ceux dont il veut faire sa proie, des rivaux contre lesquels sa puissance est vaine. Une troupe nombreuse de macrocéphales peut même être forcée de combattre contre une autre troupe de cétacés, redoutables par leur force ou par leurs armes. Le sang coule alors à grands flots sur la surface de l'Océan, comme lorsque des milliers de harponneurs attaquent plusieurs baleines ; et la mer se teint en rouge sur un espace de plusieurs kilomètres [1].

Au reste, n'oublions pas de faire attention à ces mugissements qu'ont fait entendre les cachalots échoués dans la baie d'Audierne, et de rappeler ce que nous avons dit des sons produits par les cétacés, dans l'article de la *baleine franche* et dans celui de la *baleinoptère jubarte*.

La contrainte, la douleur, le danger, la rage, n'arrachent peut-être pas seuls des sons plus ou moins forts et plus ou moins expressifs aux cétacés, et particulièrement au cachalot macrocéphale. Peut-être le sentiment le

---

[1]. *Traduction du voyage en Islande de MM. Olafsen et Povelsen*, t. IV, p. 439. — Le P. Feuillée dit, dans le recueil des observations qu'il avait faites en Amérique (t. Ier, p. 395), qu'auprès de la côte du Pérou il vit l'eau de la mer mêlée avec un sang fétide; que, selon les Indiens, ce phénomène avait lieu tous les mois, et que ce sang provenait, suivant ces mêmes Indiens, d'une évacuation à laquelle les baleines femelles étaient sujettes chaque mois, et lorsqu'elles étaient en chaleur. Les combats que se livrent les cétacés et le nombre de ceux qui périssent sous les coups des pêcheurs suffisent pour expliquer le fait observé par le P. Feuillée, sans qu'on ait besoin d'avoir recours aux idées des Indiens.

plus vif de tous ceux que les animaux peuvent éprouver leur inspire-t-il aussi des sons particuliers qui l'annoncent au loin. Les macrocéphales du moins doivent rechercher leur femelle avec une sorte de fureur. Ils s'accouplent comme la baleine franche ; et, pour se livrer à leurs amours avec moins d'inquiétude ou de trouble, ils se rassemblent, dans le temps de leur union la plus intime avec leur femelle, auprès des rivages les moins fréquentés. Le capitaine Colnett dit, dans la relation de son voyage, que les environs des îles Gallapagos sont, dans le printemps, le rendez-vous de tous les cachalots macrocéphales (*spermaceti*) des côtes du Mexique, de celles du Pérou et du golfe de Panama ; qu'ils s'y accouplent ; et qu'on y voit de jeunes cachalots qui n'ont pas deux mètres de longueur.

On a écrit que le temps de la gestation est de neuf ou dix mois, comme pour la baleine franche ; que la mère ne donne le jour qu'à un petit et tout au plus à deux. Mon ancien collègue, M. l'archevêque de Besançon, et M. Chappuis, que j'ai déjà cités, ont communiqué dans le temps au professeur Bonnaterre, qui l'a publiée, une observation bien précieuse à ce sujet.

Les trente et un cachalots échoués en 1784 auprès d'Audierne étaient presque tous femelles. L'équinoxe du printemps approchait ; deux de ces femelles mirent bas sur le rivage. Cet événement, hâté peut-être par tous les efforts qu'elles avaient faits pour se soutenir en pleine mer et par la violence avec laquelle les flots les avaient poussées sur le sable, *fut précédé par des explosions bruyantes.* L'une donna deux petits, et l'autre un seul. Deux furent enlevés par les vagues ; le troisième, qui resta sur la côte, était bien conformé, n'avait pas encore de dents, et sa longueur était de trois mètres et demi ; ce qui pourrait faire croire que les jeunes cachalots vus par M. Colnett auprès des îles Gallapagos lui ont paru moins longs qu'un double mètre, à cause de la distance à laquelle il a dû être de ces jeunes cétacés, et de la difficulté de les observer au milieu des flots, qui devaient souvent les cacher en partie.

La mère montre pour son petit une affection plus grande encore que dans presque toutes les autres espèces de cétacés. C'est peut-être à un macrocéphale femelle qu'il faut rapporter le fait suivant, que l'on trouve dans la relation du voyage de Fr. Pyrard[1]. Cet auteur raconte que, dans la mer du Brésil, un grand cétacé, voyant son petit pris par des pêcheurs, se jeta avec une telle furie contre leur barque, qu'il la renversa et précipita dans la mer son petit, qui par là fut délivré, et les pêcheurs, qui ne se sauvèrent qu'avec peine.

Ce sentiment de la mère pour le jeune cétacé auquel elle a donné le jour se retrouve même dans presque tous les macrocéphales, pour les cachalots avec lesquels ils ont l'habitude de vivre. Nous lisons dans la rela-

1. Seconde partie, p. 208.

tion du voyage du capitaine Colnett, que, lorsqu'on attaque une troupe de macrocéphales, ceux qui sont déjà pris sont bien moins à craindre, pour les pêcheurs, que leurs compagnons encore libres, lesquels, au lieu de plonger dans la mer ou de prendre la fuite, vont avec audace couper les cordes qui retiennent les premiers, repousser ou immoler leurs vainqueurs, et leur rendre la liberté.

Mais les efforts des macrocéphales sont aussi vains que ceux de la baleine franche. Le génie de l'homme dominera toujours l'intelligence des animaux, et son art enchaînera la force des plus redoutables. On pêche avec succès les macrocéphales, non seulement dans notre hémisphère, mais dans l'hémisphère austral ; et, à mesure que d'illustres exemples et de grandes leçons apprennent aux navigateurs à faire avec facilité ce qui naguère était réservé à l'audace éclairée des Magellan, des Bougainville et des Cook, les stations et le nombre des pêcheurs de cachalots, ainsi que d'autres grands cétacés dont on recherche l'huile, les fanons, l'ambre ou l'adipocire, se multiplient dans les deux océans. Ces pêcheries ouvrent de nouvelles sources de richesses et créent de nouvelles pépinières de marins pour les Anglais et pour les Américains des États-Unis, ce peuple que la nature, la liberté et la philosophie appellent aux plus belles destinées, et qui l'emporte déjà sur tant d'autres nations, par l'habileté et la hardiesse avec lesquelles il parcourt la mer comme ses belles contrées, et recueille les trésors de l'Océan aussi facilement que les moissons de ses campagnes [1].

Les macrocéphales résistent plus longtemps que beaucoup d'autres cétacés aux blessures que leur font la lance et le harpon des pêcheurs. On ne leur arrache que difficilement la vie ; et on assure qu'on a vu de ces cachalots respirer encore, quoique privés de parties considérables de leurs corps, que le fer avait désorganisées au point de les faire tomber en putréfaction.

Il faut observer que cette force avec laquelle les organes du cachalot retiennent, pour ainsi dire, la vie, quoique étroitement liés avec d'autres organes lésés, altérés et presque détruits, appartient à une espèce de cétacé qui a moins besoin que les autres animaux de sa famille de venir respirer à la surface des mers le fluide de l'atmosphère, et qui par conséquent peut vivre sous l'eau pendant plus de temps [2].

La peau, le lard, la chair, les intestins et les tendons du cachalot macrocéphale sont employés, dans plusieurs contrées septentrionales, aux mêmes usages que ceux du narwal vulgaire. Ses dents et plusieurs de ses os y servent à faire des instruments ou de pêche ou de chasse. Sa langue cuite y est recherchée comme un très bon mets. Son huile, suivant plusieurs auteurs,

1. M. Cossigny a parlé de ces pêcheries australes dans l'intéressant ouvrage qu'il a publié sur les colonies.
2. On peut voir ce que nous avons dit sur des phénomènes analogues, dans le discours qui est à la tête de l'Histoire naturelle des quadrupèdes ovipares.

donne une flamme claire, sans exhaler de mauvaise odeur ; et l'on peut faire
une colle excellente avec les fibres de ses muscles. Réunissez à ces produits
l'adipocire et l'ambre gris, et vous verrez combien de motifs peuvent inspirer
à l'homme entreprenant et avide le désir de chercher le macrocéphale au
milieu des frimas et des tempêtes, et de le provoquer jusqu'au bout du
monde.

LE CACHALOT TRUMPO

Physeter macrocephalus, Var. *g.* Linn. — *Physeter Trumpo,* Bonn. — *Catodon
Trumpo,* Lacép. [1].

Que l'on jette les yeux sur la figure du trumpo, et nous n'aurons pas
besoin de faire observer combien sa tête est colossale. La longueur de cette
tête énorme peut surpasser la moitié de la longueur totale du cétacé ; et
cependant le trumpo, entièrement développé, a plus de vingt-trois mètres de
long. La tête de ce cachalot est donc longue de douze mètres. Quel réservoir
d'adipocire !

La mâchoire supérieure, beaucoup plus longue et beaucoup plus large
que l'inférieure, reçoit dans des alvéoles les dents qui garnissent la mâchoire
d'en bas. La partie antérieure de la tête, convexe dans presque tous les sens,
représente une grande portion d'un immense ellipsoïde, tronqué par devant
de manière à y montrer très en grand l'image d'un mufle de taureau gigantesque.

Les dents dont la mâchoire inférieure est armée ne sont, le plus souvent,
qu'au nombre de dix-huit de chaque côté. Chacune de ces dents est droite,
grosse, pointue, blanche comme le plus bel ivoire, et longue de près de deux
décimètres.

L'œil est petit, placé au delà de l'ouverture de la bouche et plus élevé
que cette ouverture.

On voit, à l'extrémité supérieure du museau, une bosse dont la sommité
présente l'orifice des évents, lequel a très souvent plus d'un tiers de mètre de
largeur.

Au delà de cette sommité, le dessus de la tête forme une grande convexité,
séparée de celle du dos, qui est plus large, plus longue et plus élevée, par un

---

1. Voyez pl. 13, fig. 1. — Cachalot de la Nouvelle-Angleterre. — *Trumpo,* par les habitants
des Bermudes. — *Spermaceti whale,* par les Anglais. — *Catodon macrocephalus* (var. gamma).
Linné, édition de Gmelin. — *Cachalot trumpo.* Bonnaterre, planches de l'Encyclopédie méthodique. — Dudley, *Philosoph. Transact.,* n° 357. — *Cetus* (Novæ Augliæ) *bipinnis, fistula in cervice, dorso gibboso.* Brisson, *Regn.,* p. 360, n° 3. — *Dudleyi Balæna.* Klein, *Miss. pisc.* t. II, p. 15.
— Mémoires de l'Académie des sciences, année 1741, 26. — Robertson, *Philosoph. Transact.*
t. LX. — *Blunt headed.* Penuant, *Zoolog. britann.,* t. III, p. 61. — *Cachalot trumpo.* Édition de
Bloch, publiée par R.-R. Castel. — *Cachalot trumpo. Histoire des pêches des Hollandais dans les
mers du Nord,* traduite du hollandais en français par M. Bernard Dereste, t. Ier, p. 163.

enfoncement très sensible, que l'on serait tenté de prendre pour la nuque. Mais, au lieu de trouver cet enfoncement au delà de la tête et au-dessus du cou, on le voit avec étonnement correspondre au milieu de la mâchoire inférieure, n'être pas moins éloigné de l'œil que de l'éminence des évents ; et c'est à l'endroit où finit la tête et où le corps commence que le cétacé montre sa plus grande grosseur, et que sa circonférence est, par exemple, de quatorze mètres, lorsqu'il en a vingt-quatre de longueur.

La bosse dorsale ressemble beaucoup à la sommité des évents ; mais elle est plus haute et plus large à sa base. Elle correspond à l'intervalle qui sépare l'anus des parties sexuelles.

Les bras, ou nageoires pectorales, sont extrêmement courts.

La peau est douce au toucher et d'un gris noirâtre sur presque toute la surface du trumpo. La graisse que cette peau recouvre fournit une huile, qui, dit-on, est moins âcre et plus claire que l'huile de la baleine franche [1].

De plus, un trumpo mâle qui échoua en avril 1741 près de la barre de Bayonne et de l'embouchure de la rivière de l'Adour donna dix tonneaux d'adipocire [2], d'une qualité supérieure à celui du macrocéphale, et qu'on retira de la cavité antérieure de sa tête [3]. On trouva aussi dans son intérieur une boule d'ambre gris, du poids de soixante-cinq hectogrammes.

On a cru que, tout égal d'ailleurs, le trumpo, était plus agile, plus audacieux et plus redoutable que les autres cachalots ; mais il paraît qu'il a plus de confiance dans la force de ses mâchoires, la grandeur et le nombre de ses dents, que dans la masse et la vitesse de sa queue ; car on assure que, lorsqu'il est blessé, il se retourne de manière à se défendre avec sa gueule.

Le trumpo se plaît dans la mer qui baigne la Nouvelle-Angleterre et auprès des Bermudes ; mais on l'a vu aussi dans les eaux du Groenland, dans le golfe Britannique, dans celui de Gascogne, et je ne serais pas éloigné de croire qu'il était parmi les cachalots nommés *spermaceti,* et que le capitaine Baudin a observés récemment auprès des côtes de la Nouvelle-Zélande [4].

---

1. *Histoire des pêches hollandaises,* traduction de M. Bernard Dereste, t. Ier, p. 163.

2. Voyez, dans l'article du cachalot macrocéphale, ce que nous avons dit sur l'adipocire ou blanc de cachalot, si improprement appelé *blanc de baleine,* et sur la nature de l'ambre gris.

3. Ce trumpo avait plus de seize mètres de longueur totale. Sa circonférence, à l'endroit le plus gros du corps, était de neuf mètres ; le diamètre de l'orifice des évents, d'un tiers de mètre ; la distance de l'extrémité de la caudale à l'anus, de près de cinq mètres ; la longueur de l'anus, d'un tiers de mètre ; la largeur de cette ouverture, d'un sixième de mètre ; la distance de l'anus à la verge, de deux mètres ; la longueur de la gaine qui entoure la verge, d'un demi-mètre ; le diamètre de cette gaine, d'un tiers de mètre ; la longueur de la verge, d'un mètre et un tiers ; et la hauteur de la bosse du dos, d'un tiers de mètre.

4. Lettre du capitaine Baudin à notre collègue Jussieu.

LE CACHALOT SVINEVAL

Physeter Catodon, Linn. — *Physeter Catodon,* Bonn. — *Catodon Svineval,* Lacép.[1]

Nous n'appelons pas ce cétacé le *petit cachalot,* parce que nous allons en décrire un qui lui est inférieur par ses dimensions ; d'ailleurs cette épithète *petit* ne peut le plus souvent former qu'un mauvais nom spécifique. Nous conservons au cachalot dont nous nous occupons dans cet article le nom de *svinehval,* qu'on lui donne en Norvège et dans plusieurs autres contrées du Nord ; ou plutôt, de cette dénomination de *svinehval* nous avons tiré celle de *svineval,* plus aisée à prononcer.

Ce cétacé a la tête arrondie ; l'ouverture de la bouche petite ; la mâchoire inférieure, plus étroite que celle d'en haut et garnie, des deux côtés, de dents qui correspondent à des alvéoles creusés dans la mâchoire supérieure.

On a trouvé souvent ces dents usées au point de se terminer dans le haut par une surface plate, presque circulaire, et sur laquelle on voyait plusieurs lignes concentriques, qui marquaient les différentes couches de la dent. Ces dents, diminuées dans leur longueur par le frottement, avaient à peine deux centimètres de hauteur au-dessus de la gencive.

L'orifice des évents, situé à l'extrémité de la partie supérieure du museau, a été pris, par quelques observateurs, pour une ouverture de narines ; c'est ce qui a pu faire croire que le svineval n'avait pas d'évents proprement dits.

Une éminence raboteuse et calleuse est placée sur le dos.

Les svinevals vivent en troupes dans les mers septentrionales. Vers la fin du dernier siècle, cent deux de ces cachalots échouèrent dans l'une des Orcades : les plus grands n'avaient que huit mètres de longueur. Il est présumable que le svineval fournit une quantité plus ou moins abondante d'adipocire, et que, dans certaines circonstances, il produit de l'ambre gris, comme les cachalots dont nous venons de parler[2].

1. Petit cachalot. — *Svinehval,* en Norvège. — *Kegutilik,* en Groenland. — *Physeter Catodon.* Linné, édition de Gmelin. — *Catodon fistula in rostro.* Artedi, gen. 78, syn. 108. — *Petit cachalot.* Bonnaterre, planches de l'Encyclopédie méthodique. — *Cetus* (minor) *bipinnis,* fistula in rostro. Brisson, *Regn. anim.,* p. 361, n° 4. — Sibbald, *Phal. nov.,* p. 24. — *Balæna minor,* in inferiore maxilla tantum dentata, sine pinna aut spina in dorso. Sibb. Rai. *Pisc.,* p.15. — Otho Fabricius, *Faun. Groenland.,* p. 44.

2. On peut voir, dans l'article du macrocéphale, ce que l'on doit penser de la nature de l'adipocire et de celle de l'ambre gris.

LE CACHALOT BLANCHATRE.

Catodon albicans, LACÉP. — *Delphinus Leucas*, Cuv. [1].

Ce cétacé paraît de loin avoir beaucoup de rapports avec la baleine franche; mais on distingue aisément cependant la forme de sa tête, plus allongée que celle de cette baleine, et la figure du museau, moins arrondi que celui du premier des cétacés.

Ses dents sont fortes, mais émoussées à leur extrémité; elles sont d'ailleurs comprimées et courbées. Sa couleur est d'un blanc mêlé de teintes jaunes.

Sa longueur n'excède pas souvent cinq ou six mètres : il est donc bien inférieur, par ses dimensions et par sa force, aux cachalots dont nous venons de parler. On l'a rencontré dans le détroit de Davis. On ne peut guère douter que ce cétacé ne fournisse de l'adipocire ; et peut-être donne-t-il aussi de l'ambre gris [2].

LES PHYSALES [3]

LE PHYSALE CYLINDRIQUE

Physeter cylindricus, BONN. — *Physalus cylindricus*, LACÉP. — *Physeter macrocephalus*, Cuv. [4].

Plusieurs naturalistes ont confondu ce cétacé avec le *microps*, dont nous parlerons bientôt ; mais il est même d'un genre différent de celui qui doit comprendre ce dernier animal. Il n'appartient pas non plus à la famille des cachalots proprement dits : la position de ses évents aurait suffi pour nous obliger à l'en séparer. Nous avons donc considéré cette espèce remarquable, hors des deux groupes que nous avons formés de tous les autres cétacés auxquels on avait donné jusqu'à nous le même nom générique, celui de *cachalot*

---

1. Spermaceti. — *Catodon macrocephalus*, var. *b.* Linné, édition de Gmelin. — Cetus albicans, bipinnis, ex albo flavescens..... dorso lævi. Brisson, *Regn. anim.*, p. 359, n° 2. — *Weisfisch*. Martens, *Spitzb.*, p. 94. — *Balæna albicans*, weisfisch Martensii et Zorgdrageri. Klein, *Miss. pisc.*, l. II, p. 12. — Poisson blanc : hviidfiske. Eggede, *Groenland.*, p. 55. — Albus piscis cetaceus. Rai, *Pisc.*, p. 11.

2. Voyez, dans l'article du macrocéphale, ce que nous avons dit de ces deux substances.

3. Voyez, au commencement de cette histoire, l'article intitulé Nomenclature des cétacés, et le tableau général des ordres, genres et espèces de ces animaux. LACÉPÈDE.

4. *Walvischvangst*, par les Hollandais. — *Cachalot cylindrique*. Bonnaterre, planches de l'Encyclopédie méthodique. — Anderson, *Histoire du Groenland.*, p. 148. — Cachalot, pris aux environs du cap Nord. *Histoire naturelle des pêches des Hollandais dans les mers du Nord*, traduite en français par M. Bernard Dereste, t. Ier, p. 157, pl. 2, fig. C.

en français, et de *physeter* en latin ; et nous avons cru devoir distinguer le genre particulier qu'elle forme, par la dénomination de *physalus*, dont on s'est déjà servi pour désigner la force avec laquelle tous les cétacés qu'on a nommés *cachalots* font jaillir l'eau par leurs évents, et qu'on n'avait pas encore adoptée pour un genre ni même pour une espèce particulière de ces cétacés énormes et armés de dents.

De tous les grands animaux, le physale cylindrique est celui dont les formes ont le plus de cette régularité que la géométrie imprime aux productions de l'art, et qui, vu de loin, ressemble peut-être le moins à un être animé. La forme cylindrique qu'il présente dans la plus grande partie de sa longueur le ferait prendre pour un immense tronc d'arbre, si on connaissait un arbre assez gros pour lui être comparé, ou pour une de ces tours antiques que des commotions violentes ont précipitées dans la mer dont elles bordaient le rivage, si on ne le voyait pas flotter sur la surface de l'Océan.

Sa tête surtout ressemble d'autant plus à un cylindre colossal, que la mâchoire inférieure disparaît, pour ainsi dire, au milieu de celle d'en haut, qui l'encadre exactement, et que le museau, qui paraît comme tronqué, se termine par une surface énorme, verticale, presque plane et presque circulaire.

Que l'on se suppose placé au-devant de ce disque gigantesque, et l'on verra que la hauteur de cette surface verticale peut égaler celle d'un de ces remparts très élevés qui ceignent les anciennes forteresses. En effet, la tête du physale cylindrique peut être aussi longue que la moitié du cétacé, et sa hauteur peut égaler une très grande partie de sa longueur.

La mâchoire inférieure est un peu plus courte que celle d'en haut, et d'ailleurs plus étroite. L'ouverture de la bouche, qui est égale à la surface de cette mâchoire inférieure, est donc beaucoup plus longue que large ; et cependant elle est effrayante : elle épouvante d'autant plus que, lorsque le cétacé abaisse sa longue mâchoire inférieure, on voit cette mâchoire hérissée, sur ses deux bords, d'un rang de dents pointues très recourbées, et d'autant plus grosses qu'elles sont plus près de l'extrémité du museau, au bout duquel on en compte quelquefois une impaire. Ces dents sont au nombre de vingt-quatre ou de vingt-cinq de chaque côté. Lorsque l'animal relève sa mâchoire, elles entrent dans les cavités creusées dans la mâchoire supérieure. Et quelle victime, percée par ces cinquante pointes dures et aiguës, résisterait d'ailleurs à l'effort épouvantable des deux mâchoires, qui, comme deux leviers longs et puissants, se rapprochent violemment et se touchent dans toute leur étendue ?

On a écrit que les plus grandes de ces dents d'en bas présentaient un peu la forme et les dimensions d'un gros concombre. On a écrit aussi que l'on trouvait trois ou quatre dents à la mâchoire supérieure. Ces dernières ressemblent sans doute à ces dents très courtes, à surface plane, et presque entièrement cachées dans la gencive, qui appartiennent à la mâchoire d'en haut du cachalot macrocéphale.

La langue est mobile, au moins latéralement, mais étroite et très courte.

L'œsophage, au lieu d'être resserré comme celui de la baleine franche, est assez large pour que, suivant quelques auteurs, un bœuf entier puisse y passer. L'estomac avait plus de vingt-trois décimètres de long, dans un individu dont une description très étendue fut communiquée dans le temps à Anderson ; et cet estomac renfermait des arêtes, des os et des animaux à demi dévorés.

On voit l'orifice des évents situé à une assez grande distance de l'extrémité supérieure du museau, pour répondre au milieu de la longueur de la mâchoire d'en bas.

L'œil est placé un peu plus loin encore du bout du museau que l'ouverture des évents ; mais il n'en est pas aussi éloigné que l'angle formé par la réunion des deux lèvres. Au reste, il est très près de la lèvre supérieure et n'a qu'un très petit diamètre.

Un marin hollandais et habile, cité par Anderson, disséqua avec soin la tête d'un physale cylindrique pris aux environs du cap Nord. Ayant commencé son examen par la partie supérieure, il trouva au-dessous de la peau une couche de graisse d'un sixième de mètre d'épaisseur. Cette couche graisseuse recouvrait un cartilage que l'on aurait pris pour un tissu de tendons fortement attachés les uns aux autres. Au-dessous de cette calotte vaste et cartilagineuse, était une grande cavité pleine d'adipocire[1]. Une membrane cartilagineuse, comme la calotte, divisait cette cavité en deux portions situées l'une au-dessus de l'autre. La portion supérieure, nommée par le marin hollandais *klatpmutz*, était séparée en plusieurs compartiments par des cloisons verticales, visqueuses et un peu transparentes. Elle fournit trois cent cinquante kilogrammes d'une substance huileuse, fluide, très fine, très claire et très blanche. Cette substance, à laquelle nous donnons, avec notre collègue Fourcroy, le nom d'*adipocire*, se coagulait et formait de petites masses rondes, dès qu'on la versait dans de l'eau froide.

La portion inférieure de la grande cavité avait deux mètres et demi de profondeur. Les compartiments dans lesquels elle était divisée lui donnaient l'apparence d'une immense ruche garnie de ses rayons et ouverte. Ils étaient formés par des cloisons plus épaisses que celle des compartiments supérieurs, et la substance de ces cloisons parut à l'observateur hollandais analogue à celle qui compose la coque des œufs d'oiseaux.

Les compartiments de la portion inférieure contenaient un adipocire d'une qualité inférieure à celui de la première portion. Lorsqu'ils furent vidés, le marin hollandais les vit se remplir d'une liqueur semblable à celle qu'il venait d'en retirer. Cette liqueur y coulait par l'orifice d'un canal qui

---

1. On peut voir, dans l'article du cachalot macrocéphale, ce que nous avons dit de l'adipocire.

se prolongeait le long de la colonne vertébrale jusqu'à l'extrémité de la queue. Ce canal diminuait graduellement de grosseur, de telle sorte qu'ayant auprès de son orifice une largeur de près d'un décimètre, il n'était pas large de deux centimètres à son extrémité opposée. Un nombre prodigieux de petits tuyaux aboutissait à ce canal, de toutes les parties du corps de l'animal, dont les chairs, la graisse et même l'huile étaient mêlées avec de l'adipocire. Le canal versa dans la portion inférieure de la grande cavité de la tête cinq cent cinquante kilogrammes d'un adipocire qui, mis dans l'eau froide, y prenait la forme de flocons de neige, mais qui était d'une qualité bien inférieure à celui de la cavité supérieure ; ce qui paraîtrait indiquer que l'adipocire s'élabore, s'épure et se perfectionne, dans cette grande et double cavité de la tête à laquelle le canal aboutit.

La cavité de l'adipocire doit être plus grande, tout égal d'ailleurs, dans le physale cylindrique, que dans les cachalots, à cause de l'élévation de la partie antérieure du museau.

Le corps du physale que nous décrivons est cylindrique du côté de la tête et conique du côté de la queue. Sa partie antérieure ressemble d'autant plus à une continuation du cylindre formé par la tête, que la nuque n'est marquée que par un enfoncement presque insensible. C'est vers la fin de ce long cylindre que l'on voit une bosse, dont la hauteur est ordinairement d'un demi-mètre, lorsque sa base, qui est très prolongée à proportion de sa grosseur, est longue d'un mètre et un tiers.

La queue, qui commence au delà de cette bosse, est grosse, conique, mais très courte à proportion de la grandeur du physale ; ce qui donne à cet animal une rame et un gouvernail beaucoup moins étendus que ceux de plusieurs autres cétacés, et par conséquent doit, tout égal d'ailleurs, rendre sa natation moins rapide et moins facile.

Cependant la caudale a très souvent plus de quatre mètres de largeur, depuis l'extrémité d'un lobe jusqu'à l'extrémité de l'autre. Chacun de ces lobes est échancré, de manière que la caudale paraît en présenter quatre.

La base de chaque pectorale est très près de l'œil, presque à la même hauteur que cet organe et, par conséquent plus haut que l'ouverture de la bouche. Cette nageoire latérale est d'ailleurs ovale, et si peu étendue, que très fréquemment elle n'a guère plus d'un mètre de longueur.

Le ventre est un peu arrondi.

La verge du mâle a près de deux mètres de longueur, et un demi-mètre de circonférence à sa base.

L'anus n'est pas éloigné de cette base ; mais, comme la queue est très courte, il se trouve près de la caudale.

La chair a une assez grande dureté pour résister aux lames tranchantes, au harpon et aux lances que de grands efforts ne mettent pas en mouvement.

La couleur du cylindrique est noirâtre et presque du même ton sur toute la surface de ce physale.

On a rencontré ce cétacé dans l'océan Glacial arctique et dans la partie boréale de l'océan Atlantique septentrional.

LES PHYSÉTÈRES[1]

LE PHYSÉTÈRE MICROPS

Physeter microps, BONN., LACÉP. [2].

Le microps est un des plus grands, des plus cruels et des plus dangereux habitants de la mer. Réunissant à des armes redoutables les deux éléments de la force, la masse et la vitesse, avide de carnage, ennemi audacieux, combattant intrépide, quelle plage de l'Océan n'ensanglante-t-il pas? On dirait que les anciens mythologues l'avaient sous les yeux, lorsqu'ils ont créé le monstre marin dont Persée délivra la belle Andromède, qu'il allait dévorer, et celui dont l'aspect horrible épouvanta les coursiers du malheureux Hippolyte. On croirait aussi que l'image effrayante de ce cétacé a inspiré au génie poétique de l'Arioste cette admirable description de l'*orque* dont Angélique, enchaînée sur un rocher, allait être la proie près des rivages de la Bretagne. Lorsqu'il nous montre cette masse énorme qui s'agite, cette tête démesurée qu'arment des dents terribles, il semble retracer les principaux traits du microps. Mais détournons nos yeux des images enchanteresses et fantastiques dont les savantes allégories des philosophes, les conceptions sublimes des anciens poètes et la divine imagination des poètes récents ont voulu, pour ainsi dire, couvrir la nature entière; écartons ces voiles dont la fable a orné la vérité. Contemplons ces tableaux impérissables que nous a laissés le grand peintre qui fit l'ornement du siècle de Vespasien. Ne serons-nous pas tentés de retrouver les physétères que nous allons décrire dans ces *orques*[3] que Pline nous représente comme ennemis mor-

---

1. On trouvera au commencement de cette histoire le tableau général des ordres, genres et espèces des cétacés. LACÉPÈDE.

2. Cachalot à dents en faucille. — *Staur-himing*, en Norvège. — *Kobbe-herre*, ibid. — *Tikagusik*, en Groenland. — *Weisfisch*, ibid. — *Physeter microps*. Linné, édition de Gmelin. — *Cachalot microps*. Bonnaterre, planches de l'Encyclopédie méthodique. — *Physeter microps*. R.-R. Castel, nouvelle édition de Bloch. — *Physeter dorso pinna longa, maxilla superiore longiore*. Artedi, gen. 74, syn. 104. — Balæna major in inferiore tantum maxilla dentata, dentibus arcuatis falciformibus, pinnam seu spinam in dorso habens. Sibbaldi Phalan. — *Idem*. Rai. *Synops. pisc.*, p. 15. — *Idem*. Klein, *Miss. pisc.* t. II, p. 15. — Dritte species der Cachelotte. Anders, *Isl.*, p. 248. — Müller, *Zoolog. Danic. Prodrom.*, n° 53. — Strom., I,298; — Act. Nidros. 4, 112. — Oth. Fabricius, *Faun. Groenland.*, p. 44. — Zorgdrager, *Groenlandsche vischery*, p. 162.

3. Nous avons vu à l'article de la baleinoptère norqual que la note de Dalécamp sur le sixième chapitre du neuvième livre de Pline se rapportait à cette baleinoptère; mais l'orque du naturaliste de Rome ne peut pas être ce même cétacé.

telles du premier des cétacés, desquelles il nous dit qu'on ne peut s'en faire une image qu'en se figurant une masse immense animée et hérissée de dents, et qui, poursuivant les baleines jusque dans les golfes les plus écartés, dans leurs retraites les plus secrètes, dans leurs asiles les plus sûrs, attaquent, déchirent et percent de leurs dents aiguës, et les baleineaux, et les femelles qui n'ont pas encore donné le jour à leurs petits? Ces baleines encore pleines, continue le naturaliste romain, chargées du poids de leur baleineau, embarrassées dans leurs mouvements, découragées dans leur défense, affaiblies par les douleurs et les fatigues de leur état, paraissent ne connaître d'autre moyen d'échapper à la fureur des orques, qu'en fuyant dans la haute mer, et en tâchant de mettre tout l'Océan entre elles et leurs ennemis. Vains efforts! les orques leur ferment le passage, s'opposent à leur fuite, les attaquent dans leurs détroits, les pressent sur les bas-fonds, les serrent contre les roches. Et cependant, quoique aucun vent ne souffle dans les airs, la mer est agitée par les mouvements rapides et les coups redoublés de ces énormes animaux ; les flots sont soulevés comme par un violent tourbillon. Une de ces orques parut dans le port d'Ostie, pendant que l'empereur Claude était occupé à y faire des constructions nouvelles. Elle y était entrée à la suite du naufrage de bâtiments arrivés de la Gaule, et entraînée par les peaux d'animaux dont ces bâtiments avaient été chargés ; elle s'était creusé dans le sable une espèce de vaste sillon, et, poussée par les flots vers le rivage, elle élevait au-dessus de l'eau un dos semblable à la carène d'un vaisseau renversé. Claude l'attaqua à la tête des cohortes prétoriennes, montées sur des bâtiments qui environnèrent le géant cétacé, et dont un fut submergé par l'eau que les évents de l'orque avaient lancée. Les Romains du temps de Claude combattirent donc sur les eaux un énorme tyran des mers, comme leurs pères avaient combattu dans les champs de l'Afrique un immense serpent devin, un sanguinaire dominateur des déserts et des sables brûlants[1].

Examinons le type de ces orques de Pline.

Le microps a la tête si démesurée, que sa longueur égale, suivant Artedi, la moitié de la longueur du cétacé lorsqu'on lui a coupé la nageoire de la queue, et que sa grosseur l'emporte sur celle de toute autre partie du corps de ce physétère.

La bouche s'ouvre au-dessous de cette tête remarquable. La mâchoire supérieure, quoique moins avancée que le museau proprement dit, l'est cependant un peu plus que la mâchoire d'en bas. Elle présente des cavités propres à recevoir les dents de cette mâchoire inférieure ; et nous croyons devoir faire observer de nouveau que, par une suite de cette conformation, les deux mâchoires s'appliquent mieux l'une contre l'autre, et ferment la bouche plus exactement. Les dents qui garnissent la mâchoire d'en bas sont

---

1. Article du serpent devin, dans notre Histoire naturelle des serpents.

coniques, courbées, creuses vers leurs racines et enfoncées dans l'os de la mâchoire jusqu'aux deux tiers de leur longueur. La partie de la dent qui est cachée dans l'alvéole est comprimée de devant en arrière, cannelée du côté du gosier et rétrécie vers la racine, qui est petite.

La partie extérieure est blanche comme de l'ivoire, et son sommet aigu et recourbé vers le gosier se fléchit un peu en dehors.

Cette partie extérieure n'a communément qu'un décimètre de longueur. Lorsque l'animal est vieux, le sommet de la dent est quelquefois usé et parsemé de petites éminences aiguës ou tranchantes; et c'est ce qui a fait croire que le microps avait des dents molaires.

On a beaucoup varié sur le nombre des dents qui hérissent la mâchoire inférieure du microps. Les uns ont écrit qu'il n'y en avait que huit de chaque côté; d'autres n'en ont compté que onze à droite et onze à gauche. Peut-être ces auteurs n'avaient-ils vu que des microps très jeunes, ou si vieux que plusieurs de leurs dents étaient tombées et que plusieurs de leurs alvéoles s'étaient oblitérés. Mais, quoi qu'il en soit, Artedi, Gmelin et d'autres habiles naturalistes disent positivement qu'il y a quarante-deux dents à la mâchoire inférieure du microps.

Les Groenlandais assurent que l'on trouve aussi des dents à la mâchoire supérieure de ce cétacé. S'ils y en ont vu en effet, elles sont courtes, cachées presque en entier dans la gencive et plus ou moins aplaties, comme celles que l'on peut découvrir dans la mâchoire supérieure du cachalot macrocéphale.

L'orifice commun des deux évents est situé à une petite distance de l'extrémité du museau.

Artedi a écrit que l'œil du microps était aussi petit que celui d'un poisson qui ne présente que très rarement la longueur d'un mètre, et auquel nous avons conservé le nom de *gade églefin*[1]. C'est la petitesse de cet organe qui a fait donner au physétère que nous décrivons le nom de *microps*, lequel signifie *petit œil*.

Chaque pectorale a plus d'un mètre de longueur. La nageoire du dos est droite, haute et assez pointue pour avoir été assimilée à un long aiguillon.

La cavité située dans la partie antérieure et supérieure de la tête, et qui contient plusieurs tonneaux d'adipocire, a été comparée à un vaste four[2].

On a souvent remarqué la blancheur de la graisse.

La chair est un mets délicieux pour les Groenlandais et d'autres habitants du nord de l'Europe ou de l'Amérique.

La peau n'a peut-être pas autant d'épaisseur, à proportion de la grandeur de l'animal, que dans la plupart des autres cétacés. Elle est d'ailleurs

1. Histoire naturelle des poissons.
2. L'article du cachalot macrocéphale contient l'exposition de la nature de l'adipocire ou blanc de cétacé, improprement appelé *blanc de baleine*.

très unie, très douce au toucher et d'un brun noirâtre. Il se peut cependant que l'âge, ou quelque autre cause, lui donne d'autres nuances, et que quelques individus soient d'un blanc jaunâtre, ainsi qu'on l'a écrit.

La longueur du microps est ordinairement de plus de vingt-trois ou vingt-quatre mètres lorsqu'il est parvenu à son entier développement.

Est-il donc surprenant qu'il lui faille une si grande quantité de nourriture, et qu'il donne la chasse aux bélugas et aux marsouins qu'il poursuit jusque sur le rivage où il les force à s'échouer, et aux phoques qui cherchent en vain un asile sur d'énormes glaçons? Le microps a bientôt brisé cette masse congelée, qui, malgré sa dureté, se disperse en éclats, se dissipe en poussière cristalline et lui livre la proie qu'il veut dévorer.

Son audace s'enflamme lorsqu'il voit des jubartes ou des balcinoptères à museau pointu; il ose s'élancer sur ces grands cétacés et les déchire avec ses dents recourbées, si fortes et si nombreuses.

On dit même que la baleine franche, lorsqu'elle est encore jeune, ne peut résister aux armes terribles de ce féroce et sanguinaire ennemi; et quelques pêcheurs ont ajouté que la rencontre des microps annonçait l'approche des plus grandes baleines, que, dans leur sorte de rage aveugle, ils osent chercher sur l'Océan, attaquer et combattre.

La pêche du microps est donc accompagnée de beaucoup de dangers. Elle présente d'ailleurs des difficultés particulières : la peau de ce physétère est trop peu épaisse, et sa graisse ramollit trop sa chair, pour que le harpon soit facilement retenu.

Ce cétacé habite dans les mers voisines du cercle polaire.

En décembre 1723, dix-sept microps furent poussés, par une tempête violente, dans l'embouchure de l'Elbe. Les vagues amoncelées les jetèrent sur des bas-fonds; et, comme nous ne devons négliger aucune comparaison propre à répandre quelque lumière sur les sujets que nous étudions, que l'on se rappelle ce que nous avons écrit des macrocéphales précipités par la mer en courroux contre la côte voisine d'Audierne.

Les pêcheurs de Cuxhaven, sur le bord de l'Elbe, crurent voir dix-sept bâtiments hollandais amarrés au rivage. Ils gouvernèrent vers ces bâtiments; et ce fut avec un grand étonnement qu'ils trouvèrent à la place de ces vaisseaux dix-sept cétacés que la tempête avait jetés sur le sable, et que la marée, en se retirant avec d'autant plus de vitesse qu'elle était poussée par un vent d'est, avait abandonnés sur la grève. Les moins grands de ces dix-sept microps étaient longs de treize ou quatorze mètres, et les plus grands avaient près de vingt-quatre mètres de longueur. Les barques de pêcheurs amarrées à côté de ces physétères paraissaient comme les chaloupes des navires que ces cétacés représentaient. Ils étaient tous tournés vers le nord, parce qu'ils avaient succombé sous la même puissance, tous couchés sur le côté, morts, mais non pas encore froids ; ce que nous ne devons pas passer sous silence, et ce qui retrace ce que nous avons dit de la sensibilité des cétacés, cette troupe de microps renfermait huit femelles et neuf mâles ; huit mâles avaient chacun auprès de lui sa femelle, avec laquelle il avait expiré.

LE 'PHYSÉTÈRE ORTHODON

Physeter orthodon, Lacép. — *Physeter microps*, Var. *b*, Linn., Gmel. — *Physeter Trumpo*, Var. A, Bonn.[1].

La tête de l'orthodon, conformée à peu près comme celle des autres physétères, a une longueur presque égale à la moitié de la longueur du cétacé. L'orifice commun des deux évents est placé au-dessus de la partie antérieure du museau. L'œil paraît aussi petit que celui de la baleine franche ; mais sa couleur est jaunâtre et il brille d'un éclat très vif.

La mâchoire inférieure, plus étroite et plus courte que celle d'en haut, a cependant près de six mètres de longueur, lorsque le cétacé est long de vingt-quatre mètres. Elle forme un angle dans sa partie antérieure.

Elle est garnie de cinquante-deux dents fortes, droites, aiguës, pesant chacune plus d'un kilogramme, et dont la forme nous a suggéré le nom spécifique d'*orthodon*[2], par lequel nous avons cru devoir distinguer le cétacé que nous décrivons.

Chacune de ces dents est reçue dans un alvéole de la mâchoire supérieure ; et comme on peut l'imaginer aisément, il en résulte une application si exacte des deux mâchoires l'une contre l'autre que, lorsque la bouche est fermée, il est très difficile de distinguer la séparation des lèvres.

La gueule n'est pas aussi grande à proportion que celle de la baleine franche. La langue, que sa couleur d'un rouge très vif fait aisément apercevoir, est courte et pointue ; mais le gosier est si large qu'on a trouvé dans l'estomac de l'orthodon des squales requins tout entiers et de plus de quatre mètres de longueur. Ce physétère vaincrait sans peine des ennemis plus puissants. Sa longueur, voisine de celle de plusieurs baleines franches, peut s'étendre, en effet, à plus de trente-trois mètres.

Ses pectorales néanmoins sont beaucoup plus petites que celles du microps : elles n'ont souvent qu'un demi-mètre de longueur. On a compté sept articulations ou phalanges au doigt le plus long des cinq qui composent l'extrémité de ces nageoires.

Une bosse très haute s'élève sur la partie antérieure du dos, à une certaine distance de la nageoire dorsale.

1. Physeter microps, var. *b*. Linné, édition de Gmelin. — Cetus tripinnis, dentibus acutis, rectis. Brisson. *Regn. anim.*, p. 362, n° 9. — Zweyte species der Cachelotte. Anderson. *Island.*, p. 246. — Variété A du cachalot trumpo. Bonnaterre, planches de l'Encyclopédie méthodique. — Balæna macrocephala in inferiore tantum maxilla dentata, dentibus acutis, humanis non prorsus absimilibus, pinnam in dorso habens. — Plusieurs auteurs du Nord.
2. *Orthos*, en grec, signifie *droit ; odous* signifie *dent*, etc.

La peau, très mince, n'a pas quelquefois deux centimètres d'épaisseur; mais la chair est si compacte qu'elle présente au harpon une très grande résistance et rend l'orthodon presque invulnérable dans la plus grande partie de sa surface.

Ce physétère est ordinairement noirâtre; mais une nuance blanchâtre règne sur une grande partie de sa surface inférieure. Par combien de différences n'est-il pas distingué du microps! Sa couleur, ses dents, sa bosse dorsale, la brièveté de ses pectorales, ses dimensions et la nature de ses muscles l'en éloignent. Il en est séparé, et par des traits extérieurs, et par sa conformation intérieure.

On a vu un orthodon dont la grande cavité de la tête contenait plus de cinquante myriagrammes de blanc ou d'adipocire[1]. On l'avait pris dans l'océan Glacial arctique, vers le soixante-dix-septième degré et demi de latitude[2].

LE PHYSÉTÈRE MULAR

Physeter Tursio, Linn. — *Physeter Mular,* Bonn., Lacép. [3].

La nageoire qui s'élève sur le dos de ce physétère est si droite, si pointue et si longue, que Sibbald et d'autres auteurs l'ont comparée à un mât de navire et ont dit qu'elle paraissait au-dessus du corps du mular comme un mât de misaine au-dessus d'un vaisseau. Cette comparaison est sans doute exagérée; mais elle prouve la grande hauteur de cet organe, qui seule a pu en faire naître l'idée.

Mais, indépendamment de cette nageoire si élevée, on voit sur le dos et au delà de cette éminence trois bosses, dont la première a souvent un demi-mètre de hauteur, la seconde près de deux décimètres, et la troisième un décimètre.

Ces traits seuls feraient distinguer facilement le mular du microps et de l'orthodon; mais d'ailleurs les dents du mular ont une forme différente de celles de l'orthodon et de celles du microps.

Elles ne sont pas très courbées, comme les dents du microps, ni droites, comme celles de l'orthodon; et leur sommet, au lieu d'être aigu, est très émoussé ou presque plat.

1. Consultez, au sujet de l'adipocire, l'article du cachalot macrocéphale.
2. Anderson, et *Histoire des pêches des Hollandais dans les mers du Nord*, traduite par M. Déreste, t. 1er, p. 173.
3. *Physeter tursio*, Linné, édit. Gmelin. — *Cachalot Mular*. Bonnaterre, planches de l'Encyclopédie méthodique. — Physeter dorsi pinna altissima, apice dentium plano. Artedi, gen. 74, syn. 104. — Cetus tripinnis, dentibus in planum desinentibus. Brisson, *Regn. anim.*, p. 364, n° 7. — Balæna macrocephala tripinnis, quæ in mandibula inferiore dentes habet minus inflexos et in planum desinentes. Sibbald. — *Idem*, Rai. Pisc., p. 16. — Mular Nierembergii. Klein, *Misc. pisc.*, t. II, p. 15. — Anderson, *Histoire d'Islande*, etc., t. II, p. 118. — *Le Mular*. R.-R. Castel, nouvelle édition de Bloch.

De plus, les dents du mular sont inégales : les plus grandes sont placées vers le bout du museau; elles peuvent avoir vingt et un centimètres de
longueur, sur vingt-quatre de circonférence, à l'endroit où elles ont le plus
de grosseur : les moins grandes ne sont longues alors que de seize centimètres. Toutes ces dents ne renferment pas une cavité.

On découvre une dent très aplatie dans plusieurs des intervalles qui
séparent l'un de l'autre les alvéoles de la mâchoire supérieure.

Les deux évents aboutissent à un seul orifice.

Les mulars vont par troupes très nombreuses. Le plus grand et le plus
fort de ces physétères réunis leur donne, pour ainsi dire, l'exemple de l'audace ou de la prudence, de l'attaque ou de la retraite. Il paraît, d'après les
relations des marins, comme le conducteur de la légion, et, suivant un navigateur cité par Anderson, il lui donne, *par un cri terrible* et dont la surface
de la mer propage au loin le frémissement, le signal de la victoire ou d'une
fuite précipitée.

On a vu des mulars si énormes, que leur longueur était de plus de
trente-trois mètres. On ne leur donne cependant la chasse que très rarement, parce que leur caractère farouche et sauvage rend leur rencontre peu
fréquente et leur approche pénible ou dangereuse. D'ailleurs, on ne peut
faire pénétrer aisément le harpon dans leur corps, qu'en le lançant dans un
petit espace que l'on voit au-dessus du bras, et leur graisse fournit très peu
d'huile.

On a reconnu néanmoins que la cavité située dans la partie antérieure
de leur tête contenait beaucoup d'adipocire; que cette cavité était divisée
en vingt-huit cellules remplies de cette substance blanche; que presque
toute la graisse du physétère était mêlée avec cet adipocire, et qu'on découvrait plusieurs dépôts particuliers de ce blanc dans différentes parties du
corps de ce cétacé.

Nous pouvons donc assurer maintenant que cet adipocire se trouve en
très grande quantité, distingué par les mêmes qualités et disséminé de la
même manière dans toutes les espèces connues du genre des cachalots, de
celui des physales et de celui des physétères[1].

On a écrit que, lorsque le mular voulait plonger dans la mer, il commençait par se coucher sur le côté droit, et les mêmes auteurs ont ajouté
que ce cétacé pouvait rester sous l'eau pendant plus de temps que la baleine
franche.

On l'a rencontré dans l'océan Atlantique septentrional, ainsi que dans
l'océan Glacial arctique, et particulièrement dans la mer du Groenland,
dans les environs du cap Nord et auprès des îles Orcades.

1. Voyez l'article du cachalot macrocéphale.

LES DELPHINAPTÈRES [1]

LE DELPHINAPTÈRE BÉLUGA

Delphinus albicans, Fabr., Bonn. — *Delphinus Leucas*, Linn., Shaw.
— *Delphinapterus Beluga*, Lacep. [2].

Ce cétacé a porté pendant longtemps le nom de *petite baleine* et de *baleine blanche*. Il a été l'objet de la recherche des premiers navigateurs basques et hollandais qui osèrent se hasarder au milieu des montagnes flottantes de glaces et des tempêtes horribles de l'Océan arctique, et qui, effrayés par la masse énorme, les mouvements rapides et la force irrésistible des baleines franches, plus audacieux contre les éléments conjurés que contre ces colosses, ne bravaient encore que très rarement leurs armes et leur puissance.

On a trouvé que le béluga avait quelques rapports avec ces baleines par le défaut de nageoire dorsale et par la présence d'une saillie peu sensible, longitudinale, à demi calleuse, et placée sur sa partie supérieure ; mais par combien d'autres traits n'en est-il pas séparé !

Il ne parvient que très rarement à une longueur de plus de six ou sept mètres. Sa tête ne forme pas le tiers ou la moitié de l'ensemble du cétacé, comme celle de la baleine franche, des cachalots, des physales, des physétères : elle est petite et allongée. La partie antérieure du corps représente un cône, dont la base, située vers les pectorales, est appuyée contre celle d'un autre cône beaucoup plus long et que composent le reste du corps et de la queue.

Les nageoires pectorales sont larges, épaisses et ovales, et les plus longs des doigts cachés sous leur enveloppe ont cinq articulations.

Le museau s'allonge et s'arrondit par devant.

L'œil est petit, rond, saillant et bleuâtre.

Le dessus de la partie antérieure de la tête proprement dite montre une protubérance au milieu de laquelle on voit l'orifice commun des deux évents, et la direction de cet orifice est telle, suivant quelques observateurs,

---

1. Consultez l'article intitulé Nomenclature des cétacés et le tableau général des ordres, genres et espèces de ces animaux.

2. *Marsouin blanc.* — *Witfisch.* — *Balæna albicans.* — *Delphinus Leucas.* Linné, édit. de Gmelin. — *Delphinus rostro conico obtuso*, deorsum inclinato, pinna dorsali nulla Pallas, *It.* 3, p. 84, tab. 4. —*Dauphin Béluga.* Bonnaterre, planches de l'Encyclopédie méthodique. — *Delphinus pinna in dorso nulla.* Brisson. *Regn. anim.*, p. 374, n° 5. — *Béluga.* Pennant, *Quadr.*, p. 357. — *Bieluga.* Steller, *Kamtschatka*, p. 106. — *Witfisch oder weissfisch.* Anderson, *Island.*, p. 251. — *Weisfisch.* Cranz, *Groenland.*, p. 150. — Mull. *Prodrom. Zoolog. Dan.*, p. 50. — Oth. Fabric. *Faun. Groenland.*, p. 50.

que l'eau de la mer, rejetée par les évents, au lieu d'être lancée en avant, comme par les cachalots, ou verticalement comme par plusieurs autres cétacés, est chassée un peu en arrière.

On découvre derrière l'œil l'orifice extérieur du canal auditif; mais il est presque imperceptible.

L'ouverture de la gueule paraît petite à proportion de la longueur du delphinaptère : elle n'est pas située au-dessous de la tête, comme dans les cachalots, les physales et les physétères, mais à l'extrémité du museau.

La mâchoire inférieure avance presque autant que celle d'en haut. Chaque côté de cette mâchoire est garni de dents au nombre de neuf, petites, émoussées à leur sommet, éloignées les unes des autres, inégales et d'autant plus courtes qu'elles sont plus près du bout du museau.

Neuf dents un peu moins obtuses, un peu recourbées, mais d'ailleurs semblables à celles que nous venons de décrire, garnissent chaque côté de la mâchoire supérieure.

La langue est attachée à la mâchoire d'en bas.

Le béluga se nourrit de pleuronectes soles, d'holocentres norvégiens, de plusieurs gades, particulièrement d'églefins et de morues. Il les cherche avec constance, les poursuit avec ardeur, les avale avec avidité, et comme son gosier est très étroit, il court souvent le danger d'être suffoqué par une proie trop volumineuse ou trop abondante.

Ces aliments substantiels et copieux donnent à sa chair une teinte vermeille et rougeâtre.

La graisse qui la recouvre a près d'un décimètre d'épaisseur; mais elle est si molle, que souvent elle ne peut pas retenir le harpon. La peau, qui est très douce, très unie, est d'ailleurs déchirée facilement par cet instrument, quoique onctueuse et épaisse quelquefois de deux ou trois centimètres.

Aussi ne cherche-t-on presque plus à prendre des bélugas; mais on les voit avec joie paraître sur la surface des mers, parce que quelques pêcheurs, oubliant que la nourriture de ces cétacés est très différente de celle des baleines franches, ont accrédité l'opinion que ces baleines et ces delphinaptères fréquentent les mêmes parages dans les mêmes saisons, pour trouver les mêmes aliments, et par conséquent annoncent l'approche les uns des autres.

Au reste, comment, au milieu des ennuis d'une longue navigation, ne verrait-on pas avec plaisir les vastes solitudes de l'Océan animées par l'apparition de cétacés remarquables dans leurs dimensions, svelte dans leurs proportions, agiles dans leurs mouvements, rapides dans leur natation, réunis en grandes troupes, montrant de l'attachement pour leurs semblables, familiers même avec les pêcheurs, s'approchant avec confiance des vaisseaux, leur composant une sorte de cortège, se jouant avec confiance autour de leurs chaloupes et se livrant presque sans cesse et sans aucune crainte à de vives évolutions, à des combats simulés, à de joyeux ébats?

Leurs nuances sont d'ailleurs si agréables!

Leur couleur est blanchâtre; des taches brunes et d'autres taches bleuâtres sont répandues sur ce fond gracieux, pendant que les bélugas ne sont pas très âgés. Plus jeunes encore, ils offrent un plus grand nombre de teintes foncées ou mêlées de bleu; et l'on a écrit que, très peu de temps après leur naissance, presque toute leur surface est bleuâtre.

Des fœtus, arrachés du ventre de leur mère, ont paru d'une couleur verte.

La femelle ne porte ordinairement qu'un petit à la fois.

Ce delphinaptère, parvenu à la lumière, ne quitte sa mère que très tard. Il nage bientôt à ses côtés, plonge avec elle, revient avec elle respirer l'air de l'atmosphère, suit tous ses mouvements, imite toutes ses actions, et suce un lait très blanc de deux mamelles très voisines de l'organe de la génération.

On a joui de ce spectacle agréable et touchant d'un attachement mutuel, d'une affection vive et d'une tendresse attentive, dans l'océan Glacial arctique et dans l'océan Atlantique septentrional, particulièrement dans le détroit de Davis.

On a écrit que, pendant les hivers rigoureux, les bélugas quittent la haute mer et les plages gelées, pour chercher des baies que les glaces n'aient pas envahies; mais ce qui est plus digne d'attention, c'est qu'on a vu de ces delphinaptères remonter dans des fleuves.

Notre célèbre confrère M. Pallas, qui a répandu de si grandes lumières sur toutes les branches de l'histoire naturelle, est un des savants qui nous ont le plus éclairés au sujet du béluga.

LE DELPHINAPTÈRE SÉNEDETTE

Delphinapterus Senedetta, LACÉP.[1]

Ce cétacé devient très grand, suivant Rondelet. Sa gueule est vaste, ses dents sont aiguës; on en voit neuf de chaque côté de la mâchoire supérieure; et chacun des côtés de la mâchoire d'en bas, qui est presque aussi avancée que celle d'en haut, en présente au moins huit. La langue est grande et charnue. L'orifice auquel aboutissent les deux évents est situé presque au-dessus des yeux, mais un peu plus près du museau, qui est allongé et pointu.

---

1. *Mular.* — *Souffleur.* — *Peis Mular,* dans les départements méridionaux de France. — *Sénedette,* dans plusieurs autres départements. — *Capidolio,* en Italie. — *Physeter,* par les Grecs, suivant Rondelet. — *Mular* ou *Sénedette.* Rondelet, *Histoire des poissons,* première partie, liv. XVI, chap. x, édition de Lyon, 1558.

I. 76

Cet orifice a plus de largeur que celui de plusieurs autres cétacés, et le sénedette fait jaillir par cette ouverture une grande quantité d'eau.

Le corps et la queue forment un cône très long. Les pectorales sont larges, et leur longueur égale celle de l'ouverture de la bouche.

Il paraît que le sénedette a été vu dans l'Océan et dans la Méditerranée.

LES DAUPHINS[1]

LE DAUPHIN VULGAIRE

Delphinus Delphis, LINN., BONN., LACÉP., CUV. [2].

Quel objet a dû frapper l'imagination plus que le dauphin ! Lorsque l'homme parcourt le vaste domaine que son génie a conquis, il trouve le dauphin sur la surface de toutes les mers; il le rencontre et dans les climats heureux des zones tempérées, et sous le ciel brûlant des mers équatoriales, et dans les horribles vallées qui séparent ces énormes montagnes de glace que le temps élève sur la surface de l'Océan polaire, comme autant de monu-

1. Jetez les yeux sur l'article de cet ouvrage qui est intitulé Nomenclature des cétacés et sur le tableau des ordres, des genres et des espèces de ces animaux, qui est à la tête de cette Histoire.

2. Voyez planche 16, fig. 1. — *Bec d'oie.* — *Simon.* — *Camus.* — *Delfino,* en Italie. — *Tumberello,* par les Italiens. — *Delphin,* en Allemagne. — *Meerschwein,* ibid. — *Tummler,* ibid. — *Delphin,* en Pologne. — *Marsoin,* en Danemark. — *Springen,* en Norvège. — *Huyser,* en Islande. — *Hofrung,* ibid. — *Leipter,* ibid. — *Dolphin-tuymebaar,* en Hollande. — *Dolphin,* en Angleterre. — *Grampus,* ibid. — *Porpcisse,* ibid. — *Delphinus Delphis.* Linné, édition de Gmelin. — *Le Dauphin.* Bonnaterre, planches de l'Encyclopédie méthodique. — *Delphinus* corpore oblongo subtereti, rostro attenuato acuto. Artedi, gen. 76, syn. 105. — *Delphis.* Schneider, *Petri Artedi Synonymia.....* græca et latina, emendata, aucta atque illustrata, etc., p. 149. — *O Delphis.* Arist., lib. I, cap. v; lib. II, cap. xiii; lib. III, cap. i, vii; lib. IV, cap. viii, ix et x; lib. V, cap. v; lib. VIII, cap. ii, xiii; lib. IX, cap. xlviii, et part. lib. IV, cap. xiii. — *Idem.* Athen., lib. VII, p. 282, et lib. VIII, p. 353. — *Delphin.* Ælian., lib. I, cap. xviii; lib. II, cap. vi; lib. VI, cap. xv; lib. VIII, cap. iii; lib. X, cap. viii; lib. XI, cap. xii; lib. XII, cap. vi, xlv. — *Delphis Delphinos.* Oppian., lib. I, p. 15, 22, 25; lib. II. — *Delphinus.* Plin., lib. IX, cap. vii, viii; lib. XI, cap. xxxvii; lib. XXXII, cap. xi. — *Idem.* Wotton, lib. VIII, cap. cxciv, fol. 171 b. — *Idem.* Gessner, p. 319. — *Idem.* Johnston. lib. V, cap. ii, p. 218, tab. 43, fig. 2, 3, 4; Thaumat., p. 414. — *Delphinus prior.* Aldrovand. *Cct.,* cap. vii, p. 701, 703, 704. — *Delphinus antiquorum.* Rai, p. 12. — *Idem.* Willughby, p. 28. — *Delphin.* Solin., *Polyhistor.,* cap. xviii. — *Idem.* Ambros. Hexam., lib. V, cap. ii, iii. — *Delphinus* pinna in dorso una, dentibus acutis, rostro longo acuto. Brisson, *Regn. anim.,* p. 369, n° 1. — *Delphinus.* Belon, *Aquatil.,* p. 7. — *Dauphin.* Rondelet, première partie, liv. XVI, chap. v (édition de Lyon, 1558). — *Delphinus.* Mus. Wormian., p. 288. — *Idem.* Charlet. *Exerc. pisc.,* p. 47. — *Delphinus.* Rzaczyns, *Pol. auct.,* p. 238. — *Idem.* Klein, *Miss. pisc,* t. II, p. 24. — *Porcus marinus.* Sibbald, *Scot. an.,* p. 23. — *Delphin,* Anderson, *Isl.,* p. 254. — *Idem.* Cranz, *Groenl.,* p. 152. — Oth. Fabric. *Faun. Groenland.,* p. 4. — Mull. *Zoolog. Dan. Prodrom.,* p. 7, n° 55. — *Dauphin* proprement dit. R.-R. Castel, édition de Bloch. — *Dauphin.* Valmont de Bomare. *Dictionnaire d'histoire naturelle.* — *Delphinus* corpore tereti conico elongato, rostro styloide. Commerson, manuscrits adressés à Buffon, qui nous les remit lorsqu'il nous engagea à continuer l'histoire naturelle, et cités dans l'Histoire des poissons.

ments funéraires de la nature qui y expire. Partout il le voit, léger dans ses mouvements, rapide dans sa natation, étonnant dans ses bonds, se plaire autour de lui, charmer par ses évolutions vives et folâtres l'ennui des calmes prolongés, animer les immenses solitudes de l'Océan, disparaître comme l'éclair, s'échapper comme l'oiseau qui fend l'air, reparaître, s'enfuir, se montrer de nouveau, se jouer avec les flots agités, braver les tempêtes et ne redouter ni les éléments, ni la distance, ni les tyrans des mers.

Revenu dans ces retraites paisibles que son goût s'est plu à orner, il jouit encore de l'image du dauphin, que la main des arts a tracée sur les chefs-d'œuvre qu'elle a créés; il en parcourt la touchante histoire, dans les productions immortelles que le génie de la poésie présente à son esprit et à son cœur; et lorsque, dans le silence d'une nuit paisible, dans ces moments de calme et de mélancolie où la méditation et de tendres souvenirs donnent tant de force à tout ce que son âme éprouve, il laisse errer sa pensée de la terre vers le ciel, et qu'il lève les yeux vers la voûte éthérée, il voit encore cette même image du dauphin briller parmi les étoiles.

Cet objet cependant, si propre à séduire l'imagination de l'homme, est en partie l'ouvrage de cette imagination : elle l'a créé pour les arts et pour le firmament. Mais ce n'est pas la terreur qui lui a donné un nouvel être, comme elle a enfanté le redoutable dragon, la terrible chimère et tant de monstres fantastiques, l'effroi de l'enfance, de la faiblesse et de la crédulité; c'est la reconnaissance qui lui a donné une nouvelle vie. Aussi n'a-t-elle fait que l'embellir, le rendre plus aimable, le diviniser pour des bienfaits et montrer dans toute sa force et dans toute sa pureté l'influence de cet esprit des Grecs, pour lesquels la nature était si riante, pour lesquels et la terre et les airs, et la mer et les fleuves, et les monts couverts de bois et les vallons fleuris, se peuplaient de jeux voluptueux, de plaisirs variés, de divinités indulgentes, d'amours inspirateurs. Le génie d'Odin ou celui d'Ossian ne l'ont pas conçu au milieu des noirs frimas des contrées polaires; et, si le dauphin de la nature appartient à tous les climats, celui des poètes n'appartient qu'à la Grèce.

Mais, avant de nous transporter sur ces rivages fortunés et de rappeler les traits de ce dauphin poétique, voyons de près celui des navigateurs. La fable a des charmes bien doux; mais quels attraits sont au-dessus de ceux de la vérité!

Les formes générales du dauphin vulgaire sont plus agréables à la vue que celles de presque tous les autres cétacés; ses proportions sont moins éloignées de celles que nous regardons comme le type de la beauté. Sa tête, par exemple, montre, avec les autres parties de ce cétacé, des rapports de dimension beaucoup plus analogues à ceux qui nous ont charmés dans les animaux que nous croyons les plus favorisés par la nature. Son ensemble est comme composé de deux cônes allongés presque égaux, et dont les bases sont appliquées l'une contre l'autre. La tête forme l'extrémité du cône anté-

rieur ; aucun enfoncement ne la sépare du corps proprement dit et ne sert
à la faire reconnaître ; mais elle se termine par un museau, très distinct du
crâne, très avancé, très aplati de haut en bas, arrondi dans son contour de
manière à présenter l'image d'une portion d'ovale, marqué à son origine par
une sorte de pli et comparé par plusieurs auteurs à un énorme *bec d'oie* ou
de *cygne*, dont ils lui ont même donné le nom.

Les deux mâchoires composent ce museau ; et, comme elles sont aussi
avancées ou presque aussi avancées l'une que l'autre, il est évident que l'ouverture de la bouche n'est pas placée au-dessous de la tête, comme dans les
cachalots, les physales et les physétères. Cette ouverture a, d'ailleurs, une
longueur égale au neuvième ou même au huitième de la longueur totale du
dauphin. On voit à chaque mâchoire une rangée de dents, un peu renflées,
pointues et placées de manière que, lorsque la bouche se ferme, celles d'en
bas entrent dans les interstices qui séparent celles d'en haut, qu'elles reçoivent dans leurs intervalles ; et la gueule est close très exactement.

Le nombre de ces dents peut varier, suivant l'âge ou suivant le sexe. Des
naturalistes n'en ont compté que quarante-deux à la mâchoire d'en haut et
trente-huit à celle d'en bas. Le professeur Bonnaterre en a trouvé quarante-
sept à chaque mâchoire d'un individu placé dans le cabinet de l'école vétérinaire d'Alfort. Klein a écrit qu'un dauphin observé par lui en avait quatre-
vingt-seize à la mâchoire supérieure et quatre-vingt-douze à l'inférieure.

La langue du dauphin, un peu plus mobile que celle de quelques autres
cétacés, est charnue, bonne à manger et, suivant Rondelet, assez agréable
au goût. Elle ne présente aucune de ces papilles qu'on a nommées *coniques*,
et qu'on trouve sur celle de l'homme et de presque tous les mammifères ;
mais elle est parsemée, surtout vers le gosier, d'éminences très petites, percées chacune d'un petit trou. A sa base sont quatre fentes, placées à peu près
comme le sont les glandes à calice que l'on voit sur la langue du plus grand
nombre de mammifères, ainsi que sur celle de l'homme. Sa pointe est décou-
pée en lanières très étroites, très courtes et obtuses[1].

Les évents, dont il paraît que Rondelet connaissait déjà la forme, la
valvule intérieure et la véritable position, se réunissent dans une seule ouverture, située à peu près au-dessus des yeux, et qui présente un croissant dont
les pointes sont tournées vers le museau. L'œil n'est guère plus élevé que la
commissure des lèvres et n'en est séparé que par un petit intervalle ; la
forme de la pupille ressemble un peu à celle d'un cœur ; et, si l'on examine
l'intérieur de l'organe de la vue, on est frappé par l'éclat que répand le fond
de cette membrane, à laquelle on a donné le nom de *ruyschienne*. Ce fond est
revêtu d'une sorte de couche d'un jaune doré, comme dans l'ours, le chat et
le lion[2]. Peut-être devrait-on remarquer que cette contexture particulière qui

---

1. Voyez les excellentes *Leçons d'anatomie comparée* de mon célèbre confrère Cuvier, publiées par l'habile professeur Duméril, t. II, p. 690.
2. Même ouvrage, t. II, p. 402.

dore ainsi la *ruyschienne* se trouve et dans le dauphin, dont l'œil, placé le plus souvent au-dessous de la surface de la mer, ne reçoit la lumière qu'au travers du voile formé par une couche d'eau salée plus ou moins trouble et plus ou moins épaisse, et dans les quadrupèdes dont l'organe de la vue, extrêmement délicat, ne s'ouvre que très peu lorsqu'ils sont exposés à des rayons lumineux très nombreux ou très vifs[1].

Le canal auditif, cartilagineux, tortueux et mince, se termine à l'extérieur par un orifice des plus étroits.

Le *rocher*, suspendu par des ligaments, comme dans les autres cétacés, au-dessous d'une voûte formée en grande partie par une extension de l'os occipital, contient un tympan dont la forme est celle d'un entonnoir allongé; un marteau dénué de manche, mais garni d'une apophyse antérieure, longue et arquée; un étrier qui, au lieu de deux branches, présente un cône solide, comprimé et percé d'un très petit trou; un labyrinthe situé au-dessus de la caisse du tympan; une lame contournée en spirale pour former le *limaçon*, et qu'une fente très étroite et garnie d'une membrane sépare, dans toute sa longueur, en deux parties, dont la plus voisine de l'axe est trois fois plus large que l'autre; un petit canal, dont la coupe est ronde, dont les parois sont très minces, qui suit la courbure spirale de la lame osseuse, attachée à l'axe du limaçon, qui augmente de diamètre à mesure que celui des lames diminue, et auquel on trouve un canal analogue dans les ruminants[2]; et enfin l'origine de deux larges conduits, nommés improprement *aqueducs*, et qui, de même que des canaux semblables que l'on voit dans tous les mammifères, font communiquer le labyrinthe de l'oreille avec l'intérieur du crâne, indépendamment des conduits par lesquels passent les nerfs.

Lorsqu'on a jeté les yeux sur tous les détails de l'oreille du dauphin, pourrait-on être surpris de la finesse de son ouïe? Et, comme les animaux doivent d'autant plus aimer à exercer leurs sens, que les organes en sont plus propres à donner des impressions vives ou multipliées, le dauphin doit se plaire et se plaît en effet à entendre différents corps sonores. Les tons variés des instruments de musique ne sont pas même les seuls qui attirent son attention; on dirait qu'il éprouve aussi quelque plaisir à écouter les sons régulièrement périodiques, quoique monotones et quelquefois même très désagréables à l'oreille délicate d'un musicien habile, que produit le jeu des pompes et d'autres machines hydrauliques. Un bruit violent et soudain l'effraye cependant. Aristote nous apprend que de son temps les pêcheurs de dauphins entouraient dans leurs barques une troupe de ces cétacés et produisaient tout d'un coup un grand bruit, qui a rendu plus insupportable pour l'oreille de ces animaux par l'intermédiaire de l'eau salée qui le trans-

1. Consultez ce que nous avons écrit au sujet de la vue de la baleine franche, dans l'article de ce cétacé.

2. *Leçons d'anatomie comparée* de M. Cuvier, t. II, p. 476.

mettait et qui était bien plus dense que l'air, leur inspirait une frayeur si forte, qu'ils se précipitaient vers le rivage et s'échouaient sur la grève victimes de leur surprise, de leur étourdissement et de leur terreur imprévue et subite.

Cette organisation de l'oreille des dauphins fait aussi qu'ils entendent de loin lés sons que peuvent proférer les individus de leur espèce. A la vérité, on a comparé leur voix à une sorte de gémissement sourd ; mais ce mugissement se fortifie par les réflexions qu'il reçoit des rivages de l'Océan et de la surface même de la mer, se propage facilement, comme tout effet sonore, par cette immense masse de fluide aqueux, et doit, ainsi qu'Aristote l'avait observé, une nouvelle intensité à ce même liquide, dont au moins les couches supérieures le transmettent à l'organe de l'ouïe du dauphin.

D'ailleurs les poumons, d'où sort le fluide producteur des sons que le dauphin fait entendre, offrent un grand volume.

La boîte osseuse dans laquelle sont renfermés les évents, l'orbite de l'œil et la cavité, plus reculée et un peu plus élevée que cet orbite, au milieu de laquelle on trouve l'oreille suspendue, est très petite relativement à la longueur du dauphin. Le crâne est très convexe.

Les différentes parties de l'épine dorsale qui s'articule avec cette boîte osseuse présentent des dimensions telles, que le dos proprement dit n'en forme que le cinquième ou à peu près, et que le cou n'en compose pas le trentième.

Ce cou est donc extrêmement court. Il comprend cependant sept vertèbres, comme celui des autres mammifères ; mais de ces sept vertèbres, la seconde, ou l'*axis*, est très mince, et très souvent les cinq dernières n'ont pas un millimètre d'épaisseur.

Une si grande brièveté dans le cou expliquerait seule pourquoi le dauphin ne peut pas imprimer à sa tête des mouvements bien sensibles, indépendants de ceux du corps ; et ce qui ajoute à cette immobilité relative de la tête, c'est que la seconde vertèbre du cou est soudée avec la première ou l'*atlas*.

Les vertèbres dorsales proprement dites sont au nombre de treize, comme dans plusieurs autres mammifères, et notamment dans le lion, le tigre, le chat, le chien, le renard, l'ours maritime, un grand nombre de rongeurs, le cerf, l'antilope, la chèvre, la brebis et le bœuf.

Les autres vertèbres, qui représentent les lombaires, les sacrées, et les coccygiennes ou vertèbres de la queue, sont ordinairement au nombre de cinquante-trois ; le professeur Bonnaterre en a compté cependant soixante-trois dans un squelette de dauphin qui faisait partie de la collection d'Alfort. Aucun mammifère étranger à la grande tribu des cétacés n'en présente un aussi grand nombre ; les quadrupèdes dans lesquels on a reconnu le plus de ces vertèbres lombaires, sacrées et caudales, sont le grand fourmilier, qui néanmoins n'en a que quarante-six, et le phatagin, qui n'en a que cinquante-deux. C'est un grand rapport que présentent les cétacés avec les poissons, dont ils partagent le séjour et la manière de se mouvoir.

Les apophyses supérieures des vertèbres dorsales sont d'autant plus hautes, qu'elles sont plus éloignées du cou ; et celle des vertèbres lombaires, sacrées et caudales sont, au contraire, d'autant plus basses, qu'on les trouve plus près de l'extrémité de la queue, dont les trois dernières vertèbres sont entièrement dénuées de ces apophyses supérieures ; mais les apophyses des vertèbres qui représentent les lombaires sont les plus élevées, parce qu'elles servent de point d'appui à d'énormes muscles qui s'y attachent et qui donnent le mouvement à la queue.

Remarquons encore que les douze vertèbres caudales qui précèdent les trois dernières ont non seulement des apophyses supérieures, mais des apophyses inférieures, auxquelles s'attachent plusieurs des muscles qui meuvent la nageoire de la queue, et lesquelles ajoutent par conséquent à la force et à la rapidité des mouvements de cette arme puissante.

Les vertèbres dorsales soutiennent les côtes, dont le nombre est égal de chaque côté à celui de ces vertèbres, et par conséquent de treize.

Le sternum, auquel aboutissent les côtes *sternovertébrales,* improprement appelées *vraies côtes,* est composé de plusieurs pièces articulées ensemble, et se réunit avec les extrémités des côtes par le moyen de petits os particuliers, très bien observés par le professeur Bonnaterre.

A une distance assez grande du sternum et de chaque côté de l'anus, on découvre dans les chairs un os peu étendu, plat et mince, qui, avec son analogue, forme les seuls os du bassin qu'ait le dauphin vulgaire. C'est un faible trait de parenté avec les mammifères, qui ne sont pas dénués, comme les cétacés, d'extrémités postérieures ; et ces deux petites lames osseuses ont quelque rapport, par leur insertion, avec ces petits os nommés *ailerons,* et qui soutiennent, au-devant de l'anus, les nageoires inférieures des poissons abdominaux.

Auprès de ce même sternum, on trouve le diaphragme.

Ce muscle, qui sépare la poitrine du ventre, n'étant pas tout à fait vertical, mais un peu incliné en arrière, agrandit par sa position la cavité de la poitrine, du côté de la colonne vertébrale, et laisse plus de place aux poumons volumineux dont nous avons parlé. Organisé de manière à être très fort, et étant attaché aux muscles abdominaux, qui ont aussi beaucoup de force, parce que plusieurs de leurs fibres sont tendineuses, il facilite les mouvements par lesquels le dauphin inspire l'air de l'atmosphère, et l'aide à vaincre la résistance qu'oppose à la dilatation de la poitrine et des poumons l'eau de la mer, bien plus dense que le fluide atmosphérique, dans lequel sont uniquement plongés la plupart des mammifères.

Au delà du diaphragme est un foie volumineux, comme dans presque tous les habitants des eaux.

Les reins sont composés, comme ceux de presque tous les cétacés, d'un

très grand nombre de petites glandes, de diverse figure, que Rondelet a comparées aux grains de raisin qui composent une grappe.

La chair est dure, et le plus souvent exhale une odeur désagréable et
forte. La graisse qui la recouvre contribue à donner de la mollesse à la
peau, qui cependant est épaisse, mais dont la surface est luisante et très
unie.

La pectorale de chaque côté est ovale, placée très bas et séparée de
l'œil par un espace à peu près égal à celui qui est entre l'organe de la vue
et le bout du museau.

Les os de cette nageoire, ou, pour mieux dire, de ce bras, s'articulent
avec une omoplate dont le bord spinal est arrondi et fort grand. L'épine ou
éminence longitudinale de cet os de l'épaule est continuée au-dessus de
l'angle huméral par une lame saillante, qui semble tenir lieu d'*acromion*.

Le muscle releveur de cette omoplate s'attache à l'apophyse transverse
de la première vertèbre et s'épanouit par son tendon sur toute la surface
extérieure de cette omoplate. Celui qui répond au *grand dentelé* ou *scapulo-
costien* des quadrupèdes, et dont l'action tend à mouvoir ou à maintenir l'é-
paule, n'est pas fixé par des *digitations* aux vertèbres du cou, comme dans les
animaux qui se servent de leurs bras pour marcher.

Le dauphin manque, de même que les carnivores et plusieurs animaux
à sabots, du muscle nommé *petit pectoral*, ou *dentelé antérieur*, ou *costocora-
coïdien ;* mais il présente à la place un muscle qui, par une *digitation*, s'insère sur le sternum, vers l'extrémité antérieure de ce plastron osseux.

Le muscle *trapèze*, ou *cuculaire*, ou *dorsosusacromion*, qui s'attache à
l'arcade occipitale, ainsi qu'à l'apophyse supérieure de toutes les vertèbres
du cou et du dos, couvre toute l'omoplate, mais est très mince, pendant que
le *sterno-mastoïdien* est très épais, très gros et accompagné d'un second
muscle, qui, de l'apophyse mastoïde, va s'insérer sous la tête de l'humérus.

En tout les muscles paraissent conformés, proportionnés et attachés, de
manière à donner à l'épaule de la solidité, ainsi que cela convient à un animal nageur. Par cette organisation, les bras, ou nageoires, ou rames latérales du dauphin, ont un point d'appui plus fixe et agissent sur l'eau avec
plus d'avantage.

Mais si, parmi les muscles qui meuvent l'*humérus* ou le bras proprement
dit, le *grand dorsal* ou *lombo-humérien* des quadrupèdes est remplacé, dans
le dauphin, par un petit muscle qui s'attache aux côtes par des digitations,
et qui est recouvert par la portion dorsale de celui qu'on appelle *pannicule
charnu* ou *cutano-humérien*, les muscles *sur-épineux* (sur-scapulo-trochi-
térien), le *sous-épineux* (sous-scapulo-trochitérien), le *grand-rond* (scapulo-
humérien) et le *petit-rond* sont peu distincts et comme oblitérés.

D'ailleurs, cet humérus, les deux os de l'avant-bras, qui sont très comprimés, ceux du carpe dont l'aplatissement est très grand, les os du métacarpe, très déprimés et soudés ensemble, les deux phalanges, très aplaties du

pouce et du dernier doigt, les huit phalanges semblables du second doigt, les six du troisième et les trois du quatrième, paraissent unis de manière à ne former qu'un seul tout, dont les parties sont presque immobiles les unes relativement aux autres.

Cependant les muscles qui mettent ce tout en mouvement ont une forme, des dimensions et une position telles, que la nageoire qu'il compose peut frapper l'eau avec rapidité, et par conséquent avec force.

Mais l'espèce d'inflexibilité de la pectorale, en la rendant un très bon organe de natation, n'y laisse qu'un toucher bien imparfait.

Le dauphin n'a aucun organe qu'il puisse appliquer aux objets extérieurs, de manière à les embrasser, les palper, les peser, sentir leur poids, leur dureté, les inégalités de leur surface, recevoir enfin des impressions très distinctes de leur figure et leurs diverses qualités.

Il peut cependant, dans certaines circonstances, éprouver une partie de ces sensations, en plaçant l'objet qu'il veut toucher entre son corps et la pectorale, en le soutenant sous son bras. D'ailleurs, toute sa surface est couverte d'une peau épaisse, à la vérité, mais molle, et qui, cédant aux impressions des objets, peut transmettre ces impressions aux organes intérieurs de l'animal. Sa queue, très flexible, peut s'appliquer à une grande partie de la surface de plusieurs de ces objets. On pourrait donc supposer dans le dau·phin un toucher assez étendu pour qu'on ne fût pas forcé, par la considération de ce sens, à refuser à ce cétacé l'intelligence que plusieurs auteurs anciens et modernes lui ont attribuée.

D'ailleurs, le rapport du poids du cerveau à celui du corps est de 1 à 25 dans quelques dauphins, comme dans plusieurs individus de l'espèce humaine, dans quelques guenons, dans quelques sapajous ; pendant que dans le castor il est quelquefois de 1 à 290, et, dans l'éléphant, de 1 à 500 [1].

De plus, les célèbres anatomistes et physiologistes M. Sommering et M. Ebel ont fait voir qu'en général, et tout égal d'ailleurs, plus le diamètre du cerveau, mesuré dans sa plus grande largeur, l'emporte sur celui de la moelle allongée, mesurée à sa base, et plus on doit supposer de prééminence dans l'organe de la réflexion sur celui des sens extérieurs, ou, ce qui est la même chose, attribuer à l'animal une intelligence relevée. Or le diamètre du cerveau est à celui de la moelle allongée dans l'homme comme 182 est à 26 ; dans la guenon nommée *bonnet chinois*, comme 182 est à 43 ; dans le chien, comme 182 est à 69, et dans le dauphin, comme 182 est à 14 [2].

Ajoutons que le cerveau du dauphin présente des circonvolutions nombreuses et presque aussi profondes que celles du cerveau de l'homme [3] ; et pour achever de donner une idée suffisante de cet organe, disons qu'il a des hémisphères fort épais ; qu'il couvre le cervelet ; qu'il est arrondi de tous

1. *Leçons d'anatomie comparée* de M. Cuvier.
2. *Ibid.*
3. *Ibid.*

1.   77

les côtés, et presque deux fois plus large que long ; que les éminences ou tubercules nommés *testes* sont trois fois plus volumineux que ceux auxquels on a donné le nom de *nates*, et que l'on voit presque toujours plus petits que les *testes* dans les animaux qui vivent de proie[1] ; et enfin qu'il ressemble au cerveau de l'homme, plus que celui de la plupart des quadrupèdes.

Mais les dimensions et la forme du cerveau du dauphin ne doivent pas seulement rendre plus vraisemblables quelques-unes des conjectures que l'on a formées au sujet de l'intelligence de ce cétacé; elles paraissent prouver aussi une partie de celles auxquelles on s'est livré sur la sensibilité de cet animal. On peut, d'un autre côté, confirmer ces mêmes conjectures par la force de l'odorat du dauphin. Les mammifères les plus sensibles, et particulièrement le chien, jouissent toujours en effet d'un odorat des plus faciles à ébranler; et malgré la nature et la position particulière du siège de l'odorat dans les cétacés[2], on savait, dès le temps d'Aristote, que le dauphin distinguait promptement et de très loin les impressions des corps odorants[3]. Sa chair répand une odeur assez sensible, comme celle du crocodile, de plusieurs autres quadrupèdes ovipares, et de plusieurs autres habitants des eaux ou des rivages dont l'odorat est très fin; et cependant toute odeur trop forte, ou étrangère à celles auxquelles il peut être accoutumé, agit si vivement sur ses nerfs qu'il en est bientôt fatigué, tourmenté et même quelquefois fortement incommodé. Pline rapporte qu'un proconsul d'Afrique ayant essayé de faire parfumer un dauphin qui venait souvent près du rivage et s'approchait familièrement des marins, ce cétacé fut pendant quelque temps comme assoupi et privé de ses sens, s'éloigna promptement ensuite et ne reparut qu'au bout de plusieurs jours[4].

Faisons encore observer que la sensibilité d'un animal s'accroît par le nombre des sensations qu'il reçoit, et que ce nombre est, tout égal d'ailleurs, d'autant plus grand que l'animal change plus souvent de place et reçoit, par conséquent, les impressions d'un nombre plus considérable d'objets étrangers. Or le dauphin nage très fréquemment et avec beaucoup de rapidité.

L'instrument qui lui donne cette grande vitesse se compose de sa queue et de la nageoire qui la termine. Cette nageoire est divisée en deux lobes, dont chacun n'est que peu échancré et dont la longueur est telle que la largeur de cette caudale égale ordinairement deux neuvièmes de la longueur totale du cétacé. Cette nageoire et la queue elle-même peuvent être mues avec d'autant plus de vigueur que les muscles puissants qui leur impriment leurs mouvements variés s'attachent à de hautes apophyses des vertèbres lombaires; et l'on avait une si grande idée de leur force prodigieuse, que, suivant Rondelet, un proverbe comparait ceux qui se tourmentent pour

1. *Leçons d'anatomie comparée* de M. Cuvier.
2. Article de la baleine franche.
3. Aristote, *Hist. anim.*, IV, vIII
4. Pline, *Histoire du monde*, livre IX, chap. vIII.

faire une chose impossible à ceux qui *veulent lier un dauphin par la queue*.

C'est en agitant cette rame rapide que le dauphin cingle avec tant de célérité, que les marins l'ont nommé *la flèche de la mer*. Mon savant et éloquent confrère M. de Saint-Pierre, membre de l'Institut, dit, dans la relation de son voyage à l'Ile-de-France (p. 52), qu'il vit un dauphin caracoler autour du vaisseau pendant que le bâtiment faisait un myriamètre par heure, et Pline a écrit que le dauphin allait plus vite qu'un oiseau et qu'un trait lancé par une machine puissante.

La dorsale de ce cétacé n'ajoute pas à sa vitesse; mais elle peut l'aider à diriger ses mouvements[1]. La hauteur de cette nageoire, mesurée le long de sa courbure, est communément d'un sixième de la longueur totale du dauphin et sa longueur d'un neuvième. Elle présente une échancrure à son bord postérieur et une inflexion en arrière à son sommet.

Elle est située au-dessus des seize vertèbres qui viennent immédiatement après les vertèbres dorsales; et l'on trouve dans sa base une rangée longitudinale de petits os allongés, plus gros par le bas que par le haut, un peu courbés en arrière, cachés dans les muscles, et dont chacun, répondant à une vertèbre sans y être attaché, représente un de ces *osselets* ou ailerons auxquels nous avons vu que tenaient les rayons des nageoires des poissons[2].

Mais il ne suffit pas de faire observer la célérité de la natation du dauphin, remarquons encore la fréquence de ses évolutions. Elles sont séparées par des intervalles si courts qu'on penserait que le repos lui est absolument inconnu; et les différentes impulsions qu'il se donne se succèdent avec tant de rapidité et produisent une si grande accélération de mouvement, que, d'après Aristote, Pline, Rondelet et d'autres auteurs, il s'élance quelquefois assez haut au-dessus de la surface de la mer pour sauter par-dessus les mâts des petits bâtiments. Aristote parle même de la manière dont ils courbent avec force leur corps, bandent, pour ainsi dire, leur queue comme un arc très grand et très puissant, et, la détendant ensuite contre les couches d'eau inférieures avec la promptitude de l'éclair, jaillissent en quelque sorte comme la flèche de cet arc, et nous présentent un emploi des moyens et des effets semblables à ceux que nous ont offerts les saumons et d'autres poissons qui franchissent, en remontant dans les fleuves, des digues très élevées[3].

C'est par un mécanisme semblable que le dauphin se précipite sur le rivage lorsque, poursuivant une proie qui lui échappe, il se livre à des élans trop impétueux qui l'emportent au delà du but, ou lorsque, tourmenté par des insectes[4] qui pénètrent dans les replis de sa peau et s'y attachent aux endroits les plus sensibles, il devient furieux comme le lion sur lequel

1. Que l'on veuille bien se rappeler ce que nous avons dit dans l'article de la baleine franche au sujet de la natation de ce cétacé.
2. Histoire naturelle des poissons. — Discours sur la nature de ces animaux.
3. Histoire naturelle des poissons. — Histoire du salmone saumon.
4. Rondelet, article du dauphin.

s'acharne la mouche du désert, et, aveuglé par sa propre rage, se tourne, se retourne, bondit et se précipite au hasard.

Lorsqu'il s'est jeté sur le rivage à une trop grande distance de l'eau pour que ses efforts puissent l'y ramener, il meurt au bout d'un temps plus ou moins long, comme les autres cétacés repoussés de la mer, et lancés sur la côte par la tempête ou par toute autre puissance. L'impossibilité de pourvoir à leur nourriture, les contusions et les blessures produites par la force du choc qu'ils éprouvent en tombant violemment sur le rivage, un dessèchement subit dans plusieurs de leurs organes et plusieurs autres causes concourent alors à terminer leur vie; mais il ne faut pas croire, avec les anciens naturalistes, que l'altération de leurs évents, dont l'orifice se dessèche, se resserre et se ferme, leur donne seule la mort, puisqu'ils peuvent, lorsqu'ils sont hors de l'eau, respirer très librement par l'ouverture de leur gueule.

Le dauphin est d'autant moins gêné dans ses bonds et dans ses circonvolutions que son plus grand diamètre n'est que le cinquième ou à peu près de sa longueur totale, et n'en est très souvent que le sixième pendant la jeunesse de l'animal.

Au reste, cette longueur totale n'excède guère trois mètres et un tiers.

Vers le milieu de cette longueur, entre le nombril et l'anus, est placée la verge du mâle, qui est aplatie et dont on n'aperçoit ordinairement à l'extérieur que l'extrémité du gland. Il paraît que lorsqu'il s'accouple avec sa femelle, ils se tiennent dans une position plus ou moins voisine de la verticale et tournés l'un vers l'autre.

La durée de la gestation est de dix mois, suivant Aristote : le plus souvent la femelle met bas pendant l'été; ce qui prouve que l'accouplement a lieu au commencement de l'automne lorsque les dauphins ont reçu toute l'influence de la saison vivifiante.

La femelle ne donne le jour qu'à un ou deux petits; elle les allaite avec soin, les porte sous ses bras pendant qu'ils sont encore languissants ou faibles, les exerce à nager, joue avec eux, les défend avec courage, ne s'en sépare pas même lorsqu'ils n'ont plus besoin de son secours, se plaît à leur côté, les accompagne par affection et les suit avec constance, quoique déjà leur développement soit très avancé.

Leur croissance est prompte : à dix ans ils ont souvent atteint toute leur longueur. Il ne faut pas croire cependant que trente ans soient le terme de leur vie, comme plusieurs auteurs l'ont répété d'après Aristote. Si l'on se rappelle ce que nous avons dit de la longueur de la vie de la baleine franche, on pensera facilement avec d'autres auteurs que le dauphin doit vivre très longtemps, et vraisemblablement plus d'un siècle.

Mais ce n'est pas seulement la mère et les dauphins auxquels elle a donné le jour qui paraissent réunis par les liens d'une affection mutuelle et durable : le mâle passe, dit-on, la plus grande partie de sa vie auprès de sa

femelle; il en est le gardien constant et le défenseur fidèle. On a même toujours pensé que tous les dauphins en général étaient retenus par un sentiment assez vif auprès de leurs compagnons. On raconte, dit Aristote, qu'un
dauphin ayant été pris sur un rivage de la Carie, un grand nombre de cétacés de la même espèce s'approchèrent du port et ne regagnèrent la pleine
mer que lorsqu'on eut délivré le captif qu'on leur avait ravi.

Lorsque les dauphins nagent en troupe nombreuse, ils présentent souvent une sorte d'ordre : ils forment des rangs réguliers; ils s'avancent quelquefois sur une ligne, comme disposés en ordre de bataille; et si quelqu'un
d'eux l'emporte sur les autres par sa force ou par son audace, il précède ses
compagnons, parce qu'il nage avec moins de précaution et plus de vitesse ;
il paraît comme leur chef ou leur conducteur, et fréquemment il en reçoit le
nom des pêcheurs ou des autres marins.

Mais les animaux de leur espèce ne sont pas les seuls êtres sensibles
pour lesquels ils paraissent concevoir de l'affection ; ils se familiarisent du
moins avec l'homme. Pline a écrit qu'en Barbarie, auprès de la ville de
Hippo Dyarrhite, un dauphin s'avançait sans crainte vers le rivage, venait
recevoir sa nourriture de la main de celui qui voulait la lui donner, s'approchait de ceux qui se baignaient, se livrait autour d'eux à divers mouvements
d'une gaieté très vive, souffrait qu'ils montassent sur son dos, se laissait
même diriger avec docilité et obéissait avec autant de célérité que de précision [1]. Quelque exagération qu'il y ait dans ces faits, et quand même on ne
devrait supposer, dans le penchant qui entraîne souvent les dauphins autour
des vaisseaux, que le désir d'apaiser avec plus de facilité une faim quelquefois très pressante, on ne peut pas douter qu'ils ne se rassemblent autour
des bâtiments, et, qu'avec tous les signes de la confiance et d'une sorte de
satisfaction, ils ne s'agitent, se courbent, se replient, s'élancent au-dessus de
l'eau, pirouettent, retombent, bondissent et s'élancent de nouveau pour
pirouetter, tomber, bondir et s'élever encore. Cette succession, ou plutôt
cette perpétuité de mouvements, vient de la bonne proportion de leurs
muscles et de l'activité de leur système nerveux.

Ne perdons jamais de vue une grande vérité. Lorsque les animaux, qui
ne sont pas retenus comme l'homme par des idées morales, ne sont pas
arrêtés par la crainte, ils font tout ce qu'ils peuvent faire et ils agissent
aussi longtemps qu'ils peuvent agir. Aucune force n'est inerte dans la nature.
Toutes les causes y tendent sans cesse à produire, dans toute leur étendue,
tous les effets qu'elles peuvent faire naître. Cette sorte d'effort perpétuel, qui
se confond avec l'attraction universelle, est la base du principe suivant. Un
effet est toujours le plus grand qui puisse dépendre de sa cause, ou, ce qui
est la même chose, la cause d'un phénomène est toujours la plus faible possible ; et cette expression n'est que la traduction de celle par laquelle notre

1. Pline, liv. IX, chap. XLVIII.

illustre collègue et ami Lagrange a fait connaître son admirable principe de la plus petite action.

Au reste, ces mouvements si souvent renouvelés que présentent les dauphins, ces bonds, ces sauts, ces circonvolutions, ces manœuvres, ces signes de force, de légèreté et de l'adresse que la répétition des mêmes actes donne nécessairement, forment une sorte de spectacle d'autant plus agréable pour des navigateurs fatigués depuis longtemps de l'immense solitude et de la triste uniformité des mers, que la couleur des dauphins vulgaires est agréable à la vue. Cette couleur est ordinairement bleuâtre ou noirâtre tant que l'animal est en vie et dans l'eau, mais elle est souvent relevée par la blancheur du ventre et celle de la poitrine.

Achevons cependant de montrer toutes les nuances que l'on a cru remarquer dans les affections de ces animaux. Les anciens ont prétendu que la familiarité de ces cétacés était plus grande avec les enfants qu'avec l'homme avancé en âge. Mécénas Fabius et Flavius Alfius ont écrit dans leurs chroniques, suivant Pline, qu'un dauphin qui avait pénétré dans le lac Lucrin recevait tous les jours du pain que lui donnait un jeune enfant, qu'il accourait à sa voix, qu'il le portait sur son dos, et que l'enfant ayant péri, le dauphin, qui ne revit plus son jeune ami, mourut bientôt de chagrin. Le naturaliste romain ajoute des faits semblables arrivés sous Alexandre de Macédoine, ou racontés par Égésidème et par Théophraste. Les anciens enfin n'ont pas balancé à supposer dans les dauphins pour les jeunes gens, avec lesquels ils pouvaient jouer plus facilement qu'avec des hommes faits, une sensibilité, une affection et une constance presque semblables à celles dont le chien nous donne des exemples si touchants.

Ces cétacés, que l'on a voulu représenter comme susceptibles d'un attachement si vif et si durable, sont néanmoins des animaux carnassiers. Mais n'oublions pas que le chien, ce compagnon de l'homme, si tendre, si fidèle et si dévoué, est aussi un animal de proie ; et qu'entre le loup féroce et le doux épagneul, il n'y a d'autre différence que les effets de l'art et de la domesticité.

Les dauphins se nourrissent donc de substances animales : ils recherchent particulièrement les poissons ; ils préfèrent les morues, les églefins, les persèques, les pleuronectes ; ils poursuivent les troupes nombreuses de muges jusqu'auprès des filets des pêcheurs, et, à cause de cette sorte de familiarité hardie, ils ont été considérés comme les auxiliaires de ces marins, dont ils ne voulaient cependant qu'enlever ou partager la proie.

Pline et quelques autres auteurs anciens ont cru que les dauphins ne pouvaient rien saisir avec leur gueule, qu'en se retournant et se renversant presque sur leur dos ; mais ils n'ont eu cette opinion que parce qu'ils ont souvent confondu ces cétacés avec des squales, des acipensères ou quelques autres grands poissons.

Les dauphins peuvent chercher la nourriture qui leur est nécessaire plus facilement que plusieurs autres habitants des mers. Aucun climat ne leur est contraire.

On les a vus non seulement dans l'océan Atlantique septentrional, mais encore dans le grand Océan équinoxial, auprès des côtes de la Chine, près des rivages de l'Amérique méridionale, dans les mers qui baignent l'Afrique, dans toutes les grandes méditerranées, dans celle particulièrement qui arrose l'Afrique, l'Asie et l'Europe.

Il est des saisons où ils paraissent préférer la pleine mer au voisinage des côtes. On a remarqué[1] qu'ordinairement ils voguaient contre le vent ; et cette habitude, si elle était bien constatée, ne préviendrait-elle pas du besoin et du désir qu'ont ces animaux d'être avertis plus facilement, par les émanations odorantes que le vent rapporte à l'organe de leur odorat, de la présence des objets qu'ils redoutent ou qu'ils recherchent ?

On a dit qu'ils bondissaient sur la surface de la mer avec plus de force, de fréquence et d'agilité, lorsque la tempête menaçait, et même lorsque le vent devait succéder au calme[2]. Plus on fera de progrès dans la physique, et plus on s'apercevra que l'électricité de l'air est une des plus grandes causes de tous les changements que l'atmosphère éprouve. Or tout ce que nous avons déjà dit de l'organisation et des habitudes des dauphins doit nous faire présumer qu'ils doivent être très sensibles aux variations de l'électricité atmosphérique.

Nous voyons dans Oppien et dans Élien que les habitants de Byzance et de Thrace poursuivaient les dauphins avec des tridents attachés à de longues cordes, comme les harpons dont on est armé maintenant pour la pêche des baleines franches et de ces mêmes dauphins. Il est des parages où ces derniers cétacés sont assez nombreux pour qu'une grande quantité d'huile soit le produit des recherches dirigées contre ces animaux. On a écrit qu'il fallait compter parmi ces parages les environs des rivages de la Cochinchine.

Les dauphins n'ayant pas besoin d'eau pour respirer et ne pouvant même respirer que dans l'air, il n'est pas surprenant qu'on puisse les conserver très longtemps hors de l'eau, sans leur faire perdre la vie.

Ces cétacés ayant pu être facilement observés et ayant toujours excité la curiosité vulgaire, l'intérêt des marins, l'attention de l'observateur, on a remarqué facilement toutes leurs propriétés, tous leurs attributs, tous leurs traits distinctifs ; et voilà pourquoi plusieurs naturalistes ont cru devoir compter dans l'espèce que nous décrivons des variétés plus ou moins constantes. On a distingué les dauphins d'un brun livide[3] ; ceux qui ont le dos noirâtre, avec les côtés et le ventre d'un gris de perle moucheté de noir ;

1. Dom Pernetty, *Histoire d'un voyage aux îles Malouines*, t Ier, p. 97 et suiv.
2. Voyez le *Voyage à l'île de France* de mon célèbre confrère M. de Saint-Pierre.
3. Notes manuscrites de Commerson, remises à Buffon, qui dans le temps a bien voulu me les communiquer.

ceux dont la couleur est d'un gris plus ou moins foncé ; et enfin ceux dont
la surface est d'un blanc éclatant comme celui de la neige.

Mais nous venons de voir le dauphin de la nature ; voyons celui des
poètes. Suspendons un moment l'histoire de la puissance qui crée, et jetons
les yeux sur les arts qui embellissent.

Nous voici dans l'empire de l'imagination ; la raison éclairée, qu'elle
charme, mais qu'elle n'aveugle ni ne séduit, saura distinguer, dans le tableau
que nous allons essayer de présenter, la vérité parée des voiles brillants de
la fable.

Les anciens habitants des rives fortunées de la Grèce connaissaient bien
le dauphin ; mais la vivacité de leur génie poétique ne leur a pas permis de
le peindre tel qu'il est ; leur morale religieuse a eu besoin de le métamorphoser et d'en faire un de ses types. Et d'ailleurs, la conception d'objets chi-
mériques leur était aussi nécessaire que le mouvement l'est au dauphin.
L'esprit, comme le corps, use de toutes ses forces, lorsqu'aucun obstacle ne
l'arrête ; et les imaginations ardentes n'ont pas besoin des sentiments profonds ni des idées lugubres que fait naître un climat horrible, pour inventer
des causes fantastiques, pour produire des êtres surnaturels, pour enfanter
des dieux. Le plus beau ciel a ses orages ; le rivage le plus riant a sa mélancolie. Les champs thessaliens, ceux de l'Attique et du Péloponèse, n'ont
point inspiré cette terreur sacrée, ces noirs pressentiments, ces tristes souvenirs qui ont élevé le trône d'une sombre mythologie au milieu de palais
de nuages et de fantômes vaporeux, au-dessus des promontoires menaçants, des lacs brumeux et des froides forêts de la valeureuse Calédonie, ou
de l'héroïque Hibernie ; mais la vallée de Tempé, les pentes fleuries de l'Hy-
mète, les rives de l'Eurotas, les bois mystérieux de Delphes et les heureuses
Cyclades ont ému la sensibilité des Grecs par tout ce que la nature peut
offrir de contrastes pittoresques, de paysages romanesques, de tableaux majestueux, de scènes gracieuses, de monts verdoyants, de retraites fortunées,
d'images attendrissantes, d'objets touchants, tristes, funèbres même, et cependant remplis de douceur et de charme. Les bosquets de l'Arcadie ombra-
geaient des tombeaux, et les tombeaux étaient cachés sous des tiges de roses.

La mythologie grecque, variée et immense comme la belle nature dont
elle a reçu le jour, a dû soumettre tous les êtres à sa puissance.

Aurait-elle pu dès lors ne pas étendre son influence magique jusque sur
le dauphin ? Mais si elle a changé ses qualités, elle n'a pas altéré ses formes.
Ce n'est pas la mythologie qui a dénaturé ses traits ; ils ont été métamor-
phosés par l'art de la sculpture encore dans son enfance, bientôt après la fin
de ces temps fameux auxquels la Grèce a donné le nom d'héroïques.
J'adopte à cet égard l'opinion de mon illustre confrère Visconti, de l'Institut ;
et voici ce que pense à ce sujet ce savant interprète de l'antiquité [1].

1. Lettre de M. Visconti à M. de Lacépède.

On adorait Apollon à Delphes, non seulement sous le nom de *Delphique* et de *Pythien*, mais encore sous celui de *Delphinien* (*Delphinios*). On racontait, pour rendre raison de ce titre, que le dieu s'était montré sous la forme d'un dauphin aux Crétois qu'il avait obligés d'aborder sur le rivage de Delphes, et qui y avaient fondé l'oracle le plus révéré du monde connu des Grecs. Cette fable n'a eu peut-être d'autre origine que la ressemblance du nom de Delphes avec celui du dauphin (*Delphin*); mais elle est de la plus haute antiquité, et on en lit les détails dans l'hymne à l'honneur d'Apollon, que l'on attribue à Homère. M. Visconti regarde comme certain que l'*Apollon delphinius* adoré à Delphes avait des dauphins pour symboles. Des figures de dauphins devaient orner son temple ; et comme les décorations de ce sanctuaire remontaient aux siècles les plus reculés, elles devaient porter l'empreinte de l'enfance de l'art. Ces figures inexactes, imparfaites, grossières et si peu semblables à la nature ont été cependant consacrées par le temps et par la sainteté de l'oracle. Les artistes habiles qui sont venus à l'époque où la sculpture avait déjà fait des progrès n'ont pas osé corriger ces figures d'après des modèles vivants; ils se sont contentés d'en embellir le caractère, d en agrandir les traits, d'en adoucir les contours. La forme bizarre des dauphins *delphiques* a passé sur les monuments des anciens, s'est perpétuée sur les productions des peuples modernes; et si aucun des auteurs qui ont décrit le temple de Delphes n'a parlé de ces dauphins sculptés par le ciseau des plus anciens artistes grecs, c'est que ce temple d'Apollon a été pillé plusieurs fois, et que, du temps de Pausanias, il ne restait aucun des anciens ornements du sanctuaire.

Les peintres et les sculpteurs modernes ont donc représenté le dauphin, comme les artistes grecs du temps d'Homère, avec la queue relevée, la tête très grosse, la gueule très grande, etc. Mais sous quelques traits qu'il ait été vu, les historiens l'ont célébré, les poètes l'ont chanté, les peuples l'ont consacré à la divinité qu'ils adoraient. On l'a respecté comme cher, non seulement à Apollon et à Bacchus, mais encore à Neptune, qu'il avait aidé, suivant une tradition religieuse rapportée par Oppien, à découvrir son Amphitrite, lorsque, voulant conserver sa virginité, elle s'était enfuie jusque dans l'Atlantide. Ce même Oppien l'a nommé le *ministre du Jupiter marin;* et le titre de *Hieros Ichthus* (poisson sacré) lui a été donné dans la Grèce.

On a répété avec sensibilité l'histoire de Phalante sauvé par un dauphin, après avoir fait naufrage près des côtes de l'Italie. On a honoré le dauphin comme un bienfaiteur de l'homme. On a conservé comme une allégorie touchante, comme un souvenir consolateur pour le génie malheureux, l'aventure d'Arion, qui, menacé de la mort par les féroces matelots du navire sur lequel il était monté, se précipita dans la mer, fut accueilli par un dauphin que le doux son de sa lyre avait attiré, et fut porté jusqu'au port voisin par cet animal attentif, sensible et reconnaissant.

1.   78

On a nommé barbares et cruels les Thraces et les autres peuples qui donnaient la mort au dauphin.

Toujours en mouvement, il a paru parmi les habitants de l'Océan, non seulement le plus rapide, mais le plus ennemi du repos ; on l'a cru l'emblème du génie qui crée, développe et conserve, parce que son activité soumet le temps, comme son immensité domine sur l'espace ; on l'a proclamé *le roi de la mer.*

L'attention se portant de plus en plus vers lui, il a partagé avec le cygne[1] l'honneur d'avoir suggéré la forme des premiers navires, par les proportions déliées de son corps si propre à fendre l'eau, et par la position ainsi que par la figure de ses rames si célères et si puissantes.

Son intelligence et sa sensibilité devenant chaque jour l'objet d'une admiration plus vive, on a voulu leur attribuer une origine merveilleuse : les dauphins ont été des hommes punis par la vengeance céleste, déchus de leur premier état, mais conservant des traits de leur première essence. Bientôt on a rappelé avec plus de force qu'Apollon avait pris la figure d'un dauphin pour conduire vers les rives de Delphes sa colonie chérie. Neptune, disait-on, s'était changé en dauphin pour enlever Mélantho, comme Jupiter s'était métamorphosé en taureau pour enlever Europe. On se représentait la beauté craintive, mais animée par l'amour, parcourant la surface paisible des mers obéissantes, sur le dos du dauphin dieu qu'elle avait soumis à ses charmes. Neptune a été adoré à Sunium, sous la forme de ce dauphin si cher à son amante. Le dauphin a été plus que consacré : il a été divinisé. Sa place a été marquée au rang des dieux, et on a vu le dauphin céleste briller parmi les constellations.

Ces opinions pures ou altérées ayant régné avec plus ou moins de force dans les différentes contrées dont les fleuves roulent leurs eaux vers le grand bassin de la Méditerranée, est-il surprenant que le dauphin ait été pour tant de peuples le symbole de la mer ; qu'on ait représenté l'Amour un dauphin dans une main et des fleurs dans l'autre, pour montrer que son empire s'étend sur la terre et sur l'onde ; que le dauphin entortillé autour d'un trident ait indiqué la liberté du commerce ; que, placé autour d'un trépied, il ait désigné le collège de quinze prêtres qui desservait à Rome le temple d'Apollon ; que, caressé par Neptune, il ait été le signe de la tranquillité des flots et du salut des navigateurs ; que, disposé autour d'une ancre, ou mis au-dessus d'un bœuf à face humaine, il ait été le signe hiéroglyphique de ce mélange de vitesse et de lenteur dans lequel on a fait consister la prudence, et qu'il ait exprimé cette maxime favorite d'Auguste : *Hâte-toi lentement,* que cet empereur employait comme devise, même dans ses lettres familières ; que les chefs des Gaulois aient eu le dauphin pour emblème ; que son nom ait été donné à un grand pays et à des dignités éminentes ; qu'on le voie sur

1. Voyez l'article du cygne par Buffon.

les antiques médailles de Tarente, sur celles de Pæstum, dont plusieurs le
montrent avec un enfant ailé ou non ailé sur le dos, sur les médailles de
Corinthe, qui donnent à sa tête ses véritables traits[1], et sur celles d'Ægium
en Achaïe, d'Eubée, de Nisyros, de Byzantium, de Brindes, de Larinum, de
Lipari, de Syracuse, de Théra, de Vélia, de Cartéjà en Espagne, d'Alexandre,
de Néron, de Vitellius, de Vespasien, de Tite ; que le bouclier d'Ulysse, son
anneau et son épée en aient offert l'image ; qu'on ait élevé sa figure dans les
cirques, et qu'on l'ait consacré à la beauté céleste, en le mettant aux pieds
de cette Vénus si parfaite, que l'on admire dans le Musée?

LE DAUPHIN MARSOUIN

Delphinus Phocæna, LINN., BONN., CUV., LACÉP. [2].

Le marsouin ressemble beaucoup au dauphin vulgaire ; il présente
presque les mêmes traits ; il est doué des mêmes qualités ; il offre les mêmes
attributs ; il éprouve les mêmes affections : et cependant, quelle différence
dans leur fortune! Le dauphin a été divinisé, et le marsouin porte le nom de
pourceau de la mer. Mais le marsouin a reçu son nom de marins et de pé-
cheurs grossiers : le dauphin a dû sa destinée au génie poétique de la Grèce
si spirituelle ; et les Muses, qui seules accordent la gloire à l'homme, donnent seules de l'éclat aux autres ouvrages de la nature.

L'ensemble formé par le corps et la queue du marsouin représente un

1. Je m'en suis assuré en examinant, avec feu mon respectable ami l'illustre auteur du
Voyage d'Anacharsis, la précieuse collection des médailles qui appartiennent à la nation
française.

2. Voyez pl. 16, fig. 2, et pl. 17. — *Marsouin franc.— Maris sus.—Tursio. — Marsopa,* en
Espagne. — *Porpus,* en Angleterre. — *Porpesse* ou *Porpoisse,* ibid. — *Bruinvisch,* en Hollande.
— *Tonyn,* ibid.—*Zee-vark,* ibid. — *Meerschwein,* en Allemagne. — *Braunfisch,* ibid. — *Swinia-
morska,* en Pologne. — *Morskaja-swinja,* en Russie. — *Marswin,* en Suède.—*Trumblare,* ibid. —
Marswin, en Danemark. —*Tumler,* ibid. — *Nise,* en Norvège. — *Nisa,* en Groenland.—*Bruns-
kop,* en Islande. — *Hundfiskur,* ibid. — *Delphinus Phocæna,* Linné, édition de Gmelin. — *Dauphin marsouin.* Bonnaterre, planches de l'Encyclopédie méthodique. — *Marsouin.* Ménagerie du
Muséum d'histoire naturelle (Cuvier). — *Faun. Succic.,* 51. — *Delphinus corpore fere coniformi,
dorso lato, rostro subacuto.* Artedi, gen. 74, syn. 104. — *Parvus Delphinus,* vel *Delphin* Septen-
trionalium aut Orientalium. Schoneveld, p. 77. — *E Phocaina,* Aristote, lib. VI, cap. XII ; et
lib. VIII, cap. XIII. — *Marsouin, Tursio.* Belon, *Aquat.,* p. 16. — *Idem.* Rondelet, liv. XVI,
chap. VI, édition de Lyon, 1558. — *Phocæna.* Wotton, lib. VIII, cap. CLXLIV, fol. 172, a. — *Idem.*
Jonston, lib. V, cap. II, p. 220, tab. 41. — *Idem.* Willughby, *Pisc.,* p. 31. — *Idem.* Rai, *Pisc.,*
p. 13. — *Phocæna sive Tursio.* Gessner, *Aquat.,* p. 857. — *Phocæna.* Aldrovand., *Pisc.,* p. 719,
fig. 7, p. 720. — Delphinus Phocæna, pinna in dorso una, dentibus acutis, rostro brevi obtuso.
Brisson, *Regn. anim.,* p. 731, n° 2. — *Marsouin* (Delphinus Phocæna). Bloch: *Histoire des poissons,* pl. 92. — Klein, *Miss. pisc.* 1, p. 24, et 2, p. 26, tab. 2 A, B, 3 B. — *Phocæna.* Sibbald,
Scot. an., p. 23. — Rzacy, *Pol. Auct.,* p. 245. — *Meerschwein,* oder Tunin. Mart. *Spitzb.,* p. 92.
— *Idem.* Anderson. *Island.,* p. 253. — *Idem.* Crantz, *Groenland.,* p. 151. — *Niser* ou le *Marsouin.* Eggede, *Groenland.,* p. 60. —*Delphin,* oder *Nisen.* Gunner, *Act. Nideos,* 2, p. 237, tab. 4
t. II. — Oth. Fabric. *Faun. Groenland.,* p. 46.

cône très allongé. Ce cône n'est cependant pas assez régulier pour que le dos ne soit pas large et légèrement aplati. Vers les deux tiers de la longueur du dos, s'élève une nageoire assez peu échancrée par derrière, et assez peu courbée dans le haut, pour paraître de loin former un triangle rectangle. La tête, un peu renflée au-dessus des yeux, ressemble d'ailleurs à un cône très court, à sommet obtus, et dont la base serait opposée à celle du cône allongé que forment le corps et la queue.

Les deux mâchoires, presque aussi avancées l'une que l'autre, sont dénuées de lèvres proprement dites et garnies chacune de dents petites, un peu aplaties, tranchantes, et dont le nombre varie depuis quarante jusqu'à cinquante.

La langue, presque semblable à celle du dauphin vulgaire, est molle, large, plate et comme dentelée sur ses bords.

La pyramide du larynx est formée par l'épiglotte et par les cartilages arythénoïdes, qui sont joints ensemble de manière qu'il ne reste qu'une petite ouverture située vers le haut.

De très habiles anatomistes ont conclu de cette conformation que le marsouin ne pouvait faire entendre qu'une sorte de frémissement ou de bruissement sourd. Cependant, en réfléchissant sur les qualités essentielles du son, sur les différentes causes qui peuvent le produire, sur les divers instruments sonores que l'on a imaginés ou que la nature a formés, on verra, je crois, ainsi que je chercherai à le montrer dans un ouvrage différent de celui-ci, que l'appareil le plus simple et en apparence le moins sonore peut faire naître de véritables sons, très faciles à distinguer du bruissement, du frémissement, ou du bruit proprement dit, et entièrement semblables à ceux que l'homme profère. D'ailleurs, que l'on se rappelle ce que nous avons dit dans les articles de la baleine franche, de la jubarte, du cachalot macrocéphale, et qu'on le rapproche de ce qu'Aristote et plusieurs autres auteurs ont écrit d'une espèce de gémissement que le marsouin fait entendre.

L'orifice des évents est placé au-dessus de l'espace qui sépare l'œil de l'ouverture de la bouche. Il représente un croissant, et sa concavité est tournée vers le museau.

Les yeux sont petits et situés à la même hauteur que les lèvres. Une humeur muqueuse enduit la surface intérieure des paupières, qui sont très peu mobiles. L'iris est jaunâtre, et la prunelle paraît souvent triangulaire.

Au delà de l'œil, très près de cet organe et à la même hauteur, est l'orifice presque imperceptible du canal auditif.

La nageoire pectorale répond au milieu de l'espace qui sépare l'œil de la dorsale ; mais ce bras est situé très bas ; ce qui rabaisse le centre d'action et le centre de gravité du marsouin, et donne à ce cétacé la faculté de se maintenir, en nageant, dans la position la plus convenable.

Un peu au delà de la fossette ombilicale, on découvre une fente longitudinale, par laquelle sort la verge du mâle, qui, cylindrique près de sa racine, se coude ensuite, devient conique et se termine en pointe. Les testicules sont cachés; le canal déférent est replié avant d'entrer dans l'urèthre. Le marsouin n'a pas de vésicule séminale, mais une prostate d'un très grand volume. Les muscles des corps caverneux s'attachent aux petits os du bassin. Le vagin de la femelle est ridé transversalement.

L'anus est presque aussi éloigné des parties sexuelles que de la caudale, dont les deux lobes sont échancrés, et du milieu de laquelle part une petite saillie longitudinale, qui s'étend le long du dos, jusqu'auprès de la dorsale.

Un bleu très foncé ou un noir luisant règne sur la partie supérieure du marsouin, et une teinte blanchâtre sur sa partie inférieure.

Un épiderme très doux au toucher, mais qui se détache facilement, et une peau très lisse, recouvrent une couche assez épaisse d'une graisse très blanche.

Le premier estomac, auquel conduit l'œsophage qui a des plis longitudinaux très profonds, est ovale, très grand, très ridé en dedans et revêtu à l'intérieur d'une membrane veloutée très épaisse. Le pylore de cet estomac est garni de rides très saillantes et fortes, qui ne peuvent laisser passer que des corps très peu volumineux, interdisent aux aliments tout retour vers l'œsophage, et par conséquent empêchent toute véritable rumination.

Un petit sac, ou, si l'on veut, un second estomac conduit dans un troisième, qui est rond, et presque aussi grand que le premier. Les parois de ce troisième estomac sont très épaisses, composées d'une sorte de pulpe, assez homogène, et d'une membrane veloutée, lisse et fine ; et les rides longitudinales qu'elles présentent se ramifient, pour ainsi dire, en rides obliques.

Un nouveau sac très petit conduit à un quatrième estomac membraneux, criblé de pores, conformé comme un tuyau et contourné en deux sens opposés. Le cinquième, ridé et arrondi, aboutit à un canal intestinal, qui, plissé longitudinalement et très profondément, n'offre pas de cœcum, va, en diminuant de diamètre, jusqu'à l'anus, est très mince auprès de cet orifice et peut avoir, suivant Major, une longueur égale à douze fois la longueur du cétacé [1].

Les reins ne présentent pas de bassinet et sont partagés en plusieurs lobes.

Le foie n'en a que deux ; ces deux lobes sont très peu divisés : il n'y a pas de vésicule du fiel.

Le canal hépatique aboutit au dernier estomac, et c'est dans cette même cavité que se rend le canal pancréatique.

On compte jusqu'à sept rates inégales en volume, dont la plus grande a la grosseur d'une châtaigne, et la plus petite celle d'un pois.

Le cerveau est très grand à proportion du volume total de l'animal, et si l'on excepte les singes et quelques autres quadrumanes, il ressemble à celui

1. On doit consulter le savant et intéressant article publié par mon confrère Cuvier sur le marsouin, dans la ménagerie du Muséum d'histoire naturelle.

de l'homme, plus que le cerveau d'aucun quadrupède, notamment par sa largeur, sa convexité, le nombre de ses circonvolutions, leur profondeur et sa saillie au-dessus du cervelet.

Les vertèbres du cou sont au nombre de sept, et les dorsales de treize. Mais le nombre des vertèbres lombaires, sacrées et coccygiennes, paraît varier ; ordinairement cependant il est de quarante-cinq ou quarante-six ; ces trois sortes de vertèbres occupent alors trente-sept cinquantièmes de la longueur totale de la colonne vertébrale ; et les vertèbres du cou n'en occupent pas deux.

Au reste, les apophyses transversales des vertèbres lombaires sont très grandes ; ce qui sert à expliquer la force que le marsouin a dans sa queue.

Ce cétacé a de chaque côté treize côtes, dont six seulement aboutissent au sternum, qui est un peu recourbé et comme divisé en deux branches.

Mais considérons de nouveau l'ensemble du marsouin.

Nous verrons que sa longueur totale peut aller jusqu'à plus de trois mètres, et son poids à plus de dix myriagrammes.

La distance qui sépare l'orifice des évents, de l'extrémité du museau, est ordinairement égale aux trois vingt-sixièmes de la longueur de l'animal ; la longueur de la nageoire pectorale égale cette distance ; et la nageoire de la queue atteint presque le quart de la longueur totale du cétacé.

Cette grande largeur de la caudale, cette étendue de la rame principale du marsouin, ne contribuent pas peu à cette vitesse étonnante que les navigateurs ont remarquée dans la natation de ce dauphin, et à cette vivacité de mouvements, qu'aucune fatigue ne paraît suspendre, et que l'œil a de la peine à suivre.

Le marsouin, devant lequel les flots s'ouvrent, pour ainsi dire, avec tant de docilité, paraît se plaire à surmonter l'action des courants et la violence des vagues que les grandes marées poussent vers les côtes ou ramènent vers la haute mer.

Lorsque la tempête bouleverse l'Océan, il en parcourt la surface avec facilité, non seulement parce que la puissance électrique, qui, pendant les orages, règne sur la mer comme dans l'atmosphère, le maîtrise, l'anime, l'agite, mais encore parce que la force de ses muscles peut aisément contrebalancer la résistance des ondes soulevées.

Il joue avec la mer furieuse. Pourrait-on être étonné qu'il s'ébatte sur l'Océan paisible, et qu'il se livre pendant le calme à tant de bonds, d'évolutions et de manœuvres ?

Ces mouvements, ces jeux, ces élans, sont d'autant plus variés, que l'imitation, cette force qui a tant d'empire sur les êtres sensibles, les multiplie et les modifie.

Les marsouins en effet vont presque toujours en troupes. Ils se rassemblent surtout dans le temps de leurs amours : il n'est pas rare alors de voir un grand nombre de mâles poursuivre la même femelle ; et ces mâles éprouvent dans ces moments de trouble une ardeur si grande, que, violemment agités, transportés et ne distinguant plus que l'objet de leur vive recherche, ils se précipitent contre les rochers des rivages, ou s'élancent sur les vaisseaux et s'y laissent prendre avec assez de facilité pour qu'on pense en Islande qu'ils sont, au milieu de cette sorte de délire, entièrement privés de la faculté de voir.

Ce temps d'aveuglement et de sensations si impérieuses se rencontre ordinairement avec la fin de l'été.

La femelle reçoit le mâle favorisé en se renversant sur le dos, en le pressant avec ses pectorales, ou, ce qui est la même chose, en le serrant dans ses bras.

Le temps de la gestation est, suivant Anderson et quelques autres observateurs, de six mois; il est de dix mois lunaires, suivant Aristote et d'autres auteurs anciens ou modernes; et cette dernière opinion paraît la seule conforme à l'observation, puisque communément les jeunes marsouins viennent au jour vers l'équinoxe d'été.

La portée n'est le plus souvent que d'un petit, qui est déjà parvenu à une grosseur considérable lorsqu'il voit la lumière, puisqu'un embryon tiré du ventre d'une femelle, et mesuré par Klein, avait près de six décimètres de longueur.

Le marsouin nouveau-né ne cesse d'être auprès de sa mère, pendant tout le temps où il a besoin de teter; et ce temps est d'une année, dit Otho Fabricius.

Il se nourrit ensuite, comme ses père et mère, de poissons qu'il saisit avec autant d'adresse qu'il les poursuit avec rapidité.

On trouve les marsouins dans la Baltique; près des côtes du Groenland et du Labrador; dans le golfe Saint-Laurent; dans presque tout l'océan Atlantique; dans le grand Océan; auprès des îles Gallapagos et du golfe de Panama, où le capitaine Colnett en a vu une quantité innombrable; non loin des rivages occidentaux du Mexique et de la Californie. Ils appartiennent à presque toutes les mers. Les anciens les ont vus dans la mer Noire; mais on croirait qu'ils les ont très peu observés dans la Méditerranée. Ces cétacés paraissent plus fréquemment en hiver qu'en été dans certains parages; et dans d'autres, au contraire, ils se montrent pendant l'été plus que pendant l'hiver.

Leurs courses ni leurs jeux ne sont pas toujours paisibles. Plusieurs des tyrans de l'Océan sont assez forts pour troubler leur tranquillité; et ils ont particulièrement tout à craindre du physétère microps, qui peut si aisément les poursuivre, les atteindre, les déchirer et les dévorer.

Ils ont d'ailleurs pour ennemis un grand nombre de pêcheurs, des coups desquels ils ne peuvent se préserver, malgré la promptitude avec laquelle ils disparaissent sous l'eau pour éviter les traits, les harpons ou les balles.

Les Hollandais, les Danois et la plupart des marins de l'Europe ne recherchent les marsouins que pour l'huile de ces cétacés ; mais les Lapons et les Groenlandais se nourrissent de ces animaux. Les Groenlandais, par exemple, en font bouillir ou rôtir la chair, après l'avoir laissée se corrompre en partie et perdre sa dureté ; ils en mangent aussi les entrailles, la graisse et même la peau. D'autres salent ou font fumer la chair des marsouins.

Les navigateurs hollandais ont distingué dans l'espèce du marsouin une variété qui ne diffère des marsouins ordinaires que par sa petitesse ; ils l'ont nommé *ouclte*.

LE DAUPHIN ORQUE

Delphinus Orca, Linn., Bonn., Cuv., Lacép. — *Delphinus Gladiator*, Linn., Bonn. *Delphinus Crampus*, Hunter [1].

Ce nom d'orque nous rappelle plusieurs de ces fictions enchanteresses que nous devons au génie de la poésie. Il retrace aux imaginations vives, il réveille dans les cœurs sensibles, les noms fameux et les aventures touchantes, et d'Andromède et de Persée, et d'Angélique et de Roland ; il porte notre pensée vers l'immortel Arioste couronné au milieu des grands poètes de l'antiquité. Ne repoussons jamais ces heureux souvenirs, ne rejetons pas les fleurs du jeune âge des peuples ; elles peuvent embellir l'autel de la nature, sans voiler son image auguste. Disons cependant, pour ne rien dérober à la vérité, que l'orque des naturalistes modernes n'est pas le tyran des mers qui a pu servir de type pour les tableaux de l'ancienne mythologie, ou de la féerie qui l'a remplacée. Nous avons vu, en écrivant l'histoire du physétère microps, que ce cétacé aurait pu être ce modèle.

L'orque néanmoins jouit d'une grande puissance ; elle exerce un empire redoutable sur plusieurs habitants de l'Océan. Sa longueur est souvent de plus de huit mètres, et quelquefois de plus de dix ; sa circonférence, dans l'endroit le plus gros de son corps, peut aller jusqu'à cinq mètres ; et même, suivant quelques auteurs, sa largeur égale plus de la moitié de sa longueur.

---

1. Voyez la planche 18, fig. 1 et 2. — *Épaulard*. - *Oudre*. — *Dorque*, dans plusieurs départements méridionaux de France. — *Grampus*, en Angleterre (voyez, au sujet de ce nom *Grampus*, l'ouvrage du savant Schneider sur la Synonymie d'Artedi, p. 155). — *Fann-fiskar-hnydengen*, en Islande. — *Spekhugger*, en Norvège. — *Hval-hund*, ibid. — *Springer*, ibid. — *Orc-svin*, en Danemark. — *Tandthoye*, ibid. — *Opare*, en Suède. — *Kosatky*, en Russie. — *Delphinus Orca*. Linné, édit. de Gmelin. — *Épaulard* ou *Oadre*. Bloch, édition de Castel. — Le Dauphin Épaulard. Bonnaterre, planches de l'Encyclopédie méthodique. — Delphinus rostro sursum ropando, etc. Mantissa, *M.* t. II, p. 523. — Id. Artedi, gen. 76, syn. 106. — *Faun. Suecic.*, 52. — Gunn. *Act. Nidros.*, t. IV, p. 110. — Balæna minor, utraque maxilla dentata, Sibbaldi. Rai, p. 15. — Delphinus (Orca) pinna in dorso una, dentibus obtusis. Briss. *Regn. anim.*, p. 373, n° 4. — Orca. Belon. *Aquat.*, p. 16, fig. p. 18. — Espaular. Rondelet, première partie, liv. XVI, chap. IX. — Muller, *Zoolog. Dan. Prodrom.*, p. 8, n° 57. — Oth, Fabric. *Faun. Groenland.*, 16. — Hunter, *Transact. philos.*, année 1787.

On la trouve dans l'océan Atlantique, où on l'a vue, auprès du pôle boréal, dans le détroit de Davis, vers l'embouchure de la Tamise, ainsi qu'aux environs du pôle antarctique ; et elle a été observée par le capitaine Colnett dans le grand Océan, auprès du golfe de Panama [1]. Le voisinage de l'équateur et celui des cercles polaires peuvent donc lui convenir ; elle peut donc appartenir à tous les climats.

La couleur générale de ce cétacé est noirâtre; la gorge, la poitrine, le ventre et une partie du dessous de la queue sont blancs, et l'on voit souvent derrière l'œil une grande tache blanche.

La nageoire de la queue se divise en deux lobes, dont chacun est échancré par derrière; la dorsale, placée de manière à correspondre au milieu du ventre, a quelquefois près d'un mètre et demi de hauteur. La tête se termine par un museau très court et arrondi : elle est d'ailleurs très peu bombée; et même, lorsqu'on l'a dépouillée de ses téguments, le crâne paraît non seulement très aplati, mais encore un peu concave dans sa partie supérieure [2].

La mâchoire d'en haut est un peu plus longue que celle d'en bas; mais cette dernière est beaucoup plus large que la supérieure; elle présente de plus, dans sa partie inférieure, une sorte de renflement.

Les dents sont inégales, coniques, mousses et recourbées à leur sommet; leur nombre doit beaucoup varier, surtout avec l'âge, puisque Artedi dit qu'il y en a quarante à la mâchoire d'en bas, et que dans la tête osseuse d'une jeune orque, qui fait partie de la collection du Muséum, on n'en compte que vingt-deux à chaque mâchoire.

L'œil est situé très près de la commissure des lèvres, mais un peu plus haut. Les pectorales, larges et presque ovales, sont deux rames assez puissantes. La verge du mâle a fréquemment plus d'un mètre de longueur.

Les orques n'ont pas d'intestin cœcum.

Elles se nourrissent de poissons, particulièrement de pleuronectes; mais elles dévorent aussi les phoques. Elles sont même si voraces, si hardies et si féroces, que lorsqu'elles sont réunies en troupes, elles osent attaquer un grand cétacé, se jettent sur une baleine, la déchirent avec leurs dents recourbées, opposent l'agilité à la masse, le nombre au volume, l'adresse à la puissance, l'audace à la force, agitent, tourmentent, couvrent de blessures et de sang leur monstrueux ennemi, qui, pour éviter la mort ou des douleurs cruelles, est quelquefois obligé de se dérober par la fuite à leurs attaques meurtrières, et qui, troublé par leurs mouvements rapides et par leurs manœuvres multipliées, se précipite vers les rivages, où il trouve dans les harpons des pêcheurs des armes bien plus funestes.

1. *A Voyage to the south Atlantic for the purpose of extending the spermaceti whale fisheries*, etc., by captain James Colnett. London, 1798.
2. On peut s'en assurer en examinant le crâne d'une orque, qui est conservé dans les galeries d'anatomie comparée du Muséum d'histoire naturelle.

I.   79

LE DAUPHIN GLADIATEUR

Delphinus Gladiator, LINN., BONN., LACÉP. [1].

Ce cétacé ressemble beaucoup à l'orque; mais ses armes réelles sont plus puissantes, et ses armes apparentes sont plus grandes. Sa dorsale, qu'on a comparée à un sabre, est beaucoup plus haute que celle de l'orque. D'ailleurs, cette nageoire est située très près de la tête et presque sur la nuque. Sa hauteur surpasse le cinquième de la longueur totale du cétacé, et ce cinquième est souvent de deux mètres. Cette dorsale est recourbée en arrière, un peu arrondie à son extrémité, assez allongée pour ressembler à la lame du sabre d'un géant; et cependant à sa base elle a quelquefois trois quarts de mètre de largeur. La peau du dos s'étend au-dessus de cette proéminence et la couvre en entier.

Le museau est très court, et sa surface antérieure est assez peu courbée pour que de loin il paraisse comme tronqué.

Les mâchoires sont aussi avancées l'une que l'autre. Les dents sont aiguës.

L'œil, beaucoup plus élevé que l'ouverture de la bouche, est presque aussi rapproché du bout du museau que la commissure des lèvres.

La pectorale est très grande, très aplatie, élargie en forme d'une énorme spatule, et compose une rame dont la longueur peut être de deux mètres, et la plus grande largeur de plus d'un mètre.

La caudale est aussi très grande : elle se divise en deux lobes dont chacun a la figure d'un croissant et présente sa concavité du côté du museau. La largeur de cette caudale est de près de trois mètres.

Voilà donc deux grandes causes de vitesse dans la natation et de rapidité dans les mouvements, que nous présente le gladiateur; et cet attribut est confirmé par ce que nous trouvons dans des notes manuscrites dont nous devons la connaissance à sir Joseph Banks. Mon illustre confrère m'a fait parvenir ces notes, avec un dessin d'un gladiateur mâle pris dans la Tamise le 10 juin 1793. Ce cétacé, après avoir été percé de trois harpons, remorqua le bateau dans lequel étaient les quatre personnes qui l'avaient blessé, l'entraîna deux fois depuis Blackwall jusqu'à Greenwich, et une fois

---

1. *Grampus,* par les Anglais. — *Haa-hirningur,* en Islande. — *Killer-trasher,* sur les côtes des États-Unis. — Delphinus Orca, var. B. Linné, édition de Gmelin. — Dauphin épée de mer. Bonnaterre, planches de l'Encyclopédie méthodique. — *Id.,*Bloch, édition de R.-R. Castel. — Delphinus pinna in dorso una gladii recurvi æmula, dentibus acutis, rostro quasi truncato. Brisson, *Regn. anim.,* p. 372, n° 3. — Delphinus dorsi pinna altissima, dentibus subconicis parum incurvis. Muller, *Zoolog. Dan. Prodrom.,* p. 8, n. 57.—Schwerdtfisch. Anderson, *Island.,* p. 255. — Cranz, *Groenland.,* p. 152. — Noch ein ander art grosse fische. Mart. *Spitzb.,* p. 94. — Poisson à sabre. *Voyage de Pagès vers le pôle du Nord,* t. II, p. 142. — Delphinus (maximus) pinna majori acuminata, haa-hirningur. *Voyage en Islande,* par Olafsen et Povelsen.

jusqu'à Deptfort, malgré une forte marée qui parcourait huit milles dans une heure, et sans être arrêté par les coups de lance qu'on lui portait toutes les fois qu'il paraissait sur l'eau. Il expira devant l'hôpital de Greenwich. Ce gladiateur, dont nous avons fait graver la figure, avait trente et un pieds anglais de longueur et douze pieds de circonférence dans l'endroit le plus gros de son corps.

Pendant qu'il respirait encore, aucun bateau n'osa en approcher, tant on redoutait les effets terribles de sa grande masse et de ses derniers efforts.

La force de ce dauphin gladiateur rappelle celle d'un autre individu de la même espèce, qui arrêta le cadavre d'une baleine que plusieurs chaloupes remorquaient et l'entraîna au fond de la mer.

Les gladiateurs vont par troupes; lors même qu'ils ne sont réunis qu'au nombre de cinq ou six, ils osent attaquer la baleine franche encore jeune; ils se précipitent sur elle, comme des dogues exercés et furieux se jettent sur un jeune taureau. Les uns cherchent à saisir sa queue, pour en arrêter les redoutables mouvements; les autres l'attaquent vers la tête. La jeune baleine, tourmentée, harassée, forcée quelquefois de succomber sous le nombre, ouvre sa vaste gueule; et à l'instant les gladiateurs affamés et audacieux déchirent ses lèvres, font pénétrer leur museau ensanglanté jusqu'à sa langue, et en dévorent les lambeaux avec avidité. Le voyageur de Pagès dit avoir vu une jeune baleine fuir devant une troupe cruelle de ces voraces et hardis gladiateurs, montrer de larges blessures et porter ainsi l'empreinte des dents meurtrières de ces féroces dauphins.

Mais ces cétacés ne parviennent pas toujours à rencontrer, combattre, vaincre et immoler de jeunes baleines; les poissons forment leur proie ordinaire.

Je lis dans les notes manuscrites dont je dois la connaissance à sir Joseph Banks, que, pendant une quinzaine de jours, où six dauphins gladiateurs furent vus dans la Tamise, sans qu'on pût les prendre, les aloses et les carrelets furent extraordinairement rares.

On a trouvé les cétacés dont nous parlons dans le détroit de Davis et dans la Méditerranée d'Amérique, ainsi qu'auprès du Spitzberg. Ils peuvent fournir de l'huile assez bonne pour être recherchée.

Toute leur partie supérieure est d'un brun presque noir, et leur partie inférieure d'un beau blanc. Cette couleur blanche est relevée par une tache noirâtre, très longue, très étroite et pointue, qui s'étend de chaque côté de la queue en bande longitudinale, et s'avance vers la pectorale, comme un appendice du manteau brun ou noirâtre de l'animal. On peut voir aussi, entre l'œil et la dorsale, un croissant blanc qui contraste fortement avec les nuances foncées du dessus de la tête.

LE DAUPHIN NÉSARNACK

Delphinus Tursio, Bonn., Cuv. —*Delphinus nesarnack*, Lacép. [1].

Ce cétacé a le corps et la queue très allongés. Sa plus grande épaisseur est entre les bras et la dorsale : aussi, dans cette partie, son dos présente-t-il une grande convexité. La tête proprement dite est arrondie ; mais le museau, qu'on en distingue très facilement, est aplati et un peu semblable à un bec d'oie ou de canard, comme celui du dauphin vulgaire. La mâchoire inférieure avance plus que celle d'en haut ; l'une et l'autre sont garnies de quarante ou quarante-deux dents presque cylindriques, droites et très émoussées au sommet, même lorsque l'animal est jeune.

L'évent est situé au-dessus de l'œil, mais un peu plus près du bout du museau que l'organe de la vue.

Les pectorales sont placées très bas, et par conséquent d'une manière très favorable à la natation du nésarnack, mais petites, et de plus échancrées ; ce qui diminue la surface de cette rame.

La dorsale, peu étendue, échancrée et recourbée, s'élève à l'extrémité du dos la plus voisine de la queue et se prolonge vers la caudale par une saillie longitudinale, dont la plus grande hauteur est quelquefois un vingt-deuxième de la longueur totale du cétacé.

Les deux lobes qui composent la caudale sont échancrés, et leurs extrémités courbées en arrière.

La couleur générale du nésarnack est noirâtre ; quelques bandes transversales, d'une nuance plus foncée, la relèvent souvent sur le dos ; une teinte blanchâtre paraît sur le ventre et quelquefois sur le bas des côtés de ce dauphin.

Ce cétacé a soixante vertèbres et n'a pas de cœcum.

Sa longueur totale est de plus de trois mètres. La caudale a plus d'un demi-mètre de largeur.

On le prend difficilement, parce qu'il s'approche peu des rivages. Il est cependant des contrées où l'on se nourrit de sa chair, de son lard, et même de ses entrailles.

On a écrit que la femelle mettait bas pendant l'hiver. Son lait est gras et nourrissant.

Le nésarnack vit dans l'océan Atlantique septentrional.

---

1. Voyez pl. 20, fig. 1. — Dauphin nésarnack. Bonnaterre, planches de l'Encyclopédie méthodique. — Muller. *Prodrom. Zoolog Dan.*, 56. — *Act. Nidro.*, 4, 3. — M. Oth. Fabric. *Fauna Groenland.*, p. 49.

LE DAUPHIN DIODON

Delphinus diodon, Bonn., Lacép. [1].

Ce dauphin parvient à une longueur qui égale celle de quelques physétères et de quelques cachalots. Un diodon, pris auprès de Londres en 1783, avait sept mètres de longueur ; et le savant anatomiste Hunter, qui en a publié la première description dans les transactions de la Société royale, a eu dans sa collection le crâne d'un dauphin de la même espèce, qui devait être long de plus de treize mètres.

Ce cétacé a le museau aplati et allongé, comme celui du dauphin vulgaire et comme celui du nésarnack ; mais sa mâchoire inférieure ne présente que deux dents, lesquelles sont aiguës et situées à l'extrémité de cette mâchoire d'en bas. Le front est convexe. La plus grande grosseur de ce diodon est auprès des pectorales, qui sont petites, ovales et situées sur la même ligne horizontale que les commissures des lèvres. La dorsale, très voisine de l'origine de la queue, est conformée comme un fer de lance, pointue et inclinée en arrière. La caudale montre deux lobes échancrés. La couleur générale du cétacé est d'un brun noirâtre, qui s'éclaircit sur le ventre.

LE DAUPHIN VENTRU

Delphinus orca, var. *a,* Bonn., — *Delphinus ventricosus,* Lacép. [2].

Ce cétacé ressemble beaucoup à l'orque : il a de même le museau très court et arrondi ; mais sa mâchoire inférieure n'est pas renflée comme celle de l'orque. Au lieu du gonflement que l'on ne voit pas dans sa mâchoire d'en bas, son ventre, ou, pour mieux dire, presque toute la partie inférieure de son corps, offre un volume si considérable, que la queue paraît très mince. On croit cette queue proprement dite d'autant plus étroite, que sa largeur est inférieure, à proportion, à celle de la queue de presque tous les autres cétacés ; elle a même ce petit diamètre transversal dès son origine, et sa forme générale est presque cylindrique.

Très près de cette même queue s'élève la dorsale, dont la figure est celle d'un triangle rectangle, et qui par conséquent est plus longue et moins haute que celle de plusieurs autres dauphins.

Des teintes noirâtres sont mêlées avec le blanc de la partie inférieure

1. Voyez pl. 20, fig. 2. — Hunter, *Transact. philosoph.,* année 1787. — Dauphin à deux dents. Bonnaterre, planches de l'Encyclopédie méthodique.
2. Voyez pl. 18, fig. 3. — Hunter, *Transact. philosoph.,* année 1787. — Épaulard ventru. Bonnaterre, planches de l'Encyclopédie méthodique.

de l'animal. Cette espèce, dont les naturalistes doivent la connaissance à
Hunter, parvient au moins à la longueur de six mètres.

LE DAUPHIN FÉRÈS

Delphinus Feres, Bonn., Lacép. [1].

Ce cétacé, dont le professeur Bonnaterre a le premier publié la description, a le dessus de la tête élevé et convexe, et le museau arrondi et
très court. Une mâchoire n'avance pas plus que l'autre. On compte à celle
d'en haut, ainsi qu'à celle d'en bas, vingt dents inégales en grandeur, et
dont dix sont plus grosses que les autres, mais qui sont toutes semblables
par leur figure. La partie de chaque dent que l'alvéole renferme est égale
à celle qui sort des gencives et représente un cône recourbé et un peu
aplati ; l'autre partie est arrondie à son sommet, ovoïde et divisée en deux
lobes par une rainure longitudinale. La peau qui recouvre le férès est fine
et noirâtre. Ce dauphin parvient à une longueur de près de cinq mètres.
Celle de l'os du crâne est le septième ou à peu près de la longueur totale du
cétacé.

Le 22 juin 1787, un bâtiment qui venait de Malte, ayant mouillé dans
une petite plage de la Méditerranée, voisine de Saint-Tropez, du département
du Var, fut bientôt environné d'une troupe nombreuse de férès, suivant une
relation adressée par M. Lambert, habitant de Saint-Tropez, à M. l'abbé
Turles, chanoine de Fréjus, et envoyée par ce dernier au professeur Bonnaterre [2]. Le capitaine du bâtiment descendit dans sa chaloupe, attaqua un de
ces dauphins et le perça d'un trident. Le cétacé, blessé et cherchant à fuir,
aurait entraîné la chaloupe, si l'équipage n'avait redoublé d'efforts pour la
retenir. Le férès lutta avec une nouvelle violence ; le trident se détacha,
mais enleva une large portion de muscles : le dauphin *poussa quelques cris;*
tous les autres cétacés se rassemblèrent autour de leur compagnon ; ils
firent entendre des *mugissements profonds*, qui effrayèrent le capitaine et ses
matelots, et ils voguèrent vers le golfe de Grimeau, où ils rencontrèrent,
dans un grand nombre de pêcheurs, de nouveaux ennemis. On les assaillit
à coups de hache ; leurs blessures et leur rage leur arrachaient des *sifflements aigus.* On tua, dit-on, près de cent de ces férès ; la mer était teinte de
sang dans ce lieu de carnage. On trouva les individus immolés remplis de
graisse, et leur chair parut rougeâtre comme celle du bœuf.

1. Dauphin férès. Bonnaterre, planches de l'Encyclopédie méthodique.
2. Bonnaterre, planches de l'Encyclopédie méthodique.

LE DAUPHIN DE DUHAMEL

Delphinus Duhameli, Lacép.

Nous consacrons à la mémoire du savant et respectable Duhamel ce cétacé qu'il a fait connaître[1], et dont la description et un dessin lui avaient été envoyés de Vannes par M. Desforges-Maillard. Un individu de cette espèce avait été pris auprès de l'embouchure de la Loire. Il y avait passé les mois de mai, juin et juillet, blessé dans sa nageoire dorsale, se tenant entre deux petites îles, s'y nourrissant facilement de poissons qui y abondent, et y poursuivant les marsouins avec une sorte de fureur. Il avait plus de six mètres de longueur, et son plus grand diamètre transversal n'était que d'un mètre ou environ. Ses dents, au nombre de vingt-quatre à chaque mâchoire, étaient longues et indiquaient la jeunesse de l'animal. L'orifice des évents avait beaucoup de largeur. La distance entre cette ouverture et le bout du museau n'égalait pas le tiers de l'intervalle compris entre l'œil et cette même extrémité. L'œil était ovale et placé presque au-dessus de la pectorale, qui avait un mètre de long et un demi-mètre de large. On voyait la dorsale presque au-dessus de l'anus. La mâchoire inférieure, la gorge et le ventre présentaient une couleur blanche que faisait ressortir le noir des nageoires et de la partie supérieure du cétacé. La peau était très douce au toucher.

LE DAUPHIN DE PÉRON

Delphinus Peronii, Lacép. [2].

Nous donnons à ce dauphin le nom du naturaliste plein de zèle qui l'a observé, et qui, dans le moment où j'écris, brave encore les dangers d'une navigation lointaine, pour accroître le domaine des sciences naturelles. Les cétacés de l'espèce du *dauphin de Péron* ont la forme et les proportions du marsouin. Leur dos est d'un bleu noirâtre, qui contraste d'une manière très agréable avec le blanc éclatant du ventre et des côtés, et avec celui que l'on voit au bout de la queue à l'extrémité du museau et à celle des nageoires.

Ils voguent en troupes dans le grand Océan austral. M. Péron en a rencontré des bandes nombreuses, nageant avec une rapidité extraordinaire, dans les environs du cap sud de la terre de Diémen, et par conséquent vers le quarante-quatrième degré de latitude australe.

1. *Traité des pêches.*
2. Delphinus leucoramphus. Manuscrits envoyés au Muséum d'histoire naturelle par M. Péron, l'un des naturalistes de l'expédition de découvertes commandée par le capitaine Baudin.

LE DAUPHIN DE COMMERSON

Delphinus Commersonii, Lacép. [1].

Les trois grandes parties du monde, l'Amérique, l'Afrique et l'Asie, dont on peut regarder la Nouvelle-Hollande comme une prolongation, se terminent dans l'hémisphère austral par trois promontoires fameux, le cap de Horn, le cap de Bonne-Espérance et celui de Diémen. De ces trois promontoires, les deux plus avancés vers le pôle antarctique sont le cap de Diémen et le cap de Horn. Nous avons vu des troupes nombreuses de dauphins, remarquables par leur vélocité et par l'éclat du blanc et du noir qu'ils présentent, animer les environs du cap de Diémen, où le naturaliste Péron les a observés ; nous allons voir les environs du cap de Horn montrer des bandes considérables d'autres dauphins également dignes de l'attention du voyageur par le blanc resplendissant et le noir luisant de leur parure, ainsi que par la rapidité de leurs mouvements. Ces derniers ont été décrits par le célèbre Commerson, qui les a trouvés auprès de la Terre de Feu et dans le détroit de Magellan, lors du célèbre voyage autour du monde de notre Bougainville. Mais le blanc et le noir sont distribués bien différemment sur les dauphins de Péron et sur ceux de Commerson : sur les premiers, le dos est noir, et l'extrémité du museau, de la queue et des nageoires, offre un très beau blanc ; sur les seconds, le noir ne paraît qu'aux extrémités, et tout le reste reluit comme une surface polie, blanche, et, pour ainsi dire, argentée. C'est pendant l'été de l'hémisphère austral, et un peu avant le solstice, que Commerson a vu ces dauphins argentés, dont les brillantes couleurs ont fait dire à ce grand observateur qu'il fallait distinguer ces cétacés même parmi les plus beaux habitants des mers. Ils jouaient autour du vaisseau de Commerson et se faisaient considérer avec plaisir par leur facilité à l'emporter de vitesse sur ce bâtiment, qu'ils dépassaient avec promptitude, et qu'ils enveloppaient avec célérité au milieu de leurs manœuvres et de leurs évolutions.

Ils étaient moins grands que des marsouins. Si, contre nos conjectures, les dauphins de Commerson et ceux de Péron n'avaient pas de nageoire dorsale, nous n'avons pas besoin de dire qu'il faudrait les placer dans le genre des *delphinaptères*, avec les *bélugas* et les *sénedettes*.

---

1. Le jacobite. — Le marsouin jacobite. — Tursio corpore argenteo, extremitatibus nigricantibus. Commerson, manuscrits adressés à Buffon et remis par Buffon à M. de Lacépède.

LES HYPÉROODONS[1]

L'HYPÉROODON BUTSKOPF

Delphinus Butskopf, Bonn. — *Hyperoodon Butskopf*, Lacép. [2].

Le corps et la queue du butskopf sont très allongés. Leur forme générale est conique ; la base du cône qu'ils forment se trouve vers l'endroit où sont placées les nageoires pectorales. La tête a près d'une fois plus de hauteur que de largeur ; mais sa longueur est égale, ou presque égale à sa hauteur. Au-dessous du front, qui est très convexe, on voit un museau très aplati. On n'a trouvé que deux dents à la mâchoire d'en bas ; ces deux dents sont situées à l'extrémité de cette mâchoire, coniques et pointues ; mais il y a sur le contour de la mâchoire supérieure, et, ce qui est bien remarquable, sur la surface du palais, des dents très petites, inégales, dures et aiguës. Cette distribution de dents sur le palais est le véritable caractère distinctif du genre dont nous nous occupons, et celui qui nous a suggéré le nom que nous avons donné à ce groupe [3]. Nous devons faire d'autant plus d'attention à cette particularité, que plusieurs espèces de poissons ont leur palais hérissé de petites dents, et que par conséquent la disposition des dents du butskopf est un nouveau trait qui lie la grande tribu des cétacés avec les autres habitants de la mer, lesquels, ne respirant que par des branchies, sont forcés de vivre au milieu des eaux. D'un autre côté, non seulement le butskopf est le seul cétacé qui ait le palais garni de dents, mais on ne connaît encore aucun mammifère qui ait des dents attachées à la surface du palais. A la vérité, on a découvert depuis peu, dans la Nouvelle-Hollande, des quadrupèdes revêtus de poils, qu'on a nommés *ornithorhynques* à cause de la ressemblance de leur museau avec un bec aplati, qui vivent dans les marais et qui ont des dents sur le palais ; mais ces quadrupèdes ne sont couverts que de poils aplatis et, pour ainsi dire, épineux ; ils n'ont pas de mamelles ; et, par tous les principaux traits de leur conformation, ils sont bien plus rapprochés des quadrupèdes ovipares que des mammifères.

Au reste, les deux mâchoires du butskopf sont aussi avancées l'une que l'autre.

---

1. On trouvera au commencement de cette histoire le tableau des ordres, des genres et des espèces de cétacés.

2. Grand souffleur à bec d'oie. — Butskopff. — Delphinus orca (Butskopf). Linnée, édition de Gmelin. — Butskopf. Mart. *Spitzb.*, p. 93. — *Id.* Anderson, *Isl.*, p. 252. — *Id.* Crantz, *Groenland.*, p. 151. — Buts-kopper. Eggede, *Groenland.*, p. 56. — Le dauphin Butskopf. Bonnaterre, planches de l'Encyclopédie méthodique. — Botte-head, or slounders-head. Dale, *Harwich*, 4, 11, tab. 14. — Nebbe haul, or beaked whale. Pontoppid. *Norw.*, 1, 123. — Beaked. Pennant. *Zoolog. Britann.*, p. 59, n. 10. — Observations sur la physique, l'histoire naturelle et les arts, mars 1789.

3. *Hyperoon*, en grec, signifie *palais*; et *odos* signifie *dent*.

La langue est rude et comme dentelée dans sa circonférence; elle adhère à la mâchoire inférieure, et sa substance ressemble beaucoup à celle de la langue d'un jeune bœuf.

L'orifice commun des deux évents a la forme d'un croissant; mais les pointes de ce croissant, au lieu d'être tournées vers le bout du museau, comme dans les autres cétacés, sont dirigées vers la queue. L'orifice cependant et les tuyaux qu'il termine sont inclinés de telle sorte que le fluide lancé par cette ouverture est jeté un peu en avant; il a un diamètre assez grand pour que, dans un jeune butskopf qui n'avait encore que quatre mètres ou environ de longueur, le bras d'un enfant ait pu pénétrer par cette ouverture jusqu'aux valvules intérieures des évents. Les parois de la partie des évents inférieure aux valvules sont composées de fibres assez dures et sont recouvertes, ainsi que la face intérieure de ces mêmes soupapes, d'une peau brune, un peu épaisse, mais très douce au toucher.

L'œil est situé vers le milieu de la hauteur de la tête et plus élevé que l'ouverture de la bouche.

Les pectorales sont placées très bas et presque aussi éloignées des yeux que ces derniers organes le sont du bout du museau. Leur longueur égale le douzième de la longueur totale du cétacé; et leur plus grande largeur est un peu supérieure à la moitié de leur longueur.

La dorsale, beaucoup moins éloignée de la nageoire de la queue que de l'extrémité des mâchoires, se recourbe en arrière et ne s'élève qu'au dix-huitième ou environ de la longueur totale du butskopf.

Les deux lobes de la caudale sont échancrés, et la largeur de cette nageoire peut égaler le quart de la longueur de l'animal.

La couleur générale du butskopf est brune ou noirâtre; son ventre présente des teintes blanchâtres, et toute la surface du cétacé montre, dans quelques individus, des taches ou des places d'une nuance différente de la couleur du fond.

La peau qui offre ces teintes est mince et recouvre une graisse jaunâtre, au-dessous de laquelle on trouve une chair très rouge.

Le butskopf parvient à plus de huit mètres de longueur : il a alors cinq mètres de circonférence dans l'endroit le plus gros du corps.

La portion osseuse de la tête peut peser plus de dix myriagrammes. Elle offre, dans sa partie supérieure, deux éminences séparées par une grande dépression. L'extrémité antérieure des os de la mâchoire d'en haut présente une cavité que remplit un cartilage, et le bout du museau est cartilagineux. Ces os, ainsi que ceux de la mâchoire inférieure, sont arqués dans leur longueur et forment une courbe irrégulière, dont la convexité est tournée vers le bas.

La partie inférieure de l'apophyse molaire et les angles inférieurs de *l'os de la pommette* sont arrondis.

Les poumons sont allongés et se terminent en pointe.

Le cœur a deux tiers de mètre et plus de longueur et de largeur.

On n'a trouvé qu'une eau blanchâtre dans les estomacs d'un jeune butskopf, qui cependant était déjà long de quatre mètres[1]. Cet individu était femelle, et ses mamelons n'étaient pas encore sensibles.

Il avait paru en septembre 1788, auprès de Honfleur, avec sa mère. Des pêcheurs les aperçurent de loin ; ils les virent lutter contre la marée et se débattre sur la grève : ils s'en approchèrent. La plus jeune de ces femelles était échouée : la mère cherchait à la remettre à flot ; mais bientôt elle échoua elle-même. On s'empara d'abord de la jeune femelle, on l'entoura de cordes, et, à force de bras, on la traîna sur le rivage jusqu'au-dessus des plus hautes eaux. On revint alors à la mère ; on l'attaqua avec audace ; on la perça de plusieurs coups sur la tête et sur le dos ; on lui fit dans le ventre une large blessure. L'animal furieux *mugit comme un taureau*, agita sa queue d'une manière terrible, éloigna les assaillants. Mais on recommença bientôt le combat ; on parvint à faire passer un câble autour de la queue du cétacé ; on fit entrer la patte d'une ancre dans un de ses évents ; la malheureuse mère fit des efforts si violents qu'elle cassa le câble, s'échappa vers la haute mer, et, lançant par son évent un jet d'eau et de sang à plus de quatre mètres de hauteur, alla mourir à la distance d'un ou de deux myriamètres, où le lendemain on trouva son cadavre flottant.

Pendant que M. Baussard, auquel on a dû la description de ce butskopf, disséquait ce cétacé, une odeur insupportable s'exhalait de la tête ; cette émanation occasionna des inflammations aux narines et à la gorge de M. Baussard : l'âcreté de l'huile que l'on retirait de cette même tête altéra et corroda, pour ainsi dire, la peau de ses mains, et une lueur phosphorique s'échappait de l'intérieur du cadavre, comme elle s'échappe de plusieurs corps marins et très huileux lorsqu'ils commencent à se corrompre.

Le butskopf a été vu dans une grande partie de l'océan Atlantique septentrional et de l'océan Glacial arctique.

1. *Journal de physique*, mars 1789 ; Mémoire de M. Baussard.

NOTE

SUR LES CÉTACÉS DES MERS VOISINES DU JAPON

LUE A L'ACADÉMIE ROYALE DES SCIENCES LE 21 SEPTEMBRE 1818

PAR M. LE COMTE DE LACÉPÈDE

De tous les animaux que la nature a répandus sur la surface du globe, les quadrupèdes vivipares et les autres mammifères ont été les premiers les objets des observations de l'homme et les sujets de ses recherches et de ses soins. Il a repoussé les uns et asservi les autres. Il a multiplié ou recherché ceux qui lui fournissaient une nourriture abondante, ou des substances utiles, ou dans lesquels il trouvait des compagnons et des aides pour ses plaisirs, ses travaux, ses fatigues et ses dangers. Il a été si intéressé à les connaître, et la plupart de ces animaux présentent de si grandes dimensions, qu'il en a bientôt distingué le plus grand nombre ; dans ces temps modernes où les naturalistes sont si exercés à reconnaître les divers traits de la conformation de ces mammifères, tous les efforts des voyageurs les plus courageux et les plus éclairés, toutes les investigations les plus hardies et les plus attentives des Humboldt, toutes les recherches faites par les savants zoologues du nouveau continent n'ont ajouté qu'un petit nombre d'espèces aux catalogues déjà dressés par les amis des sciences naturelles. C'est donc une chose assez curieuse que de rencontrer plusieurs espèces non encore connues des naturalistes, parmi ces mammifères, et particulièrement parmi ceux auxquels on a donné le nom de cétacés, et qui, par la nature et l'éloignement de leurs retraites, se dérobent si souvent aux observations.

Lorsque nous avons essayé d'écrire l'histoire de ces cétacés, nous avons tâché de montrer combien ils méritaient l'attention du naturaliste, du philosophe et de l'homme d'État, par leur grandeur qui surpasse celle de tous les animaux connus, par leur instinct, par leur intelligence, par leurs mœurs que l'influence de l'homme n'a point altérées, par leur conformation qui les oblige à vivre sur la surface des mers, par la longueur de leur vie, par l'étendue de leurs migrations, par l'huile, les fanons, l'adipocire, l'ambre gris et les autres substances précieuses qu'ils fournissent au commerce, et par la nature de leur pêche à laquelle on doit tant de marins accoutumés à braver les écueils, les intempéries, les tempêtes et les dangers d'un combat inégal. Depuis longtemps, dans l'océan Atlantique, les grands cétacés sont relégués vers les mers voisines des cercles polaires, dont d'énormes montagnes de glace rendent l'entrée si difficile aux navigateurs. Les Européens et les habitants de l'Amérique les poursuivent maintenant jusque dans le grand Océan; et c'est dans la partie de ce grand Océan qui avoisine le Japon qu'on pourra trouver les espèces que nous allons décrire, et qui doivent être, depuis plusieurs années, l'objet de la recherche des Japonais.

Avant la publication de mon Histoire naturelle des cétacés, on ne connaissait encore que vingt-cinq espèces de ces animaux, distribuées dans quatre genres. J'en décrivis trente-quatre pour lesquelles je crus devoir distinguer dix genres différents. Les espèces ajoutées à ces trente-quatre, par M. le chevalier Cuvier, M. de Blainville et d'autres habiles naturalistes ou observateurs sont en petit nombre. J'en décris aujourd'hui huit de plus. Deux appartiennent aux baleines proprement dites; quatre au genre des baleinoptères que j'ai établi dans le temps; une au genre des physétères et une à celui des dauphins.

Les dessins coloriés, d'après lesquels j'ai décrit ces huit espèces de cétacés japonais, ont été communiqués au Muséum royal d'histoire naturelle, par M. Abel de Rémusat, membre de l'Académie des inscriptions et belles-lettres. Ils présentent pour les caractères distinctifs une grande netteté et tous ces signes de l'authenticité et de l'exactitude que les zoologistes sont maintenant si accoutumés à reconnaître; et voici les traits particuliers de ces huit espèces.

Le tableau placé à la suite de cette note rappellera les caractères des cétacés et ceux des ordres et des genres auxquels appartiennent ces huit mammifères.

Les deux baleines du Japon sont du premier sous-genre, c'est-à-dire qu'elles n'ont pas de bosses sur le dos.

Dans ces deux cétacés, la longueur de la tête est égale au quart de la longueur totale.

Dans la première, que je nomme *baleine japonaise*, l'évent est placé un peu au-devant des yeux; la nageoire caudale est grande; on voit sur le museau trois bosses garnies de tubérosités et placées longitudinalement; la couleur générale est noire; le ventre est d'un blanc éclatant, et cette grande place blanche est comme festonnée profondément dans son contour; les mâchoires, les bras ou nageoires pectorales et la caudale sont bordés de blanc; des lignes courbes, noires et très fines relèvent le blanc qui est autour des yeux et de la base des pectorales; on distingue des groupes de petites taches blanches sur la mâchoire inférieure, et d'autres petites taches de la même couleur sont répandues sur le museau.

J'ai donné le nom de *lunulée* à la seconde baleine dont l'évent est placé un peu en arrière des yeux et dont les deux mâchoires sont hérissées à l'extérieur de poils ou petits piquants noirs. La couleur générale est verdâtre, et on voit sur la tête, le corps et les nageoires un grand nombre de petits croissants blancs.

Les balcinoptères diffèrent des baleines proprement dites en ce qu'elles ont une nageoire sur le dos.

J'ai donné aux quatre que je vais décrire rapidement les noms de *mouchetée*, de *noire*, de *bleuâtre* et de *tachetée*.

Elles présentent des plis ou sillons longitudinaux sur la gorge ou sous le ventre, comme toutes celles qui appartiennent au second sous-genre; et, dans ces quatre cétacés, la longueur de la tête est presque égale au quart de la longueur totale.

Dans la mouchetée, la nageoire dorsale est petite et située à une distance égale des pectorales et de la caudale; cinq ou six bosses sont placées longitudinalement sur le museau; la tête, le corps et les pectorales sont mouchetés de blanc sur un fond noir; et les lèvres, les sillons longitudinaux et le tour des yeux sont blancs.

Dans la balcinoptère noire, la mâchoire supérieure est étroite et le contour de cette mâchoire se relève au-devant de l'œil, presque verticalement; on voit sur le museau ou sur le front quatre bosses placées longitudinalement; la couleur générale est noire; les nageoires et la mâchoire sont bordées de blanc.

La bleuâtre a la mâchoire supérieure conformée comme la noire; sa dorsale est petite et plus rapprochée de la caudale que l'anus; on voit plus de douze plis ou sillons inclinés de chaque côté de la mâchoire inférieure et la couleur générale est d'un gris bleuâtre.

La tachetée a la mâchoire inférieure plus avancée que la supérieure; les orifices des évents sont un peu en arrière des yeux qui sont près de la commissure; la dorsale est à une distance presque égale des bras et de la nageoire de la queue; la couleur noirâtre règne sur la partie supérieure de l'animal; le dessous de la tête et du corps est blanchâtre; quelques taches très blanches, presque rondes et inégales, sont placées irrégulièrement sur les côtés de ce cétacé.

Il nous reste à décrire un physétère et un dauphin.

Les physétères diffèrent des baleines et des balcinoptères par les dents qui garnissent leurs mâchoires, et leur nageoire dorsale les distingue des cachalots et des physales qui n'ont pas de nageoire sur le dos.

Le physétère du Japon, auquel nous donnons le nom de *sillonné*, a de chaque côté de la mâchoire inférieure six plis ou sillons inclinés; la longueur de la tête égale le tiers de sa longueur totale; l'évent est placé au-dessus de l'extrémité de l'ouverture de la bouche; la nageoire dorsale conique est recourbée en arrière, s'élève au-dessus des pectorales qu'elle égale presque en longueur; des dents pointues et droites garnissent l'extrémité de la mâchoire inférieure; la couleur générale est noire. Les mâchoires et les nageoires sont bordées de blanc.

Le dauphin que nous désignons sous le nom de *noir* a le museau très aplati et très allongé, plus de douze dents de chaque côté des deux mâchoires; la dorsale, très petite, est plus voisine de la nageoire de la queue que des pectorales; la couleur générale noire et les commissures, ainsi que le bord des pectorales et d'une partie de la caudale, sont d'un blanc plus ou moins éclatant.

SUPPLÉMENT
AU TABLEAU DES CÉTACÉS

CÉTACÉS

Le sang rouge et chaud; deux ventricules et deux oreillettes au cœur; des vertèbres; des mamelles; des évents; point d'extrémités postérieures.

PREMIER ORDRE
POINT DE DENTS

PREMIER GENRE
LES BALEINES. (Balænæ.)

La mâchoire supérieure garnie de fanons ou lames de corne; les orifices des évents séparés et placés vers le milieu de la partie supérieure de la tête; point de nageoire dorsale.

PREMIER SOUS-GENRE
POINT DE BOSSE SUR LE DOS
(Après la baleine nordcaper.)

ESPÈCES.	CARACTÈRES.
1. LA BALEINE JAPONAISE. (Balæna japonica.)	Trois bosses garnies de tubérosités et placées longitudinalement sur le museau.
2. LA BALEINE LUNULÉE. (Balæna lunulata.)	Les deux mâchoires hérissées à l'extérieur de poils ou petits piquants noirs; un grand nombre de taches blanches et en forme de croissant sur la tête, le corps et les nageoires.

SECOND GENRE
LES BALEINOPTÈRES. (Balænopteræ.)

La mâchoire supérieure garnie de fanons ou lames de corne; les orifices des évents séparés et placés vers le milieu de la partie supérieure de la tête; une nageoire dorsale.

SECOND SOUS-GENRE
DES PLIS LONGITUDINAUX SOUS LA GORGE ET SOUS LE VENTRE
(Après la baleinoptère jubarte.)

ESPÈCES.	CARACTÈRES.
1. LA BALEINOPTÈRE MOUCHETÉE. (Balænoptera punctulata.)	Cinq ou six bosses placées longitudinalement sur le museau; la dorsale petite; la tête, le corps et les pectorales noirs et mouchetés de blanc.

ESPÈCES.	CARACTÈRES.
2. LA BALEINOPTÈRE NOIRE. (*Balœnoptera nigra.*)	Quatre bosses placées longitudinalement sur le museau ou le front; la mâchoire supérieure étroite, son contour se relevant au-devant de l'œil, presque verticalement; la couleur générale noire; les nageoires et les mâchoires bordées de blanc.
3. LA BALEINOPTÈRE BLEUATRE. (*Balœnoptera cærulescens.*)	La mâchoire supérieure étroite, son contour se relevant au-devant de l'œil, presque verticalement; plus de douze sillons, inclinés de chaque côté de la mâchoire inférieure; la dorsale petite et plus rapprochée de la caudale que l'anus; la couleur générale d'un gris bleuâtre.
4. LA BALEINOPTÈRE TACHETÉE. (*Balœnoptera maculata.*)	La mâchoire inférieure plus avancée que la supérieure; l'extrémité des mâchoires arrondie; les évents un peu en arrière des yeux qui sont près de la commissure; la dorsale à une distance presque égale des pectorales et de la nageoire de la queue; la couleur générale noirâtre; quelques taches très blanches, presque rondes, inégales et placées irrégulièrement sur les côtés de l'animal.

SECOND ORDRE
DES DENTS

SEPTIÈME GENRE
LES PHYSÉTÈRES. (Physeteri.)

La longueur de la tête égale à la moitié ou au tiers de la longueur totale; la mâchoire supérieure large, élevée, sans dents ou garnie de dents petites et cachées par la gencive; la mâchoire inférieure étroite et armée de dents grosses et coniques; les orifices des évents réunis et situés au bout ou auprès du bout de la partie supérieure du museau; une nageoire dorsale.

ESPÈCE.	CARACTÈRES.
LE PHYSÉTÈRE SILLONNÉ. (*Physeterus sulcatus.*)	La dorsale conique recourbée en arrière et placée au-dessus des pectorales qu'elle égale presque en longueur; les dents pointues et droites à la mâchoire inférieure; des sillons inclinés de chaque côté de cette mâchoire.

NEUVIÈME GENRE
LES DAUPHINS. (Delphini.)

Les deux mâchoires garnies d'une rangée de dents très fortes; les orifices des deux évents réunis et situés très près du sommet de la tête; une nageoire dorsale.

ESPÈCE.	CARACTÈRES.
LE DAUPHIN NOIR. (*Delphinus niger.*)	Le museau très aplati et très allongé; plus de douze dents de chaque côté des deux mâchoires; la dorsale très petite et plus rapprochée de la caudale que des pectorales; la couleur générale noire; les commissures blanches, ainsi que le bord des pectorales et celui d'une partie de la nageoire de la queue.

1.   81

DISCOURS

SUR LA DURÉE DES ESPÈCES

1800

La nature comprend l'espace, le temps et la matière.

L'espace et le temps sont deux immensités sans bornes, deux infinis que l'imagination la plus élevée ne peut entrevoir, parce qu'ils ne lui présentent ni commencement ni fin. La matière les soumet à l'empire de l'intelligence. Elle a une forme; elle circonscrit donc l'espace. Elle se meut; elle limite donc le temps. La pensée mesure l'étendue: l'attention compte les intervalles de la durée et la science commence.

Mais si la matière en mouvement nous apprend à connaître le temps, que la durée nous dévoile la suite des mouvements de la matière; qu'elle nous révèle ses changements; qu'elle nous montre surtout les modifications successives de la matière organisée, vivante, animée et sensible; qu'elle en éclaire les admirables métamorphoses; que le passé nous serve à compléter l'idée du présent.

Tel était le noble objet de la méditation des sages, dans ces contrées fameuses dont le nom seul réveille tant de brillants souvenirs, dans cette Grèce poétique, l'heureuse patrie de l'imagination, du talent et du génie.

Lorsque l'automne n'exerçait plus qu'une douce influence, que des zéphirs légers balançaient seuls une atmosphère qui n'était plus embrasée par les feux dévorants du midi, et que les fleurs tardives n'embellissaient que pour peu de temps la verdure, qui bientôt devait aussi cesser de revêtir la terre, ils allaient, sur le sommet d'un promontoire écarté, jouir du calme de la solitude, du charme de la contemplation, et de l'heureuse et cependant mélancolique puissance d'une saison encore belle, près de la fin de son règne enchanteur.

Le soleil était déjà descendu dans l'onde, ses rayons ne doraient plus que le sommet des montagnes; le jour allait finir; les vagues de la mer, mollement agitées, venaient expirer doucement sur la rive; les dépouilles des forêts, paisiblement entraînées par un souffle presque insensible, tombaient silencieusement sur le sable du rivage; au milieu d'une rêverie touchante et religieuse, l'image d'un grand homme que l'on avait perdu, le souvenir d'un ami que l'on avait chéri, vivifiaient le sentiment, animaient la pensée, échauffaient l'imagination; et la raison elle-même, cédant à ces inspirations célestes, se plongeait dans le passé et remontait vers l'origine des êtres.

Quelles lumières ils puisaient dans ces considérations sublimes!

Quelles hautes conceptions peut nous donner une vue même rapide des grands objets qui enchaînaient leurs réflexions et charmaient leurs esprits!

A leur exemple, étendons nos regards sur le temps qui s'avance, aussi bien que sur le temps qui fuit. Sachons voir ce qui sera dans ce qui a été; et, par une pensée hardie, créons, pour ainsi dire, l'avenir, en portant le passé au delà du point où nous sommes.

Dans cette admirable et immense suite d'événements, quelle considération générale nous frappe la première?

Les êtres commencent, s'accroissent, décroissent et finissent. L'augmentation et la diminution de leur masse, de leurs formes, de leurs qualités, composent seules leur durée particulière. Elles se succèdent sans intervalle. Autant la nature est constante dans ses lois, autant elle est variable dans les effets qui en découlent. L'instabilité est de l'essence de la durée particulière des êtres, et le néant en est le terme comme il en a été le principe.

Le néant! C'est donc à cet abîme qu'aboutissent et ce que nos sens nous découvrent dans le présent, et ce que la mémoire nous montre dans le passé et ce que la pensée nous indique dans l'avenir. Tout s'efface, tout s'évanouit. Et ces dons si recherchés, la santé, la beauté, la force; et ces produits de l'industrie humaine, dont se composent les richesses, la supériorité, la puissance; et ces chefs-d'œuvre de l'art, que l'admiration reconnaissante a pour ainsi dire divinisés; et ces monuments superbes que le génie a voulu élever contre les efforts des siècles sur l'Asie, l'Afrique et l'Europe étonnées; et ces pyramides que nous nommons antiques, parce que nous ignorons combien de millions de générations ont disparu depuis que leur hauteur rivalise avec celle des montagnes; et ces résultats du besoin ou de la prévoyance du philosophe, les lois qui constituent les peuples, les institutions qui les protègent, les usages qui les régissent, les mœurs qui les défendent, la langue qui les distingue; et les nations elles-mêmes se répandant au-dessus des vastes ruines des empires écroulés les uns sur les autres; et les ouvrages en apparence si durables de la nature, les forêts touffues, les andes sourcilleuses, les fleuves rapides, les îles nombreuses, les continents, les mers, bien plus près de cesser d'être que la gloire du grand homme qui les illustre; et cette gloire elle-même; et le théâtre de toute renommée, le globe que nous habitons; et les sphères qui se meuvent dans les espaces célestes; et les soleils qui resplendissent dans l'immensité; tout passe, tout disparaît, tout cesse d'exister.

Mais tout s'efface par des nuances variées comme les différents êtres; tout tombe dans le gouffre de la non-existence, mais par des degrés très

inégaux, et les divers êtres ne s'y engloutissent qu'après des durées inégales.

Ce sont ces durées particulières, si diversifiées et par leur étendue et
par leur graduation, que l'on doit chercher à connaître.

Qu'il est important d'essayer d'en déterminer les époques!

Consacrons donc maintenant nos efforts à nous former quelque idée de
celle des espèces qui vivent sur le globe.

Quelle lumière plus propre à nous montrer leurs véritables traits, que
celle que nous pourrions faire briller en traçant leurs annales!

Mais pour que nos tentatives puissent engager les amis de la science à
conquérir cette belle partie de l'empire de la nature, non seulement n'étendons d'abord nos recherches que vers la durée des espèces qui ont reçu le
sentiment avec la vie, mais ne considérons en quelque sorte aujourd'hui
que celle des espèces d'animaux pour lesquelles nous sommes aidés par le
plus grand nombre de monuments déposés par le temps dans les premières
couches de la terre, et faciles à découvrir, à décrire et à comparer.

Que l'objet principal de notre examen soit donc, dans ce moment, la
durée de quelques-unes des espèces dont nous avons entrepris d'écrire l'histoire; en rapprochant les uns des autres les résultats de nos efforts particuliers, en découvrant les ressemblances de ces résultats, en tenant compte de
leurs différences, en réunissant les produits de ces diverses comparaisons,
en soumettant ces produits généraux à de nouveaux rapprochements et en
parcourant ainsi successivement différents ordres d'idées, nous tâcherons de
parvenir à quelques points de vue élevés d'où nous pourrons indiquer, avec
un peu de précision, les différentes routes qui conduisent aux divers côtés
du grand objet dont nous allons essayer de contempler une des faces.

Le temps nous échappe plus facilement encore que l'espace. L'optique
nous a soumis l'univers : nous ne pouvons saisir le temps qu'en réunissant
par la pensée les traces de ses produits et de ses ravages, en découvrant
l'ordre dans lequel ils se sont succédé, en comptant les mouvements semblables par lesquels ou pendant lesquels ils ont été opérés.

Mais pour employer avec plus d'avantage ce moyen de le conquérir,
méditons un instant sur les deux grandes idées dont se compose notre sujet,
durée des espèces; tâchons de ne pas laisser de voile au-devant de ces deux
objets de notre réflexion; déterminons avec précision notre pensée, et
d'abord distinguons avec soin la *durée de l'espèce* d'avec celle des individus
que l'espèce renferme.

C'est un beau point de vue que celui d'où l'on comparerait la rapidité
des dégradations d'une espèce qui s'avance vers la fin de son existence, avec
la brièveté des instants qui séparent la naissance des individus du terme
de leur vie. Nous le recommandons, ce nouveau point de vue, à l'attention
des naturalistes. En effet, ni les raisonnements d'une théorie éclairée ni
les conséquences de l'examen des monuments ne laissent encore entrevoir

aucun rapport nécessaire entre la longueur de la vie des individus et la permanence de l'espèce. Les générations des individus paraissent pouvoir être moissonnées avec plus ou moins de vitesse, sans que l'espèce ait reçu plus ou moins de force pour résister aux causes qui l'altèrent, aux puissances qui l'entraînent vers le dernier moment de sa durée. Un individu cesse de vivre quand ses organes perdent leurs formes, leurs qualités ou leurs liaisons ; une espèce cesse d'exister, lorsque l'effet de ses modifications successives fait évanouir ses attributs distinctifs; mais les formes et les propriétés dont l'ensemble constitue la vie d'un individu peuvent être détruites ou séparées dans cet être considéré comme isolé sans que les causes qui les désunissent ou les anéantissent agissent sur les autres individus, qui dès lors prolongent l'espèce jusqu'au moment où ils sont frappés à leur jour. D'ailleurs, ces mêmes causes peuvent diminuer l'intensité de ces qualités et altérer les effets de ces formes, sans les modifier dans ce qui compose l'essence de l'espèce ; et ces modifications qui dénaturent l'espèce peuvent aussi se succéder sans que les organes cessent de jouer avec assez de liberté et de force pour conserver le feu de la vie des individus.

Quels sont donc les caractères distinctifs des espèces, ou, pour mieux dire, *qu'est-ce qu'une espèce ?*

Tous ceux qui cultivent la science de la nature emploient à chaque instant ce mot *espèce*, comme une expression très précise. Ils disent que tel animal appartient à telle espèce, ou qu'il en est une variété passagère ou constante, ou qu'il ne peut pas en faire partie ; cependant combien peu de naturalistes ont une notion distincte du sens qu'ils attachent à ce mot, même lorsqu'ils ont donné des règles pour parvenir à l'appliquer! Quelques auteurs l'ont défini ; mais si on déterminait les limites des espèces d'après leurs principes, combien ne réunirait-on pas d'êtres plus différents les uns des autres que ceux que l'on tiendrait séparés !

Que la lumière du métaphysicien conduise donc ici l'ami de la nature.

Les individus composent l'espèce ; les espèces, le genre ; les genres, l'ordre ; les ordres, la classe ; les classes, le règne ; les règnes, la nature.

Nous aurons fait un grand pas vers la détermination de ce mot *espèce*, si nous indiquons les différences qui se trouvent entre les rapports des individus avec l'espèce, et ceux des espèces avec le genre.

Tous les individus d'une espèce peuvent se ressembler dans toutes leurs parties, et de manière qu'on ne puisse les distinguer les uns des autres qu'en les voyant à la fois ; les espèces d'un genre doivent différer les unes des autres par un trait assez marqué pour que chacune de ces espèces, considérée même séparément, ne puisse être confondue avec une des autres dans aucune circonstance.

L'idée de l'individu amène nécessairement l'idée de l'espèce : on ne peut pas concevoir l'un sans l'autre. Une espèce existerait donc, quoiqu'elle ne présentât qu'un seul individu, et quand bien même on la supposerait seule.

On ne peut imaginer un genre avec une seule espèce, qu'autant qu'on le fait contraster avec un autre genre.

On doit donc rapporter à la même espèce deux individus qui se ressemblent en tout. Mais lorsque deux individus présentent des différences qui les distinguent, d'après quel principe faudra-t-il se diriger pour les comprendre ou ne pas les renfermer dans la même espèce? De quelle nature doivent être ces dissemblances offertes par deux êtres organisés, du même âge et du même sexe, pour qu'on les considère comme de deux espèces différentes? Quel doit être le nombre de ces différences? Quelle doit être la constance de ces signes distinctifs, ou, pour mieux dire, quelles doivent être la combinaison ou la compensation de la nature, du nombre et de la permanence de ces marques caractéristiques? En un mot, de quelle manière en doit-on tracer l'échelle. Et lorsque cette mesure générale aura été graduée, par combien de degrés faudra-t-il que deux êtres soient séparés, pour n'être pas regardés comme de la même espèce?

Il y a longtemps que nous avons tâché de faire sentir la nécessité de la solution de ces problèmes. Plusieurs habiles naturalistes partagent maintenant notre opinion à ce sujet. Nous pouvons donc concevoir l'espérance de voir réaliser le grand travail que nous désirons à cet égard.

Les principes généraux, fondés sur l'observation, dirigeront la composition et la graduation de l'échelle que nous proposons, et dont il faudra peut-être autant de modifications qu'il y a de grandes classes d'êtres organisés. Mais, nous sommes obligés de l'avouer, la détermination du nombre de degrés qui constituera la diversité d'espèce ne pourra être constante et régulière qu'autant qu'elle sera l'effet d'une sorte de convention entre ceux qui cultivent la science. Et pourquoi ne pas proclamer une vérité importante? Il en est de l'espèce comme du genre, de l'ordre et de la classe ; elle n'est au fond qu'une abstraction de l'esprit, qu'une idée collective, nécessaire pour concevoir, pour comparer, pour connaître, pour instruire. La nature n'a créé que des êtres qui se ressemblent, et des êtres qui diffèrent. Si nous ne voulions inscrire dans une espèce que les individus qui se ressemblent en tout, nous pourrions dire que l'espèce existe véritablement dans la nature et par la nature. Mais les produits de la même portée ou de la même ponte sont évidemment de la même espèce ; et cependant combien de différences au moins superficielles ne présentent-ils pas très fréquemment! Dès l'instant que nous sommes obligés d'appliquer ce mot *espèce* à des individus qui ne se ressemblent pas dans toutes leurs parties, nous ne nous arrêtons à un nombre de dissemblances plutôt qu'à un autre, que par une vue de l'esprit fondée sur des probabilités plus ou moins grandes ; nous sommes dirigés par des observations comparées plus ou moins convenablement ; mais nous ne trouvons dans la nature aucune base de notre choix, solide, immuable, indépendante de toute volonté arbitraire.

En attendant que les naturalistes aient établi sur la détermination de l'espèce la convention la plus raisonnable, nous suivrons cette sorte de définition vague, ce résultat tacite d'une longue habitude d'observer, ce tact particulier, fruit de nombreuses expériences, qui a guidé jusqu'ici les naturalistes les plus recommandables par la variété de leurs connaissances et la rectitude de leur esprit. Et afin que cet emploi forcé d'une méthode, imparfaite à quelques égards, ne puisse jeter aucune défaveur sur les conséquences que nous allons présenter, nous restreindrons toujours dans des limites si étroites l'étendue de l'espèce, qu'aucune manière plus parfaite de la considérer ne pourra à l'avenir nous obliger à rapprocher davantage ces bornes, ni par conséquent à nous faire regarder comme appartenant à deux espèces distinctes, deux individus que nous aurons considérés comme faisant partie de la même.

Une espèce peut s'éteindre de deux manières.

Elle peut périr tout entière, et dans un temps très court, lorsqu'une catastrophe violente bouleverse la portion de la surface du globe sur laquelle elle vivait, et que l'étendue ainsi que la rapidité du mouvement qui soulève, renverse, transporte, brise et écrase, ne permettent à aucun individu d'échapper à la destruction. Ces phénomènes funestes sont des événements que l'on peut considérer, relativement à la durée ordinaire des individus et même des espèces, comme extraordinaires dans leurs effets et irréguliers dans leurs époques. Nous ne devons donc pas nous servir de la comparaison de leurs résultats pour tâcher de parcourir la route que nous nous sommes tracée.

Mais, indépendamment de ces grands coups que la nature frappe rarement et avec éclat, une espèce disparaît par une longue suite de nuances insensibles et d'altérations successives. Trois causes principales peuvent l'entraîner ainsi de dégradation en dégradation.

Premièrement, les organes qu'elle présente peuvent perdre de leur figure, de leur volume, de leur souplesse, de leur élasticité, de leur irritabilité, au point de ne pouvoir plus produire, transmettre ou faciliter les mouvements nécessaires à l'existence.

Secondement, l'activité de ces mêmes organes peut s'accroître à un si haut degré, que tous les ressorts tendus avec trop de force, ou mis en jeu avec trop de rapidité, et ne pouvant pas résister à une action trop vive ni à des efforts trop fréquents, soient dérangés, déformés et brisés.

Troisièmement, l'espèce peut subir un si grand nombre de modifications dans ses formes et dans ses qualités, que, sans rien perdre de son aptitude au mouvement vital, elle se trouve, par sa dernière conformation et par ses dernières propriétés, plus éloignée de son premier état que d'une espèce étrangère : elle est alors métamorphosée en une espèce nouvelle. Les éléments dont elle est composée dans sa seconde manière d'être sont de même nature qu'auparavant ; mais leur combinaison a changé : c'est véritablement une seconde espèce qui succède à l'ancienne ; une nouvelle époque commence: la première durée a cessé pour être remplacée par une autre ; et il faut compter les instants d'une seconde existence.

Maintenant si nous voulons savoir dans quel ordre s'opèrent ces diminutions, ces accroissements, ces changements de la conformation de l'espèce de ses propriétés, de ses attributs; si nous voulons chercher quelle est la série naturelle de ces altérations et reconnaître la succession dans laquelle ces dégradations paraissent le plus liées les unes aux autres, nous trouverons que l'espèce descend vers la fin de sa durée par une échelle composée de douze degrés principaux.

Nous verrons au premier de ces degrés les modifications qu'éprouvent les téguments dans leur contexture et dans les ramifications des vaisseaux qui les arrosent, au point d'influer sur la faculté de réfléchir ou d'absorber la lumière, et de changer par conséquent le ton ou la disposition des couleurs.

Ces modifications peuvent être plus grandes, et alors les téguments variant, non seulement dans les nuances dont ils sont peints, mais encore dans leur nature, offrent le second degré de la dégénération de l'espèce.

Le changement de la grandeur et celui des proportions offertes par les dimensions constituent le troisième et le quatrième degré de l'échelle.

Au cinquième degré nous plaçons les altérations des formes extérieures; au sixième celle des organes intérieurs; et nous trouvons au septième l'affaiblissement ou l'exaltation de la sensibilité dans les êtres qui en sont doués. Nous y découvrons par conséquent toutes les nuances de perfection ou d'hébétation que peuvent montrer le tact et le goût, ces deux sens nécessaires à tout être animé ; et nous y voyons de plus toutes les variétés qui résultent de la présence ou de l'absence de l'odorat, de la vue et de l'ouïe, et de toutes les diversités d'intensité que peuvent offrir ces trois sens moins essentiels à l'existence de l'animal.

Les qualités qui proviennent de ces grandeurs, de ces dimensions, de ces formes, de ces combinaisons de sens plus ou moins actifs et plus ou moins nombreux, appartiennent au huitième degré; la force et la puissance que ces qualités font naître constituent, par leurs variations, le neuvième degré de l'échelle des altérations que nous voulons étudier ; et lorsque l'espèce parcourt, pour ainsi dire, le dixième, le onzième et le douzième degré de sa durée, elle offre des modifications successives d'abord dans ses habitudes, ensuite dans les mœurs, qui se composent de l'influence des habitudes les unes sur les autres, et enfin dans l'étendue et la nature de son séjour sur le globe.

Lorsque les causes qui produisent cette série naturelle de pas faits par l'espèce vers sa disparition agissent dans un ordre différent de celui qu'elles observent ordinairement, elles dérangent la succession que nous venons d'exposer ; les changements subis par l'espèce sont les mêmes; mais les époques où ils se manifestent ne sont plus coordonnées de la même manière.

La dépendance mutuelle de ces époques est encore plus troublée, lorsque l'art se joint à la nature pour altérer une espèce et en abréger la durée.

L'art, en effet, dont un des caractères distinctifs est d'avoir un but limité, pendant que la nature a toujours des points de vue immenses, franchit tout intervalle inutile au succès particulier qu'il désire, et auquel il sacrifie tout autre avantage. Il est, pour ainsi dire, de l'essence de l'art de tyranniser par des efforts violents les êtres que la nature régit par des forces insensibles, et l'on s'en convaincra d'autant plus qu'on réfléchira avec quelque constance sur les différences que nous allons faire remarquer entre la manière dont la nature fait succéder une espèce à une autre, et les moyens que l'art emploie pour altérer celle sur laquelle il agit; ce qu'il appelle la perfectionner, et ce qui ne consiste cependant qu'à la rendre plus propre à satisfaire ses besoins.

Lorsque la nature crée, dans les espèces, des rouages trop compliqués qui s'arrêtent, ou trop simples qui se dérangent; des ressorts trop faibles qui se débandent, ou trop tendus qui se rompent; des organes extérieurs trop disproportionnés par leur nombre, leur division ou leur étendue, aux fonctions qu'ils doivent remplir; des muscles trop inertes ou trop irritables; des nerfs trop peu sensibles ou trop faciles à émouvoir; des sens soustraits par leur place et par leurs dimensions à une assez grande quantité d'impressions, ou trop exposés par leur épanouissement à des ébranlements violents et fréquemment répétés; et, enfin, des mouvements trop lents ou trop rapides; elle agit par des forces faiblement graduées, par des opérations très prolongées, par des changements insensibles.

L'art, au contraire, lorsqu'il parvient à faire naître des altérations analogues, les produit avec rapidité et par une suite d'actions très distinctes et peu nombreuses.

La nature étend son pouvoir sur tous les individus; elle les modifie en même temps et de la même manière; elle change véritablement l'espèce.

L'art, ne pouvant soumettre à ses procédés qu'une partie de ces individus, donne le jour à une espèce nouvelle, sans détruire l'ancienne: il n'altère pas, à proprement parler, l'espèce; il la double.

Il ne dispose pas, comme la nature, de l'influence du climat. Il ne détermine ni les éléments du fluide dans lequel l'espèce est destinée à vivre, ni sa densité[1], ni sa profondeur[2], ni la chaleur dont les rayons solaires ou les émanations terrestres peuvent le pénétrer, ni son humidité ou sa sécheresse; en un mot, aucune des qualités qui, augmentant ou diminuant l'ana-

1. Tout est égal d'ailleurs, un fluide reçoit et perd la chaleur avec d'autant plus de facilité que sa densité est moindre.

2. Le savant et habile physicien baron de Humboldt a trouvé que l'eau de la mer a, sur tous les bas-fonds, une température plus froide de deux, trois ou quatre degrés qu'au-dessus des profondeurs voisines. Cette observation est consignée dans une lettre adressée par ce célèbre voyageur, de Caracas en Amérique, à mon confrère Lalande, et que cet astronome a bien voulu me communiquer.

logie de ce fluide avec les organes de la respiration, le rendent plus ou moins propre à donner aux sucs nourriciers le mouvement vivifiant et réparateur[1].

Lorsque la nature fixe le séjour d'une espèce auprès d'un aliment particulier, la quantité que les individus en consomment n'est déterminée que par les besoins qu'ils éprouvent.

L'art, en altérant les individus par la nourriture, contraint leur appétit, les soumet à des privations, ou les force à s'assimiler une trop grande quantité de substances alimentaires. La nature ne commande que la qualité de ces mêmes aliments; l'art en ordonne jusqu'à la masse.

Ce n'est qu'à des époques incertaines et éloignées, et par l'effet de circonstances que le hasard seul paraît réunir, que la nature rapproche des êtres qui, remarquables par un commencement d'altération dans leur couleur, dans leurs formes ou dans leurs qualités, se perpétuent par des générations, dans la suite desquelles ces traits particuliers, que de nouveaux hasards maintiennent, fortifient et accroissent, peuvent constituer une espèce nouvelle.

La réunion des individus dans lesquels on aperçoit les premiers linéaments de la nouvelle espèce que l'on désire de voir paraître, leur reproduction forcée, et le rapprochement des produits de leur mélange, qui offrent le plus nettement les caractères de cette même espèce, sont au contraire un moyen puissant, prompt et assuré, que l'art emploie fréquemment pour altérer les espèces et, par conséquent, pour en diminuer la durée.

La nature change ou détruit les espèces en multipliant au delà des premières proportions d'autres espèces prépondérantes, en propageant, par exemple, l'espèce humaine, qui donne la mort aux êtres qu'elle redoute et ne peut asservir et relègue, du moins dans le fond des déserts, dans les profondeurs des forêts ou dans les abîmes des mers les animaux dangereux qu'elle ne peut ni enchaîner ni immoler.

L'art seconde sans doute cet acte terrible de la nature, en armant la main de l'homme de traits plus meurtriers ou de rets plus inévitables; mais, d'ailleurs, il attire au lieu de repousser; il séduit, au lieu d'effrayer; il trompe, au lieu de combattre; il hâte par la ruse les effets d'une force qui

---

1. Nous avons montré, dans un de nos discours et dans plusieurs articles particuliers de l'Histoire des poissons, comment un fluide très chaud, très sec, ou composé de tel ou tel principe, pouvait donner la mort aux animaux forcés de le respirer par un organe peu approprié, et par conséquent comment, lorsque l'action de ce fluide n'était pas encore aussi funeste, elle pouvait cependant altérer les facultés, diminuer les forces, vicier les formes des individus, modifier l'espèce, en changer les caractères, en abréger la durée. Au reste, nous sommes bien aises de faire remarquer que l'opinion que nous avons émise en appliquant ces principes à la mort des poissons retenus hors de l'eau est conforme aux idées de physique adoptées dans la Grèce et dans l'Asie Mineure dès le temps d'Homère, et recueillies dans l'un des deux immortels ouvrages de ce beau génie. Ce père de la poésie européenne compare en effet, dans le vingt-deuxième livre de son *Odyssée*, les poursuivants de Pénélope, défaits par Ulysse, à des poissons entassés sur un sable aride, regrettant les ondes qu'ils viennent de quitter, et palpitant par l'effet de la *chaleur* et de la *sécheresse* de l'*air*, qui bientôt leur ôtent la vie.

n'acquerrait toute sa supériorité que par une longue suite de générations, trop lentes à son gré ; il s'adresse aux besoins des espèces sur lesquelles il veut régner ; il achète leur indépendance en satisfaisant leurs appétits ; il affecte leur sensibilité ; il en fait des voisins constants, ou des cohabitants assidus, ou des serviteurs affectionnés ou volontaires, ou des esclaves contraints et retenus par des fers ; et, dans tous les degrés de son empire, il modifie avec promptitude les formes par l'aliment et les qualités par l'imitation, par l'attachement ou par la crainte.

Mais, pour mieux juger de tous les objets que nous venons d'exposer, pour mieux déterminer les changements dans les qualités qui entraînent des modifications dans les habitudes, pour mieux reconnaître les variétés successives que peuvent présenter les formes, pour mieux voir la dépendance mutuelle des formes, des qualités et des mœurs, il faut considérer avec soin la nature de l'influence des diverses conformations.

Premièrement, il faut rechercher si la nouvelle conformation que l'on reconnaît peut accroître ou diminuer d'une manière un peu remarquable les facultés de l'animal ; si elle peut modifier sensiblement ses instruments, ses armes, sa vitesse, ses vaisseaux, ses sucs digestifs, ses aliments, sa respiration, sa sensibilité, etc. Par exemple, un de nos plus habiles anatomistes modernes, mon confrère Cuvier, a démontré qu'il existait entre les éléphants d'Asie, ceux d'Afrique et ceux dont les ossements fossiles ont été entassés en tant d'endroits de l'Asie ou de l'Europe boréale, des différences de conformation assez grandes pour qu'ils doivent être considérés comme appartenant à trois espèces distinctes ; et cependant des naturalistes ne pourraient pas se servir de cette belle observation pour contester à des géologues la ressemblance des habitudes et des besoins de l'éléphant d'Asie avec ceux que devait offrir l'éléphant de Sibérie, puisque ce même éléphant d'Asie et l'éléphant d'Afrique présentent les mêmes facultés et les mêmes mœurs, quoique leurs formes soient pour le moins aussi dissemblables que celles des éléphants asiatiques et des éléphants sibériens.

Secondement, une forme particulière qui donne à un être une faculté nouvelle doit être soigneusement distinguée d'une forme qui retrancherait au contraire une ancienne faculté. La première peut n'interrompre aucune habitude ; la seconde altère nécessairement la manière de vivre de l'animal. On sera convaincu de cette vérité, si l'on réfléchit que, par exemple, la conformation qui douerait une espèce du pouvoir de nager ne la confinerait pas au milieu des eaux, tandis que celle qui la priverait de cette faculté lui interdirait un grand nombre de ses actes antérieurs. Ajoutons à cette considération importante que la même conformation qui accroît une qualité essentielle dans certaines circonstances peut l'affaiblir dans d'autres ; et pour préférer de citer les faits les plus analogues à l'objet général de cet ouvrage, ne verrait-on pas aisément que les espèces aquatiques peuvent recevoir d'une tête allongée, d'un museau pointu, d'un appendice antérieur très délié, en un mot, d'un avant de très peu de résistance, une natation plus rapide, lorsque l'animal ne s'en sert qu'au milieu de lacs paisibles, de fleuves peu impétueux, de mers peu agitées; mais que cette même conformation, en surchargeant leur partie antérieure, en gênant leurs mouvements, en éloignant du centre de leurs forces le bout du levier qui doit contre-balancer l'action des flots, peut diminuer beaucoup la célérité de leur poursuite, ainsi que la promptitude de leurs évolutions, au milieu de l'Océan bouleversé par la tempête?

Tâchons maintenant d'éclaircir ce que nous venons de dire, en particularisant nos idées, en appliquant quelques-uns des principes que nous avons posés, en réalisant quelques-unes des vues que nous avons proposées.

L'espèce humaine, ce grand et premier objet des recherches les plus importantes, ne doit cependant pas être dans ce moment celui de notre examen particulier.

L'homme a créé l'art par son intelligence; et, bravant avec succès, par les secours de son industrie, presque toutes les attaques de la nature, contrebalançant sa puissance, combattant avec avantage le froid, le chaud, l'humidité, la sécheresse, tous ses agents les plus puissants, parvenu à se garantir des impressions physiques, en même temps qu'il s'est livré aux sensations morales, il a gagné autant de stabilité dans les attributs des êtres vivants et animés, que de mobilité dans ceux qui font naître le sentiment, l'imagination et la pensée.

D'ailleurs, que savons-nous de l'histoire de cette espèce privilégiée? Avons-nous découvert dans le sein de la terre quelques restes échappés aux ravages des siècles reculés, et qui puissent nous instruire de son état primitif[1]? La nature nous a-t-elle laissé quelques monuments qui nous révèlent les formes et les qualités qui distinguaient cette espèce supérieure dans les temps voisins de son origine? A-t-elle transmis elle-même quelques documents de ces âges antiques, témoins de sa première existence? A-t-elle pu élever quelque colonne milliaire sur la route du temps, avant que plusieurs siècles eussent déjà donné à son intelligence tout son développement, à ses attributs toute leur supériorité, à son pouvoir toute sa prééminence?

Si nous jetons les yeux sur l'une ou l'autre des trois races principales que nous avons cru devoir admettre dans l'espèce humaine[2], que dirons-nous d'abord des modifications successives de la race nègre, de cette race africaine dont nous connaissons à peine les traits actuels, les facultés, le génie, les habitudes, le séjour? Parlerons-nous de cette race mongole qui occupe, depuis le commencement des temps historiques, la plus belle et la

---

1. Consultez particulièrement à ce sujet un mémoire très judicieux et très important que le savant Fortis vient de publier dans le *Journal de physique* de floréal an VIII.
2. J'ai exposé mes idées sur le nombre et les caractères distinctifs des différentes races et variétés de l'espèce humaine, dans le discours d'ouverture du cours de zoologie que j'ai donné en l'an VI (1798).

plus étendue partie de l'Asie, mais qui, depuis des milliers d'années, constante dans ses affections, persévérante dans ses idées, immuable dans ses lois, dans son culte, dans ses sciences, dans ses arts, dans ses mœurs, ne nous montre l'espèce humaine que comme stationnaire, et, ne nous présentant aucun changement actuel, ne nous laisse soupçonner aucune modification passée?

Si nous considérons enfin la race arabe ou européenne, celle que nous pouvons le mieux connaître, parce qu'elle a le plus exercé ses facultés, cultivé son talent, développé son génie, entrepris de travaux, transmis de pensées, tracé de récits, effacé les distances des temps et des lieux par l'emploi des signes de la parole ou de l'expression du sentiment, parce qu'elle nous entoure de tous les côtés parce que nous en faisons partie, quelle différence spécifique trouvons-nous, par exemple, entre les Grecs des siècles héroïques et les Européens modernes? L'homme d'aujourd'hui possède plus de connaissances que l'homme de ces siècles fameux; mais il raisonne comme celui des premiers jours de la Grèce; mais il sent comme l'homme du temps d'Homère et voilà pourquoi aucun poète ne surpassera jamais Homère, et voilà pourquoi aucun statuaire ne l'emportera sur l'auteur de l'Apollon pythien, pendant que le trésor des sciences recevant à chaque instant des faits nouveaux, il n'est point de savant du jour qui ne puisse être plus instruit que le Newton de la veille; et voilà pourquoi encore les progrès des arts, pouvant être renfermés dans des limites déterminées comme les combinaisons des sentiments[1], les chefs-d'œuvre qu'ils produisent peuvent parvenir à la postérité avec la gloire de leurs auteurs, pendant que, les progrès des sciences devant être sans limites, comme les combinaisons des faits et des pensées, les découvertes sont impérissables, ainsi que la renommée des hommes de génie auxquels on les doit; mais les ouvrages mêmes de ces hommes fameux passent presque tous et sont remplacés par d'autres, à moins que le style qui les a tracés, et qui appartient à l'art, ne les sauve de cette destinée et ne leur donne l'immortalité.

Les animaux qui ressemblent le plus à l'homme, les mammifères, les oiseaux, les quadrupèdes ovipares et les serpents, ne seront pas non plus les sujets des réflexions par lesquels nous terminerons ce discours; nous préférerons d'appliquer les idées que nous venons d'émettre à ceux qui, dans la progression de simplicité des êtres, suivent ces animaux, lesquels, de même

1. Il faut faire une exception relativement aux arts, tels que la peinture, la musique, etc., dont les procédés, en se perfectionnant chaque jour, multiplient les moyens d'exécution, et par conséquent le nombre des créations possibles. — Il est d'ailleurs évident que cette détermination de limites n'a point lieu par les arts, lorsqu'en appliquant leur puissance à de nouveaux objets, en combinant leurs produits, et en leur donnant, pour ainsi dire, pour ces opérations, la nature des sciences, le génie les rend propres à exprimer un plus grand nombre de sentiments, à peindre des sujets plus variés ou plus nombreux, à présenter de plus vastes tableaux, à toucher par conséquent avec plus de force, et à faire naître des impressions plus durables. Voyez ce que nous avons dit, à cet égard, dans la *Poétique de la musique*, imprimée en 1785.

que l'homme, respirent par des poumons. En nous arrêtant aux poissons pour les considérations qu'il nous reste à présenter, nous attacherons notre attention à des animaux dont non seulement cet ouvrage est destiné à faire connaître l'histoire, mais encore qui vivent dans un fluide particulier, où ils sont exposés à moins de circonstances perturbatrices, de variations subites et funestes, d'accidents extraordinaires, et qui, d'ailleurs, par une suite de la nature de leur séjour, de la date de leur origine, de la contexture solide et résistante du plus grand nombre de leurs parties, et de la propriété qu'ont ces mêmes portions de se conserver dans le sein de la terre au moins pendant un temps assez long pour y former une empreinte durable, ont dû laisser et ont laissé en effet des monuments de leur existence passée, bien plus nombreux et bien plus faciles à reconnaître que presque toutes les autres classes des êtres vivants et sensibles.

Nous avons compté douze modifications principales par lesquelles une espèce peut passer de dégradation en dégradation, jusqu'à la perte totale de ses caractères distinctifs, de son essence, et par conséquent de l'existence proprement dite.

Parcourons ces modifications.

Nous avons chaque jour sous les yeux des exemples d'espèces de poissons qui, transportées dans des eaux plus troubles ou plus claires, plus lentes ou plus rapides, plus chaudes ou plus froides, non seulement se montrent avec des couleurs nouvelles, mais éprouvant encore des changements plus marqués dans leurs téguments, baignées, attaquées et pénétrées par un fluide différent de celui qui les arrosait, présentent des écailles, des verrues, des tubercules, des aiguillons très peu semblables par leur figure, leur dureté, leur nombre ou leur position, à ceux dont ils étaient revêtus. Il est évident que ces modifications produites dans le même temps et dans un lieu différent ont pu et dû naître dans un temps différent et dans le même lieu, et contribuer par conséquent, dans la suite des siècles, à diminuer la durée de l'espèce, aussi bien qu'à restreindre les limites de son habitation lors d'une époque déterminée.

Si l'on se rappelle ce que nous avons dit dans les articles particuliers du requin et du squale roussette, sur la grandeur de ces espèces à une époque un peu reculée, on les verra nous offrir deux exemples bien frappants de la cinquième modification qu'une espèce peut subir, c'est-à-dire de la diminution de grandeur qu'elle peut éprouver. En effet, on doit en conclure que les requins dont on a conservé des restes, et dont nous avons mesuré des dents trouvées dans le sein de la terre, l'emportaient sur les requins actuels par leur grandeur proprement dite, c'est-à-dire par leur masse, par l'ensemble de leurs dimensions, dans le rapport de 343 à 27. Leur grandeur a donc été réduite au douzième au moins de son état primitif. Une réduction plus frappante encore a été opérée dans l'espèce de la roussette, puisque nous avons donné les moyens de voir que des dents de ce squale, découvertes dans des couches plus ou moins profondes du globe, devaient avoir appartenu à des individus d'un volume dix-neuf cent cinquante-trois fois plus grand que celui des roussettes qui infestent maintenant les rivages de l'Europe. Et relativement à ces deux exemples des altérations dans les dimensions que peuvent offrir les espèces d'animaux, nous avons deux considérations à proposer. Premièrement, la diminution subie par la roussette a été à proportion cent soixante-six fois plus grande que celle du requin, et cependant, au point où cette dégradation a commencé, le volume du requin n'était pas trois fois plus considérable que celui de la roussette. Il est à présumer que si, à cette époque, il avait été six ou huit fois supérieur, la modification imposée à la roussette aurait été plus grande encore, proportionnellement à celle du requin. En général, on ne saurait faire trop d'attention à un principe très important, que nous ne cesserons de rappeler : les forces de la nature, celles qui détruisent comme celles qui produisent, celles qui troublent comme celles qui maintiennent, agissent très souvent, et tout égal d'ailleurs, en raison des surfaces, soit extérieures, soit intérieures, des corps qu'elles attaquent ou régissent ; mais tout le monde sait que plus les corps sont petits, et plus à proportion leurs surfaces sont étendues. Il ne faut donc pas être étonné de voir les grands volumes opposer une résistance, bien plus longue proportionnellement que celle des petits, aux causes qui tendent à restreindre leurs dimensions dans des limites plus rapprochées. Secondement, il est curieux d'observer que les deux espèces qui ont perdu, l'une les onze douzièmes, et l'autre une portion bien plus étonnante encore de ses dimensions primitives, sont des espèces marines, et par conséquent ont dû être exposées à un nombre de causes altérantes d'autant moins grand, que la température et la nature des eaux des fleuves sont bien plus variables que celles de l'Océan, et que, s'il faut admettre les conjectures les plus généralement adoptées, toutes les espèces de poissons ayant commencé par appartenir à la mer, les fluviatiles ont été exposées à une sorte de crise assez forte et à des changements très marqués, lorsqu'elles ont abandonné les eaux salées pour aller séjourner au milieu des eaux douces.

Les exemples des proportions changées et des formes altérées, soustraites ou introduites dans une espèce, à mesure qu'elle se dégrade et s'avance vers le terme de sa durée, peuvent être saisis avec facilité dans les diverses empreintes qu'ont laissées des individus de différents genres, enfouis par des catastrophes subites.

Il n'en est pas de même de la sixième et de la septième modification générale; des hasards très rares peuvent seuls conserver des individus dans un tel état d'intégrité, ou de destruction commencé et de dissection naturelle, qu'on puisse reconnaître la forme de leurs organes intérieurs, et celle des parties de leur corps dans lesquelles résidaient les sens dont ils avaient été doués.

Il est encore plus difficile de remonter à la connaissance des qualités, de la force, des habitudes, des mœurs qui distinguaient une espèce à une époque plus ou moins enfoncée dans les âges écoulés. Ces propriétés ne sont que des résultats dont l'existence peut sans doute être l'objet de conjectures plus ou moins vraisemblables, inspirées par l'inspection des formes qui les ont produits, mais sur la nature desquels nous n'avons cependant de notions précises que lorsque des observateurs habiles ont recueilli ces notions et les ont transmises avec fidélité.

La détermination des endroits dans lesquels habitait une espèce dans les temps anciens est, au contraire, plus facile que celle de toutes les modifications dont nous venons de parler. Les traces que des individus laissent de leur existence doivent être distinctes jusqu'à un certain degré, pour qu'on puisse, en les examinant, reconnaître dans leurs détails les dimensions et les formes de ces individus ; mais un très faible vestige suffit pour constater la place où ils ont péri, et par conséquent celle où ils avaient vécu.

Cette douzième modification des espèces, cette limitation de leur séjour à telle ou telle portion de la surface de la terre, peut être liée avec une ou plusieurs des autres altérations dont nous avons tâché d'exposer l'ordre, et elle peut en être indépendante. Il en résulte premièrement des espèces altérées dans leurs qualités, dans leurs formes ou dans leurs dimensions, et reléguées dans telle ou telle contrée ; secondement des espèces modifiées trop peu profondément dans leur conformation, pour que leurs propriétés aient éprouvé un changement sensible, non altérées même dans leurs formes et dans leurs dimensions, et cependant confinées sous tel ou tel climat ; et troisièmement, des espèces dégradées dans leurs qualités, ou seulement dans leurs formes, mais habitant encore dans les mêmes parties du globe qu'avant le temps où leur métamorphose n'avait pas commencé.

Nous avons assez parlé de ces dernières.

Quant aux autres espèces, combien ne pourrions-nous pas en citer ! Ici les exemples nous environnent. Le seul mont volcanique de Bolca, auprès de Vérone, a déjà montré, sur ses couches entr'ouvertes, des fragments très bien conservés et très reconnaissables d'une ou deux raies, de deux gobies, et de plusieurs autres poissons qui ne vivent aujourd'hui que dans les mers de l'Asie, de l'Afrique ou de l'Amérique méridionale, dont plusieurs traits sont altérés, et qui cependant offrent les caractères qui constituaient leur espèce, lorsque, réunis en troupes nombreuses vers le fond de la mer Adriatique, une grande catastrophe les surprit au milieu de leurs courses, de leurs poursuites, de leurs combats, et leur donnant la mort la plus prompte, les ensevelit au-dessous de produits volcaniques, de substances préservatrices et de matières propres à les garantir des effets de l'humidité ou de tout autre principe corrupteur [1].

1. M. le comte de Gazola a commencé de donner au public un grand ouvrage sur les poissons pétrifiés, conservés ou empreints dans les couches du mont Bolca. Si ce savant recommandable, auquel je suis heureux de pouvoir témoigner souvent mon estime, ne termine pas son im-

De plus, parmi les espèces qui n'ont subi, au moins en apparence, aucune modification dans leurs formes, ni dans leurs proportions, ni dans leur grandeur, ni dans leurs téguments, nous comptons une fistulaire du Japon ou de l'Amérique équatoriale, enfouie sous des couches schisteuses du centre de l'Europe ; un pégase de l'Inde, deux ou trois chétodons de l'Inde ou du Brésil, et des individus de plus de trente autres espèces de l'Asie, de l'Afrique, ou des rivages les plus chauds de l'Amérique, saisis entre les lits solidifiés de ce même mont Bolca, si digne d'attirer notre attention.

Nous venons de porter rapidement nos regards, premièrement, sur les espèces altérées dans leurs organes et repoussées loin du séjour qu'elles avaient autrefois préféré ; secondement, sur les espèces non altérées, mais reléguées ; troisièmement, sur les espèces altérées et non confinées dans une portion du globe différente de celle qu'elles avaient occupée. Il nous reste à considérer un instant celles qui n'ont été ni dégradées ni chassées de leur ancienne patrie, dont nous trouvons des individus, ou des fragments, ou des empreintes très reconnaissables, au-dessous des mêmes couches terrestres que l'une des dernières catastrophes du globe a étendues au-dessus des espèces que nous avons déjà indiquées, et qui, par conséquent, ont résisté avec plus de facilité que ces dernières aux diverses causes qui modifient les espèces et en précipitent la durée.

Contentons-nous cependant, pour ne pas entrer dans des discussions particulières que les bornes de ce discours nous interdisent, et sur lesquelles nous reviendrons un jour, de jeter les yeux sur deux de ces endroits remarquables du globe qui ont fourni à l'étude du naturaliste les empreintes les plus nettes ou les restes les mieux conservés d'un grand nombre d'espèces de poissons. Ne citons que les environs du Bolca véronois et ceux d'OEningen auprès du lac de Constance [1].

Nous trouvons dans les carrières d'OEningen ou de Bolca le pétromyzon prieka, le squale requin, la murène anguille, le scombre thon, le caranx trachure, le cotte chabot, la trigle malarmat, la trigle milan, le pleuronecte

portante entreprise, je tâcherai d'arranger mes travaux de manière à le suppléer en partie, en publiant la figure, la description et la comparaison des poissons fossiles, ou des empreintes de poissons, trouvés dans ce même mont Bolca, recueillis à Vérone avec un soin très éclairé, apportés au Muséum d'histoire naturelle de Paris, et formant aujourd'hui une des parties les plus précieuses de nos riches collections.

1. Voyez ce que le célèbre Saussure a écrit au sujet de la carrière d'OEningen et des poissons dont l'intérieur de cette carrière renferme les restes ou les images ; on trouvera la description qu'en donne cet habile naturaliste au paragraphe 1533 du tome III de son *Voyage dans les Alpes*. Le nom de ce grand géologue rappelle à mon âme affligée les travaux, la gloire et les malheurs de son illustre ami, de son savant émule, mon collègue Dolomieu, qui depuis dix-huit mois lutte avec une constance héroïque contre une affreuse captivité, que n'ont pu faire cesser encore les pressantes réclamations de notre patrie qu'il honore, de notre gouvernement qui l'estime, de plusieurs puissances étrangères qui partagent pour lui l'intérêt des Français, du roi d'Espagne, qui manifeste ses sentiments à cet égard de la manière la plus digne de la nation qu'il gouverne et d'un si grand nombre de ceux qui, en Europe, chérissent et font vénérer l'antique loyauté, les vertus et les grands talents.

modifications ? L'espèce humaine, trop récente sur le globe, n'a pas pu observer les durées des diverses nuances de ces altérations et compter pendant le cours de ces durées le nombre des périodes lunaires ou solaires qui se sont succédé. Mais la nature n'a-t-elle pas gravé sur le globe quelques ères auxquelles nous pourrions au moins rapporter une partie de ces manières d'être des espèces ?

Nous ne mesurerons pas le temps par le retour d'un corps céleste au même point du ciel, mais par ces bouleversements terribles qui ont agi sur notre planète plus ou moins profondément.

Nous n'appliquerons pas l'existence des dégradations des espèces à des temps réguliers et déterminés comme les années ou les siècles ; mais nous verrons leur concordance avec les événements dont on connaît déjà les relations des époques, en attendant qu'on ait dévoilé leur ancienneté absolue.

Ici le flambeau de la géologie nous aide à répandre quelque clarté au milieu de la nuit des temps.

Elle nous montre comment, en pénétrant dans les couches du globe et en examinant l'essence, ainsi que le gisement des minéraux qui les composent, nous pouvons savoir si nous avons sous les yeux des monuments de l'une ou de l'autre des trois époques que l'on doit distinguer dans la suite des catastrophes les moins anciennes de notre terre, les seules qu'il nous soit permis de reconnaître de loin.

La moins récente de ces révolutions est le dernier bouleversement général que notre globe a éprouvé, et qui a laissé de profondes empreintes sur l'universalité de la surface de la terre.

Après cette catastrophe universelle, il faut placer dans l'ordre des temps les bouleversements moins étendus, qui n'ont répandu leurs ravages que sur une grande partie du globe.

L'on ne peut pas, dans l'état actuel des connaissances humaines, déterminer les rapports des dates de ces événements particuliers; on ne peut que les attacher tous à la même époque, sans leur assigner à chacun une place fixée avec précision sur la route du temps.

A la troisième époque, nous mettons les bouleversements circonscrits comme les seconds, et qui de plus présentent les caractères distinctifs de l'action terrible et destructive des volcans, des feux souterrains, des foudres et des ébranlements électriques de l'intérieur du globe.

Maintenant si nous voulons appliquer un moment nos principes, nous reconnaîtrons que nous ne pouvons encore rapporter à une de ces époques qu'un petit nombre des modifications par lesquelles les espèces tombent, de dégradation en dégradation, jusqu'à la non-existence.

Nous pouvons dire que le temps où, par exemple, le genre des squales présentait une grandeur si supérieure à celle des squales observés de nos jours, et où le volume de l'une de leurs espèces l'emportait près de deux mille fois sur le volume qu'elle offre maintenant, appartient à la seconde des époques que nous venons d'indiquer et a touché celui où le globe a éprouvé le dernier des bouleversements non universels et non volcaniques qui aient altéré sa surface auprès de la chaîne des Pyrénées, dont les environs nous ont montré les restes de ces grandes espèces marines, si réduites maintenant dans leurs dimensions.

Nous pouvons assurer également que, lors des convulsions de la terre, des éruptions volcaniques, des vastes incendies et des orages souterrains, dont les effets redoutables se montrent encore si facilement à des yeux exercés et attentifs, auprès de Venise et de l'extrémité de la mer Adriatique, plusieurs espèces, dont les flancs du mont Bolca recèlent les empreintes ou la dépouille, n'avaient pas éprouvé les dégradations dont nous pouvons compter toutes les nuances, ou n'avaient pas encore été reléguées dans les mers chaudes de l'Asie, de l'Afrique et de l'Amérique méridionale, ou se montraient déjà avec tous les traits qu'elles présentent, ainsi que dans les contrées qu'elles habitent aujourd'hui; et enfin, que celles que l'on serait tenté de considérer comme éteintes, et que du moins on n'a encore retrouvées dans aucun fleuve, dans aucun lac, dans aucune mer, figuraient encore dans l'ensemble des êtres sortis des mains de la puissance créatrice.

Lorsque la science aura étendu son domaine, que de nouveaux observateurs auront parcouru dans tous les sens les terres et les mers, que le génie aura conquis le monde, qu'il aura découvert, compté, décrit et comparé et les êtres qui vivent et les fragments de ceux dont il ne reste que des dépouilles, qu'il connaîtra et ce qui est et une partie de ce qui a été, qu'au milieu des monts escarpés, sur les rivages de l'Océan, dans le fond des mines et des cavernes souterraines, il interrogera la nature au nom du temps, et le temps au nom de la nature, quelles comparaisons fécondes ne naîtront pas de toutes parts! quels admirables résultats! quelles vérités sublimes! quels immenses tableaux! quel nouveau jour se lèvera sur l'état primitif des espèces, sur les rapports qui les liaient dans ces âges si éloignés du nôtre, sur leur nombre plus petit à cette époque antique, sur leurs grandeurs plus rapprochées, sur leurs traits différents, sur leurs habitudes plus dissemblables, sur leurs alliances plus difficiles, sur leurs durées plus longues! O heureuse postérité! à combien de jouissances n'es-tu pas réservée, si les passions funestes, l'ambition délirante, la vile cupidité, le dédain de la gloire, l'ignorance présomptueuse, et la fausse science, plus redoutable encore, n'enchaînent tes nobles destinées!

FIN DU TOME PREMIER

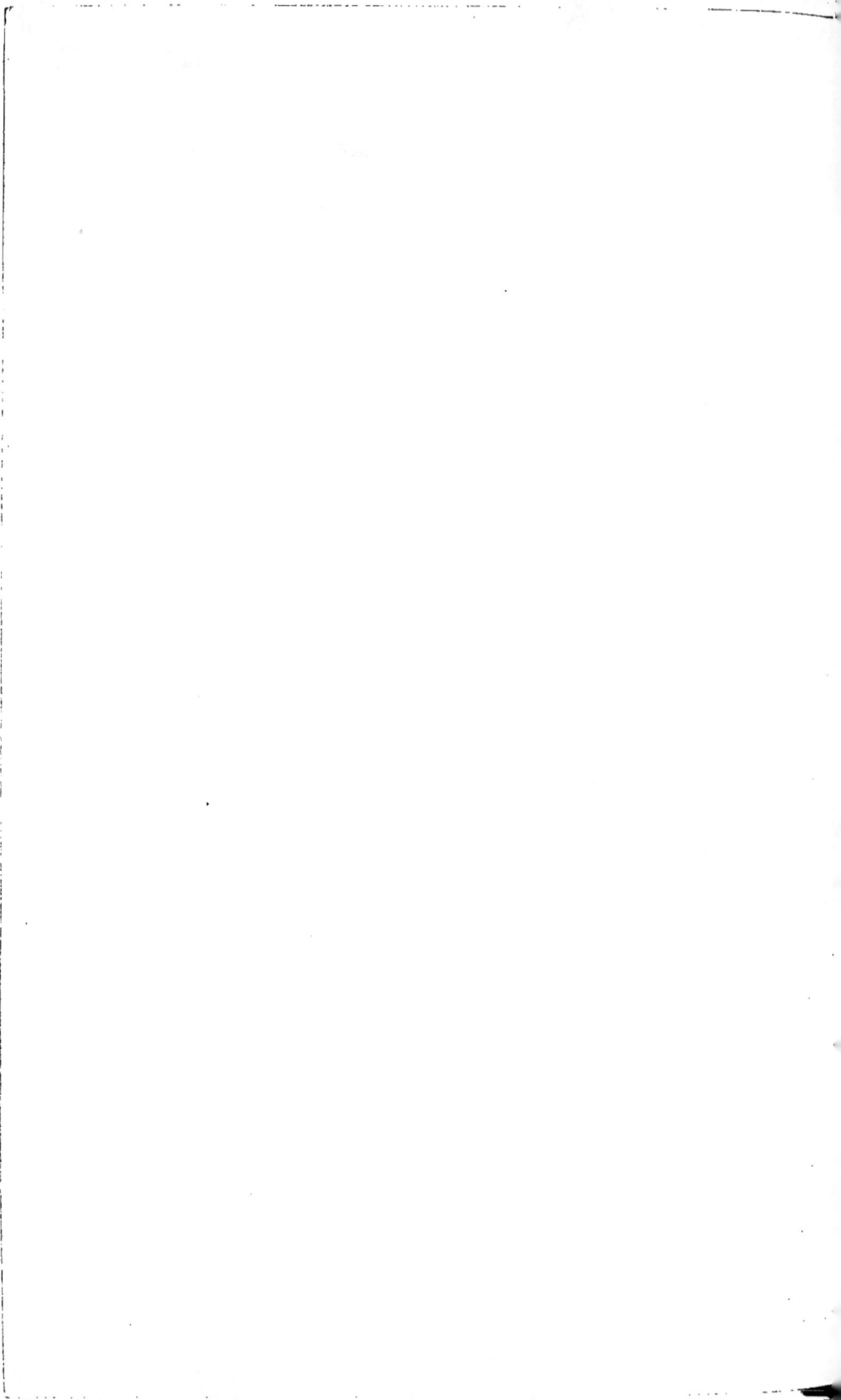

TABLE DES MATIÈRES

CONTENUES DANS LE PREMIER VOLUME

LES OISEAUX

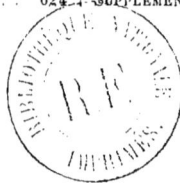

FIN DE LA TABLE DU PREMIER VOLUME

Paris. — Typ. A. QUANTIN, rue Saint-Benoît, 7. |941|

COLLECTION D'OUVRAGES

GRAND IN-8 JÉSUS A DEUX COLONNES

ornés de gravures sur acier, à 12 fr. 50 le volume

OEUVRES COMPLÈTES DE MOLIÈRE

1 beau volume grand in-8, orné de charmantes gravures sur acier, par F. Delannoy, dessins de G. Staal, et accompagné de notes explicatives, philologiques et littéraires, par M. Félix Lemaistre. 1 vol.

ŒUVRES DE P. ET TH. CORNEILLE

Précédées de la Vie de P. Corneille, par Fontenelle, et des Discours sur la poésie dramatique. Nouv. éd., orn. de grav. sur acier. 1 vol.

ŒUVRES DE J. RACINE

Avec un Essai sur la vie et les ouvrages de J. Racine, par Louis Racine; ornées de 15 vign., d'après Staal. 1 vol.

ŒUVRES COMPLETES DE BOILEAU

Avec une Notice par M. Sainte-Beuve, et les Notes de tous les commentateurs; illustrées de grav. sur acier d'après Staal 1 vol.

ŒUVRES COMPLÈTES DE BEAUMARCHAIS

Nouvelle édition, précédée d'une notice par M. Louis Moland, revue et enrichie à l'aide des travaux les plus récents, gravures sur acier, dessins de Staal. 1 vol.

MORALISTES FRANÇAIS

Pascal, La Rochefoucauld, La Bruyère, Vauvenargues, avec portraits. 1 vol.

ŒUVRES COMPLÈTES DE LA FONTAINE

Avec des notes et une étude sur La Fontaine, par M. L. Moland. Nouvelle édition avec gravures sur acier d'après Staal. 1 vol.

ŒUVRES DE LE SAGE

Gil Blas, Guzman d'Alfarache, Théâtre, précédées d'une introduction par C. A. Sainte-Beuve, vignettes sur acier, dessins de G. Staal. 1 vol.

PLUTARQUE

VIES DES HOMMES ILLUSTRES, traduites par Ricard, précédées de la vie de Plutarque, 14 gravures sur acier, 1 vol.

LE PLUTARQUE FRANÇAIS

Vies des hommes et des femmes illustres de la France. Édition revue, corrigée et augmentée, sous la direction de M. T. Hadot. 180 Biographies, autant de portraits sur acier, dessins de Ingres, Meissonier, etc. 6 vol. grand in-8. . . . . 96 fr.

ENCYCLOPÉDIE THÉORIQUE-PRATIQUE DES CONNAISSANCES UTILES

Composée de traités sur les connaissances les plus indispensables, ouvrage entièrement neuf, avec 1,500 grav. intercalées dans le texte. 2 vol. gr. in-8. . . . 25 fr.

BIOGRAPHIE PORTATIVE UNIVERSELLE

Contenant 29,000 noms, suivie d'une table chronologique et alphabétique, par Lalanne, A. Delloye, etc. 1 vol. de 2,000 col. . . . . 8 fr.

UN MILLION DE FAITS

Aide-mémoire universel des sciences, des arts et des lettres, par MM. J. Aicard, L. Lalanne, Lud. Lalanne, etc. Un fort vol. in-18, 1,720 col., orné de grav. sur bois . . . . 9 fr.

DE L'EXPLOITATION DES CHEMINS DE FER

Leçons faites à l'École nationale des ponts et chaussées par F. Jacqmin, directeur de la Comp. des chemins de fer de l'Est. 2 vol. in-8 caval. . . . . 16 fr.

LES MACHINES A VAPEUR

Leçons faites en 1869-70 à l'École nationale des ponts et chaussées, par le même. 2 forts volumes grand in-8 cavalier. . . . . 16 fr.

TRAITÉ ÉLÉMENTAIRE DES CHEMINS DE FER

Par Auguste Perdonnet. 3e éd., considérablement augmentée. 4 très forts vol. in-8, avec 1,100 fig. tableaux, etc. . . . . 70 fr.

VOYAGE ILLUSTRÉ DANS LES DEUX MONDES

Par MM. F. Morvand et J. Vilbort, contenant 775 gravures. 1 vol. grand in-folio. . . . . 15 fr.

ŒUVRES DE RABELAIS

Texte revu et collationné sur les éditions originales, accompagné d'une Vie de l'auteur, de notes et d'un glossaire, 60 grandes compositions de nombreux dessins, 250 en-têtes de chapitres, environ 240 culs-de-lampe, par GUSTAVE DORÉ, 2 vol. in-4 colombier, imprimés sur papier vélin. . . . . . . 200 fr.
200 exemplaires numérotés sur papier de Hollande, à . . . . 300 fr.

LORD MACAULAY

Histoire d'Angleterre sous le règne de Jacques II, traduit de l'anglais par le comte JULES DE PEYRONNET. 2ᵉ édit. 3 v. in-8. . . . . 15 fr.
Histoire du règne de Guillaume III, pour faire suite à l'Histoire du règne de Jacques II, traduit de l'anglais par AMÉDÉE PICHOT. Deuxième édition, revue et corrigée. 4 vol. in-8 . . . . 20 fr.

MYTHOLOGIE DE LA GRÈCE ANTIQUE

Par Paul DECHARME, professeur de littérature grecque à la Faculté des lettres de Nancy, ancien membre de l'École française d'Athènes. Ouvrage orné de 180 grav. et de 4 chromolithographies, d'après l'antique. 1 v. gr. in-8 raisin. . . . 16 fr.

GÉOGRAPHIE UNIVERSELLE

Par MALTE-BRUN. 6ᵉ édition. 6 beaux vol grand in-8, ornés de 41 gravures sur acier . . . . 60 fr.
Avec un superbe Atlas de 72 cartes dont 14 doubles. Les 6 volumes et l'atlas . . . . 80 fr.

ATLAS DE LA GÉOGRAPHIE UNIVERSELLE

Ou description de toutes les parties du monde sur un plan nouveau, d'après les grandes divisions naturelles du globe, par MALTE-BRUN. Édition revue, corrigée, augmentée et enrichie, par M. J.-J.-N. HUOT, membre de plusieurs sociétés. 1 vol. gr. in-folio, de 72 cartes, dont 14 doubles, coloriées. . . . . . 20 fr.

DICTIONNAIRE GÉNÉRAL DES SCIENCES THÉORIQUES ET APPLIQUÉES

Comprenant les mathématiques, la physique et la chimie, la mécanique et la technologie, l'histoire naturelle et la médecine, l'économie rurale et l'art vétérinaire, par MM. PRIVAT-DESCHANEL et AD. FOCILLON, professeurs de sciences physiques et naturelles, avec la collaboration d'une réunion de savants. 2ᵉ édition, 4 parties réunies en 2 forts vol. gr. in-8. 32 fr. — relié. . . . . 40 fr.

ŒUVRES D'AUGUSTIN THIERRY

5 vol. in-8 cavalier, papier vélin glacé, le volume à. . . . . 6 fr.
Histoire de la Conquête de l'Angleterre. 2 vol.
Lettres sur l'Histoire de France.—Dix ans d'Études historiques, 1 vol.
Récits des Temps mérovingiens. 1 vol.
Essai sur l'Histoire du Tiers-État. 1 vol.

LETTRES D'ABÉLARD ET D'HÉLOISE

Traduction nouvelle d'après le texte de VICTOR COUSIN, précédée d'une introduction par OCTAVE GRÉARD, inspecteur général de l'instruction publique. 1 volume in-8. . . . . 7 fr. 50

HISTOIRE DE FRANCE

Depuis les temps les plus reculés jusqu'à la Révolution de 1789, par ANQUETIL, membre de l'Institut et de la Légion d'honneur, suivie de l'*Histoire de la Révolution française*, du *Directoire*, du *Consulat*, de l'*Empire* et de la *Restauration*, par LÉONARD GALLOIS, illustrée de vignettes sur acier. 10 volumes in-8 cavalier, à . . . . 7 fr. 50 le vol.

HISTOIRE DE FRANCE

1830 à 1875. Époque contemporaine, par Louis GRÉGOIRE, professeur d'histoire et de géographie au lycée Fontanes. 4 vol. in-8 avec figures. 4 vol. in-8 cavalier à. . . . . 7 fr. 50 le vol.

CHEFS-D'ŒUVRE DE LA LITTÉRATURE FRANÇAISE

FORMAT IN-8 CAVALIER, PAPIER VÉLIN DES VOSGES

Imprimés avec luxe par Quantin (successeur de Claye) et ornés de gravures sur acier par les meilleurs artistes.

52 volumes sont en vente à 7 fr. 50

On tire de chaque volume de la collection, 150 *exemplaires numérotés* sur papier de Hollande avec figures sur chine avant la lettre, le volume. . . . . 15 fr.

ŒUVRES COMPLÈTES DE MOLIÈRE

Nouvelle édition très soigneusement revue sur les textes originaux, avec un nouveau travail de critique et d'érudition, aperçus d'histoire littéraire, examen de chaque pièce, commentaire, biographie, par L. MOLAND. 10 vol. (8 v. sont en vente.

ŒUVRES COMPLÈTES DE J. RACINE

Avec une Vie de l'auteur et un examen de chacun de ses ouvrages, par M. SAINT-MARC-GIRARDIN, de l'Académie française. 8 vol.

ŒUVRES COMPLÈTES DE LA FONTAINE

Nouvelle édition avec un nouveau travail de critique et d'érudition, par M. LOUIS MOLAND. 7 vol.

ESSAIS DE MICHEL DE MONTAIGNE

Nouvelle édition, avec les notes de tous les commentateurs, complétée par M. J.-V.-L. CLERC, précédée d'une nouvelle étude sur Montaigne par M. PRÉVOST-PARADOL. 4 vol. avec un beau portrait de Montaigne.

ŒUVRES COMPLÈTES DE LA BRUYÈRE

Nouvelle édition, publiée d'après les éditions données par l'auteur, avec une notice sur La Bruyère, des variantes, des notes et un lexique, par A. CHASSANG, lauréat de l'Académie française, inspecteur général de l'instruction publique. 2 vol.

ŒUVRES COMPLÈTES DE BOILEAU

Avec des commentaires et un travail nouveau de M. GIDEL. 4 vol.

ŒUVRES COMPLÈTES DE MONTESQUIEU

Textes revus, collationnés et annotés par Édouard Laboulaye, membre de l'Institut. 7 vol.

ŒUVRES CHOISIES DE PIERRE DE RONSARD

Avec notice, notes et commentaires, par SAINTE-BEUVE; nouvelle édition, revue et augmentée par M. L. MOLAND. 1 vol., avec portrait de l'auteur.

ŒUVRES DE CLÉMENT MAROT

Annotées, revues sur les éditions originales et précédées de la Vie de Clément Marot, par CHARLES D'HÉRICAULT. 1 volume orné du portrait de l'auteur.

ŒUVRES DE JEAN-BAPTISTE ROUSSEAU

Avec un nouveau travail de M. ANTOINE DE LATOUR. 1 vol. orné du portrait de l'auteur.

HISTOIRE DE GIL BLAS DE SANTILLANE

Par LE SAGE, avec les principales remarques des divers annotateurs; notice par SAINTE-BEUVE, les jugements et témoignages sur LE SAGE et sur *Gil Blas*. 2 vol.

CHEFS-D'ŒUVRE LITTÉRAIRES DE BUFFON

Introduction par M. FLOURENS, de l'Académie française. 2 vol. avec portrait.

L'IMITATION DE JÉSUS-CHRIST

Traduction nouvelle avec des réflexions par M. DE LAMENNAIS. 1 vol.

ŒUVRES CHOISIES DE MASSILLON

Accompagnées de notes, notice par M. GODEFROY. 2 vol. avec portrait.

Nous avions promis, dans le prospectus de *Molière*, de chercher à remettre en honneur les belles éditions de nos auteurs classiques. Les volumes qui ont paru permettent de juger si nous avons tenu parole.

Notre collection contiendra la fleur de la littérature française. Elle se composera d'une soixantaine de volumes environ, imprimés avec le plus grand luxe, et dignes de tenir une place d'honneur dans les meilleures bibliothèques.

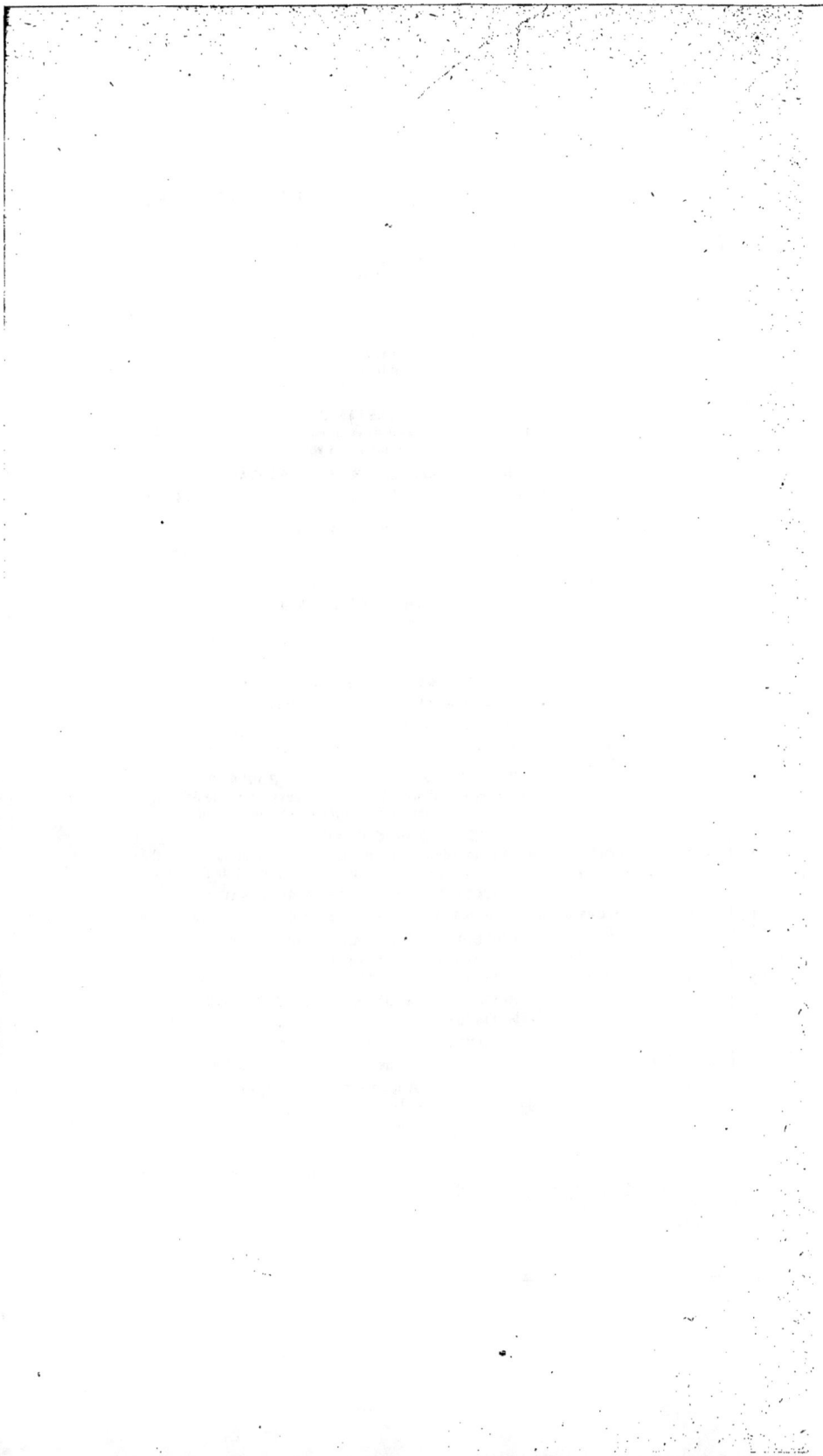

CHEFS-D'ŒUVRE DE LA LITTÉRATURE FRANÇAISE

FORMAT IN-8 CAVALIER, PAPIER VÉLIN DES VOSGES

Imprimés avec luxe par Quantin (successeur de Claye) et ornés de gravures sur acier par
les meilleurs artistes.

52 volumes sont en vente à 7 fr. 50

On tire de chaque volume de la collection, 150 *exemplaires numérotés* sur papier de
Hollande avec figures sur chine avant la lettre, le volume. . . . . 15 fr.

ŒUVRES COMPLÈTES DE MOLIÈRE

Nouvelle édition très soigneusement revue sur les textes originaux, avec un nouveau travail de critique et d'érudition, aperçus d'histoire littéraire, examen de
chaque pièce, commentaire, biographie, par L. Moland. 10 vol. (8 v. sont en vente.

ŒUVRES COMPLÈTES DE J. RACINE

Avec une Vie de l'auteur et un examen de chacun de ses ouvrages, par M. Saint
Marc-Girardin, de l'Académie française. 8 vol.

ŒUVRES COMPLÈTES DE LA FONTAINE

Nouvelle édition avec un nouveau travail de critique et d'érudition, par M. Louis
Moland. 7 vol.

ESSAIS DE MICHEL DE MONTAIGNE

Nouvelle édition, avec les notes de tous les commentateurs, complétée par M. J.-
V.-L. Clerc, précédée d'une nouvelle étude sur Montaigne par M. Prévost-
Paradol. 4 vol. avec un beau portrait de Montaigne.

ŒUVRES COMPLÈTES DE LA BRUYÈRE

Nouvelle édition, publiée d'après les éditions données par l'auteur, avec une notice
sur La Bruyère, des variantes, des notes et un lexique, par A. Chassang, lauréat
de l'Académie française, inspecteur général de l'instruction publique. 2 vol.

ŒUVRES COMPLÈTES DE BOILEAU

Avec des commentaires et un travail nouveau de M. Gidel. 4 vol.

ŒUVRES COMPLÈTES DE MONTESQUIEU

Textes revus, collationnés et annotés par Édouard Laboulaye, membre de l'Institut.
7 vol.

ŒUVRES CHOISIES DE PIERRE DE RONSARD

Avec notice, notes et commentaires, par Sainte-Beuve : nouvelle édition, revue
et augmentée par M. L. Moland. 1 vol., avec portrait de l'auteur.

ŒUVRES DE CLÉMENT MAROT

Annotées, revues sur les éditions originales et précédées de la Vie de Clément
Marot, par Charles d'Héricault. 1 volume orné du portrait de l'auteur.

ŒUVRES DE JEAN-BAPTISTE ROUSSEAU

Avec un nouveau travail de M. Antoine de Latour. 1 vol. orné du portrait de l'auteur.

HISTOIRE DE GIL BLAS DE SANTILLANE

Par le Sage, avec les principales remarques des divers annotateurs ; notice par
Sainte-Beuve, les jugements et témoignages sur le Sage et sur *Gil Blas*. 2 vol.

CHEFS-D'ŒUVRE LITTÉRAIRES DE BUFFON

Introduction par M. Flourens, de l'Académie française. 2 vol. avec portrait.

L'IMITATION DE JÉSUS-CHRIST

Traduction nouvelle avec des réflexions par M. de Lamennais. 1 vol.

ŒUVRES CHOISIES DE MASSILLON

Accompagnées de notes, notice par M. Godefroy. 2 vol. avec portrait.

Nous avions promis, dans le prospectus de *Molière*, de chercher à remettre en
honneur les belles éditions de nos auteurs classiques. Les volumes qui ont paru permettent de juger si nous avons tenu parole.

Notre collection contiendra la fleur de la littérature française. Elle se composera d'une
soixantaine de volumes environ, imprimés avec le plus grand luxe, et dignes de tenir une
place d'honneur dans les meilleures bibliothèques.

8869. — Imprimerie A. Lahure, rue de Fleurus, 9, à Paris

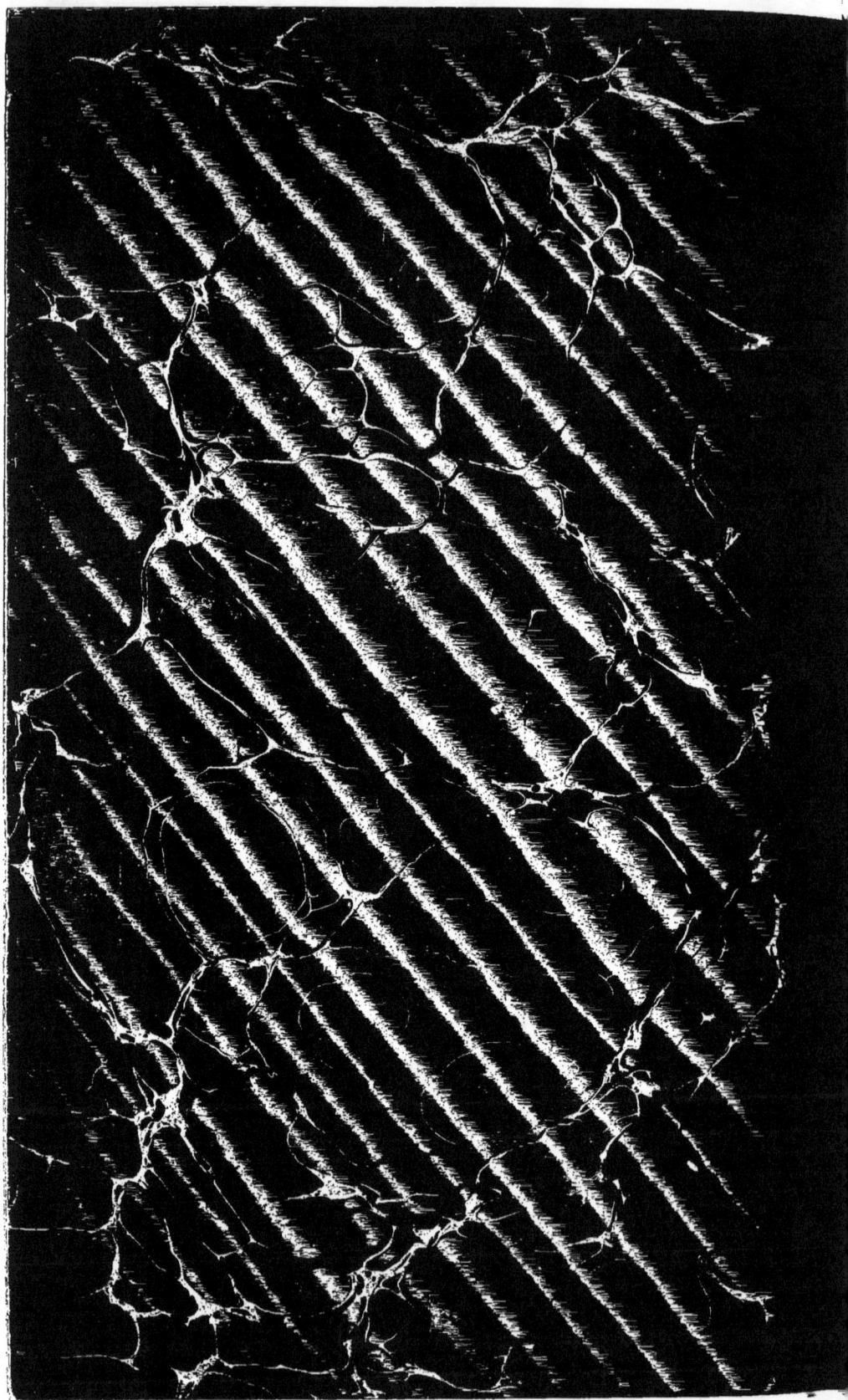

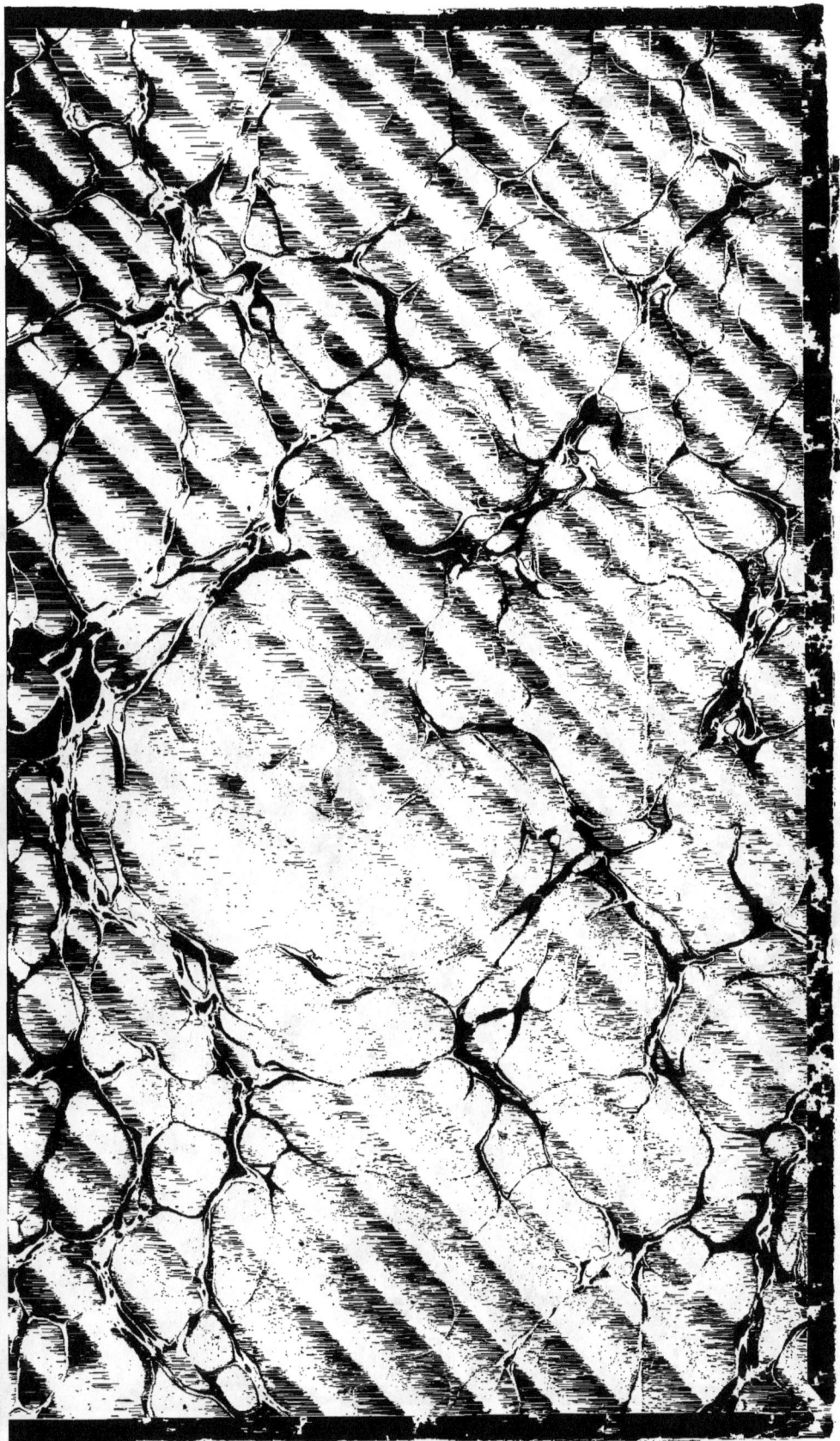